제3판

레이저가공학

김도훈 지음

KM 경문사

머리말

오늘날 레이저는 인간의 일상생활과 산업현장에서 매우 중요한 도구로서 광범위하게 사용되고 있다. 근래에는 각종 산업에서 일반적인 레이저가공에 더하여 극초단펄스빔에 의한 첨단재료의 정밀가공과 초고출력레이저에 의한 대형구조물가공이 활발하게 이루어지고 있다. 재료가공에서 레이저를 융통성 있게 이용하고 양호한 가공결과를 얻기 위해서는 레이저빔의 특성, 재료의 성질 및 가공과정에서 이들의 상호작용을 깊이 이해하고 연계성을 정확하게 숙지해야 한다. 따라서 레이저재료가공은 전자광학, 재료공학, 기계공학의 학제적인 지식이 필요하며, 이들 분야를 연계·중첩시키는 융합응용기술을 이해하고 이와 관련된 문제점을 해결할 수 있는 능력이 요망된다.

이러한 관점에서 저자는 대학교육과 산업현장에서 레이저가공에 관한 체계적인 교재 겸 참고서가 필요하다는 것을 절실하게 느꼈다. 그리하여 지난 1990년에 대학생들과 산업현장의 기술자들을 위한 '레이저가공학'을 저술하였으며, 그 책은 레이저재료가공에 관련된 교육/기술개론서 Ⅰ판에 해당하는 책이었다. 그 책이 출간된 이후 10여 년 동안 선진국을 중심으로 새로운 레이저와 정밀가공기술이 눈부시게 발전되었다. 따라서 새로운 연구결과와 기술자료를 추가하여 2004년에 교육/기술개론서 Ⅱ판에 해당하는 '레이저가공학(개정판)'을 출간하였다. 그 후 다시 10여 년이 지나는 동안에 고도의 과학기술발전과 경제성장으로 더욱 새로운 레이저기술과 첨단신소재 및 혁신적인 초정밀가공기술이 개발되었다. 그러므로 2015년까지 레이저가공에 관한 최신의 학문적인 과학지식과 제품생산에 관련된 기술지식을 더욱 보충하여 교육/기술개론서 Ⅲ판에 해당하는 '레이저가공학(제3판)'을 출간하게 되었다.

이 책은 지금까지 수행되고 있는 레이저재료가공에 관련된 학술연구와 기술지식을 종합하여 체계적으로 정리한 책이다. 이 책이 대학교, 연구소, 기업체에서 레이저재료가공에 관련된 연구와 기술에 종사하는 교수와 학생, 연구원 및 기술자들에게 교재와 참고서로서 보탬이 되었으면 좋겠다. 그리하여 이 책이 이들의 학문적인 지식함양과 기술향상에 도움이 되고, 또한 이들이 이 사회의 발전과 인류사회에 조금이라도 기여하는 보람을 느끼기를 기원한다. 그리고 이 책을 집필하는 데 여러 가지 관련된 연구 기술자료를 제공하여 주신 인사들과 출간하는 데 힘써 주신 경문사(京文社) 임직원들에게 감사한 마음을 전한다.

2016년 2월 15일

金 道 薰

I. 광학의 기초

II 레이저의 원리와 레이저빔의 출력 형태

contents

차례

contents

contents

광학의 기초 Ⅰ

I-1 광선의 성질

광선은 시간에 따라 강도가 변화하면서 공간을 통하여 전파되는 전기장과 자기장이 결합된 특성을 가지고 있는 횡파의 전자기방사선이다. 광선의 속도는 진공 내에서 약 3×10^8m/sec(정확하게는 2.9979250×10^8m/sec)이며, 광선이 통과하는 매질의 굴절률 증가에 따라 광선의 속도는 감소된다. 이러한 전자파의 스펙트럼은 장파장의 라디오파로부터 감마선과 우주선의 단파장에 걸쳐 있으며, 그 파장의 범위는 그림 I-1과 같다.

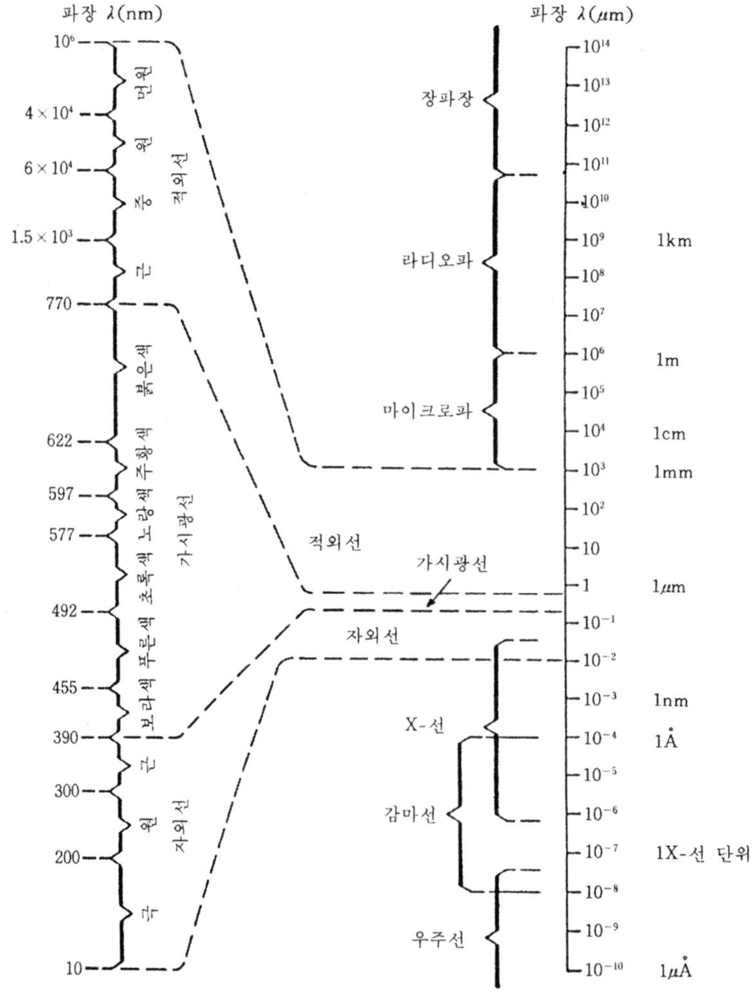

그림 I-1 전자기 방사선의 스펙트럼

레이저광선의 성질은 근본적으로 일반적인 광선의 성질과 같으나 몇 가지 문제점에서 다른 특성을 가지고 있으며, 기하광학적으로 설명할 수 없는 현상들이 있다. 따라서 레이저광선의 성질과 응용을 이해하기 위해서는 먼저 일반적인 광선의 파동성을 검토하고, 이것과 관련된 레이저광선의 여러 가지 특성을 이해해야 한다. 이 책에서 레이저광선과 관련된 성질을 기술하는 광선의 파장구역은 자외선(약 100nm)에서 원적외선(약 20 μm)까지의 스펙트럼구역으로 제한하였다.

I-1-1 광선의 파동성과 평면파

파동의 가장 간단한 형태는 삼각함수 또는 복소수의 지수함수로 나타낸다. 즉 어떤 줄[線] 위에서 이동하는 파동은 거리와 시간의 함수로서 줄의 변위(y)를 나타낼 경우에 그림 I-2와 같으며, 다음 식으로 기술할 수 있다.

$$y = A\cos\frac{2\pi}{\lambda}(z - vt) \tag{I-1}$$

z =줄을 따른 위치, λ =파장, A =파동의 진폭, v =파동의 속도

위의 식에서 보는 바와 같이 코사인이 1인 경우에 파동은 파고를 가지며, $t=0$인 경우에 파장 λ는 파고 사이의 거리이다. 코사인의 인수를 파동의 위상이라고 하며, 위상이 일정한 값 ϕ_0를 가진다고 가정하면 **위상**은 아래 식과 같다.

$$\phi_0 = \frac{2\pi}{\lambda}(z - vt) \tag{I-2}$$

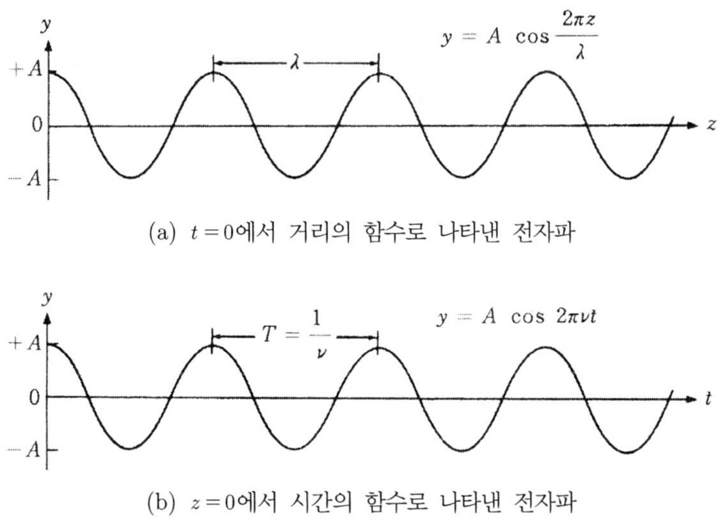

그림 I-2 전자파의 형상(파동의 진폭 λ : 파장, T : 주기, ν : 진동수)

위상속도는 위 식의 양변을 시간에 관하여 미분하여 얻을 수 있으므로 아래 식과 같이 주어진다.

$$v = \frac{dz}{dt} \tag{I-3}$$

이 위상속도는 일정한 위상의 한 점(예; 파고)이 줄을 따라 전파되는 속도이다.

어떤 위치(예; $z=0$)에서 파동을 고려하여 보면 파동의 주파수 ν를 구할 수 있다. **주기** T는 인수가 2π만큼 바뀌는 데 요구되는 시간, 즉 한 사이클의 시간으로서 ν는 매초당 사이클의 수 또는 주기의 역수이다. 따라서 주파수는 아래 식과 같이 나타낸다.

$$\nu = \frac{v}{\lambda} \tag{I-4}$$

파동을 더욱 간단히 나타내기 위하여 단위거리 당 라디안(radian)으로 측정한 공간**각진동수**(단위거리당 주기의 수)인 파수 k와 매초당 라디안으로 나타낸 시간각진동수(단위시간당 주기의 수) ω를 다음 식과 같이 정의한다.

$$k = \frac{2\pi}{\lambda} \tag{I-5}$$

$$\omega = 2\pi\nu \tag{I-6}$$

그러면 파동에 대한 (I-1)식은 다음 식과 같이 나타낼 수 있다.

$$y = A\cos(kz - \omega t) \tag{I-7}$$

그리고 파동은 $t=0$ 또는 $z=0$에서 최대진폭을 나타내지 않을 수도 있으며, 이러한 경우에 파동에 대한 식은 다음 식과 같이 나타낸다.

$$y = A\cos(kz - \omega t + \phi) \tag{I-8}$$

여기서 ϕ는 상수로서 파동의 상대적인 위상 또는 **위상상수**라고 하며, 이 값은 공간적으로 혹은 시간적으로 파동의 극대치와 극소치의 위치를 이동시킨다.

먼저 기술한 바와 같이 광선은 매질을 통하여 일정한 속도로 전파되는 횡파의 전자파로서 그림 I-3과 같이 전기장과 자기장은 서로 수직이다. 이들은 일정한 위상관계를 유지하면서 광선의 전파방향에 서로 수직으로 진동한다. 광선은 전파방향에 수직한 면 상에서 수평, 수직 또는 다른 어떤 방향으로도 진동한다. 어떤 순간에 그 전기장과 자기장의 강도가 전파방향의 위치에서 변하고, 그 전파방향의 수직한 면에서 일정한 경우를 **평면파**(平面波; plane wave)라고 한다.

일반적으로 전자파인 광파와 물체 사이의 상호작용에서 전기장이 자기장보다 더욱 강한 작용을 나타내므로 흔히 광파를 전기장으로 기술한다. 여기서 취급하는 전자파는 일정한 파장을 가지고 한 방향으로 진행하는 정현파형태인 단색광의 평면파이다. 만일 전기장벡터 $\mathbf{E}$가 한 평면에만 있는 경우에는 편광된 평면파라고 한다. 전자파의 편광현상에 대해서는 I-1-7항에서 다시 검토하겠다.

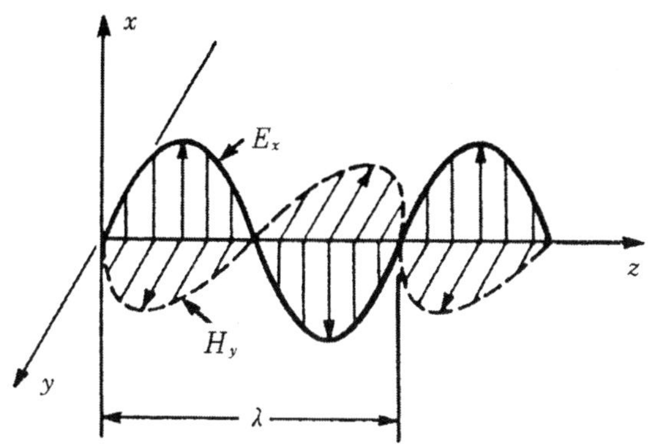

그림 I-3 일정한 시간에서 z방향의 함수로 주어진 평면전자파의 진폭.
전기장과 자기장은 각각 x와 y방향이고, 그들의 강도는 x와 y방향에 독립적이다.

먼저 기술한 바와 같이 파장이 일정한 평면파가 z 방향으로 진행하는 경우에 공간과 시간에 따라 전기장진폭의 변화는 다음 식과 같이 나타낼 수 있다.

$$E(x,\ y,\ z,\ t) = A\cos(kz - \omega t + \phi) \tag{I-9}$$

A : 전자파의 진폭, ϕ : 위상상수

위의 식을 검토함으로써 어떤 순간에 공간 내의 한 위치에서 전자파의 특성을 더욱 잘 이해할 수 있다.

만일 $\phi = 0$이라고 가정하는 경우에는 $t = 0$에서 z 방향으로 $\mathbf{E}$의 변화가 그림 I-2(a)와 같으며, 다음의 식과 같이 나타낼 수 있다.

$$E(x,\ y,\ z,\ 0) = A\cos kz \tag{I-10}$$

$$k = \frac{2\pi}{\lambda}$$

$z = 0$인 면과 이 면으로부터 파장의 정수배인 위치에 있는 모든 평행한 면에서 전기장은 최대치이고, 그 사이의 면에서는 코사인의 인수에 따라 다른 값을 가지게 된다. 그리고 kz가 π의 홀수배인 면에서는 $\mathbf{E}$의 값이 최소치를 가진다. 여기서 $1/\lambda$ 값은 단위거리당 주기의 수로서 공간적인 주파수라고 한다.

만일 $\phi = 0$인 경우에 전자파가 $z = 0$인 면을 통과할 때 $\mathbf{E}$의 변화를 시간의 함수로서 나타내면 그림 I-2(b)와 같으며, 다음 식과 같이 나타낼 수 있다.

$$E(x,\ y,\ 0,\ t) = A\cos\omega t \tag{I-11}$$

$$\omega = 2\pi\nu$$

즉 시간이 경과함에 따라 일정한 위상의 평면이 공간을 통하여 이동하며, 이러한 평면을 **파면**(波面)이라고 한다. $\mathbf{E}$는 (I-9)식에서 z와 t의 함수임과 동시에 x와 y의 함수로 나타낼 수 있으나, 일반적으로 공간적인 의존성은 z 방향으로만 기술한다. 따라서 위의 파면은 z 방향으로 이동하는 평면파를 기술하며, 레이저빔을 포함한 전자파를 간단히 나타내는 경우에는 평면파로 생각할 수 있다.

만일 임의의 방향으로 전파되는 평면파를 나타내도록 위의 관계를 일반화시키면, 이러한 전자파는 전파벡터 또는 파동벡터 K로 나타낼 수 있다. 전파벡터 K는 다음과 같이 나타내며, 그 방향은 평면파의 진행방향과 같다.

$$K = |K| = \sqrt{K \cdot K} = \frac{2\pi}{\lambda} \tag{I-12}$$

이러한 조건에서 전기장의 진폭은 다음 식과 같다.

$$E(x,\ y,\ z,\ t) = A\cos(K \cdot R - wt + \phi) \tag{I-13}$$

R : 원점으로부터 한 위치 $(x,\ y,\ z)$까지의 거리
$K \cdot R$: K와 R의 벡터성분의 스칼라 곱

예로서 그림 I-4와 같이 전파벡터가 x-z면 상에 있고, z축과 θ각만큼 경사진다고 하면 전파벡터는 다음 식과 같이 나타낸다.

$$K = K_x i + K_y j + K_z k = |K|\sin\theta + |K|\cos\theta \tag{I-14}$$

다른 방향으로 이동하는 전자파에 대한 표현도 같은 방법으로 기술할 수 있다.

광선의 파동성을 이해하는 데 중요한 사항 중의 하나는 **구면파**에 대한 개념이며, 이것은 광원이 매우 작아 한 개의 점과 같은 점광원에 대하여 취급하는 것이다. 이러한 작은 점광원으로부터 방출되는 광파는 모든 방향으로 균일하게 방사되며, 파면은 연속적으로 확장하는 일련의 동심구형이다. 이들 구형파동의 극대진폭은 중심으로부터 원주방향으로 λ거리씩 떨어져 있게 된다. 만일 광원이 좌표계의 원점에 있다

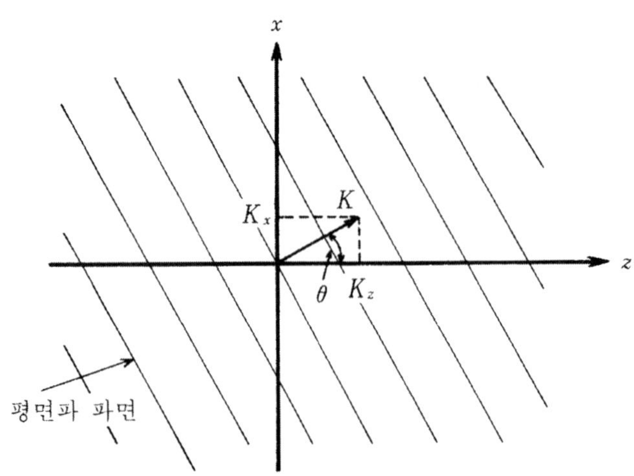

그림 I-4 전파벡터 K가 xz면 상에 있는 평면파(y축은 종이면에 수직임) K_x와 K_z은 전파벡터의 성분

고 가정하면 확장되는 구면파의 파동은 다음 식과 같이 나타낼 수 있다.

$$E(x, y, z, t) = \frac{A}{r}\cos(K \cdot R - \omega t) \quad \text{(I-15)}$$

$$r = \sqrt{x^2 + y^2 + z^2}$$

즉 점광원으로부터 파동이 전파되어 진행된 반경이 증가됨에 따라 파동의 진폭이 거리에 반비례하면서 감소한다.

일반적으로 광파의 강도 $\mathrm{I}(x, y, z, t)$는 다음 식과 같이 전기장진폭의 제곱으로 정의되며, 항상 실수이다.

$$I(x, y, z, t) = E(x, y, z, t) \cdot E^*(x, y, z, t) \quad \text{(I-16)}$$

$$E^* = E\text{의 공액복소수}$$

굴절률이 n인 매질 내에서 광파의 강도는 다음 식과 같다.

$$I = nE \cdot E^* \quad \text{(I-17)}$$

전자파에 대한 일반적인 복소수 지수함수표시와 삼각함수표시는 다음 식과 같다.

$$E_x = E \cdot e^{\pm(kz - wt)} \quad \text{(I-18(a))}$$

$$E_x = E\{\cos(kz - wt) \pm i\sin(kz - wt)\} \quad \text{(I-18(b))}$$

만일 전자파를 재료 상에 조사(照射)시키는 경우에 재료 내에서 전자파의 흡수가 없으면 다음 식과 같다.

$$E_x = E \cdot Re^{\pm i(kz - \omega t)} \quad \text{(I-19)}$$

이들에 대한 자세한 관계식은 다시 검토하겠다.

I-1-2 광선의 간섭현상

평면파가 전파되는 경우에 파면은 그 진폭이 최대인 평면 또는 위상이 일정한 평면을 의미한다. 광선의 **간섭현상**은 이러한 파면을 2개 혹은 그 이상으로 분리시킨 후 이들을 다시 재결합시키는 현상을 검토함으로써 이해할 수 있다.

(1) 파면의 분리에 의한 간섭현상(Double-slit interference)

그림 I-5와 같이 단색광원으로부터 멀리 떨어져 있는 곳에 불투명한 스크린이 있으며, 이곳에 2개의 작은 슬릿이 거리 d만큼 떨어져 있다고 해보자. 이제 d보다 훨씬 큰 D만큼 떨어져 있는 스크린 상의

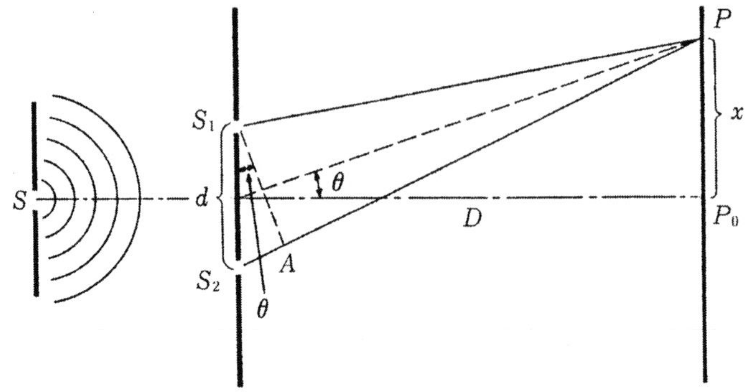

그림 I-5 Young의 실험, 점광원 S에서 방출된 빛은 2개의 슬릿 S_1과 S_2에서 2차점광원을 준다.

점 P에서 광선의 강도를 나타내는 식을 구하고, 또한 이 스크린 상에 나타나는 **간섭무늬**를 알아보자.

슬릿 S_1과 S_2는 멀리 떨어져 있는 광원 S로부터 같은 거리에 있으므로 파면은 평면파로서 S_1과 S_2로부터 나오는 광파의 위상과 진폭은 같다. 이제 분리된 두 광파가 P점에 도달하기까지는 각각 S_1P와 S_2P 거리를 진행하게 되므로 이들 두 광파 사이의 **광로차** Δ는 다음 식과 같다.

$$\Delta = S_2P - S_1P = d\sin\theta \tag{I-20}$$

따라서 이들 두 광파는 다음 식과 같은 위상차 ϕ를 가지면서 중첩된다.

$$\phi = K \cdot \Delta = \frac{2\pi}{\lambda}(S_2P - S_1P) \cdot \frac{2\pi}{\lambda}d\sin\theta \tag{I-21}$$

두 광파는 진폭이 같고 위상차가 ϕ이므로 전기장을 복소수 지수함수로 나타내면 다음 식과 같다.

$$E_1 = Ae^{-i(kz-wt)} \tag{I-22}$$

$$E_2 = Ae^{-i(kz-wt+\phi)} \tag{I-23}$$

P점에서 두 광파의 전기장진폭 합계는 다음 식과 같다.

$$E = E_1 + E_2 = Ae^{-i(kz-wt)}(1+e^{-i\phi}) \tag{I-24}$$

위의 식에서 마지막 항을 다시 쓰면 다음 식과 같다.

$$1+e^{-i\phi} = e^{-i\frac{\phi}{2}}\left(e^{-i\frac{\phi}{2}} + e^{i\frac{\phi}{2}}\right) = 2e^{-i\frac{\phi}{2}}\cos\left(\frac{\phi}{2}\right) \tag{I-25}$$

이것은 E를 실수와 복소수 지수함수만의 곱으로 나타나게 할 수 있다. 따라서 중첩된 광파의 강도는 다음 식과 같다.

$$I = E \cdot E^* = 4A^2 \cos^2\left(\frac{\phi}{2}\right) \tag{I-26}$$

위의 식에서 보듯이 중첩된 광파강도는 0에서부터 각각의 광파강도의 합계인 $2A^2$의 2배 사이에서 변화된다.

공간 내의 한 위치에서 어떤 시간에 정확히 중첩된 광선강도의 값은 이들 광선들의 상대적인 위상차 ϕ에 의존한다. 예를 들어

$$\phi = 2n\pi \text{인 경우 ; } I = 4A^2 \tag{I-27}$$

$$\phi = (2n+1)\pi \text{인 경우 ; } I = 0 \tag{I-28}$$

$$n = 0,\ 1,\ 2,\ \ldots$$

이들 두 광파의 결합으로 얻어진 강도의 변화를 광파의 간섭효과라고 한다. 한 시스템 내에서는 에너지 보존법칙이 적용되기 때문에 어느 곳에서도 상쇄간섭 없이 보강간섭을 얻을 수는 없다. 따라서 두 개의 균일한 광파가 중첩되는 경우에는 이들의 간섭현상에 의하여 위치에 따라 매우 복잡한 강도분포를 주게 된다.

이제 위상차 ϕ를 스크린상의 P_0점으로부터 거리 x, 두 슬릿 사이의 거리 d와 슬릿으로부터 스크린까지 거리 D의 함수로 계산하여 보자. 여기서 x와 d의 크기는 D에 비하여 매우 작다고 가정하면, 광로차 Δ와 위상차 ϕ는 다음 식과 같이 나타낼 수 있다.

$$\Delta = S_2P - S_1P = S_2A = d\sin\theta \cong d\frac{x}{D} \tag{I-29}$$

$$\phi = k \cdot \Delta = kd\sin\theta = kd\frac{x}{D} \tag{I-30}$$

중첩된 광파의 강도에 대한 식 (I-26)을 고려하여 보면, ϕ가 2π의 정수배인 경우에 최대치($I = 4A^2$)이므로 위의 식에서 보면 위상차가 λ의 정수배인 경우이다. 따라서 다음 식과 같은 조건을 만족시키는 경우에는 밝은 간섭무늬를 나타내는 **보강간섭**을 준다.

$$\frac{xd}{D} = 0,\ \lambda,\ 2\lambda \cdots = n\lambda \tag{I-31(a)}$$

또는

$$x = n\lambda\frac{D}{d} \tag{I-31(b)}$$

그리고 (I-28)식에서 보듯이 ϕ가 π의 홀수배이면 $I = 0$이므로 다음과 같은 조건을 만족시키는 경우에 검은 간섭무늬를 나타내는 **상쇄간섭**을 준다.

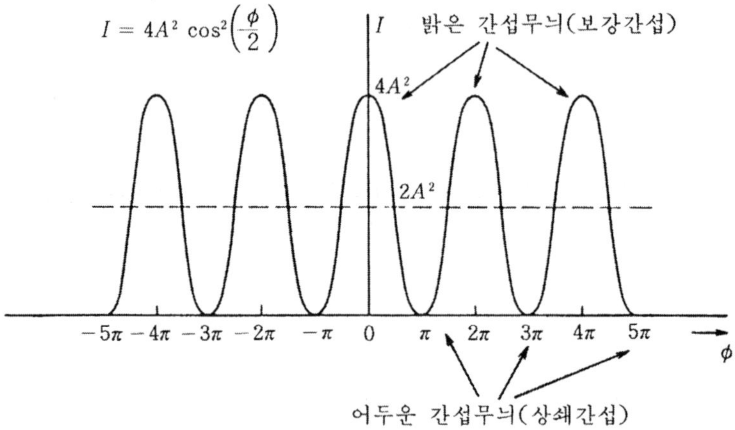

그림 I-6 두 광선빔으로부터 얻은 간섭무늬들의 강도분포, 각 슬릿으로부터 나온 강도는 A^2이므로, 두 광선빔 사이에 간섭현상이 없으면 강도는 평균 $2A^2$으로 점선으로 나타난 바와 같다. 보강간섭에서 강도는 $4A^2$이고, 상쇄간섭에서는 0이다(간섭현상이 있는 경우와 없는 경우에도 그들의 강도 평균값은 같다).

$$\frac{xd}{D} = \frac{\lambda}{2},\ \frac{3\lambda}{2},\ \frac{5\lambda}{2}\cdots = \left(n+\frac{1}{2}\right)\lambda \qquad \text{(I-32(a))}$$

또는

$$x = \left(n+\frac{1}{2}\right)\lambda\frac{D}{d} \qquad \text{(I-32(b))}$$

특정한 밝은 간섭무늬의 특성을 나타내는 정수 n을 간섭의 차수라고 부르며, $n=0,\ 1,\ 2,\ \cdots$의 간섭무늬를 0차, 1차, 2차 … 간섭무늬라고 한다. 이들 식에서 보면 스크린 상에서 두 인접된 간섭무늬들 사이의 거리는 그림 I-6에서 보는 바와 같이 $\left(\frac{\lambda D}{d}\right)$로서 일정한 값을 가지며, D와 λ에 비례하고 d에 반비례한다. 따라서 주어진 d와 D에 대하여 이들 간섭무늬들 사이의 거리를 측정하면 광파의 파장을 직접 구할 수 있다. 그림 I-6에서 극대치에 해당하는 것은 두 광파의 위상차가 2π의 정수배, 즉 광로차가 λ의 정수배이기 때문에 보강간섭현상을 나타낸 것이다. 그리고 극소치에 해당하는 것은 위상차가 π의 정수배, 즉 광로차가 $\lambda/2$차이므로 상쇄간섭현상을 나타낸다. 중간에 점선으로 나타낸 것은 각각의 광선이 별개로 작용할 경우에 나타나는 것으로서 간섭현상이 없으므로 각각의 광파강도의 합계에 해당하는 $2A^2$이 됨을 나타낸 것이다.

실제로 $\cos^2$간섭무늬들은 중심으로부터 양측으로 먼 거리까지 계속하여 나타나지는 못하고 어느 정도 떨어진 거리부터는 서서히 소멸된다. 이것은 슬릿의 폭 간격이 무한소로 작아질 수 없기 때문이며, 또한 일반적인 광원은 완전히 단색광이 되지 못하기 때문이다. 이러한 슬릿의 폭에 관련된 사항은 I-1-3항에서 기술되는 광선의 회절현상에도 관련된다. 즉 슬릿의 폭이 0에 가까워지면 광파가 모든 방향으로 방사된다. 그러나 일정한 폭의 슬릿간격을 가지게 되면 광선이 입사되는 방향을 축으로 하는 원뿔 형태로 광선을 방사한다. 따라서 간섭무늬의 강도는 각도 θ가 큰 경우에는 거의 0에 가까워지기 때문에 간섭무늬의 가장자리 부분은 결과적으로 소멸된다. 그리고 단색광에 관련된 사항은 I-1-5항에서 기술되는 광선의 가간섭성(可干涉性)에도 관련된다. 즉 많은 2중 슬릿 간섭무늬의 중첩에서 각 파장에 약간씩 차이가 있으므로 간섭무늬들도 약간씩 차이가 난다. 따라서 각도 θ가 커져 중심으로부터 멀어지면 간섭무늬의 소멸이 증가되며, 결과적으로 완전히 소멸된다. 그러나 레이저광에서는 이러한 현상을 거의 배제시킬 수 있다.

(2) 진폭의 분리에 의한 간섭현상(Two-beam interference)

광선의 진폭을 분리시켜 간섭현상을 설명함에는 한 광선의 파면을 2개 혹은 그 이상으로 분리시키는데 필요한 부분투과반사경이 사용되며, 이들 분리된 광선들을 재결합시켜 간섭무늬를 얻어야 한다.

그림 I-7과 같이 반사도가 같으면서 이들의 값이 1보다 적은 두 개의 평행한 면을 고려하여 보자. 여기서 보듯이 반사되는 광선은 입사각도가 θ이며, 반사도는 1보다 적으므로 다중반사는 고려할 필요가 없고 두 광선의 중첩을 고려하여 보자. 간섭무늬의 모양을 계산하기 위하여 두 반사된 광선 사이의 광로차 Δ가 필요하다. 이것은 두 번째 광로에 의하여 통과되는 잉여거리로 정의되므로 CB를 E로 연장시킴으로써 얻을 수 있다.

$$\Delta = \mathrm{AB} + \mathrm{BF} = \mathrm{EB} + \mathrm{BF} = \mathrm{EF} = 2d\cos\theta \tag{I-33}$$

d = 두 면 사이의 거리

따라서 두 광파 사이의 위상차 ϕ는 다음과 같다.

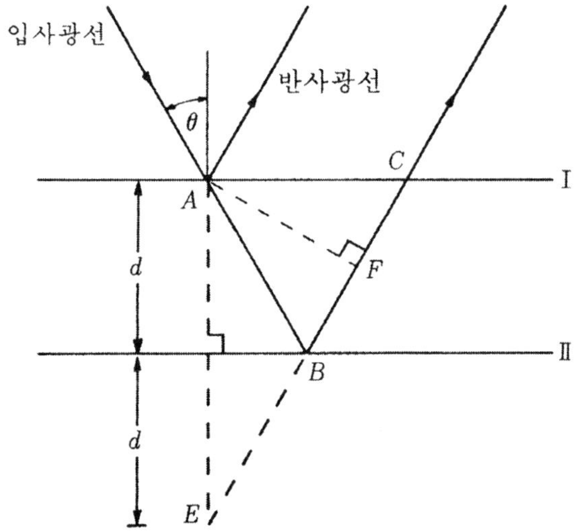

그림 I-7 반사율이 적은 두 개의 평행한 면에서 광선의 반사

$$\phi = k \cdot \Delta = 2kd\cos\theta \tag{I-34}$$

그리고 반사된 광선들은 진폭이 거의 같고 그 값을 A 라고 하면, 전체적으로 반사된 광선의 강도는 중첩에 의하여 다음 식과 같다.

$$I_R = 4A^2\cos^2(kd\cos\theta) \tag{I-35}$$

이제 에너지보존법칙에 의하여 투과된 광선의 강도 I_T는 입사된 강도 I_0에서 반사된 강도 I_R을 빼면 된다.

위의 식에서 보는 바와 같이 I_R은 $\cos^2$간섭무늬들로 나타나며, 이것은 다음 식과 같이 광로차가 파장의 정수배인 경우에 최대치를 가진다.

$$n\lambda = 2d\cos\theta: \text{ 보강간섭} \tag{I-36}$$

$$\left(n + \frac{1}{2}\right)\lambda = 2d\cos\theta: \text{ 상쇄간섭} \tag{I-37}$$

위의 관계는 광선들이 표면에서 반사됨에 따라 위상의 변화가 없다고 가정하거나, 또는 각 면에서 위상변화가 같다고 가정한 경우에 가능하다. 그러나 실제적으로는 그렇지 못하므로 표면들 사이의 거리가 수파장 이하인 경우에는 반사에 따른 위상변화가 중요하다. 예로서 굴절률 n이 약 1.5인 유리를 사용한다고 가정하여 보자. 이 경우에 각 면으로부터 반사되는 광선의 강도는 면에 수직으로 입사될 경우에 약 4%이므로 두 광선에 의한 접근관계는 잘 적용된다. 그러나 전자기장이론에 의하면 광선이 적은 굴절률의 매질을 통과하여 큰 굴절률로 된 매질의 경계면에서 반사되는 경우에는 광선의 위상이 π만큼 변화된다. 반면에 큰 굴절률의 매질을 통과한 광선이 적은 굴절률을 갖는 매질에서 반사되는 경우에는 광선의 위상변화가 없다. 따라서 이러한 위상변화는 정확히 광로차의 추가적인 반파장과 같으므로 위에 기술된 보강간섭과 상쇄간섭의 조건은 바뀌게 된다.

I-1-3 광선의 회절현상

작은 구경을 가지고 있는 불투명한 스크린에 파장 λ인 평면파를 통과시키면 직진하는 광선이 직접 도달하지 못하는 구역에도 광선의 일부가 비친다. 이것은 호이겐스(Huygens)원리에 의하여 구경을 통과하는 광선의 모든 파면(wavefront)이 광선의 2차점광원으로 작용하여 그늘지는 구역에도 2차광선의 일부가 전파되기 때문이다. 이러한 파면의 퍼짐현상은 광선의 파동성에 의한 결과로 광선의 **회절현상**이라고 한다.

호이겐스원리에 의하면 전파되는 광선파면 상의 각 점 또는 작은 구역은 그 자체가 작은 구형파를 방사하게 된다. 이들 작은 구형파들은 매우 짧은 거리에 전파되며, 이들의 중첩된 합성파가 새로운 파면을 준다. 이 새로운 파면은 처음의 파면이 짧은 거리 전파된 후의 위치에 해당하게 된다. 그림 I-8은 회절현

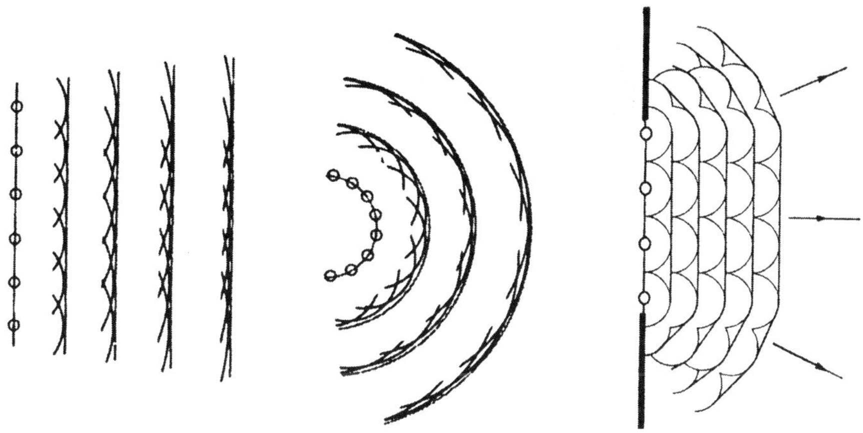

(a) (b) (c)

그림 I-8 호이겐스의 원리. (a) 평면파 파면상의 일련의 각 점광원(원으로 나타냄)이 2차의 구형파(우측에 원호의 일부로 나타냄)를 방출한다. 후에 나타나는 파면은 2차구형파들의 합계로 얻어지며, 이 경우에는 평면파이다. (b) 구형파의 파면에 대한 비슷한 예. (c) 구경을 통한 회절의 예로서 여기서 각 점광원으로 방출된 2차 및 그 이후의 구형파들은 편의상 다시 점광원으로 작용하도록 나타내었다.

상의 몇 가지 예를 보여주고 있다. 그림(a)에서는 평면파의 각 부분이 작은 구형파의 점광원으로 작용하며, 이곳으로부터 시작하여 처음 것에서 약간 떨어진 위치에 다른 평면파를 만들고 있다. 그림(b)에서는 구형의 파면에서 작은 구형파들이 더욱 큰 반경의 구형의 파면을 만들고 있다. 그림(c)에서는 구멍이 있는 불투명한 스크린에 평면파를 조사시키는 경우에 광파의 형태를 나타내고 있다. 여기에서 보듯이 광선이 도달되지 못하고 가려지는 곳으로 생각되는 구역으로도 광선이 퍼지게 된다. 이러한 광파의 파면이 퍼지는 현상은 광선의 파동성에 의하여 야기되는 것으로 회절현상이라고 한다. 광선은 구멍의 가장자리에서 방사되기 때문에 광선의 진행방향에서 약간의 곡률을 주며, 계속되는 파면은 더욱 큰 곡률을 주게 되어 결과적으로 광선의 파면은 구형이 된다. 이러한 경우에 광파가 발산된다고 하며, 이러한 광파를 **발산파**라고 한다.

회절현상은 일반적으로 2가지 범주로 나누어진다. 즉 광원과 회절무늬를 나타내는 스크린이 회절현상을 야기시키는 구경으로부터 매우 먼 거리 떨어져 있는 경우를 **프라운호퍼(Fraunhofer)회절**(혹은 far-field 회절)이라고 한다. 그리고 광원 또는 스크린이 구경으로부터 가까운 일정한 거리 떨어져 있는 경우를 **프레넬(Fresnel)회절**(혹은 near-field 회절)이라고 한다. 먼저 I-1-2항의 2중 슬릿 간섭효과는 프라운호퍼회절의 간단한 예이다. 여기에서는 회절현상에 관한 자세한 내용보다는 레이저빔의 발산특성과 관련된 프라운호퍼회절의 간단한 경우를 검토하여 보겠다.

그림 I-9는 파장 λ인 평면파가 슬릿간격 또는 직경 D인 작은 구경을 통과하여 스크린 상에 형성된 회절패턴을 보여주고 있다. 그림(a)는 한 방향으로 전파되는 단색광의 파면 상에 폭이 D로 적고 긴 슬릿

(a)

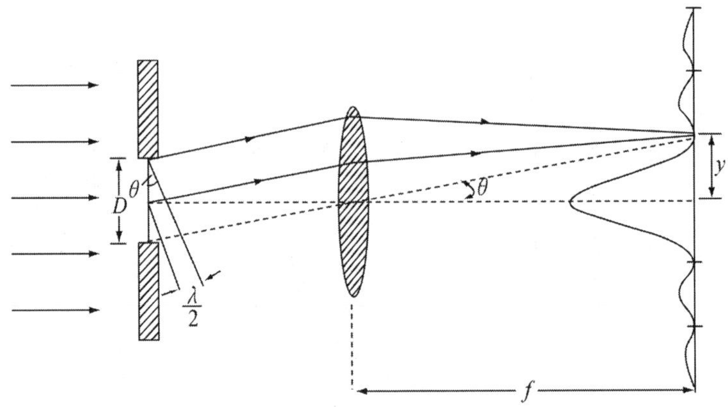

(b)

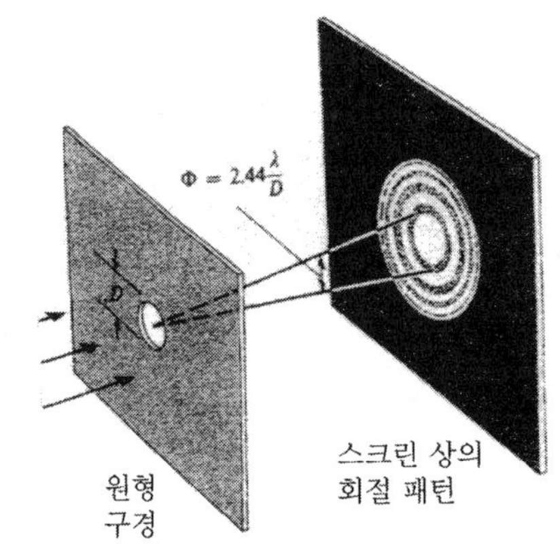

그림 I-9 회절 패턴. (a) 슬릿을 통한한 광선을 렌즈로 접속 시 프라운호퍼회절에서 강도 분포 (b) 작은 원형 구경을 통과한 광선이 동축의 원형 링 패턴을 형성한다. 회절량의 측정은 첫 번째 검은 링의 각도 Φ에 의하여 결정된다.

이 있으며, 그 뒤에 초점거리 f 인 집속렌즈가 있다. 이 경우에 렌즈는 뒷면 상의 한 점에 광선 빔을 집속시켜 프라운호퍼회절무늬를 주게 되며, 면 상에서 광선의 강도(W/cm^2)를 위치의 함수로 나타내면 위의 그림과 같다. 여기서 보듯이 두 광선의 광로차가 파장의 1/2과 같으면 상쇄간섭이 일어나 스크린 상에 첫 번째 검은 무늬를 나타나게 한다. 즉

$$\Delta = \frac{\lambda}{2} = \frac{D}{2}\sin\theta \qquad \text{(I-38(a))}$$

또는

$$\lambda = D\sin\theta \qquad \text{(I-38(b))}$$

일반적으로 상쇄간섭은 Δ가 $\frac{\lambda}{2}$의 정수배인 경우에 일어나므로 다음의 관계를 준다.

$$n\lambda = D\sin\theta \qquad \text{(I-39)}$$

$$n = 1,\ 2,\ 3,\ \cdots$$

이 경우에 전체출력의 약 86%는 $n=1$인 중앙의 가장 밝은 부분에 포함되게 된다. 집속된 슬릿의 영상은 대체로 다음과 같은 길이를 가지며, 이것을 집속된 **점크기**(spot size)라고 한다.

$$2y = 2f\tan\theta \qquad \text{(I-40(a))}$$

f : 렌즈의 초점거리

작은 각도에 대해서는 다음 식과 같다.

$$2y = 2f\frac{\lambda}{D} \qquad \text{(I-40(b))}$$

따라서 면 상에 집속된 점크기는 렌즈의 초점거리와 슬릿의 폭에 의존한다.

만일 위의 슬릿을 그림(b)와 같이 직경 D인 원형의 구경으로 바꾸면 스크린 상에 나타나는 광선의 무늬는 중앙에 밝은 원으로 나타난다. 이 원을 중심으로 어두운 원의 고리가 나타나고 그 다음은 다시 밝은 원의 고리, 즉 명암이 바뀌면서 동심원의 원주들로 나타나는 **에어리 원반(Airy disk)**의 회절무늬를 주게 된다. 이 회절무늬에서는 구경을 통과한 광선의 약 86%가 중앙의 밝은 원내에 포함되며, 광선의 세기가 극소인 첫 번째 어두운 원주의 직경이 집속된 빔의 점크기이다. 그리고 회절의 크기는 구경으로부터 첫 번째 어두운 원주의 직경으로 걸치게 되는 각도로서 나타낸다. 즉 첫 번째 검은 고리인 직경에 의하여 걸쳐있는 원주($n=1$)의 **회절각도**(Φ)는 다음 식으로 나타낸다.

$$\sin\Phi = 2.44\frac{\lambda}{D} \qquad \text{(I-41(a))}$$

구경 D가 파장 λ에 비하여 크면 회절각도는 적고, $\sin\Phi$는 대체로 라디안으로 표시되는 각도 Φ와 같다. 즉 $D \gg \lambda$ 또는 작은 각도에 대하여 다음 식과 같다.

$$\sin\Phi \cong \Phi = 2.44\frac{\lambda}{D} \qquad \text{(I-41(b))}$$

따라서 초점거리가 f인 렌즈로 집속된 점크기의 직경은 다음 식과 같다.

$$2R = 2.44\frac{f\lambda}{D} \qquad \text{(I-42)}$$

R : 집속된 점크기의 반경(그림 I-9에서 y에 해당됨)

위의 식에서 보듯이 D를 증가시키면 회절의 크기가 감소하고, 반면에 D가 작으면 회절이 증가한다.

일정한 크기의 어떤 가간섭성 평면파도 거의 위의 식과 비슷한 정도의 각도로 발산하게 되므로 흔히 위의 식들을 레이저빔 발산정도의 계산에 이용한다. 레이저빔이 위의 회절한계에 접근하는 출력을 가지는 경우에 이것은 위의 식에 의하여 나타내는 회절각도를 의미한다.

그러나 일반적인 광선은 비가간섭성이므로 매우 큰 회절각도를 가진다. 즉 광선에서 부분적인 각각의 빔들은 실제로 서로 간에 일정한 위상관계를 갖지 않는 매우 많은 광선들의 집합체와 같으므로 이들 상호간에는 일정한 관계로 서로 간섭을 하지 않는다. 따라서 유효직경이 작으면 발산각(Φ)이 크게 된다. 레이저빔은 가간섭성이 매우 크기 때문에 D값을 실제적인 빔직경과 비슷하게 생각할 수 있으므로 발산각(Φ)을 매우 작게 할 수 있다. 따라서 일반적인 레이저는 그 빔의 형태와 출력에 따라 발산각은 대체로 0.5~3mrad 정도를 가진다.

일반적으로 레이저빔 자체의 발산은 빔과 구경의 크기에만 의하여 결정되는 것이 아니라 레이저공진기 내에서 빔의 거동에 의하여 결정된다. 그리고 실제적인 레이저빔 응용에 있어서 빔은 렌즈, 빔확대기, 반사거울, 프리즘, 셔터, 광파이버 등 여러 가지 광학부품을 사용하여 집속시키거나 조절한다. 이러한 경우에는 이들 광학부품들의 가장자리를 이루는 둘레부분이 유효구경으로 작용하므로 빔의 크기를 제한시키거나 추가적인 회절과 발산을 줄 수 있다.

I-1-4 광선의 단색성

광선의 **단색성**이란 광선의 전기장이 일정한 파장으로 단일한 주파수를 가진다는 것을 의미한다. 광선의 여러 가지 광학적인 현상들은 광선이 단색성인 경우에 설명이 가능하다. 레이저광선의 가장 중요한 특성 중의 한 가지는 단색성이라는 것이다. 그러나 레이저빔을 포함한 모든 광원은 절대적으로 단색성일 수는 없고, 단지 단색에 매우 가까운 광선을 줄 수 있을 뿐이다. 즉 여러 가지 파장의 광선이 섞여 있는 경우에 광원을 필터로 선별한다고 하여도 선별된 광선의 단색성은 그 필터의 성능에 합당한 정도로 단색성을 가질 뿐이다.

광선의 단색성을 정량적으로 기술하기 위해서는 주파수 또는 파장의 퍼짐을 나타내는 광원의 선폭 $\Delta\nu$ 또는 파장의 범위인 $\Delta\lambda$로써 기술한다. 적은 파장범위 또는 주파수범위에 대하여 다음과 같은 식으로 나타낸다.

$$\Delta\nu = -\left(\frac{c}{\lambda^2}\right)\Delta\lambda \qquad \text{(I-43(a))}$$

$$\Delta\lambda = -\left(\frac{c}{\nu^2}\right)\Delta\nu \qquad \text{(I-43(b))}$$

광원의 종류와 여기(勵起)의 정도에 따라 방출된 광선은 넓은 스펙트럼(예; 백색광은 $\Delta\lambda \cong 300\text{nm}$)으로부터 매우 좁은 스펙트럼(예; 가스방전에 의한 선은 $\Delta\lambda \cong 0.01\text{nm}$)까지 걸쳐 있다. 각각 유리되어 있는 원자가 정지된 상태에서 가스방전 시 방출시키는 스펙트럼선은 매우 좁으며, 이들 좁은 구역의 광선을 적당한 필터로 여과시키면 단일한 방출선의 폭 정도로 양호한 단색성을 주기 때문에 실제적으로 원자가 단색광을 방출한다고 할 수 있다. 만일 가스를 이용하여 레이저발진이 일어나게 하면 이 특정한 방출선이 더욱 좁은 일련의 선들로 바뀐다. 이 경우에 이들 선들로부터 한 개를 제외한 다른 모든 것들을 단일모드기술로 억제시킬 경우에 가장 양호한 단색성의 광원을 얻게 된다. 그러나 가스 상태에서 원자들은 정지되어 있지 않고, 온도에 따라 상대적인 속도를 가지므로 방출된 광선의 주파수가 도플러(Doppler)효과에 의하여 약간 차이가 나게 된다. 따라서 절대적인 단색성은 얻을 수 없으며, 위에 기술된 매우 좁은 방출선도 약간의 주파수범위를 나타낸다. 만일 광선이 한 개의 주파수로만 발진하는 방출선으로 구성될 수 있다면 이 광선은 절대적으로 단색성을 주어 $\Delta\nu = 0$이 된다. 그러나 이것은 현실적으로 불가능하고, 단지 단일모드의 레이저로서 단색성에 매우 근접한 광선을 얻을 수 있을 뿐이다.

I-1-5 광선의 가간섭성

먼저 기술한 간섭효과를 포함한 여러 가지 현상들은 광선이 완전한 **가간섭성**(可干涉性; coherency)을 가지고 있는 경우에 가능하다. 광선이 가간섭성을 가지기 위해서는 두 광파 사이의 위상차가 공간과 시간에 관계없이 일정하다는 조건이 필요하다. 만일 광선이 가간섭성을 가지고 있지 않으면 간섭효과를 관측할 수 없고, 또한 간섭현상에 대한 실험이 불가능하다면 파동광학에 대한 기술이 불완전하게 된다. 따라서 광선의 가간섭성은 레이저빔의 특성인 직진성, 단색성, 고휘도 등과 매우 밀접한 관계가 있다. 그리고 레이저빔의 주파수대역은 그 가간섭성길이에 반비례한다.

가간섭성에 대한 개념은 단결정금속 내에서 한 원자의 위치를 알고 있으면, 원자들의 일정한 배열원칙으로부터 다른 원자들의 위치를 예측할 수 있는 것과 같다. 예를 들어 그림 I-10과 같이 규칙적으로 배열된 입자들이 화살표의 속도와 방향으로 진행한다고 생각해 보자. 이 경우에 시간과 위치에 따른 각 입자들의 배열은 그림(a)의 경우에는 매우 정돈된 상태이므로 정확하게 예측할 수 있다. 반면에 그림(b)의 경우에는 매우 무질서한 상태이므로 예측하기 힘들다. 이와 같이 광선이 가간섭성을 가진다고 하는 것은 어떤 규칙성을 가진다는 것을 의미하는 것으로서, 광선이 진행할 때 시간과 공간적으로 진폭과 위상 사이

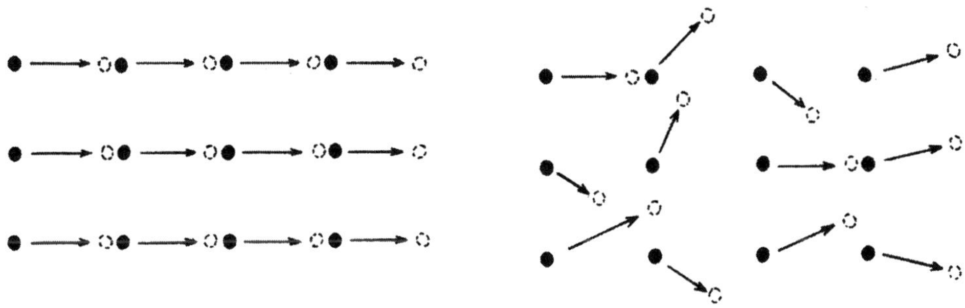

(a) 가간섭성 (b) 비가간섭성

그림 I-10 가간섭성(a)과 비가간섭성(b)의 예시.
완전한 가간섭성에서는 한 입자의 위치만 알면 일정한 시간 후 다른 입자들의 위치를 예측할 수 있다.

에 예측할 수 있는 연관성을 가질 수 있다는 것을 의미한다. 즉 전자파가 진폭과 파장이 같은 가지런한 정현파의 집합인 상태를 의미한다.

한 개의 광원으로부터 방출된 광선들이 공간과 시간적으로 완전한 가간섭성을 가진다면 공간 내의 어떤 위치와 다른 위치에서 광선의 전기장변화 사이에 완전한 연관성이 있게 된다. 이들 두 위치에서 전기장변화를 측정하여 그 차이를 알고 있으면, 어떤 시간 후에 첫 번째 위치에서 전기장을 측정함으로써 두 번째 위치에서 전기장이 어떤 값을 가질 것인가를 알 수 있다. 이것은 전기장이 완전한 가간섭성을 가지는 경우에만 가능하며, 단색성의 광선만이 시간과 공간적으로 완전한 가간섭성을 가질 수 있다. 이 경우에 전기장의 진폭은 아래 식과 같은 형태를 가진다.

$$E(x,\ y,\ z,\ t) = A(x,\ y,\ z)[\cos\omega t + B(x,\ y,\ z)] \tag{I-44}$$

$B(x,\ y,\ z)$: 공간에 따른 위상의 변화부분

공간 내의 어떤 위치에서 전기장변화는 항상 각진동수 ω 의 사인함수로 변한다. A 와 B 를 위치의 함수로 알 수 있다면, 공간의 어떤 위치에서 어떤 시간 t 에 대하여 완전한 가간섭성을 가진 광선에서 요구되는 바와 같이 E를 정의할 수 있다.

광원은 열에 의한 것과 레이저에 의한 것 2가지 범주 중의 하나에 속하게 된다. 이들 중에서 가간섭성이 가장 양호한 광원은 레이저에서 얻을 수 있다. 전형적인 열에 의한 광원은 가스방전관에서 얻을 수 있으며, 이러한 방전관에서 방출되는 광선은 일반적으로 서로 관련이 없는 개별적으로 여기된 원자들에 의하여 방출된다. 이 경우에 각 원자들은 비교적 짧은 작열(灼熱; burning) 또는 파속(波束; wave packet)으로 광선을 방출한다. 만일 한 원자가 여러 차례 여기되면 이 원자는 여러 개의 연속적인 파속들을 방출할 수 있다. 이들 파속들 사이의 기간은 일반적으로 그들의 지속기간에 비하여 길고, 시간적 혹은 공간적으로 무질서하게 방출한다. 따라서 단일원자에 의하여 방출된 파속들은 서로 간에 일정한 위상관계를 유지하지 않는다.

그림 I-11과 같이 단일원자에서 방출된 파속이 일정한 두께를 가진 두 면에서 반사되는 진폭분배로 인한 간섭현상을 고려하여 보자. 광선은 일정한 속도를 가지므로 우측면에서 반사된 광파는 좌측면에서 반사된 광파에 비해서 지연된다. 만일 지연된 시간이 파속의 지속기간보다 길면, 두 개의 반사된 파속이 검출기에 동시에 도달하지 못하게 된다. 이 경우에는 스크린 상에서 간섭무늬를 얻을 수 없게 된다. 따라서 스크린 상에서 측정되는 광선의 강도는 반사된 두 광파들의 중첩된 진폭의 합계에 의한 강도가 아니고, 그 각각의 독립적인 강도들의 합계를 나타내게 한다. 이러한 경우에 광선들은 가간섭성을 가진다고 볼 수 없다.

만일 매우 빨리 방출된 여러 개의 파속들이 동시에 검출기에 들어온다고 생각해 보자. 여기서 파속들은 무질서하게 방출되었으므로 광선들은 매우 빠른 진폭과 위상의 요동을 받게 되나, 이들은 명확한 위상관계를 가지고 있지 않기 때문에 가간섭성을 가진다고 볼 수 없다. 그러나 이 경우에 측정기는 주어진 광로차에 대하여 어떤 경우에는 극대치를, 어떤 경우에는 극소치의 강도를 측정하게 되나, 장기간에 걸쳐

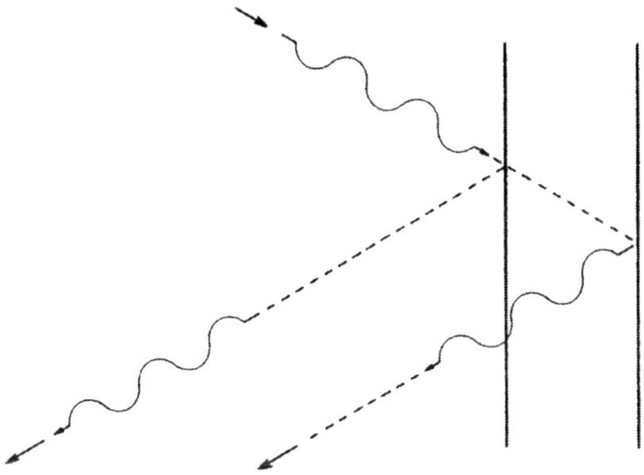

그림 I-11 시간가간섭성. 일정한 기간을 가진 광파들의 간섭

서는 일정한 강도를 관찰하게 되므로 광선들은 **비가간섭성**(非可干涉性; incoherency)이라고 간주할 수 있다. 즉 진행하는 두 개의 광파가 서로 간섭하지 않아 진동의 위상 간에 공간적으로 혹은 시간적으로 상관이 없는 상태이다.

비슷한 설명으로 한 원자로부터 방출된 광파는 다른 원자들로부터 방출된 광파들과 명확한 관계를 유지하고 있지 않기 때문에 먼저와 같은 이유로 이들은 서로 비가간섭성이라고 할 수 있다. 따라서 다른 여러 원자들에 의하여 방출된 광파들의 중첩은 진폭들의 합계에 의한 강도가 아니고, 각각의 강도들의 합계로 기술된다. 이제 이들 관계를 더욱 정량적으로 검토하고 주어진 열원에 의한 광파가 가간섭성을 가지게 되는 조건들을 생각하여 보겠다.

(1) 시간적인 가간섭성

광선이 부분적으로 반사되는 두 개의 평행한 반사면이 d만큼 떨어져 있고, 이 면에 수직으로 입사되는 광선에 의하여 얻어지는 간섭현상을 고려하여 보자. 이 경우에 반사는 매우 적기 때문에 $\cos^2$에 의한 간섭무늬가 얻어진다고 생각해 보자. 먼저 I-1-2항에서 살펴본 바와 같이 $n\lambda = 2d$의 조건을 만족하는 d값에 대하여 보강간섭이 얻어진다.

이제 λ는 거의 단색성의 광선으로 그 스펙트럼 폭 $\Delta\lambda$가 λ에 비해서 대단히 적은 한 개의 파장이라고 간주하여 보자. $\Delta\lambda$ 내의 각 무한소의 파장간격이 그 자신의 간섭무늬를 주며, 이들 파장들이 서로 간에 비가간섭성이라고 가정하자. 그러면 순간섭무늬는 많은 수의 $\cos^2$무늬들의 합계이다. 어떤 광로차 $2d$에서 한 극단적인 파장은 극대치를 나타내고, 반면에 다른 것은 극소치를 나타낸다고 하면, 이것은 다음의 관계가 있기 때문이다.

$$n\lambda \neq n(\lambda + \Delta\lambda) \qquad \text{(I-45)}$$
$$n \gg 1$$

어떤 특정치의 $2d$에서 간섭무늬들은 완전히 소멸되고, 강도는 일정하게 된다. 만일 $2d$에서 극대치를 가지는 극단적인 파장을 λ라고 하면 다음과 같다.

$$\text{광로차} = n\lambda \tag{I-46}$$

만일 같은 값의 **광로차**에 대하여 극단적인 $(\lambda + \Delta\lambda)$가 극소치를 가진다면 다음 식과 같다.

$$\text{광로차} = \left(n - \frac{1}{2}\right)(\lambda + \Delta\lambda) \tag{I-47}$$

앞의 두 관계식으로부터 다음의 식을 얻는다.

$$\frac{1}{2}(\lambda + \Delta\lambda) = n\Delta\lambda \tag{I-48}$$

그러나 $\lambda \gg \Delta\lambda$이므로 $\frac{1}{2}\lambda = n\Delta\lambda$로 대치하면 (I-46)식은 다음과 같이 된다.

$$\text{광로차} \cong \frac{\lambda^2}{2\Delta\lambda} \tag{I-49(a)}$$

따라서 광로차가 위의 값 이하인 경우에만 간섭무늬를 발견할 수 있다. 이 경우에 이러한 간섭무늬를 발견할 수 있는 광로차의 값을 **가간섭성길이** l_c라고 한다.

$$l_c = \frac{\lambda^2}{2\Delta\lambda} \tag{I-49(b)}$$

위의 식을 주파수의 항으로 다시 쓰기 위하여 $c = \nu\lambda$ 관계의 양측을 미분하고, c를 일정하다고 가정하면 다음 식을 얻는다.

$$\left|\frac{\Delta\nu}{\nu}\right| = \left|\frac{\Delta\lambda}{\lambda}\right| \tag{I-50}$$

이 경우에 가간섭성길이는 다음 식과 같다.

$$l_c = \frac{c}{2\Delta\nu} \tag{I-51}$$

위의 식을 보면 거의 단색성의 광선에 대하여 가간섭성길이가 길다. 만일 가간섭성길이가 길면 광선은 오랜 기간 동안에 매우 규칙적이다. 예를 들어 $\lambda = 500\text{nm}$ 근방에서 대역폭이 100nm인 광원에 대하여 $\Delta\lambda = 100\text{nm}$이므로 (I-50)식에 의하여 $\Delta\nu = 1.2\times10^{14}\text{Hz}$를 얻게 된다. 이 값을 (I-51)식에 대입하면 $l_c = 1.25\mu\text{m}$를 얻게 된다. 그러나 동일한 파장에 대하여 $\Delta\lambda = 10^{-3}\text{nm}$이면 $\Delta\nu = 1.2\times10^{9}\text{Hz}$이므로 $l_c = 125\text{mm}$가 된다.

광선의 속도에 시간을 곱하면 진행된 길이가 되므로 **가간섭성시간** t_c는 다음과 같이 정의된다.

$$t_c = \frac{l_c}{c} \tag{I-52}$$

따라서 위의 식에 (I-51)식을 대입하면 다음 식과 같다.

$$t_c = \frac{1}{2\Delta\nu} \tag{I-53}$$

위의 관계식에서 보듯이 광원의 단색성 정도와 이 광원에서 방출된 광선의 시간적 가간섭성 사이에는 반비례 관계가 있다. 더욱 정확한 계산에서는 각 $\cos^2$무늬들을 적당한 방출선 형태에 대하여 적분하게 되며, 이 경우에 다음의 관계식을 얻는다.

$$t_c = \frac{1}{\Delta\omega} \tag{I-54}$$

$\Delta\omega = 2\pi\Delta\nu$ (방출선의 FWHM; 극대치의 1/2이 되는 사이의 각주파수 폭)

위의 결과를 다음과 같이 해석할 수 있다. 즉 원자들에 의하여 방출되는 광선의 연속적인 작열 또는 파속은 t_c와 같은 기간을 가진다. 위상은 한 파속과 그 다음 파속 사이에서 갑자기 변화되므로 간섭현상은 광로차가 한 개의 파속길이보다 짧은 경우에만 관찰된다. 광로차가 0에 접근하면 간섭무늬는 매우 큰 명암차를 나타내며, 광로차가 l_c에 접근함에 따라 명암차는 서서히 감소한다. 간섭무늬의 명암차가 큰 경우에 광선들은 가간섭성이 매우 크다고 하며, 대체로 다음과 같이 나타낼 수 있다.

광로차 $< \dfrac{l_c}{10}$; 큰 명암차

$\dfrac{l_c}{10} <$ 광로차 $< l_c$; 부분적인 명암차

$l_c <$ 광로차 ; 명암차 없음 (비가간섭성)

(2) 공간적인 가간섭성

이 현상에 대한 자세한 기술은 생략하겠으나 2중 슬릿실험에서 보는 바와 같이 슬릿 사이의 거리가 가까울수록 간섭무늬는 양호한 명암차를 주게 되어 가간섭성이 증가된다. 광원의 크기를 x, 광원에서 스크린까지의 거리를 L이라고 하면 슬릿간격 d가 $(\lambda L/2x)$에 접근하면 명암차가 소멸되고, 이 값보다 크면 광선들은 비가간섭성이 된다. 더욱 자세한 계산에서는 슬릿간격 d에 대하여 다음과 같다.

$d < 0.16\dfrac{\lambda L}{x}$; 큰 명암차

$$0.16\frac{\lambda L}{x} < d < \frac{\lambda L}{2x} \quad ; \text{ 부분적인 명암차}$$

$$\frac{\lambda L}{2x} < d \quad ; \text{ 명암차 없음 (비가간섭성)}$$

어떠한 열원에 의한 광원이라도 작은 구멍으로 그 크기를 제한하거나, 필터 또는 분광기로 파장범위를 제한함으로써 시간적인 또는 공간적인 가간섭성 정도를 증가시킬 수 있다. 그러나 이러한 방법에 의한 경우에는 여러 가지 힘든 문제가 수반되고, 또한 가간섭성 광원의 강도는 매우 약하게 된다. 반면에 단일 모드동작의 레이저는 시간과 공간적으로 거의 완전한 가간섭성의 광선빔을 방출한다. 따라서 레이저가 광학에서 매우 중요한 역할을 하게 되는 것이다.

I-1-6 광선의 직진성

일반적인 광선은 광원으로부터 방출될 때 모든 방향으로 같은 정도로 퍼지면서 전파된다. 따라서 일반적인 광선은 특정한 방향으로만 향하게 할 수 없으며, 또한 한 점으로 집속시킬 수도 없다. 만일 광선이 전파될 경우에 사방으로 발산하지 않고 한 방향으로만 일정하게 진행하는 경우에 광선은 직진한다고 정의한다. 앞서 기술된 광선의 간섭현상은 직진하는 광선들이 상호중첩 되는 경우에 발생되는 것이며, 회절현상은 직진하는 광선 빔이 핀홀 또는 다른 물체에 의해서 제약을 받을 경우에 야기되는 현상이다.

일반적인 광원에 비해서 레이저빔은 직진성이 매우 우수하여 한 방향으로 진행하며, 한 점으로 집속시킬 수 있다. 레이저빔의 직진성은 레이저빔의 발산정도에 의해서 결정되며, 이것은 빔의 회절에 의한 확장의 크기에 의한다. 레이저빔이 직진성을 나타내는 것은 광원으로부터 광선의 파면(波面)을 방출시키는 방법 때문이다. 일반적인 레이저공진기의 구조는 그림 I-12와 같이 완전반사거울과 부분투과반사거울 사이에 활성매질을 위치시킴으로써 이루어진다. 이 경우에 레이저빔은 우측의 부분투과거울에서 광선의 일부분이 투과되는 것 이외에는 거의 대부분이 매우 많은 횟수를 공진기 내에서 왕복진행하면서 반복하여

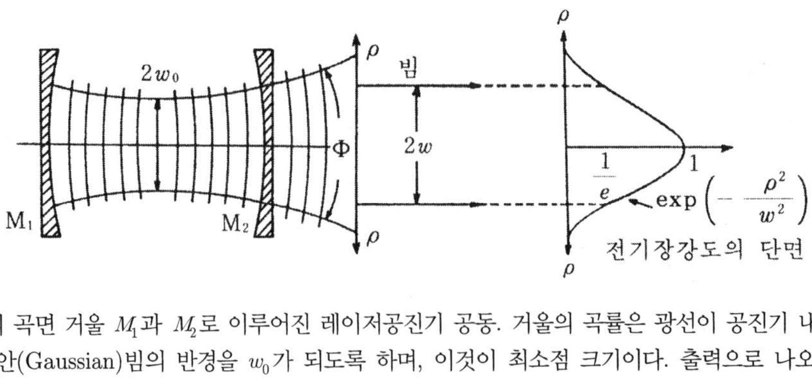

그림 I-12 두 개의 곡면 거울 M_1과 M_2로 이루어진 레이저공진기 공동. 거울의 곡률은 광선이 공진기 내에 머물도록 하고 가우시안(Gaussian)빔의 반경을 w_0가 되도록 하며, 이것이 최소점 크기이다. 출력으로 나오는 빔의 허리구역에서 반경이 레이저빔의 발산정도를 결정하며, 이곳의 전기장 진폭의크기는 중심에서 값의 e^{-1}이다.

반사된다. 이러한 다중반사는 광선이 왕복하여 진행되는 거리를 증가시키면서 광선빔을 반사거울들 간의 광축 주위의 적은 구역으로 제한시킨다.

그러므로 광선빔이 매우 긴 거리를 왕복하여 진행함에 따라 광파의 곡률은 매우 작아지게 되고, 우측의 부분투과거울을 통과하여 나오는 광선빔은 거의 평면파로 생각할 수 있다. 즉 출력거울 M_2는 전반사거울 M_1에서 외부로 반사되는 일부분을 배제하고 통과시키므로 M_2가 광선빔에 대한 조준구경의 역할을 수행한다. 즉 레이저공진기로부터 방출되는 레이저빔은 M_2거울을 통과하여 방출된 광선이므로 매번 조준구경을 통과하는 것과 같다. 만일 레이저빔이 방출되기 전에 두 거울 사이에서 수십 혹은 수백회 이상 반사하게 된다면, 레이저빔은 공진기길이(M_1과 M_2 사이의 거리)의 2배 거리마다 M_2거울 직경과 크기가 같은 조준구경이 수십 혹은 수백 개 연속하여 배치되어 있는 거리를 통과한 것과 같다. 따라서 레이저빔은 발산정도가 큰 외부는 매번 차단되기 때문에 결과적으로 레이저에서 방출될 때에는 매우 양호한 직진성을 가지게 되는 것이다.

일반적으로 레이저빔의 직진성은 완전반사거울과 부분투과거울의 곡률과 구경크기 및 레이저공진기 내에서 빔의 형태에 의해서 결정된다. 대부분의 레이저에서 레이저빔은 그림 I-12와 같이 가우시안(Gaussian) 형태의 빔이기 때문에 그 단면을 볼 때 원형으로 대칭이며, 그 중심에서 전기장강도가 가장 크고 주위로 갈수록 감소된다. 그리고 전기장의 진폭이 중심에서 값의 e^{-1} 되는 곳, 즉 레이저빔출력 혹은 빔조사도가 e^{-2} 되는 곳까지의 거리를 레이저빔의 반경(w)이라고 한다. 실제적인 레이저구조에서는 레이저빔을 가능하면 공진기공동 내에 구속되도록 하기 위해서 위의 그림에서 보는 것과 같이 반사거울들이 약간 곡률을 가지고 있다. 따라서 레이저빔의 반경은 광축을 따른 거리에 따라 변한다. 그러나 레이저공진기공동 내의 한 위치에서 **가우시안빔**은 그 최소의 빔반경 w_0를 가지며, 이것을 보통 **빔허리**(beam waist)라고 한다. 레이저빔은 공진기에서 M_2를 통하여 방출되는 부분에 해당되므로 빔허리로부터 멀리 떨어진 곳에서 빔크기를 그 최대 **발산각**으로 나타내면 다음 식과 같다.

$$\Phi = \frac{2\lambda}{\pi\omega_0} = \frac{4}{\pi} \cdot \frac{\lambda}{2\omega_0} \cong 1.27\frac{\lambda}{2\omega_0} \tag{I-55}$$

이것은 I-1-3항의 회절무늬에서 직경 D를 $2w_0$와 대체시킨 것과 비슷하다. 그러나 위의 식에서 1.27은 I-41(b)식의 2.44의 약 1/2 정도이다. 왜냐하면 먼저 번의 경우는 평면파가 스크린 상의 구경가장자리에서 차단되므로 회절현상이 발생하여 빔의 발산각도가 커지기 때문이다.

레이저빔의 직진성은 최대 빔의 발산각으로 나타내며, 이것은 위에서 기술한 바와 같이 빔의 중심축과 외각의 가장자리 사이의 각도의 2배로 정의된다. 빔의 발산각은 보통 라디안으로 표시되며, 일반적인 소형레이저에서 빔의 발산각은 1mrad 내외이다. 예로서 가우시안빔 형태를 가진 He-Ne레이저에서 빔허리 w_0가 0.5mm이면, 그 최대 빔의 **발산각**은 다음과 같다.

$$\Phi = \frac{1.27 \times 6.328 \times 10^{-9}}{2 \times 0.5 \times 10^{-3}} = 0.8\,\text{mrad}$$

이러한 레이저에서는 레이저빔이 1m 진행됨에 따라 빔의 크기가 0.8mm 증가됨을 의미한다.

I-1-7 광선의 편광현상

광선이 진행할 경우에 전기장벡터 E는 어떤 순간에 임의의 방향을 향하게 된다. 이것은 그림 I-3에서 보는 것과 같이 전자파의 진행방향을 기술하는 전파벡터 k와 그 전자파의 자기장벡터 H에 수직이다. 태양광 또는 램프광 같은 일반적인 광원에서 방출되는 전자파는 그 전기장벡터가 어떤 특정한 방향성을 가지고 있지 않고 시간에 따라 매우 빨리 변화한다. 이러한 경우의 전자파를 비편광된 광선 또는 무질서하게 편광된 광선이라고 한다. 그러나 레이저광선 또는 어떤 광학기구를 통과한 광선은 그 전기장벡터가 어떤 특성적인 방향성을 가지게 되며, 이러한 경우에 전자파가 편광되어 있다고 한다. 편광된 광선은 재료에 입사되는 각도에 따라 전자파가 흡수되는 정도가 다르므로 레이저빔에 의한 재료가공에 매우 중요한 영향을 미친다. 편광된 레이저빔이 재료가공에 미치는 영향은 IV-3-2항에서 기술하고, 여기에서는 개괄적인 광선의 편광현상에 대하여 설명하겠다.

(1) 전자파의 편광형태

일반적으로 전자파의 편광현상을 기술함에 있어서는 전기장에 관하여 나타내며, 전기장벡터의 진동방향을 **편광방향**이라고 한다. 전기장의 진동방향과 전파방향을 포함하는 평면을 **편광면**이라고 한다. 가장 간단한 편광의 경우는 시간에 따라 일정하게 전기장의 진폭과 방향만이 변하는 경우로서 이러한 편광현상을 **선형편광**이라고 한다. 만일 전자파가 z 방향을 따라 이동하는 경우에 전기장벡터가 x 방향으로 있으면 편광면은 xz 면이 되고, x 방향으로 선형편광되어 있다고 한다. 이제 그림 I-13과 같이 z 방향으로 이동하면서 편광방향이 x 축과 θ 각도를 가진 전자파의 전기장을 고려하여 보자. 이 경우에 편광벡터는 x 성분과 y 성분으로 나누어지며, 선형적으로 편광된 전자파를 전기장의 극대진폭과 편광벡터가 x 축과 만드는 각도로써 나타낼 수 있다. 그리고 전기장의 두 성분은 같은 위상을 가져야 하므로 각 성분(E_x, E_y) 들의 극대치와 극소치는 동시에 일어난다.

그러나 전기장벡터의 x 성분과 y 성분이 같은 위상을 가지지 않는 경우가 있을 수 있으며, 이러한 경우에 각성분 진폭들의 극대치가 동시에 일어나지 않는다. 이러한 결과는 전자파가 선형적으로 편광되지 못하고 다른 형태의 편광현상을 주기 때문이다. 이제 그림 I-14와 같이 편광된 방향이 각각 x 와 y 의 방향이고, 위상차가 90°인 다음과 같은 2개의 전자파를 고려하여 보자.

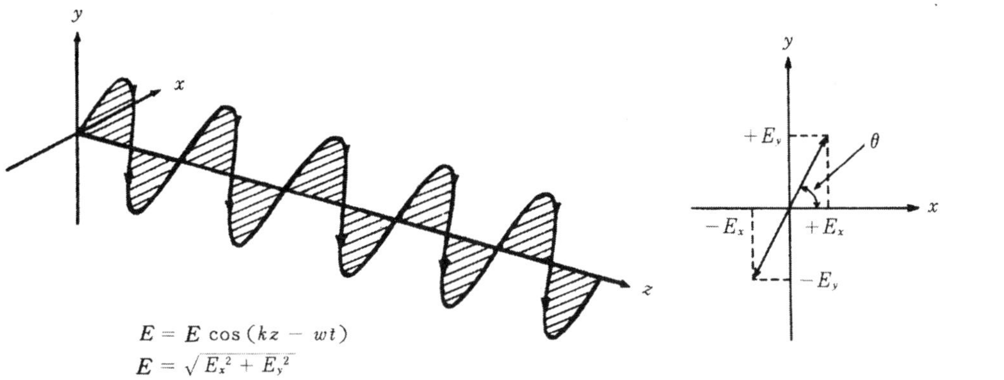

(a) x축에 θ각도 선형 편광된 전자파 (b) z축에 수직한 면 상에 투영된 전기장

그림 I-13 선형편광된 전자파

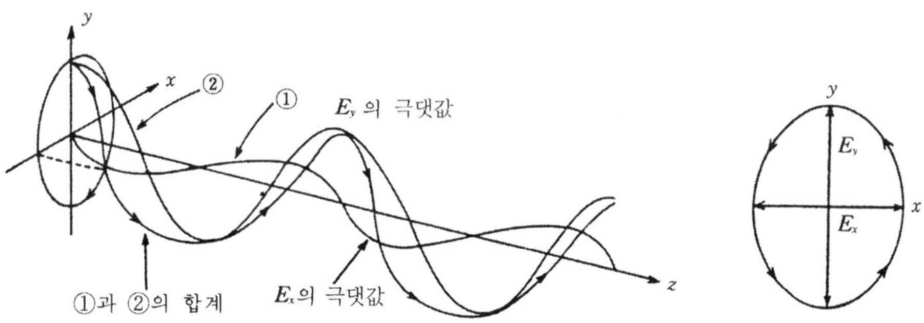

(a) (b)

그림 I-14 타원편광된 전자파. (a) ①은 x축과 ②는 y축 성분으로 분해하여 나타낸 것이다. 한 축 성분의 최댓값은 다른 축성분의 최댓값에 대하여 $\lambda/2$ 뒤에 있음(90° 위상차이를 줌). (b) 시간의 함수로 xy면 상에 투영시킨 전기장의 경로.

$$E_x = E_1\cos(kz - \omega t) \tag{I-56}$$

$$E_y = E_2\cos(kz - \omega t + \phi) \tag{I-57}$$

이 경우에 두 전자파를 합하면 z축의 어떤 위치에서 합성된 전체적인 전기장진폭은 다음 식과 같다.

$$E_{tot} = E_1\cos(kz - \omega t) + E_2\cos(kz - \omega t + \phi) \tag{I-58}$$

$\phi = \frac{\pi}{2}$인 경우에 $z = 0$에서 시간의 함수로 E를 나타내면 다음 식과 같다.

$$E_{tot} = -E_1\sin\omega t + E_2\cos\omega t \tag{I-59}$$

만일 $E_1 = E_2$인 경우에는 전자파의 전파방향에 수직한 면 상에서 합성된 전기장이 원을 따라 회전하므로 **원형편광**되어 있다고 한다. 그리고 $E_1 \neq E_2$인 경우에는 합성된 전기장이 타원을 따라 회전하므로

타원편광되어 있다고 한다. 여기에서 보듯이 합성된 전기장벡터 (E_{tot})는 절대로 0을 지나지 않으며, 이러한 방법으로 편광된 전자파는 항상 일정한 크기의 전기장을 가진다.

이들 전기장벡터의 회전방향을 나타내기 위해서는 다음의 법칙을 따른다.

(a) 전기장벡터의 투영은 항상 전자파가 전파되는 방향($+z$)에서 보도록 한다. 즉 $+z$ 방향에서 원점을 볼 때 나타나는 전기장벡터의 방향이다.

(b) 두 전자파의 위상차 ϕ는 $(\phi_y - \phi_x)$로 잡는다. 만일 $E_x \neq E_y$이고, $\Delta\phi = \phi_y - \phi_x = 90°$이면, E_y가 E_x를 앞서가므로 xy 면 상의 벡터는 시간에 따라 시계방향으로 회전하고, 이러한 경우를 우측으로 타원편광되었다고 한다. 반면에 $\Delta\phi = 270°$(또는 $-90°$)이면 그림 I-14와 같이 E_x가 E_y에 비하여 앞서가므로 전기장벡터는 시간에 따라 반시계방향으로 회전한다. 이런 경우에 좌측으로 타원편광되었다고 한다. 그리고 $\Delta\phi = 180°$인 경우에는 전자파가 일직선 상에서 움직이므로 선형편광되었다고 한다. 일반적으로 $E_1 \neq E_2$이고, $\Delta\phi \neq 90°$인 경우에는 타원의 장경과 단경이 x축과 y축에 일치하지 않는다.

(2) 전자파를 선형적으로 편광시키는 방법

무질서하게 편광된 전자파를 선형적으로 편광시키기 위해 대체로 다음의 3가지 방법을 따른다.

○ 전자파의 부분적인 흡수에 의한 편광

한 축 방향으로 연장된 분자들로 구성된 어떤 재료 내로 무질서하게 편광된 전자파를 통과시키면 분자의 축 방향과 평행한 전자파의 성분은 흡수하고, 그 축과 수직인 성분은 통과시키는 경우가 있다. 이러한 현상은 광선을 편광자에 통과시킬 때 볼 수 있다. 이 경우에 투과된 전자파의 편광된 방향을 편광자축이라고 하며, 이것은 분자의 연장된 긴 축에 수직이다. 만일 편광자에 인입되는 전자파가 이미 편광된 경우에는 그 통과되는 전자파의 진폭은 그 전자파의 전기장벡터와 편광자축 사이의 각도에 의존한다. 예로서 인입되는 전자파의 빔이 편광자의 축과 θ각도를 가지면, 통과되는 전자파의 진폭은 $\cos\theta$ 성분이므로 통과되는 전자파의 강도는 조사도(照射度)에 $\cos^2\theta$을 곱한 것에 비례한다.

○ 전자파의 부분적인 반사에 의한 편광

이 방법은 전자파와 재료표면 사이의 상호작용에 의한 것으로 편광벡터가 반사면에 평행한 성분은 우선적으로 반사된다는 성질을 이용한 것이다. 그림 I-15에서 보는 것과 같이 광선을 재료표면에 조사시킬 경우에 입사, 반사 및 투과된 전자파성분을 동시에 포함하고 있는 평면을 **입사면**이라고 한다. 이 그림에서 무질서하게 편광된 전자파를 입사면에 평행한 성분($E_{\parallel}$)과 수직인 성분($E_{\perp}$)으로 나타내었다. 위의 그림에서 각각의 입사, 반사 및 투과된 전자파들의 전기장성분을 입사면에 대하여 수평 및 수직성분으로 나타내었다. 여기에서 n은 반사면의 법선으로서 입사면 내에 존재한다. 위의 재료가 일반적인 유리일 때

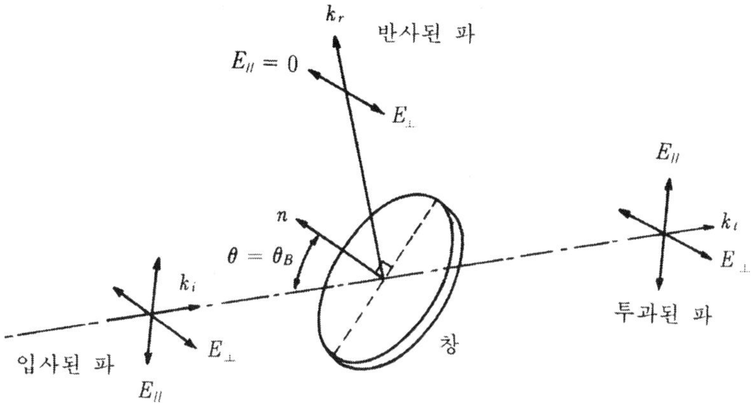

그림 I-15 반사에 의한 편광. 벡터 n은 창면에 수직한 법선이고, k는 전파방향을 나타냄. 창이 입사광선에 대하여 브루스터각도($\theta_B = \tan^{-1} n$; n은 창의 굴절률)일 때 반사된 $E_{\parallel}$ 성분은 0이다.

입사되는 광선이 반사면에 수직인 경우($\theta = 0°$인 경우)에는 모든 편광방향으로 약 4%가 반사된다. 그러나 $\theta \neq 0°$인 경우에는 편광방향에 따라 반사도가 변하며, θ 증가에 따라 입사면에 평행하게 편광된 전자파($E_{\parallel}$)가 입사면에 수직하게 편광된 전자파($E_{\perp}$)에 비하여 투과되는 부분이 많고, 반사되는 성분은 적어진다. 그리고 재료의 굴절률에 따라 어떤 각도 θ에서는 입사면에 평행하게 편광된 전자파성분은 모두 투과되고, 반사도는 0이 된다. 이러한 경우에 이 특정한 각도를 **브루스터(Brewster)각도**(θ_B)라고 한다. 이 브루스터각도는 반사된 전자파성분과 굴절된 전자파성분 사이에 90°를 이루는 경우에 전자파의 입사방향과 반사면의 법선 사이의 각도이다.

만일 입사되는 전자파에 대하여 매질의 굴절률을 n_1이라고 하고, 전자파가 통과하는 매질의 굴절률을 n_2라고 하면 브루스터각도(θ_B)는 다음 식과 같이 나타낸다.

$$\theta_B = \tan^{-1}\left(\frac{n_2}{n_1}\right) \tag{I-60(a)}$$

만일 입사되는 전자파가 공기 중에 있으면 $n_1 \cong 1$이므로 위의 식은 다음 식과 같다.

$$\theta_B = \tan^{-1} n_2 \tag{I-60(b)}$$

굴절률이 1.5인 유리면에 광선이 조사되는 경우에 입사면에 평행한 전기장($E_{\parallel}$)과 수직한 전기장($E_{\perp}$)의 반사되는 정도는 그림 I-16과 같다. 이 그림에서 57°에 θ_B로 나타낸 것은 브루스터각도를 의미하며, 점선은 편광되지 않은 광선의 평균적인 반사도를 나타낸 것이다. 만일 유리판을 사용하면 반사면이 유리판의 앞뒤로 2개가 있으므로 약 8%의 광선이 반사되고, 92% 정도가 투과된다. 그러나 광선은 굴절률이 n_1에서 n_2인 매질로 들어온 후, 다시 n_2에서 n_1인 매질로 나가므로 광선의 방향은 처음 입사광선의 방

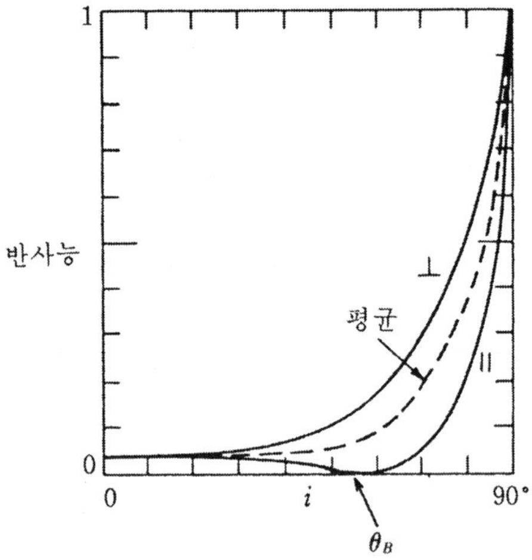

그림 I-16 굴절률이 1.5인 유전체의 표면으로부터 입사면에 수직한 성분과 수평한 성분의 반사율. θ_B는 브루스터각도임

향과 같게 된다. 만일 입사되는 광선에 대하여 유리판을 서서히 경사시켜 θ_B가 되게 하면, 입사면에 평행하게 편광된 성분($E_{\parallel}$)만을 100% 통과시킨다. 따라서 경사된 여러 개의 유리판을 통하여 광선을 통과시키는 경우에 한 방향으로 편광된 성분($E_{\parallel}$)만을 얻을 수 있다.

많은 경우에 레이저빔의 출력이 선형적으로 편광되어 있는 경우가 있다. 이것은 일반적으로 레이저의 구조상 내부에 있는 브루스터면에 의한 결과이며, 레이저공진기에서 반사로 인한 손실을 줄이고 투과도를 증가시키기 위한 것이다. 즉 고체레이저에서 레이저봉의 단면절단각도 또는 가스레이저에서 레이저공진기의 끝부분에 부착된 부분투과거울의 각도가 브루스터각도이면 한 방향으로 편광된 레이저빔이 레이저공진기공동으로부터 손실 없이 거울을 통하여 나온다. 이러한 각도로 절단된 면과 부분투과거울을 **브루스터절단면** 또는 **브루스터창**이라고 한다. 따라서 브루스터절단면 또는 브루스터창이 없이 제조된 레이저는 편광되지 않은 레이저빔을 방출한다.

○ 복굴절결정에 의한 편광

이 방법은 복굴절재료의 결정구조이방성에 따른 굴절률차이를 이용하여 광선을 편광시키는 방법이다. 어떤 결정체에서는 결정구조가 방향에 따라 이방성을 가지기 때문에 이들 방향에 따라 굴절률이 변한다. 이런 경우에 결정체 내에서 서로 다른 방향으로 편광된 광선들은 서로 다른 속도로 전파된다. 이런 결정에서는 서로 수직인 두 방향이 있으며, 이들을 각각 결정의 고속축과 저속축이라고 한다. 광선이 이 결정에 입사될 때 고속축에 평행하게 편광된 성분은 저속축에 평행하게 편광된 성분보다 결정체 내에서 전파속도가 빠르다.

일반적으로 이 결정체 내에서 대칭축을 광학축이라고 하며, 전기장벡터가 광학축에 수직으로 즉 저속축에 평행하게 편광되면 **정상광선**이라 하고, 광학축과 같은 면에 있도록 즉 고속축에 평행하게 편광된

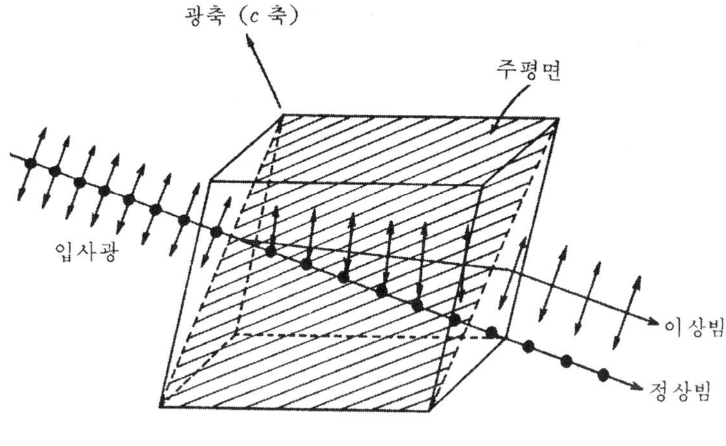

↕ : 주평면에 수평한 성분 ● : 주평면에 수직한 성분

그림 I-17 복굴절 결정(방해석)내에서 광선의 전파. 입사광선과 광축(c축)을 포함하고 있는 면을 주평면이라고 함. 입사광선이 광축에 수직 혹은 수평하지 않고 결정의 벽개면에 수직으로 입사되면 입사광은 두 개의 빔으로 나뉘어 복굴절 됨. 정상빔은 주평면에 수직으로 진동하고, 이상빔은 주평면에 평행으로 진동함

경우를 **이상광선**이라고 한다. 따라서 편광되지 않은 광선빔을 이런 결정체 내로 통과시키면 그림 I-17과 같이 서로 직각으로 다르게 편광된 두 빔이 나오게 되며, 이러한 현상을 **복굴절현상**이라고 한다. 이런 경우에는 전술한 바와 같이 고속축에 평행하게 편광된 광선빔의 속도(v_e)가 저속축에 평행하게 편광된 광선빔의 속도(v_o)에 비하여 빠르므로 한 방향으로 편광됨에 따른 굴절률(예; n_e)은 다른 방향으로 편광됨에 따른 굴절률(예; n_o)과 서로 차이가 난다. 두 편광빔에 대한 굴절률이 서로 다르므로 이들 광선들이 결정면에서 내부반사되는 임계각도가 서로 다르다. 따라서 복굴절결정재료를 일정한 각도를 가진 모양으로 절단시키면 입사된 빔을 정상빔성분과 이상빔성분으로 서로 분리시킬 수 있다. 예를 들어 방해석결정은 590nm의 광선에 대하여 n_o=1.66이고, n_e=1.49이다. 그림 I-18과 같이 두 굴절률 사이의 각도에 해

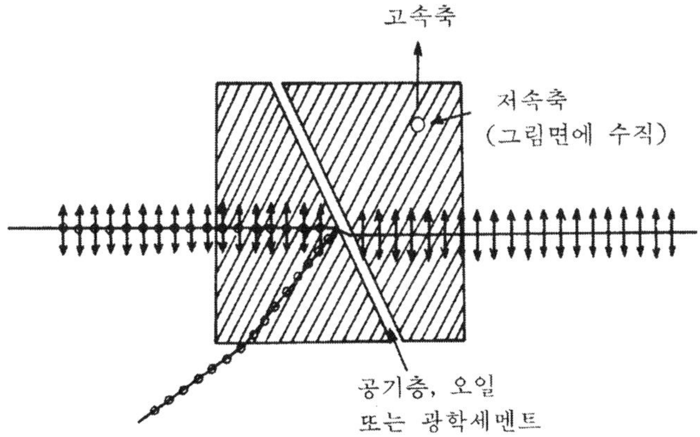

그림 I-18 두 개의 프리즘 형태로 된 복굴절 결정에 의한 광선의 편광

당하도록 결정을 절단시켜 위의 파장의 광선을 통과시키면 한 방향으로 편광된 부분은 통과시키고 다른 방향으로 편광된 부분은 완전히 내부반사시켜 제거시킬 수 있다. 만일 동일한 모양의 방해석결정을 그림과 같이 반대로 위치시키면 투과되는 광선빔은 한 방향으로 편광된 성분만으로써 원래의 방향을 따라 진행하게 된다. 이 경우에 두 결정체를 접합시키는 광학시멘트를 사용할 경우에는 그 굴절률이 위의 두 굴절률 사이의 값을 가진 것으로 선택하여야 한다.

편광현상을 이용한 다른 편광조절기로서는 복굴절결정 **파장판(waveplate)**이 있다. 만일 인입되는 광선빔 파장의 $\lambda/4$에 해당하는 두께의 복굴절결정으로 광선빔을 통과시킬 경우에는 정상광선과 이상광선 사이에 $\pi/2$의 위상차를 주게 된다. 이런 경우에 분리된 두 광선빔이 원형으로 편광된다. 만일 복굴절결정의 두께가 파장의 $\lambda/2$에 해당되도록 하면 이 결정을 통하여 나오는 두 광선빔의 위상차는 π가 된다. 이런 경우에 편광은 선형적이나 편광벡터가 어떤 각도로 회전하게 된다. 이러한 현상들을 이용하여 $\lambda/4$파장판, $\lambda/2$파장판, 레이저출력의 진폭조정, Q-스위칭 및 모드동기화 등에 이용된다. 선형적인 레이저빔을 원형편광시키는 $\lambda/4$파장판 및 입사광선의 편광각도를 변화시키는 $\lambda/2$파장판에 대한 자세한 내용은 IV-2-6항에 기술할 것이다.

I-1-8 전자파의 입자성

지금까지 검토한 여러 가지 현상들은 전자파의 파동성으로 설명된 것이며, 전자파의 전기장과 자기장은 전자파의 이동방향에 수직으로 진동하며, 시간의 함수이다. 이러한 전자파의 성질들로부터 전자파의 회절, 반사, 굴절, 간섭효과 등 여러 가지 현상을 설명할 수 있다. 그러나 전자파의 광전효과 같은 다른 현상들은 파동성으로 설명이 불가능하며, 전자파의 입자성으로 설명이 가능하다. 따라서 전자파의 복사현상은 입자의 어떤 특성을 가지므로 전자파는 파동과 입자의 이중성을 가진다. 전자파복사의 양자역학적인 기본적 가정은 다음과 같다.

- 주파수 ν인 전자파의 복사현상은 에너지가 $h\nu$인 불연속묶음으로 이루어져 있으며, 이 전자파의 양자를 광자(photon)라고 한다.
- 광자의 질량은 0이며, 진공 내에서 그 속도는 광선의 속도와 같다.
- 광자와 관련된 운동량은 hk이다.

전자파의 입자성을 설명하기 위하여 전자파의 흑체복사현상, 광전효과, 복사압력 등에 대하여 간단히 검토해 보겠다.

(1) 흑체복사

고온에 있는 고체는 그 온도에 관계되는 전자기파를 방출시키며, 방출되는 스펙트럼은 광범위한 파장

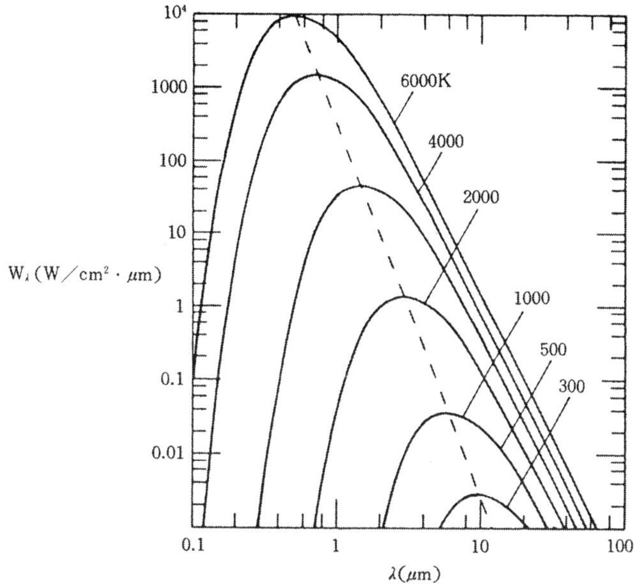

그림 I-19 여러 가지 온도에서 흑체의 복사선 스펙트럼분포

구역에 걸쳐서 연속으로 존재한다. 모든 파장의 전자파를 완전히 흡수하는 물체를 흑체라고 한다. 전자파를 방출시키는 흑체의 온도에 따라 그 복사출력은 전체스펙트럼구역에 걸쳐서 균일하게 분포되지 못하고 그림 I-19와 같이 어떤 특정한 파장에서 최대치를 나타낸다.

막스 플랑크(Max Planck)에 의하면 흑체에서 방출되는 복사선은 진동하는 전하량에 기인한다. 이들 진동하는 전하량들은 한 집합의 조화진동자를 형성한다. 이 경우에 주파수가 ν인 각 진동자들은 $h\nu$, $2h\nu$, … 등 불연속된 에너지준위를 가질 수 있다. 즉 흑체는 전체적으로 변화되는 값의 주파수를 가진 조화진동자들의 집합으로 이루어져 있다. 조화진동자들은 어떤 순간에 $h\nu$의 에너지만 가질 수 있으므로 그들의 에너지준위들은 양자화되어 있다. 이러한 각 진동자의 강도 또는 세기는 정수 n으로 기술할 수 있고, 그 에너지는 $nh\nu$로 된다. 만일 이러한 진동자들이 방출되면 그들의 에너지는 감소하게 된다. 각 진동자들의 에너지준위는 양자화되어 있으므로 그들의 에너지교환은 에너지가 $h\nu$인 양자 또는 $h\nu$의 정수배인 양자를 흡수 혹은 방출하면서 일어난다. 즉 큰 n값을 가진 높은 에너지강도의 진동자는 더 많이 방출하고, 적은 n값의 낮은 에너지의 진동자는 적게 방출한다. 그러나 열평형에 있는 집합계에서 n은 ν의 함수로서 $h\nu \gg kT$인 경우에 n은 급격히 떨어진다. 일정한 온도에서는 n이 최대가 되는 특성적인 주파수가 있다. 따라서 $h\nu \gg kT$인 진동자에 대하여 강력하지 못하다. 즉 이러한 진동자들은 그들의 최소에너지상태이므로 큰 주파수(혹은 짧은 파장)에서 흑체방출선의 강도는 떨어진다.

온도가 T인 흑체가 진공 중으로 보내는 스펙트럼방출, 즉 파장에 따른 **복사이미턴스**(emittance; 단위 면적당 빛의 방사력)는 다음 식과 같다.

$$e_\lambda(T) = \frac{2\pi h\nu^3}{c^3(e^{h\nu/kt} - 1)} \quad \text{(I-61)}$$

c : 광선의 속도

h : 플랑크(Planck)상수(6.624×10^{-3}J · sec)

그리고 흑체에 의하여 단위면적당 방출되는 복사이미턴스는 **스테판–볼츠만(Stefan–Boltzmann)의 법칙**에 의하여 다음 식과 같다.

$$e = \int_0^\infty e_\lambda d\lambda = \varepsilon\sigma T^4 = 5.67 \times 10^{-8}(\mathrm{W/m^2}) \quad \text{(I-62)}$$

ε : 표면의 복사능(emissivity)으로 1임.

σ : 스테판-볼츠만상수($5.57 \times 10^{-8}\mathrm{W/m^2} \cdot °\mathrm{K}^4$)

온도 T의 흑체에 의하여 최대로 방출되는 전자파의 파장 λ_m은 **윈(Wien)의 법칙**에 의하여 다음 식과 같다.

$$\lambda_m T = 2.898 \times 10^{-3}\mathrm{m} \cdot °\mathrm{K} \quad \text{(I-63)}$$

따라서 온도가 증가됨에 따라 흑체의 스펙트럼에서 λ_m은 그림 I-19에서 보는 것과 같이 짧은 파장방향으로 이동한다. 위의 관계를 이용하면 태양은 사람의 눈에 가장 민감하고 가시광선의 평균파장인 550nm의 λ_m을 방출하는 흑체로 간주할 경우에 그 표면온도는 약 5,500°K 정도로 생각할 수 있다.

(2) 광전 효과

어떤 주파수 이상의 전자파를 금속에 조사시키면 그 표면에서 전자가 방출되며, 이러한 현상을 광전효과라고 한다. 이 광전효과는 전자파의 파동성으로 설명할 수 없으며, 아인슈타인(Einstein)에 의하여 전자파의 양자화된 입자성으로 설명이 가능하다. 금속의 표면에서 전자가 외부로 방출되려면 그림 I-20과

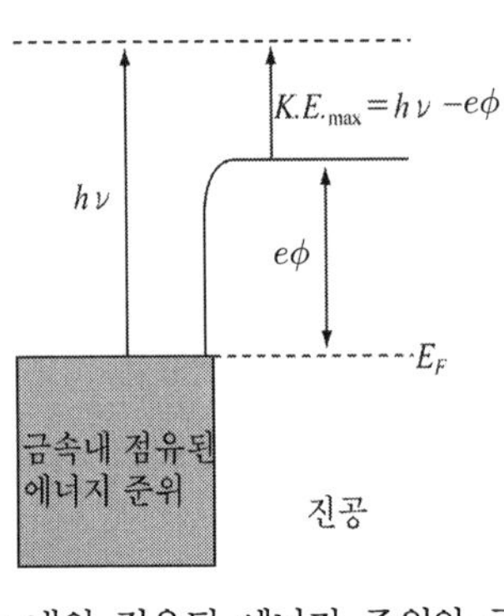

그림 I-20 금속 내의 점유된 에너지 준위와 금속표면의 일함수

같이 전자가 넘어야 하는 전위장벽 $e\phi$가 있다. 상온에서는 금속의 전도대에 있는 자유전자의 운동에너지는 표면에 존재하는 이 전위장벽을 넘기에 불충분하며, 이 전위장벽을 극복하는 데 요구되는 에너지를 그 금속의 **일함수**라고 한다. 따라서 그림과 같이 전도대의 가장 높은 에너지준위에 있는 전자들이 이러한 전위장벽을 극복하는 데 필요로 하는 최소한의 에너지가 일함수이다.

주파수가 ν인 단색성의 전자파는 에너지가 $h\nu$인 광자들로 구성되어 있으며, 이들이 금속과 상호작용 과정에서 광자들의 에너지는 전자에 흡수된다. 그리고 금속표면에서 방출되는 전자는 전위차 $e\phi$를 극복해야 하므로 그 최대운동에너지는 광자의 에너지와 일함수의 차이로 다음과 같다.

$$\left(\frac{1}{2}mv^2\right)_{max} = h\nu - e\phi \tag{I-64}$$

만일 외부에서 금속에 전압을 가하면, 그 전압은 일함수에 추가되므로 위의 식은 다음 식과 같이 나타낸다.

$$\left(\frac{1}{2}mv^2\right)_{max} = h\nu - e(\phi + V) \tag{I-65}$$

따라서 억제전위의 증가에 따라 방출되는 전자의 운동에너지는 감소되며, 임계전압 V_o인 경우에 그 운동에너지가 0이 된다. 임계전압에서 위의 식은 다음과 같다.

$$h\nu = e(\phi + V_o) \tag{I-66}$$

그러므로 억제전압이 V_o 이상으로 가하여지는 경우에는 전자가 방출되지 못하므로 광전류가 0이 된다. 그리고 위의 (I-65)식과 (I-66)식에서 보듯이 방출된 전자의 최대운동에너지와 임계전압 V_o는 주파수 ν와 직선적으로 비례한다.

광전효과에 대한 실험에서는 그림 I-21과 같이 검토하려는 금속판을 음극으로 사용하고, 다른 전극판을 양극으로 사용하여 이들 두 전극판 사이에 전압을 가한다. 이제 음극판에 일정한 주파수 ν인 광선을 조사시키면 전극판들을 통한 전위차가 변화되고, 가하여진 전압과 광선강도의 함수로서 양극판의 전류는

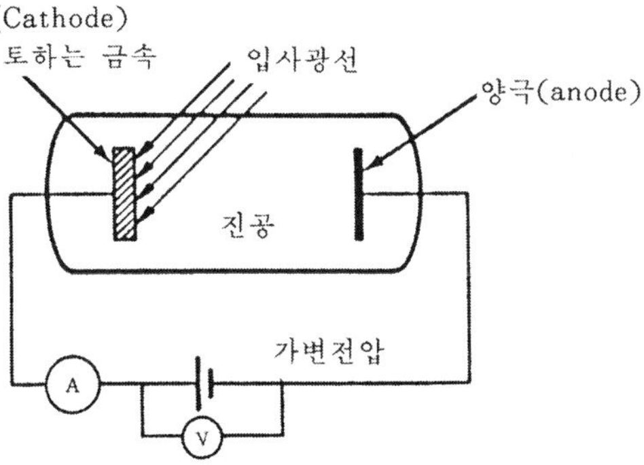

그림 I-21 광전효과에 대한 실험. 인가한 전압 V는 방출된 전자들에 대한 억제전위로 작용함.

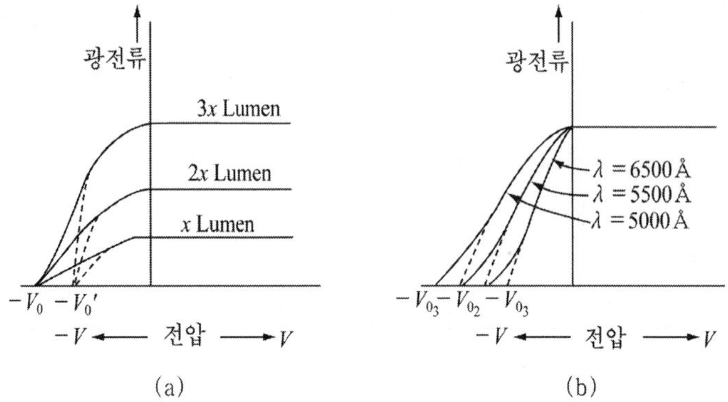

그림 I-22 입사광선에 따른 광전류. (a) 같은 파장에서 입사광선의 강도에 따른 광전류의 크기 $-V_o$는 상온에서 억제전압, $-V_o'$는 0°K에서 억제전압 (b) 같은 입사광선의 강도에서 파장에 따른 광전류의 크기 실선은 상온에서 억제전압, 점선은 0°K에서 억제전압

그림 I-22와 같다. 여기서 보듯이 '−'전위에 대하여 특정전압 V_o가 있으며, 그 이하에서는 전자가 방출되지 못한다. 이 V_o는 전자가 극복해야 하는 추가적인 전위의 장벽이다. 전압이 V_o 이상으로 증가함에 따라 양극전류는 증가된다. $V \geq 0$에서는 포화된 전류값 I_s에 도달하며, 이것은 그림 I-22(a)에서 보는 것과 같이 인입된 전자파의 강도에 직접적으로 비례한다. 그리고 V_o는 조사되는 전자파의 주파수가 일정한 경우에는 그 강도에 무관하나, 위의 (I-66)식에서 보는 것과 같이 인입되는 전자파의 주파수에 비례한다. 그림 I-22(b)에서 보는 것과 같이 전자파의 주파수가 클수록 V_o값은 더욱 '−'측으로 이동되며, $V \geq 0$에서는 포화된 전류값 I_s는 주파수에 관계없이 그 강도에 비례한다. 광전효과에 대한 이러한 관계는 금속의 전자방출이 인입되는 광선의 주파수와 금속의 일함수에 의존하므로 매우 약한 강도의 광선에서도 광전효과를 관찰할 수 있다. 따라서 이러한 광전효과는 I-3-3항에서 기술되는 광선의 검출과 측정장치에 이용된다.

(3) 복사압력

일반적인 동력학적 관점에서 중요한 2가지 항목은 에너지와 운동량이다. 즉 질량이 m이고, 속도가 v인 물체는 그 속도방향으로 mv의 운동량을 가지며, 그 운동에너지는 $\frac{1}{2}mv^2$이다. 그러나 전자파와 같은 광자는 속도가 광속과 같으며, 질량이 0이다. 그리고 광자는 $h\nu$인 에너지를 가지므로 일정량의 운동량을 가진다.

전하 e인 입자에 전자파를 조사시키면, 전자파의 전기장에 의하여 그 전기장방향으로 입자가 진동한다. 이 경우에 입사되는 전자파의 자기장은 전기장에 수직이고, 전자파는 이들 두 방향에 수직한 방향으로 진행한다. 전자기장이론에 의하면 전하 e를 가진 입자가 자기장 내에서 이동하는 경우에는 다음과 같은 힘을 받게 된다.

$$F = e(V \times B) \tag{I-67}$$

V : 입자의 속도

B : 전자파의 자력선속 밀도

이러한 힘은 항상 전자파의 전파방향과 같으며, 이 힘이 전자파의 복사압력을 준다. 전자파에 의하여 전달되는 운동량은 흡수된 에너지를 광선의 속도로 나눈 것과 같다. 광자의 에너지는 $h\nu$이고, 그 속도는 $v = \frac{w}{k}$이므로, 한 개의 광자에 대한 운동량은 다음 식과 같다.

$$P = \frac{h\nu}{c} = \frac{\hbar 2\pi\nu}{c} = \frac{\hbar\omega}{c} = \hbar \cdot k \tag{I-68}$$

따라서 전자파를 재료에 조사시킬 경우에 그 광자로부터 재료에 전달되는 운동량으로 인한 압력을 얻을 수 있다. 그러나 그 크기는 매우 적다. 그러므로 고출력레이저빔을 재료에 조사시키는 경우에 재료에서 나타나는 반충압력은 레이저빔 자체에 의한 힘에 비하여 레이저빔에 의한 열로 인하여 증발되는 입자들이 외부로 방출되면서 발생시키는 반작용에 의한 힘이 더욱 크다.

I-2 재료에서 전자파의 전파와 분산

전자파가 어떤 매질을 통하여 전파되는 경우에 굴절률이 다른 매질의 표면에 도달하면 전자파는 이들 두 매질의 경계면 상에서 일부는 반사되고 나머지는 투과된다. 그리고 투과된 전자파는 새로운 매질 내에서 흡수되거나 굴절되어 통과하게 된다. 따라서 전자파의 특성과 재료의 물성이 이들 사이의 상호작용에 매우 중요한 역할을 한다. 여기에서는 재료에 입사된 전자파가 매질 상에서 반사 또는 매질 내를 통과시 발생하는 여러 가지 현상에 대하여 고찰하여 보겠다.

I-2-1 재료 내에서 전자파의 속도

전자파가 어떤 매질 내에서 이동하는 현상은 **맥스웰(Maxwell)식**에 의하여 기술된다. 진공 중에서 이동하는 평면파에 대하여 적용시키면 시간과 공간좌표의 함수로 다음 식과 같은 미분방정식을 얻는다.

$$\frac{\partial^2 E_x}{\partial z^2} = \mu_0 \varepsilon_0 \frac{\partial^2 E_x}{\partial t^2} \tag{I-69}$$

μ_0 : 진공에서 투과계수($4\pi \times 10^{-7}$Henry/m)

ε_0 : 진공에서 유전율($8.8542n \times 10^{-12}$Farad/m)

위의 식은 파동함수로서 그 일반해를 보면 전기장의 강도가 x 방향으로 진동하며, 시간 t와 거리 z의 함수로 특정한 속도로 전파된다. 전파되는 파동을 삼각함수로 나타내면, 그 가능한 해는 다음 식과 같이 이동하는 파동이다.

$$E_x = E_0 \cos(k_0 z - wt) \tag{I-70}$$

E_0 : 전기장강도의 진폭

k_0 : 진공에서 전파상수

w : $2\pi\nu$

위의 식을 (I-69)식에 대입하면 다음과 같은 식을 만족해야 한다.

$$k_0^2 = \omega^2 \mu_0 \varepsilon_0 \tag{I-71}$$

위상속도는 위상을 시간으로 미분하여 구한다. 즉, $k_0 z - \omega t =$상수이므로

$$k_0 \frac{dz}{dt} - \omega = 0 \tag{I-72}$$

$$v_0 = \frac{dz}{dt} = \frac{\omega}{k_o} \tag{I-73}$$

위의 식에 (I-71)식을 대입하면 다음과 같이 진공에서 전자파의 속도를 얻는다. 이 관계식에서 보듯이 진공에서 전자파의 속도는 그 주파수에 무관하다.

$$v_0 = \frac{w}{k_0} = \frac{1}{\sqrt{\mu_0 \varepsilon_0}} = 3 \times 10^8 \text{m/sec} \tag{I-74}$$

어떤 재료의 투과계수를 μ, 유전상수를 ε라고 하면 이 재료 내에서 전자파의 속도는 (I-75)식과 같다. 일반적으로 어떤 재료에서 $\mu > \mu_0$, $\varepsilon > \varepsilon_0$이므로 재료 내에서 전자파의 전파속도는 항상 진공 중에서 전자파의 속도보다 느리다. 그리고 재료 내에서는 일반적으로 μ와 ε는 주파수의 함수이므로 전자파의 속도는 주파수의 함수이다.

$$v = \frac{1}{\sqrt{\mu \varepsilon}} \tag{I-75}$$

굴절률이 n인 재료 내에서 전자파의 속도는 다음과 같다.

$$v = \frac{c}{n} \tag{I-76}$$

n : 재료의 굴절률

여기서 c는 진공 중에서 전자파의 속도이므로 진공과 재료 내에서 전자파속도의 비가 굴절률에 해당한다. 그러므로 재료 내에서 전자파의 굴절률은 다음과 같은 관계가 있다.

$$n = \sqrt{\frac{\mu\varepsilon}{\mu_0\varepsilon_0}} \tag{I-77}$$

일반적으로 유전체재료에 대하여 ε는 주파수에 의존하고, $\mu \cong \mu_0$이다. 따라서 이러한 재료에 대하여 다음의 관계가 성립한다.

$$n^2 = \varepsilon_r \tag{I-78}$$

$$\varepsilon_r = \frac{\varepsilon}{\varepsilon_0} \quad ;\ \text{상대유전상수}$$

만일 투과계수(μ)와 유전율(ε)이 복소수이면 굴절률도 복소수이다. 재료의 굴절률이 복소수라는 것은 전자파가 그 재료를 통하여 전파되는 경우에 전자파에너지의 일부가 재료 내에서 흡수된다는 것을 의미한다.

전자파에 대한 일반적인 복소수함수와 삼각함수 표현은 먼저 기술한 바와 같이 다음 식과 같다.

$$E_x = E \cdot e^{\pm i(kz - \omega t)} \tag{I-18(a)}$$

$$E_x = E\{\cos(kz - \omega t) \pm i\sin(kz - \omega t)\} \tag{I-18(b)}$$

만일 재료 내에서 전자파흡수가 없는 경우에는 먼저 기술된 식은 다음 식과 같이 실수만으로 나타낸다.

$$E_x = E \cdot Re\{\mathrm{e}^{\pm \mathrm{i}(\mathrm{kz} - \omega \mathrm{t})}\} \tag{I-19}$$

이들에 관한 자세한 관계는 다음에 기술하겠다.

I-2-2 재료 내에서 전자파의 전파

일반적으로 재료의 전기전도도(σ), 투과계수(μ), 유전상수(ε)는 그 재료의 물성에 따라 실수 또는 복소수로 주어진다. 재료에서 이들 값이 주어지면 이 재료를 통과하는 **전자파의 전파**는 맥스웰식이 적용된다. 만일 이들의 값이 실수라고 하면, 매질 내에서 전자파의 손실은 원칙적으로 전도되는 전류, 즉 저항손실에 의하여 발생한다. 만일 매질 내에서 전기전도도, 투과계수, 유전상수가 전기장의 강도에 무관하다면, 이 매질을 **선형적인 매질**이라고 한다. 그리고 만일 이들 값 중의 하나 이상이 전기장의 강도에 따라 변한다고 하면, 이러한 매질을 **비선형적인 매질**이라고 한다.

선형적인 매질에 대하여 맥스웰식은 다음 식들과 같이 나타낸다.

$$\nabla \times E = -\frac{\partial B}{\partial t} \tag{I-79}$$

$$\frac{1}{\mu}\nabla \times B = J + \varepsilon\frac{\partial E}{\partial t} \tag{I-80}$$

E : 전기장의 강도 (V/m)
B : 자력선속 밀도 (Web/m²)
J : 전류밀도 (A/m²)
ε : 유전상수 (Farad/m)
μ : 투과계수 (Henry/m)
$\nabla : \frac{\partial}{\partial x}i + \frac{\partial}{\partial y}j + \frac{\partial}{\partial z}k$

전류밀도를 전기장의 항목으로 나타내면 다음 식과 같다.

$$J = \sigma E \tag{I-81}$$

σ : 전기전도도 (A/V · m)

전자파의 전기장이 x 방향성분을 가지고, z 방향으로 전파된다고 하면 다음 식과 같다.

$$\nabla \times E = \begin{vmatrix} i & j & k \\ 0 & 0 & \frac{\partial}{\partial z} \\ E_x & 0 & 0 \end{vmatrix} = \frac{\partial E_x}{\partial z} j \tag{I-82}$$

따라서 (I-79)식과 (I-82)식으로부터 자기장은 다음과 같이 y 성분만을 가진다.

$$\frac{\partial E_x}{\partial z} = -\frac{\partial B_y}{\partial t} \tag{I-83}$$

또한 자기장은 다음과 같은 관계가 있다.

$$\nabla \times B = \begin{vmatrix} i & j & k \\ 0 & 0 & \frac{\partial}{\partial z} \\ 0 & B_y & 0 \end{vmatrix} = -\frac{\partial B_y}{\partial z} i \tag{I-84}$$

그러므로 (I-80), (I-81), (I-84)식에 의하여 다음과 같은 관계식을 얻는다.

$$-\frac{\partial B_y}{\partial z} = \mu\sigma E_x + \mu\varepsilon\frac{\partial E_x}{\partial t} \tag{I-85}$$

이제 위의 (I-83)식과 (I-85)식의 2개 미분방정식을 풀어야 하며, 이들의 해를 다음과 같다고 하자.

$$E_x = E_{x_0} e^{-i(\omega t - kz)} \tag{I-86}$$

$$B_y = B_{y_0} e^{-i(\omega t - kz)} \tag{I-87}$$

이러한 경우에 $\dfrac{\partial}{\partial z} \equiv ik$, $\dfrac{\partial}{\partial t} \equiv -i\omega$ 이므로 위의 미분방정식 (I-83)식과 (I-85)식은 다음과 같은 대수방정식이 된다.

$$ikE_x = i\omega B_y \tag{I-88}$$

$$-ikB_y = (\mu\sigma - i\omega\mu\varepsilon)E_x \tag{I-89}$$

이들은 동차방정식계로 되며, 이들의 식에 해가 있기 위해서는 다음의 조건을 만족시켜야 한다.

$$\begin{vmatrix} -ik & i\omega \\ (\mu\sigma - i\omega\mu\varepsilon) & ik \end{vmatrix} = 0 \tag{I-90(a)}$$

이 식을 **분산방정식**이라고 하며, 이것을 다시 쓰면 다음 식과 같다.

$$k^2 - i\omega(\mu\sigma - i\omega\mu\varepsilon) = 0 \tag{I-90(b)}$$

원칙적으로 이 방정식은 각주파수 ω 와 전파상수 k 사이의 관계를 나타내고 있으며, **위상속도**는 $v_p = \dfrac{\omega}{k}$ 이므로 전자파의 위상속도를 나타내고 있다. 따라서 ω 와 k 가 선형적인 관계에 있지 않으면 여러 가지 주파수의 전자파는 매질 내에서 다른 속도로 전파되고, 두 매질의 경계면에서 다른 각도로 굴절된다. 이러한 현상을 전자파의 **분산현상**이라고 한다.

$\sigma = 0$ 이고, μ 와 ε 가 주파수에 무관한 매질을 **비분산매질**이라고 한다. 이 경우에 k 와 ω 사이의 관계는 다음 식과 같다.

$$k = \omega\sqrt{\mu\varepsilon} = \frac{\omega}{v_m} \tag{I-91}$$

여기서 v_m 은 매질 내에서 전자파의 속도로서 (I-76)식과 같으며, $v_m \le c$ 이다.

이제 위의 분산방정식을 나타내는 (I-90)식을 풀면 다음 식과 같은 관계를 얻는다.

$$k = (\omega^2\mu\varepsilon + i\omega\mu\sigma)^{1/2} \tag{I-92}$$

따라서 $\sigma \ne 0$ 인 경우에는 전파상수 k 는 복소수이다. 이것을 다른 표현으로 설명하면, 어떤 재료의 전기전도도가 0이 아닌 것은 재료 내에서 전자파가 전파될 경우에 저항손실이 있기 때문에 재료 내로 전자파가 전파됨에 따라 그 전기장의 강도가 감소된다는 것을 의미한다. 그러므로 $\sigma \ne 0$ 인 때에는 $k = k_{real} + ik_{image}$ 로 주어진다.

매질 내에서 x 방향으로 편광되고, z 방향으로 전파되는 전자파에 대한 전기장의 강도는 다음 식과 같이 나타낼 수 있다.

$$E_x = E_{x_0} e^{i\{\omega t - (k_{real} + k_{imag})z\}} \tag{I-93}$$

여기서 공간적으로 변화되는 부분은 다음과 같다.

$$e^{ikz} = e^{i(k_{real} + k_{imag})z} = e^{ik_{real}z} \cdot e^{-k_{imag}z} \tag{I-94}$$

따라서 k의 허수부분성분이 '+'값이면, 전자파의 진폭은 지수함수적으로 감소된다.

만일 매질의 σ가 크면, (I-92)식에서 허수부분이 지배적이 된다. 이 경우에 (I-92)식은 다음 식과 같이 나타낼 수 있다.

$$k \cong (i\omega\mu\sigma)^{1/2} = \frac{(i+1)}{\sqrt{2}}(\omega\mu\sigma)^{1/2} \tag{I-95}$$

전기전도도가 큰 재료 내에서 전자파가 전파되는 경우에 그 전기장이 얼마나 빨리 감쇄되는가를 알아보기 위하여 위 식의 허수부분을 보면 다음 식과 같다.

$$k_{imag} = \left(\frac{\omega\mu\sigma}{2}\right)^{1/2} \tag{I-96}$$

위의 관계를 고려할 때 전기장의 진폭은 다음 식과 같이 변한다.

$$|E_x| = E_{x0} \exp\left\{-\left(\frac{\omega\mu\sigma}{2}\right)^{1/2} z\right\} \tag{I-97}$$

전자파가 재료 내부로 전파되는 경우에 그 전기장의 진폭이 표면에서 값의 e^{-1}로 감쇄되는 거리를 **표피깊이**(skin depth)라고 부르며, δ로 나타내면 다음 식과 같다.

$$\delta = \left(\frac{2}{\omega\mu\sigma}\right)^{1/2} \tag{I-98}$$

위의 식에서 알 수 있는 것은 금속과 같이 전기전도도가 매우 큰 재료에서는 전자파가 표면 근방에서 흡수되고 내부로는 통과하지 못한다. 반면에 유전체와 같이 전기전도도가 매우 적은 재료에서는 전자파가 내부로 통과하게 된다.

위의 경우에 전자파의 손실은 전기전도도에 의하여 기술되었으나, 투과계수와 유전상수에 의해서도 전자파의 손실이 일어난다. 예를 들면 입사되는 전자파가 광학모드의 주파수 근방인 경우에는 전자파에 의하여 여기된 **공진모드**의 감쇄로도 전자파의 손실이 발생한다. 이러한 경우에 재료의 **유전상수**는 다음 식과 같이 복소수로 주어진다.

$$\varepsilon = \varepsilon_{real} - i\varepsilon_{imag} \tag{I-99}$$

여기서 ε_{imag}는 유전상수의 허수부분으로 손실을 나타내는 항목이다. 유전체에서 CO_2 레이저빔의 흡수율이 매우 큰 것도 한 예로서 생각할 수 있다.

이제 $\sigma = 0$이고, ε를 (I-99)식과 같이 나타내면 (I-90)식은 다음 식과 같은 관계를 나타낸다.

$$k^2 = \omega^2 \mu (\varepsilon_{real} - i\varepsilon_{imag}) \tag{I-100}$$

그러므로 재료를 통과하는 전자파의 손실은 전기전도도에 의한 부분과 복소수의 유전상수에 의한 부분의 차이가 중요하다. 즉 전기전도도에 의한 부분은 전자에 의한 전자파의 흡수와 이로 인한 음자(phonon), 이온화된 불순물, 결정입계 등과 충돌 때문에 흡수가 광범위한 주파수영역으로 확대된다. 그러나 복소수의 유전상수로 인한 손실은 결정격자진동을 여기시킴과 그들의 결정결합에 의한 감쇄에 의하므로 유전체에서 전자파의 흡수는 매우 적은 범위의 주파수구역에서 크게 나타난다.

더욱 자세한 분석에 의하면 전류를 결정하는 전자의 속도가 전기장과 자기장에 의하여 지배를 받는다고 할 때 전기전도도는 일정하게 되지 못한다. 이런 경우에 (I-92)식의 결과는 다음 식과 같이 나타낼 수 있다.

$$\begin{aligned} k &= \left(w^2 \mu\varepsilon + iw\mu \frac{\sigma}{1 - iw\tau}\right)^{1/2} \\ &= w(\mu\varepsilon)^{1/2} \left\{1 + \frac{i\sigma}{w\varepsilon(1 - iw\tau)}\right\}^{1/2} \end{aligned} \tag{I-101}$$

τ : 이완시간 (전자가 원자들과 충돌하는 사이의 평균 시간)

만일 $\omega\tau \ll 1$이면, $i\omega\tau$는 무시되므로 위의 식은 다음 식과 같이 되어 (I-92)식이 된다.

$$k = (\omega^2 \mu\varepsilon + iw\mu\sigma)^{1/2} \tag{I-92}$$

만일 $\omega\tau \gg 1$이면, 주파수가 크거나 이완시간이 길다. 이러한 경우에 $i\omega\tau$는 1에 비하여 매우 크므로 (I-101)식은 다음 식과 같이 된다.

$$k = \omega(\mu\varepsilon)^{1/2} \left(1 - \frac{\sigma}{\omega^2 \varepsilon\tau}\right)^{1/2} \tag{I-102}$$

이 경우에 k의 값은 실수가 된다.

이제 새로운 **플라즈마주파수** ω_p를 다음과 같이 정의하여 보자.

$$\omega_p^2 = \frac{N_e e^2}{m\varepsilon} = \frac{\frac{N}{m} e^2 \tau}{\varepsilon\tau} = \frac{\sigma}{\varepsilon\tau} \tag{I-103}$$

N_e : 전자의 수, e : 전자의 전하, m : 전자의 질량

위의 식을 이용하면 (I-102)식은 다음 식과 같이 나타낼 수 있다.

$$k = \omega(\mu\varepsilon)^{1/2}\left(1 - \frac{\omega_p^2}{\omega^2}\right)^{\frac{1}{2}} \tag{I-104}$$

따라서 $\omega > \omega_p$인 경우에는 k값은 실수가 되고 허수부분은 없어지게 되므로 전자파는 재료 내에서 감쇄되지 않는다. 이것은 $\omega\tau$가 충분히 크면 전자파는 전도체를 통하여 전파되는 경우에 진폭이 감소하지 않는다는 것을 의미한다. 예를 들어 보통 금속의 전자농도를 $6 \times 10^{28}/\mathrm{m}^3$이라고 하면, (I-103)식으로부터 다음과 같이 주파수를 얻을 수 있다.

$$\nu_p = \frac{\omega_p}{2\pi} = \frac{1}{2\pi}\left(\frac{N_e e^2}{m\varepsilon}\right)^{1/2} = \frac{1}{2\pi}\left\{\frac{6 \times 10^{28} \times (1.6 \times 10^{-19})^2}{9.11 \times 10^{-31} \times 8.85 \times 10^{-12}}\right\}^{1/2}$$

$$= 2.2 \times 10^{15}\mathrm{Hz}$$

$$\lambda = \frac{c}{\nu_p} = \frac{3 \times 10^8}{2.2 \times 10^{15}} = 136\mathrm{nm}$$

이것은 임계파장이 가시광선구역 이하임을 나타내므로 금속의 경우에 가시광선에 대하여 불투명하다. 그리고 일반적인 금속에 대하여 상온에서 τ의 값은 보통 10^{-14}초 이하이므로, $\omega\tau$의 값이 수백 정도가 되어 $\omega\tau \gg 1$의 조건을 만족한다.

이제 $\omega\tau \gg 1$인 경우에 전자파의 투과, 반사 및 흡수 사이의 관계를 잠시 검토하여 보면 그림 I-23과 같다. 즉 $\omega > \omega_p$인 경우에는 그림(a)와 같이 전자파의 일부가 전도체 내로 전파되고, 나머지 부분은 반사된다. 그리고 $\omega\tau \gg 1$이므로 k의 허수부분이 없어 전자파의 흡수는 없다. 만일 $\omega < \omega_p$인 경우에는 $\omega\tau \gg 1$이므로 전자파의 흡수는 없는 반면에 (I-104)식의 k는 완전히 허수가 된다. 이것은 전자파가 진행함에 따라 지수함수적으로 감소되는 것을 나타내며, 전자파가 재료 내에서 흡수되지 않고 소멸된다는 것은 그림(b)와 같이 모든 전자파가 반사되는 것을 의미한다. 만일 전도체의 두께가 매우 적으면 전자파는 지수함수적으로 감소되지만 그림(c)와 같이 매우 적은 부분은 투과하게 된다. 이 경우에 전도체 내에서는 전진하는 전진파와 후진하는 후진파가 존재하게 된다. 레이저빔의 경우에는 파장이 대부분 가시광선 혹은 적외선구역이므로 금속 내로 통과하지 못한다.

고체 내에서 전파되는 것은 전자파만이 아니라 음파와 먼저 언급한 플라즈마파가 있다. 플라즈마파란 전기적으로 중성인 매질 내에서 전하를 가진 입자들의 밀도파로서 이동하는 운반자(전하를 가지고 움직이는 자유전자와 같은 입자)를 가지고 있는 금속과 같은 고체 내부에 존재하게 된다. 매질 내에서 하전된 입자들의 이동으로 국부적인 구역에서 '+'전하에 비하여 '−'전하의 밀도가 더욱 커질 수 있다. 이러한 경우에 이들 중성으로 유지되지 못한 전자들 사이에 반발력으로 인하여 전기장이 발생하게 되며, 이 전기장이 '+'와 '−'전하를 평형으로 회복시키려고 한다. 이것은 전자들이 많은 구역으로부터 전자들을 몰아

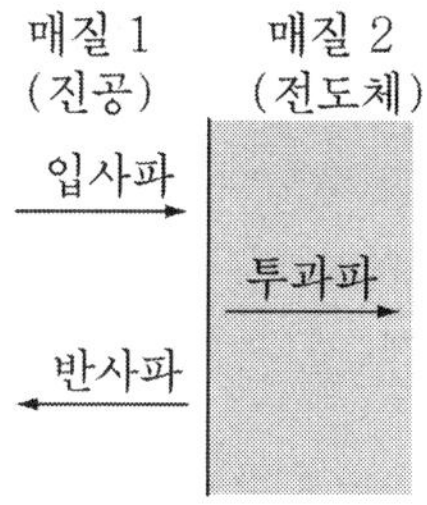

(a) $\omega > \omega_p$인 경우
전자파가 전도체 내로 통과한 양을
제외하고는 반사됨. 흡수는 없음.

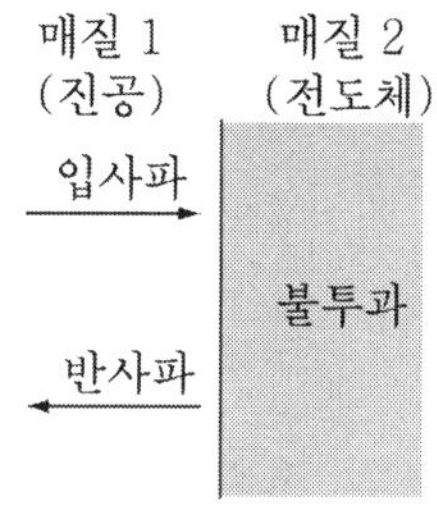

(b) $\omega < \omega_p$인 경우
전자파가 전도체 내로 통과 못함.
모든 부분이 반사됨.

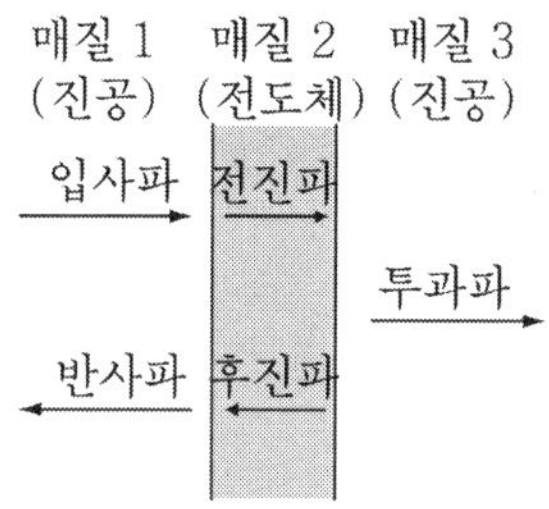

(c) $\omega < \omega_p$인 경우
전자파의 진폭이 전도체 내에서 감소됨. 그러나 에너지 흡수는 없음.

그림 I-23 $\omega\tau \gg 1$인 경우에 매질 내에서 전자파의 전파

내서 전자들이 적은 구역으로 보내는 것이다. 그러나 순간적으로 전기적인 평형이 형성되지 못하고 전자들이 많던 구역이 오히려 적어지게 되므로 반대방향의 전기장이 발생하여 다시 전자들을 원래대로 되몰려고 한다. 이러한 현상은 일반적인 경우에 조화진동이 되므로 각각의 전자에 대해서는 단일한 조화진동을 하게 된다. 이와 같은 플라즈마진동이 (I-103)식과 같은 플라즈마주파수를 주게 된다. 여기에서는 전파상수 k가 나타나지 않기 때문에 모든 k값이 허용되는 반면에 하전된 입자의 수에 따라 플라즈마주파수 ω_p는 한 가지 값만이 허용된다. 즉 손실이 없는 플라즈마파는 어떤 파장을 가질 수도 있고, 또한 어떤 속도로도 전파가 될 수도 있으나, 그 주파수는 한가지의 주파수 즉 플라즈마주파수만이 허용된다.

I-2-3 재료에서 전자파의 반사와 투과

편광된 평면파가 진공을 거쳐 투명한 유전체를 통과하게 되면 전자파와 관련된 전기장에 의하여 유전체 내에 쌍극자를 유기시킨다. 이 쌍극자는 전기장과 같은 주파수로 진동하지만 그 위상은 다를 수 있다. 그리고 이 진동하는 쌍극자는 그들의 진동 주파수로 전자파를 방사하므로 이 재료는 인입되는 전자파와 같은 주파수의 전자파를 방출시킨다. 이 방출되는 전자파의 일부는 다시 진공 중으로 전파되며, 이것이 반사되는 전자파이다. 따라서 광선은 굴절률이 서로 다른 매질들 사이의 경계면을 통과하려면 반드시 일

부의 반사가 일어난다. 이 경우에 반사광의 크기는 입사각도, 입사광의 전기장벡터방향, 두 매질의 굴절률에 의하여 차이난다.

만일 입사되는 광선의 전기장벡터가 입사면에 평행하게 편광되고, 그림 I-24와 같은 입사각이 주어지는 경우에 반사와 투과되는 전자파의 진폭은 다음 식들과 같다.

$$\text{진폭의 \textbf{반사도}} \; ; \; r_{\parallel} = \frac{\tan(\theta - \theta')}{\tan(\theta + \theta')} \tag{I-105}$$

$$\text{진폭의 \textbf{투과도}} \; ; \; t_{\parallel} = \frac{2\sin\theta' \cos\theta}{\sin(\theta + \theta')\cos(\theta - \theta')} \tag{I-106}$$

$\theta + \theta' = 90°$인 경우에 $r_{\parallel} = 0$으로 이 경우에 θ는 브루스터각도이다. 만일 입사광의 전기장이 입사면에 수직으로 편광되면, 반사와 투과되는 전자파의 진폭은 다음 식들과 같다.

$$\text{진폭의 \textbf{반사도}} \; ; \; r_{\perp} = -\frac{\sin(\theta - \theta')}{\sin(\theta + \theta')} \tag{I-107}$$

$$\text{진폭의 \textbf{투과도}} \; ; \; t_{\perp} = \frac{2\sin\theta \cos\theta'}{\sin(\theta + \theta')} \tag{I-108}$$

(I-107)식에서 '−'는 전자파가 반사됨에 따라 위상이 180° 변화됨을 의미한다. 그리고 위에 기술된 4개의 식을 **프레넬(Fresnel)법칙**이라고 한다. 전자파의 강도는 그 진폭의 제곱과 같으므로 전자파의 반사율 $R_{\parallel}$과 $R_{\perp}$은 위의 (I-105)식과 (I-107)식의 $r_{\parallel}$과 $r_{\perp}$을 제곱하면 된다.

그림 I-16은 굴절률이 1.5인 유리에 대하여 전자파의 입사각에 대한 함수로 전자파의 반사율을 나타낸 것이다. 먼저 기술한 바와 같이 입사각도가 57°인 경우에 브루스터각도가 나타나고, 90°에 접근함에 따라 반사율은 급격히 증가되어 100%에 도달한다. 그곳에서 점선으로 나타낸 것은 편광되지 않은 광선에 대

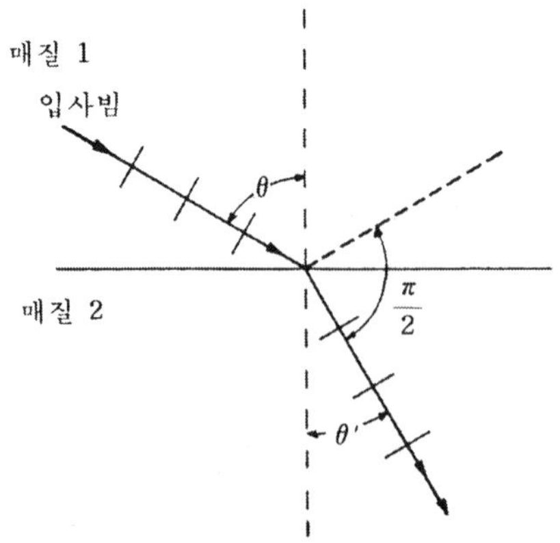

그림 I-24 브루스터각도의 정의

한 것으로 전기장벡터가 입사면에 평행 및 수직한 두 곡선의 평균값에 해당하며, 그 그림에서 보듯이 입사각이 0~30° 정도에서는 편광에 관계없이 약 4% 정도의 반사율을 가진다.

이제 진공에서 굴절률이 n 인 매질로 광선이 수직으로 입사되는 경우에는 그 **반사율**이 다음 식과 같다.

$$R=\left(\frac{n-1}{n+1}\right)^2 \tag{I-109}$$

만일 두 매질의 굴절률을 각각 n_1과 n_2라고 하고, 상대적인 굴절률을 μ라고 하면 굴절률이 n_1인 매질에서 n_2인 매질로 광선이 수직으로 입사되는 경우에 **반사율**은 다음 식과 같다.

$$R=\left(\frac{\mu-1}{\mu+1}\right)^2 \tag{I-110}$$

$$\mu=\frac{n_2}{n_1} \text{ ; 상대굴절률}$$

광선이 재료를 통과 시 굴절률이 큰 매질에서 작은 매질로 전파되는 경우에는 **내부반사**현상이 나타나며, 그림 I-24에서 θ와 θ'가 바뀌게 되는 것과 같다. 그림 I-25는 $n=1.5$인 유리에서 진공으로 전자파가 전파되는 경우에 입사각의 함수로 반사율을 보여주는 것으로 입사각 θ가 어떤 임곗값 θ_c를 넘으면 굴절되는 광선은 존재하지 않게 된다. 즉 입사각 θ_c와 90° 사이에서는 반사율이 1로서 이런 경우를 **전반사**라고 한다. 실제적으로는 전자파가 유전체표면에서 전반사되는 경우라고 하여도 계면에서 전기장은 굴절률이 적은 층으로 침투하여 들어간다. 그러나 그 전기장강도는 계면으로부터 거리에 따라 급격히 감소되어 수 파장거리 이내에서 0이 된다. 이러한 경우에 굴절률이 적은 매질에서 전자파는 직진하는 파가 아니고 소멸되는 파이다. 그러나 전자파는 굴절률이 적은 매질로 약간은 침투하여 들어가기 때문에 그 계면에 곧이어 굴절률이 큰 매질이 존재하는 경우에는 그림 I-23(c)와 비슷하게 전파되는 파가 될 수 있다. 이러

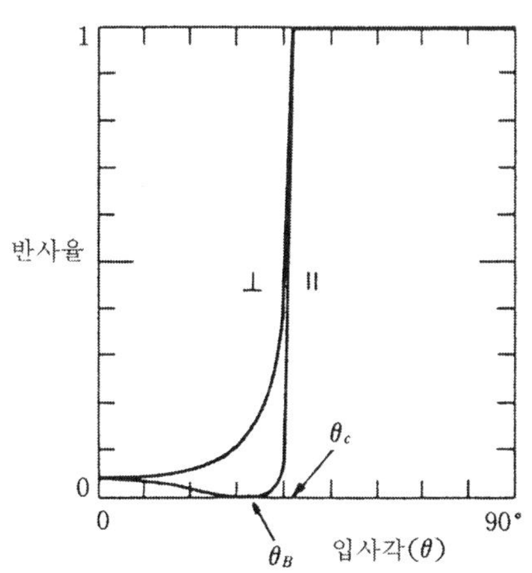

그림 I-25 굴절률이 1.5인 유전체의 표면으로부터 내부반사(Young, 1977)

한 현상을 **좌절전반사**라고 하며, 그 투과율은 굴절률이 적은 매질의 두께에 의존한다.

이제 앞에서 기술된 문제를 더욱 자세히 검토하여 보자. 전자파가 매질1에서 매질2로 전파됨에 따라 입사, 반사 및 투과되는 전자파의 전기장성분을 각각 E_i, E_r 및 E_t라고 하자. 그리고 매질1과 매질2의 전파상수를 각각 k_1과 k_2로 나타내고, k_1과 k_2는 실수 또는 복소수로서 (I-92)식과 같다. 그러면 두 매질에서 전기장은 각각 다음 식과 같이 나타낼 수 있다.

$$E_1 = E_i \exp\{-i(\omega t - k_1 z)\} + E_r \exp\{-i(\omega t + k_1 z)\} \tag{I-111}$$

$$E_2 = E_t \exp\{-i(\omega t - k_2 z)\} \tag{I-112}$$

대부분의 관심 있는 유전체재료에 대하여 (I-92)식에서 주어지는 μ의 값은 $\mu_1 = \mu_2 \cong \mu_0$이며, 표면에서 전기전도도는 0이므로 $\sigma = 0$이다. 따라서 표면($z = 0$)에서 다음과 같은 관계가 있다.

$$E_i + E_r = E_t \tag{I-113}$$

$$\frac{k_1}{\omega\mu_0}E_i - \frac{k_1}{\omega\mu_0}E_r = \frac{k_2}{\omega\mu_0}E_t \tag{I-114}$$

위의 식으로부터 다음의 관계식을 얻을 수 있다.

$$\text{진폭의 반사계수 ; } r = \frac{E_r}{E_i} = \frac{k_1 - k_2}{k_1 + k_2} \tag{I-115}$$

앞서 (I-75)식에서 기술한 바와 같이 재료 내에서 전자파의 속도는 진공 중에서 속도와 다르며, 그 차이는 재료의 굴절률에 의하여 결정된다. 일반적으로 재료의 굴절률은 복소수로서 다음과 같이 정의된다.

$$n^* = \frac{\text{재료 내에서 전파상수}}{\text{진공 내에서 전파상수}} = \frac{k}{k_0} = n - i\chi \tag{I-116}$$

여기서 n은 전자파의 위상속도를 결정하고, χ는 전기장강도의 감쇄를 결정하며 이 값을 **소광계수**라고 한다. 따라서 재료 내에서 전기장의 손실이 없는 경우에는 n은 재료의 굴절률을 나타내게 된다.

이제 k를 재료굴절률의 항목으로 나타내면 (I-116)식에 의하여 다음 식과 같다.

$$k_1 = k_0(n_1 - i\chi_1) \tag{I-117(a)}$$

$$k_2 = k_0(n_2 - i\chi_2) \tag{I-117(b)}$$

따라서 (I-115)식은 다음 식과 같이 나타낼 수 있다.

$$r = \frac{E_r}{E_i} = \frac{(n_1 - n_2) - i(\chi_1 - \chi_2)}{(n_1 + n_2) - i(\chi_1 + \chi_2)} \tag{I-118}$$

위의 식은 전자파의 전기장진폭에 대한 것이므로 전자파출력강도에 대한 반사계수, 즉 반사율은 다음 식과 같다.

$$R = \left| \frac{E_r}{E_i} \right|^2 = \frac{(n_1 - n_2)^2 + (\chi_1 - \chi_2)^2}{(n_1 + n_2)^2 + (\chi_1 + \chi_2)^2} \tag{I-119}$$

일반적으로 레이저빔에 의한 재료가공의 경우에 매질1은 공기 중을 의미하므로 $n_1 \cong 1, \chi_1 \cong 0$이다. 따라서 재료의 굴절률을 n과 χ로 나타내면 **반사율**은 다음 식과 같다.

$$R = \frac{(1-n)^2 + \chi^2}{(1+n)^2 + \chi^2} \tag{I-120}$$

유전체재료에서 레이저빔의 흡수가 거의 없는 경우에 재료에서 전자파의 **투과율**은 다음 식과 같이 나타낼 수 있다.

$$T = 1 - R = \frac{4n}{(1+n)^2 + \chi^2} \tag{I-121}$$

대부분의 잘 연마된 금속표면은 가시광선과 적외선에 대하여 큰 반사율을 준다. 그러나 파장이 짧은 자외선구역으로 감에 따라 표 I-1에서 보는 것과 같이 반사율은 크게 감소된다. 금, 은, 동 및 알루미늄과 같이 전기전도도가 큰 금속은 수직으로 조사된 가시광선에 대하여 98% 이상의 반사율을 나타낸다. 즉 이들 금속들에는 자유전자들이 많으며, 이들은 입사되는 전자파의 전기장에 의하여 곧 공진되므로 큰 반사율을 준다. 이 경우에 전자파는 앞 절에서 검토한 바와 같이 표면에서 수 파장 정도만 침투하여 들어간다. 그러나 자외선과 같이 주파수가 큰 경우에는 곧 반응하여 공진하기 힘들기 때문에 반사율이 크지 못하다.

I-2-4 재료에서 전자파의 분산과 흡수

재료 내에서 전자파의 전파에 관한 사항은 I-2-2항에서 검토하였으므로 여기에서는 유전체를 통과하는 전자파와 그 재료를 구성하고 있는 각각의 입자들 사이의 관계를 고려하여 보겠다. 유전체의 전기전도도, 투과계수와 유전상수를 알고 있다고 가정하고, ε 즉 유전상수의 주파수 의존성을 고려하여 보겠다. 유전체에서는 $\mu \cong \mu_0$이고, $\sigma = 0$이므로 (I-78)식과 같이 유전상수가 그 굴절률을 결정한다. 따라서 재료의 광학적 성질은 그들의 유전성과 관련되는 성질에 의존한다.

유전체에 전자파를 가하면 전기장은 그 재료를 구성하고 있는 원자에 구속되어 있는 전자 혹은 이온에 영향을 미친다. 만일 전기장이 주파수 ω로 진동할 경우에 그 주파수가 너무 크지 않다고 하면 전자 또는 이온이 같은 주파수로 진동한다. 이 경우에 이온과 구속된 전자들을 그 평형 위치로부터 변위시키는 **분극작용**을 주며, 그 크기는 P이다. 그러나 이러한 진동은 인접이온들과의 상호작용 혹은 격자진동으로 인하여 감쇄를 받게 된다. 이러한 진동의 감쇄 또는 손실로 인하여 P와 ε는 실수가 아닌 복소수가 된다.

일반적으로 전기선속밀도 D와 전기장강도 E 사이에는 다음의 관계가 있다.

$$D = \varepsilon E = \varepsilon_0 E + P \tag{I-122}$$

따라서 **유전상수**는 다음 식과 같다.

$$\varepsilon = \varepsilon_0 + \frac{P}{E} \tag{I-123}$$

전자파의 손실이 발생하는 유전체의 경우에 P는 복소수이므로 ε도 복소수가 된다. 그러므로 복소수의 굴절률과 유전상수 사이에는 (I-78)식 대신에 다음의 관계식을 준다.

$$\varepsilon_r = \frac{\varepsilon}{\varepsilon_0} = 1 + \frac{P}{\varepsilon_0 E} = (n - i\chi)^2 \tag{I-124}$$

원자에 구속되어 있는 전자에 대한 공진주파수는 일반적으로 자외선구역에 해당되므로 광학적인 주파수보다 크다. 그러므로 광학적인 주파수와 적외선의 주파수에 대하여 굴절률은 1에 가깝다. 그러나 이온에 대한 경우에는 전자에 비하여 질량이 수천 배 이상 크기 때문에 이온의 진동에 대한 공진주파수는 전자의 경우보다 훨씬 적어 적외선구역으로 된다. 따라서 광학적인 주파수에서는 유전상수에 대한 이온의 기여는 크지 않지만 적외선과 그 이하의 주파수에서는 매우 중요하다. 예로서 파장이 적외선구역인 전자파는 유전체에서 **공진작용**으로 흡수되므로 CO_2 레이저빔과 같이 적외선구역의 파장인 레이저빔은 쉽게 유전체에 흡수된다.

유전체에서는 입사되는 전자파와 원자에 구속되어 있는 전자 혹은 이온 사이에 상호작용이 일어나지만, 금속과 반도체에서는 전자파와 자유전자 사이에 강한 상호작용이 일어난다. 따라서 재료 내의 자유전자는 재료의 전기전도도와 유전상수에 기여한다. 전자파를 금속에 조사시키는 경우에 야기되는 상호작용에서 자유전자의 운동에 대한 관계식은 구속되어 있는 전자의 경우와 같으나 스프링상수에 해당하는 항목이 0이다. 그러나 진동하는 전자들은 다른 전자, 음자, 불순물원자, 결정결함 등과 충돌하여 **산란작용**이 일어난다. 따라서 감쇄상수는 정적인 전기전도도 측정으로부터 얻는 값을 사용한 것과 크게 차이난다. 만일 금속의 단위용적당 자유전자의 수가 다르면 (I-103)식과 같이 그에 해당하는 플라즈마주파수를 얻게 되며, 이것은 분극작용과 관련된다. 그러므로 금속에 대한 복소수의 유전상수는 자유전자, 즉 플라즈마주파수에 의한 것과 구속된 격자에 의한 기여의 합계로 이루어진다. 대부분의 금속에 대하여 플라즈마주파수는 일반적으로 자외선구역에 있으며, 감쇄가 없으면 반사도는 플라즈마주파수에서 최소이고, 이것은 자유전자들의 집단적인 운동으로 일어난다.

이제 $\mu \cong \mu_0$라고 하면 자유전자에 대한 계산에서 굴절률은 다음 식과 같다.

$$\varepsilon_r = (n - i\chi)^2 = \varepsilon_\infty + \omega_p^2 \left(\frac{1}{\omega^2 + i\Gamma\omega} \right) \tag{I-125}$$

ε_∞ : 구속된 입자로부터 기여되는 부분
ω_p : 플라즈마주파수 : (I-103)식
Γ : 감쇄주파수(산란주파수)

위의 (I-125)식에서 실수와 허수부분을 분리하면 다음 식들과 같다.

$$n^2 - \chi^2 = \varepsilon_\infty + \frac{\omega_p^2}{\omega^2 + \Gamma^2} \tag{I-126}$$

$$2n\chi = \frac{\Gamma}{\omega} \cdot \frac{\omega_p^2}{\omega^2 + \Gamma^2} \tag{I-127}$$

전자파를 재료에 조사시키는 경우에 실험적으로 구한 감쇄주파수를 이용하여 위의 식들로부터 n과 χ값을 얻을 수 있고, 또한 R을 구할 수 있다. 표 I-1은 여러 가지 파장의 전자파에 대한 금속의 굴절률성분과 반사율을 보여주고 있다. 위의 표에서 보듯이 파장이 작을수록 n과 χ값이 작고, 또한 반사율이 감소된다. 이것은 나중에 설명되는 것과 같이 전자파의 파장이 작을수록 금속 내로 깊이 침투되고, 또한 반사율이 감소되어 전자파의 흡수가 증가되는 것을 의미한다. 따라서 레이저빔에 의한 금속가공에서는 정확하고 정교한 레이저빔의 집속조건 이외에도 레이저빔의 흡수율 증가의 관점에서도 파장이 짧은 레이저빔을 사용하는 것이 더욱 바람직하다. 그러나 레이저빔에 의한 금속가공에서는 집속된 레이저빔의 출력밀도가 매우 크므로 레이저빔 조사기간의 초기 짧은 시간 내에 표면온도가 급격히 증가된다. 이러한 금속재료의 온도증가는 재료 내에서 전자들의 산란시간 τ를 감소시키게 되고, 또한 **산란주파수**는 $\Gamma = 2\pi/\tau$이므로 Γ가 온도에 따라 증가된다. 그러면 (I-126)식과 (I-127)식에서 보듯이 Γ가 증가됨에 따라 n과 χ

표 I-1 몇가지 금속의 광학상수와 반사율

λ(nm)		Ag			Cu			Ni		
		n	χ	R(%)	n	χ	R(%)	n	χ	R(%)
10	자외선	0.926	6.220×10^{-3}	0.15	0.966	5.1×10^{-2}	9.70×10^{-2}	0.955	4.1×10^{-2}	9.7×10^{-2}
50		0.906	0.522	7.2	0.96	0.396	4.0	0.91	0.421	4.8
100		1.308	0.581	7.6	1.09	0.128	11.0	1.07	0.711	10.7
200		1.072	1.24	26.5	1.0	1.45	34.4	1.0	1.54	37.2
300		1.51	0.902	15.1	1.41	1.68	34.6	1.74	2.00	39.5
400	가시광선	0.173	1.95	86.6	1.18	2.21	51.0	1.61	2.36	48.0
500		0.130	3.0	94.9	1.13	2.55	59.0	1.68	2.98	58.2
600		0.128	3.70	96.6	0.35	3.01	87.1	1.88	3.56	64.1
700		0.144	4.65	97.5	0.213	4.15	95.4	2.19	4.07	64.1
800		0.144	5.31	98.0	0.24	4.31	95.2	2.48	4.38	68.3
1000	적외선	0.266	6.99	98.2	0.41	7.51	97.2	2.82	5.01	71.6
2000		0.650	12.2	98.3	0.85	10.6	97.0	3.78	8.20	83.2
3100		1.387	18.8	98.4	1.59	16.5	97.7	3.84	11.4	90.0
5166		3.732	31.3	98.5	3.81	27.5	98.0	4.16	18.4	95.4
9919		13.11	53.7	98.3	10.8	47.5	98.2	6.90	36.2	98.0

값이 감소된다. 이것은 온도가 증가됨에 따라 반사에 의한 손실이 감소함을 의미하므로 레이저빔의 흡수가 증가됨을 나타낸다.

이제 전기장에 대한 (I-93)식에 (I-116)식을 도입하여 다시 쓰면 다음과 같은 관계식을 얻는다.

$$E_x = E_{x0}\exp[-i\{\omega t-(k_{real}+\ ik_{imag})z\}] \tag{I-93}$$

$$E_x = E_{x0}\exp[-i\{\omega t-k_0(n-i\chi)z\}] \tag{I-128}$$

재료의 **흡수계수** α는 단위길이당 전자파출력의 감쇄를 나타내며, 이것은 전자파강도 E^2의 감쇄계수에 비례한다. 따라서 다음의 관계식을 얻을 수 있다.

$$\alpha = 2k_0\chi \tag{I-129}$$

이제 $k_0 = 2\pi/\lambda_0$이므로 위의 식은 다음 식과 같이 쓸 수 있다.

$$\alpha = \frac{4\pi\chi}{\lambda_0} \tag{I-130}$$

전자파가 감쇄되는 매질 내에서 표면으로부터 거리에 따른 전자파출력밀도의 변화관계를 보면 그림 I-26과 같다. 전자파를 재료표면에 조사시키는 경우에 표면과 재료 내의 z 위치까지 사이에서 흡수되는 전자파의 양 W는 z 이후로 통과되는 것을 빼면 되므로 다음 식과 같다.

$$W = I_0[1-e^{-az}] \tag{I-131}$$

I_0 : 표면($z=0$)에서 전자파의 출력밀도

전자파의 출력밀도가 표면에서 값 I_0의 e^{-1}로 되는 거리를 전자파의 **침투깊이**라고 하며 다음 식과 같다.

$$\delta = \frac{\lambda_0}{4\pi\chi} \tag{I-132}$$

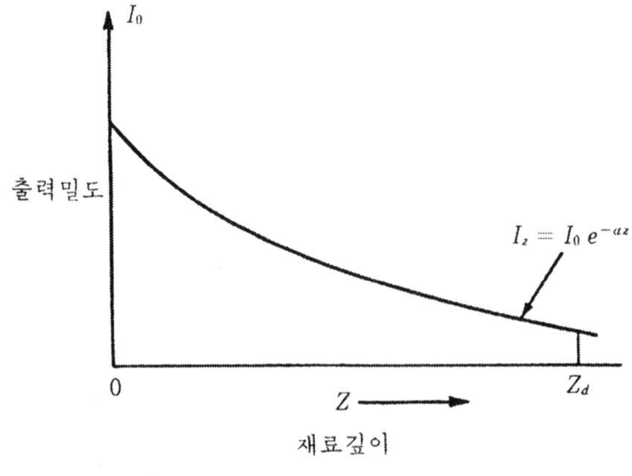

그림 I-26 깊이 방향으로 전파되는 평면파가 매질 내를 통과 시 깊이에 따른 출력의 감쇄

그리고 재료표면에서 위의 침투깊이의 2배 정도 되는 거리 이내에서 대부분의 전자파에너지는 흡수된다고 생각할 수 있다.

위의 식에서 보듯이 레이저빔과 같은 전자파가 재료 내로 침투하는 깊이는 전자파의 파장과 재료의 **소광계수**인 χ 값에 따라 차이난다. 대부분의 금속에서 가시광선구역의 파장에 대하여 χ 값이 한 자리 숫자이므로 가시광선과 근적외선구역의 레이저빔에 대하여 δ는 수십 혹은 수백 nm 정도이다. 따라서 레이저빔을 금속표면에 조사시키면 대부분의 레이저빔에너지가 표면근방에서 흡수되어 열로 바뀌므로 레이저빔은 **표면열원**이라고 생각할 수 있다. 그리고 금속의 표면근방에 산화박막, 불순물, 결함 등이 존재하는 경우에는 비정상적인 표피효과에 의하여 레이저빔의 흡수가 더욱 증가된다.

I-2-5 재료에서 전자파의 비선형작용

앞서 기술한 바와 같이 입사되는 전자파의 강도에 따라 유전상수와 전기전도도 등이 변하는 매질을 비선형매질이라고 한다. 이러한 비선형매질로 전자파가 통과되면 입사되는 전자파의 일부에서 주파수가 변화되어 비선형작용이 발생한다. 이러한 비선형적인 과정의 예로 라만(Raman)산란, 브릴루인(Brillouin) 산란, 2차조화파 발생 등이 있으며, 이들에 대하여 간단히 검토하여 보겠다.

(1) 라만(Raman) 산란

이 현상은 재료 내에서 여기 작용으로 인한 전자파의 산란으로 인하여 입사된 전자파의 주파수변화를 수반한다. 여기에서 여기 작용이란 광범위하게 사용된 것으로서 분자진동, 고체 내에서 격자진동, 전자플라즈마진동 등의 현상이 포함된다. 산란현상은 일반적으로 2개 혹은 그 이상의 입자들의 충돌과 관련되며, 이들 관련되는 입자들 사이에 에너지와 운동량이 교환된다. 따라서 입사된 전자파의 주파수변화는 이러한 에너지교환에 해당되며, 산란된 방사선의 방향은 운동량교환에 의하여 결정된다. 여기서 주파수변화는 분자들의 진동주파수 또는 회전주파수의 직접적인 측정이며, 이들 주파수는 일반적으로 적외선구역이다. 따라서 산란된 방사선의 파장변화는 입사광으로부터 수nm 정도까지이다. 라만산란은 미분분극률, 즉 서로간의 분극률 차이가 0이 아니기 때문에 일어나며, 이것으로 인한 주파수 혹은 파장의 변화는 입사된 전자파의 주파수에 무관하고 재료의 음자(phonon)주파수에 의존한다. 이러한 주파수변화는 분자 또는 결정의 특성에 따라 차이나는 것이므로 라만산란효과는 재료의 성질을 연구하는 데 이용된다.

(2) 브릴루인(Brillouin)산란

이것은 유전체재료에 가한 초음파모드의 진동으로 인한 밀도차이에 의하여 전자파의 산란이 일어나는 현상이다. 초음파는 결정을 통하여 전파되는 탄성파로서 재료에는 압축으로 인하여 원자들이 서로 접근

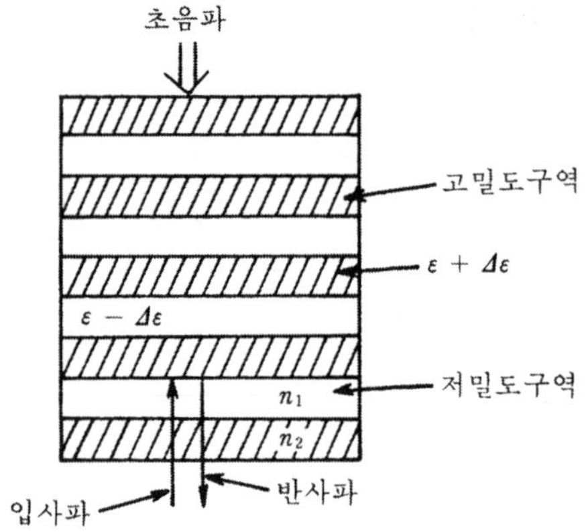

그림 I-27 초음파로 야기된 고밀도와 저밀도 구역으로부터 입사 및 반사되는 전자파

하여 밀도가 증가되는 구역과 서로 떨어져 밀도가 감소되는 구역이 서로 연속되게 된다. 재료의 유전상수는 밀도에 의존하므로 초음파로 인하여 밀도가 증가되는 구역에서 ε는 증가되고, 밀도가 감소되는 구역에서 ε는 감소된다. 따라서 그림 I-27과 같이 유전상수의 크기가 서로 바뀌면서 연속되는 분포를 가지게 된다. 만일 투과계수 μ가 일정하다고 가정하면, 재료의 **굴절률**은 (I-78)식과 같다.

$$n = \sqrt{\varepsilon_r} \tag{I-78}$$

이제 n_1과 n_2를 두 구역의 굴절률이라고 하면 밀도변화로 인한 유전상수의 변화가 매우 적을 경우에 즉 $\Delta\varepsilon \ll \varepsilon$인 경우에 굴절률은 다음 식과 같이 나타낼 수 있다.

$$n_1 = (\varepsilon - \Delta\varepsilon)^{1/2} \cong \sqrt{\varepsilon}\left(1 - \frac{1}{2}\frac{\Delta\varepsilon}{\varepsilon}\right) \tag{I-133}$$

$$n_2 = (\varepsilon + \Delta\varepsilon)^{1/2} \cong \sqrt{\varepsilon}\left(1 + \frac{1}{2}\frac{\Delta\varepsilon}{\varepsilon}\right) \tag{I-134}$$

초음파로 인하여 그림 I-27과 같은 유전상수분포를 가지는 구역에 수직으로 입사하는 전자파에 대하여 각 계면에서 약하게 반사가 일어난다. 이때 각 계면의 반사율은 (I-110)식에 의하여 다음 식과 같다.

$$R = \left(\frac{n_1 - n_2}{n_1 + n_2}\right)^2 = \left(\frac{\Delta\varepsilon}{2\varepsilon}\right)^2 \tag{I-135}$$

따라서 재료의 국부적인 밀도변화는 계면으로부터 전자파의 약한 반사를 준다. 그러나 이동하는 초음파에 대해서는 계면이 이동하며, 이것이 입사된 전자파와 같은 방향이면 **도플러(Doppler)효과**로 인하여 방사된 전자파는 주파수변화를 주게 된다. 즉 이동하는 밀도파로 인하여 유전상수도 함께 변화되므로 주파수변화가 일어난다. 이제 초음파의 주파수를 ω_0라고 하면 이동하는 초음파로 인하여 산란된 방사선은 $(\omega - \omega_0)$와 $(\omega + \omega_0)$의 주파수로 구성된다. 브릴루인산란 방사선의 강도는 입사된 전자파의 약 10^{-6} 정도이다. 더욱이 초음파주파수(약 10^{10}Hz)는 광학적인 모드의 주파수(약 10^{12}Hz)에 비하여 매우 적으므로 브릴루인산란과 관련된 주파수와 파장의 변화(약 $10^{-2} \sim 10^{-3}$nm)는 라만산란에 비하여 적다. 즉 라만산란은 서로 간의 미분분극률이 0이 아니기 때문이며, 반면에 브릴루인산란은 초음파진동에 의하여 야기되는 밀도차이에 의하여 일어나기 때문이다. 이러한 유전체의 브릴루인산란 효과는 Nd:YAG레이저의 Q-스윗칭에서 셔터로 이용된다.

(3) 2차 조화파 발생

이 현상은 유전체재료에 전자파를 가할 경우에 주파수가 2배인 전자파를 방출하는 현상으로 재료의 전자분극률에 대한 큰 전기장의 영향에 의한다. 즉 **전자분극률**의 전기장의존성에 의하여 입사되는 전자파의 2배인 주파수를 발생시키도록 하는 것이다. 전기선속밀도와 유기된 분극양은 (I-122)식에 의하여 다음과 같이 나타낸다.

$$D = \varepsilon E = \varepsilon_o E + P \tag{I-122}$$

여기서 P는 분극양(polarization)으로 전기장의 함수이다. 이것은 전자의 변위와 분극률(polarizability)이 전기장의 크기에 의존하기 때문이다. 만일에 가한 전기장이 약한 경우에는 P는 E와 직선적인 관계로서 다음 식과 같다.

$$D = \varepsilon_0 E + P = \varepsilon_0 E + \eta_1 E \tag{I-136}$$

$$\varepsilon = \varepsilon_0 \left(1 + \frac{\eta_1}{\varepsilon_0}\right) \tag{I-137}$$

η_1 : 유전감수율(dielectric susceptibility)

위의 (I-137)식에서 보듯이 ε는 E에 무관하다.

그러나 가한 전기장이 크면 P와 E는 위와 같은 직선적인 관계가 아니다. 즉 E와 P의 관계를 보면 P가 특정한 값 E_c까지는 직선적이나, $E > E_c$이면 포화가 되고 **비선형적인 효과**가 나타난다. 따라서 일반적으로 P는 다음 식과 같이 기술된다.

$$P = \eta_1 E + \eta_2 E^2 + \eta_3 E^3 + \cdots\cdots \tag{I-138(a)}$$

$$= P^{(1)} + P^{(2)} + P^{(3)} + \cdots\cdots \tag{I-138(b)}$$

$\eta_1,\ \eta_2,\ \eta_3,\ \cdots$; 재료의 n번째 유전감수율로서 '+' 혹은 '−'값임.

이제 (I-138)식을 (I-122)식에 대입하면 다음의 관계식을 얻는다.

$$D = \varepsilon_0 E\left(1 + \frac{\eta_1}{\varepsilon_0} + \frac{\eta_2}{\varepsilon_0}E + \frac{\eta_3}{\varepsilon_0}E^2 + \cdots\cdots\right) \tag{I-139}$$

만일 전기장의 부호가 바뀌면 역시 D의 부호도 바뀌며 그 크기는 같다. 그러나 비선형적인 경우에는 그렇지 못하다. 다시 말해서 일반적으로 결정구조에서 단위정이 중심대칭이면 E의 부호가 바뀔 때 P의 부호가 바뀐다. 그러나 결정구조가 중심대칭이 아닌 경우에는 부호가 그렇게 바뀌지 못하고 2차 조화파를 발생시킨다. 즉 P의 비선형성은 P의 2차 조화파를 발생시키며, 이 분극파는 주파수가 2배인 전자파를 발생시킨다. 2차 조화주파수에서 최대출력은 복굴절결정에서 입사되는 전자파의 진행방향과 분극양을 적당히 선택하여 얻을 수 있다. 그리고 2차 조화파의 강도는 입사된 전자파의 강도를 증가시킴으로써 증가시킬 수 있다. 이러한 현상은 레이저에서 주파수를 2배로 증가시킨 주파수의 레이저빔을 얻는 데 이용된다. 즉 레이저에서는 레이저공진기공동 내의 기본적인 전기장강도가 외부보다 매우 크기 때문에 비선형적인 결정을 공진기공동 내에 삽입시킴으로써 보강된 2차 조화파를 얻을 수 있다.

(4) 다중포톤이온화와 필라멘테이션

고출력의 **극초단(fsec/psec)펄스빔**을 투명한 세라믹재료에 조사시키면 **다중포톤이온화(multiphoton ionization)**와 **필라멘테이션(filamentation)** 등의 비선형현상이 발생한다. 이러한 현상은 투명한 유리 같은 취성재료에 열적인 영향을 주지 않고 정밀한 절단가공을 가능하게 하는 기술의 원리를 제공한다.

위에서 살펴본 것과 같이 전자파가 투명한 유전체를 통과할 경우에 강한 전기장은 (I-138(b))식과 같이 재료 내에서 분극(polarization)을 유기한다. 이것은 전기장의 진폭에 따라 변하며, 재료의 n_{th}번째 유전감수율의 '+' 혹은 '−'값에 따라 선형적으로 혹은 비선형적으로 된다. 재료가 **반전대칭(inversion symmetry)**이라고 하면 모든 짝수 번째 유전감수율은 0이 된다. 이러한 경우에 유효분극은 1번째와 3번째의 조정된 값($P=[\eta_1 E+\frac{3}{4}\eta_3 E^3]$으로 나타낼 수 있으며, 유효유전감수율도 1번째와 3번째의 조정된 값($\eta_{eff}=\eta_1+\frac{3}{4}\eta_3 E^2$)으로 나타낼 수 있다.

재료의 굴절률은 $n^2=1+\eta$이며, 굴절률은 전기장강도의 함수라는 것을 의미한다. 그리고 굴절률에 허수부분이 있으면 재료가 레이저빔을 부분적으로 흡수한다. 유리 같은 재료는 반전대칭을 가지고 있으므로 위의 대체적인 값들이 유효하다. 따라서 유리재료에서 일어날 수 있는 비선형현상은 다중포톤이온화, 아발랜치이온화, 필라멘테니션 및 자동집광효과 등으로 이들 현상에 의하여 재료가공이 이루어진다. 극초단펄스빔의 특성과 재료가공에 대해서는 IV-5절에서 자세히 검토할 것이다.

I-2-6 재료에서 강한 전자파의 흡수와 입자의 방출

레이저빔에 의한 재료가공에서는 출력밀도가 매우 큰 레이저빔을 재료표면에 조사시킨다. 이러한 경우에 레이저빔의 일부는 재료 내에서 전자, 이온 및 격자진동 등으로 인하여 흡수되고, 곧 충돌과정에 의하여 열로 바뀐다. 따라서 재료 상에서 강한 레이저빔의 흡수는 지금까지 기술된 것과는 상당한 차이를 주기 때문에 고출력레이저빔을 재료에 조사시키는 경우에 발생하는 가능한 효과들을 검토하여 볼 필요가 있다. 그리고 이러한 효과들의 복합적인 작용을 조절하여 재료가공을 수행하는 것이므로 이에 대하여 간단히 살펴보자.

레이저빔에 의한 재료가공은 고출력레이저빔의 포톤에너지가 재료에 흡수되어 곧 열로 전환되어 발생하는 현상을 이용하는 것이다. 따라서 레이저빔과 재료 사이의 상호작용과 에너지전달에서 여러 가지 문제들이 관련되며, 이들 중에서 레이저빔의 출력밀도와 조사시간이 중요하다. 일반적으로 고출력레이저빔은 재료에 흡수되어 재료를 가열, 용융, 증발시키므로 재료가공은 열적인 가공(hot processing)에 의하여 이루어진다. 그러나 레이저빔이 펨토/피코초의 극초단펄스인 경우에는 재료를 가열하지 않고 다중광자효과(multiphoton effect)에 의하여 직접 원자들을 이온화시키므로 재료를 어블레이션시킨다. 이러한 경우에는 재료가공이 열적인 작용에 의하지 않기 때문에 냉각된 상태에서 가공(cold processing)이 이루어지며, 미소정밀가공에 매우 바람직하다. 레이저빔에서 이러한 열적인 가공과 냉각상태 가공에 대한 기구와 방법들에 대해서는 IV-5절에서 자세히 기술할 것이다.

일반적으로 재료표면에 전자파가 조사되면, 그 입사된 전기장은 다음과 같이 반사, 투과, 흡수의 세 가지 성분으로 나누어진다.

$$I = R + T + A \tag{I-140}$$

$$R\,;\text{반사율},\qquad R = \left(\frac{E_R}{E_I}\right)^2$$

$$T\,;\text{투과율},\qquad T = \left(\frac{E_T}{E_I}\right)^2$$

$$A\,;\text{흡수율},\qquad A = \left(\frac{E_A}{E_I}\right)^2$$

E_I, E_R, E_T 및 E_A : 입사, 반사, 투과, 흡수된 전기장의 성분

I-2-2항에서 기술한 바와 같이 재료가 금속인 경우에는 E_T를 무시할 수 있으므로 입사된 레이저빔 중에서 반사된 부분을 제외하고는 재료 내에 흡수된다. 입사된 레이저빔의 강도가 크면 전자파의 흡수를 증진시키는 여러 가지 기구가 동시에 작용하므로 재료에서 레이저빔의 흡수율은 더욱 증가하게 된다. 재료에서 레이저빔의 흡수를 급속히 증진시키는 여러 가지 기구를 정량적으로 정확하게 기술하기는 힘들다. 그러나 이러한 기구들 중에서 중요한 역할로 생각되는 사항들 가운데 앞 절에서 기술된 것들을 제외한 몇 가지 사항을 간단히 검토하여 보겠다. 그리고 실제적인 재료가공 시에 발생하는 이러한 역할에 대해서는 필요시에 다시 자세히 기술하겠다.

(1) 온도의 영향과 열전자의 방출

레이저빔을 금속표면에 조사시키는 경우에 그 출력밀도가 크면($> 10^4\,W/cm^2$) 금속표면의 온도가 크게 증가된다. 이러한 온도증가는 레이저빔조사의 초기에 일어나며, 금속의 물리적 성질을 변화시켜 레이저빔의 흡수도에 크게 영향을 미친다. 일반적으로 상온에서 금속은 레이저빔의 반사도가 크며, 반사도가 크다는 것은 흡수도가 적다는 것을 의미한다. 만일 금속의 온도가 증가되면 전기저항이 증가되고 전자들의 평균자유행로가 짧아져서 산란주파수가 증가되므로 레이저빔에 대한 금속의 반사도는 감소하고 흡수도는 증가하게 된다. 그러나 이러한 영향은 반사도변화의 수% 정도만을 설명할 수 있다. 반도체의 경우에 온도증가는 산란주파수의 증가만이 아니라 자유전자의 수를 증가시키므로 복잡한 양상을 가지게 된다.

금속 내의 자유전자는 그들의 일함수를 초과하는 열에너지를 얻으면 표면에서 방출되며, 이들을 **열전자**라고 한다. 온도가 증가함에 따라 이들 방출되는 열전자들의 수는 더욱 증가되며, 이들 열전자에 의한 전류밀도 j는 다음 식과 같이 온도와 금속의 일함수의 함수이다.

$$j = A\,T^2 \exp(-\phi/kT) \tag{I-141}$$

A : 상수, ϕ : 금속재료의 일함수

레이저빔이 조사된 금속표면에서 온도증가는 레이저빔의 강도에 의존하므로 레이저빔의 강도가 증가될수록 금속표면에서 열전자방출이 크게 증가된다.

대부분의 금속재료는 온도가 증가됨에 따라 공격(vacancy) 등 결함이 증가되며, 이들이 자유전자들에 대한 효과적인 산란요소로 작용한다. 그리고 레이저가공에서는 매우 적은 구역에 집속된 레이저빔이 조사되므로 이 구역의 온도가 급속히 증가됨과 동시에 열응력에 의한 변형이 크게 된다. 이로 인하여 열영향구역에 전위 등의 격자 결함이 발생함은 물론 국소적인 구역에서는 용융과 증발 등에 의한 표면의 손상이 일어난다. 따라서 이들 구역에서 레이저빔의 흡수가 증가되고, 또한 함몰로 인한 작은 크레이터들이 형성되고, 심한 경우에는 키홀(key hole)이 발생되어 이들에 의한 다중반사와 흡수로 인하여 더욱 레이저빔의 흡수를 조장한다.

(2) 증발입자의 영향과 플라즈마발생

레이저빔 조사 시 재료표면에서 증발이 일어나면 그 재료의 광학적 성질에 크게 영향을 미친다. 만일 증발된 입자가 주로 중성의 입자로 이루어져 있으면, 이들은 굴절률이 약간 증가되고 투명도가 큰 얇은 표면층으로 작용한다. 이러한 종류의 얇은 표면층은 보통 전자파를 반사시키는 기지재료 상에서 반사방지코팅 층의 역할로 작용할 수도 있다.

만일 레이저빔의 강도가 매우 크면 금속표면에서 증발된 중성원자들이 입사되는 레이저빔을 흡수하여 이온화되므로 '+'로 하전된 이온들과 '−'로 하전된 전자들의 집합체인 플라즈마를 형성한다. 플라즈마밀도가 적은 경우에는 인입되는 레이저빔을 통과시켜 금속표면에 도달시키게 하지만, 그 밀도가 매우 크면 인입되는 레이저빔을 흡수하여 표면에 도달하지 못하게 한다. 반면에 증발된 입자가 이온화하여 전하를 가진 플라즈마입자가 되면 전자파는 이들에 의하여 더욱 효과적으로 흡수된다. 이 경우에 레이저빔의 파장이 증가할수록 플라즈마에 의한 흡수도는 증가된다. 그리고 이들 플라즈마는 다시 열복사 및 열전도에 의하여 하부의 기지로 열에너지를 전달한다. 재료표면으로부터 입자의 방출은 레이저빔의 강도가 큰 경우에 가능하며, 그 크기에 따라 증발되는 입자는 중성원자 혹은 전자와 이온 등 전하를 띈 입자들로 구성된 플라즈마로 이루어진다.

이들 플라즈마에 의하여 레이저빔의 에너지를 더욱 많이 흡수하게 되면 그 구역의 가스온도를 더욱 증가시키게 되고, 또한 그 구역 가스의 급속한 팽창을 준다. 이러한 경우에 플라즈마밀도가 감소하게 되고, 다시 입사되는 레이저빔이 표면에 도달하게 된다. 따라서 매우 큰 강도의 레이저빔을 금속에 조사시키면, 재료의 증발 및 플라즈마형성이 레이저빔조사 초기에 일어나서 그 이후에는 레이저빔에 불투명한 층이 표면을 덮게 된다. 이렇게 되면 입사되는 레이저빔을 차단시켜 표면을 격리시키는 역할을 하게 될 수도 있어 레이저빔에너지가 금속표면에 도달하지 못하게 될 수도 있다. 따라서 목적하는 재료가공의 성격에 따라 적당한 레이저빔출력의 선정이 요망된다. 이러한 현상들에 대하여서는 IV-3절에서 레이저빔과 재료 사이의 상호작용을 다룸으로 다시 자세히 기술하게 될 것이다. 그리고 V장의 각종 레이저빔에 의한 재료가공 방법에서 관련된 효과들을 기술할 것이다.

I-3 전자파의 검출과 측정

일반적으로 재료가공에 사용되는 레이저빔의 파장은 자외선에서 적외선구역에 걸쳐 있으며, 그 출력형태도 연속빔(CW; continuous wave), 펄스빔(msec, nsec, psec, fsec), Q-스위칭 펄스빔 등 다양하다. 그리고 레이저빔출력도 μW로부터 GW 범위에 걸쳐 있기 때문에 동일한 방법으로 모든 레이저빔출력과 에너지를 측정하는 것은 힘들다. 따라서 레이저빔의 스펙트럼분석, 출력, 에너지를 측정하는 방법에는 여러 가지 측정장치가 사용된다.

레이저로부터 방출되는 출력 또는 에너지를 측정하는 경우에 사용하는 방법은 대체로 2가지 범주로 나누어진다. 첫 번째 범주는 양자검출방법으로 레이저빔을 조사시킬 때 광자 혹은 자유전자의 양을 어떤 감지요소로 측정함으로써 출력을 나타내는 방법이다. 이러한 검출장치는 출력이 파장에 따라 입사광의 광자수에 비례하므로 양자계수기 같은 역할을 하는 것이다. 두 번째 범주는 열검출방법으로 감지요소가 입사광에 의한 열에너지를 흡수할 경우에 발생하는 온도변화를 측정함으로써 출력을 나타내도록 하는 방법이다. 이러한 열측정에 의한 전자파검출장치는 입사광에너지를 모두 누적하여 측정하기 때문에 흡수된 전자파의 파장에 관계없이 그 출력의 크기에만 의존한다. 이들 두 가지 범주의 검출장치들은 그들의 출력신호가 입사되는 레이저빔의 출력에 비례한다. 여기에서는 먼저 광선의 휘도에 대하여 살펴보고 레이저빔의 출력을 측정하는 각종 측정방법에 대하여 검토하여 보겠다.

I-3-1 광선의 휘도

광선의 휘도(輝度; brightness)는 빛의 밝음을 의미하는 것으로 광원의 조준성, 방출되는 광선의 출력, 인간의 시각적인 반응도에 의존한다. 레이저빔은 휘도가 매우 크고 강력한 광원으로, 예를 들면 1mW의 He-Ne레이저빔이 태양보다 큰 휘도를 가진다. 레이저빔을 포함한 대부분의 전자기방사선의 측정은 보통 **복사측정법**(radiometry)으로 기술되고, 가시광선구역 방사선의 측정은 **광도측정법**(photometry)으로 기술된다. 복사측정법과 광도측정법의 자세한 내용은 I-3-2항에서 다시 기술되며, 여기에서는 간단히 개요적인 개념을 기술하겠다.

복사측정법과 광도측정법 사이의 관계는 그림 I-28과 같은 **표준광도곡선**으로 나타내며, 555nm의 파장에서 출력 1와트(W)는 680루멘(lumen)과 같다. 따라서 다른 파장에서 1W는 표준광도곡선으로부터 그 파장에 해당하는 상대적인 민감도를 구하여 680루멘과 곱하면 구할 수 있다. 이 그림에서 보듯이 가시광선파장구역에 대한 인간의 눈은 노란색(555nm)에 가장 민감하고, 파장이 감소하거나 또는 증가할수록 민감도가 감소한다. 즉 가시광선 이외의 구역에서는 아무리 강력한 광원이라고 하여도 광도측정단위로서는 0이 된다. 따라서 자외선과 적외선구역을 포함한 레이저빔의 출력은 복사측정법의 단위로 측정한다. 반면에 가시광선구역의 경우에는 평균출력의 단위로 루멘 또는 조도(illuminance)인 lumen/cm^2을 사용한다. 만일 레이저빔이 펄스형태인 경우에는 평균적인 복사출력인 W 또는 조사도(irradiance)인 W/cm^2이 아니고, 한 펄스 내의 전체적인 복사에너지인 줄(J) 또는 복사에너지밀도인 J/cm^2을 사용한다.

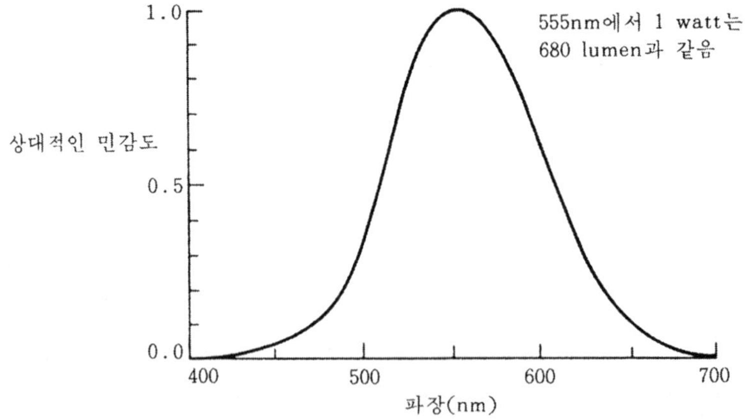

그림 I-28 표준광도곡선. 이 곡선은 색상에 대한 보통 사람의 눈의 민감도를 나타낸 것이다.

광원의 강도는 매 단위 **입체각**[1]에 대하여 복사되는 출력으로 복사측정법에서는 W/sterad, 광도 측정법에서는 lumen/sterad의 단위를 사용한다. 그리고 광원의 휘도에 대한 단위는 복사측정법에서는 복사도(radiance)인 W/cm^2-sterad, 광도측정법에서는 **발광도**(luminance)인 lumen/cm^2-sterad로 나타낸다. 이것은 매 입체각당 단위면적당 광원이 복사하는 복사출력 혹은 발광출력이다.

예를 들어 직진성이 양호하고 좁은 파장폭을 가진 1mW의 He-Ne레이저빔(632.8 nm)이 1mrad의 발산정도를 나타내고, 그 빔직경이 1mm라고 가정해 보자. 이 경우에 그 출구를 통하여 방출되는 면적을 광원의 면적이라고 하면, 조명면적은 7.85×10^{-3}cm^{2}이다. 1mW인 레이저빔의 출력은 복사측정법의 단위로 주어져 있으므로 광도측정법의 단위로 변환시켜야 한다. 그림 I-28을 보면 1W는 555nm에서 680루멘이고, 632.8nm에서 상대적인 민감도는 0.16이다. 따라서 1mW 출력의 경우에 632.8nm에서 광선속은 0.11루멘에 해당한다. 그리고 1mrad의 발산정도를 주는 경우에 1m 거리에서 레이저빔이 약 1mm 확장되므로 입체각은 약 7×10^{-6}sterad이다. 따라서 레이저빔의 휘도는 광선속을 광원의 면적과 빔의 입체각으로 나눈 것과 같기 때문에 약 2×10^7lumen/cm^2-sterad이다. 태양의 휘도는 약 1.5×10^5 lumen/cm^2-sterad이며, 이것은 가시광선구역인 400~700nm 범위에 걸쳐 있다. 따라서 위의 1mW He-Ne레이저빔은 태양의 휘도에 비하여 약 100배 이상으로 크다. 그러나 그 스펙트럼범위는 태양의 경우에는 가시광선구역인 400~700nm 범위에 걸쳐 있는 데 비하여 He-Ne레이저빔의 출력은 1nm 이내의 구역으로 제한된다. 그리고 출력이 1mW인 He-Ne레이저빔의 경우에는 그 대역폭이 632.8nm 근방의 약 0.2nm 정도이다. 분광학적 휘도 또는 분광학적 발광도는 위의 발광도를 그 대역폭으로 나눔으로써 얻어진다. 따라서 분광학적 광도는 태양의 경우에 약 500lumen/cm^2-sterad-nm인데 비하여 1mW의 He-Ne레이저빔의 경우에는 약 10^8lumen/cm^2-sterad-nm이다. 이것은 레이저빔이 작으면서도 한 방향으로 조준성이 양호하고, 또한 분광학적으로 순수한 광원임을 증명한다.

I-3-2 복사측정법과 광도측정법

레이저빔의 검출과 측정에 대한 더욱 정확한 기술을 위해서 위에 언급된 용어들의 개념을 자세히 알아볼 필요가 있다. 먼저 기술한 바와 같이 일반적인 전자파의 측정과 규정에 관한 사항이 복사측정법으로 기술되면서 모든 파장의 전자파가 같이 취급되며, 그 복사에너지와 출력은 각각 J과 W로 측정된다. 그러나 복사측정법의 일부로서 가시광선구역의 전자파를 취급하는 경우를 광도측정법이라고 하였다. 이것은 가시광선의 색상에 따른 인간의 시각민감도 측정을 수행하는 것이다. 이 경우에 인간의 눈이 가시광선

1) 입체각(solid angle)은 단위가 없는 양으로 그 정의되는 구의 크기에 무관한 입체각도의 크기이다. 즉 구상의 부분면적을 반경의 제곱으로 나눈 것으로 단위는 스테라디안(steradian)으로 나타낸다. 예를 들면 전체구의 경우 입체각은 다음과 같다.

$$\Omega = A/r^2 = 4\pi r^2/r^2 = 4\pi(\text{sterad})$$

구역의 전자파에 대한 검출기로 작용하는 것에 해당되며, 그 크기는 광도의 강도로서 기술된다. 복사측정법으로 측정될 수 있는 모든 항목에 대하여 광도측정법에도 그에 해당되는 항목이 있다. 일반적으로 여러 가지 가시광선광원의 밝기에 대해서는 광도측정법의 단위를 사용하지만, 레이저빔에 관한 문제에서는 가시광선구역이라고 하여도 복사측정법의 단위를 사용한다. 이들 복사측정법과 광도측정법의 단위들 사이의 관계는 먼저 기술한 바와 같이 그림 I-28과 같은 표준광도곡선을 사용하여 얻을 수 있다.

모든 방향으로 균일하게 복사되는 점광원을 고려하여 보자. 이 경우에 복사측정법에서 기본적인 양은 광원의 **복사출력** 또는 **복사선속**으로서 Φ로 정의되며, 그 단위는 W이다.

$$\text{복사출력(radiant power); 복사선속(radiant flux)} = \Phi(W) = \frac{dQ}{dt} \qquad \text{(I-142)}$$

광원에서 복사된 광선을 다른 면에 조사시키는 경우에 그 단위면적당 받게 되는 출력밀도 또는 선속밀도를 조사도라고 한다. 이것은 광원의 단위면적에서 복사되는 출력(혹은 선속)**방사도**(emittance)와 동일하며, 그 단위는 다음과 같이 W/m^2이다.

$$\textbf{조사도}\text{(Irradiance) } (E) = \frac{d\Phi}{dA} \ (\text{W/m}^2) \qquad \text{(I-143)}$$

$$\textbf{방사도}\text{(Emittance) } (E_m) = \frac{d\Phi}{dA} \ (\text{W/m}^2) \qquad \text{(I-144)}$$

dA : 선속 $d\Phi$를 측정하는 작은 구역의 면적

조사도를 측정함에는 광원의 스펙트럼특성, 검출장치와 기타 여러 가지 관련되는 사항 등을 정의해야 한다. 점광원에 대해서는 조사도가 거리의 제곱에 반비례한다. 이러한 비례관계의 상수를 **복사강도** I라고 하며, 다음과 같이 정의된다.

$$\textbf{조사도}\text{(Irradiance) } (E) = \frac{d\Phi}{dA_n} = \frac{I}{r^2} \qquad \text{(I-145)}$$

A_n : 선속의 전파에 수직한 면적소성분

이 경우에 점광원으로부터 거리 r에서 매우 적은 면적소 dA_n에 의하여 걸치게 되는 입체각은 다음과 같다.

$$d\Omega = \frac{dA_n}{r^2} \text{(sterad)} \qquad \text{(I-146)}$$

따라서 복사강도 I는 다음과 같다.

$$\textbf{복사강도}\text{(Radiant Intensity) } (I) = \frac{d\Phi}{d\Omega} \text{(W/sterad)} \qquad \text{(I-147)}$$

즉 복사강도 I는 매 입체각당 복사하는 선속의 양이다. 점광원이 아니고 복사하는 광원의 면적이 무시될 수 없을 경우에는 단위면적당 강도가 문제되며, 이것을 **복사도** 혹은 각방사도라고 하고 다음과 같이 나타낸다.

$$\text{복사도(Radiance)}\ (L) = \frac{dI}{dA_n} = \frac{d^2\Phi}{d\Omega dA_n}\ (\mathrm{W/sterad \cdot m^2}) \tag{I-148}$$

광원이 연속적이 아니고 펄스를 주는 경우에는 평균복사출력 또는 조사도로 나타내지 않고, 다음과 같이 한 펄스의 전체적인 **복사에너지** 혹은 복사하는 에너지밀도로서 나타낸다.

$$\text{전체 복사에너지}\ (Q) = \int_0^t \Phi dt\ (\mathrm{J}) \tag{I-149}$$

광도측정법에서 기본적인 단위는 루멘(lm)으로 복사출력을 와트(W)로 나타내는 것과 같이 발광출력 혹은 발광선속을 루멘으로 나타낸다. 발광출력도 복사출력과 같이 Φ_v로 측정되며, 여기서 소문자로 나타낸 v는 가시광선 구역을 의미한다. 이들의 관계는 표준광도곡선에서 보는 바와 같이 555nm의 파장에서 다음과 같다.

$$1\mathrm{Watt} = 680\mathrm{lumen}(555\mathrm{nm}\text{의 파장}) \tag{I-150}$$

다른 파장의 1W에 의하여 나타나는 시각적인 감각은 680lm에 상대적인 민감도(V_λ)를 곱한 값과 같다.

점광원에 대한 발광강도 I_v는 복사강도와 같이 정의되며, 그 단위는 lm/sterad이다. 비슷하게 점광원의 발광도 L_v는 휘도라고도 부르고 복사도와 같이 정의되며, 그 단위는 lm/sterad · m^{2}이다. 표면상의 단위면적에 입사되는 발광출력을 조도 E_v라고 하며, 그 단위는 lm/m^{2}으로 룩스(lux)라고 한다. 그리고 매 입체각당 루멘을 칸델라(candela)라고 하며, Cd로 나타낸다.

복사측정법의 단위로부터 광도측정법의 단위를 계산하는 방법은 위에 언급한 바와 같이 표준광도곡선에서 상대적인 민감도(V_λ)를 이용하여 얻을 수 있다. 예로서 일정한 파장 λ에서 조사도 E_λ를 알면, 이에 해당하는 조도 $E_{\lambda V}$를 다음과 같이 얻을 수 있다.

$$E_{\lambda V} = (680\,\mathrm{lm/W}) \cdot V_\lambda \cdot E_\lambda \tag{I-151}$$

만일 조명원이 단색광이 아닌 경우에는 E_λ는 광원에 의하여 나타나는 것 중에서 λ를 중심으로 하는 좁은 파장구역의 조사도로 해석된다. 이 경우에 전체적인 조도 E_v는 다음 식과 같다.

$$E_v = (680\,\mathrm{lm/W}) \int V_\lambda \cdot {}_\lambda d\lambda \tag{I-152}$$

여기에서 적분의 한계는 보통 400nm에서 700nm 범위로 잡는다. 복사측정법과 광도측정법에서 중요한 용어들과 단위들을 종합하면 표 I-2와 같다.

표 I-2 복사측정법(radiometry)과 광도측정법(photometry)의 용어와 단위

용어	기호	단위	표시식	정의
복사(radiant) 에너지 발광(luminous) 에너지	Q Q_v	줄(J) 탈보트(T)		
복사출력(또는 선속) (radiant power (또는 flux)) 발광출력 (또는 선속) (luminous power (또는 flux))	Φ Φ_v	루멘(lm)	$\Phi = \dfrac{dQ}{dt}$	
조사도(irradiance) 조도(illuminance)	E E_v	W/cm^2 룩스(lm/m^2)	$E = \dfrac{d\Phi}{dA}$	단위면적에 도달하는 전체출력(total power); 표면에서 복사선속 밀도(radiant flux density)
복사강도(radiant intensity) 발광강도(luminous intensity)	I I_v	W/sterad Cd(lm/sterad)	$I = \dfrac{d\Phi}{d\Omega}$	점광원에 대하여 단위입체각에 복사되는 출력
복사도(radiance) 발광도(또는 휘도) (luminance (또는 brightness))	L L_v	$W/m^2 \cdot sterad$ $Cd/m^2(lm/m^2 \cdot sterad)$	$L = \dfrac{d^2\Phi}{d\Omega dA\cos\theta} = \dfrac{dI}{dA\cos\theta}$ (θ: 관찰하는 방향과 법선 사이의 각도)	단위면적으로부터 단위 입체각 내로 복사되는 출력

I-3-3 반도체 광검출기

광검출기는 **양자검출기**라고도 하며, 광선을 재료에 조사시킬 경우에 전자를 방출시키는 광전효과의 결과로 작동하는 검출기이다. 즉 흡수된 광선의 포톤에너지를 측정할 수 있는 형태로 전환시켜 광선속(photon flux) 또는 광학적인 출력을 측정하는 기구이다. 대표적인 광전기검출기(photoelectric detector)는 검출소자에서 광선을 흡수하면 전자들을 표면으로부터 방출시키거나, 또는 가전자대에서 전도대로 전이시켜 이동 가능한 전자, 즉 전하캐리어로 되게 한다. 전기장 하에서 이들 전자들은 이동할 수 있으므로 측정 가능한 전류를 발생시킨다.

이러한 **광효과(photoeffect)**는 외부적인 광효과와 내부적인 광효과의 두 가지 형태가 있다. 외부적인 광효과는 광전자방출과 관련되며, 이러한 광발생 전자는 소자재료로부터 자유전자로 방출된다. 반면에 내부적인 광효과는 광전도와 관련되며, 이것은 에너지대역에서 전이된 전자가 소자재료 내에 그대로 남아 있어서 전기전도도를 증가시키는 데 기여한다. 이들 효과들은 광자의 수에 비례하므로 광검출기는 흡수된 광선의 양자수를 계수함으로써 광선의 강도를 측정하는 장치이다.

광검출기에서 외부적인 광전효과를 이용하는 기구는 광방출디바이스(photoemissive device)이고, 내

부적인 광전효과를 이용하는 기구는 광전도디바이스(photoconductive device)와 광기전디바이스(photovolatic device)가 있다. 다시 말해서 광방출검출기는 광선에 의하여 방출된 전자를 계수하는 방법에 의한 것이고, 광전도검출기는 광선에 의하여 변화된 재료의 전기전도도를 측정하는 방법에 의한 것이고, 광기전검출기는 광선에 의하여 발생한 전기기전력을 측정하는 방법에 의한 것이다. 따라서 이러한 광검출기는 레이저빔의 여러 가지 모드동작과 출력 등에 따라 선택하여 사용해야 한다.

(1) 광방출 검출기

광방출 검출기는 광선의 포톤에 의하여 재료로부터 전자를 방출시키는 작용에 의하며, 금속과 반도체에서 가능하다. 만일 진공 내에서 금속표면에 조사되는 포톤에너지가 충분히 크면, 상부에 있는 전자는 금속표면에서 전위장벽을 넘어 자유전자로 방출되어 나온다. 그림 I-20에서 보는 바와 같이 입사된 광선의 포톤에너지 $h\nu$는 금속의 전자를 방출시켜 자유전자로 나오게 한다. 여기서 금속의 일함수는 이 금속의 페르미(Fermi)에너지수준과 진공수준 사이의 에너지차이다. 에너지보존법칙에 의하여 페르미에너지수준 이하에서 방출되는 전자의 최대운동에너지는 (I-64)식과 같으며, 이 관계를 아인슈타인의 광전자방출식이라고 한다.

$$E_{\max} = \left(\frac{1}{2}mv^2\right)_{\max} = h\nu - e\phi \tag{I-64}$$

처음에 전자가 페르미에너지수준에 있다고 하면, 이 전자는 최대운동에너지를 얻을 수 있다. 만일 포톤이 페르미에너지수준 이하의 내부에 있는 전자를 방출시키려고 하면 페르미에너지수준까지 올리는 추가적인 에너지가 요구되므로 방출된 전자의 운동에너지는 그만큼 적게 된다. 금속의 일함수가 증가함에 따라 전자를 방출시키는 데 요구되는 포톤에너지는 증가되므로 그에 해당하는 광선의 파장이 적어져야 한다. 금속에서 가장 적은 일함수값을 가지는 금속은 세슘(Cs)으로서 약 $2eV$이다. 따라서 순수금속으로부터 외부적인 광효과에 기반을 둔 광검출기는 가시광선과 자외선구역에 대하여 유효하다.

진성반도체(intrinsic semiconductor)에서 광전자는 그림 I-29의 그림(a)에서 보는 바와 같이 일반적으로 전자들이 많은 가전자대에서 방출된다. 이 경우에 아인슈타인에 의한 광전자방출은 (I-153)식에서 (I-154)식과 같이 바뀐다.

$$E_{\max} = h\nu - e\phi \tag{I-153}$$

$$E_{\max} = h\nu - (E_g + \chi) \tag{I-154}$$

여기서 $e\phi$는 반도체의 일함수로서 가전자대와 진공수준 사이의 에너지차이고, E_g는 밴드갭에너지이고, χ는 전자친화도이다. 전자친화도는 진공수준과 전도대하부 사이의 에너지차이다. 어떤 재료에 대하여 $(E_g + \chi)$에너지는 $1.4eV$ 정도로 적다. 따라서 반도체 광방출검출기는 가시광선 및 자외선구역과 함께 근적외선구역에서 작동할 수 있다.

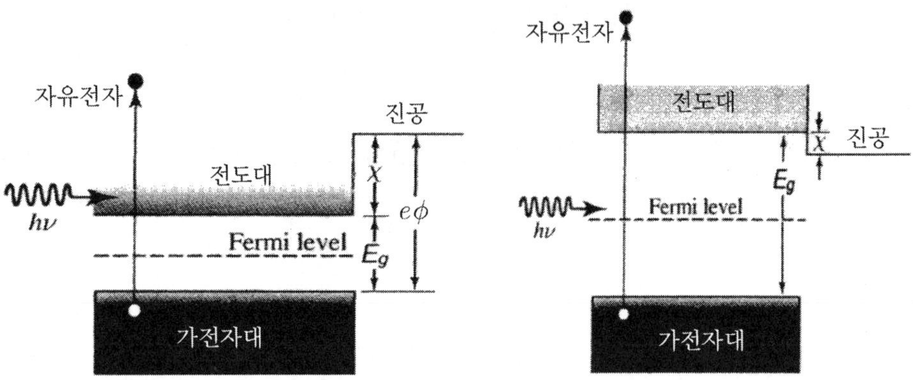

(a) 진성반도체에서 광전자 방출 (b) NEA반도체에서 광전자 방출

그림 I-29 반도체에서 광전자 방출

1970년대에 네거티브 전자친화도(NEA; negative electron affinity)를 가진 반도체가 개발되었으며, 이것은 그림(b)에서 보여주는 것과 같이 벌크소재에서 전도대 가장자리가 진공수준보다 위에 위치한다. 따라서 광방출이 일어나기 위해서는 $h\nu$가 단지 E_g를 넘으면 된다. p-형 반도체에 n-형 박막 또는 금속 박막을 코팅하면 소재의 표면에서 전도대가 굽혀지도록 하여 전도대의 하부가 진공수준보다 낮은 위치에 있게 된다. 이렇게 되면 근적외선보다 약간 긴 파장에도 반응하게 되며, 역시 양자효율을 개선시키고 암전류(dark current)를 감소시킨다.

광방출검출기에서는 조사시킨 포톤에너지가 그 재료의 일함수 이상인 경우에 전자를 방출시키게 되며, 이 범주에 속하는 디바이스는 진공광다이오드와 **광전자증배관** 등이 있다. 광방출검출기는 그림 I-30(a)와 같이 **진공광다이오드** 또는 **광전관**이라고 부르는 진공관형태를 가지고 있다. 광음극이라고 부르는 광방출재료의 표면에서 방출된 전자들은 높은 전위에 유지되어 있는 전극(양극)으로 이동하게 된다. 음극과 양극 사이의 전자이동으로 광전류, 즉 광선속에 비례하는 전류가 회로에 발생하게 된다. 간단한 진공

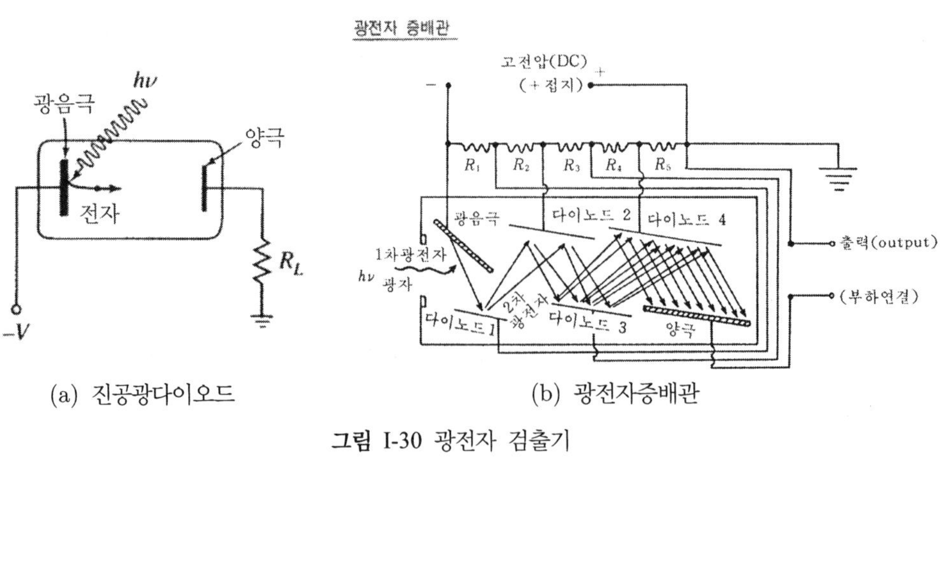

(a) 진공광다이오드 (b) 광전자증배관

그림 I-30 광전자 검출기

광다이오드는 복사선속 수준이 비교적 크고, 스펙트럼 민감도가 자외선으로부터 적외선까지 요구되는 곳에 사용된다. 이 검출기의 광음극은 일함수가 적은 재료(Na, K 등 알칼리금속)로 코팅되어 있어서 레이저빔이 조사될 경우에 용이하게 전자를 방출시키도록 되어 있다. 그리고 광음극은 양극에 대하여 '−'전압이 유지되도록 하며, 에너지가 큰 포톤이 광음극에 조사되면 전자가 방출되고, 연속으로 연결된 부하저항 R_L 또는 전류계를 통하여 전류가 흐르게 된다. 광전관은 전류공급원이 되며, 이 전류는 일정한 주파수로 가하여진 광선의 포톤수에 비례한다. 광방출과정은 매우 빨리 진행되므로 광음극으로부터 야기되는 전류는 매우 적은 펄스레이저빔까지도 그 강도변화를 따르게 된다. 이 검출기의 반응시간은 전자가 회로를 통과하는 시간으로 제한되며, 보통 nsec 이하로 반응시간이 빠르므로 10nsec 정도의 레이저빔펄스도 측정이 가능하다.

광방출전자는 2차 과정을 통해서 엄청난 양의 전자를 방출하는 캐스케이드과정을 생성시킬 수 있다. 이러한 현상은 그림 I-30(b)에 보여주는 것과 같이 전자들이 광전관 내에서 연속하여 특별히 배치시킨 **다이노드**(dynode)라고 부르는 전극에 충돌시킴으로써 이루어진다. 여기서 다이노드는 2차 전자를 방출하는 재료로 코팅되어 있으며, 일련의 다이노드들은 연속적으로 높은 전위를 유지한다. 이 결과는 이득이 $G=m^n$인 증폭작용으로, 여기서 m은 한 전자가 방출시키는 전자들의 수이고, n은 다이노드의 수이다. 이러한 디바이스를 **광전자증배관(PMT; photomultiplier)**이라고 하며, G는 10^8도 얻을 수 있다. 이러한 광전자증배관은 광량이 매우 적어도 크게 증폭시킬 수 있다.

이 그림을 보면 외부에서 입사된 포톤에 의하여 광음극에서 방출된 1차 광전자는 첫 번째 다이노드에 집속되고, 각 전자마다 다시 수 개의 2차 광전자를 방출시킨다. 이들은 각각 그 다음의 다이노드에 집속되어 반복적으로 다시 수 개의 광전자를 방출시켜 최후에 양극에 도달하기까지 계속하여 지수함수적으로 전자의 방출수가 증폭된다. 여기에서 여러 개로 이루어진 연결된 저항체들에 고전압을 공급함으로써 각 다이노드는 그 전의 다이노드에 대하여 '+'전위를 유지한다. 보통 연속된 다이노드들 사이의 전위차는 약 100V 정도이고, 전체적인 광전자 증배관의 전위차는 다이노드의 수에 따라 수백에서 수KV 정도이다. 그리고 2차 전자의 수는 전위차에 민감한 함수이므로 전위차를 매우 잘 조정해야 한다. 또한 광전자증배관의 전반적인 이득은 매우 크므로 광선의 조사량과 이에 따른 양극전류가 크지 않도록 하여 증배관이 포화되지 않도록 주의해야 한다. 광전자증배관의 반응속도는 진공광전다이오드와 같이 전극에서 전극으로 이동하는 통과시간에 의하여 제한된다. 일반적으로 광전자증배관은 전극이 많아 진공광전다이오드보다 반응시간이 길지만 10nsec 정도의 반응시간을 얻을 수 있다. 광음극재료는 Ag-O-Cs 같은 혼합물로 제조하며, 가시광선구역과 자외선구역에 대하여 유효하다. 그러나 적외선구역의 경우에는 광자에너지가 전자를 방출시키기에는 충분하지 못하여 사용하지 못한다.

(2) 광전도 검출기

광전도검출기는 PbS, CdS, Ge(Au, Cu, Zn를 접종), InSb, HgCdTe 같은 반도체재료로 구성되어 있으며, 광선을 조사 시 이들의 광전도도변화를 측정하는 방법에 의한다. 진성반도체에서 가전자는 원자에 구속되어 있어서 이동할 수 없으나, 밴드갭 위의 전도대에 있는 전자는 자유스럽게 이동할 수 있다. 그러나 이들 전도대에 있는 전자도 전체적으로 재료 내에 있고, 진공광전관 같이 표면으로부터 외부로 방출될 수는 없다. 일반적으로 상온의 진성반도체에서 대부분의 전자는 가전자대에 있으므로 반도체는 큰 전기저항을 가진다. 만일 이러한 반도체에 에너지대 간격보다 큰 에너지를 가진 포톤을 조사시키면, 그림 I-31에 보여주는 것 같이 전자들이 전도대로 여기되므로 전도대에는 전자, 가전자대에는 정공(hole)을 형성하여 소자 내에 그대로 남아 있게 된다. 이러한 전자와 정공의 증가는 반도체의 전기전도도를 증가시키며, 이러한 전기전도도의 측정으로 광선의 세기를 측정하는 것이다. 가장 현대적인 광검출기는 이러한 내부적인 광효과를 기반으로 작동한다.

위에서 기술한 바와 같이 진성반도체에서 포톤의 흡수는 가전자대에서 전도대로 전이된 자유전자를 발생시키고, 동시에 가전자대에 정공을 생성하게 된다. 이 경우에 이들 전자와 정공에 의하여 소재의 전기전도도가 변하게 된다. 소재의 전기전도도 변화 $\Delta\sigma$는 광선속 Φ(단위시간 당 포톤의 수)에 비례하여 증가된다.

$$\Delta\sigma \propto \Phi \tag{I-155}$$

그림 I-31(b)와 같이 외부전압 V에 의하여 소재에 가한 전기장 E는 전자와 정공을 이동시킨다. 이 경우에 전기회로에서 측정할 수 있는 전류 i_p를 주게 된다. 만일 각 포톤이 디바이스에서 광캐리어 쌍(e-h)을 생성하게 된다면, 광선속 Φ는 광검출기회로에서 전자속 Φ(매초당 전자수)를 주게 된다. 이에 해당하는 단락전류(short-circuit electric current)는 다음과 같다.

$$i_p = e\Phi \tag{I-156}$$

광검출기 디바이스에 조사되는 포톤이 검출기전류에 기여하는 광캐리어 쌍을 생성하는 확률은 **양자효율** η에 의하여 결정된다. 따라서 검출되는 전자를 생성하게 되는 포톤의 분률은 1이 아니고 다음과 같다.

$$i_p = \eta e\Phi \tag{I-157}$$

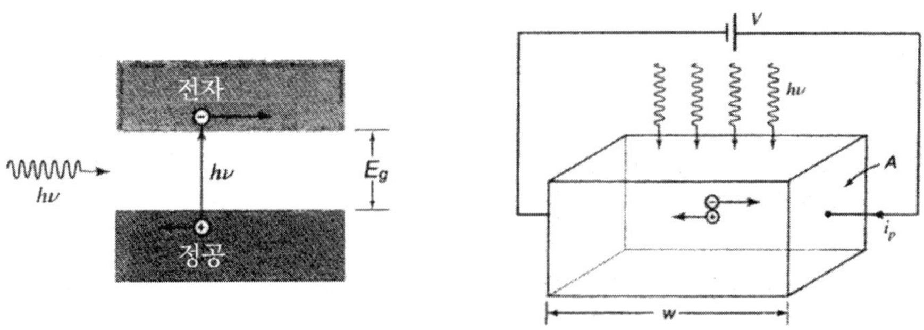

(a) 반도체에서 전자와 정공의 생성 (b) 전자와 정공의 이동으로 광전류 발생

그림 I-31 진성반도체에 포톤조사

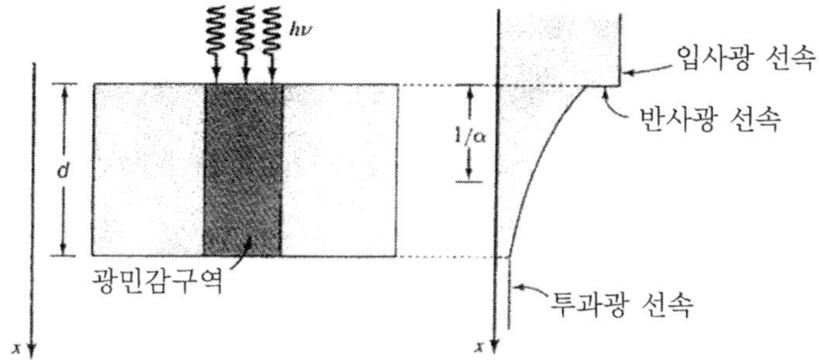

그림 I-32 양자효율에 대한 포톤 흡수의 효과

광검출기의 양자효율 η는 $0<\eta<1$ 범위의 값으로 주어지며, 이것은 디바이스에 조사된 한 개의 포톤이 검출기전류에 기여하는 광캐리어 쌍을 생성하는 확률이다. 일반적인 검출기를 사용하는 경우와 같이 많은 포톤이 조사되는 경우에 η는 검출기전류에 기여하는 전자 - 정공 쌍을 생성하는 광선속을 처음에 조사되는 광선속으로 나눈 값이 된다.

$$\eta=(1-R)\zeta[1-\exp(-\alpha d)] \tag{I-158}$$

여기서 R은 표면에서 광선의 반사율이고, ζ는 검출기전류에 기여하는 전자 - 정공 쌍의 분률이고, α는 소재의 흡수계수(cm^{-1}) 이고, d는 광검출기의 두께이다 그림 I-32에 소자의 표면에서 거리의 함수로 양자효율을 나타내고 있다.

광검출기 디바이스에 흐르는 전류는 디바이스에 조사된 광출력에 비례한다. 그리고 반도체의 전기전도도는 전하캐리어의 이동도에 비례하므로 광검출기의 전기전도도는 다음 식과 같이 조사되는 광선속에 비례한다.

$$\Delta\sigma=\frac{\eta e\tau(\mu_e+\mu_h)}{WA}\Phi \tag{I-159}$$

여기서 μ_e, μ_h는 전자와 정공의 이동도이고, τ는 과잉캐리어의 재결합수명이고, WA는 반도체의 용적이다.

반도체 외부에서 전압 V를 가하면, 유도된 전기장 E는 그림 I-33에 보여주는 것과 같이 자유캐리어인 전자와 정공에 일정한 가속도를 가지도록 가속시킨다. 가속된 캐리어들은 무작위적인 충돌로 인하여 이들 캐리어들이 감속된다. 그 결과 캐리어들은 전기장방향으로 드리프트속도(drift velocity) $v=\mu E$로 유동한다. 여기서 드리프트속도란 전계의 영향하에서 이동하고 있는 전자(또는 정공)의 평균 속도를 의미한다.

전류밀도는 $J=\sigma E$이므로 포톤에 의하여 발생된 전류밀도는 다음 식과 같다.

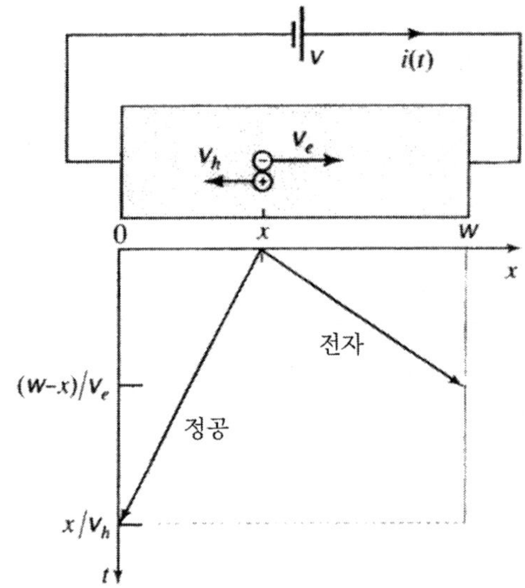

그림 I-33 외부에서 반도체에 전압 V를 가한 경우.
전기장에 의하여 전자는 v_e 속도로 우측으로 이동하고 정공은 v_h 속도로 좌측으로 이동한다.

$$J_p = \triangle \sigma E \tag{I-160(a)}$$

$$J_p = \frac{\eta e \tau (\mu_e + \mu_h)}{WA} \varPhi E \tag{I-160(b)}$$

드리프트속도는 $v = \mu E$이므로 위의 식은 다음과 같다.

$$J_p = \frac{\eta e \tau (v_e + v_h)}{WA} \varPhi \tag{I-161}$$

포톤에 의하여 생성된 전류는 $i_p = J_p A$이므로 다음 식과 같다.

$$i_p = \frac{\eta e \tau (v_e + v_h)}{W} \varPhi \tag{I-162}$$

만일 $v_e \gg v_h$이면, 위의 식은 다음과 같다.

$$i_p \cong \eta e \varPhi \left(\frac{\tau}{\tau_e} \right) \tag{I-163}$$

여기서 τ_e는 전자가 반도체를 통과하는 시간이다.

광전도체의 이득 G는 과잉캐리어의 재결합수명 τ와 캐리어의 드리프트수명(캐리어의 자유이동시간 또는 디바이스 통과시간) τ_e 사이의 비율에 비례하므로 $G = \tau / \tau_e$이다. 따라서 전류흐름은 다음 식과 같다.

$$i_p = \eta e G \varPhi \tag{I-164}$$

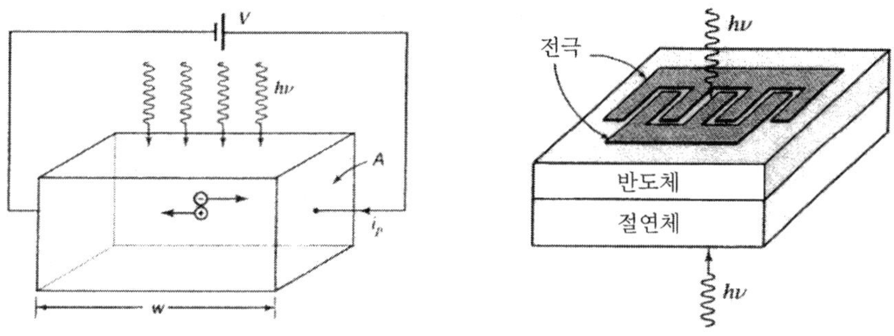

그림 I-34 광전도 검출기 구조
(a) 포톤이 생성한 캐리어쌍은 외부전압 V에 반응하여 이동하며, 광선속에 비례하는 광전류를 준다.
(b) 서로 맞물려 있는 전극구조는 반도체에 도달하는 포톤과 캐리어 통과시간을 최소화하여 디바이스 밴드폭을 최대화하도록 디자인된다.

만일 디바이스가 이득을 나타내어 생성된 광캐리어 쌍으로 인하여 회로에 전하 q를 주게 된다면, 그 이득은 역시 $G \equiv q/e$로 해석될 수 있다. 광전도디바이스는 슬래브(slab) 또는 박막형태의 p-형 혹은 n-형 반도체소자가 역방향바이어스 하에 있는 형태를 가진다. 만일 포톤에너지($h\nu$)가 반도체의 밴드갭보다 크면, 그 포톤은 밴드간전이 때문에 흡수된다.

광전도검출기는 포톤이 조사되지 않으면 개방회로(open circuit)로 작용한다. 상온에서 이것은 암저항(dark resistance) R_D를 가지며, 이것은 냉각을 요구하므로 단점으로 간주된다.

광전도검출기에서 흔히 소자에 도달하는 포톤을 최대화하면서 통과시간을 최소화하기 위하여 그림 I-34와 같이 양극과 음극의 접촉은 소재의 같은 면 상에서 서로 맞물려지게 디자인 한다. 만일 절연체기지재료가 충분히 큰 밴드갭을 가지고 있어서 포톤을 흡수하지 않는다면 포톤이 디바이스 밑면에 가해져도 문제가 없다. 광전도체는 광학 스위치로 간주될 수도 있다. 즉 인입되는 광선이 없으면, 이것은 개방회로이다. 검출기의 저항은 인입되는 포톤의 증가에 따라 감소된다.

광전도검출기회로는 그림 I-35에 보여주는 것 같이 일반적으로 부하저항(R_L)과 직류전원(V_{bias})을 직렬로 연결하여 구성되며, 진공광전다이오드 대신에 광전도체(R_D)를 연결시킨 것과 같다. 광전도검출기에 인입되는 광선속에 따라 디바이스저항과 전류가 변한다. 즉 광전도디바이스에 포톤이 인입되지 않으면 전류가 흐르지 못하므로 검출기저항은 R_D이나, 포톤이 가하여지면 전류가 흐르므로 R_D는 저하된다.

$$V_{bias} = i_p(R_D + R_L) = RP(R_D + R_L) \quad \text{(I-165)}$$

i_p ; 디바이스전류, R ; 감응도, P ; 입사광선속

$$R_D = V_{bias}/(RP - R_L) \quad \text{(I-166)}$$

만일 광전도체에 입사광선(P)이 없으면 전체저항($R_D + R_L$)에서 R_D는 ∞이므로 $i_p = 0$이다. 그러나

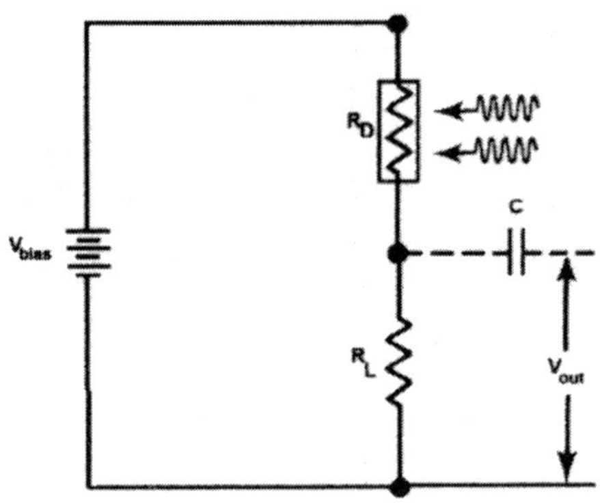

그림 I-35 광전도검출기의 회로 구성

만일 P가 증가하면, R_D는 감소하므로 i_p는 증가한다. 이 경우에 부하저항을 통한 전압변화가 있게 되고 그 변화값 ΔV_L을 측정하여 광전도검출기에 가하여진 광선속의 양을 측정하게 된다. 광전도검출기의 반응시간은 일반적으로 진공광전다이오드보다 길다. 이것은 전자와 정공이 재결합되는 속도에 의하여 결정되므로 접종반도체의 종류에 따라 다르며, 빠른 것은 msec 이하이지만 어떤 경우에는 그 이상으로 훨씬 느린 경우도 있다.

일반적으로 진성반도체의 에너지대간격은 적외선구역의 포톤에너지보다 크기 때문에 전자들의 전이를 위한 에너지를 감소시키기 위하여 불순물을 접종시킨 접종반도체(extrinsic semiconductor)를 사용한다. 접종반도체를 사용하면 긴 파장에서도 광전도도를 얻을 수 있다. 즉 밴드 사이의 에너지수준에 있는 접종된 원소들에 의해서 포톤에너지를 흡수하여 이동할 수 있는 전하캐리어를 생성할 수 있기 때문이다. 이 경우에 가전자대와 전도대에 대한 수용체와 공여체 준위에 의하여 전자를 전이시키는 최소한의 포톤에너지가 결정되며, 이러한 접종반도체는 매우 낮은 활성화 에너지를 가질 수 있다. 그러나 이들 불순물준위들이 가전자대와 전도대에 근접하여 있으므로 상온에서 많은 수의 전자와 정공을 형성시키기 때문에 이들 검출기에 전자파를 조사 시 지장을 초래한다. 특히 이러한 열적인 영향은 대부분의 적외선구역 포톤들의 상대적으로 적은 에너지 때문에 적외선구역의 광선에 대하여 더욱 지장을 초래한다. 따라서 이러한 광검출기는 접종원자들의 열적인 여기를 피하기 위하여 액체질소 등의 방법으로 냉각시켜야 한다.

(3) 포토다이오드 검출기

광기전검출기는 내부적인 광효과에 의하여 동작하며, p-n 접점(junction)으로 된 반도체로 구성되어 있다. 불순물이 접종된 반도체의 접점구역에는 전자가 전도대로 전이되어 전도전자를 형성하고, 가전자대에는 정공을 형성시켜 서로 반대방향으로 이동하므로 접점구역에 강한 전기장을 형성한다. 만일 접점구역에 광선을 조사시키면 가전자대의 전자가 전도대로 전이되므로 전자-정공 쌍을 형성한다. 그러나 접점구역의 강한 전기장으로 인하여 형성된 전자와 정공은 서로 반대방향으로 가속되고 재결합되는 것이 방지된다. 그러면 소수캐리어(n-형에서 정공, p-형에서 전자)가 접점을 통하여 흐르게 되고, 이들 하전캐리어들이 가지는 속도 때문에 전류가 발생하게 된다.

이 경우에 접점을 통하여 저항을 연결시키면 광선의 조사가 계속되는 한 전류계에 전류가 흐르게 된다. 그러므로 이러한 광기전효과를 가지는 검출기는 입사광선의 출력을 전기적인 출력으로 변환시키며, 일종의 태양전지와 같은 것이다. 여기에 사용되는 반도체로는 Si이 많은 입사광선을 전기적 출력으로 변환시킨다. 광기전디바이스는 외부에서 전원을 공급할 필요가 없어서 간단하며, 그 출력은 시간에 대하여 매우 안정적이다. 그리고 회로에서 흐르는 전류는 입사된 광선의 강도와 검출기의 면적에 비례하며, 이것은 전류계 혹은 전압계를 이용하여 측정한다.

p-n 다이오드의 접점근방의 구역은 전자와 정공이 없으므로 **공핍층**(depletion layer)이라고 하며, 이 공핍층의 양측은 비교적 큰 공간전하를 가진 구역들로 구성되어 있다. 그리고 재료 내부에 있는 캐리어들은 접점구역에 있는 전기장에 의하여 가속되지 않고, 공핍층과 그 근방구역에서 생성된 캐리어들만이 광전류에 기여한다. 따라서 광다이오드의 설계에서는 가능하면 공핍층을 검출기표면 근처에 위치시키도록 한다. 그리고 대부분의 캐리어가 공핍층에서 발생되도록 적당하게 광선의 흡수와 공핍층의 폭을 선택하여야 한다. 그러면 이들 캐리어들은 공핍층에 있는 전기장에 의하여 급속히 서로 반대방향으로 이동된다. 광다이오드의 반응속도는 공핍층을 통한 캐리어의 통과시간과 공핍층 자체의 전기용량에 의하여 결정된다. 만일 광다이오드를 역방향바이어스로 하면 공핍층의 폭을 증가시키게 된다. 이 경우에 공핍층에서 더욱 많은 캐리어가 발생되며, 공핍층의 전기용량을 감소시킨다. 따라서 역방향바이어스로 하면 광다이오드의 속도와 민감도를 증가시킨다. 광다이오드재료는 여러 가지가 있으며, 대표적인 것은 Si(가시광선, 근자외선 및 근적외선), Ge과 InGaAs(근적외선), InSb, InAs, HgCdTe, Ge(Au, Cu 접종; 장파장 적외선) 등이 사용된다. 때로는 p-n 접점 사이에 진성반도체층을 삽입시킨 p-i-n 다이오드를 만들어 공핍층을 조절한다. 이 경우에 큰 저항을 가진 비교적 두꺼운 층의 재료가 p 재료와 n 재료 사이에 위치하므로 두꺼운 공핍층을 형성시키는 역할을 한다. 이러한 검출기는 짧은 레이저빔펄스에 효과적이다.

p-n 접점에 외부의 직류전원을 공급하여 역방향바이어스(전원의 '+'측을 n-형 재료에 '−'측을 p-형 재료에 연결) 상태로 동작시키는 광검출기를 포토다이오드 검출기라고 하며, 이것은 위에 기술한 광기전방식이 아니고 먼저 기술한 바와 같은 광전도방식이다. 포토다이오드검출기는 광전도검출기와 같이 포톤에 의하여 생성되는 전하캐리어에 의하여 작동된다. 포토다이오드검출기는 상온에서 광전도검출기에 있는 암전류의 단점을 극복한다. 역방향바이어스로 동작하는 포토다이오드검출기에는 3가지의 형태가 있다.

- p-n 접점 포토다이오드
- p-i-n 접점 포토다이오드
- 아바랜치(Avalanch) 포토다이오드

여기서는 이들 중에서 p-n 접점 포토다이오드와 p-i-n 접점 포토다이오드에 대하여 살펴보겠다.

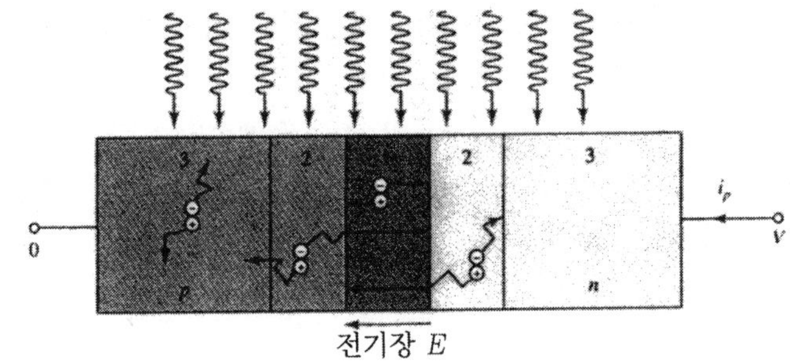

그림 I-36 역방향바이어스를 가한 p-n 접점에서 전자와 정공의 거동

(4) $p-n$ 접점 포토다이오드

역방향바이어스를 가한 반도체에 광선을 조사시키면, 포톤은 흡수계수 α로서 반도체 내에서 흡수된다. 반도체에 포톤이 흡수되면 전자-정공 쌍이 생성된다. 그러나 전기장이 존재하는 곳에서만 전하캐리어가 특정방향으로 이송된다. p-n 접점은 공핍구역에서만 전기장이 있게 되므로 이 구역에서 포톤에 의해서 전하캐리어를 생성하는데 바람직한 구역이다. 전자-정공 쌍이 생성되는 것이 가능한 위치는 그림 I-36과 같이 3개의 구역이다.

- **1-구역(공핍층 구역)** : 공핍층에서 생성된 전자와 정공은 강한 전기장의 영향하에서 서로 반대방향으로 흐른다. 전기장은 항상 $n \rightarrow p$ 방향이므로 전자들은 n측으로, 정공은 p측으로 이동한다. 결과적으로 외부 회로에서 생성된 광전류는 항상 역방향(n구역에서 p구역으로)이다. 공핍구역에서는 재결합이 일어나지 않기 때문에 각 캐리어 쌍들은 외부회로에서 전하 $e(G=1)$의 전류펄스를 생성한다.
- **2-구역(공핍층 외부구역)** : 공핍층 외부에서 생성된 전자-정공 쌍은 그 근방에서 임의적인 확산에 의하여 공핍층으로 들어갈 기회가 있다. p측에서 나온 전자는 접점을 통하여 빠르게 이송되며, 따라서 외부회로에 전하 e를 공여하게 된다. n측에서 나온 정공도 비슷한 영향을 가진다.
- **3-구역(공핍층에서 먼 구역)** : 공핍층으로부터 먼 위치에서 생성된 전자-정공 쌍은 전기장이 없기 때문에 이송될 수 없다. 그들은 재결합에 의하여 소멸될 때까지 임의적으로 떠돌아다닌다. 이들은 외부적인 전류에 신호를 기여하지 않는다.

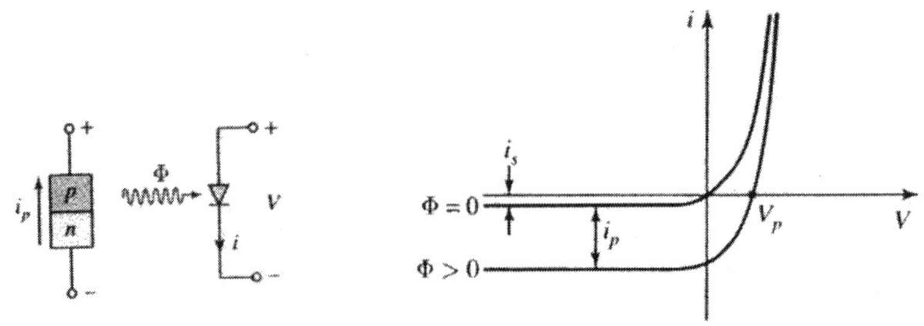

(a) 포괄적인 회로 (b) i-V 관계

그림 I-37 p-n 접점 포토다이오드

전자디바이스로서 p-n 접점 포토다이오드의 포괄적인 회로와 i-V관계를 그림 I-37에 나타내었고, p-n 접점을 통한 전류는 다음 (I-167)식과 같다. 그림은 조사된 광선속에 비례하는 추가된 광전류 $-i_p$가 첨가된 p-n 접점의 일반적인 i-V관계이다.

$$i = i_s\left[\exp\left(\frac{eV}{kT}\right) - 1\right] - i_p \tag{I-167}$$

여기서 i_s는 포화전류이고, i_p는 추가되는 전류이다.

p-n 접점 포토다이오드의 동작에는 개회로(open curcuit), 폐회로(short circuit), 역방향바이어스의 3가지 모드가 있으며, 이들에 대하여 잠시 살펴보자.

○ 개회로 모드

이것은 포토다이오드의 광기전동작 모드로서 그림 I-38은 포토다이오드의 광기전 동작의 회로와 광선속에 따른 전압을 보여주고 있다. 광선이 공핍구역에서 전자-정공 쌍을 생성한다. 공핍층의 n-측에서 자유로워진 추가적인 전자는 p-측에 있는 정공과 재결합하며, p-측에서 나온 추가적인 정공은 n-측에 있는 전자와 재결합한다. 그 최종적인 결과는 전기장의 증가를 주게 되며, 이것은 디바이스를 통하여 광전압 V_p를 주게 된다. 그리고 이것은 광선속(Φ)의 증가에 따라 증가한다. 이러한 동작모드는 태양전지에서 사용된다. 광전압 포토다이오드의 반응도는 A/W보다는 V/W로 측정된다. 즉 W당 전류보다는 전압으로 측정된다.

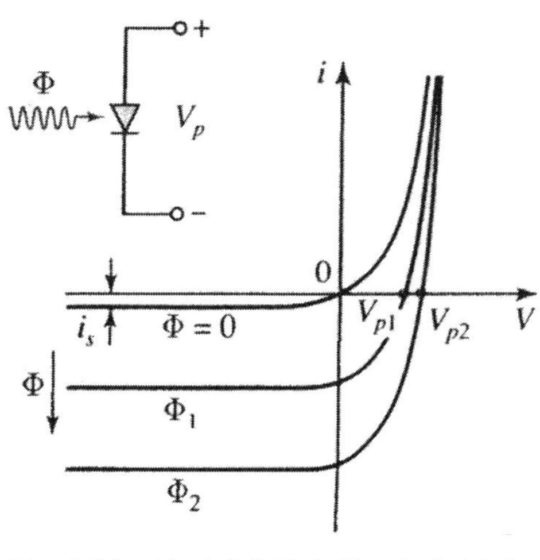

그림 I-38 포토다이오드의 광기전 동작 회로와 광선속에 따른 전압

○ 폐회로 모드

그림 I-39는 포토다이오드의 폐회로동작의 회로와 광선속에 따른 전류를 보여주고 있다. 폐회로 모드

에서 $V=0$이다. 폐회로전류는 단순히 광전류 i_p이며, 광선속 증가에 따라 광전류는 증가된다.

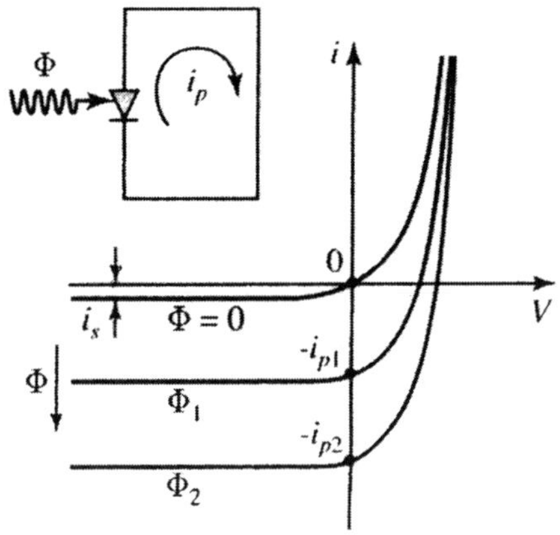

그림 I-39 포토다이오드의 폐회로 동작과 광선속에 따른 전류

○ 역방향바이어스 모드

그림 I-40은 포토다이오드의 역방향바이어스동작에서 부하저항이 있는 경우와 없는 경우의 회로와 i-V관계를 보여 주고 있다. 여기서 광선속(Φ)의 증가에 따라 동작하는 결과(전압)는 점선 상에 있게 된다.

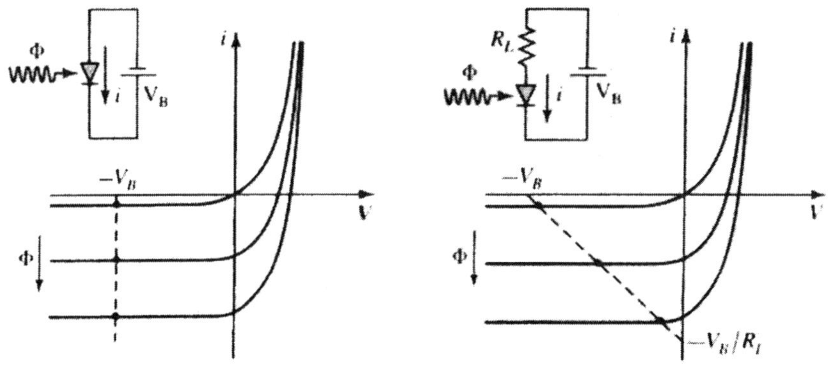

(a) 부하저항이 없는 경우 (b) 부하저항이 있는 경우

그림 I-40 포토다이오드의 역방향바이어스 동작에서 회로와 i-V관계

일반적으로 포토다이오드는 다음과 같은 이유로 인하여 강하게 역방향으로 바이어스된 모드로 동작한다.

- 강한 역방향바이어스는 접점에 강한 전기장을 발생시켜 캐리어의 이동속도를 증가시키므로 통과시간을 감소시킨다.
- 강한 역방향바이어스는 공핍층의 폭을 증가시키므로 접점 커패시턴스를 감소시키고 반응시간을 개선한다.

• 공핍층의 증가된 폭은 포톤흡수에 민감한 지역을 증가시켜 더욱 많은 광선을 받아들이게 된다.
그림 I-41은 전형적인 p-n 접점 포토다이오드의 구조를 보여주고 있다.

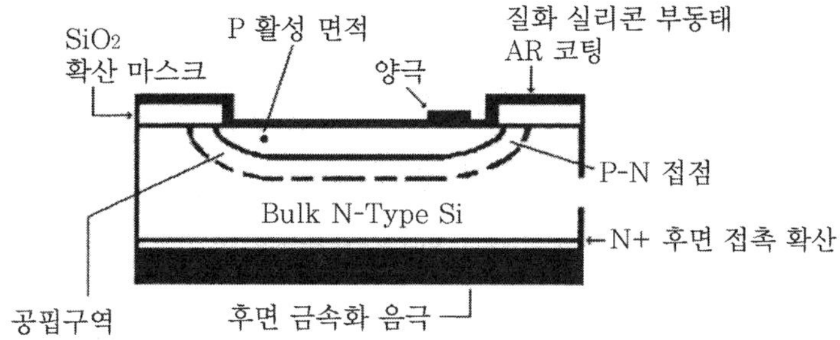

그림 I-41 전형적인 p-n 접점 포토다이오드의 구조

(5) p-i-n 접점 포토다이오드

p-i-n 접점 포토다이오드는 p-층과 n-층 사이에 진성반도체(보통은 약간 도핑시킴)인 i-층을 가진 p-n 접점 포토다이오드이다. 그림 I-42는 p-i-n 접점 포토다이오드의 구조를 나타내고 있다. 이러한 구조는 전기장을 유지하는 구역의 폭을 증가시키는 데 기여하므로 공핍층을 넓히는 효과가 있다.

p-i-n 접점구조의 포토다이오드는 다음과 같은 장점이 있다.

- 디바이스의 공핍층, 즉 생성된 캐리어들이 드리프트에 의하여 이송될 수 있는 구역의 폭을 증가시키므로 광선을 받아들이는 구역을 증가시킨다.
- 공핍층을 증가시키는 접점 커패시턴스를 감소시켜서 RC회로 시간상수를 감소시킨다. 반면에 공핍층의 폭 증가에 따라 통과시간이 증가된다.
- 디바이스의 확산거리와 드리프트거리 사이의 비율을 감소시킴은 생성된 전류의 더욱 많은 분률이 더욱 빠른 드리프트과정에 의하여 전달된다.

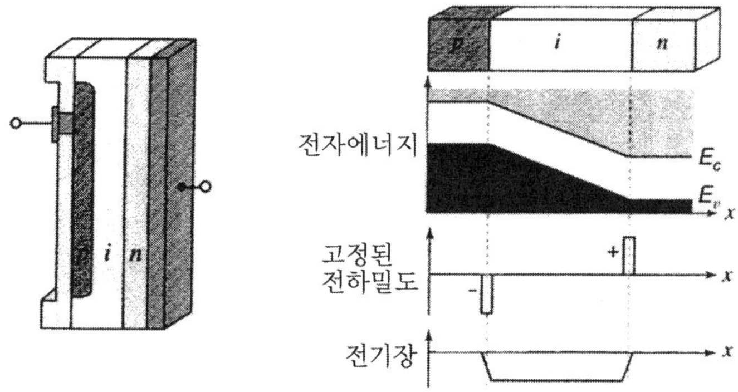

그림 I-42 p-i-n 접점 포토다이오드의 구조

I-3-4 열검출기

열검출기는 광에너지를 열로 변환시켜 출력을 측정하는 기구이다. 즉 열검출기는 입사광선이 검출기의 수광부에 있는 감지소자를 가열시켜 발생하는 온도상승을 측정하는 방법에 의한 것이다. 일반적으로 열검출기는 양자검출기와 달리 광범위한 파장구역에 걸쳐서 사용할 수 있으나, 반응시간은 양자검출기와 같이 빠르지 못하다. 따라서 양자검출기가 매우 효과적인 파장구역($\leq 1.55\mu$m)에서는 열검출기를 많이 사용하지 않고, 반면에 양자검출기가 반응하기 힘든 장파장구역에서 흔히 사용한다. 그러나 근래에는 열검출기의 기술발전과 소형화는 열감지검출기의 성능을 크게 개선하였다.

레이저빔에 의한 열검출기의 수광부에 있는 소자의 온도상승을 측정하는 방법에는 일반적으로 온도증가에 따른 기전력변화를 측정하는 방법과 레이저빔의 흡수에 의하여 발생되는 열량을 측정하는 방법으로 크게 나눌 수 있다. 그리고 열검출기의 일반적인 사항으로서 열에너지를 받게 되는 집합부는 입사되는 레이저빔에 견디어야 하고, 또한 모든 레이저빔에너지를 흡수하여 곧 열로 전환시켜야 한다. 그리고 레이저빔의 반사와 전환된 열로 인한 복사를 최소로 하고 온도가 평형에 도달되어 측정되기 전에 전도에 의한 손실을 최소로 줄이도록 하여야 한다. 또한 열검출기 소자는 요구되는 전반적인 파장을 균일하게 흡수하는 것인지를 확인하여야 한다. 그리고 수광부 소자의 크기가 작으면 적은 양의 레이저빔에 의한 출력으로부터 야기되는 온도의 증가도 충분히 측정할 수 있다. 이제 열검출기에 사용되는 몇 가지 디바이스들에 대하여 검토하여 보겠다.

(1) 복사열전대와 복사열전퇴

복사열전대(thermocouple)는 검출기 수광부의 표면이 흑체로 구성되어 있으며, 이것은 특수물질(예; Au-black)로 코팅된 재료로 만들어진 작고 얇은 검출칩이다. 이것은 자외선으로부터 적외선구역에 걸친 광범위한 파장에 걸쳐서 입사된 빔을 거의 균일하게 모두 흡수한다. 입사광선으로부터 야기되는 온도증가를 측정하기 위하여 검출기를 작은 열전대에 부착시킨다. 열전대는 두 개의 이종 금속와이어로 구성되어 있으며, 이 경우에 열전대접점에서 온도증가에 따른 기전력이 발생한다. 이것은 검류계를 이용하여 측정하게 되며 그 전압은 접점의 온도에 비례한다. 그러므로 접점을 통한 전압을 측정하는 것이 접점의 온도를 측정하는 것이며, 이것을 환산하여 레이저빔의 출력을 측정하는 것이다.

실제적인 복사열전대에서는 참고열전대가 함께 연결되어 있다. 이 참고열전대는 동일한 열전대로서 각 열전대선을 서로 반대로 연결시킨 것으로 입사광선에 노출되지 않도록 한 것이다. 이 경우에 참고열전대로 인하여 복사열전대의 출력은 입사광선으로 인한 검출기의 온도증가 ΔT에 직접적으로 비례하는 기전력을 나타내게 된다. 참고열전대가 없는 경우에는 검출기에서 나타나는 출력은 입사광선에 의한 기전력을 측정하므로 절대온도 T값을 나타낸다. 그러나 참고열전대가 연결되어 있는 경우에는 ΔT를 측정하게 되므로 탐지열전대에 입사되는 광선의 조사도가 0인 경우에는 주위의 온도가 변하여도 열전대의 출력

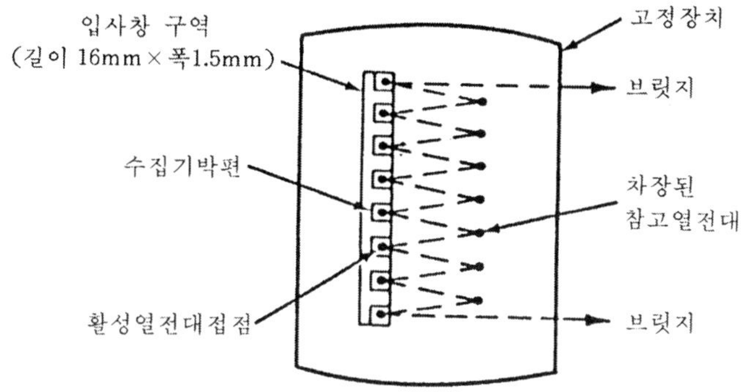

그림 I-43 복사열전퇴 구조의 한 예

은 0이다.

복사열전퇴(thermopile)는 복사열전대의 성능을 증진시키기 위하여 여러 개의 열전대로 구성한 것으로 그 개요는 그림 I-43과 같이 여러 개의 온도를 측정하는 열전대와 참고열전대들이 서로 교차하면서 직렬로 연결되어 있다. 이러한 장치에서는 수광부에서 흡수된 레이저빔에 의하여 발생되는 기전력이 온도를 측정하는 열전대접점의 수만큼 증가하므로 단일의 열전대보다 훨씬 민감하게 측정할 수 있다. 일반적으로 수광부는 카본블랙으로 코팅된 Ag를 사용하나, 반응시간을 빠르게 하기 위하여 금블랙(Au-black) 또는 백금블랙(Pt-black)을 사용하기도 한다.

복사열전대와 복사열전퇴는 반응속도가 비교적 느린 기구로서 연속파 또는 조사도의 변화율이 수Hz 이내인 경우에 사용된다. 그리고 이들의 시간상수는 그 검출기 소자의 열적특성에 의하여 결정된다. 만일 열전대 수광부 소자의 면적과 무게를 줄이면 그 반응속도를 더욱 향상시킬 수 있다. 그러나 이 경우에는 검출기의 민감도를 약간 감소시키고, 또한 취급에 유의해야 하므로 현장에서 거칠게 사용 시 편의성을 저하시킨다.

(2) 열량계와 유량계

대형복사열전퇴는 일종의 열량계로서 고출력레이저빔 또는 단일펄스레이저빔의 에너지를 측정하는 경우에 흔히 사용된다. 특히 펄스레이저빔의 에너지를 측정하는 기구는 순 누적합계와 관찰을 쉽게 하기 위하여 충분히 큰 시간상수와 손상을 견디어야 한다. 이러한 것이 탄도열전퇴로서 이 장치의 수광부는 그림 I-44와 같이 원추형으로 되어 있어서 입사광선이 다중반사에 의하여 원추의 꼭짓점에 도달할 때까지 거의 모두 흡수되도록 되어 있다. 그리고 같은 모양의 참고원추가 있어서 주위 온도변화로 인한 차이를 극소화한다. 이 경우에 레이저빔펄스가 검출기의 다른 열시간상수에 비하여 매우 짧으므로 이 장치에 의한 누적합계의 시간이 충분하며, 정확한 결과를 줄 수 있다.

원판형 열전퇴는 흑색 양극산화처리된 알루미늄합금으로 만들어진 열량계이다. 그 주요부는 그림 I-45

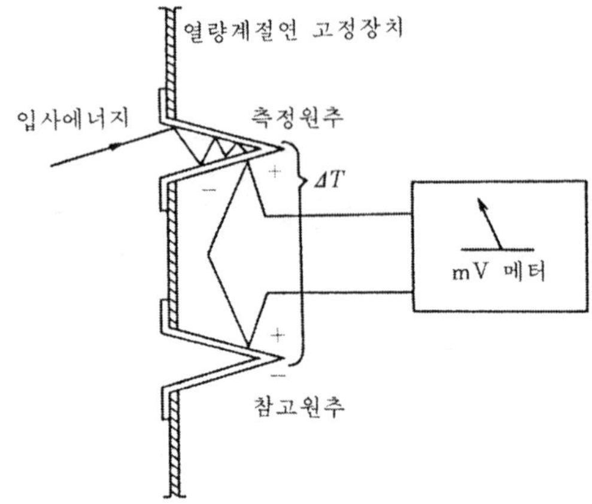

그림 I-44 원추형 레이저 열량계

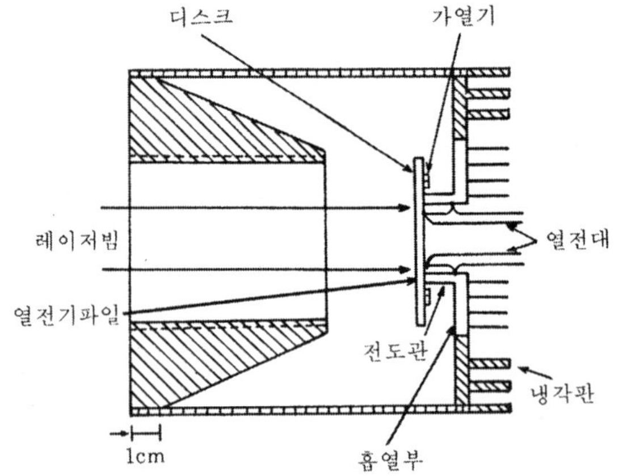

그림 I-45 원판형 열량계의 단면도. 디스크에 입사되는 레이저빔은 열로 전환되고, 이것은 전도관에 열구배를 주게 된다. 열구배는 열전기파일에 의하여 측정된다.

와 같이 원판, 전도관, 열전퇴 및 보정전기가열기로 구성되어 있다. 일반적으로 기계적인 연결로 인한 열전달의 지장을 피하기 위하여 원판, 전도관과 흡열부는 같은 알루미늄으로 가공하여 사용한다. 그리고 원판의 전면은 특수한 재료로 도포되어 있다. 전도관을 따라 형성된 온도구배, 즉 거리에 따른 ΔT는 몇 개의 열전대를 직렬로 연결하여 만든 열전퇴로 측정된다. 레이저빔 측정에 앞서 보정을 수행하기 위해서는 원판의 뒷면에 전기가열기를 부착시켜서 가열시킴으로써 이 장치를 전기적으로 보정한다.

원추형 **유량계**는 더욱 고출력레이저빔을 측정하기 위한 열량계로서 그 구조는 그림 I-46과 같다. 입사되는 레이저빔이 흑색으로 도포된 원추면에서 다중반사 및 흡수로 모두 흡수되게 하면 열에너지가 원추 주위를 흐르는 물의 온도를 증가시킨다. 이 경우에 유체의 입구 측과 출구 측의 온도차를 열전퇴로써 측정하고, 또한 물의 양은 유량계로 측정한다. 따라서 이들 온도차와 유량으로부터 다음 식과 같이 열용량

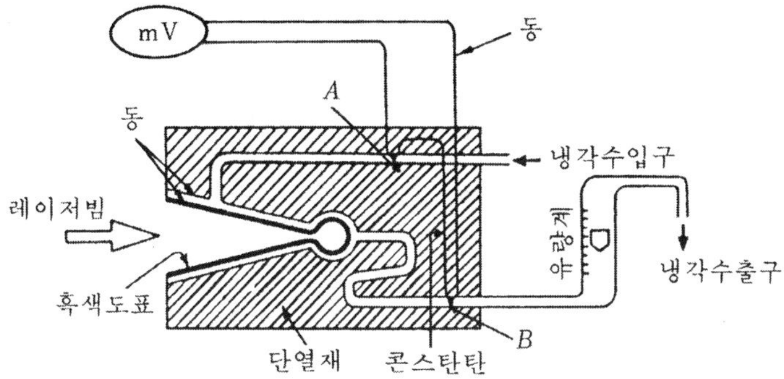

그림 I-46 원추형 유량계 형식의 출력측정 열량계. A점과 B점 사이의 온도차이가 mV로 측정됨.

의 함수로 흡수된 레이저빔출력을 구할 수 있다.

$$P = \frac{dQ}{dt} = C_p \Delta T \frac{dm}{dt} \qquad \text{(I-168)}$$

$$C_p \text{ : 열용량 (cal/g·K)}, \quad \frac{dm}{dt} \text{ : 유량}$$

(3) 볼로미터와 서미스터

볼로미터는 감지재료에 조사시킨 입사광선에 의한 가열로 인하여 온도변화를 주며, 이에 따른 재료의 저항변화를 측정하는 기구이다. 이 경우에 저항변화는 모든 파장의 입사광선으로부터 흡수된 출력의 측정이다. 열전대와 달리 볼로미터는 그 자체의 기전력을 발생시키지 않으므로 외부의 전원에 연결시켜야 한다. 실제적인 볼로미터는 서로 조화시킨 2개의 소자를 가지고 있어서 하나는 검출기의 역할을 하고 다른 하나는 참고열전대와 비슷한 역할을 한다. 이 장치는 일종의 전기브릿지회로에 연결시켜서 두 소자 사이의 저항차이를 측정하게 되며, 그 결과는 입사된 광선의 출력에 비례하게 된다. 볼로미터에서는 금속소자를 이용하며, 반면에 반도체소자로 된 것을 **서미스터**라고 하며, 금속으로 된 볼로미터에 비하여 약 10배 정도의 민감도를 준다.

(4) 파이로전기 검출기

파이로전기 검출기는 $LiTaO_3$와 같이 내부의 전기적 편광성을 가진 재료로 구성되어 있다. 이러한 재료의 온도를 변화시키면 전기적 편광성이 약간 변화되며, 이러한 편광성의 변화를 파이로전기효과라고 한다. 이 변화를 검출기가 측정하는 것으로 전압 혹은 전류를 측정하는 것이다. 그림 I-47은 파이로전기 검출기의 구성과 회로를 보여주고 있다. 즉 흑색 코팅된 파이로전기재료의 표면에 레이저빔을 조사시키면 온도변화로 인하여 연결된 외부회로에 전류를 발생시키게 된다. 이 전류량은 입사광선의 출력에 비례하므로 외부회로에 저항을 연결하면 전압을 나타내며, 그 값은 다음 식과 같다.

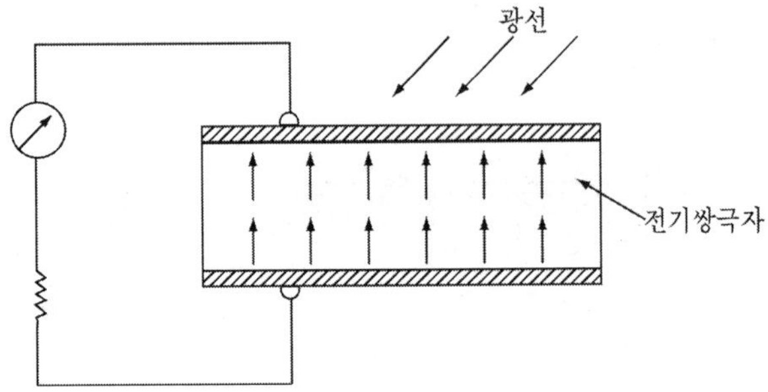

그림 I-47 파이로 전기검출기의 개요도

$$V(t) = AR\gamma\frac{dT}{dt} \tag{I-169}$$

A : 검출기 면적

R : 저항

γ : 파이로전기계수(매 온도변화에 다른 편광성변화)

파이로전기 검출기는 온도변화에 반응하므로 펄스레이저빔 혹은 기계적인 방법으로 단속된 레이저빔에 사용된다. 그리고 이 검출기는 매우 빠른 반응속도를 가지므로 μsec 정도의 펄스에도 사용할 수 있으며, 대부분의 가시광선과 적외선구역에 민감하다.

II 레이저의 원리와 레이저빔의 출력 형태

레이저(LASER)란 Light Amplification by Stimulated Emission of Radiation의 첫머리 글자를 나타낸 것이며, 레이저광선이란 방사유도방출에 의해서 증폭된 광선이다.[2] 레이저빔은 단색성, 직진성, 가간섭성, 고휘도의 특성을 가지고 있다. 레이저가 동작하기 위해서는 다음과 같은 세 가지의 기본적인 조건을 만족시켜야 한다. 첫 번째로 전자파스펙트럼의 광학적인 구역에서 레이저빔을 방출시키는 활성매질이 있어야 한다. 이러한 활성매질은 보통 원자 혹은 분자들의 집합체로 이루어진 고체 또는 기체로 구성되어 있다. 두 번째는 이들 활성매질 내에서 에너지준위의 분포반전이 있어야 한다. 이러한 분포반전은 광학적인 펌핑, 전기적인 방법 또는 화학적인 방법 등에 의한 여기과정에 의하여 수행된다. 세 번째로는 레이저기구 내에 어떤 형태의 광학적인 귀환기구가 있어야 한다. 이러한 귀환기구는 레이저공진기의 반사거울들에 의하여 이루어진다. 이제 이러한 조건들의 내용을 검토하고, 이로 인한 레이저빔의 출력형태 등에 대하여 고찰하여 보겠다.

II-1 광자의 자연방출과 유도방출: 활성매질

Ⅱ-1-1 광자의 흡수와 방출

원자에 있는 전자들은 각각 4개의 양자수(주양자수, 부양자수, 자기양자수, 스핀양자수)로 정의되는 에너지준위를 가지고 있으며, 이들은 선택법칙에 의하여 지배되는 에너지준위 사이에서 전이를 할 수 있다. 이제 전자들에 대하여 여러 개의 허용된 에너지준위를 가지고 있는 원자들을 고려하여 보자. 이들 원자들을 포함하고 있는 전체적인 계(system)가 열적으로 평형상태에 있다고 가정하면, 그 허용된 에너지준위들을 가진 원자들 사이에 동력학적인 평형이 유지되도록 분포되어 있다. 따라서 에너지준위들의 분포는 계의 온도 T에 의하여 통계적인 방법으로 정확히 기술될 수 있다.

일정한 온도에서 E_i 에너지를 가질 수 있는 원자의 수는 **볼츠만(Boltzmann)분포법칙**에 의하여 다음 식과 같이 주어지며, 이들의 분포밀도는 그림 II-1과 같다.

$$N_i = N_0 \exp\left(-\frac{E_i}{kT}\right) \qquad \text{(II-1)}$$

N_0 : 전체원자의 수, k : 볼츠만상수

2) Laser light를 중국어로는 '激光'이라고 하며, 순수한 우리나라 말로는 '센빛'이라고 기술할 수 있다.

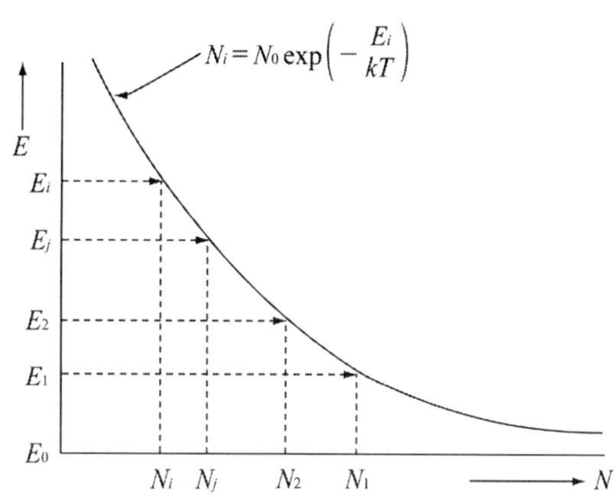

그림 II-1 일정한 온도의 평형상태에서 각 에너지 준위의 분포

따라서 E_i와 E_j준위에 있는 원자들의 비율은 다음 식과 같다.

$$\frac{N_j}{N_i} = \exp\left\{-\frac{(E_j - E_i)}{kT}\right\} = \exp\left(-\frac{\Delta E_{ji}}{kT}\right) \tag{II-2}$$

이제 전자가 E_1과 E_2의 2개 허용된 에너지준위를 가진 원자들을 고려하여 보자. 온도 T의 평형상태에서 이들의 분포 N_1과 N_2는 (II-2)식에 의하여 다음 식과 같이 주어진다.

$$N_2 = N_1 \exp\left\{-\frac{(E_2 - E_1)}{kT}\right\} \tag{II-3}$$

그리고 원자들은 동력학적인 평형상태에 있으므로 $E_2 \rightarrow E_1$으로 전이하는 전자를 가진 원자의 수와 $E_1 \rightarrow E_2$로 전이하는 전자를 가진 원자의 수는 같다. E_2에 있는 전자는 결정격자 또는 다른 입자와 충돌을 포함한 여러 가지 과정들에 의하여 $(E_2 - E_1)$의 에너지를 손실하여 E_1의 준위로 전이하며, 이것은 열 또는 광자의 방출로 손실된다.

위에 기술한 바와 같은 에너지준위의 전이에 관련된 모든 과정은 광자와 관련된 것만은 아니지만 여기에서는 광자와 관련된 과정에 관해서만 고려하여 보겠다. 어떤 계에 열평형이 유지되는 경우에 그림 II-2에서 보는 바와 같이 E_2준위와 E_1준위 사이에 전자파와 관련되는 **복사성전이**를 고려하여 보자. 그림(a)와 같이 전자가 $E_1 \rightarrow E_2$로 전이하기 위해서는 그 에너지차이에 해당하는 광자를 흡수해야 하며, 이러한 경우를 **유도흡수**라고 한다. 그림(b)와 같이 $E_2 \rightarrow E_1$으로 전이하는 경우에는 그 에너지차이에 해당하는 광자를 방출시켜야 하며, 이러한 경우를 광자의 **자연방출**이라고 한다. 이들 과정에 관련된 광자의 에너지와 파장은 다음 식과 같다.

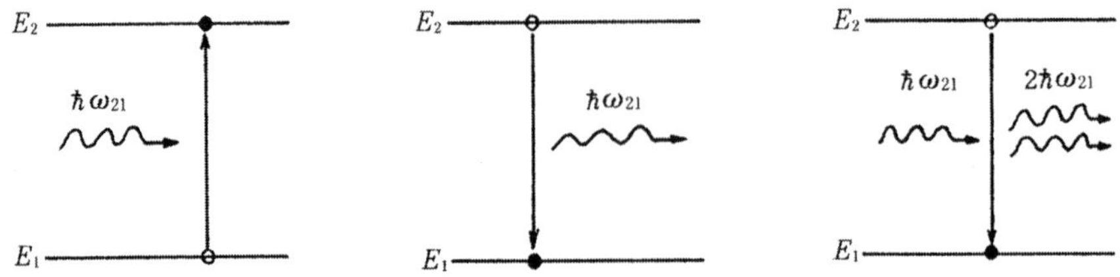

(a) 유도흡수 (b) 자연방출 (c) 유도방출

그림 II-2 두 에너지 준위 사이에서 광자의 흡수와 복사성전이
○ : 전자가 떠난 위치, ● : 전자가 도달한 위치

$$\Delta E = E_2 - E_1 = \hbar\omega_{21} \quad \text{(II-4)}$$

$$\lambda = \frac{c}{2\pi\omega_{21}} = \frac{c}{\nu_{21}} \quad \text{(II-5)}$$

위에 기술된 과정은 재료 내에서 발생하는 광자의 자연방출현상에 대한 사항이지만, 이것과 상당히 다른 광자의 방출과정인 **유도방출현상**을 고려하여 보자. 즉 원자의 E_1준위에 전자가 있는 경우에 에너지를 외부에서 가하면 그림(a)의 과정과 같은 광자의 흡수가 일어난다. 그러나 어떤 경우에는 E_2준위에 있는 전자가 그림(b)와 같이 자연방출로 E_1준위로 내려오면서 에너지가 $h\nu_{21}$인 광자를 방출하는 과정이 일어나지 못하고 그대로 상부준위에 유지된다. 그 후에 외부에서 동일한 파장의 광자를 가하면 상부준위로 유지되던 전자가 자극을 받아서 하부준위로 전이하면서 광자방출을 유도시킴으로 인하여 그림(c)와 같은 유도방출을 야기시킨다. 이 경우에 한 개의 광자가 계에 들어가서 2개의 광자를 방출시키며, 이러한 유도방출과정이 레이저동작의 기본적인 기구이다.

자연방출과정에 의하여 광자를 방출시키는 원자들에서는 광자들의 방출과 위상이 공간적으로나 시간적으로 무질서하게 일어난다. 반면에 유도방출을 받는 원자들은 방출되는 광자의 에너지와 위상이 유도시키는 광자와 같다. 따라서 전파되는 광선에 의하여 원자들의 광자를 방출시키면, 이 유도방출과정에서 발생되는 양자에너지가 추가되는 보강간섭으로 전자파의 진폭을 증가시킨다.

Ⅱ-1-2 아인슈타인 관계식

열역학적 평형상태에 있는 원자들의 집합체 내에서는 위에 기술한 바와 같이 광자흡수, 자연방출 및 유도방출이 있을 수 있다. 그리고 1상태→2상태와 2상태→1상태로 전이하는 광자의 확률은 같다. 이제 E_2에너지에 있는 전자가 E_1에너지로 전이하면서 자연방출되는 확률인 전이속도 혹은 전이비율을 A_{21}이라고 하며, 이를 자연방출에 대한 **아인슈타인** A **계수**라고 한다. A_{21}의 역수는 $E_2 \rightarrow E_1$으로 전이가 일어나는 데 걸리는 시간이므로 이것은 2상태→1상태로 되는 전이수명으로 다음과 같다.

$$\tau_{21} = \frac{1}{A_{21}} \tag{II-6}$$

만일 E_2에너지를 가진 원자의 수가 N_2라고 하면 매초당 자연방출되는 원자의 수는 다음과 같다.

$$\text{자연방출 전이비율} = N_2 A_{21} \tag{II-7}$$

여기서 A_{21}의 값은 원자의 종류와 관련되는 특정한 전이과정에 따라 다르다.

유도흡수와 유도방출이 일어나기 위해서는 광자에너지가 있어야 한다. E_1의 상태로부터 E_2상태로 전이되는 유도흡수의 전이속도 혹은 전이비율을 R_{12}라고 하면, 이것은 E_1에 있는 원자수와 전이를 주는 광자수에 비례하므로 다음과 같다.

$$R_{12} = N_1 B_{12} \mu(\omega_{21}) d\omega \tag{II-8}$$

여기서 E_1에 있는 원자가 E_2에너지로 유도흡수되는 확률인 전이속도를 B_{12}라고 하며, 이것은 유도흡수에 대한 아인슈타인 B계수라고 한다.

$\mu(\omega)d\omega$는 전이가 일어나는 원자들 사이에 평형이 이루어는 경우에 각주파수 ω 근방의 $d\omega$ 내에서 방출되는 광자에너지로서 다음과 같이 주어진다.

$$\mu(\omega) d\omega = \frac{\hbar \omega^3 d\omega}{\pi^2 c^3 \left\{ \exp\left(\frac{\hbar\omega}{kT} \right) - 1 \right\}} \tag{II-9}$$

그리고 반대방향의 전이 즉 $E_2 \to E_1$의 유도방출에 대한 전이비율에도 다음과 같이 비슷한 식이 적용된다.

$$R_{21} = N_2 B_{21} \mu(\omega_{21}) d\omega \tag{II-10}$$

여기서 E_2에 있는 원자의 수 N_2와 유도방출에 대한 **아인슈타인 B계수**인 B_{21}이 도입된다. 그리고 계에는 이들 유도방출 이외에 자연방출도 일어나며, 이것은 외부로부터 자극에 무관하므로 이 자연방출의 전이비율은 E_2에 있는 원자의 수에만 비례한다. 따라서 $E_2 \to E_1$으로 전이가 일어나는 비율은 자연방출과 유도방출의 합계로 주어지므로 다음 식과 같다.

$$R_{21} = N_2 \{ A_{21} + B_{21} \mu(\omega_{21}) d\omega \} \tag{II-11}$$

전체적인 계는 동력학적인 평형상태에 있으므로 다음의 관계를 준다.

$$R_{12} = R_{21} \tag{II-12(a)}$$

$$N_2 B_{21} \mu(\omega_{21}) d\omega = N_2 \{ A_{21} + B_{21} \mu(\omega_{21}) d\omega \} \tag{II-12(b)}$$

이제 위의 식에 (II-3)식을 도입시켜 정리하면 다음과 같은 관계식을 준다.

$$\mu(\omega_{21})d\omega = \frac{A_{21}d\omega}{B_{12}\exp(\hbar\omega_{21}/kT) - B_{21}} \tag{II-13}$$

위의 식과 (II-9)식을 비교하면 다음의 관계가 있다.

$$B_{12} = B_{21} \tag{II-14}$$

즉 유도방출과 유도흡수의 전이비율은 같다. 그리고 자연방출의 아인슈타인 A 계수와 유도방출의 아인슈타인 B 계수 간에는 다음의 관계가 있다.

$$A_{21} = \frac{\hbar\omega_{21}^3}{\pi^2 c^3} B_{21} \tag{II-15}$$

위의 (II-14)식과 (II-15)식의 두 관계식을 **아인슈타인 관계식**이라고 한다. 이들은 열평형조건하에서 구하였으나, 진정한 열평형이 아니라고 하여도 정상상태의 조건하에서는 위의 관계식들이 적용된다고 가정할 수 있다.

특히 (II-15)식을 검토하여 보면 두 에너지준위에서 유도방출의 확률에 대한 자연방출의 확률비를 나타내고 있다. 여기에서 보듯이 자연방출은 유도방출에 비하여 주파수의 세제곱에 비례하므로 주파수가 10^{16}Hz 정도로 짧은 x-선파장의 레이저빔을 얻는 것은 매우 힘들다는 것을 나타내고 있다. 즉 이러한 주파수구역에서는 에너지준위들 사이의 전이에서 자연방출이 매우 빠르기 때문에 전자들이 높은 준위에 존재하기 힘들어 유도방출에 의한 광선의 증폭작용이 힘들다. 그러나 가시광선구역에서는 주파수가 위의 것에 비하여 적으므로 가능한 것이다.

지금까지 에너지준위들 사이의 전이는 E_1과 E_2 사이의 것에 국한하여 기술하였다. 그러나 실제로 원자들은 여러 가지 다른 에너지준위가 존재할 수 있으므로 이들 준위들 사이의 유도흡수와 유도방출에 대한 전이도 가능하다. 이 경우에는 관련된 원자의 에너지준위는 E_1과 E_2 대신에 E_i와 E_j로 대치시켜 구할 수 있으며, 동시에 여러 가지 주파수의 레이저빔이 방출될 수 있다.

Ⅱ-1-3 흡수계수와 신호이득계수

투명한 재료 내에서 한 방향으로 진행하고 있는 단색광이 x 방향으로 전파되고 있다고 가정하여 보자. 간단히 하기 위하여 재료 내의 원자들은 에너지준위 E_i와 E_j 사이에서 광자를 방출시키면서 전이가 일어나고, 그 입사되는 광선은 다음과 같은 전이주파수를 가진다고 생각하여 보자. 여기에서 $E_j > E_i$이다.

$$\nu_{ij} = \frac{(E_j - E_i)}{h} \tag{II-16}$$

이 광선의 조사도는 I로서 x축을 따른 위치의 함수이다. 광선이 진행함에 따라 재료 내에서 부분적으

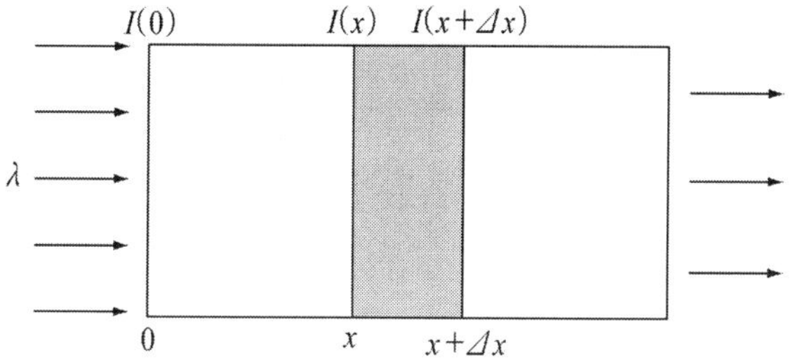

그림 II-3 흡수매질을 통과하는 광선빔

로 흡수되므로 그림 II-3과 같이 x와 $x+\Delta x$ 사이의 구역을 통과하는 광선의 단위면적당 조사도 차이는 다음 식과 같다.

$$\Delta I(x) = I(x+\Delta x) - I(x) \tag{II-17}$$

이 재료가 균질한 재료라고 하면 적은 거리 Δx에 대하여 $\Delta I(x)$는 다음과 같이 Δx와 $I(x)$에 비례한다.

$$\Delta I(x) = -\alpha I(x)\Delta x \tag{II-18}$$

여기서 α는 비례상수로서 흡수계수라고 한다. 위의 식에서 '$-$'부호는 α가 '+'값이므로 흡수에 의하여 광선의 조사도가 감소됨을 의미한다. 따라서 위의 식을 미분방정식의 형태로 나타내면 다음 식과 같다.

$$\frac{dI(x)}{dx} = -\alpha I(x) \tag{II-19}$$

그리고 재료를 통과하는 광선의 조사도를 거리의 함수로 나타내면 다음 식과 같다.

$$I(x) = I(0)e^{-\alpha x} \tag{II-20}$$

$I(0)$: 재료에 입사되는 광선의 조사도

일반적인 경우에 ΔI는 '$-$'로서 이것은 재료 내에서 입사광선이 정상적으로 감쇄됨을 의미한다. 그러나 어떤 경우에는 ΔI가 '+'가 될 수 있으며, 이것은 입사된 광선과 같은 주파수에서 입사광선이 증폭되어 재료를 통과함에 따라 광선의 조사도가 증가함을 의미한다. 이러한 증폭작용은 흡수계수의 부호가 '$-$'임을 나타내는 것으로 흡수작용에 반대되는 과정으로 생각할 수 있다. 이러한 현상은 레이저작용에서 가능한 것이다.

재료 내에서 에너지준위가 E_j에 있는 원자수가 E_i에 있는 원자수보다 많다고 가정하여 보자. 여기에 주파수 ν_{ij}의 광선이 조사되면, 결정 내의 E_i에 있는 원자들을 여기시켜서 $E_i \rightarrow E_j$로 되게 하는 유도흡수와 E_j에 있는 원자들을 $E_j \rightarrow E_i$로 되게 하는 유도방출이 일어난다. 그러나 여기서는 $N_j > N_i$이기 때문에 통계적으로 유도방출이 더욱 많다. 따라서 전체적으로 볼 때 재료 내에서 원자들은 유도시키는 광선과 동일한 주파수와 위상을 가진 광자를 방출시킴으로써 광선을 증폭시킨다. 이것은 흡수계수가 '−'와 같은 경우로서, 대부분의 원자들은 전이가 일어나는 두 개의 에너지준위 중에서 높은 준위에 있어야 하는 것이 레이저작용의 필수조건이다. 이제 아인슈타인 관계식을 이용하여 흡수계수 α 값이 두 에너지준위를 가진 원자들의 분포차이에 비례하고, 또한 분포차이가 '−'인 경우에는 이 값도 '−'가 됨을 살펴보겠다.

광선빔의 주파수에 따른 광자들의 에너지밀도는 광선빔의 주파수에 따른 조사도와 다음의 관계가 있다.

$$P_\nu = \frac{I_\nu}{c}\,(\mathrm{J/m^3}) \qquad \text{(II-21)}$$

이제 자연방출은 모든 방향으로 방사되기 때문에 한 방향으로 조준시킨 광선빔에는 거의 기여를 못하므로 무시하고, 또한 산란에 의한 손실도 무시하여 보자. 그러면 광선빔이 두께 Δx의 재료를 통과함에 따라 매초당 손실되는 광자의 수를 n_{ij}라고 하면 다음과 같은 관계식을 얻을 수 있다.

$$-\frac{dn_{ij}}{dt} = N_i \frac{I(x)}{c} B_{ij} - N_j \frac{I(x)}{c} B_{ji} = B_{ij}(N_i - N_j)\frac{I(x)}{c} \qquad \text{(II-22)}$$

N_i, N_j : E_i와 E_j준위에 있는 원자들의 수

B_{ij}, B_{ji} : 두 준위 사이의 전이에 대한 유도흡수와 유도방출에 대한 아인슈타인 계수

이제 각 준위에 있는 원자들의 분포차이를 포함하고 있는 식과 흡수계수를 연결시켜 보자. 이를 위해서 광선빔의 광자손실비율을 x와 $x+\Delta x$ 사이에서 광선빔의 조사도 값의 항목으로 나타내보면 다음 식과 같다.

$$-\frac{dn_{ij}}{dt} = [I(x) - I(x+\Delta x)]\frac{A}{h\nu_{ij}} \qquad \text{(II-23)}$$

$I(x)$, $I(x+\Delta x)$: x와 $x+\Delta x$의 면에서 광선빔의 조사도

A : 광선빔의 단면적

이제 (II-22)식과 (II-23)식을 연결하면 다음의 관계식을 얻는다.

$$[I(x) - I(x+\Delta x)]\frac{A}{h\nu_{ij}} = B_{ij}(N_i - N_j)\frac{I(x)}{c} \qquad \text{(II-24)}$$

만일 Δx가 작으면 위의 식은 다음 식과 같이 나타낼 수 있다.

$$-\frac{dI(x)}{dx}\Delta x \frac{A}{h\nu_{ij}} = B_{ij}(N_i - N_j)\frac{I(x)}{c} \qquad \text{(II-25)}$$

위의 식에 (II-19)식을 대입하고 양측을 $I(x)$로 나누어 α에 대하여 풀면 다음과 같은 식을 얻는다.

$$\alpha = B_{ij}\frac{(N_i - N_j)}{A\Delta x}\frac{h\nu_{ij}}{c} = B_{ij}(n_i - n_j)\frac{h\nu_{ij}}{c} \tag{II-26}$$

$n_i = \dfrac{N_i}{A\Delta x}$: 단위 용적당 E_i를 가진 원자들의 수로서 E_i 원자분포밀도

$n_j = \dfrac{N_j}{A\Delta x}$: 단위 용적당 E_j를 가진 원자들의 수로서 E_j 원자분포밀도

위의 (II-26)식은 흡수계수와 전이가 일어나는 두 에너지준위에 대한 분포밀도차이의 관계를 나타내고 있다.

일반적인 경우에는 (II-1)식에 의하여 $n_i > n_j$이므로 α는 '+'이고, 흡수가 일어난다. 그러나 어떤 방법에 의하여 $n_i < n_j$ 조건을 줄 수 있다면 α는 '−'가 되고, (II-20)식에 의하여 광선빔의 조사도는 거리에 따라 다음 식과 같이 증가된다.

$$I(x) = I(0)e^{\beta x} \tag{II-27}$$

여기서 β는 **신호이득계수**로서 (II-20)식에서 '$-\alpha$'에 해당하며, 다음 식과 같은 관계를 준다.

$$\beta = B_{ij}(n_j - n_i)\frac{h\nu_{ij}}{c} \tag{II-28}$$

즉 광선빔이 재료를 통과함에 따라 감쇄되는 대신에 증폭된다. 이러한 광선빔의 조사도 증가, 즉 유도방출에 의한 광선의 증폭이 레이저빔이 발생되기 위한 기본조건이다. 따라서 이러한 조건을 만족시키기 위해서는 원자들의 에너지 분포밀도반전이 있어야 한다. 즉 E_i에 있는 원자들의 수에 비하여 E_j에 있는 원자들의 수가 많도록 하는 것이 레이저에서 두 번째로 필요한 요구조건이 된다. 이러한 여기작용은 광학적인 펌핑 또는 전기적인 펌핑 등에 의하여 이루어진다.

II-2 에너지준위의 여기작용과 분포밀도반전

II-2-1 활성매질에서 분포밀도의 반전기구

먼저 기술한 바와 같이 레이저활성매질을 통한 광선의 증폭을 얻기 위해서는 광자를 방출시키는 에너지준위들 사이에 분포밀도의 반전이 있어야 한다. 그리고 실제적인 출력이득은 이들 반전된 준위들의 분

포차이에 비례한다. 이러한 분포반전을 야기시키는 작용을 여기작용 혹은 펌핑작용이라고 한다. 여기작용은 레이저빔을 방출시키는 데 직접 관련되는 두 준위들만이 아니라 다른 여러 에너지준위들이 관여된다. 분포반전을 위하여 에너지 준위들을 여기시키는 자세한 기구는 매우 복잡하고 다양하다. 에너지준위의 여기방법으로는 **광학적인 펌핑**, 전기적인 방전, 화학적인 반응, 압력-온도의 순환방법 등이 있으며, 이들 방법들에 따라 관련되는 에너지준위들 사이의 작용도 복잡하다. 일반적으로 에너지준위들 사이의 복잡한 관계에도 불구하고 많은 레이저들은 3준위기구 또는 4준위기구에 의하여 작용하며, 기본적으로 이들 방법으로 설명될 수 있다.

(1) 3준위기구

원자들이 3개의 준위들 사이에서 여기작용이 일어날 경우에 열역학적으로 평형상태에 있는 계에서 에너지준위의 분포는 그림 II-4의 그림(a)와 같다. E_1준위와 **기저준위**인 E_0준위 사이에서는 $N_1 < N_0$이므로 광학적으로 흡수전이가 가능하며, 이러한 계는 레이저광선을 방출시키지 못한다. 그러나 여기작용의 초기과정으로 $\Delta E_{20}(E_2 - E_0)$와 같은 에너지를 가지는 X_e 램프 같은 적당한 파장의 섬광등으로 강력한 광선을 활성매질에 조사시키면, 그림(b)와 같이 유도흡수에 의하여 기저상태의 많은 원자들을 E_2준위로 여기시킬 수 있다. 이런 경우에는 $N_2 > N_0$ 상태가 될 수 있다. 만일 열역학적인 평형상태보다 많은 원자들이 E_2준위에 있게 되면, 이들이 E_1준위 또는 E_0의 기저준위로 다시 내려오게 된다. 그러나 우선적인 이완작용이 매우 빠르면서 E_1준위로 내려올 때 $\Delta E_{21}(E_2 - E_1)$에 해당하는 주파수의 광자를 방출시키지 않고 열로 방출시키는 **비복사성전이**가 일어나면, 대부분의 원자들은 E_2준위에서 E_1준위로 연속적으로 내려오게 되므로 E_2준위에는 상대적으로 매우 짧은 기간 머무르게 된다. 반면에 E_1준위가 비교적 긴 이완시간을 가지는 **준안정준위**라고 하면, E_1준위에 원자들의 축적이 가능하다. 만일 기저준위(E_0)로부터 E_2준위로 원자들을 여기시키는 속도가 충분히 크면 준안정준위인 **상부준위**(E_1)에 도달하여 머무르게 되는 원자수가 기저준위(E_0)를 점유하는 원자수보다 크게 될 수 있다. 이러한 결과가 그림(c)에서 보는 바와 같이 E_1과 E_0준위 사이에 **분포반전** 현상을 준다. 만일 E_1준위에서 E_0준위로 전이가 일어날 경우

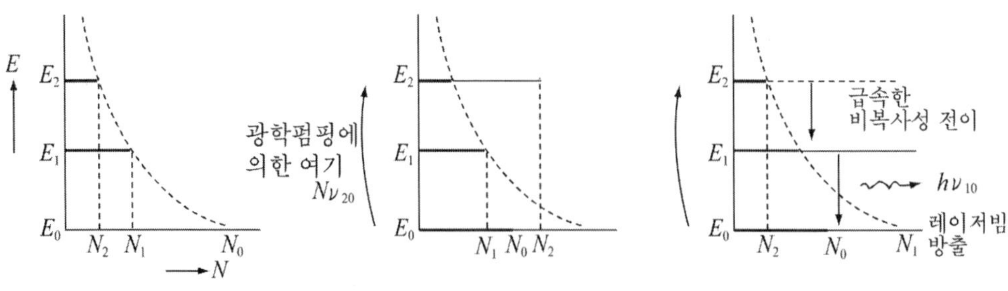

(a) 평형상태 (b) 광펌핑에 의한 분포반전 (c) 레이저빔의 발진

그림 II-4 3준위 레이저 기구

에 광자를 방출시키는 **복사전이**라고 하면, $\Delta E_{10}(E_1 - E_0)$에 해당하는 파장의 광선으로 유도방출이 가능하기 때문에 레이저작용이 가능하다.

분포밀도반전을 수행하는 데 요구되는 펌핑속도의 정량적인 관계를 고려하기 위하여 여기된 준위(E_2)의 분포증가속도를 보면 다음 식과 같다.

$$\frac{dN_2}{dt} = wN_0 - wN_2 - \frac{N_2}{\tau_{21}} \tag{II-29}$$

N_0, N_2 : E_0와 E_2에 있는 원자의 분포수

ω : 펌핑 - 유도전이속도

τ_{21} : $E_2 \rightarrow E_1$의 급속한 비복사전이의 이완시간

위의 식에서 우측의 첫 번째 항은 광펌핑에 의한 강력한 입사광선에 의하여 에너지흡수로 인한 E_2 준위의 분포증가속도이다. 두 번째 항은 유도방출에 의하여 기저상태로 돌아가는 분포감소속도이고, 세 번째 항은 우선적인 이완기구의 결과로 인하여 E_1준위로 내려가는 원자의 분포수이다.

정상상태에서는 시간의 경과에 따른 N_2의 변화는 0이어야 하므로 (II-29)식으로부터 E_2 준위와 기저준위(E_0) 사이의 분포비는 다음 식과 같다.

$$\frac{N_2}{N_0} = \frac{\omega\tau_{21}}{1 + \omega\tau_{21}} \cong \omega\tau_{21} \tag{II-30}$$

여기에서 $E_2 \rightarrow E_1$ 전이는 매우 빠르므로 그 이완시간은 $\tau_{21} \ll \frac{1}{w}$의 조건을 만족시킨다고 가정하였다. 비슷한 방법에 의하여 E_1준위의 분포증가속도는 다음 식과 같다.

$$\frac{dN_1}{dt} = \frac{N_2}{\tau_{21}} - \frac{N_1}{\tau_{10}} \tag{II-31}$$

위의 식에서 우측의 첫 번째 항은 E_2 준위로부터 이완으로 인한 분포증가속도를 나타내고, 두 번째 항은 E_1준위로부터 기저준위로 전이하여 내려감으로 인한 E_1준위의 분포감소속도를 나타낸다. 정상상태에서는 먼저 기술한 것과 같이 시간에 따른 N_1의 변화는 0이어야 하므로 다음의 관계를 얻는다.

$$\frac{N_2}{\tau_{21}} = \frac{N_1}{\tau_{10}} \tag{II-32}$$

위의 식에 (II-30)식을 대입시키면 N_1과 N_0 사이에 다음의 관계를 얻는다.

$$\frac{N_1}{N_0} = \omega\tau_{10} \tag{II-33}$$

분포반전은 $N_1 > N_0$이어야 하므로 에너지준위들이 비축퇴된 경우에는 다음의 관계가 있어야 한다.

$$\omega > \frac{1}{\tau_{10}} \tag{II-34}$$

그리고 기전준위(E_0)로부터 E_2준위로 여기시키는 속도가 E_1준위에서 기저준위로 이완되는 속도보다 큰 경우에 원자들이 E_1준위에 축적되므로 분포반전이 발생한다. 따라서 분포반전이 쉽게 일어나기 위해서는 $E_2 \rightarrow E_1$ 전이가 매우 빠르게 일어나야 하고, E_1준위는 준안정준위이어야 한다. 이러한 조건들이 만족되면 결과적으로 기저준위의 원자들은 E_2준위로 여기된 후에 곧 E_1준위로 전이되어 축적된다. $E_2 \rightarrow E_1$ 전이의 속도가 빠르면 E_2준위의 분포수는 매우 적어지므로 $(N_0 - N_2)$가 커지며, 이것은 펌핑에 의한 유도흡수가 많음을 의미한다.

위에서 보듯이 3준위 펌핑기구에서 E_2준위의 역할은 잠시 거쳐 지나가는 통로의 역할을 하지만 분포반전과정에서 필수불가결한 것이다. 대표적인 3준위레이저는 펄스빔을 방출하는 루비레이저이며, 일반적으로 3준위 펌핑기구에서는 매우 큰 여기출력이 요구된다. 즉 레이저작용에 관여하는 마지막준위가 기저준위이므로 분포반전을 이루기 위해서는 기저준위원자들을 최소한 1/2 이상 여기시켜야 하기 때문이다. 이것은 평형상태에서 원자들의 분포는 볼츠만분포식에 의하여 기저준위에 있는 원자들의 수가 매우 많기 때문이다. 그러나 4준위 여기기구에서는 이러한 조건들을 완화시킨다.

(2) 4준위기구

3준위 여기기구에서 분포반전현상을 얻기 위해서는 위에 기술한 바와 같이 기저 준위원자들의 50% 이상을 여기시켜야 한다. 그러나 4준위 여기기구에서는 레이저빔을 얻기 위하여 기저준위원자들의 일부만을 여기시켜도 가능하다.

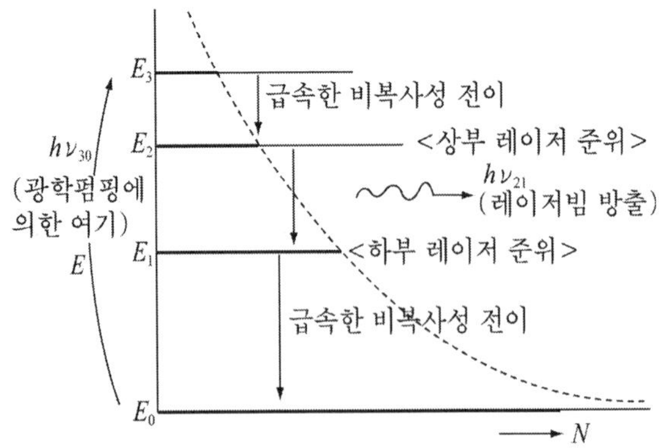

그림 II-5 4준위 레이저 기구

4준위 여기기구는 그림 II-5와 같으며, 3준위기구와 같이 원자들을 기저준위로부터 가장 높은 E_3준위로 여기시켜야 한다. 이 경우에도 $\Delta E_{30}(E_3 - E_0)$에 해당하는 파장의 섬광등 혹은 X_e 램프 등의 강렬한 광선으로 광학적인 펌핑작용을 수행하여야 한다. 이러한 경우에 E_0준위상태의 많은 원자들이 E_3준위로 여기되어 순간적으로 E_3준위 상태에 많은 원자들이 존재하게 된다. $E_3 \rightarrow E_2$전이는 매우 빠르면서 비복사성전이이기 때문에 E_2준위가 준안정준위로서 레이저작용의 **상부준위** 역할을 하게 된다. 즉 E_2준위는 이완시간이 길기 때문에 E_3준위상태의 많은 원자들이 E_2준위상태로 곧 전이되어 축적되게 된다. E_1준위는 레이저작용의 **하부준위** 역할을 하고 빠른 이완시간을 가지고 있다. 따라서 E_1준위의 분포수는 크게 증가되지 못하고, 또한 열평형상태에서도 E_1준위에는 거의 볼츠만분포식에 의한 정도의 원자수만 있게 되므로 E_0준위 혹은 E_2준위에 있는 원자들에 비하여 매우 적다. 따라서 E_1준위와 E_2준위 사이에 분포반전이 이루어지며, 이러한 조건을 주기 위해서는 전체 원자분포수의 일부만을 기저준위로부터 여기시켜도 가능하다.

이것은 여기작용이 일어나도 E_3준위와 E_1준위의 분포수는 원칙적으로 볼츠만분포식에서 변화되지 않고, $N_2 > N_1$이 되게 하기 위해서는 E_2준위 분포수에 적은 수만을 첨가시켜도 되므로 적은 여기출력으로도 분포반전이 가능하다. 따라서 4준위 여기기구로는 지속파를 방출시킬 수 있으며, 이러한 레이저의 대표적인 것은 Nd:YAG레이저이다.

Ⅱ-2-2 레이저의 효율성

레이저의 총체적인 효율은 WPE(wall plug efficiency), 즉 전기플러그를 벽면에 있는 콘센트에 꽂은 후에 사용된 전체전력에 대하여 레이저빔으로 나오는 출력으로 나타낼 수도 있다. 그러나 레이저 자체의 효율성, 즉 **레이저효율성**이라고 하는 것은 전자의 전이를 위하여 입력되는 여기에너지에 대하여 방출되는 레이저광선에너지의 비율로 나타낸다. 이것은 여기에너지가 레이저전이를 위한 분포반전에 얼마나 이용되는가, 또한 레이저전이와 함께 다른 종류의 전이로 되는 확률 및 레이저전위의 상부준위와 하부준위 사이의 차이 등에 의하여 결정된다. 몇 가지 예를 들기 위하여 그림 II-6과 같이 여러 가지 준위들의 분포를 고려하여 보자. 그림(a)의 경우에는 펌핑에너지($h\nu_{30}$)의 많은 부분이 레이저에너지($h\nu_{21}$)로 전환되고, 또한 여기에너지의 전부가 상부준위(E_2)의 원자들을 증가시키는 데 사용되므로 매우 효율적이다. 이 경우에 에너지손실은 광자를 방출시키지 않고 열로 나가는 비복사성전이인 $E_3 \rightarrow E_2$와 $E_1 \rightarrow E_0$이다. 그림(b)의 경우에는 여기에너지($h\nu_{30}$)에 비하여 레이저에너지($h\nu_{21}$)가 적으므로 그림(a)보다 비효율적이다. 그림(c)의 경우에는 여기에너지의 일부가 $h\nu_{21}$와 같은 레이저전이에 이용되나, 일부는 $h\nu_{30}$와 같은 비레이저작용의 전이가 일어나므로 그림(a)보다 비효율적이다.

몇 가지 레이저의 예를 들어 보면 CO_2레이저는 신호이득계수가 크고, 또한 레이저효율성이 크므로 입

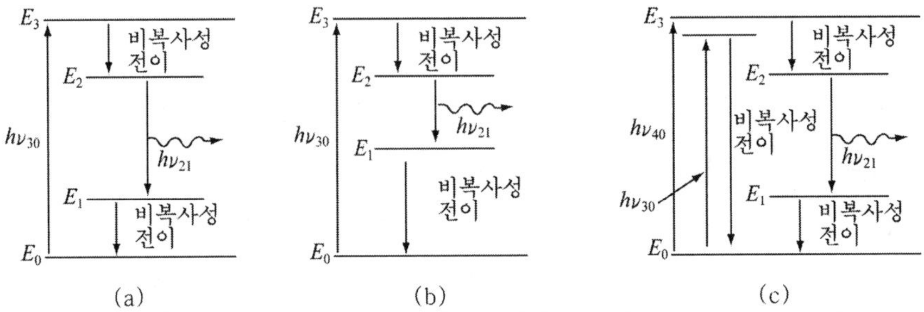

그림 II-6 레이저의 효율성

력되는 에너지의 5~35% 정도가 레이저빔으로 방출된다. 반면에 Ar^+ 레이저는 신호이득계수는 크나, 효율성이 매우 낮아 입력되는 에너지의 0.001~0.1% 정도가 레이저빔출력으로 방출된다. 그리고 어떤 레이저의 경우에는 신호이득계수도 적고, 또한 레이저의 효율성도 적다.

파이버레이저는 매우 효율적이어서 펌핑광선을 받아 레이저광선으로 나갈 때 **양자손실**(quantum defect), 즉 손실되는 에너지가 적다. 예를 들면 도핑된 희토류원소가 Nd인 경우에 펌핑광선이 808nm이고 1,064nm빔을 방출할 경우에 효율이 약 76%이고, Yb인 경우에 펌핑광선이 940nm이고 1,030nm빔을 방출하는 경우에 효율이 약 90%이다.

II-3 귀환기구와 레이저공진기

Ⅱ-3-1 왕복진행 출력이득과 임계조건

유도방출에 의하여 레이저빔을 얻기 위해서는 활성매질에서 분포밀도를 반전시키는 것과 동시에 적당한 귀환기구가 있어야 한다. 이러한 광학적인 귀환기구는 일반적으로 레이저공진기에서 레이저활성매질의 양단에 위치시킨 한 쌍의 반사거울로 구성되어 있다. 이 경우에 광선이 활성매질을 통하여 여러 차례 반복하여 왕복주행함으로써 광선을 증폭시키는 매질의 효과적인 길이를 실제적인 길이의 수배 이상으로 증가시키는 역할을 하게 된다. 따라서 분포반전이 이루어진 활성매질을 통하여 광선이 한 번 통과할 경우에는 광선의 증폭이 매우 적으나, 양단의 반사거울에서 여러 번 반복하여 반사되어 통과된 경우에는 전체적인 광선의 증폭이 매우 크다. 그리고 출력이 방출되는 측의 **부분투과거울**을 통하여 매질로부터 증폭된 광선의 일부를 방출되도록 함으로써 공진기공동에서 광선의 발진이 일정한 에너지분포를 주도록 한다. 이러한 경우에 부분투과거울을 통하여 나온 광선은 매질 내에서 증폭되는 전자파와 같은 모드로서 레이저에서 방출되는 빔출력이 된다. 그러므로 레이저공진기공동의 양측에 위치한 반사거울들은 귀환기구로 역할을 하므로 레이저광선의 발진을 지속시키는 광학적인 공진기의 중요한 구성요소이다.

레이저공진기 공동 내의 활성매질에서 자연방출이 있으면 그 광자들은 사방으로 무질서하게 방출된다. 그러나 이들 중의 일부는 반사거울들 사이를 왕복진행하면서 광선의 증폭이 일어나도록 유도하며, 이러한 증폭현상은 정상상태발진이 도달될 때까지 지속된다. 이러한 경우에 공진기공동에서 광선의 무한정한 증가는 멈추게 되고, 유도방출과정에 의하여 공급된 추가적인 모든 에너지는 레이저빔출력을 유지하는 데 기여하게 된다. 따라서 발진이 계속적으로 유지되기 위해서는 레이저빔을 방출하는 에너지준위들 사이에서 분포반전이 계속하여 유지되도록 해야 한다. 그러나 단순히 상부레이저준위의 분포수가 하부레이저준위의 분포수보다 큰 것만으로는 충분하지 못하다. 즉 공진기공동 내에서 여러 가지 손실들을 고려하여야 한다. 이들 손실들은 레이저활성매질 내에서 광학적인 불균일성으로 인한 광선의 산란, 반사거울과 매질 내에서 광선의 흡수와 공진기공동의 한 측에 있는 부분투과거울을 통하여 출력으로 방출되는 레이저빔 등이 포함된다.

레이저빔의 발진은 거울들 사이를 왕복하여 진행하는 전자파로 이루어지며, 이 광선은 한 번의 왕복주행을 완료함에 따라 증폭도 쇠퇴도 되지 않아야 한다. 따라서 위의 손실들을 극복하면서 레이저발진을 시작하고 계속하여 유지시키기 위해서는 최소한의 이득, 즉 **임계이득상수** β_0가 요구된다. 이 임계이득상수 β_0는 (II-28)식으로 주어지며, 요망되는 준위들 사이에서 최소한의 분포반전을 규정한다.

이제 레이저공진기 내에서 왕복진행하는 공진주파수의 광선빔에 의하여 이루어지는 조사도의 증가를 고려하여 레이저작용의 최소이득을 결정하여 보자. 간단히 하기 위하여 그림 II-7과 같이 좌측거울(M_1)은 광선을 완전히 반사시키고, 우측거울(M_2)은 부분투과하며, 서로 거리 L만큼 떨어져 있다고 하자. 그리고 양측거울 사이의 구역이 완전히 활성매질로 채워지고, 여기에 의한 전이작용이 균일하다고 가정하자. 광선이 거울 M_1에서 거울 M_2로 진행함에 따라 광선빔의 조사도는 그 초깃값 I_0에서 다음 식과 같이 된다.

$$I = I_0 \exp\{(\beta - \alpha_l)L\} \tag{I-35}$$

β : 신호이득계수

α_l : 매질 내에서 산란, 흡수 등에 의한 손실계수

광선빔이 거울 M_2에서 반사된 후의 상대적인 광선의 조사도는 $R_2 \exp(\beta - \alpha_l)L$이며, 여기서 R_2는 거울 M_2의 반사율이다. 따라서 활성매질을 통하여 다시 되돌아와서 거울 M_1에서 다시 반사된 후에 광선빔 조사도의 최종적인 증가, 즉 왕복진행의 상대적인 증가는 다음 식과 같다.

$$G = R_1 R_2 \exp\{2(\beta - \alpha_l)L\} \tag{II-36}$$

여기서 G는 레이저빔의 왕복진행에 의한 순수한 **출력이득**으로 레이저공진기 내에서 β의 함수, 즉 분포반전차이의 함수로서 레이저빔발진을 정량적으로 기술한다.

만일 $G>1$이면, 레이저의 공진주파수에서 요동은 광선의 왕복진행을 크게 증가시키고 공진기공동 내에서 발진이 증가된다. 반면에 $G<1$이면, 공진기공동 내에서 발진은 소멸된다. 따라서 레이저작용에 대한 임계조건은 다음 식과 같으며, 이 경우의 신호이득계수가 β_0이다.

$$G = R_1 R_2 \exp\{2(\beta_0 - \alpha_l)L\} = 1 \tag{II-37}$$

지속파빔이 방출되도록 고안된 레이저에서는 여기의 시작으로 인하여 순간적으로 신호이득계수가 임곗값 이상으로 증가되었다가 다시 임곗값으로 떨어지게 되도록 한다. 이것은 왕복진행의 순수한 출력이

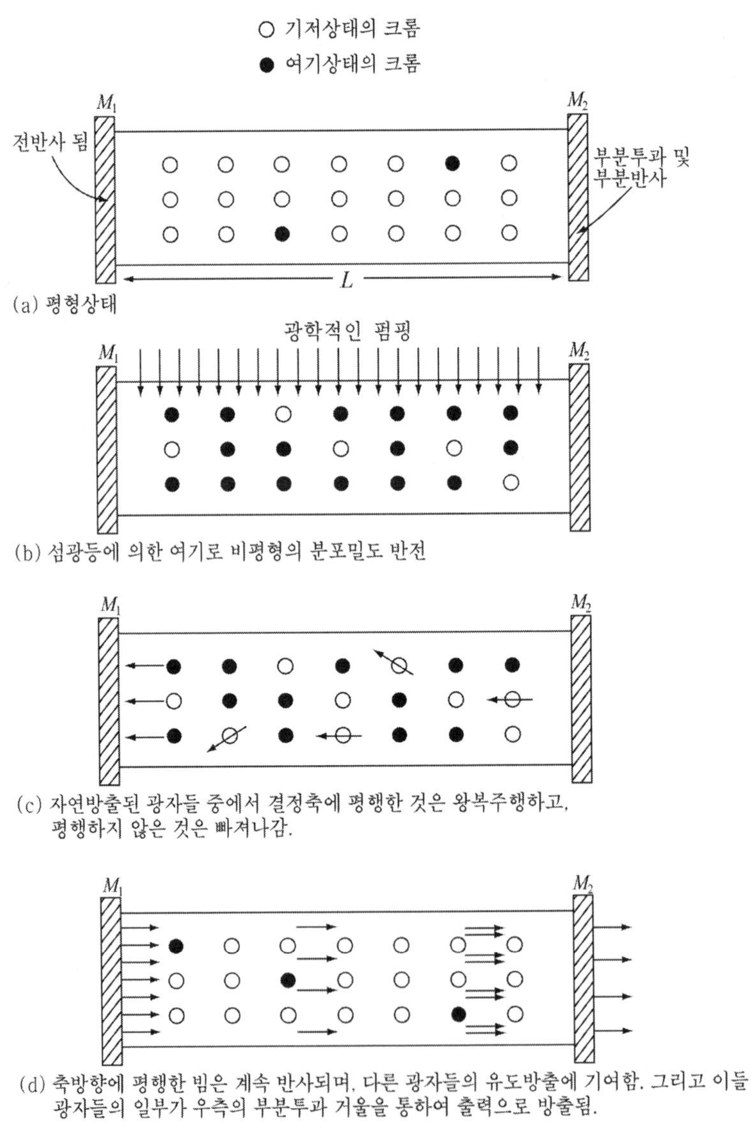

그림 II-7 루비 결정에서 레이저작용의 개요

득이 1 이상이면 공진기공동에서 에너지밀도가 증가되고, 출력이득이 1 이하이면 에너지밀도가 감소되기 때문이다. $G=1$인 동안에만 공진기공동의 에너지, 즉 레이저빔출력이 정상상태 값을 유지한다. 그러므로 신호이득의 정상상태 값이 임곗값(β_0)과 같아야 한다. 임곗값에서 이러한 정상상태이득의 고정을 **이득의 포화**라고 한다.

레이저를 이러한 정상상태로 동작시키도록 하는 데 필요한 신호이득값(β_0)은 레이저의 활성매질과 레이저의 구조에 의하여 결정된다. 즉 α_l은 레이저활성매질과 관련되고, R_1, R_2 및 L은 레이저의 구조에 관련되기 때문이다. 이제 β_0를 α_l과 R_1, R_2 및 L로 나타내보자. 이를 위해서 (II-37)식의 양측을 로그값으로 취하면 다음 식과 같다.

$$\beta_0 = \alpha_l + \frac{1}{2L}\ln\left(\frac{1}{R_1 R_2}\right) = \alpha_l + \alpha_0 \qquad \text{(II-38)}$$

α_l : 레이저활성매질 내에서 광선의 산란, 흡수에 의한 손실계수

α_0 : 레이저빔출력형태로 나가는 손실계수

위의 식에서 보면 레이저빔출력을 공진기공동에서 손실로 간주하며, 정상상태의 레이저빔 발진에 대하여 이득은 레이저에서 손실들의 합계와 같다고 생각할 수 있다. 임계이득값(β_0)은 (II-28)식에 나타낸 바와 같이 분포반전, 즉 Δn과 레이저매질의 성질인 B_{ij}와 ν_{ij} 등에 따라 광범위한 값을 가질 수 있다. 그러므로 이득계수가 큰 활성매질을 가진 레이저는 비교적 쉽게 레이저작용이 일어나도록 할 수 있다. 즉 β_0가 커질 수 있으므로 레이저빔출력을 포함한 손실을 크게 할 수 있다. 따라서 거울들을 일직선으로 배열시키는 것을 약간 치우치게 해도 되고, 또한 반사거울면 상에 약간의 오염 혹은 결함이 있어도 큰 문제가 되지 않는다. 반면에 이득계수가 적은 활성매질을 사용할 경우에는 거울의 반사도가 매우 커야 하며, 레이저빔출력을 포함한 손실이 가능한 한 적어야 한다. 또한 레이저작용이 시작되기 전에 거울들이 엄격하게 서로 마주보도록 일직선으로 배열되어야 한다. 그리고 정상상태의 이득이 크다는 것은 II-2-2항에서 기술한 레이저의 효율성이 크다는 것과는 다르다.

Ⅱ-3-2 레이저작용과 빔출력

레이저공진기 내에서 레이저작용에 대한 조건들을 위에 기술하였으나, 그림 II-7을 이용하여 다시 생각해 보자. 그림(a)는 평형상태로서 레이저활성매질 내에 있는 원자들의 에너지 분포는 (II-1)식에 따라 레이저상부준위에 있는 원자들에 비하여 하부준위에 더욱 많으므로 레이저빔의 방출이 불가능하다. 그러나 그림(b)와 같이 섬광등으로 광학적인 펌핑을 수행하면, 상부준위와 하부준위 사이에 평형이 유지되지 못하고, 분포밀도의 반전현상이 발생한다. 이러한 경우에 초기에는 여기되어 있는 원자들에서 자연방출현

상이 있게 된다. 따라서 자연방출현상은 그림(c)와 같이 모든 방향으로 무질서하게 일어나므로 거의 대부분 광자들의 방출은 공진기공동의 측면으로 빠져나가 손실된다. 그러나 극히 일부이지만 진행방향이 반사거울에 수직한 경우에는 거울에서 반사되어 공진기 내에 머물게 되며, 이것이 유도방출에 필요한 광자의 역할을 수행하게 되어 귀환기구의 요소로서 작용한다. 즉 이들은 거울 M_1과 M_2에 의하여 계속적으로 반복하여 왕복진행하면서 반전된 상태의 원자들을 자극시켜 계속하여 광선방출을 유도하므로 광선을 증폭시킨다. 또한 반복횟수가 증가함에 따라 광선은 더욱 가간섭성이 증가하게 되나 광선을 무한정으로 증폭시킬 수는 없다. 즉 그림(d)에서 보는 것과 같이 거울 M_1은 모든 광선을 반사시키지만 M_2는 일부를 투과시키므로 공진기 내의 증폭된 광선의 일부가 레이저빔출력으로 방출되기 때문이다.

만일 레이저활성매질의 이득계수가 충분히 커서 증폭되는 광선이 M_2를 통하여 나오는 레이저빔출력을 포함한 전체의 손실보다 큰 경우에는 공진기 내에서 광선에 의한 이득이 유지되면서 발진이 지속된다. 그리고 레이저작용에 참여하는 여기된 상태의 원자분포는 유도방출과정에 의하여 소모된다. 따라서 사용되는 레이저매질원자의 특성과 펌핑기구 등에 따라 발진 및 레이저빔출력은 지속파 또는 펄스형태로 얻을 수 있다. 그리고 유도방출에 의하여 여기된 원자들의 소모 때문에 발진도중의 실제적인 신호이득, 즉 포화이득은 발진이 일어나기 위하여 처음에 얻어지는 초기의 신호이득보다는 적다. 그러므로 이러한 감소된 신호이득이 공진기 내에서 여러 가지 손실을 극복하도록 충분히 커야 한다.

그러나 많은 고출력의 펄스형태 레이저빔에서 여기된 에너지준위의 분포감소는 매우 크기 때문에 신호이득계수가 임계이득값(β_0) 이하로 떨어질 수 있으며, 이 경우에 레이저작용은 정지된다. 그러면 다시 여기작용에 의하여 분포반전이 이루어지도록 하여 레이저작용이 회복되도록 하여야 한다. 이러한 경우에 레이저빔의 출력은 펄스형태로 주어지며, 빔은 일련의 스파이크들로 구성되어 있다. 특히 루비레이저와 같은 3준위기구의 레이저에서는 계속적으로 분포반전현상을 유지하기 힘들어 펄스형태의 출력을 나타낸다. 예를 들어 그림 II-8에서 보는 것과 같이 루비레이저빔의 경우에 정상적인 펄스는 그 지속시간이 수 msec 정도이나, 이 펄스는 다시 지속기간이 수μsec 정도인 많은 수의 스파이크들로 이루어져 있다. 이것은 빠른 발진이 시작되고 곧이어 레이저상부준위의 과도한 분포밀도가 기저준위로 전이되는 결과이다. 이러한 경우에 펌핑에 의하여 레이저상부준위의 분포밀도를 다시 충진시키기까지 짧은 시간 동안 레이저작용이 이완된 후에 다시 레이저작용이 시작되기 때문이다. 이러한 과정은 Xe 램프에 의한 여기강도가 어떤 임곗값 이하로 떨어지기까지 반복되므로 레이저작용기간 동안에 주기적으로 연속된 일련의 스파이크들로 구성되어 있다.

만일 Xe 램프의 방전시간이 수msec 정도이면, 이러한 광학적인 펌핑에 의한 레이저빔 펄스기간은 수 msec이다. 그러나 실제로 이 펄스빔은 수μsec 정도의 스파이크들 수천 개로 이루어져 있다. 반면에 Nd:YAG레이저와 같은 4준위기구의 레이저에서는 연속하여 펌핑이 이루어지므로 계속적으로 분포반전을 유지할 수 있기 때문에 지속파의 레이저빔을 방출할 수 있다.

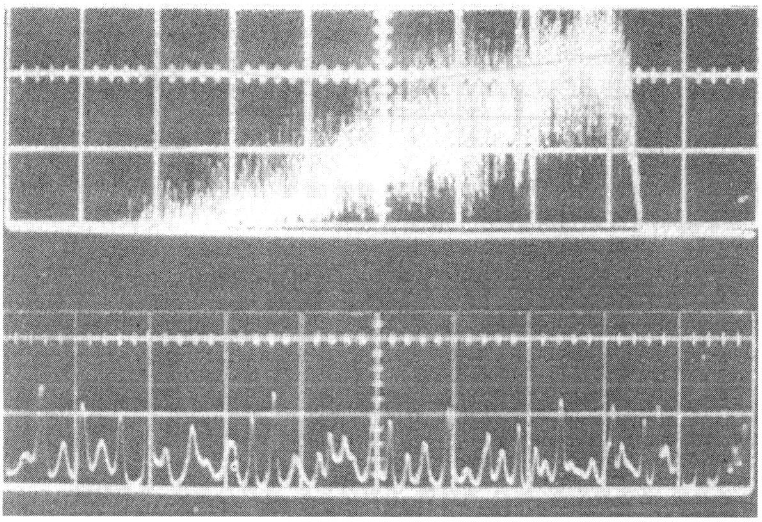

그림 II-8 4msec의 루비레이저 펄스와 펄스를 구성하고 있는 스파이크들. 위의 사진은 한 펄스를 나타내며 각 간격은 200 μsec임. 아래 사진은 위의 사진을 확대시킨 것으로 각 간격은 10μsec임. 시간은 좌측에서 우측으로 증가됨.(Ready-1978).

Ⅱ-3-3 공진기 내에 광선의 구속과 안정성조건

위에서 기술한 바와 같이 신호이득의 정확한 결정은 여러 가지 요인들, 즉 레이저의 형태, 구조 및 동작방법에 따라 크게 변한다. 그림 II-7에서 보는 것과 같이 두 개의 거울 M_1과 M_2가 평면거울인 경우에는 공진기 내에서 손실은 두 평면거울의 평행성에 매우 민감하다. 즉 평행하게 배열된 반사거울에 약간의 편기만 일어나도 반사된 광선의 일부는 반대편 거울로 가지 못하고 공진기에서 외부로 빠져나간다. 이러한 경우에는 과도한 손실을 주게 되고, 또한 지속적인 발진을 얻는 것이 힘들게 된다. 두 반사거울들이 완전하게 평행으로 배열되어 있다고 하여도 평면으로 평행한 거울들에 의한 공진기는 거울의 가장자리에서 광선의 회절현상이 발생하므로 손실이 크다. 따라서 이러한 과도한 회절 등에 의한 손실을 극복하고, 또한 레이저 광선이 공진기측면 외부로 빠져나가지 못하고 완전히 구속되도록 하기 위하여 일반적으로 곡면거울을 사용한다.

그림 II-9와 같이 2개의 곡면거울에서 이들의 곡률중심이 동일선상으로 공진기의 광학축에 있다고 가정하여 보자. 두 거울들은 서로 거리 L만큼 떨어져 있고, r_1과 r_2는 각각 거울 M_1과 M_2의 곡률반경이다. 만일 거울의 곡률중심이 레이저공진기공동 안쪽방향으로 있으면 거울의 곡률반경이 '+'이고, 반대방향이면 '−'라고 한다. 따라서 위의 거울 M_1과 M_2의 r_1과 r_2는 모두 '+'이다. 이제 광선의 진행방향이 공진기공동 내에서 광축과 거의 일치하여 경사각도가 매우 적으면 거의 축 상에 있는 광선은 두 거울을 반복하여 반사하게 된다. 그러나 만일 왕복진행 횟수가 증가하게 되면 진행거리가 증가되는 것과 같으므

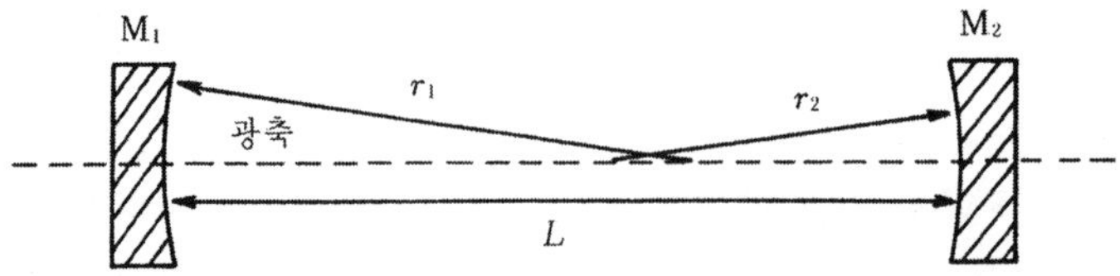

그림 II-9 두 개의 곡면 거울들로 구성된 광학 공진기.
거울들이 오목인 경우에는 반경들은 +값을 가진다고 정의된다.

로 광선은 공진기로부터 발산하여 손실이 커지게 된다. 그렇지만 광선의 진행방향이 광축에 접근하여 있게 되면, 곡면거울 상에서 반사되는 광선을 광축으로 모으는 현상이 발생하므로 공진기의 손실은 적어진다. 따라서 곡면거울을 사용하는 경우에는 평면거울에 비하여 융통성이 있어서 M_1과 M_2의 평행성에 약간의 편기가 있어도 광선을 공진기 내로 구속시킬 수 있다. 이제 이러한 관계를 고려하여 레이저공진기에서 두 거울들의 곡률반경 r_1과 r_2 및 그 사이의 거리 L에 대하여 손실이 적은 **공진기구조**를 주는 조건을 얻을 수 있다. 이러한 조건을 공진기의 안정성조건이라고 한다. 이 조건은 일반적으로 다음과 같이 정의되는 2개의 무차원 항목, 즉 공진기의 **g-값**으로 나타낸다.

$$M_1 \text{ 거울} : g_1 = 1 - \frac{L}{r_1} \tag{II-39(a)}$$

$$M_2 \text{ 거울} : g_2 = 1 - \frac{L}{r_2} \tag{II-39(b)}$$

이들 항목으로 레이저공진기의 안정성을 나타내는 **안정성조건**은 다음과 같다.

$$0 \leq g_1 g_2 \leq 1 \tag{II-40}$$

레이저공진기에서 위의 식과 같은 조건이 만족되면 광축에 거의 평행한 광선은 두 거울 사이를 여러 차례 반복하여 왕복진행한 후에도 광축에 가깝게 남아 있게 되므로 레이저구조는 안정하다고 할 수 있다. 반면에 $g_1 g_2 < 0$ 또는 $g_1 g_2 > 1$이면 공진기 구조는 불안정하게 된다. 즉 광선이 두 거울 사이를 여러 차례 왕복진행함에 따라 공진기 내에서 광축에 거의 평행하던 광선이 광축으로부터 벗어나 거울 밖으로 발산하게 된다. $g_1 g_2 = 0$ 또는 1인 경우 레이저구조는 안정성과 불안정성구역의 경계로서 **한계안정성**을 나타낸다.

그림 II-10에서 그림(a)에서는 여러 가지 레이저공진기의 거울구조와 배치에 대한 안정성조건들을, 그림(b)에서는 g-변수로서 안정성구역을 도식적으로 나타내었다. 대부분의 경우에 레이저공진기구조는 거울의 r_1과 r_2가 큰 값으로 평면에 가까운 조건이거나, 혹은 한 측은 평면이고 다른 측은 반경이 큰 거울을 사용하는 구조를 가진다. 이러한 경우에 거울들의 배열이 비교적 용이하고, 또한 공진기 내에서 레이저활성매질의 많은 부분이 유도방출에 의한 증폭작용에 기여한다. 그러나 어떤 경우에는 공진기 구조가 불안정성으로 분류되는 경우일지라도 실제적으로 사용되는 경우가 있다. 이러한 경우에는 짧은 공진기에서도 레이저활성매질의 이용이 매우 효율적이거나, 또는 레이저빔의 형태가 둥근 형태, 즉 도넛형태가 필요로 할 때이다. 이러한 불안정형공진기의 예는 수십KW의 빔출력을 요구하는 CO_2 레이저에서 찾아볼 수 있다.

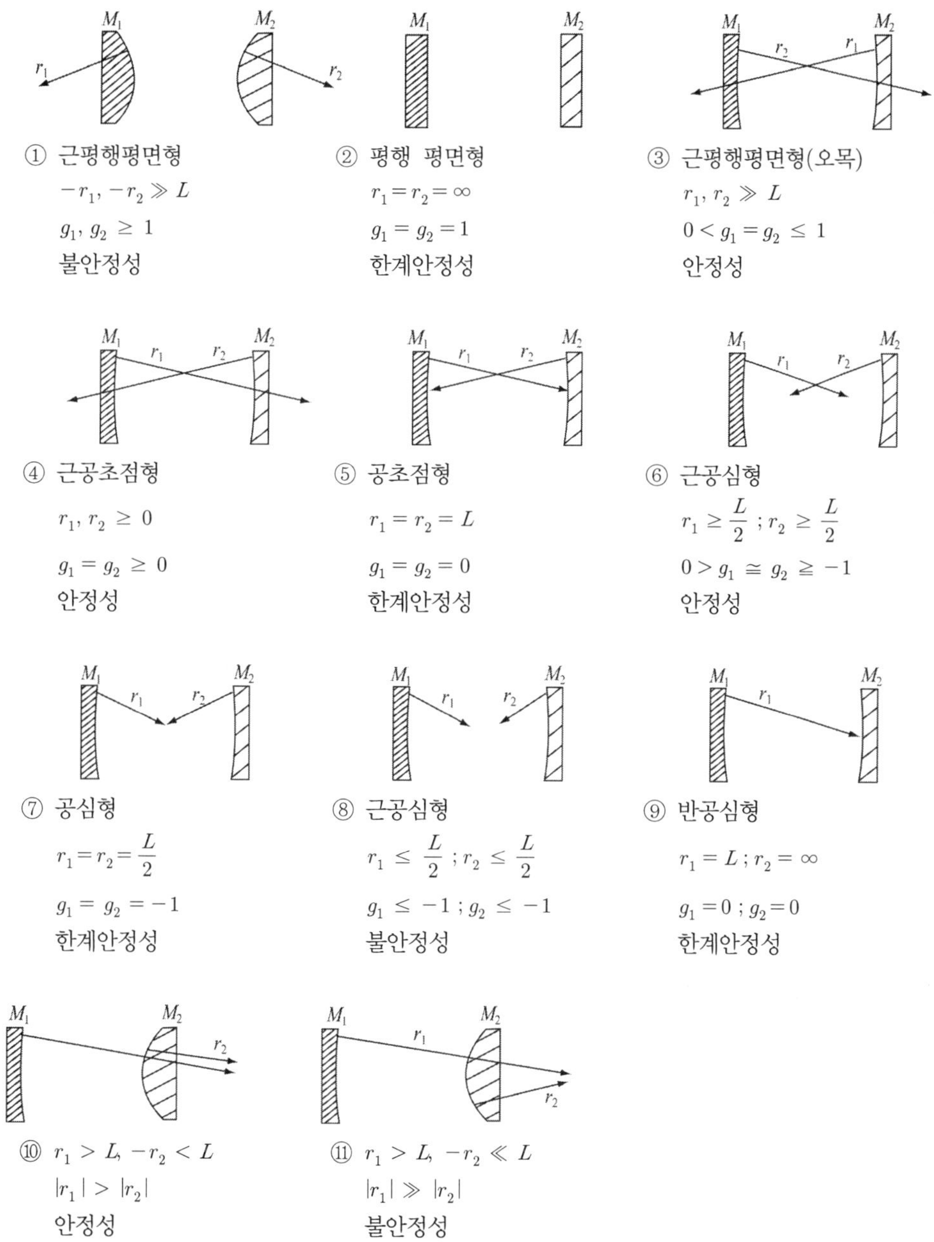

그림 II-10 공진기의 안정성조건.
(a) 여러 가지 공진기 구조에서 전반사거울(M_1)과 부분투과 거울(M_2) 배치의 예

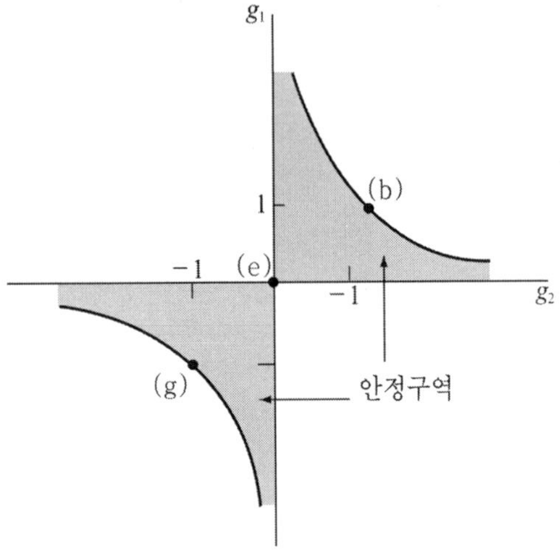

그림 II-10 (b) 공진기 구조의 g_1과 g_2에 따른 안정구역도, 음영부분은 안정구역임.

II-4 레이저빔의 출력형태와 변조

레이저작용의 기본적인 요소인 활성매질, 활성매질 내에서 에너지준위밀도의 분포반전과 귀환기구의 조건들에 따라 레이저출력의 시간적 및 공간적 형태와 스펙트럼 특성이 결정된다. 따라서 레이저빔에서 에너지준위들의 전이작용과 관련되어 나타나는 원자들의 방출선 형태, 반사거울에 의하여 형성된 광학적인 공진기공동의 공진특성과 증폭과정 등을 검토하여 보겠다. 그리고 레이저구조의 적당한 설계로 레이저빔의 시간적, 공간적 및 스펙트럼특성이 조절될 수 있는 가능성을 검토하여 보겠다.

Ⅱ-4-1 방출선 형태와 선폭의 확장

II-3-1항에서 신호이득계수(β)의 관계를 도출함에 있어서 모든 방출선은 공진주파수(ν_{ij})에 집중되어 있다고 가정하였다. 그러나 실제로 광선의 흡수와 방출은 단일주파수에서만 일어나는 것은 아니고 그 주파수에 매우 근접한 어느 정도의 주파수범위에서 일어난다. 그러므로 흡수계수(α)와 신호이득계수(β)는 주파수의 함수가 된다. 이러한 흡수계수와 신호이득계수의 주파수의존성은 에너지준위의 전이에 따른 방출선을 확장시킨다. 이러한 **방출선 확장**을 주는 기구는 여러 가지가 있으며, 그중에서 몇 가지를 고려하여 보겠다. 그리고 원자들의 에너지준위전이선의 선폭은 몇 가지 방법으로 나타낼 수 있으며, 가장 많이 사용되는 방법이 **반치폭**(FWHM; Full Width at Half Maximum)으로서 그림 II-11과 같이 전이선 형태에서 최대치의 1/2에 해당하는 위치 사이의 거리로 나타내는 것이다. 여기서 전이선의 선폭에 사용되는 단위는 주파수대역 또는 파장의 퍼짐에 따라 Hz 또는 nm 등이 사용된다.

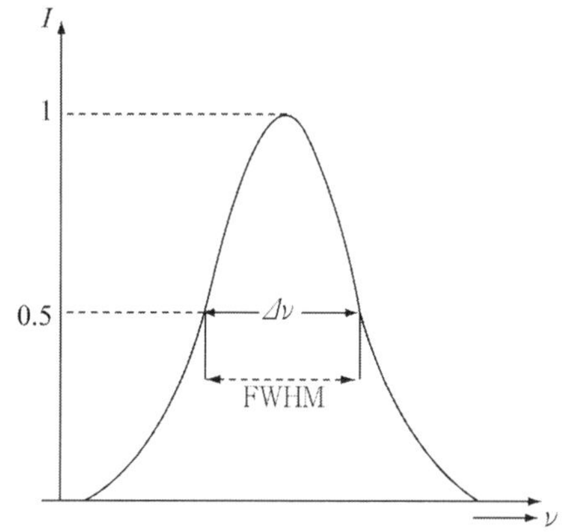

그림 II-11 원자공진 전이선에서 선폭. 흔히 최대강도의 반값에 해당하는 사이의 거리, 즉 반치폭(Full Width at Half Maximum)으로 나타낸다.

(1) 도플러효과에 의한 선폭의 확장

도플러(Doppler)효과에 의한 선폭의 확장은 기체레이저의 활성매질인 각각의 기체원자 또는 기체분자의 이동속도와 이동방향 차이에 기인한 것이다. 특히 가시광선구역의 스펙트럼을 방출하는 대부분의 기체레이저에서 가장 중요한 선폭의 확장기구이다. 광학주파수 ν_{ij}로 광선을 방출시키는 기체원자들로 구성된 활성매질에서 각 원자들은 무질서하게 다른 속도로 이동하므로 그 주파수는 다음과 같이 변한다.

$$\nu' = \nu_{ij}\left(1 \pm \frac{v}{c}\right) \tag{II-41}$$

v : 기체원자의 이동속도

여기서 '+'는 원자가 관찰자로부터 상대적으로 멀어지는 방향으로 이동하는 경우이고, '−'는 상대적으로 가까워지는 방향으로 이동하는 경우이다. 기체에서 원자들은 각각 다른 이동방향과 속도를 가지므로 서로 다른 공진주파수를 가지게 된다. 따라서 모든 기체원자들에 의한 결과를 종합하여 나타내는 경우에는 방출되는 광선은 하나의 단일한 주파수를 주지 못하고 확장된다. 즉 확장된 방출선의 형태는 속도가 각각 다른 주파수에 중심을 둔 많은 수의 스펙트럼파속으로 구성되어 있다고 생각할 수 있다. 원자들의 도플러효과로 변환된 공진주파수가 ν 주위의 적은 주파수범위에 있을 경우에 원자들에 의한 기여가 특정한 주파수 ν에 있는 각 스펙트럼의 파속과 같다. 이러한 많은 스펙트럼파속들이 함께 합하여져서 평활한 모양의 도플러확장된 방출선 형태를 주게 된다.

도플러효과로 확장된 분포에 대한 선폭은 다음 식과 같다.

$$\Delta\nu \propto \sqrt{\frac{T}{M}}\nu_{ij} \tag{II-42}$$

T : 온도, M : 기체원자의 질량

위의 식에서 보듯이 온도가 증가함에 따라, 원자의 질량이 감소함에 따라, 그리고 공진주파수가 증가함에 따라 방출선의 모양은 더욱 확장되어 퍼지게 된다. 예를 들어 632.8nm의 He-Ne레이저빔의 경우에 400°K에서 Ne의 질량을 20이라고 하면, $\Delta\nu_{\mathrm{FWHM}}$은 약 1,500MHz이다.

(2) 충돌에 의한 선폭의 확장

레이저의 활성매질이 분자들로 이루어진 레이저에서는 일반적으로 적외선구역의 광선을 방출하기 때문에 그 공진주파수가 적으며, 도플러효과에 의한 선폭의 확장이 가시광선의 경우에 비하여 적다. 그러나 이러한 분자레이저에서는 분자들 간의 충돌에 의한 선폭의 확장이 중요하다. 기체레이저의 방전구역에서는 기체의 온도가 높으며, 이런 곳에서는 레이저활성매질의 원자와 다른 기체원자들 사이에 충돌이 일어난다. 만일 충돌이 일어날 경우에 원자가 광자를 방출하게 되면, 방출된 광선의 파동렬(wavetrain)에서 위상이 갑자기 변하게 된다. 즉 광선의 방출이 일어나는 동안에 레이저빔은 위상을 $\cos[\omega t+\phi(t)]$로서 기술할 수 있고, 여기서 $\phi(t)$는 이 기간 동안에 일정하다. 그러나 많은 수의 원자들이 존재하는 경우에는 각 원자들은 무질서하게 위상변화를 주는 충돌을 받게 되며, 충돌에 따라 $\phi(t)$는 불연속적으로 변화하게 된다. 그러면 이들 무질서한 충돌에 의한 위상의 불연속적인 변화는 광선파동렬의 대역폭확장으로 인하여 퍼지게 된다. 그 결과로 얻어지는 방출광선의 형태는 기체의 온도와 압력 및 기체원자의 질량에 의존하며, 이러한 방출선의 스펙트럼분포는 **로렌치안(Lorentzian)형태**이다. He-Ne레이저에서는 전술한 바와 같이 도플러효과가 가장 지배적인 방출선형태의 확장기구이지만, 분자량이 크고 공진주파수가 적은 CO_2 레이저에서는 도플러효과에 의한 확장과 충돌에 의한 확장이 거의 비슷하다.

원자들의 충돌에 의한 방출선형태의 확장은 기체레이저에서만 일어나는 것이 아니고, 루비레이저와 Nd:Glass레이저와 같은 접종된 부도체레이저에서 가장 중요한 방출선형태의 확장기구이다. 이러한 레이저들에서는 레이저활성매질의 원자 또는 이온들이 결정격자 또는 비정질고체에 고정되어 있으므로 입자들의 상호접촉에 의한 충돌현상으로 볼 수는 없다. 그러나 활성매질의 원자 및 이온들과 주위의 고체원자 및 이온들과 사이에 밀접한 상호작용이 존재하며, 이들 상호작용의 결과가 기체에서 일어나는 원자들의 충돌로 인한 결과와 원칙적으로 동일하다.

(3) 자연적인 복사선수명에 의한 확장

어떤 경우에는 도플러효과 또는 충돌에 의한 방출선형태의 확장이 중요하지 못한 경우도 있다. 예로서 도플러효과에 의한 확장이 거의 없는 고체를 충돌에 의한 확장을 감소시키기 위하여 저온으로 냉각시킨다고 가정해보자. 이러한 경우에는 자연적인 방출선 수명에 의하여 기본적인 어떤 한계치를 주는 방출선 대역폭의 확장이 있게 된다. 즉 원자에 의하여 방출되는 진동하는 파동렬은 그 지속시간이 아무리 길다고 하여도 무한정하게 지속될 수는 없으며, 완전한 사인곡선은 아니다. 그리고 전자파에서 에너지방출은 진동하는 진폭에서 지수함수적으로 소멸하는 어떤 원천적인 감쇄기구가 있다. 따라서 원자에 의하여 방출된 전자파는 완전한 사인곡선을 이루지 못하여 이들은 완전한 단색광이 아니고 ν_{ij} 주위에 좁은 대역을 점유하는 스펙트럼을 가지게 되므로 방출선형태의 확장이 일어나게 된다.

에너지감소가 있는 경우에 진동자 내에 저축되는 에너지는 시간의 함수로서 다음 식과 같이 나타낼 수 있다.

$$w(t) = w_0 \exp(-\gamma t) \tag{II-43}$$

γ : 에너지 **감쇄율**

이 관계식에서 보듯이 진동자의 에너지는 시간상수$\left(\frac{1}{\gamma}\right)$에 따라 지수함수적으로 소멸하게 된다. 그리고 이 감쇄율은 방출선형태의 $\Delta\nu_{\mathrm{FWHM}}$와 직접적으로 관련된다. 방출선폭이 좁은 것은 에너지감쇄가 적은 것으로 γ값이 적은 것을 의미하며, 넓은 것은 에너지감쇄가 큰 것으로 γ값이 큰 것을 의미한다. 이 경우에 자연적인 방출선의 방출수명에 의한 방출선형태의 확장이 선폭의 하부한계점을 결정한다. 따라서 기체레이저에서 기체원자들 사이의 충돌과 레이저공진기 측면 벽과 충돌, 고체레이저에서는 주위 결정격자들과 상호작용이 레이저방출선의 선폭을 더욱 증가시킨다. 즉 이들 작용들은 레이저광선이 방출되는 원자기구에서 에너지가 방출되는 정도를 증가시키므로 에너지 감쇄계수를 증가시키고, 레이저광선의 선폭을 더욱 증가시킨다. 이러한 충돌에 의하여 레이저준위들 사이의 전이에 대한 시간을 단축시키며, 이에 관련된 스펙트럼확장을 일반적으로 전이수명에 의한 방출선형태의 확장이라고 한다. 에너지 감쇄율(γ)의 역수는 전이수명 τ로서 이것은 원자로부터 광선에너지가 방출되는 동안의 평균수명이라고 하며, 일반적인 레이저활성매질에서 수msec 정도까지이다.

방출선형태의 확장기구는 일반적으로 균질한 경우와 비균질한 경우의 두 가지 범주로 분류될 수 있다. 균질한 확장은 활성매질 내의 각 원자가 동일한 전이의 중심주파수를 가지므로 같은 공진방출선 형태를 가지는 경우이다. 반면에 비균질한 확장은 활성매질 내에서 다른 원자들이 동일한 전이에 대하여 다른 주파수를 주는 경우이다. 이 경우에 활성매질은 어떤 한 가지 원자의 선폭보다 큰 범위의 주파수에 반응하게 된다. 이러한 정의에 의하여 고려해 보면 충돌에 의한 확장은 균질한 확장기구이다. 즉 가스 내의 각 원자는 충돌에 의하여 같은 방법으로 그 스펙트럼을 나타내고, 각 원자들은 같은 공진주파수를 가지게 된다. 반면에 도플러효과에 의한 확장은 비균질한 확장기구이다. 즉 매질 내의 각 원자들은 그 속도에 따라 다른 공진주파수를 가지기 때문이다. 매질에 가하여진 온도, 압력 및 자기장의 국부적인 변화는 결정결함들로 인한 국부적인 변화와 함께 광선의 방출 혹은 흡수선의 형태에 불균질한 확장을 준다.

따라서 위에 기술된 바와 같이 여러 가지 방출선 형태의 확장기구로 인하여 광선을 방출시키는 원자들을 모두 완전하게 일정한 주파수로 방출시킨다고 할 수는 없으며, 중심주파수 주위의 적은 범위의 폭을 가진 분포로 생각해야 한다. 그러나 레이저빔의 스펙트럼특성은 위에 기술된 여러 가지의 같은 매질에서 자연방출에 대한 것과 같지는 않다. 즉 광학적인 공진기의 영향과 스펙트럼 조사도에서 고려해 보면 증폭과정의 효과가 일반적인 원자에 의한 방출선 형태에 비하여 더욱 선폭을 좁게 만든다. 따라서 레이저광선은 같은 매질의 자연적인 방출광선에 비하여 단색성이 훨씬 양호하다.

Ⅱ-4-2 레이저빔의 종축모드 형태

레이저빔의 출력형태에는 공진기 내에 위치한 반사거울들의 위치와 구조가 매우 중요한 역할을 수행한다. 즉 이들 거울들 사이의 거리와 구조에 따라 레이저빔은 매우 좁은 스펙트럼선들로 구성된 여러 개의 불연속적인 주파수성분을 가지게 되고, 또한 레이저빔의 횡단면에서 전기장강도의 변화를 나타내는 여러 가지 횡단면모드를 주게 된다.

레이저의 광학적 공진기는 매우 큰 **Q-값**[3]과 손실이 적은 공진기이다. 만일 레이저활성매질 내에서 이득이 손실보다 크면 임계이득값(β_0)을 얻게 되므로 레이저광선이 방출된다. 그러나 Q-값이 큰 조건은 레이저빔 방출선의 선폭 내에서 모든 주파수에 대하여 유지되지 못하고, 어떤 특정주파수만이 공진조건을 만족시킨다. 따라서 레이저빔 출력스펙트럼은 자연방출에 의한 방출선 형태와 다르고, 레이저공진기의 큰 Q-값의 주파수에 해당하는 좁은 방출선들의 연속으로 이루어져 있다.

레이저에서 큰 Q-값에 대한 조건을 결정하기 위하여 거리가 L만큼 떨어진 두 개의 평행한 거울 사이를 서로 수직하게 진행하는 광선의 평면파를 고려하여 보자. 이 경우에 거울들에서 반사되는 평면파에 대하여 왕복진행거리는 거울 사이 거리의 2배인 $2L$이다. 완전한 왕복진행을 수행한 평면파에 의하여 이루어진 전체적인 **위상변화** $\Delta\phi$는 다음 식과 같다.

$$\Delta\phi = 2\pi\frac{2L}{\lambda} = \frac{4\pi L}{\lambda} \tag{II-44}$$

---

3) Q-값은 양호도(quality factor)로서 공진기를 기술함에 있어서 Q-값은 다음과 같이 정의된다.

$$Q = 2\pi \times \frac{\text{저장된 에너지}}{\text{매주기}(cycle)\text{당 소모되는 에너지}}$$

Q-값의 정의는 매우 일반적인 것으로 전기회로, 레이저공진기 등에 적용되며 Q-값이 크면 에너지를 잘 저장하고, Q-값이 적으면 그렇지 못하다. 즉 축전기와 유도기 등을 가지고 있는 일반적인 발진전기회로는 Q-값이 수백 정도이다. 그러나 레이저공진기는 Q-값이 $10^5 \sim 10^6$ 정도로 높다. Q-값이 큰 것은 상대적으로 좁은 선폭과 관계되고, Q-값이 적은 것은 넓은 선폭과 관련된다. 즉 Q-값과 선폭의 관계는 다음과 같이 나타낸다.

$$Q = \frac{\text{공진주파수}}{\text{선폭}} = \frac{\nu}{\Delta\nu}$$

만일 반사된 평면파가 처음의 평면파와 π의 위상차를 가지고 있으며, 그 진폭의 크기가 같으면 공진기 내에서 전기장은 상쇄되어 소멸하게 된다. 따라서 적당한 분포반전이 있어도 원자들이 광선을 방출하도록 유도시킬 순에너지밀도가 없게 된다. 이것은 평면파가 반사됨에 따라 계속하여 반복되어 반사되지 못함을 의미한다. 따라서 초기의 평면파와 그 반사된 평면파가 보강간섭이 일어나도록 하는 조건인 위상변화가 2π의 정수배가 되는 경우에만 반복된다. 그리고 평면파의 반사가 반복되면 전기장은 보강되어 그 진폭이 증가된다. 이렇게 하여 얻어지는 광선의 에너지밀도는 그 주파수에서 상당한 유도방출을 주는 데 충분하다. 이것을 다른 관점에서 생각하면 거울들은 그들 사이에 왕복되는 광선의 다중반사로 인하여 에너지가 저축되는 공진기를 형성한다. 따라서 광선이 공진기 내에서 반복하여 왕복진행하면 공진기공동은 큰 Q-값을 가지게 된다.

자발적으로 반복하여 왕복진행하게 되는 광선의 전기장에 대한 조건은 초기와 반사 시 위상변화가 2π의 정수배이므로 (II-44)식을 이용하면 공진기공동의 길이는 다음과 같이 반파장의 정수배와 같아지는 경우이다.

$$L = m\frac{\lambda}{2} \qquad \text{(II-45)}$$

$$m = 1,\ 2,\ 3, \cdots$$

이러한 조건을 충족시키는 파장만이 공진기공동에서 공진하게 되며, 대부분의 경우에 m값은 매우 크다. 예로서 중심파장이 694.3nm인 루비레이저에서 루비봉의 길이, 즉 양측의 거울 사이의 거리가 25cm이면, m값은 약 7.2×10^5이다. m값은 어떤 정수라도 가능하므로 레이저전이로 인한 방출선의 선폭 이내에서 전기장이 자발적으로 반복하여 왕복진행하게 되는 파장은 여러 개가 가능하다. 이런 경우에 이들 각각이 자발적으로 반복하여 왕복진행되는 전기장의 형태를 공진기공동의 종축방향모드 또는 **종축모드**라고 한다. 이들 종축모드를 파장 대신에 주파수로 나타내면 자발적으로 반복하여 왕복진행되는 조건은 다음 식과 같다.

$$\nu = \frac{c}{\lambda} = \frac{c}{\left(2\dfrac{L}{m}\right)} = m\left(\frac{c}{2L}\right) \qquad \text{(II-46(a))}$$

따라서 **모드주파수**를 그에 해당하는 정수 m으로 표시하면 다음과 같다.

$$\nu_m = m\left(\frac{c}{2L}\right) \qquad \text{(II-46(b))}$$

그러므로 레이저의 공진기공동에서 광선이 공진되는 것은 이들 주파수에서만 가능하다.

서로 인접되어 있는 각각의 모드주파수 사이의 차이는 정수 m인 공진기공동모드주파수와 인접된 모드주파수의 차이와 같으므로 다음 식과 같다.

$$\Delta\nu = (m+1)\left(\frac{c}{2L}\right) - m\left(\frac{c}{2L}\right) = \frac{c}{2L} \qquad \text{(II-47)}$$

이 관계식에서 보듯이 인접된 모드들 사이의 분리는 거울들 사이의 거리에만 관련되고, m 값에는 무관하다. 먼저 기술된 루비레이저의 예를 고려하여 보면 인접된 공진주파수 사이의 차이는 다음과 같다.

$$\Delta\nu = \frac{c}{2L} = \frac{3\times10^8\ m/초}{2\times0.25\ m} = 6\times10^8\ Hz$$

일반적으로 많은 레이저활성매질에서는 상하부준위들 사이의 전이에 의한 방출선의 선폭이 6×10^8Hz 보다 훨씬 크므로 확장된 선폭 내에는 많은 수의 종축모드들이 있을 수 있다. 그리고 계속적으로 레이저빔이 방출되는 상하부준위들 사이의 전이에서는 공진기공동 내에서 공진되는 주파수만이 레이저작용이 가능하므로 주파수의 함수로서 레이저광선의 종축모드 출력형태는 그림 II-12와 같다. 여기서 그림(a)는 레이저매질의 상하부준위의 전이에 의하여 형성된 방출선의 선폭이고, 그림(b)는 공진기공동 내에서 공

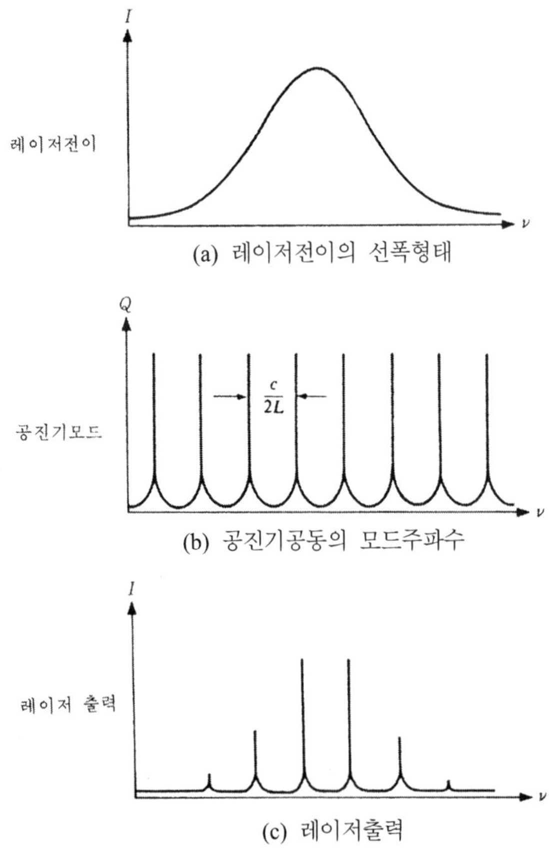

그림 II-12 레이저광선의 종축모드형태

진되는 주파수로서 $\left(\frac{c}{2L}\right)$씩 떨어져 있는 여러 개의 각각의 모드주파수들이며, 그림(c)는 이들 두 조건을 동시에 만족시키는 경우의 레이저광선의 출력을 나타낸 것이다. 이렇게 나타나는 주파수를 레이저의 종축모드주파수라고 한다. 이들 여러 개의 주파수들은 특별히 설계된 공진기공동의 구조 또는 공진기공동 내에 **패브리-페로(Fabry-Perot)에탈론**의 도입에 의한 방법 등으로 단일모드가 얻어지도록 동작시켜 단일주파수의 출력형태를 얻을 수 있다.

Ⅱ-4-3 레이저빔의 횡단면모드

위에서는 반사거울들 사이의 중심축, 즉 공진기공동의 광축을 따라 진행하는 평면파의 공진조건에 대하여 고려하여 보았다. 실제적인 레이저공진기에서 방출되는 레이저빔은 수많은 전자파의 파속들이 중첩되어 있고, 이들 각 전자파는 광축을 따라 진행하나 거울들의 형상과 배치에 따라 약간씩 다른 방향성을 가지고 있다. 이런 경우에 공진조건은 매우 복잡하다. 그러나 기본적인 요구조건은 공진기공동 내에서 전자파의 전기장이 거울들에 의해서 반사됨에 따라 왕복진행이 반복되는 것이다. 따라서 레이저공진기공동에서 자발적으로 반복되어 왕복진행하는 전기장의 형태로 나타나는 공진모드는 3차원 성격을 가지게 된다. 일반적인 레이저공진기공동에서는 레이저공진기의 축 방향 길이가 그 횡단면의 길이보다 훨씬 크므로 전기장의 구조를 종축모드와 횡단면모드로 분리시킬 수 있다. 이들은 서로 간에 독립적이며, 종축모드에 대해서는 이미 기술하였으므로 여기에서는 횡단면모드에 대해서 검토하여 보겠다.

먼저 기술한 바와 같이 종축모드와 횡단면모드는 서로 독립적이므로 공진기공동 내의 전기장은 레이저광축을 따라 앞뒤로 진행하는 특정한 횡단면구조로 구성되어 있다고 생각할 수 있다. 거울들의 표면 상에서 이들 형태는 왕복진행을 완료함에 따라 그 형태가 그대로 유지되며, 거울들에 의하여 계속적으로 반사되어도 과도한 손실을 주지 않는 모드에서만 발진이 일어난다. 이들 모드들은 직관적으로 볼 때 기하광학 혹은 물리광학의 견지에서 광선의 전파방향이 광학축에 근접한 경우이며, 광학축의 횡단면에서 그 에너지 분포는 크게 퍼지지 않는다. 이런 경우에 대부분의 전자파에너지는 반대편 거울에 도달된 후 다시 반사되어 레이저활성매질을 통과함으로 계속적인 증폭이 일어난다.

실제적인 레이저공진기에 사용되는 거울들의 구조에 대하여 회절이론에 의한 결과를 적용하면 중심광축 근방에서 전자파의 파면은 대체로 구형이다. 만일 레이저공진기의 광축이 z 방향이고 거울면이 xy 면 상에 있는 경우에 이들 동일한 위상면에 접하게 되는 전기장의 진폭은 위치에 따라 다음 식과 같이 나타낸다.

$$E_{mn} = E_0 \frac{w_0}{w} H_m\left(\frac{\sqrt{2}\,x}{w}\right) H_n\left(\frac{\sqrt{2}\,y}{w}\right) \exp\left\{-\frac{(x^2+y^2)}{w^2}\right\} \tag{II-48}$$

H_m, H_n : 차수가 m과 n인 헤르미트(Hermite)다항식

w는 0차수(즉 m, $n=0$) 모드의 **점크기(spot size)**로서 회절에 의한 영향으로 인하여 z에 의존하며,

다음 식과 같이 정의된다.

$$w = w_0\left[1+\left(\frac{\lambda z}{\pi w_0^2}\right)^2\right]^{\frac{1}{2}} \tag{II-49}$$

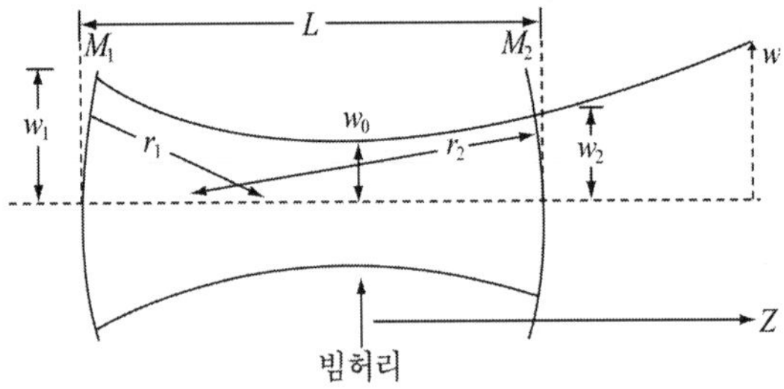

그림 II-13 두 거울의 곡률이 다른 공진기에 대한 모드의 매개변수

w_0는 **빔허리(beam waist)**라고 하며, 그림 II-13에서 보는 것과 같이 점크기가 가질 수 있는 최소의 값이다. 이곳은 전자파의 파면이 평면인 위치에 해당하며, z 방향의 거리는 이곳으로부터 측정된다. 전기장의 성분이 (II-48)식과 같은 특성으로 주어지는 전자파의 모드를 **TEM_{mn} 모드**라고 한다. 여기서 TEM은 Transverse Electro-Magnetic의 첫머리 글자로서 전파방향에 수직한 면에서 전자기장을 의미한다. 그리고 $H_0 = 1$이므로 **TEM_{00}모드**는 기본적인 모드로서 그 전기장의 강도분포는 가우시안(Gaussian)분포로서 레이저축의 중심위치에서 최대이고, 외부측으로 갈수록 에너지 분포가 다음 식과 같이 감소된다.

$$E_{00} = E_0\frac{w_0}{w}exp\left\{-\frac{r^2}{w^2}\right\} \tag{II-50}$$

$$r = \sqrt{x^2+y^2}$$

그리고 그림 II-13과 같이 곡률반경이 각각 r_1과 r_2인 두 거울이 거리 L만큼 떨어져 있는 공진기에 대하여 각각의 거울 상에서 **가우시안(Gaussian)빔**의 빔직경 혹은 점크기는 다음 식과 같다.

$$w_1^2 = \left(\frac{\lambda r_1}{\pi}\right)\left(\frac{r_2-L}{r_1-L}\cdot\frac{L}{r_1+r_2-L}\right)^{\frac{1}{2}} \tag{II-51(a)}$$

$$w_2^2 = \left(\frac{\lambda r_2}{\pi}\right)\left(\frac{r_1-L}{r_2-L}\cdot\frac{L}{r_1+r_2-L}\right)^{\frac{1}{2}} \tag{II-51(b)}$$

그리고 빔허리에서 점크기 w_0는 다음 식과 같다.

$$w_0^2 = \left(\frac{\lambda}{\pi}\right)\frac{\{L(r_1-L)(r_2-L)(r_1+r_2-L)\}^{\frac{1}{2}}}{(r_1+r_2-2L)} \tag{II-52}$$

실제적인 레이저공진기공동의 구조를 고려하여 보면 종축모드에 대한 차수인 m은 매우 크다. 즉 종축모드의 차수는 레이저준위들 사이의 전이에 의한 방출선의 선폭과 레이저거울들 사이의 길이에 의하여 결정된다. 이것은 그림 II-12에서 보는 것과 같이 레이저에서 거울들 사이의 거리가 길수록 인접된 m값의 모드들 사이의 거리가 적어 레이저전이에 의한 방출선의 선폭 내에 많은 수의 모드가 있다. 반면에 횡단면모드의 수는 거울의 모양, 곡률반경의 크기와 레이저구조에 의하여 결정된다. 일반적으로 횡단면모드의 차수인 m, n은 적은 수로서 이것을 나타내는 횡단면모드는 TEM_{mn}으로 표시하며, 이런 경우에 m과 n값이 0이 아닌 경우를 **다중모드**라고 한다. 그림 II-14는 가우시안(Gaussian)모드를 위시한 몇 개의 저차원 모드에 대한 전기장의 형태를 나타내고 있다. 여기에서 그림(a)는 TEM_{mn}으로 나타내는 **헤르미트-가우시안(Hermite-Gaussian)빔모드**이고, 그림(b)는 TEM_{pq}로 나타내는 라게르-가우시안(Laguerre-Gaussian)빔모드를 나타내고 있다.

레이저빔의 모드구조는 레이저빔을 이용함에 있어서 중요한 인자로서 TEM모드의 차수가 크면 레이저빔의 발산이 크므로 레이저빔출력을 렌즈로 집속시켜 작은 점크기로 하는 데 바람직하지 못하다. 따라

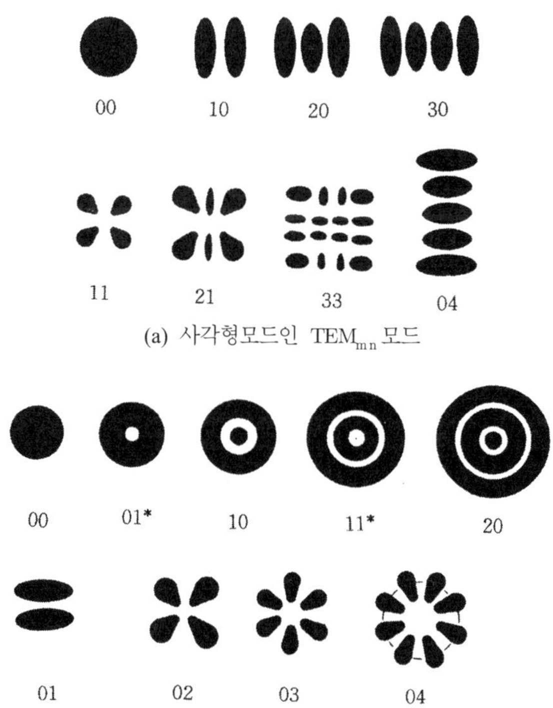

(a) 사각형모드인 TEM_{mn} 모드

(b) 원형모드인 TEM_{pq} 모드

그림 II-14 여러 가지 횡단면모드에 대한 에너지 분포도. (a) m, n으로 나타낸 숫자는 횡단면에서 각각 x, y방향으로 빔강도의 골 즉 빔강도가 0으로 되는 숫자임. (b) p, q로 나타낸 숫자 중 p는 횡단면에서 원주방향으로 빔강도의 골의 수를 나타낸다. q는 회전각도 방향으로 빔강도의 골, 즉 0으로 되는 숫자의 반이다. 그리고 *로 나타낸 것은 중심축에 대하여 90°회전된 두 모드의 중첩으로서 특히 01*모드를 도너츠 모드라고 함.

서 레이저빔에서 높은 차수의 횡단면모드는 공진기공동 내에 작은 원형의 구경 또는 조절할 수 있는 조리개를 삽입시킴으로써 억제시킬 수 있다. 즉 레이저의 광학축 밖의 모드에 대하여 손실을 증가시킴으로써 레이저빔을 TEM_{00}모드로 만들 수 있다. 이런 경우에 레이저빔은 발산각이 적어 정확한 조준 또는 렌즈로 집속 시 작은 점크기를 얻는 목적 등에는 바람직하나, 공진기공동 내의 많은 원자들에서 방출되는 광선이 삽입된 구경으로 인하여 손실되므로 레이저빔의 출력은 감소된다. 레이저빔에 의한 재료가공에서는 레이저빔을 렌즈로 집속시켜야 하며, 레이저빔의 집속과 관련된 레이저빔모드에 관한 사항들은 후에 레이저빔의 조절을 다루는 항목에서 다시 자세히 설명하겠다.

Ⅱ-4-4 레이저빔의 Q-스윗칭

레이저빔의 응용에서는 레이저빔의 파장과 주파수특성이 중요한 경우도 있으나, 일반적으로 레이저빔 출력의 시간적인 의존성이 중요하다. 레이저빔출력의 주파수와 방출시간을 적당히 조절하면 레이저빔펄스의 형태와 매초당 펄스수의 조절이 가능하고, 또한 매우 큰 첨두출력의 빔펄스를 얻을 수 있다. 특히 레이저빔에 의한 재료가공에서는 펄스폭과 그에 수반된 출력수준이 매우 중요한 인자이다.

레이저공진기의 특성이 방출되는 레이저빔의 특성을 결정하는 데 중요한 역할을 한다. 특히 레이저공진기에서 조사도에 의존하거나 또는 시간에 따라 변화되는 손실을 주도록 하여 높은 첨두출력의 단일펄스를 얻을 수 있다. 이것은 공진기의 손실과 Q-값 사이에는 밀접한 관계가 있음을 이용하여 레이저공진기의 Q-값을 변화시키므로 가능한 것이다. 이러한 레이저공진기공동 손실의 갑작스러운 변화현상을 **Q-스윗칭(switching)**이라고 한다.

Q-스윗칭의 기본적인 개념은 간단하다. 즉 레이저 공진기공동 내에서 유도방출의 이득이 여러 가지 손실들의 합계보다 충분히 크면 레이저에서 발진이 일어난다. 그러나 레이저 공진기공동 내에서 큰 손실이 있으면 반전된 밀도분포에 의해서 야기된 이득은 레이저발진이 시작되지 않은 상태에서 매우 큰 값으로 될 수 있다. 따라서 어떤 방법에 의하여 레이저발진이 일어나는 것을 억제시키면서 계속적인 펌핑을 수행하면 큰 밀도분포반전을 주게 된다. 그리고 이 과정에서 공진기공동의 순간적인 손실감소에 의하여 공진기의 Q-값을 갑작스럽게 증가시키면 이득은 손실보다 매우 커질 수 있다. 그러면 펌핑에 의하여 레이저활성매질의 원자들에 축적된 모든 에너지가 한 개의 거대한 펄스로 방출되게 할 수 있다. 예로서 루비레이저에서 보통 펄스모드인 경우에는 한 펄스는 그림 II-8과 같이 μsec 정도의 지속시간을 가진 많은 수의 스파이크들로 형성되어 있다. 이 경우에 스파이크들의 첨두출력은 보통 10^3W 정도이며, 펄스의 길이는 여기시키는 섬광등의 발광시간에 따라 차이가 있으나 보통 수msec 정도이다. 그러나 같은 레이저빔펄스를 Q-스윗칭시키는 경우에는 단일스파이크의 펄스로서 그 지속시간은 수십nsec 정도이고, 첨두출력은 10^6~10^9W 정도를 얻을 수 있다.

Q-스윗칭방법은 레이저전이에서 상부에너지준위의 수명이 비교적 긴 레이저에 적용시킬 수 있으며,

그 대표적인 레이저는 루비레이저, Nd:YAG레이저와 CO_2레이저 등이다. 그리고 레이저공진기의 Q-스윗칭방법에는 기계적인 **회전반사거울**에 의한 방법, 전자광학에 의한 방법, 초음파광학에 의한 방법, 포화염료에 의한 수동적인 방법 등이 있다.

(1) 반사거울의 회전에 의한 방법

이 방법은 레이저공진기에 설치되어 있는 거울 중의 한 개, 또는 두 거울 사이에 삽입시킨 프리즘을 기계적인 방법에 의하여 고속으로 회전시킴으로써 Q-스윗칭시키는 방법이다. 즉 레이저발진이 일어나려면 두 개의 거울이 정확하게 평행한 조건을 이루고 있어야 한다. 그러나 그림 II-15와 같이 한 개의 거울을 회전시키면 이 거울의 수직선과 레이저광축 사이에 각도를 주게 되며, 이 경우에는 손실이 커지므로 레이저발진이 일어나지 못한다. 그러나 이러한 거울의 회전도중에도 광학적인 여기작용은 계속되어 과도한 밀도분포의 반전을 주게 한다. 그 후에 회전하는 거울과 반대측의 거울이 정확하게 평행하게 되는 순간과 여기 작용의 시간을 일치시키게 되면 레이저의 이득이 정상적인 레이저발진조건보다 매우 크므로 거대한 Q-스윗칭된 펄스빔이 출력으로 나온다. 여기에서 회전하는 거울은 레이저의 반사거울과 빠른 셔터의 역할을 동시에 수행한다. 즉 거울면의 법선이 광축과 일직선으로 배열되지 못한 것은 셔터가 닫혀져 있는 경우에 해당되며, 레이저공진기공동은 작은 Q-값을 가진다. 반면에 거울의 법선이 일직선으로 배열된 것은 셔터가 열려진 것에 해당하며, 레이저공진기공동의 Q-값을 급속히 큰 값으로 전환시킨 것에 해당한다. 따라서 Q-스윗칭의 기본적인 특징은 레이저활성매질의 이득이 최댓값에 가까울 때 셔터가 닫힌 상태에서 열리는 상태로 전환시키는 것이다. 이 경우에 얻어지는 펄스빔 지속시간은 다른 Q-스윗칭방법들에 의하여 얻어지는 것보다 약간 길다. 이것은 기계적인 거울회전속도의 제한으로 인하여 야기되는 것으로 거울이 회전하여 정확하게 배열되는 데 시간이 걸리기 때문이다.

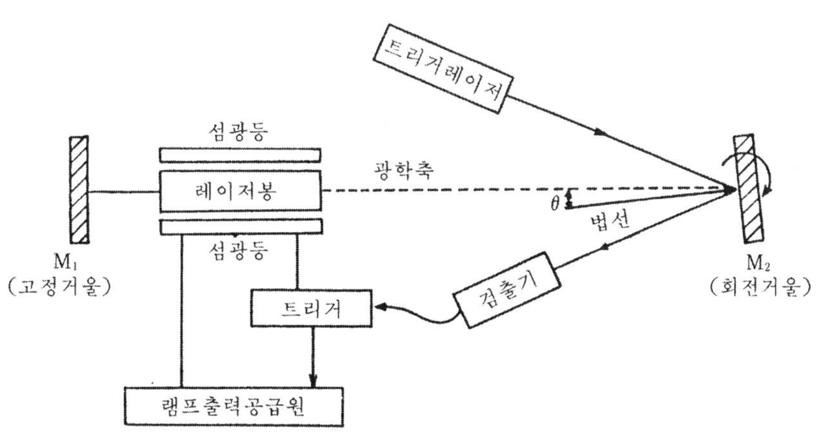

그림 II-15 회전거울에 의한 Q-스위칭. 적은 트리거레이저를 설치하고 이곳으로부터 나온 빔이 회전거울에서 반사되어 검출기에 도달한다. 이 신호에 의하여 램프출력공급원을 작동시켜 레이저봉 주위의 섬광등을 비추어 분포밀도 반전을 주게 된다. 이러한 동작이 이루어지는 사이에 회전거울이 고정거울과 일직선이 되게 될 때 레이저 작용이 일어난다.

이 방법은 매우 간단하고 장비가 튼튼하고 파장에 구애받지 않는 장점이 있으며, 또한 거울회전속도의 변화로 약간의 펄스지속시간 조절이 가능하다. 그리고 시간당 레이저빔을 조사하는 횟수는 섬광등의 전기적인 회로에 의하여 결정되며, 거울의 회전속도에 의하지 않는다. 만일 거울이 회전할 때마다 레이저빔 펄스가 조사되면, 그 반복횟수는 매초당 수백 회가 가능하다. 그러나 3준위레이저인 루비레이저의 경우에 이러한 정도의 레이저빔 조사속도는 레이저활성매질인 루비봉을 매우 가열시키므로 곤란하다. 그리고 광학적 여기 작용을 위한 섬광등방전에 필요한 축전기의 용량에 제한이 있으며, 또한 거울을 회전 시 소음을 발생시킨다.

(2) 전자광학셔터에 의한 방법

회전하는 거울에 의한 기계적인 방법은 느린 전환속도로 인하여 긴 펄스를 주는 데 비하여 전자광학적인 효과에 의한 전자적인 전환은 짧은 Q-스윗칭 펄스를 준다. 전자광학에 의한 방법에서 셔터의 역할을 수행하는 것은 레이저공진기 내에 삽입시킨 전자광학재료에 의하여 수행된다. 이러한 전자광학재료는 **커(Kerr)효과** 또는 **포켈스(Pockels)효과**를 나타내는 결정재료이다. 그러므로 이러한 재료들에 의한 Q-스윗칭을 설명하기 전에 커효과와 포켈스효과에 대하여 간단히 검토하여 보겠다.

○ 커효과

어떤 액체 또는 유전체 같은 물질이 전기장 내에 있으면 그들의 분자가 전기장의 방향에 평행하게 배열되는 경향이 있다. 이 경우에 전기장이 강할수록 그들 분자들의 배열은 더욱 완전하게 배열된다. 그러나 이들 분자들은 비대칭이므로 그 배열은 광선을 비등방성으로 복굴절하게 되도록 한다. 이러한 이방성 물질에서 전기장에 의하여 유기(誘起)되는 복굴절현상을 커전자광학효과 또는 간단히 커효과라고 한다. 전기장에 의하여 유기된 광축은 전기장방향에 평행하고, 일정한 전기장강도에 의하여 이 물질을 복굴절 결정 역할을 하도록 한다. 전기장을 가하지 않은 경우에 이 물질의 굴절률은 n_o이나, 전기장을 가하면 복굴절현상에 의하여 굴절률이 n_o와 n_e로 나누어지게 된다. 이 경우에 전기장에 의하여 여기되는 복굴절량 $(n_o - n_e)$는 전기장의 제곱과 파장에 비례한다. 따라서 두께 d인 재료 혹은 용기에서 정상광선과 이상광선 사이의 광로차는 굴절률차이에 의하여 나타내며, 다음 식과 같다.

$$\Delta n = n_0 - n_e = K\lambda E^2 \tag{II-53}$$

E : 전기장

K : 커상수

(예: 니트로벤젠(Nitrobenzen); $2.4\times10^{-10}\text{cm/V}^2$,

유리; $3\times10^{-14} \sim 2\times10^{-13}\text{cm/V}^2$, H_2O; $4.4\times10^{-12}\text{cm/V}^2$)

일반적으로 커용기는 수mm 떨어진 2개의 평행한 판 사이에 니트로벤젠 혹은 다른 액체를 함유하고 있는 용기로서 두 판 사이의 전위차는 보통 10~20kV이다. 만일 이러한 용기를 교차된 편광자 사이에 위치시키면 고속셔터로 사용할 수 있으며, 이를 **전자광학셔터**라고 한다. 전자광학셔터에서 전기장의 방향은 편광판축에 대하여 45°이다. 따라서 전기장강도가 0인 경우에는 편광판이 광선을 통과시키지 않는다. 그러나 커용기에 전기장을 가하여 그 크기가 다음 식을 만족시키도록 하면, 이러한 커용기는 $\lambda/2$파장판으로 작용하여 편광면을 90°회전시켜 광선을 통과시킨다.

$$\Delta nd = (n_0 - n_e)d = \frac{\lambda}{2} \tag{II-54}$$

이 경우에 용기를 $\lambda/2$파장판으로 만드는 데 필요한 전압을 용기의 $\lambda/2$파장전압이라고 한다. 따라서 용기에 이러한 전압을 빠른 펄스로 가하면 용기는 고속셔터로 작용하는 것이며, 이러한 셔터의 속도는 10nsec 정도를 얻을 수 있다. 커효과는 매우 신속하므로 더욱 빠른 셔터속도를 얻을 수도 있으나, 수kV 정도의 $\lambda/2$파장전압을 빠른 전기적 펄스로 얻는 데 야기되는 문제점으로 인하여 제한을 받는다.

○ 포켈스효과

이것은 KDP(KD_2PO_4; potassium dideuterium phosphate) 같은 결정체에서 관찰되는 전자광학적인 효과이다. 위에 기술한 커효과에서는 작용한 전기장의 제곱에 비례하나, 포켈스효과에서는 작용한 전기장에 선형적으로 비례한다. 또한 일반적인 포켈스용기의 $\lambda/2$파장전압은 커용기의 경우에 비하여 1/10 이하로 적다.

이제 결정의 광학축에 평행하게 전기장을 가하도록 포켈스용기를 만들고, 이 광학축에 평행하게 광선빔을 조사시켜 보자. 만일 전기장을 가하지 않으면 광학축에 평행한 방향으로 전파되는 광선은 정상광선이고, 그 굴절률은 편광방향에 무관하다. 그러나 전기장을 가하면 결정은 변형되고, 그 결정구조에 따라 전기장에 수직한 면에 두 번째 광학축을 유기시킨다. 이 경우에 전기장에 의하여 유기된 결정의 이방성 때문에 이 두 번째 축에 전기장벡터가 평행하게 편광된 광선은 이 축에 수직하게 편광된 광선과 다른 굴절률을 가진다. 즉 전기장을 가하면 결정은 광선빔에 대하여 복굴절결정으로 작용하며, 그 광축은 전파방향에 수직한 면에 있게 된다. 두 번째 광축에 대하여 수직이고 평행하게 편광된 광선들에 대한 굴절률들 사이의 차이는 다음 식과 같다.

$$\Delta n = (n_0 - n_e) = PE \tag{II-55}$$

E : 전기장
P : 포켈스상수
(예: KDP; 3.6×10^{-9}cm/V, Lithium borate; 3.7×10^{-8}cm/V)

전기장을 광축에 평행하게 가하면 종적인 포켈스효과이고, 전기장을 광축에 수직하게 가하면 횡적인 포켈스효과 형식을 취하며, 고속도의 셔터역할을 하는 포켈스용기는 흔히 종적인 포켈스효과 형식을 가진다.

포켈스용기는 커용기와 같이 고속도의 전자광학셔터로 사용되며, 흔히 Q-스윗칭 레이저에서 사용된다. 그리고 포켈스용기는 광선빔을 조정하는 경우에도 사용되며, 진폭조정에 대한 장치는 전자광학셔터의 것과 비슷하다. 즉 포켈스용기를 교차된 편광판 사이에 위치시키고, 시간에 따라 변하는 전압을 전극에 가하며, 두 번째로 얻어지는 광축은 편광판의 축에 45°로 배열되도록 한다. 또한 포켈스용기는 광선의 위상조정에도 사용될 수 있다.

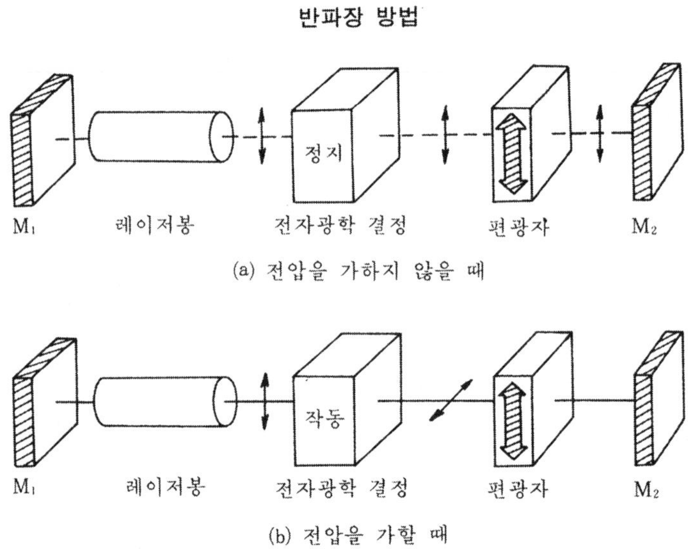

그림 II-16 전자광학 Q-스위칭의 반파장 방법. (a) 전자광학 재료에 전압을 가하지 않으면, 레이저봉으로부터 나온 편광파는 레이저공동을 진행하고 M_2 거울에서 반사되어 레이저 작용이 수행됨 (b) 전압을 가하면 전자광학 재료에 의하여 편광면이 90°회전하므로 편광자에 의하여 회전된 편광빔이 흡수된다. 그러므로 거울 M_2에 의하여 반사되지 못하므로 레이저봉에 계속하여 큰 분포반전이 일어난다. 이러한 상태에서 전압이 0으로 되면 (a)와 같은 상태가 되어 Q-스위칭이 일어난다.

전자광학적인 Q-스윗칭 레이저는 그림 II-16과 같이 전기장에 따라 굴절률이 변화되는 **복굴절재료**와 **편광자**를 레이저공진기공동 내에 삽입하여야 하므로 선형적으로 편광된 레이저빔을 얻는다. 이들은 전자광학재료를 통하여 이중으로 통과하는 모든 선형적으로 편광된 광선을 편광자가 흡수할 수 있도록 배열시켜야 한다. 공진기공동 내에 삽입된 전자광학재료가 위에서 기술한 바와 같이 전기장에 선형적으로 전자광학효과에 반응할 경우에 이것은 포켈스용기이고, 전기장에 제곱으로 전자광학효과에 반응할 때 이것은 커용기이다. 이들의 동작방법은 전자광학재료에 전압을 가하지 않으면, 레이저로부터 편광된 광선이 이 재료를 통과한 후에 편광자를 통하여 진행되고, 이 편광된 광선은 다시 거울에 의하여 반사되므로 그림(a)와 같이 일반적인 레이저발진을 수행한다. 그러나 전자광학재료에 전압을 가하면 이 재료를 통과하는 광선의 전기장이 90°회전하므로 그림(b)와 같이 편광자를 통과하지 못하게 되므로 거울에 도달하지 못하여 셔터를 닫은 것과 같은 역할을 한다. 그러므로 이 경우에 계속되는 펌핑에 의하여 레이저매질 내의 많은 원자들에서 에너지준위의 분포반전이 일어난다. 그 후에 전자광학재료에 가한 전압을 제거시키면 공진기공동의 손실을 크게 감소시키며, 이것을 최대의 분포반전을 얻는 상태와 일치시키면 편광된 광선은 이 재료를 통하여 회전되지 않기 때문에 편광자를 통하여 거울에 도달하므로 강력한 Q-스윗칭된 펄스빔을 얻게 된다.

전자광학적인 전환방법은 기계적인 전환방법에 비하여 신속하므로 짧은 지속시간의 펄스를 주며, 또한 최대의 분포반전을 주는 상태를 얻는 시간과 서로 일치하게 잘 조화시킬 수 있어서 시간적 조절이 용이하다. 그러나 레이저공진기공동에 여러 가지 부품을 삽입시키는 것은 불가피하게 광학적인 손실과 불균일성을 초래한다. 포켈스용기를 사용하는 Q-스윗칭된 고체레이저(예; 루비레이저, Nd:Glass레이저)는 15~25nsec의 펄스시간에 10^8W 정도의 첨두출력을 줄 수 있다.

(3) 초음파광학셔터에 의한 방법

Q-스윗칭을 위하여 전자광학적인 방법과 같이 공진기공동 내에서 큰 손실을 주고 필요한 시간 동안 레이저발진을 억제시킬 수 있는 방법으로 초음파광학적인 방법이 있다. 초음파광학에 의한 방법에서 셔터역할을 수행하는 것은 레이저공진기 내에 삽입시킨 초음파광학재료에 의하여 수행된다. 그러므로 이러한 초음파광학재료들에 의한 Q-스윗칭을 설명하기 전에 재료 내에서 초음파거동에 대하여 간단히 검토하여 보겠다.

석영유리 같은 재료 내에서 초음파가 전파된다고 생각해 보자. 이 초음파는 파장이 λ_s로서 종파 또는 압축파로 재료의 굴절률은 파장 λ_s와 같이 사인함수로 변하게 된다. 즉 그림 I-27과 같이 면에서 수직으로 초음파를 가하면 상하로 주기적으로 굴절률이 변한다. 광선이 초음파와 작용하는 것을 검토하기 위하여 매질 내에서 초음파로 인하여 밀도가 증가되는 구역을 일련의 판들로 간주하고 여기서 인입된 빔이 회절된다고 생각해 보자. 이것은 면간 거리가 λ_s와 같은 결정면에서 **브래그(Bragg)회절**과 같다. 이 경우에 평면과 θ 각도를 가지고 입사되는 광선은 표면에서 일부가 반사되며, 어떤 일정한 각도에서는 상하의 인접된 면들로부터 반사되는 빔이 서로 보강간섭을 하게 된다. 보강간섭은 두 광선 사이의 광로차가 파장 λ와 같을 때 일어나므로 다음 식을 만족시켜야 한다.

$$\sin\theta = \frac{\lambda}{2\lambda_s} \tag{II-56}$$

일반적인 초음파에 대하여 θ는 수도 정도의 적은 각도이며, 적당한 조건하에서 인접되는 광선의 거의 전부를 어떤 각도 θ 이내로 회절 또는 편향시킬 수 있다. 따라서 초음파광학 편향기는 빔 편향과 함께 광선의 조정기로서 사용할 수 있으며, 이들 현상을 이용하면 광학적인 셔터역할을 수행할 수 있다.

초음파광학 조정기는 그림 II-17과 같이 일반적인 석영유리 같이 광학적인 손실이 적은 재료에 부착된 압전변환기로 구성되어 있다. 압전변환기에 사인형으로 변하는 고주파전압을 가하면 초음파를 발생시키며, 이것은 위에서 기술한 바와 같이 부착된 매질의 굴절률을 주기적으로 변화시킨다. 이렇게 되면 공진

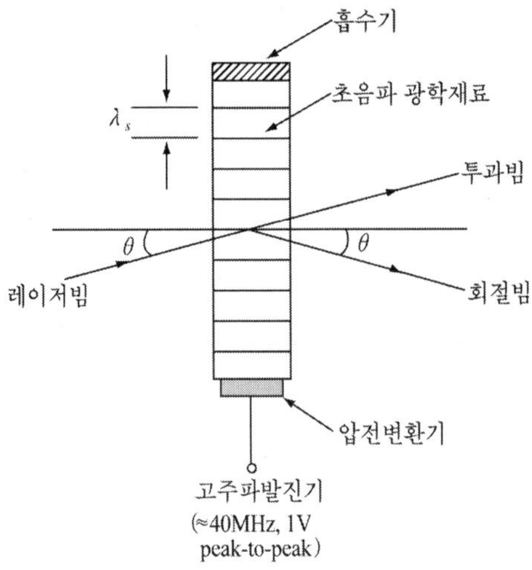

그림 II-17 초음파광학 조정기

기공동 축으로부터 광선을 회절시키는 이동하는 초음파회절격자를 구성하게 된다.

이제 압전변환기에 신호를 가하면, 그림에서 보는 것과 같이 **초음파회절격자**에 입사된 광선이 회절되므로 레이저손실이 크게 되어 발진은 일어나지 못하며, 계속하여 레이저매질 내에서 분포반전이 일어난다. 만일 변환기에 가한 신호를 제거시키면 분포반전이 큰 공진기공동에서 광선이 회절되지 않고 초음파광학재료를 통하여 공진기공동 축을 따라 통과하므로 높은 Q-값의 발진상태를 주게 된다. 이러한 Q-스윗칭 방법에서는 편광된 광선에 의하지 않기 때문에 편광자를 삽입시킬 필요가 없다. 그리고 압전변환기를 부착시킨 양질의 저손실 초음파광학재료를 얻을 수 있기 때문에 반복재현성이 양호하다. 연속적으로 펌핑된 ***Q*-스윗칭 Nd:YAG레이저**는 이 방법을 가장 많이 사용한다. 이 방법으로는 보통 $1.5 \sim 3 \times 10^{-7}$초 또는 그 이하의 펄스기간으로서 첨두출력이 5×10^3W를 넘으며, 매초당 5×10^4펄스 정도의 반복속도를 얻을 수 있다.

(4) 포화염료에 의한 수동적인 방법

위에서 기술된 기계적인 방법, 전자광학적인 방법, 초음파광학적인 방법과 달리 더욱 짧은 원자와 분자의 수명을 이용하는 수동적인 Q-스윗칭 방법이 있다. 이 방법은 액체레이저에서 사용되는 방법으로 매우 빠르고 간단하다. 이 방법에서는 불투명도가 입사되는 광선의 강도에 직접적으로 비례하는 포화될 수 있는 흡수제로서 특정한 염료를 사용한다. 이러한 포화될 수 있는 염료를 공진기공동 내에 첨가시키면 공진기공동 내에서 약한 강도의 광선을 흡수하여 레이저발진이 시작되는 것을 억제시킨다. 그러나 이러한 억제된 작용은 완전하지 못하고, 광선의 강도가 어느 수준에 도달하면 염료는 포화되고 갑자기 투명하여 진다. 이러한 경우에 빠른 발진작용이 일어나 순간적으로 강력한 레이저빔 펄스를 방출시킨다.

Ⅱ-4-5 레이저빔의 모드동기화(同期; mode locking)

일반적으로 비균일하게 발진하는 레이저공진기는 수많은 모드발진을 유지할 수 있으며, 다중모드발진 상황에서 각 모드들은 서로 독립적이므로 위상이 각각 다르다. 따라서 모드들 사이의 간섭에 의하여 출력되는 레이저빔의 세기는 시간적으로 매우 불규칙하게 변동한다. 이러한 레이저의 출력은 시간의 함수로서 이들 모드들의 상대적인 주파수, 위상, 진폭에 의존한다. 보통 레이저에서 이러한 모든 매개변수들은 시간에 따라 바뀌고 출력은 임의로 변화된다. 그러나 외부적인 섭동으로 이들 다양한 모드발진을 서로 간에 일정한 위상을 가지하도록 강요한다면 출력은 반복적이 되고, 이 경우에 레이저는 **모드동기화(同期; mode-locking)**되었다고 한다. 이것은 많은 모드가 발진되는 레이저에서 서로 이웃한 모드의 주파수 차이가 모두 같은 때, 즉 모드 간의 결합에 의한 빔 진동의 위상이 상대적으로 일정할 때를 모드동기발진이라고 한다. 이러한 모드동기화는 정규적인 간격을 가지면서 펄스폭이 매우 짧고 큰 첨두출력을 가진 극초단펄스빔을 방출하며, 이러한 레이저빔은 정밀재료가공에서 매우 중요한 기구이다.

고출력의 극초단펄스를 발생시키기 위해서는 많은 수의 모드가 발진되어야 하며, 짧은 지속시간의 펄스를 얻기 위해서는 많은 주파수가 필요하다. 이제 다수의 모드가 동시에 나오는 광선에서 광축모드 빔의 위상을 동기화시켜 폭이 좁은 극초단펄스를 얻는 예를 살펴보자. 그림 II-18은 같은 주파수간격을 가진 3개의 코사인파형이 합쳐져서 형성된 파형을 보여주고 있다. 여기서 E는 전기장의 진폭이고, I는 레이저출력이다.

이 그림에서 위의 부분은 모드동기화되지 않은 경우로서 $t=0$에서 전자파들의 위상은 다르다. 반면에 밑의 그림은 모드동기화된 경우로서 $t=0$에서 3개의 전자파들의 위상은 0이다. 이 경우에 모드동기화 결과는 주파수 간격의 역수인 주기가 $T=1/\Delta$이고, 일련의 펄스들이 얻어진다. 일반적인 결과로는 모든 위상이 모드에 독립적으로 일정하면 주기 $T=2L/c$ 안에 단일펄스만이 존재하며, 이것은 레이저공진기 내에서 펄스의 왕복주기 통과시간에 해당한다. 이 펄스의 폭 τ는 대체로 $\tau=2L/Nc$ 같이 레이저출력의 주파수 간격의 역수이며, 여기서 N은 발진모드의 수이다. 펄스폭에 대한 펄스간격의 비율은 다음 식과 같이 대체로 모드의 수와 같다.

$$\frac{T}{\tau}=\frac{2L}{c}\cdot\frac{Nc}{2L}=N \tag{II-57}$$

위의 관계들을 종합하면, 좁은 모드동기화 펄스를 얻기 위해서는 2가지 조건을 만족해야 한다. 첫 번째는 많은 수의 발진모드들이 있어야 한다. 이것은 넓은 레이저전이를 주어야 하며, 모드들 사이의 분리가 적도록 하기 위해 긴 공진기를 사용하여 이루어진다. 두 번째는 이들 발진모드들은 어떤 분명한 위상관계를 얻도록 강요해야 한다. 이것은 능동적인 모드동기화 또는 수동적인 모드동기화에 의하여 수행되며, 여기서 종축모드들을 동기화된 위상관계를 유지하도록 강요함으로써 가능하다. 능동모드동기화는 Q-스윗칭에서 언급한 바와 같은 전자광학셔터 또는 초음파광학셔터 방법에 의하여 수행된다. 수동모드동기화는 Q-스윗칭에서 언급한 바와 같이 포화흡수제가 간단하고 효과적인 방법이다.

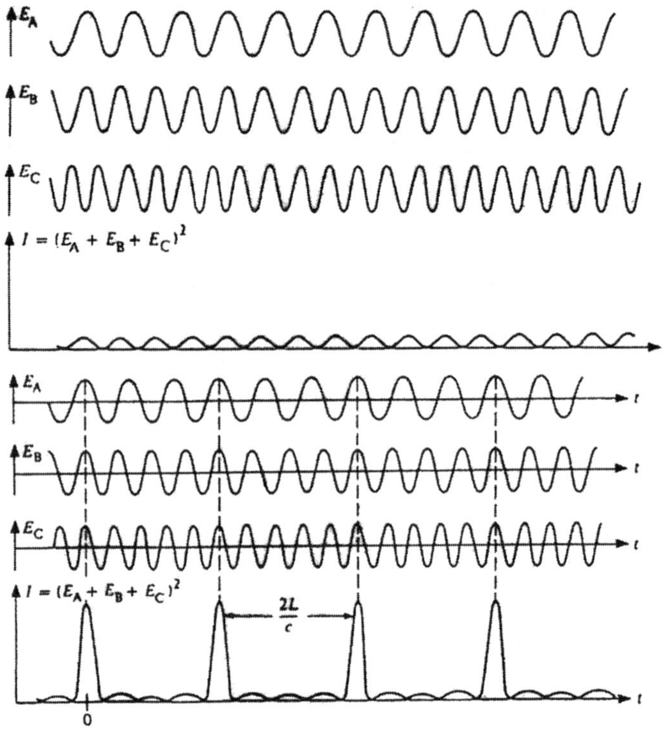

그림 II-18 모드동기화(mode-locking). 위는 모드동기화되지 않은 빔으로 위상이 임의적이고 순간적인 출력이 크지 않다. 아래는 모드동기화된 빔으로 모드파가 $t=0$에서 같은 위상을 가지고 있다. 펄스들은 $2L/C$만큼 떨어져 있고, 이것은 광선이 공진기에서 왕복주행하는 시간이다.

개별적인 모드동기화 펄스는 펄스폭이 극도로 좁아서 수psec 정도가 되며, 이러한 극초단펄스의 첨두출력은 매우 크다. 전이스펙트럼의 폭이 클수록 펄스는 짧으며, 특히 300nm 이상의 스펙트럼 폭을 가지는 Ti:sapphire레이저는 수fsec펄스를 발생시킨다.

레이저의 종류와 동작 III

레이저의 종류는 대단히 많으며, 이들의 분류는 레이저빔을 발진시키는 활성매질형태, 출력형태, 출력강도, 레이저파장 등 여러 가지 방법으로 나타낼 수 있다. 그러나 일반적으로 레이저빔을 발진시키는 활성매질의 물리적인 특성에 따라 고체레이저, 기체레이저, 반도체레이저, 염료레이저 등으로 분류시키는 방법을 가장 많이 사용한다. 여기에서도 이 방법에 따라 재료가공을 포함하여 실용적으로 많이 사용되는 중요한 레이저들의 종류와 동작에 대하여 간단히 고려하여 보겠다.

III-1 고체레이저

고체레이저의 활성매질은 결정재료에 활성원소로 다른 금속이온들을 접종시킨 고체물질로 구성되어 있다. 이들 다른 금속이온들은 원래 결정의 격자원자 위치에 치환되어 있으며, 이들 접종원자들의 에너지준위가 레이저전이에 관련되므로 중요한 역할을 한다. 그러나 레이저빔이 발진되는 경우에 활성매질인 결정재료의 열전도도와 열팽창계수 등 물리적인 성질이 레이저빔의 출력과 특성을 결정하는 데 중요한 역할을 한다. 또한 결정재료의 종류와 구조에 따라 첨가하는 금속이온과 격자원자 사이에 상호작용이 달라서 금속이온들의 에너지준위를 변화시킨다. 따라서 같은 접종금속이온이라고 하여도 다른 기지결정에서는 다른 파장의 레이저빔을 방출시킬 수 있다. 이제 재료가공에 많이 사용되는 중요한 고체레이저들에 대하여 간단히 검토하여 보겠다.

Ⅲ-1-1 루비레이저

루비레이저는 대표적인 **3준위레이저**로서 최초의 실용적인 레이저이다. 처음에 고안된 루비레이저는 활성매질인 단결정루비봉 둘레에 배치시킨 나선형 Xe전구를 사용하여 광학적인 펌핑작용을 수행하였다. 그리고 광학적인 공진기공동에서 귀환기구의 역할을 위해서 루비봉의 양 단면을 서로 평행한 평면이 되도록 연마시킨 후에 금으로 반사코팅시켰다. 이 경우에 한 면은 광선을 부분적으로 투과시키도록 코팅하여 레이저빔을 방출시키는 부분투과거울 역할을 수행하도록 하였다.

루비는 Al_2O_3결정에 약 0.05%의 Cr_2O_3를 함유하고 있는 보석으로 결정격자구조에서 Al^{+3}의 일부 위치에 Cr^{+3}이 치환되어 있는 단결정이다. 레이저광선은 Xe전구에 의하여 여기된 Cr^{+3}원자가 기저준위로 전이할 때 방출시키는 분홍색(6,943 Å)의 광선이다. 루비레이저의 에너지준위는 그림 III-1과 같다. 원자상태의 Cr에서는 에너지준위가 축퇴되어 있어서 가시광선의 스펙트럼을 흡수하지 않는다. 그러나 Al_2O_3의 Al원자와 치환되어 구속되어 있는 Cr^{+3}이온의 에너지준위는 여러 개로 분리되어 있어서 가시광선의 청색부분과 녹색부분을 강력하게 흡수한다.

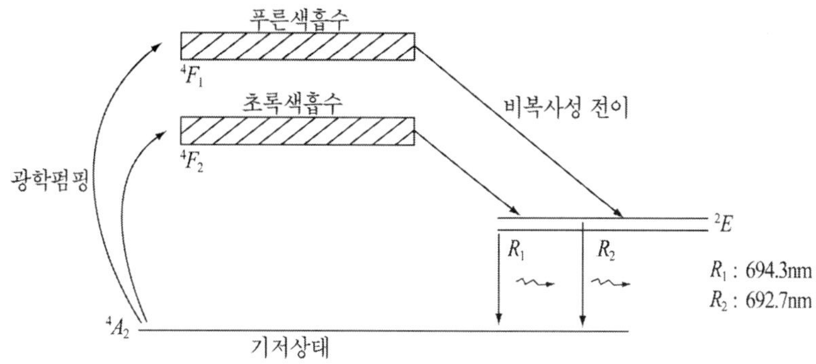

그림 III-1 루비레이저의 에너지 준위. 온도에 따라 두 개의 레이저빔 파장 R_1과 R_2는 약간 변할 수 있으나, 일반적으로 694.3nm와 692.7nm이다.

상온에서는 $h\nu \gg kT$이므로 열평형에 있을 경우에 대부분의 Cr^{+3}이온은 기저상태에 있게 된다. 이제 이들 이온들을 레이저발진의 상부준위로 여기시키기 위하여 레이저출력에 따라 축전기뱅크에 저장하고 있는 수십~수천줄(J)의 에너지를 수msec 동안에 Xe전구로 방전시킨다. 그러면 대부분의 에너지가 광선으로 변하며, 그 스펙트럼 중에서 청색광선과 녹색광선 부분이 루비결정에 의하여 흡수되고, 기저상태의 이온들을 광역대의 에너지준위인 $^4F_1$과 $^4F_2$로 전이시키게 된다. 이들 전이된 선폭들은 결정격자 내에서 열적인 충돌과 다른 확장기구들에 의하여 약 1,000 Å의 넓은 선폭을 가지며, 이들 준위들의 집단을 일반적으로 흡수대라고 한다. 이들 두 에너지흡수대로 여기된 모든 이온들은 광자를 방출시키지 않는 비복사성 전이과정을 통하여 신속하게 준안정준위인 ^2E준위로 전이하게 된다. 여기서 Cr^{+3}이온이 결정 내에 구속되어 있으므로 인접원자들에 의한 전기적 영향과 전자의 스핀 등으로 ^2E준위는 2개의 에너지준위로 분리된다. 이들 2개의 준위가 레이저발진의 상부준위로 작용한다. ^2E준위는 수명이 약 4msec 정도로서 비교적 길기 때문에 기저준위($^4F_2$)와 레이저상부준위(^2E) 사이에 분포반전을 얻을 수 있게 된다. 분포반전은 기저준위에 대하여 얻어지므로 레이저발진이 일어나기 전에 50% 이상의 원자가 ^2E준위로 여기되어 있어야 한다. 그러므로 레이저발진이 시작되기 전에 비교적 큰 에너지입력이 필요하다. 그리고 2개의 ^2E준위로부터 기저준위로 전이 시에 파장이 다른 2개의 레이저광선이 방출되며, 이들은 상온에서 파장이 각각 694.3nm(R_1선)과 692.7nm(R_2선)이다. 그러나 이 중에서 694.3nm인 R_1선이 루비레이저빔의 파장으로 사용되며, R_1선을 얻기 위해서는 R_2선을 선택적으로 제거시켜야 한다. 이러한 방법으로는 레이저공진기 내에 삽입한 광학부품을 이용하여 요구되지 않는 광선을 선택적으로 반사시키기거나, 또는 간섭필터를 사용하여야 한다.

일반적인 루비레이저의 구조는 그림 III-2와 같이 광축을 따라 루비봉 양측에 거울들을 위치시킨다. 루비봉과 Xe전구는 광선의 반사가 양호한 알루미늄 혹은 금으로 도금된 타원형 금속실린더의 두 초점위치에 있도록 설계한다. 이렇게 하면 한 초점위치에 있는 Xe전구로부터 방출된 광선의 대부분이 실린더벽면에서 반사되어 다른 초점위치에 있는 루비봉에 도달되도록 하여 많은 포톤이 광학적인 여기작용에 기여

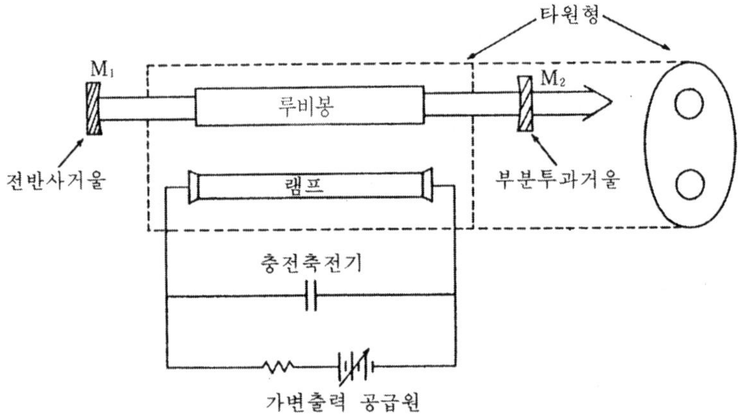

그림 III-2 펄스 발생용 루비레이저

한다. 만일 레이저빔의 대칭성을 증가시키기 위하여, 또는 루비봉의 크기가 크면 여기능력을 증가시키기 위하여 2개 혹은 그 이상의 Xe전구를 사용한다. 이 경우에는 루비봉을 중앙에 위치시키고, 그 주위에 Xe전구를 배치시킨다. 이러한 배치에서는 각 Xe전구에서 방출된 광선이 모두 루비봉에 도달되게 설계해야 하며, 이렇게 하기 위하여 루비봉을 각각의 Xe전구를 타원의 공초점 위치에 오도록 배치시켜야 한다. 따라서 반사금속실린더를 설계, 제작 시에 이러한 루비봉과 Xe전구들의 배치를 고려해야 한다. 그리고 Xe전구로부터 나온 포톤에너지의 상당한 부분이 루비봉을 가열시키는 반면에 루비봉의 열전도도는 매우 적기 때문에 루비봉에 열이 축적된다. 그러므로 루비레이저는 냉각수의 순환 또는 다른 방법으로 루비봉을 냉각시킬 필요가 있다.

루비레이저의 빔출력은 루비봉의 절단형태, 즉 c-축이 레이저빔 축과 평행 혹은 수직에 따라 비편광빔 혹은 선형적으로 편광된 빔을 방출한다. 만일 c-축이 레이저빔 축과 평행이면 비편광된 빔을 방출하고, c-축이 레이저빔 축과 수직이면 선형적으로 편광된 빔을 방출한다. 그리고 루비레이저빔의 정상적인 펄스는 그 지속시간이 수msec 정도이나, 이 펄스는 심한 다중모드동작으로 인하여 그림 II-8과 같이 많은 수의 임의의 스파이크들로 이루어져 있다. 이것은 빠른 레이저발진의 시작과 곧이어 레이저상부준위의 과도한 분포밀도가 기저준위로 전이되는 결과이다. 이러한 경우에 Xe전구가 레이저상부준위의 밀도분포를 다시 충전시키기까지의 짧은 시간 동안 레이저작용이 정지된 후에 다시 레이저작용이 시작되기 때문이다. 이러한 과정은 Xe전구에 의한 펌핑강도가 어떤 임곗값 이하로 떨어지기까지 반복되므로 레이저작용 기간 동안 주기적으로 일련의 많은 스파이크들을 내보내게 되기 때문이다.

일반적인 루비레이저는 실제적인 효율이 매우 낮아서 수천 줄(J)의 전기에너지를 입력해도 레이저빔으로 방출되는 것은 수 줄 정도이다. 그리고 펄스기간은 수msec 정도이므로 레이저빔의 출력강도는 보통 수~수십KW 정도이다. 그러나 레이저빔을 Q-스윗칭시킨 경우에는 펄스기간이 수십nsec로서 수백MW 정도의 첨두출력을 얻을 수 있다. 만일 모드동기화방법을 사용하면 psec의 펄스를 얻을 수 있고, 그 첨두출력은 수GW를 얻을 수 있다. 루비레이저에서는 연속파 빔을 얻을 수 없고, 펄스모드의 동작에서는 루비봉의 가열과 축전기뱅크의 충전문제 등으로 인하여 레이저빔의 반복속도는 매초당 수개의 펄스를 넘을 수 없다. 루비레이저를 처음 공업적으로 이용한 것은 직경이 매우 작은 와이어를 신선하는 다이아몬드다이의 천공에 사용된 것이며, 경도가 큰 각종재료의 천공 등에 사용되었다. 그리고 이것은 가시광선구역의 짧은 Q-스윗칭 펄스가 필요한 펄스 홀로그래피 등에 사용된다.

Ⅲ-1-2 Nd:YAG / Nd:YVO4 / Nd:YLF레이저

○ Nd:YAG레이저

Nd:YAG레이저는 대표적인 **4준위레이저**로서 활성매질은 YAG(yttrium aluminum garnet; $Y_3Al_5O_{12}$)에서 Y원자의 약 0.5-1.5%를 Nd원자로 치환시킨 단결정재료를 사용한다. Nd:YAG레이저의 구조는 루비레이저의 구조와 비슷하며, 단결정 YAG봉은 적당한 기계적인 강도와 비교적 큰 열전도도(0.14 W/cm℃)를 가지고 있으므로 적당한 냉각작용으로 펄스동작은 물론 연속파를 얻을 수 있다. YAG결정격자에 치환되어 있는 Nd^{+3}이온은 여러 개의 에너지준위들을 가지며, 레이저발진에 관련되는 에너지준위는 그림 III-3과 같다. Nd:YAG레이저는 4준위기구이므로 이들의 여기에 대한 임계치는 루비레이저에 비하여 매우 적다. 그리고 Nd:YAG레이저는 적외선구역(1.06 μm)의 파장을 방출시키므로 루비레이저에 비하여 포톤에너지가 약간 적다. 그러나 지속파 또는 반복속도가 큰 펄스빔 등 여러 가지 모드로 동작이 가능하여 공업적으로 가장 많이 사용되는 레이저 중의 하나이다.

Nd:YAG레이저에서 분포반전을 주기 위해서는 텅스텐-할로겐전구 혹은 칼륨-수은전구 등과 같은 광역대의 스펙트럼을 가진 광원을 이용하여 광학적으로 펌핑시킨다. 그러면 Nd^{+3}이온들은 기저준위($^4I_{9/2}$)로부터 레이저상부준위($^4F_{3/2}$) 이상의 어떤 준위대로 여기된다. 이들 준위대로 여기된 이온들은 곧 포톤을 방출시키지 않는 비복사성전이에 의하여 상부준위($^4F_{3/2}$)로 전이한다. 이 준위($^4F_{3/2}$)는 지속

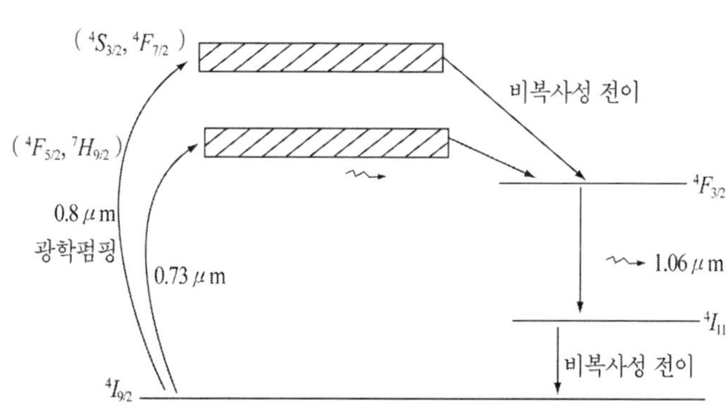

그림 III-3 Nd:YAG레이저의 단순화한 에너지 준위와 레이저 동작

시간이 약 2.5×10^{-4}초 정도인 준안정준위로서 레이저빔방출에서 상부준위역할을 한다. 레이저빔을 방출시키는 전이는 주로 상부준위의 역할을 하는 $^4F_{3/2}$준위와 하부준위의 역할을 하는 $^4I_{11/2}$준위 사이에서 얻어지며, 그 방출되는 레이저빔의 파장은 상온에서 1,064nm이다. 이 외에도 $^4F_{3/2}$준위와 $^4I_{9/2}$준위 사이에서 946nm의 파장을 가진 광선을 방출하고, $^4F_{3/2}$준위와 $^4I_{13/2}$준위 사이에서 1,338nm의 파장을 가진 광선을 방출한다. 그러나 이들은 1,064nm성분에 비하여 그 강도가 매우 적으며, 이들을 얻기 위해서는 선별하는 기구를 사용해야 한다. 따라서 Nd:YAG레이저는 1,064nm파장의 레이저빔을 방출한다고 취급한다. 그리고 레이저전이의 하부준위인 $^4I_{11/2}$준위는 기저준위($^4I_{9/2}$)보다 위에 있으며, 정상적인 레이저동작온도에서 그 분포밀도는 무시될 정도이다. 따라서 이러한 4준위기구에서는 수백W의 전구에 의한 지속적인 여기작용에서도 에너지준위의 밀도분포반전과 레이저발진을 주며, 그 레이저빔의 출력은 수W 정도이다. 그러므로 Nd:YAG레이저는 전체적인 효율이 단일모드인 경우에 약 0.2% 정도이나, 다중모드인 경우에는 약 2% 정도를 얻을 수 있다.

Nd:YAG레이저의 출력은 지속파로 동작 시 수백W 이상이 가능하고, 여러 개의 YAG봉을 연결 시에는 수KW 정도의 출력을 얻을 수 있다. Nd:YAG레이저를 펄스로 동작시키는 경우에는 여기 시키는 전구의 용량에 따라 다르다. 단일전구방전 시 에너지출력은 조건에 따라 펄스당 에너지가 0.01-100J인 펄스를 300Hz 정도로 얻을 수 있다. 단일 펄스 동안의 평균출력은 매우 크게 할 수 있다. 예를 들면 약 0.5msec 동안에 10J의 펄스가 방출된다면 평균출력이 약 2×10^4W가 되는 것이다. 그러므로 고출력을 필요로 하는 경우에는 반복속도가 큰 펄스동작으로 사용한다. 그리고 지속파를 방출시키는 레이저에 초음파광학 조정기를 사용하면 반복된 Q-스윗칭 동작이 가능하다. 그 펄스기간은 수십nsec 정도로 수KW의 첨두출력을 주며, 그 반복속도는 매초당 수천 회 이상도 가능하다.

Nd:YAG레이저의 광학적 펌핑 시 포톤흡수대는 대체로 5,250∼8,700Å 범위이므로 할로겐전구 대신에 다이오드레이저에 의한 펌핑방법을 이용하면 전구에 비해 비교적 낮은 YAG봉 온도에서 지속파를 발생시킬 수 있다. 즉 전구를 사용하는 경우에는 펌핑작용에 이용되는 파장구역 이외의 파장에 의한 포톤에너지들의 상당한 부분이 YAG봉에 흡수되어 열로 바뀌므로 YAG봉의 가열에 의한 열변형을 유발시킨다. 반면에 Nd^{+3}이온의 흡수대에 조율된 다이오드레이저를 사용하여 펌핑을 하는 경우에는 대부분의 포톤에너지가 분포반전에 이용되므로 YAG봉을 가열시키지 않기 때문에 열변형이 적어 방출되는 레이저빔의 품질이 양호하게 된다. 따라서 이러한 **다이오드펌핑**방법을 이용하면 더욱 큰 레이저효율을 얻을 수 있다. 그리고 레이저의 크기를 소형화시킬 수 있고, 레이저의 수명을 연장시킬 수 있다.

Nd:YAG레이저의 공진기 내에 **2차 조화파**를 발생시키기 위하여 BBO(barium borate) 또는 LBO (lithium borate) 같은 비선형재료를 삽입시키면 방출되는 빔의 주파수가 2배가 된다. 즉 레이저빔의 파장이 1/2로 줄어 가시광선 구역인 532nm의 빔을 방출한다. 그리고 레이저 공진기 내에 KD*P (potassium dideuterium phosphate) 같은 **3차 조화파**를 발생시키는 비선형재료를 삽입시키는 경우에는 방출되는 빔의 주파수가 3배가 되어 자외선구역에 해당하는 355nm의 빔을 방출시킨다. 그리고 4차

조화파를 발생시키는 경우에는 266nm의 빔을 얻을 수 있다. 그러므로 Nd:YAG레이저는 파장이 적외선, 가시광선, 자외선구역의 레이저빔을 방출시킬 수 있다. Nd:YAG레이저에서 조화파를 얻는 데 있어서 파장이 짧아짐에 따라 출력이 저하되고, 반복속도(pps; pulse per sec)가 클수록 펄스에너지가 저하된다. 예를 들면, Nd:YAG레이저에서 펄스당 에너지는 1,064nm에서 1J이라고 하면, 532nm에서는 1/2J이고, 355nm에서는 1/4J이고, 266nm에서는 1/10J 정도이다.

대부분의 Nd:YAG레이저는 레이저봉의 모양이 원기둥형태이지만, 이것과 다르게 레이저봉의 단면이 사각형인 슬래브(slab)를 사용하는 Nd:YAG슬래브레이저가 있다. Nd:YAG레이저의 활성매질이 원기둥형인 경우에는 온도분포가 불균일하여 큰 첨두출력과 양호한 빔품질을 얻는 데 한계가 있다. 이것은 낮은 열전도도를 가진 레이저봉을 광학적으로 펌핑 시 또는 광선이 레이저봉을 왕복주행 시 불균일하게 가열되기 때문이다. 이러한 경우에 레이저봉 내에서 온도차는 굴절률차이를 주게 되며, 이것은 빔을 편기시킨다. 이러한 빔의 왜곡현상을 방지하기 위하여 레이저봉을 원기둥형태 대신에 그림 III-4와 같이 **슬래브형태**로 만들면 온도분포가 균일해지고 빔의 품질이 향상된다. 그림에서 보는 것과 같이 슬래브레이저에서 광선은 브루스터각도(θ_B)로 인입되도록 하며, 광선은 지그재그행로를 따라가면서 상하면에서 전반사하게 되어 편광된 빔을 얻을 수 있다. 이러한 경우에 슬래브 내에 형성되는 온도구배는 원기둥형에 비해서 적기 때문에 빔의 왜곡을 적게 하므로 더욱 큰 출력과 양호한 빔품질을 얻을 수 있다. 그리고 레이저빔의 조사면적이 원형이 아니고 사각형이므로 출력밀도분포, 즉 온도분포가 균일하다.

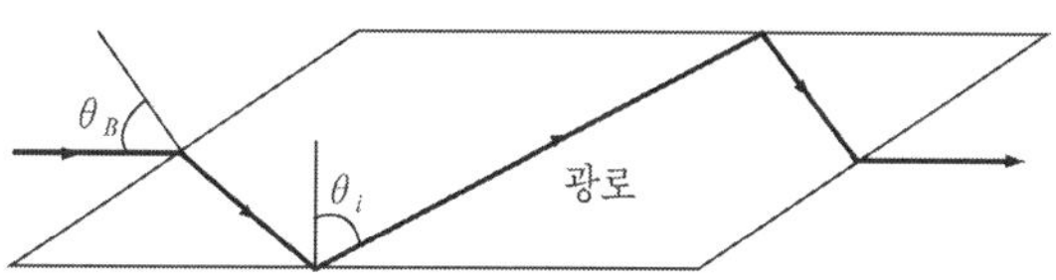

그림 III-4 슬래브레이저 구조에서 광선의 행로. 슬래브면에서 광선의 전반사로 광선은 슬래브 내로 제한됨

○ Nd:YVO$_4$레이저, Nd:YLF레이저, Yb:YAG레이저

Nd:YVO$_4$레이저는 Nd:YAG레이저와 매우 유사한 고체레이저이며, 활성매질로 Nd^{+3}이온을 도핑시키는 결정재료가 YVO$_4$(yttrium orthovanadate)이다. 이 레이저에서 방출되는 광선은 파장이 1,064 nm이며, 2차, 3차, 4차 조화파를 생성시키면 532nm, 355nm, 266nm를 얻을 수 있다.

Nd:YLF레이저는 Nd:YAG레이저와 매우 유사한 고체레이저로서 활성매질로 Nd^{+3}이온을 도핑시키는 결정재료가 YLF(LiYF$_4$; yttrium lithium fluoride)이다. 이 레이저에서 방출되는 광선은 파장이 1,053nm이며, 2차, 3차, 4차 조화파를 생성시키면 527nm, 351nm, 263nm를 얻을 수 있다. 그리고 Nd:YLF레이저는 fsec의 극초단펄스를 방출하는 Ti:sapphire레이저의 광학적인 펌핑에 사용한다.

Yb:YAG레이저는 Nd:YAG레이저와 유사한 고체레이저로서 활성매질인 YAG결정에 도핑원소로 Nd 대신에 Yb가 사용된다. 이 레이저에서 방출되는 광선은 파장이 1,030nm이며, 2차, 3차, 4차 조화파를 생성시키면 515nm, 343nm, 257nm를 얻을 수 있다. 그러나 Yb:YAG의 특성은 파이버레이저의 활성매질인 파이버에 적당하기 때문에 이 물질은 대부분의 파이버레이저 제조에 주로 사용된다.

위에 기술된 고체레이저들은 활성매질로 결정재료에 도핑원소로 주로 희토류금속인 Nd를 사용하였기 때문에 파장이 1,064nm이다. 그리고 도핑원소로 Yb를 사용하는 경우에는 파장이 1,030nm이다. 그러나 도핑원소로 이들 이외에 Ho 혹은 Er 같이 다른 희토류금속을 사용하면 다른 파장의 레이저빔을 얻을 수 있다. 예를 들어 의료용으로 많이 사용되는 Ho:YAG레이저는 2.1μm의 파장을 가진 빔을 방출하고, Er:YAG레이저는 2.94μm의 파장을 가진 빔을 방출한다.

Nd:YAG레이저, Nd:YVO_4레이저, Nd:YLF레이저는 거의 비슷한 파장의 레이저빔을 방출하는 레이저로서 재료가공에 많이 사용된다. 그러나 이들 레이저들이 방출하는 펄스빔의 파장, 즉 1,064nm(혹은 1,053nm)와 532nm(혹은 523nm)에 따라 약간의 차이는 있으나 그 반복속도는 Nd:YLF레이저에서 1~5kHz, Nd:YAG레이저에서 수~10kHz, Nd:YVO_4레이저에서 20~수백kHz 정도이다. 일반적으로 레이저빔의 반복속도가 적을수록 펄스에너지가 크며, 재료가공의 목적에 유리하도록 적당한 레이저를 선택하여 사용한다.

위에 기술한 레이저를 사용한 정밀가공에서 고출력의 짧은 펄스빔을 사용하면 열 영향 구역, 용융 후 재응고량, 절단폭, 가공물의 미소균열 등을 최소화할 수 있다. 그리고 레이저빔의 TEM_{00}모드($M^2 < 1.3$)는 적은 스폿크기와 긴 초점깊이를 주기 때문에 재료의 표면평활도, 표면두께, 표면변형에도 불구하고 깨끗한 선폭으로 일관성 있고 신뢰할 수 있는 가공결과를 준다. 따라서 고출력의 짧은 펄스인 TEM_{00}빔 특성으로 $M^2 < 1.3$인 레이저빔이 재료의 미소정밀가공에 바람직하다.

특히 위의 고체레이저들의 2차, 3차 조화파를 Q-스윗칭 또는 모드동기화로 nsec 또는 fse/psec의 극초단펄스빔을 얻는 경우에 각종 미소정밀가공에 사용한다. 이들 가공은 각종 금속, 세라믹, 유리, 고분자들이 포함된다. 예를 들면 전기전자공업에서 전자패캐징의 외곽절단/분할, PCB재료의 절단/비아홀/구조화, Si웨이퍼와 태양전지의 다이싱/절단/마킹, 세라믹의 절단/스크라이빙, 금속과 세라믹의 절단/마킹, 유리와 평판디스프레이의 절단/천공, 다이아몬드의 절단/천공, LED기판의 절단/천공, 박막과 ITO의 패터닝, 레지스터트리밍 등이 있다. 그리고 긴 펄스 혹은 지속파빔은 태양전지의 도핑/가공, 반도체웨이퍼 검사, 폴리이미드의 절단/천공, 하드디스크의 표면구조화, 박막과 LED의 절단/가공, 유리와 세라믹의 절단/가공 등에 사용된다. 이러한 정밀가공에 대해서는 V장에서 다시 자세히 검토할 것이다.

Ⅲ-1-3 Nd:Glass레이저

Nd:Glass레이저는 활성매질로 단결정인 YAG에 Nd^{+3}을 첨가시키는 대신에 비정질유리봉에 Nd^{+3}을 첨가시킨 것이다. 유리에서 Nd^{+3}가 방출하는 광선이므로 레이저빔의 파장은 Nd:YAG레이저와 같이 1.06μm이다. 유리봉은 YAG봉에 비하여 몇 가지 특성을 가지고 있다. 즉 유리봉은 등방성재료로서 적은 비용으로 쉽게 큰 크기로 만들 수 있는 장점이 있고, 또한 약 6% 정도까지 균질하게 Nd^{+3}을 첨가시킬 수 있다. 따라서 Nd:Glass레이저는 Nd첨가량이 많고, 또한 광학적인 여기작용 시 흡수대가 더욱 넓어 Nd:YAG레이저에 비하여 출력효율이 더욱 커서 전반적인 효율은 약 5% 정도를 얻을 수 있다. 그러나 유리봉의 단점은 열전도도(0.01W/cm℃)가 적어 유리봉의 직경을 매우 크게 할 수 없고, 또한 연속파 발진이 안 되고 매초당 펄스수가 수Hz 이하로 제한된다는 것이다. 그러므로 평균시간당 출력은 Nd:YAG레이저에 비해서 적으나, 한 펄스에서 많은 에너지를 가진 고출력펄스의 레이저빔을 얻을 수 있다. 예를 들면 길이가 1m이고 직경이 수cm인 유리봉의 경우에 3msec의 펄스길이로 5,000J의 펄스에너지를 얻을 수 있다.

유리는 단결정이 아니고 비정질이지만 재료에서 국부적인 전기장이 Nd^{+3}이온의 에너지준위를 분리시켜 Nd:YAG레이저와 비슷한 에너지준위를 준다. 그러나 결정에서 치환된 이온과 달리 비정질재료에서 각 이온의 전기장은 약간씩 차이가 있을 수 있기 때문에 분리된 에너지준위들은 명확하지 못하므로 Nd:YAG레이저에 비해서 Nd:Glass레이저는 그 방출선의 선폭이 넓다. 따라서 Nd:Glass레이저는 유리의 조성에 따라 방출되는 파장에 약간의 차이가 있다. 예를 들면 Nd^{+3}도핑된 규산염(silicate)유리를 사용하면 파장이 1,062nm이고, 인산염(phosphate)유리는 1,054nm를 방출한다.

Nd:Glass레이저는 루비레이저와 같이 일반적인 펄스모드로 동작시키거나, Q-스윗칭 또는 모드동기화의 동작도 가능하다. 그리고 유리는 결정질과 달리 내부응력과 변형을 거의 제거시킬 수 있기 때문에 고출력밀도로부터 야기되는 손상을 상당히 억제시킬 수 있다. 따라서 매우 고출력의 Nd:Glass레이저빔을 이용하는 연구인 레이저융합장치에서는 인산염유리의 3차 조화파인 351nm를 사용한다.

위에 기술된 Nd:Glass레이저는 활성매질인 유리에 도핑원소로 희토류금속인 Nd를 사용하였으나, 다른 희토류금속(Yb, Er 등)을 도핑시킬 수도 있다. 이러한 경우에 방출되는 광선의 파장이 고체결정재료에서 방출되는 것과 약간 차이가 있다. 예를 들면 Yb:Glass레이저는 1.06μm의 파장을 가진 빔을 방출하고, Er:YAG레이저는 1.53~1.56μm의 파장을 가진 빔을 방출한다.

그리고 유리재료의 제조 시 유리봉의 길이를 매우 길게 할 수 있고, 또한 여러 가지 크래딩재료를 사용하여 코어의 직경이 매우 작은 파이버를 얻을 수 있는 등 여러 가지 융통성이 있다. 이러한 파이버를 이용하여 파이버레이저를 제조할 수 있다. 파이버레이저에 관해서는 III-5절에서 기술하겠다.

Ⅲ-1-4 Ti:sapphire레이저

Ti:sapphire레이저는 fsec의 극초단펄스빔을 방출하는 고체레이저로서 미소정밀재료가공에서 많이 사용된다. 이 레이저의 활성매질은 Al_2O_3(sapphire)에 Ti을 첨가시킨 결정재료로서 강하면서 열전도도가 YAG의 약 5배 정도로 크기 때문에 수십W의 출력으로 동작시킬 수 있다. 이 레이저의 여기작용은 ~0.5μm 근방의 Ar^+레이저 혹은 Nd:YAG레이저의 2차 조화파(532nm)로 수행한다. 그중에서 바람직한 여기방법은 다이오드로 펌핑시킨 Nd:YAG레이저의 2차 조화파를 이용하는 것이며, 이러한 경우에 10W

이상의 평균출력을 얻을 수 있다. Ti:sapphire레이저의 파장은 0.66～1.2μm의 넓은 밴드폭을 가지고 있으나 보통 800nm에서 작동하며, 그 펄스길이는 50fsec 이하의 매우 짧은 펄스를 방출할 수 있다. 또한 이 레이저는 여러 차례 증폭과정을 거칠 수 있어 매우 짧은 펄스임에도 더욱 높은 출력을 얻을 수 있다. 현재 많이 상용되는 Ti:sapphire레이저의 일반적인 제원은 빔모드가 TEM_{00}에 근접하는 모드로서 파장이 780～860nm, 펄스에너지가 1mJ, 펄스시간이 80～100fsec, 펄스반복속도가 수천Hz 또는 수십MHz, 평균출력이 0.2～1W이며, 빔의 발산각도는 1.5mrad 정도이다.

Ti:sapphire레이저는 펄스길이가 매우 짧아 재료가공 시 열전도에 의한 영향과 열충격을 방지할 수 있고, 또한 냉각상태에서 가공하는 냉간가공(cold process)인 새로운 가공기구를 시현할 수 있다. 따라서 각종 생체재료, 유전체, 다이아몬드, 세라믹, 금속 등의 미세한 정밀절단과 정밀천공 등 여러 가지 초정밀 재료가공에 이용된다.

일반적인 레이저가공(펄스기간이 ～nsec 수준)에 비하여 레이저빔에너지를 재료의 전자에 전달하는 시간이 매우 짧아, 열확산 혹은 전자-음자 결합에 의해서 에너지를 재료에 전달하는 시간보다 먼저 가공이 이루어지는 장점이 있다. 따라서 이 과정은 레이저빔펄스에 곧 이어서 표면에 임계밀도의 플라즈마를 형성하고 이것은 표면으로부터 팽창되어 나간다. 이러한 경우에 재료에 열 혹은 충격을 거의 주지 않고 매우 큰 어블레이션을 얻을 수 있다. 이러한 결과로 초고속의 가공속도를 얻을 수 있고, 또한 이러한 초정밀가공에서는 μm단위 이하의 정밀성과 열영향 구역을 발생시키지 않아 매우 양호한 품질을 보장한다. 극초단펄스빔의 특성과 초정밀레이저가공에 대해서는 IV-5절에서 자세히 살펴볼 것이다.

III-2 기체레이저

기체레이저는 활성매질이 기체로서 고체에 비하여 밀도가 대단히 적으므로 기체에서 분포반전되는 양은 매우 적다. 따라서 고출력기체레이저의 몸체는 상대적으로 부피가 크지만 기체는 고체에 비하여 더욱 균질성을 지니며, 가스의 보충과 냉각작용을 위한 순환작용이 용이하다. 그리고 기체에서 원자들은 매우 좁은 흡수선폭을 나타내므로 대부분의 경우에 광학적인 여기작용이 부적절하다. 따라서 가스방전관 내에서 전기적인 방법을 이용하여 전자의 충돌로 원자를 여기시킨다. 즉 가스방전관에 고전압을 가하면 전기장에 의하여 자유전자가 양극으로 가속된다. 그러면 가속된 자유전자들은 이동하는 도중에 활성매질인 중성원자, 이온 혹은 분자들과 충돌하여 그 에너지를 이들에게 전달하면 중성원자, 이온 혹은 분자들이 높은 준위로 여기되는 것이다.

기체레이저는 레이저활성매질인 기체의 특성에 따라 원자기체레이저, 이온기체레이저, 분자기체레이저로 분류된다. 원자기체레이저 중에서 대표적인 것은 He-Ne레이저이고, 이온기체레이저 중에서 대표적인 것은 Ar^+레이저이며, 분자기체레이저의 대표적인 것은 CO_2레이저이다. 이제 이들 기체레이저들에 대하여 간단히 검토하여 보겠다.

Ⅲ-2-1 원자기체레이저(He-Ne레이저)

He-Ne레이저는 4준위레이저로서 출력은 mW단위로 재료가공에 이용될 정도는 못된다. 그러나 이 레이저는 가시광선구역의 지속파 빔을 방출시키므로 조준용 등 일반적인 용도에 가장 광범위하게 이용되는 레이저이다. 이 레이저는 활성매질이 Ne원자이지만 He과 Ne의 비율이 약 10 : 1 정도로 He기체를 포함하고 있으며, 전체기압은 약 10토르(torr) 정도가 되도록 한다. 이러한 혼합기체를 가지고 있는 직경이 작은 가스관에서 전극들 사이에 고전압을 가하는 전기적인 방법으로 여기시켜 밀도분포반전을 수행한다. He-Ne레이저에서 레이저전이에 직접적으로 관여하는 것은 Ne원자들의 에너지준위들이다. 그러나 직접적인 전자에 의한 이들의 여기가 비효율적이므로 Ne원자들에 대한 충분한 여기작용을 도와주기 위하여 He원자가 중계매체로 참여하는 것이다.

He-Ne레이저의 에너지준위는 그림 III-5와 같으며, He원자들은 전자와 충돌에 의하여 몇 가지의 준안정에너지준위로 쉽게 여기된다. 이들 여기된 He원자와 Ne원자들이 충돌하면 준안정He원자로부터 Ne원자로 충분한 에너지를 전달하게 된다. 즉 여기된 He의 에너지준위는 Ne원자의 복잡한 여기준위들 중에서 몇 개의 에너지준위와 거의 비슷하거나 약간 높다. 이러한 경우에 여기된 He의 에너지는 Ne를 레이저상부준위로 여기시키고 He은 기저준위 상태로 돌아간다. 이러한 원자들의 **비탄성충돌과정**이 높은 효율로 일어나기 위해서는 여기된 He준위의 분포밀도가 커야 하고, He과 Ne의 여기된 준위들 사이의 에너지가 거의 같아야 한다. 이들 두 조건은 He와 Ne의 혼합기체에서는 잘 만족된다. 또한 Ne원자의 여기된 준위에서는 적당한 이완시간을 가지고 있으므로 이러한 펌핑기구는 He원자를 중계매체로 하여 Ne원자에서 분포반전을 가능하게 한다.

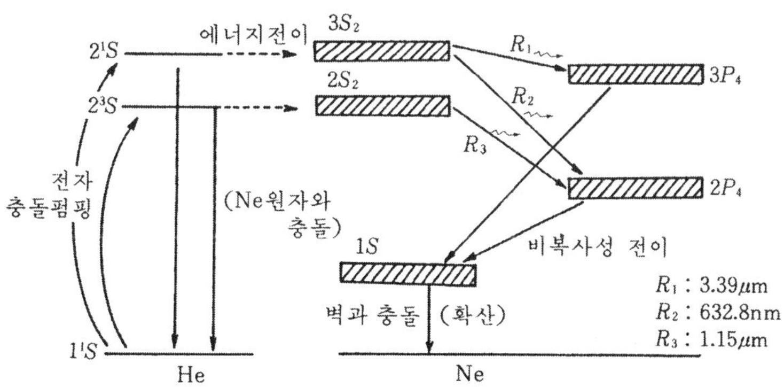

그림 III-5 He-Ne레이저의 에너지 준위와 레이저동작

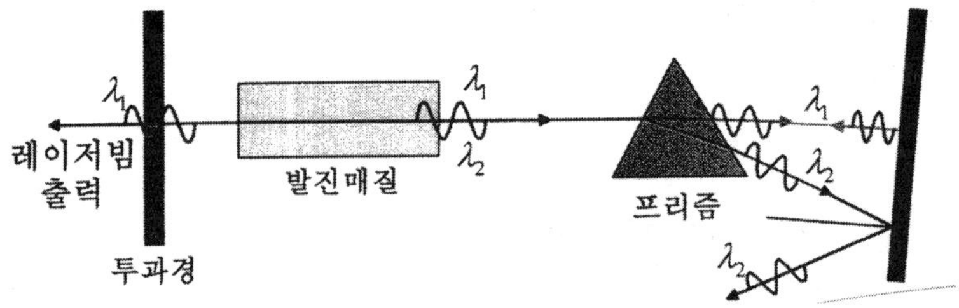

그림 III-6 레이저에서 프리즘을 이용하여 단일 파장의 광선을 얻는 방법. 불필요한 파장은 반사로 제거시킨다.

He원자는 전자와 직접적인 충돌에 의하여 준안정의 2^1S와 2^3S준위로 여기된다. 이들 He원자들은 Ne원자와 충돌하여 Ne원자를 3S와 2S준위대로 여기시킨다. 이들 준위대는 그보다 낮은 준위인 3P와 2P준위대보다 긴 수명을 가진다. 따라서 3S와 2S준위는 준안정He원자에 의하여 여기되고, 3P와 2P준위는 준안정 He원자에 의하여 S와 P준위대 사이에 분포밀도반전이 일어나고, 유도방출에 의한 광선의 증폭작용이 일어난다.

He-Ne레이저에서는 여러 가지 방출선이 동시에 방출되며, 그중에서 가장 중요한 것은 $3S_2 \rightarrow 2P_4$인 632.8nm, $2S_2 \rightarrow 3P_4$인 1,150nm와 $3S_2 \rightarrow 3P_4$인 3,390nm파장을 가진 3개이다. 그러나 이들 중에서 파장이 632.8nm인 붉은색 광선을 이용하므로 He-Ne레이저는 632.8nm파장을 가진 빔을 방출시키도록 해야 한다. 그러므로 큰 이득을 가지는 1,150nm와 3,390nm의 전자파전이를 억제시키고, 632.8nm의 광선만을 얻기 위하여 몇 가지 방법이 이용되고 있다. 한 가지 방법은 그림 III-6과 같이 레이저공진기 내에 특별한 프리즘을 삽입시켜 요망되는 파장은 공진기공동에서 왕복진행하여 발진시키고, 다른 파장은 제거시킨다. 다른 한 가지 방법은 레이저에 부착된 유전체로 된 거울을 코팅시켜 632.8nm파장은 반사시키고, 다른 파장의 광선은 투과시키도록 하여 632.8nm파장의 전이에서 이득을 크게 한다. 또 다른 방법은 레이저의 가스관을 따라 작은 자석을 설치함으로써 자기장이 적외선레이저광선을 편기시켜 분리시키고, 이 분리작용이 적외선의 이득을 감소시켜 632.8nm의 파장을 가진 광선만을 유리하게 하도록 한다.

그리고 Ne원자에서 레이저발진의 하부준위인 2P준위에서 1S준위로 전이는 매우 빨리 일어나지만 1S준위로부터 기저준위로 전이는 빠르지 못하다. 그러나 이 전이속도는 Ne원자와 공진기벽면과의 충돌에 의하여 증가되기 때문에 실제로 레이저에서 이득은 가스관직경에 반비례한다. 따라서 가스관직경은 가능하면 작게 하는 것이 큰 효율을 얻는다. 그러므로 일반적인 He-Ne레이저는 그 가스관의 길이가 약 0.1∼1m이고, 직경은 수mm이며, 그 출력은 0.5∼60mW 정도의 지속파를 방출시킨다.

Ⅲ-2-2 이온기체레이저(Ar^+레이저)

Ar^+ 레이저는 4준위레이저로서 가장 강력한 가시광선의 지속파를 방출시키는 이온기체레이저이다. 이

레이저는 Ar^+ 이온을 레이저활성매질로 사용하며, 상부준위는 여기된 상태의 Ar^+ 준위이고 기저준위가 Ar^+ 상태의 준위이다. 그러므로 이 레이저는 Ar원자를 두 단계의 아크방전과정을 거쳐 전기적으로 여기시킨다. 즉 첫 단계에서는 Ar원자를 기저준위인 Ar^+ 으로 이온화시키기 위하여 15.75eV가 필요하고, 두 번째 단계에서는 이들 Ar^+ 에서 상부준위의 역할을 하는 여기된 상태의 Ar^+ 준위로 다시 전이시키기 위하여 19.68eV 이상이 더욱 필요하다. 이러한 경우에 이들 이온의 에너지준위들 사이에 분포밀도반전을 줄 수 있어서 펄스형태 혹은 지속파의 레이저빔을 방출시킬 수 있다. 그러나 이 경우에 Ar원자를 여기된 Ar^+ 준위로 전이시키기 위하여 상대적으로 큰 에너지가 필요하다. 그리고 두 단계의 과정을 거쳐야 하기 때문에 Ar^+ 레이저의 전반적인 출력효율은 매우 적으며, 실제로 0.01%를 넘지 못한다.

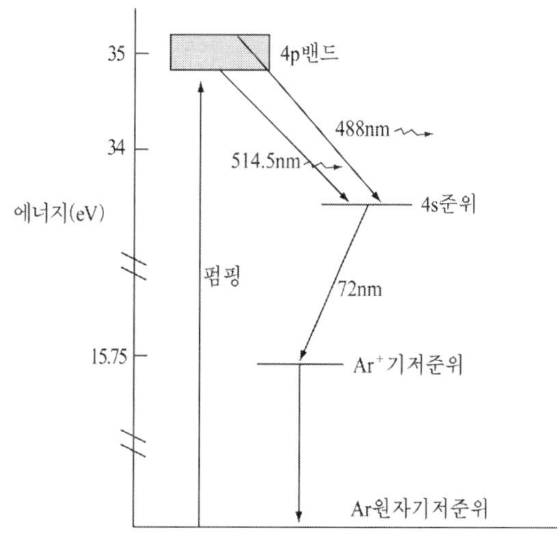

그림 III-7 Ar^+ 레이저의 에너지 준위(중요한 2개의 전이기구를 나타냄)

그림 III-7은 Ar^+ 레이저의 에너지준위를 나타내고 있다. 여기에서 보는 것과 같이 Ar원자를 레이저의 기저준위인 Ar^+ 로 이온화시킨 후 이것을 다시 레이저발진의 상부준위인 ^4P 준위로 여기시킨다. 그러면 상부준위인 ^4P 준위와 하부준위인 ^4S 준위 사이에 레이저발진이 일어나 파장이 454nm와 529nm 사이의 광선들을 방출시키며, 그중에서 가장 강력한 빔은 푸른색의 488nm와 초록색의 514.5nm파장을 가진 빔이다. 만일 레이저공진기공동 내에 프리즘과 같은 분산기구를 삽입시키지 않으면 여러 가지 파장의 광선을 동시에 발진시켜 출력은 크다. 분산기구를 삽입시키면 단일한 파장의 동작이 가능하나 이 경우에 출력은 훨씬 떨어지게 된다. 이 레이저의 출력은 지속파의 경우에 일반적으로 0.01∼20W 정도이며, 큰 여기에너지로 인하여 매우 강력한 방전이 필요하여 약 $1,000A/cm^2$ 정도의 전류밀도가 요구된다. 이러한 전류밀도로 인하여 레이저공진기의 직경은 수mm로 제한되며, 공진기튜브는 흑연 혹은 BeO 같은 특수한 세라믹재료로 제조하고 수냉방식으로 냉각시킨다. 그리고 레이저작동 시 공진기 내에서 Ar^+ 이온은 음극으로 이동하여 축적되므로 국부적인 압력차이가 발생할 수 있다. 따라서 레이저공진기 내에서 축적된 가스가 순환되어 전체적으로 압력이 일정하도록 순환통로를 만들어주는 것이 필요하다. 또한 이 레이저의 작동 시에는 공진기튜브에 감은 코일에 전류를 흘려 축 방향으로 자기장을 가하여 준다. 이렇게 하면 공진기튜브 내에서 전자들이 이동할 때 튜브 벽과 충돌하여 에너지를 잃는 것을 방지하고, 또한 전자들이 튜브 축을 따라 이동할 때 나선궤도를 따르게 되므로 이동경로가 길어져 Ar^+이온들과 충돌확률을 증가시켜 효율을 증가시킨다. Ar^+레이저는 안과수술과 같은 의료시술과 정밀한 재료가공에 사용되며, 또한 라만(Raman)분광기와 같은 분광분석과 홀로그래피 등에 사용된다.

Ar^+레이저와 비슷한 불활성기체이온레이저로서 Kr^+레이저가 있다. 이 레이저에서 방출되는 빔은 붉은색의 647.1nm파장이 가장 크며, 그 이외에 노란색의 568.2nm, 초록색의 520.8nm, 푸른색의 472.6 nm파장 등이 동시에 방출된다.

Ⅲ-2-3 분자기체레이저(CO_2레이저)

CO_2레이저는 활성매질로 CO_2분자를 사용하며, 수KW의 지속파 혹은 고출력펄스빔을 방출시킬 수 있다. 이 레이저는 약 15% 이상의 높은 효율을 주기 때문에 Nd:YAG레이저와 함께 재료가공에서 많이 사용되고 있는 중요한 레이저이다. CO_2레이저는 분자기체레이저이므로 원자기체레이저와 이온기체레이저와는 차이가 있다. 즉 레이저빔이 전자의 에너지준위들 사이의 전이에 의하지 않고, CO_2분자들의 진동준위들 또는 **회전준위**들 사이의 전이에 의하므로 파장이 긴 적외선이 방출된다.

분자의 에너지준위구조는 분자를 구성하는 원자들의 전자운동, 원자들의 진동운동 및 회전운동 3가지 운동요인 때문에 원자 및 이온들에 비하여 복잡하다. 분자에서 전자들은 단일원자에서와 같이 높은 에너지준위로 여기될 수 있고, 이들 분리된 전자준위들 사이의 전이는 보통 가시광선 혹은 자외선 구역에 해당하는 광선을 방출한다. 그러나 전자들의 에너지상태와는 독립적으로 분자결합력에 의하여 유지되는 분자를 구성하는 원자핵들은 그 평형위치 주위에서 진동하며, 양자화되어 있는 진동에너지준위를 가지고 있다. 같은 전자구조의 에너지상태에서 이러한 진동에너지준위들 사이의 에너지차이는 전자들의 준위에 의한 차이보다 적기 때문에 보통 적외선구역의 파장을 준다. 따라서 에너지준위들 사이에 멀리씩 떨어져 있는 각각의 전자준위들은 많은 수의 **하부진동준위**들을 가지고 있고 서로 분리될 수 있다.

한 개의 탄소원자와 두 개의 산소원자로 구성된 CO_2분자는 가장 낮은 전자에너지준위에서 그림 III-8 같이 **대칭진동모드**($\nu_1 = 4.2 \times 10^{13}$Hz), **굽힘진동모드**($v_2 = 2.0 \times 10^{13}$Hz) 및 **비대칭진동모드**($\nu_3 = 7.0 \times 10^{13}$Hz)의 세 가지 다른 형태의 분자진동모드로 운동한다. 이들 세 가지 **진동모드**는 양자화되어 있으므로 어떤 특정한 모드로 진동하는 분자의 에너지는 일정한 값의 정수배이다. 그리고 이들 분자진동준위들 사이에는 에너지차이가 일정하며, 그 값은 $\varDelta E = \pm h\nu$이다. 어떤 순간에 CO_2분자는 이들 세 가지 기

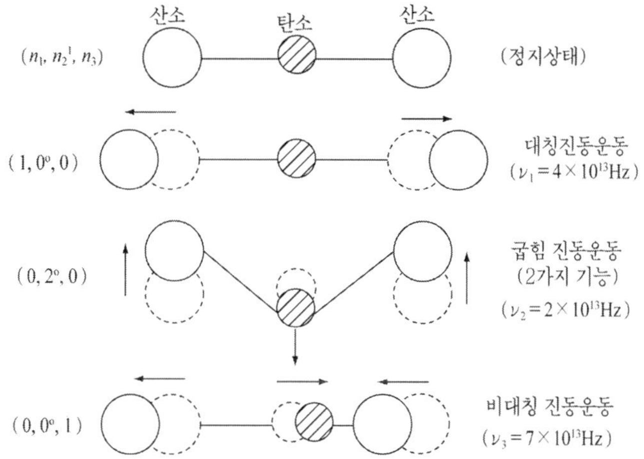

그림 III-8 탄산가스(CO_2)의 여러 가지 진동모드

본모드의 일차적인 조합으로 진동한다. 따라서 분자의 에너지준위는 이들 세 가지 모드 수에 의하여 (n_1, n_2^l, n_3)로 나타낸다. 여기서 괄호 내의 n으로 나타낸 숫자들은 CO_2분자의 각 진동모드에 관련된 양자수를 나타낸다. 즉 n_1은 대칭형진동모드의 양자수, n_2는 굽힘진동모드의 양자수, n_3는 비대칭진동모드의 양자수이다. 그리고 굽힘진동모드의 경우에는 분자의 축에 대하여 서로 수직한 두 개의 방향으로 진동이 가능하므로 그 에너지가 축퇴되어 있어 n_2는 위첨자 l로서 표시하고, 이 값은 0 또는 1로 표시한다. 예를 들어 레이저상부준위인 (0, 0°, 1)준위에 있는 CO_2분자는 대칭진동모드와 굽힘진동모드에 관련된 에너지의 양자는 없으며, 비대칭진동모드와 관련된 에너지가 1개의 양자를 가진다. 따라서 이것은 CO_2분자가 비대칭으로 진동하는 상태에 있음을 의미한다.

또한 분자들은 진동상태에서 그 질량의 중심에 대하여 회전운동이 가능하다. 이러한 회전운동은 양자화되어 있으며, 각각 분리된 회전에너지준위를 가진다. 이 회전운동모드의 양자에너지는 진동운동모드의 양자에너지에 비하여 매우 적으며, 따라서 진동에너지준위는 많은 수의 조밀하게 밀집된 회전에너지준위들로 분리되고, 각 회전양자수를 J로 나타낸다. 즉 회전준위의 에너지차이는 진동준위의 양자화된 에너지차이보다 훨씬 적으므로 전자-진동 에너지준위가 많은 수의 하부에너지준위들로 분리되고, 각 진동-회전 에너지준위들은 한 개의 대역을 형성한다. 따라서 레이저빔이 방출되는 준위들 사이의 전이는 상부준위의 역할을 하는 진동준위대의 한 개의 회전준위에서 하부준위의 진동준위대의 한 개의 회전준위 사이에서 일어난다. 이 경우에 두 회전준위들 사이에는 양자역학의 선택법칙이 적용되어 $\Delta J = \pm 1$을 만족시켜야 한다.

CO_2레이저에서 전자에너지준위가 기저상태에 있을 때 진동에너지준위들 사이의 레이저빔이 방출되는 전이과정은 그림 III-9와 같다. 고전압에 의하여 가스방전이 있게 되면 CO_2분자들은 기저준위로부터 여기되어 전자에너지준위가 큰 상태로 여기된 후, 다시 준안정준위로서 레이저상부준위의 역할을 하는 (0,

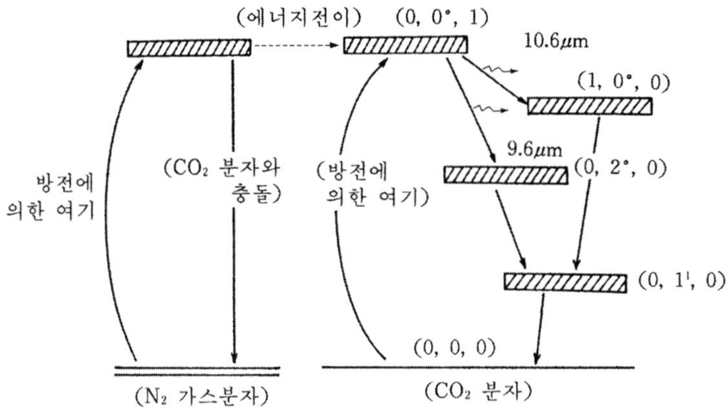

그림 III-9 CO_2레이저의 에너지 준위와 레이저 동작

0°, 1)준위로 떨어지게 된다. 만일 충분한 펌핑작용이 있으면 (0, 0°, 1)준위와 하부준위인 (1, 0°, 0)준위 사이에 밀도분포반전이 일어나서 적외선인 10.6 μm의 레이저빔을 방출시킨다. 또한 (0, 0°, 1)준위와 (0, 2°, 0)준위 사이에도 분포밀도반전이 발생하여 9.6 μm의 레이저빔을 방출시킨다. CO_2레이저는 파장이 9.2∼10.8 μm 사이의 많은 빔을 방출시키나, 10.6 μm파장의 빔이 가장 강력하다.

CO_2레이저에서는 레이저의 전반적인 출력과 효율을 증가시키기 위하여 활성매질인 CO_2분자 이외에 N_2가스와 He가스를 첨가시킨 혼합가스를 사용한다. N_2가스는 그림 III-9에서 보는 것과 같이 방전관에서 전자와 충돌하여 높은 에너지준위로 여기된다. 그 후에 여기된 N_2가스가 CO_2분자와 충돌하여 여기된 N_2분자가 지닌 에너지를 CO_2분자로 전달시키므로 CO_2분자를 여기상태의 준위로 전이시킨다. 이것은 He-Ne레이저와 같이 여기과정이 두 단계로서 N_2분자가 에너지전달매개체의 역할을 한다. 즉 N_2분자의 첫 번째 진동준위가 CO_2분자의 (0, 0, 1)진동준위와 근접한다. 그리고 이 레이저는 그림에서 보듯이 N_2분자를 여기시키는 데 0.3eV 정도가 필요하므로 He-Ne레이저에서 He원자를 여기시키는 데 약 20eV 정도가 요구되는 것에 비하여 매우 적다. 그리고 여기에서는 0.5eV로 방전을 시켜도 20eV로 He을 방전시키는 것보다 더욱 많은 전자들이 발생한다. 또한 여기된 N_2분자는 준안정상태이므로 긴 수명을 유지하기 때문에 자연방출에 의하여 기저상태로 돌아가기 전에 그 에너지 거의 전부를 CO_2분자들에게 전달한다. 그리고 He원자는 가스에서 발생한 열을 공진기벽으로 전달하고, 또한 레이저하부준위인 (1, 0°, 0)에 있는 CO_2분자와 충돌하여 기저준위로 빠른 전이가 일어나도록 함으로써 큰 밀도분포가 유지되도록 하기 때문에 레이저의 효율을 증가시킨다. 혼합가스의 비율과 압력은 레이저의 형태와 출력 등에 따라 차이가 있으나 일반적인 지속파 빔에서는 대체로 CO_2:N_2:He의 비율이 약 1 : 5 : 10 정도이며, 가스압력은 약 20토르 내외 정도이다.

CO_2레이저에서는 고전압방전 등에 의한 열을 제거시켜야 하므로 수냉방법에 의하여 냉각시킨다. 그리고 수W 이상의 지속파출력을 방출하는 CO_2레이저는 활성화 구역에서 항상 신선한 가스상태를 유지하

기 위하여 어떤 방법으로든지 새로운 가스유입기술을 사용해야 한다. 출력이 1KW 이하의 경우에는 단순히 가스를 외부로 방출시키도록 하는 경우가 많고, 전체적인 가스유속은 약 0.1SCMH(standard m^3/hour) 정도이다. 고출력레이저인 경우에는 가스를 열교환기와 촉매를 통하여 재순환하도록 한다. 이 경우에도 일부의 가스는 계속하여 또는 주기적으로 외부로 제거시키고, 새로운 가스를 공급하여 내부의 혼합가스에 CO가스와 같은 분해된 가스 혹은 불순물이 없도록 해야 한다. 특히 CO가스가 생성되면 10.6μm의 파장을 강하게 흡수하며, 이것은 수분 이내에 레이저발진을 동결시킴과 동시에 광학부품과 전극들을 손상시킨다.

그리고 CO_2레이저의 기본원리는 같으나, 빔의 출력과 형태에 따라 그 발진방식 및 동작형식에는 매우 여러 가지로 다양하다. 일반적으로 많이 사용되는 CO_2레이저의 형태는 다음과 같다.

○ 밀봉된 튜브형 CO_2레이저(sealed-tube type CO_2 laser)

이 레이저는 He-Ne레이저와 같이 혼합가스를 공진기튜브에 넣은 후 양측을 밀봉시킨 형태이다. 이러한 구조의 문제점은 방전 시 CO_2분자가 빠르게 CO로 분해하여 레이저발진을 못하게 한다. 따라서 이를 방지하기 위하여 혼합가스에 수소 혹은 수증기를 첨가시켜 CO가스와 반응하여 CO_2가 재생되도록 하며, 수천시간 작동 후에는 혼합가스를 교환해야 한다. 다른 어려운 문제점은 가스의 냉각이며, 이러한 레이저는 일반적으로 그 출력이 100W를 넘지 않는다. 밀봉된 튜브형 CO_2레이저의 한 가지는 웨이브가이드레이저로서 튜브의 내경이 수mm 정도로 작은 유전체재료튜브로 구성되어 있으며, 이 튜브는 레이저광선의 웨이브가이드 역할을 한다. 이 레이저는 작은 튜브직경에 대하여 상대적으로 크고 양호한 출력의 빔을 방출하며, 그 빔은 거의 TEM_{00}모드에 근접한다. 이 레이저의 여기작용은 전극 사이의 전기적인 방전 혹은 유전체를 통과하는 강력한 RF전기장에 의하여 수행된다. 후자의 경우에는 웨이브가이드 내에 금속부품을 사용하지 않는 장점이 있다.

○ 축류형 CO_2레이저(axial flow type CO_2 laser)

이 레이저는 공진기의 축 방향을 따라 가스를 흐르게 하고, 또한 공진기축의 양측에 있는 전극을 통하여 전기적인 방전이 발생하도록 설계되어 있다. 축류형 CO_2레이저는 가스의 유속에 따라 저속축류형과 고속축류형 레이저로 구분한다. 저속축류형 레이저는 가스압력이 낮기 때문에 사용가스를 재생하여 다시 사용하지 않고 그대로 외부로 배출하거나, 또는 열교환기와 촉매를 통과시켜 재순환시켜 사용한다. 이 레이저의 출력은 약 60W/m이고, 출력은 공진기길이의 증가에 비례하므로 고출력의 경우에는 레이저공진기의 길이가 매우 증가된다. 이 레이저는 약 1KW 정도까지 얻을 수 있으며, 양호한 품질의 빔으로 TEM_{00}에 근접한 빔을 얻을 수 있다.

고속축류형 레이저에서는 축 방향의 가스속도가 크며, 사용된 가스는 열교환기와 촉매를 통하여 재생시켜 다시 재순환하여 사용한다. 이 레이저의 출력은 약 600W/m 정도이며, 공진기길이의 증가로 출력을 크게 증가시킬 수 있고 일반적으로 사용되는 출력은 0.5~6KW 정도이다. 그러나 이 레이저에서 출력은 크게 할 수 있으나, 일반적으로 빔은 다중모드로서 품질은 떨어진다.

○ 횡류형 CO_2 레이저(transverse flow type CO_2 laser)

이 레이저는 공진기축에 수직한 방향으로 빠른 유속(약 60m/sec)으로 가스를 공급하며, 사용된 가스를 열교환기와 촉매를 통과시켜 재생하여 다시 재순환시켜 사용한다. 이 경우에 전기적인 방전은 **TEA CO_2 레이저**구조와 같이 가스의 흐름방향에 수직되게 배열된 음극과 양극 사이에 이루어진다. 그리고 음극과 양극 사이의 거리가 짧아, 매우 고전류에도 비교적 저전압으로 방전이 유지된다. 이 레이저는 출력이 약 600W/m이며, 공진기의 반사거울들 사이의 거리가 1.2m인 경우에 빔이 방전구역을 수회 반복하여 왕복진행함으로써 출력이 약 2.5kW인 빔을 방출시킬 수 있다. 이 레이저의 빔은 TEM_{00}모드로부터 큰 차수의 다중모드까지 다양하게 얻을 수 있다. 일반적으로 사용되는 출력은 1~9KW이고 수십kW의 출력을 얻을 수 있다. 그림 III-10은 횡류형 CO_2 레이저의 구조를 보여주고 있다.

○ 횡적 여기 CO_2 레이저(TEA CO_2 laser)

위에서 기술된 축류형 CO_2 레이저와 횡류형 CO_2 레이저에서는 출력을 높이기 위하여 공진기의 길이를 증가시키거나 가스의 유속을 증가시키는 방법을 이용한다. 그러나 횡적인 여기방법을 취하는 TEA CO_2 레이저에서는 횡류형 방전방법을 이용하면서, 고출력을 얻기 위하여 가스압력을 대기압 혹은 그 이상으로 증가시키는 방법을 이용한다. 여기서 TEA는 Transversely Excited Atmospheric-pressure의 약자이다. 이 레이저는 대기압의 CO_2 기체를 사용하여 광축과 수직인 방향으로 방전하여 펌핑시켜서 고출력의 펄스빔을 얻으며, 레이저의 효율이 높다.

이 레이저의 문제점은 가스압력이 높아 전기적인 여기를 위한 방전에 매우 고전압이 필요한 것이다. 예를 들면 대기압의 경우에 방전을 위한 전압은 약 1.2KV/mm가 필요하다. 따라서 이러한 기압 하에서 길이가 수m 되는 긴 공진기의 축 방향으로 방전시키는 것은 힘들다. 반면에 길이가 수십mm 내외인 공진기축의 수직방향으로 방전을 수행하는 것이 바람직하다. 따라서 TEA CO_2 레이저는 가스의 흐름방향

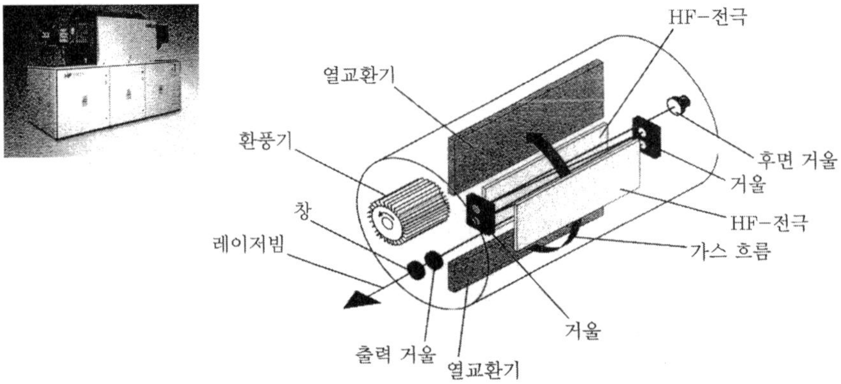

그림 III-10 횡류형 CO_2 레이저의 구조(Rofin)

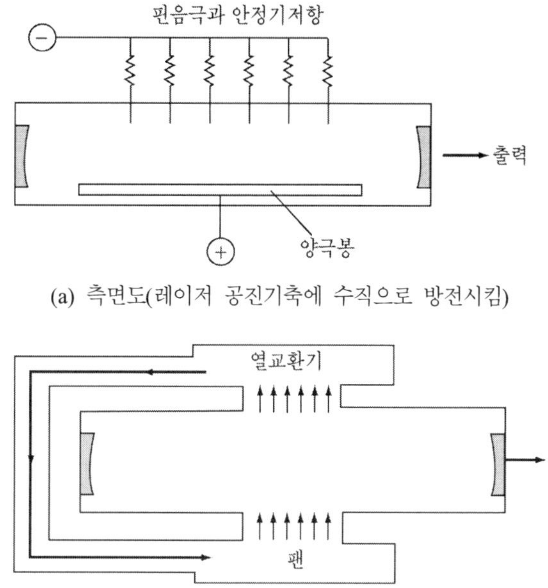

(a) 측면도(레이저 공진기축에 수직으로 방전시킴)

(b) 상부도(레이저 공진기축에 수직하게 고속의 가스흐름을 줌)

그림 III-11 TEA CO_2레이저의 구조

과 전기적인 방전방향이 서로 공진기의 축 방향에 수직이다. 그림 III-11은 TEA CO_2레이저의 구조를 나타내고 있다.

그리고 가스방전 시 압력이 약 100토르 이상에서는 방전이 불안정하므로 이 레이저에서는 지속파의 빔을 얻도록 동작하는 것이 힘들다. 따라서 고출력을 얻기 위해서는 빔이 필연적으로 펄스형태가 되며, 또한 전기적인 여기는 공진기축의 수직방향 즉 횡적으로 방전시켜야 한다. 이 레이저빔의 펄스시간은 nsec∼μsec 범위이며, 매우 고출력의 펄스빔인 경우에는 펄스시간이 수십nsec 정도로 짧다. 펄스에너지는 약 100J 정도를 얻을 수 있다. 그리고 가스압력이 10기압 이상으로 매우 높은 압력 하에서는 분자들의 충돌이 각각의 선폭들을 확장시켜 연속된 대역으로 되게 하므로 레이저빔출력에서 약간의 파장조절이 가능하다. 또한 선폭의 확장은 nsec 정도의 펄스를 얻기 위하여 모드동기화기술을 사용 시 유용하다.

TEA CO_2레이저는 nsec∼μsec 범위의 짧은 펄스폭과 수MW 정도의 큰 첨두출력의 빔을 방출하므로 재료가공에서 보통 CO_2레이저에 비해서 가장자리가 명확하고 열영향 구역이 매우 감소된다. 이 레이저는 특히 금속기지에 덮여 있는 비금속층의 선택적인 제거 혹은 가공에 적당하다. 즉 밑의 금속기지에 거의 영향을 주지 않고 표면층을 어블레이션시킬 수 있고, 열영향 구역이 적어 인접구역의 재료에 영향을 주지 않고 표면층을 제거한다. 따라서 이 레이저는 ∼50μm 정도 크기로 세라믹과 고분자재료의 천공, 패터닝, 마킹, 가공 등에 사용한다. 전형적인 응용의 예는 미세한 전기와이어의 스트립핑, 카테타의 천공, 리드와이어의 코팅제거, 인쇄회로기판에 미세구멍천공, 코드마킹 등이다. 레이저가공작업에 따라서는 짧은 펄스의 TEA CO_2레이저가 엑시머레이저의 대용으로 사용되어 빠른 생산속도, 간단한 작업, 저비용 등의 장점을 나타낼 수 있다.

○ 가스동력학적 CO_2레이저(gasdynamic CO_2 laser)

가스동력학적 CO_2레이저는 여기방법이 전기적인 가스방전에 의하지 않고, 열역학적인 방법에 의하여 밀도분포반전을 얻는다. 이것은 CO_2와 N_2의 혼합가스를 가열 및 압축시킨 후 특별히 고안된 노즐을 통하여 저압의 용기로 급속히 분사시켜 팽창시킴으로써 수행된다. 즉 고온상태에서는 대부분의 에너지가 N_2분자의 진동모드로 저장된다. 그러나 가스가 팽창 및 냉각된 후에는 N_2분자가 다른 가스분자들과 충돌에 의하여 대부분의 직진에너지와 회전에너지를 급속히 잃어버리는 반면에 진동에너지는 비교적 오랫동안 저장하고 있게 된다. 그러한 경우에 CO_2분자들과 공진충돌에 의하여 (0, 0, 1)준위를 증가시키므로 이들 준위들과 (1, 0, 0)준위들 사이에 밀도분포반전을 주게 된다. 이러한 밀도분포반전이 최대인 구역에 광학적인 공진기를 구성하여 레이저빔을 방출시킬 수 있다. 이 경우에 매우 활성적인 여기작용으로 수십 혹은 수백KW의 고출력을 얻을 수 있다. 그러나 가스동력학적인 CO_2레이저는 그 구조가 매우 크고 복잡하며, 또한 급속한 가스팽창으로 인하여 굉음을 발생하는 등 문제가 있어 상업적으로 이용되지는 않는다.

지금까지 CO_2레이저빔이 방출되는 기본적인 발진원리와 각종 CO_2레이저의 특징과 구조에 대하여 살펴보았다. 위에 기술한 바와 같이 CO_2레이저는 수백W 혹은 수KW의 지속파, 펄스 또는 Q-스윗칭된 빔을 얻을 수 있다. 그리고 이 레이저는 효율이 높아 각종 금속 및 비금속재료의 레이저가공에 많이 이용된다. 그러나 파장이 10.6μm인 적외선구역이므로 가시광선구역에서 사용하는 일반적인 광학부품을 투과용 광학부품으로 사용하지 못하고, Ge, ZnSe, GaAs 등 특수재료로 만든 광학부품을 사용해야 한다. 반면에 100%반사거울 등 반사광학부품으로는 일반적인 금속거울을 사용할 수 있다. 고출력의 레이저빔을 취급하는 경우에는 적은 양의 레이저빔흡수라도 광학부품을 가열시켜 문제점을 나타내기 때문에 냉각가스 혹은 냉각수의 순환 등에 의한 냉각작용이 필요하다.

III-3 엑시머레이저(eximer laser)

엑시머레이저는 자외선구역의 펄스빔을 방출하는 레이저로서 세라믹재료의 정밀가공과 고분자재료의 광화학가공 등에 많이 사용된다. 이 레이저는 활성매질이 순간적인 분자기체에 해당하는 엑시머로서 여기된 분자기체의 전자준위 사이에 밀도분포반전이 일어나는 기체레이저에 포함될 수 있다. 그러나 엑시머의 특성과 빔의 파장특성으로 인하여 별도로 구분하여 검토하여 보겠다.

엑시머(eximer)란 여기된 이중체(excited dimer)의 약자로서 두 개의 기체원자로 구성된 분자를 의미하나, 정확한 표현으로는 여기된 분자복합체이다. 대표적인 엑시머는 ArF, KrF, XeCl, XeF와 같이 불

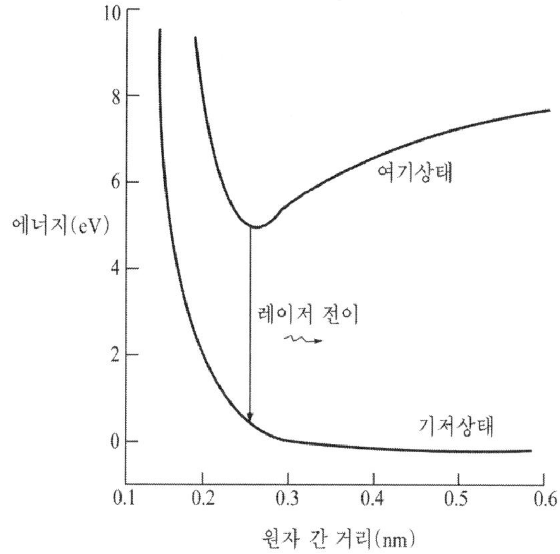

그림 III-12 KrF 엑시머레이저의 원자 간 거리에 따른 에너지 곡선

활성가스원자와 할로겐가스원자의 두 원자로 구성되어 있다. 이들은 여기된 상태에서는 안정하고 기저상태에서는 불안정한 성질을 가지고 있다. 정상적인 분자의 경우에는 기저상태에서 두 원자 사이의 거리에 따른 분자에너지를 보면 두 원자의 평형거리에서 최소에너지를 나타내며, 여기된 상태에서도 비슷한 관계를 보여 준다. 그러나 이중체의 경우에는 그림 III-12와 같이 여기된 상태에서는 최소에너지를 나타내는 원자 간 거리가 있으나, 기저상태에서는 그렇지 못하다. 이렇게 이중체는 기저상태에서 원천적으로 불안정하므로 평형조건에서는 기저상태에 존재하는 이중체는 거의 없다. 따라서 이중체를 기저상태에서 직접적으로 여기시킬 수는 없고, **전기적인 방전**에 의하여 간접적으로 여기시킬 수 있다.

이중체를 여기시키는 예로서 ArF의 경우에 다음과 같은 과정으로 이루어진다. 즉 전기적인 방전에 의하여 불소분자에 전자를 가하면 불소분자는 두개의 불소원자로 분리되며, 한 개는 음전하를 가지게 된다. 이렇게 형성된 음이온은 용기 내에 존재하던 양이온과 결합하여 여기된 이중체를 형성하게 된다. 여기서 양이온은 불활성가스 원자가 전기적인 방전에 의하여 생성된 것이다. 이러한 반응경로는 간접적으로 보이나 여기된 이중체를 얻는 데 매우 효과적인 방법이다.

$$e + F_2 = F^- + F$$

$$Ar^+ + F^- = (ArF)^*$$

이중체는 기저상태에서는 거의 존재하지 않으므로 용이하게 밀도분포반전을 얻을 수 있다. 또한 기저상태는 원천적으로 불안정하므로 레이저발진이 일어나도 기저상태의 밀도분포는 매우 적다. 일단 이중체가 기저상태에 있게 되면 원자들은 급속히 분리되어 떨어지게 되므로 이중체는 곧 독립된 원자들로 분해된다. 혼합가스의 여기를 위한 방법으로는 가스방전 혹은 전자빔을 이용하나 일반적으로 수십nsec 정도로 지속되는 빠른 전기적 방전에 의한다. 따라서 엑시머레이저는 수십nsec 정도의 펄스빔을 방출시키게 된다. 그리고 자외선 혹은 X-선에 의한 방법으로 가스를 예비적으로 이온화시키면 방전속도를 더욱 빠르게 할 수 있다. 엑시머레이저는 발진시간이 매우 짧음에도 불구하고 매우 큰 이득을 주는 기구이다.

모든 엑시머레이저의 혼합가스는 불활성가스(Ar, Kr, Xe), 할로겐가스(F, Cl), 완충가스(He, Ne)로 구성되어 있으며, **완충가스**의 역할은 여기된 이중체분자에 효과적으로 에너지를 전달하는 것이다. 혼합가스의 압력은 일반적으로 3~5기압 정도이며, 그 구성비는 불활성가스가 5~10%, 할로겐가스가 0.1~0.5%, 나머지는 He 혹은 Ne으로 된 완충가스이다. 완충가스로는 Ne이 He에 비하여 가격이 높으나, Ne이 전기적 방전에서 이중체분자로 에너지를 더욱 효과적으로 전달하기 때문에 바람직하다.

그리고 필요한 파장의 레이저빔을 발진시키기 위하여 불활성가스 또는 할로겐가스를 교환해야 하는 경우에는 한 가지가 먼저 사용하던 같은 종류이면 간단하게 수행할 수 있다. 그러나 다른 종류 예를 들어 F에서 Cl 혹은 Cl에서 F로 교환 시에는 먼저 사용되던 가스가 레이저공진기 내부의 표면에 흡착된 것들이 완전히 제거되도록 청정시킨 후 몇 시간의 경과가 필요하다. 이 경우에 F는 활성이 크므로 F에서 Cl로 교환하는 것보다는 Cl에서 F로 교환하는 것이 더욱 용이하다. 엑시머레이저의 가스는 순도가 매우 높아야 하며, 가스에 불순물이 있으면 레이저빔을 흡수하여 출력이 크게 저하한다. 그리고 엑시머레이저는 시간이 경과함에 따라 공진기 내에서 가스방전과 예비이온화에 의한 재료의 스퍼터링 등으로 가스형태의 불순물을 형성한다. 특히 할로겐원소는 활성이 강하여 재료와 반응한다. 따라서 레이저가스의 상태가 불량하게 되고 부분적으로 가스의 소모가 발생하므로 주기적으로 레이저출력을 점검해야 하며, 필요할 경우에는 할로겐가스를 주입시켜야 한다. 최근의 엑시머레이저는 재료선택에 유의하여 절연부, 밀봉부, 윤활부 등에 유기물의 사용을 억제하고 있다. 그리고 저온가스처리로 가스불순물을 동결시켜 제거함으로 성능저하를 최소화한다. 이러한 기술을 이용함으로써 레이저가스의 교환주기를 연장시킬 수 있으며, 장입된 가스는 한 주기에 100만 펄스 이상을 얻을 수 있다.

엑시머레이저의 구조는 TEA CO_2레이저와 비슷하게 사각형 모양의 횡적인 방전구역을 가지고 있다. 광학적인 구조는 안정형공진기의 경우에 두 개의 수평거울로 이루어진다. 그리고 엑시머의 큰 이득으로 인하여 효과적인 빔을 방출하는 거울의 반사도는 10~30% 정도가 요구되고 빔의 발산은 3mrad 정도이다. 빔의 발산을 적게 하려면 광선이 상대적으로 적은 수의 왕복진행수를 가지도록 비교적 큰 배율(약 10X)을 가진 불안정형공진기형태를 가지도록 한다. 이러한 경우에 빔의 발산각도는 약 0.2~0.4mrad 정도를 주게 된다. 여기과정에서 사용되는 전극들은 구조에 따라 보통 길이가 50~100cm, 폭이 1~2cm이며, 전극 사이의 간격은 약 1cm 정도이다. 방출되는 레이저빔의 단면은 가로/세로의 비율이 약 1~3 정도 되는 사각형의 형태이며, 그 크기는 일반적으로 1cm×2.5cm 정도이다. 그리고 레이저를 장시간 동작함에 따라 발생한 불순물들은 광학부품에 부착되어 레이저의 효율과 출력을 저하시킨다. 그러므로 이러한 광학부품들은 주기적으로 세정하고 교환해 주어야 한다. 즉 주기적 세정작업은 일반적으로 50~100만 펄스 조사 후 시행하며, 주기적 교체작업은 KrF, XeCl, XeF의 경우에는 약 500만 펄스 조사 후에 수행하고 ArF의 경우에는 손상이 크므로 더욱 빨리 수행한다.

엑시머레이저에서 방출되는 레이저빔의 파장은 사용하는 가스의 종류에 따라 120~500nm 범위의 자외선구역이며, 일반적으로 가장 많이 사용되는 것은 ArF(193nm), KrF(248nm), XeCl(308nm) 및 XeF(351nm)이다. 이들 중에서 XeF와 KrF는 효율이 10~15% 정도로 크며, 평균출력은 약 200W로서 펄스에너지는 수백mJ 정도 혹은 그 이상을 얻을 수 있다. 그리고 일정한 펄스안정성을 위해서는 가스혼합물과 방전전압을 정확히 조절해야 하며, 일정한 조준안정성은 광학부품들의 정확한 장착으로 가능하다.

ArF레이저는 방전 시 효과적으로 에너지를 전달하기 위해서 높은 전압이 필요하다. 공기 중에서는 산소가스에 의해서 빔이 흡수되므로 효과적인 빔 전달을 위해서는 빔 통로에 질소가스를 불어주는 것이 바람직하다. 그리고 이 레이저는 엑시머레이저 중에서 파장이 가장 짧으므로 고분자재료에서 흡수깊이가 가장 짧다. **KrF레이저**는 일반적으로 출력과 효율을 동시에 고려할 경우에 가장 바람직하다. 따라서 레이저의 평균출력과 고분자에서 흡수특성을 고려할 경우에 고분자가공에 가장 많이 사용된다. **XeCl레이저**는 매우 긴 가스수명을 가지고 있다. 고분자에서 비교적 긴 흡수깊이는 KrF레이저보다 큰 엣칭속도를 주지만 적은 평균출력은 재료가공에서 속도가 느리다. **XeF레이저**는 파장이 길어 고분자재료에서 적게 흡수되므로 다른 레이저들에 비하여 가공에 불리하다. 일반적으로 많이 사용되는 엑시머레이저의 제원은 표 III-1과 같다.

표 III-1 일반적인 엑시머레이저의 제원

항목	제원
파장(nm)	193, 248, 308, 351
펄스에너지(mJ)	400−500
반복속도(Hz)	100−200
평균출력(W)	40−100
펄스기간(nsec)	15−30
첨두출력(MW)	10−30
첨두에너지밀도(mJ/cm^2)	100−200
빔발산도(mrad)	1−3
빔크기(mm)	8−15 × 25−30

엑시머레이저는 짧은 펄스기간, 적은 귀환기구 및 큰 다중모드의 특성으로 인하여 출력된 빔은 공간적으로나 시간적으로 가간섭성이 떨어진다. 공간적으로 낮은 가간섭성은 과도한 회절현상을 주기 때문에 특정한 포토리소그라피 응용에서 상세한 형상을 저해시키므로 문제를 준다. 따라서 엑시머레이저의 낮은 공간적 가간섭성은 반도체산업에서 유리하게 이용될 수 있다. 그리고 짧은 파장과 짧은 펄스길이는 레이저빔을 재료에 조사시키는 경우에 가시광선과 적외선구역의 레이저빔과는 다른 현상을 나타낸다. 즉 레이저빔의 포톤에너지가 고분자재료 혹은 세라믹재료의 원자 간 결합력보다 큰 경우에 원자 간 결합본드

를 직접 절단하게 된다. 그러므로 재료에 열적인 손상을 최소화하면서 깨끗하게 많은 재료를 제거시킬 수 있어 고분자의 정밀가공과 광화학가공 등에 많이 이용된다. 엑시머레이저는 전자부품가공, 정보통신부품가공, 반도체가공, 의료부품가공, 박막증착 등 정밀가공에 많이 사용된다.

III-4 디스크레이저(disk laser)

디스크레이저(disk laser)는 고체레이저로서 다이오드펌핑에 의하여 고출력을 방출하는 레이저이며, 열을 제거시키는 방열(heat sink)방법에 특징이 있다. 이 레이저는 1990년대에 개발되었으며, **활성거울레이저(active mirror laser)**라고도 한다. 디스크레이저가 일반적인 원기둥형상 또는 슬래브형상의 레이저와 크게 다른 점은 그림 III-13과 같이 이득매질(gain medium)의 기하학적인 형태이다. 즉 레이저활성매질은 그림(a) 같이 얇은 디스크형상으로 되어 있고, 그 두께는 수백 μm로 레이저빔직경에 비하여 매우 적다. 그리고 레이저빔방출 시 발생하는 열은 횡 방향이 아니라 주로 밑으로, 즉 종 방향으로 제거된다. 그리고 냉각되는 방향인 디스크의 밑면은 유전체코팅을 하여 레이저공진기의 전반사거울 역할을 하므로 레이저광선과 펌핑광선을 모두 반사시킨다. 여기서 얇은 디스크는 흔히 활성거울이라고도 하는데, 이것은 레이저의 신호이득과 함께 거울로 작용하기 때문이다. 즉 이것은 레이저공진기 내에서 한 측의 전반사거울 또는 **광로변경거울(folding mirror)**로 작용할 수 있다. 특히 광로변경거울로 작용하는 경우에는 공진기 내에서 매번의 왕복주행마다 레이저광선이 두 번의 통과가 있게 되며, 매 왕복주행마다 신호이득이 2배로 되므로 임계펌핑출력이 감소된다.

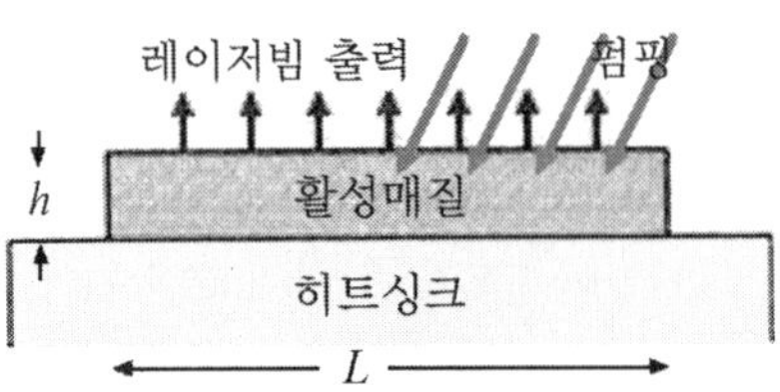

(a) 활성매질

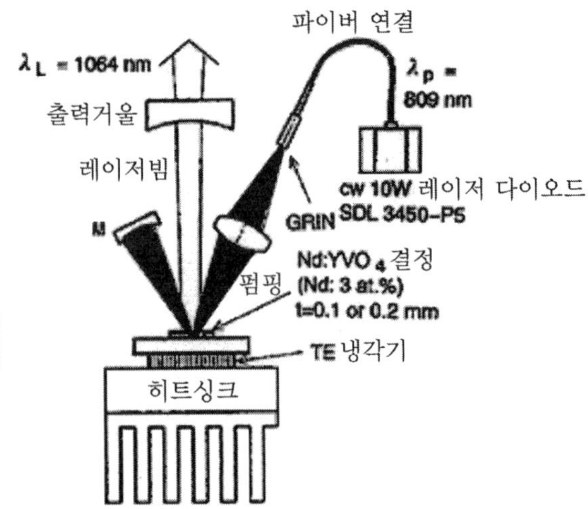

(b) 기본적인 구조

그림 III-13 디스크레이저(Wikipedia)

디스크레이저에서 디스크의 두께가 매우 얇으면, 펌핑광선이 단지 한 번 또는 두 번의 통과로는 활성매질에서 충분한 펌핑흡수를 이룰 수 없다. 이러한 문제점은 보통 펌핑광선이 다중통과하는 광학적인 구조를 만들어 해결할 수 있다. 이러한 구조는 전형적으로 파라보라거울(parabolic mirror)과 프리즘역반사경(prism retroreflector) 등을 이용하여 잘 디자인함으로써 콤팩트하게 구성할 수 있다. 이러한 구조는 레이저빔의 품질에 지장을 주지 않으면서 용이하게 펌핑광선의 8 또는 16번의 이중통과를 허용한다. 이러한 구조는 그림 V-103에서 보여주고 있으며, V-6-5항에서 Nd:YAG로 만든 원기둥레이저, 디스크레이저, 파이버레이저의 특성과 가공을 비교하여 설명할 것이다.

디스크레이저의 펌핑소스는 보통 고출력다이오드바이며, 이것은 파이버로 결합된 형태이거나 자유공간을 통한 출력전달방식을 취한다. 디스크레이저는 고출력 파이버레이저에 비하여 펌핑다이오드의 휘도가 까다롭지 않다. 그러나 슬래브레이저에 대한 것보다는 큰 휘도가 요구된다. 1,030nm를 방출하는 Yb:YAG디스크레이저에 대하여 일반적인 펌핑파장은 940nm이고, Yb 도핑된 텅스텐산염결정에 대해서는 981nm로 이것으로 펌핑하는 것이 더욱 효율적이다.

디스크레이저는 레이저효율성이 크고 디스크의 두께가 얇기(예; Yb:YAG레이저에서 100~200μm 정도) 때문에 열로 소모되는 에너지와 관련된 온도증가는 적다. 그리고 온도구배는 디스크면에 수직한 방향으로 이루어지므로 **열적렌즈효과(thermal lensing)**와 탈분극손실(depolarization loss)이 매우 적다. 이것은 열에 의한 빔의 왜곡이 적기 때문에 빔품질이 우수하고, 또한 약간의 펌핑출력에 차이가 있어도 안정된 동작을 수행할 수 있다.

얇은 디스크구조에서 얻는 매우 중요한 성질은 출력의 확장성이며, 출력을 확장시키는 과정은 간단하다. 예를 들면, 디스크두께와 도핑수준을 일정하게 한 상태에서 디스크에서 면적을 두 배로 하기 위해서 펌핑출력을 두 배로 가하면, 발생되는 출력은 두 배가 된다. 이러한 출력확장과정에서 레이저공진기는 디스크에서 모드면적이 두 배가 되도록 변경해야 한다. 디스크레이저의 출력은 펌핑출력의 크기에 의하여 좌우될 뿐만 아니라 활성매질인 디스크의 과열, 증폭된 자연방출, 왕복주행손실에 의하여 좌우된다. 디스크의 과열을 피하기 위해서는 출력에 따라 디스크의 크기, 즉 히트싱크와 접하는 면적을 증가시켜야 한다.

디스크레이저의 문제점 중의 하나는 측면, 즉 횡 방향으로 **증폭자연방출(ASE; amplified spontaneous emission)**이 발생하는 것이다. 이것은 결과적으로 종 방향으로 얻을 수 있는 신호이득을 제한하며, 한 개의 디스크로 수KW 정도의 매우 큰 출력을 얻을 때 심각하다. 이것을 방지하는 방법은 희토류원소로 도핑된 디스크 상에 도핑되지 않은 결정재료로 포개진 복합구조를 사용하면 ASE를 강력하게 억제할 수 있다. 한 개의 디스크로 500W출력으로서 제한된 회절을 주는 CW빔을 얻을 수 있으며, 2개의 디스크를 사용하면 1KW를 얻는다. 다중모드동작에서는 한 개의 디스크로 4KW를 얻을 수 있으며, 한 공진기에 4개의 디스크를 사용하면 16KW를 얻을 수 있다. 모드동기화된 디스크레이저는 평균출력이 240W 이상의 출력을 얻을 수 있다.

디스크레이저에서 가장 흔히 사용되는 활성매질은 1,030nm를 방출하는 Yb:YAG이다. Nd:YAG에 비하여 파장이 짧고, 적은 **양자결손(quantum defect)**으로 그대로 손실되는 출력을 감소시키고, 상부준위에서 오랜 시간 유지되므로 Q-스윗칭에서 에너지저장을 개선하고, 큰 신호이득대역폭을 가지므로 모드동기화 시 더욱 짧은 펄스를 얻는다. 반면에 이것은 준(準)3준위, 즉 외견상 3준위 신호이득매질로서 레이저파장에서 현저한 재흡수가 있으므로 펌핑강도를 크게 해야 한다. 파장이 1,064nm가 요구되는 경우에는 Nd:YAG, Nd:YVO_4를 디스크레이저에 사용할 수 있다. 일반적으로 얇은 디스크매질에 도핑농도를 크게 하면, 디스크의 두께를 적게 할 수 있어서 열적인 문제점을 감소시키고, 펌핑광선의 많은 주행통과를 적게 할 수 있다. 디스크레이저는 nsec구역의 Q-스윗칭 펄스빔을 얻는 데 용이하고, fsec구역의 모드동기화 펄스빔을 얻는 데도 용이하다.

III-5 파이버레이저(fiber laser)

레이저의 활성매질을 분류하는 방법에 의하면 **파이버레이저(fiber laser)**는 고체레이저의 범주에 포함된다. 그러나 파이버레이저는 활성매질이 Yb, Er, Nd 등의 희토류원소를 도핑시킨 파이버를 사용하므로 활성매질이 원기둥, 슬래브, 디스크 같은 형태의 다른 고체레이저들과 차이가 있다. 파이버레이저는 튼튼하고 콤팩트하며, 레이저공진기에 해당하는 파이버 내에서 광학부품 등을 수시로 일렬로 조정하지 않아도 된다. 그리고 파이버는 길게 할 수 있고 둥글게 말 수 있어서 유연하며, 체적에 대한 표면적이 대단히 넓기 때문에 상대적으로 열을 쉽게 방출할 수 있어 공냉방법을 사용하는 등 여러 가지 장점이 있다.

파이버레이저의 레이저빔은 파이버의 코어중심부에 있는 도핑원소로부터 방출되며, 파이버코어구조는 간단한 것으로부터 복잡한 구조까지 다양하다. 파이버레이저는 대부분 다이오드레이저로 광학적인 펌핑을 수행하지만, 어떤 경우에는 다른 파이버레이저로 펌핑을 수행한다. 이러한 시스템에서 사용하는 광학계는 보통 파이버부품들이며, 거의 대부분이 파이버에 결합된 광학계이다. 어떤 경우에는 크기가 큰 광학부품이 사용되고, 때로는 내부적으로 파이버에 결합된 시스템이 외부적인 큰 광학부품과 결합되어 있다.

그림 III-14는 파이버레이저의 구조를 보여주고 있다. 여기서 레이저의 3요소로 희토류원소 도핑된 활성매질인 파이버, 밀도분포반전을 위한 광학적인 펌핑기구인 레이저다이오드, 레이저공진기에서 피드백기구인 브래그격자로 구성되어 있다. 펌핑소스인 다이오드는 단일다이오드, 다이오드어레이 또는 여러

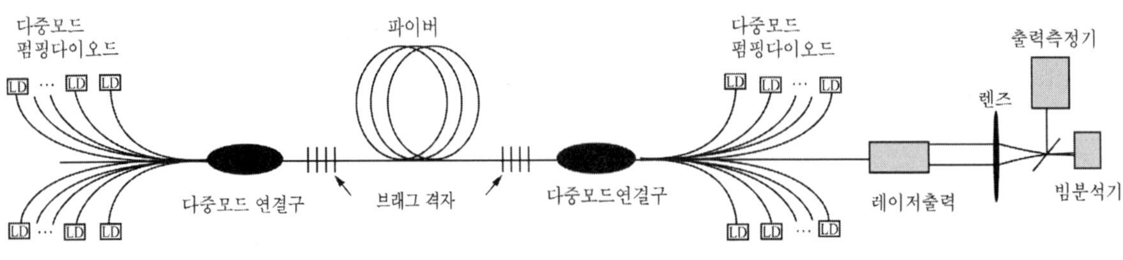

그림 III-14 고출력 파이버레이저의 구조

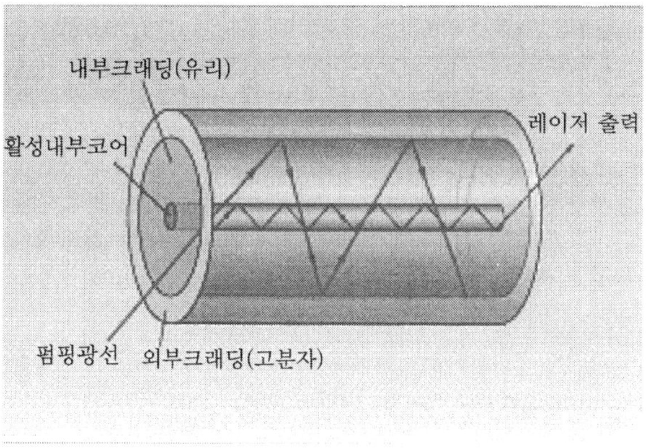

(a) 내부코어 부분에서 펌핑광선의 진행

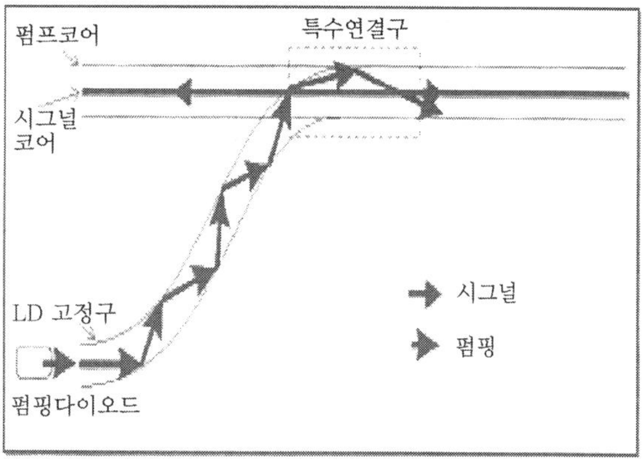

(b) 외부코어 부분에서 측면 펌핑

그림 III-15 파이버레이저의 펌핑기구

개의 분리된 다이오드이며, 각각은 연결자에 의해서 파이버로 인입되도록 한다. 희토류원소 도핑된 파이버는 양측 선단에 공진기거울을 가지고 있어야 하는데, 실제로 이들은 파이버 **브래그격자(Bragg grating)** 로서 이들은 파이버 내부에 구성할 수 있다. 파이버에서 출력된 레이저빔이 파이버가 아닌 다른 광학부품 또는 광학기구로 들어가지 않는 한 파이버양측선단에 외부에서 배치하는 큰 광학부품을 사용하지 않는다. 파이버는 둥글게 말 수 있기 때문에 레이저공진기인 파이버의 길이는 수m 이상으로 만들 수 있다.

(1) 이중코어구조(dual-core structure)

파이버레이저에 사용되는 파이버구조는 일반적으로 레이저빔을 전송하는 파이버구조와 다르며, 가장 많이 사용되는 구조는 그림 III-15와 같이 이중코어구조이다. 그림(a)에서 파이버는 코어부분과 크래딩부분으로 구성되어 있으며, 코어부분은 다시 희토류원소가 도핑된 내부코어부분과 도핑되지 않은 내부크래딩부분으로 구성되어 있다. 코어부분에서 도핑되지 않은 외부부분(내부크래딩)은 펌핑광선을 모아서 파이버를 따라 진행하도록 한다. 그리고 외부의 크래딩부분 표면에서는 진행하는 광선을 전반사시켜 다시 내부로 들어가도록 가이드한다.

활성매질인 내부코어는 펌핑광선에 의하여 유도방출되어 레이저빔으로 방출시키도록 Yb, Er, Nd 등을 도핑한다. 레이저코어는 파이버도핑과 파이버길이에 따라 신호이득이 다양하게 되므로 파이버레이저 디자인에 중요한 요소이다. 레이저다이오드에 의한 펌핑은 파이버선단에서 축 방향 또는 측면에서 펌핑이 가능하다. **축 방향 펌핑**에는 한 개 또는 여러 개의 펌핑다이오드에서 나온 광선을 파이버의 선단부분으로 인입시킨다. **측면 펌핑**에서는 그림(b)와 같이 펌핑광선을 파이버의 측면에서 인입시키며, 실제로 이것은 코어외부로 연결된 연결구(coupler)를 통해서 인입시킨다. 이러한 구조는 원기둥형태의 고체레이저에서 펌핑광선이 축에 수직으로 들어가는 측면 펌핑작용과는 다르다.

파이버 내부에서 생성된 유도방출광선은 코어의 내부를 통과하며, 이것은 흔히 수백W까지 단일모드

($M^2 = 1$)를 얻을 수 있고, 수KW에서도 저차원모드의 빔을 얻을 수 있다. 이러한 단일모드파이버에서는 출력에 제한이 있을 수 있다. 즉 이러한 파이버코어는 매우 적은 단면적을 가지고 있으며, 매우 큰 강도의 광선이 통과된다. 따라서 이러한 큰 강도에서는 비선형작용이 중요해지므로 수KW의 출력을 얻는 데 제한이 있고, 출력이 너무 크면 파이버선단이 광학적으로 손상될 수 있다. 그리고 출력빔은 지속파, 펄스, Q-스윗칭, 모드동기화 형태로 얻을 수 있다. 이러한 파이버레이저는 모든 구조부품들을 일체화시켜 밀봉시킬 수 있기 때문에 거울교환, 빔정렬과 장비의 정비 등이 불필요하다. 그리고 레이저의 크기가 작고, 공냉방법을 사용할 수 있고, 수만 시간 이상 동작이 가능하다.

(2) 파이버레이저의 특성과 효율성

파이버레이저는 희토류원소가 도핑된 파이버를 활성매질로 사용하기 때문에 펌핑과 유도방출에 유리하게 긴 길이에서 작용하므로 다이오드펌핑이 잘 작동한다. 이러한 기하학적인 구조는 튼튼하고 콤팩트한 디자인을 줄 수 있고 포톤전환효율이 높다. 그리고 파이버에 레이저를 구성하는 요소부품들을 함께 체결하여 이어주면 광학부품들이 자동으로 정렬되는 것과 같다. 따라서 파이버레이저의 디자인은 여러 가지 면에서 적응성이 좋아 고출력으로 두꺼운 금속판재의 용접으로부터 펨토초 펄스빔을 얻어 초미세정밀가공까지 모든 면에서 사용할 수 있다.

파이버레이저의 파이버재료는 주로 실리카유리로서 내부코어에 Yb, Er, Nd 같은 희토류원소를 도핑시킨 것이다. Yb는 중심파장이 1,030~1,080nm로서 넓은 대역의 파장을 방출할 수 있다. 펌핑소스로 940nm를 방출하는 다이오드를 사용하면 양자손실이 매우 적어 양자효율성이 크다. Yb는 자기소멸효과(self-quenching effect)가 없는 반면에 Nd는 큰 분포밀도에서 자기소멸이 있다. 이러한 이유로 Nd는 활성매질의 용적이 큰 원기둥레이저 같은 데 사용하고, Yb는 파이버레이저에 사용되는 것이다. Er을 도핑시킨 파이버레이저는 1,530~1,620nm의 빔을 방출하며, 2차 조화파로 780nm를 방출한다. Tm을 도핑시킨 파이버레이저는 1,750~2,100nm를 방출하며, Ho을 도핑시킨 파이버레이저는 2.1μm를 방출한다. 일반적으로 중적외선(1.4~3.0μm)은 물이나 인체조직에 흡수되므로 Er:YAG, Tm:YAG, Ho:YAG레이저는 의료용으로 사용된다.

파이버레이저는 준3준위레이저기구이며, 펌핑광선은 원자의 기저준위에서 상부준위로 전이되도록 여기시킨다. 레이저전이는 상부대역의 가장 낮은 준위로부터 분리된 기저의 준위로 전이하며, 이것은 **양자효율성**으로 볼 때 매우 효율적이다. 예를 들면 940nm의 펌핑포톤을 받은 Yb원소는 1,030nm의 포톤을 방출하는데, 이것은 양자손실이 단지 9% 정도이다. 이에 비하여 Nd는 808nm로 펌핑하여 1,064nm를 방출하므로 양자효율이 약 76%이고, Er은 980nm, 1,480nm로 펌핑하여 1,550nm를 방출하므로 약 63%, 95%이고, Tm은 793nm로 펌핑하여 1,750nm를 방출하므로 약 50%이다.

파이버레이저의 전반적인 양자효율성은 두 단계 과정의 결과로 얻어진다. 첫 번째는 펌핑다이오드의 효율성이다. 반도체레이저는 매우 효율적으로 전기를 광선으로 변환시키며, 그 효율성이 약 50% 정도 이상이다. 이러한 출력이 파이버의 흡수선에 잘 맞게 되면, 그 결과는 펌핑효율성으로 나타난다. 두 번째는 펌핑광선에서 레이저광선으로 전환되는 효율성이다. 양자손실이 적으면, 레이저광선을 위한 여기와 방출의 효율성이 크고, 펌핑광선에서 레이저광선으로 변환효율성이 60~70% 정도이다. 이 경우에 전체적인 효율을 나타내는 WPE(wall-plug efficiency)는 25~35% 정도이다.

(3) 레이저빔의 형태와 고출력레이저

지속파(CW)빔을 방출하는 파이버레이저는 단일모드(TEM_{00})의 레이저빔 또는 다중모드의 레이저빔을 얻을 수 있다. 단일모드의 빔은 출력밀도가 높아 절단과 천공 등의 재료가공에서 고품질의 가공결과를 주고, 다중모드는 용접과 열처리 같이 넓은 면적을 가공하는 데 사용한다. 펄스폭이 긴 빔을 방출하는 파이버레이저는 원칙적으로 준CW빔을 방출하는 레이저로서 보통 msec의 펄스빔을 준다. 이들은 전형적으로 10%의 **점유주기**(duty cycle)를 주며, 이러한 결과로 이들은 CW빔보다 10배 정도 큰 첨두출력을 준다. 이것은 천공 같은 재료가공에 유리하고, 펄스의 반복속도는 펄스기간에 따라 차이가 있으나 보통 500Hz 정도 범위이다.

파이버레이저에서 Q-스윗칭이 가능하며, 전형적인 펄스폭은 nsec부터 msec 범위까지 가능하다. 파이버길이가 길수록 출력을 Q-스윗칭시키는 데 더 많은 시간이 소요되므로 펄스폭이 길어진다. 그리고 파이버의 특성이 Q-스윗칭에 약간의 제한점을 준다. 즉 파이버레이저에서는 코어내부의 적은 단면적으로 인하여 비선형성이 더욱 심각하며, 이로 인하여 첨두출력에 약간의 제한이 있다. Q-스윗칭 파이버레이저는 반도체와 전자부품의 초미세가공 및 레이저마킹 등에 사용된다.

모드동기화시킨 파이버레이저에서 펄스빔의 반복속도는 다른 모드동기형식과 같이 신호이득재료, 즉 활성물질의 길이에 의존하며, 펄스폭은 신호이득대역, 즉 펌핑광선의 대역폭에 의존한다. 가장 짧은 공진기 펄스는 50fsec 범위이고, 더욱 일반적인 펄스폭은 100fsec 범위이다. 만일 공진기증폭시스템을 사용하면 더욱 짧은 펄스빔을 얻을 수 있다. 펄스길이가 20psec 이하의 극초단펄스 레이저빔은 재료의 어블레이션에서 열적작용을 주지 않으므로 초정밀가공이 가능하다. 그리고 fsec구역의 빔으로 매우 큰 가로세로비(aspect ratio)의 천공을 신속히 수행할 수 있다. 예를 들면 두께 1mm의 스테인리스강판에서 800fsec 펄스빔으로 1MHz 속도로 천공할 경우에 수msec 이내에 가능하다. 또한 투명한 재료의 매우 정밀한 내부가공에 이용할 수 있다. 예를 들면 극초단펄스빔을 투명한 재료의 표면 아래의 일정한 구역에 집속시켜 조사시킬 때 표면의 손상 없이 조절된 깊이에서 열적인 영향을 주지 않고 국부적인 파괴를 일으키도록 한다. 레이저빔을 순차적으로 주사시킬 경우에 이러한 파괴궤적을 따라 재료의 절단이 일어난다.

파이버레이저는 자동차산업, 전기전자산업 등 정밀재료가공에 많이 사용하고 있으며, 이들의 출력은 대부분 KW급 수준이다. 특히 자동차산업에서는 자동차의 수명연장과 연료절약을 위하여 고강도강을 많이 사용하며, 이러한 고강도재료의 가공에서 파이버레이저는 다른 레이저들에 비하여 여러 가지 장점이 있다. 즉 파장이 근적외선이므로 금속에 잘 흡수되고, 파이버로 전송되는 빔은 이동하는 로봇을 사용하여 좁은 가공구역에 쉽게 집속시킬 수 있다. 그리고 파이버레이저는 여러 개의 모듈을 연결하여 매우 큰 출력을 얻을 수 있다. 단일모드로 10KW의 출력을 얻을 수 있으며, 다중모드로 50KW까지 얻을 수 있다. 최근 발표에 의하면 군사용으로 5.5KW의 파이버레이저 6개를 한 빔으로 통합하여 33KW의 고출력을 얻어 비행하는 물체를 격추하는 무기로 개발하였다.

파이버레이저에서는 파이버의 직경과 길이를 조절할 수 있고, 예를 들면 1KW빔의 전송에 대해서는 직경 100 μm의 파이버, 수KW빔의 전송에 대해서는 직경 300 μm의 파이버를 사용한다. 파이버레이저는 파이버 내부에서 레이저작용과 광파이버에 의한 빔전송을 동시에 수행하고, 또한 고출력을 얻을 수 있어서 각종 재료가공에 여러 가지 장점들이 있다. 다시 한 번 파이버레이저가 재료가공에 편리한 점을 들어 보면 다음과 같다. 즉 시스템이 콤팩트하고, 출력의 확대와 축소가 용이하고, 에너지효율이 높고, 양호한 빔품질과 출력조절로 새로운 어떠한 응용에도 적합하고, 레이저시스템 가격과 운용비용이 비교적 저렴하다. V-6-5항에서 실제로 재료가공에 많이 사용되고 있는 일반적인 고체레이저에서 원기둥레이저, 디스크레이저, 파이버레이저의 특성과 레이저가공의 장단점을 비교하여 보겠다.

III-6 반도체레이저(diode laser)

반도체레이저는 **다이오드레이저**라고 하며, 크기가 매우 소형으로 튼튼하고 신뢰성이 크다. 반도체레이저는 활성매질이 반도체인 고체이나 에너지준위구조와 여기기구 등 여러 가지 면에서 일반적인 고체레이저와 크게 차이가 있기 때문에 별도로 구분하여 검토하겠다. 반도체레이저의 파장은 자외선, 가시광선, 적외선구역에 걸쳐 광범위하고, 또한 효율이 30～50% 정도로 높아 많은 용도로 사용한다. 이 레이저는 mW단위의 저출력인 경우에는 주로 광대역의 광파이버전송 같은 원격통신에 사용되며, 비디오디스크, 레이저프린터와 컴퓨터메모리 등에도 광범위하게 사용된다. 그러나 수십 개의 다이오드로 구성된 **다이오드바** 또는 다이오드바로 구성된 **다이오드어레이**는 수십W 또는 수백W의 출력을 방출시킬 수 있어서 Nd:YAG레이저 등 고체레이저의 여기소스 또는 재료가공에 이용된다. 예를 들면 반도체칩의 납땜, 분말의 소결, 재료의 접합 같은 직접적인 재료가공에 이용된다.

반도체레이저는 **p-n 접합**으로 이루어져 있다. 만일 p-형반도체와 n-형반도체를 접합시키면 그림 III-16과 같이 p-n 접합이 형성되며, 이것은 다이오드로 작용하여 한 방향으로 전류를 흐르게 한다. 그리고 **직접에너지밴드갭**을 가진 반도체에서 어떤 조건이 충족될 때 p-n 접합구역을 통하여 전류가 흐르면 광선을 방출시킬 수 있다. 이 경우에 전류량이 적으면 **광방출다이오드**(LED; light emitting diode)가 되고, 전류량이 많으면 레이저발진을 주게 된다. 반도체에서 방출되는 광선의 주파수를 결정함에 있어서 **에너지보존법칙**과 함께 재결합과정에서 **운동량보존법칙**이 중요한 역할을 한다. 이 운동량보존에 관한 조건에 의하여 전이가 일어나는 것은 k-공간에서 전도대의 가장 낮은 극소치가 가전자대의 극대치 바로

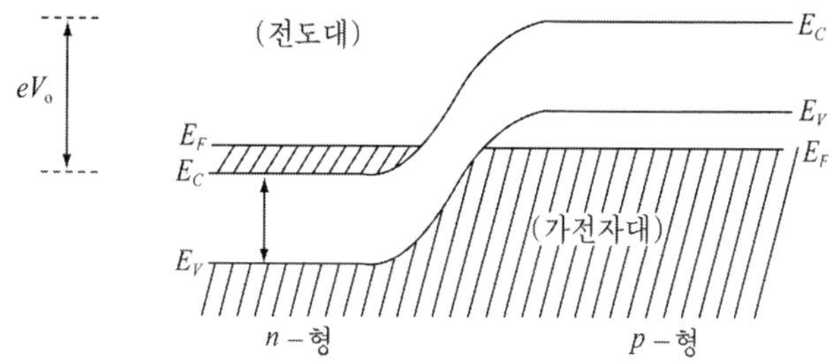

(a) 바이어스 전압을 가하지 않은 경우

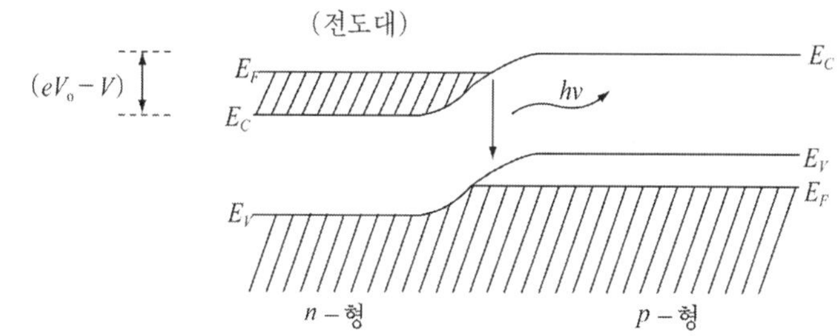

(b) 순방향 바이어스를 가한 경우($+V_B$를 p측에 가함)

그림 III-16 반도체의 p-n 접점구역.

위에 있는 직접적인 에너지밴드갭을 가진 반도체에서 가능하다. 반도체레이저의 고려사항으로 위의 조건에 더하여 **내부양자효율**, 즉 입력되는 포톤에너지에 대한 광자방출의 출력비율이 커야 한다. 따라서 GaAs 같이 **직접에너지밴드갭**을 가지면서 양자효율이 1에 가까운 화합물반도체에서 반도체레이저를 얻을 수 있다. 그러나 Si과 Ge 같이 **간접에너지밴드갭**을 가진 반도체에서는 전자와 정공의 재결합이 광자방출보다는 격자진동을 주게 된다. 이러한 반도체는 양자효율이 10^{-4} 이하이므로 **간접에너지밴드갭**을 가진 반도체를 레이저로 사용하는 것은 불가능하다.

p-n 접합이 형성되는 경우에는 상부의 전도대에서는 n-형 반도체구역에서 p-형 반도체구역으로 전자가 확산되고, 하부의 가전자대에서는 p-형 반도체구역에서 n-형 반도체구역으로 정공이 확산된다. 전자와 정공은 각각 '－'와 '＋'의 전하를 가지고 있으므로 이들 입자들의 확산은 접합면양측구역을 전기적으로 전하를 띠게 하며, 이 구역을 **공핍층**이라고 한다. 이 경우에 n-측은 '＋'로 대전되고, p-측은 '－'로 대전된다. 이렇게 되면 양측 사이의 전하차이로 인하여 전기장이 형성되며, 이것은 전하를 띤 입자들의 확산을 억제하여 평형상태를 이루게 한다. 이러한 전하차이의 형성은 그림(a)와 같이 접합구역에 eV_0의 에너지장벽을 주게 되고, 여기서 V_0를 접촉전위라고 한다. 여기에 역방향바이어스를 가하면, 외부에서 가한 전압이 내부의 접촉전위에 첨가되어 전체적인 **전위장벽**은 $e(V_0+V)$로 증가된다. 그러면 n-측의 전자들이 이 장벽을 넘는 것이 더욱 힘들고 p-측에는 전자들이 거의 없어 전자들의 이동, 즉 전류의 흐름이 곤란하다. 반면에 p-n 접합구역에 순방향바이어스를 가하면 그림(b)와 같이 내부의 접촉전위로부터

외부에서 가한 전압만큼 감소된 $e(V_0 - V)$의 장벽전위를 나타내게 되어 많은 전자들이 n-측으로부터 p-측으로 이동하므로 큰 전류가 흐른다. 이 경우에 p-n 접합은 동일한 형태의 반도체재료 사이에 형성시키는 것을 **동질접합**(homojunction)이라고 하고, 다른 형태의 반도체재료 사이에 형성시키는 것을 **이질접합**(heterojunction)이라고 한다.

순방향바이어스를 가한 p-n 접합에서는 전자가 용이하게 n-측에서 p-측으로 이동하며, 일단 전자들이 p-측으로 이동하면 이 구역에서 전자는 소수캐리어이므로 그 수가 표준농도보다 커서 과잉으로 존재하게 된다. 이러한 경우에는 과잉의 전자들이 가전자대의 정공과 재결합, 즉 전도대에 있는 전자들이 가전자대로 자연스럽게 전이하면서 에너지를 방출하게 된다. 만일 반도체가 GaAs 같이 직접적인 에너지밴드갭을 가진 반도체라면 이러한 자연방출은 그 에너지대 사이에 해당하는 파장을 가진 광자로 방출시키며, 이것을 **광방출다이오드(LED)**라고 한다. 따라서 화합물반도체에서 그 조성을 변화시키거나 또는 각종 불순물을 적당히 도핑시킴으로써 에너지준위를 조절할 수 있어서 그 에너지차이에 해당하는 광선을 얻을 수 있다. 이러한 에너지전이에 의한 광방출이 자연적인 광방출기구에 의한 경우에는 광방출다이오드가 되고, 분포반전을 이룬 상태에서 유도방출기구에 의한 경우에는 반도체레이저가 되는 것이다. 표 III-2는 반도체레이저에 사용되는 각종 화합물반도체의 조성과 파장을 나타내고 있다.

표 III-2 반도체레이저에 사용되는 재료와 파장구역

재료	파장(μm)
$In_{1-x}Ga_xAs_yP_{1-y}$	1.2−1.6
$GaAs_xSb_{1-x}$	1.2−1.5
$InAs_xP_{1-x}$	1.0−3.1
$(Al_xGa_{1-x})_yIn_{1-y}As$	0.9−1.5
$Al_xGa_{1-x}As$	0.7−0.9
$GaAs_{1-x}P_x$	0.6−0.9
$In_xGa_{1-x}As$	0.55−3.0
$(Al_xGa_{1-x})_yIn_{1-x}P$	0.55−0.8
CdS_xSe_{1-x}	0.5−0.7
$Cd_xZn_{1-x}Se$	0.3−0.5
AlGaInN	0.2−0.64

반도체레이저에서 분포반전은 전자빔, 광학적인 여기작용 또는 소수캐리어주입의 세 가지 방법에 의하여 가능하다. 그러나 실제적으로 가장 많이 이용되는 방법은 p-n 접합을 통하여 전류를 통과시키므로 p-형구역과 n-형구역으로 소수캐리어를 주입시키는 것이다. 따라서 반도체레이저에서 분포반전은 전자와

정공의 분포밀도가 매우 크면 이루어지며, 이러한 조건은 순방향바이어스를 가한 p-n 접합의 좁은 구역 ($\sim 1\,\mu$m), 즉 **활성구역**에서 이루어진다. 따라서 반도체레이저를 구성하기 위해서는 그림 III-16 같이 p-형반도체와 n-형반도체를 불순물로 심하게 도핑시킨 것을 접합시켜 사용한다.

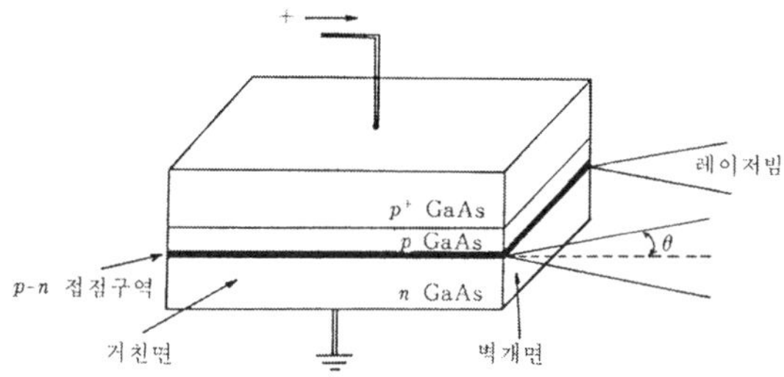

그림 III-17 반도체레이저의 구조
레이저빔은 p-n 접점구역에서 방출되며, 이 구역이 좁아 빔의 발산각이 크다.

그림 III-17은 GaAs동질접합 반도체레이저의 간단한 구조를 보여주고 있으며, 좁은 접합구역에서 레이저빔이 방출된다. 그리고 전류를 통과시키기에 양호한 옴접촉을 주도록 전극과 접촉되는 면은 Au로 코팅하여 양호한 전기전도도를 얻을 수 있도록 한다. 또한 광학적인 귀환기구를 위하여 접합구역의 서로 수직한 두 개의 면 중에서 레이저빔이 방출되는 방향에 수직한 면들은 평행을 이루고 있어야 한다. 이를 위하여 이들 면들은 결정면을 따른 절단으로 벽개면을 이루도록 하고, 한 측은 완전반사를 주도록 코팅을 하고 다른 측은 그대로 사용하여 부분투과거울의 역할을 하도록 한다. 이 경우에 부분투과거울의 반사율은 (I-109)식에 의하여 반도체와 공기의 계면에서 반사율을 계산하여 얻을 수 있다. 예를 들면 GaAs의 경우에 굴절률(n)은 3.6이므로 반사율(R)은 0.32이다.

이러한 경우에 밀도분포반전의 크기는 전류에 의해서 결정되며, 만일 전류가 적으면 각종 손실에 의하여 밀도분포반전현상을 상쇄시키므로 레이저발진은 일어나지 않는다. 그림 III-18은 순방향바이어스의 경우에 반도체에 가한 전류에 따른 광선의 출력을 나타내는 것으로 어떤 임계전류 이하에서는 자연방출에 의하여 광선이 방출되며, 그 출력은 전류의 크기에 비례한다. 그러나 전류가 임곗값 이상으로 증가됨에 따라 유도방출에 의하여 광선의 조사도는 레이저빔의 방향으로 갑자기 증가되어 레이저빔이 방출되며, 그 출력은 전류의 증가에 따라 급격하게 증가된다. 그리고 전류가 임계전류 이상으로 됨에 따라 방출되는 광선빔의 발산각도는 감소되고, 방출되는 **빔의 스펙트럼구간**이 그림 III-19와 같이 크게 감소한다.

반도체레이저의 빔 특성이 다른 레이저의 빔 특성과 크게 차이나는 것은 빔 발산각도가 매우 큰 것이다. 이것은 반도체레이저에서 모든 빔의 방출이 좁은 접합구역에서 일어나므로 광선의 회절이 크고 빔의 발산이 증가하기 때문이다. 이러한 활성구역에서 단면크기는 빔의 파장에 근접하므로 (I-41)식에 나타낸 회절방정식에서 보듯이 빔의 회절효과가 매우 크다. 예를 들면, 다이오드에서 활성구역의 두께를 약 $1\,\mu$m라고 하면 방출되는 빔의 발산각도는 약 35°(FWHM) 정도가 된다.

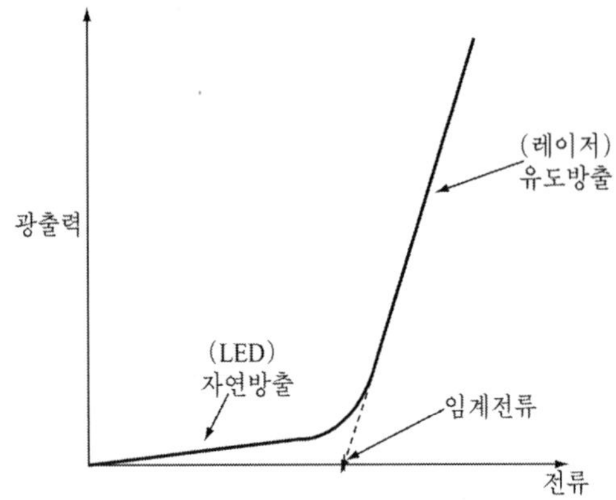

그림 III-18 반도체레이저에서 전류에 따른 출력변화

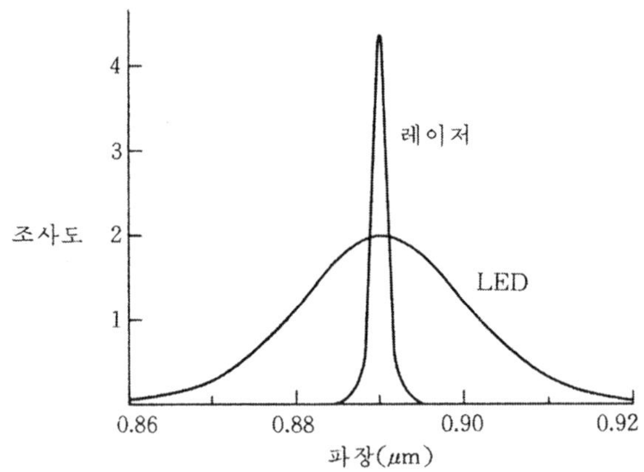

그림 III-19 반도체레이저와 임곗값 이하에서 동작하는 LED의 방출 스펙트럼 비교

동질접합반도체레이저의 한 가지 문제점은 신호이득구역으로부터 측면방향으로 광선이 퍼지는 것을 방지할 수 있는 방법이 없어서 신호이득 대신에 큰 손실을 줄 수 있다는 것이다. 따라서 동질접합반도체레이저의 빔은 펄스형태로만 가능하고, 또한 전류밀도는 400A/mm^2 이상이어야 한다. 이러한 레이저에서는 펄스의 첨두출력이 수W로서 매초당 수천 개의 펄스빔을 줄 수 있다. 그러나 반도체레이저의 적층을 이중으로 된 이질접합구조로 하여 광도파 성질을 가지도록 하면 **임계전류밀도**를 매우 낮출 수 있다. 여기서 **이질접합**이란 GaAs와 $Al_xGa_{1-x}As$ 사이의 접합 같이 다른 조성의 접합을 의미하는 것이다. 그리고 반도체접합면을 통과하여 전류가 흐를 경우에 수μm 정도의 폭을 가진 좁은 스트립(stripe)구역으로 흐르게 함으로써 임계전류를 더욱 낮출 수 있다. 그림 III-20은 **스트립구조**를 가진 이중이질접합 디바이스구조를 나타내고 있다.

그림 III-20에서 보듯이 이질접합구조는 활성구역에 해당하는 GaAs층이 두 개의 $Al_xGa_{1-x}As$층 사이에 끼워져 있다. 삼원화합물인 $Al_xGa_{1-x}As$는 GaAs에 비해서 그림 III-21의 에너지준위그림에서 보

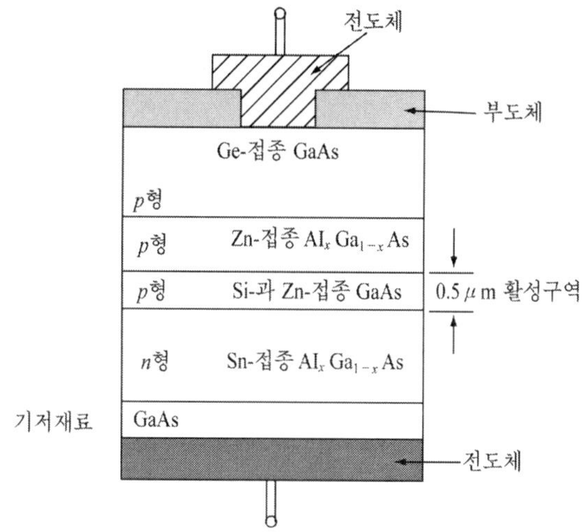

그림 III-20 스트립구조를 가진 이중이질접합의 반도체레이저

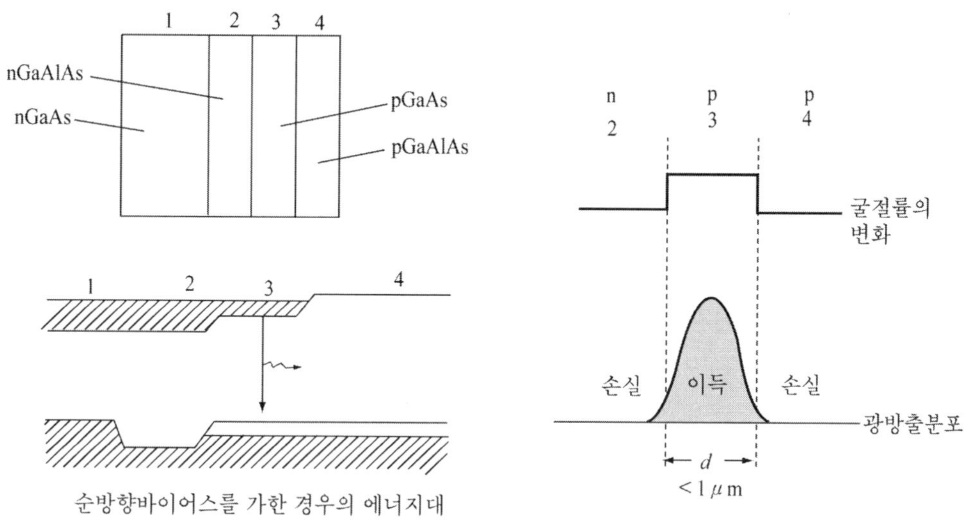

(a) 각 구역의 에너지 준위

(b) 각 구역의 굴절률의 크기

그림 III-21 이중이질집합구조의 반도체레이저

듯이 에너지갭이 크며, 이것은 두 가지 면에서 바람직하다. 첫 번째는 높은 에너지장벽은 전자와 정공을 GaAs활성구역으로 반사시켜 더욱 큰 밀도분포반전을 주고, 또한 유도방출을 야기시키는 데 요구되는 전류밀도를 낮춘다. 동질접합구조에서는 전자와 정공이 접합구역에서 멀리 확산되나, 재결합은 활성구역에서 이루어진다. 따라서 신호이득구역의 크기는 이들 입자들이 밀도분포반전을 유지하면서 접합구역에서 어느 정도 이동하는가에 의하여 결정된다. 반면에 이중이질접합구조에서는 양측에서 다른 에너지갭에 의해서 발생된 전위장벽으로 인하여 입자들이 접합구역에서 확산되는 것이 방지된다. 두 번째는 $Al_xGa_{1-x}As$

와 GaAs($x=0.4$이면 $n=3.4$이고, $x=0$이면 $n=3.6$) 사이의 굴절률차이는 공진기축 방향에 근접한 광선들을 외부로 나가지 못하고 전반사현상에 의해서 활성구역 내로 구속시키므로 유도방출을 위한 광선의 공급이 적어도 되기 때문에 전류밀도를 낮출 수 있다. 즉 굴절률이 n_1인 매질 내에 있는 광선이 굴절률 $n_2(n_2 < n_1)$인 매질로 입사되면, 광선의 방향과 계면의 수직선 사이의 각도가 어떤 **임계각** $\theta_c(\theta_c = \sin^{-1}(n_2/n_1))$ 이상일 때 전반사가 일어난다. 따라서 이러한 구조에서는 적당한 냉각작용으로 지속파빔을 방출할 수 있으며, 상온에서 전류밀도가 10A/mm^2 정도가 된다. 만일 밑 부분의 이질접합을 보통의 p-n 접합 GaAs로 대체시키면 단일이질접합구조가 되며 상온에서 펄스빔을 방출시킬 수 있다. 이 경우에 출력수준은 10~20W가 되며, 펄스반복속도는 초당 10^4 정도를 얻을 수 있다.

그리고 그림 III-20에서 보여주는 것과 같이 스트립구조를 가진 경우에는 임계전류를 매우 낮출 수 있다. 이러한 스트립접촉의 목적은 활성구역으로부터 열전도를 향상시키기 위한 것이다. 즉 삼원화합물인 $Al_xGa_{1-x}As$는 GaAs에 비해서 열전도도가 매우 낮다. 따라서 활성구역을 좁은 스트립에 제한함으로써 GaAs에서 외부 측으로 열전도를 허용하여 활성구역의 온도증가를 크게 저하시킬 수 있다. 이 경우에 전류흐름은 활성구역 바로 위의 좁은 채널에 제한되며, 전류가 활성구역에 도달하기 전에 외부로 멀리 퍼지지 않도록 하는 것이 바람직하다. 이러한 구조로써 500mA 이하의 전류로 10mW의 출력을 얻을 수 있다.

레이저동작에 대한 임계전류는 온도에 크게 영향을 받으며, 온도를 저하시키면 임계전류를 낮추고 지속파빔을 얻기 쉬워진다. 또한 다이오드레이저는 냉각에 의해서 광자방출의 효율도 증가하고 평균출력도 커진다. 일반적으로 활성구역이 GaAs에 기초한 레이저는 약 0.9μm의 파장을 주며, Al의 함량에 따라 0.84~0.95μm의 빔을 방출한다. 그리고 흔히 다이오드레이저의 출력은 약 95% 정도의 수준으로 편광되어 있으며, 편광방향은 반도체의 구조에 따라 결정된다. 가장 일반적인 편광은 전기장벡터가 층들의 계면에 평행한 방향을 가지는 경우이다.

고출력반도체레이저는 많은 수의 다이오드바로 구성된 다이오드어레이로서 직접 재료가공에 이용하거나, 또는 **다이오드펌핑 고체레이저**(DPSS레이저)의 여기소스로 사용한다. 이것은 효율(35~40%)이 매우 크고, 신뢰성(10,000시간 사용)이 높으며, 크기(평균출력 20W의 경우에 0.1cm×0.4cm×1cm 정도)가 매우 작고 튼튼하며, 가격이 저렴하다. 그림 III-22는 각 다이오드를 일렬로 배향시켜 만든 **다이오드바**와 다이오드바를 몇 층 중첩시켜 형성된 **다이오드어레이**를 나타내고 있다.

일반적으로 각 다이오드에서 p-n 접합의 활성구역 규격은 길이가 400μm, 폭이 50μm, 높이가 1μm 정도이며, 각 다이오드 사이의 간격은 약 50μm이다. 출력은 다이오드의 폭에 따라 약 5mW/μm이므로 50μm인 경우에 한 개의 다이오드에서 약 250mW를 방출한다. 따라서 1cm길이의 다이오드바에는 약 100개의 다이오드가 배열되어 있으므로 약 25W의 지속파빔을 방출하며, 4개의 다이오드바로 구성된 다이오드어레이는 약 100W의 빔을 방출한다. 레이저 다이오드바를 동작시키기 위해서는 방출되는 빔의 매W당 약 1A가 요구되며, 순방향바이어스 전압은 2V 정도를 가해야 한다.

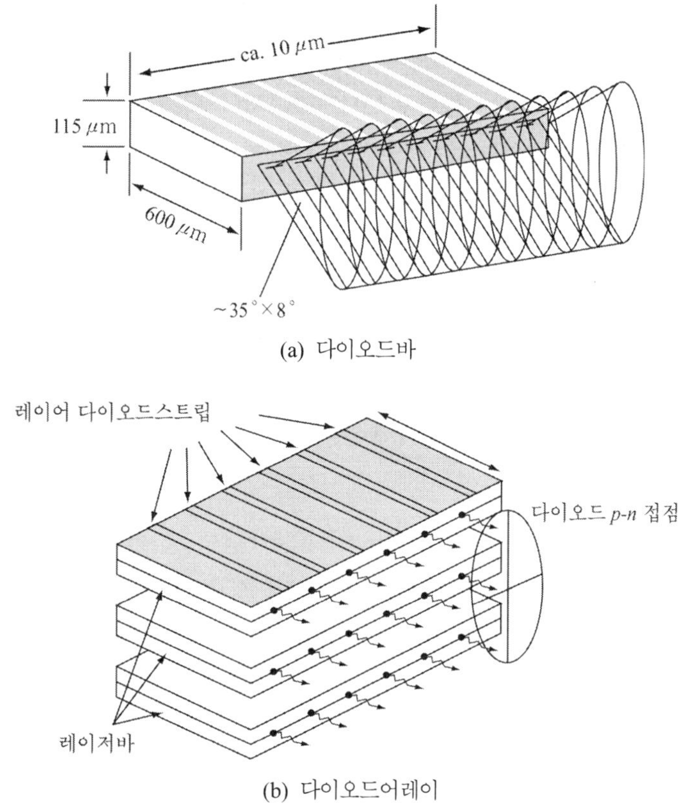

그림 III-22 다이오드레이저로 구성된 다이오드어레이 구조

III-7 기타 레이저

Ⅲ-7-1 화학레이저(chemical laser)

위에서 기술된 모든 레이저들은 활성매질의 상태와 형태에 따라 그 레이저명칭이 기술되었다. 그리고 밀도분포반전을 주는 여기방법으로는 광학적인 펌핑, 전자빔, 전기적인 방전 및 소수캐리어주입에 의해서 수행되었다. 그러나 **화학레이저**는 일반적으로 활성매질이 기체이나, 그 활성매질상태로 기술되기보다는 매질의 밀도분포반전을 야기시키는 방법에 의하여 기술된 것이다. 화학레이저에서 화학반응은 원자 혹은 분자들의 전자준위의 전이보다는 주로 진동준위들의 전이에 의존하므로 방출되는 레이저빔의 파장은 적외선구역이지만 강력한 출력을 얻을 수 있다. 그리고 화학레이저는 레이저빔의 방출을 위해서 전기

적인 회로 또는 전력을 필요로 하지 않고, 화학물질들의 혼합 시에 이들의 직접적인 화학반응에 의존한다. 따라서 전기가 없는 원격지역 또는 인공위성과 같은 지구 밖의 우주공간에서도 레이저빔을 얻을 수 있는 장점이 있다. 화학레이저의 예로서는 **불화수소(HF)레이저**와 **옥소레이저**(COIL: Chemical Oxygen Iodine Laser) 등이 있으나, 여기에서는 HF레이저에 대하여 간단히 검토하여 보겠다.

화학레이저에서 화학반응은 화학물질에 따라 여러 가지 가능성이 있으나, **HF레이저**의 경우에 관여되는 화학반응은 수소와 불소 사이의 반응이다. 만일 수소와 불소가 그들의 분자상태로 있으면 반응이 일어나지 않지만 어떤 방법에 의하여 H_2 또는 F_2가 분해되어 원자상태로 되는 경우에는 다음의 반응식에 보여주는 것 같이 두 가지 반응이 일어난다. 즉 한 종류의 원자가 다른 종류의 분자와 반응하여 그들의 화합물과 한 개의 원자를 주게 된다. 그리고 이 원자는 다시 다른 종류의 분자와 반응하게 되므로 연쇄반응을 주게 되어 모든 수소와 불소가 재결합하게 된다. 즉 수소와 불소가 결합하여 불화수소를 만들게 된다.

$$F + H_2 \rightarrow HF^* + H$$
$$H + F_2 \rightarrow HF^* + F$$
$$HF^* \quad \rightarrow HF + h\nu$$

그러나 이러한 경우에 위의 반응에서 나타낸 것과 같이 순간적으로 형성된 HF*분자는 보통 HF분자와 달리 진동준위가 다른 여기된 HF분자이다. 여기서 여기된 HF분자는 HF*로 나타내며, 이것이 레이저발진작용에서 상부에너지준위로 작용한다. 즉 세 번째 반응식으로 나타낸 것과 같이 상부에너지준위로 작용하는 HF*가 하부에너지준위로 작용하는 기저준위인 HF로 전이되면서 에너지가 $h\nu$인 광자를 방출한다. 또한 HF분자는 여러 가지의 회전준위를 가질 수 있어서 방출되는 빔의 파장은 $2.5 \sim 3.4\,\mu m$ 범위에 있다. 위의 관계에서 보면 초기에 수소분자와 불소분자를 원자들로 분리시키는 데 에너지가 필요하며, 이것은 전기적인 방법이 아니라도 가능하여 화학반응에 의하여 일어난다. 그리고 모든 화학레이저가 분자들의 진동준위 혹은 회전준위들 사이의 전이만 가능한 것은 아니고, 분자들의 여기가 전자준위들 사이에서도 일어날 수 있으며, 이 경우에는 짧은 파장의 빔을 방출한다. 화학레이저의 경우에 출력이 수백 J의 펄스를 얻을 수 있으며, 기체를 액체 상태로 만들면 부피가 매우 적어지므로 용적에 대한 출력의 비를 크게 할 수 있다.

화학레이저의 구조는 사용되는 화학물질과 그 반응에 따라 크게 차이가 있으나, 대체로 가스동력학적 CO_2레이저의 구조와 비슷하다. 즉 두 종류의 기체를 혼합시켜 화학반응이 일어나는 곳이 광학적인 공진기공동이 되며, 그 외부에 거울들을 설치하여 귀환기구를 형성함으로써 레이저발진이 일어나게 한다. 실제적으로 이러한 화학레이저는 재료가공에 사용하지는 않는다.

Ⅲ-7-2 염료레이저(dye laser)

염료레이저는 증류수 또는 에틸렌그리콜 같은 유기용매에 녹는 유기염료색소를 레이저발진을 위한 활성매질로 이용한 액체레이저이다. 이러한 염료레이저는 재료가공에 이용될 정도의 고출력을 주지는 못하나 분광학 등에서 파장의 변조가 요구되는 특수용도에 사용한다. 액체는 레이저매질로 사용 시 고체매질 또는 기체매질에 비하여 몇 가지 장점이 있다. 즉 액체매질은 기체매질과 같이 고체매질에 비해서 매우 균질하게 할 수 있다. 그리고 액체매질은 제조하는 것이 용이하며, 레이저공진기 내에서 냉각작용을 위한 순환이 용이하다. 또한 액체매질은 기체매질에 비하여 많은 활성원자들을 가지고 있을 수 있다.

위에 언급한 바와 같이 염료레이저의 활성매질은 특정한 유기염료(예; Rhodamine 6G)를 증류수 혹은 에틸알콜 같은 용매에 희석시킨 액체이다. 유기염료에서 레이저광선을 방출시키는 전이작용은 분자 내의 어떤 전자준위에서 하부진동준위와 다른 전자준위에 있는 하부진동준위 사이에서 일어난다. 그리고 밀도분포반전은 방출되는 레이저빔 주파수보다 짧은 파장의 섬광등, Ar^+ 레이저, N_2 레이저, 엑시머(XeCl)레이저 또는 Nd:YAG레이저(2차 조화파 혹은 3차 조화파) 등을 이용한 광학적인 여기작용에 의해서 이루어진다. 염료레이저는 4준위기구레이저이며, 자세한 에너지준위들 사이의 전이작용에 대한 기술은 생략하겠다.

염료레이저는 활성매질인 용액에서 염료농도조절이 용이하며, 또한 손상을 받지 않기 때문에 취급이 편리하다. 그리고 레이저빔의 방출주파수를 요망하는 주파수로 변조시킬 수 있다. 일반적인 고체레이저에서는 레이저빔방출이 매우 좁은 대역인데 비해서 염료레이저에서는 매우 넓은 대역의 가시광선에서 적외선구역까지의 스펙트럼을 방출한다. 그리고 그 대역의 주파수범위는 사용되는 염료에 따라 다르다. 따라서 활성매질로 다른 종류의 염료를 사용하면, 넓은 파장변조구역을 얻을 수 있다. 염료레이저의 주파수변조는 파장선별프리즘 같은 파장분산기, 회절격자 또는 필터 등에 의해서 수행된다. 염료레이저의 최고출력은 염료의 형태, 광학적인 공진기공동의 배열과 사용되는 용매 및 여기시키는 레이저빔의 파장에 따라 차이난다. 일반적으로 사용되는 염료레이저는 매초당 약 100펄스 정도에 10mW의 평균출력정도로 작동시키나, W급 정도의 출력을 얻을 수도 있다. 그리고 특수한 기술을 사용하면 지속파빔을 얻을 수도 있다.

III-8 레이저빔의 안전성과 분류

Ⅲ-8-1 레이저빔의 안전성

각종 레이저재료가공을 포함하여 레이저빔의 사용에서 그 안전성은 직접적인 영향과 간접적인 영향으로 나누어 생각할 수 있다. 직접적인 영향은 인간의 눈과 피부에 직접적인 레이저빔의 노출 혹은 주변기기로부터 반사된 빔의 노출로 야기되는 문제점과 관련된다. 간접적인 영향은 레이저빔의 발진과 동작을 포함한 작업에서 문제점과 레이저빔의 사용 시 작업구역에서 발생되는 매연흡입 및 분출물에 의한 영향과 문제점 등에 관련된다. 예를 들면 고출력레이저에서 고전압사용에 따른 위험성, 고속작업테이블의 안전성, 위험한 작업물의 취급, 엑시머레이저의 독성가스 취급문제, 특수한 합성수지의 절단가공 시 방출되는 독성가스와 발암물질에 따른 위험성, 금속의 용접가공 시 발생하는 강렬한 플라즈마로부터 시력보호 같은 문제이다. 따라서 레이저빔노출에 대한 직접적인 위험성과 레이저빔사용 시 간접적인 위험성을 구분하여 고려하여 검토하겠다.

(1) 레이저빔 노출에 의한 직접적인 위험성

레이저빔이 직접적으로 혹은 거울 등에 의해서 반사되어 인간의 눈 또는 피부에 조사되는 경우에 빔의 파장, 출력, 조사시간에 따라 피해정도가 차이난다. 일반적으로 연속파와 비교적 긴 펄스빔의 경우에는 열적인 작용 혹은 광화학적인 작용으로 피해를 주고, 매우 짧은 펄스빔인 경우에는 충격파에 의해서 손상을 받을 수 있다. 표 III-3은 상업적으로 많이 사용되는 몇 가지 레이저빔이 생체조직의 각 부분에 미치는 기본적인 영향을 나타내고 있다.

먼저 인간의 눈에 대한 레이저빔의 파장이 미치는 영향을 고려하여 보겠다. 파장이 400~1,400nm의 가시광선과 근적외선구역의 빔은 수정체를 통하여 망막 위에 20μm 내외의 적은 크기로 집속되므로 망막이 타거나 혹은 천공되어 영구적인 실명을 초래할 수 있다. 이 경우에 수정체는 렌즈의 역할을 수행하므로 망막에서 조사도는 눈에서 조사도의 수만 배 이상이 된다. 즉 각막에서 수mW/cm^{2}의 출력밀도가 망막에서는 집속되어 수백W/cm^2 이상으로 증가되기 때문이다.

표 III-3 생체조직에 대한 레이저빔의 기본적인 영향

레이저 형태	파장(μm)	생체에 대한 영향	피부조직에 대한 영향			
			피부	각막	수정체	망막
CO_2	10.6	열적영향	×	×		
HF	2.7	〃	×	×		
Er : YAG	1.54	〃	×	×		
Nd : YAG	1.06	〃	×			×
〃	1.33	〃	×	×	×	×
GaAs	0.780~0.840	〃				×
He-Ne	0.633	〃				×
Ar^+	0.488, 0514	열적영향(광화학 영향)	×			×
XeFl	0.351	광화학 영향	×	×	×	
XeCl	0.308	〃	×	×		

레이저빔의 파장구역에 따라 인체에 미치는 병리학적인 영향을 고려하여 보자. 파장이 180~315nm의 원자외선(UV-C)과 중자외선(UV-B)구역의 빔에서는 광각막염, 즉 각막에서 흡수되어 각막에 화상을 입히는 것과 비슷한 염증을 일으킨다. 파장이 315~400nm의 근자외선(UV-A)구역의 경우에는 광화학적 작용을 일으키고 각막과 수정체에 흡수되어 백내장을 유발하여 안구매체를 불투명하게 만든다. 400~780nm의 가시광선구역에서는 수정체가 렌즈역할을 하여 집속된 빔이 망막을 태우고 손상을 준다. 780nm~1.4μm의 근적외선(IR-A)구역에서는 각막과 수정체에 흡수되어 각막을 태우고, 백내장을 초래한다. 파장이 1.4~3.0μm의 중적외선(IR-B)구역에서는 눈물이나 조직수분에 의한 에너지흡수에 의하여 수포가 발생하고, 각막에 화상을 주거나 백내장을 유발한다. 파장이 3.0~$10^3$$\mu$m의 원적외선(IR-C)구역의 빔은 각막에 화상을 주거나 백내장을 유발한다.

일반적으로 인간의 피부는 눈보다 레이저광선에 덜 민감하여 상대적으로 덜 중요하게 취급된다. 그러나 자외선에 과도한 노출은 햇빛에 의한 화상과 유사한 효과를 주고, 가시광선과 적외선은 주로 열적인 손상으로 위험하다. 또한 레이저광선의 반복조사 또는 고출력에서 한 번의 조사로 심한 손상을 초래할 수 있다. 여기서는 피부조직에 대한 레이저광선조사의 영향을 간단히 살펴보겠다. 파장이 자외선구역인 레이저광선이 피부에 조사되면 표면에서 **광화학작용**으로 손상을 주며, 특히 230~380nm의 빔은 홍반이나 피부암을 유발할 수 있다. 파장이 400~700nm인 가시광선구역 빔을 조사시키면 피부조직의 멜라닌, 헤모글로빈, 철, 케로틴, 멜라노이드 및 혈색소 등의 영향에 따라 특정 파장의 성분을 선별적으로 흡수한다. 그리고 파장이 315~10^6nm인 근자외선으로부터 원적외선에 걸친 전반적인 구역의 레이저빔에 대해서는 피부의 온도를 증가시켜 화상을 유발한다.

인체의 피부조직에 손상을 주는 지속파 레이저광선의 강도는 단위면적당 출력으로 나타내고, 반면에 펄스빔에 대해서는 단위면적당 에너지로서 나타낸다. 또한 레이저빔조사로 장애발생률이 50%가 되는 값의 1/10을 **최대허용노출광량**(MPE: maximum permissible exposure)이라고 하며, 이것은 국제적으로 또는 국가마다 규정되어 있다. 국제적으로는 국제전기전자표준위원회(IEC)에서 제정한 IEC 60825.1 규정을 따르고, 미국의 경우에는 ANSI Z-136.1 규정을 따른다. 미국의 규정에 따라 몇 가지 레이저에 대해서 허용된 **최대노출한계 값**은 표 III-4와 같다. 그리고 인체의 눈과 피부에 대한 최대허용노출광량은 레이저빔의 파장과 출력 등에 따라 다르게 규정되어 있다.

따라서 레이저빔을 사용 시에는 작업조건에 따라 적당한 보호안경과 보호기구를 필히 착용해야 한다. 눈의 보호를 위한 보안경필터의 재료와 두께는 파장과 출력 등에 의하여 결정되며, 이들은 요구되는 파장구역을 흡수하는 특수유리 또는 플라스틱으로 만든다. 일반적으로 레이저시스템을 구입 시 제조회사는 안전을 위한 보안경을 포함한 필요한 보호부품을 함께 공급한다.

표 III-4 ANSI규정(z-136.1)에 의하여 허용된 최대노출 한계

레이저 형태	파장 (μm)	노출시간 (초)	최대 허용 수준(W/cm^2)			
			0.25	10	600	3×10^4
CO_2	10.6		-	100×10^{-3}	-	100×10^{-3}
Nd : YAG(CW)	1.06		-	5.1×10^{-3}	-	1.6×10^{-3}
〃	1.33		-	5.1×10^{-3}	-	1.6×10^{-3}
Nd : YAG(Q-스위칭)	1.06		-	17×10^{-6}	-	2.3×10^{-6}
CaAs	0.840		-	1.9×10^{-3}	-	10×10^{-6}
He-Ne	0.633		2.5×10^{-3}	-	293×10^{-6}	17.6×10^{-6}
Kr^+	0.647		2.5×10^{-3}	-	364×10^{-6}	28.5×10^{-6}
	0.568		2.5×10^{-3}	-	31×10^{-6}	18.6×10^{-6}
	0.530		2.5×10^{-3}	-	16.7×10^{-6}	1.0×10^{-6}
Ar^+	0.514		2.5×10^{-3}	-	16.7×10^{-6}	1.0×10^{-6}
XeFl	0.351		-	-	-	33.3×10^{-6}
XeCl	0.308		-	-	-	1.3×10^{-6}

(2) 레이저빔에 의한 간접적인 위험성

레이저를 사용할 때 간접적인 위험성은 레이저빔에 의해서 파생되는 문제와 레이저빔 이외의 외적인 문제로 나누어 생각할 수 있다. 레이저빔에 의하여 파생되는 문제는 재료가공 시 사용되는 재료와 출력에 따라 차이가 있다. 예를 들면 고분자재료의 절단 혹은 증발가공 시에는 부분적으로 분해되어 인체에 유해한 에어로졸과 증기가 발생할 수 있다. 금속재료와 세라믹재료의 절단과 천공 시에는 그들의 산화물과 증발된 입자들을 방출시키며, 이러한 분진과 매연은 호흡 시 인체에 유해한 경우가 많다. 그리고 각종 금속의 용접 시 플라즈마가 발생하며, 여기에는 눈에 유해한 자외선과 푸른색의 파장구역이 포함되므로 보안경으로 대비해야 한다. 또한 엑시머레이저 혹은 염료레이저의 경우에 사용되는 가스와 용액은 독성을 가진 것이 많으므로 취급상에 주의가 필요하다.

레이저빔 이외의 외적인 위험성은 전기적인 위험성과 기계적인 위험성이 있다. 고출력레이저는 고전압과 고전류를 사용하므로 감전에 의한 치명적인 사고가 발생할 수 있다. 따라서 이들을 취급 시 매우 조심해야 하며, 레이저시스템에 안전을 위한 연동장치가 구비되어 있어야 한다. 일반적으로 레이저시스템에서 가공할 부품의 송입과 배출장치는 넓은 면적을 차지하고, 고속으로 이동하므로 주위에 사람은 물론 다른 물건들을 방치하지 말아야 한다. 그리고 레이저를 이동 및 회전용 로봇에 부착시키는 경우에는 그 작업영역을 숙지하고 유의해야 한다.

Ⅲ-8-2 레이저 안전등급의 분류

레이저는 사고의 위험성을 최소화하고 특히 눈의 보호를 위한 조치가 필요하며, 이를 위하여 레이저의 디자인, 사용 및 설치에 안전을 기하기 위한 규정이 있다. 레이저는 사용하는 목적과 인체에 대한 레이저빔의 노출규제차원에서 방출되는 빔의 출력 또는 에너지와 파장에 관하여 분류되어 있다. 레이저의 안전등급은 1970년대 초에 처음으로 미국에서 ANSI Z136 규정으로 제정되어 사용되었다. 이 규격의 안전등급은 Class I - Class IV의 4단계이며, 이것을 다시 세분하여 6가지로 분류하였다. 그러나 2002년부터 국제전기전자표준위원회(IEC)에서 제정한 국제규격인 IEC 60825 규정이 국제적으로 통용되고 있다. 이 규격의 안전등급은 Class1 - Class4의 4단계이며, 이것을 다시 세분하여 7가지로 분류한다. 이들 규격에서 숫자의 크기가 클수록 레이저의 위험도가 크다.

이러한 **레이저안전등급**의 구분을 위해 **피폭방출한계**(AEL; accessible emission limit)가 정해져 있으며, 이것은 **한계노출시간**(T_{max}; limiting exposure duration)이 약 8시간($T_{max} = 3 \times 10^4$초)에서 규정된 최대허용노광량(MPE)을 초과하지 않는 수준을 의미한다. 그리고 레이저안전등급에 따라 그림 III-23과 같은 **경고표시**를 레이저시스템과 작업구역에 부착시켜야 한다. 그림(a)는 레이저에 표시하는 경고표시로서 흰 바탕에 붉은 색으로 위험(DANGER)이라는 글자와 레이저빔 분출표시를 하고 검은색으로 선을 그린 테두리 내에 검은색의 글씨로 경고문, 레이저의 제원 및 레이저안전등급을 표시한다. 그림(b)는 레이저가 사용되는 구역과 주변기기를 알리는 경고표시이다.

(1) 레이저안전등급; 국제규정

여기서 국제적으로 통용되는 IEC 60825 규정에 의한 레이저안전등급에 대하여 살펴보겠다. 이 등급에는 다음과 같이 크게 4등급이고, 세부적으로는 1과 1M, 2와 2M, 3R, 3B, 4의 7가지로 분류된다. 그리고 1M 이상의 모든 레이저에는 경고표시가 있어야 한다.

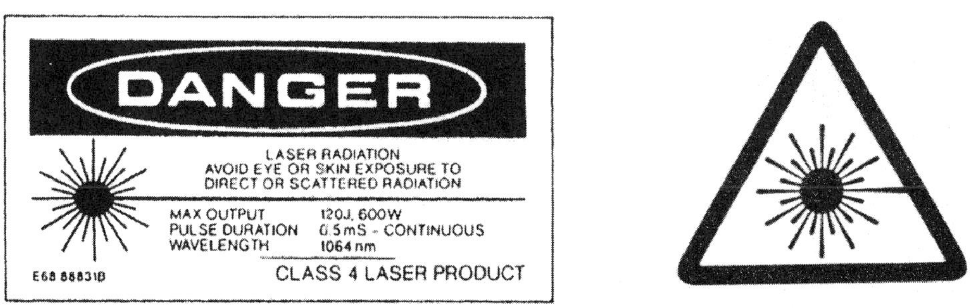

(a) 레이저에 부착시키는 위험경고표시　　(b) 레이저가 사용되는 구역의 경고표시

그림 III-23 고출력레이저와 주변구역의 경고표시

○ Class 1, Class 1M

Class 1 등급의 레이저는 보통의 사용에서는 모든 조건에서 안전하다. 눈으로 보거나 현미경 또는 망원경 같은 집속 및 확대 기구를 사용해도 MPE에 도달하지 않는다. Class 1M 등급은 현미경 혹은 망원경 같은 집속 및 확대 기구를 사용하는 것을 제외한 보통 사용의 모든 조건에서 안전하다. 이 등급의 레이저에서는 빔을 집속하지 않는 한 MPE를 넘지 않는다.

○ Class 2, Class 2M

Class 2 등급은 레이저가 400~700nm 구역의 가시광선을 방출하며, 출력은 지속파로 1mW 이하로 제한된다. 이 등급의 레이저광선은 0.25초 이내의 노출에는 안전하므로 반사적으로 눈을 깜빡임으로써 눈을 보호할 수 있다. 많은 측정기구와 레이저포인터는 이 등급의 레이저를 사용한다. Class 2M 등급은 레이저광선을 광학적인 기구를 통하여 보지 않는 한 눈 깜빡임으로 눈을 보호할 수 있다. 이 등급은 현미경 혹은 망원경 같은 집속 및 확대 기구를 사용하여 보면 위험할 수 있으며, 빔의 광선양은 Class 2 등급을 넘지 않는다.

○ Class 3R, Class 3B

Class 3R 등급은 제한적으로 빔을 보는 등 조심스러운 취급을 하면 안전한 것으로 간주된다. 이 등급은 MPE를 초과할 수 있으나 위험성이 적고 인체손상이 거의 없다. 이 등급은 지속파의 가시광선에서 출력이 5mW로 제한되나, 다른 파장과 펄스빔에서는 다른 값이다. Class 3B 등급은 눈에 직접 노출되면 위험하다. 그러나 종이 또는 다른 물체의 표면에서 난반사되면 위험하지 않다. 315nm~원적외선구역의 지속파 레이저의 AEL은 0.5W이다. 파장이 400~700nm의 가시광선펄스레이저에 대하여 AEL은 30mJ이다. 다른 파장과 극초단펄스빔에 대해서는 다른 값이 적용된다. 이 등급의 레이저를 취급하는 경우에는 보안경을 착용하는 것이 요구된다. 그리고 이 등급의 레이저는 안전연동장치와 전력차단장치를 장비해야 한다.

○ Class 4

Class 4 등급은 레이저등급 중에서 가장 높은 등급으로 위험하며, Class 3B 등급의 AEL을 초과하는 모든 레이저가 포함된다. 이 등급의 레이저는 피부에 화상을 주고, 레이저빔을 직접 혹은 간접적으로 보아도 눈에 영구적인 손상으로 실명한다. 이 등급의 레이저는 연소될 수 있는 물질을 발화시킬 수 있어서 화재위험도 있다. 이러한 위험성은 간접적인 또는 반사된 빔에 의해서도 일어나므로 이러한 레이저빔의 광통로에도 주의해야 한다. 이 등급의 레이저는 안전연동장치와 전력차단장치를 장비해야 한다. 대부분의 산업용, 연구용, 군사용 및 의료용 레이저는 이 범주에 속한다.

(2) 레이저안전등급; 미국규정

여기서 미국에서 통용되는 ANSI Z136 규정에 의한 레이저안전등급에 대하여 살펴보겠다. 먼저 언급한 바와 같이 이 등급은 1970년 초에 미국에서 제정되었으며, 미국제품에는 아직도 사용되고 있다. 이 등급에는 다음과 같이 크게 4등급이 있고, 세부적으로는 I, II, II_A, III_A, III_B, IV의 6가지로 분류된다.

○ Class I

Class I 등급은 지속파로서 가시광선 구역에서 0.4μW 이하의 매우 낮은 출력을 방출하며, 눈 혹은 피부에 위험성이 없다. 따라서 이 등급 레이저는 어떤 경우에도 안전하기 때문에 이것을 취급하는 것에는 특별한 통제조건이나 경고표시가 없다. 그러나 직접적으로 사람의 눈에 노출시키는 것은 피하는 것이 좋다.

○ Class II, Class II_A

Class II 등급은 가시광선구역의 낮은 출력을 가지며, Class I보다는 크나 지속파에서 1mW 이하의 빔을 방출한다. 이 정도는 레이저빔을 보고 약 0.25초 이내에 사람이 눈을 깜빡이거나 목을 돌려 피하게 되면 위험하지 않은 정도이다. 그러나 이 등급에 오랫동안 노출시키는 경우에는 손상을 줄 수 있는 정도이다. 이 등급은 단지 가시광선구역에만 해당되고, 레이저포인터도 여기에 포함된다. 이 등급의 레이저 또는 관련된 주변기기는 경고표시를 해야 하지만 이들의 통제에 대한 조건은 미미하다.

Class II_A 등급의 경우 망막에 손상을 주려면 계속하여 1,000초 이상 동안 레이저를 보는 것이 요구된다. 그 이하의 노출에는 안전한 것으로 백화점의 레이저스캐너 같이 사람이 직접 보는 것을 목적으로 하지 않는 것이다.

○ Class III_A, Class III_B

Class III_A 등급은 중간출력의 레이저로서 그림 III-23과 같은 경고표시를 해야 한다. 이 등급의 레이저는 가시광선구역의 지속파로 출력이 1~5mW 범위이며, 인체의 피부조직에 대한 직접적인 노출은 병리학적인 손상이 가능하며, 눈에 직접적인 접촉은 망막에 심각한 손상을 준다. 따라서 눈을 0.25초 내로 깜빡이는 것이 눈의 안전을 위해서 충분히 빠르지 않다는 점에 주의해야 하며, 그러나 약간의 주의로 안전하다.

만일 레이저디바이스에 'CAUTION'이라는 경고라벨이 붙어 있지 않으면 레이저빔 출력밀도가 2.5mW/cm^2을 넘지 않는다. 그렇지 않으면 'DANGER'라는 위험라벨이 요구된다.

Class III_B 등급은 지속파로서 출력이 5~500mW이며, 펄스빔에 대해서 10J/cm^2이다. 이러한 범주는 레이저출력에 따라 1/100초 정도의 노출에서도 눈에 심각한 손상을 줄 수 있다. 즉 이 등급의 레이저빔이 눈에 조사되면 손상을 주나, 일반적으로 근거리에서 직접 보지 않는 한 위험하지는 않다. 그리고 반사된 빔을 보는 것도 직접노출과 같이 위험하나, 난반사 되는 경우에는 위험하지는 않다. 이 등급의 레이저 취급에서는 보안경을 사용해야 하며, 이 등급의 출력범위에서 높은 측은 피부에 화상을 입히고 화재를 일으킬 수도 있다.

○ Class IV

Class IV 등급은 지속파로서 500mW 이상의 출력을 방출하는 고출력레이저로 그림 III-23과 같은 특정한 경고표시를 해야 하며, 통제조건은 매우 엄격하다. 이 등급의 레이저로부터 레이저빔에 직접 혹은 간접적으로 노출됐을 경우에 눈과 피부가 손상될 수 있고, 반사된 광선도 눈과 피부에 매우 위험하다. 그리고 이 등급의 레이저는 가연성물질에 조사되는 경우에 화재위험성이 있다. 재료가공에 사용되는 모든 레이저는 이 등급에 속하므로 이러한 레이저는 가능하면 항상 레이저빔의 통로와 작업구역을 통제해야 한다. 그리고 Class IV급 레이저가 사용되는 구역의 작업자와 그곳에 접근하는 사람은 레이저빔으로부터 눈을 보호하는 보호안경을 사용해야 한다. 많은 산업용, 연구용, 군사용, 의료용 레이저는 이 범주에 속하므로 취급에 주의해야 한다.

위에 기술된 레이저등급 분류는 주로 인체의 눈과 피부손상에 관련된 위험성에 관한 것이며, 재료가공에서 고출력이라고 하면 수백W 이상 수KW급에 해당하므로 직접적인 노출은 물론 작업물로부터 확산반사로 인한 간접적인 노출도 매우 위험하다. 따라서 재료가공과 관련된 레이저를 사용하는 장소에서는 보호안경착용은 물론 작업장의 보호차단 등 직접적인 안전성과 함께 간접적인 안전성에도 매우 주의를 기울여야 한다. 그리고 고출력 레이저시스템에서는 작동 시 여러 색상의 경고등으로 전원공급, 빔방출 및 일시정지 등을 나타내어야 한다. 또한 레이저가동 도중에 문제가 발생하거나 위급한 상황이 발생 시 순간적으로 레이저빔차단 또는 전력공급을 중지할 수 있는 안전장치와 연동장치가 마련되어 있어야 한다.

레이저 재료가공의 기초 IV

레이저를 공업적으로 이용하는 방법에는 레이저광선의 특성을 직접적으로 이용하는 방법과 레이저광선을 집속시켜 만든 열원으로 간접적으로 이용하는 방법으로 나눌 수 있다. 전자는 저출력레이저빔의 파장, 직진성, 단색성, 가간섭성, 간섭현상 등의 성질을 이용하는 것으로 측정, 계측, 통신 등에 이용하는 것이다. 반면에 후자는 고출력레이저빔을 렌즈로 집속시켜 발생한 열을 이용하여 재료의 가열, 용융 및 증발로 재료가공에 이용하는 것이다.

레이저가공기술은 매우 다양하게 사용되고 융통성이 있는 첨단기술이지만, 모든 곳에 이용될 수 있는 만능의 방법은 아니다. 그러나 레이저빔의 특성, 가공하려는 재료의 성질 및 레이저빔과 재료 사이의 상호작용을 잘 이해하고 레이저열원을 적절하게 사용하면 재료가공에 매우 효과적이고 편리한 방법을 제공한다. 만일 위의 관계들을 자세히 이해하지 못하고 임의적으로 레이저를 사용하면 재료가공에서 비효율적이고 전혀 도움이 되지 못한다. 따라서 각종 재료에 대한 레이저가공을 실행하기 전에 레이저재료가공의 기초에 대한 이해가 필요하다.

현재 레이저재료가공이 수행되고 있는 수치적인 가공범주를 보면 10^{0}mm(1mm)를 기준으로 $10^{\pm1}$mm (0.1mm～1cm)에 전체의 50% 정도, $10^{\pm2}$mm(10μm～10cm)에 전체의 90% 정도라고 간주할 수 있다. 보통 레이저빔의 파장, 지속파 혹은 펄스폭, 집속된 점크기, 초점깊이, 출력밀도, 재료물성, 레이저빔흡수도 등에 따라 가공규격과 가공범위에 한계가 있다. 그러나 오늘날 레이저재료가공의 범주는 10μm 이하의 매우 미세한 초정밀가공과 10cm 이상의 대형의 구조물가공으로 더욱 발전되고 있다. 초정밀미세가공에서는 재료에 열적인 영향이 없어야 하므로 fsec/psec의 극초단펄스빔을 사용해야 되고, 대형구조물가공에서는 20～30KW 혹은 그 이상의 고출력레이저를 사용해야 한다. 따라서 여기에서는 일반적인 레이저가공과 함께 극한적인 가공과 관련하여 레이저빔의 조절, 광학부품과 주변기구의 특성과 기능, 레이저빔과 재료 사이의 상호작용 등에 대하여 검토하여 보겠다.

IV-1 레이저빔의 조절

레이저빔에 의한 재료가공에서 가장 많이 사용되는 레이저는 고출력의 지속파(CW) 또는 펄스를 방출하는 레이저이다. 이들 레이저는 Nd:YAG레이저, CO_2레이저, 다이오드레이저, 디스크레이저 및 파이버레이저이다. 일반적으로 재료가공에서는 적당한 레이저빔 형태와 충분한 출력밀도를 주기 위해서 이들 레이저에서 방출되는 빔을 광학부품으로 적당하게 조절해야 한다. 그리고 적은 열영향 구역을 주기 위해서도 렌즈와 곡면거울 등을 이용하여 필요한 크기로 집속시켜야 한다. 따라서 레이저빔에 의한 재료가공을 정량적으로 다루기 위해서는 레이저빔의 형태와 출력밀도분포 등에 대한 기본지식이 필요하다. 그리고 이들 레이저빔을 렌즈로 집속시키는 경우에 초점위치에서 얻어지는 점크기(spot size)와 초점깊이(depth of focus)의 개념 등 형태적인 특성을 검토해 보아야 한다. 또한 집속된 빔의 크기와 초점거리의 계산방법과 측정방법 등에 대해서도 검토하여 보겠다.

IV-1-1 재료가공용 레이저의 공진기형태

재료가공에 사용하는 레이저는 고출력을 주는 방법으로 광학적인 공진기를 사용하며, 공진기는 안정형공진기형태(왕복진행 집속형태)와 불안정형공진기형태(발산형태)로 나눌 수 있다. 광선의 진로를 고려하여 보면 안정형공진기형태에서는 공진기 내에서 광선이 광축 주위에서 계속하여 왕복진행하도록 반사거울의 배치가 이루어져 있다. 반면에 불안정형공진기형태에서는 광선이 광축으로부터 발산하여 곧 외부로 방출되도록 반사거울의 배치가 이루어져 있다. 대부분의 재료가공용 레이저구조는 안정형공진기형태이지만, 매우 고출력을 요구하는 레이저에서는 불안정형공진기형태를 이용하는 경우가 있다.

(1) 고출력 안정형공진기레이저

안정형공진기레이저의 구조는 II-3-3항에서 기술한 바와 같이 공진기 내에서 빔의 안정성을 주는 구조를 가지고 있다. 이러한 레이저에서 방출되는 빔의 횡단면모드를 TEM_{mn} 혹은 TEM_{pq}모드라고 한다. 이들은 레이저빔의 횡단면상에서 광선의 진폭분포가 일정하지 않으므로 그에 해당하는 출력밀도분포를 나타낸다. 일반적으로 이들 모드들의 출력밀도분포는 원형 또는 사각형의 형식을 취하며, 그 예들은 그림 II-14에 나타내었다. 그리고 이러한 모드를 가진 레이저빔은 자유공간을 통하여 전파되어도 모드모양을 바꾸지 않는다. 안정형공진기레이저가 저차원모드 혹은 고차원모드로 동작하는가는 주로 공진기의 길이와 유효한 빔의 직경에 의존한다. 빔의 직경이 작고 길이가 긴 가스레이저는 고차원모드가 튜브의 내벽에 의하여 약화되므로 저차원모드를 주는 경향이 있다. 그리고 고차원모드는 큰 회절각도와 발산각도에 관련되므로 제한된 구경에 의하여 심하게 약화된다.

레이저빔의 횡적모드차수는 빔의 크기, 발산각도, 집속된 빔의 초점크기와 초점깊이에 관련되므로 레이저빔의 횡적모드는 재료가공에 매우 중요한 인자이다. 일반적인 재료가공 특히 용접, 절단 및 천공에서는 가능하면 가장 큰 출력밀도를 주는 것이 바람직하므로 가장 낮은 차수의 모드인 TEM_{00}모드가 바람직하다. 그러나 열처리와 클래딩 같은 재료가공에서는 넓은 구역에 더욱 균일한 출력밀도분포가 요망되므로 높은 차수의 모드가 바람직하다. 상업용 CO_2레이저는 3KW급까지 거의 TEM_{00}모드로 동작이 가능하며, 이들은 일반적으로 저속축류형식 또는 고속축류형식의 레이저로서 적은 값의 **프레넬(Fresnel)수**를 가진다.

레이저에서 반사거울들이 같은 반경을 가지는 경우에 균일한 평면파를 한 거울에 조사한다고 가정할 경우에 다른 거울에 의하여 차단되는 프레넬구역(간섭 링)의 수를 프레넬수라고 하며, 이것을 N이라고 나타내는 경우에 다음 식과 같이 정의된다. 이것은 안정형공진기가 저차원 혹은 고차원으로 동작하는가의 경향을 판단하는 기준이 된다.

$$N = \frac{a^2}{\lambda L} \tag{IV-1}$$

a : 제한구경의 반경, L : 공진기의 광학적인 길이

TEM_{00}모드로 동작하기 위해서는 프레넬수가 1 혹은 그 이하이어야 한다. 예를 들면 출력구경의 반경이 0.5cm인 CO_2레이저에 대하여 공진기의 길이는 2.5m가 요구된다. 5KW급 이상의 CO_2레이저는 일반적으로 고속횡류형식이 사용되고, 안정형공진기 설계로서 프레넬수는 5 또는 10 정도로 크다. 이런 경우에는 높은 차수의 모드를 준다. 출력이 6KW급 이상의 경우에는 레이저빔의 출구 측에 유전체로 제조된 부분투과거울을 사용하는 것을 피하기 위해서 광학적으로 불안정형식의 공진기를 사용한다. 고체레이저에서는 저출력의 경우에는 거의 TEM_{00}모드에 가까운 형식을 주지만 고출력의 경우에는 높은 차수의 모드 또는 찌그러진 모드를 준다.

(2) 고출력 불안정형공진기 레이저

불안정형공진기는 흔히 레이저발진에 요구되는 귀환광선이 상대적으로 적기 때문에 고출력의 높은 신호이득을 주는 레이저에서 사용된다. 불안정형공진기의 구조는 그림 IV-1과 같다. 여기서 그림(a)는 공초점공진기이며, 그림(b)는 빔을 다른 방향으로 방출시키기 위해서 별도의 거울을 설치한 구조이다. 모든 불안정형공진기에서 광선의 진행은 축과 평행하지 않으며, 레이저빔은 출구 측의 거울 둘레에서 나오게

(a) 공초점공진기

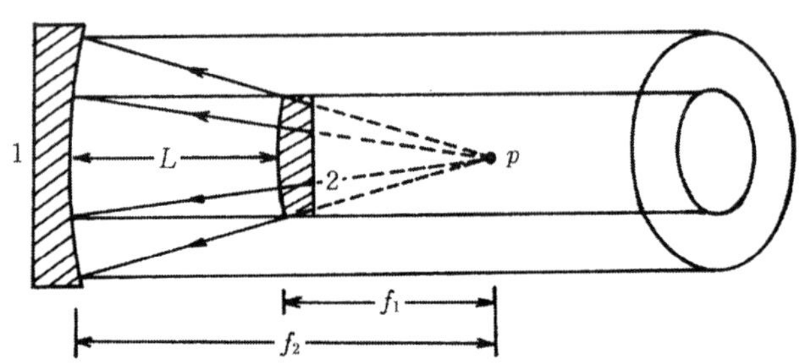

(b)

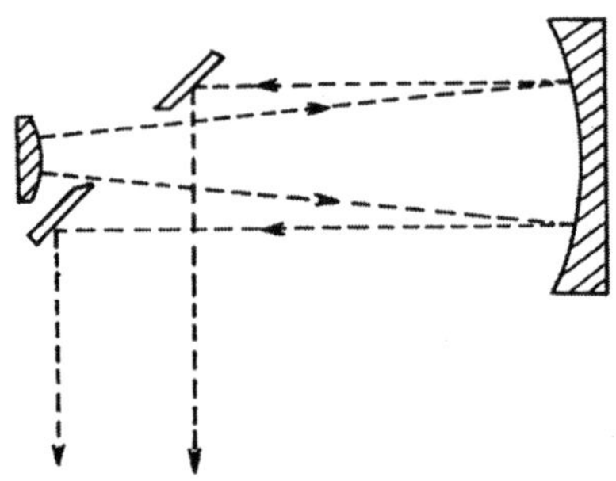

그림 IV-1 불안정형공진기 구조. 양측의 거울들은 전반사의 거울임.

된다. 따라서 출력은 회절효과로 인하여 하부구조를 가지나, 적당한 설계로 저차원모드를 얻을 수 있다. 그리고 근거리에서는 항상 원형고리형태로서 그 내부직경은 출구 측에 있는 거울의 직경과 같고, 외부직경은 공진기설계에 따라 다르다. 그러나 원거리에서는 원형 고리의 빈 중앙부가 채워지며, 렌즈 혹은 거울의 초점위치에서도 채워진다. 불안정형공진기는 안정형공진기와 같이 여러 가지 횡적모드를 줄 수 있다. 그러나 고차원모드와 관련된 손실이 매우 크기 때문에 일반적으로 이러한 레이저는 저차원의 횡적모드로 동작시킨다. 이러한 모드는 발산각도와 집속능력에서 거의 가우시안모드와 비슷하며, 특히 집속시키면 그 출력밀도분포가 집속된 가우시안빔과 비슷하다.

그림 IV-1에서 보듯이 원형 고리형태의 출력이 방출되는 경우에 두 거울의 반경비를 배율이라고 하며, 이것은 거울들의 곡률반경으로 표현할 수도 있고 다음 식과 같다.

$$m = \frac{a_1}{a_2} = \frac{r_1}{r_2} \tag{IV-2}$$

여기서 a_1은 후면거울의 반경이고, a_2는 출력거울의 반경이다.

만일 공진기 내에서 광선의 방사가 후면거울에 균일하게 채워진다고 가정하면, 방출되는 출력부분(기하학적 손실)은 다음 식과 같다.

$$G = \frac{\pi(a_1^2 - a_2^2)}{\pi a_1^2} = \frac{m^2 - 1}{m^2} = \frac{r_1^2 - r_2^2}{r_1^2} = 1 - \frac{r_2^2}{r_1^2} \tag{IV-3}$$

이 식으로부터 공초점의 불안정형공진기로부터 방출되는 출력을 예측할 수 있다. 또한 공진기의 길이는 다음 식과 같다.

$$L = f_1 - f_2 = \frac{r_1}{2} - \frac{r_2}{2} \tag{IV-4}$$

그리고 공초점의 불안정형공진기에 대한 유효 프레넬수는 다음 식과 같다.

$$N_{eq} = \frac{1}{2}\frac{a_2^2}{\lambda L}(m-1) \tag{IV-5}$$

불안정형공진기의 배율은 레이저의 전기적인 효율(레이저빔출력/전기입력)에도 영향을 미친다. 즉 $m = 1$인 경우에 레이저빔의 출력은 0으로부터 $m \cong 2$에서 최댓값이 되도록 증가된 후에 m의 증가에 따라 레이저빔의 출력은 감소된다. 산업적으로 이용되는 불안정형공진기레이저의 적당한 배율선택은 레이저빔출력과 그 집속효율성 사이의 관계를 생각하여 최대의 가공능력을 주도록 하며, 일반적으로 m값은 2.0∼4.0 사이의 값을 선택한다.

Ⅳ-1-2 레이저빔의 횡단면형태와 발산

레이저빔의 횡단면형태는 II-4-3항에서 기술한 바와 같이 레이저공진기의 양단을 반복하여 왕복진행하는 광자들의 전자기장에 의하여 결정된다. 이 전자기장의 모양은 광선의 파장, 공진기의 양단에 위치한 반사거울들의 곡률반경, 거리 및 배열상태와 공진기의 직경 등에 의존한다. 이 전자기장은 위의 조건들에 따라 조사된 표면 상에서 그림 II-14와 같은 여러 가지 모양의 강도분포를 나타내는 TEM_{mn}모드를 가지고 있다. 이러한 TEM_{mn}모드는 레이저빔의 강도분포와 발산정도를 결정하며, 또한 렌즈에 의하여 집속되는 조건들을 결정하므로 매우 중요하다.

일반적으로 기본적인 모드의 레이저빔을 렌즈로 집속할 경우에 여러 가지 유리한 점이 있기 때문에 재료가공에 사용되는 레이저는 보통 기본적인 모드에서 동작하도록 설계되어 있다. 즉 모드의 차수가 적을수록 렌즈의 초점위치에서 얻어지는 빔의 점크기 직경이 작아서 큰 출력밀도를 줄 수 있고, 또한 레이저빔을 광학적으로 조절하기가 용이하다. 반면에 차수가 큰 모드의 레이저빔을 요망되는 빔직경으로 얻기 위해서는 초점거리가 짧은 렌즈가 요구되므로 렌즈와 작업부품 사이의 공간을 축소시킨다. 따라서 금속의 열처리 또는 특정한 가공에서는 강도분포가 도너츠형식을 주는 TEM_{01*}모드 또는 큰 차수의 모드가 사용되기도 하지만, 대부분의 재료가공에서는 TEM_{00}모드의 레이저빔을 사용한다.

TEM_{00}**모드**는 중심부에서 가장 큰 출력밀도를 주며, 대부분의 재료가공에서 가장 바람직한 모드이기 때문에 매우 중요하다. 이 모드는 동일한 위상의 파면을 가지며, 그 출력은 가우시안분포이다. 그림 IV-2

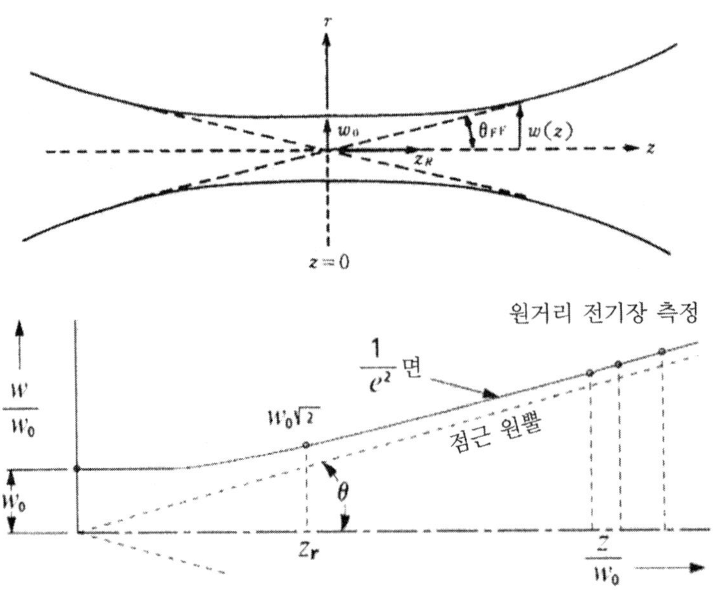

그림 IV-2 가우시안빔의 빔허리 근방에서 빔전파의 기하학적인 구조. 밑의 그림은 $z=0$으로부터 우측을 확대시켜 나타낸 것임.

는 TEM_{00}모드의 레이저빔을 집속 시 초점위치에서 거리에 따른 빔직경의 관계를 나타낸다. 레이저빔은 공진기공동 내에서 최소 직경이 형성되는 위치로부터 외부로 전파됨에 따라 (II-49)식과 같이 직경이 증가하게 된다. 일반적으로 최소직경인 빔허리는 레이저공진기공동의 내부에 위치하게 되나, 만일 빔출구측의 거울이 평면거울일 경우에는 공진기공동의 우측, 즉 평면거울의 위치에 올 수도 있다.

여기에서 먼저 레이저공진기로부터 나오는 빔의 품질을 나타내는 **품질인수**(M^2)를 정의하여 보겠다. 이것은 어떤 빔허리를 가진 레이저빔의 실제적인 **빔의 발산각**(θ_{act})과 동일한 빔허리를 가진 가우시안빔의 발산각(θ_r)을 비교한 값이다. 이제 레이저공진기의 빔허리를 w_o라고 하고, 가우시안빔의 발산각을 θ_{Gaus}이라고 하자. 그리고 이 레이저공진기의 실제적인 빔허리를 w_{act}라고 하고, 빔의 발산각을 θ_{act}라고 하자. 회절이 억제된 가우시안빔(TEM_{00}모드)의 전파식은 IV-7(a)와 같다. 원거리(z가 큰 거리)에서는 $[\lambda z/\pi w_o^2]^2 \gg 1$이므로, 따라서 $\theta_{Gaus} = w(z)/z = \lambda/\pi w_o$이기 때문에 $\theta_{Gaus} w_o = \lambda/\pi$이다. 실제적인 빔허리($w_{act}$)와 같은 빔허리를 가지는 가우시안빔의 발산각을 θ_r이라고 하면, 같은 빔의 전파식을 사용하여 $\theta_r = \lambda/\pi w_{act}$를 얻는다.

만일 $M = \theta_{act}/\theta_{Gaus} = w_{act}/w_o$이라고 하면, 이것을 **모드인수(M)**라고 한다.

$$\theta_{Gaus} = \lambda/\pi(w_{act}/M) \tag{IV-6(a)}$$

$$\theta_{act} = M(\lambda M/\pi w_{act}) \tag{IV-6(b)}$$

그러나 $\theta_r = \lambda/\pi w_{act}$이므로 $M^2 = \theta_{act}/\theta_r$이며, 이것은 빔의 품질을 나타낸다. 여기서 M^2을 빔의 품질인수라고 하며, 이 값을 알고 있으면 빔의 집속 시 실제적인 점크기와 초점깊이를 계산할 수 있다.

○ 빔허리(beam waist)와 발산

레이저빔은 공간에서 전파되는 경우에 발산하게 되며, 발산의 정확한 예측과 측정이 필요하다. 레이저빔의 발산은 회절이론의 예측과 일치하지만, 일반적인 경우에는 빔의 발산이 적어 측정이 쉽지 않다. 이제 레이저빔이 전파됨에 따라 레이저빔의 특성을 기술하는 공업적인 계산에서 그림 IV-2를 참고로 하여 가우시안빔의 레이저빔은 공간에서 다음 식과 같이 발산된다. M^2은 이상적인 가우시안빔에 대하여 실제적인 빔의 **빔파라미터곱(BPP; beam parameter product)**의 비율이다.

$$M^2 = \frac{\pi w_0 \theta}{\lambda} \tag{IV-6(c)}$$

w_0 : 빔허리의 반경, θ : 원거리장(far field)에서 발산각도

여기서 $BPP = w \times \theta$이며, 이것은 가우시안빔의 원거리장(far-field)에서 반경에 발산각도의 1/2를 곱한 것이다. 레이저빔이 전파됨에 따라 거리 z에서 빔직경의 변화와 발산은 한 개의 매개변수 w_0의 함수이며, 완전한 가우시안빔의 경우에 $M^2 = 1$이다. 가우시안빔이 아닌 경우에 빔전파는 두 개의 매개변수

w_0와 M^2의 함수이며, 항상 $M^2 > 1$이다. 따라서 M^2은 빔허리 w_o를 알고 있는 경우에 일반적인 빔전파를 기술하는 단지 한 개의 값이다.

○ 근거리전자기장 대(對) 원거리전자기장 발산

레이저빔은 가우시안빔 혹은 비가우시안빔 모두 그림 IV-2와 같이 선형적으로 발산하지 않는다. 빔허리(w_0) 근방에서는 발산각도가 적고, 빔허리로부터 멀리 떨어지면 그림 IV-2에 나타낸 것과 같이 점근한계에 접근한다. z축을 따라 발산이 적은 구역을 때로는 초점깊이라고 부른다. 그리고 빔허리로부터 직경이 $\sqrt{2}\,w_0$가 되는 위치까지 거리를 **레일리(Rayleigh)거리(z_R)**라고 정의하며, $z_R = \pi w_0^2/\lambda$이다.

레일리(Rayleigh)구역은 근거리장(near-field)발산과 중거리장(mid-field)발산 사이를 구별하는 선이다. 원거리장(far-field)발산은 레일리구역에서 먼 거리의 위치에서 측정되어야 한다. 치밀하게 잘 집속된 빔에 대하여 빔허리, 즉 초점위치에서 원거리장까지 거리는 수mm 또는 그 이하로 될 수 있다. 그리고 레이저로부터 직접 방출되는 빔에 대하여 원거리장거리는 수m로 측정될 수 있다. 따라서 측정되어야 할 매개변수는 전체빔출력, 초점위치에서 빔프로파일, 레일리거리에서 멀리 떨어진 위치를 포함하여 빔진행방향으로 몇 곳에서의 빔프로파일이다.

위에 언급한 바와 같이 레이저빔의 특성을 기술하도록 하는 측정의 원리는 몇 개의 교차구역을 따라 빔의 폭과 빔프로파일을 측정하고 정의하는 것을 가능하게 한다. 따라서 빔의 폭을 정의하는 것은 측정과 분석에 매우 중요하다. 광학적인 빔은 명확하게 정의되지 못하므로 빔의 규격은 물체와 같이 정확한 숫자로 정의되기 힘들다. 그러나 일반적으로 빔의 폭에 대한 정의는 빔의 강도가 첨두치의 $1/e^2$(13.5%) 되는 위치 사이의 폭으로 정의한다. 이것은 가우시안빔의 전파에서 얻어지는 것으로 TEM_{00}모드에 대하여 적용된다. 그러나 실제로 많은 레이저빔의 경우에는 TEM_{00}모드에서 차이가 있다. 빔프로파일 측정에는 사진영상에 의한 방법, 예리한 선단스캐닝에 의한 방법, 슬릿스캐닝에 의한 방법, 핀홀스캐닝에 의한 방법 등이 있다. 이러한 방법들에 대해서는 IV-1-5항에서 살펴보겠다.

위치에 따른 TEM_{00}모드 빔과 모드인수 M인 다중모드 빔의 반경을 나타내면 다음 식과 같으며, 이를 **빔의 전파식**이라고 한다.

$$w(z) = w_0\left[1+\left(\frac{\lambda z}{\pi w_0^2}\right)^2\right]^{\frac{1}{2}} = w_0\left[1+\left(\frac{z}{z_R}\right)\right]^{\frac{1}{2}} \qquad \text{(IV-7(a))}$$

$$w(z) = w_0\left[1+\left(\frac{\lambda z M^2}{\pi w_0^2}\right)^2\right]^{\frac{1}{2}} \qquad \text{(IV-7(b))}$$

w_0 : $z=0$의 빔허리 위치에서 빔의 반경

z_R : 레일리구역(w_o로부터 직경이 $\sqrt{2}\,w_0$가 되는 위치까지 거리)

$\left(z_R \equiv \dfrac{\pi w_o^2}{\lambda}\right)$ (가우시안빔의 경우)

$\left(z_R \equiv \dfrac{\pi w_o^2}{M^2\lambda}\right)$

M : 모드인수

(사각형 모드 ; $M=(2m-1)/2k_l$, 원형 모드 ; $M=(2p+q+1)$)

위에서 언급한 바와 같이 z_R(레일리구역)은 최소 빔직경(w_0)위치(이곳에서 위상면의 곡률반경은 무한대임)에서 빔직경이 $\sqrt{2}$배가 되는 거리를 나타낸다. 근거리 전자기장과 원거리 전자기장은 z_R에 의하여 다음과 같이 정의된다.

$z > z_R$: 원거리 전자기장

$z < z_R$: 근거리 전자기장

w_0와 z_R은 다른 방법으로 표시하면 다음 식과 같다.

$$w_0 = \left(\frac{\lambda L}{\pi}\right)^{1/2} \cdot \frac{\{g_1 g_2(1-g_1 g_2)\}^{1/4}}{(g_1+g_2-2g_1 g_2)^{1/2}} \tag{IV-8}$$

$$z_R = L \cdot \frac{\{g_1 g_2(1-g_1 g_2)\}^{1/2}}{(g_1+g_2-2g_1 g_2)} \tag{IV-9}$$

$$g_1 = 1-\frac{L}{r_1},\ g_2 = 1-\frac{L}{r_2}$$

L : 공진기의 길이

r_1, r_2 : 전반사 거울과 출구 측 거울의 곡률반경

위의 (IV-7)식은 어떤 형태와 차수의 모드에서도 적용된다.

z 위치에서 위상면의 곡률반경은 다음 식과 같다.

$$R(z) = z\left\{1+\left(\frac{z_R}{z}\right)^2\right\} \tag{IV-10}$$

$$z_R = \frac{\pi w_o^2}{\lambda}$$

$z \ll z_R$인 근거리 전자기장에서 $R \cong \dfrac{z_R^2}{z}$

$z \gg z_R$인 원거리 전자기장에서 $R \cong z$

(IV-10)식에서 보면 곡률 반경은 $z = z_R$에서 최소이며, 이 경우에 다음과 같다.

$$R_{\min} = 2z_R \tag{IV-11}$$

참고적으로 큰 차수의 사각형모드를 가지는 비대칭**헤르미트-가우시안(Hermite-Gaussian)빔**($\mathrm{TEM_{mn}}$) 에 대하여 레이저빔의 빔허리 크기(X_0), 레일리구역, 빔의 전파식은 다음 식과 같다.

$$X_0 = \left(\frac{\lambda L(2l+1)}{2\pi k_l^2}\right)^{1/2} \cdot \frac{\{g_1 g_2(1-g_1 g_2)\}^{1/4}}{(g_1+g_2-2g_1 g_2)^{1/2}} \tag{IV-12}$$

$$z_R = \frac{2\pi k_l^2 X_0^2}{\lambda(2l+1)} \tag{IV-13}$$

$$X = X_0\left[1+\left\{\frac{\lambda L(2l+1)}{2\pi k_l^2 X_0^2}\right\}^2\right]^{1/2} \tag{IV-14}$$

$$k_l = 1 + 0.73 l^{-0.78} (\text{보정상수}) \tag{IV-15}$$

높은 차수의 헤르미트-가우시안빔은 사각형모드이므로 x와 y방향으로 차수가 다를 수 있다. 따라서 x와 y방향으로 나타낸 모드의 차수에 따라 X_0와 X는 Y_0와 Y로서 기술될 수 있다. 위의 식들에서 나타낸 k_l은 보정상수로서 여기서 아래첨자 l은 x 혹은 y방향에 따른 모드의 차수를 의미한다. 위의 식 (IV-15)를 보면 차수(l)가 증가될수록 k_l값은 적어진다. x방향과 y방향으로 $l = 1$인 $\mathrm{TEM_{11}}$모드의 경우에 출력의 80%가 점크기 내에 포함되고, $l = 4$인 $\mathrm{TEM_{44}}$모드의 경우에 85%가 점크기 내에 포함된다.

큰 차수로서 원형모드를 가지는 **라게르-가우시안(Laguerre-Gaussian)모드**($\mathrm{TEM_{pq}}$)에 대해서 점크기는 중심축에 대하여 대칭으로 정의된다. 그리고 이 점크기 내에 포함되는 에너지는 모드의 함수로 변화되며, $p = q = 0$인 $\mathrm{TEM_{00}}$모드에서는 출력의 86.5%가 점크기 내에 포함되고, 큰 차수에서는 90% 이상이 점크기 내에 포함된다. 이들 **라게르-가우시안빔**($\mathrm{TEM_{pq}}$)에 대한 레이저빔의 빔허리 크기(R_0), 레일리구역과 전파방정식은 다음 식과 같다.

$$R_0 = \left\{\frac{\lambda L(2p+q+1)}{\pi}\right\}^{1/2} \cdot \frac{\{g_1 g_2(1-g_1 g_2)\}^{1/4}}{(g_1+g_2-2g_1 g_2)^{1/2}} \tag{IV-16}$$

$$z_R = \frac{\pi R_0^2}{\lambda(2p+q+1)} \tag{IV-17}$$

$$R = R_0\left[1 + \left\{\frac{\lambda z(2p+q+1)}{\pi R_0^2}\right\}^{1/2}\right]^{1/2} \tag{IV-18}$$

p : 원주방향 모드(radial mode)의 수

q : 각방향 모드(angular mode)의 수

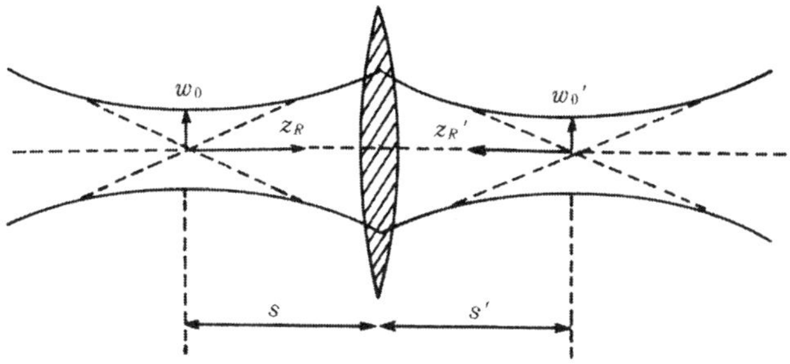

그림 IV-3 가우시안빔을 렌즈로 집속시킬 때 빔허리의 변화

가우시안빔 모드에서 렌즈 혹은 거울을 빔의 출구 측에 위치시키면 빔의 위상면을 새로운 값으로 변경시킨다. 예를 들어 초점거리 f 인 얇은 렌즈를 빔의 출구 측에 위치시키면 렌즈에 입사되는 빔 위상면의 곡률 R_1을 다음 식과 같은 렌즈식에 의하여 투과되어 나가는 빔의 위상면을 R_2로 바꾼다. 이 식은 가우시안빔의 빔허리 위치를 렌즈의 초점거리와 레일리구역과 연관시켜 주고 있다.

$$\frac{1}{R_1} + \frac{1}{R_2} = \frac{1}{f} \tag{IV-19}$$

따라서 가우시안빔을 렌즈로 집속시키는 경우에는 그림 IV-3과 같이 렌즈로 들어오는 빔허리를 대물(object)로 하고 나가는 빔허리를 상(image)으로 간주할 수 있다. 이 경우에 들어오는 빔허리와 나가는 빔허리의 비가 배율이 되며, 집속된 빔이 렌즈를 통하여 나갈 경우에 새롭게 얻어진 빔에 대한 새로운 레일리구역 z_R'는 다음 식과 같다.

$$z_R' = m^2 z_R \tag{IV-20}$$

$$m = \frac{w_0'}{w_0}\text{: 배율}$$

가우시안빔에서 발산은 빔의 최소직경 위치로부터 빔이 나온 후에 퍼지는 각도로 정의된다. 이 경우에 원거리 전자기장에서 빔의 반경 w_{FF}와 발산각도 θ_{FF}는 그림 IV-2에 나타낸 것과 같이 정의되며 그 크기는 다음 식과 같다.

$$w_{FF} \cong w_0\left(\frac{z}{z_R}\right) = \frac{\lambda z}{\pi w_0} \tag{IV-21}$$

$$\theta_{FF} \cong \frac{w_{FF}}{z} = \frac{\lambda}{\pi w_0} \tag{IV-22}$$

이러한 발산각의 크기는 레이저빔을 렌즈로 집속할 경우에 초점위치에서 빔직경에 큰 영향을 미치고 레이저빔의 조절에 중요하므로 일반적으로 각 레이저의 제원표에 기록되어 있다. 기본적인 모드에서 동

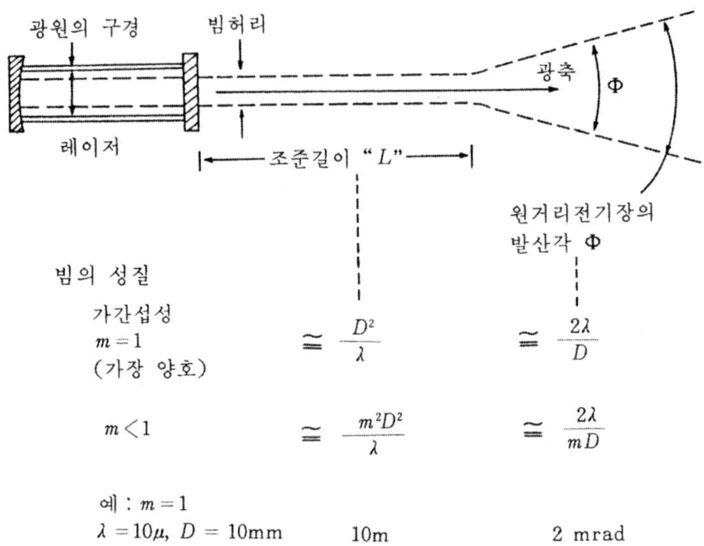

그림 IV-4 빔의 전파에 따른 조준길이와 발산정도

작하는 레이저의 전형적인 빔발산각은 약 1mrad 내외이다. 반면에 비슷한 빔직경으로 차수가 큰 모드의 경우에는 발산되는 정도가 크며, 전형적인 고출력의 높은 차수 펄스레이저에서는 15~20mrad 정도가 흔하다. 따라서 정밀한 레이저가공을 위한 경우에는 집속된 빔의 크기를 적게 해야 하므로 발산각이 적은 TEM_{00}모드가 사용된다.

레이저공진기 내에서 광선이 양측의 평면거울을 반복하여 왕복진행하여 완전히 평행하고 최고수준의 직진성과 가간섭성을 준다고 하여도 출력으로 나온 레이저빔은 발산하게 된다. 즉 레이저공진기의 출구측에 있는 부분투과거울은 그림 IV-4와 같이 빔 방출구경의 역할을 하게 된다. 따라서 공진기 내에서는 완전히 직진하고 가간섭성을 가진다고 하여도 이 거울을 통하여 나온 레이저빔은 약간 확장하게 된다. 예를 들어 단순모드의 CO_2레이저빔이 공진기공동 내에서 완전히 가간섭성을 가진다고 가정하고, 빔 직경을 10mm라고 하면 평행한 조준길이는 대체로 D^2/λ이므로 약 10m이다. 따라서 레이저 공진기의 부분투과거울로부터 10m 떨어진 위치에서 레이저빔의 발산은 (I-41)식에 의하여 약 2mrad 정도이다. 그러므로 이러한 레이저를 사용할 경우에는 가공물을 레이저빔의 출구로부터 10m 이내에 위치시키는 것이 바람직하다. 그러나 다중모드의 경우에는 공진기공동에서 레이저빔의 발산과 레이저빔출구 측의 구경역할 등으로 실제적인 레이저빔의 발산각은 크기 때문에 가공물 또는 집속광학기구의 위치는 레이저빔 출구에 가깝게 하는 것이 바람직하다.

그리고 현장에서 실제적인 방법으로 즉석에서 레이저빔의 모드를 알아보려고 하는 경우에는 흔히 플렉시글라스 혹은 아크릴 상에 레이저빔을 조사시켜 표면으로부터 움푹 파여진 흔적으로 추정한다. 이 경우에 플렉시글라스에 조사되는 레이저빔의 직경은 크게 하는 것이 바람직하다. 즉 레이저빔 조사로 얻어진 증발형태의 깊이가 빔직경보다 크면 빔모드에 관계 없이 가우시안빔 형태에 가까워진다. 따라서 정확한 증발형태를 얻기 위해서는 깊이를 빔의 직경보다 적게 해야 한다.

IV-1-3 집속된 레이저빔의 점크기와 초점깊이

렌즈로 집속된 레이저빔의 초점위치에서 **점크기(spot size) 직경**과 **초점깊이(depth of focus)**는 가공되는 구역의 레이저빔 출력밀도와 작업부품의 두께를 결정하므로 매우 중요하다. TEM_{00}모드빔을 렌즈로 집속시키면 그림 IV-5와 같이 초점면에 집속된 빔의 점크기 직경(d_0)과 초점깊이(b)를 주게 된다. 이 그림에서 보듯이 집속된 빔은 기하광학적으로 한 점에 초점이 형성되지 못하고 초점면의 양측에서 약간의 곡선모양으로 들어오고 나간다. 이것은 레이저빔의 자연적인 발산현상과 함께 집속렌즈의 구면수차 등에 기인한다. 즉 렌즈의 중심을 통과한 부분과 렌즈의 원주둘레를 통과한 빔이 진행한 거리가 다르며, 또한 렌즈의 중심부와 둘레부분을 지나는 광선들이 렌즈표면에 입사하는 각도가 다르기 때문에 굴절각도가 다르게 된다. 따라서 렌즈중심부와 둘레부분을 통과한 광선이 같은 위치에 모이게 되지 못하므로 렌즈의 초점위치에서 집속된 빔직경과 초점깊이를 주게 되는 것이다. 레이저빔의 발산정도가 초점면에서 출력밀도에 직접적인 영향을 주기 때문에 렌즈의 초점거리에 따른 집속빔의 직경과 초점깊이는 조사구역에서 출력밀도와 밀접한 관계가 있다.

(1) 집속된 레이저빔의 점크기 직경

대부분의 재료가공에서 집속렌즈로 들어오는 레이저빔의 직경은 결정되어 있으므로 초점거리 f인 렌즈로 집속된 점크기의 반경은 (IV-7)식에 의하여 계산되며, (IV-21)식을 이용하면 TEM_{00}모드와 모드인수 M인 빔에 대하여 다음 식과 같다.

$$w_0 = \frac{\lambda}{\pi}\frac{f}{w_L} = f\theta_{FF} \qquad \text{(IV-23(a))}$$

$$w_0 = \frac{\lambda}{\pi}\frac{f}{w_L}M^2 \qquad \text{(IV-23(b))}$$

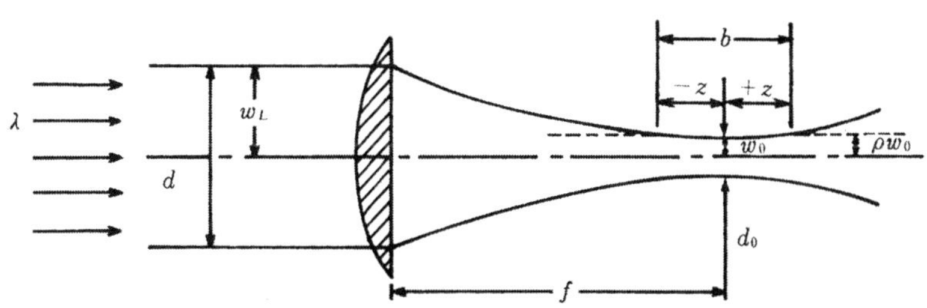

그림 IV-5 TEM_{00}모드의 빔을 렌즈로 집속시키는 경우에 초점면에서 얻어지는 빔의 점크기와 초점깊이

w_L : 입사되는 빔의 반경

M : 모드인수 (TEM_{00}모드에서 $M=1$)

일반적인 레이저에서 방출되는 빔의 직경이 d인 경우에 초점거리 f인 렌즈를 사용하면 집속된 빔의 직경은 다음 식과 같다. 여기에서 M^2은 레이저의 품질인수로서 레이저시스템을 구입 시 제조회사에서 제공한다.

$$d_0 = \frac{4}{\pi}\lambda\frac{f}{d}M^2 \tag{IV-23(c)}$$

$$d_0 = \frac{4}{\pi}\lambda F M^2 \tag{IV-23(d)}$$

F : 렌즈의 $F-no$(렌즈의 초점거리/직경)

위의 식으로 주어진 점크기는 전적으로 회절효과에 의해서 결정된 것이며, 렌즈의 구면수차로 약간 차이가 날 수 있다. 만일 레이저빔이 렌즈를 완전히 덮을 경우에는 일정한 파장에 대해서 집속된 빔의 크기는 렌즈의 $F-no$가 감소될수록 적어지므로 레이저빔의 출력밀도를 증가시킬 수 있다. 그러나 렌즈의 $F-no$가 적을수록 렌즈의 구면수차가 커지고, 또한 작업공간과 초점깊이가 적어진다. 일반적으로 $F-no$가 5인 경우를 구면수차의 한계로 생각할 수 있다.

위의 관계식을 보면 레이저빔의 파장과 M^2이 적을수록 집속된 빔직경이 작다. 일반적으로 M^2은 레이저빔출력이 증가됨에 따라 증가하고, 같은 출력에 대해서도 제조회사에 따라 차이가 있다. 표 IV-1은 일반적인 Nd:YAG레이저의 지속파빔과 펄스빔에 대하여 출력에 따른 M^2값이다. 따라서 Nd:YAG레이저의 빔은 CO_2레이저의 빔에 비하여 파장이 1/10이지만, CO_2레이저빔의 M^2값이 Nd:YAG레이저빔의 1/10인 경우에는 두 레이저빔에서 모두 비슷한 집속빔 직경을 준다. 즉 이론적으로는 Nd:YAG레이저에서 $M^2=100$인 경우에는 CO_2레이저에서 $M^2=10$인 경우와 같은 집속빔 직경을 준다.

표 IV-1 Nd:YAG레이저의 지속파빔과 펄스빔의 M^2값

출력(W)	M^2
0-20	1.1-5
20-50	20-50
50-150	50-75
150-500	75-150
500-4000	75-150

큰 차수의 모드를 가진 레이저빔은 TEM_{00}모드빔보다 더욱 빨리 발산하며, 렌즈로 집속 시 더욱 큰 점크기로 집속되고, 또한 더욱 짧은 초점깊이를 준다. 그 이유는 유효회절직경은 전체적인 점크기가 아니

고 강도분포형태에서 가장 작은 점의 폭이기 때문이다. 이러한 경우에 빔의 전파, 집속과 초점깊이에 대한 관계식들은 점크기를 다르게 정의하여 적용시킨다.

사각형의 형태를 가지는 $\mathrm{TEM_{mn}}$모드의 빔에 대하여 점크기는 마디 선에 의하여 정의된 x방향 또는 y방향 중 어느 한 방향으로 나타내는 강도분포 최외각의 두 출력피크들에서 그 첨두출력의 1/2 되는 거리 사이의 값으로 정한다. $\mathrm{TEM_{00}}$모드의 경우에는 총 출력의 86.5%가 점크기 내에 포함되나, 다중모드의 경우에는 총 출력의 90% 이상이 포함된다. CO_2레이저의 빔에서 다중모드인 경우에는 여러 개의 출력피크들이 있으므로 빔을 아크릴 혹은 플렉시글라스 상에 조사시켜 모드형태를 형성시킨 후 그 거리를 측정하여 점크기를 얻는다. 그리고 빔을 집속시키는 경우에는 현미경에 사용하는 유리슬라이드를 이용하여 초점 근방의 작은 점크기를 측정한다.

큰 차수로서 사각형의 형태를 가지는 헤르미트-가우시안빔(TEMmn)에 대하여 초점거리 f인 렌즈로 집속시키는 경우에 집속된 레이저빔의 x방향 또는 y방향으로 점크기는 다음 식과 같다.

$$X_0 = \frac{\lambda f(2l+1)}{2\pi k_l^2 X_L} \tag{IV-24}$$

l : x 또는 y방향의 모드 수

k_l : x 또는 y방향의 보정계수((IV-15)식과 같음)

X_L : 입사되는 레이저빔의 크기

원형의 형태를 가지는 $\mathrm{TEM_{pq}}$모드 빔에 대하여 점크기는 모드가 중심에 대하여 꼭 대칭이 아니라고 하여도 대칭이라고 가정하여 정의된다. 이들 큰 차수의 모드에 대한 관계식들도 회절효과에 의하여 결정되나, 빔에서 점의 수가 많아 더욱 큰 회절을 야기한다.

큰 차수로서 원형의 형태를 가지는 라게르-가우시안빔($\mathrm{TEM_{pq}}$)에 대하여 초점거리 f인 렌즈로 집속시키는 경우에 집속된 레이저빔의 반경은 다음 식과 같다.

$$R_0 = \frac{\lambda f(2p+q+1)}{\pi R_L} \tag{IV-25}$$

p, q : 원주와 각도 방향의 모드 수

R_L : 입사되는 레이저빔의 반경

(2) 집속된 레이저빔의 초점깊이

집속된 레이저빔의 초점깊이는 그림 IV-5에서 보는 것과 같이 임의로 정의되며, 레이저빔의 파장, 집속된 빔의 직경(d_0)과 빔의 크기허용도(ρ)에 의존한다. $\mathrm{TEM_{00}}$모드 레이저빔의 초점깊이에 대한 식은 (IV-7)식의 z 위치에서 w를 ρw_0로 대치시켜 다음 식과 같이 얻을 수 있다.

$$z = \pm \frac{\pi w_0^2}{\lambda} \sqrt{\rho^2 - 1} = \pm \sqrt{\rho^2 - 1}\, z_R \qquad \text{(IV-26(a))}$$

$$z = \pm \frac{\pi}{\lambda} \left(\frac{d_0}{2} \right)^2 \sqrt{\rho^2 - 1} = \pm \frac{\lambda}{\pi} \sqrt{\rho^2 - 1} \left(\frac{f}{w_L} \right)^2 \qquad \text{(IV-26(b))}$$

ρ : 빔의 크기허용도
w_L : 입사되는 빔의 반경
f : 렌즈의 초점거리

빔의 **크기허용도**(ρ)는 점크기가 변하는 정도를 결정한다. 집속된 빔의 반경이 초점위치의 중심반경보다 5% 큰 경우에는 $\rho = 1.05$이며, 일반적으로 그 양측 사이의 거리를 초점깊이(b)라고 하면 $b = 2z$이다. 즉 이 거리 이내의 구역을 집속된 초점위치로 간주할 수 있으며, 출력밀도가 거의 같다고 생각할 수 있다. 예를 들어 TEM_{00}모드 CO_2레이저의 빔 직경이 10mm인 경우에 초점거리 10cm인 렌즈를 사용하여 집속시키면, 그 초점위치에서 빔의 직경은 0.135mm가 되고 빔의 반경이 5% 증가되는 곳 사이의 거리인 초점깊이는 0.86mm가 된다.

만일 레이저빔의 모드 특성치, 즉 품질인수를 M^2이라고 하면 위의 식은 다음 식과 같이 수정된다.

$$z = \pm \frac{\pi w_0^2}{\lambda M^2} \sqrt{\rho^2 - 1} \qquad \text{(IV-27(a))}$$

$$z = \pm \frac{\lambda}{\pi M^2} \sqrt{\rho^2 - 1} \left(\frac{f}{w_L} \right)^2 \qquad \text{(IV-27(b))}$$

위의 (IV-27)식에서 보는 바와 같이 초점깊이는 집속된 빔직경의 제곱에 비례하고 레이저빔의 파장에 반비례한다. 즉 같은 크기의 집속된 빔직경에 대하여 긴 파장(예; CO_2레이저의 10.6μm)의 레이저빔을 사용하는 것보다 짧은 파장(예; Nd:YAG레이저의 1.06μm)의 레이저빔을 사용하는 것이 더욱 긴 초점깊이를 얻을 수 있다. 따라서 두께가 큰 재료에서 작은 직경으로 긴 구멍을 천공하는 등 정밀가공에서는 Nd:YAG레이저가 바람직하다.

그림 IV-6은 초점거리가 다른 몇 개의 렌즈에 대하여 초점면으로부터 거리에 따라 집속된 점크기와 초점깊이의 관계를 보여주고 있다. 이 그림에서 보듯이 집속된 레이저빔의 점크기를 작게 하여 레이저빔 출력밀도를 크게 하기 위해서는 초점거리가 짧은 렌즈를 사용해야 하며, 이러한 경우에는 초점깊이가 감소한다. 반면에 초점거리가 큰 렌즈로 레이저빔을 집속시키면 집속빔의 점크기는 커져 레이저빔 출력밀도는 감소하나, 초점깊이가 증가한다. 따라서 위의 그림으로부터 가공될 재료의 특성과 두께에 따라 필요한 렌즈의 선택과 작업물의 배치 등에 관한 정량적인 평가를 수행할 수 있다.

위에서 기술한 바와 같이 레이저빔에 의한 재료가공에서 집속된 레이저빔의 초점깊이는 통상적으로 초점에서 빔직경에 비하여 5% 증가되는 위치 사이로 정의된다. 이곳에서 빔강도는 그림 IV-7에서 보는 것

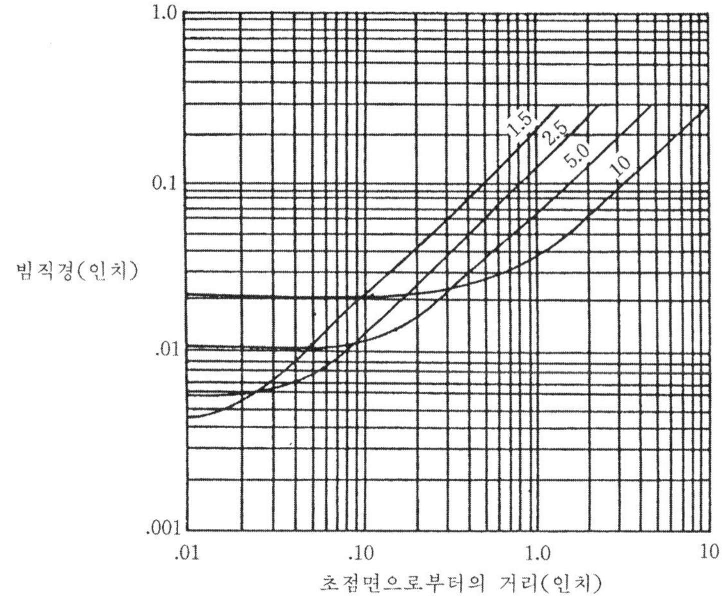

그림 IV-6 초점거리가 다른 여러 가지 집속 렌즈에 대하여 초점면에서부터 거리에 따른 빔직경의 크기.(단위는 인치)(Coherent-1980)

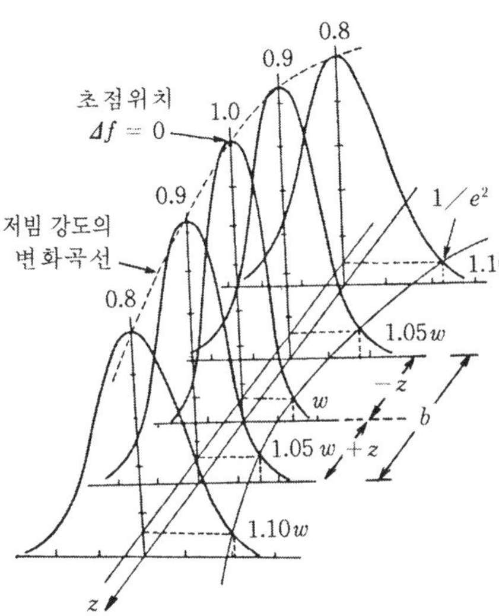

그림 IV-7 TEM_{00} 모드의 초점위치 전후에서 레이저빔 강도 분포

과 같이 초점위치에서 빔강도의 약 90% 정도 되는 위치에 해당한다. 만일 $M^2 = 1$인 경우에 초점깊이의 양측 위치를 간략하게 나타내면 다음 식과 같이 주어진다.

$$z = \pm \frac{0.32\pi}{\lambda} w_0^2 = \pm \frac{w_0^2}{\lambda} = \pm \frac{d_0^2}{4\lambda} \tag{IV-28}$$

따라서 초점깊이는 $2z$이므로 레이저빔의 파장과 집속된 빔직경을 알면 곧 구할 수 있다. 그리고 레이저빔의 진행방향에 따른 빔강도는 다음 식으로 나타낼 수 있다.

$$I(0, z) = I_0 / [I + (z/z_R)^2] \tag{IV-29}$$

$$I_0 = I(0, 0)$$

$$z_R = \text{레일리거리}$$

참고적으로 큰 차수의 사각형모드인 헤르미트-가우시안빔(TEM_{mn})에 대하여 초점깊이는 다음 식과 같다.

$$z = \pm 2\pi \sqrt{\rho^2 - 1} \cdot \frac{k_l^2 X_0^2}{\{(2l+1)\lambda\}} \tag{IV-30}$$

ρ : 빔의 크기허용도
k_l : x, y 방향으로 보정계수 ((IV-15)식과 같음)
l : x, y 방향으로 모드 수
X_0 : 집속된 빔허리의 크기 ((IV-24)식과 같음)

큰 차수의 원형 모드를 가지는 라게르-가우시안빔(TEM_{pq})에 대하여 초점깊이는 다음 식과 같다.

$$z = \pm \pi \sqrt{\rho^2 - 1} \cdot \frac{R_0^2}{\{(2p+q+1)\lambda\}} \tag{IV-31}$$

ρ : 빔의 크기허용도
R_0 : 집속된 빔허리 크기 ((IV-25)식과 같음)
p, q : 원주와 각도 방향의 모드 수

IV-1-2와 IV-1-3항에서 기술된 관계식들은 CO_2레이저에 적용되고, Nd:YAG레이저에서는 출력에 따라 빔 특성이 변하므로 Nd:YAG레이저에 대하여 동일한 적용은 힘들다.

(3) 집속된 레이저빔의 점크기와 초점깊이 조절

그림 IV-8은 직경이 같고 초점거리가 다른 두 렌즈로 레이저빔을 집속시킬 경우에 위치에 따른 집속빔의 점크기와 초점깊이를 도식적으로 나타낸 것이다. 즉 초점거리가 다른 렌즈를 사용하여 초점 근방 세 곳의 위치에서 집속된 빔의 점크기를 나타내어 간접적으로 레이저빔의 출력밀도를 추측할 수 있다. 이 그림에서 보듯이 초점거리가 5인치인 렌즈는 긴 초점깊이를 주지만, 초점면에서 더욱 큰 점크기를 준다.

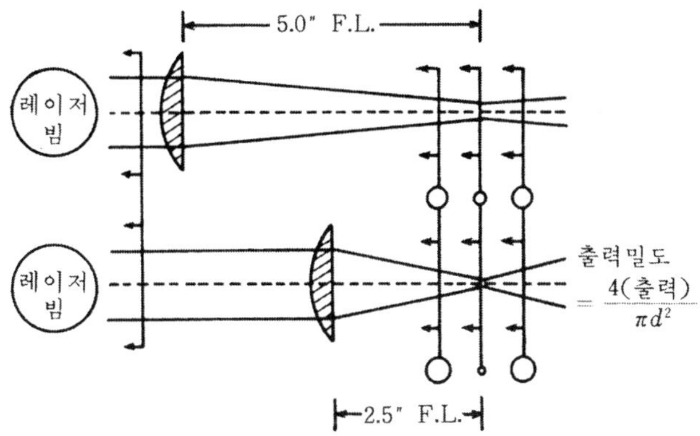

그림 IV-8 초점거리가 다른 집속렌즈에 의한 집속빔의 크기와 출력밀도 관계

따라서 초점거리가 2.5인치인 렌즈와 비교할 경우에 초점면에서 레이저빔 출력밀도는 25% 정도를 줄 뿐이다. 즉 초점거리가 긴 렌즈를 사용하면 초점깊이가 증가되므로 유리한 면도 있으나, 반면에 상대적으로 출력밀도가 감소되므로 짧은 초점거리의 렌즈를 사용하는 경우보다 더욱 느리게 작업을 수행해야 한다. 그러므로 집속된 빔의 초점깊이를 증가시키면서 빔직경을 작게 하는 방법은 입사된 빔의 직경을 확대시킴으로써 가능하다.

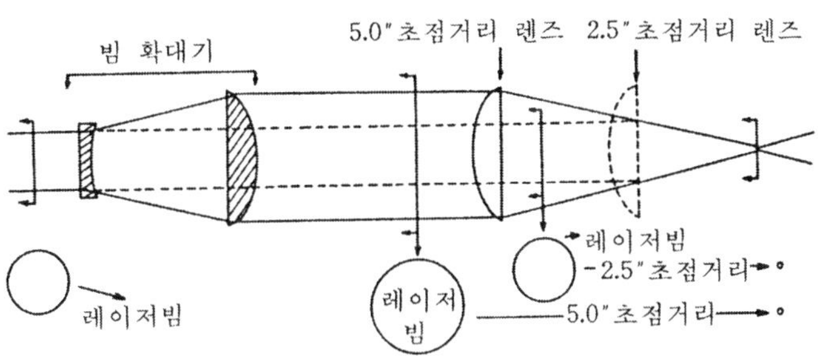

그림 IV-9 빔의 확대. 일정한 크기의 빔을 확대시킨 경우에 초점면에서 같은 집속된 점크기를 주나 작업공간을 두배로 늘릴 수 있다.

빔확대기를 사용하여 렌즈에 입사되는 레이저빔의 직경을 증가시키면 (IV-23)식에서 보는 바와 같이 집속된 레이저빔의 점크기를 더욱 감소시킬 수 있다. 그리고 집속된 빔의 점크기를 일정하게 유지하면서 렌즈와 작업부품 사이의 거리를 증가시켜 작업공간을 크게 하기 위해서는 그림 IV-9와 같이 빔확대기와 초점거리가 긴 렌즈를 사용하면 가능하다. 여기서 점선으로 표시된 것은 빔확대기 없이 초점거리가 2.5인치인 렌즈로 레이저빔을 집속 시 초점면 상에서 집속된 빔직경을 얻는 것을 나타낸다. 반면에 레이저빔이 집속렌즈를 통과하기 전에 빔확대기로 빔직경을 2배로 확대시킨 후 초점거리가 5인치인 렌즈로 집속시키는 경우에는 실선으로 표시하였다. 여기서 초점면 상에 나타나는 집속된 빔의 직경은 레이저빔을 초점거리 2.5인치의 렌즈로 집속시킨 빔직경과 같다. 그러나 이 경우에는 렌즈와 초점 사이의 거리는 두 배가

되므로 작업공간을 두 배로 늘릴 수 있음에도 집속된 빔직경은 같으므로 레이저빔의 출력밀도는 같다.

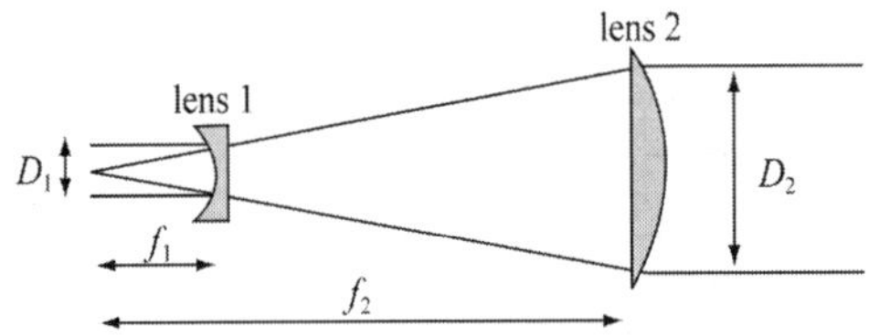

(a) 갈릴레이빔확대기

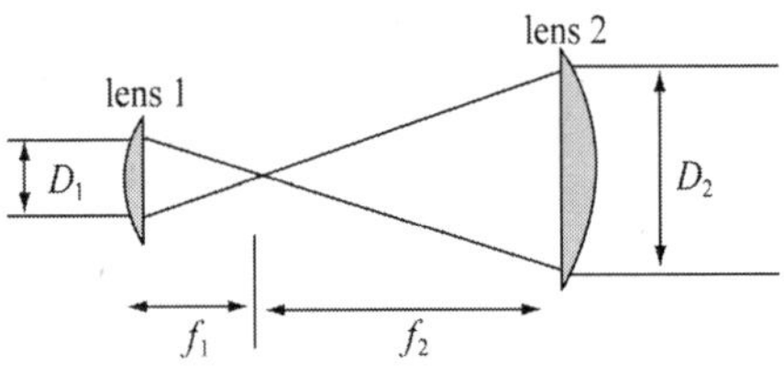

(b) 케플러빔확대기

그림 IV-10 빔확대기의 구조

레이저빔에 의한 재료가공에서 빔의 확대는 몇 가지 목적이 있다. 한 가지 목적은 레이저빔의 출력밀도를 감소시켜 광학부품에 주는 손상을 적게 하기 위함이다. 다른 목적으로는 레이저빔의 발산을 줄이고 렌즈로 집속 시 점크기를 작게 만드는 것이 있다. 때로는 빔의 필터역할로서 집속된 빔에서 출력밀도를 증가시킨다. 흔히 사용되는 빔 확대기는 그림 IV-10과 같이 **케플러(Keplerian)빔확대기**와 **갈릴레이(Galilean)빔확대기**의 두 가지 형태가 있으며, 이들은 모두 공통된 초점을 가진다. 이들 두 가지 형태에서 입구빔 직경 D_1과 출구빔 직경 D_2 또는 입구빔 발산각도 θ_1와 출구빔 발산각도 θ_2 사이에는 다음의 관계가 있다.

$$D_2 = \frac{f_2}{f_1} D_1 \tag{IV-32(a)}$$

$$\theta_2 = \frac{f_2}{f_1} \theta_1 \tag{IV-32(b)}$$

f_1, f_2 : 입구와 출구 측의 렌즈초점거리

실제적인 예로 레이저빔의 직경이 1mm이고 발산각이 0.5mrad이고, 출력이 10W인 Ar^+ 레이저빔을 고려하여 보자. 이 레이저빔을 직경이 1cm이고, 초점거리 2cm인 렌즈로 집속시키는 경우에 집속된 빔직경, 초점깊이 및 중심에서 첨두출력밀도를 구하여 보겠다. 이 경우에 집속된 레이저빔의 점크기는 (IV-23)식에 의하여 약 10 μm이며, 초점깊이는 (IV-28)식에 의하여 약 100 μm가 된다. 초점의 중심에서 출력밀도는 (IV-34)식에 의하여 약 2.5×10^7W/cm^{2}로 된다. 만일 위의 레이저빔을 동일한 렌즈로 집속시키기 전에 빔확대기를 사용하여 직경을 10배로 증가시켰다고 가정하여 보자. 이러한 경우에 빔의 발산각이 0.05mrad로서 (IV-23)식에 의하여 집속된 레이저빔의 직경은 약 1 μm로 되며, 초점깊이는 (IV-28)식에 의하여 약 1 μm 정도로 된다. 그리고 초점의 중앙에서 출력밀도는 (IV-34)식에 의하여 약 2.5×10^9W/cm^{2}로 된다.

위의 예에서 보듯이 레이저빔을 작은 점크기로 집속시키기 위해서는 렌즈로 빔을 집속시키기 전에 빔확대기를 사용하여 빔직경을 증가시키는 것이 바람직하다. 즉 이러한 레이저빔의 확대가 빔의 발산을 감

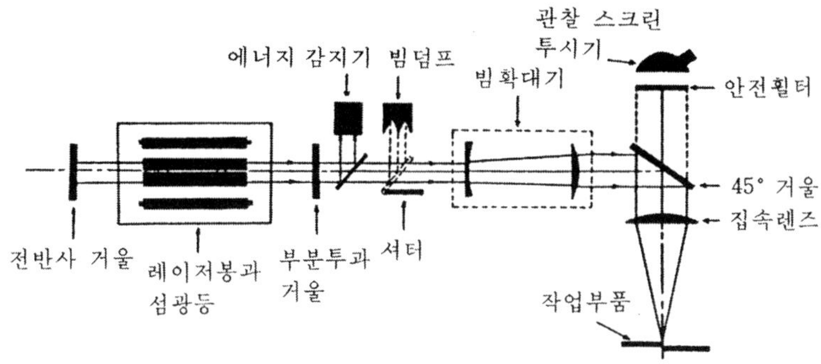

그림 IV-11 레이저 가공장치에서 레이저빔의 조절기구 일람

소시켜 집속된 초점면의 빔직경을 감소시키기 때문이며, 또한 집속된 초점위치에서 레이저빔 출력밀도를 증가시킨다. 두께가 큰 재료를 레이저빔으로 가공할 경우에는 초점깊이가 큰 것이 요구된다. 이런 경우에는 레이저빔을 빔확대기로 확장시켜 초점깊이의 증가와 동시에 빔직경을 줄일 수는 있으나, 초점거리가 긴 렌즈를 사용해야 하므로 레이저빔 출력밀도를 증가시키는 데에는 한계가 있다.

그림 IV-10에서 케플러빔확대기의 초점위치에 핀홀을 위치시키면 중심부를 제외한 외부의 성분들은 제거되므로 레이저빔의 공간적인 필터역할을 하게 된다. 이러한 빔의 공간적인 필터링은 변형된 빔과 외부에서 끼어 들어오는 다른 광선을 제거시켜 질적으로 양호한 빔을 주게 되지만, 차수가 큰 모드의 빔에는 큰 차이가 없다. 그리고 이러한 기구에서는 장치들의 정확한 배열이 매우 중요하고 또한 쉽게 손상된다. 고출력 CO_2레이저에서는 렌즈 대신에 금속거울로 이루어진 반사광학부품으로 된 빔확대기가 사용된다. 그림 IV-11은 실제적인 재료가공에서 Nd:YAG레이저빔을 조절하고 취급하는 기구와 장치를 도식적으로 나타내고 있다.

Ⅳ-1-4 레이저빔의 출력분포와 시간적인 형태

(1) 레이저빔의 출력분포

레이저빔의 기본적인 모드인 TEM_{00}모드는 대부분의 재료가공에서 가장 바람직한 모드이므로 매우 중요하다. 이 모드의 **빔출력분포** $I(r)$은 (IV-33)식과 같고, 그림 IV-12와 같이 빔이 조사되는 표면의 중심으로부터 반경방향으로 **가우시안분포**를 나타낸다.

$$I(r) = I_0 \exp\left\{-\left(\frac{r}{w}\right)^2\right\} \tag{IV-33}$$

r : 빔의 중심으로부터 반경방향의 거리

w : 점크기 반경 (출력강도가 중심의 $1/e^2$ 되는 거리)

I_0 : 빔의 중심에서 최고 출력강도

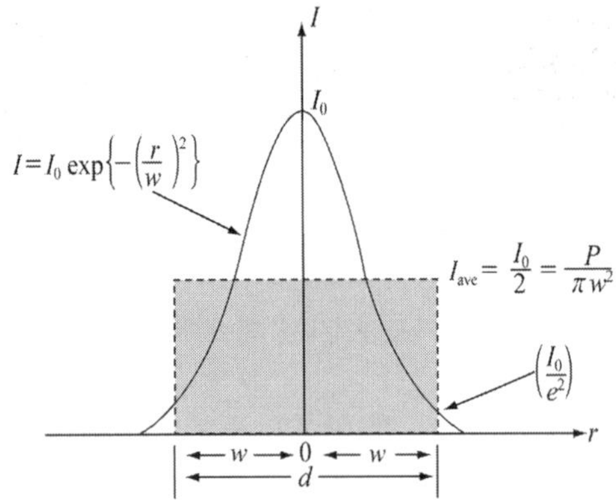

(a) 거리에 따른 강도분포

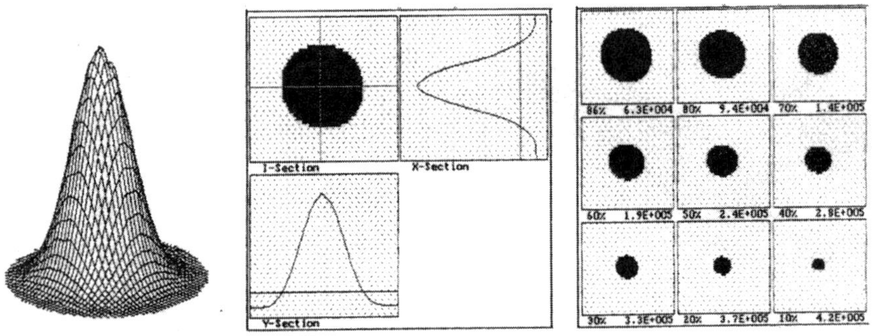

(b) 직경에 따른 출력분율(Rofin)

그림 IV-12 TEM_{00} 모드빔

레이저빔의 직경(d)은 $I(r)$이 최고강도 I_0인 빔의 중심에서 $1/e^2$로 되는 위치의 크기로 정의한다. 이것은 레이저빔출력의 86% 이상이 $r=w$인 반경 내에 포함됨을 의미한다. TEM_{00} 모드의 레이저빔이 재료표면에 조사될 경우에 빔의 전체 출력 P_t는 다음 식과 같이 정의된다.

$$P_t = \int_0^\infty I(r) 2\pi r dr = \int_0^\infty I_0 \cdot e^{-2\left(\frac{r}{w}\right)^2} \cdot 2\pi r dr \qquad \text{(IV-34)}$$

$$= I_0 \frac{\pi w^2}{2}$$

따라서 중심에서 **최고출력밀도** I_0는 다음 식과 같다.

$$I_0 = \frac{2P_t}{\pi w^2} \, (\mathrm{W/cm^2}) \qquad \text{(IV-35)}$$

일반적인 계산에서는 모든 레이저빔출력이 빔직경 내에 포함된다고 가정하여도 큰 무리가 없다. 그러므로 레이저빔의 직경 내에서 **평균출력밀도**는 그림 IV-12와 다음 식에서 보는 바와 같이 중심에서 **최고출력밀도**의 1/2이다.

$$I_{ave} = \frac{P_t}{\pi w^2} = \frac{I_0}{2} \tag{IV-36}$$

레이저빔의 에너지밀도 E는 평균출력밀도에 조사시간을 곱한 것이므로 다음 식과 같이 나타낸다.

$$E = I_{ave} \cdot t = \frac{P_t}{\pi w^2} \cdot t\,(\mathrm{J/cm^2}) \tag{IV-37}$$

레이저빔이 지속파로 동작하는 경우에는 위의 관계식들로 나타낼 수 있으나, 펄스로 동작 시에는 레이저빔에너지는 평균출력, **첨두출력** 및 펄스지속시간 등에 의해서 결정된다. 펄스빔의 에너지측정은 I-3-4항에 기술된 여러 가지 검출 및 측정방법을 이용한다. **펄스폭** 또는 지속시간에 따른 펄스의 형태는 그 반응시간이 펄스를 감지하는 데 충분히 빠른 기구로 검출해야 한다. 따라서 Q-스윗칭된 펄스빔의 지속시간은 보통 수~수십nsec 정도이므로 I-3-3항에 기술된 여러 가지 종류의 포토다이오드와 반응시간이 빠른 GHz대역의 오실로스코프를 사용하여 측정한다.

펄스빔의 첨두출력은 보정된 포토다이오드를 사용하여 측정할 수 있으나, 평균출력과 펄스폭의 측정으로부터 계산할 수 있다. 가장 일반적인 방법은 그림 IV-13과 같이 오실로스코프 상에서 측정된 레이저빔 펄스는 그 첨두출력과 같은 높이와 **반치폭(FWHM)**과 같은 지속시간을 가진 사각형의 펄스와 근사적으로 같다고 가정하여 계산하는 것이다. 위의 그림을 고려하면 펄스의 첨두출력과 펄스에너지는 다음 식과 같이 계산된다.

$$P_p = P_{ave} \cdot \frac{1}{\text{펄스폭}(\mathrm{FWHM})} \cdot \frac{1}{\text{반복속도}}(\mathrm{W}) \tag{IV-38}$$

$$\frac{E}{\text{펄스}} = \int_0^t P dt = P_P \cdot t_{\mathrm{FWHM}}(\mathrm{J}) \tag{IV-39}$$

예를 들면 평균출력 P_{ave}가 15W이고, 반복속도가 1KHz이고, 펄스의 반치폭이 150nsec인 레이저빔의

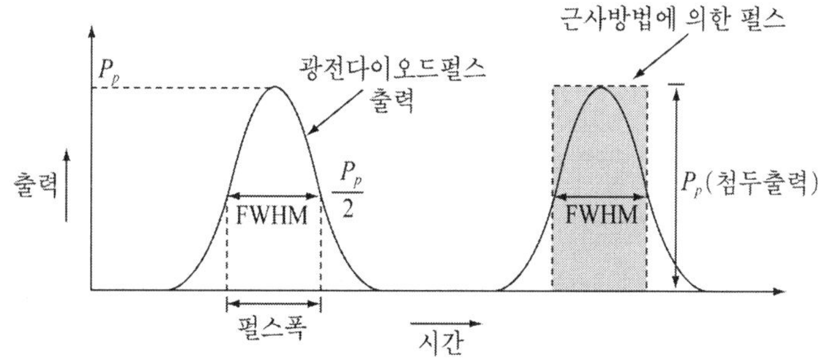

그림 IV-13 펄스의 첨두출력에 사용되는 근사방법

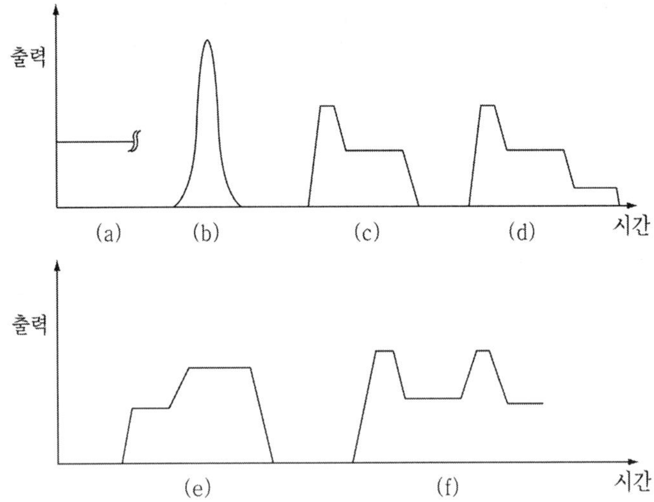

그림 IV-14 재료가공에 사용되는 여러 가지 레이저빔의 형태. (a) 지속파, (b) *Q*-스위칭펄스 혹은 강화된 단일펄스(단시간 단일펄스), (c) 강화된 펄스(장시간 단일펄스), (d) 3단펄스, (e) 계단형태 펄스, (f) 스파이크 노출 평균화된 펄스(hyper pulse)

경우에 첨두출력 P_P는 100KW이고, 펄스에너지는 0.015J이다.

(2) 레이저빔의 시간적인 형태

레이저빔 출력의 시간에 따른 변화는 위에서 기술한 바와 같이 지속파 또는 펄스 형태로 구분하여 생각할 수 있다. 지속파의 경우에는 시간에 무관하게 일정한 출력수준이 유지되나, 펄스형태의 경우에는 시간에 따른 출력수준을 여러 가지 방식으로 조절하여 필요한 재료가공에 적용시킬 수 있다.

그림 IV-14는 재료가공에 사용되는 레이저빔의 시간에 따른 여러 가지 출력형태 중에서 몇 가지를 나타내 주고 있다. 가장 많이 사용되는 경우는 그림(a)와 같은 지속파를 나타내는 빔이다. 그러나 재료의 천공과 절단 같이 급속한 증발이 중요한 재료가공기구인 경우에는 그림(b)와 같은 큰 첨두출력을 주는 펄스형태를 가지는 빔이 바람직하다. 즉 매 펄스가 재료와 상호작용하는 시간이 짧아 열이 레이저빔 조사구역 주위에만 집중되어 급속한 증발을 줄 수 있다. 그림(c)와 같이 **강화된 펄스형태**의 레이저빔은 초기의 출력수준이 평균수준 이상이 되고 후기에는 적어지게 된다. 이러한 경우에는 레이저빔 펄스의 초기에 금속의 온도를 급속히 증가시켜 요망되는 반응을 촉진함과 동시에 금속표면에서 온도증가로 레이저빔의 흡수율을 증가시켜 계속되는 레이저빔의 흡수를 증진시킨다. 그러므로 지속파와 비교할 때 최소한의 레이저빔에너지 입력으로 요망되는 반응을 지속시킬 수 있다. 이것은 천공과 절단가공과 같은 재료의 급속한 증발을 주는 재료가공에 이용한다. 그림(d)와 같은 3단 펄스빔의 경우에는 초기에 금속의 온도를 급속히 증가시켜 금속표면의 레이저빔 흡수도를 양호하게 함으로써 출력이 약간 낮은 중기에도 많은 에너지를 흡수할 수 있다. 그리고 후기에도 약간의 레이저빔이 가하여지므로 레이저빔의 이동으로 인하여 금속이 급속하게 냉각되는 것을 방지할 수 있다. 이러한 경우에 금속의 급속한 냉각을 방지할 수 있으므로 알루미늄과 같이 냉각수축이 큰 금속의 용접가공에 유리하다. 그림(e)와 같은 경우에는 레이저빔 펄스의 초기에 낮은 에너지로 인하여 레이저가공의 전(前)단계에서 금속을 예열시키는 역할을 하므로 점용접 등의 가공에 이용된다. 그리고 그림(f)와 같은 형태의 레이저빔도 필요한 용도에 사용되며, 위에 기술된 펄스형태 이외에도 여러 가지 모양으로 시간에 따른 레이저빔의 펄스형태조절이 가능하다.

일반적으로 레이저빔을 펄스형태로 동작시키는 경우에 펄스빔의 지속시간은 수십μsec로부터 수십 msec 정도이며, 거의 지속파에 이르는 경우도 있다. 펄스빔의 반복속도는 수Hz로부터 수십KHz 정도이고, 펄스가 연속되는 **점유시간**(duty cycle)은 수십% 정도까지 얻을 수 있다. 그리고 매 펄스당 전체에너지는 펄스길이의 증가에 따라 비선형적으로 변화된다. 재료가공에서 펄스빔의 거동과 가공특성에 대해서는 IV-4-2항에서 다시 검토할 것이다.

Ⅳ-1-5 집속된 레이저빔의 직경과 초점거리 측정방법

위에서 기술된 집속빔의 점크기는 광학이론에서 회절효과를 적용하여 계산되는 방법들이다. 현재 레이저빔의 형태와 모드특성을 측정하는 여러 가지 방법들이 제시되고 있으며, 또한 전문회사에서 관련된 기구와 장비를 제작하여 판매하고 있다. 그러나 재료가공 시 실제적인 집속빔의 점크기는 레이저빔과 집속렌즈의 특성과 함께 재료의 특성과 열적 성질을 포함한 물리적 성질과 화학적 성질에 크게 좌우된다. 따라서 실질적인 집속빔의 점크기는 가공재료와 작업조건에 따라 차이가 있으며. 흔히 집속된 빔이 조사된 구역으로부터 열전도가 일어나기 때문에 이론적인 값과 차이가 있다. 따라서 여기에서는 이론적인 방법을 피하고 작업현장에서 실제적으로 즉석에서 수행할 수 있는 집속빔의 점크기 측정방법들에 대하여 살펴보겠다.

○ 집속빔의 점크기 측정방법

일반적으로 재료가공에 사용되는 Nd:YAG레이저와 CO_2레이저는 파장이 적외선구역이므로 이들의 출력이 크지 않을 경우에는 적외선감광지와 같은 육안측정방법을 이용하여 레이저빔 조사단면의 크기와 상대적인 빔강도를 측정할 수 있다. 이러한 육안측정방법은 광학부품들의 배열과 빔의 대략적인 위치를 파악하려는 경우에는 사용될 수 있으나, 집속된 고출력레이저빔에는 사용할 수 없다. 집속된 고출력 레이저빔의 점크기는 큰 출력밀도 때문에 직접적인 측정은 곤란하고 간접적인 방법으로 측정한다. 즉 집속된 레이저빔을 조사시킨 후에 시편을 절단하여 천공된 구멍의 직경과 깊이를 측정하거나, 또는 용융구역의 재응고된 조직을 현미경으로 관찰하여 수행한다.

레이저빔이 TEM_{00}모드로서 가우시안빔 형태를 가지는 경우에 빔직경을 간단히 측정하는 방법에는 다음과 같은 방법들이 있다. 한 가지 간단한 방법은 레이저빔을 통과하는 구경을 사용하는 기계적인 방법

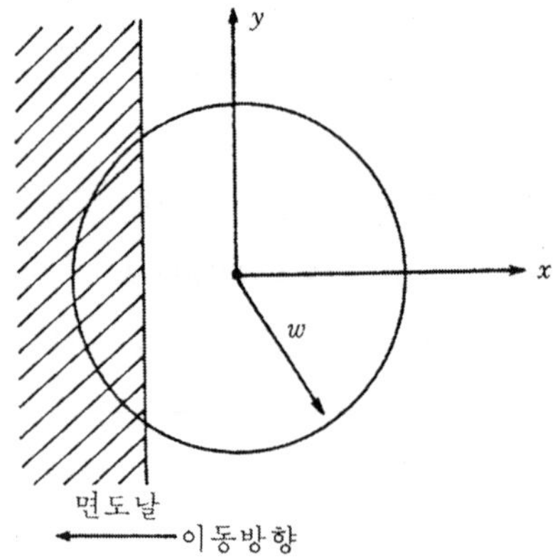

그림 IV-15 실험적인 레이저 강도와 분포 측정방법의 한 가지 예

으로 핀홀을 통과하는 출력 또는 에너지를 측정하여 집속된 빔의 점크기를 계산하는 방법이다. 이 방법에서는 용융점이 높고 두께가 얇은 금속판에 그림 IV-12에서 보는 것과 같이 직경의 크기가 다른 일련의 핀홀을 정밀하게 뚫는다. 그 후에 핀홀의 중심과 집속된 레이저빔의 중심을 일치시키고, 레이저의 반대편에 포토다이오드 또는 에너지미터를 설치한다. 핀홀에 레이저빔을 조사시키면 핀홀을 통과하여 나온 레이저빔은 포토다이오드측정기 또는 에너지측정기에 의하여 측정된다.

그림 IV-12의 그림(b)는 핀홀의 직경에 따른 가우시안빔의 출력을 나타내고 있는 것으로, 우측 그림에서 보면 순서대로 86, 80, 70, 60, 50,40, 30, 20, 10%를 나타내고 있다. 실제적으로 핀홀반경에 따른 빔출력을 측정하여 얻은 빔강도와 핀홀반경의 수치들을 이용하여 '출력(I)-핀홀반경(r)'관계를 그래프로 나타내고, 이 값들을 (IV-33)식에 적용시켜 계산한다. 이러한 방법으로 가우시안분포식에서 미지수인 중심점에서 레이저빔의 빔강도(I_0)와 집속빔의 빔허리, 즉 점크기 반경(w)을 계산하여 구할 수 있다.

다른 한 가지 방법은 그림 IV-15와 같이 면도날 같이 가장자리가 예리하고 얇은 기구(knife-edge beam profiler)를 이용하는 방법으로 가우시안모드의 레이저빔이 통과되는 곳에 가장자리가 예리한 금속 스트립을 이동시키면서 포토다이오드 또는 에너지메타를 이용하여 레이저빔의 출력 또는 에너지를 측정한다. 그러면 이 기구의 위치에 따라 통과된 레이저빔의 출력 또는 에너지는 다음 식과 같이 나타낼 수 있다.

$$P(x) = \frac{P_t}{2}\,\mathrm{erfc}\left(\frac{x\sqrt{2}}{w}\right) \tag{IV-40}$$

erfc : complimentary error함수

이 기구의 위치 x에 대한 출력 또는 에너지 $P(x)$를 그래프로 나타내고, 위의 식에 적용시키면 레이저빔의 빔허리 즉 반경(w)을 얻을 수 있다.

또 다른 방법으로는 카메라기반 빔프로파일러(camera-based beam profiler)가 있다. 이것은 영상디바

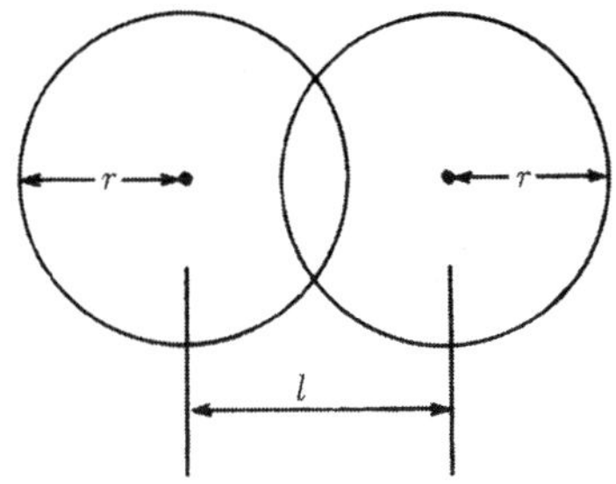

그림 IV-16 펄스레이저빔 중첩도 측정방법(같은 크기로서 옆으로 이동시킨 거리가 l임)

이스로 2차원의 픽셀어레이를 사용한다. 이 디바이스는 전자신호 같이 인입되는 빔의 출력분포를 감지하고 저장한다. 레이저빔강도분포를 매 픽셀마다 기록하고 3차원 등고선선도를 기록한다. 이러한 프로파일러의 장점은 사진기구와 비슷한 방법으로 감지하며, 핫스폿 같은 특정한 점도 나타낼 수 있다는 것이다. 그리고 이들은 2차원 또는 3차원으로 빔의 윤곽을 나타내고, 지속파와 펄스에도 사용이 가능하다. 그러나 픽셀크기(보통 5~10 μm) 때문에 측정분해능이 제한되고 민감도에 제약이 있다는 단점이 있다.

레이저빔에 의한 재료가공에서 펄스빔을 사용하는 경우에는 펄스들을 중첩시켜 사용할 경우가 있다. 이 경우에 **중첩된 분율**은 레이저빔 펄스의 반복속도 또는 시편이 이동하는 속도에서 일정한 출력으로 고려되며, 기하학적으로 그림 IV-16과 같다. 기하학적으로 정의되는 중첩된 분율은 (IV-41)식과 같다. 일반적으로 중첩된 분율이 증가함에 따라 레이저빔에 의하여 얻어진 가공깊이가 증가된다. 그리고 실제적으로 펄스빔을 사용하여 재료가공을 수행하는 경우에 여러 가지 관계식들은 IV-4-2항에서 다시 검토하겠다.

$$\text{중첩\%} = \left(1 - \frac{l}{2r}\right) \times 100 \qquad \text{(IV-41)}$$

r : 레이저빔의 반경, l : 조사된 펄스중심 간의 거리

○ 초점위치 선정방법

작업현장에서 사용하는 실용적인 방법으로 초점위치를 빠른 시간 내에 간단히 결정하는 것은 중요하며, 여러 가지 방법들이 있다. 가장 흔히 사용되는 방법은 그림 IV-17과 같이 일정한 각도로 경사된 금속판재 상에 집속된 레이저빔을 조사시키면서 시편을 따라 이동시키는 것이다. 실험시편의 두께가 큰 경우에는 용융깊이 또는 천공된 깊이가 가장 큰 곳의 위치를 선정하여 그곳을 초점위치로 선정한다. 만일 두께가 작은 판재의 경우에는 절단폭이 가장 작은 위치의 거리를 측정하여 그곳을 초점위치로 취급한다. 그리고 다른 방법으로는 시편 상에서 형성되는 플라즈마플룸을 관찰하는 방법이 있다. 즉 집속된 레이저빔을 금속재료 상에 조사시키면 초점위치에서 가장 강력하고 밝은 푸른색의 불꽃을 나타내고, 반복속도가 적은 펄스빔의 경우에는 충격파 음향을 들을 수 있다. 반면에 초점위치에서 멀어지면 온도가 낮아져서 주황색의 불꽃을 보여준다. 그러나 이러한 불꽃의 크기와 색상에 따른 관찰은 취입가스의 종류와 재료에

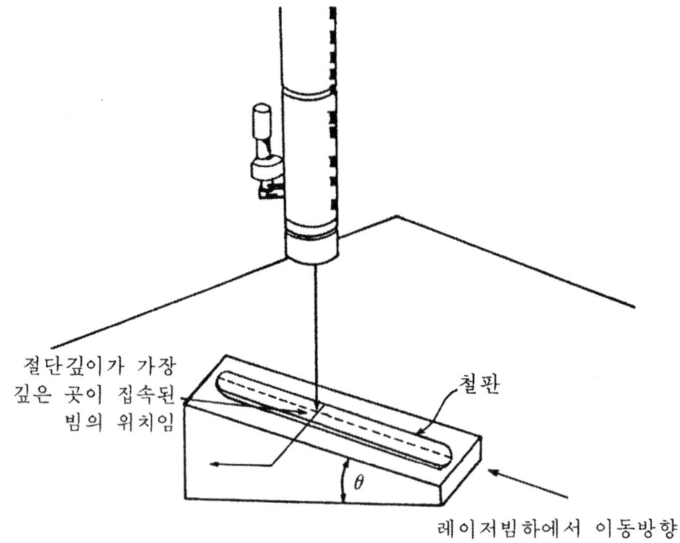

그림 IV-17 실험적인 레이저빔 초점위치 측정기구

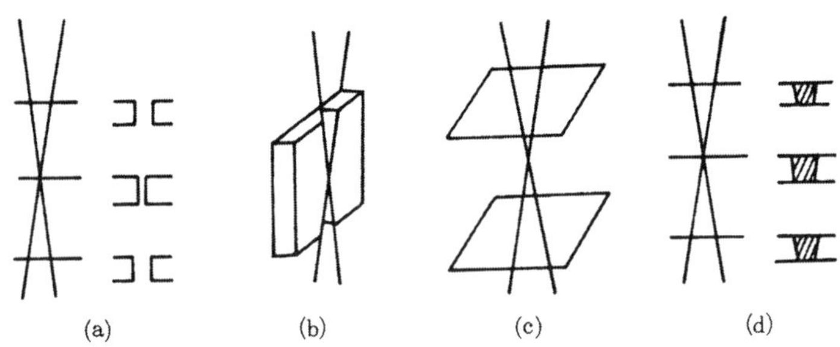

그림 IV-18 초점위치를 구하는 간단한 방법들의 예

의하여 영향을 받으므로 주의를 요한다.

위의 방법과 다른 간단한 방법들로는 그림 IV-18과 같은 방법들이 있다. 여기서 그림(a)방법은 집속된 레이저빔을 얇은 아크릴판재 상에 조사시키고, 다시 계속하여 일정한 거리씩 상하방향으로 이동시킨 위치에서 같은 작업을 수행한다. 이 경우에 아크릴판재에 얻어진 천공위치의 직경이 가장 작은 위치를 초점위치로 선정한다. 그림(b)방법은 두꺼운 아크릴판재의 한 면을 집속된 레이저빔의 중심축과 같도록 한다. 이 경우에 아크릴판재에 파여진 이중원뿔부분에서 꼭짓점에 해당하는 위치를 초점위치로 선정한다. 그림(c)방법은 고정시킨 집속빔을 조사시킬 경우에 두 개의 아크릴판재에서 크기가 같은 직경을 가진 두 곳의 위치를 구하고, 그 두 위치의 중간점을 초점위치로 선정한다. 그림(d)방법은 레이저빔의 초점위치 근방 여러 곳에 일정한 두께의 단면을 가진 금속판을 위치시키고 레이저빔을 조사시킨다. 그 후 단면을 절단한 후 금속조직을 현미경으로 검사하여 그 조직이 동일하게 일정한 간격을 보여주는 위치를 초점위치

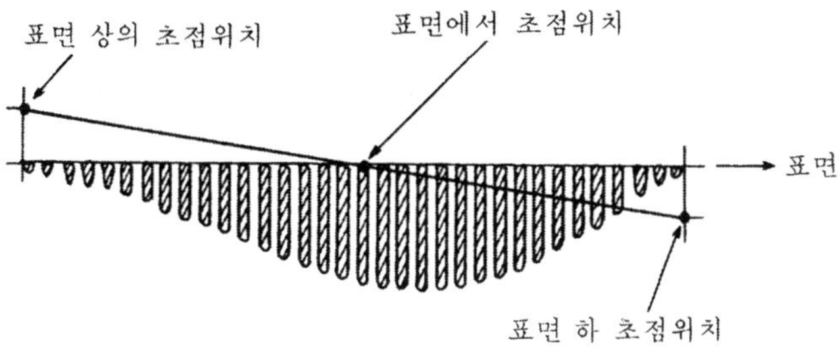

그림 IV-19 레이저빔의 초점위치에 따른 천공 깊이와 모양

로 선정한다. 이러한 방법들 이외에도 작업조건과 재료 등에 따라 현장에서 여러 가지 실용적인 방법을 사용할 수 있다.

레이저빔에 의한 재료가공에서 집속된 빔의 초점을 작업물의 표면 또는 그 내부의 어떤 곳에 위치시키는가에 따라 가공된 구역의 형상과 가공깊이 등이 큰 영향을 받는다. 이것은 전술한 바와 같이 초점위치에서 가장 큰 레이저빔 출력밀도를 주게 되지만 집속된 빔은 원뿔형의 형상을 가지기 때문이다. 따라서 천공된 구멍 또는 가공된 형상은 집속렌즈의 초점위치, 가공재료의 열적 성질과 취입가스의 압력 등 작업조건에 따라 다르다. 한 가지 예로서 레이저빔에 의한 천공작업에서 일반적으로 집속된 초점위치가 표면에서 위로 떨어져 있게 되면 표면에서 큰 직경과 재료 내부로 들어감에 따라 약간의 테이퍼를 주는 원뿔형으로 천공이 된다. 재료가 얇은 경우에는 집속된 초점이 표면상에 있게 되면 대체로 균일한 직경의 구멍으로 가공이 이루어진다.

재료가 두꺼운 경우에는 초점의 위치를 표면으로부터 약간 밑에 있도록 하는 경우에 측면이 균일하며 가장 깊은 구멍이 되도록 한다. 반면에 초점을 표면에서 상당히 내부로 들어간 곳에 위치시키면, 표면상의 출력밀도가 낮아 천공된 깊이가 작으며 원뿔형의 구멍을 주게 된다. 그림 IV-19는 투명한 플라스틱의 표면으로부터 상하의 여러 위치에 집속된 레이저빔의 초점을 위치시키는 경우에 천공되는 깊이를 도식적으로 보여주고 있다. 여기에서 보듯이 초점위치가 표면에서 약간 밑 부분에 위치시키도록 하는 것이 천공깊이를 가장 크게 한다. 이러한 현상은 천공작업만이 아니고, 용접과 재료의 절단작업에서도 발생한다. 따라서 두께가 어느 정도 큰 재료의 가공작업에서는 일반적으로 집속된 레이저빔의 초점위치를 시편의 표면으로부터 약간 아래에 위치시키도록 한다.

Ⅳ-1-6 레이저빔의 출력분배와 시간분배

고출력레이저빔은 시간분배 및 출력분배가 가능하므로 여러 개의 작업대를 사용하여 동시에 여러 가지 가공작업을 할 수 있는 융통성이 있다. 특히 **시간분배방법**은 지속파 CO_2 레이저빔을 사용할 경우에 대형부품을 작업대에 장착하고 해체하는 데 많은 시간이 소요되는 경우에 매우 효과적이다. 이러한 방법은

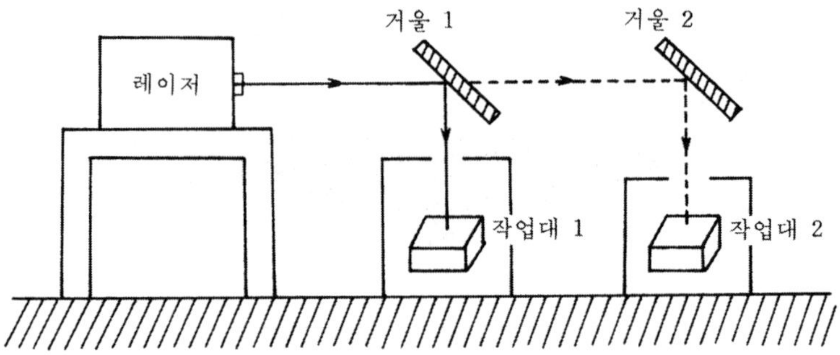

그림 IV-20 레이저빔의 시간 분배작업

그림 IV-20에 보여주는 것과 같이 레이저빔의 연속선 상에 수 개의 거울을 배치하여 사용하는 것이다. 그림에서 거울1은 상하로 이동하거나 회전이 가능하도록 하여 작업대1을 사용하지 않는 경우에는 레이저빔이 그대로 통과되어 거울2에서 반사되어 작업대2를 사용하도록 한다. 따라서 작업대1에 대형부품을 장착하는 동안에 작업대2에서 가공작업이 이루어지며, 작업대2에서 가공이 끝난 후 다시 작업대1에서 가공작업이 이루어지도록 한다. 즉 거울1이 다시 제자리에 오게 되는 경우에는 작업대1이 사용되며, 이 경우에 거울은 정확하게 제 위치로 오도록 조정되어야 한다.

레이저빔의 **출력분배방법**은 하나의 레이저로 고출력 또는 저출력으로 분배된 여러 가지 출력을 동시에 사용할 수 있어서 융통성이 크다. 레이저빔 출력분배방법은 그림 IV-21과 같으며, 별도의 셔터가 있지 않는 한 레이저빔은 모든 작업대에 동시에 도달하게 된다. 고출력이 요구되는 경우에는 레이저빔을 한 곳에 집중해서 사용하기 위하여 빔분배기1에 100%반사하는 거울을 장착함으로써 가능하다. 그러나 고출력이 요구되지 않는 경우에는 출력을 분배하여 가공작업을 두 곳 이상에서 동시에 수행할 수 있어 바람직하다. 만일 모든 작업대에 다른 출력의 레이저빔을 조사시키도록 하기 위해서는 각 작업대에 부착된 **빔분배기**들의 반사율을 정확히 조절하여야 한다. 예를 들어 그림에서 보듯이 동일한 출력의 레이저빔을 3개의 작업대에 조사시키려고 하는 경우에는 빔분배기1은 33.3%를 반사시키고 나머지는 투과시키는 것을 선택해야 하고, 빔분배기2는 50%를 반사시키고 나머지는 투과시키는 것을 선택해야 한다. 즉 빔분배기2는 빔분배기1을 투과한 66.7%의 50%를 반사시킨다. 그리고 마지막 거울은 100%를 반사시키도록 해야 하며, 일반적으로 사용되는 빔분배기들은 반사강화 코팅된 유전체재료들이다.

만일 작업구역이 레이저빔 출구로부터 멀리 떨어져 있는 경우에는 레이저빔통과경로 상에 어떤 물체가 돌출되거나, 사람이 지나다니면 매우 위험하다. 따라서 레이저빔이 통과되는 직선적인 경로 상에는 플라스틱파이프 등으로 레이저빔통로를 설치하여, 그 내부로 레이저빔이 통과되도록 해야 한다. 그러나 가공구역이 복잡하고 굴곡진 부분으로 이루어져 레이저빔 출구로부터 직접적인 접근이 곤란한 경우 또는 3차원가공의 경우로서 Nd:YAG레이저를 사용하는 경우에는 광파이버를 사용해야 한다. 그리고 CO_2레이저를 사용하는 경우에는 다관절조절기 등 별도의 레이저빔전송방법을 선택하여 사용해야 한다.

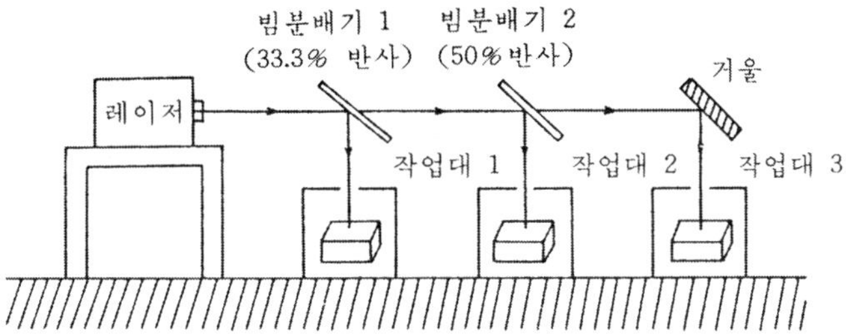

그림 IV-21 레이저빔의 출력분배 작업

만일 레이저에서 출발한 빔이 작업구역에 도달되기 전에 거쳐 가는 거울들의 수가 많으면 작업구역에 도달되는 레이저빔의 분율(%)이 감소되고, 또한 거울들의 배열을 매우 정확하게 해야 한다. 그리고 작업장의 여러 가지 오염물이 쉽게 거울에 부착되어 거울 상에 국부적인 가열을 초래하면 성능을 저하하고 손상시킨다. 따라서 가급적이면 레이저빔의 경로를 간단하게 하여 반사거울의 수를 줄이는 것이 바람직하다. Nd:YAG레이저를 사용하는 경우에는 빔의 분배와 작업구역으로 전송에 광파이버를 사용할 수 있어서 더욱 편리하다.

파이버레이저를 사용하는 경우에는 출력모듈의 선별적인 사용으로 시간분배와 출력분배가 매우 간단하고 융통성이 있어서 편리하다. 그림 IV-22는 파이버레이저의 시간분배와 출력분배를 도식적으로 보여주는 것이다. 레이저빔은 1차 파이버에서 나온 후 출력을 여러 개의 빔분배기를 통하여 2차 파이버에 보낸다. 그리고 분배된 출력은 각각의 빔 전송파이버를 통하여 각 작업구역으로 보내어 여러 가지 작업을 동시에 수행할 수 있다.

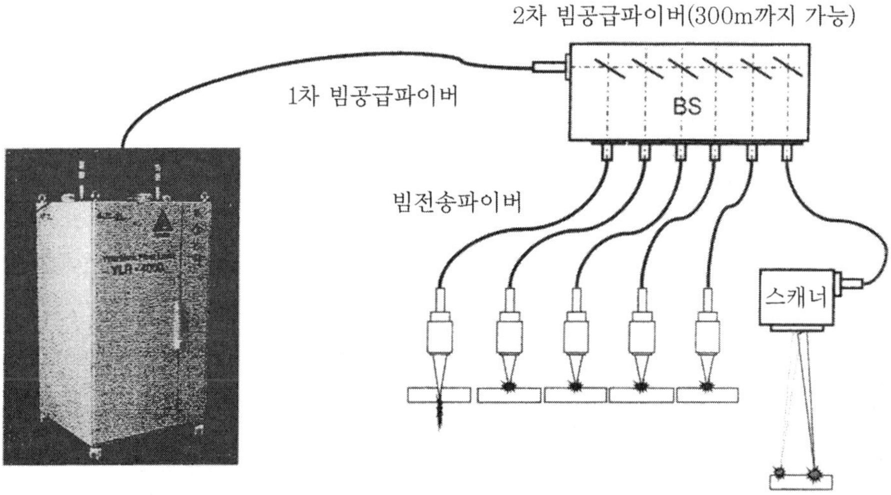

그림 IV-22 파이버레이저의 시간 및 출력분배(IPG)

재료가공에 사용되는 고출력레이저빔은 거의 적외선구역이므로 눈으로 직접 관측할 수 없어 매우 주의해야 한다. 대부분의 재료에서 레이저빔을 흡수하는 경우에 열적인 작용으로 손상을 주고, 또한 반사되는 경우에는 주위의 작업자에게 간접적으로 조사되므로 위험하다. 따라서 집속된 레이저빔 근방으로 작업부품을 이동시키는 경우에는 적당한 방법으로 가공구역을 차단시키는 것이 필요하다. 사용되는 레이저가 Nd:YAG레이저인 경우에는 1.06μm파장이 눈에는 보이지 않으나, 일반적으로 가시광선을 통과시키는 투명한 재료를 통과한다. 따라서 불투명하거나 또는 1.06μm파장대역을 통과시키지 않는 재료로 부품의 가공구역을 밀폐시키고, 또한 보안경을 착용해야 한다. 그리고 폐쇄회로TV 등 간접적인 방법으로 작업구역과 작업과정을 관찰해야 한다. CO_2레이저의 경우에는 파장이 10.6μm이므로 아크릴 등 대부분의 고분자재료와 유리에 거의 모두 흡수된다. 따라서 작업구역을 플렉시글라스 등으로 차단시키면 가시광선은 통과되나, 10.6μm의 레이저빔은 통과되지 못하므로 가공구역에서 작업이 이루어지는 것을 직접 관측하는 것이 가능하다. 그러나 이러한 경우에도 유리 혹은 플라스틱으로 제조된 보안경을 착용해야 한다.

Ⅳ-1-7 레이저빔의 이송과 작업테이블

레이저빔에 의한 재료가공에서 집속된 레이저빔을 이송하여 작업부품에 조사시키는 방법에는 두 가지 방법이 있다. 즉 레이저빔을 고정시키고 작업물이 장착된 작업테이블을 이동시키는 방법과 작업물이 장착된 작업테이블은 고정시킨 후 집속된 레이저빔을 이동하면서 조사시키는 방법이다. 이러한 집속빔을 작업구역에 조사시키는 방법은 레이저의 종류와 작업부품의 크기 및 형상에 따라 차이가 있다. 일반적으로 큰 판재의 절단과 같은 작업은 2차원 가공이므로 비교적 간단하다. 이러한 경우에는 집속광학기구를 고정시킨 상태에서 판재를 올려놓은 작업테이블을 이동시키는 방법과 고정된 작업테이블에 판재를 올려놓고 집속광학기구를 이동시키는 **이동광학기구**(flying optics)방법이 있다. 그리고 3차원 가공에서 집속된 레이저빔을 작업물에 조사시키는 방법은 CO_2레이저의 경우에는 흔히 광파이프로 구성되고 선단에 집속렌즈를 부착한 다관절조절기를 사용하고, Nd:YAG레이저의 경우에는 집속렌즈를 부착한 광파이버를 로봇의 팔에 고정시켜 사용한다.

이제 레이저가공작업 시 집속된 레이저빔의 이송과 방향조절에 대하여 간단히 검토하여 보겠다. 금속판재절단에서 레이저빔 집속광학기구가 고정되고 작업테이블을 이동시켜야 하는 경우에는 넓은 작업면적이 필요하다. 그림 IV-23은 레이저가공에서 작업테이블의 진화를 나타내고 있다. 좌측의 작업테이블은 1세대가공기로 판재이동형(sheet moving type)으로 레이저와 빔집속헤드는 고정되어 있고 테이블은 x, y축으로 구동되기 때문에 작업면적은 판재의 4배 면적이 필요하다. 중앙의 작업테이블은 2세대가공기로 하이브리드형(hybrid type)으로 레이저빔은 거울에서 반사되어 y축으로 이동하는 집속헤드로 이송시키고 테이블은 x축으로 구동되기 때문에 작업면적은 판재의 2배 면적이 필요하다. 우측의 작업테이블은 3세대가공기로 이동광학기구형식(flying optics type)으로 레이저빔은 거울에서 반사되어 x, y축으로

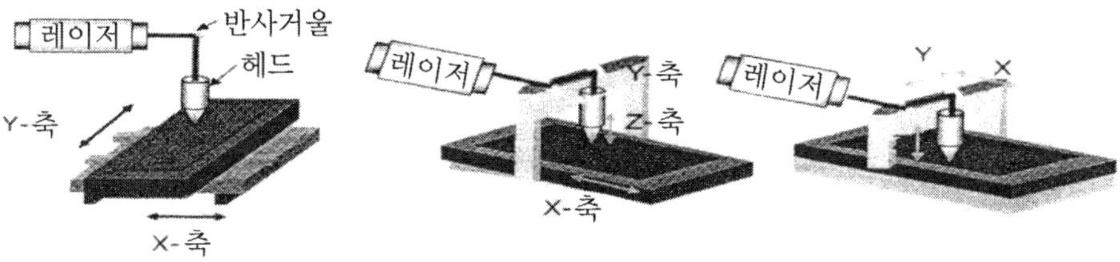

(a) 1세대 (b) 2세대 (c) 3세대

그림 IV-23 레이저가공 작업테이블의 발전

이동하는 집속헤드로 이송시키고 테이블은 고정되어 있기 때문에 작업면적은 판재와 같은 면적이 필요하다. 앞으로 4세대가공기는 판재와 같은 면적을 가진 작업테이블이 외부와 차폐되어 항온항습 또는 특별한 환경에서 도장 같은 동시작업을 가능하게 할 것이다. 그리고 유연한 동시다중작업에서 융통성 있는 부품장입과 배출이 용이하고 더욱 고속으로 가공하게 될 것이다.

실제적으로 금속판재절단 같은 레이저가공에서 레이저빔을 x, y, z축을 따라 이동시키는 기구는 간단하며, 위에 언급한 바와 같이 여러 가지 방법이 있다. 비교적 크기가 작은 레이저빔집속헤드 또는 광파이버집속헤드는 직접 x, y방향으로 이동시키고, z축 방향의 이동은 집속헤드에 부착된 마이크로미터형식의 기구로 상하수직이동을 수행한다. 그러나 고출력레이저인 경우에는 레이저를 고정시키고 반사거울 같은 광학기구를 이용하여 작업테이블 상에서 레이저빔을 3축 방향으로 이송 및 조절하는 이동광학기구 방법을 사용한다. 그림 IV-24는 이러한 이동광학기구의 개념과 실제적인 예를 보여주고 있다. 여기서 거울2는 x방향으로 이동하여 x위치를 조정하고, 거울1과 거울2가 함께 장치된 전체부분이 y방향으로 이동하므로 y위치를 조정하고, 집속장치의 렌즈를 상하수직으로 이동시키도록 하여 z위치를 조정한다.

위의 방법에서는 광파이프를 통하여 레이저빔을 직접 이동시켜야 하지만, 광파이버를 사용하는 경우에는 집속렌즈가 부착된 파이버헤드를 이동시키는 것이므로 매우 편리하고 간단하다. 이러한 방법들은 작업테이블은 움직이지 않고 집속헤드만 이동하므로 이론적으로 작업공간이 작업테이블의 넓이와 같다.

매우 복잡한 제품의 가공에서는 단순한 x, y, z축의 순수한 직선운동으로 이루어지는 3차원가공으로 불충분하므로 여러 가지 다른 형태의 기구가 사용된다. 일반적인 경우에는 레이저빔의 직선운동기구와 회전운동기구가 결합된 방법을 사용하며, 어떤 경우에는 여러 가지 축들이 동시에 동작하도록 구성된 기구를 사용한다. 그림 IV-25는 두 개의 회전자유도를 가진 기구의 예로 여기서 전체 기구를 수직으로 이동시키면 z방향의 이동을 준다.

로봇기구에 의한 레이저빔의 이동은 직선이동과 회전이동을 더욱 신축성 있게 하며, 레이저빔을 필요한 방향으로 5축 혹은 6축운동을 가능하게 한다. 레이저빔의 이동과 조절에 사용되는 로봇기구에는 일반적으로 갠트리형식과 다관절팔 형식의 두 가지 방법이 있다. 갠트리로봇기구는 기본적으로 그림 IV-24와 비슷하며, z방향으로 이동이 1m 혹은 그 이상인 것을 제외하면 먼저 기술된 x, y, z축 방향의 직선운동기구와 같다. 그리고 빔의 회전운동은 그림 IV-25에서 보는 것과 같은 기구와 집속장치의 이용으로 수

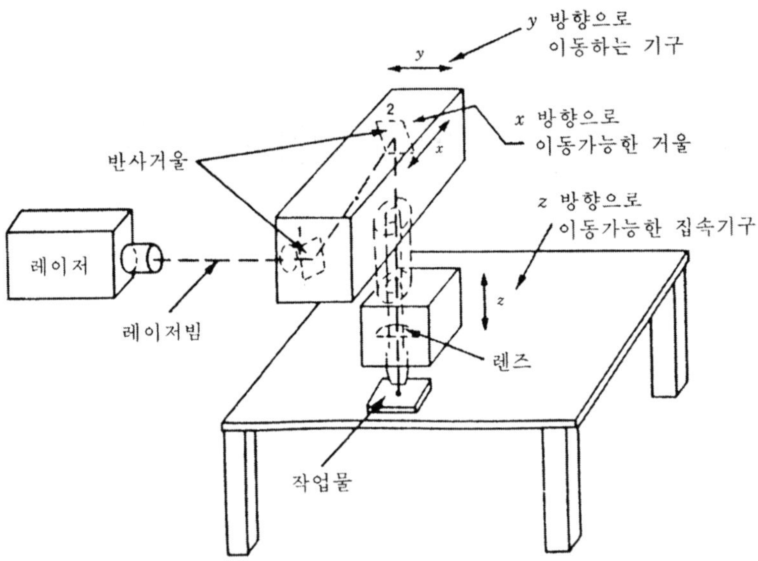

(a) 빔 이송 개요도

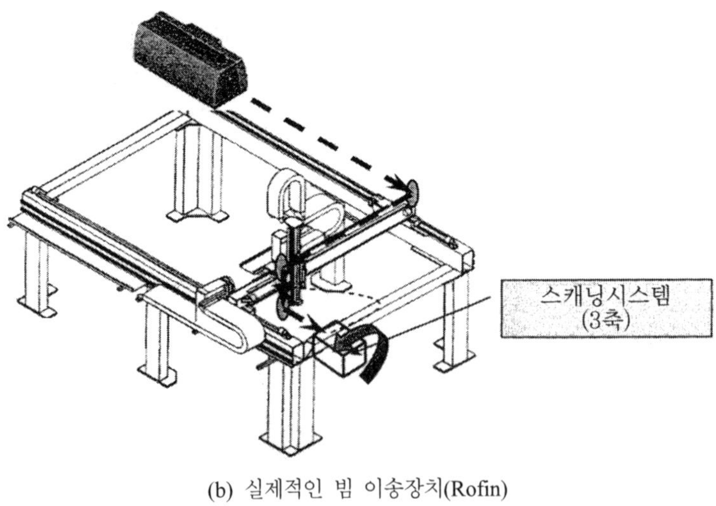

(b) 실제적인 빔 이송장치(Rofin)

그림 IV-24 직선방향 빔 이송장치

행된다. 일반적으로 CO_2 레이저를 포함한 고출력레이저는 이러한 갠트리기구가 주로 사용된다. 반면에 다관절팔 형식은 전적으로 다른 형태의 빔 이송장치를 필요로 한다. 예를 들면 Nd:YAG레이저는 먼저 기술한 바와 같이 광파이버를 이용한다. 여기에서 레이저빔을 빔출구와 집속장치 사이에 있는 광파이버로 이송시키고, 이 광파이버를 로봇에 의해서 5축 또는 6축으로 운동하도록 한다. 만일 로봇팔에 적당히 설계된 집게를 부착시키면 이것이 가공될 부품을 들어서 작업대에 올려놓고, 작업 후에 부품을 컨베이어 벨트 또는 다른 위치에 정돈시켜 놓도록 한다. 광파이버의 특성에 대해서는 IV-2-7항에서 광파이버를 설명할 때 다시 기술하겠다.

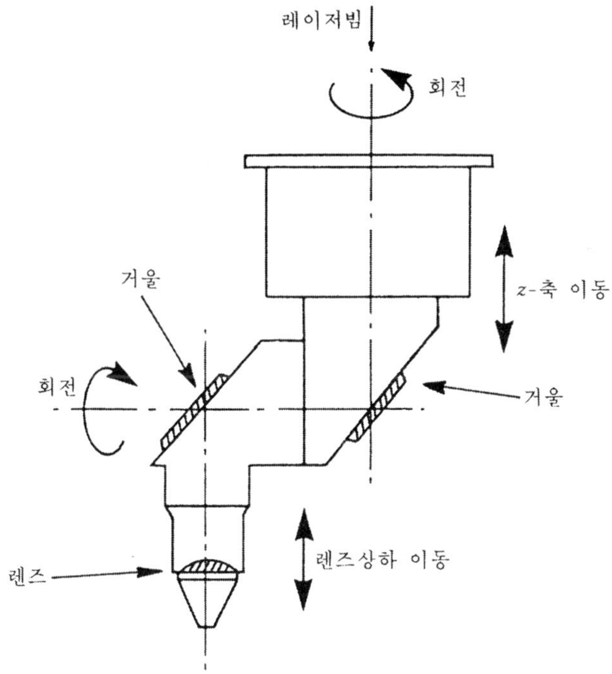

그림 IV-25 두 개의 회전자유도를 가진 집속고정구.
작업물 표면 상에서 빔집속은 렌즈의 위치를 상하로 이동시켜 이루어짐.

여기서 한 가지 고려할 점은 10.6μm의 CO_2레이저빔은 현재 얻을 수 있는 광파이버로는 통과시킬 수 없다는 것이다. 따라서 CO_2레이저를 다관절팔 로봇에 결합시키는 경우에는 레이저빔 출구로부터 로봇팔 끝의 집속장치로 연결되는 빔이송은 광파이프, 즉 도관을 통하여 전송시키므로 여러 개의 거울들을 포함하는 기구로 되어 있다. 복잡한 빔 이송장치의 경우에는 몇 개의 너클(knuckle)을 가지고 있고, 그 각각은 3개의 거울을 가지고 있어 3개의 회전자유도를 주면서 레이저빔이 도관의 중심축을 통과하도록 한다. 이러한 기구는 여러 개의 반사거울과 직선도관의 마디들로 연결되고, 그 끝에 집속렌즈와 노즐이 부착되어 있다. 이 경우에 도관의 수가 많을수록 다차원으로 운동시킬 수 있어 동작이 용이하다. 그러나 이런 경우에는 거울들의 정확한 배열이 요구되며, 또한 최종거울에서 반사되어 나오는 레이저빔의 출력은 반사거울의 수에 따라 차이는 있으나 인입된 출력의 80% 이하로 감소된다. 따라서 이러한 거울의 수를 줄이는 방법으로 로봇의 끝에 부착시킬 수 있도록 크기가 작고 충분한 출력을 주는 레이저가 개발되었으며, 파이버레이저는 매우 적절한 레이저이다. 현재 Nd:YAG레이저, 디스크레이저, 파이버레이저의 출력이 수KW 이상으로 증가되고, 또한 광파이버를 이용하는 것이 융통성이 있고 편리하다. 따라서 복잡한 3차원가공에서는 여러 개의 도관으로 구성된 빔 이송기구를 사용하는 CO_2레이저 대신에 Nd:YAG레이저, 디스크레이저, 파이버레이저가 사용되고 있다.

금속의 용접 등에 사용하는 대부분의 레이저시스템은 조건에 따라 고정된 빔 또는 이동하는 빔을 사용하며, 그 가공방법에 적당하게 고안된 부품이송장치를 사용한다. 가공될 부품들은 수동 또는 자동으로 작업대에 장입된 후 가공될 위치가 선정된다. 일반적으로 매우 정확한 원형 또는 평평한 부품들에 대해서는 처음에 집속기구의 초점 위치는 수동으로 정하고, 가공도중에 계속하여 자동적으로 초점이 유지되도록 조절하는 방법을 사용한다. 그러나 판재 또는 다른 형태의 재료에서 높이 또는 크기허용도가 일정하지 못한 경우에는 레이저빔집속축의 높이조절이 필요하다. 레이저빔의 초점위치조절은 여러 가지 방법으로 가능하다. 예를 들면 평탄도를 측정하는 조면계 또는 상하거리에 따른 커패시턴스를 측정하는 기구 등이 있다.

판재의 절단에 대해서는 집속기구를 상하로 자유롭게 이동하도록 제작하고, 이 집속기구를 판재 상에 올려놓거나 볼베어링기구에 부착시킨다. 그러면 빔 집속기구의 선단은 이 베어링고정기구 상에 떠 있게 되고, 이것은 판재의 두께변화 또는 굴곡에 따라 상하로 자유롭게 이동하면서 집속렌즈와 광축 상에 있는 판재면 사이의 거리를 일정하게 유지시킨다. 볼베어링기구에 의해서 정확하게 조정되지 못하는 더욱 복잡한 상하높낮이에 대해서는 집속기구선단과 재료표면 사이의 거리를 다른 방법으로 감지 및 측정한다. 이 경우에 그 측정신호는 컴퓨터에 입력되어 적당한 초점위치를 유지시키기 위해서 광축의 높이를 조절한다. 절단가공에 대해서는 집속기구선단의 노즐위치가 매우 중요하며, 초점위치에 따라 조절된다. 일반적으로 이러한 감지 및 측정기구로서는 전기용량 혹은 인덕턴스 측정 등의 기술이 사용된다. IV-4-5항에서 레이저가공 시 시편감지방법에 대하여 검토할 것이다.

IV-2 광학부품과 광파이버

레이저빔에 의한 재료가공에서 국부적인 구역에 집중된 에너지를 공급하기 위하여 광학부품을 이용해서 레이저빔을 집속시켜 조사해야 한다. 일반적으로 레이저빔의 집속기구에는 렌즈에 의한 방법이 사용되나, 매우 출력이 큰 경우에는 곡면반사거울에 의한 방법이 사용된다. 따라서 이러한 렌즈와 반사거울에 사용되는 광학재료와 열적인 영향 등에 대하여 검토하여 보겠다. 그리고 레이저빔의 조절에 이용되는 광학부품과 빔전송에 사용되는 광파이버의 종류와 특성 등에 대하여 고려하여 보겠다.

IV-2-1 렌즈에 의한 빔의 집속과 렌즈재료

레이저빔은 파장이 일정하고 직진하므로 렌즈의 중심축을 따라 입사될 경우에 광학에서 고려되는 색수차의 문제는 중요하지 않다. 그러나 레이저빔의 집속에 영향을 미치는 중요한 문제 중의 하나는 렌즈의 구면수차에 의한 문제이다. 즉 렌즈의 중심부로 입사되는 부분과 렌즈 둘레로 입사되는 부분은 같은 위치에 도달하지 못한다. 일반적으로 렌즈의 **구면수차**는 초점거리와 렌즈양면의 곡률반경에 의하여 결정되며, 초점거리가 짧아짐에 따라 구면수차는 증가된다. 따라서 구면수차를 감소시키는 방법으로 특별히 가공된 면을 가진 비구형의 복합렌즈 또는 특별히 선택된 구형의 렌즈를 사용한다.

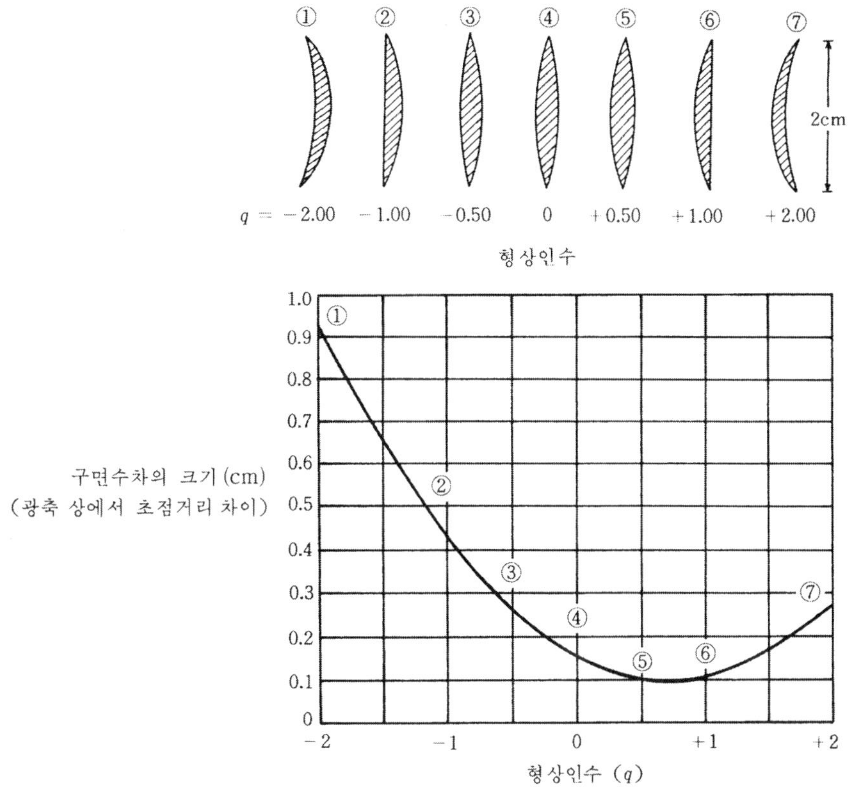

그림 IV-26 얇은 렌즈의 형상인수에 따른 구면수차의 크기
(렌즈직경 2cm, 초점거리 +10cm 굴절률 1.517)(Jenkins and White-1976)

이제 렌즈의 직경과 광축 상의 초점거리가 같고, 렌즈양측의 곡률반경이 달라 서로 다른 모양을 가진 일련의 볼록렌즈를 고려하여 보자. 이 경우에 각 렌즈는 **형상인수** q를 가지며, 이것은 다음 식과 같이 정의된다.

$$q = \frac{r_1 + r_2}{r_2 - r_1} \qquad \text{(IV-42)}$$

r_1, r_2 : 렌즈양면의 곡률반경

예를 들면 수렴되는 메니스커스렌즈에서 한 측의 곡률반경 r_1이 -15cm이고 다른 측의 r_2가 -5cm라고 하면, 이 렌즈의 형상인수 q는 -2이다. 일반적으로 형상인수 q에 따라 렌즈의 구면수차가 다르며, $q=+0.5$근방에서 가장 적은 구면수차를 나타낸다. 직경이 2cm이고, 형상인수가 다른 여러 가지 모양의 렌즈에 좌측에서 우측으로 입사되는 광선에 대한 렌즈의 구면수차는 그림 IV-26과 같다. 이 그림에서 보듯이 렌즈의 구면수차가 최소값을 나타내는 곳은 형상인수 q가 +0.4에서 +1.0 사이의 구역이며, 이 근방에서 구면수차가 0.1cm 정도로 매우 적다. 그러므로 여기에서 보듯이 적당한 곡률반경을 가진 렌즈를 선택하면 구면수차를 줄일 수는 있으나, 완전히 제거시키는 것은 힘들다. 실제로 레이저빔에 의한 재료가공작업에서 흔히 사용되는 대부분의 집속렌즈는 ⑥번과 같이 한 면은 곡면이고 다른 면은 평면으로서 렌즈의 곡면가공작업을 줄인 평면-볼록렌즈를 많이 사용한다. 이 경우에 볼록한 축을 입사되는 레이저빔의 방향으로 향하게 함으로써 집속된 레이저빔의 구면수차를 극소화시킨다.

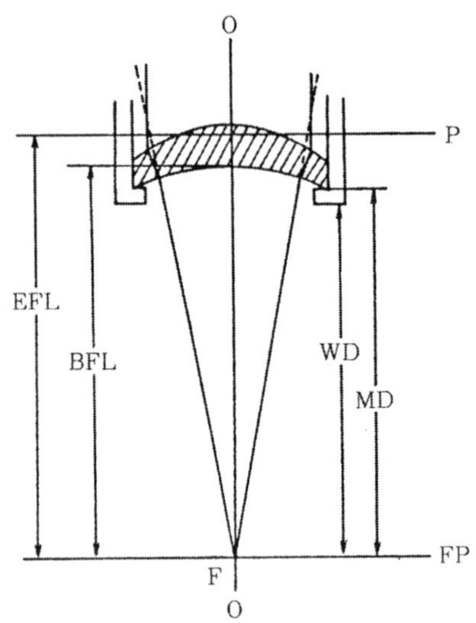

그림 IV-27 렌즈의 초점거리. O 광축, F 초점위치, FP 초점면, EFL 유효초점거리, BFL 뒷면초점거리, WD 작업거리, MD 렌즈고정거리, P 주평면

여기에서 렌즈의 초점거리에 대한 정의에 대하여 잠시 살펴보자. 일반적인 광학에 관한 방정식과 렌즈 설계의 관점에서 가장 흔히 사용되는 초점거리 f는 **유효초점거리**(EFL)이다. 이 유효초점거리는 그림 IV-27에서 보는 것과 같이 초점면(FP)으로부터 렌즈의 주평면(P)까지 거리이다. 만일 렌즈가 볼록렌즈 또는 오목렌즈로서 양면이 대칭인 경우에는 주평면이 렌즈의 중심에 있으나, 양면이 대칭이 아닌 렌즈에서는 렌즈의 중앙에 있지 않고 약간 벗어난 위치에 있다. 그리고 렌즈의 후면초점거리(BFL)는 초점면으로부터 광축 상에 있는 가장 가까운 렌즈면 사이의 거리이다. 렌즈고정거리(MD)는 초점면으로부터 렌즈의 가장 가까운 가장자리까지의 거리이다. 만일 렌즈의 후면이 평평하면 후면초점거리와 렌즈고정거리는 같다. 반면에 **작업거리**(WD)는 초점면으로부터 렌즈고정기구의 외부 가장자리까지의 거리이다. 이들 렌즈고정거리와 작업거리는 렌즈고정기구와 고정방법에 따라 차이가 있으므로 표준화되어 있지 못하다. 적외선구역의 메니스커스렌즈에서는 유효초점거리와 작업거리 사이에는 상당한 차이가 있으며, 특히 초점거리가 짧은 경우에는 더욱 차이가 크다. 따라서 초점거리를 기술하는 경우에는 어떤 초점거리를 의미하

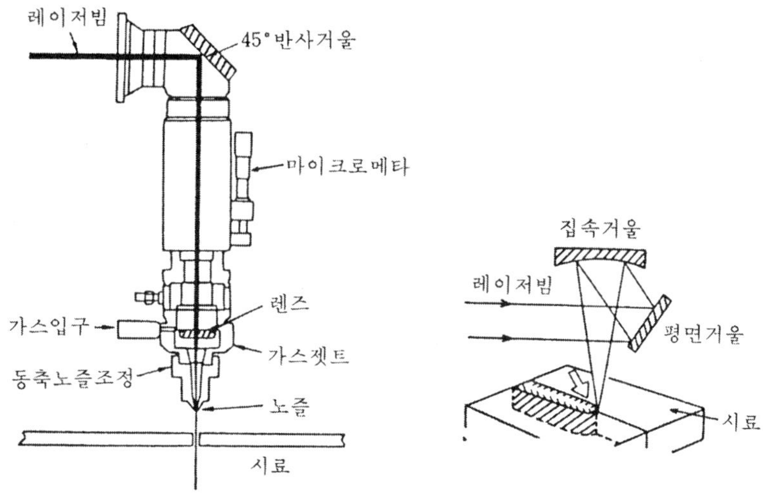

(a) 렌즈를 사용하는 투과형　　(b) 거울을 사용하는 반사형

그림 IV-28 레이저빔의 집속기구

는지 확인해야 한다. 그림 IV-28은 레이저가공에서 레이저빔 집속기구를 나타내며, 그림(a)는 렌즈에 의한 빔 집속기구를 보여주고, 그림(b)는 거울에 의한 집속기구를 보여주고 있다.

레이저빔의 집속에 사용되는 렌즈재료는 파장구역에 따라 매우 광범위하다. 그러나 재료가공에 사용되는 레이저의 종류는 한정되기 때문에 이들에 사용되는 렌즈재료의 종류도 제한된다. 루비레이저, Ar^+레이저 또는 Nd:YAG레이저와 같이 파장이 가시광선 또는 근적외선구역의 스펙트럼에서 사용되는 렌즈재료는 일반적인 광학유리와 플라스틱 광학재료도 사용이 가능하다. 가장 흔히 사용되는 유리들 중의 한 가지는 **BK-7**이며, 이것은 0.4~1.4μm구역에서 매우 양호한 투과도를 주고 587.5nm에서 굴절률이 1.51이다. 이 재료는 렌즈, 부분투과거울, 프리즘과 투과창으로 사용된다.

그러나 CO_2레이저에서는 파장이 원적외선인 10.6μm이므로 가시광선에 사용되는 재료는 사용할 수 없고, 10.6μm파장을 통과시키는 광학재료인 **Ge**, **ZnSe**, **GaAs**, CdTe, KCl 등이 사용된다. 그림 IV-29는 CO_2레이저에 흔히 사용되는 광학부품을 제조하는 데 사용하는 재료로서 코팅시키지 않은 몇 가지 재료의 파장에 따른 투과도를 보여주고 있으며, 표 IV-2는 이들의 여러 가지 물리적 성질을 나타내고 있다. 이 그림과 표에서 보듯이 흔히 사용되는 광학재료로서 코팅되지 않은 경우에는 투과도가 50~70% 정도이나, 특수한 **반사방지코팅**을 수행한 경우에는 재료에 따라 99% 정도를 투과시킬 수 있다. 따라서 레이저에 사용되는 광학부품은 규정된 크기로 가공시킨 후 반사방지코팅을 수행한다.

그림 IV-29와 표 IV-2에서 보면 NaCl 또는 KCl이 10.6μm에 대하여 가장 투과도가 높으며, 약 1.5의 굴절률을 가진다. 그러나 이들 재료로 만든 광학부품은 공기 중의 수증기에 의하여 표면이 침식되므로 일반적인 분위기에서 사용은 곤란하다. 그리고 CO_2레이저빔에 대한 사용에서 이들 재료의 이상적인 조직은 다결정조직이나 실제로 다결정조직을 제조하는 것이 어렵고, 또한 반사방지코팅 혹은 반사강화코팅

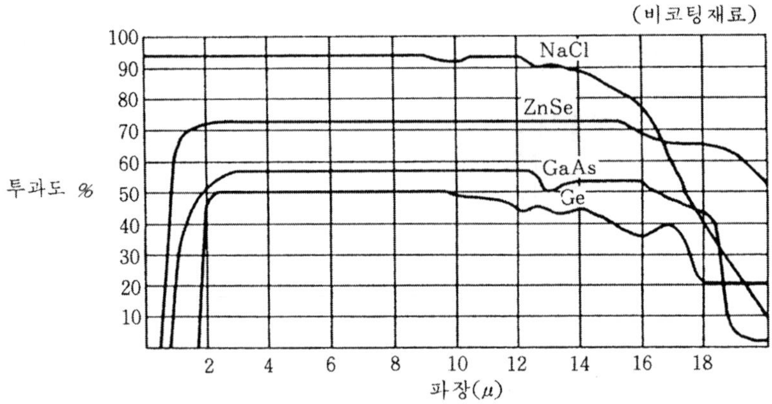

그림 IV-29 CO_2레이저용 광학재료의 파장에 따른 투과도(코팅시키지 않은 상태)(Coherent-1980)

표 IV-2 중요한 CO_2레이저 투과 광학재료의 상수(10.6μm)

재료	흡수 계수 (1/cm)	열전도율 (J/S cm ·℃)	열팽창계수(1/℃×10^{-6})	young율(psi) ×10^7	굴절률 n	비열 (J/cm^3 ·℃)	파단강도 (psi) ×10^3	밀도 (g/cm^3)	용융점 (℃)	용해도 (g/100g) 20℃물	경도 knoop (kg/cm^2)
Ge	0.045	0.59	5.7	1.49	4.02	1.65	13.5	5.33	937	nil	692
GaAs	0.015	0.48	5.7	1.23	3.3	1.42	20.0	5.32	1238	nil	750
ZnSe	0.005	0.18	8.5	1.03	2.405	1.87	7.5	5.42	>1100	nil	150
CdTe	0.006	0.06	5.9	0.53	2.67	1.23	4.5			nil	45
NaCl	0.005	0.065	4.4	0.58	1.46	1.84	0.35	2.165	801	36.0	18.2
KCl	0.003	0.065	3.6	0.43	1.49	1.36	0.33	1.984	770	34.35	9.3

을 수행하는 것이 힘들다. Ge은 1.8~14μm구역의 파장을 투과시키며, 10.6μm에서 굴절률이 4 정도이다. 그러나 출력이 증가함에 따라 Ge의 열적특성은 부적당하고 **열폭주현상**이 나타난다. GaAs는 1.0~15μm구역을 투과시키며, 10.6μm에서 약 3.24의 굴절률을 준다. 이 재료는 매우 우수한 열적특성을 가지며, 특히 장시간 사용에도 안정하기 때문에 흔히 수KW급 CO_2레이저의 광학부품으로 사용된다. 그러나 Ge와 GaAs는 가시광선에는 불투명하기 때문에 He-Ne레이저빔에 의한 조준과 작업물의 배열에서 불편한 점이 있다. ZnSe는 0.58~22μm구역을 투과시키며, 10.6μm에서 2.40의 굴절률을 준다. 이 재료는 가시광선구역에서도 투과도가 매우 크므로 He-Ne레이저빔에 의한 조준은 물론 육안으로도 내부를 식별할 수 있다. 따라서 CO_2레이저빔의 집속렌즈와 투과창 등 적외선구역의 광학재료로서 가장 많이 사용된다.

여기서 렌즈를 포함한 각종 광학부품을 제조하는 유전체의 코팅방법에 대하여 잠시 살펴보자. 유전체의 코팅목적은 다른 굴절률을 가진 층을 형성시키는 것이다. 유전체코팅을 수행하는 방법에는 다음과 같이 크게 3가지 방법이 사용된다.

- **전자빔코팅**(E-beam; electron-beam deposition)
- **이온보조전자빔코팅**(IAD; ion-assisted electron-beam deposition)

• **이온빔 스퍼터링코팅**(IBS; ion-beam sputtering)

이들 모든 방법들은 기본적인 원리가 비슷하다. 즉 이들은 어떤 코팅물질을 증발시켜 기지재료에 덮어씌우는 공정으로 이루어져 있다. 단지 그 차이는 코팅물질을 덮어씌우는 에너지의 크기에 있다.

전자빔(E-beam)증착방법은 적은 에너지를 사용하므로 박막코팅은 스펀지와 같이 버블이나 미소기공을 함유하게 된다. 이들은 결국 습기로 채워지게 되므로 코팅층의 굴절률을 변화시켜 광학부품의 성질을 변화시키며, 이러한 현상을 환경적인 변화라고 한다. 습기의 존재는 역시 광학부품을 손상시키는 임계치를 저하시킨다. 따라서 강한 광선에 노출되면 습기가 증발하여 기지재료에서 코팅층이 약간 벗겨진다. 그리고 습기가 없다고 해도 불균일한 코팅층은 이론적인 손상임계치를 저하시킨다. 전자빔증착기술의 장점은 비용이 적게 들어 광범위하게 사용되고 다목적으로 사용할 수 있다. 그리고 코팅 자체는 역시 약간의 융통성이 있어서 광학부품이 기계적인 응력에 더욱 견딜 수 있다. 이온보조전자빔(IAD)증착방법은 이온빔 스퍼터링방법과 전자빔방법 사이의 중간적인 기술이므로 그 결과도 중간적이다.

이온빔 스퍼터링(IBS)코팅방법은 공정에너지가 전자빔코팅보다 100배 정도 크기 때문에 결과적으로 코팅층의 분자들은 증착될 때 공유결합을 형성한다. 따라서 형성된 코팅은 버블이나 기포가 없고, 더욱 균질하고, 더욱 내구성이 크고, 큰 손상임계치를 가지며, 더욱 재현성이 좋고, 조절이 용이하다. 이것은 역시 광선의 낮은 산란도와 흡수도를 주며, 전반적으로 더욱 넓은 범위의 규격, 즉 더욱 넓은 대역, 필요한 경우에 더욱 급격한 전이, 더욱 양호한 스펙트럼안정성을 준다. 이것은 매우 정밀한 코팅이며, 이론적으로 표면거칠기를 1 Å RMS(root-mean-square), 즉 $\lambda/5,000$ 정도로 조절할 수 있다. 물론 이것은 큰 비용이 들고 매우 속도가 느리며, 더욱 문제점인 것은 취급할 수 있는 코팅의 형태에 제한이 있다. 예를 들면 대부분의 UV코팅은 불화물과 관련되는데, 이것은 스퍼터링 시 분해된다. 따라서 이러한 재료의 경우에는 전자빔코팅방법으로만 가능하다. 표 IV-3은 여러 가지 코팅방법에 따른 공정변수와 특성을 나타낸 것이다.

표 IV-3 코팅방법에 따른 공정변수와 특성(Altechna)

	전자빔 증착	이온보조 전자빔 증착	이온빔 스퍼터링 증착
증착속도	>10 Å/초	~10 Å/초10	~3 Å/초
코팅면적	3,000cm^2	3,000cm^2	500cm^2
열전도도	낮음	중간	높음
코팅온도	200~300℃	20~100℃	20~150℃
코팅층수	1~50	~50	200
밀도/기공도	다공질	치밀함	매우 치밀함
접착/내구성	낮음	양호	매우 우수함
습도/민감도	있음	있으나 적음	없음
시효효과	있음	있으나 적음	없음
내재적응력	>100Mpa	~100Mpa	수백Mpa

Ⅳ-2-2 F-θ렌즈와 텔레센트릭(telecentric)F-θ렌즈

넓은 면적에서 미소한 천공과 절단, 조각(engraving), 패턴형성, 마킹, 형상구조화(structuring), 레이저묘화(writing) 등의 고속정밀 가공에는 레이저빔을 주사시키는 데 갈바노미터로 거울을 움직이는 방법을 사용한다. 이러한 정밀레이저가공시스템에서 레이저빔을 집속시켜 사용하는 주사렌즈의 중요한 조건은 넓은 구역에서 상(像)의 왜곡을 최소화하고 평면에 정확한 상을 형성시키는 것이다. 이러한 목적을 위해서는 일반적인 레이저가공에서 사용하는 보통의 단품렌즈를 사용할 수 없고, 여러 개의 렌즈를 조합하여 만든 F-θ렌즈 또는 텔레센트릭F-θ렌즈 같은 특별한 렌즈를 사용해야 한다. 이제 이들 특수한 F-θ렌즈와 텔레센트릭F-θ렌즈에 대해서 검토해보겠다.

(1) F-θ렌즈

일반적으로 사용하는 단일렌즈는 그림 IV-30의 그림(a)에 보여주는 것과 같이 상(image)이 곡면에 형성된다. 즉 보통렌즈는 레이저빔의 방향을 돌리게 되면 집속초점의 주사경로가 원호 상에 있게 된다. 이러한 문제점을 해결하도록 집속초점이 평평한 면 상에 형성되게 하기 위해서 **평면결상(flat-field)주사렌즈**가 디자인되어 평면 상에 주사경로가 형성되도록 하였다. 그러나 이러한 렌즈는 그림(b)에 보여주는 것과 같이 입사된 각도(θ)의 접선(tangent)에 비례하는 주사길이를 준다. 이것은 그 각도 자체에 비례하지 않고 ($f \times \tan\theta$)에 비례하므로 거리계산에 복잡한 조절이 필요하다. 이러한 문제점을 해결하기 위해서 그림(c)와 같이 주사길이와 입사각도 사이에 선형적인 관계로 ($f \times \theta$)를 주도록 여러 개의 렌즈를 조합하여 구성된 F-θ(혹은 $F-$Theta)렌즈가 개발되었다.

F-θ렌즈는 이미지평면 상에 평면결상을 주도록 디자인되었다. 이러한 렌즈는 고출력레이저와 회전거울을 사용하여 주어진 장(field; 즉 공간)을 통과하여 주사시키거나 조각하는 응용에 중요하다. F-θ렌즈의 디자인에서 중요한 점은 인입되는 빔동공(pupil)의 크기와 위치이다. 즉 넓은 면적을 고속으로 가공하는 시스템에서 갈바노미터거울의 이동을 수용하기 위하여 인입되는 빔동공은 렌즈에서 충분히 떨어져 있어야 한다. x, y 중에서 한 방향으로만 주사시키는 단일거울시스템에서 거울은 인입빔동공 위치에 있어

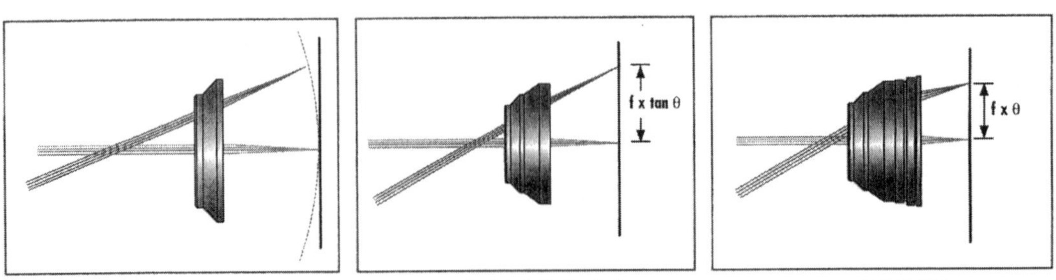

(a) 단일렌즈 (b) 평면결상형 주사렌즈 (c) F-θ주사렌즈

그림 IV-30 렌즈의 종류(Edmund)

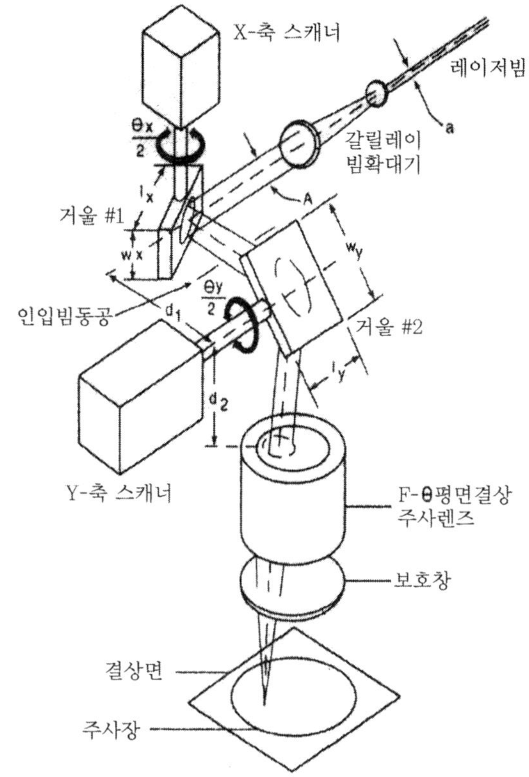

그림 IV-31 정밀가공 시스템. F-θ주사렌즈를 이용하여 넓은 구역을 스캐닝한다.(Special Optico)

야 하며, 최대 빔직경은 인입빔동공의 직경과 같다. x와 y의 두 방향으로 주사시키는 2-거울시스템에서 거울들이 인입빔동공 위치의 서로 다른 측에 있어야 하며, 이들 사이의 거리가 최소화되어야 한다. 주사거울들의 각도에 따라 인입되는 빔직경에 약간의 변화를 줄 수 있으므로 이미지평면에서 초점크기가 약간 차이날 수도 있다. 그림 IV-31은 빔확대기를 통하여 나온 레이저빔이 갈바노미터의 2개 거울을 거쳐서 주사렌즈시스템을 통과시킨 집속빔을 작업위치에 조사시키는 기구를 나타내고 있다.

F-θ주사렌즈의 중요한 특성은 집속된 빔이 작업표면에 도달되는 곳의 각도(ϕ)이며, 이것은 그림 IV-32의 그림(a)에서 보는 것과 같이 인입빔과 렌즈시스템의 축 방향과 편기되는 각도이다. 보통 렌즈에서는 입사빔이 렌즈중심축을 따라 전파될 경우에만 빔이 표면에 수직이다. 레이저빔이 렌즈중심축 방향에서 벗어나면 그 각도는 수직방향에서 벗어나게 된다. 이렇게 되면 집속된 점크기가 약간 타원형으로 연장되고, 레이저가공에서 그림(b)에 보여주는 것과 같이 입사빔의 경사로 가공결과에 영향을 미치게 된다.

입사빔의 집속된 점크기는 입사빔의 직경, 발산 및 편기각도, 렌즈의 유효초점거리 등에 의하여 결정된다. 가우시안빔을 사용한 집속점 크기는 F-θ렌즈에서 출력주사각도(ϕ)에 비례하여 늘어나며, 이 경우에 늘어난 점크기는 $S_e = S/\cos\phi$이며, 여기서 S는 가우시안빔의 점크기이다. ϕ가 10° 이하이면 렌즈시스템에서 늘어난 길이는 2% 이하이다.

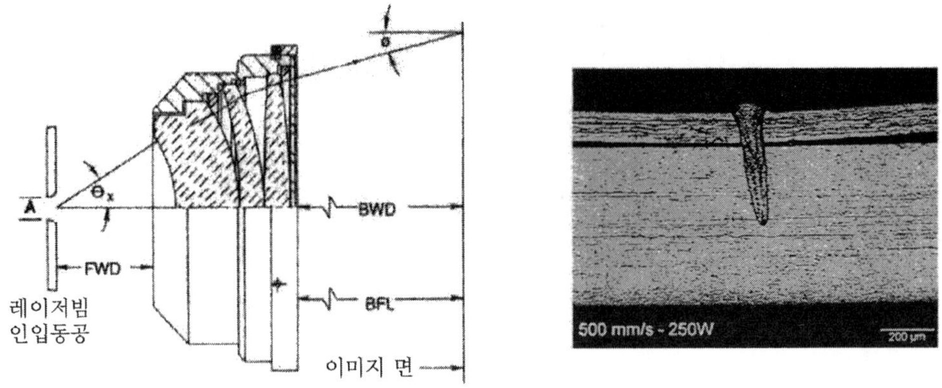

(a) F-θ주사렌즈에서 인입빔과 렌즈시스템 축 사이의 편기각도(Special optico)

(b) 편기각도에 따라 경사된 용접형태(EWI)

그림 IV-32 F-θ주사렌즈와 빔의 편기현상

(2) 텔레센트릭F-θ렌즈

F-θ렌즈의 문제점은 집속된 레이저빔이 작업표면에서 수직축 방향과 편기된 각도를 가지는 것이다. 만일 렌즈디자인을 적절하게 하면 그림 IV-33에 보여주는 것과 같이 레이저빔이 주사되는 전체구역에 걸쳐서 편기각도가 항상 0°가 되어 전체 면적에서 수직되게 조사시킬 수 있다. 이러한 경우에는 렌즈를 통과하는 레이저빔이 평행하게 조준되며, 이러한 렌즈를 **텔레센트릭(telecentric)F-θ렌즈**라고 한다. 이러한 렌즈를 사용하는 경우에는 집속된 레이저빔은 작업면의 모든 위치에서 수직이므로 집속된 점크기는 모든 위치에서 동일하다. 텔레센트릭F-θ렌즈는 여러 가지 장점이 있어서 넓은 구역의 정밀가공과 정밀 측정에 필수적이다.

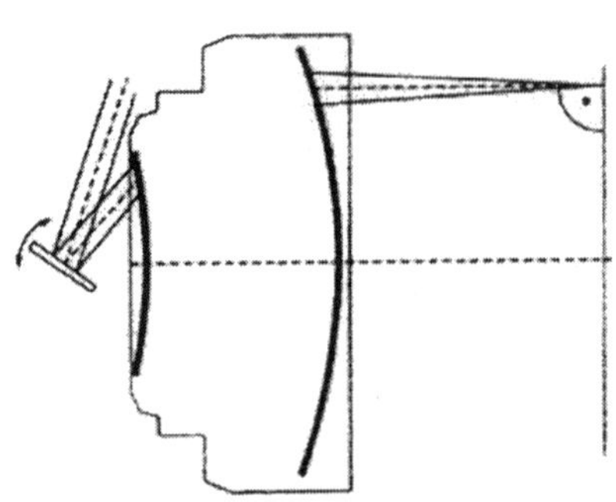

그림 IV-33 텔레센트릭F-θ주사렌즈.
보통 F-θ주사렌즈와 달리 집속빔의 축이 항상 주사면에 수직이다.

여기서 일반적인 렌즈는 어떤 문제점이 있는지 한번 생각해 볼 필요가 있다. 일반적인 내심렌즈(endocentric lens)는 측정환경에 따라 정확도에 영향을 미치는 다음과 같은 몇 가지 문제점이 있다. 만일 텔레센트릭F-θ렌즈를 사용하면, 이러한 문제점을 제거시키거나 감소시킬 수 있으므로 넓은 면적의 정밀가공과 측정에 이용된다.

- 물체의 위치조건(혹은 위치변위)에 따른 배율변화(magnification change)
- 상의 왜곡(image distortion)
- 원근감오차(perspective error)
- 상의 해상도저하(poor image resolution)
- 물체의 가장자리 불확실성(object edge position uncertainty)

그러면 왜 이러한 오류가 발생하는지 생각해 보겠다. 먼저 물체의 위치조건에 따른 **배율변화**는 물체와 렌즈 간의 거리가 변함에 따라 상의 크기가 변하기 때문이다. 예를 들면, 보통렌즈를 사용하면 같은 높이의 물체라도 렌즈로부터 떨어져 있는 거리가 달라짐에 따라 이미지 면에 나타나는 상의 높이가 다르다. 그러나 텔레센트릭F-θ렌즈를 사용하면 렌즈를 통과한 집속빔이 평행하게 되므로 이미지 면에 형성된 상의 높이는 같게 되어 배율변화가 발생하지 않는다. 그림 IV-34는 보통렌즈와 텔레센트릭F-θ렌즈를 사용하여 원통형부품의 내부스플라인과 일정거리 떨어져 있는 같은 크기의 볼트를 찍은 것이다. 이 그림에서 위의 것들은 보통렌즈를 사용한 경우이고, 밑의 것은 텔레센트릭F-θ렌즈를 사용한 것이다. 그리고 사진을 찍은 방향은 스플라인의 경우에는 축을 따라 찍은 것이고, 볼트의 경우는 좌측에서 우측 방향으로 찍은 것이다.

그림 IV-34 보통렌즈와 텔레센트릭F-θ렌즈를 이용한 결상. 원통형 스플라인 내부와 일정거리 떨어져 있는 같은 크기의 볼트를 찍은 것이다. 윗 부분은 보통렌즈를 사용한 것이고, 아래 부분은 텔레센트릭F-θ렌즈를 이용한 것이다.(Opto Engineering)

상(像)의 왜곡 현상은 측정정확도를 제한하는 가장 큰 문제점 중의 하나이다. 이것은 광학부품의 중심이탈 또는 기계적인 작용으로 인하여 렌즈집속기구는 대칭 또는 비대칭의 왜곡을 줄 수 있다. 상의 왜곡은 상의 중심에서 상의 어떤 지점까지 거리를 측정하여, 왜곡이 없는 경우에 같은 거리를 측정한 값과 차이를 %로 나타낸 것이다. 즉 물체의 실제적인 규격과 상의 규격 사이의 편차로 생각할 수 있다. 인간

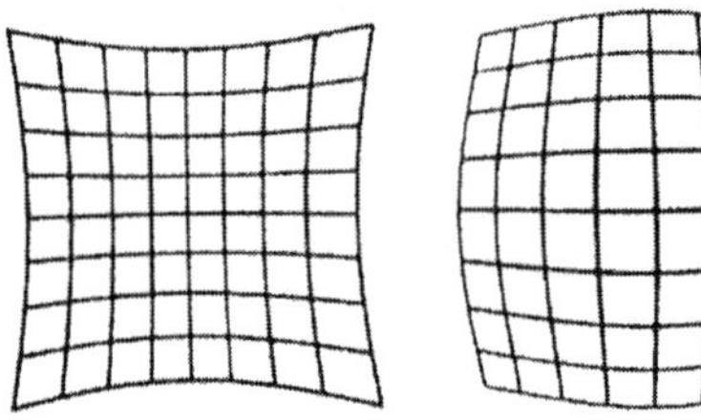

그림 IV-35 상의 왜곡.
좌측은 핀쿠션형 왜곡이고 우측은 바렐형 왜곡이다.

의 눈은 1~2% 정도의 오차를 주는 데 비하여 보통렌즈의 왜곡은 수~수십%가 되므로 정확한 측정이 힘들다. 반면에 고급의 텔레센트릭F-θ 렌즈는 0.1%범위로 매우 적은 왜곡을 준다. 상의 왜곡은 광학렌즈 문제만이 아니라 물체의 거리에 따라 변하므로 명목상의 작업거리를 잘 지키는 것이 중요하다.

상의 왜곡은 축대칭왜곡과 비축대칭왜곡이 있다. 축대칭왜곡의 경우에는 방사왜곡으로 방사형위치에 따라 '+'형 방사왜곡을 양성적 방사왜곡 혹은 **핀쿠션(pincushion)형 왜곡**이라고 하고, '−'형 방사왜곡을 음성적 방사왜곡 혹은 **바렐(barrel)형 왜곡**이라고 한다. 그림 IV-35는 핀쿠션형 왜곡과 바렐형 왜곡을 보여주고 있다.

비축대칭 왜곡효과는 물체와 렌즈 사이에 정확하게 수직으로 정렬되지 못한 경우에 발생하며, 이를 사다리꼴형 왜곡이라고 한다. 이러한 **사다리꼴형 왜곡** 혹은 키스톤(keystone)형 왜곡은 렌즈집속기구의 비대칭적인 왜곡효과 때문일 수도 있으며, 그 원인은 기계적인 배치문제로 광학소자가 중심에서 벗어났기 때문이다. 그림 IV-36은 정상적인 상과 왜곡이 있는 상을 보여주고 있다. 좌측 그림은 텔레센트릭F-θ 렌즈로 찍은 패턴의 상으로 왜곡이 없는 정상적인 상이고, 중앙그림은 같은 패턴의 상으로 심한 방사(바렐형)왜곡을 보여주고 있으며, 우측그림은 사다리꼴 왜곡을 보여주고 있다.

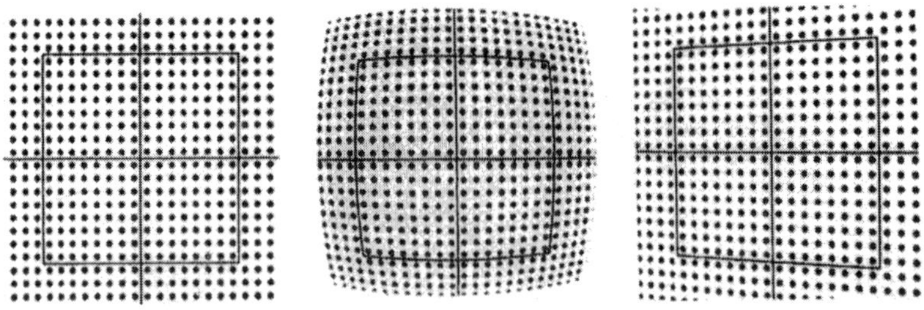

그림 IV-36 정상적인 상과 왜곡상.
좌측은 텔레센트릭F-θ렌즈로 찍은 정상적인 상, 중앙은 바렐형 왜곡상, 우측은 사다리꼴 왜곡상

원근감오차는 렌즈를 통한 광선의 경로가 평행하지 않기 때문이다. 보통렌즈는 3D물체를 멀리서 보면 먼 거리 부분은 가까운 부분보다 작게 보인다. 그러나 텔레센트릭F-θ 렌즈를 사용하면 광선의 경로가 평행하게 되므로 입사빔이 이미지 면에 수직하게 되어 3차원으로 표시되지 않고 2차원으로 나와 측정(구

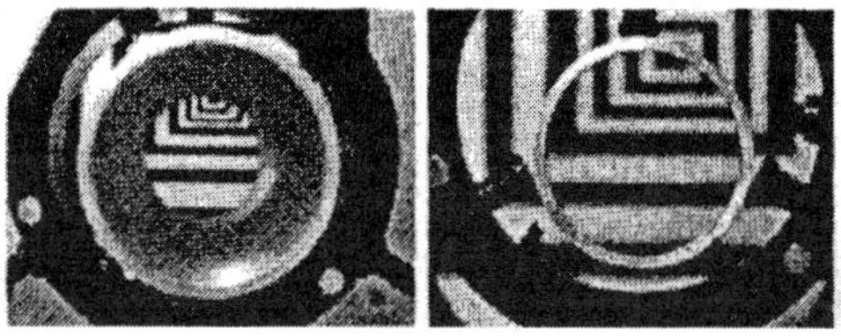

그림 IV-37 원근감 오차.
좌측은 보통렌즈로 찍은 상이고, 우측은 텔레센트릭F-θ렌즈로 찍은 상이다.(Optical Engineering)

성)요소와 상이 같다. 그림 IV-37은 어떤 패턴 상에 원통을 올려놓고 렌즈를 통하여 찍은 상을 나타내고 있다. 좌측은 보통렌즈를 사용하여 상을 얻은 것으로 렌즈에서 가까운 원통부분은 크고 밑의 먼 거리에 있는 부분은 작게 나타나고 있으므로 원근감오차를 보여주고 있다. 우측은 텔레센트릭F-θ렌즈를 사용하여 상을 얻은 것으로 광선이 평행하므로 위의 부분과 밑의 부분이 그대로 중첩되어 나타나기 때문에 상의 원근감오차를 제거시켰다.

상의 해상도저하는 텔레센트릭F-θ렌즈에서는 일어나지 않는다. 렌즈로 광선을 집속시키는 경우에 초점깊이란 물체의 최적초점위치로부터 최대허용변위를 의미한다. 이 허용범위를 넘으면 상의 해상도는 저하된다. 렌즈의 초점깊이는 기본적으로 렌즈의 $F-n_o(f/d;$ 초점거리/빔직경)에 비례하기 때문에 텔레센트릭F-θ렌즈는 상의 해상도가 양호하므로 고해상도를 얻는다.

텔레센트릭F-θ렌즈에서는 물체의 **가장자리 불확실성**을 제거한다. 한 방향에서 물체에 광선을 조사시킬 경우에 흔히 그 가장자리의 정확한 위치를 결정하기에 어려움이 있다. 이것은 배경에서 광선이 물체의 어두운 자리로 중첩되는 경향이 발생할 가능성이 있다. 또한 물체가 큰 요철의 3D형상인 경우에 테두리 효과는 측정정밀도를 제한시킨다. 즉 가장자리에서 광선들은 부분적으로 다른 각도로 반사되어 렌즈로 들어오므로 상이 틀려질 수 있다. 그러나 텔레센트릭F-θ렌즈는 방사상으로 진행하는 광선을 직선으로 평행하게 하므로 이러한 문제점들을 제거시킬 수 있다.

(3) 양측텔레센트릭(Bi-telecentric)F-θ렌즈

일반적으로 정밀가공에서 수치측정 시 흔히 머신비전기술을 사용한다. 그리고 가공부품을 정확하게 측정하기 위하여 필요로 하는 조건으로 매우 적은 기하학적 왜곡과 높은 콘트라스트를 주는 이미지를 필요로 한다. 또한 물체가 정확한 위치에 있지 않거나 고도의 3차원 물체일 경우에는 배율변화를 주는 원근감 효과를 제거하거나 최소화시켜야 하므로 양질의 광학기술이 필요하다. 따라서 텔레센트릭F-θ렌즈는 모든 치수측정의 영상처리응용에 필요하다.

특히 주광선이 렌즈에 들어갈 때와 렌즈에서 나갈 때 모두 평행한 빔을 주는 **양측텔레센트릭F-θ렌즈**는 일반적인 단측텔레센트릭F-θ렌즈와 관련된 비전시스템의 정확도문제를 극복할 수 있다. 왜냐하면 양측텔레센트릭F-θ렌즈는 물체와 이미지공간에서 모두 텔레센트릭하기 때문이다. 따라서 정밀천공을 하고 비전으로 검사 및 측정을 수행할 경우에는 양측텔레센트릭F-θ렌즈를 사용한다. 양측텔레센트릭F-θ렌즈의 장점으로는 다음과 같다.

- 더욱 양호한 배율유지도
- 피사계 초점깊이의 증가
- 고른 검출기(측정기) 조명

F-θ렌즈가 물체공간에서만 텔레센트릭이고, 이미지공간에서는 비텔레센트릭이면 이미지공간에서 모양과 치수가 변할 수 있어서 배율에 상당한 변화를 줄 수 있다. 그러나 F-θ렌즈가 양측에서 텔레센트릭이면 물체공간과 이미지공간에서 모두 텔레센트릭이므로 주광선이 렌즈에 들어올 때뿐만 아니라 나갈 때도 평행을 유지하므로 한 측만 텔레센트릭인 F-θ렌즈의 문제점을 제거한다.

피사계 초점깊이는 최적의 집속위치로부터 최대로 허용 가능한 변위를 나타낸다. 이 지점을 넘게 되면 이미지해상도가 매우 불량하게 된다. 따라서 양측텔레센트릭F-θ렌즈는 매우 두꺼운 물체를 볼 때에도 매우 양호한 이미지콘트라스트를 유지하는 데 도움을 준다.

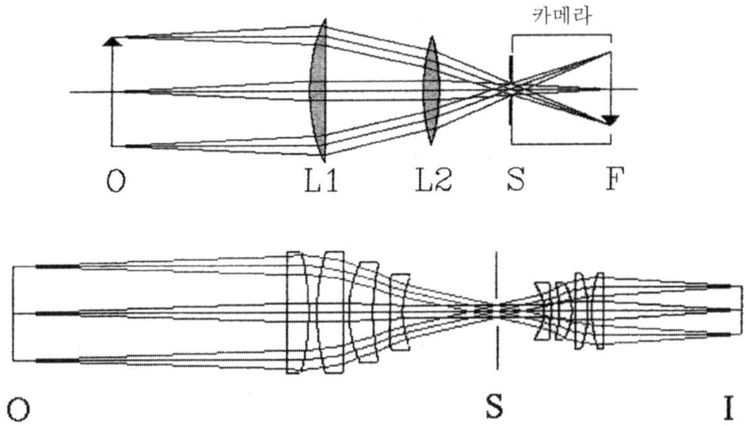

그림 IV-38 양측텔레센트릭F-θ렌즈의 결상.
양측텔레센트릭F-θ렌즈는 물체와 이미지공간에서 광선이 평행하게 진행된다.

그리고 양측텔레센트릭F-θ렌즈는 검출기에 고른 조명을 준다. 그림 IV-38은 양측텔레센트릭F-θ렌즈를 통과하는 광선에 대한 물체와 이미지공간에서 평행한 광선의 진행을 나타내고 있다. 따라서 흔히 작업면을 관찰하는 화상면에서 가공부품의 정확한 위치와 크기 등을 관측하기 위해서는 양측텔레센트릭F-θ렌즈시스템을 사용한다. 그림 IV-39는 실제적으로 양측텔레센트릭F-θ렌즈를 이용하여 정밀용접을 수행하고, 동시에 동축으로 공정모니터링을 수행하는 기구가 통합된 도식적인 가공시스템을 보여주고 있다.

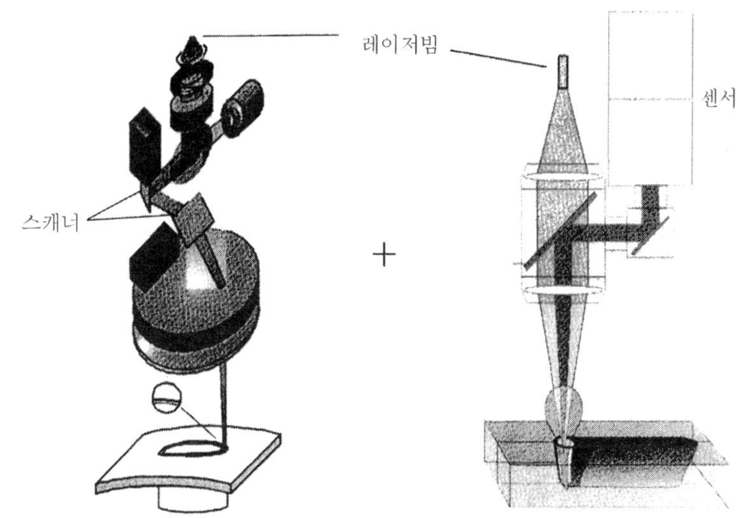

그림 IV-39 정밀가공과 공정모니터링. 양측텔레센트릭F-θ주사렌즈를 이용하여 정밀 가공과 동시에 동축으로 공정을 모니터링하는 기구의 통합시스템(Rofin)

Ⅳ-2-3 반사거울에 의한 레이저빔의 집속과 거울재료

반사거울에 의한 레이저빔의 집속은 먼저 기술한 바와 같이 CO_2레이저빔의 출력이 3KW 이상으로 매우 큰 경우에 사용되며, 그 개요는 그림 IV-28(b)와 같이 곡면거울에 의하여 집속시킨다. 그리고 반사거울에 의하여 레이저빔을 집속시키는 경우에는 렌즈에 의하여 집속시키는 경우보다 레이저빔의 진행방향이 입사각도와 반사각도에 매우 민감하므로 더욱 정밀하게 광학부품을 배열시켜야 한다.

반사거울의 재료는 10.6μm에 대하여 반사도가 큰 Cu, Al, Au, Ag, W, Mo 등의 금속과 Si, 유전체 등을 사용한다. 거울은 표면이 매우 평평하고 요철이 없도록 연마하거나 다이아몬드터닝 혹은 코팅방법으로 제조한다. 특히 Cu, Al, Ag, Au 등은 전기전도도가 매우 커서 반사도가 양호하나, 용융점이 높지 못하고 기계적인 강도가 크지 못하다. 반면에 Mo과 W는 반사도는 약간 적으나 용융점이 매우 높고 경도가 크고 튼튼하기 때문에 작업현장에서 흔히 사용한다.

반사거울로 가장 많이 사용되는 Cu는 코팅되지 않은 순수한 상태에서 10.6μm에 대하여 98.5% 이상의 반사율을 가진다. Cu는 연마 혹은 다이아몬드터닝시킨 상태로 사용하나 공기 중에서 산화 등의 문제가 있고 쉽게 스크래치되므로 보통 Au로 코팅하거나 유전체로 코팅하여 사용하는 경우가 많다. Cu는 열전도도가 크므로 Ag코팅시키는 기지재료로도 사용되며, 그 후 Ag상에 유전체로 보호코팅을 하여 사용하기도 한다. Cu상에 Ag코팅의 경우에는 99.4% 이상의 반사율을 주며, 유전체로 보호코팅을 하면 98.9% 이상의 반사율을 준다.

표 IV-4 레이저 반사광학 재료의 상수(10.6μm)

재료명	표면 거칠기 (Å)	흡수율	반사율 (%)	열전도도 (W/cm℃)	비열 C_p (J/gm℃)	열확산도 k (cm²/sec)	열팽창 계수 (l/℃)10^{-6}	융점 (℃)	비 고
Al		0.0198		2.36	0.83	1.03	23	660	
Cu	30	0.0097	99	4.01	0.38	1.19	16.7	1,083	수냉으로 연속 120KW/cm² 이상까지
Au/(Cu)		0.0100		3.18	0.135	1.22	14	1,063	Cu기지상에 Au증착
Ag/(Mo)	18	0.00621		4.28	0.234	1.74	19	960.5	Mo기지상에 Ag증착
	280	0.072							
Mo	130	0.0204		1.39	0.245	0.54	5.4	2,640	
	40		98						
W	50		96	1.82	0.132	0.70	5.4	3,382	공기중에서 냉각없이 2KW/cm²까지, 연속 냉각에서 10KW/cm²까지

Mo은 내구성이 크므로 흔히 CO_2레이저빔의 반사거울로 사용된다. 코팅되지 않은 **Mo거울**은 열악한 작업장분위기에서 반복적으로 먼지 등을 청소하면서 사용할 수 있다. 코팅된 Mo거울은 98% 정도의 반사율을 주며, Ag 코팅을 시키면 99% 이상의 반사율을 준다. Si은 열적안정성이 크므로 CO_2레이저의 거울로 사용되며, 유전체보호코팅과 함께 Ag코팅을 하면 99% 이상의 반사율을 준다. 표 IV-4는 반사거울에 사용되는 몇 가지 재료들의 10.6μm파장에 대한 여러 가지 성질을 나타내고 있다.

일반적으로 금속반사거울에 의한 레이저빔집속의 경우에는 이들을 수냉방법으로 냉각시켜야 한다. 즉 재료의 온도가 증가되면 레이저빔의 반사도가 저하됨과 동시에 흡수도가 증가되므로 거울재료의 온도를 더욱 증가시킨다. 이렇게 되는 경우에는 열팽창에 의하여 거울형상의 변화가 발생되며, 레이저빔의 집속이 원활하게 되지 못함은 물론 심한 경우에는 반사거울의 손상을 주게 된다.

유전체에 금속코팅을 하면 넓은 스펙트럼의 광선에 대한 반사에서 어떤 각도에 대해서도 사용이 가능하다. 이러한 유전체거울에서는 진공증착방법으로 Au, Ag, Al의 고반사도 코팅을 수행한다. 그리고 이들 코팅된 금속의 산화를 방지하고, 거울 표면의 내마모성을 증진시키기 위하여 MgF_2 또는 SiO_2의 유전체박막코팅을 한다.

Ⅳ-2-4 광학부품의 오염과 레이저빔 흡수

고출력 Nd:YAG레이저 또는 CO_2레이저의 성능은 공진기 내의 반사거울, 빔출구 창(부분투과거울), 집속렌즈, 집속거울, 빔분배기 등 광학부품의 성능에 크게 의존한다. 광학부품의 성능은 그 부품의 기지재료, 코팅층과 표면에 붙은 오염물에 의한 레이저빔흡수 등에 의하여 좌우된다. 즉 광학부품에서 많은 레이저빔의 흡수는 과도한 열을 발생시켜 광학재료의 성질을 변화시키므로 성능을 저하시킨다.

고출력레이저의 광학재료성능은 레이저빔이 광학재료를 통과하거나 표면에서 반사되는 경우에 레이저빔에너지의 일부를 흡수하여 발생시키는 열에 견디는 능력에 크게 좌우된다. 따라서 광학재료의 레이저빔흡수율과 열전도특성은 매우 중요하다. 그러나 광학재료의 열전도도는 그 재료를 제조하는 데 이용되는 공정에 비교적 영향을 받지 않으므로 광학재료의 성능변화는 흡수특성의 변화에 크게 지배된다. 광학부품의 레이저빔흡수는 여러 가지 원인에 의하여 일어나므로 복잡하나, 보통은 기지재료, 코팅재료와 코팅공정, 기지와 코팅층의 중간접합면특성, 코팅층 내의 불순물, 표면오염 등에 의하여 차이가 있다. 즉 각 기지재료는 그 특성적인 흡수계수를 가지나, 제조방법에 따라 어느 정도 차이가 있다. 따라서 같은 제품이라도 제조회사에 따라 약간의 차이가 있음은 물론 같은 곳에서 생산된 광학부품이라고 하여도 약간의 차이를 줄 수 있다.

일반적으로 광학부품에서 여러 가지 코팅층의 목적은 용도에 따라 반사방지, 부분반사 또는 전반사를 위한 것이다. CO_2레이저빔에 대하여 열악한 작업장분위기에 충분히 견디고 손실이 적은 코팅재료는 극히 제한되고, 또한 코팅공정이 힘들다. 특히 흡수율을 적게 하기 위해서는 매우 섬세하고 정밀한 코팅공정이 필요하므로 같은 곳에서 제조된 것이라도 성능에 차이가 있다. 기지재료와 코팅층 사이의 계면에서 흡수는 코팅 전에 부적당한 세척으로 인하여 코팅층 밑에 불순물을 남기기 때문이다. 그리고 진공과정에서 적은 양이지만 확산펌프의 기름이 역류되는 것도 문제가 된다. 또한 기지재료의 연마공정에서 표면에 부착된 연마입자나 왁스가 남아 있을 수도 있다. 코팅층과 다른 코팅층의 계면에서 흡수는 한 층을 코팅시킨 후 다른 층을 코팅하기 전에 오랜 시간이 경과하면 잔류된 가스 또는 오염물이 새롭게 코팅된 면과 반응하여 일어날 수도 있다. 그리고 인접된 두 코팅층의 성분들은 그 계면에서 서로 화학적으로 반응하여 새로운 화합물을 형성하여 흡수를 조장시킬 수도 있고, 코팅층 내의 불순물 등의 개재물도 빔의 흡수를 조장한다. 코팅층과 공기 계면에서 새롭게 코팅된 표면은 매우 활성적이고, 다른 가스와 반응하여 부동태막을 형성할 수도 있다. 그러한 경우에는 현미경으로 볼 때 코팅층의 표면은 매우 다공질이 되고, 또한 주위분위기에 노출 시 이들 기공에는 수증기로 채워질 수도 있다.

실제적으로 광학부품의 표면오염이 가장 큰 문제점을 야기하므로 작업장과 작업분위기를 주의 깊게 살펴야 한다. 작업장의 연기, 먼지, 습기 혹은 작업 시 튀어나오는 입자 등으로 인해 집속렌즈와 집속거울들은 쉽게 손상되어 수명이 단축된다. 따라서 이러한 광학부품들은 수시로 깨끗하고 건조한 공기를 불어주어 기름과 먼지 같은 오염물이 묻지 않게 해야 한다. 그리고 레이저빔과 동시에 충분히 높은 유속의 취입가스를 불어주어 가공구역에서 튀어나오는 분출입자가 집속렌즈 또는 거울에 부착하는 것을 극소화해야 하고, 연기와 다른 오염물이 집적되는 것을 방지해야 한다. 또한 광학부품을 맨손으로 만져서는 안 되며, 광학부품을 취급하는 규정과 방법에 따라 청소하거나 교환해야 한다.

Ⅳ-2-5 광학부품의 열적인 영향과 광학적인 변형

모든 광학재료에서 정도의 차이는 있으나 레이저빔에너지의 일부를 흡수한다. 그러나 레이저빔의 특성상 대부분의 에너지는 빔의 중심근방에 집중되므로 광학부품 상에 불균일한 온도분포를 주게 된다. 광학재료에서 대부분의 물리적인 성질은 온도에 따라 차이가 있으므로 불균일한 온도분포는 불균일한 물리적 변화를 초래하여 광학부품의 성능을 저하시킨다. 이러한 현상을 **광학적인 변형**이라고 한다. 만일 열전도도가 적은 유전체광학부품에서 레이저빔의 흡수가 일어나 열이 전도되는 것보다 더 빨리 열이 축적되면 걷잡을 수 없는 손상이 발생되며, 이러한 현상을 **열폭주**(thermal runaway)라고 한다.

그림 IV-40은 CO_2레이저에 사용되는 몇 가지 광학부품 기지재료의 열폭주를 나타낸 것으로 흡수계수를 온도의 함수로 나타내었다. 즉 레이저빔이 재료에 흡수되어 재료온도가 증가하면 흡수계수가 증가되며, 이것이 급격하게 증가되는 온도구역에 있을 경우에 열폭주 현상이 야기된다. 이러한 경우에 광학부품은 레이저빔에너지를 매우 큰 비율로 흡수하여 온도를 더욱 증가시키므로 흡수계수가 더욱 증가되고, 이에 따라 레이저빔흡수도 더욱 증가된다. 이러한 열폭주가 발생하는 경우에 심하면 광학부품이 용융되거나 증발될 수도 있어서 손상된다. 그리고 광학부품의 둘레구역에 비하여 중심부분이 매우 가열되므로 열팽창에 의하여 큰 열응력이 발생되고 광학부품이 파괴된다. 열폭주의 원인으로는 사용하는 레이저빔출력에 대하여 부적당한 기지재료의 선택 혹은 코팅에서 부적당한 품질관리와 장기간 사용에 따른 성능저하 등이 있다. 위의 그림에서 보듯이 Ge의 경우에는 온도가 상온보다 약간 증가되면 흡수계수가 급격히 증가되나, ZnSe와 GaAs는 200°C 이상이 되어야 한다.

열폭주에 따른 광학부품의 손상은 레이저빔에 의한 재료가공에서 큰 문제점을 야기한다. 일반적인 레이저시스템에서는 과열된 광학부품이 열폭주구역에 들어가기 전에 광학적인 변형이 발생하여 어떤 신호를 주기 때문에 레이저의 안전장치를 작동시킨다. 그리고 광학부품의 손상이 발생되기 전에 레이저빔을 차단시키도록 연동장치가 마련되어 있다. 따라서 실제적으로는 광학적인 변형문제가 더욱 빈번하며, 이

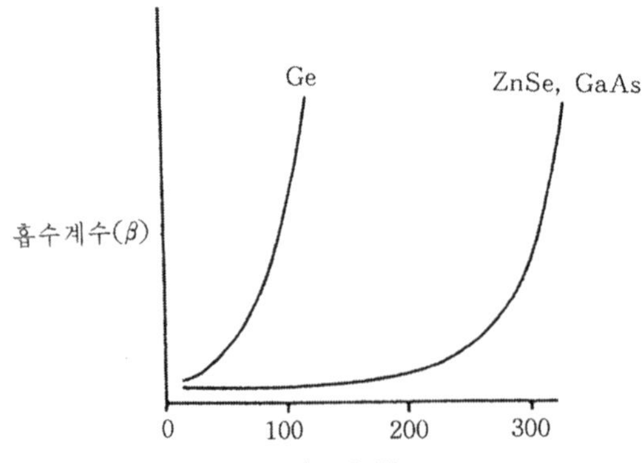

그림 IV-40 CO_2레이저 광학재료의 열폭주 곡선

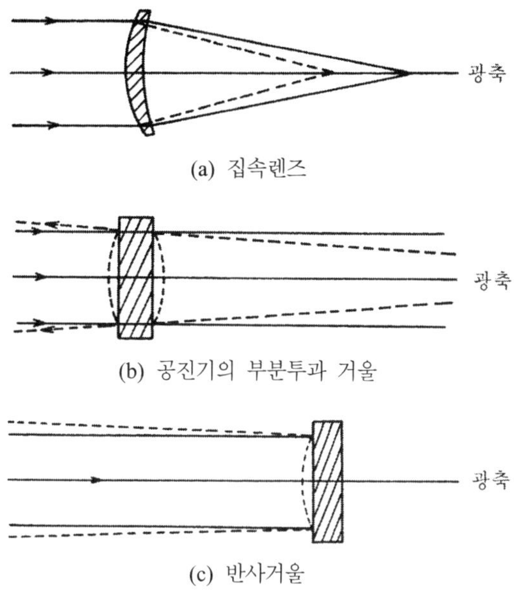

그림 IV-41 광학부품의 열적 효과. 실선은 열적효과가 없는 경우이고, 점선은 열적효과가 있는 경우임.

것에 대하여 고려해야 한다.

그림 IV-41은 렌즈와 거울 등에서 **광학적인 변형**이 일어나는 현상과 그에 따른 형상을 도식적으로 보여주고 있다. 즉 광학부품의 중심부는 더욱 가열된 상태이므로 열팽창을 주며, 반면에 외부는 상대적으로 온도가 낮은 상태로서 견고하게 고정되어 있으므로 광학부품의 중심이 부풀게 된다. 이것은 렌즈 같은 투과광학부품에서 집속능력을 더해주고, 거울과 같은 반사광학부품에서는 빔을 발산시켜 집속능력을 떨어뜨리는 경향이 있다. 더욱이 광학재료에 따라 온도에 의존하는 굴절률의 변화는 투과광학부품과 반사광학부품에서 집속효과와 발산효과를 추가시킨다.

레이저재료가공 도중에 광학적인 변형으로 렌즈의 초점거리가 짧아지는 현상을 **열적렌즈(thermal lensing)작용**이라고 한다. 이러한 현상으로 렌즈의 레이저빔집속능력이 증가되면 재료가공에 심각한 문제를 발생시킬 수 있다. 그림 IV-42는 초점거리가 5인치인 ZnSe렌즈로 1.2kW의 CO_2레이저빔을 집속시키는 경우에 시간에 따른 초점위치의 변화를 보여주고 있다. 즉 처음에 레이저빔이 렌즈에 조사되면 일부를 흡수하여 렌즈온도가 증가하기 시작하며, 약 30초 정도 경과된 후에 정상상태에 도달된다. 이 경우에 열적 렌즈작용으로 인하여 초점거리가 약 0.3mm 짧아진다. 따라서 레이저재료가공작업에서 집속된 빔을 조사시키는 렌즈의 실제적인 초점거리는 레이저빔을 몇 분간 조사시켜 안정된 후에 결정해야 한다. 특히 초점거리가 짧은 렌즈를 사용 시에는 초점깊이가 적어지므로 초점위치를 정확하게 작업물의 표면 상에 유지시키는 것이 힘들다. 그리고 레이저공진기 내의 거울들이 열적으로 변형을 받게 되면 레이저의 빔모드, 출력 및 빔의 안정성 등이 영향을 받는다.

일반적으로 고출력 CO_2레이저에 실제로 사용하는 광학부품에서 광학적인 변형을 고려하여 볼 때 렌

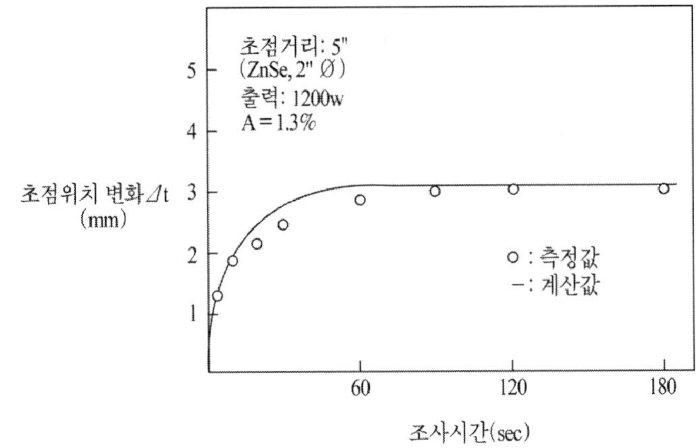

그림 Ⅳ-42 렌즈의 열적효과에 의한 초점위치의 변화

즈와 브루스터창의 기기재료로서 가장 바람직한 것은 레이저빔의 표면흡수계수가 적은 때에는 KCl과 ZnSe이다. 그러나 레이저빔출력과 흡수계수가 증가되면, 표 Ⅳ-2에 보여주는 것과 같이 GaAs의 열전도도가 ZnSe보다 크기 때문에 GaAs가 ZnSe보다 우수하다. CO_2 레이저의 전반사거울로는 레이저빔이 통과되지 못하고, 열팽창만이 문제가 되므로 Si이 가장 우수한 기지재료이다. 그리고 50%부분투과거울에 대한 기지재료는 투과와 반사를 동시에 이루어야 하므로 복잡하다. 그러나 일반적으로 KCl과 ZnSe가 바람직하고, GaAs가 그 뒤를 따른다. 실제적으로는 KCl상에 튼튼한 부분적인 반사코팅층을 형성시키는 것이 힘들기 때문에 대체로 ZnSe가 사용되며, 간혹 GaAs가 사용되기도 한다.

Ⅳ-2-6 파장판과 빔셰이퍼

(1) 파장판

파장판(wave plate)이란 위상지연판(phase retardation plate)이라고도 하며, 복굴절성질을 가진 유전체로 제조한다. 일반적인 광선을 복굴절재료에 통과시키면 I-1-7항에서 언급한 바와 같이 정상광선과 이상광선으로 분리되며, 이들의 속도는 그들의 굴절률에 반비례하여 변화된다. 이러한 광선들의 속도차이는 위상의 차이를 준다. 그리고 어떤 특정한 파장에서 위상의 차이는 파장판의 두께에 지배된다.

○ λ/2파장판

선형적으로 편광된 광선이 λ/2두께의 복굴절재료에 입사되면 그림 Ⅳ-43에서 보여주는 것과 같이 그 입사빔의 편광방향과 결정재료의 광학축방향 사이의 각도의 2배에 해당하는 각도로 회전된 후에 선형적으로 편광된 빔으로 나간다. 따라서 λ/2파장판은 연속적으로 조절할 수 있는 편광각도회전기구로 사용할 수 있다. **λ/2파장판**은 편광면의 회전, 전자광학위상변조, 편광큐브(cube)와 연계하여 사용할 경우에

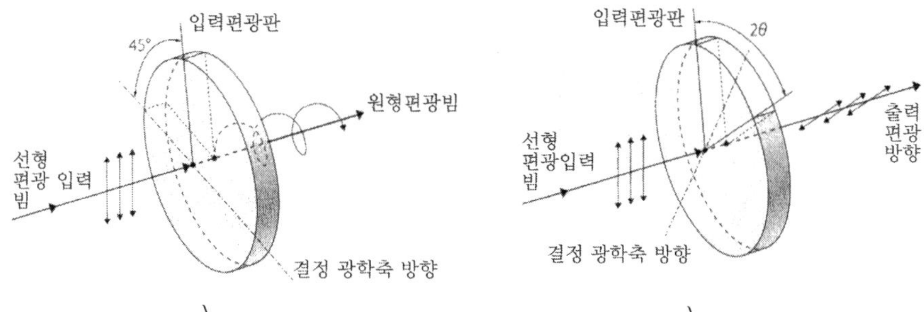

(a) $\frac{\lambda}{4}$ 파장판 (b) $\frac{\lambda}{2}$ 파장판

그림 IV-43 파장판

는 가변비율의 빔분배기로 사용할 수 있다.

○ λ/4파장판

그림 IV-43에 보여주는 것과 같이 선형적으로 편광된 광선이 λ/4두께의 복굴절재료에 입사되면, 그 광선의 전기장벡터와 결정재료의 광학축방향 사이의 각도가 45°인 경우에 이 재료를 통과하여 나가는 광선은 원형적으로 편광된다. 만일 광선이 λ/4편광판을 두 번 통과하면, 즉 뒤에 거울을 위치시켜 반사되어 다시 λ/4편광판을 통과하여 나가도록 하면, 이것은 λ/2편광판 역할을 한다. 따라서 편광면을 어떤 각도로 회전시킬 수 있다. λ/4편광판은 광선을 선형적인 편광으로부터 원형으로 편광시키는 데 사용하기 때문에 **원형편광자**이다. 또한 이것은 원형편광으로부터 선형편광시키는 데 사용할 수도 있으며, 편광해석기(ellipsometry), 광학펌핑, 원하지 않는 반사를 억제하는데, 광학적인 분리에도 사용한다.

이러한 위상변화를 위한 λ/4파장판, λ/2파장판은 특별한 목적을 위하여 유전체와 코팅층 사이에 공간을 두거나 광학적인 접합을 수행할 수도 있다. 특히 중간에 공기층이 있도록 한 구조의 λ/4파장판은 고출력레이저의 응용에 사용되며, 이러한 경우에 손상임곗값이 500MW/cm^2 이상 된다. 에폭시를 사용하지 않은 고출력용 파장판은 1.06μm에서 10nsec펄스를 10Hz로 할 때 20J/cm^2 이상에도 견딘다.

(2) 레이저빔셰이퍼

레이저빔셰이퍼(beam shaper)는 레이저빔의 공간적인 출력형태를 변화시키는 기구로서, 넓은 면적에 균일한 출력밀도가 요구되는 레이저가공에 흔히 사용된다. 일반적인 빔셰이퍼는 가우시안모드 레이저빔을 회절이론으로 분리시켜 출력분포를 평탄한(flat-top) 형태로 변환시키도록 하는 망원기구 또는 조준하는 광학기구이다. 빔셰이퍼에는 푸리에(Fourier)변환방법에 기반 한 회절성의 빔셰이핑 개념을 사용하는 빔셰이퍼(FBS; Fourier beam shaper)와 파이셰이퍼(π-shaper) 등이 있다. 파이셰이퍼는 갈릴레이(Galilean)디자인이므로 빔의 중간적인 집속이 없다. 이러한 빔셰이퍼를 사용하면 그림 IV-44에 보여주는 것과 같이 가우시안빔을 거의 100%효율로 평행하게 조준시켜 넓은 면적에 걸쳐서 균일하게 되는 평

그림 IV-44 빔셰이퍼
가우시안빔이 평탄한 빔으로 변환된다.

탄한 빔을 준다. 레이저재료가공에서 이 기구를 사용 시 큰 장점은 넓은 구역에 걸쳐 균일한 출력밀도를 줄 수 있어서 가공이 균일하고, 또한 레이저빔에너지의 손실을 막을 수 있다는 것이다.

Ⅳ-2-7 광파이버의 특성과 레이저빔의 전송

고출력 레이저빔을 매우 편리하게 전송하는 방법으로 광파이버를 이용하는 방법이 활용되고 있다. 특히 Nd:YAG레이저빔의 경우에 그 파장이 통신용 광파이버의 최적통과대역에 근접하므로 재료가공에 유효하게 사용되고 있다. 여기에서는 광파이버의 특성, 종류와 빔전송에 관련된 여러 가지 사항들에 대하여 검토하여 보겠다.

(1) 광파이버의 특성과 종류

광파이버의 이용은 광파이버 내에서 발생하는 전반사현상에 기초하고 있다. 광파이버의 구조는 그림 IV-45와 같이 굴절률이 큰 내부의 코어부분과 굴절률이 적은 외부의 클래딩부분으로 구성되어 있다. 이러한 광파이버의 단면에 광선이 조사되는 경우에 어떤 일정한 각도 이내로 입사되면 코어와 클래딩 사이에서 전반사가 일어나 모든 광선을 통과시키는 **광도파로** 역할을 한다.

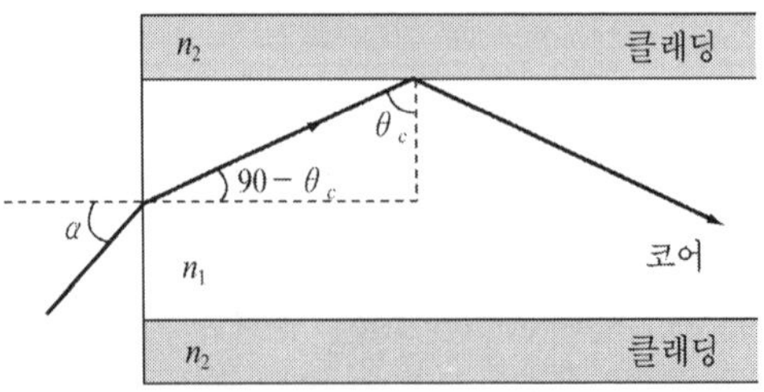

그림 IV-45 광파이버를 통과하는 광선의 행로

외부에서 입사된 광선이 **스텝인덱스(step-index)광파이버** 내부의 굴절률 n_1인 코어구역에서 굴절률 n_2인 클래딩구역에 도달 시 계면의 법선과 각도 θ를 가진다고 가정하자. 클래딩의 굴절률이 코어의 굴절

률보다 적으므로 그 각도가 다음과 같은 임계각 θ_c 이상이면 전반사가 일어난다.

$$\theta_c = \sin^{-1}\left(\frac{n_2}{n_1}\right) \tag{IV-43}$$

전반사가 일어난다는 것은 코어와 클래딩의 계면이 완전한 거울역할을 한다는 것을 의미한다. 따라서 $\theta < \theta_c$인 경우에는 입사광선은 파이버 내에서 지그재그경로를 따라 전파하게 된다. 이제 외부에서 광선이 파이버 내부로 인입되는 경우에 그 허용각도 α를 구해보자. 외부의 굴절률이 n_0이면(공기인 경우에 $n_0 = 1$), **스넬(Snell)법칙**에 의하여 그림 IV-45에서 광파이버 단면의 법선과 이루는 각도 α는 다음 식과 같다.

$$\frac{\sin\alpha}{\sin(90^o - \theta)} = \frac{n_1}{n_0} \tag{IV-44(a)}$$

$$\sin\alpha = \left(\frac{n_1}{n_0}\right)\cos\theta \tag{IV-44(b)}$$

그러나 전반사가 일어나기 위해서는 항상 $\theta > \theta_c$이어야 하므로 α가 가질 수 있는 최대각도 $\alpha_{\max}$는 다음 식과 같다.

$$n_0\sin\alpha_{\max} = n_1\cos\theta_c = n_1(1-\sin^2\theta_c)^{\frac{1}{2}} = (n_1^2 - n_2^2)^{\frac{1}{2}} \tag{IV-45}$$

위의 식에서 $(n_1^2 - n_2^2)^{1/2}$를 **광파이버의** $\boldsymbol{NA}$(numerical aperture)라고 하며, 따라서 위의 식은 다음과 같다.

$$\alpha_{\max} = \sin^{-1}\left(\frac{NA}{n_0}\right) \tag{IV-46}$$

위의 값은 광선이 외부에서 광파이버 내로 인입되는 최대각도임과 동시에 광선이 광파이버에서 외부로 나갈 때 얻어지는 최대각도이다. 결과적으로 $\alpha_{\max}$를 **광파이버의 허용각도**라고 하며, 때로는 $2\alpha_{\max}$를 사용하여 전체허용각도라고 한다. 예를 들면 코어와 클래딩의 굴절률을 각각 1.53과 1.50라고 하면, $NA = 0.301$이므로 $\alpha_{\max} = 17.5°$이다.

광파이버는 유리 또는 플라스틱으로 제조한다. 플라스틱파이버는 제조가 용이하고 비용이 적으나 광선투과손실이 크기 때문에 일반적으로 광선투과손실이 적은 유리 또는 실리카로 광파이버를 제조한다. 유리광파이버는 SiO_2를 기본소재로 이용하며, 순수한 실리카는 1μm에서 굴절률이 1.45이다. 일반적으로 SiO_2에 GeO_2를 첨가시키면 굴절률이 증가하므로 코어부분은 SiO_2:GeO_2로 구성되고 클래딩부분은 SiO_2로 구성되어 있다. 간단한 형태인 스텝인덱스광파이버는 코어부분과 클래딩부분 사이의 굴절률 차이가 수% 정도이며, 일반적인 경우에 코어직경을 200μm라고 하면 코어와 클래딩을 합한 전체 직경은 250μm 정도가 된다.

그레이디드인덱스(graded-index)광파이버는 코어부분의 굴절률은 일정하나 클래딩부분의 굴절률이 서서히 변화한다. 그레이디드인덱스광파이버는 스텝인덱스광파이버에 비해서 코어부분이 적으며, 일반적으로 코어의 직경을 $50\mu m$라고 하면 코어와 클래딩을 합한 전체 직경은 $125\mu m$ 정도가 된다. 그리고 광파이버 내에서 광선의 통과경로는 스텝인덱스광파이버인 경우에 지그재그경로를 따르나, 그레이디드인덱스광파이버인 경우에는 그림 IV-46과 같이 서서히 변하는 사인곡선 형태의 경로를 따른다.

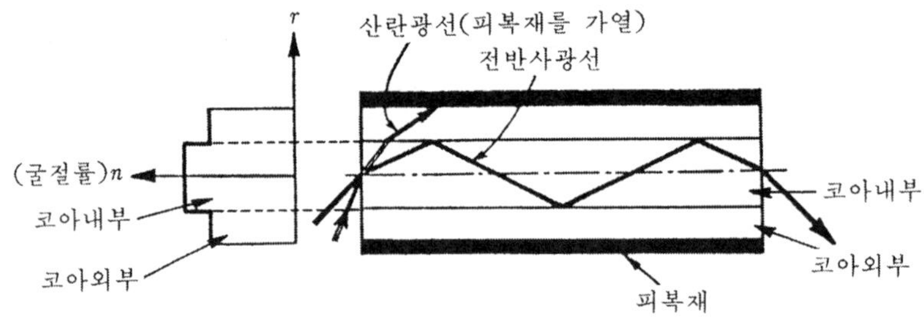

(a) 굴절률이 계단식으로 변하는 형태(Step index)

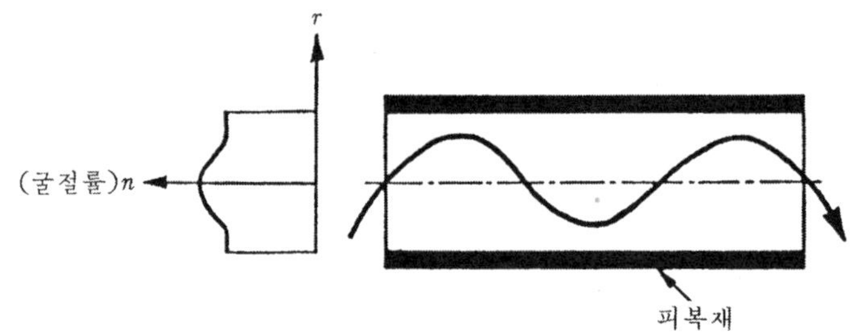

(b) 굴절률이 서서히 변하는 형태(Graded-index)

그림 IV-46 광파이버를 통한 광선의 전파.

광파이버에서 손실은 기본적으로 산란손실과 흡수손실로 구분할 수 있다. 산란손실은 유리재료가 구조적으로 또는 조성적으로 균일하지 못하기 때문이다. 즉 구조가 완전한 결정구조를 유지하지 못하고, 또한 화학조성이 위치에 따라 약간씩 변하므로 굴절률이 모든 구역에서 일정하지 못하기 때문이다. 흡수손실은 불순물 특히 전이금속(예; Fe^{+3}, Cu^{+2}) 또는 수산화이온(OH^{-1})의 존재로 인하여 발생한다. 그리고 파장 $1.6\mu m$ 이상에서는 파장의 증가에 따라 격자흡수대의 존재로 인하여 손실이 급속하게 증가된다. 그러므로 광파이버재료에서 불순물을 억제하고 개선된 제조방법을 사용하면 손실을 $1dB/\text{km}$ 이하로 줄일 수 있다. 여기서 손실은 다음 식과 같이 정의된다.

$$\text{손실} = \frac{10\log_{10}(P_i/P_f)}{L} dB/\text{km} \qquad \text{(IV-47)}$$

P_i : 입사빔의 출력

P_f : 거리 L km 통과 후에 남는 빔의 출력

(2) 광파이버를 통한 레이저빔의 전송

고출력CO_2레이저빔의 전송은 일반적으로 거울 또는 렌즈가 부착된 광파이프를 통하여 수행되는데, 그 부품들의 정확한 정렬이 중요하다. 어떤 경우에는 레이저빔을 밀폐된 구역 또는 매우 제약되고 접근이 힘든 구역에 조사시켜야 하므로 작업이 곤란하다. 이러한 경우에 광파이버를 사용하면 매우 편리하므로 Nd:YAG레이저에서는 광범위하게 사용되며, 이것은 튼튼하고 유연하고 비용이 저렴하면서도 손실이 적다. 일반적으로 재료가공에 사용되는 광파이버의 직경은 레이저빔의 출력에 따라 0.2～1.0mm 정도이며, 직경이 작을수록 광파이버의 유연성이 증가된다. 그레이디드인덱스광파이버는 재료가공 시 스텝인덱스광파이버에 비해서 용융구역의 심도를 증가시켜 바람직하나 가격이 고가이므로 특별한 경우가 아니면 현장에서 스텝인덱스광파이버를 많이 사용한다.

레이저빔을 광파이버로 전송시키기 위해서는 입구에서 빔의 크기를 광파이버의 코어직경보다 작게 하고, 또한 입사각도를 광파이버의 허용각도 이내로 하기 위하여 적당한 초점거리를 가진 렌즈로 집속시켜야 한다. 그림 IV-47은 광파이버의 입구에 집속렌즈가 장착된 연결기구와 광파이버 내로 빔의 집속을 나타내고 있다. 평균출력 2KW의 Nd:YAG레이저빔은 600μm의 광파이버를 통하여 전송시킬 수 있으며, 출력손실은 약 10% 정도로 주로 광파이버의 입구부분과 출구부분에서 발생한다. 그리고 빔의 전송손실은 광파이버가 직선이면 500W의 빔에 대하여 약 1W/m 정도이며, 광파이버를 휘어지게 하면 계면에서 반사가 불완전하여 손실이 증가된다. 또한 광파이버가 휘어지는 한계가 있으며, 직경이 큰 광파이버는 반경이 약 20cm 정도로 굽힐 수 있다. 레이저빔이 일단 광파이버에 인입되면 빔이 본래 가지고 있던 모드구조는 상실된다. 그리고 광파이버에서 나오는 빔의 출력분포는 스텝인덱스광파이버에서는 광파이버 단

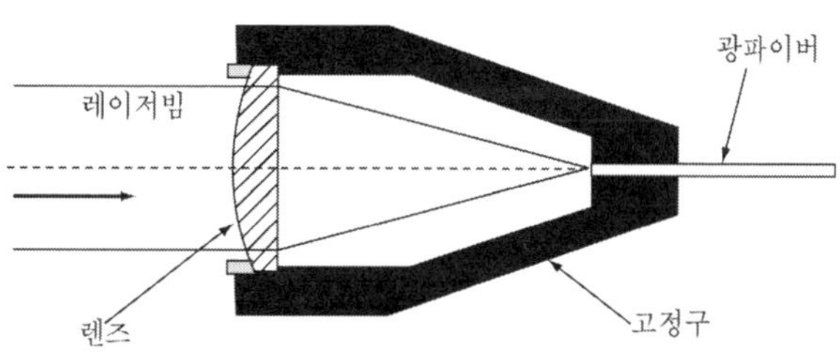

그림 IV-47 광파이버의 레이저빔 인입기구

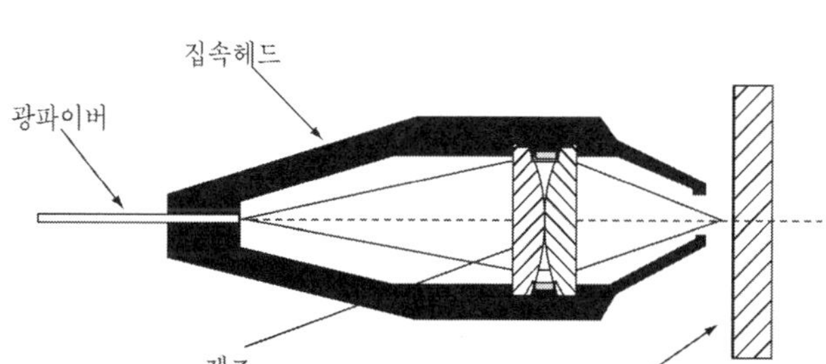

그림 IV-48 광파이버의 레이저빔 집속헤드

면에 걸쳐서 거의 균일한 출력밀도를 나타내고, 그레이디드인덱스광파이버에서는 광파이버의 중심부에서 큰 출력밀도를 나타낸다.

집속된 레이저빔이 광파이버에 입사되면 입사각도에 따라 출구에서 방출될 때까지 광파이버를 통한 광선은 광로차를 주기 때문에 가간섭성이 떨어지게 된다. 그러므로 출구에서 방출되는 레이저빔은 입구에서 집속된 레이저빔에 비하여 발산각이 크게 되므로 출구에도 렌즈를 부착해 빔을 집속시켜 빔직경을 작게 해야 한다. 그림 IV-48은 광파이버의 출구에 집속렌즈를 장착한 집속기구를 보여주고 있다. 일반적으로 광파이버에서 나온 빔을 집속 시 배율은 1.0～0.5X 정도이며, 그 크기는 0.2～1.0mm 정도이다.

실제적으로 사용되는 광파이버는 코어부분과 클래딩부분 이외에도 이들을 보호하기 위하여 플라스틱으로 피복을 수행하며, 여기에 다시 얇은 철강재 또는 아라미드 등의 재료로 보호층을 입힌다. 이러한 광파이버는 공업적으로 거친 환경에서 사용하는데 충분히 유연하고 튼튼하다. 레이저빔의 직경을 작게 하기 위해서는 직경이 작은 광파이버를 사용하는 것이 바람직하며, 입구의 집속된 빔직경은 광파이버의 코어직경보다 작아야 한다. 만일 그렇지 못한 경우에는 모든 레이저빔이 전송될 수 없고, 또한 광파이버 외각의 피복재가 가열되어 손상된다. 따라서 고출력 레이저빔의 경우에는 광파이버직경의 하한선이 있으며, 이 경우에 출구에서 나오는 레이저빔의 가간섭성 저하 등의 조건을 동시에 고려해야 한다.

광파이버는 Nd:YAG레이저빔의 전송에 사용 시 다음과 같은 장점이 있다.

- 레이저빔의 분배와 통합이 용이하다. 즉 한 개의 고출력빔을 용이하게 여러 개의 작업대로 동시에 분배시킬 수 있고, 또한 고출력을 얻기 위하여 여러 개의 빔을 한 개의 빔으로 통합시킬 수 있다.
- 레이저를 작업구역에서 멀리 떨어진 위치에 설치할 수 있다. 즉 고출력레이저빔은 빔의 발산각이 크기 때문에 집속렌즈를 가까운 위치에 오도록 해야 한다. 그러나 광파이버를 사용하면 **입구집속기구**는 레이저에 근접하여 있으나, 빔의 출구집속기구는 얼마든지 멀리 떨어져 있는 거리에 위치시킬 수 있다. 따라서 레이저를 협소하거나 위험한 작업분위기에서 멀리 떨어져 있게 할 수 있다.
- 광파이버는 로봇에 용이하게 장착시킬 수 있다. 즉 광파이버의 **출구집속기구**는 그 크기의 직경이 보통 약 25～75mm로 작기 때문에 로봇의 집게에 쉽게 고정시킬 수 있다.
- 집속빔의 크기가 일정하다. 즉 Nd:YAG레이저빔의 발산각도 또는 집속빔의 크기는 YAG봉의 온도와 열구배에 따라 변한다. 그러나 광파이버의 경우에 집속빔의 크기는 단지 출구집속기구의 배율에 의존하므로 YAG봉의 온도는 중요하지 않고, 균일한 집속빔 크기를 얻는다.

그러나 광파이버는 레이저빔의 전송 시 다음과 같은 단점이 있다.

- 광파이버는 CO_2레이저빔의 전송에는 사용하지 못한다. 즉 어떤 재료가공에는 CO_2레이저빔의 파장이 필요한 경우가 있다. 그러나 광파이버는 통과대역이 가시광선과 근적외선구역이므로 10.6μm의 파장에는 사용할 수 없다.
- 광파이버는 동축비전기구에는 사용할 수 없다. 일반적으로 Nd:YAG레이저빔으로 재료가공작업 시 부품의 정밀한 정돈과 배치를 위하여 집속빔이 조사되는 위치를 직접 관찰 할 수 있도록 동축카메라 혹은 현미경구조기구를 사용한다. 그러나 광파이버를 사용하는 경우에는 광파이버를 통하여 그 상을

직접적으로 관찰하는 것이 불가능하다.

- 광파이버를 사용하면 매우 작은 집속빔의 점크기를 얻을 수 없다. 즉 발산각도가 적은 Nd:YAG레이저빔은 직접 렌즈로 집속 시 10μm 정도로 집속시킬 수 있으나, 직경 400μm인 광파이버는 단지 200μm 정도로밖에 집속시킬 수 없다. 따라서 매우 정밀한 재료가공에서는 광파이버를 사용할 수 없다.

Ⅳ-3 레이저빔과 재료 사이의 상호작용

Ⅳ-3-1 레이저빔의 흡수와 반사

여기에서 기술되는 기본적인 개념에 대해서는 이미 I-2-3항과 I-2-4항에서 검토하였으나, 더욱 공학적인 측면에 관해서 고려하여 보겠다.

(1) 표면열원과 재료온도의 영향

레이저빔을 재료에 조사시키면 입사된 빔은 그림 Ⅳ-49와 같이 세 부분으로 나누어져서 일부는 재료에서 반사되고, 일부는 투과되고, 나머지는 흡수된다.

$$E_I = E_R + E_T + E_A \qquad \text{(IV-48)}$$

(E자 밑의 $_{I,\ R,\ T,\ A}$는 각각 입사, 반사, 투과, 흡수를 의미한다.)

만일 재료가 금속인 경우에는 레이저빔이 투과되지 못하므로 E_T는 0이 되고, 대부분의 빔 성분이 반사되고 나머지 일부가 흡수된다. 이 레이저빔의 흡수는 표면 근방에서 이루어지며, 그 침투깊이는 (I-132)식에서 보는 것과 같이 레이저빔의 파장에 비례하고 금속의 소광계수에 반비례한다. 이러한 **침투깊이**는

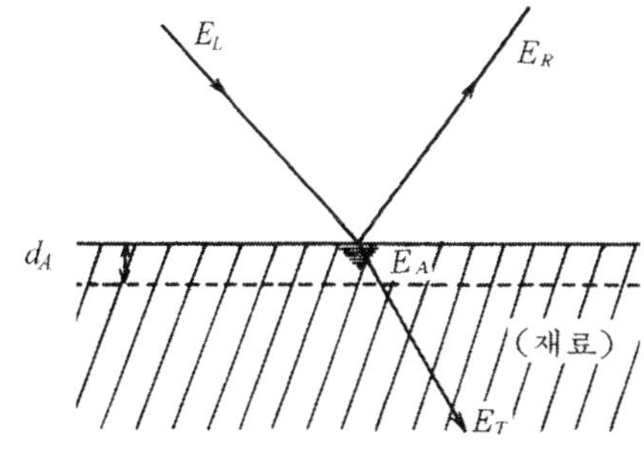

그림 IV-49 입사된 레이저빔의 분리(E_I 입사빔, E_R 반사빔, E_A 흡수부분, E_T투과부분)

레이저빔의 진폭이 표면의 약 37%(즉 e^{-1})되는 깊이이므로 그 두 배되는 거리에서는 표면강도에 비해서 매우 적기 때문에 모든 레이저빔이 흡수된다고 가정할 수 있다. 따라서 레이저빔은 다음 식으로 주어지는 표면에서 깊이 d_A 이내에서 모두 흡수되며, 여기에서 금속격자의 포논 및 자유전자들과 충돌에 의하여 $\sim 10^{-13}$초 이내에 열로 바뀌어 금속표면의 온도를 증가시킨다고 생각할 수 있다.

$$d_A = 2\delta = \frac{\lambda}{2\pi\chi} \cong \text{수백} \sim \text{수천 Å} \qquad \text{(IV-49)}$$

δ : 침투깊이(I-132), χ : 소광계수

재료가공에서는 흡수된 레이저빔만이 실제로 이용되며, 이 표면층의 깊이는 사용하는 레이저빔의 파장과 재료에 따라 차이가 있다. 일반적으로 금속의 경우에는 수백~수천Å 정도이므로 레이저빔은 **표면열원**이라고 간주할 수 있다.

금속표면에서 레이저빔의 반사율은 표면에 입사되는 레이저빔에 대하여 반사되는 부분의 비율로서 0~1 사이의 값을 가진다. 이 값은 표면에 입사되는 레이저빔의 파장, 입사각도, 편광정도, 금속온도에 따라 차이가 있다. 이 값으로부터 레이저빔에 의한 재료가공에서 입력되는 에너지양을 추측할 수 있으므로 매우 중요하다. 적외선구역의 파장(5μm 정도 이상)을 가진 전자파가 전기전도도 σ인 금속표면에 수직으로 조사되는 경우에 금속의 반사도는 **하겐-루벤스(Hagen-Rubens)식**에 의하여 다음과 같이 나타낼 수 있다.

$$R = 1 - 2\sqrt{\frac{\nu}{\sigma}} = 1 - \frac{2}{\sqrt{\sigma \frac{\lambda}{c}}} \qquad \text{(IV-50)}$$

λ : 레이저빔의 파장
σ : 금속의 전기전도도
c : 빛의 속도

위의 식에서 보듯이 레이저빔의 파장이 증가함에 따라 반사도가 증가된다. 따라서 금속재료의 레이저가공에서 사용되는 레이저빔의 파장선택은 매우 중요하다. 일반적으로 금속의 순도와 표면 상태에 따라 차이가 있으나, 상온에서 파장에 따른 몇 가지 금속의 대략적인 반사율은 그림 IV-50과 같다. 이 그림에서 보듯이 레이저빔의 파장이 감소함에 따라 금속의 반사율이 감소하므로 레이저빔의 흡수율은 증가된다. 따라서 이것은 같은 출력의 레이저빔으로 금속을 가공시키는 경우에 Nd:YAG레이저빔이 CO_2레이저빔에 비하여 훨씬 효율적임을 의미한다.

만일 레이저빔의 파장이 일정하면 (IV-50)식에서 보는 것과 같이 금속의 전기전도도가 감소할수록 금속의 반사도는 감소하므로 레이저빔의 흡수도는 증가된다. 이것은 금속의 온도가 증가함에 따라 전기전도도는 감소하므로 레이저빔의 흡수량이 증가됨을 의미한다. 즉 금속에 레이저빔을 조사시키면 금속의 온도가 증가되어 포논의 수를 증가시키므로 자유전자와 포논의 충돌주파수 증가를 초래하여 금속의 광학

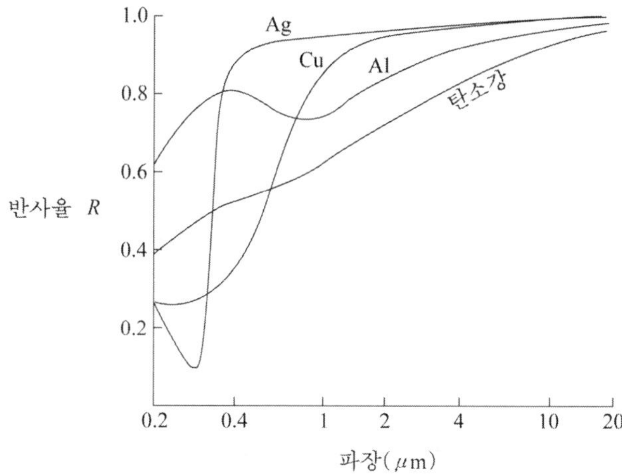

그림 IV-50 파장에 따른 금속의 반사율

적 성질에 영향을 주어 반사도를 감소시키는 것이다. 따라서 금속의 실제적인 반사도는 조사되는 레이저빔의 출력에 따라 크게 차이난다. 즉 레이저빔의 출력이 적은 경우에는 금속표면에서 거의 반사되므로 흡수되는 부분이 적고, 또한 빔의 흡수로 인한 열도 곧 내부로 전도되므로 금속의 온도변화가 거의 없어 금속표면의 반사도는 유지된다. 그러나 레이저빔의 출력이 큰 경우에는 반사도가 커도 흡수되는 레이저빔에너지의 절대량이 크기 때문에 금속표면의 온도가 증가하게 된다. 일단 금속표면의 온도가 증가되면 전기전도도가 감소하므로 반사도는 감소되어 레이저빔에너지 흡수량은 시간이 경과함에 따라 더욱 증가하게 된다. 따라서 레이저빔의 출력이 큰 경우에는 평균반사도가 저하되므로 레이저빔에너지가 금속에 효과적으로 전달된다고 생각할 수 있다.

CO_2 레이저빔을 사용하여 금속재료를 가공하는 경우에는 금속표면 상에서 반사도가 크므로 레이저빔의 흡수를 증진시키기 위하여 표면 상에 흑색페인트 또는 흡수코팅층을 도색시키는 경우도 있다. 그러나 이러한 경우에는 균일한 두께와 치밀한 코팅층을 형성시키기 힘들고, 또한 코팅층과 기지금속 사이에 열팽창계수의 차이로 인하여 레이저빔 조사 초기에 코팅층의 박리가 발생하기 쉽다. 이렇게 되면 코팅층에 집중된 열이 코팅층을 증발시키므로 기지금속의 가열에 효과적이지 못한 경우가 있다. 그리고 흡수율이 증가되어 기지금속의 가열에 기여한다고 하여도 코팅층의 일부가 용융된 기지금속에 녹아들어가 불순물의 역할을 하므로 바람직하지 못하다.

(2) 레이저빔의 다중흡수와 다중반사

레이저빔에 의한 재료가공에서 표면 상태는 매우 중요한 영향을 미친다. 금속의 표면상태가 잘 연마되어 평탄함을 유지하면 레이저빔의 조사에 따라 표면에서 한 번의 흡수와 반사가 일어난다. 금속의 표면이 평탄하다는 것은 상대적인 것으로 입사빔의 파장에 따라 차이난다. 즉 표면이 매우 평탄하다는 것은 표면

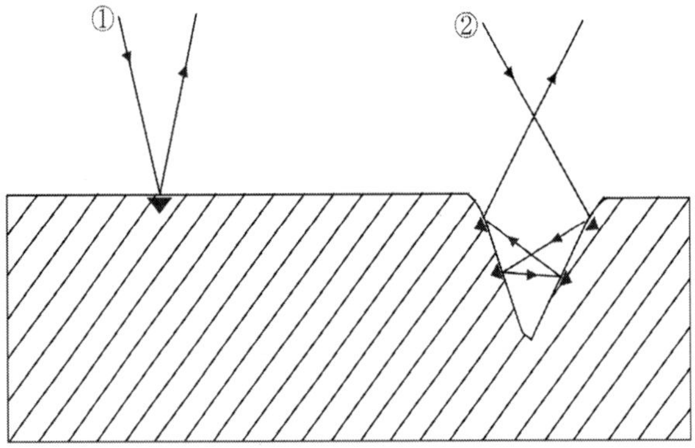

그림 IV-51 거친 표면에서 광선의 다중반사.
① 표면이 매끈하므로 한번 흡수 및 반사됨 ②는 표면의 굴곡내부에서 4번 흡수 및 반사됨

요철의 정도가 레이저빔파장에 비하여 적은 경우를 의미한다. 그러나 표면이 거칠어 그림 IV-51과 같이 레이저빔파장 이상의 폭과 깊이의 요철이 있는 경우에는 다중흡수와 다중반사가 일어나며, 그 흡수되는 에너지는 다음 식과 같이 증가하게 된다.

$$E_A = E_I(1-R)\sum_n R^{n-1} \quad \text{(IV-51)}$$

R : 금속의 레이저빔 반사율 (0~1 사이의 값)
n : 다중반사의 차수

금속표면이 거칠어 표면에서 레이저빔의 다중반사와 다중흡수가 일어나는 경우에는 표면이 평탄하여 한 번의 흡수가 일어나는 경우에 비하여 상대적으로 다음 식과 같은 추가적인 에너지를 흡수하게 된다.

$$\varDelta E_A = E_I(1-R)\left\{\sum_n R^{n-1} - 1\right\} \quad \text{(IV-52)}$$

따라서 금속표면이 거칠수록 레이저빔의 흡수가 증가되어 레이저가공에 유리하게 된다. 레이저빔출력이 증가되어 금속표면의 용융 및 증발로 인하여 깊은 골(키홀)이 생기면, 먼저 기술한 바와 같이 전기전도도 감소에 의한 레이저빔흡수율 증가에 더하여 다중흡수효과까지 더해지므로 레이저빔흡수율은 매우 증가하게 된다. 또한 용융점 이상에서는 금속의 물성이 결정체에서 비정질로 변하므로 레이저빔의 흡수에서 Nd:YAG레이저빔과 CO_2레이저빔의 파장에 따른 구별은 중요하지 않고 거의 같다고 생각할 수 있다. 그러므로 고출력레이저빔에 의한 금속가공에서 금속에 **키홀**이 형성되면 조사된 레이저빔에너지의 약 70% 이상이 금속 내에 흡수된다고 할 수 있다.

금속의 레이저빔흡수에 영향을 미치는 요인으로 금속의 온도증가와 **표면거칠기** 이외에 표면의 산화층 및 코팅층의 영향이 중요하다. 금속은 공기 중에서 표면에 산화층을 형성하며, 특히 알루미늄과 같은 활성이 강한 금속의 경우에는 더욱 용이하다. 금속산화물은 금속이 아니고 세라믹특성을 가지므로 레이저

빔흡수도가 기지금속과 큰 차이가 있으며, 파장이 긴 적외선의 경우에는 그 흡수도가 급격히 증가된다. 그러나 표면산화층의 두께가 수십Å 정도 이하로 얇은 경우에는 크게 영향을 받지 않으나, 두께가 큰 경우에는 흡수도가 상당히 증가된다. 예를 들면 알루미늄의 경우에 1.06μm 빔에 대하여 약 10% 이하, 10.6μm 빔에 대하여 약 5% 이하의 흡수도를 가지나, 표면을 양극산화시킨 경우에는 각각 50%와 95% 정도로 증가하게 된다. 또한 금속표면에 먼지 혹은 기름 같은 유기물층이 덮여 있으면 레이저빔의 흡수도가 더욱 증가된다.

(3) 고출력레이저빔의 흡수

레이저빔에 의한 재료가공에서 중요한 사항 중의 한 가지는 금속표면에서 흡수된 레이저빔의 분율을 알고 있어야 하는 것이다. 일반적으로 레이저빔의 출력이 매우 크지 않다고 하면 입사된 레이저빔은 반사되지 않으면 금속에 흡수되므로 반사율을 측정하여 흡수된 분율을 구할 수 있다. 그러나 빔출력이 매우 커서 금속표면에 큰 밀도의 플라즈마가 형성되어 표면을 차장시키면 레이저빔이 정상적으로 입사되지 못하고 표면 상의 플라즈마로부터 방출된 전자파로 인하여 간접적으로 가열되므로 직접적인 레이저빔의 반사율과 흡수율을 언급하기는 힘들다. 그러나 이러한 경우에도 금속재료의 온도증가는 금속에 조사된 레이저빔에 의한 것이므로 직접적이거나 혹은 간접적이거나 간에 금속재료가 흡수한 레이저빔의 분율을 구할 수가 있다. 그렇지만 레이저빔 출력과 주어진 가공조건에 따라 입사된 레이저빔에 대한 흡수율과 반사율의 적용에 신중을 기해야 한다.

일반적으로 레이저빔을 금속표면에 조사시키는 경우에 표면에서 반사되는 반사율을 측정하고 기술하는 용어에서 **경면반사율**(specular reflectance)과 **총반사율**(total reflectance)로 나누어 생각할 수 있다. 이 중에서 경면반사율은 반사거울과 같이 금속표면에서 입사각도와 같은 반사각도에서 측정하여 얻은 반사된 부분의 분율을 나타낸다. 따라서 이 값은 금속표면 상태에 따라 크게 차이 나므로 레이저빔조사에 따른 금속표면상태의 변화를 기술할 수 있다. 총반사율은 입사된 레이저빔에 대하여 금속표면에서 흡수된 부분을 제외하고 사방으로 퍼지는 모든 반사분율 전체를 나타낸다. 따라서 이 값을 알면 실제적인 레이저가공에서 입력된 레이저빔에너지를 계산할 수 있으므로 총반사율을 아는 것이 중요하다. 특히 레이저빔출력이 큰 경우에는 위에서 기술한 바와 같이 금속표면의 용융, 증발 및 플라즈마발생 등에 의하여 시간에 따른 레이저빔의 흡수율과 반사율을 정확하게 측정하는 것은 매우 힘들다. 그러므로 레이저빔의 출력과 형태에 따라 반사도와 흡수도를 측정하는 여러 가지 방법이 제시되고 있다. 일반적으로 출력이 적은 경우의 경면반사율은 I-3-3항에서 기술한 양자검출기를 사용하고, 출력이 큰 경우의 총반사율은 **구형누적기**(integrating sphere)를 사용한다.

고출력레이저빔을 사용하는 경우에는 먼저 기술한 바와 같이 금속표면에서 플라즈마발생과 키홀형성에 의한 다중흡수와 다중반사 등으로 인하여 총반사율 대신에 금속재료에 인입된 레이저빔에너지, 즉 총흡수율을 측정하는 것이 타당하다. 가장 간단한 방법은 작은 크기의 시편에 일정한 출력의 레이저빔을 조사시키면서 시편의 온도를 측정하여 열역학적으로 간단히 다음과 같은 식을 이용하여 대략적으로 흡수된 에너지분율(A)을 구하는 것이다.

$$A = \frac{m \cdot C_P \cdot \Delta T}{E_I \cdot \Delta t} \tag{IV-53}$$

m : 시편의 무게 C_P : 시편의 비열

ΔT : 시편의 온도증가 Δt : 레이저 조사시간

E_I : 레이저빔의 출력

금속의 레이저빔 반사율 또는 흡수율은 금속의 물리적 성질변화에 따른 고유요인과 외부요인의 두 가지 범주에 기인한다. 고유요인은 금속의 온도증가에 따른 전기전도도의 변화 등이고, 외부요인은 키홀발생으로 인한 다중흡수효과와 플라즈마가열 등이다. 실제적인 재료가공에서 금속의 표면열처리 같이 표면형상의 변화가 없는 경우에는 고유요인에 의한 레이저빔의 흡수율이 중요하고, 금속의 용접과 절단 등에서는 고유요인 이외에 외부요인이 매우 중요하다. 따라서 금속의 표면온도가 용융점 이상과 이하에서 레이저빔의 흡수율은 대단히 큰 차이가 있다. 그림 IV-52는 금속의 온도에 따른 레이저빔의 흡수율을 정성적으로 나타낸 것이다. 여기에서 보듯이 온도가 용융점 이하에서는 고유요인 때문에 흡수율은 크게 증가하지 않으나, 용융점 이상에서는 외부요인이 추가됨으로 인해 흡수율이 갑자기 증가된다.

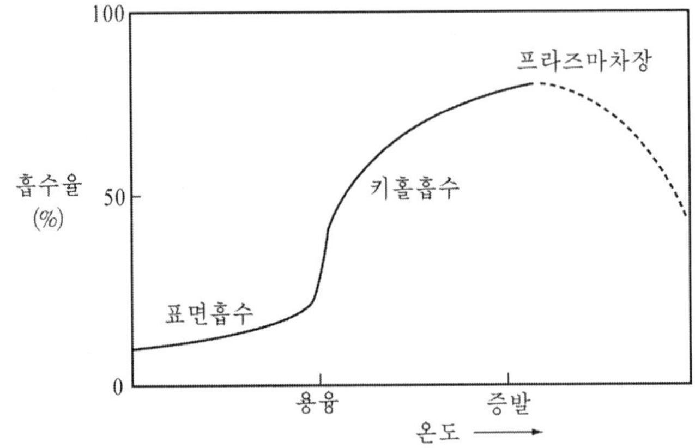

그림 IV-52 온도증가에 따른 정성적인 레이저빔의 흡수율 변화

실제적인 예로써 그림 IV-53은 용융점 이하에서 스테인리스강에 CO_2레이저빔을 조사시키는 경우에 온도증가에 따른 레이저빔의 흡수율을 나타낸 것이다. 여기에서 보듯이 용융점 이하에서는 주로 온도증가에 따른 고유요인에 의해서 레이저빔이 흡수되므로 그 증가율이 크지 않다. 반면에 그림 IV-54는 중탄소강에서 레이저빔에너지밀도에 따른 흡수율 혹은 반사율을 나타내고 있다. 여기에서 에너지밀도가 적은 경우에는 그림 IV-52와 같은 현상으로 레이저빔의 반사율이 크다. 그러나 에너지밀도가 어떤 값 이상이

되면 표면의 용융으로 인하여 외부요인이 추가됨으로 인해 레이저빔의 흡수가 갑자기 증가되어 반사율이 크게 저하된다. 따라서 레이저빔에 의한 재료가공에서 가급적이면 큰 출력을 가진 레이저빔을 사용하는 것이 바람직하다.

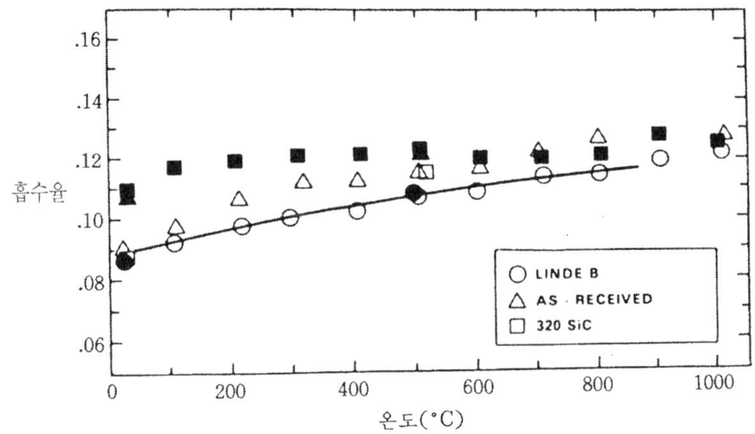

그림 IV-53 온도에 따른 STS 304 스테인리스강의 여러 가지 표면조건에 대한 CO_2레이저 흡수율. 데이터에 검게 표시한 것은 상온에서 1,000℃로 증가시키면서 측정한 것이고, 흰 데이터 점은 온도를 하강시키면서 측정한 것임.(Wieting and de Rosa-1979)

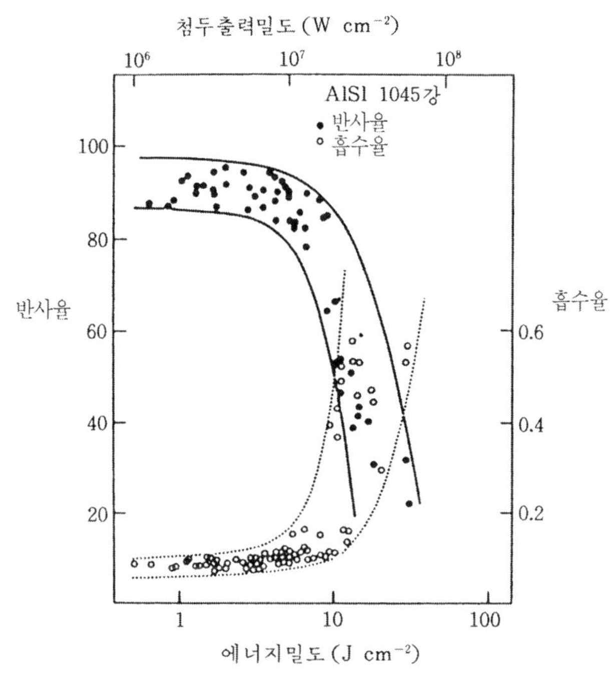

그림 IV-54 AIS1 1045 강에 대한 CO_2레이저의 반사율.
첨두출력강도는 0.5μsec펄스로 계산한 것임. (Roessler and Gregson-1978)

IV-3-2 편광된 레이저빔의 흡수와 반사

전자파의 편광현상에 대해서는 I-1-7항에서 이미 기술하였다. 일반적으로 레이저공진기의 구조에 따라 편광빔 또는 비편광빔이 방출된다. 그러나 레이저공진기의 구조 자체로는 편광되지 않은 빔을 방출시킨다고 하여도 레이저 외부에 설치된 거울 또는 다른 광학부품들의 배치에 따라 빔이 편광될 수도 있다. 그리고 편광된 레이저빔은 입사각도에 따라 금속표면에서 반사도에 차이가 있으므로 재료가공에 매우 큰 영향을 미친다. 특히 일부 고출력의 CO_2 레이저에서는 공진기공동의 길이를 증가시키기 위하여 흔히 45° 로 경사된 거울을 공진기 내에 설치한다. 이러한 경우에는 브루스터창을 가지고 있지 않아도 부분투과거울을 통하여 나오는 레이저빔이 부분적으로 편광된 빔을 주게 되는 경우도 있다. 따라서 레이저의 공진기 공동구조에 따라 어떠한 종류의 빔이 방출되는지 잠시 고려하여 볼 필요가 있다.

가장 간단한 레이저공진기 공동구조는 그림 IV-55의 그림(a)와 같이 활성매질이 전반사거울과 출구의 부분반사거울 사이에 있는 것이다. 이 경우에는 방출되는 레이저빔의 전기장이 무질서하게 모든 방향으로 전기장을 나타내므로 결국은 비편광된 빔이 방출된다. 그러나 공진기공동의 길이를 늘여 고출력을 주기 위해서는 공진기공동 내부에 거울을 삽입시킨다. 이 경우에 그림(b)와 그림(c) 같이 거울에 입사되는 빔이 거의 수직에 가까울 경우에는 무질서하게 비편광된 빔을 방출시킨다.

(a)
(b)
(c)

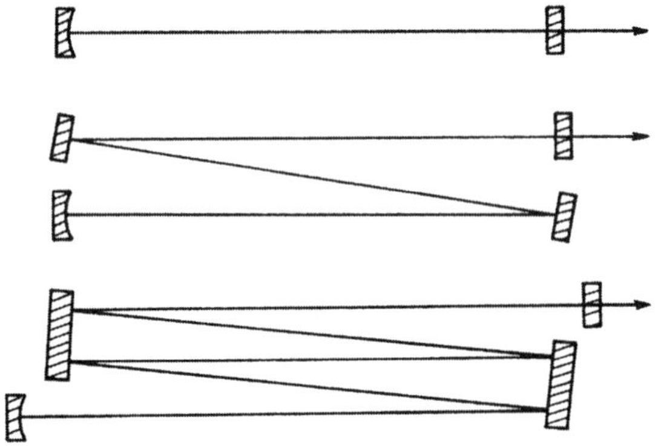

그림 IV-55 편광되지 않은 레이저빔을 방출하는 공진기 구조. (b)와 (c)는 공진기 길이를 증가시키기 위하여 거울들을 사용하였으나, 입사빔이 거울에 거의 수직임.

가장 간단한 공진기공동구조라고 하여도 브루스터창이 있거나, 또는 그림 IV-56의 그림(a)와 같이 활성매질이 브루스터각도로 절단되어 있으면 선형적으로 편광된 빔을 방출시킨다. 고출력을 주기 위하여 공진기공동 내에 거울을 삽입시키는 경우에는 그림(b)와 그림(c) 같이 45°로 입사되게 하면 방출되는 빔은 부분적으로 편광된다. 즉 그림 I-16에서 보듯이 빔의 전기장이 편광면에 수직한 ***S*-성분**의 반사도가 빔의 전기장이 편광면에 평행한 ***P*-성분**의 반사도보다 약간 크다. 그림 I-16은 유전체 상에서 빔의 입사각도에 따른 편광성분 빔의 반사도이나. 금속에 대해서도 정성적으로 같은 효과를 준다. 만일 45°로 경

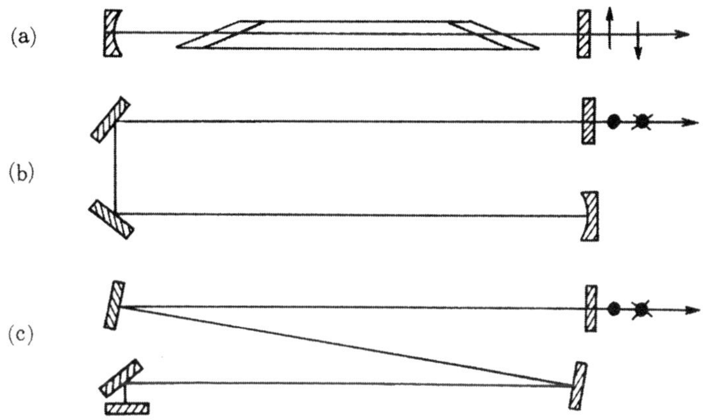

그림 IV-56 선형적으로 편광된 레이저빔을 방출하는 공진기 구조. (a) 활성매질이 브르스터각도를 가지고 있으며, 편광된 빔은 종이면에서 상하로 표시됨. (b), (c)는 공진기 길이를 증가시키기 위하여 45°경사된 거울을 가지고 있으며, 편광된 빔은 종이면에 수직이므로 ●×로 표시하였음.

사된 거울의 수가 증가되면 위의 성분들의 반사가 반복되므로 더욱 증폭된다. 따라서 S-성분의 방향으로 부분적으로 편광된 빔이 방출되게 된다. 여기에 추가하여 레이저빔을 이송 및 집속시키기 위해서 설치하는 외부의 반사거울 배치와 구조에 따라 빔의 편광성이 증폭된다. 그림 IV-57은 스테인리스강에 S-성분과 P-성분의 CO_2 레이저빔을 조사시킬 경우에 입사각도와 스테인리스강의 온도에 따른 반사율을 나타내고 있다. 그러므로 레이저빔의 편광 정도에 따라 재료가공 특히 절단공정에 매우 큰 영향을 미친다.

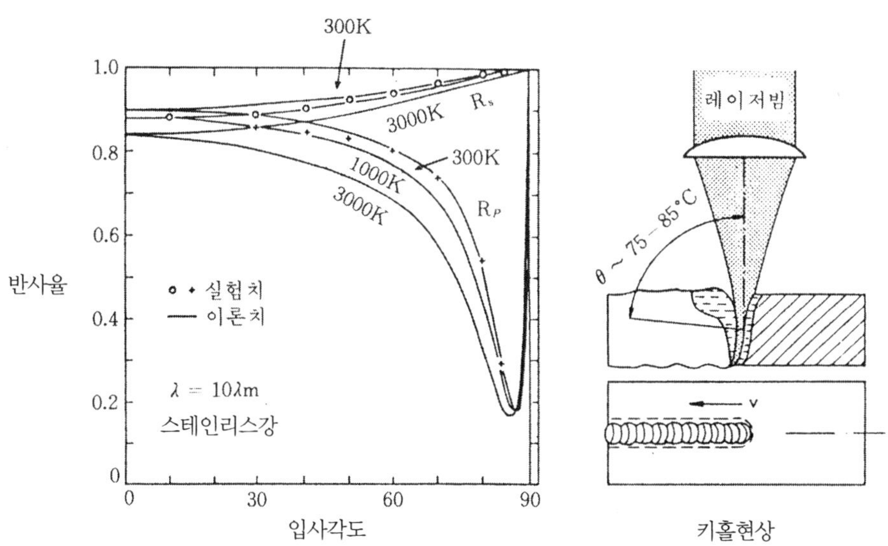

그림 IV-57 편광된 레이저빔의 입사각에 따른 반사율. (Beyer et al-1988)

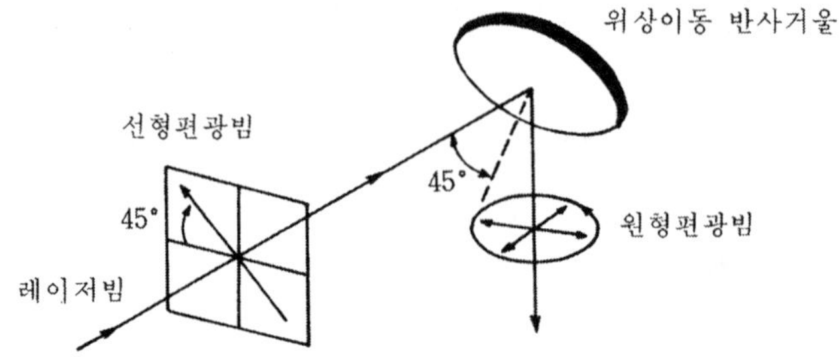

그림 IV-58 선형으로 편광된 빔을 원형으로 편광된 빔으로 전환시키는 위상이동 반사거울에 대한 광학적인 배치도

금속재료의 절단에서 편광된 빔을 사용할 경우에 편광방향으로 절단을 수행하면 바람직하며, 이 경우에 절단면이 양호하고 좁은 절단폭을 주고 또한 절단속도를 크게 증가시킬 수 있다. 따라서 한 방향으로만 금속을 절단시킬 경우에는 선형적으로 P-편광된 빔이 바람직하다. 그러나 편광방향과 수직으로 절단시에는 즉 S-편광빔을 사용하면 절단폭 양면은 직선적으로 되나, 절단면이 거칠게 되고 절단속도가 매우 느리다. 그리고 절단방향이 편광방향에 대하여 0°와 90°사이의 각도인 경우에는 경사되고 거친 절단폭을 주고, 또한 절단속도가 느리다. 따라서 선형적으로 편광된 빔은 3차원으로 등고높낮이가 다르거나 혹은 곡선모양의 2차원절단에는 사용하기 힘들고, 용접과 같은 재료가공에도 바람직하지 못하다. 그러므로 곡선모양의 절단가공에서는 비편광빔을 사용하거나, 또는 선형적으로 편광된 빔인 경우에는 광학기구를 사용하여 원형편광시킨 후에 사용하는 것이 바람직하다. 원형편광된 빔은 재료가공에서 비편광빔과 같은 역할을 한다. 금속판재 절단에서 편광빔의 영향에 대해서는 V-3-3항에서 자세히 살펴볼 것이다.

CO_2레이저에서 편광된 빔이 나오는 것을 방지하기 위하여 0위상변화거울이라는 특수코팅시킨 거울이 개발되었다. 이 거울에서는 일정한 입사각(일반적으로 45°)에 대하여 S-편광성분과 P-편광성분에 대한 반사도가 같도록 하였으며, 이런 거울은 공진기공동의 내부 또는 외부에 사용된다. 그리고 선형적으로 편광된 빔을 원형으로 편광된 빔으로 변화시키는 경우에는 위상변화광학부품을 사용한다.

선형적으로 편광된 빔을 원형편광시킬 경우에는 그림 IV-43에 보여주는 것과 같은 $\lambda/4$편광판을 사용하면 가능하다. 그리고 공업적인 레이저에서 그림 IV-58과 같은 위상변화 반사거울이 사용되며, 이 경우에 큰 반사도와 거의 원형으로 편광된 빔을 주게 된다. 다른 방법은 원형편광자를 사용하는 방법이 있으며, 이 경우에 거울 상에 복굴절 코팅을 시켜 선형적으로 편광된 레이저빔의 편광상태를 변화시킬 수 있다. 이 기구에 들어오는 선형적으로 편광된 빔의 전기장을 적당히 배열시키면 반사되어 나갈 때에 원형적으로 편광된 빔이 된다. 원형적으로 편광된 경우에 반사도는 다음 식과 같이 P-성분의 반사도와 S-성분의 반사도의 평균값이 된다.

$$R_c = \frac{R_p + R_s}{2} \tag{IV-54}$$

IV-3-3 재료가공의 각종 매개변수와 표면상태

레이저빔을 이용한 모든 재료가공은 원칙적으로 레이저빔에너지가 표면근방에서 열로 변환되어 작용하는 것이므로 레이저빔은 조절된 표면열원으로 사용되는 것이다. 따라서 레이저빔에 의한 재료가공에서는 레이저빔의 특성과 재료의 열적 성질이 매우 중요하다. 일반적으로 재료가공에 사용될 레이저시스템과 가공시킬 재료가 선정되면, 본질적인 레이저빔 특성과 가공재료의 열적 성질은 결정된다. 그 이외에도 레이저빔의 집속조건, 주사속도, 취입가스와 가공재료의 표면상태 등 외부적인 각종 매개변수들을 변화시킬 수 있다. 레이저빔에 의한 재료가공에서 고려되어야 할 중요항목들과 **각종 매개변수**들을 살펴보면 대체로 그림 IV-59와 같다.

재료가공에서 레이저빔의 집속조건과 주사속도의 조절로 레이저빔출력밀도를 조절할 수 있기 때문에 가공할 재료표면에 인입되는 에너지양을 조절할 수 있다. 이들 집속조건에 따른 레이저빔 직경과 초점깊이 등에 관한 사항은 이미 IV-1-3항에서 자세하게 기술하였다. 레이저빔의 주사속도와 취입가스의 영향에 대해서는 IV-4-4항과 V장에서 기술되는 금속재료의 용접과 절단 등에서 다시 검토하겠다. 여기에서는 가공할 재료표면 상태에 대해서 간단히 고려하여 보겠다. 가공재료의 본질적인 특성인 레이저빔 반사도는 파장과 재료가 정해지면 일정한 값을 가지게 된다. 그러나 실제적으로 재료표면에서 흡수되는 레이저빔에너지의 분율을 나타내는 흡수율은 표면조건에 따라 변한다. 즉 일정한 파장의 경우에 재료의 레이저빔흡수율은 IV-3-1항에서 기술한 바와 같이 표면온도, 표면거칠기, 산화막을 포함한 여러 가지 조건에 따라 차이가 있다.

일반적으로 기계가공된 금속의 표면상태는 미시적으로 볼 경우에 매우 요철이 많고 거친 표면을 가지

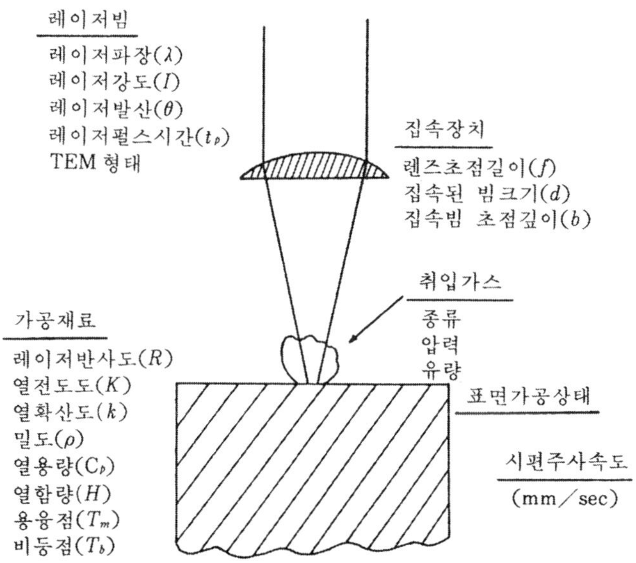

그림 IV-59 레이저가공에서 고려되어야 할 각종 매개변수

고 있다. 이들 표면거칠기의 측정은 단면측정기 같은 기구를 사용하여 명목상의 표면과 비교하여 나타내며, 이 측정은 보통 명목상의 표면 혹은 측면으로부터 평균편차를 m인치(0.025mm)로 나타낸다. 보통 레이저가공에 쓰이는 표면상태의 거칠기는 2~8m인치(0.05~0.2mm)의 잘 연마된 상태로부터 16~20m인치(0.4~0.5mm)의 일반적인 공구로 가공된 거친 표면까지의 범위이다. 거친 정도가 레이저빔의 파장보다 크면 IV-3-1항에서 기술한 바와 같이 요철부에서 다중흡수로 인하여 평탄한 면보다 많은 레이저빔에너지를 흡수하므로 흡수율이 증가된다. 일단 레이저빔흡수율이 증가되면 금속의 표면온도가 더욱 급속히 증가되므로 재료의 레이저빔흡수도는 더욱 증가하게 된다. 한편 레이저빔파장이 감소할수록 금속의 레이저빔반사도가 감소되어 레이저빔의 흡수율이 증가되며, 또한 표면거칠기가 심하지 않아도 다중흡수효과로 인하여 흡수율이 증가한다. 따라서 표면상태가 매끄러운 금속의 레이저가공에서는 파장이 작은 레이저빔이 더욱 효과적이다.

금속표면이 산화되어 있으면 먼저 기술한 바와 같이 레이저빔파장에 따라 흡수도에 큰 차이가 발생한다. 즉 금속표면에 산화막이 형성되어 있으면 레이저빔이 조사되는 표면은 금속이 아니라 산화물이므로 처음에는 레이저빔과 산화물 사이의 상호작용이 된다. 일반적으로 산화물은 전기전도도가 매우 적고, 특히 파장이 중적외선구역의 레이저빔에 대해서는 흡수율이 매우 크다. 보통 금속에서 산화막의 두께는 매우 얇으므로 곧 레이저빔에 의하여 제거되나, 순간적으로는 많은 에너지를 흡수한 상태가 되므로 산화막이 없는 경우에 비해서 기지금속의 온도를 더욱 증가시키게 될 것이다. 따라서 금속의 표면온도를 더욱 증가시키는 역할을 하므로 레이저빔의 흡수율을 더욱 증가시키게 될 것이다. 또한 일반적으로 산화물의 용융점은 금속에 비해서 높으므로 금속의 용융 시 이러한 산화물이 불순물로 용융풀 내에 들어갈 수도 있다.

Ⅳ-3-4 가공재료의 열적 성질과 상변태

금속재료 표면 상에 레이저빔이 조사되면 금속의 온도가 증가되며, 인입되는 에너지가 충분히 크면 금속이 용융 및 증발되어 그 물리적 형태가 변한다. 이러한 레이저빔조사에 의한 금속의 가열, 용융 및 증발현상이 재료가공기구이므로 그 상변태에 대한 기본적인 과정을 검토하여 볼 필요가 있다.

대기압 하에서 상온의 금속에 일정한 속도로 레이저빔을 조사시켜 가열시키는 경우에 이 금속의 온도와 시간의 정성적인 관계는 그림 IV-60과 같다. 이제 각 시간구역에 대하여 간단히 열역학적인 관계를 살펴보자.

I구역은 금속이 고체로 존재하는 구역으로 외부에서 Q라는 열량을 가할 때 금속의 체적 V는 그 팽창계수에 따라 증가하게 된다. 그리고 압력은 일정하므로 금속의 내부에너지증가 ΔE는 다음 식과 같다.

$$\Delta E = Q - P\Delta V \qquad \text{(IV-55)}$$

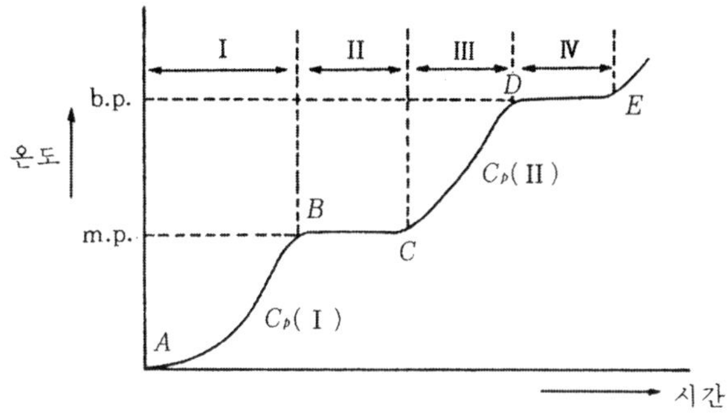

그림 IV-60 레이저빔 조사 시 시간경과에 따른 금속의 온도 변화

위의 식은 열역학 제1법칙으로서 Q는 다음 식과 같이 엔탈피 ΔH로 나타낼 수 있다.

$$Q = \Delta E + P\Delta V = \Delta H \qquad \text{(IV-56)}$$

그러나 금속의 경우에 체적변화 ΔV는 매우 적으므로 위의 식은 다음 식과 같이 나타낼 수 있다

$$Q \cong \Delta E \cong \Delta H \qquad \text{(IV-57(a))}$$

따라서 고체에 대해서는 다음 식과 같이 나타낼 수 있다.

$$Q_{A \to B} = \Delta H_{A \to B} \qquad \text{(IV-57(b))}$$

II구역은 금속이 용융온도에 유지되는 구역에 해당한다. 이 구역에서는 외부에서 가하는 열량 Q가 금속의 온도증가에 기여하지 않고, 고체에서 액체로 변화시키는 용융잠열로 소모된다. 따라서 이 구역에서는 다음 식과 같이 나타낼 수 있다.

$$Q_{B \to C} = \Delta H_{B \to C} = L_m \qquad \text{(IV-58)}$$

III구역은 모든 금속이 용융상태로 존재하며, 외부에서 가한 열량 Q가 용융금속의 온도증가에 기여한다. 따라서 이 구역에서는 다음 식과 같이 나타낼 수 있다.

$$Q_{C \to D} = \Delta H_{C \to D} \qquad \text{(IV-59)}$$

IV구역은 금속이 비등점에 유지되는 온도에 해당한다. 이 구역에서는 외부에서 가한 열량 Q가 용융금속의 온도증가에 기여하지 않고, 액체에서 기체로 변화시키는 증발잠열로 소모된다. 따라서 이 구역에서는 다음 식과 같이 나타낼 수 있다.

$$Q_{D \to E} = \Delta H_{D \to E} = L_v \qquad \text{(IV-60)}$$

IV구역을 지난 경우에는 모든 금속이 증발된 상태이므로 이미 재료가공에 기여하는 범주의 기구를 벗어나게 된다.

위에서 기술한 각 과정에서 금속의 온도증가와 상변태가 이루어지도록 외부에서 가한 모든 열량은 그 금속의 열함량 변화와 같으며, 이것은 다음 식과 같은 열평형식을 준다.

$$Q = \Delta H_{tot} = \Delta H_{A \to B} + L_m + \Delta H_{C \to D} + L_v \qquad \text{(IV-61)}$$

금속에 인입된 열로 인한 온도증가로 야기된 상변태는 열용량으로 설명될 수 있다. 즉 물질의 열용량은 그 물질의 온도를 1℃ 증가시키는 데 요구되는 열량으로 단위질량당 열용량을 비열(C_P)이라고 한다. 이 값은 온도의 함수로 물질의 상태가 고체 또는 액체 등 일정한 경우에 비열은 다음 식과 같이 나타낼 수 있다.

$$C_P = a + bT + cT^{-2} \qquad \text{(IV-62)}$$

a, b, c : 물질에 따라 주어지는 상수

일반적으로 a값이 b값과 c값에 비해서 매우 크므로 온도가 매우 높지 않은 경우에는 물질의 비열이 온도에 따라 크게 변하지 않는다고 생각할 수 있다. 그러므로 일반적인 레이저가공과정에서는 계산을 간단히 하기 위해서 흔히 비열이 일정하다고 가정하여 계산하는 경우가 많다. 그러나 정확한 계산을 위해서는 이 값의 온도의존성을 고려해야 한다. 따라서 밀도가 ρ이고, 체적이 V인 재료를 증발시키는 경우에는 최소한 다음과 같은 양의 에너지가 필요하다.

표 IV-5 몇 가지 금속에 대한 열적 상수

금 속	T_m	T_v	C_P	ρ	L_m	L_V
	℃	℃	cal/g℃	g/cm³	cal/g	cal/g
Al	660	2467	0.215	2.7	94.5	2517
Be	1277	2970	0.45	1.85	260	
Cr	1875	2665	0.11	7.19	96	1563
Cu	1083	2595	0.092	8.96	51	1146
Au	1063	2807	0.031	19.32	16.1	446
Fe	1533	2750	0.11	7.87	65.5	1700
Mo	2610	4612	0.066	10.2	69.8	1224
Ni	1453	2730	0.105	8.9	73.8	1541
Pd	1552	3140	0.058	12.02	38.7	836
Pt	1769	3827	0.031	21.45	26.9	626
Si	1410	2355	0.162	2.33	432	2535
Ag	961	2212	0.056	10.49	25	556
Ta	2996	5425	0.034	16.6	37	1000
Sn	232	2270	0.054	5.76	14.5	570
W	3410	5660	0.033	19.3	44	1150
Zn	420	906	0.092	7.13	24.1	425.6

$$\Delta H_{tot} = \rho V[C_{P(고체)}\Delta T_{A\to B} + L_m + C_{P(액체)}\Delta T_{C\to D} + L_v] \qquad \text{(IV-63)}$$

대표적인 몇 가지 금속들에 대한 열역학적인 상수는 표 IV-5와 표 IV-6에 나타내었다.

이제 레이저빔에 의한 재료가공에 최소한으로 요구되는 대략적인 열량에 대해서 검토해 보자. 금속의 표면경화와 같이 고체상태에서 가열만이 요구되는 경우에는 다음 식과 같다.

$$Q = \rho V C_{P(고체)}\Delta T_{A\to B} \qquad \text{(IV-64)}$$

표 IV-6 몇 가지 재료의 각 온도 범위에서 열적 상수

K:열전도도(W/cm℃), C:비열(J/g·℃), k:열확산도(cm^2/sec)

	0℃			300℃			700℃			1700℃			2700℃		
	K	C	k	K	C	k	K	C	k	K	C	k	K	C	k
Al	2.36	0.83	1.03	2.38	1.0	0.88	-	-	-	-	-	-	-	-	-
Cr	0.95	0.5	0.27	0.85	0.49	0.24	0.65	0.58	0.16	-	-	-	-	-	-
Co	1.04	-	-	0.75	-	-	-	-	-	-	-	-	-	-	-
Cu	4.01	0.38	1.19	3.88	0.42	1.04	3.56	0.47	0.85	1.82	-	-	1.80	-	-
Au	3.18	0.14	1.22	3.09	0.14	1.19	2.78	0.15	0.93	1.20	-	-	1.25	-	-
Fe	0.84	0.42	0.28	0.62	0.54	0.15	0.33	0.98	-	0.43	-	-	0.46	-	-
Pb	0.36	0.13	0.24	0.33	0.14	0.21	0.2	-	-	-	-	-	-	-	-
Mo	1.39	0.25	0.54	1.30	0.26	0.49	1.12	0.29	0.38	0.88	0.39	0.22	-	-	0.13
Ni	0.94	0.44	0.2	0.72	0.52	0.17	0.72	0.56	0.14	-	-	-	-	-	-
Pt	0.72	0.13	0.26	0.72	0.14	0.24	0.79	0.15	0.24	-	0.18	0.27	-	-	-
Rh	1.51	-	-	1.40	-	-	1.21	-	-	-	-	-	-	-	-
Ag	4.28	0.23	1.74	4.12	0.24	1.61	3.74	0.27	1.3	1.97	-	-	1.91	-	-
Ta	0.57	0.14	0.25	0.58	0.14	0.24	0.60	0.15	0.24	0.64	0.17	0.22	0.67	0.24	0.17
Sn	0.68	0.23	-	0.60	0.26	-	0.41	-	-	-	-	-	-	-	-
Ti	0.22	0.52	0.097	0.20	0.58	0.08	0.21	0.74	0.06	-	0.7	-	-	-	-
W	1.82	0.13	0.70	1.49	0.14	0.56	1.20	0.15	0.41	-	0.18	0.30	-	0.20	0.23
U	0.27	0.12	0.13	0.32	0.13	0.13	0.44	0.18	-	-	-	-	-	-	-
V	0.31	0.47	0.11	0.33	0.51	0.11	0.39	0.62	0.10	0.51	0.83	0.10	-	-	-
Zn	1.22	0.38	0.45	1.11	0.42	0.36	0.67	-	-	-	-	-	-	-	-
Zr	0.23	0.28	0.12	0.21	0.32	0.10	0.24	0.36	0.10	0.31	-	-	-	-	-
Armco Fe	0.15	-	-	0.59	-	-	0.32	-	-	0.64	-	-	-	-	-
302스텐레스강	0.13	-	-	0.16	-	-	0.24	-	-	-	-	-	-	-	-
303스텐레스강	0.15	-	-	0.16	-	-	0.25	-	-	-	-	-	-	-	-
304스텐레스강	0.17	-	-	0.19	-	-	0.26	-	-	-	-	-	-	-	-
Thoria	0.15	0.23	0.07	0.06	0.26	0.02	0.03	0.29	0.01	-	-	-	-	-	-
Zirconia	0.02	0.46	0.007	0.02	0.54	0.006	0.02	0.63	0.005	-	-	-	-	-	-
Al_2O_3	0.4	1.00	1.0	0.2	1.07	0.05	0.08	1.22	0.02	0.06	0.01	0.01	-	2.1	-
Pyrolytic	22.3	0.64	-	11.3	1.17	-	5.3	1.67	-	2.5	-	-	-	-	-
Graphite	0.11	-	-	0.05	-	-	0.03	-	-	0.01	-	-	-	-	-
MgO	0.53	0.70	0.16	0.27	1.12	0.07	0.10	1.25	0.02	0.09	0.02	0.02	-	-	-
SiO_2(fused)	0.013	0.7	0.007	0.016	1.0	0.006	0.029	1.25	0.009	-	-	-	-	-	-
TiO_2	0.09	0.70	0.03	0.06	0.85	0.017	0.03	0.93	0.009	-	-	-	-	-	-

금속의 용접과 같이 용융이 요구되는 경우에 필요로 하는 최소한의 열량은 다음 식과 같다.

$$Q = \rho V[C_{P(\text{고체})}\Delta T_{A \to B} + L_m] \tag{IV-65}$$

금속의 절단과 천공 같이 증발이 요구되는 경우에는 가공과정이 증발에 의해서 이루어진다고 가정하면, 요구되는 열량은 다음 식과 같다.

$$Q = \rho V[C_{P(\text{고체})}\Delta T_{A \to B} + L_m + \Delta C_{P(\text{액체})}\Delta T_{C \to D} + L_v] \tag{IV-66}$$

위에 기술된 내용과 관계식들은 매우 간단하게 나타낸 경우이다. 즉 레이저빔이 금속재료의 한 면에 조사되어 모든 레이저빔에너지가 순간적으로 동시에 그 재료전체를 가열 및 상변태시킨다고 가정한 것이다. 그리고 레이저빔 펄스기간 또는 레이저빔 조사기간 동안에 에너지분포 등에 대해서는 언급하지 않았다. 따라서 금속재료 표면에서 용융 혹은 증발이 발생해도 금속재료의 크기에 따라 내부에서는 아직 그 온도에 훨씬 미치지 못하는 경우가 많다.

실제적인 레이저가공과정을 고려하면 금속재료 전체적으로 한 가지 현상만이 발생하는 것이 아니고, 국부적인 구역들에서 가열, 용융 및 증발현상이 동시적으로 병행하여 발생된다. 그럼에도 위에 기술된 간단한 열평형모델은 매우 유용하며, 여러 가지 열손실을 감안하여 위에 계산된 에너지값의 2~3배 정도를 취하여 레이저빔에 의한 재료가공 전에 개괄적인 입열량을 계산하는 데 참고로 사용할 수 있다.

금속표면층에서 레이저빔에너지가 일단 열에너지로 변환되면 표면열원으로 생각할 수 있게 되며, 이 표면열원이 금속내부로 전도되면서 가열이 이루어진다. 이 경우에 금속내부로의 열전달은 일반적인 열전달식을 따르게 되며, 금속의 열전도도에 비례하고 비열에 반비례한다. 따라서 가열구역의 발달은 레이저빔의 출력밀도와 조사시간 등 레이저빔의 특성과 함께 금속재료의 물리적 및 화학적 성질에 의하여 지배된다. 레이저빔에너지가 열에너지로 바뀌는 시간은 순간적이므로 반무한재료의 한 면에 조사된 레이저빔에 의한 열이 1차원적으로 t시간 내에 침투된 깊이는 대체로 다음 식과 같다.

$$x \cong 2\sqrt{kt} \tag{IV-67}$$

k : 재료의 열확산도 ($k = K/\rho C_p$)

K : 재료의 열전도도, ρ : 밀도, C_p : 비열

예를 들어 열확산도가 $0.20\text{cm}^2/\text{sec}$인 철강재에 5×10^{-8}초의 펄스기간을 가진 Q-스윗칭 레이저빔펄스를 조사시키는 경우에 열이 침투된 깊이는 약 $2\,\mu\text{m}$이다. 반면에 2×10^{-3}초의 보통 레이저빔펄스를 조사시키는 경우에 열이 침투한 깊이는 약 0.4mm이다. 이러한 고려사항은 재료가공에서 두께가 χ인 금속판에 대하여 열시간상수의 개념을 주며, 이 열시간상수는 $\chi^2/4k$이다. 이 값은 표면온도의 약 37%에 해당하는 온도가 되는 특정한 침투깊이까지 열전도가 이루어지는 시간 즉 펄스기간을 나타낸다. 이 값은 금속판을 통한 열전달에 요구되는 시간에 대한 대략적인 값을 추정하는 데 편리하다.

금속재료의 효과적인 용융을 위해서는 레이저빔 펄스기간이 주어진 시편두께에 대한 열시간상수와 비

슷하거나 그 이상이어야 한다. 몇 가지 금속에 대한 열시간상수는 표 IV-7에 보는 바와 같다. 두께 0.1mm의 얇은 금속판에 대해서는 **열시간상수**가 수msec 정도의 보통 레이저빔 펄스기간보다 짧으나, 수십nsec 정도의 Q-스윗칭 레이저빔의 펄스기간보다는 길다. 따라서 Q-스윗칭 레이저빔펄스는 효과적인 용융이 힘들며, CO_2레이저 또는 Nd:YAG레이저에서 지속파 혹은 수msec 정도의 펄스기간을 가진 레이저빔을 사용해야 한다.

두께 1mm의 두꺼운 금속판의 용융에는 더욱 긴 시간의 레이저빔조사가 요구된다. 그리고 금속의 열확산도가 적은 금속을 통하여 열이 침투하기에는 열시간상수가 더욱 길게 되나, 열확산도가 큰 금속에 대해서는 열시간상수가 수msec 정도이다. 두께가 1mm 이상의 더욱 두꺼운 금속에 대한 경우에는 열확산도가 큰 금속에 대해서도 열시간상수가 수msec 이상이 되므로 펄스빔으로 용융은 힘들다. 따라서 1mm 이상의 두께를 가진 금속의 용접 같은 경우에는 지속파를 주는 레이저빔을 사용하는 것이 일반적이다. 그러나 이 경우에 열은 넓은 구역으로 퍼지면서 전도되므로 열손실이 증가되어 용융속도는 저하된다. 따라서 적당한 지속시간의 펄스빔을 중첩하여 조사시켜 사용하기도 한다.

표 IV-7 몇 가지 합금의 열확산도와 두께에 따른 열시간상수

금 속	열확산도 (cm^2/sec)	열시간 상수 (10^{-3}초)			
		0.01-cm 두께	0.02-cm 두께	0.05-cm 두께	0.1-cm 두께
Ag	1.70	0.015	0.059	0.368	1.47
알루미늄 합금					
상업적으로 순수	0.850	0.029	0.118	0.74	2.94
2024 합금	0.706	0.035	0.142	0.89	3.54
A13 주조합금	0.474	0.053	0.2111	1.32	5.27
동 합금					
전해동(99.95%)	1.14	0.022	0.088	0.55	2.19
카트리지 황동	0.378	0.066	0.265	1.65	6.61
인청동	0.213	0.117	0.470	2.93	11.74
철 합금					
상업적으로 순수	0.202	0.124	0.495	3.09	12.51
303 스테인리스강	0.056	0.446	1.786	11.16	41.62
탄소강(1.22C, 0.35Mn)	0.119	0.210	0.840	5.25	21.01
니켈 합금					
상업적으로 순수	0.220	0.114	0.454	2.84	11.36
모넬	0.055	0.455	1.818	11.36	45.36
인코넬	0.039	0.641	2.564	16.03	65.10

금속의 열확산도가 적다는 것은 열이 금속내부로 잘 침투하지 못함을 의미한다. 반면에 열확산도가 크다는 것은 표면으로부터 열이 빨리 제거된다는 것을 의미하므로 이러한 금속의 용융에는 문제점을 야기할 수도 있다. 따라서 금속재료의 양호한 용융을 위해서는 그 재료의 열확산도, 열전도도 등 열적인 성질에 따라 레이저빔 변수를 변화시켜야 한다. 즉 동(Cu) 같은 금속의 용융에는 열전도도가 크기 때문에 조사구역에 순간적으로 많은 에너지를 가하면서 열손실을 억제시키기 위하여 상대적으로 빔강도가 크고 펄스기간이 짧은 레이저빔을 사용한다. 반면에 스테인리스강 같은 금속에서는 열이 내부로 전도되는 데 시간이 필요하므로 상대적으로 빔강도는 적으면서 조사시간이 긴 지속파레이저빔을 사용하기도 한다.

금속의 용접과 같이 효과적인 용융이 필요한 경우에는 레이저빔이 조사되는 동안 금속표면에서 증발이 일어나지 않으면서 고상/액상계면이 내부로 전파되는 것이 바람직하다. 이러한 금속표면의 증발이 없이 고상/액상계면의 침투깊이를 증가시키기 위해서는 레이저빔 변수를 매우 정확하게 조절해야 한다. 이러한 경우에는 일반적으로 레이저빔의 출력밀도를 감소시키고 레이저빔 조사시간을 증가시킨다.

Ⅳ-3-5 가공재료 상에서 발생한 플라즈마의 영향

금속재료에 레이저빔을 조사 시 발생하는 플라즈마에 대하여 I-2-6항에서 간단히 언급하였다. 재료에서 발생하는 플라즈마의 특성은 재료가공의 효율성과 가공부품의 품질에 큰 영향을 미친다. 금속표면에서 플라즈마발생의 첫 번째 과정은 표면의 증발현상이다. 일정한 에너지밀도의 레이저빔에 의한 금속표면의 증발에서 펄스기간이 적은 경우에는 내부로 열전달이 제한되어 레이저빔의 빔크기에 큰 영향을 받지는 않는다. 그러나 조사시간이 길어지면 원주방향으로 열전달이 많아지므로 빔크기가 작을수록 출력밀도가 상대적으로 커야 한다.

플라즈마형성은 금속이 증발되면서 가공재료의 표면에 있는 증발원자들이 레이저빔에너지를 흡수하여 이온화되면서 형성되는 자유전자에 의한다. 증발된 금속원자들 내에 있는 전자들은 인입되는 레이저빔에너지를 흡수하여, 즉 **역제동복사**(inverse Bremsstrählung)현상에 의하여 가속되며, 그 운동에너지가 금속원자들을 이온화시키는 데 충분히 크게 된다. 이것은 계속적으로 증발된 금속원자들의 엄청난 이온화를 초래하여 전자들의 수를 증가시킨다. 그리고 전자-이온 충돌로 인하여 흡수계수가 증가될 경우에 전자에너지는 더욱 증가되며, 전자밀도는 재결합속도에 따라 어떤 최종값에 도달한다. **플라즈마 흡수계수**는 전자밀도에 비례하므로 가공부품 상에서 플라즈마에 의한 레이저빔차장은 전자밀도에 크게 의존한다. 레이저빔에 의하여 발생된 플라즈마에서 최대전자밀도는 다음의 관계식을 만족시켜야 한다.

$$\omega > \omega_p = \left(\frac{e^2 N_e}{\varepsilon_0 m_e}\right)^{1/2} \qquad \text{(IV-68)}$$

ω : 레이저빔의 주파수, ω_p : 플라즈마 주파수

N_e : 전자의 수, m_e : 전자의 무게

만일 전자밀도가 커서 플라즈마주파수가 레이저빔의 주파수보다 크면 레이저빔은 플라즈마에 의하여 반사되므로 플라즈마에 의한 차장효과를 초래한다.

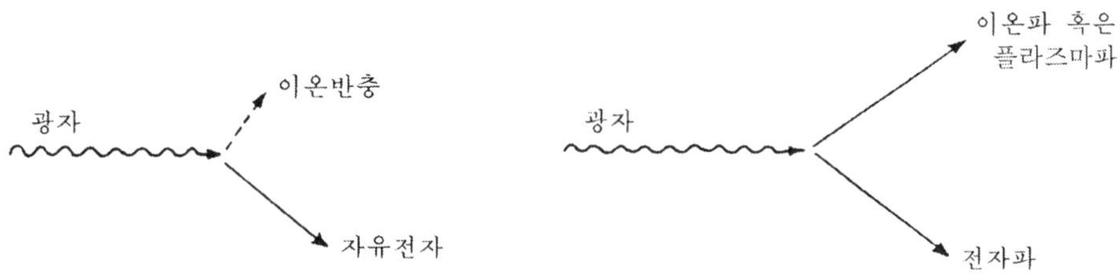

(a) 역제동복사(Inverse Bremstrahlung)에 의한 흡수 (b) 집단적인 효과에 의한 흡수. 여기서 플라즈마파는 여기됨.

그림 IV-61 플라즈마현상에 대한 도식적인 기구

이제 플라즈마현상에 대하여 간단히 검토해 보면 그림 IV-61과 같이 두 가지 범주로 구분하여 생각할 수 있다. 레이저빔에너지밀도가 $10^9 \sim 10^{12}\,W/cm^2$ 정도인 경우에는 그림(a)와 같이 역제동복사기구에 의하여 지배된다. 이 기구에서는 레이저빔의 포톤이 플라즈마 내의 자유전자에 의해서 흡수된다. 그러면 전자가 더욱 큰 운동에너지를 가지게 되며, 동시에 이온은 잔류된 운동량을 이어받기 위해서 반동된다. 이 과정은 레이저빔파장의 제곱에 비례하여 증가되는 단면적을 가지므로 가시광선구역의 레이저빔보다 CO_2레이저빔에 의하여 더욱 용이하게 진행된다. 레이저빔 출력밀도가 $10^{13}W/cm^2$ 이상으로 더욱 증가되면, 그림(b)와 같이 집단적인 플라즈마효과가 중요하게 된다. 이 효과에서는 레이저빔이 단일전자보다는 많은 수의 플라즈마입자들과 상호작용에 의하여 집단적으로 흡수된다. 이렇게 되면 플라즈마에서 이온파의 발생, 플라즈마파의 발진 또는 다른 전자파의 모드를 주므로 인입되는 레이저빔주파수와 다른 주파수의 광선을 다시 방출시킨다. 이 과정이 발생하는 단면적은 레이저빔파장이 감소함에 따라 증가된다.

일단 금속표면 상에서 플라즈마가 발생되면, 그 밀도가 크지 않은 경우에는 레이저빔을 투과시켜 금속표면에 도달하게 된다. 레이저빔의 강도가 증가되어 플라즈마 밀도가 증가되면 재료가공에 영향을 줄 때까지는 발생된 플라즈마에 의한 인입레이저빔의 감쇄가 증가된다. 그러나 플라즈마밀도가 더욱 커지면 이 플라즈마가 레이저빔을 흡수하여 고온플라즈마로부터 다른 주파수의 전자파를 발생시켜 금속표면으로 방출시키므로 간접적으로 가열하게 된다. 그러면 플라즈마는 표면으로부터 떠나 레이저빔방향으로 빠른 전파속도로 팽창한다. 이러한 광학적으로 밀도가 큰 플라즈마는 재료표면을 상당히 차장시키므로 금속의 증발이 정지되고 가공이 중단된다. 표면에서 금속의 증발이 더 이상 발생하지 않으면 레이저빔에 의한 **플라즈마플룸**이 소멸되고, 플라즈마에 의한 레이저빔의 감쇄효과도 감소되고, 플라즈마에 의한 가열도 감소된다. 그러면 플라즈마풀륨은 다시 투명하게 되고, 다시 새로운 과정이 시작되어 반복된다.

이제 레이저빔출력밀도에 따른 플라즈마현상과 재료가공에 관련된 **플라즈마차장효과**에 대하여 더욱 자세히 검토하여 보겠다. 플라즈마차장효과란 집속된 레이저빔이 조사된 구역에서 공기 또는 증발입자들의 분해로 인하여 플라즈마가 형성되고, 이 플라즈마가 인입되는 레이저빔을 흡수함으로 인하여 금속재

료표면에 요망되는 레이저빔이 도달하지 못하게 되는 현상이다. 이러한 현상은 가공구역에 조사되는 레이저빔을 차장시키는 것만이 아니라 플라즈마에 큰 영향을 미치므로 재료가공에 매우 중요한 고려사항이다. 플라즈마의 거동은 레이저빔의 형태와 조사시간, 조사구역의 분위기(예; 공기, 취입가스, 금속의 증발된 입자 등)와 플라즈마구역의 레이저빔에너지밀도 등에 의하여 결정된다. 그리고 이러한 조건들에 따라 플라즈마가 가공작업이 이루어지는 구역에 그대로 유지되거나, 또는 플라즈마가 레이저빔이 조사되는 방향으로 빠른 속도로 이동하게 된다.

만일 충분한 출력의 집속된 레이저빔을 어떤 재료에 조사시키면 이 재료의 분해가 일어나고, 또한 플라즈마를 형성시킨다. 금속표면에서 이러한 플라즈마발생은 그 금속의 물성과 함께 표면상태에 크게 좌우되며, 10.6μm파장에 대하여 수MW/cm^2 정도 이상이 필요하다. 공기 중에서는 지속파 레이저빔이 조사되는 초점위치 근방에서 공기의 분해로 계속하여 플라즈마를 유지시킬 수 있으며, 이러한 레이저빔에 의해서 유지되는 플라즈마를 LSP(laser-sustained plasma)라고 한다. 이러한 플라즈마는 레이저빔을 흡수하며, 따라서 가공구역에 레이저빔이 조사되는 것을 차장시키게 된다. 플라즈마에서 레이저빔의 흡수는 먼저 기술한 바와 같이 파장의 제곱에 비례하므로 짧은 파장의 레이저빔에 대해서는 더욱 큰 출력이 요구된다.

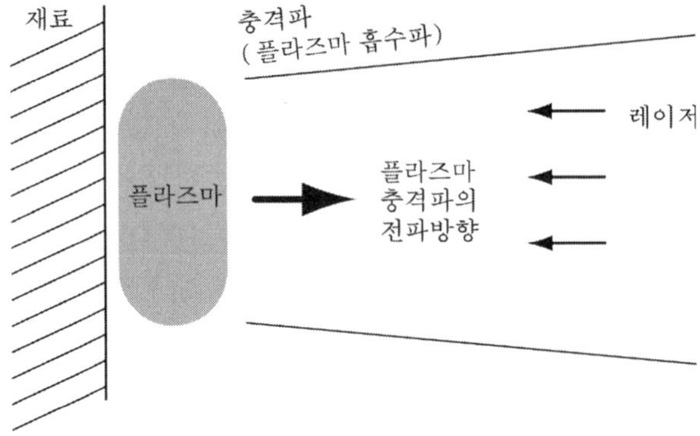

그림 IV-62 공기 중에서 레이저빔에 의한 플라즈마 흡수파(LAW)의 발생과 전파방향

레이저빔을 흡수하는 금속재료의 표면에서 발생되는 플라즈마는 고온과 고압으로 레이저빔을 흡수하며, 이것은 그림 IV-62와 같이 레이저빔의 인입과 반대방향으로 팽창하면서 전파되는 흡수파를 발생시킨다. 이러한 흡수파를 LAW(laser absorption wave)**파**라고 하며, 레이저빔이 이러한 기구를 유지할 정도로 충분한 조사도를 주는 한 지속된다. 만일 레이저빔의 조사도가 커서 팽창계면이 폭발음의 충격파로 전파되는 경우에는 LSD(laser-supported detonation)**파**라고 하며, 조사도가 적어 아음속으로 전파되는 경우에는 LSC(laser-supported combustion)**파**라고 한다. 그리고 레이저빔의 조사도가 매우 큰 경우에는 LSR(laser-supported radiation)**파**라고 하며, 표 IV-8은 1~10μm구역의 레이저빔파장에 대하여 공기 중에서 전파되는 각종 흡수파들의 특성을 보여주고 있다.

표 IV-8 레이저빔에 의한 플라즈마 흡수파(LAW)의 특성

형태	조사도(MW/cm^2)	속도(cm/sec)	압력(bar)	온도(K)
LSC	$1-10$	10^5	50	2×10^4
LSD	$10-10^3$	10^6	10^2	2×10^5
LSR	10^3-10^4	3×10^6	10^3	10^6

LSC파는 레이저빔의 조사도가 수MW/cm^{2}인 경우에 공기 중에서 전파된다. 정상상태에서 모든 레이저빔에너지는 팽창하는 플라즈마의 전방구역에서 흡수되며, 전방구역과 재료표면 사이의 공간을 플라즈마로 채우고 있다. 이러한 조건은 조사된 구역의 외각으로부터 외부원주방향으로 팽창하여 플라즈마 내의 고온과 고압을 완화시킬 때까지 유지된다. 이러한 시간은 대체로 주위의 희석파가 레이저빔스폿의 외부로부터 중심으로 이동하는 시간이다. 이 시간 동안에는 레이저빔의 영향에 의한 가공구역의 차장은 일어나지 않는다. 그리고 가열된 플라즈마는 자외선을 포함한 광대역의 스펙트럼을 방사하므로 가공구역에 효과적으로 열에너지를 공급하게 된다. 이러한 강화된 열공급은 희석파가 빔스폿의 중심에 도달하기까지 지속되며, 이 파들의 속도는 10^5cm/sec 정도가 된다. 따라서 수cm 정도의 조사된 스폿구역에 대하여 이러한 강화된 열공급은 수MW/cm^{2}의 경우에 10nsec 정도의 시간 동안 지속된다. 그 후에 이들 파는 레이저를 향하여 전파되므로 가공구역을 레이저빔으로부터 차장시킨다.

수십~수백MW/cm^{2}의 조사도에서는 충격파가 매우 가열되어 있으므로 직접적으로 레이저빔을 흡수한다. 이 경우에 플라즈마와 충격파는 하나로 합치되며, 이들은 함께 초음속의 속도로 이동한다. LSD파의 전면은 초음속으로 이동하므로 LSD파 배후의 가스에서 원주방향 팽창은 그 전파에 영향을 주지 못한다. 플라즈마는 펄스의 매우 초기에 재료를 차장시키고, 팽창구역의 플라즈마온도는 재료에 열에너지를 효과적으로 전달하기에는 너무 낮다. 따라서 **LSD파**는 가공구역을 매우 효과적으로 차장시킨다. 이 파는 레이저빔의 조사도가 LSD파를 형성하지 못할 정도로 낮아지거나, 또는 레이저빔 펄스가 종료될 때까지 레이저를 향하여 전파된다.

LSR파의 경우에는 플라즈마복사열이 매우 커서 충격파가 도달하기 전에 레이저빔을 흡수하도록 주위의 가스를 가열시킨다. 이들 초음파의 전파기구는 플라즈마 복사열전달의 한 가지이다. LSR파는 흡수된 에너지를 많은 양의 가스를 가열시키는 데 전환하므로 재료를 레이저빔으로부터 매우 효과적으로 차장시킨다. LSR파도 LSD파와 같이 레이저빔의 조사도가 낮아 LSR파를 형성하지 못할 정도 또는 레이저빔 펄스가 종료될 때까지 레이저를 향하여 전파된다.

레이저빔에 의하여 형성된 플라즈마는 재료가공에 큰 영향을 미친다. 즉 낮은 조사도에서는 플라즈마가 재료에 열에너지를 더욱 첨가시키는 역할을 하며, 반면에 높은 조사도에서는 플라즈마가 재료에 인입되는 레이저빔을 차장시킨다. 그리고 이 경우에는 **플라즈마압력**이 가공구역에 기계적인 힘을 가하는 역할을 하게 된다. 그러므로 LSD파와 LSR파 발생의 경우에는 취입가스로 레이저빔의 통과경로에서 플라즈마를 제거시켜야 한다. 이 경우에 취입가스속도는 가공구역으로부터 LSD파 혹은 LSR파가 전파

되어 레이저빔을 차장시키는 시간 이전에 가공구역을 통과시키도록 빨라야 한다. 이러한 취입가스는 이온화 에너지가 큰 가스가 바람직하며, 취입가스의 역할과 고려사항에 대하여서는 IV-4-4항에서 다시 검토하겠다.

레이저빔에 의하여 발생되는 흡수파인 LAW는 진공 중에서는 발생되지 못한다. 즉 이들은 전파되는 매개체가 있어야 하기 때문이다. 그러므로 진공 중에서 레이저빔에 의한 재료가공은 원칙적으로 플라즈마에 의한 영향을 고려하지 않아도 된다. 그러나 레이저빔의 조사도가 매우 큰 경우에는 재료표면으로부터 입자들의 증발에 의하여 플라즈마가 전파될 수 있는 매개체를 제공할 수 있다. 이러한 경우에는 레이저빔과 플라즈마 사이의 상호작용이 재료가공과 재료 내로 열전달속도를 결정한다. 특히 이러한 문제는 최근에 정밀가공에 사용하는 매우 높은 고출력과 fsec의 펄스를 주는 레이저빔에 의한 재료가공에서 고려하여야 한다.

IV-4 레이저가공에서 레이저빔의 역할과 주변기구

IV-4-1 레이저재료가공의 분류와 가공특성

(1) 레이저재료가공의 분류

레이저빔이 금속표면에 조사되는 경우에 레이저빔에너지의 크기에 따라 그림 IV-63에서 보는 것과 같이 금속의 가열, 용융, 증발 및 플라즈마 발생이 있게 된다. 이러한 가공기구는 사용하는 레이저빔의 파장과 금속의 종류에 따라 차이가 있다.

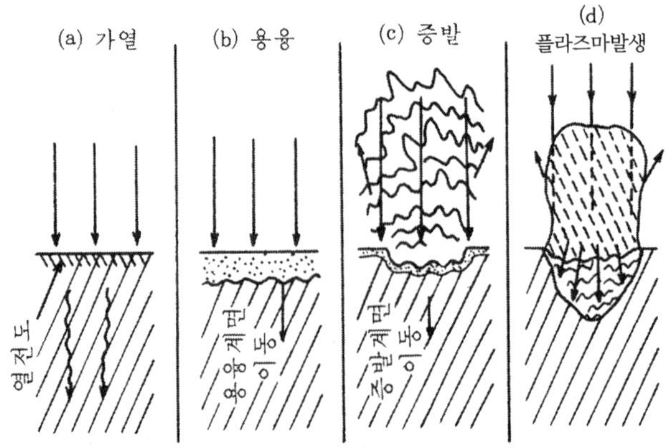

그림 IV-63 레이저빔이 금속에 조사되는 경우 빔강도에 따른 여러 가지 가능한 기구

일반적으로 레이저빔출력밀도가 $\sim 10^5 W/cm^2$ 정도 이하이면 레이저빔의 대부분이 금속표면에서 반사된다. 그러나 일부분이 흡수되어 금속표면 밑 수백~수천Å 정도의 구역에서 열에너지로 바뀐다. 이 열에너지는 금속의 용융에는 미치지 못하며, 그림(a)와 같이 정상적인 열전도기구에 의하여 금속 내부로 침투하게 된다. 이것은 금속의 가열을 초래하며, 이러한 가열기구가 철강재의 고상변태에 의한 표면경화열처리에 이용된다.

레이저빔 출력밀도가 $\sim 10^6 W/cm^2$ 정도 이상일 때는 금속표면의 온도가 용융점 이상으로 증가되며, 그림(b)와 같이 용융금속의 경계면이 내부로 전파된다. 이러한 경우가 레이저빔에 의한 표면합금화와 용접 등의 과정에 해당하게 된다. 레이저빔출력밀도가 $\sim 10^7 W/cm^2$ 정도 이상일 때는 금속표면이 용융점을 지나 비등점 이상이 되며, 그림(c)와 같이 금속의 증발이 일어나게 된다. 이러한 경우에는 용융구역은 상대적으로 적어지며, 증발에 의한 금속의 제거가 일어나게 된다. 이러한 조건은 재료의 절단과 천공 등의 과정에 해당하게 된다.

레이저빔 출력밀도가 $10^9 W/cm^2$ 이상으로 증가되면, 증발되는 금속원자와 방출되는 입자들이 인입되는 레이저빔에너지를 흡수하여 플라즈마를 형성하게 된다. 이 플라즈마의 양이 적은 경우에는 IV-3-5항에서 기술한 바와 같이 레이저빔을 통과시켜 금속표면에 도달시킨다. 그러나 플라즈마의 양이 많은 경우에는 인입되는 레이저빔을 흡수하므로 레이저빔이 금속표면 상에 조사되는 것을 차장시킨다. 따라서 레이저빔 출력밀도가 매우 큰 경우에는 플라즈마발생이 지배적이 되어 재료가공에서 역할을 수행하지 못한다.

먼저 기술한 바와 같이 금속표면 상에서 형성된 고온의 불투명한 플라즈마에 의한 레이저빔차장은 **LAW파**를 주게 된다. 이 LAW파는 금속표면에서 생성되어 인입되는 레이저빔방향으로 전파되는 **플라즈마의 충격파**이다. LAW파가 있는 동안은 실제적으로 금속표면을 차장시키는 것이 되므로 레이저빔 에너지의 많은 부분이 LAW파로 소모된다. 따라서 가공시키려는 금속재료에 따라 적정한 레이저빔출력과 조사시간이 다르며, 가공되는 현상도 다르다. 한 가지 예를 들면 $1\mu sec$의 펄스기간을 가진 CO_2레이저빔을 알루미나에 조사시키는 경우에 출력밀도에 따라 증발 등에 의하여 재료가 제거되는 양은 그림 IV-64와 같다. 제거되는 재료의 양을 조사되는 레이저빔에너지로 나눈 재료제거율이 재료제거과정의 효율을 나타낸다. 이 그림에서 보듯이 레이저빔출력밀도가 $10^7 W/cm^2$까지 증가됨에 따라 재료제거율은 증가된다. 그러나 이 값 이상에서는 LAW파가 발생되어 재료표면을 차장시키므로 재료의 제거가 불량하게 된다. 따라서 레이저빔 출력밀도가 증가됨에 따라 재료제거율은 감소하게 된다.

또한 재료표면에서 고출력레이저빔의 흡수는 재료자체에 압력파를 발생시킨다. 이러한 압력파를 발생시키는 기구는 표면으로부터 재료의 증발과 LSD파 등에 의하며, 표면에서 증발된 입자들의 가속에 의하여 재료표면에 반동압력을 주기 때문에 재료 전체에 영향을 미칠 수 있다. 예를 들면 고출력의 Q-스윗칭 Nd:Glass레이저 펄스빔을 금속표면에 조사시킬 경우에 수만 기압(수십 Kbar)의 첨두압력을 얻을 수 있다. 이러한 재료 내의 압력펄스는 재료의 강도가 크지 못한 알루미늄과 같은 얇은 금속판재에서 뒷면 근

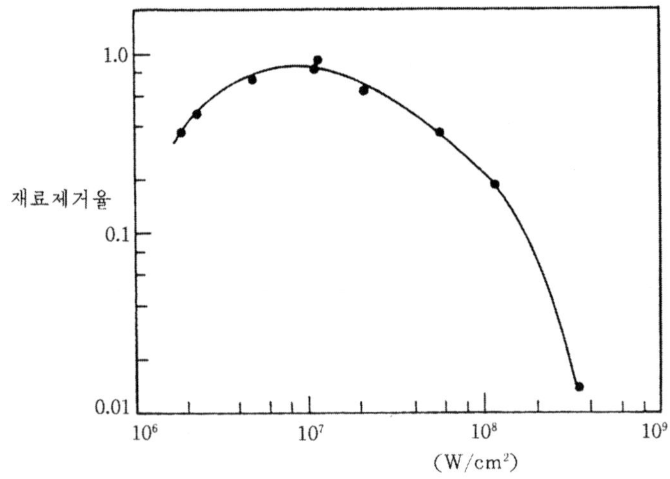

그림 IV-64 1μsec의 CO_2 레이저 펄스로 알루미나 상에 조사시킬 때 레이저빔 출력밀도에 따른 재료제거율. 재료제거율은 인입되는 매 레이저에너지당 제거되는 양을 의미한다. 그리고 단위는 임의적이므로 비율을 나타냄.(Ready-1978)

방에 내부파열을 일으키는 데 충분할 정도로 크다.

여러 가지 금속재료의 레이저가공에 관련된 기구는 여러 번 언급한 바와 같이 금속의 가열, 용융 및 증발에 의한 것이므로 가공구역은 플라즈마가 발생되지 않는 레이저빔 출력밀도, 즉 $\sim 10^9\,W/cm^2$ 정도 이하의 구역에 해당한다. 따라서 레이저빔출력밀도와 레이저빔 조사시간 혹은 펄스시간의 함수로 여러 가지 가공방업을 크게 가열, 용융, 증발의 범주로 분류하여 정성적으로 나타내면 대체로 그림 IV-65와 같이 나타낼 수 있다. 여기에서 보면 레이저빔 에너지밀도는 레이저빔 출력밀도에 조사시간을 곱한 것이므로 모든 재료가공은 그 가공기구에 관계없이 레이저빔 에너지밀도는 대체로 $10^2 \sim 10^4\,J/cm^2$ 범위에서 이루어지고 있으며, 모든 레이저가공에서 비슷한 에너지밀도가 필요하다.

(2) 레이저재료가공의 특성

레이저빔에 의한 재료가공은 위에 기술한 바와 같이 금속의 표면경화, 금속의 표면합금화와 용접, 금속/비금속재료의 절단과 천공, 반도체의 어닐링과 박막미소가공 등 매우 다양하다. 그러나 이들 여러 가지 재료가공방법에서 공통적인 사항은 레이저빔을 열원으로 이용하는 것이다. 따라서 레이저재료가공의 특성은 가공하려는 재료에서 레이저빔을 흡수하여 얻게 되는 열원의 특성에 직간접적으로 관계되므로 레이저빔의 특성과 가공하려는 재료의 성질에 크게 좌우된다. 그리고 레이저빔은 광학부품으로 초점위치에 매우 큰 출력밀도를 주도록 집속시킬 수 있다. 따라서 가공하려는 부분에만 국부적으로 매우 큰 에너지를 공급할 수 있어서 많은 부분을 균일하게 가열시켜야 하는 통상적인 방법보다 가공이 빠르고 독특한 조직을 얻을 수 있다. 또한 부품의 내부에 열로 인하여 야기되는 열응력, 뒤틀림 및 균열을 방지할 수 있어서

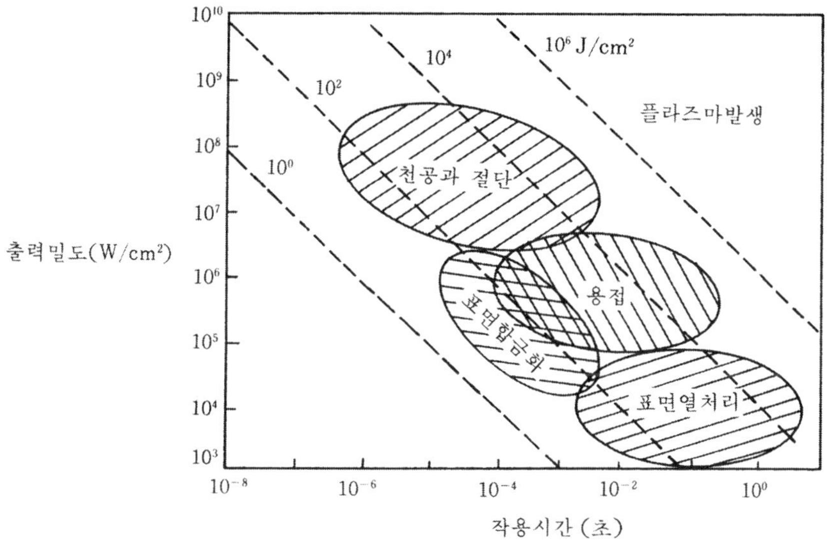

그림 IV-65 레이저빔에 의한 재료가공의 구역. 점선으로 나타낸 직선은 동일한 에너지밀도를 나타냄. 재료의 종류에 따라 차이가 있으나, 일반적으로 모든 재료가공에 동일한 에너지가 필요함에 유의하라.

부품의 손상을 최소한으로 할 수 있고 복잡한 부품의 가공도 가능하다.

레이저빔에 의한 각종 재료가공방법은 종래의 방법에 비하여 대체로 다음과 같은 장점을 가지고 있다.

- 레이저빔을 집속시키면 다른 어떤 열원보다도 큰 출력밀도를 얻을 수 있다.
- 레이저빔은 수 μm 정도의 매우 작은 크기로 집속시킬 수 있어서 복잡하고 정교한 부품의 정밀가공도 가능하다.
- 레이저재료가공에서는 열적영향 구역이 적다.
- 레이저빔은 매우 강하거나 취약한 재료는 물론 매우 연한 재료로 기계적인 방법으로 가공하기 힘든 재료의 가공도 용이하다.
- 레이저빔은 질량이 없는 에너지빔이므로 가공재료와 직접적인 접촉이 없어 재료에 오염을 주지 않는다.
- 재료가공 시 진공이 필요 없으며, 일부 활성이 강한 재료의 가공 시에는 불활성가스를 취입시키며, 보통은 공기 중에서 수행한다.
- 레이저빔은 전기적으로 쉽게 조절되고 작업을 자동화하기가 용이하다. 또한 작업속도가 빨라 대량생산성이 요구되는 곳에 적당하다.
- 금속을 용접접합 시 일반적인 방법으로 힘든 다른 금속들 사이의 접합도 가능하며, 용접봉을 사용하지 않는다.
- 레이저빔은 전기장 혹은 자기장에서 크게 영향을 받지 않고, 방사선노출 같은 접근이 곤란한 지역 또는 진공관 내부 같이 봉합된 구역의 가공도 가능하다.
- 레이저재료가공은 진동과 소음이 없으며, 작업구역 주위가 깨끗하다.

- 레이저재료가공에서는 전자빔을 사용 시 발생하는 X-선의 발생이 없다.

그러나 레이저빔에 의한 재료가공에서는 다음과 같은 몇 가지 단점도 있다.

- 레이저빔은 표면열원이므로 가공되는 재료의 두께와 가공깊이에 제한이 있다.
- 대부분의 금속은 레이저빔에 대한 반사도가 크므로 에너지효율이 높지 못하다.
- 레이저빔은 렌즈 혹은 거울로 집속시켜야 하므로 절단과 천공작업 등에서 일반적으로 레이저빔 입구로부터 내부로 단면이 일정하지 못하고 경사지게 된다.
- 레이저빔에 의한 천공에서 벽과 입구에 밀려난 용융물과 증발된 재료의 재응고가 발생한다. 따라서 구멍의 크기 또는 허용치가 일정하지 못하며, 정밀한 규격의 직경을 얻기 위해서는 마무리 재가공이 요망된다.
- 용접 같이 용융이 중요한 가공기구인 경우에는 가능한 한 증발을 억제시키기 위하여 레이저빔 출력밀도 등 매개변수의 조절에 주의를 요한다.
- 고출력레이저빔을 사용하는 경우에는 어느 정도 두께의 부품을 용접시킬 수는 있으나, 전자빔과 달리 용접두께에 제한을 받는다.
- 레이저재료가공은 매개변수가 많고, 또한 기계가공기술과 달리 표준화되어 있지 못하여 가공의 재현성이 떨어질 수도 있다.
- 레이저빔에 의한 재료가공은 초기의 투자비용이 크다.

레이저빔에 의한 재료가공은 위에 기술한 바와 같이 많은 장점이 있음에도 불구하고 몇 가지 단점도 있기 때문에 만능의 가공방법은 아니다. 그러나 레이저빔과 재료 사이의 특성과 장점을 충분히 이용하는 특수가공과 정밀미소가공에는 매우 효율적이고 바람직하다. 따라서 종래의 재료가공방법을 레이저빔에 의한 가공방법으로 대체시키는 데는 여러 가지 장단점의 면밀한 검토가 요구된다.

Ⅳ-4-2 펄스레이저빔 가공특성

펄스레이저빔은 시간에 따라 레이저빔출력이 각종 펄스형상으로 변화되면서 방출되며, 동급의 연속파 레이저빔에 비해서 높은 첨두출력을 가질 수 있다. 일반적인 레이저빔의 펄스출력은 그림 IV-66과 같이 **평균펄스출력**, **첨두출력**, **평균빔출력**으로 나타낼 수 있다. 이 경우에 관련된 식은 다음의 식 (IV-69), (IV-70), (IV-70)과 같이 직사각형의 펄스에 관련된 레이저빔 펄스출력 변수를 요약하여 나타낼 수 있다.

$$P_P = \text{펄스에너지(J)} \ / \ \text{펄스기간(msec)} \qquad \text{(IV-69)}$$

P_P ; 평균펄스출력(KW)

$$P_D = P_P \ / \ \text{조사면적}(\text{mm}^2) \qquad \text{(IV-70)}$$

P_D ; 평균펄스출력밀도(KW/mm^2)

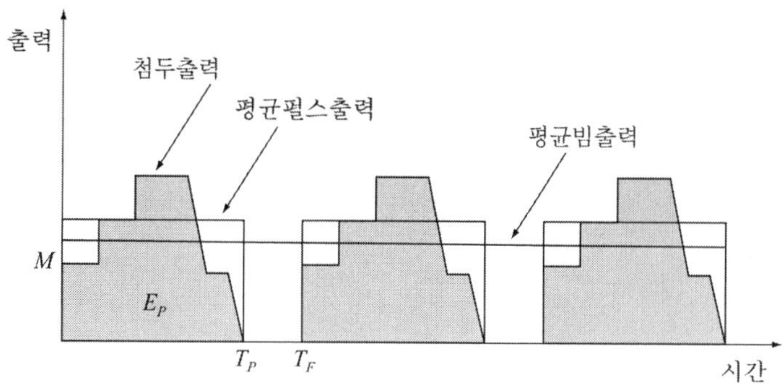

그림 IV-66 펄스빔의 형태에 따른 출력의 정의

$$P_M = \text{펄스에너지(J)} \times \text{펄스반복속도(Hz)} \qquad \text{(IV-71)}$$

P_M ; 평균빔출력(KW)

펄스레이저빔 변수들의 정의를 그림 IV-66에서 보는 것과 같이 펄스기간 혹은 펄스폭을 T_P라고 정의하고, 펄스와 펄스 사이의 기간을 T_F로 정의하면, 일반적으로 언급되는 **점유주기**(duty cycle; 혹은 부하주기)는 다음의 식으로 나타낼 수 있다.

$$C_D = T_P / T_F \qquad \text{(IV-72)}$$

F, D, E_P를 펄스의 반복속도, 집속빔의 점크기, 펄스에너지라고 정의하면, 식 (IV-69)~(IV-72)는 평균빔출력을 기준으로 다음과 같은 관계를 나타낸다.

$$P_M = E_P \times F = \frac{E_P}{T_P} \times \frac{T_P}{T_F} \qquad \text{(IV-73(a))}$$

$$P_M = P_P \times C_D = \frac{E_P}{T_P \times D} \times D \times \frac{T_P}{T_F} \qquad \text{(IV-73(b))}$$

$$P_M = P_D \times D \times C_D \qquad \text{(IV-73(c))}$$

$$P_M = P_D \times D \times T_P \times F \qquad \text{(IV-73(d))}$$

위의 식 (IV-73(a))~(IV-73(d))는 일반적인 레이저빔출력인 평균빔출력을 정의하는 방법에 있어서 다양성과 복잡성을 나타내고 있다. 따라서 레이저가공시스템제조회사에 따라 평균빔출력을 나타내는 방식과 변수를 다르게 표시할 수 있다는 것을 알 수 있다. 특히 평균빔출력 기준만을 가지고 레이저재료가공에 필요한 적절한 변수로 판단하기는 힘들다. 평균빔출력도 다른 변수에 의해서 급격하게 변화되므로 이에 따른 변수들의 영향을 판단하기는 힘들다. 즉 레이저시스템의 제어방식에 따라 레이저발진이 일어나는 공진기의 총 발진에너지를 각 펄스로 분배되게 하는데 그 원인이 있으며, 이 경우에 변수들의 영향이 매우 크다. 펄스레이저빔에 의한 재료의 절단 및 용접은 반복되는 펄스빔 조사에 의해서 수행되며,

특히 레이저빔주사 또는 재료이송에 따른 **펄스중첩도**에 의해서 크게 영향을 받는다.

그림 IV-67은 펄스레이저빔에 의한 용접 시 주사속도에 따른 빔의 중첩도를 나타낸 모식도이다. 주사속도가 증가함에 따라 용접점이 원형에서 타원형으로 변화되며, 단위면적당 조사된 빔에너지가 감소함을 알 수 있다. 그리고 실제적으로 금속표면에 펄스빔으로 용접을 수행한 경우에 중첩된 펄스빔들의 용융구역을 보여주고 있다. 여기서 주사속도를 V, 집속빔의 점크기를 D, 주사속도에 따른 점크기의 이동거리를 S, 원점으로부터 중첩되지 않은 거리를 S'라고 정의하면, 중첩도(P_{ER})는 다음 식과 같다.

$$P_{ER} = \frac{[S - S']}{S} \times 100\% = \left[1 - \frac{S'}{S}\right] \times 100\% \qquad \text{(IV-74)}$$

여기서 $S' = V \times T_F$, $S = D + V \times T_P$

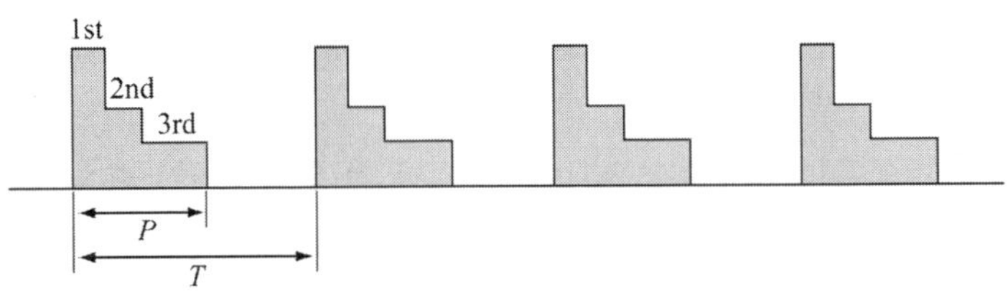

(a) 램프다운 펄스빔(3단빔)의 형태

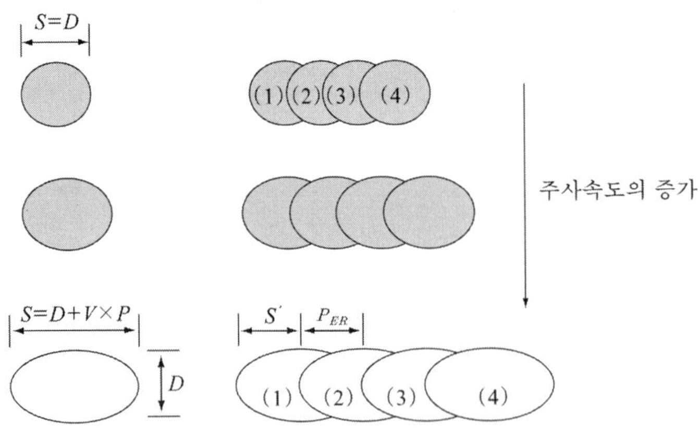

(b) 주사속도에 따른 중첩조사 구역의 모양

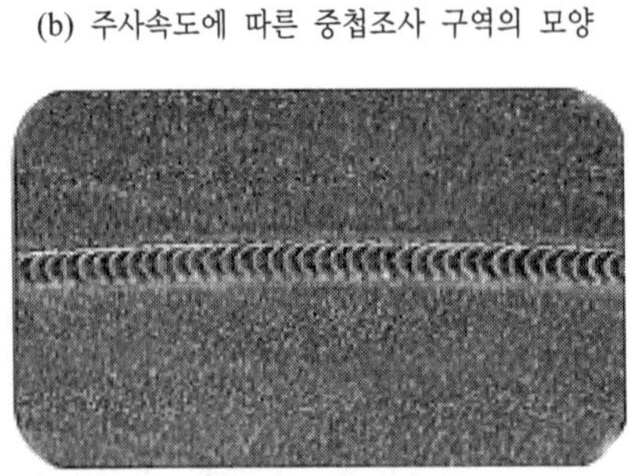

(c) 실제적인 심(seam)용접의 용접구역모양 ((주)한빛레이저 제공)

그림 IV-67 펄스빔의 형태와 주사속도에 따른 빔의 중첩조사 구역의 모양

중첩도를 레이저변수인 T_P, T_F, V로 정의하면 다음 식과 같다.

$$P_{ER} = \left[1 - \frac{V \times T_F}{D + V \times T_P}\right] \tag{IV-75}$$

주사속도는 중첩도에 의해서 제약되며, 중첩도는 0~1 사이의 값을 가진다. 따라서 위의 (IV-75)식을 다시 수학적 관계식으로 변환하면 다음 식과 같이 나타낼 수 있다.

$$0 < V \leq \frac{D}{T_F - T_P} \tag{IV-76}$$

주사속도는 생산속도를 결정하는 중요한 인자로서 주사속도를 증가시키기 위해서는 집속빔의 점크기가 크고, 펄스반복속도를 이용하여 점유주기를 조절해야 한다. 그러나 일반적으로 미세가공 시 집속빔의 점크기는 0.1mm 이하이며, 펄스폭을 증가시키는 경우에 펄스빔의 장점인 높은 첨두출력을 얻을 수 없게 되므로 어떤 가공방법은 용이하지 않다. 따라서 미세가공 시 가공목적에 적용이 가능한 레이저빔의 선택과 가공조건의 최적화에 있어서 이러한 문제점들을 고려해야 한다.

Ⅳ-4-3 레이저재료가공의 가열특성

재료표면에 레이저빔을 조사시키는 경우에 레이저빔의 일부가 흡수된다는 것은 표면 상에 열원이 존재한다는 것을 의미한다. 이러한 표면열원에 대한 재료의 반응은 그 경계조건에 상응하는 열전달식을 풀어서 계산할 수 있다. 재료 내에서 전도에 의한 열전달에 대한 기본조건은 온도구배가 존재해야 하는 것이다. 균질한 고체에서 단위체적당 전도되는 열량은 다음 식과 같이 열전도도와 온도구배의 곱과 같다.

$$q = -K \nabla T \tag{IV-77}$$

여기서 '−'는 열이 높은 온도에서 낮은 온도방향으로 흐르기 때문이다. 과도기적인 열전도현상에 대하여 온도는 위치와 시간의 함수이며, 어느 순간에 고체의 적은 단위 체적소 내로 들어가고 나가는 열량이 같지는 않다. 이러한 현상은 에너지균형의 조건으로부터 다음 식과 같은 비정상상태의 열전도식을 준다.

$$\rho C_P \frac{\partial T}{\partial t} = \nabla (K \nabla T) \tag{IV-78}$$

ρ : 재료의 밀도
C_P : 재료의 비열

일반적인 경우에 고체 내의 어떤 위치(x, y, z)에 열원이 존재하여 단위시간당 단위체적당 $A(x, y, z, t)$의 비율로 열을 공급한다고 가정하면, 위의 식은 다음 식과 같이 나타낼 수 있다.

$$\rho C_P \frac{\partial T}{\partial t} = \nabla (K \nabla T) + A(x,\, y,\, z,\, t) \tag{IV-79}$$

만일 열전도도가 일정하다고 가정하면 열확산도는 $k = \dfrac{K}{\rho C_P}$ 이므로 위의 식은 다음 식과 같이 쓸 수 있다.

$$\nabla^2 T - \frac{1}{k}\frac{\partial T}{\partial t} = -\frac{1}{K}A(x,\, y,\, z\,,t) \tag{IV-80}$$

위의 식에 대한 해는 위치와 시간의 함수로서 온도분포를 나타낸다. 어떤 위치(x,y,z)에서 시간 t 경과 후의 온도 $T(x,y,z,t)$는 열원분포함수인 $A(x,y,z,t)$와 이 문제에 관련된 경계조건들에 의하여 결정된다. 레이저가공의 경우에는 열원이 재료표면 상에서 흡수되는 레이저빔에너지에 의하므로 사용되는 레이저빔특성 등의 조건에 합당하도록 $A(x,y,z,t)$가 선택되어야 한다.

이들 열전달식들의 해를 구하려고 하는 경우에 그 조건이 어떤 대칭성경계조건들을 가지고 있는 간단한 경우에는 해석적인 형식으로 나타낼 수 있다. 그러나 문제가 복잡하여 간단하지 않은 경우에는 수치해석적인 방법에 의해서 해를 구한다. 대부분의 실제적인 레이저가공문제의 경우에는 일반적으로 유한차분법(FDM) 또는 유한요소법(FEM) 등 수치해석적인 방법에 의하여 해를 구한다. 그러나 해석적인 방법으로 나타낸 대략적인 해를 고려해보아도 레이저빔에 의한 가열기구의 상당한 지식을 얻을 수 있다. 따라서 여기에서는 레이저빔에 의한 재료가공에서 흔히 있을 수 있는 여러 가지 조건들에 대하여 발표된 결과들을 검토하여 보겠다.

(1) 가열 현상

레이저빔에 의한 재료가공에서 가정할 수 있는 몇 가지 경계조건에 대한 가열결과를 고려하여 보면 다음과 같다.

(A). 그림 IV-68과 같이 레이저빔이 시편의 한 면에 τ 시간 동안 조사되며, 레이저빔강도(I_0)가 일정하다고 가정하자. 시편 상에서 흡수된 레이저빔이 표면에서 열로 바뀌면 반-무한재료 상에 일정한 열량으로 가열시키는 결과가 되므로 재료의 내부와 표면에서 온도는 시간에 따라 다음과 같다.

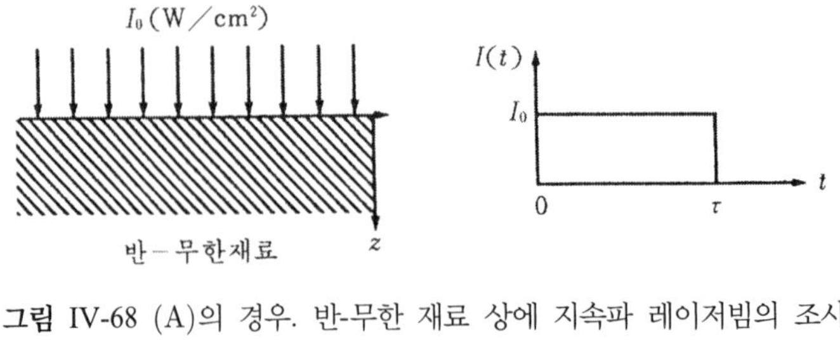

그림 IV-68 (A)의 경우. 반-무한 재료 상에 지속파 레이저빔의 조사

○ $0 < t < \tau$ 경우

$$T(z, t) = \frac{2AI_0}{K}(kt)^{1/2} ierfc \left\{ \frac{z}{2(kt)^{1/2}} \right\} \tag{IV-81}$$

A: 시편 상에서 레이저빔 흡수율(0~1 사이의 값)

k : 시편의 열확산도

K: 시편의 열전도도

$$ierfc(x) = \frac{1}{\sqrt{\pi}} \{erf(-x^2) - x(1 - erf(x))\}$$

여기서 $erf(x) = \frac{2}{\sqrt{\pi}} \int_0^x e^{-\xi^2} d\xi$

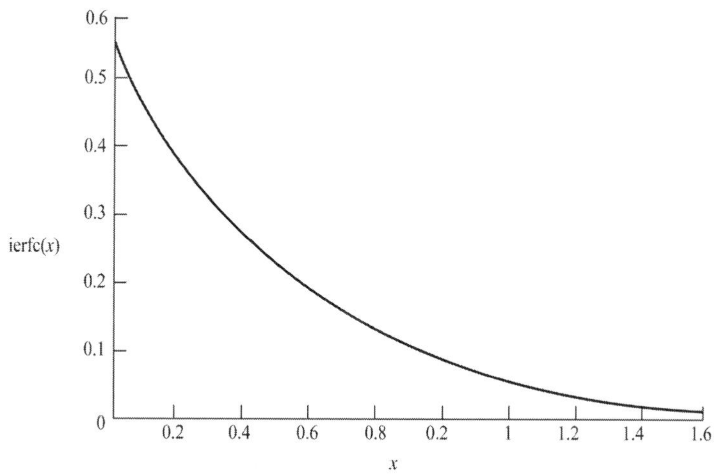

그림 IV-69 거리에 따른 $ierfc(x)$ 함수

그림 IV-69는 x에 따른 함수 $ierfc(x)$의 값을 나타낸 도표로서 $x > 1$인 경우에 $ierfc(x)$의 값은 상대적으로 적다. 그러므로 위의 식에 의하면 $\frac{z}{2(\kappa t)^{1/2}} > 1$인 경우, 즉 $z^2 > 4\kappa t$이면, 온도증가는 적다. 따라서 시간 τ에 열이 확산되는 거리는 $z = 2(\tau t)^{1/2}$이다. 이 거리는 그림 IV-70과 같이 그곳의 온도가 표면온도의 약 10% 정도 되는 거리를 의미한다. 일반적으로 열침투깊이(d)는 $d = (\tau t)^{1/2}$로 나타내며, 이것은 표면온도의 약 35%가 되는 위치이다.

그리고 표면 상에서 시간에 따른 온도는 $z = 0$이고, $ierfc(0) = 1/\sqrt{\pi}$이므로 다음 식 (IV-82)와 같다.

$$T(0, t) = \frac{2AI_0}{K}\left(\frac{kt}{\pi}\right)^{1/2} \tag{IV-82}$$

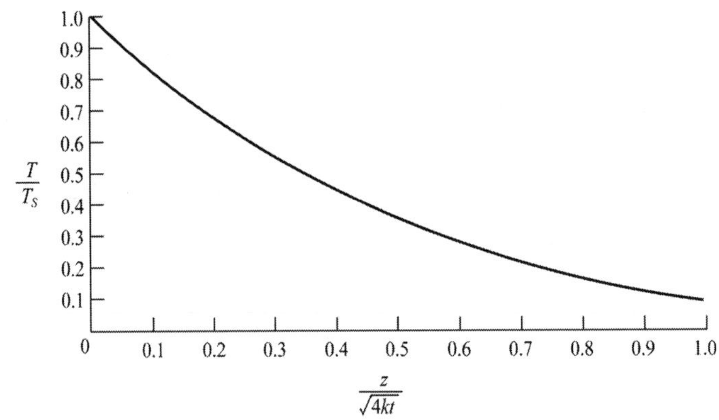

그림 IV-70 일정하고 균일한 레이저빔 조사도에 대하여 깊이에 따른 온도변화

○ $t > \tau$ 경우

$$T(z,t) = \frac{2AI_0k^{1/2}}{K}\left[t^{1/2}ierfc\left\{\frac{z}{2(kt)^{1/2}}\right\} - (t-z)^{1/2}ierfc\left\{\frac{z}{2[k(t-\tau)]^{1/2}}\right\}\right] \quad \text{(IV-83)}$$

그림 IV-71은 Cu의 표면 상에 일정한 출력밀도 $10^6 \mathrm{W/cm^2}$의 펄스를 $1\mu\mathrm{sec}$ 동안 가하는 경우에 표면으로부터 일정한 거리에서 시간의 함수로서 온도를 (IV-81)식과 (IV-83)식을 이용하여 계산한 결과이다. 여기에서 보면 표면에서는 첨두온도로 증가되었다가 펄스의 끝에서 온도가 급격히 하강하여 일정하게 된다. 반면에 내부에서는 펄스의 끝 시간이 지난 얼마 후에 최고온도가 되며, 이것은 표면의 열이 내부로 확산되는데 일정한 시간이 필요하기 때문이다.

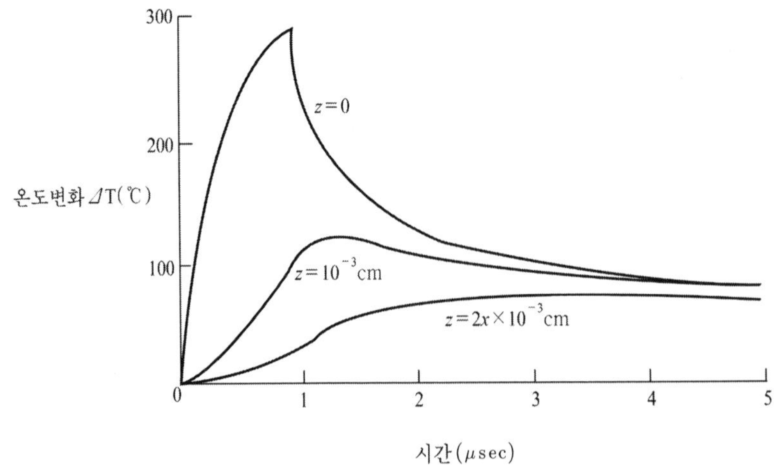

그림 IV-71 $10^6 \mathrm{W/m^2}$의 일정한 출력을 $1\mu\mathrm{sec}$ 조사 시 반무한 재료인 Cu에서 깊이에 따른 온도변화

(B). 그림 IV-72와 같이 레이저빔의 조사조건은 먼저의 경우와 같으나, 레이저빔이 표면상에서 완전히 흡수되지 않고 재료내부로 침투하여 들어가면서 흡수되는 경우이다. 이 경우에 그 강도는 $I = I_0 e^{-\alpha z}$ 식에 따라 지수함수적으로 감소되며, 온도는 다음의 식과 같다.

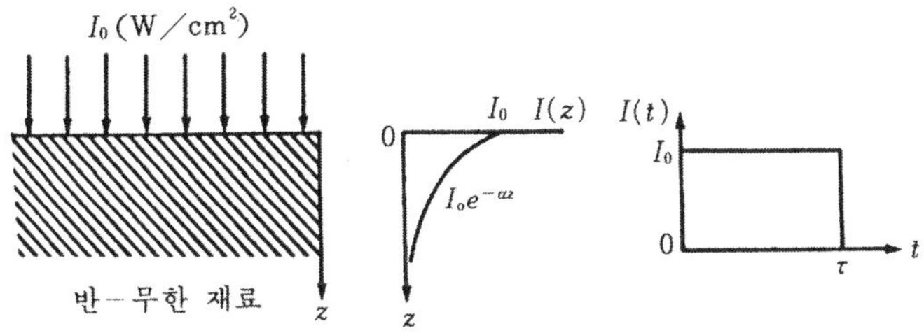

그림 IV-72 (B)의 경우. 반-무한 재료 상에 레이저빔의 조사.
그러나 (A)와 달리 레이저빔이 재료 내에서 강도가 감소됨.

○ $t > 0$ 경우

$$T(z,\,t) = \frac{2AI_0}{K}(kt)^{1/2}\,ierfc\left\{\frac{z}{2(kt)^{1/2}}\right\} - \frac{AI_0}{\alpha K}exp(-\alpha z)$$
$$+ \frac{AI_0}{2\alpha K}exp\{\alpha^2 kt - \alpha z\}\,erfc\left\{\alpha(kt)^{1/2} - \frac{z}{2(kt)^{1/2}}\right\}$$
$$+ \frac{AI_0}{2\alpha K}exp\{\alpha^2 kt + \alpha z\}\,erfc\left\{\alpha(kt)^{1/2} + \frac{z}{2(kt)^{1/2}}\right\} \qquad \text{(IV-84)}$$

(C). 그림 IV-73과 같이 레이저빔출력은 일정하며, 그 빔의 반경이 a로서 반-무한재료 표면상의 일부 구역에 조사되는 경우에는 다음 식과 같다.

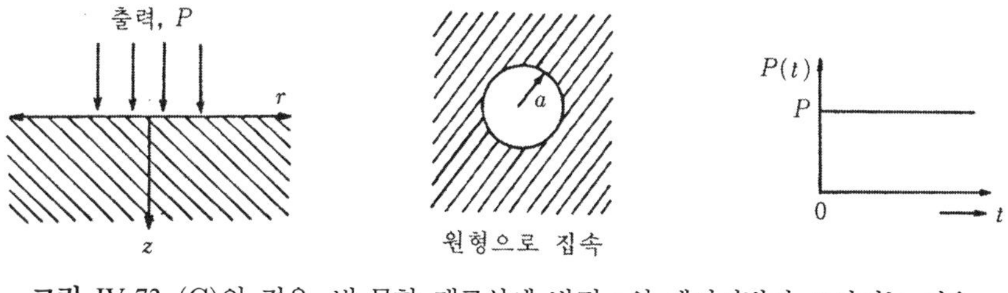

그림 IV-73 (C)의 경우. 반-무한 재료상에 반경 a의 레이저빔이 조사되는 경우.

○ $t > 0$의 경우

$$T(0,\,z,\,t) = \frac{2AP(kt)^{1/2}}{\pi a^2 K}\left[ierfc\left\{\frac{z}{2(kt)^{1/2}}\right\} - ierfc\left\{\frac{(z^2+a^2)^{1/2}}{2(kt)^{1/2}}\right\}\right] \qquad \text{(IV-85(a))}$$

$$T(0,\ 0,\ t) = \frac{2AP(kt)^{1/2}}{\pi a^2 K}\left[\frac{1}{\pi^{1/2}} - ierfc\left\{\frac{a}{2(kt)^{1/2}}\right\}\right] \qquad \text{(IV-85(b))}$$

만일 $a > kt$인 경우에는 (A)의 결과와 같아진다.

(D). 그림 IV-74와 같이 조사되는 레이저빔의 강도가 $I(r) = I_0 \exp\left(-\frac{r^2}{w^2}\right)$로서 가우시안빔 분포를 가지는 경우에는 다음 식과 같다.

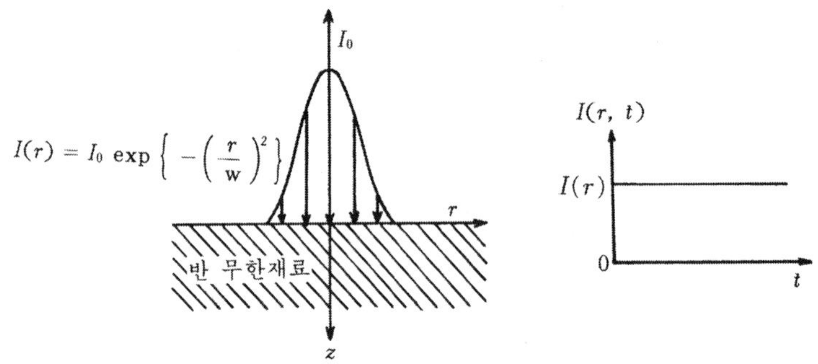

그림 IV-74 (D)의 경우. 반-무한 재료 상에 가우시안빔이 조사되는 경우.

○ $t > 0$의 경우

$$T(0,\ 0,\ t) = \frac{AI_0 w}{K\pi^{1/2}} tan^{-1}\left\{\frac{2(kt)^{1/2}}{\omega}\right\} \qquad \text{(IV-86(a))}$$

$$T(0,\ 0,\ \infty) = \frac{AI_0 w \pi^{1/2}}{2K} \qquad \text{(IV-86(b))}$$

w : 레이저빔허리(beam waist)

(E). 그림 IV-75와 같이 조사되는 레이저빔의 강도가 가우시안빔 분포로서 그 강도가 시간에 따라 $I(0,\ t) = I_m \frac{t}{\tau}$와 같이 직선적으로 비례하면서 증가되는 경우에는 다음 식과 같다.

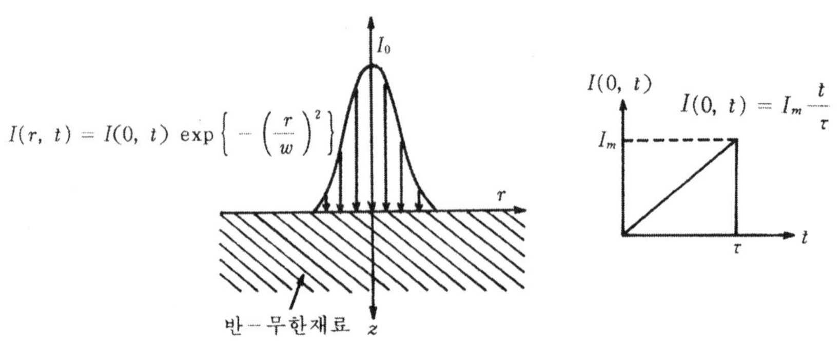

그림 IV-75 (E)의 경우. 반-무한 재료 상에 가우시안빔이 조사되는 경우.
그러나 강도가 시간에 비례하며 증가됨.

○ $t \le \tau$의 경우

$$T(0,\,0,\,t) = \frac{AI_m w}{K\pi^{1/2}}\left(\frac{w^2}{4k\tau}\right)\left[\left(\frac{4kt}{w^2}+1\right)\tan^{-1}\left(\frac{2(kt)^{1/2}}{w}\right) - \frac{2(kt)^{1/2}}{w}\right] \qquad \text{(IV-87)}$$

(F). 그림 IV-76과 같이 조사되는 레이저빔의 강도가 가우시안분포로서 그 강도가 시간에 따라 $I(0,\,t) = I_m\left(1-\frac{t}{\tau}\right)$와 같이 직선적으로 비례하면서 감소되는 경우에는 다음 식과 같다.

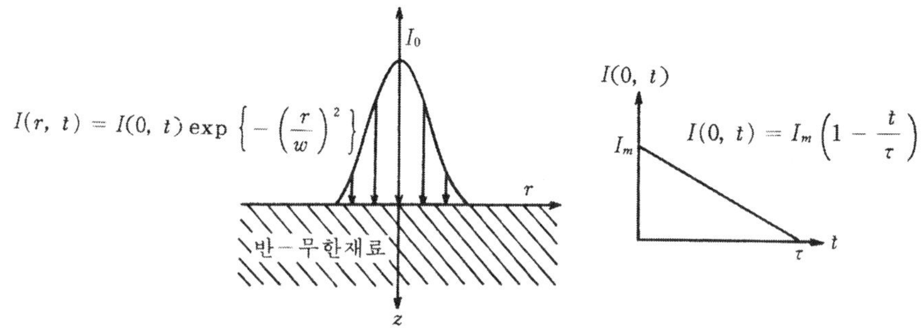

그림 IV-76 (F)의 경우. 반-무한 재료 상에 가우시안빔이 조사되는 경우. 그러나 빔강도가 시간에 따라 비례적으로 감소됨.

○ $0 \le t \le \tau$의 경우

$$T(0,\,0,\,t) = \frac{AI_m w}{K\pi^{1/2}}\left(\frac{w^2}{4k\tau}\right)\left[\left(\frac{4k\tau}{w^2}-\frac{4kt}{\omega^2}-1\right)\tan^{-1}\left(\frac{2(kt)^{1/2}}{w}\right) - \frac{2(kt)^{1/2}}{w}\right] \qquad \text{(IV-88)}$$

(G). 그림 IV-77과 같이 시편의 두께가 l인 판재에서 한 측면에 일정한 강도의 레이저빔이 조사되는 경우에는 다음 식과 같다.

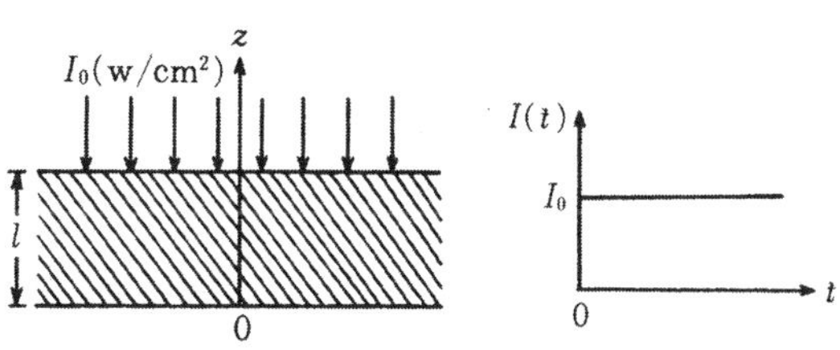

그림 IV-77 (G)의 경우. 두께가 l인 시편의 한 면에 지속파빔이 조사되는 경우.

○ $t > 0$의 경우

$$T(z,\ t) = \frac{AI_0 t}{\rho C_P l} + \frac{AI_0 l}{K}\left[\frac{3z^2 - l^2}{6l^2} + \frac{2}{\pi^2}\sum_{n=1}^{\infty}\frac{(-1)^n}{n^2} exp\left(-\frac{kn^2\pi^2 t^2}{l^2}\right)\cos\left(\frac{n\pi z}{l}\right)\right] \quad \text{(IV-89)}$$

(H). 그림 IV-78과 같이 이것은 위의 (G)경우와 같은 조건으로 레이저빔이 표면상에서 완전히 흡수되지 않고, 재료내부로 침투하여 들어가면서 흡수된다. 이 경우에 그 강도가 $I = I_0 e^{-\alpha z}$ 식에 따라 지수함수적으로 감소된다면 다음 식과 같다.

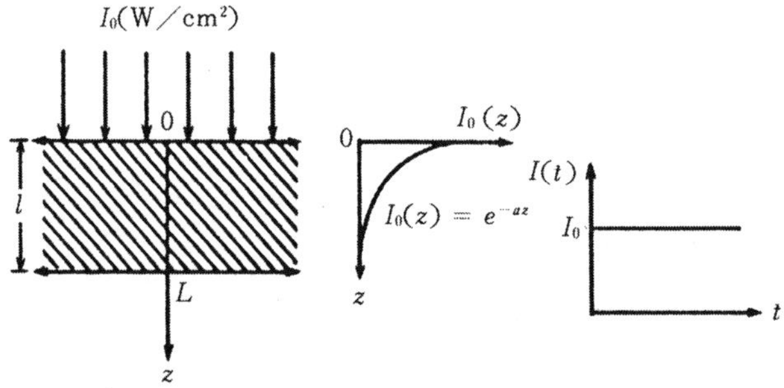

그림 IV-78 (H)의 경우. 두께 l인 시편 상에 지속파빔이 조사되는 경우. 그러나 강도가 내부로 들어감에 따라 감소됨.

○ $t > 0$의 경우

$$T(z,t) = \frac{AI_0}{2k\alpha\rho C_P}\sum_{n=-\infty}^{\infty} A_n + \frac{AI_0}{\rho C_P}\left(\frac{t}{k}\right)^{1/2}\sum_{n=-\infty}^{\infty} B_n - \frac{AI_0 \exp(-\alpha z)}{k\alpha\rho C_P} \quad \text{(IV-90)}$$

$$A_n = \exp\{k\alpha^2 t \pm \alpha(z-2nl)\}\left\{erfc\left[\alpha(kt)^{1/2} \pm \frac{(z-2nl)}{2(kt)^{1/2}}\right] - erfc\left[\alpha(kt)^{1/2} \pm \frac{(z-2nl)}{2(kt)^{1/2}} + \frac{l}{2(kt)^{1/2}}\right]\right\}$$

$$B_n = 2ierfc\left[\frac{|z-2nl|}{2(kt)^{1/2}}\right] - \exp(-\alpha l)ierfc\left[\frac{|z-(2n\pm 1)l|}{2(kt)^{1/2}}\right]$$

(I). 그림 IV-79와 같이 시편두께가 l인 판재에 출력이 P이고 반경이 a인 레이저빔이 일부분에 조사되는 경우에는 다음 식과 같다.

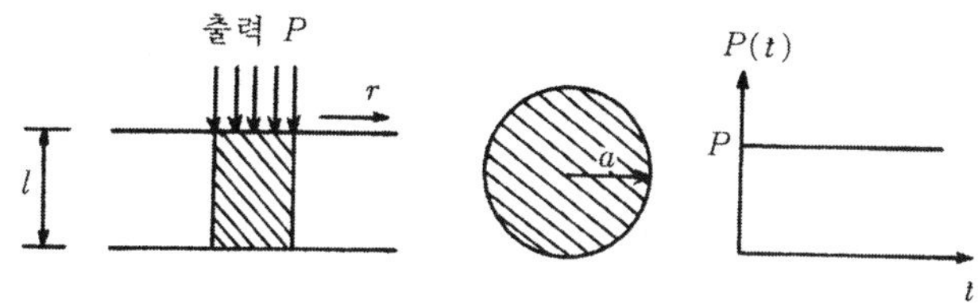

그림 IV-79 (I)의 경우. 두께 l인 시편 상에 반경 a인 지속파빔이 조사되는 경우.

○ 원통형원천함수의 경우 : $a \ll (kt)^{1/2}$, $\ell < (kt)^{1/2}$의 경우

$$T(r,\,t) = \frac{AP}{4\pi Kl}\left[\ln\left(\frac{4kt}{1.78r^2}\right) + \frac{a^2}{2kt}ln\left(\frac{4kt}{1.78r^2}\right) + \frac{1}{4kt}\left(a^2 + r^2 - 2a^2\ln\frac{a}{r}\right)\right] \qquad \text{(IV-91)}$$

○ 원통형원천함수의 경우 : $a \gg (kt)^{1/2}$, $\ell < (kt)^{1/2}$의 경우

$$T(r,\,t) = \frac{AP}{\pi Kla^{1/2}}\left(\frac{kt}{r}\right)^{1/2}\left[ierfc\left(\frac{r\ -\ a}{2(kt)^{1/2}}\right)\right.$$

$$\left. -\frac{(3r+a)(kt)^{1/2}}{4ar}ierfc\left(\frac{(r\ -\ a)}{2(kt)^{1/2}}\right) + \ \dots\right] \qquad \text{(IV-92)}$$

○ 일반적인 경우 : 원통형원천함수의 가정이 없으므로 $\ell < (kt)^{1/2}$의 경우

$$T(0,\,t) = \frac{AP}{4\pi Kl}\left[\frac{4kt}{a^2}\ \left\{1 - \exp\left(-\frac{a^2}{4kt}\right)\right\} - E_i\left(-\frac{a^2}{4kt}\right)\right] \qquad \text{(IV-93)}$$

$$E_i\left(-\frac{a^2}{4kt}\right) = \int_{\infty}^{-\frac{a^2}{4kt}} \{\exp(u)/u\}du$$

○ 일반적인 ℓ의 경우 : T는 r과 z에 의존하며, 여기서 z는 표면으로부터 내부로 측정된다.

$$T(0,\,z,\,t) = \frac{AP}{\pi a^2}\frac{2(kt)^{1/2}}{K}\sum_{n=-\infty}^{\infty}\left[ierfc\frac{|\ z\ -\ 2nl\ |}{2(kt)^{1/2}}\right.$$

$$\left. -\,ierfc\frac{\{(z\ -\ 2nl)^2 + a^2\}\ ^{1/2}}{2(kt)^{1/2}}\right] \qquad \text{(IV-94)}$$

(J). 그림 IV- 80과 같이 두께 ℓ인 시편에 가우시안빔형태의 레이저빔이 조사되는 경우에는 다음 식과 같다.

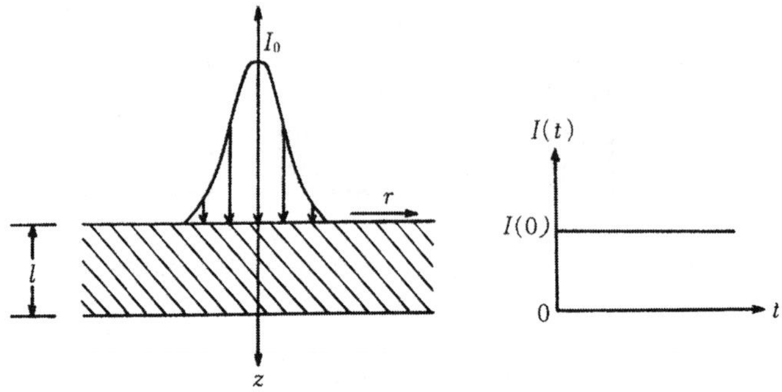

그림 IV-80 (J)의 경우. 두께 l인 시편 상에 지속파 가우시안형태의 레이저빔이 조사되는 경우.

○ $t > 0,\ \ell < (kt)^{1/2},\ w > \ell$인 경우

$$T(r,\, t) = \frac{AI_0w^2}{4kl}\left[E_i\!\left(-\frac{r^2}{w^2}\right) - E_i\!\left(\frac{r^2}{w^2}\cdot\frac{1}{\{(1+4kt)/w^2\}}\right)\right] \qquad \text{(IV-95(a))}$$

$$T(0,t) = \frac{AI_0\omega^2}{4kl} ln\left\{1 + \frac{4kt}{\omega^2}\right\} \qquad \text{(IV-95(b))}$$

(K). 그림 IV-81과 같이 열전도도와 열확산도가 각각 K_2와 k_2인 기지재료 상에 두께 ℓ이고 열전도도와 열확산도가 각각 K_1과 k_1인 시편이 연속되어 있는 경우에는 다음 식과 같다.

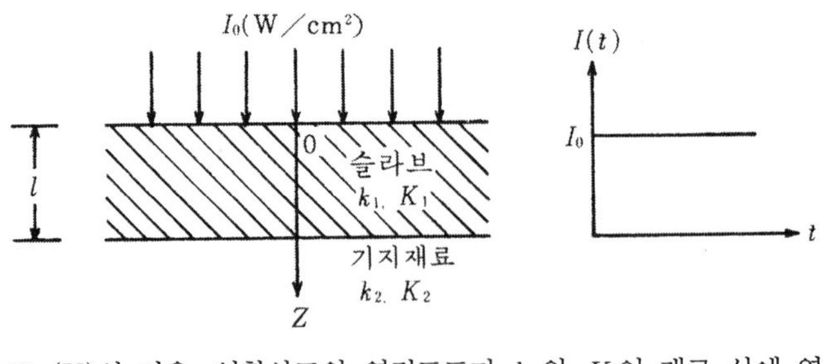

그림 IV-81 (K)의 경우. 열확산도와 열전도도가 k_2와 K_2인 재료 상에 열확산도와 열전도도 k_1과 K_1이고 두께 l인 재료가 중첩되는 재료 상에 지속파빔이 조사되는 경우.

○ $t > 0$인 경우 윗부분 재료 I(슬라브)에서 온도는 다음 식과 같다.

$$T_1(z,\, t) = \frac{AI_0}{K_1}(4k_1t)^{1/2}\sum_{n=-\infty}^{\infty}\xi^{|n|} ierfc\left\{\frac{|z - 2nl|}{2(kt)^{1/2}}\right\} \qquad \text{(IV-96)}$$

$$\xi = \frac{K_1(k_2)^{1/2} - K_2(k_1)^{1/2}}{K_1(k_2)^{1/2} + K_2(k_1)^{1/2}}$$

○ 아랫부분 재료 II(기지재료)에서 온도는 $z' = z - l$이라고 정의하면, 다음 식과 같다.

$$T_2(z', t) = \frac{2T_l}{(\Lambda+1)} \sum_{n=\sigma}^{\infty} \xi^{-n} \{I_1(z^*)\} \tag{IV-97}$$

$$T_l = \frac{2AI_0(k_2t)^{1/2}}{K_2(\pi)^{1/2}}$$

$$\Lambda = \frac{K_1}{K_2}\left(\frac{k_2}{k_1}\right)^{1/2}$$

$$Z^* = \frac{z'}{2(k_2t)^{1/2}} + \frac{(2n+1)l}{2(k_2t)^{1/2}}$$

$$I_1(x) = (\pi)^{1/2} ierfc(x)$$

(L). 그림 IV-82와 같이 기지재료 상에 성질이 다르고 두께 l인 얇은 박막이 존재할 때 가우시안빔 형태의 레이저빔이 조사되는 경우에는 다음 식과 같다.

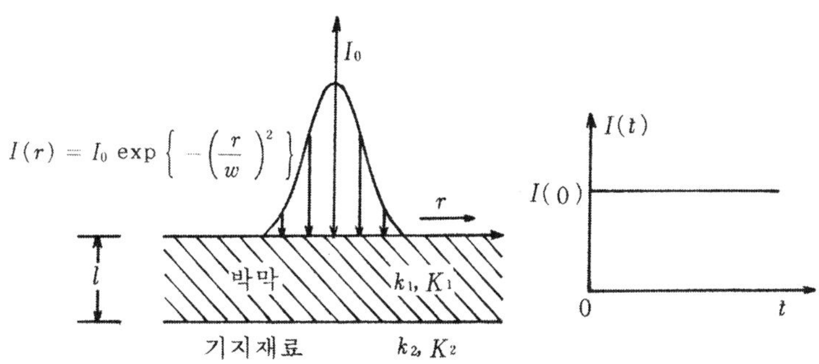

그림 IV-82 (L)의 경우. 열확산도와 열전도도가 k_2와 K_2인 기지재료 상에 열확산도와 열전도도가 k_1과 K_2이고 두께가 l인 재료가 중첩되는 재료 상에 가우시안빔이 조사되는 경우.

○ $t > 0,\ l < (k_1t)^{1/2},\ t \le w^2/k_1$인 경우

$$T_1(r, t) = T_V \exp\left\{-\left(\frac{r}{\omega}\right)^2\right\} \left[\frac{(\pi\sigma)^{1/2}}{\beta} S r^{1/2} - \frac{\sigma\pi S}{2\beta^2} ln \left\{1 + \frac{2\beta r^{1/2}}{(\pi\sigma)^{1/2}}\right\}\right] \tag{IV-98}$$

$$\sigma = \frac{k_2}{k_1},\ \beta = \frac{K_2}{K_1},\ S = \frac{AI_0 l}{K_1 T_V}$$

T_V : 박막의 비등점

(2) 용융현상

레이저빔조사에 의해서 금속표면의 온도가 용융점에 도달하면 위에 기술된 여러 가지 계산식은 적용되지 못한다. 그러나 금속용접과 같은 레이저가공에서는 금속의 용융이 중요한 가공기구이므로 용융깊이와 용융된 금속표면상의 온도를 추정하는 것이 필요하다. 특히 금속표면온도가 증가되어 증발이 일어나면 증기압 등에 의하여 안정된 용융과정이 힘들다. 일반적으로 금속의 용융과 관련된 문제를 해결하기 위하여 반-무한재료의 모델이 사용되며, 재료내부로 이동하는 액상/고상의 경계면에 대한 고려를 해야 한다. 이러한 문제점을 해결하는 것은 여러 가지 방법이 발표되어 있으나, 그 중에서 한 가지 예를 고려하여 보겠다.

이제 문제를 간단히 하기 위하여 다음과 같은 몇 가지 가정을 하여 보자.

- 레이저빔에 의하여 금속에 인입되는 열량이 시간적 및 공간적으로 일정하다.
- 금속의 가열과 용융 동안 그 재료의 열적인 성질은 변하지 않고 일정하다.
- 레이저빔에 의한 금속의 가열로 인한 열 영향구역 즉 열 침투깊이가 레이저빔의 크기에 비하여 적어서 일방향의 열전달 문제라고 가정하자.

이 경우에 그림 IV-83과 같은 모델과 좌표계를 이용하여 문제를 검토하여 보겠다. 일반적으로 용융구역과 고체구역에서 분리된 열전달문제가 존재하며, 이동하는 액체/고체경계면의 위치는 모르기 때문에 액체와 고체구역이 분리되는 정확한 위치는 모르는 상태이다. 따라서 이들을 주어진 경계조건에 따른 계산에 의하여 결정해야 한다. 이들 용융구역과 고체구역에서는 일차원 열전달식을 따르고, 이들 각 구역 사이의 경계면에서 온도는 용융점에 있어야 하므로 만족되어야 하는 경계조건은 다음과 같다.

각 구역에서 열전도식:

$$\frac{\partial T_i}{\partial t} - k_i \frac{\partial^2 T_i}{\partial z^2} = 0 \ ; \ i = 1(\text{액체}),\ 2(\text{고체}) \tag{IV-99}$$

경계조건 :

$$z = S\text{에서 } t > 0\text{인 경우에 } T_1 = T_2 = T_m$$

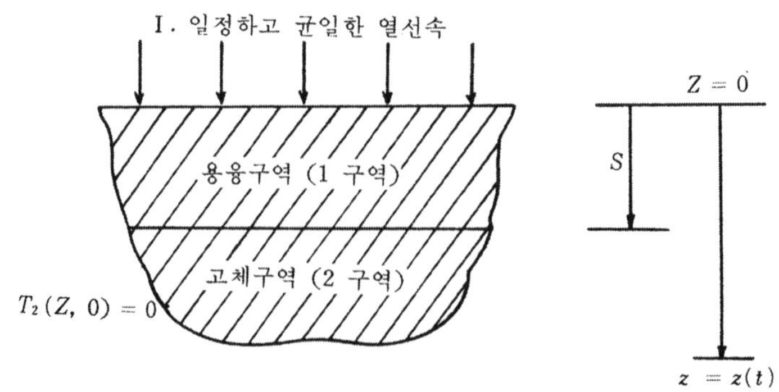

그림 IV-83 용융구역과 가열구역의 경계부분좌표

그리고 경계면에서 에너지보존의 조건으로 인하여 액체와 고체구역 사이의 순수한 열유동은 상변태 동안에 단위면적당 흡수되는 열의 비율과 같아야 하므로 다음과 같은 식이 주어진다.

$$z=S\text{에서 } t>0 \;;\; K_2\frac{\partial T_2}{\partial z}-K_1\frac{\partial T_1}{\partial z}=\rho L_m\frac{\partial s}{\partial t} \qquad \text{(IV-100)}$$

ρ : 금속의 밀도, L_m : 용융잠열

금속표면에서 순수한 열선속 또는 단위시간당 단위면적을 통하여 전달되는 열량은 인입되는 레이저빔의 선속과 같으므로 표면에서 에너지보존은 다음 식과 같다.

$$z=0\text{에서 } t>0 \;;\; I=-K_1\frac{\partial T_1}{\partial t} \qquad \text{(IV-101)}$$

여기서 편의상 레이저빔은 표면에서 모두 흡수된다고 가정하였으나, 실제적으로 흡수율을 곱해야 한다. 문제를 반-무한재료로 제한시킴에 따라 다음과 같은 경계조건이 주어진다.

$$\lim_{z\to\infty} T_2(z,t)=T_\infty\,(T_\infty=0)$$

$$\lim_{z\to\infty}\frac{\partial T_2}{\partial z}\to 0$$

먼저의 경계조건, 즉 $t>0$인 경우에 $z=S$ 에서 $T_1=T_2=T_m$으로 주어진 바와 같이 용융이 일어난 후에 반공간(half-space)의 용융문제는 비선형적이다. 그러나 여러 가지 간단한 가정으로 이 문제에 대한 계산을 수행하여 시간의 함수로 용융깊이와 표면온도를 나타낸 결과를 그림 IV-84에 보여주고 있다. 여기서 표면온도 T_1' 와 용융깊이 S는 무차원 형태로 τ와 Y의 함수로 주어진다. 이들 τ와 Y는 각각 $\tau=t/t_m$과 $Y=L_m/T_mC_{P2}$로서 t_m은 용융이 시작되는 시간이고, t는 용융이 시작된 후의 시간이고, C_{P2}는 고체의 비열이다. 표면($z=S=0$)에서 용융이 시작되는 시간 t_m은 (IV-82)식에서 t와 T를 t_m과 T_m으로 바꾸고 용융 시 모든 레이저빔이 흡수된다고 가정하면, 용융이 시작되기까지 이 문제에 대해 적용시켜 다음 식과 같이 얻을 수 있다. 여기서 I는 레이저빔의 강도이다.

$$t_m=\frac{\pi}{k}\left(\frac{KT_m}{2I}\right)^2 \qquad \text{(IV-102)}$$

이제 이론적인 용융깊이를 계산하는데 그림 IV-84를 다음과 같이 사용한다. 먼저 고려하고 있는 금속에 대한 t_m과 Y값들을 위에 기술된 방법으로 계산한다. 이 값들을 이용하여 그림에서 윗부분의 곡선들로부터 금속의 비등점인 T_v를 고려하여 $z=0$에서 증발에 도달하는 시간 t_v를 찾는다. $t_m<t<t_v$ 시간 동안 용융되는 깊이는 아랫부분 곡선들로부터 찾는다. 그러나 대부분의 금속에 대하여 Y의 값은

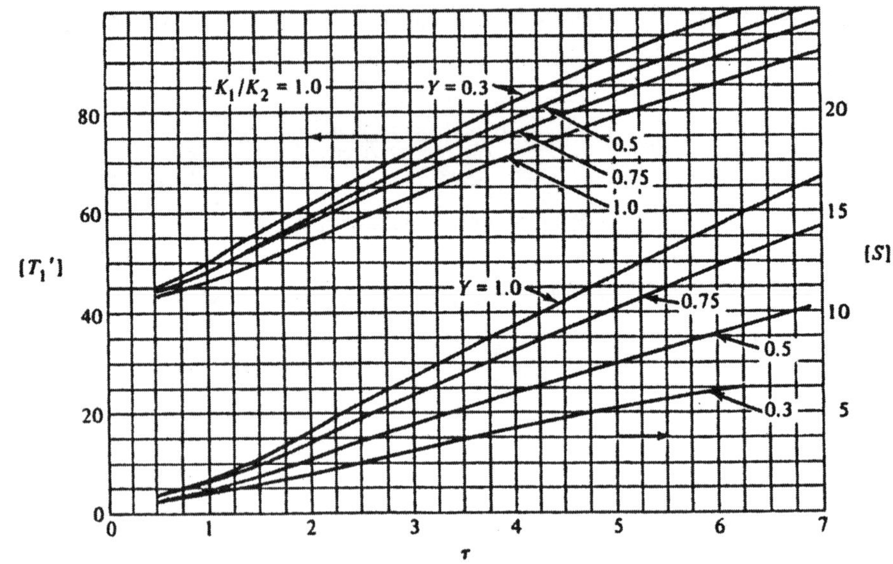

그림 IV-84 시간의 함수로서 계산된 용융깊이(S)와 표면온도(T_l')

$[S] = 8.33\rho L_m S / It_m$,

$[T_1'] = 40 T_1' / T_m$, $\tau = t_v / t_m$

$Y = L_m / C_{p_2} T_m$, 온도는 °F임

$Y = 0.45$에서 ±10% 이내이므로, 위의 그림은 이 정도의 정확도 내에서는 용융선단의 침투깊이가 대체로 다음 식으로 주어진다.

$$S = \frac{0.16I(t - t_m)}{\rho L_m} \tag{IV-103}$$

이제 표면온도가 비등점인 T_v에 도달하기 전에 일어나는 최대의 용융깊이인 S_v를 알아보기 위하여 그림 IV-84의 아랫부분 곡선에서 구하거나 위의 (IV-103)식을 이용하여 구할 수 있다. 즉 최대의 깊이 S_{max}은 $t = t_v$에서 얻어지므로 다음 식과 같이 나타낼 수 있다.

$$S_{max} = S_v = \frac{0.16I(t_v - t_m)}{\rho L_m} \tag{IV-104}$$

몇 가지 금속에 대하여 위의 식으로부터 구한 IS_v값을 표 IV-9에 나타내었다. 이 표에서 0.1msec, 1.0msec 및 5.0msec의 레이저빔펄스로 얻을 수 있는 S_v의 값을 기술하고 있다.

만일 펄스레이저빔의 반치폭(FWHM)을 τ라고 하면, 펄스에너지는 $E = I\tau$이다. 만일 펄스의 τ를 t_v로 잡으면 $I^2 = t_v = E^2/\tau$로서 일정하다. 이 관계를 (IV-104)식에 대입하면 다음과 같은 관계식을 준다.

표 IV-9 여러 가지 금속에 대하여 계산으로 구한 증발깊이(Cohen-1972)

재료	$Y=L_m/C_{p_2}T_m$	I^2t_m $\left[\frac{W^2\text{sec}}{\text{cm}^4\times 10^6}\right]$	I^2t_v $\left[\frac{W^2\text{sec}}{\text{cm}^4\times 10^6}\right]$	최대용융깊이 t 시간 후 S_v 0.1ms [mm]	1.0ms [mm]	5.0ms [mm]	IS_v [W/cm × 10³]
Cr	0.406	5.59	13.0	0.013	0.042	0.094	4.86
Cu	0.515	12.03	84.8	0.065	0.207	0.464	6.10
Au	0.499	6.52	60.7	0.084	0.267	0.596	6.62
Fe	0.400	4.79	19.2	0.024	0.076	0.171	1.08
Mo	0.410	21.51	119.4	0.047	0.150	0.337	5.24
Ni	0.491	5.76	26.0	0.022	0.71	0.159	1.17
Pt	0.486	4.93	38.2	0.034	0.109	0.245	2.52
Ag	0.476	6.85	45.2	0.076	0.242	0.542	5.59
Ta	0.407	8.58	34.4	0.024	0.078	0.176	1.48
W	0.406	29.24	117.0	0.035	0.110	0.247	3.93

$$S_v = \frac{0.16(I^2t_v - I^2t_m)\tau^{1/2}}{\rho L_m (I^2t_v)^{1/2}} \tag{IV-105}$$

여기서 t_m과 t_v는 금속표면이 각각 용융점과 비등점에 도달하는 시간이므로 (t_v/t_m)의 비가 클수록 안정한 용융구역의 전파가 더욱 용이해진다. 따라서 이 비율이 적은 금속일수록 용접이 힘들고, 클수록 용이하게 된다. 예를 들면 표 IV-9에서 보듯이 크롬(Cr)은 이 비율이 약 2.5이고, 철(Fe)은 약 4이므로 크롬의 용접이 힘들다.

(3) 증발 현상

금속재료의 온도가 비등점 이상이 된 후에는 증발현상이 일어난다. 이러한 재료의 증발은 천공, 절단, 박막의 미소가공 등 레이저가공에서 재료의 제거기구로 매우 중요하다. 그리고 천공과 같은 가공작업에서 증발된 깊이를 계산하는 것이 필요하다. 이러한 문제들은 일차원적인 열전달의 경우라고 하여도 고상/액상 및 액상/기상의 두 가지 상변화와 관련되므로 두 개의 연속된 조건들을 고려해야 하기 때문에 간단하지 않다. 증발된 깊이의 정확한 해를 얻기 위해서는 정상상태의 계면이동과 함께 초기의 과도적인 계면이동과 관련된다. 그리고 일정한 레이저빔흡수율을 유지할 때 가장 일반적인 경우에는 열전도식에서 $A(x, y, z, t)$의 항에 대한 적당한 함수의 선택으로 재료 내에서 내부열원을 고려하여야 한다. 그러나 몇 가지 간단한 가정으로 레이저빔에 의한 천공작업에 적용시킬 수 있는 결과를 주는 대략적인 해를 얻을 수 있다.

위에 언급한 정확한 해 또는 대체적인 해 등 어느 경우에도 재료에서 위치와 시간의 함수로 온도분포를 알아야 한다. 특히 이들 해는 재료표면으로부터 재료가 제거되는 속도와 재료 내에서 온도분포를 주어야 한다. 이제 대략적인 해를 구하기 위하여 먼저 고려하였던 여러 가지 열전도식의 해를 얻는 경우에 주어진 조건에 따라 몇 가지 가정과 경계조건을 도입한 것과 같이 여기에서도 다음과 같은 가정을 하자.

- 레이저빔 강도는 재료의 증발을 줄 수 있도록 충분하며, 균일하게 분포되는 열선속이 계속적으로 깊게 내려가는 계면에서 증발을 야기한다.
- 재료의 증발로 발생한 가스는 인입되는 레이저빔을 통과시킨다.
- 용융에 대해서 필요로 하는 용융잠열은 계산에 넣으나, 용융층은 매우 적어서 액상은 무시한다. 따라서 내부로 전파되는 이동계면은 기체와 고체 사이의 관계이다.

이러한 재료 내로 레이저빔의 침투는 기체/고체계면을 따라 분포된 열원이 이동하는 레이저빔 천공작업과 같으며, 그림 IV-85와 같은 좌표계로 나타낼 수 있다.

이제 고체에서 온도 $T(S,\ t)$와 함께 기체/고체계면의 이동속도 $\dfrac{dz(t)}{dt}$를 계산하여 보자. 일차원 열전도식을 금속표면과 함께 이동하는 분포된 레이저빔열원을 포함하도록 쓰면 다음 식과 같다.

$$\frac{\partial^2 T}{\partial z^2} - \frac{1}{k}\frac{\partial T}{\partial t} = -\frac{A(z,\ t)}{K} \qquad \text{(IV-106)}$$

여기서 $z > Z$이므로 $A(z,\ t)$는 다음 식과 같다.

$$A(z,\ t) = BI\exp\{-\alpha(z-Z)\} \qquad \text{(IV-107)}$$

B : 재료의 레이저빔흡수율

재료 내에서 시간에 따른 레이저빔의 강도 $I(z,\ t)$는 표면에서 시간에 따른 레이저빔 강도 $I(0,\ t)$와 사이에 다음 식과 같은 관계가 있다.

$$I(z,\ t) = I(0,\ t)\exp(-\alpha z) \qquad \text{(IV-108)}$$

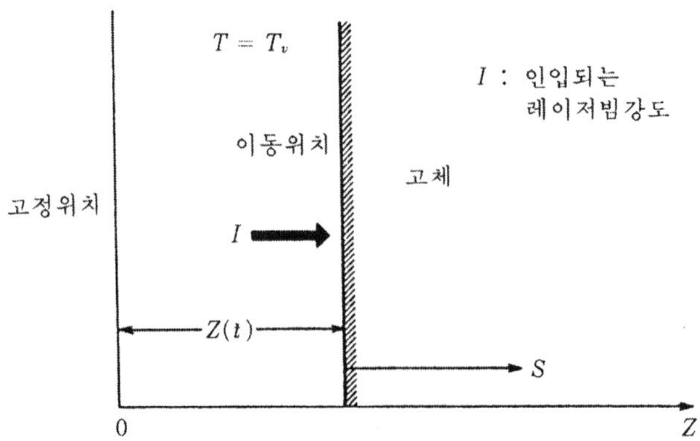

그림 IV-85 재료증발을 위한 열적모델에 대한 좌표계

이제 표면에서 흡수된 레이저빔에너지는 재료를 가열시키며, 표면상에서 레이저빔에너지가 균일하다고 가정하면 다음 식과 같은 관계를 준다.

$$A(z,\ t) = BI(z,\ t) = BI(0,\ t)\exp(-\alpha z) \qquad \text{(IV-109)}$$

따라서 (IV-106)식은 다음 식과 같다.

$$\frac{\partial^2 T}{\partial z^2} - \frac{1}{k}\frac{\partial T}{\partial t} = -\frac{I(0,\ t)}{K}B\exp - \alpha(z - Z) \qquad \text{(IV-110)}$$

이동하는 계면에서 에너지보존의 관계로부터 증발되는 재료로 전달하는 에너지는 고체로부터 전도되는 에너지와 같으며, 다음 식과 같다.

$$\rho(L_m + L_v)\frac{dz}{dt} = K\frac{\partial T}{\partial z}\bigg|_{z=Z} \qquad \text{(IV-111)}$$

위의 두 식에 요망되는 경계조건을 적용하여 얻은 해로부터 필요한 온도와 계면이동속도를 얻을 수 있다. 즉 이 문제에서 일정한 증발속도와 이 속도로 내부로 전파되는 고정된 정상상태 온도분포로 이루어진 정상상태의 해가 있다. 정상상태의 증발속도는 다음 식과 같다.

$$\frac{dz}{dt} = \frac{I}{\rho(L_m + L_v + C_P T_v)} \qquad \text{(IV-112)}$$

그리고 제거되는 재료의 깊이는 $C_P T_v$가 L_m과 L_v에 비하여 적으므로 다음 식과 같다.

$$Z = \frac{dz}{dt}(t - t_m) \cong \frac{I(t - t_m)}{\rho(L_m + L_v)} \qquad \text{(IV-113)}$$

만일 인입되는 열량, 즉 레이저빔강도 $I(t)$가 일정하지 않고 시간에 따라 변한다고 하면 위의 식은 다음 식과 같이 나타낼 수 있다.

$$Z = \int_{t_m}^{t} \frac{dz(t)}{dt}dt = \int_{t_m}^{t} \frac{I(t)}{\rho(L_m + L_v + C_P T_v)}dt \qquad \text{(IV-114)}$$

그리고 표면에서 비등점에 도달하는 시간 t_v가 레이저빔 펄스기간(FWHM)인 τ보다 짧고 정상상태에 도달하는 시간이 τ에 비하여 짧으면, 위의 식들은 다음 식과 같이 나타낼 수 있다.

$$Z = \frac{dz}{dt} \cdot \tau \qquad \text{(IV-115)}$$

$$Z = \int_0^{\tau} \frac{dz(t)}{dt}dt = \frac{1}{\rho(L_m + L_v + C_P T_v)}\int_0^{\tau} I(t)dt \qquad \text{(IV-116)}$$

위에 기술한 바와 같이 재료가 일정한 레이저빔 흡수계수를 가지고 있으면 모든 레이저빔에너지가 표면에서 흡수되지 못하고 재료 내에서도 레이저빔에너지의 흡수가 있게 되어 내부열원으로 작용하게 된다. 그리고 표면의 증발현상은 증발에 필요한 잠열을 표면근방구역으로부터 빼앗아가므로 냉각기구로 작용한다. 따라서 정상상태에서 재료표면 직하의 어느 부분에서는 온도가 표면의 온도보다 오히려 높을 수 있다. 즉 재료 내부에서 충분한 열 발생이 일어나면 재료표면의 증발에 의한 에너지제거가 충분히 빠르지 못하고 재료내부의 온도가 증가되어 비등점 이상으로 증가될 수 있다.

만일 내부온도가 높아 표면하의 어떤 깊이에서 재료의 증발을 야기한다면, 이러한 재료 증발에 의해서 발생되는 내부압력이 충분히 크게 된다. 그리고 재료의 기계적인 강도는 온도증가에 따라 저하되므로 더욱 쉽게 재료의 파열을 초래할 수 있어서 표면근방재료의 폭발적인 제거가 일어나게 할 수 있다. 이러한 기구는 레이저빔에 의한 세라믹재료의 천공과 절단 등에서 재료의 증발에 의존하는 재료제거보다 훨씬 효과적인 재료제거 기구를 제공할 수 있다. 그러나 만일 레이저빔의 강도가 더욱 증가되면 온도가 더욱 증가되어 이러한 파열을 더욱 용이하게 일으킬 수는 있으나, 재료에서 첨두온도의 위치가 표면근방으로 옮겨지게 되므로 제거되는 재료의 양은 감소된다. 그리고 실제적인 문제로서 레이저빔의 강도가 크면 플라즈마가 형성되어 레이저빔의 입사를 차장시킨다. 따라서 레이저빔의 강도가 크다고 천공 같은 가공작업에 무조건으로 효과적이라고 기대할 수는 없다.

Ⅳ-4-4 취입가스의 역할과 노즐의 형태

(1) 취입가스의 역할과 고려사항

레이저빔에 의한 재료가공에는 취입가스를 사용하며, 취입가스의 역할은 가공방법에 따라 차이가 있다. 일반적인 목적은 광학부품의 보호, 플라즈마의 제거, 가공부의 산화방지, 용융금속의 분출, 산화열의 이용 등이며, 목적에 따라 다른 종류의 취입가스를 선택할 수 있다. 각각의 가공방법에 따른 취입가스의 역할과 고려사항은 V장에서 각종 가공방법의 각론에서 다시 검토하겠으며, 여기에서는 개괄적인 사항에 대해서 고려하여 보겠다.

레이저빔에 의한 재료가공에는 플라즈마가 발생하며, 금속표면상에서 플라즈마차장효과는 취입가스에 의하여 크게 영향을 받는다. 즉 취입가스를 불어주면 금속표면에서 발생한 플라즈마를 제거시켜 플라즈마차장효과를 없앤다. 취입가스가 없으면 레이저빔에 의해서 발생된 플라즈마는 LSD파 혹은 LSR파를 주며, 그 강한 감쇄작용으로 재료가공에 지장을 초래한다.

레이저가공과정에서 증발된 금속원자 또는 취입가스의 분해가 유발될 수 있으며, 그 분해정도는 증발된 원자밀도와 전자밀도에 의존한다. 예를 들면 아르곤가스는 초기의 전자밀도가 $10^{16}cm^{-3}$ 이상이면 $10^6W/cm^2$에서 레이저빔에 의하여 아르곤플라즈마가 형성될 수 있다. 따라서 취입가스의 이온화 에너지와 안정도가 중요하며, 가공재료의 이온화 에너지보다 높아야 한다. 이들 가스들 중에서 헬륨이 이온화 에너지가 가장 크고 또한 열전도도가 높다. 이것은 헬륨가스가 다른 가스들에 비해서 플라즈마의 냉각에 효과적이므로 인입되는 레이저빔과 플라즈마의 상호작용을 감소시킬 수 있다. 그러므로 여러 가지 취입가스들을 비교할 때 헬륨이 플라즈마플룸의 투명도를 유지하며 안정하여 가장 양호한 효과를 나타낸다.

금속표면에서 압력은 증발되는 금속원자들과 팽창하는 플라즈마의 반동에 의하여 크게 증가한다. 따라서 그 압력은 취입가스의 압력에 가세되어 용융금속의 분출에 기여한다. 그리고 레이저빔에 의한 플라즈마에 의하여 야기되는 가공조건 변화도 중요하다. 즉 플라즈마에서 레이저빔을 흡수하게 되는 초기에는 플라즈마플룸과 주위공기의 밀도차로 굴절률차이, 즉 **렌즈효과**를 주어 최초의 레이저빔 집속조건을 변화시킨다. 이것은 먼저 IV-2-4항에서 기술한 바와 같은 집속렌즈의 가열로 인한 광학적인 변형에 추가되는 현상이다. 만일 플라즈마에서 레이저빔을 많이 흡수하게 되면 플라즈마는 더욱 가열되고, 이 가열된 플라즈마로부터 새로운 전자파를 방출시켜 표면을 가열시키게 된다. 따라서 위의 어느 경우에도 가공조건은 초기에 선정된 레이저빔집속조건으로 조절되지 못하고 가공 시에 발생되는 플라즈마플룸의 영향을 받는다. 이 경우에 레이저가공은 불규칙하게 된다. 그러므로 레이저빔에 의한 재료가공 시 잘 조절되고 재현성 있는 가공을 위해서 레이저빔조사 시에 발생될 플라즈마의 영향을 주의 깊게 고려해야 한다.

일반적인 취입가스에는 He, Ar 같은 불활성가스와 N_2, CO_2 같은 중성가스를 가장 많이 사용하며, 이들에 대하여 간단히 살펴보자. 헬륨은 철강재, 니켈합금, 티타늄합금 등의 레이저가공에서 산화방지를 위한 보호역할에 매우 우수하며, 고출력레이저용접에서 He는 플라즈마로 분해되지 않아 평활하고 균일한 용접부(seam)를 얻는 데 양호한 결과를 준다. 그리고 헬륨은 레이저출력이 20KW 이상에도 사용할 수 있지만, 가스비용이 고가이다. 아르곤도 철강재, 니켈합금, 티타늄합금 등의 레이저가공에서 산화방지를 위한 보호역할에 매우 우수하며, 레이저용접에서 평활하고 균일한 용접부 표면을 준다. 그리고 아르곤은 CO_2레이저를 사용할 경우에 6KW 정도까지 사용할 수 있으며, 가스비용은 적당하다. 질소는 금속의 용접에서 불활성가스보다는 약간 거친 용접부 표면을 준다. 그리고 질소는 CO_2레이저를 사용할 경우에 6KW 정도까지 사용할 수 있으며, 가스비용이 저렴하다. 탄산가스는 가공구역의 산화방지에 불충분하므로 니크롬철, 티타늄에는 부적당하지만 평활하고 균일한 용접부 표면을 준다. 그리고 탄산가스는 CO_2레이저를 사용할 경우에 6KW 정도까지 사용할 수 있고, 가스비용도 저렴하다.

(2) 노즐의 형태와 고려사항

취입가스는 노즐을 통하여 공급되며, 취입가스의 목적과 가공방법에 따라 노즐의 형태, 작업부품과 거리, 가스의 흐름방향과 압력이 결정된다. 특히 금속의 용융과 절단에는 이러한 노즐의 조건과 역할이 매우 중요하다. 노즐의 형태는 취입가스의 사용목적에 따라 여러 가지 형태를 가질 수 있다. 그러나 가장 많이 사용되는 것은 원추형노즐이며, 어떤 경우에는 가공구역의 산화를 방지하기 위하여 외부의 공기와 차단시킬 목적으로 전체 구역을 덮는 복잡한 형태도 있다. 여기에서는 범용으로 가장 많이 사용되고 있는 원추형노즐에 대하여 검토하여 보겠다.

일반적인 **원추형노즐**의 형태는 그림 IV-86과 같이 취입가스흐름방향으로 볼 때 동축노즐과 비동축의

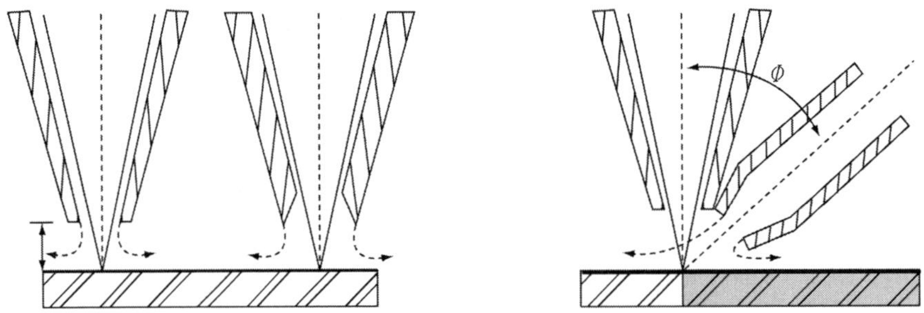

(a) 일반적인 원추형 노즐 (b) 라발 노즐 (c) 측면취입노즐

그림 Ⅳ-86 노즐의 형태

측면취입노즐로 구분할 수 있다. **동축노즐**은 레이저빔과 가스제트가 동축으로 같은 방향으로 진행하여 노즐선단구경을 통해서 나온다. 동축노즐은 다시 노즐선단의 모양에 따라 그림(a)와 같은 단순한 원추형 노즐과 그림(b)와 같은 **라발(Laval)노즐**로 구분된다. 원추형노즐은 금속의 절단과 천공에서 일반적으로 사용되는 노즐이며, 가스의 흐름이 노즐선단으로 수렴되는 형식을 취한다. 만일 노즐구경에서 가스압력이 2기압 정도가 되면 가스속도는 음속에 근접하며, 수 기압이 되면 초음속이 된다. 이러한 경우에 부품에 충돌하는 가스제트는 레이저빔 초점구역에 국부적인 압력을 증가시킨다. 그러나 부품의 하부구역은 대기압이므로 압력구배가 발생하고, 이것은 절단면을 따라 고속의 가스흐름을 주어 용융금속을 절단면 밑으로 분출시키게 된다. 원추형노즐은 높은 가스압력을 주고 충격파와 관련된 어려움을 피하기 위하여 노즐선단의 위치를 가공부품의 표면에서 약 1mm 이하로 근접시켜야 한다. 만일 가스압력이 수기압 이상이 되면 강력한 충격파를 동반한 복잡한 초음속제트가 가공부품에 충돌하게 된다. 이러한 경우에는 가공품질이 노즐선단과 가공물 사이의 거리에 매우 민감하게 영향을 받는다.

취입가스의 압력이 높은 경우에는 가스흐름이 수렴-발산하는 형식을 취하는 라발(Laval)노즐을 사용하는 것이 유리하다. 라발노즐에서는 고압가스가 노즐 내부의 작은 구경을 통과한 후에 팽창되므로 노즐선단의 구경 외부에서는 외부압력과 더욱 잘 조화된다. 이러한 현상은 초음속가스제트에서도 심한 충격파를 주지 않고, 더욱 균일한 가스흐름을 준다. 따라서 노즐의 선단부를 가공물로부터 수mm 정도로 떨어진 거리에 위치시킬 수 있다. 이것은 스패터 또는 가공물로부터 노즐선단부의 손상을 방지할 수 있고, 또한 3차원 부품의 모서리부분 가공도 가능하게 한다. 그러나 라발노즐은 노즐설계(내부구경과 외부구경의 비율과 거리)에 따라 가스압력과 가공의 최적조건에 차이가 있으므로 한 개의 라발노즐은 한 가지 조건의 가공에만 전속으로 사용해야 한다. 또한 라발노즐에서는 집속된 레이저빔이 내부구경을 통과 시 지장을 받지 않아야 하며, 노즐선단의 가공에서 발산되는 구역의 가공조건 등 어려움이 있다.

비동축의 측면취입노즐은 그림(c)와 같이 레이저빔의 방향과 취입가스의 방향이 다르므로 레이저빔헤드 외부에 취입가스를 공급하는 노즐을 구비하여야 한다. 이러한 구조에서는 레이저빔헤드의 축 방향과 가스공급노즐 축 사이의 각도가 중요하며, 일반적으로 금속의 절단 시에는 가스 취입각도가 20~45° 정도이고, 용접 시에는 40~60° 혹은 그 이상으로 한다. 측면취입노즐의 선단은 원추형과 라발형 사이에 상대적으로 영향이 크지 않으며, 일반적으로 가스제트의 목표지점은 레이저빔의 초점위치와 같게 한다. 이러한 노즐의 장점은 가공구역의 선단에서 충격파로 인하여 발생하는 흐름의 분리를 경감시킨다. 또한 측면취입노즐은 레이저빔헤드의 광학부품에 취입가스가 충돌되지 않으며, 레이저빔헤드와 가공물 사이의 거리를 증가시킬 수 있다. 그러나 단점은 레이저빔헤드와 가스공급노즐 선단 사이의 배치와 조정이 정확해야 한다는 것이다. 그림 IV-87은 레이저가공에서 사용하는 각종 노즐과 광학부품들을 나타내고 있다.

그림 IV-87 각종 노즐과 광학부품(Rofin)

레이저재료가공 시 취입가스의 압력과 유량은 가공조건에 따라 차이가 있다. 그러나 일반적으로 금속의 절단 시 가스압력은 수기압 이상으로 하여 초음속의 가스제트를 사용하며, 재료와 두께에 따라 20기압 정도까지 사용한다. 그러므로 이것은 노즐선단이 가공물과 너무 떨어지면 가스유동 시 충격파가 절단품질과 절단속도에 영향을 미친다는 것을 의미한다. 그리고 취입가스가 노즐을 통과 시 **가스의 유동속도**는 대체적으로 다음 식과 같다.

$$\text{유동속도} = 10pd^2 \qquad \text{(IV-117)}$$

p : 가스압력(기압)

d : 노즐구경(직경)

노즐로부터 나오는 가스제트와 집속된 레이저빔의 일직선적인 정확한 정렬은 노즐 혹은 렌즈를 상하로 이동시켜 조정한다. 일반적으로 이것은 나사식이동에 의한 노즐의 상하이동으로 수행한다. 그리고 노즐선단과 가공물 사이의 거리는 일정하게 유지시켜야 하며, 이것은 레이저빔헤드뭉치에 부착시킨 기계적인 높이센서 혹은 전기용량 높이센서에 의하여 이루어진다. 노즐직경은 주로 가공시키는 재료의 두께에 의하여 결정된다. 일반적으로 두께 2mm 이하의 박판절단의 경우에 노즐구경(직경)은 주로 1.0mm의 것을 사용하며, 두께가 증가할수록 2mm까지 점차적으로 직경이 증가되는 노즐을 사용한다. 노즐직경이 크면 집속빔과 노즐구경의 정렬오차 허용도가 증가되는 반면에 가스사용량이 증가된다. 그리고 노즐재료는 열전도도와 기계적인 강도가 큰 것이 바람직하므로 소량의 Cr, Ti 혹은 Zr을 함유한 동합금을 사용한다.

Ⅳ-4-5 레이저가공에서 시편감지방법

레이저빔에 의한 고속재료가공에서 정상적인 가공과정을 유지하고 양호한 품질을 얻기 위해서는 온라인관찰을 수행해야 하므로 실시간 감지방법이 필요하다. 일반적으로 이들의 관찰방법은 가공방법에 따라 CCD카메라에 의한 **확대육안관찰**, 플라즈마강도와 플룸관찰, 가공부의 온도관찰, 음향학적인 강도관찰, 신경망회로이용 등 다양하다. 이러한 항목들의 관찰을 위한 각종 센서들의 개요적인 배치를 그림 IV-88에 보여주고 있다. 이제 여기에서 이러한 여러 가지 감지방법과 고려사항에 대하여 간단히 검토하여 보겠다.

레이저가공 시 가공깊이는 매우 중요한 인자이며, 이것은 레이저빔 전송기구에 부착된 특수거울을 이용하여 키홀을 관찰하거나 혹은 광다이오드를 이용하여 정보를 얻는다. 만일 가공깊이가 가공물을 완전히 관통하는 경우에는 부품의 하단에 검출기를 설치하여 방출되는 광선을 측정한다. 대부분의 키홀이 형성되는 레이저가공에서 이러한 측정과 검출은 플라즈마와 관련되며, 플라즈마의 거동이 갑작스럽게 변하는 것은 이상이 있음을 의미한다. 레이저가공 시 발생하는 **플라즈마의 진단**으로 정보를 얻는 것은 스펙트럼선을 관찰하는 것으로부터 시작된다. 스펙트럼선의 강도를 시간의 함수로 관찰하는 경우에는 어떤 레이저빔 조사조건을 일정한 기준조건으로 정하여 두면, 플라즈마강도의 변화로부터 어떤 결함 또는 문제점을 탐지할 수 있다. 레이저가공 도중에 발생하는 플라즈마의 크기와 밝기는 CCD카메라를 이용한 직접적인 영상촬영에 의해서도 가능하다. 이 경우에는 촬영속도가 빠른 고속카메라를 사용해야 짧은 시간의 각 순간마다 형성되거나 변화되는 플라즈마플룸의 형태를 얻을 수 있다.

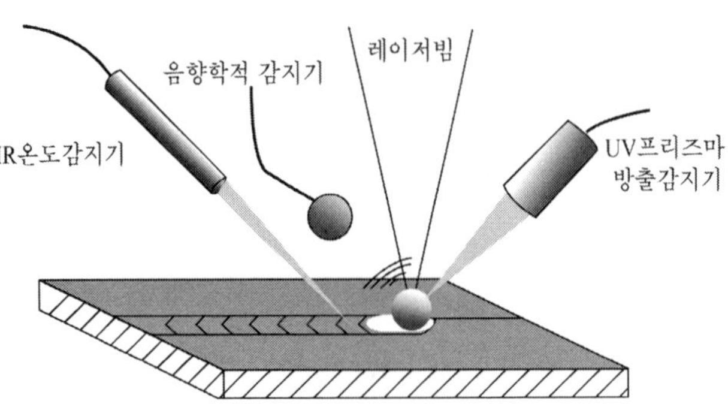

그림 IV-88 레이저 가공시 각종 센서들의 개요

만일 플라즈마의 스펙트럼선과 용융구역 자체의 적외선을 동시에 측정하면 용접 시 플라즈마특성의 변화와 용융풀의 크기 및 온도를 서로 연관시켜 주는 방법을 제공할 수 있다. 이 경우에 플라즈마에서도 적외선구역의 스펙트럼선을 방출하므로 이것이 용융구역에서 방출되는 적외선에 합쳐지지 않도록 분별하여 측정해야 하지만, 실제로는 쉬운 일이 아니다. 예를 들면 레이저빔에 의한 용접도중에 여러 가지 문제점들에 의한 플라즈마선 감지기의 반응을 살펴보면 대체로 다음과 같다.

- 두 부품 사이에 간격이 있거나 또는 위치가 틀어지면 감지기의 신호가 감소된다.
- 키홀형성에 문제가 있거나 또는 표면결함이 있으면 UV와 IR신호가 감소한다.
- 표면이 불룩 올라오거나 쑥 들어가면 UV와 IR신호의 요동이 있다.
- 가장자리가 잘 맞지 않으면 근적외선신호가 증가한다.
- 움푹 들어간 곳이나 구멍이 있으면 키홀신호와 플라즈마플룸 신호 사이의 차이가 감소한다.
- 용융구역의 중간부분이 불룩 올라오면 키홀신호와 플라즈마플룸 신호 사이의 차이가 증가한다.

레이저빔에 의한 용접과 절단에서 특징적인 것은 음향학적인 신호의 발생이며, 특히 플라즈마가 발생하는 경우에 현저하다. 이러한 음향학적인 신호는 가청주파수범위도 포함되기 때문에 숙련된 작업자는 가공과정에서 발생하는 소리만 들어도 경험적으로 최적의 가공조건을 감지할 수 있다. 그러나 일반적인 방법은 1~50KHz의 주파수 범위에 민감한 마이크로폰을 이용하여 플라즈마요동에 의하여 강도가 변하는 음향신호를 포착하여 처리함으로써 이루어진다. 이것은 포착된 음향신호강도의 FT(Fourier Transformation)과정을 거친 후, 측정범위주파수 내의 진폭을 표준자료와 비교하는 알고리즘을 이용하므로 가능하다. 레이저가공 도중에 발생하는 음향신호의 스펙트럼은 MHz까지 포함되나, 유용한 정보는 ≤100KHz 범위에서 얻는다. 특히 금속의 증발과 플라즈마의 형성이 키홀 주위에서 용융물의 불안정성과 물질이동에 밀접한 관계에 있는 키홀용접에서 잘 적용된다. 즉 이러한 과정들을 특성적으로 나타내는 요동의 주파수는 흔히 ≤10KHz이므로 키홀안정성과 용접조건을 암시하는 음향신호주파수는 100Hz~20KHz 범위이다. UV측정에 비하여 **음향측정기**의 장점은 용접방향에 관한 마이크로폰의 배열이 상대적으로 덜 민감하기 때문에 다축용접에서 적당하다.

레이저가공 도중에 음향신호는 여러 가지 과정에 의해서 방출된다. 그러나 음향신호는 주위가스와 밀접하게 연관되므로 키홀의 요동, 금속의 증발 및 플라즈마의 가열과 팽창이 공기 중으로 나오는 음향신호에 지배적인 요인들이다. 만일 금속의 응고와 균열에 수반되는 음향신호의 방출을 감지하려는 경우에는 가공물에 압전변환기를 부착시켜 음향신호를 측정할 수 있다. 플라즈마요동을 야기하는 기구들은 여러 가지가 있으나, 완전하게 규정할 수는 없으므로 음향신호를 어떤 특정한 경우의 결과로 쉽게 결부시키는 것은 곤란하다. 이러한 경우에 음향신호의 기록과 특정가공 조건을 연관시켜 문제를 해결하기 위하여 신경망회로이론을 응용하기도 한다.

레이저빔에 의한 금속의 용접에서 용접비드의 온도는 레이저빔이 조사되는 구역에서 짧은 거리 떨어져 있는 용접구역에 **IR파이로미터**를 조준시켜 측정한다. 그 거리는 표면이 고상으로 되고, 온도가 약 800°C 정도로 아직 빛을 발하며 작열하는 곳으로 선택한다. 레이저가공 시 일정한 이 거리에서 온도변화는 레이저빔의 출력 또는 초점위치의 변화, 과도한 부품의 간격 또는 부적당한 배치 및 접합부의 오염 등과 관련된다. 레이저용접 시 두 부품 사이의 정확한 접합부를 따라 용접을 수행하는 것은 매우 중요하다. 원칙적으로 접합부 위치의 정확한 정보를 CNC시스템에 입력시켜 용접 시 레이저빔헤드가 그 궤적을 따라 이동하도록 하면 접합부 추적은 필요하지 않다. 이것은 접합부 위치를 잘 조절하여 움직이지 않도록 클램프로 고정시킨 단순한 직선용접에서는 가능하다. 그러나 실제적인 경우에는 용접도중 부품의 이동으로 접합부 위치가 변하여 일정하게 되지 않거나, 또는 정확하게 예측할 수 없는 경우가 많다.

일반적으로 접합부를 추적하는 기술에는 두 가지 범주가 있다. 한 가지 방법은 접합부모양을 반영하는 어떤 형태의 음향신호, 광학신호 또는 플라즈마신호를 관찰하고, 이것을 접합부에 대한 레이저빔의 위치를 조절하는 데 응용하는 것이다. 다른 방법은 보조적인 저출력의 레이저빔을 조사시켜 접합부 위치를 관찰하는 비전센서를 사용하거나, 또는 부품의 CCD영상을 얻음과 동시에 접합부 위치를 추론하기 위하여 영상자료처리를 수행하는 것이다.

그림 IV-89는 실제적인 프로파일용접의 비전시스템을 나타내고 있으며, 측정원리는 삼각측량방법이다. 원주형렌즈를 통과한 레이저광선을 겹치기용접구역, 즉 겹치는 구역 위로 조사시키고, 조사방향과 다른 방향으로부터 관찰한다. 표면거리의 변화는 측정기의 화면에서 이미지선의 변위를 주게 된다. 이것은 센서가 표면프로파일을 읽고 있다는 것을 의미한다. 이 프로파일은 용접부의 구조 또는 접합위치를 확연하게 나타낸다. 최신의 영상기술은 변화되는 표면조건에서 매초당 200~2,000회의 속도로 정확한 프로파일을 평가할 수 있다.

광학센서 또는 음향센서의 신호처리를 수행하는 경우에 곤란한 점은 관찰된 신호변화를 특정한 방향, 즉 좌우측과 연계시키기가 힘들다는 것이다. 일반적으로 한 개의 감지기로부터 플라즈마 또는 음향신호를 얻는 경우에는 패턴인식알고리즘을 사용하는 경우라도 그 방향성을 규정하기는 힘들다. 그러나 이종금속의 용접에서는 그 신호의 특성이 다르기 때문에 방향인식이 가능하다. 비전에 근거한 접합부추적은

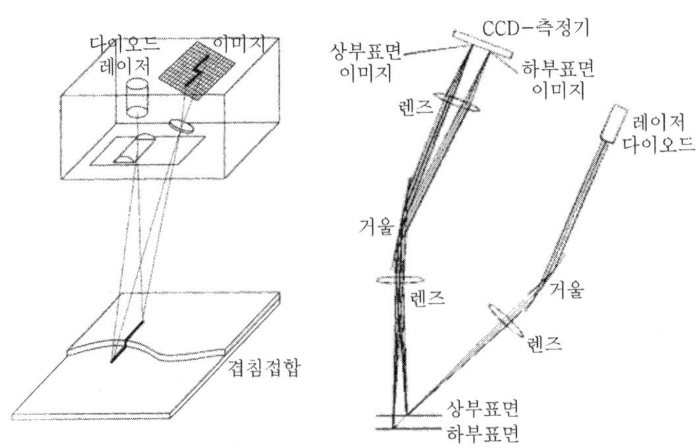

그림 IV-89 프로파일 용접에서 상하측정시스템(Rofin)

±0.1mm의 정확도를 줄 수 있으며, 간편하여 로봇을 이용한 레이저용접에 사용할 수도 있다. 그리고 그 동작은 시간당 추적속도 50Hz까지도 가능하며, 이것은 가공속도가 10m/min인 경우에도 사용할 수 있다. 대부분의 **접합부추적시스템**은 광-전자신호에 의한 방법을 사용하며, 레이저빔헤드와 동시에 움직이도록 일정한 거리가 떨어져 부착되어 있다.

IV-5 극초단펄스 레이저빔의 특성과 재료가공

펄스레이저빔에 의한 정밀재료가공에서 펄스폭이 nsec범위 이상으로 긴 경우에는 재료에서 항상 용융재료의 미소분출과 열 영향구역을 형성한다. 이러한 문제점은 정밀도와 가공품질에 영향을 미치게 되지만, 극초단펄스빔을 사용하면 열적인 문제점을 극복할 수 있다. 즉 극초단펄스(fsec/psec)빔을 재료에 조사하면 가열에 의한 열확산이 없기 때문에 재료용융에 의한 유동장과 플라즈마형성 이전에 어블레이션(ablation)이 발생하므로 열영향부생성과 유체역학적인 영향이 없다. 따라서 극초단펄스빔은 전기전자산업, 정밀기계산업, 항공우주산업, 정보통신산업, 의료산업 등에서 각종 금속, 세라믹, 고분자, 강화유리, 생체재료의 초정밀가공 및 각종부품의 3D조형(structuring)에 광범위하게 사용된다.

극초단펄스빔에 의한 미세재료가공을 위한 과정은 두 단계로 나누어 생각할 수 있다. 첫 번째는 극초단펄스빔 조사 도중에 전자들이 다중포톤효과에 의하여 레이저빔을 흡수하는 과정이다. 두 번째는 벌크재료에 흡수된 에너지의 재분배로 원자 혹은 분자 상태로 어블레이션을 일으켜 재료를 제거시키는 과정이다. 여기서 어블레이션이란 그림 IV-90의 (a)에 나타낸 것 같이 재료표면 근방에서 분자 또는 몇 개의 원자들이 결합된 상태에서 본드가 절단되거나, 또는 (b)에 나타낸 것 같이 각각의 원자들이 분해되어 나

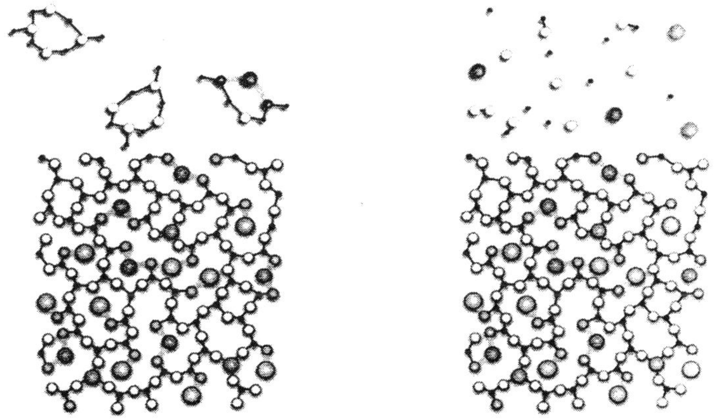

(a) 표면근방에서 결합의 절단　　(b) 표면근방에서 원자들의 분해

그림 IV-90 유전체재료의 어블레이션

가는 현상을 의미한다. 이러한 극초단펄스빔에 의한 어블레이션 또는 미세정밀가공은 레이저빔의 파장, 펄스폭, 출력밀도 및 재료의 물리적, 화학적, 열적, 광학적 성질에 의하여 지배된다.

Ⅳ-5-1 극초단펄스 레이저빔의 특성과 에너지흡수기구

투명한 유전체에서 극초단펄스 레이저빔은 주로 재료의 가전자대와 전도대의 전자들과 연계되어 에너지를 저장한다. 레이저빔펄스폭은 포톤에너지가 이들 전자대들 사이에 전이되어 저장되는 지속시간을 결정한다. 그리고 저장된 에너지는 재료시스템의 다양한 에너지상태로 재분배되는데, 이들은 전자 - 전자, 전자 - 포논, 포논 - 포논 상호작용에 의한다. 이들의 에너지이완시간, 즉 전달시간이 에너지재분포를 이루는 데 요구되는 특성적인 시간이다. 금속과 반도체에서 에너지의 열운동화시간은 대체로 10^{-12} ~ 10^{-11} 초(psec정도) 범위이다. 펄스레이저빔은 유전체의 밴드들 간에 전자의 전이를 유발하거나, 금속에서 빔에너지는 자유전자들에 의해서 흡수된다. 이러한 에너지흡수에 뒤이어 전자하부시스템에서 빠른 에너지이완, 열확산, 전자-포논 에너지결합으로 인하여 원자격자로 열전달이 있게 된다. 전자에너지가 격자원자로 전달되는 데 필요한 시간은 수십psec 정도이다.

어떤 재료라도 전자들이 임계밀도가 얻어진 후에는 레이저빔에너지는 금속에서 자유전자들이 거동하는 것과 비슷한 방법으로 주로 **역제동복사**(逆制動輻射; inverse Bremsstrahlung)와 **전자공진흡수기구**에 의하여 흡수된다. 그리고 fsec펄스레이저빔에너지 흡수로 인한 레이저어블레이션에서 에너지전달은 2단계로 나눌 수 있다. 처음에 전자들에 의하여 포톤에너지를 흡수하고, 다음에 이 흡수된 에너지를 격자에 전달하여 재료를 제거시키는 것이다. 이것은 수십fsec 이내에 이온화가 일어나고 펄스기간 이내에 자유전자의 가열이 완료되며, fsec펄스의 에너지흡수기간에 격자온도는 변하지 않기 때문에 **냉간이온화**(cold ionization)와 자유전자가열에 의하여 레이저빔에너지가 흡수된다. fsec펄스에서는 재료가 불투명하거나 투명하거나 관계없이 모든 재료에서 비선형적인 흡수가 지배적이다.

극초단펄스빔(fsec)은 레이저-재료 상호작용에서 매우 비선형적인 현상을 주므로 긴 펄스빔(>nsec)에 비하여 레이저빔흡수에 큰 차이가 있다. fsec펄스는 매우 짧은 기간에 매우 큰 첨두출력을 주므로 거의 어떤 재료라도 이온화시킬 수 있다. 이러한 높은 강도에서 초기에 관여하는 자유전자는 주로 다중포톤효과 또는 터널효과를 포함한 강력한 전기장 이온화에 의하여 발생된다. 전자들은 수십fsec 이내에 수eV로 여기될 수 있고, 반면에 전자들로부터 이온으로 에너지전달은 수십psec 정도이다. 따라서 fsec펄스에너지는 주로 포톤-전자 상호작용이 일어나는 매우 얇은 층에 축적되어 어블레이션을 주므로 매우 정밀한 가공을 할 수 있다.

극초단펄스빔에 의한 어블레이션을 주기 위해서 처음에 자유전자를 생성하는 기구로는 **광이온화**(photoionization)와 전자의 충격에 의한 붕괴이온화(avalache ionization)가 있다. 광이온화는 다시 다중포톤이온화(multiphonon ionization)와 터널이온화(tunnel ionization)로 나눌 수 있다. 이들을 강력

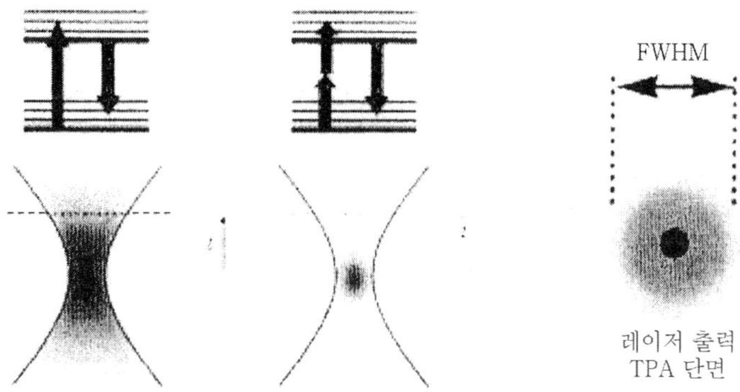

(a) 1개 포톤에 의한 전이 (b) 2개 포톤에 의한 전이 (c) 집속빔의 출력 분포

그림 IV-91 포톤에 의한 전자의 전이와 출력 분포

한 전기장이온화라고도 한다. fsec펄스빔 조사에서 광이온화는 밴드갭이 큰 유전체재료라고 하여도 금속성질을 주게 한다. 이제 이들 각종 이온화에 대하여 간단히 살펴보겠다.

○ 다중포톤이온화

극초단펄스빔(fsec)의 출력밀도가 매우 크면, 다중포톤이온화가 매우 현저하게 일어난다. 즉 fsec펄스의 광선속(photon flux)이 $> 10^{13}\mathrm{W/cm^2}$으로 매우 큰 경우에는 2개 이상의 포톤이 합쳐져서 동시에 작용할 수 있다. 이 경우에 합쳐진 에너지가 재료의 이온화 포텐셜 이상인 경우에는 그림 IV-91과 같이 원자의 가전자대에 구속된 전자를 전도대로 전이 또는 자유전자로 만든다. 여기서 그림(a)는 포톤에너지가 충분히 큰 일반적인 레이저빔에 의한 **OPA(one-photon absorption)작용**으로 1개 포톤에 의해 전자가 가전자대에서 전도대로 전이되는 현상으로 집속된 빔의 점크기가 크다. 반면에 그림(b)는 포톤에너지가 크지 못하여 전자를 가전자대에서 전도대로 전이시키지 못하나, 2개의 포톤이 합쳐진 **TPA(two-photon absorption)작용**으로 전자가 전이되는 현상으로 집속빔의 점크기가 매우 작다. 그리고 2개 이상의 포톤이 합쳐져서 전자의 전이가 일어나는 현상을 다중포톤흡수(multi-photon absorption)작용이라고 한다. 이러한 **다중포톤흡수현상**은 펄스빔의 출력밀도가 매우 큰 경우, 즉 광선속이 매우 큰 경우에 발생한다. 그림(c)는 OPA와 TPA의 경우에 집속빔에 의하여 얻어지는 점크기를 비교한 것으로 TPA의 경우에 점크기가 매우 작고, 또한 출력밀도가 크기 때문에 정밀한 가공이 가능한 것이다.

이것은 극초단펄스 레이저빔의 파장이 λ로서 $h\nu$의 에너지를 가진 포톤 n개가 전자를 동시에 때리게 되면 $nh\nu$의 에너지, 즉 λ/n파장의 포톤과 같은 역할을 하게 되는 것이다. 이러한 다중포톤이온화는 $< 10^{12}\mathrm{W/cm^2}$에서는 일어나기 힘들다. 펄스레이저빔 출력밀도가 $> 10^{13}\mathrm{W/cm^2}$으로 매우 크면 다중포톤이온화가 현저하게 일어나며, 이 경우에 밴드갭이 큰 반도체재료 또는 유전체재료에서 이온화에 의한 어블레이션으로 정밀가공에 이용한다.

○ 터널이온화

펄스레이저빔 출력밀도가 더욱 커서 $10^{15}W/cm^2$ 정도일 때는 다중포톤이온화와 다른 터널이온화가 일어난다. 터널이온화란 원자/분자에 있는 전자가 이들의 포텐셜장벽을 통과하여 탈출하는 현상이다. 원자에 매우 강력한 전기장을 가하면 포텐셜장벽에 상당한 왜곡이 발생하며, 이온화에서 전자가 통과되어야 할 장벽이 낮아지므로 전자는 원자로부터 탈출이 용이하다. 이러한 터널이온화는 양자역학적 현상으로 쿨롱(Coulomb)포텐셜장벽의 변형이 클수록 전자가 탈출할 수 있는 확률이 크다. 만일 원자가 외부 DC전기장 하에 있으면, 쿨롱포텐셜장벽이 낮아지므로 전자가 장벽을 통하여 터너링할 수 있다. 만일 원자가 외부 AC전기장 하에 있으면, 전기장방향이 바뀌므로 이온화전자가 본래의 원자로 되돌아올 수도 있다. 그러면 전자는 핵과 재결합될 수 있고, 그 운동에너지는 큰 에너지의 포톤(고조화파; high harmonic generation)으로 방출될 수도 있다. 만일 재결합이 일어나지 않으면, 큰 에너지의 전자와 본래 원자 사이에 충돌에 의해서 이온화가 더욱 진행될 수도 있다.

○ 붕괴이온화

붕괴이온화는 전자충돌이온화라고도 하며, 펄스길이가 nsec 정도로 긴 구역에서는 붕괴이온화가 이온화의 중요한 기구이다. 붕괴이온화는 레이저출력밀도가 $10^{12}W/cm^2$ 정도 이하에서 밴드갭이 큰 유전체 재료의 어블레이션에 기여한다.

만일 금속재료에서 fsec펄스의 포톤을 흡수하여 자유전자의 운동에너지가 충분히 크면 전자의 충돌에 의하여 에너지일부를 속박되어 있는 전자에 전달하여 이온화포텐셜을 극복할 수 있다. 즉 전자의 운동에너지가 임계밀도에 도달하면, 이것은 충격이온화에 의하여 다른 전자를 생성한다. 이렇게 되면 1개의 전자가 2개의 자유전자를 만들게 되고, 이것을 **충격이온화**라고 한다. 결과적으로 자유전자는 포톤을 흡수하고 하부시스템에 속박되어 있는 전자로부터 더욱 많은 자유전자를 만든다. 이러한 일련의 연속된 충격이온화과정을 붕괴이온화라고 부르며, 여기서 자유전자밀도는 지수함수적으로 증가된다. 붕괴이온화는 자유전자밀도에 크게 의존하며, 이것은 레이저출력밀도에 선형적으로 비례한다. 이것의 효율은 역제동복사를 통하여 얻는 에너지와 포논방출, 즉 열방출을 통한 에너지손실 사이의 경쟁관계에 의하여 결정된다.

Ⅳ-5-2 극초단펄스 레이저빔에너지의 재분배와 재료제거기구

출력밀도가 $10^{14}W/cm^2$ 이상의 극초단펄스빔(fsec급)에서 재료의 이온화에 의한 **임계전자밀도**에 도달하는 것은 수fsec이 소요된다. 재료에서 임계밀도에 도달한 후에는 레이저에너지는 금속에서 자유전자와 비슷한 방법으로 역제동복사와 공진흡수기구에 의해서 흡수된다. fsec펄스기간 동안에는 전자들이 에너지를 격자이온들에 전달하거나 재료외부로 전달할 시간이 없다.

재료의 어블레이션에서 **임계플루언스**(threshold fluence; 어블레이션을 일으키는 임곗값의 광선속)는 재료의 격자에서 최소한 한 층을 제거시키는 크기의 레이저빔플루언스이다. 극초단펄스빔의 출력밀도가 어블레이션 임곗값 근방에서는 쿨롱(Coulomb)파열에 의해서 지배되는 어블레이션이 일어나며, 출력밀도가 훨씬 큰 경우에는 열적인 증발에 의해서 지배되는 강한 어블레이션이 일어난다.

(1) 극초단펄스기간에 에너지분배

펄스에너지의 대부분은 처음에 레이저의 전기장에 의하여 표면 하의 적은 깊이에 있는 전자들에 축적된다. 그리고 자유전자밀도가 임계밀도에 도달하면 어블레이션이 시작된다. 이러한 가정에 따라 어블레이션의 임계플루언스는 임계밀도가 생성되는 최소한의 플루언스로 간주될 수 있다.

출력밀도가 $10^{12}W/cm^2$ 정도 이하로 적으면 붕괴이온화가 지배적이며, 출력밀도가 $10^{13} \sim 10^{14}$ W/cm^2 정도로 높으면 다중포톤이온화가 지배적이다. 재료의 이온화, 즉 어블레이션의 임곗값은 전자밀도가 임계밀도에 도달할 때 이루어지며, 대부분의 재료에서 이온화임곗값은 $10^{13} \sim 10^{14}W/cm^2$ 범위이다. 그리고 포톤에너지가 증가함에 따라 이온화임곗값은 감소되며, 어블레이션조건을 주기 위하여 평균 전자에너지는 수eV로 증가되어야 한다. 그리고 전자-전자 평형시간은 펄스기간보다 짧으므로 전자에너지분포는 평형에 접근한다.

펄스기간 동안에 자유전자는 표면층에서 떠나며, 또한 요구되는 임곗값 이상으로 에너지를 얻을 수 있다. 활성적인 전자는 표면을 떠나서 본래원자의 이온과 전하 분리로 인하여 강한 전기장을 생성한다. 이 전기장의 크기는 전자의 운동에너지와 재료표면에 수직한 전자밀도구배에 직접적으로 비례한다. 만일 전기에너지가 격자에서 이온의 결합에너지보다 크면 전기장은 재료표면에서 이온을 떼어낸다.

(2) 극초단펄스 레이저빔에 의한 재료의 어블레이션기구

극초단펄스빔에 의한 어블레이션, 즉 재료제거에서 실제적으로 **쿨롱파열**(Coulomb burst)과 열적인 증발의 두 기구로 나눌 수 있다. 쿨롱파열은 여기된 전자가 재료로부터 탈출하여 강력한 전기장을 형성하고, 이것이 이온들을 끌어내어 어블레이션시키는 것이다. 반면에 열적인 증발은 큰 에너지의 전자와 포논의 충돌로 국부적인 온도를 증발온도 이상으로 증가시켜 재료를 제거시키는 기구이다. 어떤 기구가 지배적인가는 펄스폭, 파장, 출력밀도, 펄스수, 및 재료물성에 의존한다. 유전체재료에서는 극초단펄스빔을 조사시키면 처음에는 쿨롱파열 등에 의한 어블레이션이 지배적이므로 열적인 영향이 없다. 그러나 어느 정도 시간이 경과하면 어블레이션에서 서서히 열적인 영향을 미치게 되며, 나중에는 열적인 영향이 어떤 형태로든 재료제거에 관여하게 된다. 특히 펄스빔의 반복속도가 큰 경우에 더욱 큰 열 영향을 주게 된다.

그림 IV-92는 극초단펄스빔의 강도분포와 어블레이션 임계치를 보여주고 있다. 이 그림에서 펄스의 중심구역에서 빔강도가 어블레이션임계치, 즉 원자/분자결합을 끊을 수 있는 강도이상이면 재료를 어블레이션시킨다. 그러나 외부구역으로 임계치 이하의 점선구역으로 나타낸 적은 빔강도에서는 어블레이션을 시키지 못하고 재료에 잔류된다. 그러나 이 에너지의 양이 매우 적기 때문에 초기에는 열적인 영향이 무

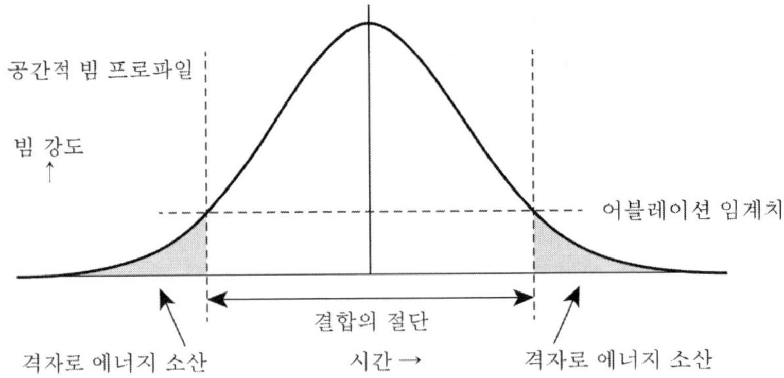

그림 IV-92 극초단펄스빔 프로파일
어블레이션 임계치 이상의 강도에서는 결합을 절단하며, 그 이외의 음영구역에너지는 격자로 소산된다. 이 에너지가 계속하여 축적되면 재료에 열적인 작용을 한다.

시된다. 그러나 계속적인 펄스빔조사로 이러한 적은 에너지가 축적되면서 시간이 지남에 따라 결국은 재료에 열적인 작용을 하게 된다. 특히 세라믹재료의 열전도도는 매우 적기 때문에 시간이 지남에 따라 무시할 수 없을 정도의 열량이 축적되며, 이것이 어떤 방법으로라도 재료가공에 영향을 미치게 된다. 따라서 극초단펄스빔에 의한 재료가공에서는 펄스폭, 펄스에너지, 시간당 펄스반복수, 펄스중첩도, 빔오버랩 주사수 등을 잘 선택해야 한다.

밴드갭이 큰 유전체재료의 어블레이션을 위한 레이저빔 플루언스는 어떤 임곗값 이상이어야 한다. 즉 쿨롱파열에 대한 유전체의 어블레이션 관점에서 임계플루언스는 전자들이 격자에서 이온들의 결합에너지와 이온화포텐셜을 합계한 값을 극복하는 데 충분한 전기장을 생성시키는 최소한의 플루언스로 간주할 수 있기 때문이다.

재료에서 어블레이션깊이는 포톤흡수깊이에 의하여 지배되며, 이것은 fsec펄스 동안에 일어나는 전형적인 열확산깊이보다 길다. 어블레이션깊이에서 자유전자밀도는 임계밀도와 같다고 가정한다. 만일 붕괴이온화가 포톤흡수를 지배한다고 하면, 전자밀도(즉 어블레이션 깊이)는 일정한 플루언스에서 펄스기간에 독립적이다. 반면에 만일 다중포톤이온화가 포톤흡수를 지배한다고 하면, 어블레이션깊이는 일정한 플루언스에서 펄스폭의 감소에 따라 급격히 감소될 것이다.

밴드갭이 큰 반도체재료와 유전체재료의 레이저빔에 의한 어블레이션을 때로는 **레이저유기붕괴**(laser-induced breakdown)라고 부른다. 즉 재료를 어블레이션시키기 위해서 자유전자의 축적이 필요하며, 자유전자밀도가 임계밀도로 포화된다고 가정할 때 어블레이션이 일어난다. 여기서 처음에 재료는 금속성질을 지닌 포톤흡수플라즈마로 변화되고, 이어서 레이저광선-플라즈마 상호작용이 재료의 상변화를 주게 된다. fsec펄스빔에 대하여 임계밀도는 플라즈마공진주파수가 레이저주파수와 같아지는 자유전자밀도로 선택된다. 그리고 투명한 유전체재료는 임계밀도에서 완전히 불투명하게 된다.

다중포톤이온화는 매우 짧은 시간(수fsec)에 전자임계밀도를 공급한다. 이 경우에 다중포톤이온화에 지배되어 일어나는 자유전자생성은 다중포톤충격이온화에 의한 어블레이션의 특별한 경우로 간주되며, 여기서 다중포톤이온화는 매우 강력하므로 붕괴이온화가 현저히 일어나기 전에 임계밀도가 발생된다.

레이저빔의 전기장에서 공진에너지가 광이온화포텐셜보다 크면 다중포톤이온화가 지배적이 된다. 만일 레이저빔 출력밀도가 $10^{14}W/cm^2$ 이상이면, 위의 조건이 만족되어 대부분 재료에서 다중포톤이온화가 지배적이다. 밴드갭이 큰 유전체에서 fsec펄스빔으로 어블레이션 시키는 경우에는 다중포톤이온화가 지배적이며, 200fsec 이상에서는 붕괴이온화가 다중포톤이온화와 같이 중요하다고 보고되었다.

레이저빔펄스가 수십psec~nsec 범위로 긴 경우에 상호작용은 출력밀도가 10^8~$10^9W/cm^2$ 정도의 범위에 해당한다. 여기에서는 이온화가 무시될 정도이며, 유전체재료는 UV구역까지 거의 투명하기 때문에 포톤이 재료 내부로 깊숙이 들어가고 에너지흡수가 약하다. 이러한 에너지흡수는 밴드 사이의 전이, 격자결함 및 여기 등에 의해서 일어난다. 긴 펄스 어블레이션모드에서 전자-격자이온 에너지교환시간은 펄스폭에 비해서 짧기 때문에 전자와 격자원자가 열평형상태가 되고, 어블레이션은 가열, 용융, 증발의 일반적인 열적인 특성을 가진다. 이 경우에는 재료의 열팽창에 의해서 내부에 균열이 발생할 수 있다.

반면에 fsec펄스와 재료 사이의 상호작용에서는 출력밀도가 $10^{13}W/cm^2$ 정도 이상에서 거의 대부분 유전체재료가 반응구역에서 이온화한다. 따라서 역제동복사와 자유전자에서 공진기구로 인한 흡수가 반응을 지배하며, 흡수율은 수십%가 된다. fsec펄스에 의한 반응에서 보면 전자-격자이온 에너지교환시간과 격자에서 열전도시간은 매우 긴 시간에 해당하므로 격자이온들은 냉각된 상태로 남아 있기 때문에 냉간어블레이션이 된다. 그리고 전자들은 레이저빔에 의한 강력한 전기장으로부터 에너지를 얻어 재료에서 탈출한다. 그러면 전하분리에 의한 전기장이 재료에서 이온을 떨어져 나오게 하므로 어블레이션에서 효과적으로 비평형기구를 주게 된다.

Ⅳ-5-3 극초단펄스 레이저빔에 의한 투명재료의 필라멘테이션

투명한 유전체에 고출력의 극초단펄스 레이저빔을 조사시키는 경우에 재료에서 **필라멘테이션(filamentation)현상**이 발생한다. 필라멘테이션은 기본적으로 투명한 재료 내에서 고출력 극초단펄스 레이저빔의 집속에 의한 2가지 **비선형효과**에 기인한다. 첫 번째는 집속빔의 초점근방에서 굴절률증가로 발생하는 광학적인 **커(Kerr)렌즈효과**, 즉 자동집속(self-focusing)현상으로 이것은 회절에 의한 발산에 반대되는 작용이다. 두 번째는 집속빔의 초점근방에서 다중포톤흡수에 의한 이온화(즉 다중포톤이온화, 터널이온화, 붕괴이온화)에 의한 플라즈마형성으로 발생하는 **초점이탈(defocusing)현상**이다. 투명한 재료 내에서 이들 자기집속현상과 초점이탈현상이 연속하여 반복적으로 발생되면서 직경이 작고 길이가 긴 필라멘트형상의 빔을 주게 된다. 레이저빔의 출력, 펄스폭, 파장, 펄스에너지 및 재료의 특성에 따라 필라멘트의 직경이 수~수십μm 내외에서 길이가 수십μm~수mm까지 줄 수 있다. 이러한 필라멘트는 거의 일정한 빔허리로 초점깊이가 **레일리(Rayleigh)길이**의 수배 이상으로 연장된 것과 같은 형상을 준다. 이러한 비선형적인 거동은 투명한 재료의 정밀한 절단과 천공에서 매우 중요한 가공기구이다. 따라서 이제 투명한 재료에서 고출력 극초단펄스 레이저빔에 의한 필라멘테이션발생, 크기 및 특성에 대하여 검토해 보자.

(1) 투명한 유전체에서 필라멘테이션 발생

○ 자동집속(self-focusing)

투명한 유전체에 가우시안모드의 집속된 고출력 fsec펄스빔을 조사시키면 매질을 통과 시 빔의 중심부에서는 I-2-5항에서 언급한 바와 같이 비선형작용에 의하여 다음 식과 같이 높은 굴절률을 주게 된다.

$$n = n_0 + n_2 \cdot I(r, t) \qquad \text{(IV-118)}$$

n_0 : 매질의 선형적인 굴절률

n_2 : 2차 비선형지수 (이 값은 '+'임)

$I(r, t)$: 레이저빔강도

여기서 비선형적인 커(Kerr)지수 n_2는 3차 유전감수율 η_3와 관련되며, $\eta_3 = 4\varepsilon_0 c n_2 n_0^2/3$이다. 따라서 집속빔의 중심부에서 굴절률의 증가로 빔은 낮은 속도로 이동하며, 이것이 빔을 집속시키는 역할을 한다. 이러한 현상을 자동집속이라고 하며, 이렇게 빔을 집속시키는 현상을 커렌즈효과라고 한다. 이러한 자동집속효과를 주기 위해서는 입력빔의 첨두출력이 다음과 같은 임계출력보다 커야 한다.

$$P_{cr} = \frac{3.77\lambda^2}{8\pi n_0 n_2} \qquad \text{(IV-119)}$$

극초단펄스 레이저빔에 의한 필라멘테이션현상은 n_2가 '+'인 모든 투명한 재료에서 발생한다.

○ 플라즈마발생과 초점이탈(defocusing)

일단 빔의 중심부가 자동집속되면 빔의 출력이 그 축을 따라 집중되고 큰 강도로 인하여 재료의 원자 혹은 분자들이 터널이온화한다. 그리고 다중포톤효과에 의하여 재료 내의 전자들은 가전자대에서 전도대로 전이되며, 역제동복사과정을 통하여 더욱 에너지를 흡수한다. 이러한 고에너지의 전자들은 다른 원자 혹은 분자와 충돌하여 캐스케이드이온화(혹은 아바란치이온화)를 야기하여 2차 전자를 생성시켜서 전자밀도를 $n_e = 10^{18} \sim 10^{20}/\mathrm{cm}^3$ 정도로 크게 증가시킨다. 그러면 중심부에 플라즈마가 생성되고 빔을 발산시키는 발산렌즈로 작용하며, 이것은 자동집속이 말소되도록 하여 빔의 중심부를 디포커스시킨다.

플라즈마생성은 자유전자밀도를 증가시켜 다음 식과 같이 국부적인 굴절률을 감소시킨다.

$$n \cong n_0 - \frac{\rho(r,\, t)}{2\rho_c} \qquad \text{(IV-120)}$$

$\rho(r,\, t)$: 자유전자밀도

ρ_c : 임계플라즈마밀도(이 값 이상에서는 플라즈마가 불투명하게 됨)

$$\rho_c = \varepsilon_0 m_e \omega_0 / e^2 \qquad \text{(IV-121)}$$

m_e : 전자의 무게, e : 전자의 전하 (800nm에서 $\rho_c \simeq 1.7 \times 10^{21}/\text{cm}^3$)

즉 플라즈마생성으로 인한 굴절률감소는 발산렌즈로 작용하며, 빔 자체가 와해되어 소멸하는 것을 예방한다. 만일 빔이 발산되지 않고 계속 집속되어 그 부분이 계속 이온화하면 빔에너지가 거의 손실되어 결국은 빔이 소멸될 것이다. 그러나 빔의 디포커싱으로 이온화가 정지되어 빔의 에너지가 손실되지 않아 빔의 소멸이 일어나지 않는다.

일단 빔의 자동집속이 일어났던 중심부는 플라즈마형성으로 발산렌즈로 작용하여 빔을 발산시키게 되나, 중심부 바로 외부의 구역은 아직 고출력이므로 빔의 진행방향으로 앞으로 더욱 나아간 거리에서 다시 자동집속이 이루어진다. 이렇게 고출력 극초단펄스빔을 투명한 유전체에 집속시켜 조사하면 그림 IV-93과 같이 커렌즈효과에 의한 자동집속과 플라즈마생성으로 발산렌즈효과에 의한 디포커싱이 계속하여 반복된다.

이 그림에서 보듯이 빔의 전파방향으로 일련의 열점(hot spot)들이 길게 배열된, 소위 말하는 필라멘트가 발생된다. 즉 이것은 비선형매질로서 자체유도(self-guided)되는 필라멘트를 형성하게 된다. 이렇게 투명한 재료에서 굴절률증가에 의한 자동집속과 플라즈마발생에 의한 디포커싱의 결과로 얻어지는 필라멘테이션의 동력학적 균형은 렌즈로 집속된 레이저빔에서 레일리거리를 크게 초과하는 거리로 가이드하여 **연장된 레일리거리(extended Rayleigh length)**를 주는 것과 같다.

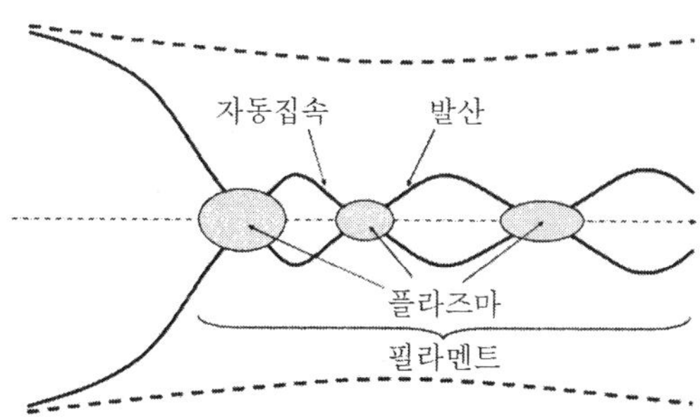

그림 IV-93 강력한 빔의 중심에서 자동집속과 발산 사이클의 도식적인 표시
실선은 빔 코어의 직경을 나타내고, 점선은 전체 빔의 반경을 나타낸다. 필라멘테이션 길이는 이들 사이클을 포괄하는 구역의 길이이다.

(2) 투명한 유전체에서 필라멘트길이

투명한 재료(예; 용융실리카, 사파이어, 유리 등)에서 고출력의 극초단펄스빔을 자동집속시키는 현상이 관찰되며, 필라멘테이션의 임계치는 수MW 정도이다. 이것은 100fsec빔에 대하여 펄스에너지는 단지 1 μJ에 해당한다. 그리고 이러한 첨두출력과 전달되는 출력으로부터 얻어지는 필라멘트직경은 수μm에서 수십μm이며, 그 길이는 상당히 길다. 빔의 파장이 800nm이고 빔허리의 반경(w_0)이 10μm인 경우에 레일리길이는 약 390μm이다. 투명한 재료에서 fsec빔에 의한 필라멘테이션에서는 거의 일정한 빔허리로서 레일리길이의 수배에 달한다. 예를 들면, 파장이 800nm으로 160fsec의 펄스빔에서 펄스에너지가 2μJ인 경우에 필라멘트길이는 2cm에 이른다고 보고되었다.

위에서 이미 언급한 바와 같이 높은 첨두출력의 극초단펄스빔은 투명한 매질에서 높은 전자밀도를 주게 되므로 에너지손실이 크다. 이것은 자동집속구역에서 에너지손실을 크게 하므로 첨두출력이 자동집속에 대한 임계출력 이하로 곧 내려가기 때문에 필라멘테이션이 정지되어야 한다. 그러나 필라멘트길이는 레이저빔의 초기조건(첨두출력, 빔직경, 빔의 집속수렴 등)에 의존한다. 필라멘트길이는 선형적인 회절법칙이 적용되지 않는 좁은 직경의 빔과 관련되며, 인입되는 빔출력이 임계출력(P_{cr}) 이상을 유지하는 비선형적인 구역에서 전파된다. 이 정의에 의하면 필라멘트길이는 최소한 첫 번과 마지막에 빔의 와해가 일어나는 스폿 사이의 거리이다. 그러나 많은 경우에 필라멘트길이는 펄스출력이 재료를 이온화시키기에 충분한 크기의 길이로 정의한다. 더욱 협의로 정의하면 필라멘트가 연속된 플라즈마채널을 만드는 길이로 정의한다.

○ 필라멘테이션에서 재집속 사이클

투명한 유전체에서 극초단펄스빔의 포톤에너지가 기본적인 전자전이(즉 가전자대에서 전도대로 전이)에 필요한 에너지보다 적으면 다중포톤효과 등의 비선형작용에 의하여 필라멘테이션이 발생한다. 위에서 몇번 언급한 바와 같이 투명재료에서 긴 필라멘트거리생성의 근원은 주로 광학적인 커렌즈효과, 다중포톤흡수 및 이온화의 결합된 작용이다. 그리고 첨두출력이 임계출력 이상인 빔은 원칙적으로 와해되어 소멸되어야 한다. 그러나 빔이 충분히 강력하면 다중포톤흡수는 빔의 중심부를 약화시키고, 소멸되는 위치 근방에 플라즈마가 생성되며, 이것이 빔의 중심부를 디포커싱시킨다. 일단 빔의 중심부분이 디포커싱으로 발산되면, 빔중심부 바로 밖의 구역은 아직 임계출력 이상의 출력을 유지하고 있으므로 다시 빔을 자동집속시킨다. 그리고 이곳에서 다시 다중포톤흡수에 의한 이온화로 플라즈마를 형성하고 빔을 발산하여 디포커싱시킨다. 따라서 그림 IV-93에 보여주는 것과 같이 이러한 자동집속-디포커싱 사이클이 계속된다. 이러한 과정이 반복되면 긴 구역에 걸쳐서 필라멘테이션이 유지되고 자체적으로 가이드되는 빔전파가 이루어진다. 그리고 자동집속과 다중포톤흡수/이온화 사이의 상호작용은 매우 동력학적인 과정으로 반복하여 이루어지나 정확한 주기성을 가지고 있지는 않다. 이러한 사이클의 반복성에서 가장 중요한 변수는 무엇보다도 입력펄스빔의 첨두출력이다.

(3) 투명한 유전체에서 필라멘테이션에 의한 가공

투명한 재료의 레이저가공이란 레이저빔에너지에 의해서 재료 내부의 격자결합을 끊는다든지 어떤 손상을 주어 두 부분으로 분리시키는 현상이다. 따라서 집속된 레이저빔을 어떤 위치에 조사시키는가에 따라 재료의 가공공정과 그 결과에 큰 차이가 있다. 일반적으로 정확하게 집속된 빔의 경우에 재료의 손상은 보통 표면부터 어블레이션되어 고온플라즈마의 형태로 되어 날아간다. 그러나 만일 빔이 재료 내부의 위치에 조사되면 어블레이션은 그 주위에 둘러싸인 재료에 의해서 구속되고 충격파로 인한 압축이 발생하며, 손상된 구역은 국부적인 미세균열파괴 또는 공동(void)의 형태로 얻어진다.

그러나 극초단펄스빔은 이들 집속구역에서 다중포톤이온화로 자유전자발생에 주도적인 역할을 하며, 이들 전자들은 원자 혹은 분자와 충돌로 붕괴이온화를 야기하여 전자-이온 플라즈마를 더욱 생성시킬 수 있다. 재료의 손상임계치는 보통 이들 전자들의 에너지밀도가 격자결합에너지와 같게 되는 전도전자밀도에 해당하며, 정확한 집속조건에서 큰 규모의 손상을 준다. 손상경로의 형상과 크기는 전기장이온화와 충격붕괴에 의해 발생하는 전자밀도가 $10^{20}/cm^3$으로 이것은 펄스빔으로 발생하는 플라즈마밀도가 $2 \sim 4 \times 10^{20}/cm^3$ 근방에서 포화되는 곳이다.

투명한 재료 내부에 집속된 극초단펄스빔 조사로 손상, 즉 영구적인 구조변화를 주어 글자를 기록하거나 3D형상으로 내부표시 또는 절단 같은 가공을 수행할 수 있다. 예를 들면 유전체내에 이러한 손상을 줌으로써 재료 내에 도파관(waveguide) 또는 격자(grating)를 만들 수 있다. 투명재료 내에 심어지는 광학요소부품의 구성은 빔출력의 조절과 집속빔의 크기를 특정한 깊이에서 조절할 수 있는 능력이 필요하다. 이러한 특성은 자체적으로 가이드되는 펄스빔으로 필라멘테이션공정을 통해 이룰 수 있다. 따라서 이러한 가공의 경우에 투명재료 내에서 구조변화와 손상을 야기하는 극초단펄스빔-재료 사이의 상호작용에 대한 이해가 중요하다.

Ⅳ-5-4 레이저빔 펄스폭(fsec, psec, nsec)에 따른 특성과 가공영향

극초단펄스빔에 의한 재료의 어블레이션에서 중요한 고려사항은 레이저빔에너지의 흡수와 전달에 대한 시간상수이다. 즉 레이저에너지전달은 재료를 제거하기 위해서 공급되어야 하는 최소한의 빔플루언스인 어블레이션임계치에 중요한 영향을 준다. 그리고 재료를 제거하는 데 요구되는 시간인 어블레이션시간은 물질전달속도에 의하여 결정된다. 어블레이션은 무거운 입자를 이동시키는 것이므로 일반적으로 어블레이션시간은 길고, 열전달 및 유체역학적 과정에 의해서 결정된다. 어블레이션시간이 열운동시간보다 길면, 이것은 열적인 어블레이션이라고 할 수 있다.

(1) 레이저빔 펄스폭(fsec, psec, nsec)에 따른 특성

재료에서 극초단펄스빔을 흡수하여 에너지를 수용 및 결합하는 과정에서 다음과 같은 3개의 특성적인 시간규격을 고려해야 한다.

τ_e : 전자가 빔에너지를 수용하는 시간(electron coupling time; fsec 정도)
τ_i : 격자가열시간(lattice heating time; 수십psec 정도)
τ_p : 레이저빔 펄스기간(laser pulse duration)

재료에 극초단펄스빔이 조사되어 레이저빔-재료 사이에 일어나는 상호작용에는 레이저빔 펄스기간에 따라 다음과 같은 3개의 구역이 있다.

$\tau_p \le \tau_e,\ \tau_i$ (fsec 펄스빔)
$\tau_e \le \tau_p \le \tau_i$ (psec 펄스빔)
$\tau_e,\ \tau_i \le \tau_p$ (nsec 펄스빔)

이제 이들 각각의 구역에서 일어나는 거동에 대하여 간단히 살펴보자.

○ $\tau_p \le \tau_e,\ \tau_i$ 구역

fsec펄스빔은 이 구역에서 매우 정밀한 재료가공이 가능하다. 즉 fsec펄스빔에 의한 어블레이션에서는 전자들에 의해서 에너지흡수가 일어나고, 펄스 도중에 전자-격자 에너지결합, 즉 에너지전달이 무시되므로 재료에 열영향이 없다. 따라서 용융물이 발생되지 않고 어블레이션이 일어나므로 정밀하고 경계가 분명한 구조를 얻을 수 있으며, 재현성이 양호하다. 다시 말해서 fsec펄스빔을 금속에 조사하면 레이저에너지는 역제동복사로 자유전자들에 의해서 흡수된다. 이러한 에너지흡수기구는 전자시스템에서 전자들의 가열이 일어나고, 전자열확산으로 금속내부로 전달된다. 시간이 길어지면 에너지는 격자이온에 전달되어 이온들의 어블레이션을 일으킨다.

fsec펄스빔에서 에너지흡수는 재료의 광학적 침투깊이에 의해서 결정되며, 레이저플루언스의 증가에 따라 정성적으로 2개의 어블레이션 구역이 있다. 플루언스가 적은 구역에서는 레이저빔 에너지흡수가 광학적 침투깊이에 의해서 결정되며, 이 경우에는 재료의 열적인 용융흔적이 관찰되지 않는다. 반면에 플루언스가 큰 구역에서는 얇은 층의 용융흔적이 나타난다. 즉 플루언스가 적은 경우에는 평균어블레이션속도가 광학적인 침투깊이에 의해서 결정되고, 플루언스가 큰 경우에는 펄스기간에 무관하게 효과적인 열침투깊이에 의해서 결정된다. 여기서 격자온도는 전자온도에 선형적으로 비례하게 되고, 플루언스의 크기에 따라 2개의 다른 침투깊이, 즉 광학적인 침투깊이와 열침투깊이가 있다.

○ $\tau_e \le \tau_p \le \tau_i$ 구역

이 구역은 psec펄스빔에 해당하며, 이 구역의 펄스빔에 대해서는 광학적인 침투깊이에 의해서 결정되

고 지배받는 어블레이션진행은 관찰되지 않는다. 10psec 이상의 펄스빔에 대해서는 열전도와 유체역학적인 운동이 어블레이션 과정을 지배한다. 수십pec 이상에서는 전자와 격자이온은 펄스초기에 평형을 이루게 된다. 따라서 수십psec 이상의 긴 펄스빔의 어블레이션 방식은 열적인 어블레이션으로 기술하는 것이 적당하다.

이 경우에 어블레이션임계치는 흡수된 레이저빔에너지가 펄스 동안에 열확산 침투깊이 두께의 층에서 재료의 용융 및 증발되는 조건에 의해서 결정된다. 이러한 어블레이션 플루언스에서는 열전달의 $\sqrt{t_p}$의 존성이 성립된다. 이러한 긴 펄스빔(수십psec~nsec)의 작용에 대한 출력밀도는 $10^8 \sim 10^9 \mathrm{W/cm^2}$ 범위이다. 이 경우에 fsec펄스빔과 같은 이온화(즉 다중포톤이온화에 의한 자유전자생성과 붕괴이온화)는 무시될 정도이며, 유전체재료는 UV구역까지 거의 투명하므로 빔흡수는 약하다.

빔펄스폭을 증가시키면 유효한 에너지침투깊이를 감소시키고, 임계플루언스를 증가시킨다. 이러한 효과들은 펄스 도중에 재료의 용융 및 증발로 인한 플라즈마팽창을 야기하고, 레이저빔이 플라즈마에 의해서 차장되어 열전도손실이 증가된다. 따라서 수십psec(≅20psec) 이상의 펄스빔에서는 펄스당 어블레이션깊이가 감소된다.

○ $\tau_e,\ \tau_i \le \tau_p$ 구역

이 구역의 펄스빔은 nsec 이상의 구역에 해당하며, 펄스빔 에너지가 재료에 흡수되어 용융 및 증발이 일어나기 때문에 전형적으로 열적인 어블레이션을 주는 거동이 이루어진다.

(2) 레이저빔 펄스폭에 따른 어블레이션 효율성

레이저빔에 의한 어블레이션 효율성은 빔에너지에 대한 어블레이션양(어블레이션된 재료/펄스빔 에너지)으로 정의된다. 이 값은 fsec, psec, nsec 펄스 중에서 fsec 펄스의 경우가 가장 효율성이 크다. 그리고 fsec 펄스의 파장이 짧아짐에 따라 **어블레이션효율**은 향상된다.

일반적으로 고출력펄스빔을 재료에 조사시키면 크레이터(crater)가 형성되면서 밝은 플룸 혹은 '코로나(corona)'가 발생된다. 이러한 현상은 용융 및 증발된 입자들의 분출과 플라즈마입자들의 재응축 결과이며, 이러한 재응축은 상기압에서 매우 크다. 그러나 fsec펄스로 재료를 어블레이션시키는 경우에는 이러한 코로나발생 현상이 없다. 그 이유는 이러한 극초단펄스빔이 재료에 조사되는 경우에 그 어블레이션되는 물질 중심의 매우 급속한 팽창속도(이것은 열을 흡수한 입자의 속도보다 큼)와 펄스빔과 재료 사이의 상호작용 도중에 용융상이 형성되지 않기 때문이다. 즉 재료의 격자가 가열되지 못하고 아직 냉각상태이기 때문이다. 따라서 재료가공은 열적인 작용 없이 이온화로 어블레이션되는 냉간가공기구에 의한다.

이러한 현상은 고체물질에서 전자-포논 충돌이 일어나는 전형적인 시간인 수십psec에 비해서 짧은 펄스폭을 주기 때문이다. fsec구역에서는 펄스빔에너지가 고체물질에 완전히 재분배되기 전에 펄스기간이 종료되기 때문이다. 즉 레이저빔과 플라즈마 상호작용이 없이 재료에 에너지가 축적되므로 psec/nsec 구역의 것보다 더욱 양호한 어블레이션 효율을 준다.

psec/nsec 구역의 펄스인 경우에는 펄스기간이 재료에서 빔에너지가 격자로 이완되는 시간과 비슷하거나 더욱 크다. 이러한 경우에는 펄스빔이 조사된 구역의 가열이 펄스기간 동안에 표면을 용융 및 증발시키기에 충분하도록 빠르며, 또한 플라즈마가 발생되어 빔 차단이 일어날 수 있다. 따라서 열적인 작용에 의한 증발로 어블레이션이 일어나는 경우에는 psec펄스보다 오히려 nsec펄스에 의한 경우가 어블레이션효율이 더욱 크다. 그 이유는 펄스기간도중에 증발전선은 재료내부로 이동하기 때문이며, 이러한 어블레이션된 물질의 유체역학적 운동으로 인하여 어블레이션깊이와 어블레이션용적은 펄스기간에 따라 증가되기 때문이다.

표면근방의 큰 밀도의 플라즈마에서 펄스에너지 흡수를 보면 2가지 중요한 과정을 생각할 수 있다. 한 가지는 전자밀도와 레이저빔파장에 의존하는 역제동복사현상이고, 다른 것은 전자밀도, 포톤에너지, 다중포톤이온화에 대한 레이저출력밀도에 의존하는 광이온화이다. 충분히 가열되고 큰 밀도의 플라즈마에 대해서는 단일포톤이온화흡수가 지배적이다. psec펄스의 경우에 빔출력밀도와 플라즈마입자밀도는 nsec펄스의 경우보다 크다. 따라서 psec펄스의 경우에는 플라즈마흡수가 크므로 nsec펄스보다 어블레이션효율이 오히려 낮다.

결과적으로 fsec펄스의 경우에 어블레이션효율이 가장 크다. 그러나 전형적으로 빔에너지의 전자-격자 이완시간보다 펄스길이가 길면, 오히려 펄스기간이 길수록 어블레이션속도, 즉 어블레이션효율이 증가한다. 그리고 fsec펄스, psec펄스, nsec펄스 모두에서 파장이 짧을수록 어블레이션효율이 증가된다.

Ⅳ-5-5 극초단펄스 레이저빔에 의한 금속/세라믹재료의 가공특성과 차이점

극초단펄스(fsec/psec) 레이저빔에 의한 미세정밀가공은 빔이 조사된 재료표면의 어블레이션에 의한 것이다. 레이저빔의 강도가 이러한 어블레이션 임곗값, 즉 붕괴임곗값 이상이어야 재료가공이 가능하다. 만일 레이저빔강도가 이 붕괴임곗값 이하이면, 아무리 많은 펄스빔을 조사하여도 재료를 어블레이션시킬 수 없어 재료가공이 불가능하다.

이제 극초단펄스빔에 의한 어블레이션을 종합적으로 정리해 볼 필요가 있다. fsec펄스빔이 유전체재료와 반도체 같이 밴드갭이 큰 재료에 조사되면, 빔이 충돌된 구역은 처음에 금속성질을 가지면서 빔에너지를 흡수하는 플라즈마로 변환되고, 이어지는 레이저빔-플라즈마 상호작용은 벌크재료의 상변화를 주게 된다. 즉 fsec펄스에 의해서 유전체재료의 어블레이션 도중에 에너지전달은 다음 과정으로 이루어진다.

- 빔펄스가 수십fsec 정도로서 출력밀도가 $10^{13} \sim 10^{14}\mathrm{W/cm^2}$ 정도의 경우에 유전체재료에서 다중포톤이온화가 일어나서 많은 자유전자를 공급하여 붕괴이온화를 주어 어블레이션이 일어나게 된다. 즉 다중포톤이온화에 의해서 많은 자유전자들이 생성되고 임계밀도에서 포화된다.
- 임계전자밀도가 생성된 후에 레이저빔에너지는 주로 역제동복사와 공진흡수기구에 의해서 흡수된다.

- fsec펄스에 의한 어블레이션기구는 레이저빔의 펄스폭, 출력밀도, 파장, 펄스반복속도, 재료의 물성에 크게 의존한다.
- fsec펄스에서 강력한 어블레이션구역은 흔히 임계플루언스보다 상당히 큰 출력밀도에서 열적인 증발에 의해서 지배된다. 반면에 완만한 어블레이션구역은 유전체의 어블레이션 임계플루언스 근방의 출력밀도에서 쿨롱파열에 의해서 지배된다.
- fsec펄스의 어블레이션 깊이는 포톤흡수깊이에 의해서 지배된다. 어블레이션깊이에서 플루언스는 흡수임계플루언스와 같거나, 또는 자유전자밀도는 임계밀도와 같다고 가정된다.

유전체재료에 대한 어블레이션기구는 금속에 대한 것과 비슷하나 몇 가지 차이점이 있다. 즉 금속에서는 원자들의 결합에너지가 수eV 정도이나, 유전체재료에서는 결합에너지와 이온화에너지의 합계가 금속보다 더욱 크다. 따라서 유전체재료에서는 자유전자를 생성하기 위해서 필요한 이온화포텐셜만큼의 추가적인 에너지가 있어야 한다.

유전체재료의 어블레이션기구는 펄스길이에 따라 레이저에너지흡수기구에 차이가 있으므로 긴 펄스에서 열적인 기구와 짧은 펄스에서 비선형적인 기구로 나누어 생각할 수 있다. 펄스가 수십psec 이상으로 길면 전자와 격자이온은 펄스초기에 평형이 되며, 재료에서 열전도와 유체역학적인 운동이 어블레이션과정을 지배한다. 따라서 긴 펄스 어블레이션은 열적인 어블레이션모드로 기술할 수 있다. 이 경우에 어블레이션임계치는 흡수된 레이저에너지가 펄스 동안에 열확산깊이 두께의 층에서 원자들의 결합을 끊는 에너지로 완전히 전환되는 조건에 의하여 정의된다.

자유전자밀도는 레이저출력밀도와 시간에 의존하며, 펄스기간에 출력밀도가 이온화임곗값을 초과하면, 펄스가 끝나기 전에 초기이온화가 완료되고 자유전자의 밀도가 포화된다. 출력밀도가 $10^{13} \sim 10^{14}$ W/cm^2 정도인 fsec펄스는 어떤 재료에 대해서도 이온화시킨다. 따라서 이러한 극초단펄스빔에서 금속과 세라믹의 반응은 긴 펄스에 의한 반응과 달리 비슷한 과정을 거친다. 이러한 영역에서 어블레이션은 재료로부터 방출되는 전자에 의해서 생성되는 강력한 전기장으로 인한 이온가속으로 이루어진다.

fsec펄스가 어블레이션 임곗값에 근접하는 플루언스($10^{13} \sim 10^{14} W/cm^2$)를 가지게 되면 절단과 천공 같은 재료가공에서 크레이터의 깊이는 표피깊이(skin depth) 정도 수준이다. 그러나 플루언스의 증가에 따라 그 깊이는 지수함수적으로 증가될 수 있다. 그리고 재료에서 fsec펄스로 어블레이션되는 입자수는 긴 펄스에서 열적으로 어블레이션되는 경우보다 매우 적다. 이러한 효과는 극초단펄스빔으로 재료가공 및 박막형성에 있어서 비산되는 용융입자와 분출물에 의해서 형성되는 미세한 비산물과 입자형성을 억제하므로 정밀가공에 바람직하다. 즉 fsec펄스로 재료를 어블레이션하면 원자들이 떨어져 나갈 때 작은 비산물이 없고, 기지재료에 열적인 영향이 없어 정밀가공이 가능하다. 그리고 박막형성에서는 용융입자와 분출물을 형성시키지 않으므로 양호한 박막층을 형성시킬 수 있다. 그러나 수십psec∼nsec 펄스로 어블레이션하면 원자들이 열을 받아 용융 및 증발할 때 작은 비산물 입자들이 형성되고, 기지내부로 열 영향구역이 발생하여 결함이 발생한다.

유전체재료에서 fsec펄스로 어블레이션할 경우에 파장이 증가할수록 어블레이션 임계플루언스가 증가된다. 즉 파장이 증가할수록 레이저빔이 유전체 내부로 깊숙이 침투되므로 흡수깊이가 길어져 더욱 큰 에너지가 필요하다. 따라서 파장이 작을수록 어블레이션이 용이하다. 여기서 fsec범위의 극초단펄스기간은 재료에서 플라즈마팽창시간, 열전도시간, 전자-격자원자 에너지전이 시간보다 짧은 펄스를 의미한다.

그리고 반복속도(pps)가 큰 극초단펄스빔은 투명한 세라믹재료의 미세정밀접합에도 이용할 수 있다. 세라믹재료는 펄스길이에 따라 레이저빔에너지 흡수기구에 차이가 있으며, 짧은 펄스에서 비평형적인 기구와 긴 펄스에서 열적인 기구로 생각할 수 있다. 극초단펄스빔은 주로 포톤-전자 상호작용이 일어나고, 펄스길이가 수십psec 이상으로 길면 전자에서 격자이온으로 에너지가 전달된다. 세라믹재료인 경우에 열전도는 그 거리가 $<1\mu m$의 근방으로 제한되며, 재료의 온도는 곧 증가된다. 유리재료에서는 유리전이온도 이상으로 올라갈 수 있으며, 그 온도로 증가되는 시간은 빔강도에 따라 차이가 있을 것이나 매우 빠르다. 이 경우에 펄스빔의 반복속도에 따라 유리의 국부적인 접합이 가능하다. 즉 펄스빔과 펄스빔 사이의 간격이 길면 국부적인 열이 전도되어 온도가 유리전이온도 이하로 하강하므로 접합이 안 된다. 그러나 펄스빔 사이의 간격이 짧아서 열전도가 일어남과 동시에 조사된 펄스빔에 의한 열을 공급 받으면 유리전이온도 이상을 유지할 수 있어 접합이 가능하다. 따라서 유리전이온도로 증가되는 시간이 펄스빔 사이의 간격보다 길면 접합이 가능하다. 이것은 펄스빔의 반복속도가 수MHz 이상이면 유리 내부의 접합이 가능하다는 것을 의미한다.

또한 극초단펄스빔은 강화유리 또는 투명한 세라믹재료 내에 미세하고 정교한 3D구조를 형성하는 데 큰 장점이 있다. 즉 집속된 강한 극초단펄스빔은 투명한 재료 내에 집속시키면 국부적인 구역에서 빔강도가 비선형적인 흡수를 일으키기에 충분하게 된다. 이러한 국부적인 에너지축적은 재료의 외부에 영향을 주지 않고 내부에서 구조의 변화를 줄 수 있다. 가공매개변수들에 따라 초점위치에 미세공격(microvoid)

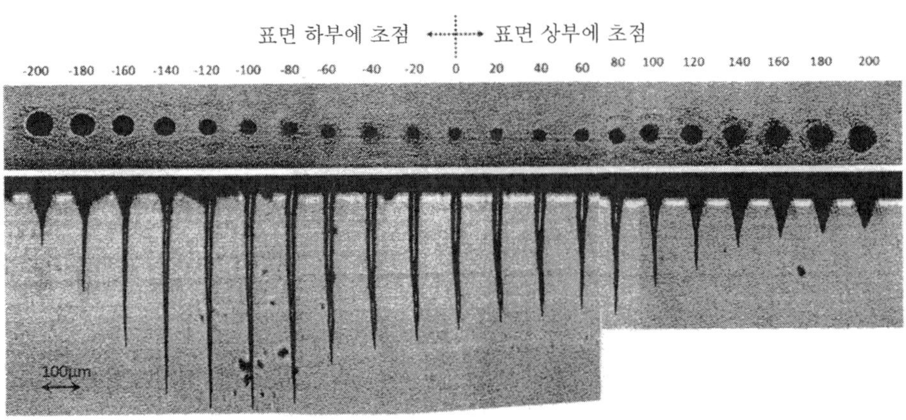

그림 IV-94 극초단펄스빔에 의한 BK7유리에서 천공깊이
초점 위치는 중앙은 표면에 있고 우측으로 갈수록 $20\mu m$씩 표면 상부에 있고, 좌측으로 갈수록 $20\mu m$씩 표면 하부로 위치시킨다. (파장 800nm, 펄스길이 100fsec, 펄스에너지 $33\mu J$) (S. Rezaei)

을 형성할 수 있다. 따라서 이러한 미세공격의 궤적을 따라 3차원구조의 형상을 가공할 수 있다. 일반적으로 극초단펄스빔으로 금속, 취성재료, 플라스틱, 박막의 초정밀가공에서 IR빔과 녹색의 2차조화파를 사용하며, 펄스구역은 800fsec~10psec의 펄스빔을 많이 사용한다.

그림 IV-94는 파장 800nm로 펄스폭이 100fsec이고 펄스에너지가 33.3μJ인 극초단펄스빔으로 필라멘테이션효과에 의하여 BK7유리에 천공을 시킨 형상을 보여주고 있다. 이 빔의 조사조건은 한 버스트(burst)에 6펄스로 이루어진 빔을 사용하여 천공하였다. 그림에서 맨 우측은 집속된 초점을 표면상부 200μm에 위치시킨 것이고, 좌측으로 갈수록 밑으로 20μm씩 내려서 위치시키면서 맨 좌측은 표면하부 200μm에 위치시킨 것이다. 이 그림에서 보듯이 초점위치를 표면 밑 100μm에 위치시킬 경우에 천공깊이는 약 600μm로 매우 길다. 이것은 그림 IV-19에 보여주는 것과 같이 초점위치를 표면보다 밑에 위치시킬 때 천공깊이가 가장 깊게 나온다.

레이저 재료 가공방법 V

V-1 금속의 표면가공
V-2 금속재료의 용접
V-3 재료의 절단
V-4 재료의 천공
V-5 재료의 미소가공
V-6 기타 레이저가공기술

V-1 금속의 표면가공

V-1-1 고상변태에 의한 표면경화

레이저빔에 의한 철강재의 표면경화는 여러 가지 재료가공방법들 중에서 가장 적은 레이저빔 출력밀도가 요구되는 범주에 속한다. 이 가공방법에서는 철강재표면에 조사된 레이저빔이 표면근방의 온도를 고상변태점과 용융점 사이의 온도로 가열시키도록 한다. 그 후 레이저빔을 이동시키면 표면층의 열은 곧 치밀하게 연속된 기지조직 내부로 전달되어 가열된 구역이 급속도로 냉각된다. 이러한 기지조직에 의한 자체적인 퀜칭작용은 표면구역의 정상적인 고상변태를 억제시키므로 철강재의 기지조직에는 변화가 없이 표면층만 경화된다. 따라서 이 방법이 적용될 수 있는 재료는 철강재와 같이 용융 전에 고상변태가 가능한 재료이다.

이 방법이 가장 많이 사용되는 금속재료는 열처리가능한 철강재로서 선택적인 내마모성이 요구되는 곳에 사용되는 중탄소강, 저합금고강도강(HSLA강), 특수합금강 및 주철재료 등이다.

표면경화되는 구역의 열이 금속내부로 전달되는 과정은 일반적인 열전도법칙이 적용되므로 표면의 열이 재료 내로 침투하여 들어가는 거리는 시간의 제곱근에 비례한다. 따라서 요망되는 표면온도와 열의 침투깊이는 금속재료의 표면상태, 흡수코팅 및 레이저빔의 출력밀도와 주사속도 등을 적당히 조절하여 얻을 수 있다. 실제적으로 철강재의 표면경화에 이용되는 방법은 **화염경화법**, **고주파유도경화법** 및 **레이저경화법**이 있으며, 이들의 특징을 비교해 보면 대체적으로 표 V-1과 같다. 이 표에서 보는 바와 같이 고주파유도경화법과 레이저경화법에서는 열원의 특성이 비슷하여 경화기구가 유사하나, 경화깊이와 경화구역의 패턴은 그림 V-1과 같이 차이가 있다.

레이저빔에 의한 표면경화는 다음과 같은 부품의 경우에 적당하다.

- 표면이 불규칙하고, 뒤틀림을 극소화시켜야 하는 부품
- 평평한 표면으로 완성가공을 수행한 후 경화시켜 계속적인 평평함을 유지시켜야 하는 부품
- 적당한 형태의 부분적인 표면경화가 요망되는 부품
- 경화시킬 구역에만 제한적으로 집중된 열을 가하기 힘들어 전체적인 가열 시 과도한 뒤틀림을 주게 되는 부품
- 급냉구역이 발생하면서 경화구역이 전체에 비해서 적은 부품

따라서 레이저빔에 의한 표면경화는 넓은 면적은 물론 부품의 모서리, 각이 진 구석, 움푹 들어간 구역, 기아의 돌출부 같이 불규칙한 부분의 표면경화 등에 유리하게 이용된다.

표 V-1 표면 경화법의 특성비교

	화염 경화법	고주파유도 경화법	레이저 경화법
열원의 특성과 출력	화염의 방사열에너지가 가간섭성이 아니고, 퍼짐으로 작업부품에 전달되는 열은 제한됨. (1KW/in^2: 1.6W/mm^2 이하)	출력밀도는 레이저빔에 접근하는 정도로 큼	레이저빔은 가간섭성이므로 예리하게 된 모양의 국부적인 구역에 큰 에너지를 가할 수 있으므로 출력밀도가 큼. (수 MW/mm^{2}도 가능)
열의 침투양상	에너지밀도가 적으므로 인하여 부품의 깊은 곳까지 가열하므로 표면온도는 서서히 증가됨. 열이 비효율적으로 경화구역 내부로 침투되므로 퀜칭으로 제거요망 됨.	고주파에서도 유도전류는 부품의 표면 하 상당한 거리까지 침투하여 과도한 열을 주므로 퀜칭으로 제거해야함. 표면상태의 요철에 따른 고주파 흡수차이로 비균일한 가열의 가능성이 큼.	출력밀도가 크므로 열을 부품의 표면 하 일정한 거리에 제한하는 것이 가능함.
열원의 조절 용이도	연료가스와 산소량 그리고 압력조절은 용이하나 연소 부산물의 양도 증가되어 오염의 가능성을 줌.	고주파로 가열되므로 연소 부산물은 없어 오염은 없으나 부품의 크기가 중요함. 유도코일 이동 시 코일이 잘 조절되어야 하며, 부품 표면과 거리에 약간의 차이가 있어도 품질에 지장을 줌.	레이저빔은 공기 중으로 먼 거리 통과시킬 수 있음. 레이저빔은 초점깊이가 크므로 부품과 열원 사이의 거리에 약간의 융통성이 있음.
재료특성 변화에 의한 영향	재료의 가열에 의한 전기적인 특성변화는 영향을 주지 않음.	가열에 따른 부품의 전기적 성질변화로 효과적인 가열을 위해서는 주파수 변화가 요망됨.	레이저빔의 흡수효율은 용융점 이하에서는 기지금속에 큰 영향을 받지 않음.

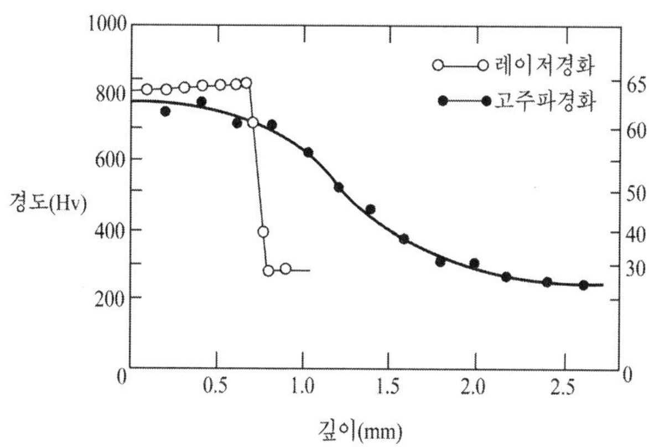

그림 V-1 레이저빔 경화와 고주파 경화에 의한 일반적인 철강재의 경도분포

(1) 경화기구와 경화조직

일반적으로 구조용 철강재의 조직은 펄라이트와 페라이트로 구성되어 있으며, 펄라이트입자는 다시 시멘타이트(Fe_3C)와 페라이트(α-Fe)가 층상으로 이루어져 있다. 이들 조직에 레이저빔을 조사시켜 표면구역이 A_3변태온도와 용융온도 사이의 온도가 되면 페라이트가 오스테나이트(γ-Fe)로 변태하게 된다. 오스테나이트는 탄소고용도가 페라이트에 비해서 매우 크므로 시멘타이트에서 분해된 탄소가 오스테나이트에 고용된다. 반면에 내부의 기지금속은 그대로 시멘타이트와 페라이트로 이루어진 **펄라이트조직**을 유지한다. 만일 조사되는 레이저빔을 이동시키면 표면근방의 열은 치밀하게 연속된 내부로 곧 전도되면서 급속한 냉각속도를 주게 된다. 그러한 경우에 표면근방에서는 정상적인 상변태가 이루어지지 못하고 준안정조직인 **마르텐사이트조직**으로 변태하게 된다. 이 경우에 표면층의 냉각속도는 레이저빔의 출력밀도와 주사속도 등에 의하여 지배된다. 철강재의 냉각 시 얻어지는 온도-시간-변태 사이의 관계를 나타내는 정성적인 **TTT곡선**은 그림 V-2와 같다. 그리고 철강재의 고상변태는 이 냉각곡선 상에서 설명할 수 있다.

만일 레이저빔 출력밀도가 적어 금속표면이 A_3변태온도에 도달하지 못한 상태에서 레이저빔을 이동시키면, 그림에서 ① 곡선과 같이 펄라이트가 오스테나이트상태로 변태되지 못하므로 마르텐사이트조직을 얻을 수 없어 표면경화가 불가능하다. 그러나 레이저빔 출력밀도가 충분하여 A_3변태온도 이상으로 된 후에 곧 레이저빔을 이동시키면 ② 곡선과 같은 과정을 거치게 되므로 급속한 냉각속도를 주게 된다. 이러한 경우에는 위에서 기술한 바와 같이 오스테나이트에 고용되었던 탄소가 시멘타이트를 형성하지 못하고 그대로 페라이트에 과포화된 상태에서 준안정상인 마르텐사이트조직으로 변태하여 경화된 조직을 주게 된다. 반면에 냉각속도가 너무 느려서 ③ 곡선과 같은 과정을 거치게 되면 오스테나이트에 고용되었던 탄소가 철과 결합하여 시멘타이트로 석출되면서 페라이트와 층상조직인 펄라이트조직을 형성하게 된다. 이러한 경우에는 정상적인 상변태가 일어나기 때문에 마르텐사이트조직을 얻을 수 없으므로 고상변태에 의한 경화가 불가능하다. 따라서 금속을 경화시키기 위해서는 냉각곡선이 TTT곡선상의 노즈부분 즉 튀어나온 돌출부분을 거치지 않도록 해야 한다.

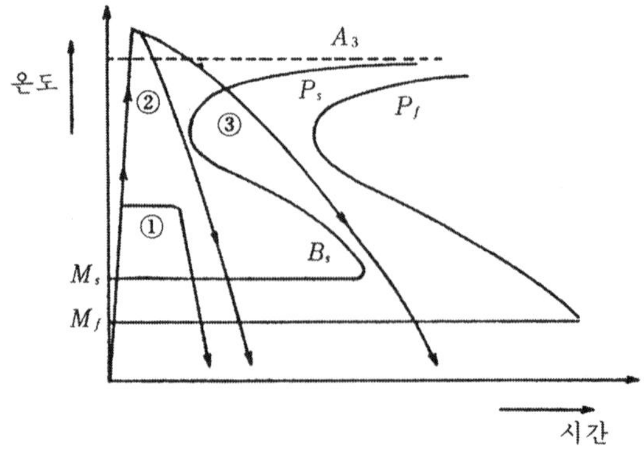

그림 V-2 철강재의 온도-시간-변태곡선

일반적인 탄소강에서 탄소함량이 적은 경우에는 TTT곡선 상에서 노즈부분이 좌측에 근접하게 되므로 매우 급냉을 시켜야 한다. 따라서 탄소함량이 매우 적은 저탄소강에서는 마르텐사이트변태가 거의 불가능하다. 반면에 탄소함량이 증가되면 노즈부가 우측으로 이동하며, 특히 다른 합금원소가 첨가되면 노즈부를 우측으로 이동시킴은 물론 마르텐사이트변태가 유리하도록 TTT곡선의 형태를 변화시킨다. 반면에 탄소량이 너무 많은 고탄소강에서는 마르텐사이트변태 시에 체적증가가 크고, 또한 급속한 냉각으로 인하여 재료에 균열이 발생하기 쉽다. 그리고 마르텐사이트조직에서는 탄소함량에 따라 경도는 크게 증가하나, 탄소함량이 0.6% 이상으로 많은 경우에는 경도증가현상이 둔화되어 경도가 거의 증가하지 않는다. 일반적으로 철강재에 합금원소를 첨가시키면 철강재의 경화능이 증가되고, 또한 변태곡선의 노즈부분이 우측으로 이동하므로 냉각속도에 여유를 가진다. 따라서 레이저빔에 의한 표면경화는 탄소함량이 0.3~0.6%인 중탄소 저합금강에서 매우 효과적이다.

주철에서 레이저빔에 의한 표면경화는 펄라이트기지의 주철에 대하여 사용하며, 표면경화기구는 철강재에 대한 기구와 비슷하다. 그러나 일반적인 주철에서는 탄소가 시멘타이트 대신에 편상흑연으로 존재하므로 탄화물인 시멘타이트가 분해하여 철기지 내로 고용되는 것보다 흑연상태의 탄소가 철기지 내로 확산되어 들어가는 데 더욱 시간이 걸린다. 따라서 일반주철의 경우에는 장시간 동안 레이저빔을 조사시켜야 되며, 여러 가지 제한이 따르게 된다. 또한 편상흑연을 모두 고용시킬 수는 없으므로 상당량의 흑연이 그대로 남게 된다.

레이저빔에 의한 표면경화에서는 철강조직이 필연적으로 오스테나이트조직으로 되어야 하므로 온도가 상태도 상에서 A_3변태온도 이상이 되도록 출력밀도가 커야 한다. 그러나 레이저빔에 의한 가열에서는 그

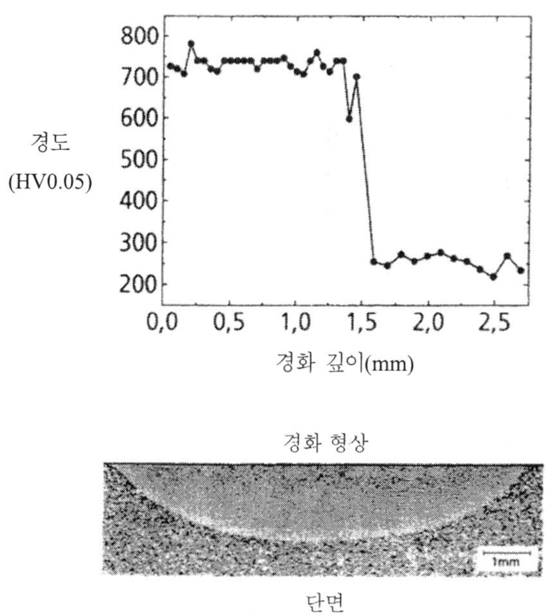

그림 V-3 0.45% 탄소강에 다이오드레이저로 표면경화시킨 경화구역의 경도와 단면(Rofin)

가열속도가 매우 빠르므로 금속재료의 **변태이력현상**으로 인하여 평형상태도상의 각 상을 구분하는 경계선이 상승하며, 반면에 냉각 시에는 급속한 냉각속도로 인하여 경계선이 하강한다. 따라서 완전한 고상변태를 주기 위한 레이저빔 출력밀도의 선정은 금속재료를 용융시키지 않는 범위에서 충분하게 고려해야 하고, 마르텐사이트변태가 시작되는 M_S온도가 어느 정도 높은 값을 가지는 재료가 바람직하다.

그림 V-3은 고출력(1KW급) 다이오드레이저빔을 0.45%C의 중탄소강에 주사시켜 표면경화시킨 후의 변태구역과 경도분포를 보여주고 있다. 이 그림에서 보듯이 표면근방의 경화구역은 마르텐사이트조직으로 변태되었기 때문에 경도는 매우 증가되었으며, 경도분포는 거의 일정하다. 그리고 다이오드레이저는 다중모드로서 빔조사 구역이 넓으므로 그림에서 보는 것과 같이 경화구역길이가 9mm 정도이며, 경화깊이는 1.5mm 정도이다. 경화구역의 면적과 경화깊이는 출력밀도와 집속된 빔크기 및 주사속도에 좌우된다. 레이저빔에 의한 표면경화에서 빔의 형태가 가우시안모드인 경우에는 외부에 비하여 중심부의 레이저빔강도가 매우 높다. 이러한 레이저빔을 조사시킬 경우에는 금속재료 상에서 반달형태의 경화구역을 가지게 되며, 또한 중심부의 온도가 높으므로 국부적으로 용융점이상으로 가열될 수 있다. 따라서 표면경화에서 레이저빔은 다중모드형태의 빔을 사용하거나, 또는 가우시안모드의 경우에는 빔셰이퍼를 이용하여 평탄한 형태로 변화시켜 사용해야 한다.

일반적으로 레이저빔에 의한 표면경화에서는 넓은 구역에 균일한 경화깊이를 주기 위해서 그림 V-4와 같이 다중모드형태의 빔을 중첩하여 조사시키는 것이 필요하다. 레이저빔에 의한 표면경화깊이는 금속재료의 합금원소와 합금함량에 따라 2mm 정도까지는 가능하나, 일반적으로는 0.5mm 정도 내외를 경화시킨다. 그리고 경화층의 최고경도는 일반적인 열처리방법으로 얻을 수 있는 마르텐사이트조직의 경도 이상은 될 수 없다. 그리고 넓은 면적에 대한 표면경화를 위해서는 먼저 기술한 바와 같이 레이저빔을 주사시킨 후 경화된 구역의 일부가 중첩되도록 연속하여 주사시킴으로써 가능하다. 그러나 이러한 경우에 일부 경화된 구역이 다시 열을 받게 되어 잔류응력제거 및 템퍼링현상을 초래하여 중첩구역에서 경도는 약간 저하된다.

일반적으로 탄소강에서 오스테나이트조직이 마르텐사이트조직으로 변태되는 경우에 큰 체적증가가 발생한다. 이 경우에는 표면층은 압축응력을 가지게 되고, 이것은 금속의 피로수명을 크게 향상시킨다. 그

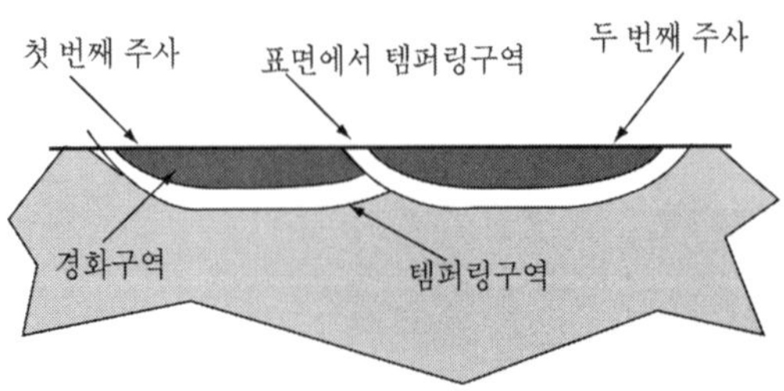

(a) 레이저빔 주사와 중첩구역

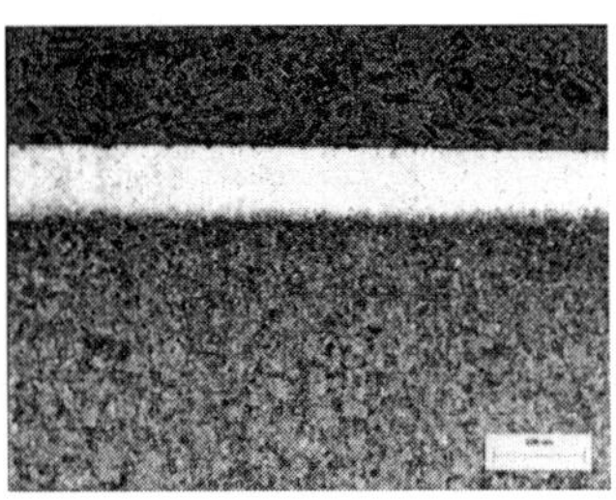

(b) 철강재 상의 표면경화 구역

그림 V-4 레이저빔에 의한 넓은 구역의 표면경화((주)한빛레이저 제공)

리고 철강재의 표면경화는 단단한 마르텐사이트조직으로 변하게 할 뿐만 아니라, 표면층에 압축응력을 주게 되므로 공업적으로 매우 중요하다. 따라서 레이저빔에 의한 표면경화 시 표면근방의 경화구역에는 큰 압축잔류응력이 존재하게 되나, 그 밑의 내부에 템퍼링 된 구역에서는 약간의 인장잔류응력이 존재한다. 특히 탄소함량 혹은 합금함량이 많은 공석강과 합금강에서는 급냉 시 잔류된 오스테나이트가 많으며, 내부에서 인장잔류응력이 중탄소강에 비해서 상대적으로 크다.

(2) 표면경화의 조건과 부품형상의 영향

레이저빔에 의한 표면경화는 위에서 기술한 바와 같이 철강재를 변태점 이상으로 급속히 가열시킨 후 짧은 시간 내에 **자체적인 퀜칭**으로 경화시키는 것이다. 이러한 경우에 외부에서 냉각제를 첨가시키지 않으므로 이와 관련된 변수를 유입시키지 않는다. 또한 열은 레이저빔이 조사된 표면구역에서 체적이 큰 내부로 전달되므로 전체적인 부품의 뒤틀림이 없다. 그러나 부품의 내부에서 일어나는 열전달이 부품의 특성을 저해시키거나 뒤틀림을 줄 경우에는 외부에서 냉각제를 사용할 수도 있다. 따라서 부품의 자체적인 퀜칭을 양호하게 하기 위해서는 표면경화시키는 부품이 어느 정도 큰 임계질량을 가지고 있어야 한다.

임계질량이란 직접적으로 가열되는 표면과 접해 있는 금속의 용적으로서 요망되는 결과를 얻기 위하여 충분한 냉각속도를 주도록 하는 크기를 의미한다. 흔히 평평한 강판에서 임계질량은 강판의 경화된 깊이와 전체두께 사이의 비율로 나타낸다. 일반적으로 그 비율이 1 : 7.5 이상인 경우에는 충분한 자체적인 퀜칭이 이루어지고, 1 : 5 정도의 비율이 되면 안전한 결과를 주고, 1 : 2 정도가 되면 자체적인 퀜칭이 크게 저하된다. 따라서 표면경화시키려는 부품이 일반적으로 임계질량이 되지 못하는 경우에는 가스 또는 액체 같은 외부냉각제를 가열된 표면에 분사시켜 열이 내부에 축적되는 것을 막고, 또한 냉각속도를 증가시켜야 한다. 이 경우에 냉각제는 레이저빔에 의한 반응과 간섭이 극소로 되도록 하는 재료와 분사방법을 사용해야 한다.

레이저빔에 의한 표면경화 시에는 조사구역에 따른 질량효과와 표면경사도에 따른 열적 영향을 고려하

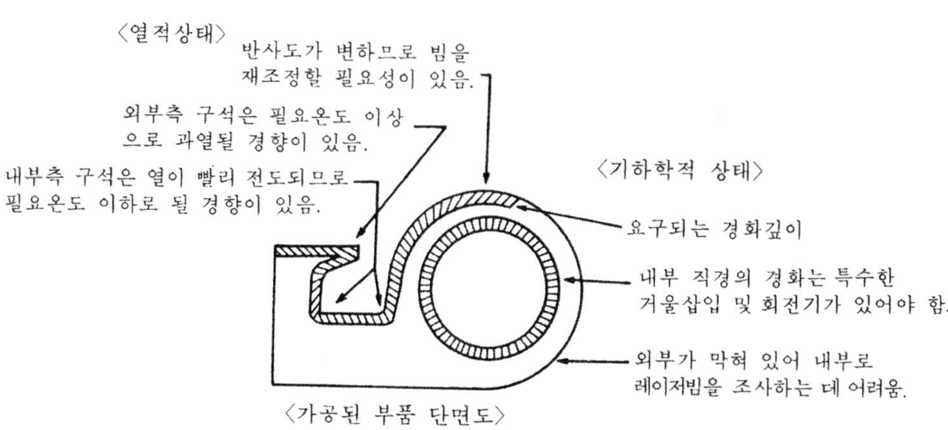

그림 V-5 부품의 형상에 따른 레이저빔 가열 영향

여야 한다. 그림 V-5에 보여주는 것과 같이 중요한 영향을 몇 가지 고려하여 보면 다음과 같다.

- 레이저빔 조사방향과 부품표면 사이의 각도가 변함에 따라 IV-3-2항에서 기술한 바와 같은 편광현상으로 인하여 레이저빔의 흡수도가 변하므로 동일한 열적 영향을 기대하기 힘들다.
- 부품의 형상에 따라 외부모서리는 비표면적(면적/질량)이 크기 때문에 가열면적이 크고, 열전달 방향이 제한되기 때문에 필요 이상으로 가열되기 쉽다. 예를 들면 기아톱니 또는 부품의 돌출부분이 이에 해당한다.
- 반면에 부품의 내부구석 같은 곳은 비표면적이 낮기 때문에 가열되는 구역이 적고, 또한 많은 질량으로 둘러싸여지므로 열전달 방향이 사방으로 퍼져서 필요한 온도 이하로 되기 쉽다. 예를 들면 기계부품의 축 방향으로 내부에 직경이 작은 구멍이 있을 경우에는 어떤 온도 이상으로 가열하기 힘들다.

그러나 레이저빔은 필요한 곳에 조사시간을 길게 하여 더욱 가열시킬 수 있고, 또한 필요이상으로 과열되는 곳에서는 조사시간을 단축시켜 입열양을 적게 조절하기 쉽다. 따라서 레이저빔에 의한 가열은 고주파코일 또는 화염과 같은 일반적인 가열방법들에 비하여 입체적인 형체모양에 민감하지 않다. 그리고 직접적으로 레이저빔이 조사되기 힘든 부품의 움푹 들어간 곳, 또는 내부구멍과 같은 곳은 거울 등 적당한 광학부품을 이용하여 열처리가 가능하다. 따라서 레이저빔에 의한 가열방법은 다른 어떤 표면가열방법과 비교하여 볼 때 외부형상의 형체모양에 덜 민감하고 융통성이 크다.

철강재의 표면경화 시 레이저빔은 경화구역의 형태에 따라 빔의 조사형태를 조절해야 한다. 레이저빔의 조사위치 또는 조사구역이 원형인 경우에는 다중모드의 빔을 렌즈의 초점위치에서 어느 정도 떨어진

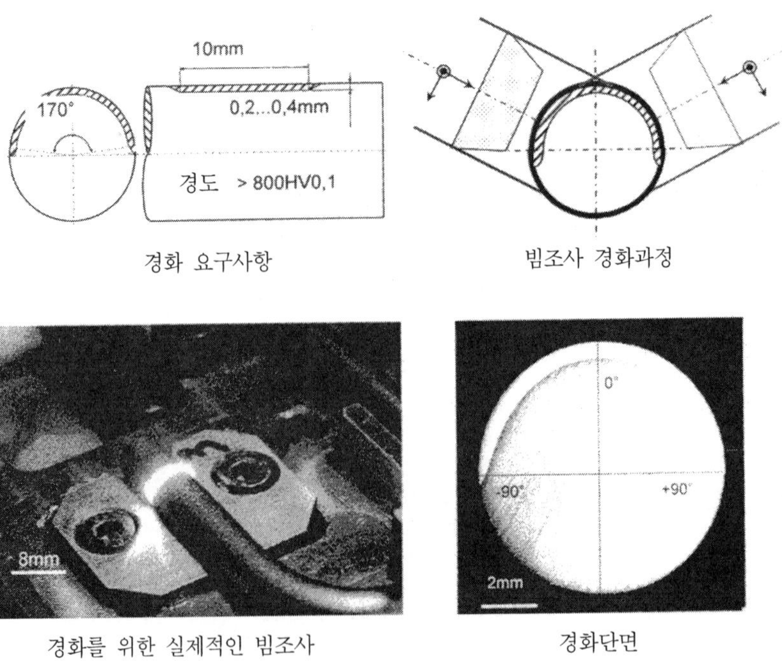

경화 요구사항 / 빔조사 경화과정

경화를 위한 실제적인 빔조사 / 경화단면

그림 V-6 토션스프링의 부분적인 표면경화를 위한 레이저빔 조사방법과 경화된 결과(Rofin)

거리에 가공물을 위치시켜 요망되는 직경으로 조사시키면 된다. 만일 Nd:YAG레이저빔의 경우에 빔이 광파이버를 통과하게 되면 레이저빔은 다중모드형태가 되기 때문에 요망되는 직경으로 빔의 위치를 조절하면 균일한 출력밀도분포의 원형조사구역을 얻을 수 있다. 그림 V-6은 직경 8mm인 토션스프링을 부분적으로 표면경화시키기 위해서 양측에서 평탄한 형태의 고출력다이오드레이저빔을 조사시키는 구성과 표면경화된 결과를 보여주고 있다.

가공부품에 선형 혹은 직사각형 형태의 레이저빔을 조사시키는 간단한 방법은 선형레이저빔을 집속시켜 조사시키는 것이다. 이것은 레이저빔을 특수렌즈를 통과시켜 선형 빔으로 얻거나, 또는 한 개의 다이오드바구조인 다이오드레이저 또는 슬래브레이저로부터 얻을 수 있다. 레이저빔의 조사위치 또는 조사구역의 크기는 집속조건에 따라 다르며, 출력밀도분포는 레이저빔 자체의 것과 같다. 만일 선형레이저빔이 없는 경우에는 일반적인 레이저빔을 **원주형렌즈**(cylindrical lens)에 통과시키면 선형의 레이저빔을 얻을 수 있다. 직사각형 혹은 정사각형의 레이저빔은 빔셰이퍼를 이용하거나 그림 V-7과 같은 광도파관 또는 **칼레이도스코프**를 이용하여 얻을 수도 있다.

광도파관은 일반적으로 내부면의 반사도가 매우 크며, 사각형의 단면을 가진 튜브이다. 집속된 레이저빔의 초점 또는 광파이버를 광도파관 내로 들어오게 하면 광도파관 내에서 다중반사에 의하여 레이저빔 강도분포가 균일하게 된다. 그리고 광도파관의 출구에서 빔 강도분포가 균일하고 단면적과 같은 사각형 크기의 레이저빔을 얻을 수 있다. 광도파관의 출구에서 나온 빔을 직접 표면경화에 이용하는 경우에는 가공부품을 수mm 이내로 근접시켜야 한다. 만일 가공부품과 거리를 더욱 멀리 떨어지게 하거나 또는 빔의 크기를 조절하려면 광학부품을 이용하여 가능하다.

Nd:YAG레이저빔의 경우에는 광도파관 대신에 단면이 사각형인 긴 유리각주를 사용할 수도 있다. 그리고 CO_2레이저빔의 경우에는 선형적으로 편광된 빔을 사용하면 안 된다. 즉 광도파관 내에서 빔의 반

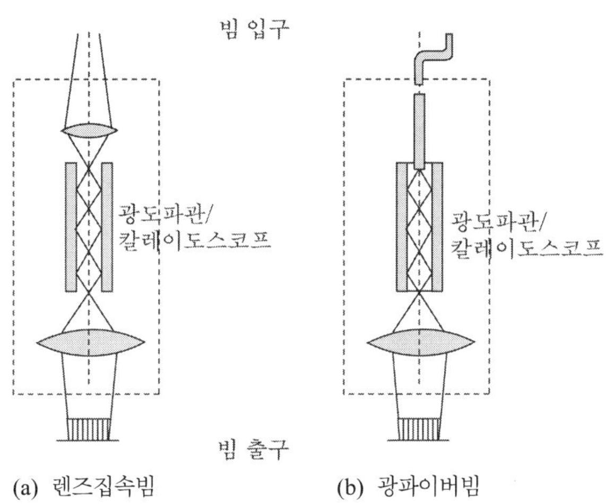

그림 V-7 광도파관/칼레이도스코프를 이용한 빔의 조절

사각이 브루스터각도 근방이 되면 편광된 빔은 흡수도가 증가하여 에너지손실이 크고, 또한 내부 면을 손상시킨다. 편광되지 않은 일반적인 빔이라도 광도파관 내에서 약 15~30%의 출력손실이 발생할 수 있으므로 필연적으로 외부에서 냉각시켜야 한다.

레이저빔의 출력이 수KW 이상으로 되는 경우에는 대부분 금속거울을 사용하며, 사각형형태의 균일한 강도분포를 얻기 위해서 분할거울을 사용한다. **분할거울**은 거울면을 여러 개의 면들로 분할하여 구성하였으며, 이들 각각의 반사면은 각도를 달리하여 하나의 상으로 합치되도록 조정되어 있다. 인입되는 레이저빔이 더욱 많은 분할면에 조사될수록 빔강도의 균일성은 증가된다. 그러나 이러한 빔은 일정한 거리의 위치에 있는 작업구역에 조사되어야 하며, 약간의 작업거리 차이에도 빔의 형태가 크게 변한다. 레이저빔의 크기를 변경시키기 위해서는 다른 분할면적을 가진 거울을 이용하거나, 또는 다른 광학부품을 사용해야 한다.

(3) 금속의 입자크기와 합금성분의 영향

레이저빔에 의한 표면경화 열처리방법은 레이저빔에 의한 급속가열과 자체적인 퀜칭에 의한 급속냉각 방법을 이용하므로 열처리부품의 조직과 합금함량이 매우 중요하다. 레이저빔조사 시 조직이 오스테나이트로 되는 시간은 보통 0.01~1.0초로 매우 짧고, 또한 곧 급냉되므로 레이저빔 처리된 부품에 다음과 같은 영향을 준다.

- 레이저빔에 의한 오스테나이트변태온도가 높아도 그 시간이 매우 짧으므로 입자성장이 극소화된다. 이것은 철강재에서 강도를 높이고, 또한 피로저항을 증가시키므로 바람직하다.
- 일반적으로 경화가 힘든 저탄소강에서도 경화된 조직을 얻을 수 있다. 즉 적은 양의 탄소가 있으면 냉각에 따라 대부분 조직은 페라이트로 되고 탄소는 곧 시멘타이트를 형성하게 된다. 그러나 냉각속도가 매우 빠른 경우에는 오스테나이트에 고용되어 있던 적은 양의 탄소가 그대로 페라이트에 고용되므로 조직은 마르텐사이트와 페라이트의 혼합조직을 주게 된다.
- 레이저빔 처리 시 표면근방의 온도는 일반적으로 1,100°C 이상으로 상당히 높은 온도이다. 그러나 시멘타이트조직이 분해되어 모든 탄소가 오스테나이트에 고르게 분포되고, 또한 냉각 시 최고의 경도를 주는 마르텐사이트조직을 얻기에는 시간이 너무 짧다. 따라서 입자가 큰 조직에서는 펄라이트의 입자도 크므로 완전히 탄소가 고용된 균일한 오스테나이트조직을 줄 수 없으므로 냉각된 후에 전체적으로 경화된 구역 내에 국부적으로 연한 구역을 줄 수 있다.
- 합금강에서는 복잡한 탄화물이 완전히 분해되어 고용되는 데 충분한 시간이 필요하므로 실제적으로 합금강에 포함되어 있는 탄소함량에 의하여 기대되는 경도보다 적을 수도 있다.
- 레이저빔에 의한 가열은 매우 급속한 가열이므로 재료의 변태이력현상으로 인하여 변태점은 A_3온도보다 크게 증가한다.

위에 기술한 바와 같이 부품의 입자크기와 조직은 오스테나이트화시키는 조직에 큰 영향을 주기 때문

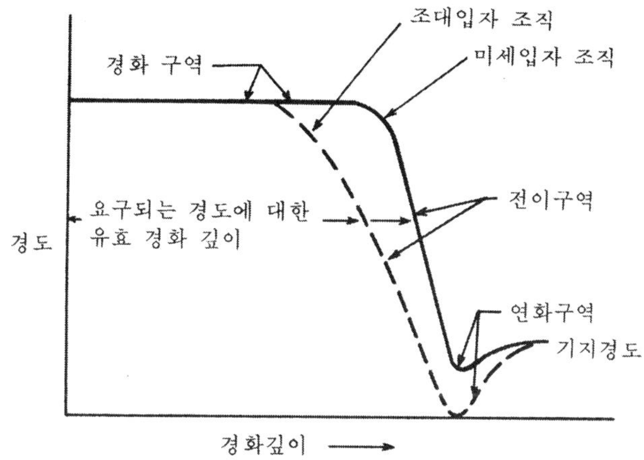

그림 V-8 입자크기에 따른 표면경화 효과

에 경화층의 깊이 및 경화구역과 기지조직 사이의 경도구배에 중요한 영향을 미친다. 그림 V-8은 금속의 조성은 같으나, 그 입자크기가 다른 두 개의 중탄소강을 동일한 조건의 레이저빔으로 처리시킨 경우에 깊이에 따른 경도분포를 정성적으로 나타내고 있다. 이 그림을 보면 입자크기에 따른 몇 가지 영향을 살펴볼 수 있다. 즉 입자크기가 큰 경우에는 완전한 마르텐사이트구역에서 시작하여 내부조직의 경도로 되기까지 경도변화가 완만하여 경도구배가 적다. 이것은 입자가 큰 경우에는 펄라이트조직의 시멘타이트 크기도 크므로 균일한 오스테나이트를 얻는 데 더욱 오랜 시간이 요구되기 때문이다. 표면근방에서는 온도가 높으므로 탄소가 완전히 고용되지만 기지조직 사이의 전이구역에서는 조대한 조직에 완전히 균일한 탄소분포를 이루는 데 시간이 충분하지 못하다. 따라서 경도곡선의 경사가 완만하다는 것은 이 구역에서는 탄소가 오스테나이트조직에 균일하게 완전히 고용되지 못하였음을 의미한다. 반면에 입자가 작은 경우에는 탄소의 확산길이가 짧아지므로 비교적 균일하게 고용되어 경화구역이 증가되고, 또한 경도의 경사가 급하게 된다. 이러한 현상은 많은 탄소가 고용되어야 하는 고탄소강과 복잡하고 안정한 탄화물을 형성하는 합금강에서도 비슷한 경향을 나타낸다.

일반적으로 경화층의 깊이는 일정한 경도를 가지는 깊이로 나타내며, 표면근방에서는 온도가 높아 입자크기에 관계없이 탄소가 완전히 고용된 균일한 오스테나이트조직을 주므로 경도는 같다. 그러나 위의 결과에서 보듯이 유효한 경화깊이는 철강조직의 입자가 미세할수록 증가한다. 그리고 레이저빔처리 전에 부품이 가공경화된 상태인 경우에는 경화구역과 내부의 기지구역 사이에 경도가 저하되는 구역이 나타난다. 이러한 현상은 봉재와 같이 열전달이 한 방향으로 일어나는 경우에는 더욱 현저하다. 이것은 전도되는 열로 인하여 그 구역에서 조직이 템퍼링되어 연화되는 효과로서 레이저빔처리 전에 완전히 응력제거 열처리를 수행한 경우에는 나타나지 않는다.

레이저빔에 의한 표면경화에서 일반적으로 경도는 그 재료의 **경화능(hardenability)**의 함수가 아니고 열의 침투깊이가 지배적인 요인이다. 즉 금속의 경화능이 크다는 것은 경도를 증가시킨다는 것이 아니고 냉각속도가 적어도 경화를 시킬 수 있다는 것을 의미한다. 따라서 철강재에서는 증가된 합금원소에 의하여 경화능이 증가하므로 더욱 깊은 구역까지 경화시킬 수 있음을 의미한다. 반면에 철강재의 경도는 주로 탄소의 함량에 의존하므로 탄소강인 AISI 1045강을 완전히 마르텐사이트화하도록 퀜칭시킨 것은 같은 처리를 시킨 AISI 4145 합금강의 경도와 거의 같다. 그러나 합금강인 경우에는 냉각속도가 크지 않아도 큰 퀜칭효과를 나타내므로 합금원소로 조절할 수 있는 것은 퀜칭의 용이도이다. 레이저빔 조사 후에 자체적으로 퀜칭시키는 것은 (경화깊이/질량)의 비가 적당히 유지되면 쉽게 퀜칭된다고 생각할 수 있다. 따라서 철강재의 합금함량 변화는 자체적인 퀜칭으로 경화시키는 경우에 경화정도에 큰 영향을 주지는 못한다. 그러나 열전도가 힘든 형상에서는 합금원소가 존재하면 표면근방에서는 축적된 열로 인하여 자체적인 퀜칭효과에 약간의 지장을 초래할지라도 이 열로 인하여 연화되는 정도를 감소시킨다. 이 경우에 냉각속도는 인접구역의 조건과 열복사 등에 의하여 지배되며, 경화구역이 열로 인한 템퍼링효과를 얻으나 합금원소가 존재하므로 이 열에 의한 경도감소를 줄일 수 있다.

(4) 가공매개변수와 레이저빔 에너지밀도

레이저빔에 의한 표면경화에서 레이저빔의 평균적인 에너지밀도($\overline{E}$)와 경화층의 깊이 사이에는 일반적으로 그림 V-9와 같은 관계가 있다. 그림과 같이 에너지밀도가 증가됨에 따라 경화층의 깊이가 증가한다. 금속표면에서 레이저빔의 에너지밀도 $\overline{E}$는 다음 식과 같이 나타낸다.

$$\overline{E} = \frac{A \cdot P}{\pi r^2} \cdot t \qquad \text{(V-1)}$$

A : 금속의 레이저빔 흡수율(%) r : 레이저빔 조사반경
P : 표면에서 레이저빔 출력 t : 레이저빔 조사시간

표면에서 레이저빔출력 P는 초기의 레이저빔출력에서 광학부품 등에 의한 손실을 제외한 부분을 의미

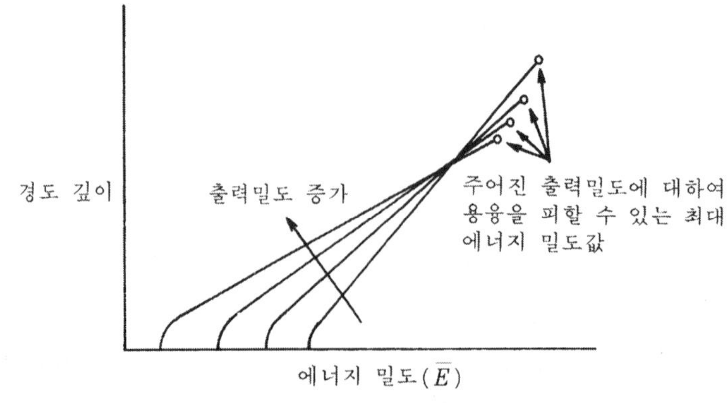

그림 V-9 레이저빔 에너지밀도와 경화층깊이의 관계

한다. 그리고 레이저빔 조사시간은 재료가 이동되지 않는 경우에는 레이저빔의 노출시간이 되나, 재료가 이동되는 경우에는 다음 식과 같다.

$$t = \frac{(\text{주사방향으로 레이저빔의 크기})}{(\text{시편주사속도})} = \frac{d}{v} \tag{V-2}$$

여기서 주사방향으로 레이저빔의 크기는 조사되는 레이저빔의 직경을 취하는 경우가 많다. 일반적으로 레이저빔에 의한 재료가공에서 출력밀도의 조절은 레이저빔 출력과 주사속도의 조절로 수행되므로 다음 식과 같이 나타낼 수 있다.

$$\overline{E} = K \cdot \frac{(\text{표면에서 레이저빔 출력})}{(\text{시편의 주사속도})} \tag{V-3}$$

$$K = \frac{A \cdot (\text{주사방향으로 레이저빔의 크기})}{\pi r^2}$$

그러나 레이저빔 출력이 증가됨에 따라 순간적으로 금속표면에서 상대적인 표면온도를 증가시켜 레이저빔의 흡수율을 증가시키고, 이것은 다시 온도를 증가시켜 레이저빔의 흡수율을 더욱 증가시키게 된다. 따라서 레이저빔출력이 큰 경우에는 적은 경우에 비하여 같은 에너지밀도에서 더욱 깊은 경화층을 얻을 수 있다.

레이저빔 출력밀도가 적어 표면구역을 오스테나이트조직 온도로 증가시키지 못하면 경도증가는 기대할 수 없다. 출력밀도가 어떤 임곗값 이상이 되어 조직을 완전히 오스테나이트조직으로 변태시킬 수 있게 되면 경화된 마르텐사이트조직을 준다. 그러나 출력밀도가 더욱 증가되면 오히려 축적된 열이 내부로 전도되기 전에 표면구역에서 템퍼링현상을 주게 되어 약간 연화되는 경향을 나타낼 수도 있다. 그리고 출력밀도가 그 이상으로 되어 표면층의 용융이 일어나면 응고 시 용융잠열이 내부로 전도되어야 하며, 이 경우에는 열전도에 더욱 많은 시간을 필요로 하므로 더욱 연화가 일어나 경도는 더욱 저하된다. 따라서 레이저빔에 의한 표면경화 시에는 표면층의 용융이 일어나지 않도록 레이저빔 출력밀도를 적절하게 선택해야 한다.

일반적으로 레이저빔의 출력이 감소되면 금속표면에서 흡수율이 감소되기 때문에 금속표면에 레이저빔흡수제를 코팅시키면 흡수효율이 증가되어 가공효율을 증가시킨다. 만일 흡수제를 코팅시키는 경우에는 레이저빔처리 후 이것을 제거시켜야 하는 추가적인 공정이 요구된다. 이 경우에 흡수제는 레이저빔의 파장을 잘 흡수하면서 간단하게 사용할 수 있고, 또한 비용이 적어야 한다. 그리고 레이저빔처리 동안에 기지금속과 작용하여 유해한 화합물을 만들지 않으면서 레이저빔처리 후에 쉽게 제거될 수 있고, 작업분위기에 지장을 주지 않아야 한다. 일반적으로 흔히 사용되는 흡수제로는 흑연분말, 흑색페인트 또는 인산철과 같은 화합물 등이 있다.

그리고 수KW급의 고출력레이저빔을 사용하여 표면경화열처리 시에는 주로 거울에 의한 반사광학부품을 사용한다. Mo는 Cu보다 용융점이 높고 강도가 크며, 분진과 연소물 등의 오염에 잘 견디고 청소하기가 쉽다. 레이저빔에 의한 표면경화는 내마모성이 요구되는 각종 철강재기계부품과 주철디젤엔진의 실린더내벽 등 광범위하게 이용되고 있다. 이제 철강재의 표면경화에서 요구되는 레이저빔의 주사속도와 경화깊이를 구하기 위해 간단한 계산을 해보겠다.

예제 1 탄소함량이 0.45%인 중탄소강에 CO_2레이저빔을 조사시켜 마르텐사이트조직의 표면경화층을 얻으려고 한다. 시편의 표면상태는 거칠기 때문에 입사되는 레이저빔의 50%가 흡수된다고 가정하자. CO_2레이저빔은 출력이 1KW로서 렌즈로 집속시킬 경우에 집속된 빔의 반경이 2mm이다. 시편의 열전도도(K)는 0.119cal/cm°Csec이고, 밀도(ρ)는 7.844g/cm^3이고, 비열(C_P)은 0.117cal/g°C이다.

(a) 시편의 표면온도를 고상변태온도 이상이고, 용융점 이하인 1,300°C로 가열시키기 위해서는 얼마 동안 레이저빔을 조사시켜야 하는가? 또는 주사속도를 얼마로 해야 하는가?

(b) 급속한 가열에 의한 변태이력현상으로 인하여 900°C에서 펄라이트가 오스테나이트조직으로 변태된다면, 위의 조사시간 동안에 얻을 수 있는 경화층의 깊이는 얼마인가?

해 1(a) 먼저 금속표면에 조사되는 레이저빔 출력밀도(I) 다음 식과 같다.

$$I = \frac{\text{출력}}{\text{면적}} = \frac{1{,}000}{\pi(0.2)^2} \cong 8{,}000\text{W/cm}^2$$

온도는 시간과 위치의 함수이므로 일차원적인 열전도식은 다음 식과 같다.

$$\frac{\partial^2 T}{\partial z^2} - \frac{1}{k}\frac{\partial T}{\partial t} = 0$$

여기서 0.45%C인 탄소강의 열확산도(k)는 다음 식과 같다.

$$k = \frac{K}{\rho C_p} = \frac{0.119}{7.844 \times 0.117} = 0.130\text{cm}^2/\text{sec}$$

위의 식에 대한 일반해는 (IV-81)식으로 주어지며, 다음 식과 같다.

$$T(z,\ t) = \frac{2AI_0}{K}(kt)^{1/2} ierfc\left\{\frac{z}{2(kt)^{1/2}}\right\}$$

따라서 $z=0$에서 온도는 다음 식과 같다.

$$T(0,\ t) = T_{\max} = \frac{2AI}{K}\left(\frac{kt}{\pi}\right)^{1/2}$$

표면온도는 1,300°C를 넘지 않아야 하므로 위의 식에서 $T_{\max} = 1{,}573K$를 대입하고, lcal=4.2J이므로

$$t_{\max} = \left\{\frac{1{,}573 \times 0.119 \times 4.2}{(8{,}000) \times 2 \times 0.5}\right\}^2 \left(\frac{3.14}{0.130}\right) = 0.233\text{sec}$$

주사속도는 (V-2)식에 의하여 다음과 같다.

$$\text{주사속도} = \frac{(\text{레이저빔 직경})}{(\text{조사시간})} = \frac{0.4}{0.233} \cong 1.7\text{cm/sec}$$

해 1(b) 변태온도가 1,173K이고, 0.233초 동안 레이저빔이 조사되므로 위의 (IV-81)식에서 다음과 같다.

$$1{,}173 = \frac{2AI}{K}(kt)^{1/2} ierfc\left\{\frac{z}{2(kt)^{1/2}}\right\}$$

따라서 $ierfc\left\{\frac{z}{2(0.130\times0.233)^{1/2}}\right\} = \frac{1{,}173\times0.119\times4.2}{8{,}000\cdot\ (0.130\times0.233)^{1/2}} = 0.421$

이제 그림 IV-69 또는 수학참고서적에서 수표를 참고하면 $ierfc(x)=0.421$인 경우에 $x=0.158$이므로

$\frac{z}{2(kt)^{1/2}} = 0.158$이다.

여기서 $z = 0.158\times2\times(0.130\times0.233)^{1/2} = 0.055\text{cm}$ 이다.

따라서 레이저빔을 0.233초 동안 조사시키거나, 또는 주사속도를 1.7cm/sec로 하는 경우에 얻는 경화층의 깊이는 약 0.5mm가 된다.

V-1-2 금속의 표면글레이징과 표면용융가공

위에 기술한 V-1-1항에서는 표면의 용융현상 없이 고상변태에 의한 표면경화방법을 기술하였다. 여기서는 표면의 용융과정을 수반하는 표면가공방법을 검토하여 보겠다. 그러나 실제로 표면의 용융과정을 수반하는 가공방법은 다시 두 가지 범주로 분류할 수 있다. 한 가지 범주는 표면글레이징과 표면용융가공으로서 재료표면에 다른 합금원소를 첨가시키지 않고 급속가열과 급속냉각으로 자체조직의 변화를 유도하여 성질을 개선하는 방법이다. 다른 범주는 다음의 V-1-3 항에서 기술하게 되는 표면합금화와 표면클래딩으로 재료표면에 다른 합금원소를 첨가시켜 용융시킴으로써 표면구역의 성질을 개선시키는 방법이다.

(1) 표면용융을 위한 레이저빔 조사시간과 용융깊이

금속표면에 펄스레이저빔을 조사시키면 표면층이 급속히 용융되고, 곧이어 응고된다. 여기에서 기술하는 용융구역은 깊은 용융층을 얻어야 하는 용접공정과 달리 표면층에 국한되고, 또한 증발현상을 억제시켜야 하므로 용융/응고과정이 매우 신속해야 한다. 이러한 경우에는 표면구역에서 흡수된 레이저빔에 의한 열이 내부로 전도될 시간적 여유가 없이 표면구역을 가열시키므로 대부분의 레이저빔에너지가 용융에 기여하고 일부가 손실된다. 일단 표면구역이 용융된 후에는 치밀하게 연속된 내부로 빠른 열전도에 의해서 표면구역에 급속한 퀜칭효과를 나타낸다. 따라서 용융구역의 조직이 비정질화되거나, 또는 재응고된

조직의 입자가 매우 미세하게 된다.

레이저빔을 금속표면에 조사시키는 경우에 가열속도와 냉각속도에 대하여 잠시 고려하여 보겠다. 반경이 a이고, 출력밀도가 P W/cm^2인 가우시안빔을 온도 T_o인 금속에 조사시키는 경우에 t시간 후에 빔의 중심부에서 표면온도는 (IV-86(a))식을 참조하여 다음 식과 같이 간단하게 나타낼 수 있다.

$$T(t) = [APa \tan^{-1}(4kt/a^2)^{1/2}]/\pi^{1/2}K \qquad \text{(V-4)}$$

A : 레이저빔 흡수율

k : 열확산계수

K : 열전도도

위의 식을 시간에 대하여 미분하면, 다음 식과 같은 **온도변화속도**를 얻는다.

$$dT(t)/dt = 2APa^2k^{1/2}/\pi^{1/2}Kt^{1/2}(a^2 + 4kt) \qquad \text{(V-5)}$$

일반적인 조건에서 이 식을 이용하면 약 10^8K/sec 정도의 급속한 가열속도를 얻을 수 있다.

반-무한재료의 금속표면에 균일한 조사도의 레이저빔을 가하는 경우에 용융점 T_m에 도달하는 시간 t_m은 (IV-102)식을 참조하여 다음 식과 같다.

$$t_m = \pi K \rho C_p (T_m - T_o)^2 / 4(AP)^2 \qquad \text{(V-6)}$$

ρ : 밀도, C_p : 재료의 비열

Al, Fe, Ni 등 일반적인 금속에 대하여 레이저빔 출력밀도가 수MW/cm^2 정도인 경우에 용융점에 도달하는 시간 t_m은 대체로 수μsec 정도이며, 출력밀도가 증가함에 따라 더욱 짧아진다.

정확한 용융깊이는 고체/액체 이동계면에서 에너지보존의 조건과 함께 고체와 액체구역에서 열전달식을 풀어 계산할 수 있다. 그러나 이러한 계산은 해석적으로는 힘들고 수치해석적인 방법으로 풀어야 한다. 만일 흡수된 에너지가 전부 금속의 가열과 용융에 기여한다고 가정하면, t_m을 이용하여 대체적인 용융깊이를 얻을 수 있다. 그리고 표면의 증발이 없다고 가정하면, 표면온도가 증발온도 T_v에 도달하는 대체적인 시간 t_v는 위의 식에서 T_m 대신에 T_v를 대입함으로써 얻을 수 있다. 이 경우에 용융잠열을 무시하는 등 간단화하였으며, t_v를 이용하여 최대용융깊이를 얻을 수 있다.

만일 입력에너지가 표면구역을 증발온도로 증가시키는 데 요구되는 전체에너지와 같다고 가정하는 경우에는 다음과 같은 에너지평형으로부터 최대용융깊이 d를 구할 수 있다. 즉 간략화시킨 (IV-65)식과 에너지는 출력×시간이라는 관계를 고려하는 것이다.

$$APt_v = \rho d\{C_p(T_v - T_o) + L_m\} \qquad \text{(V-7)}$$

L_m : 용융잠열

Al, Fe, Ni 등 일반적인 금속에 대하여 레이저빔 출력밀도가 수MW/cm^2 정도의 경우에 증발온도에 도달하는 시간 t_v는 대체로 수~수십μsec이며, 최대용융깊이 d는 수μm 정도이다. 그리고 레이저빔 출력밀도가 증가함에 따라 t_v와 d는 더욱 감소된다.

(2) 금속의 표면글레이징

표면글레이징(glazing)이란 표면이 유리화됨을 의미하는 것으로 고체표면을 비정질조직으로 만드는 것을 의미하는 것이다. 레이저빔에 의한 금속의 표면글레이징은 금속의 표면층에서 매우 급속한 가열과 냉각에 의하여 용융층에서 정상적인 상변태가 일어나지 못한다. 이 경우에 표면층의 급냉으로 인하여 정상조직대신에 준안정조직을 얻게 되며, 이것은 비정질조직으로 일반적인 금속의 성질과는 크게 차이가 있다. 따라서 이 방법은 레이저빔 출력밀도가 10^5~10^{7}W/cm^2 정도에서 작용시간은 0.1~100μsec 범위에서 이루어지며, 이 방법으로 얻을 수 있는 표면층은 매우 얇아서 보통 0.1mm 이하이다. 이 방법에서 박막코팅과 같은 방법으로 소량의 이종금속을 첨가시켜서 새로운 준안정조직의 표면층을 얻을 수도 있으나, 이 경우에는 표면합금화 혹은 표면클래딩과 비슷하게 된다.

레이저빔에 의한 표면글레이징은 레이저빔 조사시간을 짧게 함으로써, 위에 기술한 바와 같이 레이저빔에 의한 열 영향이 금속표면 근방에만 집중되도록 하는 것이다. 만일 출력밀도를 10^{7}W/cm^{2}로 하여 용융깊이 1μm를 얻는 경우에 냉각속도는 약 10^{10}K/sec에 도달하게 된다. 출력밀도를 적게 하면 용융에 시간이 더욱 필요하므로 냉각속도는 적게 되고 용융깊이는 증가된다. 그러므로 레이저빔에 의한 표면글레이징의 깊이는 보통 1~100μm 범위이며, 100μm 깊이인 경우에 냉각속도는 약 10^{6}K/sec 정도로 감소된다. 즉 열에너지가 기지금속 내로 전도되기 전에 급격히 국부적인 용융이 일어나도록 한다. 따라서 표면근방에서는 매우 큰 온도구배를 얻게 되며, 일반적으로 냉각속도는 10^6~10^8°C/sec 정도까지 얻을 수 있다. 이러한 급속한 냉각속도는 용융구역의 과냉각으로 인하여 조직이 초미세결정입자 혹은 비정질조직을 주게 된다. 이러한 비정질조직을 얻게 되는 경우에는 기지결정조직에 비해서 내마모성, 내식성, 내침식성을 크게 증가시키며, 또한 전기적 특성을 크게 변화시킨다. 이러한 특수한 조직을 얻기 위한 급속한 냉각방법은 레이저빔을 사용하는 경우에 비교적 용이하고, 다른 방법에 비하여 조절과 재현성이 비교적 양호하다. 따라서 레이저빔에 의한 표면글레이징에 의하여 얻어진 비정질상태의 조직은 유리전이온도 이하에서 사용이 가능하며, 초미세결정입자의 조직은 그 이상의 온도에서도 사용이 가능하다.

표면글레이징은 표면합금화와 달리 냉각속도가 매우 커야 하므로 레이저빔을 조사시키면서 시편을 고속으로 회전 혹은 이동시키거나, 또는 기지조직의 냉각속도를 높이기 위해서 수냉방법을 사용한다. 그리고 레이저빔에 의한 표면글레이징에서는 냉각 시 금속의 상변태 혹은 입자성장을 억제시켜 표면층이 비정질 혹은 초미세입자조직으로 되어야 한다. 따라서 변태속도가 느린 금속의 경우에 표면글레이징이 비교적 용이하며 효과적이다. 레이저빔에 의하여 비정질화된 구조는 Fe-C-Si-B와 Pd-Cu-Si 같은 합금의 공정조성에서 얻을 수 있다. 그리고 필요시에는 표면합금화와 비슷하게 레이저빔 조사구역에 요망되는 금속분말을 살포시키거나, 또는 직경이 작은 와이어형태로 주입시키기도 한다.

세라믹재료의 표면에 레이저빔을 주사시키면 매끈하게 유리화된 표면을 얻을 수도 있다. 그러나 이 경우에는 일반적으로 용융표면의 급냉으로 인하여 미세균열이 발생하게 된다. 이러한 방법은 고체세라믹재료는 물론 플라즈마스프레이 코팅된 재료에도 사용하며, 이 경우에 표면층의 부착력을 증진시킨다. 항공기엔진합금에 코팅시킨 지르코니아층에 레이저빔 처리하면 미세한 표면균열이 발생함에도 불구하고 터빈엔진작동의 열사이클과 고온산화가스 분위기의 열사이클에서 수명이 현저히 증가한다. 실제적인 예로 고온부식이 심한 제트엔진의 가스터빈디스크 등에서 스테인리스강, 인코넬합금 또는 특수한 내열초합금성분의 조직을 레이저빔으로 표면글레이징시킨다.

(3) 금속의 표면용융가공

금속의 표면용융가공은 표면구역의 급속한 가열과 재응고로 표면성질을 개선시키는 방법이다. 레이저빔에 의한 금속의 표면용융가공은 레이저빔의 출력밀도가 $10^5 \sim 10^6 W/cm^2$ 정도에서 빔 조사시간이 0.1~10msec 범위이므로 표면글레이징에 비해서 용융깊이가 더욱 큰 반면에 냉각속도는 느리다. 따라서 레이저빔에 의한 표면용융가공에서는 표면구역의 비정질화는 이루어지지 않으나 재응고된 입자가 매우 미세하게 되어 성질을 개선시킨다.

용융금속이 서서히 가열되거나 또는 냉각되는 경우에는 합금원소들의 재분배가 원만히 이루어지므로 정상적으로 합금의 상태도를 따라 변태한다. 그러나 가열속도 또는 냉각속도가 빠른 경우에는 합금원소들의 확산에 의한 재분배가 불충분하여 평형상태도로부터 벗어나게 되므로 정상상태에서 기대되는 균일한 조성을 얻는 것이 힘들다. 그리고 용융금속이 냉각 시 형성되는 입자크기는 냉각속도에 반비례하며, 이러한 법칙은 유사한 금속응고 현상에도 적용된다. 예를 들면 용융금속의 열전달이 한 방향으로 이루어지는 경우에 발생하는 **수지상정조직의 간격**(λ)은 냉각속도(dT/dt)에 반비례하며, 다음 식과 같이 나타

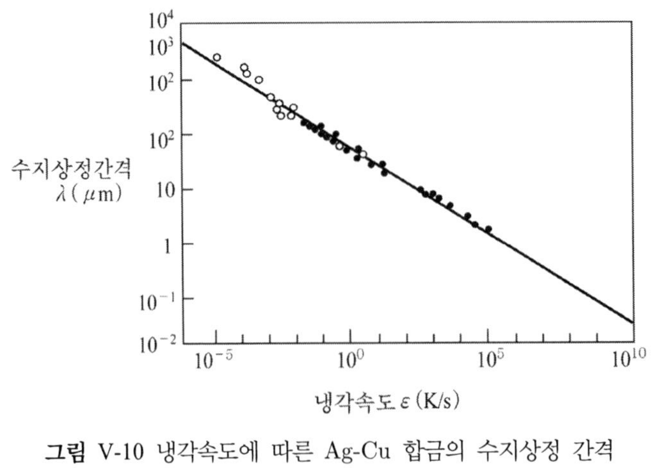

그림 V-10 냉각속도에 따른 Ag-Cu 합금의 수지상정 간격

낼 수 있다. 그림 V-10은 Ag-Cu 합금계에서 냉각속도에 따른 수지상정조직의 간격을 나타내고 있다.

$$\lambda = A\,(dT/dt)^{-x} \qquad \text{(V-8)}$$

A, x : 금속에 따른 상수(x는 대체로 0.5 정도임)

레이저빔에 의한 표면용융가공은 고속도강의 탄화물미세화 또는 주철재의 표면용융가공에서 매우 유용하게 사용되고 있다. 고속도강은 합금원소로 Mo, V, W, Cr 및 0.80~1.25%의 C를 함유하고 있으며, 여러 가지 탄화물들을 함유하고 있다. 고속도강의 조직은 일부 잔류오스테나이트를 함유한 템퍼링처리된 마르텐사이트조직으로 고강도와 큰 압축항복강도를 가지고 있는 반면에 취약한 단점이 있다. 이 합금은 제조 시 냉각속도가 매우 느리므로 탄화물의 크기가 일반적인 철강재에 비하여 매우 크다. 따라서 이 합금은 판재 또는 봉상으로 열간압연 시 일부 탄화물이 적은 크기로 잘라지기도 하지만 대부분 큰 탄화물 그대로 남게 된다. 그리고 탄화물들은 응고 시 수지상정조직 사이의 용융구역에서 형성되므로 탄화물들의 분포는 전체적으로 균일하게 분포되어 있다고 할 수 없다. 그러므로 탄화물들은 열간압연 도중에 진행 방향에 평행한 밴드들에 집중되어 있으며, 이러한 큰 탄화물들이 고속도강의 베어링성능을 감소시킨다. 만일 고속도강의 표면에 레이저빔을 조사시키면 급속한 용융과 급속한 냉각으로 표면구역은 미세한 탄화물을 함유한 미세한 수지상정 조직으로 이루어진다. 이러한 방법으로 표면용융가공을 수행한 고속도강으로 제조된 베어링의 피로수명은 기존의 것에 비해 매우 향상된다. 그리고 레이저빔에 의한 이러한 표면용융가공은 마르텐사이트계 스테인리스강을 포함한 유사한 합금강에도 적용된다.

주철은 일반적으로 페라이트조직 또는 펄라이트조직에 편상흑연 혹은 구상흑연이 존재하는 복합조직이다. 주철의 성질과 조직은 흑연의 형태와 함께 탄소와 규소함량에 의해서 결정된다. 이러한 주철에 레이저빔을 조사시키면 표면구역의 0.5~1mm 깊이에서 용융이 일어나고, 동시에 흑연이 용융금속에 고용된다. 레이저빔이 이동되면 약 10^4~10^6K/sec 정도의 냉각속도로 급냉되므로 높은 온도의 오스테나이트 조직이 마르텐사이트조직으로 변태된다. 따라서 급냉된 조직은 마르텐사이트, 레데브라이트, 시멘타이트, 잔류오스테나이트 및 용융되지 못한 잔류흑연으로 이루어진다. 그러나 이 경우에 주철조직의 입자는 미세화되어 강도는 증가되며, 또한 흑연의 크기는 매우 작아지므로 기계적 성질에 바람직하다. 만일 이 조직을 템퍼링처리하면 용융구역에서 시멘타이트가 작은 크기의 흑연으로 석출되며, 기지조직에 비해서 기계적 성질을 개선시킨다.

V-1-3 금속의 표면클래딩과 표면합금화

레이저빔에 의한 금속의 표면클래딩과 표면합금화는 금속재료 전체의 기본적인 성질은 유지하면서 내마모성, 내식성 또는 내열성 등 필요한 성질을 부여하기 위하여 금속표면에 이종금속을 첨가시켜 일종의 복합금속층을 형성시키는 것이다. 현재 금속표면층의 성분조성을 변화시켜 요망하는 성질을 얻는 방법으로서는 침탄처리, 질화처리, 크롬처리, 알루미늄처리 등 여러 가지 방법이 있다. 이들 방법들은 비교적 정밀한 처리가 가능한 장점이 있으나 처리된 층의 두께가 제한되고, 또한 첨가원소들의 확산을 위하여 고온에서 장시간 부품전체를 가열시켜야 하므로 뒤틀림을 주게 된다. 그러나 레이저빔에 의한 표면클래딩과 표면합금화에서는 부품내부를 가열시키지 않고, 합금원소를 첨가시킨 표면구역만을 용융점까지 가열시켜 요망하는 성질을 얻도록 하는 방법이다. 이 경우에 표면에 첨가된 합금성분은 용융된 상태에서 거의 순간적으로 기지금속과 접합되거나, 또는 기지금속과 혼합되어 균일한 합금층을 형성할 수 있다. 이러한 표면클래딩과 표면합금화는 기지금속에서 열에 의한 영향이 적으며, 표면근방의 용융상태에서 급속한 냉각으로 표면구역에 특성적인 조직을 줄 수도 있다.

(1) 금속의 표면클래딩

레이저빔에 의한 금속의 표면클래딩은 기지금속 표면상에 요구되는 성질을 가진 금속을 첨가시킨 후 이 금속을 용융시켜 접합시키는 것이다. 이 방법은 두 금속의 접촉계면에서 용융접합에 기초하며, 가능하면 기지금속의 용융을 극소화하고 첨가금속만 용융시켜 접촉계면구역을 최소한으로 제한시키는 것이 바람직하다. 표면클래딩 층의 두께가 작은 경우에는 한 층의 클래딩으로 가능하나, 두꺼운 층을 형성 시에는 금속클래딩 층을 여러 번 겹쳐서 클래딩 시킨다. 이종 금속을 기지금속 상에 첨가시키는 방법은 일반적으로 금속분말을 불활성의 이송가스와 함께 혹은 금속분말의 중력에 의하여 레이저빔의 초점구역에 주입시키는 방법이 가장 많이 사용된다. 그 이외에도 레이저빔 조사 시 클래딩시킬 금속와이어를 장입시키거나, 또는 판상재료를 밀착시킨 후 레이저빔을 조사시키기도 한다. 그러나 적은 금속주입량을 위하여 정확한 조절이 요구되는 경우에는 금속분말의 형태로 주입시키는 경우가 바람직하다.

분말을 주입시키는 경우에는 일반적으로 그림 V-11에 보여주는 것과 같이 동축노즐을 통하여 이송가스와 함께 주입시킨다. 그림(a)는 이중원추형노즐로서 내부의 구경을 통하여 레이저빔과 취입가스가 나

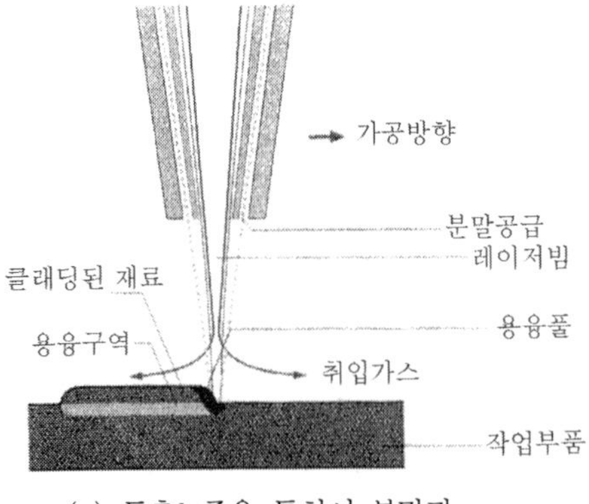

(a) 동축노즐을 통하여 분말과 취입가스를 동시에 불어줌

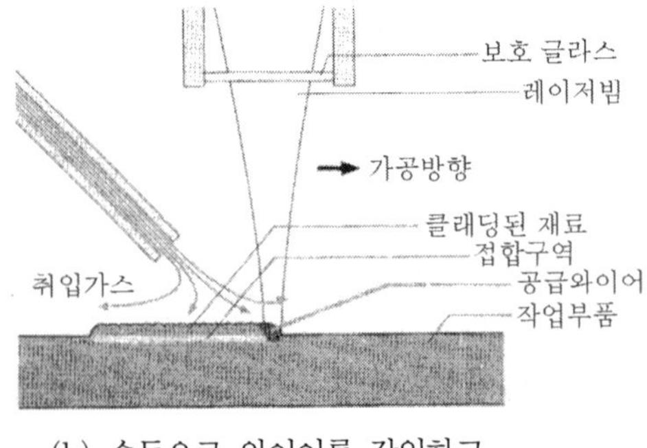

(b) 수동으로 와이어를 장입하고, 취입가스를 측면에서 불어줌

그림 V-11 금속클래딩 공정(Trumpf)

오며, 외부구경을 통하여 분말이 나온다. 그림(b)는 측면에서 금속와이어를 주입하는 방법으로 취입가스는 반대편 측면에서 주입한다. 일반적인 공정에서는 노즐을 통하여 취입가스와 분말을 동시에 불어주기 때문에 노즐의 디자인과 형태는 복잡하다.

만일 복잡한 **삼중원추형노즐**의 경우에는 중심구경을 통해서는 레이저빔이 나오고, 두 번째 원형구경을 통해서는 금속분말을 실은 이송가스가 나오고, 최외각의 원형구경을 통해서는 취입가스가 나오도록 한다. 이 경우에 최외각 구경을 통하여 나오는 가스는 금속분말을 내부로 집속시키는 역할을 하기도 한다. 분말을 동축으로 주입하는 방법의 장점은 여러 방향으로 클래딩가공 시 동일한 주입조건이므로 간단하다는 것이다. 반면에 측면주입방법은 얇은 클래딩층을 형성시킬 수 있는 장점이 있으나, 클래딩되지 않은 금속분말은 분산되므로 분말의 손실이 크다.

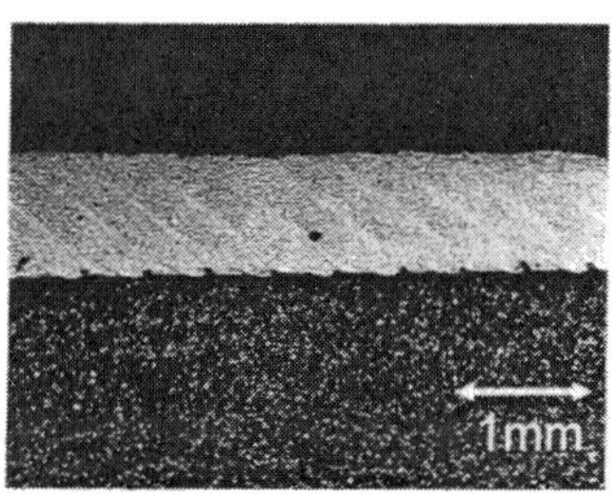

(a) 저합금고강도강에 스텔라이트 분말로 클래딩한 층

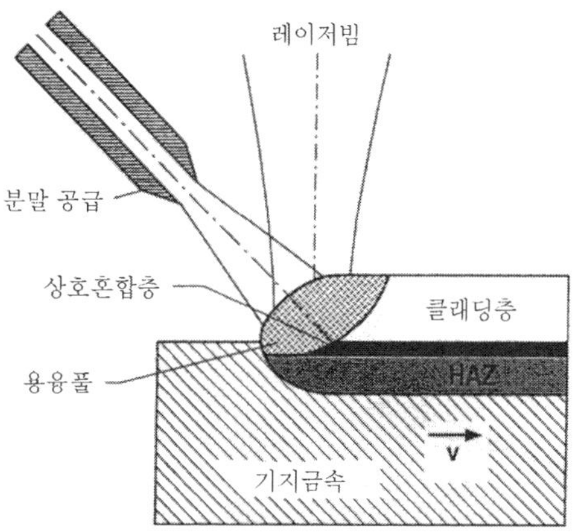

(b) 클래딩 공정

그림 V-12 금속클래딩 계면구역과 공정(Rofin)

그림 V-12는 저합금고강도강에 스텔라이트 분말을 클래딩시킨 계면구역과 공정을 보여주고 있다. 양호한 금속클래딩은 그림(a)에서 보는 것과 같이 기지금속과 첨가금속이 불연속이나, 그림(b)와 같이 이들 사이에 상호혼합 용융된 얇은 층이 있으면 더욱 견고하게 결합된다. 이것은 기지금속과 첨가금속의 물리적 성질과 가공조건의 조절로 이루어진다. 금속분말을 먼저 살포시킨 후에 클래딩시키는 경우에는 레이저빔이 분말층을 용융시키고, 용융금속이 내부로 흘러들어가게 한다. 그러나 분말층은 열전도도가 적으므로 용융금속이 기지금속에 도달하기까지 용융풀은 거의 열적으로 절연되어 있다. 이 순간에 응고가 일어나면 고체와 액체의 접합만 일어나고, 이것은 완전한 용융접합에 비해서 약하다. 그러나 계속적인 반복가열은 응고된 금속을 다시 용융시켜 용융접합을 주게 된다. 그리고 용융접합층에서 첨가금속의 희석을 적게 하는 용융접합을 얻기 위해서는 작업조건이 상대적으로 까다롭고, 이러한 클래딩과정에서 결함으로 기포가 발생될 수 있다. 이러한 기포는 두 가지 형태로 일어날 수 있다. 즉 레이저빔을 연속적으로 중첩시켜 조사시키는 경우에는 기포가 내부에 빠져 들어가 트랩 되어 나타나는 기포와 클래딩계면 또는 클래딩재료 사이에 있는 기포이다.

레이저빔에 의한 금속클래딩방법은 원칙적으로 표면용융접합이므로 기지금속과 첨가금속 사이에 상호 용접이 가능해야 한다. 따라서 고용융점 첨가금속을 저용융점 기지금속에 클래딩 시키는 경우에는 용융점 차이로 인하여 계면에서 응고과정이 복잡하다. 금속클래딩방법을 플라즈마 스프레이방법과 비교하면 기지금속과의 결합이 매우 양호하고 클래딩구역에 기포가 거의 없으며, 또한 더욱 균일한 미세조직을 준다. 이 방법을 플라즈마아크용접 또는 텅스텐가스아크용접과 비교하면 기지금속과 용융혼합이 매우 적고, 또한 입열양이 적다. 그리고 클래딩구역의 두께를 적게 할 수 있고, 클래딩시킨 부품의 뒤틀림을 적게 할 수 있다. 레이저빔에 의한 클래딩은 그림 V-13과 같이 자동차의 엔진발브시트, 가스터빈의 터빈블레이드, 플랜지의 베어링구역, 기계샤프트의 마모부분수리 및 금형의 내마모성 증진에 사용할 수 있다. 일반적으로 내마모성과 내식성을 개선시키기 위해서는 스텔라이트 같은 코발트기지의 합금과 하스텔로이 같은 니켈기지의 합금이 사용된다.

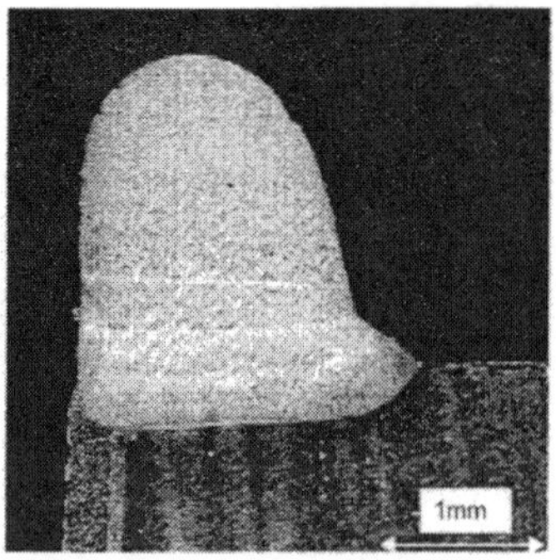

(a) 터번블레이드

(b) 플랜지

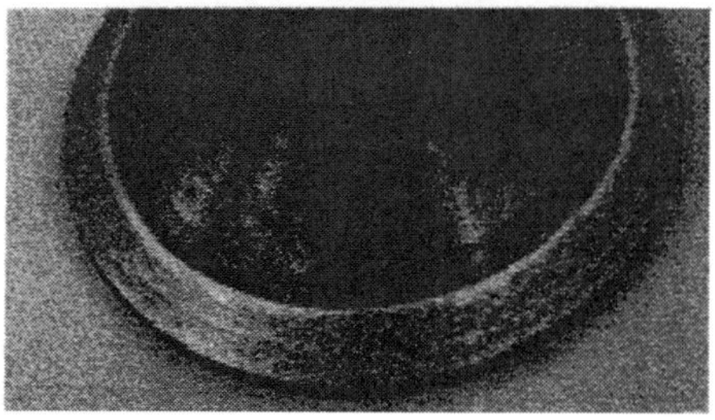

(c) 엔진발브시트

(d) 기계샤후트

그림 V-13 금속클래딩시킨 부품과 구조물(Rofin, IPG)

(2) 금속의 표면합금화

이 방법은 위에서 언급한 바와 같이 기지금속의 물성을 유지하면서 내마모성, 내식성 또는 내열성을 부여하기 위하여 이종금속을 기지금속표면에 첨가시킨 후 표면합금층을 형성시키는 방법이다. 이러한 금속의 표면구역만을 개선하는 방법은 기지금속 자체의 기본적인 강인성을 유지하면서 외부의 격렬한 환경에 견딜 수 있도록 하므로 전체적인 합금화보다는 표면구역만을 합금화시키는 것이다. 이것은 재료개발의 견지에서 복합적인 특성을 가진 재료를 얻을 수 있고, 구하기 힘든 전략금속의 부족에 대처하고, 또한 고가금속을 절약할 수 있다는 관점에서 바람직하다. 레이저빔에 의한 표면합금화는 클래딩방법보다는 두 성분의 완전한 합금층을 형성해야 하므로 더욱 깊고 완전하게 용융시켜야 한다.

따라서 레이저빔에 의한 표면합금화는 다음과 같은 경우에 사용할 수 있다.

- 주조되거나 가공된 상태에서 요망되는 합금을 얻을 수 없고, 이를 다른 금속으로 대체시키기 힘든 경우
- 부품 전체를 가열하는 것이 적합하지 못한 경우
- 가열로 내에서 확산에 의한 표면층합금 시 장시간이 소요되고 전체적인 부품에 나쁜 영향을 미치는 경우
- 복잡한 형상으로 부분적인 처리 및 가공이 힘든 경우
- 매우 높은 용융점을 가진 금속 또는 세라믹계통의 재료를 표면합금화시키는 경우

레이저빔에 의한 표면합금층 형성에서는 금속표면과 기지금속의 일부가 용융되는 온도로 가열되어야 하므로 고상변태에 의한 표면경화 및 표면클래딩 경우보다 레이저빔 출력밀도가 커야 한다. 그리고 이 방법에서는 열원으로 사용하는 레이저빔의 출력, 집속조건 및 주사속도 등을 조절함으로써 금속표면에서 성분원소의 용융 및 응고조건 조절이 가능하여 광범위한 용질원소의 조성과 요망되는 합금층 두께를 얻을 수 있다.

레이저빔에 의한 표면합금층 형성에서는 금속표면이 평탄하지 못하고 거칠게 된다. 즉 레이저빔이 조사된 표면에서는 급속한 용융과 냉각으로 인하여 용융층 표면이 잔물결 모양의 요철상태가 된다. 이러한 금속의 유동은 원칙적으로 가열구역에서 열구배에 의한 표면장력의 차이, 용융풀 내에서 용융금속의 요동과 파동의 형성 및 압력의 변화 등 여러 가지 요인에 의한다. 그러나 어떤 원인에 의하거나 관계없이 레이저빔이 조사되어 용융풀이 형성된 후에는 용융금속이 밀리면서 곧 응고된다. 그 후 레이저빔이 전진함에 따라 새로운 구역이 용융되고, 또한 용융된 부분이 밀리면서 다시 응고되는 과정이 반복되므로 레이저빔이 주사된 구역에서는 계속하여 주기적인 용융금속의 요철이 생긴다. 따라서 정밀한 표면상태가 요구되는 경우에는 이러한 요철부분을 연마시켜 제거해야 한다.

○ 합금원소 첨가방법과 레이저빔 중첩도

레이저빔에 의한 표면합금층 형성에서 합금원소를 첨가시키는 방법은 금속클래딩에서 사용한 방법과 거의 같다. 즉 레이저빔을 조사시키기 전에 먼저 표면에 첨가시키는 방법과 레이저빔 조사와 동시에 첨가시키는 방법이 있다. 레이저빔을 조사시키기 전에 합금원소를 먼저 첨가시키는 대표적인 방법으로는 전기도금에 의한 방법, 기지금속에 얇은 이종금속판을 밀착 혹은 클래딩시키는 방법, 합금분말을 기지금속 표면에 살포시키는 방법 등이 있다. 이외에도 접착제 혹은 액체에 혼합시킨 금속분말의 슬러리페인팅, 이온주입 및 플라즈마코팅 등의 방법들이 있다. 레이저빔 조사와 동시에 합금원소를 첨가시키는 방법에는

그림 V-11에서 보는 것과 같이 노즐을 통하여 레이저빔 초점구역에 분말을 주입시키는 방법 및 합금와이어를 공급하는 방법 등이 있다. 어떤 특별한 경우에는 밀폐된 용기 내에 합금원소를 함유한 가스매체를 충진시키거나 혹은 이러한 가스매체를 노즐을 통하여 불어준다.

이들 방법들 중에서 전기도금과 이종금속판을 밀착시키는 방법이 합금층의 깊이와 조성조절에 용이한 방법이다. 그러나 이러한 방법들은 전기도금을 위한 별도의 공정 또는 이종금속판을 기지금속에 밀착시키는 지그가 필요하다. 합금분말을 사용하는 방법은 매우 편리하여 많이 사용되고 있는 반면에 합금층 두께조절이 용이하지 않고 기지금속과 분말층 사이에 열저항이 크며, 또한 손실되는 분말양이 많다. 그러나 합금분말을 첨가시키는 방법은 표면을 거칠게 하므로 레이저빔의 다중흡수효과를 줄 수 있어 흡수율을 증가시킨다. 또한 이 방법에서는 용융초기에 분말사이의 기포로 인한 절연작용으로 인하여 표면열이 내부로 급속히 전도되는 것을 억제시키므로 표면근방의 온도를 증가시켜서 양호한 합금층을 형성시킨다. 그리고 분말의 입자는 작을수록 더욱 균질한 농도를 가지는 합금층을 형성한다. 특히 텅스텐과 몰리브덴 같이 용융점이 높은 금속의 경우에는 입자크기가 크면 전체입자가 완전히 용융되기 전에 합금층 온도가 용융점 이하로 하강하여 응고되므로 합금층에서 성분원소의 불균일한 분포를 초래하는 경향이 있다. 즉 레이저빔에 의한 표면합금화에서 합금원소들의 양호한 혼합작용은 용융구역에서 강렬한 교반작용에 의하여 발생하는 것이기 때문이다. 따라서 합금원소가 완전히 용융된 후 약간의 유지시간이 있어야 하며, 그 전에 용융풀이 응고되면 강렬한 교반작용을 기대하기 힘들다.

넓은 면적에 표면합금층을 형성시키는 경우에는 클래딩방법과 같이 레이저빔을 중첩하여 조사시켜야 한다. 그러나 이 경우에 중첩도가 크지 않은 경우에는 레이저빔 중심부에서 벗어난 구역에서는 국부적으로 합금원소들의 불균일한 분포를 주게 된다. 따라서 레이저빔이 단순한 모드에 근접한 경우에 중첩도는 단일주사에서 얻어지는 폭의 약 1/2 정도는 중첩되도록 조사시키는 것이 바람직하다.

그림 V-14는 1%C의 고탄소강에 CO_2레이저빔을 중첩조사하여 넓은 면적에 텅스텐 표면합금층을 형성시킨 결과를 보여주고 있다. 여기서 그림(a)는 텅스텐 표면합금층의 단면조직사진이고, 그림(b)는 합금층의 표면 밑 약 50μm되는 거리에서 텅스텐의 농도분포를 나타낸 것이다. 여기서 보듯이 합금원소의 분포는 거의 균일하지만, 레이저빔을 주사할 때 인접조사구역과 중첩도가 낮으면 합금조성이 떨어진다. 그림(c)는 합금층의 깊이방향으로 철과 텅스텐의 농도분포를 나타낸 것으로, 좌측은 레이저빔 조사구역 중심부이고, 우측은 중첩구역이다. 표 V-2는 레이저빔조사구역의 중심부에서 깊이방향으로 위치에 따른 철과 텅스텐의 농도를 정량분석한 결과이다.

표 V-2 텅스텐 표면합금층의 깊이 방향에 따른 텅스텐의 성분분석(900W, 15mm/sec)

단위(%)

원소 \ 깊이	0.10mm	0.15mm	0.20mm	0.25mm	0.30mm	0.35mm
Fe	87.91	86.70	87.58	95.64	97.50	97.91
W	9.69	10.24	10.08	2.93	0.00	0.00

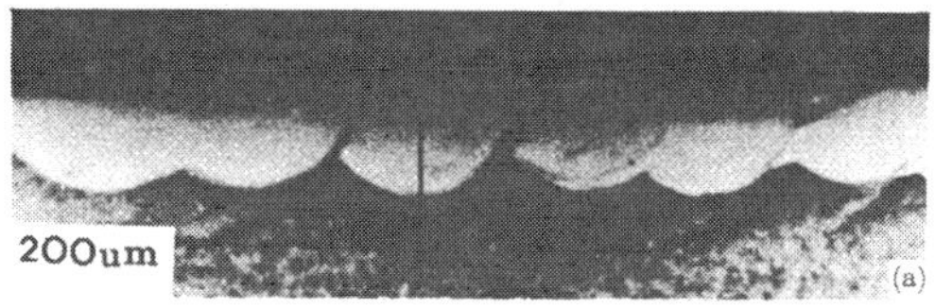

(a) 중첩조사시킨 표면합금층

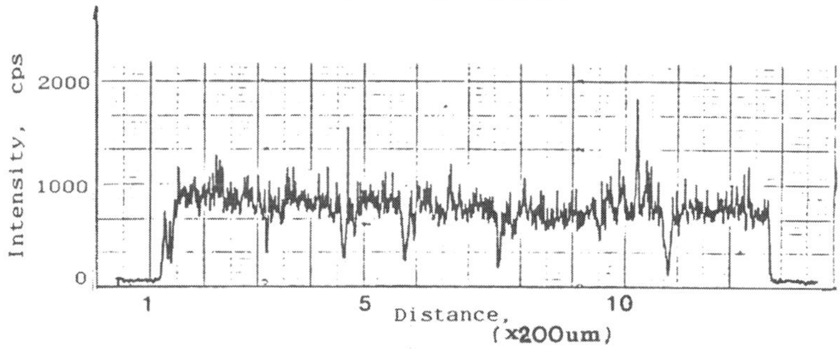

(b) 합금층의 표면 하 50μm에서 텅스텐의 농도분포

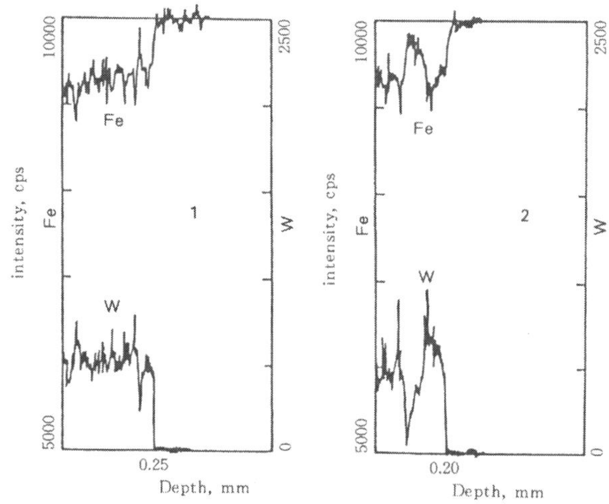

(c) 사진(a)의 1과 2로 나타낸 부분의 깊이 방향으로 Fe와 W의 농도 분포

그림 V-14 고탄소공구강에 CO^2레이저에 의한 텅스텐 표면합금층 형성(900W, 15mm/sec)(Kim and Suk-1987)

위의 그림과 표에서 보듯이 레이저빔 조사시간이 매우 짧고 고용융점 합금원소임에도 불구하고 표면합금층에서 용융금속의 격렬한 교반작용으로 합금원소농도가 대체적으로 균일하다. 그러나 중첩된 구역에서 중첩도가 큰 경우에는 균일한 농도를 나타내고 있으나, 중첩도가 적은 구역에서는 용융된 기지금속의 유동으로 인하여 농도의 불연속성을 나타내고 있다.

철강재 상에 표면합금층을 형성시키는 경우에는 합금층과 기지금속이 연결되는 구역이 냉각속도가 가장 빠른 구역으로서 수지상정조직이 발달된다. 그리고 합금층 주위에는 변태점 이상으로 온도가 증가되었다가 급속한 냉각속도로 인하여 필연적으로 고상변태에 의한 경화층을 형성시키게 된다. 그러나 이러한 변태구역은 어닐링열처리로 제거시킬 수 있으므로 표면합금층을 제외한 주위의 경화층을 제거시킬 수 있다.

○ 열응력과 결함

레이저빔에 의한 금속의 표면합금층 형성에서 발생되는 결함들은 주로 급속한 가열과 냉각에 의한 잔류응력, 급속한 용융 및 응고에 의한 용해석출균열, 기지금속과 합금원소의 용융점 차이에 의한 분리 및 고용도 저하, 용융구역에서 기공의 발생 등이다. 일반적으로 금속이 가열되면 팽창하며, 이것은 가열된 구역 주위에 응력장을 발생시킨다. 금속을 냉각시킴에 따라 응력이 탄성한계를 넘지 않으면 상온에서 잔류응력은 큰 문제가 안된다. 그러나 온도증가에 따라 금속의 탄성한계는 곧 저하되며, 용융점에서 이 값이 0이다. 일단 가열에 의한 열응력이 탄성한계를 넘으면 소성변형이 일어나고, 냉각시킴에 따라 잔류응력이 남게 된다. 고상변태가 없는 금속의 경우에 이것을 정성적으로 표시하면 그림 V-15와 같다.

이 그림에서 보면 시작온도 ①에서 온도가 증가함에 따라 금속은 탄성변형 및 소성변형으로 인하여 압축응력상태가 되므로 응력은 떨어지기 시작하여 ②로 된다. 온도가 더욱 증가함에 따라 금속의 항복강도가 저하되므로 응력은 오히려 반전되다가 용융점인 ③에서 응력은 0으로 된다. 그 후 온도가 용융점 이상인 ④에서는 액체상태이므로 응력은 0에서 다시 용융점인 ⑤를 지나 하강한다. 금속이 응고하는 곳에서 냉각에 의하여 수축하므로 인장응력이 발생하기 시작하며, 금속의 잔류응력은 증가한다. 그러나 금속이 고체상태에서 냉각하므로 열팽창계수에 의한 인장력이 계속 증가되어 최종온도인 ⑥에서 최종잔류응력을 주게 된다. 일반적으로 금속에서 레이저빔처리 후 재응고된 용융구역은 응고 후 체적의 증가를 주는 고상변태가 없는 한 잔류응력은 인장응력이다. 일단 표면합금층에서 균열이 일어나지 않으면 열처리로 금속 내의 잔류응력은 제거시킬 수 있다.

그러나 위의 일반적인 온도-응력 관계에서 응고 후 고상변태가 있으면 위의 관계와 차이가 있다. 탄소

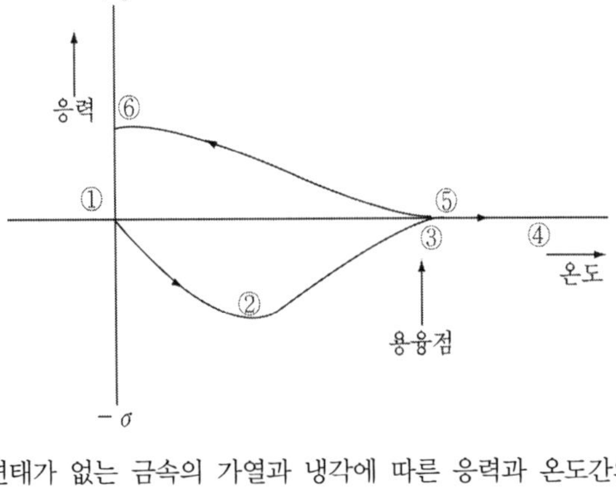

그림 V-15 고상변태가 없는 금속의 가열과 냉각에 따른 응력과 온도간의 정성적인 관계.
① 시작온도 ② 소성변형에 따라 압축응력 ③ 용융온도에서 항복강도가 0임 ④ 용융상태에서 응력이 없음 ⑤ 냉각에 따라 응고된 금속에서 응력이 발생 시작 ⑥ 상온에서 최종의 잔류응력으로 인장응력 발생

강 같이 응고 후 A_3온도를 지나 냉각됨에 따라 조직이 오스테나이트에서 페라이트 대신에 마르텐사이트로 고상변태되면, 약 4%의 체적팽창이 있다. 이 경우에는 표면합금층의 잔류응력이 압축응력하에 있게 되므로 피로수명을 연장시킬 뿐 아니라 표면층의 균열가능성을 억제시켜 바람직하다. 그러나 표면층에 비하여 내부의 용적이 크면서 인장응력하에 있으면 표면구역에서 미세한 균열들을 발생시킬 가능성이 있다.

레이저빔에 의해서 용융되는 구역에서는 냉각속도가 매우 빠르므로 수지상정 조직이 발달된다. 이러한 수지상정 조직은 먼저 1차수지상이 응고되므로 응고부분과 용융부분 사이에 석출현상으로 합금농도 차이를 나타낼 수 있다. 따라서 그 경계구역에 불순물의 편석이 발생될 수 있고, 또한 이 구역의 조직이 완전히 고체로 되기 전에 발생되는 용리균열이 일어날 수 있다. 그리고 넓은 면적을 표면합금화시키는 경우에는 먼저의 레이저빔조사로 인장잔류응력이 존재하는 근방에 반복하여 레이저빔이 조사됨으로써 인장응력이 추가되어 금속의 강도 이상으로 증가될 경우에 균열이 발생한다.

표면합금층에 기포가 존재하면 그 재료의 사용에 문제점을 줄 수 있는데, 특히 충격에 견디어야 하는 재료에서 문제가 된다. 즉 표면층에 있는 기포는 균열의 시작점으로 작용할 수 있기 때문이다. 레이저빔에 의한 용융구역에서 기포는 액체상태보다 고체상태에서 적은 고용도를 가지는 가스에 의하여 발생될 수 있으며, 이들이 냉각 시 응고면에 나타나기 때문이다. 그리고 금속이 용융됨에 따라 물리적 혹은 화학적 반응으로 생성된 가스가 고체 내에 흡수된 상태로 유지되기 때문이기도 하다. 또한 레이저빔의 출력밀도가 높은 경우에는 금속표면에서 발생된 플라즈마와 취입가스가 키홀의 깊은 구역에 들어간 상태에서 주위의 용융금속이 흘러 내려 입구를 막기 때문에 발생하기도 한다.

(3) 계면조성 구배재료의 제조

일반적으로 금속재료는 여러 가지 성분들이 합금화되어 있으며, 각 성분들의 성질을 함께 유지하게 된다. 이러한 합금재료들은 그 용도에 따라 몇 가지로 분류될 수 있다. 그러나 재료를 구성하고 있는 성분들 사이의 조성변화를 살펴보면 그림 V-16과 같이 세 가지로 분류할 수 있다. 즉 경계구역에서 두 조성 사이에 불연속적인 급격한 변화, 두 조성 사이에 점진적인 변화, 두 조성 사이에 변화가 없이 일정한 경우이다. 첫 번째 경우는 표면클래딩재료 또는 복합재료 등에서 찾아볼 수 있고, 두 번째 경우는 계면조성 구배재료에서 찾아볼 수 있고, 세 번째 경우는 각종 합금에서 찾아볼 수 있다.

에너지산업에서 보일러 또는 항공우주산업에서 로켓의 어떤 구조부품은 고온에서 내열성, 내식성, 내산화성을 가지면서 높은 강도를 요구하는 경우가 있다. 이러한 경우에는 여러 가지 성질을 동시에 만족시키도록 고가의 합금원소들로 구성된 재료를 사용해야 한다. 만일 매우 까다롭지 않고 크기가 큰 구조물로서 조건이 허락한다면 탄소강에 특수강을 클래딩시켜서 특수강 측을 강렬한 열과 부식성 환경에 접하게 하고, 탄소강 측을 일반적인 환경에 접하게 함으로써 재료비를 절감시킬 수 있다. 이러한 재료에서는 반복된 가열과 냉각 조건하에서 그들 성분들의 물리적, 기계적 성질의 차이로 계면에 열응력 또는 피로응력

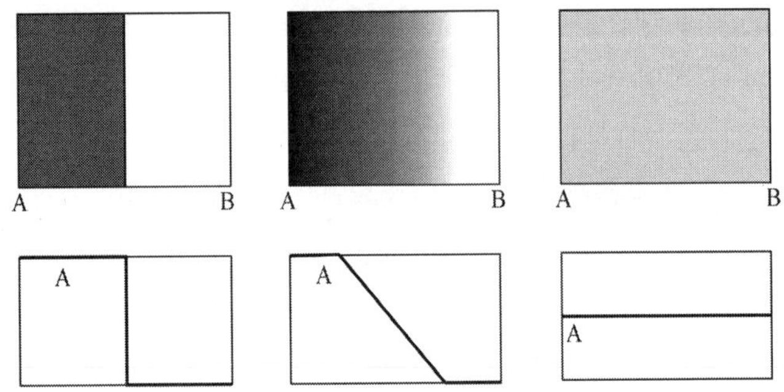

(a) 급격한 변화 (b) 점진적인 변화 (c) 무변화

그림 V-16 다성분계 재료의 계면에서 농도 변화

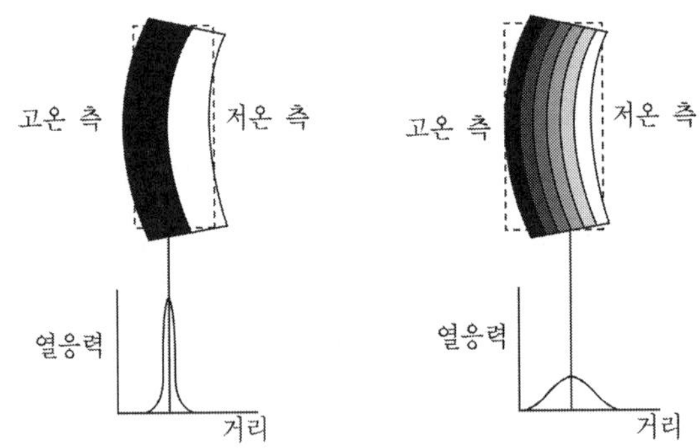

(a) 급격한 변화 (b) 점진적인 변화

그림 V-17 다성분계 재료의 계면구역에서 열응력의 분포

이 발생한다.

특히 열 사이클 중에는 그림 V-17에 나타낸 것과 같이 불연속의 좁은 계면구역에 큰 응력집중으로 균열 또는 뒤틀림 같은 여러 가지 문제점이 발생한다. 그러나 계면구역에서 그들 성분들 사이에 점진적인 조성변화가 있게 되면, 응력집중을 완화시킬 수 있어서 유리한 성질을 나타낸다. 이러한 재료의 실제적인 예는 분말야금방법으로 제조한 내열성 금속/세라믹 경사기능재료에서 찾아볼 수 있다. 세라믹부분은 열에 견디도록 내부의 고온 측에 접하게 하고, 금속부분은 외부의 저온 측에 접하게 되어 있다. 그러나 큰 강도가 요구되는 기계 또는 설비의 구조부품에서는 금속/금속의 계면조성 구배재료가 요구된다. 따라서 이러한 금속/금속의 계면조성 구배재료 제조를 위해서는 집중된 열원이 필요하고, 레이저빔 또는 전자빔에 의한 표면합금화 방법이 중요한 도구로서 사용될 수 있다.

레이저빔에 의한 표면합금화 방법에서는 표면층에 균일한 합금층을 형성시킨다. 표면합금층을 형성시킨 후에 다시 합금원소를 첨가시키고 다시 표면합금화 처리를 수행하면, 나중에 표면합금화된 구역의 농도는 먼저 합금화된 구역에 비해서 합금조성이 증가된다. 그 후에 또다시 합금원소를 첨가시킨 후 계속하여 반복된 처리를 수행하면, 합금조성이 점진적으로 증가되어 계면구역에서 급격한 변화 없이 완만한 조성구배가 이루어진다. 그림 V-18은 레이저빔에 의한 계면조성 구배재료를 제조하는 개념을 나타내고 있다. 레이저빔에 의한 계면조성 구배재료 제조에서는 여러 가지 고려사항들과 문제점들이 있으며, 사용되는 합금재료와 기지재료에 따라 차이가 있다. 특히 금속재료와 세라믹재료 사이에는 그 물성이 크게 차이가 있으므로 세라믹/금속재료와 금속/금속재료 사이에 고려되어야 할 사항이 다르다.

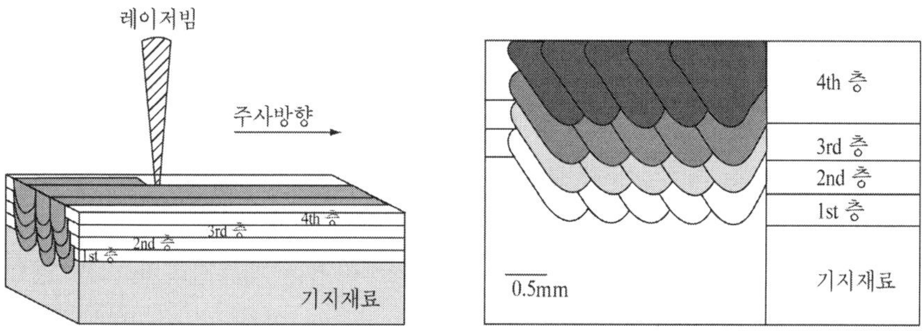

(a) 레이저빔 중첩조사 개요도 (b) 단면 조성 개요도

그림 V-18 레이저빔에 의한 계면조성구배 재료의 제조 개요

세라믹/금속재료 제조 시 고려해야 할 중요한 문제점 세 가지는 다음과 같다. 첫 번째는 금속과 세라믹의 레이저빔 흡수도 차이로, 일반적으로 금속은 레이저빔 흡수도가 적은 반면에 세라믹의 흡수도는 크다. 그러므로 금속과 세라믹이 혼재되어 있는 구역에서 레이저빔에너지의 흡수량 차이로 인한 용융의 불균형을 초래할 수 있다. 두 번째는 금속과 세라믹의 열팽창계수와 열전도도의 차이이다. 일반적으로 금속의 열팽창계수와 열전도도는 큰 반면에 세라믹의 열팽창계수와 열전도도는 적다. 따라서 급격한 가열과 냉각의 열 사이클 도중에 금속/세라믹 계면에서 균열발생의 가능성이 크고, 또한 세라믹에서 열충격에 의한 균열가능성이 크다. 세 번째는 금속과 세라믹 사이의 상호 간 고용도 차이이다. 일반적으로 금속과 세라믹은 화학적 성질의 차이가 크고, 밀도와 용융점의 차이도 크므로 상호 간 고용이 힘들다. 어떤 방법으로 금속과 세라믹을 함께 용융시킬 수 있다고 하여도 밀도차이로 인한 분리작용으로 용융층에서 조성을 균일하게 하는 것이 힘들다. 따라서 내열성재료로 개발되는 많은 세라믹/금속재료는 분말야금법으로 제조되며, 레이저빔에 의한 방법은 계속 연구되어야 할 과제이다.

반면에 **금속/금속재료**를 제조할 경우에는 금속과 세라믹에서 보여주는 것과 같은 큰 물성차이가 없으므로 비교적 용이하고, 고려해야 할 사항들은 더욱 실제적이고 구체적인 문제점들이다. 여기서 고려해야 할 사항들 중에서 중요한 세 가지는 다음과 같다. 첫 번째는 계면구역에서 조성변화는 직선적으로 변화하기보다는 계단식으로 변화한다. 즉 레이저빔에 의한 표면합금화는 합금층에서 균일한 조성을 주며, 그 다음의 표면합금화된 구역은 먼저 처리된 구역에 비하여 기지금속의 조성은 상대적으로 낮으나 합금원소의 조성은 상대적으로 높다. 계속된 표면합금화처리는 순차적으로 비슷한 양상을 주므로 합금원소의 계단식 조성변화를 나타낸다. 만일 매번 첨가시키는 합금판재의 두께를 작게 하고, 표면합금화처리의 공정수를 늘리면 더욱 직선적인 분포를 주게 된다. 두 번째는 계면구역에서 기포형성의 문제이다. 이러한 문제는 레이저빔에 의한 용접에서 발생하는 원인과 비슷한 결과에 의한다. 그러나 여기에서는 표면합금층 형성과정을 여러 차례 반복하여 수행하므로 표면의 요철과 불균일성 및 불순물의 유입가능성이 크므로 기포발생 가능성이 더욱 증가된다. 세 번째는 열 영향구역에서 균열발생이다. 만일 금속의 연성이 크거나 냉각 중에 상변태가 일어나지 않으면 급속한 냉각일지라도 균열발생의 가능성이 적다. 그러나 국부적으로 조성변화가 있게 되면 금속/금속재료에서는 조성변화로 상변태가 있을 수 있다.

특히 기지재료가 철강재인 경우에는 급냉 시 열 영향구역에서 마르텐사이트변태로 인한 큰 체적팽창으로 뒤틀림과 균열발생가능성이 있으며, 방향에 따라 차이가 있을 수 있다. 즉 합금화된 구역에서 상변태가 일어나지 않는 경우라면 합금층과 기지구역을 따른 경계구역에서 체적팽창이 있을지라도 균일하게 압축응력이 작용하게 되므로 상하부 사이의 계면을 따라서 균열발생가능성은 적다. 그러나 좌우측, 즉 계면방향으로는 문제가 다르다. 즉 상변태가 발생하지 않는 상부구역은 체적변화가 크지 않으나 하부구역은 체적팽창이 크므로 좌우측 방향으로 볼 경우에 상대적으로 상부는 인장응력이 발생하고 하부는 압축응력이 발생하게 된다. 따라서 레이저빔조사로 합금층 형성이 시작되는 구역과 끝나는 구역에서는 경사진 방향으로 균열발생 가능성이 크다. 그러나 금속/금속재료에서는 레이저빔의 출력밀도와 빔형태, 집속조건, 재료의 선택 및 합금층의 두께조절 등으로 결함들을 조절하거나 제거시킬 수 있다.

금속/금속재료의 계면조성 구배재료를 제조함에는 표면열원이 필요하므로 레이저빔을 이용할 수 있다. 그러나 레이저빔은 금속표면에서 반사도가 크고, 또한 다른 여러 가지 문제점들을 내포하고 있기 때문에 효율적이라고 하기는 힘들다. 반면에 이러한 공정에 레이저빔 대신에 전자빔을 사용하는 경우에는 진공 내에서 수행하여야 하는 단점이 있기는 하나, 장점도 있고 훨씬 효율적이다. 즉 전자빔은 금속 내에서 흡수율이 80-90% 이상으로 매우 높고, 또한 금속 내로 깊이 침투하므로 더욱 건전한 재료조직을 줄 수 있는 장점이 있다.

V-2 금속재료의 용접

레이저빔에 의한 금속의 용접은 두 금속부품의 용융에 의한 접합방법으로 열원의 특성상 일반적인 용접방법과 다른 용접형태를 나타낸다. 레이저빔에 의한 금속의 용접에서 용융구역과 열 영향구역은 상대적으로 적으며, 그 조절이 용이하다. 따라서 레이저빔에 의한 금속의 용접방법은 정밀한 용접성을 유지하면서 대량생산성을 위하여 자동화가 요구되는 용접공정에 적당한 방법이다. 이러한 특성을 가진 용접방법은 여러 가지가 있으며, 그 장단점들을 비교하면 표 V-3과 같다.

표 V-3 각종 용접방법의 종류와 장단점 비교

방법	장점	단점
레이저용접	• 매우 큰 에너지밀도를 줌 • 적은 열영향 구역을 줌 • 적은 뒤틀림을 줌 • 정밀한 용접이 가능함 • 공기 중에서 용접속도가 빠름 • 공기 중에서 용접이 가능함	• 부품간격과 치수의 정확성이 요구됨 • 금속에서 반사도가 큼 • 충진금속의 첨가가 힘듦 • 장비가 고가임
전자빔용접	• 매우 큰 에너지밀도를 줌 • 큰 에너지를 입력시킬 수 있음 • 적은 열영향 구역을 줌 • 적은 뒤틀림을 줌 • 정밀한 용접이 가능함 • 용접깊이를 크게 할 수 있음 • 진공 중에서 오염물이 들어가지 않음 • 용접속도가 빠름	• 진공 중에서 용접하여야 함 • 자성에 민감함 • 진공에 시간이 필요하여 생산속도 느림 • 용접시킬 부품이 매우 청정해야 함 • X-선을 방출함 • 장비가 고가임
플라즈마아크 용접	• 수동으로 작업이 가능함 • 큰 에너지밀도를 줌 • 큰 에너지를 입력시킬 수 있음 • 충진금속의 사용이 비교적 용이함 • Al 금속의 용접도 양호함	• 레이저빔에 비하여 출력밀도가 적음
저항용접	• 자체적인 클램핑이 이루어짐 • 용접속도가 빠름	• 접합품질이 양호하지 못함 • 전극의 마모로 유지비가 큼
브레이징	• 용접이 힘든 금속 또는 다른 금속들 사이에도 사용이 가능함 • 간격 사이를 채워줌 • 접근이 힘든 구역의 접합도 가능함 • 접합된 부품들은 분리시킬 수 있음 • 장비가 저가임	• 충진금속이 고가임 • 온도에 대한 저항성이 낮음 • 생산속도가 느림
부착접합	• 저온에서 작업함 • 광범위한 금속과 비금속 재료에 대하여 접합이 가능함 • 간격 사이를 채워줌 • 접근이 힘든 구역의 접합도 가능함	• 온도에 대한 저항성이 낮음 • 강도를 위하여 넓은 접합면적이 필요함 • 검사를 하는 것이 힘듦

레이저빔에 의한 금속의 용접은 접합시키려는 구역을 용융점 이상으로 가열해야 하므로 표면가공에 비하여 훨씬 큰 레이저빔에너지가 요망된다. 그리고 일반적으로 레이저용접에서는 용접봉을 사용하지 않는 자생용접 방법이다. 따라서 용융접합시키려는 구역 전체를 용융점 이상으로 유지시키기 위해 열이 충

분한 깊이까지 전달되도록 해야 하며, 가능하면 표면온도를 비등점 이하로 유지시켜야 한다. 그러나 레이저빔 출력밀도가 $10^6 W/cm^2$ 이상인 경우에 금속은 용융되고 부분적으로 증발되며, 동시에 순간적으로 키홀을 형성하면서 플라즈마를 형성한다. 레이저빔을 이동시킨 바로 후에는 금속표면의 증기압이 키홀을 유지시킨다. 일단 용융금속이 키홀의 전방으로부터 키홀 벽을 따라 뒤로 유동된 후에는 용융금속은 다시 표면장력 또는 다른 요인들에 의하여 흘러들어와 키홀을 덮은 후 곧 응고된다. 따라서 적당한 레이저빔 출력밀도, 주사속도와 플라즈마조절에 의하여 키홀이 유지되도록 하면, 정상상태의 조건이 유지된다. 그리고 그 **가로세로비**(aspect ratio; 용융깊이/용융폭)가 큰 특성적인 키홀용접 혹은 심용입용접을 주게 된다.

레이저빔에 의한 용접에서 중요한 매개변수인 레이저빔의 출력밀도, 집속된 빔직경, 금속의 레이저빔 흡수율 등 원칙적인 문제들은 IV-3절에서 이미 기술하였다. 따라서 여기에서는 용접기구와 용접형태, 금속의 조직학적 문제, 용접설계와 고려사항, 금속물성에 따른 고려사항, 취입가스, 용접결함과 용접성검토, 비금속재료의 접합과 레이저용접의 조절 등에 대해서 간단히 검토하여 보겠다.

V-2-1 용접기구와 용접형태

레이저용접은 근본적으로 전도용접(conduction welding)기구와 키홀용접(keyhole welding)기구(심용입용접기구)의 두 가지 형태로 구분할 수 있다. 이들 두 가지 기구의 기본적인 차이는 용접 도중에 용융풀의 형성과 모양이 다른 것이다. 전도용접에서는 용접 도중에 용융풀이 항상 용융금속으로 채워져 표면이 닫혀져 있는 상태를 유지하므로 레이저빔이 표면구역에서 흡수된다. 반면에 키홀용접에서는 용접 도중에 플라즈마와 증발금속에 의하여 용융풀이 열려진 상태를 유지해 레이저빔이 키홀 내부로 들어와 다중흡수가 일어나므로 에너지흡수효율이 크다. 그러므로 이들 두 가지 기구에 의한 개요적인 용접형태를 도식적으로 나타내면 그림 V-19와 같으며, 용접구역의 가로세로비(깊이/폭)에서 매우 차이가 크다.

그리고 레이저빔의 출력밀도와 용접대상물에 따라 렌즈를 사용하여 빔을 집속시키는 투과광학노즐 또

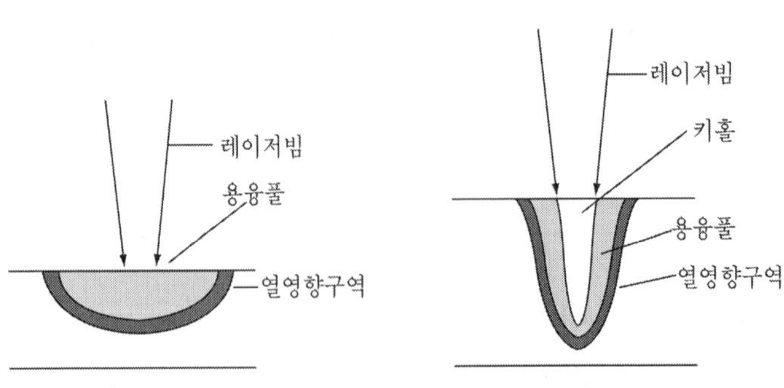

(a) 전도용접 (b) 키홀(심용입) 용접

그림 V-19 용접기구에 따른 용융구역의 형태

는 거울을 사용하여 빔을 집속시키는 반사거울광학노즐을 사용한다. 그림 V-20은 고출력레이저빔을 사용하는 반사거울광학노즐을 나타내고 있다.

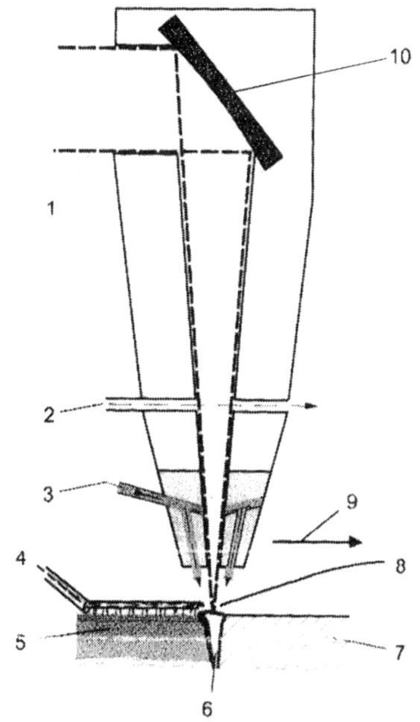

1 레이저빔
2 교차제트
3 동축 활성/취입가스
4 취입가스
5 용접구역
6 용융키홀
7 용접부품
8 장입재료(필요시 선택)
9 용접방향
10 집속 거울

그림 V-20 용접용 반사거울광학노즐(Trumpf)

(1) 전도용접

금속의 열전도에 의한 용융을 이용하여 용접시키는 방법으로 얇은 판재 또는 소형부품의 용접에 적용시키는 방법이다. 이 방법은 용융구역의 가로세로비(용융깊이/용융폭)가 대체로 0.5 이하로서 보통 수십 W에서 KW급 이하의 지속파 혹은 펄스빔을 이용한다. 이 용접방법은 원칙적으로 금속표면에 흡수된 레이저빔에너지의 열전도에 의한 용융으로 이루어지므로 레이저빔에너지의 효율이 크지 못하나, 용융구역에 가스유입이 거의 없다. 전도용접에서는 그림 V-21과 같이 레이저빔이 용접시키는 금속 내부로 깊이 침투하여 들어가지 않으므로 용접공정에 큰 요동을 주지 않는다.

레이저빔에 의한 열의 침투깊이는 IV-4-3항에서 기술한 바와 같이 레이저빔 조사시간의 함수로서 열확산도가 k인 금속에서 깊이 d까지 침투하는 열시간상수는 대략 $d^2/4k$ 정도이다. 따라서 효과적인 용융을 얻기 위한 레이저빔 조사시간은 열시간상수와 같은 정도로 주사속도를 조절하거나, 또는 적당한 펄스기간을 가진 레이저빔을 사용하여야 한다. 따라서 Cu와 같이 열확산도가 큰 금속에서는 출력밀도가 큰 펄스빔을 사용하고, 스테인리스강과 같이 열확산도가 적은 금속에서는 적당한 출력밀도의 지속파 혹은 펄스빔을 사용하는 것이 바람직하다. 그리고 얇은 금속판(0.1～0.2mm)에 대한 열시간상수는 보통 msec 정도가 되므로 펄스빔으로 가능하며, 특히 정밀부품제조에서 점용접의 경우에는 Nd:YAG레이저의 펄스

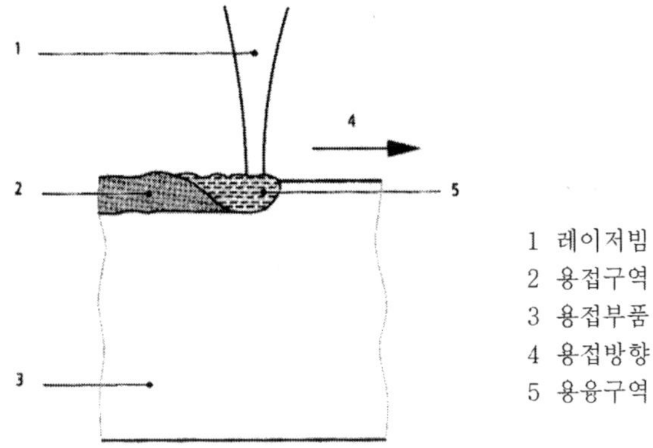

그림 V-21 전도용접 공정

빔이 광범위하게 사용된다. 그러나 1mm 이상의 두께를 가진 철강재의 용접에서는 주로 지속파를 주는 고출력의 CO_2레이저, Nd:YAG레이저, 디스크레이저, 파이버레이저가 사용된다.

전자공업 또는 자동차공업에서 정밀한 가공과 대량생산성이 요구되는 용접방법으로 사용되는 점용접(spot welding)과 **심용접**(seam welding)은 종래에는 저항용접 방법 등에 의하여 수행되었다. 이 방법은 투자비가 저렴하나, 금속의 전기저항에 의존하고 또한 열 영향구역이 크며, 변형이 생기고 생산성이 떨어지는 등 문제가 있다. 그러나 레이저빔에 의한 용접방법은 초기의 투자비는 많이 소요되나, 양호한 용접 품질로서 대량생산성을 주기 때문에 많은 부분에서 저항용접을 대체하고 있다. 펄스빔에 의한 심용접에서 레이저빔의 주사속도는 집속빔의 직경, 펄스반복속도 및 레이저빔의 중첩도에 의하여 결정된다. 펄스빔에 의한 일반적인 심용접에서 중첩도는 약 50% 정도이나, 밀봉상태를 확실하게 하기 위해서는 중첩도를 80% 이상으로 하는 것이 바람직하다. 그림 IV-67(c)는 고에너지 펄스빔을 중첩시켜 심용접을 수행한 용접형상으로 균일하고 안정된 용접 결과를 보여주고 있다.

펄스레이저빔을 이용하는 경우에 일반적으로 빔의 **중첩도**는 다음 식과 같이 나타낼 수 있다.

$$\text{중첩도}(\%) = [1 - L/DN] \times 100 \tag{V-9}$$

L : 용접속도

D : 집속빔의 직경

N : 펄스의 반복속도(pulse/sec)

예를 들면 집속빔의 직경이 0.2mm이고, 펄스의 반복속도가 100pps이고, 빔의 중첩도를 50%라고 하면 레이저빔의 주사속도는 6cm/sec로 해야 한다.

이제 실제적으로 몇 가지 레이저빔 용접에 관한 예제를 선택하여 기초적인 레이저빔에너지와 조사시간을 얻는 방법을 생각하여 보겠다.

예제 2 정밀한 부품을 제조하기 위하여 두께가 0.15mm인 얇은 철판을 그림과 같이 중첩시켜 직경 약 1mm 정도의 완전한 용융층을 형성하면서 견고한 용접을 수행하려고 한다. 이 경우에 전기적인 저항용접에 의한 경우에는 변형을 주기 때문에 Nd:YAG레이저 펄스빔으로 점용접 시키려고 한다. 만일 집속렌즈와 광학부품 등에 의한 손실을 20%라고 가정하고, 철판 상에서 레이저빔의 50%를 반사시킨다고 가정할 경우에 용접에 필요한 레이저빔출력과 펄스기간을 구하여라. 철강재의 열적인 성질은 일정하다고 가정하고, 그 값들은 각각 용융점(T_m)이 1,540°C, 비등점(T_v)이 3,000°C, 밀도(ρ)가 7.87g/cm^3, 용융잠열(L_m)이 65cal/g, 열확산도(k)가 0.21cm^2/ sec, 열전도도(K)가 0.18cal/sec · cm^2 · °C, 비열(C_P)이 0.11cal/g°C이다.

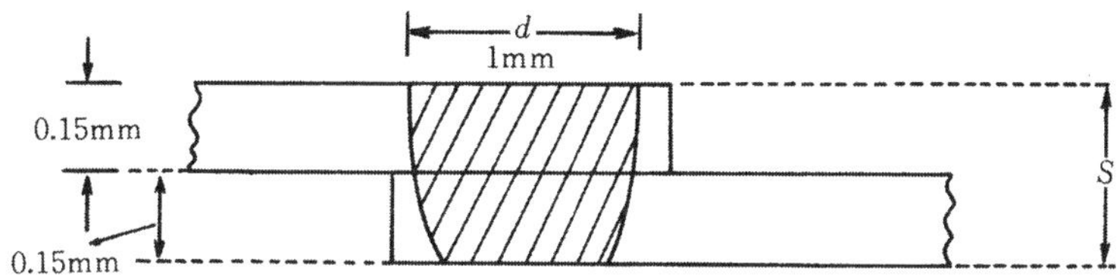

그림 <예제 2-1>

해 2 먼저 용융시켜야 하는 철강재를 상온으로부터 용융점까지 가열시켜야 하므로 그 필요한 에너지는 열평형식을 이용하여 구해야 한다. 만일 금속의 증발과 용적변화가 없다고 가정하면, 필요한 열량은 (IV-65)식에 의하여 다음과 같다.

$$Q = \rho V[C_p(T_m - T_{상온}) + L_m]$$

$$V = \pi\left(\frac{d}{2}\right)^2 \cdot S = 3.14 \times (0.05)^2 \times 0.03 = 2.356 \times 10^{-4}\text{cm}^3$$

$$\therefore\ Q = 7.87 \times 2.356 \times 10^{-4}[0.11(1{,}540 - 20) + 65] = 0.430\text{cal} \cong 1.8\text{J}$$

철판을 통한 열전도로 인하여 열손실이 발생하고, 또한 용접과정에서 온도가 용융점 이상 비등점 이하로 되어야 하므로 필요한 에너지가 위의 값의 약 2배라고 가정하자. 그리고 광학부품들에 의한 손실이 20%이고, 철판에서 레이저빔의 50%는 반사되므로 실제로 필요한 에너지는 다음과 같다.

$$\text{필요에너지} = 1.8 \times 2 \times \frac{1}{1-0.2} \times \frac{1}{1-0.5} = 9.0\text{J}$$

그리고 금속표면의 증발이 없으면서 용융계면이 0.3mm 침투하여 들어가기 위한 시간을 구해야 하며, 이것은 간단히 구하기 힘들다. 따라서 위의 열평형식으로 용접에 필요한 대략적인 범위의 에너지를 추측할 수는 있으나, 펄스기간을 구할 수는 없다. 그러나 용접에 요구되는 레이저빔 펄스기간은 더욱 현실적인 가정과 수식을 이용하여 계산해야 한다.

레이저빔에 의한 금속용접에서는 시편표면만이 레이저빔에 의하여 가열되고, 나머지 용융부는 열전도에 의하여 가열된다. 또한 표면상의 매우 큰 출력밀도는 금속 내에 온도구배를 주게 된다. 즉 표면에서 멀리 떨어진 밑부분의 온도를 용융점 이상으로 상승시키기 위해서는 표면온도가 비등점에 가까운 높은 온도로 가열되어야 하며, 용융구역이 열의 흐름방향으로 진행되어야 한다. 이러한 실제적인 상황에 더욱 접근하는 조건을 고려하여 문제를 풀기 위하여 그림 IV-83과 같은 모델을 사용하여 보자. 이 그림에서 용융된 I구역과 고체구역인 II구역을 포함하고 있다. 두 구역의 경계위치인 S가 결정해야 할 사항 중의 하나이며, 이 구역 근방의 온도는 다음과 같다.

$$T_1 = T_2 = T$$

그리고 액체와 고체구역 사이의 순수한 열유동은 상변화에 의하여 흡수된 열유동과 같다. 또한 금속표면에서 흡수된 에너지는 곧 내부로 전달되므로 다음과 같은 일차원 열전도식이 각 구역에 적용된다.

$$\frac{d^2 T}{dz^2} - \frac{1}{k}\frac{dT}{dt} = 0$$

이러한 비선형적인 식에 대한 해석적인 해는 구하기 힘들어 컴퓨터를 이용한 일반적인 해를 구하고, 그 결과가 그림 IV-84와 같다. 이 그림과 용접시키려는 금속의 열적 성질로부터 용접시키려는 부품의 표면에서 증발이 일어나기 전에 깊이 S까지 고체가 용융되는 데 요구되는 입열량과 펄스시간의 대략적인 값을 얻을 수 있다.

이 그림 IV-84를 이용하여 예제 2의 해를 구하여 보겠다.

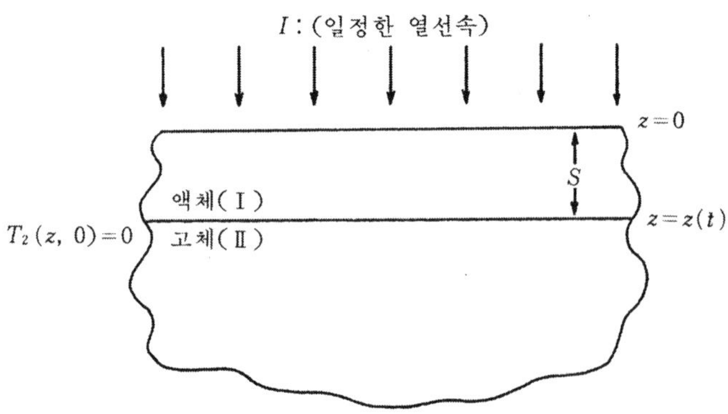

그림 <예제 2-2>

① 먼저 금속의 열적 성질과 관련된 계수 Y와 T_1'를 구하여 보면 다음과 같다.

$$Y = \frac{L_m}{C_p \cdot T_m} = \frac{65}{0.11 \times 1{,}540} = 0.38$$

$$T_1' = 40 \times \frac{T_v}{T_m} = 40 \times \frac{3{,}000}{1{,}540} = 78$$

② 위의 과정에서 나타낸 Y값과 $[T_1']$의 교차점에 해당하는 τ값을 그림표에서 찾는다. 위의 계수들의 교차점을 그림표에서 찾으면 τ는 약 3.75이다. 이 τ값은 금속표면에서 증발되기 시작하는 시간(t_v)

과 용융되기 시작하는 시간(t_m) 사이의 비율이다. 만일 계산된 Y값이 위의 그림에 주어진 Y값들 사이의 값이면, 그 사이에 보충하여 삽입시키는 것이 필요하다.

③ 위에서 구한 τ값과 밑부분에 나타낸 Y값과의 교차점을 찾아 우측에서 [S]값을 구한다. 위에서 구한 계수들과 그림에서 찾은 τ값을 대입하여 [S]값을 구하면 대체로 4.75 정도의 값을 얻는다. [S]의 값은 다음과 같이 금속의 성질과 입력된 레이저빔강도[I]를 관련시켜 주는 계수이다.

$$[S] = \frac{8.33\rho \cdot L_m \cdot S}{It_m}$$

S : 용융깊이

t_m : 금속표면이 용융되기 시작하는 시간

$$t_m = \frac{\pi}{k}\left(\frac{KT_m}{2I}\right)^2$$

위의 두 식이 구하는 미지수인 I와 t_m을 가진 식으로서 두 식을 연결하면 다음과 같다.

$$\begin{aligned} I &= \frac{[S]}{8.33\rho \cdot L_m \cdot S} \cdot \frac{\pi K^2 T_m^2}{4k} \\ &= \frac{4.75}{8.33 \times 7.87 \times 65 \times 0.03} \times \frac{3.14(0.18)^2(1{,}540)^2}{4 \times 0.21} \\ &= 10{,}670\text{cal/cm}^2 \cdot \text{sec} = 44{,}600\text{W/cm}^2 \\ &\quad (1\text{cal/sec} = 4.18\text{J/sec} = 4.18\text{W}) \end{aligned}$$

$$\begin{aligned} t_m &= \frac{\pi}{k}\left(\frac{KT_m}{2I}\right)^2 = \frac{3.14}{0.21}\left(\frac{0.18 \times 1540}{2 \times 10670}\right)^2 = 0.00252\text{sec} \\ &= 2.52\text{msec} \end{aligned}$$

④ 위의 ②과정에서 구한 무차원의 표면가열계수인 τ가 3.75이므로 t_v는 다음과 같다.

$$\tau = \frac{t_v}{t_m}$$

$$t_v = 3.75 \times 2.52 = 9.45\text{msec}$$

그러므로 평균펄스출력은 다음과 같다.

$$P = I \cdot A = I \cdot \pi\left(\frac{d}{2}\right)^2 = 44{,}600 \times 3.14 \times \left(\frac{0.1}{2}\right)^2 = 350\,W$$

이것은 금속표면에서 요구되는 값이므로 광학부품에 의한 손실 20%와 표면의 반사도 50%를 고려하면 레이저빔 펄스출력은 다음과 같다.

$$P = 350 \times \frac{1}{1-0.2} \times \frac{1}{1-0.5} = 875\,W$$

이제 펄스기간 동안 일정한 출력의 빔이 조사된다고 가정하면, 한 펄스당 레이저빔에너지는 다음과 같다.

$$E = P \cdot t_v = 875 \times 0.00945 = 8.26J$$

실제적으로 8.3J의 에너지를 가진 레이저빔을 직경 1mm에 9msec 동안 조사시키는 경우에 만족된 용접 결과를 얻었다고 보고되고 있다.

(2) 점용접

레이저빔에 의한 점용접은 가장 간단한 용접방법으로 전도용접기구와 심용입기구의 두 가지 형태가 있다. 전도용접기구는 박판용접 혹은 정밀용접에 많이 이용되고, 심용입기구는 가로세로비(용융깊이/용융폭)가 크기 때문에 두꺼운 부품의 용접에 이용된다. 점용접과정에서 중요한 변수들은 레이저빔의 출력밀도, 빔의 주사속도, 집속렌즈의 초점길이, 용접부품에 대한 초점위치, 취입가스의 종류와 유속 등이다. 전도용접기구에서 키홀용접기구로의 전환은 레이저빔의 첨두출력과 펄스기간에 의하여 지배되며, 첨두출력 혹은 펄스에너지가 크면 깊은 용융풀을 얻게 된다. 따라서 레이저빔의 펄스기간과 시간에 따른 출력의 조절로 용접 도중에 용접기구를 변환시킬 수 있다. 그리고 점용접의 연속에 의하여 심용접을 수행하는 경우의 빔중첩도와 주사속도의 관계는 (V-9)식에 기술한 것과 같다.

일반적으로 Nd:YAG레이저빔에 의한 점용접에서는 흔히 광파이버를 이용하여 레이저빔을 전송한다. 광파이버는 IV-2-7항에서 기술한 바와 같이 SI-파이버와 GI-파이버가 있으며, GI-파이버가 SI-파이버에 비하여 작은 빔직경과 급격한 빔출력변화를 준다. 따라서 금속과 빔 조사조건에 따라 GI-파이버는 SI-파이버에 비하여 약 3배의 용접깊이를 주기 때문에 두꺼운 부품의 레이저용접 또는 심용입용접에 바람직하다. 반면에 SI-파이버는 상대적으로 넓은 구역에 균일한 에너지를 공급하므로 얇은 판재의 레이저용접 또는 전도용접에 바람직하다.

이제 실제적인 예로서 펄스레이저빔에 의한 점용접에서 요구되는 레이저빔에너지와 펄스기간을 계산하여 보자.

예제 3 전자부품 제조 시에 두께가 0.15mm인 인청동판을 그림과 같이 중첩시켜 Nd:YAG레이저빔으로 점용접시키려고 한다. 이 경우에 이상적인 작업조건은 용융구역의 직경이 0.5mm이고, 밑에 있는 판 두께의 1/2 정도까지 용융시키는 것이다. 이 경우에 요구되는 레이저빔에너지와 펄스길이를 계산하여 보자. 인청동의 Nd:YAG레이저빔에 대한 반사율은 90%이고, 밀도(ρ)는 8.88g/cm^3, 용융점(T_m)은 950°C, 비등점(T_v)은 2,500°C, 용융잠열(L_m)은 50cal/g, 비열(C_P)은 0.09cal/g°C, 열확산도(k)는 0.24cm^2/sec, 열전도도(K)는 0.19cal/sec · cm°C이다.

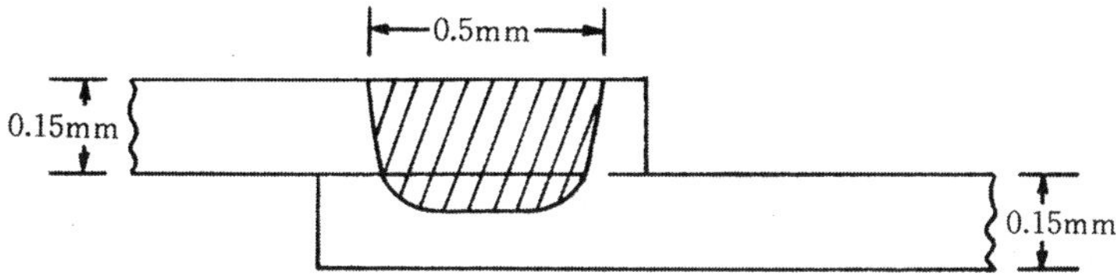

그림 <예제 3>

해 3(a) 이 경우에 용접된 깊이(h)는 0.225mm이다.

$$\text{용접구역의 체적(V)} = \pi\left(\frac{d}{2}\right)^2 h = 3.14\left(\frac{0.05}{2}\right)^2(0.0225) = 4.2\times10^{-5}\text{cm}^3$$

용융에 필요한 에너지(Q)는 다음과 같다.

$$Q_{\min} = \rho V[C_p(T_m - T_{\text{상온}}) + L_m]$$
$$= 8.88\times(4.2\times10^{-5})[0.009\times930 + 50] = 0.05\text{cal} \cong 0.21\text{J}$$

금속표면에서 레이저빔의 반사율은 0.9이므로 실제로 필요한 레이저빔에너지는 다음과 같다.

$$Q = \frac{Q_{\min}}{1-0.9} = 2.1\text{J}$$

위의 계산은 금속이 용융되는 데 요구되는 대체적인 에너지이다. 이제 그림 IV-83을 이용하여 정확한 출력과 조사시간을 계산할 수 있다.

해 3(b) ① 첫 번째 과정으로 Y값과 $[T_1']$값을 구하면 다음과 같다.

$$Y = \frac{L_m}{C_p \cdot T_m} = \frac{50}{0.09\times950} = 0.58$$

$$T_1' = 40\times\frac{T_v}{T_m} = 40\times\frac{2,500}{950} = 105$$

② 위의 계수들을 그림 IV-84에 대입시켜 교차점을 구하면 다음과 같다.

$$\tau \cong 7.6$$

③ 위의 값과 먼저 구한 계수인 Y값으로부터 교차점을 구하면 다음과 같다.

$$[S] \cong 11.9$$

따라서 요구되는 레이저빔강도는 다음과 같다.

$$I = \frac{[S]}{8.33\rho \cdot L_m \cdot S} \cdot \frac{\pi K^2 T_m^2}{4k}$$

$$= \frac{11.9}{8.33 \times 8.88 \times 50 \times 0.0225} \times \frac{3.14(0.19)^2(950)^2}{4 \times 0.24}$$

$$= 1.51 \times 10^4 \text{cal/cm}^2 \cdot \text{sec}$$

$$= 6.33 \times 10^4 \text{W/cm}^2$$

$$t_m = \frac{\pi}{k}\left(\frac{KT_m}{2I}\right)^2 = \frac{3.14}{0.24}\left(\frac{0.19 \times 950}{2 \times 15{,}100}\right)^2 = 0.00047\text{sec}$$

$$= 0.47\text{msec}$$

④ 위의 ②과정에서 구한 $\tau = 7.6$이므로 t_v는 다음과 같다.

$$\tau = \frac{t_v}{t_m}$$

$$t_v = 7.6 \times 0.47 \times 10^{-3} = 3.6\text{msec}$$

따라서

$$P = I \cdot A = I \cdot \pi\left(\frac{d}{2}\right)^2$$

$$= (6.33 \times 10^4) \times 3.14 \times \left(\frac{0.05}{2}\right)^2$$

$$= 124\,W$$

실제로 용융에 사용되는 에너지는 다음과 같다.

$$E = P \cdot t_v = 124 \times 3.6 \times 10^{-3} = 0.45\text{J}$$

금속표면의 레이저빔 반사율을 고려하여 실제적으로 필요한 레이저빔에너지는 다음과 같다.

$$E' = \frac{E}{(1-R)} = \frac{0.45}{(1-0.9)} = 4.5\text{J}$$

따라서 이러한 용접과정에서 필요한 Nd:YAG레이저빔의 펄스는 4.5J의 에너지를 가져야 하고, 그 펄스길이는 3.6msec이어야 한다.

(3) 키홀용접(심용입용접)

레이저빔에 의한 금속의 키홀용접 혹은 심용입용접은 두꺼운 금속의 용접에 적용시키는 방법이다. 이 방법은 가로세로비(용융깊이/용융폭)가 2~10 정도의 깊은 용접구역을 줄 수 있고, 보통 KW급 이상의 고출력레이저빔을 사용한다. 이 용접방법은 원칙적으로 용접구역에 형성되는 키홀에 의한 레이저빔의 다중흡수현상 때문에 전도용접에 비하여 레이저빔흡수효율이 매우 크다. 따라서 키홀용접에서는 용접구역에 발생된 플라즈마의 조절이 중요하며, 이들에 의하여 레이저빔이 흡수되거나 반사되지 않고 키홀 내로 들어가도록 해야 한다. 키홀용접에서는 표면구역에서 금속의 증발이 일어나므로 출력밀도가 최소한 10^6W/cm^2 이상이어야 하며, 반면에 10^7~10^8W/cm^2 이상으로 큰 경우에는 과도한 증발 및 플라즈마의 형성으로 금속의 손실과 레이저빔의 차장으로 키홀용접에 문제가 발생한다. 그리고 키홀용접의 용융풀에서 (용융깊이/용융폭)비가 크기 때문에 용접 도중에 키홀의 단속적인 함몰이 일어날 가능성이 있다. 그리고 용융금속에 의한 밀폐현상으로 용접구역에서 가스가 빠져나오지 못하여 기포형성의 가능성이 있다.

금속의 표면상에 고출력레이저빔을 조사시키는 경우에는 레이저빔의 중심부 구역에서 금속의 증발이 일어나고, 그 외각 지역에서는 용융이 일어난다. 따라서 중심부 구역의 큰 증기압은 용융금속을 중심부 구역으로부터 옆으로 밀어내어 키홀을 형성하므로 레이저빔은 더욱 내부로 들어갈 수 있게 되어 키홀깊이를 더욱 증가시킨다. 즉 레이저빔출력밀도가 어떤 임곗값 이상이 되는 경우에는 그림 V-22와 같이 금속내부의 깊숙한 심층구역으로 침투하여 들어가는 효과를 나타내므로 키홀(key-hole)과 같은 형상을 주게 된다. 이러한 경우에는 레이저빔조사 초기의 금속표면상에서 빔의 반사 등 여러 가지 에너지손실에도 불구하고 키홀 내부로 깊숙이 들어간 레이저빔은 매우 짧은 시간 내에 그 벽에서 다중흡수로 인하여 레이저빔에너지의 약 70% 이상이 금속 내에서 흡수될 수 있기 때문에 에너지효율이 매우 양호하다.

레이저빔이 조사되는 동안에는 키홀 내부에서 과열된 금속증기와 플라즈마의 압력으로 용융금속을 표면 밖으로 밀어내려 한다. 그러나 레이저빔이 옆으로 이동되면 용융금속의 중력, 점성 및 표면장력 등에 의한 복잡한 작용으로 다시 흘러들어와 표면에 용접비드를 형성하게 된다. 키홀 내에 있는 용융금속은 매우 심한 온도구배와 압력으로 격렬한 운동을 받게 되지만, 열에 의한 영향을 받는 구역이 제한되어 원통형 열원으로 작용하게 되므로 용융구역에서 열전도에 의한 열손실을 줄일 수 있다.

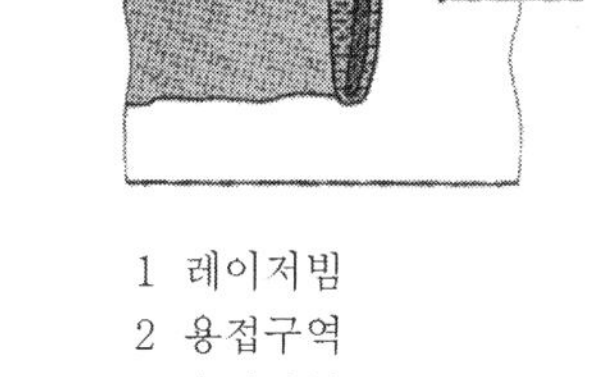

1 레이저빔
2 용접구역
3 용접부품
4 용접 방향
5 용융구역
6 키홀
7 증발금속/플라즈마

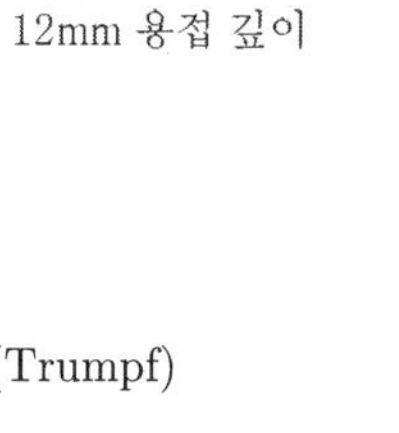

12mm 용접 깊이

그림 V-22 키홀용접 공정(Trumpf)

키홀용접에서는 깊은 용입깊이를 얻기 위하여 집속렌즈의 초점위치를 금속의 표면보다 낮게 위치시킨다. 이 경우에 큰 가로세로비를 얻을 수 있어서 전자빔용접에 거의 접근하는 결과를 줄 수 있다. 그러나 레이저빔에 의한 키홀용접에서는 용접시킬 금속의 두께가 어느 한계 이상인 경우에는 용접이 불가능하게 된다. 이것은 레이저빔의 출력밀도를 증가시키는 경우에 키홀에서 발생된 증발금속입자와 플라즈마가 레이저빔의 출구방향으로 분출되므로 인입되는 레이저빔을 흡수 및 차장시키는 역할을 하기 때문이다. 따라서 과거에는 레이저빔에 의한 철강재의 키홀용접에서 용접두께가 수cm 이상으로 크면 용접이 힘들었으며, 스테인리스강의 경우에는 출력밀도와 주사속도에 따라 그 정도 두께의 용접이 가능했다. 그러나 지금은 레이저빔의 출력밀도가 수십KW로 증가되고 빔의 품질도 향상되었으며, 하이브리드용접방법을 사용하거나 양측에서 동시에 용접을 수행하는 경우에는 용입깊이가 30cm까지에 이른다.

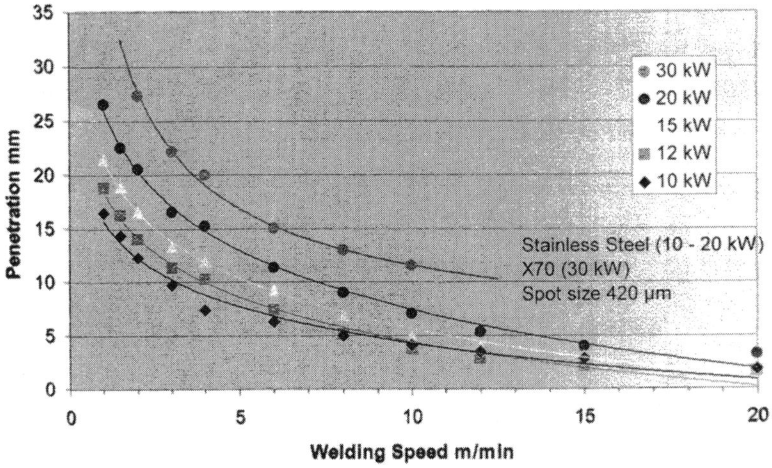

(a) 용접속도에 따른 용접깊이

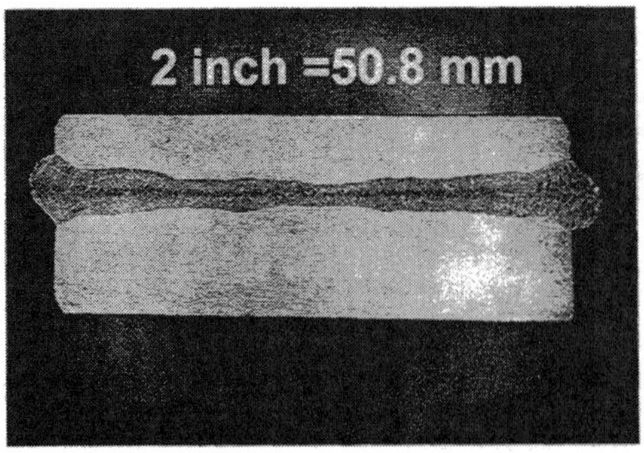

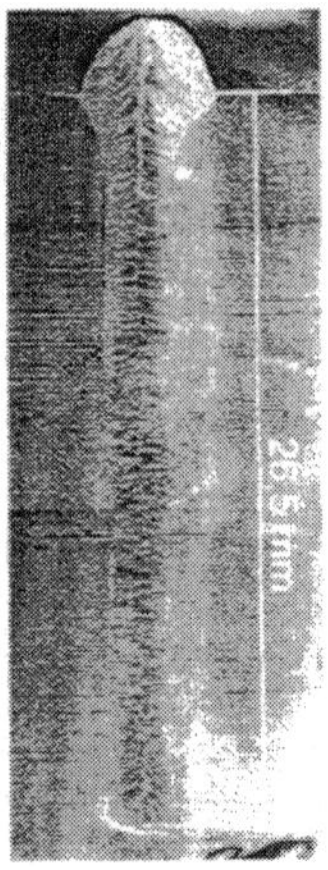

(b) 좌측은 양측에서 맞대기용접, 우측은 겹치기용접한 단면.

그림 V-23 고출력 파이버레이저에 의한 스테인리스강의 용접(IPG)

그림 V-23에서 그림(a)는 파이버레이저로 10~30KW의 출력에서 용접속도에 따른 용입깊이의 관계를 보여주고 있다. 그림(b)는 두께 5cm의 스테인리스강을 양측에서 맞대기용접 시킨 단면과 두께 15mm의 스테인리스강판 2개를 겹치기용접시킨 단면을 보여 주고 있다. 그러나 동합금의 경우에는 열전도도가 매우 크고, 또한 알루미늄합금은 열전도가 크고 용융금속의 표면장력과 점성이 적어 레이저빔에 의한 키홀용접이 쉽지 않다. 즉 두께가 큰 경우에는 열에너지는 곧 주위로 전도되고, 또한 용융금속은 제자리에 유지되지 못하므로 용융구역이 매우 얇어지고 기포가 발생하기 쉽다.

레이저빔에 의한 철강재의 키홀용접구역을 금속공학적인 견지에서 보면, 용융구역의 격렬한 교반은 불순물을 제거시키는 작용을 한다. 그리고 용융구역이 고온에 단시간 유지되므로 입자성장이 억제되어 양호한 금속조직을 얻는다. 따라서 용접부의 인장강도, 충격치, 경도 등 기계적인 성질이 기지금속과 비교하여 떨어지지 않는다. 그러나 먼저 기술한 바와 같이 분출가스와 플라즈마형성이 많아 노즐을 통한 취입가스를 이용하여 이들을 제거시켜야 한다. 이 경우에 가스압력과 취입각도가 적당해야 하며, 가스압력이 약하면 이들 가스제거가 힘들다. 반면에 압력이 너무 크면 오히려 용융부에 가스가 트랩되어 기포가 형성될 가능성이 크다. 그리고 가스취입각도에 따라 분출가스 및 플라즈마제거와 기포발생에 차이가 있으며, 측면가스취입의 경우에 보통은 금속표면으로부터 30~45°가 적당한 범위이다.

레이저빔에 의한 키홀용접에서는 금속표면에 플라즈마가 형성되며, 이러한 플라즈마의 특성과 영향에 대하여서는 IV-3-5항에서 설명하였다. 이러한 플라즈마는 레이저빔에너지의 상당한 부분을 흡수하며, 또한 레이저빔의 집속성을 변화시켜 용접성능을 저해하므로 어떤 경우에도 플라즈마형성은 레이저용접에 바람직하지 못하다. 특히 고출력레이저빔을 사용할 경우에 주사속도가 매우 느리면 금속표면에서 발생한 플라즈마가 인입되는 레이저빔에너지의 약 50% 이상을 흡수하거나 차장시킬 수 있으며, 이런 경우에 레이저빔에 의한 키홀형성은 이루어지지 못한다. 반면에 고온의 플라즈마로부터 방출되는 전자파가 금속표면을 가열시키므로 용접구역이 전형적인 둥근 모양의 전도용접형태를 나타내게 된다. 이런 경우에는 집속된 레이저빔에 의한 용융과 달리 용융폭이 크고 또한 가로세로비가 적어지므로 키홀용접의 범주를 벗어나게 된다. 그러므로 레이저빔에 의한 용접에서 발생한 플라즈마는 가능하면 많이 제거해야 한다. 가장 일반적인 방법은 V-2-3항에서 기술하는 것과 같이 측면에 설치한 노즐을 통하여 불활성가스를 취입하는 방법이다.

플라즈마제거의 다른 방법은 플라즈마의 형성시간과 소멸기간 사이의 관계를 이용하는 것이다. 즉 레이저빔에 의한 용접에서 플라즈마가 형성되는 데는 약 0.5msec 정도 시간이 요구되나, 플라즈마가 기저상태로 이완되는 데는 더욱 짧은 시간이 걸린다. 따라서 레이저빔이 지속파이기보다는 플라즈마가 형성되는 시간보다 짧은 기간으로 매우 반복속도가 큰 펄스빔을 사용하는 경우에, 즉 플리즈마 형성시간보다 짧은 펄스길이를 가진 레이저빔을 사용 시 플라즈마 발생을 억제시킬 수 있다. 이것과 비슷한 결과를 주는 방법으로 키홀로부터 용융부 측면으로 반복적으로 레이저빔을 순간적으로 이동시키면 플라즈마발생을 억제하게 된다. 이러한 경우에 측면노즐을 통한 가스취입방법에 비하여 더욱 용접폭이 좁고 상대적으로 직선적인 측면을 가진 용접 결과를 얻을 수 있다.

레이저빔에 의한 키홀용접에서 키홀은 동력학적인 조건하에서만 안정하다. 즉 플라즈마의 완전제거에도 최대의 용접깊이증가를 주지는 않는다. 이것은 플라즈마조절 기구에 의한 키홀의 향상은 플라즈마 영향보다는 키홀의 유체역학적인 영향에 더욱 지배를 받는다는 것을 암시한다. 플라즈마에 의한 영향을 제거하면 용접속도는 약 50% 이상 증가한다. 현재 레이저빔에 의한 키홀용접은 스테인리스강으로 된 화학반응기, 자동차부품을 포함한 기계부품의 제조와 원자력공업에서 많이 이용하고 있으며, 대형구조물의 용접에도 많이 이용하고 있다. 그림 V-24는 레이저 키홀용접의 한 예로 레이저용접된 자동차의 구동기어부품을 보여주고 있다. 자동차의 동력전달구동부의 복잡한 기어뭉치를 가공하는 데 많은 시간이 소요된다. 그러나 기어뭉치의 외부기어부분과 내부구조부분을 별도로 가공하여 이들을 삽입시킨 후에 레이저용접을 수행하면 많은 시간과 비용을 절약한다.

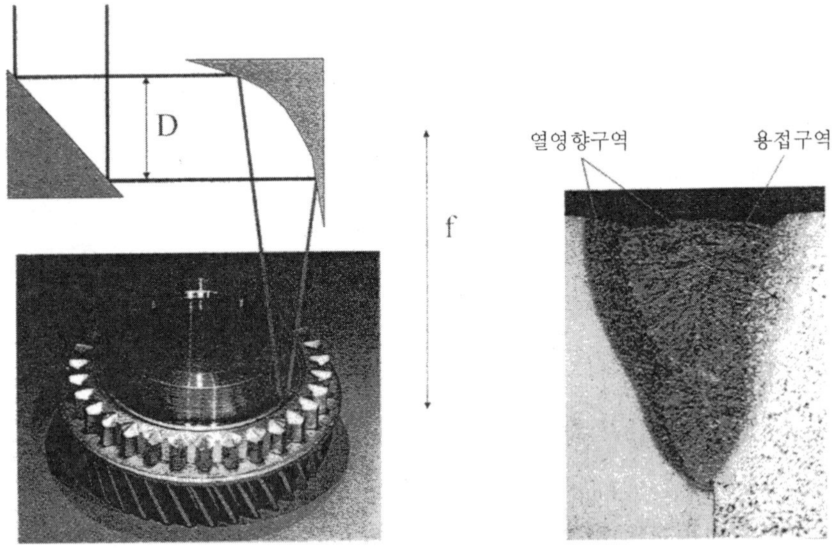

(a) 용접 공정 (b) 용접 단면

그림 V-24 자동차 구동기어부품의 레이저용접(Rofin)

V-2-2 금속조직학적 고찰

(1) 동종금속과 이종금속의 용접

레이저빔에 의한 금속의 용접은 일반적인 용접방법에서 가능한 금속과 합금에 모두 적용될 수 있으며, 동종금속의 용접은 용이하게 수행할 수 있다. 이종금속의 경우에는 접합시키려는 금속들 사이의 용융온도가 비슷하고, 그들의 결정구조가 같으며, 상태도에서 고용체합금을 형성할 경우에 쉽게 용접이 이루어진다. 따라서 다른 용접방법들에 의한 이러한 이종금속들 사이의 용접용이성은 레이저빔에 의한 용접에서도 적용이 된다.

그러나 레이저빔에 의한 용접에서는 짧은 시간에 좁은 구역에 많은 열이 집중되므로 금속표면이 국부적으로 비등점 이상으로 될 수 있다. 따라서 비등점이 낮은 아연 혹은 황동 같은 금속은 용접 시 주의가 요망된다. 그리고 이들 용융점이 낮은 금속과 용융점이 높은 금속 사이의 용접은 매우 힘들다는 것을 의미한다. 따라서 레이저빔에 의한 용접에서는 접합시키려는 금속에 따라 레이저빔 출력밀도와 조사시간 등의 조절에 세심한 주의가 요망된다. 그리고 레이저빔에 의한 용접에서는 접합시키는 금속의 내부와 외부가 동시에 용융점 이상이 되어야하며, 가장 적당한 금속의 온도범위와 시간범위를 도식적으로 나타내면 그림 V-25와 같다. 여기서 온도는 레이저빔출력에 의하여 나타낼 수 있고, 시간은 주사속도에 의하여 나타낼 수 있다.

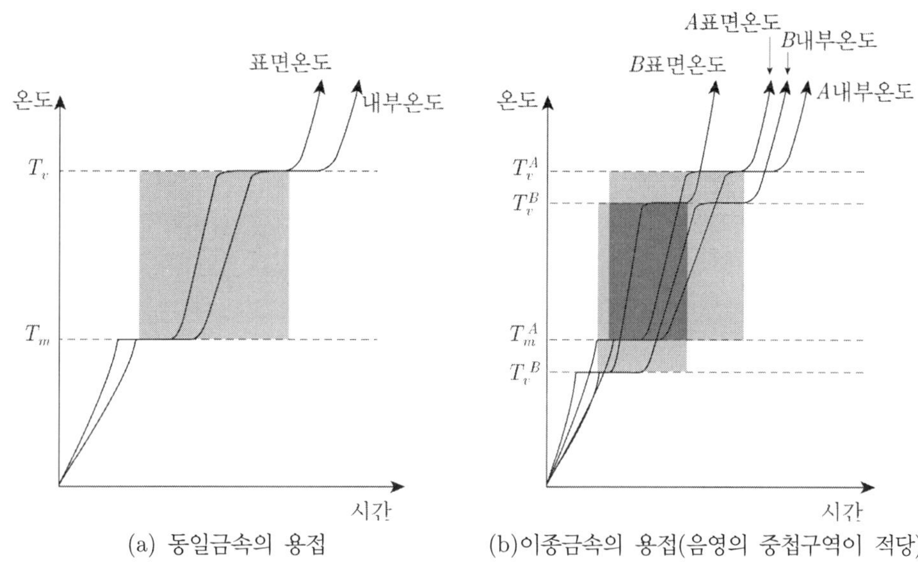

그림 V-25 레이저빔에 의한 금속의 용접에서 적당한 온도범위와 시간범위의 정성적인 관계

동일한 금속의 용접인 경우에는 그림(a)와 같이 용접이 가능하도록 내부와 외부의 온도범위와 시간범위가 중첩되는 구역이 비교적 넓다. 반면에 이종금속들의 용접인 경우에는 그림(b)에서 보는 것과 같이 두 금속 각각의 내부와 외부의 온도범위와 시간범위가 중첩되는 구역에서만 가능하므로 더욱 제한되고 주의가 필요하다. 금속의 온도증가와 그 온도에서 유지되는 시간은 레이저빔의 특성과 금속의 열적인 성질에 크게 의존하기 때문에 레이저빔에 의한 용접에서는 이들 성질이 용접작업에 큰 영향을 미친다. 그리고 여러 가지 이종금속들을 레이저빔으로 용접시킬 경우에 그들 사이의 **용접용이성**을 나타낸 자료들을 종합하면 대체로 표 V-4와 같다.

레이저빔에 의한 용접은 먼저 기술한 바와 같이 일반적인 용접방법에 비하여 가열속도와 냉각속도가 매우 크고, 또한 열 영향구역이 적다. 이러한 급속한 가열 및 냉각이 철강재의 용접에 적용되는 경우에는

표 V-4 이종금속 사이의 용접 용이도

◎ 매우 양호(excellent) ○ 양호(good) △ 보통(fair) × 불량(poor)

	Ag	Al	Au	Be	Cd	Co	Cr	Cu	Fe	Mg	Mn	Mo	Nb	Ni	Pb	Pd	Pt	Re	Sn	Ta	Ti	V	W	Zn	Zr
Ag		△	◎	×	○	×	×	○	×	△	○	×		×	×	◎	△		△	×	△		×	○	×
Al	△		△	×	×	△	×	△	△	△		×		△	×	×	×		×	×	△	×	×	△	×
Au	◎	△		△	△	×	△	◎	△	△		×		◎	×	◎	◎		△		△			△	×
Be	×	×	△			△	×	△	△	×	×	×		△		△	×		×	×	×	×	×	×	×
Cd	○	×				×	×	×	×	◎				△	×	△	△		×		×			×	
Co	×	△	×	△	×		○	△	◎	×	○	△	×	◎	×	◎	◎	◎	×	×	△	×	△	△	×
Cr	×	×	△	×	×	○		×	◎	×	○	◎	×	○	×	○	○	◎	×	×	○		◎	×	×
Cu	○	△	◎	△	×	△	×		△	△	◎	×	○	◎	×	◎	◎		×	×	△		×	○	×
Fe	×	△	△	△	×	◎	◎	△		×		○	×	○	×	○	○	×	×	△	△	◎	△	△	×
Mg	△	△	△	×	◎	×	×	△	×			×		×	×	×	×		×		×		×	×	
Mn	○			×		○	○	◎					×	×			×		×	×	×	×			×
Mo	×	×	×	×		△	◎	×	○	×			◎	△	×	○	○	×	×	◎	◎	◎	◎	×	×
Nb				×		×	×	○	×		×	◎		×			×	×	×	◎	◎	◎	◎		◎
Ni	×	△	◎	△	△	◎	○	◎	○	×	×	△	×		×	◎	◎		×	○	△	×	△	△	×
Pb	×	×	×		×	×	×	×	×	×		×		×		×	×		△		×		×	×	×
Pd	◎	×	◎	△	△	◎	○	◎	○	×		○		◎	×		◎		△	○	△		△	△	
Pt	△	×	◎	×	△	◎	○	◎	○	×	×	○	×	◎	×	◎		○	△	△	△	×	○	×	×
Re						◎	◎		×			×	×				○			×	×	×	×		×
Sn	△	×	△	×	×	×	×	×	×	×	×	×	×	×	△	△	△			×	×		×	×	×
Ta	×	×		×		×	×	×	△		×	◎	◎	○	×	○	△	×	×		◎	×	◎		○
Ti	△	△	△	×	×	△	○	△	△	×	×	◎	◎	△	×	△	△	×	×	◎		◎	△	×	◎
V		×		×		×			◎		×	◎	◎	×			×	×			◎		◎		×
W	×	×		×		△	◎	×	△	×		◎	◎	△	×	△	○	×	×	◎	△	◎		×	×
Zn	○	△	△	×	×	△	×	○	△	×		×		△	×	△	×		×		×		×		
Zr	×	×	×	×		×	×	×	×		×	×	◎	×	×		×	×	×	○	◎	×	×		

그림 V-25 레이저빔에 의한 금속의 용접에서 적당한 온도범위와 시간범위의 정성적인 관계

탄소함량이 증가할수록 균열가능성을 증가시키고, 또한 노치민감도를 증가시킨다. 따라서 철강재의 레이저빔용접은 저탄소강, 저합금고강도강, 스테인리스강에 적용시키는 것이 유리하다. 특히 저합금고강도강의 경우에 일반적인 아크용접에서는 재료에 가해지는 전체 입열량이 크고, 또한 냉각속도가 느려서 강도의 저하를 초래한다. 그러나 레이저빔에 의한 용접의 경우에는 적당한 용접변수들의 선택으로 용접된 부분이 기지금속과 거의 비슷한 성질을 줄 수 있다.

용접공정에 사용되는 레이저빔은 보통 지속파빔 또는 반복속도가 큰 펄스빔을 사용하므로 거의 대부분 CO_2레이저, Nd:YAG레이저, 디스크레이저, 파이버레이저를 사용한다. 과거에는 일반적으로 대형부품의 경우에 고출력 CO_2레이저를 사용하고, 소형 정밀부품에는 Nd:YAG레이저를 사용하였다. 그러나 근래에는 KW급 고출력 Nd:YAG 레이저만이 아니라, 30KW급 혹은 그 이상의 디스크레이저, 파이버레이저가 생산되므로 대형부품의 용접에도 이들 레이저들이 사용되고 있다. 레이저용접에서는 사용되는 레이저빔의 출력밀도 또는 용접시키려는 금속의 종류와 두께 등 조건에 따라 먼저 기술한 전도용접 또는 키홀용접을 수행한다. 그러나 일반적으로 작은 크기의 부품용접과 미세정밀용접은 전도용접방법을 사용하고, 큰 구조물용접과 두꺼운 금속의 용접은 키홀용접을 수행한다.

(2) 상용금속재료의 용접성

레이저빔에 의한 금속의 용접은 가열속도와 냉각속도가 매우 크기 때문에 국부적인 용접구역에 균열이 발생할 가능성이 크다. 따라서 이러한 결함이 발생하지 않도록 레이저빔 출력밀도와 주사속도 같은 매개변수를 적절하게 선정해야 한다. 또한 금속의 종류 또는 같은 금속 간의 용접이라도 시편에 따라 레이저용접 결과가 차이날 수도 있다.

그리고 용접 전에 금속의 물성을 자세히 모르는 경우이거나, 또는 같은 금속이라고 하여도 여러 개의 시편묶음에서 샘플을 채취하여 **레이저용접성**을 검토해 보는 것이 바람직하다. 한 가지 간단한 방법은 그림 V-26에서 그림(a)와 같이 드릴로 시편의 금속표면에 일정한 깊이의 움푹 들어간 막힌 구멍을 만든다. 그 후에 이곳에 일정한 출력밀도의 레이저빔을 조사시키면 그림(b)와 같이 조사구역에서 용융이 일어나고 흘러내려서 응고된다. 이것을 스틸러스 프로파일러(stylus profiler) 또는 현미경 마이크로미터를 이용하여 간단히 깊이 h를 측정한다. 그러면 금속재료 또는 시편묶음에 따라 깊이 h가 다를 수 있으며, 먼저의 막힌 구멍모양에 근접할수록(즉 깊이 h가 클수록) 용접성이 불량하고 균열발생 가능성이 크다.

레이저용접은 대부분의 금속에서 수행될 수 있으며, 용접에 관한 대부분의 원리는 그대로 적용된다. 그러나 레이저용접과 일반적인 용접의 큰 차이는 열원의 특성에 있다. 레이저용접에서는 용융구역이 적

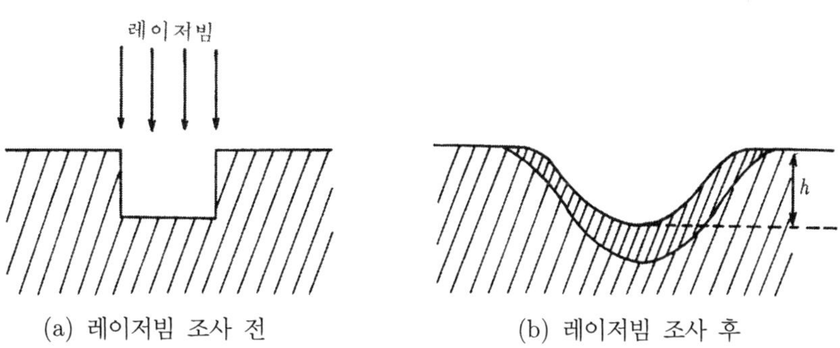

(a) 레이저빔 조사 전 (b) 레이저빔 조사 후

그림 V-26 간단한 용접성 검토 방법

고, 또한 용융구역의 급속한 가열과 급속한 냉각이 이루어진다. 이러한 조건은 저합금고강도강에서 입자성장을 억제하고, 스테인리스강에서 예민화를 억제시키고, 또한 응고수축과 관련된 부품의 잔류응력과 뒤틀림을 감소시키는 장점을 가지고 있다. 그러나 높은 온도로 인하여 비등점이 낮은 금속성분이 키홀에서 우선적으로 증발할 수 있기 때문에 용융구역과 기지금속 사이에 조성차이가 발생할 수도 있다. 만일 우선적으로 증발되는 성분이 불순물이면 용융구역은 정련되는 현상을 나타내게 되므로 바람직하다. 그러나 알루미늄합금에서 Zn과 Mg 같이 재료를 강화시키기 위해서 첨가시킨 합금원소들인 경우에는 문제가 발생할 수도 있다. 따라서 일반적으로 용접이 가능한 금속(예; 6061 Al합금)이라고 하여도 레이저용접에서는 증발되는 금속을 보충하기 위해서 기지금속과 다른 충진금속을 사용해야 하므로 간단하지 않다. 레이저용접에서는 금속의 종류와 조성에 따라 여러 가지 고려할 사항이 많이 있으나, 여기에서는 몇 가지 금속재료들에 대하여 간단히 검토하여 보겠다.

○ **철강재료**: 철강재의 레이저용접은 그 조성에 따라 레이저용접 용이성이 다르며, 일반적으로 저탄소강(0.3%C 이하)은 레이저용접이 용이하다. 그리고 불순물은 용접구역의 강도를 저하시키고, 또한 기포발생을 조장하므로 불순물이 적을수록 용접성이 양호하다. 예를 들면 탈산된 킬드강이 림드강에 비하여 산소함량이 적으므로 용접구역에서 기포발생이 적다. 그리고 S, P 혹은 Se을 함유한 쾌삭강은 레이저용접 시 균열을 발생하는 경향이 있다.

중탄소강(0.3~0.6%C)과 고탄소강(0.6%C 이상)을 레이저용접시키면 급속한 냉각에 의한 마르텐사이트조직 형성으로 균열발생 가능성이 크므로 용접성이 저하된다. 그리고 이러한 마르텐사이트조직의 용접구역과 열 영향구역의 조직은 수소에 의하여 야기되는 냉간균열에 민감하다. 특히 잔류응력, 탄소함량, 수소함량이 증가되면 냉간균열 가능성이 증가한다. 따라서 탄소함량이 많은 고탄소강의 레이저용접 시에는 용융구역에 수소가 들어가지 않도록 해야 한다. 이렇게 하기 위해서는 용접구역에 습기가 없이 건조하고 깨끗하게 해야 하고, 철강재표면에서 스케일 또는 산화물을 제거시키고, 또한 용접도중에 적당한 취입가스를 공급해야 한다. 이러한 방법들을 적용시켜도 마르텐사이트 형성을 막을 수는 없고, 단지 균열가능성을 저하시키는 것 정도이다.

이러한 문제점을 억제하는 방법으로 두께가 큰 고장력YH강의 맞대기용접에서는 용융구역에 Ni박판 또는 Ni와이어 같은 충진금속을 첨가시킴으로써 용융구역의 경도를 저하시킨다. 즉 Ni은 오스테나이트 안정화 금속이므로 용융구역에서 마르텐사이트 변태를 억제시킨다. 그러나 열 영향구역은 초기의 조성을 그대로 유지하므로 마르텐사이트로 변태하는 것을 방지할 수는 없다. 마르텐사이트조직은 강한 조직이지만 많은 경우에 바람직하지 않으므로 양호한 용접을 위해서는 다른 과정이 요구된다.

이것은 일반적으로 두 가지 방법에 의해서 경화된 구역을 제거시킬 수 있다. 한 가지 방법은 냉각속도를 감소시키기 위하여 부품을 예열시키는 방법이고, 다른 방법은 용접 후 용접구역을 템퍼링시키는 방법이다. 이들 방법들 중에서 부품을 예열시키는 방법이 마르텐사이트변태를 억제시키는 데 더욱 바람직하고 효과적인 방법이다. 그러나 이 경우에 레이저빔에 의한 입열량이 적어 매우 높은 예열온도를 필요로 하는 경우도 있다. 약 0.4%C 중탄소강의 경우에 양호한 용접을 위해서는 약 500°C 정도가 요구된다. 반면에 템퍼링방법은 응력이 큰 구조물에서는 템퍼링되기 전에 이미 용접 도중에 용접구역에서 균열이 발생될 수 있기 때문에 이 방법을 사용하기에는 여러 가지 제약조건이 있다. 그리고 레이저용접된 부품을 템퍼링 시키는 방법으로 용접에 사용된 레이저를 다시 이용하여 수행할 수도 있다.

위에 기술된 예열방법 또는 템퍼링방법은 모두 신속한 용접공정에 지장을 주고, 또한 경우에 따라 전체 부품에 바람직하지 않은 영향을 줄 수도 있다. 따라서 용접부품의 크기가 작으면서 양호한 레이저용접이 이루어진 경우에는 이러한 처리 없이 그대로 사용하는 경우도 있다.

많은 경우에 철강판재는 표면이 코팅되어 있고, 이들 코팅층은 레이저용접 특히 겹침용접에 해로운 영향을 준다. 흔히 유기물 코팅층은 기포를 형성하고, 인산염 같은 무기물 코팅층은 용융구역의 균열을 조장한다. 그리고 Zn으로 코팅된 철강재의 경우에는 Zn의 비등점이 낮아 키홀에서 용융금속의 분출을 초래하고, 또한 기포형성 가능성을 증가시킨다. 이 경우에는 용접구역에 FeO를 코팅시키면, Zn과 반응하여 비휘발성 산화물인 ZnO를 형성한다. 그리고 Zn코팅된 판재를 겹침용접시키는 경우에는 두 판재 사이에 약간의 간격이 있도록 함으로써 증발된 Zn입자가 그 사이를 빠져나가도록 할 수도 있다. 만일 Zn코팅된 철강판재를 맞대기용접시키는 경우에는 용접 전에 저출력 빔으로 먼저 조사시켜 Zn층을 증발시킨 후에 레이저용접을 수행하면 Zn에 의해서 야기되는 결함을 방지할 수 있다.

○ **스테인리스강 재료**: 스테인리스강은 조성에 따라 크게 마르텐사이트계, 페라이트계, 오스테나이트계, 석출경화형계의 4가지 범주로 구분할 수 있다. 스테인리스강은 탄소강에 비하여 열전도도가 적기 때문에 레이저빔 흡수율이 크고, 또한 좁고 깊은 용융깊이를 주기 때문에 레이저용접이 용이하다. 그리고 스테인리스강의 내산화성으로 인하여 보조가스 취입에 융통성이 있다.

오스테나이트계 스테인리스강은 내식성이 매우 우수하며, 레이저용접성이 양호하다. 그리고 오스테나이트계 스테인리스강의 레이저용접은 가열속도와 냉각속도가 매우 크기 때문에 일반적인 용접공정에서 발생하는 **예민화 현상**이 나타나지 않는다. 즉 급속한 냉각작용으로 인하여 잔류된 탄소가 Cr과 결합하여 크롬탄화물을 석출할 시간적인 여유를 주지 않기 때문에 스테인리스강에서 크롬결핍으로 인한 내식성감소를 방지할 수 있다. 그러나 급속한 냉각작용의 불리한 영향은 Ni를 함유한 오스테나이트계 스테인리스강이라도 균열을 발생시킬 가능성이 있다. 즉 조직이 완전히 오스테나이트인 경우에는 높은 온도에서 강도가 매우 낮으며, 이 경우에 응고수축과 냉각수축에 의한 응력으로 인하여 재료에 미소균열을 발생시킬 수 있다. 특히 기계가공성을 향상시키기 위하여 S를 첨가시킨 쾌삭스테인리스강의 경우에는 균열가능성이 증가한다.

페라이트계 스테인리스강은 일반적으로 오스테나이트계 스테인리스강에 비하여 레이저용접성은 약간 저하된다. 그러나 레이저용접에서 입열량이 적으므로 다른 용접방법에 비해서 양호하다. 페라이트계 스테인리스강의 용접 시 문제점은 입자성장, 금속간화합물 석출, 주위가스(H_2, O_2, N_2)에 의한 오염과 예민화 현상 등이다. 그러나 레이저용접은 냉각속도가 크기 때문에 페라이트계 스테인리스강에서 이러한 문제점들을 크게 완화시킨다.

스테인리스강에서 합금성분의 조절로 페라이트와 오스테나이트의 조직을 각각 50% 정도로 분포시킨 것을 듀프렉스(duplex) 스테인리스강이라고 하며, 이것은 고강도와 내식성이 동시에 요구되는 용도에 사용한다. 듀프렉스 스테인리스강은 일반적으로 탄소함량과 불순물이 적으므로 레이저용접이 비교적 용이하다. 그러나 레이저용접의 문제점은 용융구역의 응고 후 급속한 냉각작용으로 인하여 두 상의 균형이 변하는 것이다. 즉 레이저용접 시 별도의 충진금속을 공급하지 않는 자생용접의 경우에는 일반적으로 페라이트상이 증가하기 때문에 기지금속에 비하여 연성과 인성이 저하된다. 그러므로 용접 후 열처리를 수행하여 두 상의 균형을 회복시키는 것이 필요하다.

마르텐사이트계 스테인리스강은 탄소함량이 많기 때문에 스테인리스강들 중에서 레이저용접이 가장 힘들다. 이것은 고탄소강의 레이저용접과 비슷하게 용융구역의 경도가 높고 균열가능성이 크다. 따라서 탄소함량이 많은 마르텐사이트계 스테인리스강의 용접에서는 균열을 방지하기 위하여 용접 전에 약 260°C로 예열시켜야 하며, 용접 후 템퍼링 시키면 재료의 인성을 회복한다.

석출경화계 스테인리스강은 고강도와 양호한 내식성을 가지고 있으며, 듀프렉스 스테인리스강 같이 결함이 없이 레이저용접이 용이하다. 그러나 이 재료의 레이저용접에서는 용접구역의 기계적 성질이 저하되는 단점이 있다. 즉 이 재료의 강화기구는 기지조직에 석출물의 형성에 의한 것이며, 석출현상은 합금원소의 확산에 의한 것이기 때문에 재료를 약 500°C에 몇 시간 동안 유지해야 한다. 석출경화계 스테인리스강의 레이저용접은 냉각속도가 크므로 미세한 조직과 적은 열 영향구역을 주는 반면에 용융구역에 석출물이 형성되기 힘들어 강도가 저하된다. 그러므로 용접구역의 강도를 회복하기 위해서는 용접 후 열처리를 수행해야 한다.

○ **알루미늄합금**: 일반적으로 알루미늄합금은 열전도도가 크고, 또한 응고수축이 크므로 급속한 냉각시 균열발생 가능성이 증가되어 레이저용접이 용이하지 않다. 알루미늄합금의 용접에서는 일반적으로 Nd:YAG레이저, 디스크레이저, 파이버레이저를 사용하며, 레이저빔 펄스기간과 반복속도 조절에 유의해야 한다. 알루미늄합금의 레이저용접 시 레이저빔 흡수도를 증가시키고 용융구역의 균열발생을 억제시키기 위해서는 그림 IV-14(d) 또는 그림 IV-67(a)와 같이 레이저빔 펄스의 형태를 3단으로 변조시킨 빔을 사용하는 것이 바람직하다. 즉 전반부는 짧으면서 출력을 평균출력의 2~3배로 하고, 중반부는 길면서 평균출력으로 하고, 후반부는 전반부보다는 약간 길면서 출력은 평균값의 1/3~1/2 정도가 되게 하는 것이다. 이 경우에 전반부의 높은 출력에 의하여 높은 온도로 알루미늄에서 레이저빔의 흡수도를 증가시켜 계속 높은 온도를 유지하여 중반부에서 레이저빔의 흡수도를 계속하여 증가시켜 에너지효율을 높인다. 그 후 급냉에 의한 응고수축을 억제하기 위해서 후반부의 적은 출력을 가하므로 온도를 어느 정도 유지함으로써 급냉되는 현상을 예방하여 균열발생을 억제시킨다.

알루미늄합금은 레이저빔 반사도가 크고, 또한 큰 열전도에 의한 열손실이 많으므로 키홀을 형성하는데 철강재에 비해서 더욱 큰 출력밀도가 요구된다. 그리고 알루미늄의 증발된 입자들은 이온화 에너지가 적으므로 플라즈마형성이 쉽고, 일단 플라즈마가 키홀에서 형성되면 인입되는 레이저빔을 흡수하게 된다. 이러한 경우에 키홀에서 흡수되는 레이저빔에너지의 감소로 인하여 키홀 유지가 힘들어진다. 이러한 키홀 형성, 플라즈마에 의한 차장, 키홀 함몰로 이어지는 연속된 작용은 불안정한 용접 결과를 초래할 수 있다. 따라서 알루미늄합금의 레이저용접에서는 취입가스 역할이 매우 중요하며, 가스의 압력과 유속은 실질적으로 플라즈마를 제거하는 데 충분해야 한다. 레이저빔 출력밀도가 적은 경우에는 질소가스를 사용하여도 무방하나, 출력밀도가 큰 경우에는 헬륨가스 혹은 헬륨/아르곤 혼합가스를 사용하는 것이 효과적이다.

알루미늄합금의 레이저용접 시에는 수소의 인입을 방지하기 위해서 접합시킬 표면에 수산화물이 없도록 해야 한다. 그리고 알루미늄은 활성이 강하여 산화가 용이하므로 용접 시 산화물형성을 최소화하기 위해서 취입가스로 용접구역을 완전히 덮어야 한다. 또한 알루미늄합금의 강화를 위한 합금원소 중에서 비등점이 낮은 원소를 많이 사용하기 때문에 용접 시 충진금속으로 보충하지 않는 경우에는 용접구역의 강도가 저하될 수 있다는 것을 고려해야 한다. 특히 2024Al, 6061Al, 7075Al 등 열처리용 알루미늄합금의 레이저용접은 합금원소들의 증발로 문제가 있지만, 반면에 5052Al, 5083Al 등 비열처리용 합금은 상대적으로 용이하다. 그리고 성형가공성이 용이한 3003Al 등 재료는 비교적 용이하게 용접이 이루어지고, 또한 충진금속을 사용하지 않아도 된다. 일반적으로 알루미늄합금의 레이저용접에서 중요한 결함요인으로는 급속냉각에 의한 미세균열과 응고수축에 의한 응고균열이 있고, 합금원소의 영향으로는 Zn과 Mg 등 증발에 의한 기포형성과 Mg, Si, Cu 등에 의한 균열민감성이다.

○ **동합금**: 동은 전기전도도와 열전도도가 매우 크므로 레이저빔 흡수도가 적고, 또한 열이 곧 전도되기 때문에 레이저용접이 쉽지 않다. 동의 레이저용접에서는 주로 Nd:YAG레이저, 디스크레이저, 파이버레이저의 펄스빔을 이용하며, 어떤 경우에는 CO_2 레이저빔을 이용하기도 한다. 후자의 경우에는 레이저빔의 흡수도를 증가시키기 위해서 동의 표면에 흑연 혹은 산화동으로 코팅시키기도 하지만 용융구역의 오염을 초래할 가능성이 있다.

황동 혹은 청동 같은 동합금은 순수한 동에 비해서 열전도도가 적고 레이저빔의 흡수도가 크므로 순동에 비하여 레이저용접이 용이하다. 그러나 이러한 재료에서는 비등점이 낮은 Zn 등 합금원소가 우선적으로 증발되기 때문에 용융구역의 조성이 기지금속과 차이가 발생할 수 있다. 따라서 일반적으로 동합금으로 된 구조부품 생산을 위한 공정에서 레이저빔용접의 이용은 가능하지만 실제적으로 광범위하게 이용되지는 않는다.

○ **니켈합금**: 니켈은 항공기엔진부품과 터빈엔진부품 같이 내열성, 내식성, 내산화성이 요구되는 초합금의 기본적인 구성원소이다. 니켈합금은 주로 고용체합금과 석출경화합금의 두 가지 범주로 구분하며, 고용체합금이 석출경화합금에 비해서 레이저용접이 용이하다. 고용체합금은 일반적으로 오스테나이트조직으로 이루어져 있고, 레이저용접은 오스테나이트계 스테인리스강의 용접과 비슷한 양상을 보여준다.

레이저용접은 급속한 냉각작용으로 인하여 미세한 조직을 주고, 또한 열 영향구역이 적어 매우 양호한 결과를 나타낸다. 반면에 석출경화합금은 시효된 상태에서 레이저용접을 수행하면 균열이 발생할 가능성이 있다. 그리고 석출경화합금은 용접 후 열처리를 수행해야 요구되는 기계적 성질을 얻을 수 있다.

○ **티타늄합금**: 티타늄합금은 레이저빔 흡수도가 크고, 열전도도가 적기 때문에 레이저용접이 용이하다. 티타늄은 용접 시 오염물에 매우 민감하며, O_2, N_2, H_2, C 모두 금속조직에 흡수되어 화합물을 만들어 취성을 나타낸다. 따라서 접합구역을 세심하게 청정하여 수소와 탄소를 제거하고, 산소와 질소는 용접 시 고순도 He와 Ar 같은 취입가스로 차단해야 한다. 이러한 외부가스로부터 용접구역을 차단시키는 가장 좋은 방법은 불활성가스로 충진된 용기에 부품을 넣고 레이저용접을 수행하는 것이다. 일반적으로 항공기부품 등 큰 구조물의 티타늄합금용접은 주로 전자빔용접에 의하여 이루어진다. 이 경우에는 용입깊이를 크게 할 수 있고, 또한 진공상태에서 수행하므로 외부가스들에 의한 오염 가능성이 적다.

그러나 크기가 작고 정밀하면서 내부에 열에 민감한 전자디바이스가 들어 있는 전자부품 혹은 심장박동기 같은 소형정밀제품의 경우에는 레이저용접을 수행한다. 특히 심장박동기는 인체 내에서 장시간 동안 기능을 유지해야 하므로 외부용기를 내식성이 우수한 얇은 티타늄합금판재로 제조한다. 이러한 제품은 용접 시 완전한 밀폐성과 동시에 전자디바이스에 열 영향을 주지 않도록 매우 정밀한 용접이 이루어져야 한다. 따라서 이러한 제품의 용접은 Nd:YAG레이저, 파이버레이저의 펄스빔을 이용하여 불활성가스 분위기에서 펄스중첩도를 크게 하여 정밀한 용접을 수행한다.

V-2-3 용접설계와 고려사항

(1) 용접부품의 배치와 허용한계

레이저용접에서는 용융풀이 상대적으로 적으므로 응고되기 전에 용접봉 또는 충진와이어가 용융풀 내로 들어가도록 직경을 작게 만들어 정확히 용융풀의 중앙에 삽입시키는 것이 힘들다. 따라서 대부분의 레이저용접은 용접봉 또는 충진와이어를 사용하지 않는 자생용접이다. 레이저빔에 의한 자생용접에서는 두 부품 사이의 **허용간격**을 가능한 한 좁게 밀착시켜야 하고, 또한 부품의 높낮이 등 정확한 배치가 요구된다. 그러나 수KW급 레이저빔에 의한 두꺼운 부품을 자생용접으로 접합 시에는 용접구역 표면에 함몰현상으로 **언더컷**(undercut; 주사속도가 빠른 경우에 발생) 또는 **드롭아웃**(drop-out; 주사속도가 느린 경우에 발생)이 발생하기 때문에 두 부품 사이에 용융금속이 채워져 이러한 현상이 발생하지 않도록 용접봉 또는 충진와이어를 공급하기도 한다. 이 경우에 용접봉 또는 충진와이어의 직경은 용융풀 직경의 1/3~1/2 정도로 되어야 한다.

여기에서는 용접봉 또는 충진와이어를 사용하지 않는 자생용접의 경우를 고려하여 보겠다. 레이저빔에 의한 금속의 용접은 다른 용접방법들과 달리 매우 적은 구역에 열을 집중시키고, 용접봉을 사용하지 않기 때문에 용접시킬 부품의 기하학적인 배치가 매우 중요하다. 용접시킬 부품의 모양과 용접을 위한 접합배치는 여러 가지 방법이 있다. 그러나 용접설계를 크게 분류시키면 그림 V-27과 같이 **맞대기용접**(butt welding)과 **겹치기용접**(lap welding)의 범주로 나눌 수 있으며, 맞대기용접의 일종인 T-용접도 많이 이용되고 있다.

맞대기용접은 가장 흔히 사용하는 레이저용접방법으로 맞대어 접합시켜야 할 부품의 배치는 그림(a)와 같이 표면에서 높이 차이가 거의 없고 양측 부품 간에 틈이 적어야 한다. 일반적으로 집속이 잘된 단순모드의 레이저빔은 금속재료의 두께에 따라 차이는 있으나 틈새가 약 0.2mm 정도가 되면, 빔이 양측의 큰 가열 없이 그 사이를 통과하여 빠져 나갈 수 있다. 따라서 부품의 두께에 따라 차이는 있으나 그 틈새 간격의 최대허용치는 두께의 약 15% 이내로 해야 한다. 만일 틈새가 그 이상인 경우에는 집속된 레이저빔의 상당한 부분이 틈새를 통과하게 되거나, 또는 용접이 이루어져도 용접된 부분의 두께가 좌우측의 모재에 비해서 얇아진다. 부품의 두께가 큰 경우에는 용접부의 두께감소, 즉 함몰현상(언더컷과 드롭아웃)을 피하기 위해서 용접 도중에 금속와이어를 공급해야 하며, 이 경우에 용융풀의 폭은 금속와이어 직경의 약 3배는 되어야 한다.

그리고 두 부품 사이의 높이 차이가 두께의 약 25% 이내로 되어야 건전한 용접이 이루어진다. 그렇지 못한 경우에는 두 부품의 표면높낮이가 다르기 때문에 집속된 레이저빔의 초점위치에서 벗어나게 되므로 양측의 부품표면에서 레이저빔의 출력밀도에 차이를 주게 된다. 이러한 경우에는 양측의 용융조건에 차이

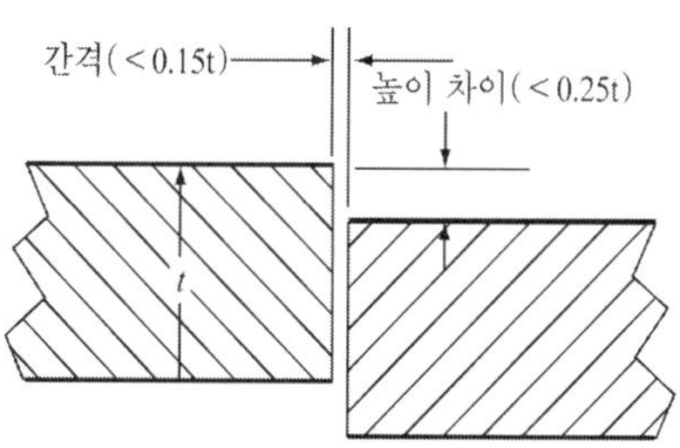

(a) 맞대기 용접

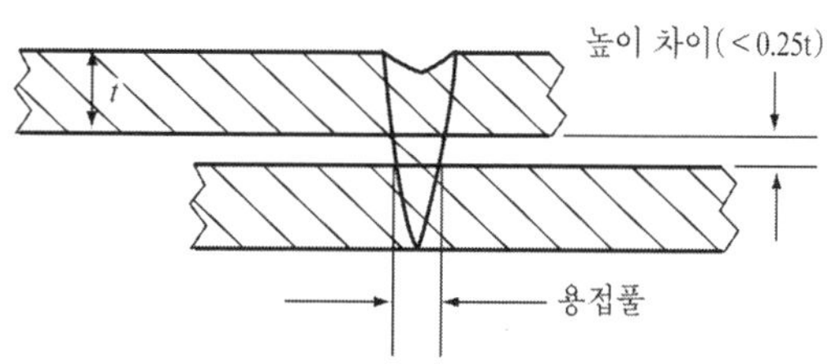

(b) 겹침용접

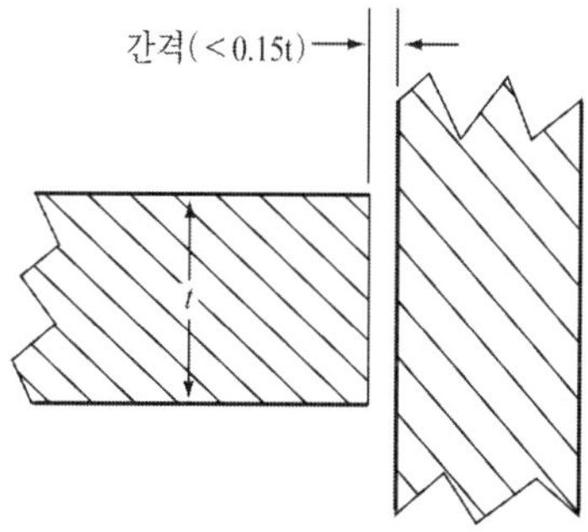

(c) T-용접

그림 V-27 용접설계 시 간격허용도

를 주게 되므로 비대칭적인 용융구역을 형성하게 된다.

만일 맞대기용접시키는 부품의 두께가 수mm 이상으로 큰 경우에는 위에서 기술한 두 부품 사이에 틈새간격의 15% 이하 유지와 높이 차이의 25% 이하 유지는 용이하다. 그러나 부품의 두께가 수십~수백 μm 정도로 적은 정밀한 맞대기용접에서는 세심한 주의가 요망된다. 또한 금속판재의 맞대기용접 시에는 용접시켜야 할 부분의 양측 끝부분을 고정시켜야 한다. 이러한 경우에 고정기구가 용융구역의 집중된 급속가열로 인하여 발생하는 부품재료의 국부적인 열팽창을 억제시키는 역할을 한다. 따라서 용접 후에 잔류응력이 존재하게 되어 중간의 용접부분과 양측의 고정구로 부품을 고정시킨 부분 사이에 경도의 차이를 초래할 수도 있다.

금속판재의 겹치기용접에서는 두 금속판재를 중첩하여 접합시켜야 할 부품의 배치는 그림(b)와 같이 평평하도록 해야 한다. 그리고 판재두께에 따라 차이는 있으나 두 부품을 고정시킬 경우에 그 사이의 간격이 두께의 25% 이내로 유지시켜야 한다. 만일 그렇지 못하면 두 부품 사이의 간격에 있는 공기층이 절연작용을 하므로 윗부분에 유입된 열이 밑부분으로 전달되지 못하여 양호한 용접이 이루어지지 못한다. 그리고 레이저빔 조사로 인하여 발생된 열은 양측으로 전도되어야 하나, 중간의 절연작용으로 인하여 한 방향으로만 전도시키기 때문에 열이 축적된다. 이렇게 되면 집속된 레이저빔에너지가 윗부분에만 조사시키는 것과 같아지므로 윗부분의 온도가 쉽게 비등점 이상으로 상승되어 판재를 천공하는 역할을 수행한다. 그리고 두 판재 사이의 절연작용으로 인하여 밑부분의 온도는 용융점에 이르지 못하게 되므로 접합이 안 된다.

겹치기용접에서 용융풀의 직경은 얇은 판재의 경우에 판재두께 또는 그 이상으로 되게 하는 것이 용접된 구조물의 강도를 유지하는 데 바람직하다. 두께가 다른 판재들에 대하여 겹치기용접을 수행하는 경우에는 두께가 작은 판재를 큰 판재 위에 위치시키고 용접을 수행하는 것이 바람직하다. 그리고 여러 층의 판재를 동시에 겹치기용접시키려는 경우에는 각 층 간의 틈새를 최소화해야 하며, 용융풀의 깊이/폭 비율이 큰 키홀용접기구를 적용시켜야 한다. 그림 V-28은 고출력파이버레이저를 이용하여 철강재의 맞대기용접, 겹치기용접, T-용접을 수행한 결과를 보여주고 있다.

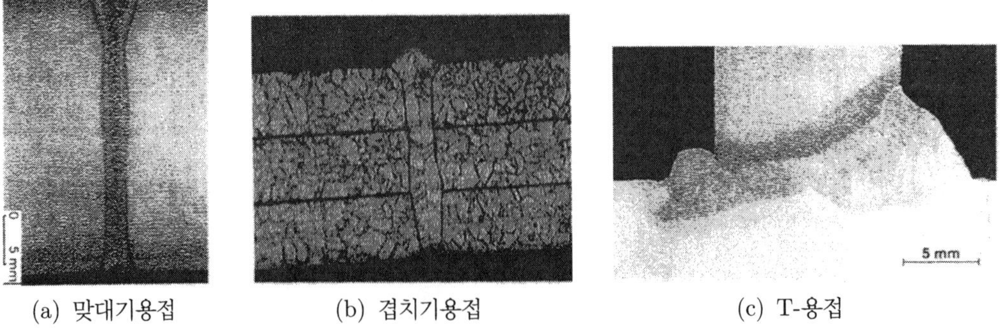

(a) 맞대기용접 (b) 겹치기용접 (c) T-용접

그림 V-28 고출력 파이버레이저를 이용한 철강재의 용접(IPG)

만일 겹치기용접을 수행할 부품들의 두께가 큰 경우에는 그림 V-27에 기술된 여러 가지 허용치들의 요구조건을 쉽게 만족시킬 수 있다. 그러나 부품의 두께가 매우 적은 경우에는 세심한 주의가 요망된다. 실제적인 예를 들면 과거에 개인용 컴퓨터의 디스크드라이브 내에 있는 픽업헤드부품제조를 위하여 두께가 각각 200 μm와 50 μm인 얇은 스테인리스강판을 Nd:YAG레이저 펄스빔으로 점용접시켰다. 이를 위하여 두께 200 μm의 스테인리스강부품 위에 두께 50 μm의 스테인리스강부품을 올려놓고 겹치기용접을 수행하는 경우에 그 사이의 간격이 얇은 판재두께의 25% 이상에 해당하는 13 μm인 경우에는 두 부품 사이에 용접이 안 되고 위의 판재가 천공되었다. 그러나 이 간격을 13 μm 이하로 유지시킨 경우에는 양호한 점용접이 이루어졌다. 그리고 이러한 부품들은 크기가 매우 작고 정밀한 부품들이기 때문에 취급에 세심한 주의가 필요하다. 그중에 하나는 집속된 레이저빔의 중심부온도가 매우 높아져서 미세한 크기의 용융금속분출물이 비산하게 되는 것이다. 이들은 부품표면에 떨어져 응고되어 살짝 붙어 있다가 디스크드라이브에서 디스켓의 고속회전 시 떨어져 나와 스크래치를 주는 문제점을 야기한다. 따라서 점용접 시 이들 분출입자발생을 억제시키기 위하여 레이저빔의 출력밀도와 펄스시간 등의 용접변수에 세심한 주의를 요한다. 그리고 빔모드는 일반적으로 TEM_{00}모드보다는 **TEM_{01}^{*}모드**가 바람직하다.

대형구조물의 **T-용접**은 맞대기용접과 비슷하나 레이저빔이 두 부품의 중심선에서 약간 경사지게 조사되고, 또한 두 부품의 기하학적인 모양으로 인하여 용융풀이 대칭을 이루지 못한다. 일반적으로 레이저빔은 두 부품의 접촉면으로부터 약 7~10° 정도 경사지게 조사되며, 특히 두께 전체적으로 완전용접을 이루기 위해서는 초점위치가 매우 중요하다. 즉 레이저빔이 경사지게 조사되므로 T-접합부 전체가 용융되기 위해서는 용융량이 증가되어야 하며, 반면에 최소한의 용융폭을 유지해야 한다. 따라서 T-용접은 맞대기용접에 비하여 상대적으로 입열량이 크고 용접속도가 느리며, 이에 따라 부품의 뒤틀림이 증가될 수 있다. T-용접에서는 레이저빔이 경사되게 조사되므로 맞대기용접에 비하여 두 부품 사이 간격의 민감도는 적으나, 두께가 큰 경우에는 약 15% 이내로 유지하는 것이 바람직하다. 그리고 경사진 레이저빔의 초점위치는 접합선에 위치시키지 않고, 그곳으로부터 약간 떨어져 집속된 빔직경의 약 50% 이내의 구역에 위치시키는 것이 바람직하다. 자동차의 변속기기어의 용접은 과거 전자빔용접에 의하여 수행하였으나, 현재는 레이저빔에 의한 T-용접방법으로 이루어지고 있다. 만일 두께가 큰 부품을 T-용접으로 완전히 용접시켜야 하는 경우에는 양측에서 용접을 수행하여야 한다.

(2) 취입가스의 종류와 영향

레이저빔에 의한 금속의 용접에서 용융구역에 불활성의 보조가스를 취입시켜야 한다. 레이저용접에서 보조가스를 취입시키는 목적은 대체로 세 가지로 구분하여 생각할 수 있다. 첫 번째는 불활성가스가 용접부를 외부공기와 차단시켜서 용접 도중에 용접부의 산화를 방지하는 것이다. 두 번째는 용접 도중에 발생하는 증발입자 및 분출물의 비산을 억제시켜 집속렌즈를 포함한 광학부품, 노즐 등 용접기구를 보호하는 것이다. 세 번째는 용접구역에서 발생하는 플라즈마를 제거시켜 용접효율을 증진시키는 것이다.

레이저용접 도중에 불활성가스를 용접구역에 불어주면, 이 가스가 공기를 밀어내고 용접구역을 덮기 때문에 산화를 방지할 수 있다. 그리고 레이저용접 도중에 금속표면이 비등점 이상으로 상승하면 증발된 입자 혹은 분출되는 작은 용융금속입자들이 증기압으로 인하여 집속렌즈 혹은 노즐입구에 부착되어 응고될 수 있다. 그러한 경우에 레이저빔이 렌즈를 통과 시 이러한 불순물에 흡수되어 국부적으로 가열시켜 렌즈에 손상을 주고, 또한 노즐에 부착된 불순물이 노즐입구를 막게 된다. 따라서 레이저빔이 나오는 노즐 축을 따라 가스를 취입시키므로 용접부로부터 비산되는 이러한 입자들이 렌즈 혹은 노즐에 도달하지 못하도록 밀어낸다. 그리고 용접부에서 증발된 입자들은 고온에서 플라즈마를 형성시키며, 이 플라즈마가 인입되는 레이저빔에너지의 일부를 흡수 또는 반사시키므로 표면에 도달하는 레이저빔에너지를 감소시킨다. 따라서 레이저빔이 나오는 동축노즐 또는 별도로 설치된 측면노즐을 통하여 보조가스를 취입시켜야 한다. 그러면 보조가스가 증발입자 또는 플라즈마를 제거시켜 레이저빔의 통과를 용이하게 하므로 레이저빔에너지의 효율을 증가시킨다. 그리고 필요에 따라서는 이들 취입가스가 용접부에 빠른 냉각작용을 줄 수도 있다.

일반적으로 용접을 포함한 대부분의 레이저빔에 의한 재료가공에서 사용하는 취입가스는 He, Ar, He/Ar, N_2이며, 어떤 경우에는 CO_2를 사용하고, 또한 철강재의 절단에서는 O_2를 사용하는 경우도 있다. 레이저빔에 의한 재료가공에서 취입가스의 가장 중요한 역할 중의 하나인 플라즈마제거를 위해서는 취입가스의 이온화 에너지가 높고, 열전도도가 크고, 또한 비중이 적은 가스가 바람직하다. 표 V-5는 레이저빔에 의한 재료가공 시 사용하는 대표적인 취입가스의 이온화 에너지를 나타내고 있다.

표 V-5 레이저가공에 사용되는 취입가스의 성질

가스	밀도[a] (kg/m^3)	이온화 에너지(ev)	열전도도(10^{-4}W/m K)
Ar	1.650	15.7	161.0
CO_2[b]	1.1833	14.4	157.0
He	0.165	24.5	1482.0
N_2[b]	1.153	15.5	250.0
O_2[b]	1.326	13.2	2.39

(a) 밀도는 상온 1기압에서 값임.
(b) 분자의 분해에너지를 고려하여야 함.

여러 가지 취입가스 중에서 He은 불활성가스이고, 또한 위의 표에서 보는 것과 같이 여러 가지 특성에서 가장 양호한 취입가스이다. 특히 He가스는 이온화 에너지가 크기 때문에 인입되는 레이저빔에 의하여 플라즈마를 형성하지 않고, 열전도도가 크기 때문에 용융구역에서 증발가스 혹은 플라즈마의 열을 곧 전도시키므로 플라즈마발생을 억제시킴과 동시에 그 밀도를 감소시킨다. 또한 He가스는 가볍기 때문에 용융구역에 큰 힘을 가하지 않는다. 그러나 He은 가격이 고가이므로 특수한 레이저가공에서 고출력레이저빔을 이용하는 경우에 사용하고, 보통의 경우에는 다른 불활성가스인 Ar가스 혹은 He/Ar혼합가스를 많이 사용한다. He/Ar혼합가스의 비율은 25/75, 혹은 50/50이며, 출력에 따라 비율을 다르게 할 수 있다. 일반적으로 빔출력이 2KW 이하일 때는 Ar가스를 사용하고, 그 이상일 때는 플라즈마발생이 심하기 때문에 8KW까지는 He/Ar혼합가스를 사용하기도 한다. 출력이 2KW 이하일 때도 Ar가스 대신에 He가스를 사용하는 경우에는 용접속도를 증가시키고 양호한 용접 결과를 나타낸다. N_2가스는 오스테나이트계 스테인리스강 또는 알루미늄합금의 용접에 취입가스로 사용할 수 있고, CO_2가스는 충분히 탈산된 저탄소강에 사용할 수 있다.

레이저용접 시 취입가스속도, 방향, 노즐위치는 용융구역에서 플라즈마제거를 조절하며, 이것은 고출력의 경우에 키홀 내로 레이저빔이 인입될 수 있는가에 큰 영향을 미친다. 따라서 가스유속은 플라즈마를 제거시키기에 충분하도록 해야 하나, 너무 강하여 키홀 내로 공기를 빨아들이거나 또는 용융풀을 요동시키지 않도록 해야 한다. 레이저용접 시 보조가스를 취입시키는 방법은 기본적으로 동축노즐과 측면노즐에 의한 방법이 있으며, 노즐의 형태는 다른 레이저가공에서 사용하는 것들과 비슷하다. 이 책에서 보여주는 노즐들의 형태는 그림 IV-86, 87 및 그림 V-11, 20에 보여주고 있다.

저출력빔에 의한 용접 또는 간단한 용접의 경우에는 일반적으로 레이저빔과 취입가스의 출구가 같은 동축노즐을 사용한다. 이 경우에는 플라즈마가 사방으로 퍼지게 되지만, 가스압력과 유속이 큰 경우에는 키홀 내로 플라즈마와 가스가 유입된 상태에서 입구가 밀폐되어 기포가 형성될 가능성이 있다. 따라서 고출력빔으로 용접을 수행하는 경우에는 비동축노즐을 사용하여 보조가스를 측면에서 취입시킨다. 이러한 방법은 목적에 따라 노즐의 배치를 다르게 할 수 있다. 즉 두 노즐 축 사이의 각도가 30° 내외로 적은 경우에는 가스제트가 가열된 플라즈마를 키홀 내로 몰아넣기 때문에 열에너지를 증가시킬 수 있어 효율적이나, 정확하게 배열하고 조준하도록 주의해야 한다. 만일 두 노즐 사이의 각도가 90°에 근접하도록 큰 경우에는 가스제트가 플라즈마를 키홀로부터 측면으로 간단히 제거시킨다.

일반적으로 고출력 레이저용접 시에는 취입가스를 측면노즐로 공급한다고 하여도 동축의 이중원추형 노즐로 레이저빔과 함께 보조가스를 공급한다. 이러한 경우에 레이저빔이 방출되는 노즐을 통하여 나오는 보조가스의 중요한 역할은 렌즈 등 광학부품의 보호이고, 측면노즐을 통하여 나오는 보조가스의 중요한 역할은 플라즈마의 제거이다. 그리고 각각 다른 두 노즐, 즉 동축노즐과 측면노즐로 공급하는 취입가스는 동일한 가스를 공급할 수도 있고, 또는 다른 종류의 가스를 공급할 수도 있다.

이들 보조가스의 취입 시 레이저빔출력과 노즐을 통한 가스의 압력, 유량, 취입각도 등의 선정에 주의가 필요하다. 이들은 용접시키려는 금속두께, 열적 성질, 레이저빔의 특성에 의하여 지배된다. 특히 동축노즐을 사용하는 경우에 부품의 두께가 얇으면 용융부의 기계적인 강도가 저하되므로 가스압력을 크게 할 경우에 천공될 수 있다. 그리고 플라즈마 제거를 위하여 취입가스의 유속을 크게 할 경우에는 용융금속이 밀려나가 양호한 용접 결과를 얻을 수 없으며, 또한 용융금속 내로 가스가 트랩되어 기포발생 등 결함을 줄 가능성도 있다.

(3) 동종유사금속의 용접성 검토

V-2-2항에서 용융점과 열적인 성질이 다른 이종금속들 사이의 레이저용접에 대해서 고찰하였다. 예를 들면 니켈과 동의 레이저용접과 같이 용융점과 열적인 성질이 모두 다른 경우이다. 그 이외에도 금속의 열전도도가 높으면서 용융점이 높은 금속과 열전도도가 높으면서 용융점이 낮은 금속, 열전도도가 낮으면서 용융점이 높은 금속, 또는 열전도도가 낮으면서 용융점이 낮은 금속 사이의 레이저용접 등이 해당된다. 일반적으로 두 금속의 용접에서 용융점이 다른 경우에는 통상적인 방법은 물론 레이저용접도 용이하지 않다. 특히 열적인 성질의 차이가 큰 경우에는 더욱 복잡하고 용접이 불가능할 경우도 있다.

그러나 이들과 달리 용융점은 거의 비슷하나, 열전도도 혹은 열확산도 같은 열적인 성질이 서로 다른 비슷한 금속 사이의 레이저용접에 대해서 잠시 살펴보자. 이러한 경우는 탄소강과 저합금고강도강의 용접, 더 나아가 철강재와 스테인리스강의 레이저용접 등이 해당된다. 이러한 동종유사금속들의 레이저용접에서는 용융구역 및 열 영향구역의 형태가 다르기 때문에 세심한 주의가 요망된다. 일반적으로 기계적 성질은 다르나 용융점이 거의 같은 고강도강과 스프링강의 레이저용접은 그림 V-29의 그림(a)에 보여주는 것과 같이 양호한 용접이 이루어진다. 그리고 그림(b)는 종류가 다른 플라스틱 사이의 용접을 수행한 그림을 보여주고 있다. 이종플라스틱 간의 접합에 관해서는 뒤에 나오는 '(7) 비금속재료의 접합'에서 설명할 것이다.

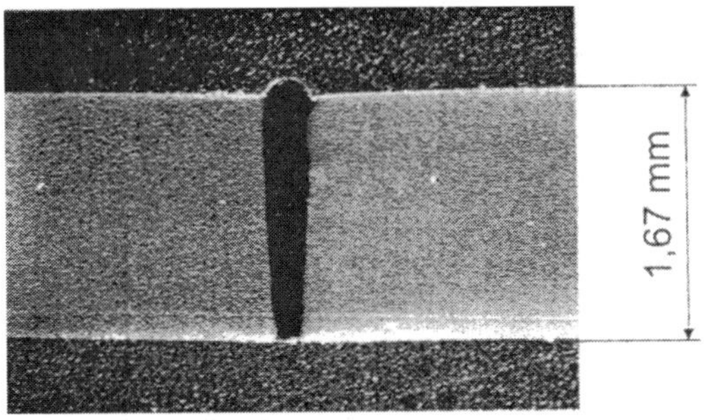

(a) 고강도강과 스프링강 사이의 용접 단면(Rofin)

(b) 이종플라스틱 간의 접합(E.O. Technics)

그림 V-29 동종유사재료 사이의 용접

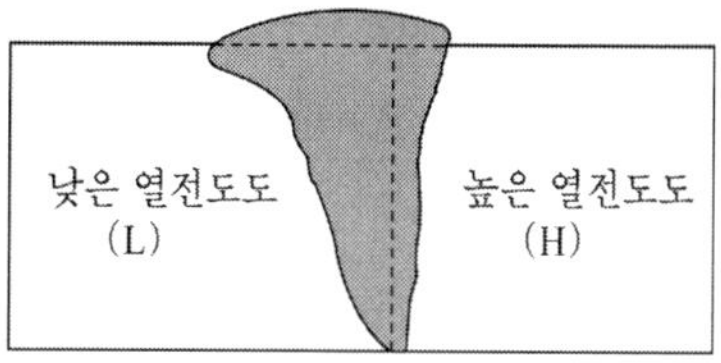

그림 V-30 열전도도가 다른 두 금속의 맞대기용접 단면

이제 철강재와 스테인리스강의 경우와 같이 용융점은 거의 같고 열적인 성질에 큰 차이가 있는 경우를 고려하여 보겠다. 즉 열전도도가 크게 차이나는 두 금속을 레이저빔으로 맞대기용접 시 집속된 레이저빔을 두 금속의 접합위치에 조사시키면 도식적으로 그림 V-30과 같이 비대칭적인 용접구역을 나타낸다. 즉 열전도도가 적은 금속은 레이저빔 흡수도가 크므로 많은 레이저빔을 흡수하나 열전도에 의한 에너지손실이 적어 많은 열량의 축적으로 용융구역이 클 것이다. 반면에 열전도도가 큰 금속은 레이저빔 흡수도가 적으며, 또한 흡수된 열을 곧 전도시키므로 축적된 열량이 적어 용융구역이 적을 것이다. 그러나 용융구역에서는 두 금속의 격렬한 교반 및 혼합작용으로 조성은 거의 균일하게 될 것이다. 따라서 이러한 경우에 비교적 대칭적인 용접구역 형성으로 양호한 레이저용접 결과를 얻기 위해서는 집속된 레이저빔의 초점위치를 열전도도가 큰 금속 측으로 약간 이동시켜 조사시키는 것이 바람직할 것이다. 레이저빔의 집속조건과 조사위치 등은 용접시킬 재료와 조건에 따라 차이가 있으며, 그 최적조건은 실험적으로 얻어야 한다.

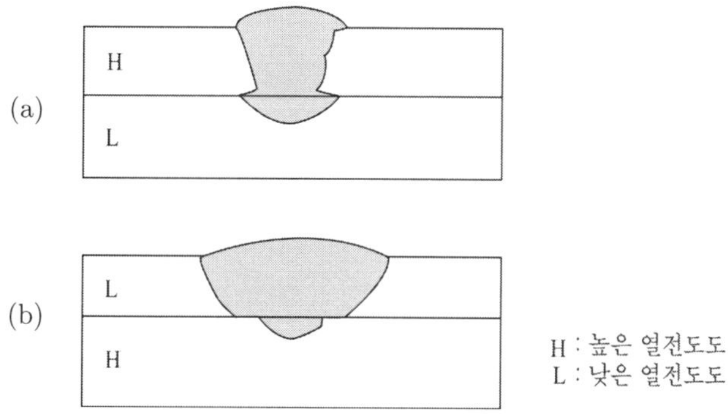

그림 V-31 열전도도가 다른 두 금속의 겹침용접 단면

레이저빔에 의하여 열적인 성질이 다른 두 금속의 겹치기용접을 정성적으로 나타내면 그림 V-31과 같으며, 금속을 어떻게 상하부에 위치시키는가에 따라 현저한 차이가 있을 것이다. 그림(a)와 같이 열전도도가 큰 금속을 상부에 위치시키는 경우에는 레이저빔흡수도가 적고, 또한 발생된 열에 의한 용융구역에서 좌우측으로 빠른 열전달에 의해 용융구역의 폭이 적을 것이다. 그러나 열전도도가 적은 하부의 금속에서는 상부로부터 많은 열량을 공급받으나, 열전달이 적으므로 용융구역은 상대적으로 클 것이다. 반면에 그림(b)와 같이 열전도도가 적은 금속이 상부에 있는 경우에는 흡수된 레이저빔에 의한 용융구역에서 좌

우측으로 열전달이 적어서 용융구역의 폭이 클 것이다. 그러나 열전도도가 큰 하부의 금속에서는 상부에서 공급받는 열량으로 용융이 일어난 후에 열전달이 빠르므로 상대적으로 용융구역이 적을 것이다. 따라서 이 경우에 하부구역에서 용융구역의 폭은 상부에 비해서 적음은 물론 전체적인 용융깊이도 용융폭에 비하여 상대적으로 적을 것이다. 이러한 경우에 집속된 레이저빔의 위치를 표면보다 약간 하부에 오도록 하면 하부에 공급되는 열량의 증가로 용융구역의 증가를 줄 수 있을 것이다. 그러므로 레이저용접시킬 부품의 특성과 용도에 따라 두 가지 금속 중에서 어떤 금속을 상부에 위치시키는 것이 바람직한가를 결정해야 한다.

(4) 맞춤재단레이저용접

다목적부품을 제조하기 위하여 동종유사금속 또는 두께가 다른 동종금속의 판재를 용접시키는 방법인 **맞춤재단레이저용접**(tailored blank laser welding)방법에 대해서 간단히 검토하여 보겠다. 레이저빔에 의한 **맞춤재단용접**은 대량생산성과 신뢰성이 요구되는 자동차부품제조에 사용되는 방법이며, 특히 자동차의 차체, 문짝, 중심필라, 하부판재, 범파 등의 부품제조에 광범위하게 사용되고 있다. 맞춤재단용접의 개념은 자동차의 특정부분에서 요구되는 여러 가지 성질을 동시에 만족시키면서 재료를 절약하기 위하여 개발되었다. 즉 자동차의 몸체 또는 문짝 같은 대형부품에서 기계적 강도와 다양한 외부환경에 견디는 성질을 겸비하도록 조성과 두께가 다른 판재들을 레이저빔으로 맞대기용접시키는 것이다. 그리고 이러한 맞춤재단용접시킨 대형판재를 프레스로 성형시켜 요구되는 구조부품을 제조하여 사용한다. 예를 들면 자동차의 외부문짝구조에서 전체적으로 0.6mm의 고강도강판재를 사용하면서 문고리를 부착하는 부분에 맞춤재단한 1.2mm의 판재를 맞대기용접하여 재료를 절약하면서 요구되는 강도를 유지한다. 그리고 내식성이 요구되는 하부구역에는 맞춤재단한 0.6mm의 아연도금강판을 맞대기용접시킨다. 이렇게 하면 필요한 부분마다 요구되는 다른 특성, 즉 고강도와 내식성 등의 성질을 가지면서 전체적으로 무게가 경량화되고 요구되는 성능을 만족시키는 구조부품을 저비용으로 생산할 수 있다.

맞춤재단레이저용접의 장점은 부품의 기계적 성질과 내식성의 최적화, 재료절약, 구조부품무게감소, 성형성의 향상, 공구와 성형비용 감소, 충돌과 피로거동의 향상 등으로 자동차의 신뢰성을 증진시킨다. 반면에 단점은 레이저용접에 공통적으로 적용되는 용접시킬 단면의 평평함과 정확한 간격 유지, 부품들의 정확한 이송과 용접재현성을 위한 정확한 고정기구와 감지기구 등이 필요하다. 일반적으로 두께가 1mm 이하인 판재의 경우에 허용간격은 10% 정도이고, 두께가 2mm 이상인 경우에는 20% 정도이다. 예를 들면 두께 0.8mm의 저탄소강을 6KW CO_2레이저로 용접 시 집속된 빔의 점크기가 0.2～0.5mm이고 주사속도를 8m/min라고 하면, 두 판재의 간격을 <0.1mm로 하고 두 판재들의 단면직선성은 두께가 2mm인 경우에 $\leq\pm0.1$mm 정도로 해야 한다.

맞춤재단레이저용접에는 고출력의 CO_2레이저, Nd:YAG레이저, 디스크레이저, 파이버레이저가 사용된다. 특히 Nd:YAG레이저, 디스크레이저, 파이버레이저는 금속에서 레이저빔의 흡수도가 크고, 또한 광파이버를 사용할 수 있기 때문에 바람직하다. 출력이 2∼3KW의 Nd:YAG레이저를 사용하는 경우에 용접속도를 7m/min 이상으로 할 수 있고, 또한 비교적 큰 집속빔 직경(약 0.6mm)으로 인하여 부품 사이의 간격과 부품의 모서리단면 직각성에 약간의 융통성이 있다. 출력이 5KW의 파이버레이저를 사용하여 승합차에 사용하는 두께 0.7mm와 1.6mm의 판재용접을 포함한 맞춤재단용접에서 용접속도는 12m/min 정도이다.

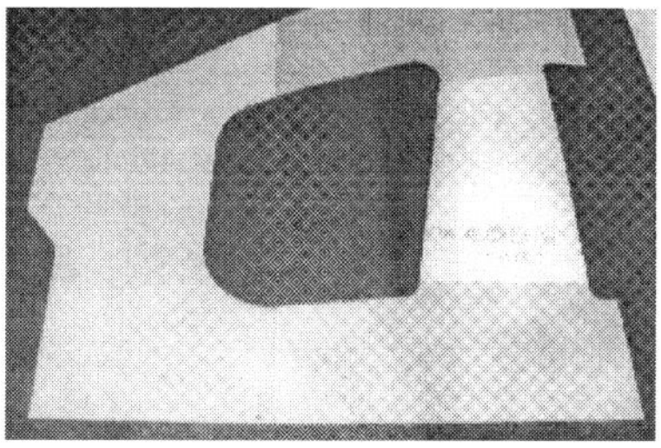

맞춤재단 용접 후의 판재

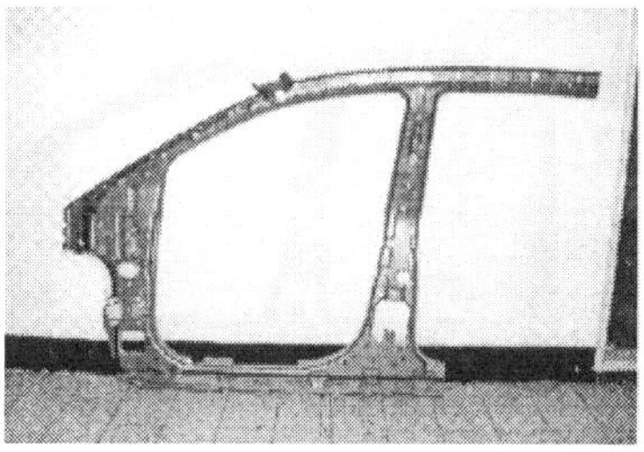

용접한 판재의 프레스 가공한 부품

두께가 다른 두 판재의 용접구역

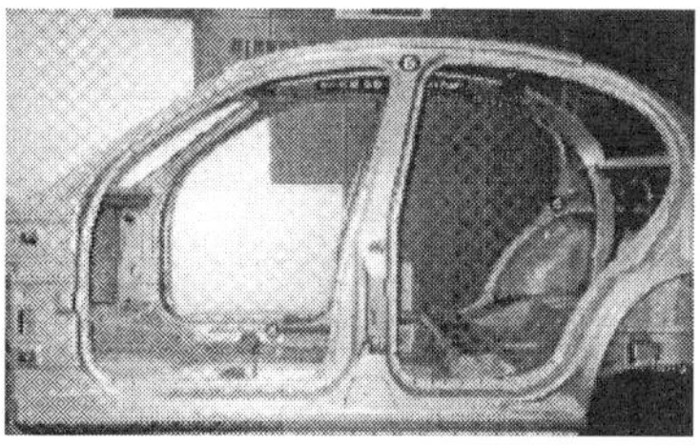

맞춤재단 용접에 의한 승용차 측면 구조물

그림 V-32 승용차 측면 내부구조물의 맞춤재단 용접 개요(한국기계연구원 제공)

그림 V-32는 승용차의 측면차체구조 제조를 위하여 두께가 다른 판재들을 맞춤재단용접시킨 넓은 판재와 이것을 프레스로 가공하여 얻은 구조물을 보여주고 있다. 그림 V-33은 맞춤재단레이저용접에서 두께가 다른, 즉 0.6/0.9mm인 두 판재의 겹치기용접과 1.2/2.0mm인 두 판재의 맞대기용접을 보여주고 있다. 아연도금강판의 겹치기용접에서는 증발되는 아연이 용융풀에 트랩되지 않고 외부로 날아가도록 판재 사이에 간격이 있도록 한다.

맞춤재단레이저용접은 주로 탄소강판재에 대하여 광범위하게 사용되고 있으며, 알루미늄합금판재들에 대해서도 적용한 사례들이 보고되고 있다. 이 경우에는 알루미늄합금의 레이저용접에 관한 사항들이 적용되므로 여러 가지 관련된 문제점들을 극복해야 한다. 그리고 저탄소강재와 알루미늄합금 사이의 레이저용접도 시도되었으나 두 금속의 용융점 등 물성의 차이와 함께 용융구역에 Al-Fe 금속간화합물이 형성되는 등 어려움이 있다.

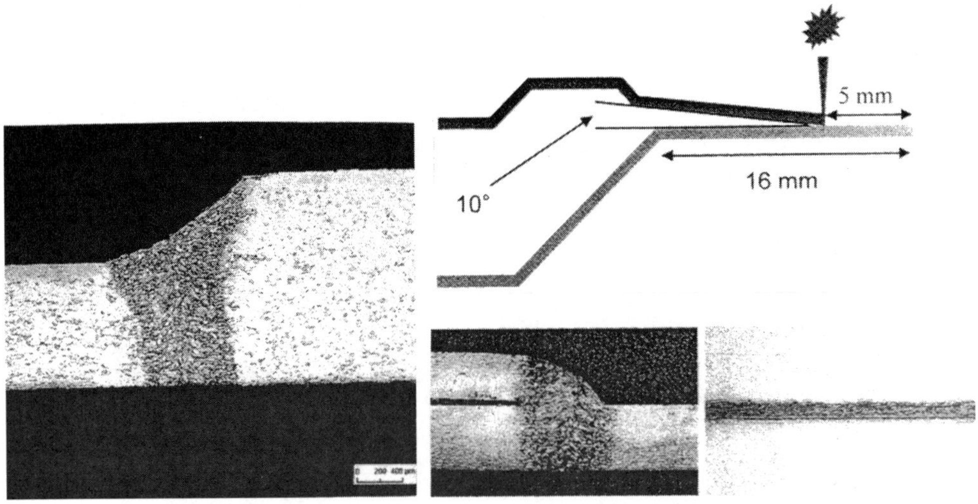

(a) 맞대기용접 단면　　　(b) 겹치기용접 단면

그림 V-33 두께가 다른 판재의 맞춤레이저용접(Rofin)

(5) 금속의 레이저용접효율

금속을 용접하기 위해서는 흡수된 레이저빔에 의하여 용융이 일어나야 하며, 금속을 용융시키기 위해서 가열하면 열전도 등에 의한 열손실이 발생한다. 따라서 금속의 용융은 열적인 성질과 함께 레이저빔출력, 흡수율, 주사속도 등 여러 가지 매개변수에 의해서 지배된다. 특히 레이저빔에 의한 금속의 용접에서는 금속표면에서 레이저빔의 반사도가 크므로 금속의 레이저빔에너지 흡수효율이 중요한 변수로 작용한다. 즉 금속의 표면에서 흡수된 레이저빔의 일부만이 금속을 용융시키는 데 이용된다. 따라서 레이저빔에 의한 금속의 용접효율은 레이저빔의 흡수효율(η_1)과 용융효율(η_2)을 곱하여 얻을 수 있다.

금속의 레이저빔 **흡수효율(η_1)**은 다음 식과 같이 나타낼 수 있다.

$$\eta_1 = \frac{(\text{금속에서 흡수한 레이저빔})}{(\text{레이저빔의 출력})} \times 100 \qquad \text{(V-10)}$$

이 흡수효율은 금속의 물리적 성질에 따라 차이가 있으며, 또한 레이저빔의 출력과 용접기구에 의해서도 큰 차이가 있다. 즉 일정한 레이저빔 출력에서 주사속도가 큰 경우에는 표면근방의 용융에 의한 전도용접으로 흡수효율은 약 20% 내외이다. 그러나 주사속도가 저하됨에 따라 키홀이 형성되면, 그 내부에서 다중흡수효과 등으로 약 70% 정도까지 이르게 된다.

금속의 **용융효율(η_2)**은 다음 식과 같이 나타낼 수 있다.

$$\eta_2 = \frac{(\text{금속을 용융시키는 데 사용된 에너지})}{(\text{금속에서 흡수한 레이저빔})} \times 100 \qquad \text{(V-11(a))}$$

금속의 용융효율(η_2)을 간단히 나타내면 다음 식과 같다.

$$\eta_2 = \frac{(\rho A v)[\overline{C_P} \cdot T_m + L_m]}{P} \times 100 \qquad \text{(V-11(b))}$$

ρ : 금속의 밀도

A : 용융구역의 단면적(용융깊이×용융폭)

v : 레이저빔 주사속도

$\overline{C_P}$: 금속의 평균비열

T_m : 금속의 용융온도

L_m : 금속의 용융잠열

P : 금속에서 흡수한 레이저빔 출력

이론적인 열전달분석에 의하면 고속키홀용접의 경우에는 공급된 에너지 중에서 최대로 48%가 용융에 이용되고, 나머지는 고체 내로 전도되어 손실된다. 그리고 주사속도가 저하됨에 따라 열전도에 의한 손실이 증가되기 때문에 이러한 용융효율은 감소한다. 그러므로 금속의 용융효율은 최댓값이 약 50% 정도라고 생각하여도 큰 무리는 없다.

일반적으로 레이저빔의 주사속도가 너무 빠르면 용융이 안 되므로 η_2는 적으며, 또한 금속의 열전도도가 크면 빠른 열전도로 인하여 η_2는 적다. 금속에서는 열전도도가 매우 크므로 레이저빔의 주사속도가 감소함에 따라 열전도가 증가되어 용융효율이 감소하게 된다. 따라서 금속의 용융이 일어나는 범위 내에서는 (레이저빔의 주사속도/금속열전도도)의 비가 클수록 바람직하다. 고출력레이저빔에 의한 키홀용접에서는 주사속도에 따라 레이저빔 에너지밀도의 크기가 다르고, 또한 키홀에서 여러 가지 복잡한 현상이 일어난다.

(6) 용접분위기 압력의 영향

레이저빔에 의한 금속의 용접은 일반적으로 대기압 하에서 수행한다. 그러나 그 분위기를 진공상태로 하면 플라즈마에 의한 영향을 경감시킬 수 있어 더욱 양호한 용접 결과를 얻을 수 있다. 그림 V-34는 금속에 흡수되는 에너지가 거의 비슷한 정도의 출력을 주는 레이저빔과 전자빔에 의한 금속의 용접 시 주위압력에 따른 용접깊이를 보여주고 있다. 주위압력이 약 10^{-2}토르(torr) 이하에서는 두 경우 모두 용접깊이가 최댓값에 있으며, 그 이상에서는 모두 용접깊이가 감소한다. 특히 압력이 증가됨에 따라 전자빔에 의한 용입깊이가 레이저빔에 의한 경우에 비하여 크게 감소한다. 이것은 가스압력이 증가되는 경우에 전자빔이 가스분자와 충돌에 의하여 산란되기 때문에 금속 내로 인입되는 것이 힘들기 때문이다. 반면에 레이저빔의 경우에는 플라즈마의 형성으로 레이저빔을 차장시키기 때문이다. 즉 대기압 하에서는 약 5mm/sec 정도의 레이저빔 주사속도에서 플라즈마가 발생하나, 진공 중에서는 증발가스가 사방으로 비

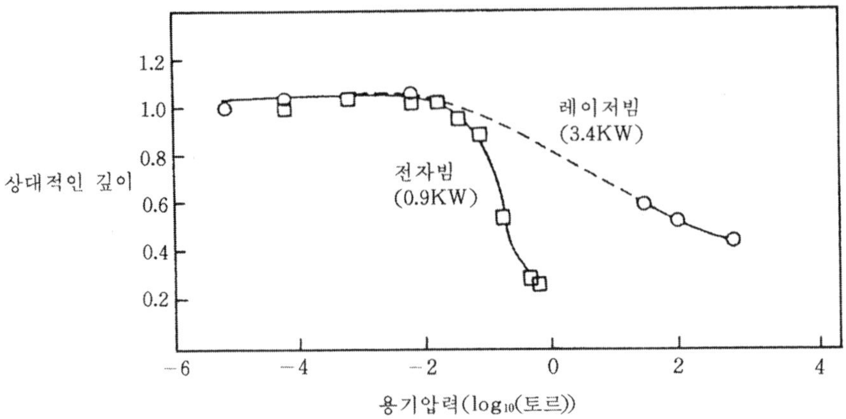

그림 V-34 레이저빔과 전자빔 용접에서 압력에 따른 깊이(Banas-1986)

산하므로 그보다 훨씬 낮은 속도에서도 플라즈마형성을 방지할 수 있어서 안정된 키홀용접을 유지할 수 있다.

그리고 키홀용접은 키홀의 발생에 의존하며, 키홀의 생성용이성은 금속의 증발특성에 의존한다. 금속의 증발온도는 압력의 감소에 따라 감소한다. 특히 철, 크롬, 니켈 등의 증기압은 그들의 용융점에서 10^{-2}토르에 접근하거나, 또는 그보다 크다. 따라서 10^{-2}토르 이하의 진공정도에서 이들이 용융상태에 있게 되면, 이들의 증기압이 이미 10^{-2}토르 이상이다. 그러면 계속적인 용융에 따라 표면에서 증발이 일어나게 되나, 낮은 기압 하에서 용융상태가 유지된다. 대기압 하에서 철강에 키홀 형성을 위해서는 온도를 약 3,150°K 정도로 가열시키는 것이 요구된다. 압력이 감소함에 따라 온도 요구조건은 감소되며, 10^{-2}토르 정도에서 이것은 더욱 낮은 온도에서 증발이 가능하다.

반면에 가열된 금속표면에서 복사에너지는 절대온도의 4제곱에 비례하므로 만일 온도 요구조건이 약 45% 감소한다면 복사로 인한 손실은 약 1/10로 감소함을 의미한다. 금속의 용접에서 용융점이 용접과정의 최소온도이므로 10^{-2}토르 이하를 얻을 수 없고, 또한 그 이하에서는 더 이상 용접깊이를 주지 않는다.

고진공에서는 금속의 증발이 용이하다. 그러나 그 증기압은 대기압에 비하여 매우 적으므로 플라즈마 발생의 가능성이 매우 적다. 그리고 낮은 온도에서 용접은 복사에 의한 열손실을 줄이고, 또한 일정한 온도의 용융구역은 키홀의 안정성을 증가시킨다. 따라서 진공상태에서 레이저용접은 대기압에서보다 훨씬 느린 주사속도에서도 플라즈마발생이 억제되어 용접을 가능하게 한다.

(7) 비금속재료의 접합

대부분의 레이저용접은 금속들 사이의 용접에 적용되고 있으며, 비금속재료의 접합은 쉽지가 않아 흔하지는 않다. 그러나 고분자재료의 레이저접합은 비교적 수월하여 많이 사용되고 있으며, 세라믹재료와 유리재료의 레이저접합은 어렵지만 불가능하지는 않다. 이제 이러한 재료들의 레이저용접에 대하여 간단히 검토하여 보겠다.

CO_2레이저빔은 규산염과 산화물 같은 세라믹재료에서 흡수도가 크고, Nd:YAG레이저빔은 그 흡수깊이가 약 10~100μm 정도이다. 따라서 레이저빔 출력이 크지 않아도 실리카, 알루미나, 이트리아, 지르코니아 같은 세라믹재료에 조사되면 표면을 용융시키며, 출력이 증가됨에 따라 증발현상이 일어나 키홀 발생을 가능하게 한다. 그러나 세라믹재료는 열충격에 매우 약해 급냉에 의해서 균열이 생기므로 레이저빔으로 세라믹재료를 용접시키는 것은 용이하지 않다. 그리고 세라믹재료의 내부에서 가열과 증발현상으로 용융구역과 빔조사 구역에 기포와 균열을 야기한다. 또한 세라믹재료는 열전도도가 적어 용융구역과 열 영향구역의 입자를 성장시키는 경향이 있고, 요망되는 조직을 얻기 위해서 응고조건을 잘 조절해야 한다.

실제로 **세라믹재료의 레이저용접**에서 이러한 문제점들을 억제시키기 위하여 용접 전에 재료를 예열시키면 접합이 가능하다. CO_2레이저빔에 의하여 소결된 ZrO_2의 레이저용접과 SiO_2-Al_2O_3의 레이저용접에서 1,400°C까지 예열시켜 용접을 수행하였다는 보고가 있다. 이 결과에 의하면 예열온도가 약 1,200°C까지는 용융구역 외부에서 거시균열이 발생하였으며, 이것은 용접구역과 기지재료 사이의 온도구배에 의한 결과라고 보고되었다. 그러나 그 온도 이상으로 예열시키면 거시균열은 제거시킬 수 있으나 용융구역에서 미소균열이 존재하였으며, 이것은 응고 후 용접비드의 수축에 의한 것으로 보고되었다. 그리고 Nd:YAG레이저 펄스빔을 이용하여 예열시킨 Al_2O_3와 Al_2O_3-ZrO_2의 맞대기용접을 수행하여 양호한 결과를 얻었다고 보고되었다. 또한 용융실리카와 다른 유리제품들의 레이저용접을 수행하여 유효한 결과를 얻었다고 보고되었다. 그러나 원칙적으로 세라믹재료와 유리재료는 응고수축과 급냉에 의한 수축으로 미세균열이 많이 발생하므로 건전한 용접 결과를 얻는 것이 용이하지 않다.

CO_2레이저빔은 고분자재료에 용이하게 흡수되므로 **고분자재료의 레이저접합**에 이용된다. 폴리에틸렌 같은 **열가소성 고분자재료**의 레이저접합에서는 적당한 조건하에서 양호한 접합결과를 얻을 수 있으며, 이 경우에 고분자재료의 분해 없이 용융시켜 용융풀을 형성시켰다고 보고되었다. 그러나 열가소성 고분자재료에서는 용융점과 열분해가 일어나는 온도 사이의 온도범위가 적다. **열분해온도**(T_d)는 고분자재료의 가열 시 40분 후에 무게의 50%가 손실되는 온도로 정의한다. 예를 들면 폴리프로필렌에서 용융점은 약 327°C이고, 불활성가스 분위기에서 분해온도는 약 387°C이며 공기 중에서는 약 250°C이다. 따라서 플라스틱재료의 레이저용접은 용융점과 분해온도 사이의 면밀한 검토가 요망된다. 특히 아크릴(MMA)에서는 고체상태에서 온도증가에 따라 용융되지 않고 직접 승화되어 분해되므로 레이저용접이 불가능하다.

페놀수지와 에폭시 같은 **열경화성 고분자재료**는 용접할 수 없다. 고분자재료에 열을 가하면 성질이 저하되어 강도와 연신율 같은 기계적 성질이 급격히 변화되는 경우가 있다. 어떤 열가소성 고분자재료에서는 열적인 성질저하 온도에 도달되면 용융이 잘 되지 않는 작은 고체덩어리들을 형성하는 교차결합(cross-link)이 일어날 수 있다. 이 경우에 이들 고체덩어리들은 고분자재료의 기계적 성질을 변화시킨다.

이러한 사항들을 고려하여 볼 때, 고분자재료의 표면온도가 열분해온도에 도달되지 않아 양호한 결과를 기대할 수 있는 레이저용접조건을 확립할 수 있어도 열적인 성질저하가 발생할 수 있다. 따라서 어떤 고분자재료의 레이저용접에서는 온도범위에 제약이 있다. 먼저 '(3) 동종유사재료 간의 용접'을 설명하면서 보여준 그림 V-29(b)는 종류가 다른 플라스틱 사이의 용접을 수행한 그림을 보여주고 있다.

V-2-4 레이저용접의 조절

(1) 용접깊이와 용접폭

일반적으로 레이저빔에 의한 용접은 일정한 주사속도에서 출력밀도가 적은 경우에는 전도용접이 일어난다. 그러나 그림 V-35에서 보는 것과 같이 출력밀도가 약 10^6W/cm^2 정도 이상에서 키홀이 발생하기 시작하여 갑작스러운 용접깊이의 증가를 주게 된다. 따라서 이 그림에서 용접깊이의 불연속을 주는 위치의 좌측은 전도용접구역이 되고, 우측은 키홀용접구역이 된다. 레이저빔 출력밀도가 증가되어 플라즈마가 발생되면 V-2-1 항에서 기술한 바와 같이 용접깊이가 감소되나, 레이저빔 출력이 증가함에 따라 IV-3-1항에서 기술한 바와 같이 금속표면에서 온도증가로 인하여 레이저빔 흡수율이 증가되어 용접깊이의 증가를 주게 된다.

일반적으로 키홀용접을 주는 범위 내에서는 용접속도가 감소함에 따라 키홀안정성이 감소한다. 즉 레이저빔주사속도가 적은 경우에는 상대적으로 축적되는 에너지가 많아 용융된 금속의 용적이 증가하므로

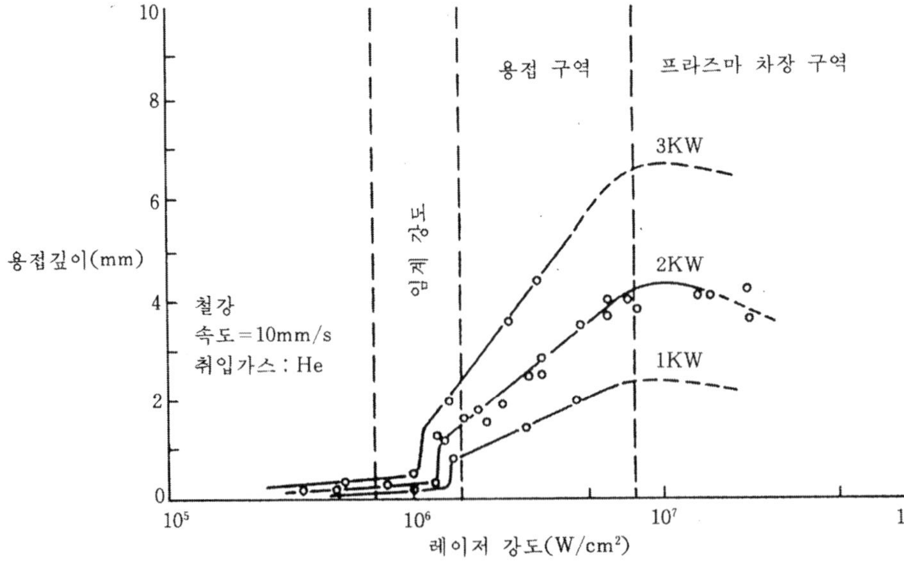

그림 V-35 철강재에 대한 용접 시 용접깊이와 레이저강도 관계(Herziger-1986)

증기압이 용융금속을 밀어내지 못한다. 그리고 표면에서 발생한 플라즈마가 표면을 차장시키고, 반면에 고온플라즈마로부터 방출된 열로 인하여 용융풀이 전도용접의 형태를 주게 된다. 따라서 이러한 영향을 주기 바로 전의 최대 용접깊이를 주는 주사속도가 용접조건이 된다.

레이저용접에서는 금속표면에서 발생한 플라즈마가 레이저빔흡수와 빔에너지의 전달에서 중요한 역할을 수행한다. 용접부 상부에서 플라즈마는 취입가스 사용으로 일부를 제거시킬 수 있으나, 키홀 내의 플라즈마제거는 곤란하다. 그러나 이러한 경우에는 플라즈마가 팽창하게 되면 그 밀도가 감소하여 레이저빔의 투과를 허용한다. 따라서 키홀 벽에서 레이저빔의 흡수를 가능하게 한다. 그러므로 어떤 임곗값의 출력밀도 이상에서는 **플라즈마효과**가 지배적이고, 그 이하에서는 키홀 벽에서 레이저빔의 다중흡수가 지배적이 된다. 이러한 경우에 레이저빔 출력이 일정하면 그 에너지밀도는 레이저빔의 주사속도에 의하여 지배를 받는다.

레이저빔에 의한 금속의 용접에서 용접깊이와 용접폭은 사용하는 레이저빔의 파장, 출력밀도, 집속빔의 점크기와 초점깊이, 빔의 품질, 주사속도 등에 의하여 결정된다. 그림 V-36은 기계부품의 맞대기용접에서 CO_2레이저, 전자빔, 파이버레이저로 키홀용접을 수행한 경우에 용접구역의 형상을 보여주고 있다. 그리고 레이저용접에서 양호한 용접 결과를 얻기 위한 집속빔의 초점위치는 사용되는 집속렌즈와 부품의 두께에 따라 적당한 값이 결정된다. 즉 집속된 레이저빔의 많은 에너지를 금속의 용접에 이용하고, 깊은

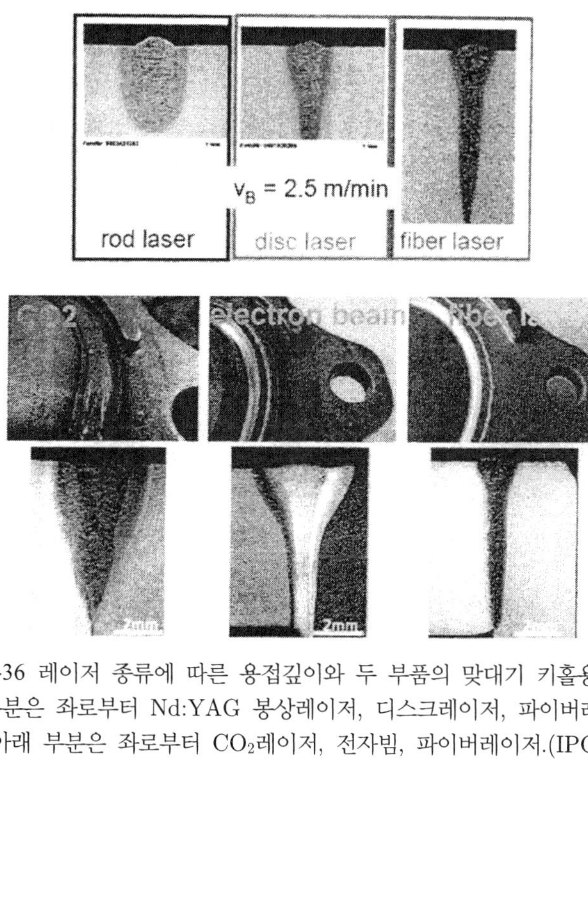

그림 V-36 레이저 종류에 따른 용접깊이와 두 부품의 맞대기 키홀용접 결과
위 부분은 좌로부터 Nd:YAG 봉상레이저, 디스크레이저, 파이버레이저.
아래 부분은 좌로부터 CO_2레이저, 전자빔, 파이버레이저.(IPG)

용접깊이와 좁은 용접폭을 주기 위해서는 초점위치를 시편의 표면보다 약간 밑의 부분에 위치시키는 것이 바람직하다. 초점위치에 따른 용접부품의 용입깊이는 그림 IV-19를 참고하면 정성적으로 추론할 수 있다. 따라서 레이저빔에 의한 금속의 용접에서 부품의 두께가 얇은 경우에는 집속된 빔의 초점위치를 표면상에 위치시키며, 두꺼운 부품의 경우에는 표면에서 약간 밑의 내부에 위치시킨다. 그 거리는 레이저빔의 출력밀도, 부품의 두께, 집속빔의 크기와 주사속도 등의 매개변수에 의하여 결정되므로 필요한 작업조건에 따라 최적조건을 구해야 한다. 그리고 집속된 레이저빔의 직경은 용융폭보다 적어야 모든 레이저빔에너지가 키홀에 인입될 수 있다. 일반적으로 집속된 레이저빔의 직경은 용접폭의 약 30% 정도가 최적치로 간주된다.

레이저빔에 의한 맞대기용접과 T-용접은 흔히 완전한 관통용접이 이루어지게 하며, 그 용입깊이를 0.1~15mm 정도는 용이하게 수행할 수 있다. 그러나 두께가 약 20mm 이상인 경우에는 일반적으로 빔품질이 양호한 고출력(수KW 혹은 이상) 디스크레이저와 파이버레이저를 이용하면 용접이 용이하다. 그리고 두께가 수십mm 정도 이상인 경우에는 레이저빔출력이 매우 커야 하고, 또한 플라즈마발생과 여러 가지 제약조건으로 건전한 용접이 힘들다. 반면에 전자빔은 금속에 용이하게 침투하며, 또한 진공에서 수행하므로 플라즈마에 의한 영향이 없어 100mm 이상의 용입깊이도 어렵지 않게 형성시킬 수 있다.

레이저용접에서 레이저빔의 출력증가에 따라 용입깊이가 증가된다. 그러나 주사속도에 따라 외부로 전달되는 열량이 다르므로 일정한 지속파빔의 출력에 대하여 최대 용입깊이가 있다. 철강재에 대하여 출력에 따른 최대 용입깊이는 대체로 다음 식과 같이 나타낼 수 있다.

$$d_{max} \cong 2.5 \times 10^{-5} \times P^{0.7} \qquad \text{(V-12)}$$

d_{max} : 최대 용입깊이(m)
P : 레이저빔 출력(W)

위의 식을 고려하여 보면 1.5KW 레이저빔은 4mm 정도의 용입깊이를 얻을 수 있다. 일반적으로 최대 용입깊이를 얻기 위해서는 주사속도를 느리게 해야 하므로 용융깊이에 대한 용융폭이 크기 때문에 용융구역의 깊이/폭 비율이 적다. 그리고 주어진 용입깊이를 얻기 위하여 고출력 레이저빔을 사용하면 주사속도를 크게 할 수 있다. 만일 주사속도가 증가되면 전체 레이저빔에너지 중에서 용융에 요구되는 에너지, 즉 용융효율이 이론적으로 최댓값인 거의 50%에 근접한다. 따라서 용입깊이의 범위를 넓히고, 필요시 큰 용입깊이를 얻기 위해서는 고출력레이저를 사용하면서 주사속도를 변화시키는 것이 바람직하다. 그림 V-37은 CO_2 레이저빔으로 탄소강을 용접 시 몇 가지 출력에 대하여 용입깊이와 주사속도의 관계를 보여주고 있다.

레이저용접에서 용접폭은 용입깊이와 함께 중요하며, 특히 용접폭은 용접선길이가 긴 판재부품의 용접 시 용접선의 정렬에서 그 허용치를 결정한다. 일반적으로 용접구역의 형태는 레이저빔의 출력에 의하여 지배된다. 레이저빔 출력밀도가 적은 경우에는 키홀이 형성되지 않고, 전도용접기구가 되므로 상대적으

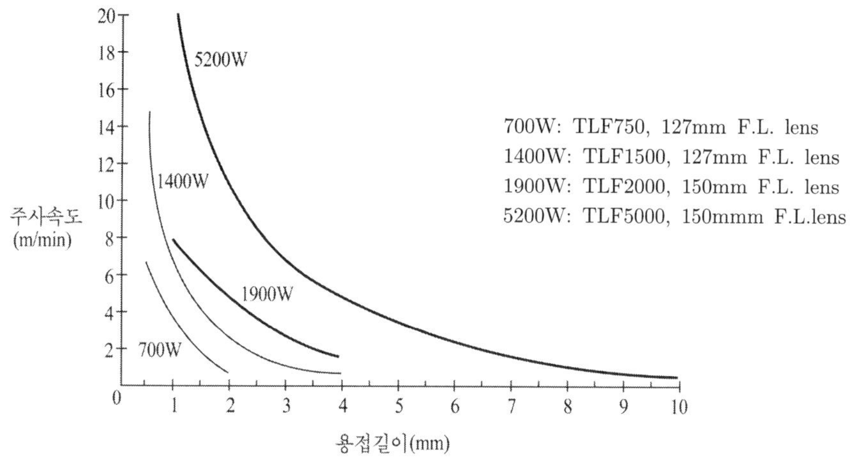

그림 V-37 탄소강의 용접에 미치는 주사속도, 용접깊이와 빔출력의 관계(Trumpf GmbH)

로 용입깊이가 적고 용융폭은 크다. 그러나 레이저빔의 에너지밀도가 10^6W/cm^2 이상으로 되면, 철강재의 표면이 증발되어 키홀을 형성하므로 용융구역의 단면이 키홀 또는 포도주잔의 형태가 된다. 레이저빔의 출력밀도가 더욱 증가되어 5×10^6W/cm^2 이상으로 되면, 증발구역이 원기둥형으로 되므로 용융구역의 형태가 거의 직선적으로 되어 용입깊이가 크게 증가한다. 만일 레이저빔이 10^7W/cm^2 이상으로 되면, 키홀에서 증발이 폭발적으로 일어나서 용융금속이 분출되므로 기포가 형성되고 용융구역의 함몰이 일어나게 된다.

용융구역의 깊이/폭 비율은 레이저빔모드, 출력밀도, 주사속도, 집속빔 크기, 금속의 종류와 두께 등에 의하여 결정된다. 그러나 일반적으로는 4 : 1 정도가 보통이며, 어떤 경우에는 10 : 1 정도를 얻을 수 있으며, 얇은 금속의 관통용접 경우에는 1 : 1 정도이다. 일반적으로 레이저시스템제작회사는 장비를 공급 시 그 제품에 대한 용입깊이와 주사속도를 나타내는 도표를 공급한다. 한 예로 그림 V-38은 5KW CO_2레이저에서 초점거리가 다른 집속렌즈를 사용 시 탄소강의 용접에서 용입깊이와 주사속도 관계를 보여주고 있다.

이 그림에서 보면, 초점거리 100mm인 렌즈를 사용하여 집속 시 작은 빔직경으로 인하여 용융폭이 적어서 용융금속의 양을 적게 하므로 얇은 금속에서 용접속도가 크다. 금속두께가 4mm 이상으로 증가함에 따라 긴 초점거리의 렌즈가 용접에 바람직하다. 즉 렌즈의 초점거리가 증가함에 따라 IV-1-3항에서 검토한 바와 같이 집속된 빔의 초점깊이가 증가되어 두께 전체적으로 출력밀도의 차이가 상대적으로 적다. 그리고 5mm의 용융깊이를 가진 경우에 용융폭은 1mm 이상이 되므로 초점거리 150mm인 렌즈로 집속시킨 빔은 그 용융폭 내에 존재해 에너지손실을 막을 수 있다. 또한 초점거리가 큰 경우에는 집속빔의 직경이 크므로 레이저빔출력밀도가 적어 적은 초점거리의 렌즈를 사용한 경우보다 플라즈마발생량이 적다. 따라서 그림에서 보듯이 두께 8mm인 재료에서 초점거리 300mm의 렌즈가 가장 용접속도가 크다.

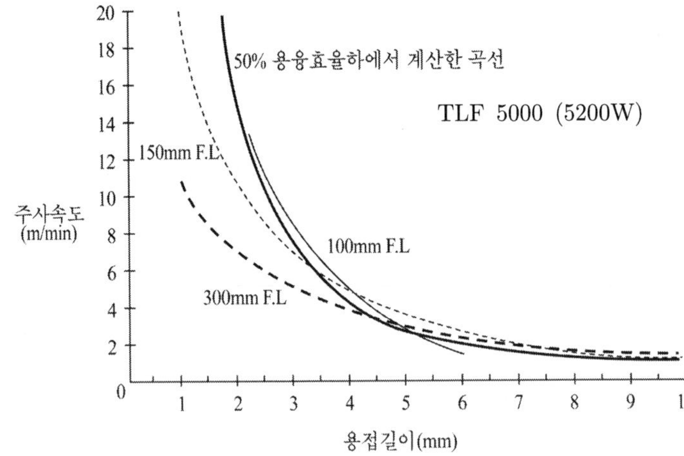

그림 V-38 탄소강의 용접에 미치는 렌즈의 초점거리(Trumpf GmbH)

여기서 이론적인 용입곡선은 용융효율이 50%이고, 용융구역의 깊이/폭 비율을 4 : 1 이라고 가정하고 계산한 것이다.

만일 레이저빔 에너지밀도가 키홀을 형성시키는 범위에 있다면, 주사속도의 감소에 따라 용접깊이는 증가된다. 이것은 먼저 기술한 바와 같이 출력밀도의 증가와 레이저빔의 다중흡수에 의해서 많은 빔에너지를 흡수하기 때문이다. 그리고 위에서 기술된 현상들은 모두 레이저빔이 편광되지 않은 일반적인 빔인 경우의 결과이다. 그러나 만일 레이저빔이 편광되어 있으면, IV-3-2항에서 기술한 바와 같이 입사되는 방향에 따라 그 흡수도가 다르다. 이러한 경우에는 편광면에 평행한 빔이 수직한 빔에 비하여 키홀 벽면에서 흡수도가 크므로 그림 V-39에서 보는 것과 같이 어떤 주사속도 이하에서는 평행편광빔에 의한 용입깊이가 수직편광빔에 의한 것보다 깊다. 따라서 키홀용접에서 용접깊이는 레이저빔 출력밀도, 용접속도는 물론 빔의 편광정도에 따라 차이가 있다.

(2) 용접결함

레이저용접시킨 부품의 기계적 성질과 신뢰성은 용접된 부품에 존재하는 결함에 의하여 결정된다. 이러한 결함의 종류는 용입깊이의 불균일성, 용융구역의 함몰, 기포형성, 균열발생, 크레이터발생과 스패터분출 등 매우 다양하다. 용접결함은 금속재료의 조성과 물리적 성질, 레이저빔의 형태와 출력, 부품의 배치와 간격, 취입가스의 종류와 유속, 부품의 예열상태와 열처리 등 여러 가지 조건에 의해서 결정된다. 여기에서는 몇 가지 중요한 레이저용접의 결함에 대해서 검토하여 보겠다.

○ 용입깊이의 불균일성

이것은 긴 용접선에 걸쳐서 용융깊이가 균일하지 못하고 차이가 나는 현상이며, 특히 맞대기용접에서 문제점을 야기한다. 이러한 현상은 주로 다음과 같은 경우에 발생한다. 즉 레이저빔출력이 일정하게 발진

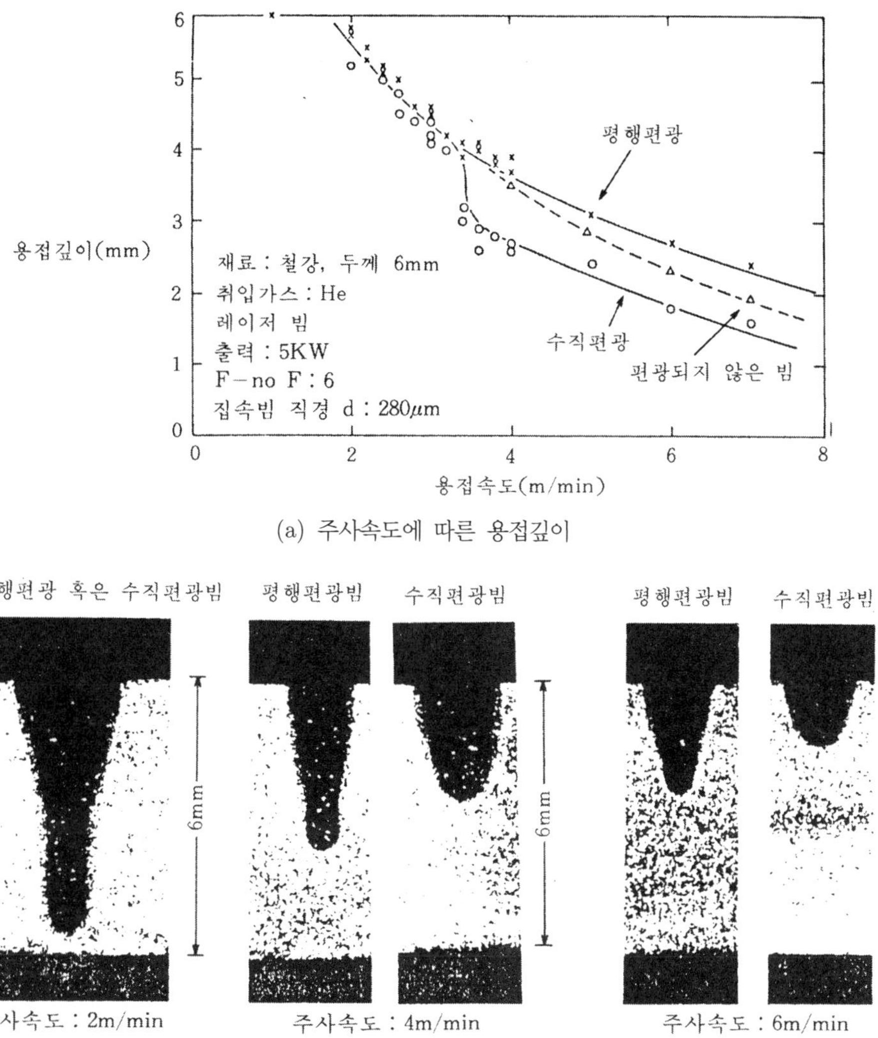

(b) 각각 동일한 주사속도에서 편광된 빔의 영향

그림 V-39 철강재에 대한 용접 시 레이저빔의 편광에 따른 용접깊이 비교(Beyer et al-1988)

되지 못하고 요동하는 경우에 발생하므로 용접기간 중에 레이저빔의 요동은 ±5% 이하로 유지하는 것이 바람직하다. 용접 도중에 레이저빔의 집속조건이 변하는 경우와 광학부품이 오염되는 경우에도 발생하므로 주의해야 한다. 만일 집속된 레이저빔이 맞대기용접선으로부터 이탈하게 되는 경우에도 발생하므로 레이저빔의 주사 시 부품의 배치와 고정에 세심한 주의가 요구된다. 그리고 보조가스의 부적당한 취입방법으로 플라즈마제거가 불균일한 경우에도 발생할 수 있다. 그 이외에도 부품의 국부적인 높낮이 차이와 오염 등에 의한 영향에 의해서도 발생할 수 있으므로 유의해야 한다.

○ 용융구역의 함몰

맞대기용접 시 부품의 접합구역으로 용융금속이 흘러 들어가면 용융금속의 손실 없이 용접비드에 **언더컷함몰현상**(undercut 혹은 humping)이 발생한다. 이 경우에 국부적으로 용접단면의 두께가 감소한다. 이러한 현상은 맞대기용접에서 접합부의 상부와 하부에서 발생할 수 있고, 접합용접에서는 두 부품의 사이에서 발생할 수 있다. 이러한 용접비드의 함몰현상은 항상 용접부품의 강도를 저하시킬 수 있고, 또한 응력집중구역으로 작용한다. 이러한 현상은 요망되는 레이저빔출력/부품두께 비율에 대하여 용접속도가 너무 빠른 경우에 발생한다. 흔히 철강재의 경우에는 움푹 들어간 용융구역의 중심부가 약간 융기되는 경향이 있다.

그리고 용융단면의 감소를 주는 다른 용접비드의 **드롭아웃함몰현상**(drop-out 혹은 slumping)이 있으며, 이것은 용융풀에서 오염물의 분출 등에 의하여 용융금속의 손실을 야기한다. 이 현상은 위에 기술된 언더컷함몰현상과 약간의 차이가 있다. 이러한 현상은 레이저빔출력이 너무 크거나, 주사속도가 너무 느리거나, 또는 취입가스의 유량이 과도하게 큰 경우에 발생한다. 이러한 경우에는 보통 움푹 들어간 용융구역의 중심부가 먼저의 경우와는 다르게 융기되지 않고 내려간다. 일반적으로 광의의 함몰현상은 위의 두 경우를 모두 합쳐서 기술하는 것이고, 엄밀하게 기술한 협의의 함몰현상은 두 경우를 구분하여야 한다.

○ 기포발생

용융구역에서 형성되는 기포는 여러 가지 원인에 의해서 발생하며, 특히 키홀용접에서 발생하기 쉽다. 일반적으로 기포발생은 기지금속의 휘발성성분, 금속의 오염물과 산화물, 코팅층의 증발, 취입가스의 압력과 유속, 플라즈마의 밀도, 용융금속의 유동도와 표면장력 등에 의하여 좌우된다. 가장 흔한 원인은 접합구역 또는 기지금속에 휘발성성분을 포함하고 있는 것이다. 일반적으로 표면의 산화물은 다공성이므로 수증기 또는 유기물 같은 휘발성물질을 포함하고 있다. 이들 물질이 용융금속과 접하게 되면 급속한 팽창으로 용융풀에 작은 기포들을 형성하고, 이것은 금속이 응고되기 전에 유동에 의하여 표면구역에 도달될 수 없는 경우에 기포로 남는다.

그리고 심용입용접에서 키홀은 기포의 주머니 역할을 하므로 키홀의 밑부분에 빠져 들어간 가스는 용융구역에 기포를 형성한다. 즉 키홀의 위치가 용융구역에서 빨리 이동하면 키홀 상으로 용융금속이 유동하여 덮으므로 먼저의 키홀 밑부분에 있는 가스가 그대로 남게 된다. 이 경우에 금속의 응고 전에 밑에 머무르던 가스가 표면으로 올라올 수 없게 되면, 기포로 남게 되는 것이다. 이러한 현상은 흔히 속도가 빠른 키홀용접 또는 용입깊이를 증가시키기 위해서 첨두출력을 증가시킨 펄스빔에 의한 용접에서 관찰된다. 그러므로 용접속도를 줄이거나, 또는 첨두출력을 낮추면 이러한 기포형성을 개선시킬 수 있다. 그리고 완전한 관통용접에서는 키홀이 전체 두께를 관통하므로 기포가 거의 발생하지 않는다.

레이저빔에 의한 키홀용접에서 빔의 주사속도가 감소됨에 따라 전도용접기구에서 키홀용접기구로 바뀐 후 얼마 동안은 키홀에 기포가 발생하지 않는다. 그러나 주사속도가 감소되어 어떤 범위에 도달하면 기포가 발생하며, 더욱 주사속도가 감소하면 다시 기포가 발생하지 않는다. 이러한 현상은 다음과 같이 설명할 수 있다. 즉 주사속도가 어느 정도 빠른 키홀용접에서는 플라즈마발생이 심하지 않고, 또한 키홀 내부의 증발금속온도와 압력이 높아 위로 용이하게 분출될 수 있다. 만일 주사속도가 느려 키홀 상에서 플라즈마밀도가 증가하면, 플라즈마가 인입되는 레이저빔을 흡수하여 가스의 온도가 매우 증가된다. 이러한 경우에 고온의 가스가 팽창하므로 상부의 가스압력이 키홀 내부의 가스압력에 비하여 높기 때문에 순간적으로 밑으로 압력을 가하게 된다. 그러면 키홀 하부의 가스가 상부로 분출되는 것이 억제되며, 이 경우에 키홀의 이동으로 용융금속이 유동하여 윗부분을 덮게 되면 밑에 구속된 가스가 기포로 남게 된다. 그러나 주사속도가 더욱 느린 경우에는 플라즈마가 매우 증가하여 레이저빔을 흡수 및 반사시킨다. 그러면 금속표면으로 레이저빔이 도달하지 못하게 되고 인입되는 빔을 흡수하며, 동시에 고온플라즈마의 열복사선을 넓은 구역에 방출시킨다. 이러한 경우에는 용접구역에 키홀이 형성되기보다는 용접구역 단면이 포도주잔의 윗부분과 비슷하게 둥글게 되고, 용융깊이/용융폭 비율이 적은 전도용접형태로 바뀌게 된다.

○ 균열발생

일반적으로 레이저빔에 의한 용접균열은 합금조성, 응고과정, 용접 도중의 열적인 응력과 변형률 등이 관련된 복잡한 상호작용에 의한다. 흔히 용접균열은 기지금속의 조성과 불순물 등에 의하여 발생하며, 또한 급냉에 의한 응고수축과 온도구배에 의하여 발생한다. 특히 응고균열은 급냉에 의한 편석으로 균열에 민감한 합금 또는 응고수축이 큰 알루미늄합금 등의 레이저용접에서 발생한다. 따라서 합금의 종류에 따라 차이는 있으나, 부품을 예열시키거나, 펄스빔의 반복속도를 증가시키거나, 또는 펄스빔의 중첩도를 증가시키므로 응고균열을 경감시킬 수 있다. 그리고 펄스빔에 의한 용접에서 펄스빔의 형태를 변형시키면 스테인리스강재와 알루미늄합금에서 균열발생을 크게 경감시킬 수 있다.

예를 들면 일반적인 펄스빔에 의한 알루미늄합금의 용접에서는 급속한 냉각으로 인하여 심한 응고균열이 발생한다. 그러나 빔의 출력형태를 2단 이상으로 구분하여 후반부를 전반부에 비하여 저출력으로 변조시키거나, 또는 V-2-2항에서 알루미늄합금의 용접성을 검토할 때 언급한 바와 같은 방법을 사용하면 응고균열을 방지할 수 있다. 즉 펄스빔 출력을 3단 또는 후반부에서 하강하는 **램프다운(ramp down)빔**을 사용하면 용융 후 응고 시 계속적인 열 공급으로 급속한 냉각과 이에 따른 과도한 응고수축을 경감시킬 수 있어서 응고균열이 매우 저하된다.

○ 크레이터 발생과 스패터 분출

키홀용접에서는 흔히 크레이터(crater)가 발생하며, 이로 인하여 스패터(spatter)가 분출된다. 크레이터란 화산의 분화구 모양과 같이 용융구역이 움푹 들어가는 현상으로 상당한 양의 용융금속이 증발 또는 비산되어 스패터로 분출되어 손실됨을 의미한다. 일반적으로 스패터의 분출은 레이저빔의 출력밀도가 순간적으로 너무 크거나, 주사속도가 너무 느리거나, 또는 용접부품이 산화되거나 오염된 경우에 흔히 발생한다. 그리고 취입가스의 과도한 압력과 유속 및 취입각도에 따라 스패터의 분출이 증가될 수 있다. 과도한 스패터의 발생은 용융금속의 손실과 함께 분출물의 비산을 초래하므로 필연적으로 용접부의 두께감소를 초래하고, 또한 표면구역을 거칠게 하므로 건전한 용접구조물을 얻을 수 없다. 따라서 레이저빔의 출력과 형태 및 각종 용접조건을 조절하여 이러한 결함이 발생되지 않도록 해야 한다.

(3) 용접모니터링

레이저용접 도중에 레이저빔과 용접물 사이의 상호작용에 의하여 여러 가지 물리적 현상이 발생한다. 따라서 용접 도중에 나타나는 여러 가지 신호들을 이용하여 작업과정을 조절해야 한다. 건전한 레이저용접 결과를 얻기 위해서는 용접 도중에 실시간으로 결함을 관찰 및 분석하여 필요한 조건들을 피드백하여 수정하면서 작업을 수행해야 한다. 용접도중에 각종 결함들을 확인 및 제어하기 위해서는 용접물에 큰 영향을 미치는 각종 결함들을 실시간으로 인식하는 수단을 겸비하고 있어야 하며, 결코 쉬운 작업이 아니다.

여러 가지 용접결함의 관찰과 작업조건의 제어를 위해서 특정한 용접결함의 진단으로 어떤 신호특성을 이용할 것인지가 중요하다. 그리고 이러한 신호에 반응하여 용접작업이 정상상태로 돌아가게 하기 위하여 어떤 변수들을 수정해야 하는지를 결정해야 한다. 이러한 과제들에 대하여 우선적으로 고려할 두 가지 사항이 있다. 한 가지는 센서가 신호를 수집, 분석 및 수정된 신호를 나타내는 센서의 반응속도이다. 그리고 다른 것은 시스템이 이러한 수정된 신호를 받아 조정되는 시스템의 반응시간이다. 레이저용접이 고속도로 이루어지는 경우에는 이들 센서의 반응속도와 시스템의 반응시간이 매우 신속해야 한다. 따라서 레이저용접 도중에 발생하는 물리적인 현상들과 관련된 시간상수에 대한 지식이 요구되며, 표 V-6은 이러한 시간상수를 나타내고 있다.

표 V-6 레이저용접 도중에 발생하는 물리적 현상과 시간영역

물리적 현상	시간영역(sec)
플라즈마 요동	$<10^{-5}$
광학/음향학 신호 방출	
빔의 편향	
모세관 운동	$<10^{-4}$
압력변화	
키홀의 진동	
용융계면 선단 변화	$<10^{-3}$
주위 액체의 이동과 가열	
열시간 상수	
심용입 깊이 변화	$<10^{-2}$
용접구역의 최종적인 깊이 변화	

일반적으로 센서를 이용하여 레이저용접 결함을 관찰하기 위한 신호를 측정하는 방법으로는 **육안관찰 방법**(CCD카메라), **광학적인 방법**(UV), **열적인 방법**(IR) 및 **음향방법**(acoustic signal)을 사용하며, IV-4-5항에서 간단히 기술하였다. 여러 가지 센서를 이용하여 각종 신호를 수집하는 경우에 센서의 위치에 따라 신호의 크기가 차이나기 때문에 각별한 주의가 요망된다. 또한 여러 가지 신호와 현상들 중에서 플라즈마강도와 같이 비교적 용이하게 측정할 수 있는 것도 있으나, 용융풀의 깊이와 같이 쉽게 측정할 수 없고 다른 인자들의 영향을 통해서 간접적으로 측정해야 하는 경우도 있다. 그리고 이들 센서들에서 감지되는 신호들의 변화(예; 순간적으로 국부적인 스파이크, 어떤 측정값의 느린 변화, 반복되는 신호의 요동 등)로부터 요구되는 자료를 얻는 것이다. 일반적으로 신호가 표준값에서 변화되는 것은 부품을 일직선으로 조준정열시키는 특성과 관련되는 것이다. 예를 들면 두 부품 사이에 접합상의 문제점, 레이저빔의 조준이탈 또는 초점의 점진적인 변화 등과 관련된 결함들에 의한다. IR신호의 증가는 T-용접 또는 맞대기용접에서 관통되는 상태를 나타내며, UV와 IR신호의 상호 관련된 변화는 집속빔 초점위치 또는 취입가스차장의 특성과 관련되어 있다.

키홀용접에서 기포가 발생하고 관통용접이 안 되는 경우의 신호변화는 빠른 시간 내에 일어난다. 이러한 신호는 레이저빔과 키홀 벽의 반응과 증발금속으로부터 형성된 플라즈마 등에 의해서 발생하는 것이다. 따라서 이러한 신호는 키홀 내에서 용융금속의 유동과 증발금속의 분출 등을 반영한다. 또한 여러 가지 연속된 반응에 따라 다른 신호들이 나타나므로 시간에 따른 UV, IR 및 음향학적 신호들을 서로 연관시켜 고려해야 한다.

레이저용접에서 여러 가지 과정에 해당하는 신호변화의 대체적인 시간은 위의 표 V-6에서 보여주는 것과 같다. 맞대기용접의 간격을 측정하는 방법으로 레이저빔을 키홀 내로 조사시키고 분할거울을 이용하여 키홀 밑에서 나오는 빔을 센서가 감지하여 측정하고 이것을 비교하여 얻을 수 있다. 용입깊이와 키홀의 상태를 측정하는 방법들은 대체로 플라즈마와 관련되므로 UV 및 NIR(근적외선; near-IR)신호를 이용한다. 용융풀과 표면상태의 측정은 CCD관찰 및 IR신호를 이용한다. 그리고 여러 가지 측정할 항목에 따라 간단한 육안측정으로부터 신경망회로 이용까지 다양한 방법들이 사용되고 있다. 그러나 이들 방법들은 표준화되어 있는 것이 아니고 작업재료와 작업조건에 따라 각각 다르기 때문에 요구되는 작업조건에 가장 합당한 방법을 선택해야 한다.

V-3 재료의 절단

레이저빔에 의한 금속재료의 절단은 원칙적으로 금속의 증발기구가 중요하므로 용접의 경우보다 더욱 큰 출력밀도가 요망된다. 레이저빔에 의한 재료절단은 매우 단단하거나 또는 전연성이 커서 기계적인 방법으로 힘든 경우에도 용이하게 수행된다. 그리고 레이저빔은 작은 점크기로 집속시킬 수 있어서 절단폭이 적기 때문에 재료손실이 적으며, 매우 복잡한 형상의 절단도 수행할 수 있다. 또한 레이저절단은 진동, 소음, 먼지 등을 발생시키지 않고 화염과 발연이 적으며, 여러 가지 고가인 절단공구들의 비축이 필요 없다. 그리고 재료절단속도가 대단히 빠르고 절단공정을 전기적으로 조절하는 것이 용이하기 때문에 작업에 융통성이 있고 대량생산에 유리하다.

정밀절단에서 금속기지상에 코팅된 고분자 또는 유전체 박막절단의 경우에 CO_2레이저를 사용하면 하부재료의 손상 없이 수행할 수 있다. 취성재료의 스크라이빙 절단에서는 UV레이저를 이용한 열적인 어블레이션으로 수십μm 정도의 흡수깊이를 가져야 한다. 그리고 투명한 유리의 경우에는 fsec/psec의 극초단펄스빔을 이용한 필라멘테이션 형성으로 열 영향 없이 정밀한 절단이 가능하다. 이러한 방법들에 대해서는 IV-5절에서 이미 기술했으며, V-3-5항에서 다시 자세히 검토하겠다.

V-3-1 금속의 절단기구와 매개변수

금속재료를 절단하는 방법으로는 열에 의한 방법, 응력에 의한 방법, 전기적인 방법 등이 있으며, 그 장단점을 간단히 살펴보면 표 V-7과 같다. 일반적으로 열적인 방법에서 많이 사용하는 방법에는 산소-아세틸렌가스에 의한 방법, 플라즈마아크에 의한 방법, 레이저빔에 의한 방법이 있다. 이 중에서 아세틸렌가스절단방법과 플라즈마절단방법은 절단폭이 크고 절단속도가 느리다. 반면에 레이저빔에 의한 절단방법에서는 빔을 집속시킬 수 있어 절단폭을 매우 좁게 할 수 있고, 또한 출력밀도를 크게 할 수 있어서 절단속도가 매우 빠르다. 따라서 절단속도와 사용에너지를 고려할 때 두께가 매우 큰 경우에는 산소-아세틸렌가스 또는 플라즈마아크에 의한 절단방법이 바람직하다. 만일 금속재료의 두께가 어느 정도 이하에서 플라즈마아크 절단방법을 사용하는 경우에는 인입되는 열에너지가 금속재료를 변형시키므로 사용하기 힘들다. 반면에 레이저빔에 의한 절단방법에서는 열 영향구역이 매우 제한되기 때문에 두께가 수십mm 이하로 적은 재료에서는 가장 바람직하다.

레이저빔에 의한 금속재료절단에서 양호한 절단결과를 얻기 위해서는 그림 V-40에서 볼 때 다음과 같은 사항들이 만족되어야 한다.

- 레이저빔의 입구부분과 출구부분의 절단면이 표면과 직각을 이룰 것.
- 절단폭의 간격이 적고 일정할 것.
- 열 영향구역이 적을 것.
- 양측의 절단면이 평행할 것.
- 절단면과 밑면에 용융응고물이 부착되지 말 것.
- 절단면이 거칠지 않고 굴곡이 없이 평평할 것.

이러한 조건들은 레이저빔의 특성, 절단시킬 재료의 열적인 성질, 취입가스 및 작업방법 등에 의하여 영향을 받으며, 각 사항들에 대해서는 다시 검토하겠다. 레이저빔에 의한 재료의 절단기구는 금속재료와

표 V-7 각종 절단방법의 종류와 장단점 비교

방법	재료두께 (실제 두께) mm	장점	단점
산소아세틸렌 절단(OFC)	1220	• 수동으로 가능함 • 사용이 용이함 • 비용이 적음	• 정확도가 제한됨 • 절단폭이 큼 • 열영향구역이 큼 • 열적 뒤틀림이 큼 • 연기가 발생함 • 금속의 절단만 가능함 • 절단속도가 느림
플라즈마아크 절단(PAC)	50	• 수동적으로 가능함 • 투자비용이 적음	• 정확도가 제한됨 • 절단폭이 큼 • 열영향 구역이 큼 • 열적 뒤틀림이 큼 • 자외선을 방출함 • 먼지와 연기를 발생함 • 소음이 발생함 • 금속의 절단만 가능함 • 소모품 비용이 큼
레이저절단	20 (수십)	• 정확한 절단이 가능함 • 절단속도가 빠름 • 융통성이 큼	• 절단재료의 제한을 받음 • 절단 두께의 제한을 받음 • 매연이 발생함 • 투자비용이 큼
워터제트	비금속재료 150 금속재료 25	• 절단재료의 제한을 받지 않음 • 중첩된 재료의 절단이 가능함 • 열영향구역이 없음 • 재용융이 없음 • 드로스가 없음 • 매연이 없음	• 금속오염된 절단연마제의 처리문제 • 절단폭이 큼 • 소음이 발생됨 • 공구의 마모가 있음 • 절단작업비용이 큼
펀칭 (니블링)	13	• 절단이 정확함 • 신뢰성이 큼 • 대량생산시 비용이 매우 적음	• 절단구역 가장자리의 뒤틀림 • 고정된 공구와 다이가 요구됨 • 장치의 설치 시간이 요구됨 • 소음이 발생함 • 니블의 원호 형성 • 금속에만 사용됨
브랭킹 (스탬핑)	3	• 생산속도가 빠름 • 생산비용이 적음	• 장비의 교환 비용이 크고 시간이 걸림 • 재료의 낭비가 큼 • 금속에만 사용됨
와이어방전 가공(EDM)	100	• 가장 정확한 가공임 • 절단면의 품질이 양호함 • 비접촉 절단임	• 전극의 마모 발생함 • 와이어 비용이 큼 • 절단속도가 느림 • 금속에만 사용됨

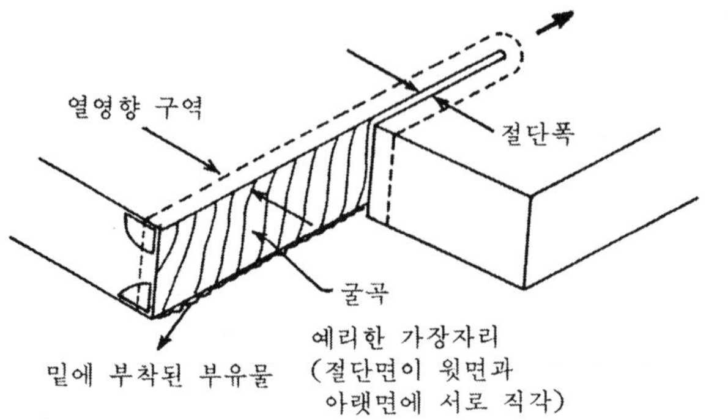

그림 V-40 절단면의 품질을 나타내는 여러 가지 항목

비금속재료에 대하여 원칙적으로 동일하므로 주로 금속재료의 절단에 대하여 기술하겠다. 그러나 세라믹 재료와 고분자재료 같은 비금속재료는 금속재료와 여러 가지 면에서 큰 차이가 있으므로 나중에 취성재료의 절단에 대하여 다시 고려하여 보겠다.

레이저빔에 의한 금속재료의 절단에 기여하는 절단기구로는 그림 V-41과 같이 기본적으로 금속의 증발기구와 취입가스에 의한 용융금속의 분출기구가 있다. 그리고 어떤 금속의 경우에는 산소와 같은 활성화가스에 의한 산화기구가 절단에 크게 기여할 수 있으므로 추가적인 기구로 간주할 수 있다. 일반적으로 절단시키려는 금속의 특성과 용도에 따라 이들 세 가지 중요한 기구들 중에서 한 가지 또는 두 가지 이상이 동시에 기여하게 된다.

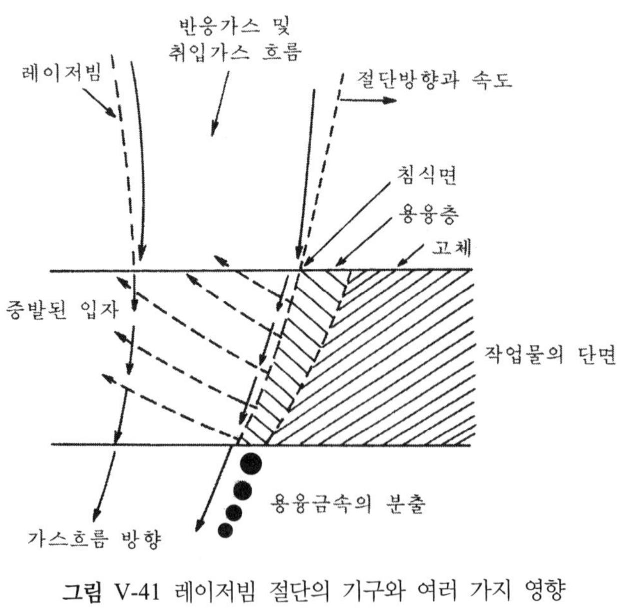

그림 V-41 레이저빔 절단의 기구와 여러 가지 영향

(1) 금속의 절단기구

레이저빔에 의한 금속재료의 절단기구인 금속의 증발, 용융금속의 분출, 금속의 산화에 대해서 간단히 검토하여 보겠다.

○ 금속의 증발

금속의 증발에 의한 절단기구는 절단시킬 금속을 비등점 이상으로 가열시켜 증발시켜 제거하는 방법이다. 금속의 증발에 필요한 레이저빔에너지는 용융에 요구되는 에너지보다 매우 크다. 따라서 두꺼운 금속을 증발에 의한 기구로 절단시키는 경우에는 대부분의 에너지가 증발잠열에 소요되므로 절단속도가 느리다. 그리고 이러한 경우에는 증발된 금속이 인입되는 레이저빔을 흡수해서 이온화하여 플라즈마를 형성시킬 가능성이 크고 빔을 차장시키기 때문에 효율적이지 못하다. 따라서 금속의 증발에 의한 절단은 고출력의 짧은 펄스빔을 사용함으로써 레이저빔에너지가 상대적으로 증발보다는 용융에 기여가 최소화되는 경우에 가능하다. 이러한 방법을 금속절단에 사용하는 경우에는 다른 절단기구에 비하여 속도는 느리나, 얇은 부품의 정확하고 복잡한 형상을 절단함에 적당하다. 특히 증발기구로 절단시키는 재료는 금속보다 세라믹/유리재료, 아크릴, 열경화성플라스틱, 고무, 목재, 종이 등에 흔히 사용된다. 이 경우에 가공부품상에 용융분출물의 비산과 축적을 피하고, 또한 절단구역 내에 이들이 응축되는 것을 방지하기 위하여 보조가스를 취입한다.

○ 용융금속 분출

용융금속의 분출기구는 금속을 용융시킨 후 용융된 금속을 고속의 취입가스로 분출시켜 제거하는 기구이다. 이 방법은 금속을 용융점 이상으로 가열시킴과 동시에 레이저빔과 동축방향으로 Ar 같은 불활성가스 또는 질소 같은 중성가스를 고속으로 불어줌으로써 이루어진다. 이 경우에 취입가스압력은 수~20기압 정도로서 분출가스가 절단시킬 구역으로부터 용융금속을 불어내어 절단을 수행하는 것이다. 그림 V-42는 금속재료절단에 사용되는 전형적인 동축의 절단노즐로서 레이저빔과 고속취입가스가 많은 용융금속을 분출시켜 제거한다.

이 방법은 증발기구에 비하여 큰 에너지를 필요로 하지 않고, 또한 많은 양의 용융금속을 제거시킬 수 있기 때문에 모든 금속절단에 사용할 수 있다. 따라서 탄소강, 알루미늄, 티타늄합금은 물론 스테인리스강과 고온내열초합금 등 쉽게 산화되지 않는 금속의 절단에 사용된다. 그리고 많은 열가소성플라스틱과 일부 세라믹재료의 절단에도 유효하다. 이러한 절단방법에서 취입시키는 불활성가스는 용융금속의 분출과 동시에 가열구역을 외부 공기로부터 차단시키는 역할을 수행하기 때문에 절단면에 산화물이 형성되지 않도록 한다. 그러나 스테인리스강 같이 용융금속의 점도와 표면장력이 큰 금속에서 가스속도가 크지 않고 유량이 많지 않은 경우에 절단부(kerf) 하부에 드로스가 부착되는 경향이 있다. 따라서 기술적인 문제점으로 절단폭의 밑부분에 드로스가 부착되는 것을 방지하는 방법을 모색하는 것과 드로스를 어떻게 효과적으로 제거할 수 있는지가 중요하다.

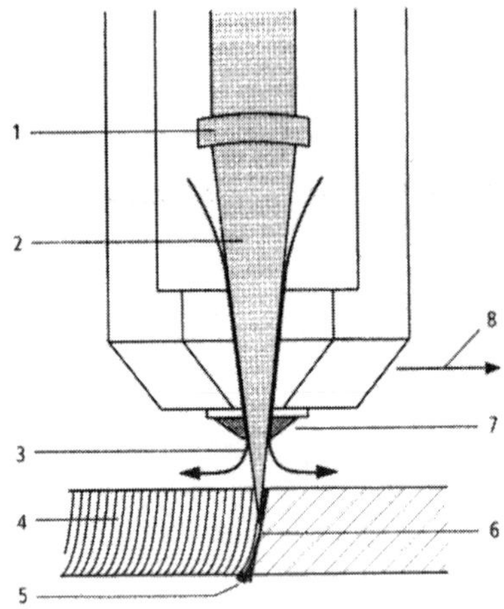

그림 V-42 전형적인 동축절단노즐(Trumpf)

○ 금속의 산화

금속의 산화기구는 취입가스로 산소를 불어주는 것으로서 레이저빔 산소가스절단이라고도 한다. 산소에 의한 금속의 산화작용으로 인한 발열반응이 금속의 절단에 요구되는 용융 및 증발에 필요로 하는 에너지의 일부를 공급하는 방법이다. 이 방법은 탄소강과 티타늄합금 같이 산화가 용이하고 산화열이 많은 금속에 적당하며, 어떤 재료에서는 레이저빔에 의한 에너지보다 산화열에 의한 기여가 더욱 큰 경우도 있다. 그리고 산소가스가 용융금속을 분출시키는 역할을 겸하고 있어서 불활성가스를 취입시켜 절단시키는 경우보다 약 50% 정도 절단속도를 증가시킬 수 있다고 보고되었다.

이러한 방법은 두꺼운 금속의 절단도 가능하며, 또한 고속절단에서는 산화물로 영향 받는 구역이 적고, 열 영향구역도 적어 열처리시킨 철강재의 절단에 적당하다. 그러나 산소취입에 의한 절단에서는 절단속도에 하한선이 있으며, 이 속도 이하에서는 금속을 지나치게 산화시킨다. 만일 절단면이 산화되어 산화층이 형성되면 인입되는 레이저빔의 흡수도를 증가시키는 장점도 있다. 또한 저탄소강에서는 산화물이 용융구역의 점성과 표면장력을 저하시키므로 용융금속의 분출을 용이하게 하는 장점도 있다. 그러나 이 방법의 문제점은 절단면이 상대적으로 거칠고, 또한 얇은 산화층이 형성되는 것이다.

(2) 절단 매개변수

금속의 절단에 영향을 미치는 매개변수는 여러 가지가 있다. 이들을 크게 나누면 그림 IV-59에 나타낸 것과 같이 재료와 관련된 변수, 레이저빔과 관련된 변수, 가공조건과 관련된 변수의 세 가지로 분류할 수 있다. 이제 이들 변수들에 대하여 간단히 검토하여 보겠다.

○ 재료 변수

레이저빔에 의한 재료절단에서 재료의 열적성질과 종류에 따라 절단거동은 크게 차이가 있다. 그러나 어떤 특정한 재료에 대한 경우에는 그 재료의 가공조건에 따라 차이가 있으며, 그중에서 중요한 변수로는 재료두께와 표면상태가 있다. 재료두께는 레이저빔에 의한 절단거동에 영향을 미치는 가장 중요한 변수이다. 만일 다른 변수들이 일정하다고 가정하면, 절단속도(v)와 두께(t)의 관계는 대체로 $v \cong k/t$와 같은 관계식을 나타낸다. 여기서 k는 비례상수이며, 이러한 곡선관계식은 두께가 크거나 작은 양측에서는 크게 차이가 있다.

알루미늄과 구리 같이 반사도가 큰 재료에서는 표면상태가 레이저빔흡수에 큰 영향을 미친다. 표면이 산화물로 코팅되거나 또는 요철이 심한 경우에는 레이저빔 흡수도가 증가된다. 그러나 표면상태가 매우 평평하여 반짝이는 표면인 경우에는 레이저빔 흡수도가 적으므로 표면상태의 변화로 일관된 절단거동을 주지 못할 수도 있다. 탄소강에서는 표면이 깨끗하면 양호한 절단면을 주나, 반면에 표면이 녹슬거나 스케일이 있는 경우에는 이러한 산화물이 산화절단에 지장을 초래하므로 절단면의 상태가 불량하게 된다. 한 가지 예로 열간압연된 철판을 레이저빔으로 절단시키는 것이 냉간압연된 철판을 절단시키는 것보다 쉽지 않은 것은 일반적으로 열간압연된 철판의 표면이 더욱 불량하기 때문이다.

○ 레이저빔 변수

레이저빔과 관련된 변수들은 매우 복잡하며, 재료절단에서 중요한 변수들은 레이저빔의 출력밀도, 모드형태, 발산정도, 펄스점유주기, 이송거리 등이다. 지속파 빔을 방출하는 대부분의 레이저는 보통 빔의 최대출력으로 특성을 기술한다. 펄스빔을 방출하는 레이저에서 높은 첨두출력을 얻으려고 하는 경우에는 일반적으로 평균출력이 저하된다. 펄스모드로 작동하는 Nd:YAG레이저는 특정한 펄스 조건하에서 평균적인 정격출력을 줄 수 있다. 두꺼운 철강재 같은 재료는 보통 큰 출력의 지속파 빔이 요구되고, 반면에 알루미나 같은 세라믹재료는 짧고 큰 첨두출력 펄스빔을 사용해야 한다. 일반적으로 빔출력이 증가함에 따라 재료의 절단속도는 증가된다.

그리고 복잡한 모양의 형태로 절단이 요구되는 경우에 흔히 고속레이저절단에서 직선구역과 곡선구역 등 절단시킬 재료의 모든 부분에서 항상 일정한 속도를 유지하지 못하는 경우도 있다. 따라서 복잡한 모양으로 재료를 절단시켜야 하는 경우에는 컴퓨터제어에 의하여 가공부품 이송속도 또는 레이저빔 출력을 조절하는 기능이 있는 레이저가공기가 바람직하다.

레이저절단에서 가장 이상적인 빔모드는 TEM_{00}모드이다. 이러한 가우시안모드인 경우에는 집속된 빔의 점크기가 가장 작고, 또한 긴 초점깊이를 얻을 수 있다. 그리고 빔의 안정성이 절단면의 품질에 중요하며, 특히 절단면의 거칠기가 $1\mu m$ R_a 이하를 요구하는 경우에는 안정된 TEM_{00}모드 빔을 사용해야 한다. 재료의 두께가 빔의 초점깊이보다 큰 경우에는 빔의 집속특성이 절단면의 품질에 미치는 영향을 고려해야 한다.

지속파 빔을 사용하는 경우에 절단속도가 빠르지만, 많은 경우에 펄스빔을 사용하는 것이 필요하다.

CO_2레이저로 철강판재를 복잡한 모양으로 절단시키는 경우에는 부품이송기구가 양호한 절단품질을 주도록 일정한 선형속도를 유지할 수 없는 경우가 있다. 이러한 경우에 부품이송속도와 함께 지속파 빔의 출력을 낮추면 바람직하나, 이송속도가 너무 낮으면(예; 0.5m/min 이하) 부품모재를 가열시키므로 효과적이지 못하다. 이러한 경우에 한 가지 해결방법은 지속파 빔을 펄스빔으로 변환시켜 재료표면에 조사되는 시간을 줄이는 방법이다. 일반적인 방법은 펄스의 반복속도를 500Hz로 하고 점유주기를 조절하여 약 25%시간을 조사시키는 것이다. 그러나 실제적인 반복속도는 레이저에서 펄스기간과 출력이 일정하고 균일한 펄스빔을 얻을 수 있는가에 따라 다르다. 이러한 펄스빔을 얻기 위해서는 전자적으로 조절하거나 또는 지속파 빔에 기계적인 초퍼를 부착시키는 방법이 있다.

레이저절단에 사용되는 다른 펄스 형태는 그림 IV-14와 같이 펄스를 몇 개의 구간으로 나누어 각 구간의 출력과 기간을 조정시킨 **강화펄스**이다. 일반적으로 Nd:YAG레이저는 반복속도를 10~200Hz 정도로 하고, CO_2레이저는 100~5kHz 정도이다. 세라믹재료 스크라이빙과 내화물재료 절단과 같은 공정에서는 이러한 강화펄스를 사용한다. 첨두출력이 크고 짧은 펄스는 모재내부로 열전달이 일어나기 전에 표면을 증발시키므로 용융과 재응고된 재료의 양을 극소화한다. 이러한 강화펄스는 금속기지의 복합재료절단에서 양호한 결과를 나타낸다.

고출력레이저는 빔의 발산이 크기 때문에 광파이버를 사용하지 않는 경우에는 가공구역이 레이저빔의 출구로부터 멀리 떨어져 있지 않아야 한다. Nd:YAG레이저의 경우에는 빔 출구에서 2m 이내에 집속렌즈와 가공부품을 위치시켜야 한다. CO_2레이저의 경우에는 빔 출구에서 10m 이내에 집속렌즈와 가공부품을 위치시켜야 한다.

○ 가공조건 변수

가공조건과 관련된 중요한 변수로는 집속렌즈, 취입가스, 가스노즐, 부품이송속도 등이 있다. 집속렌즈는 레이저빔의 점크기와 초점깊이를 결정한다. TEM_{00}모드 CO_2레이저빔의 빔직경이 15mm인 경우에 초점거리가 127mm(5인치)인 렌즈로 집속시키면 점크기의 직경이 약 0.15mm이고, 초점깊이는 약 1mm 정도가 된다. 이러한 경우에 두께 0.2~10mm의 금속에서 양호한 결과를 나타내므로 일반적인 레이저가공기는 초점거리가 127mm인 렌즈를 광범위하게 사용한다. 박판금속판재의 경우에는 집속빔의 점크기가 작은 것이 바람직하므로 흔히 초점거리가 63.5mm(2.5인치)인 렌즈를 사용한다. 이러한 경우에 절단속도를 증가시킬 수 있고, 매끈한 절단면을 얻을 수 있고, 또한 좁은 절단폭을 얻을 수 있다. 반면에 이러한 렌즈의 경우에는 초점깊이가 짧아지므로 절단두께의 상한선은 3mm 혹은 그 이하이다. 그러므로 두께가 큰 금속 혹은 고분자재료의 절단에서는 초점깊이를 길게 하여 절단면의 직선성을 유지하도록 초점길이가 190mm 혹은 254mm인 렌즈를 사용한다.

일반적으로 고출력 Nd:YAG레이저빔은 발산각이 크므로 흔히 집속빔의 직경이 크다. 광파이버를 사용하는 경우에는 집속헤드를 통하여 나온 집속빔의 점크기가 가공에 직접적인 영향을 미친다. 이 경우에 집속빔의 점크기는 광파이버직경과 집속헤드의 배율에 의해서 결정되며, 보통 0.4~1mm 범위이다. 그리고 광파이버기구를 통과한 집속빔의 초점깊이는 매우 짧다.

대부분의 레이저절단에서 보조가스를 사용하며, 가스의 종류와 압력이 중요한 변수로서 절단결과에 큰 영향을 미친다. 일반적으로 사용하는 가스는 산소 같이 산화열을 이용하는 반응가스와 Ar 같은 불활성가스로 구분된다. 탄소강은 산소를 사용하여 양호한 표면과 가공속도를 얻는다. 티타늄합금은 산소를 사용 시 많은 산화열을 얻을 수 있으나 격렬히 반응한다. 그리고 아크릴수지는 산소를 사용 시 매우 큰 절단속도를 얻을 수 있다. 공기는 알루미늄의 절단 시 활성가스의 역할을 하지만, 알루미나 같은 세라믹재료의 절단 시에는 불활성가스로 작용한다. 따라서 가스조성이 문제가 되지 않는 비금속재료절단에서는 일반적으로 공기를 취입가스로 사용한다. 질소는 비용이 저렴한 비활성의 중성가스로서 알루미늄합금, 스테인리스강, 니켈기지합금의 절단에 양호한 결과를 준다. 그러나 티타늄합금의 절단에서는 질소가 불활성이 아니기 때문에 사용할 수 없고, Ar 혹은 He을 사용해야 한다.

그림 V-41, 42를 보면 이해할 수 있듯이 **가스압력**은 절단구역으로부터 용융금속제거에 매우 중요하며, 가스압력이 증가됨에 따라 용융금속을 분출시키는 효과가 증가된다. 그러나 몇 가지 이유로 가스압력을 증가시키는 것에는 한계가 있다. 즉 탄소강의 산소가스절단에서는 산소가스압력이 너무 크면 탄소강의 격렬한 산화 혹은 연소를 조절하기 힘들다. 따라서 두꺼운 탄소강판재의 절단에서는 절단헤드에서 가스압력을 일반적으로 50~100KPa 정도로 한다. 두꺼운 고분자재료의 절단에서는 산소가스압력이 크면 절단구역에서 과도한 온도증가로 격렬한 분해작용을 준다. 그리고 다른 취입가스의 경우에는 분해되거나 용융된 재료를 많이 방사하여 절단구역의 중간부에서 절단폭을 증가시킨다.

대부분의 집속렌즈는 고압가스에 노출되어 있으며, 가스압력이 매우 높으면 집속렌즈가 약간 움직일 수 있다. 일반적으로 CO_2레이저에서 가장 많이 사용되는 28mm(ϕ)×2.5mm(t)의 ZnSe렌즈는 500KPa 정도까지 사용되며, 가스압력이 증가되면 더욱 두꺼운 렌즈를 사용해야 한다. 가스압력이 1MPa 정도가 되는 경우에는 렌즈두께가 4mm 정도는 되어야 안전하다. 그리고 가스압력이 증가되면 가스소모량이 많아지고, 가스누출 가능성이 증가되고, 또한 각종 계기의 유지관리와 보수에 비용이 증가된다.

가스노즐은 레이저절단장치에서 매우 중요한 역할을 하며, 집속된 레이저빔이 노즐측면에 걸리지 않고 노즐구경을 통과하도록 해야 한다. 만일 **노즐선단**이 손상되면 절단품질에 지대한 영향을 미치며, 특히 노즐구경의 비대칭은 절단방향이 바뀌는 경우에 절단성능에 큰 변화를 야기한다. 따라서 금속재료의 절단에서 손상되거나 불량한 노즐을 사용하는 경우에는 양호한 결과를 얻을 수 없다. 노즐선단과 가공부품 사이의 거리는 절단구역의 가스압력에 큰 영향을 미친다. 그러나 대부분의 레이저절단은 초음속 하에서 수행하며, 이 경우에 발생하는 충격파는 복잡한 압력분포를 나타내므로 가스압력분포를 간단히 나타내는 것은 힘들다. 실제로 노즐선단을 가공부품에 매우 근접시키면 부품에 가해지는 가스압력이 오히려 저하된다는 보고가 있다. 따라서 노즐선단의 위치를 결정하고 거리조절을 정확히 하는 것이 매우 중요하다.

○ 가공속도 조절

레이저절단에서 가공속도는 레이저빔주사속도 또는 부품이송속도와 같다. 어떤 두께의 재료를 절단 시 레이저빔출력이 일정하면 양호한 절단결과를 주는 가공속도범위가 있다. 만일 가공속도가 그 범위의 상한선 이상이 되면 완전한 관통절단이 되지 못하거나, 또는 과도한 슬래그를 줄 수 있다. 반면에 가공속도가 그 범위의 하한선 이하가 되면 가공과정에서 발생하는 열이 가공부품의 모서리부분을 손상시킨다.

레이저빔출력이 일정한 경우에는 대부분의 재료에 대하여 절단속도는 두께에 반비례한다. 그러나 재료의 두께에 상한치가 있어서 그 이상의 두께인 경우에는 어떠한 속도에서도 절단이 안 되며, 또한 빠른 속도에서는 동력학적인 효과에 의하여 가공효율이 저하된다. 직선적인 절단에서는 매우 양호한 절단결과를 얻을 수 있으나, 복잡한 형상의 절단에서는 절단속도가 빠른 경우에는 양호한 결과를 얻는 것이 간단하지 않다. 예를 들면 두께 1.5mm인 냉간압연철판을 CO_2 레이저빔으로 절단 시에는 500W의 지속파 빔을 사용하여 절단속도를 4m/min 정도로 한다.

만일 가공부품의 모양이 복잡한 경우에는 대부분의 가공시스템은 모든 절단위치에 대하여 일정한 속도로 따라가는 것이 용이하지 않다. 즉 각도가 급격히 바뀌는 구석위치에서는 부품이송테이블의 한 축은 순간적으로 감속되고, 반면에 다른 축은 순간적으로 빠른 절단속도로 가속되어야 한다. 이러한 경우에는 부품이송테이블의 무게가 크므로 관성에 의하여 순간적으로 속도를 0으로 감속시키기 힘들며, 또한 순간적으로 빠른 속도로 가속시키는 것도 힘들다. 그러한 경우에는 구석부분에서 가공속도를 줄여야 하며, 만일 가공속도를 줄이면 과도한 입열양 때문에 산화정도가 증가되어 그 부분을 손상시킬 수 있다. 따라서 가공시스템은 이러한 조건들에 대처하는 방법을 강구할 수 있어야 한다. 한 가지 방법은 가공속도의 함수로 레이저빔출력을 변조시키는 방법으로 레이저가 출력변환에 신속히 반응할 수 있어야 한다. 다른 방법은 지속파 빔을 사용하는 대신에 펄스빔을 사용하면서 절단속도를 줄이는 방법으로 이 경우에는 가공속도가 저하된다. 또 다른 방법으로는 직선구역에서 속도가 빠른 경우에는 지속파빔을 사용하고, 구석부분 혹은 작은 반경의 구역에서 속도를 줄이는 경우에는 펄스빔으로 변환시켜 사용하는 방법이다. 이러한 경우에는 레이저에서 지속파빔과 펄스빔이 순간적으로 변환될 수 있도록 하는 시스템이 구비되어야 한다.

V-3-2 절단속도와 절단면의 굴곡형상

레이저빔에 의한 금속의 절단에서 절단면의 품질향상은 물론 절단속도와 절단두께를 증가시키는 것이 매우 중요하다. 이러한 절단속도와 절단두께의 증가는 레이저빔을 효과적으로 흡수하여 적절하게 이용하는 경우에 가능하다. 효과적인 레이저빔흡수는 금속재료의 종류와 표면상태, 레이저빔의 모드형태, 발산정도, 편광정도, 절단 시 순간적인 절단면의 경사도와 재료두께 등 여러 가지 요인에 의존한다. 금속의 절단 시 전도 및 복사에 의한 열손실을 무시하면 정성적으로 고려될 수 있는 열평형 관계식은 다음과 같다.

$$AP = Bvwt\rho\left\{\overline{C_p}(T_m - T_{상온}) + L_m + fL_v\right\} \quad (V\text{-}13(a))$$

A : 금속의 레이저빔 흡수율(%) w : 절단폭

P : 입사되는 레이저빔 출력 t : 부품의 두께

B : 비례상수 ρ : 금속의 밀도

v : 절단속도 f : 용융금속에서 증발되는 분율

위의 식을 다시 정리하면 다음 식과 같다.

$$\frac{P}{vt} = \frac{Bw\rho}{A}\ \{\overline{C_p}(T_m - T_{상온}) + L_m + fL_v\} \quad (V\text{-}13(b))$$

절단속도가 최대인 경우에 절단폭이 일정하다고 가정하면, 우측의 모든 항들은 거의 일정하다고 가정할 수 있다. 따라서 위의 식을 다시 쓰면 다음 식과 같다.

$$\frac{P}{vt} = 일정 \quad (V\text{-}13(c))$$

위의 관계로부터 금속의 절단에서 기본적인 공정변수들의 관계를 살펴보면 부품의 두께가 일정한 경우에 레이저빔출력과 절단속도는 비례하는 관계가 있다. 그리고 빔출력이 일정한 경우에는 절단속도와 절단시킬 부품의 두께는 반비례관계가 있다.

위의 (V-13)식에서 보면 레이저빔에 의한 금속의 절단 시 절단속도와 절단두께 사이의 관계를 정의하는 중요한 변수들은 레이저빔출력과 절단시킬 재료의 열적 성질이다. 그러나 이러한 기본적인 변수들 이외에 고려해야 할 변수들로 집속광학계, 금속표면에서 레이저빔 반사율, 취입가스를 위한 노즐구조와 가스압력 등 여러 가지 사항들이 있다.

그림 V-43은 일정한 CO_2 레이저빔출력하에서 취입가스로 산소를 이용하여 저탄소강과 스테인리스강을 절단 시 빔출력에 따른 절단속도와 절단두께를 나타내고 있다. 이 그림에서 보면 재료두께가 증가함에 따라 절단속도가 감소한다. 그리고 주어진 출력에 대하여 최대 절단두께가 있으며, 그 두께 이상에서는 절단이 원만하지 못하다. 또한 절단공정이 너무 느리면 재료의 과도한 산화와 연소가 발생한다. 그리고 두꺼운 재료의 절단에 대해서는 절단노즐직경이 커야 한다. 절단노즐직경이 증가함에 따라 스테인리스강에서는 산소압력을 증가시키나, 저탄소강에서는 산소압력을 낮추어야 한다. 그 이유는 저탄소강의 경우에 절단구역에 적당한 산소유량을 유지하므로 과도한 산화와 연소를 피하기 위한 것이다. 그림 V-43에 보면 노즐직경에 따른 산소압력을 나타내고 있다.

(1) 초점위치에 따른 절단폭과 절단두께

레이저빔에 의한 재료의 절단에서는 좁은 절단폭, 매끈한 절단면, 직각인 모서리, 정확한 절단크기를 얻어야 한다. Nd:YAG레이저, CO_2 레이저, 디스크레이저, 파이버레이저에 의한 재료의 절단에서는 두께

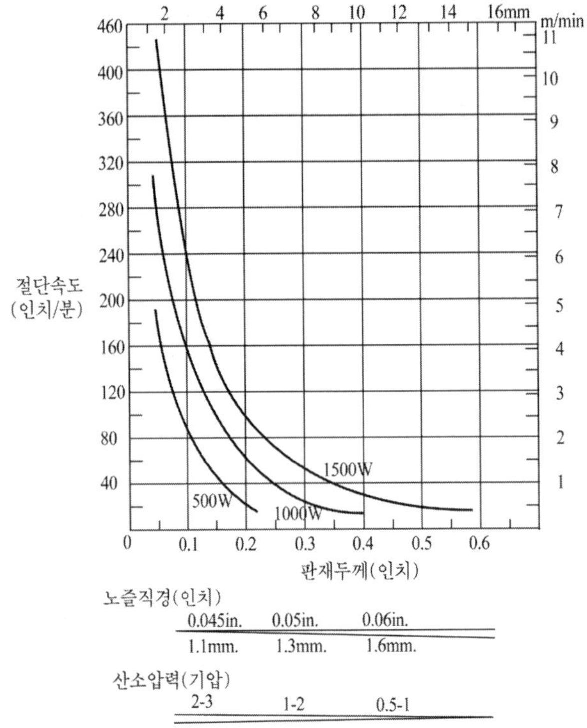

(a) 저탄소강

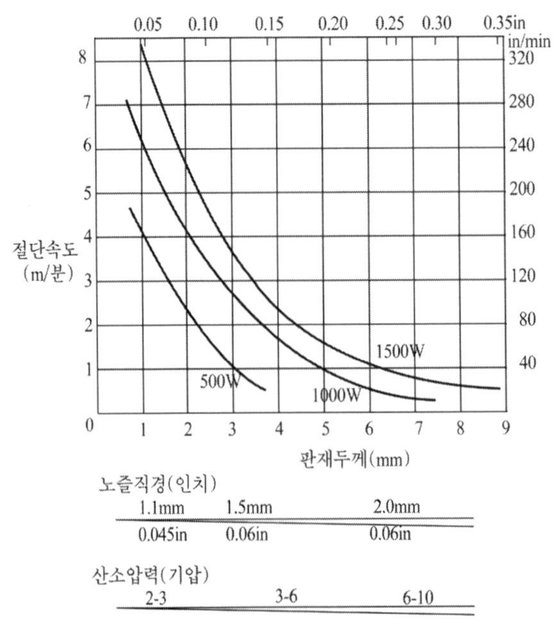

(b) 스테인리스강

그림 V-43 CO_2레이저빔에 의한 금속의 절단 시 빔출력에 따른 절단속도와 판재 두께의 관계 밑에 표시된 것은 노즐직경에 따른 산소압력임

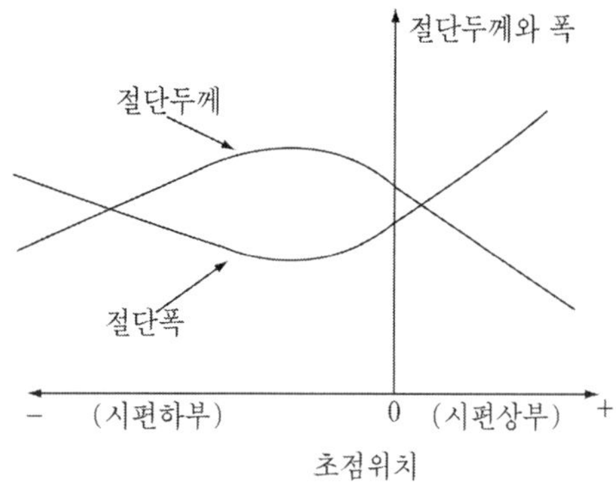

그림 V-44 집속렌즈의 초점위치에 따른 절단폭과 절단두께의 정성적인 관계

에 따라 절단폭을 0.1～1mm 정도로 얻을 수 있다. 절단폭이 적으면 제거되어 나가는 절단재료를 줄일 수 있으며, 이러한 경우에는 입열양을 줄이고 절단수치의 정확도를 증가시킬 수 있다. 짧은 초점거리의 렌즈는 집속된 점크기를 작게 하므로 좁은 절단폭을 얻을 수 있다. 그러나 재료두께가 증가되면 절단구역이 경사지게 되어 내부중심의 절단폭은 좁으나 상부의 절단폭은 증가되는 경향이 있다. 따라서 평행한 절단면을 얻기 힘들고, 또한 용융금속의 분출이 힘들게 된다. 그러므로 두꺼운 재료절단에서는 초점거리가 긴 집속렌즈를 사용해야 한다.

일정한 두께의 금속을 절단 시 (V-13)식에서 레이저빔출력과 재료의 상수들이 일정한 경우에 절단폭과 절단속도 사이에는 반비례관계가 성립된다. 그러나 산소취입에 의한 철강재의 절단에서 절단속도에 따른 절단폭은 부품의 절단위치에 따라 차이가 있다. 즉 절단구역의 중심부에서는 절단속도와 절단폭 사이에 거의 반비례관계가 성립되나, 어떤 절단속도 범위에서는 절단구역 전체적으로 표면구역의 절단폭과 거의 같거나 또는 크게 변하지 않는 경향이 있다. 이러한 절단속도 범위에서는 절단면상에 형성되는 미세한 **굴곡형상**(striation pattern)이 거의 평행한 상태를 나타내고 있다. 그러나 절단속도가 증가되면 이동하는 레이저빔속도가 너무 빠르기 때문에 절단면에 형성되는 굴곡형상이 경사지게 된다.

동일한 레이저빔출력에 대하여 두꺼운 재료에서 집속빔의 초점위치에 따라 절단폭과 절단두께는 변화되며, 그 정성적인 관계를 그림 V-44에 나타내고 있다. 이 그림에서 보면 집속된 빔의 초점위치를 표면에서 약간 아래쪽에 위치시키는 것이 절단폭을 가장 적게 하고, 또한 절단두께를 크게 하므로 바람직하다. 그리고 동일한 금속에 대해서도 표면의 요철상태, 코팅정도 또는 산화층 등의 외부적인 요인에 의하여 레이저빔 흡수율에 차이가 있다. 따라서 부품의 용도가 허락하는 범위 내에서 표면을 거울 같이 지나치게 연마시키는 것은 바람직하지 않다.

그리고 노즐의 형태와 구경, **노즐선단의 위치**, **가스취입각도**, 사용하는 가스의 종류와 압력 등에 따라 재료의 절단성에 매우 큰 영향을 주기 때문에 주의하여 이들의 값을 선택해야 한다. 일반적으로 가스압력이 크면 빠른 유속으로 인하여 분출가스에 의한 **가스견인력**이 크기 때문에 용융금속의 분출이 증가되고 절단폭이 증가한다. 그리고 가스제트는 절단속도를 증가시킬 뿐만 아니라 냉각효과를 나타내므로 열 영향구역을 감소시킬 수도 있다.

양호한 절단면을 얻기 위한 조건으로 집속된 레이저빔의 초점위치를 표면 아래의 적당한 거리에 위치시키면 레이저빔 입구부분에서 가장자리가 직각을 이루고, 좁은 절단폭을 가지면서 절단면이 평평하게 된다. 그러나 열 영향구역을 극소화시키고 드로스가 절단면 밑에 부착되지 않고, 또한 절단면이 매끈하게 되기 위해서는 절단속도를 잘 조절해야 한다. 재료두께에 따라 차이가 있으나, 일반적으로 집속된 빔의 초점위치를 재료두께의 중앙부보다 약간 위에 위치시키는 것이 바람직하다.

레이저절단에서 집속빔의 초점위치가 과도하게 중앙부 이상으로 오게 되면 절단부 하단에 용융부유물이 많이 부착된다. 반면에 초점위치가 과도하게 중앙부 이하로 오게 되면 하부에 부착되는 부유물은 적으나, 절단폭이 증가하게 된다. 그리고 철강판재의 절단 시 레이저빔 출력이 과도하게 크거나, 또는 공급되는 산소가스가 적으면 부착물이 많이 발생한다.

(2) 절단면의 굴곡형상

레이저빔에 의한 재료절단 시에는 일반적으로 펄스빔 또는 지속파 빔에 상관없이 절단면에 파동모양의 굴곡형상이 발생한다. 그리고 시편두께가 적은 경우에는 심하지 않으나, 시편두께가 크면 시편이동속도에 따라 절단면 하부에서 굴곡진 패턴이 경사지게 된다. 이러한 현상의 한 가지 원인은 용융금속이 절단재료 하부로 분출되면서 제약을 받아 부분적으로 축적되어 응고되기 때문이다. 즉 용융금속은 온도가 하강함에 따라 유동도가 크지 못하므로 절단벽면을 따라 하부로 흐르는 사이에 재료의 이동으로 인해 경사진 방향으로 흐르게 된다. 특히 이동속도가 클수록 용융금속의 흐름에서 경사가 커지게 되며, 재료가 두꺼울수록 거친 표면을 주게 된다. 표 V-8은 시편두께에 따른 굴곡깊이의 한 예를 나타내고 있다.

표 V-8 레이저빔에 의한 절단 시 시편의 두께에 따른 상부와 하부면에서 굴곡의 평균깊이(Schuöcher-1986)

시편 두께(mm)	상부면 굴곡깊이(μm)	하부면 굴곡깊이(μm)
1	3	3
3	9	11
5	24	30
7	40	55
9	70	80
10	85	110

레이저빔에 의해 절단된 부품의 절단면요철을 매끈하게 조절하는 것이 매우 중요하다. 레이저빔의 안정성, 부품이송기구의 정확성과 빔전달기구의 견고성이 유지되면 두께 0.8mm의 저탄소강판절단에서 평균거칠기(R_a)를 1μm 이하로 얻는 것이 가능하다. 철판두께가 증가됨에 따라 표 V-8에 보여주는 것과 같이 절단면의 거칠기는 증가된다. 그리고 고압의 불활성가스를 사용하는 경우에는 난류가스에 의하여

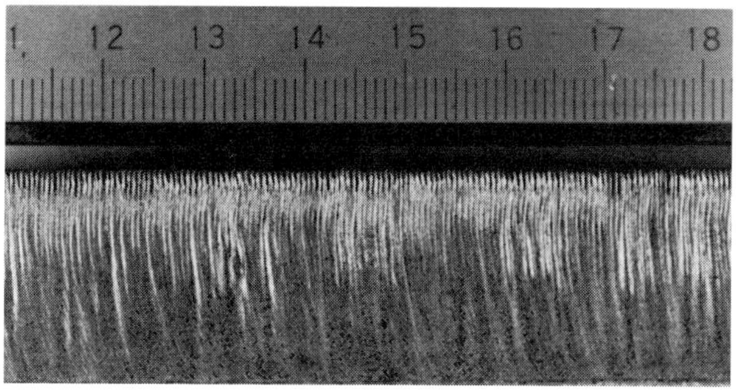

그림 V-45 저탄소강의 절단 시 절단면에 형성된 굴곡형상(한국기계연구원)

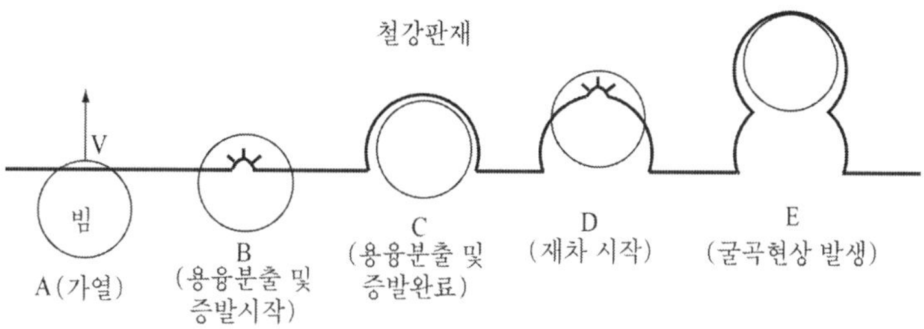

그림 V-46 굴곡형상 생성의 개요

거칠기가 증가된다. 그러나 증발에 의하여 절단이 이루어지는 아크릴수지 같은 경우에는 보조가스압력이 낮아 난류가 발생하지 않으면 두께 25mm의 재료에 대하여 약 0.2 μm 정도의 거칠기로 매끈한 절단면을 얻는다. 반면에 폴리카보네이트 같이 레이저빔에 의하여 분해되는 플라스틱은 매우 거친 절단면을 나타낸다.

레이저빔에 의한 금속절단에서 절단면의 품질은 절단면의 거칠기에 의하여 결정된다. 이 거칠기는 레이저절단에서 절단면에 필연적으로 발생하는 주기적인 굴곡형상에 의한 것이다. 이러한 굴곡형상은 사용하는 레이저빔의 어떤 형태, 즉 펄스빔 또는 지속파 빔의 경우에도 나타나며, 또한 절단 시 보조가스를 취입하거나 취입하지 않아도 발생한다. 그림 V-45는 저탄소강에서 절단면에 나타나는 굴곡형상을 보여주고 있다. 이 그림에서 보듯이 적당한 절단속도에서는 비교적 일정한 간격의 굴곡모양을 나타내고 있으며, 양호한 절단면을 주기 위해서는 이러한 굴곡형상의 높낮이가 작아야 한다.

레이저빔에 의한 금속재료 절단에서 굴곡형상의 발생에 관해서는 여러 가지 원인과 이론이 있다. 예를 들면 기계적인 진동, 재료에서 레이저빔의 흡수율변화, 연소주기의 영향, 용융구역의 유체역학적 불안정성, 플라즈마생성 및 증발에 따른 용융층의 유동현상 등 여러 가지 설명이 있다. 그중에서 한 가지 설명은 그림 V-46에 나타낸 것과 같이 펄스빔 에너지에 의해서 규칙적인 간격으로 펄스형태로 절단면에 굴곡형상을 주는 것이다. 이 설명에 의하면 먼저 레이저빔과 산소가스제트가 철판의 가장자리로 이동하여 국부적으로 철강재의 온도를 증가시켜 용융시킨다. 이렇게 형성된 용융면은 직접 레이저빔과 산화열에 의한 에너지를 공급받게 되고, 레이저빔의 중심부는 매우 활성화되어 용융물을 분출시키고 용융계면을 빔의 중심으로부터 급속히 이동시킨다. 일단 용융금속이 분출되어 레이저빔이 통과하게 되면 전면의 연소면은 냉각되게 된다. 그러면 이동하는 레이저빔이 다음 구역에 다시 용융계면이 발생하도록 하고, 같은 과정이 반복적으로 진행되기 때문에 절단면을 따라 주기적인 굴곡모양을 주게 되는 것이라고 설명한다.

다른 한 가지 설명은 용융금속의 동력학적 효과에 의한 것이다. 즉 절단면의 주기적 굴곡형상은 기본적으로 단위길이당 에너지, 반응가스유속 또는 절단속도의 요동에 의한다. 만일 레이저빔과 부품사이에 상대적인 이동이 없다면 부품의 주기적인 굴곡을 야기할 수 있는 것은 부품에 인입되는 레이저빔강도의 공간적 변화에 의해서만 가능하다. 그리고 이러한 공간적 변화는 인입되는 레이저빔과 가공부품으로부터 후방산란되는 전자파 사이의 간섭에 의해서 야기된다. 그러나 주기적인 굴곡형상은 용융층의 요동에 의해서도 야기될 수 있다. 레이저절단 시 절단속도에 따라 용융층이 이동되므로 이들 용융층 이동은 절단표면에 공간적 요동을 유발한다. 이들 용융층의 요동은 용융금속의 불안정성에 의해서 야기될 수도 있고, 또는 입력에너지의 요동과 용융층 사이의 공진에 의해서 야기될 수도 있다. 따라서 레이저절단의 동력학적 효과가 굴곡모양의 발생을 기술하는 여러 가지 관계에 중요하며, 또한 절단면의 품질을 결정하는 데 매우 중요하다.

그리고 위의 설명에 추가되는 다른 영향으로는 절단구역에서 주기적으로 증발된 금속입자들이 팽창하는 것이다. 즉 레이저빔흡수로 금속표면에서 증발된 입자들이 팽창하여 증기압이 어느 한계 이상의 압력이 되면 외부로 분출된다. 고온증발입자들의 분출은 증발잠열을 포함한 열에너지를 동시에 내보내는 것이므로 국부적으로 온도저하를 초래한다. 그 후 일정시간이 지나서 같은 과정이 반복되므로 증발된 입자들의 팽창이 주기적으로 일어날 때마다 굴곡형성에 기여한다는 것이다.

위에서 레이저빔에 의한 금속절단에서 절단면에 발생하는 굴곡형상의 몇 가지 가능성에 대하여 검토하여 보았다. 그러나 그 원인은 어느 한가지로 완전하게 설명할 수 있도록 간단하지 않다. 그렇지만 절단면에서 나타나는 이러한 굴곡형상은 절단품질에 매우 중요하며, 가능하면 이러한 굴곡모양의 높낮이가 작아 절단면이 매끈하게 되는 방법을 모색해야 한다. 예를 들면 탄소강의 절단에서는 지속파 빔을 사용하는 것보다 펄스빔을 사용하는 경우에 절단구역에서 산화과정을 조절하는 것이 더욱 용이하다. 펄스빔을 사용하여 철강재를 절단하는 경우에 레이저빔의 반복속도를 200~500Hz 범위라고 하면, 절단부품에서 절단면이 직선에 가까운 절단에서는 빔이 조사되는 시간과 조사되지 않는 시간, 즉 on-off 비율을 10 : 1로 한다. 반면에 미세하고 복잡한 구역에서는 on-off 비율을 1 : 10으로 하여 조사시키면 매우 양호한 절단면을 얻는다.

V-3-3 레이저절단의 여러 가지 고려사항

(1) 레이저빔의 형태와 편광된 빔의 영향

레이저빔에 의한 금속절단에서 두께에 따라 차이는 있으나 일반적으로 Nd:YAG레이저, CO_2레이저,

디스크레이저, 파이버레이저를 사용한다. 그리고 금속절단에서 주된 절단기구가 증발에 의한 경우에는 보통 지속파 빔보다는 큰 첨두출력을 가진 펄스빔을 사용하는 것이 더욱 효과적이다. 즉 펄스빔을 사용하는 경우에는 금속표면에서 플라즈마발생을 억제하는 것이 용이하다. 그리고 금속에서 열 영향구역이 적어 매우 매끈한 절단면을 주며, 특히 열에 민감한 재료의 절단에 매우 유리하다. 따라서 철강재를 포함한 대부분 재료의 레이저절단에서는 반복속도가 큰 펄스빔을 많이 사용한다.

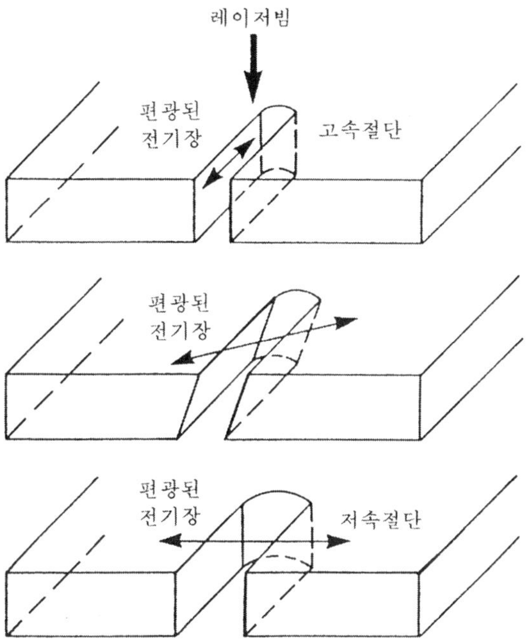

그림 V-47 금속절단 시 레이저빔의 편광 방향에 따른 절단폭과 절단모양

레이저절단에서는 일반적으로 편광되지 않은 빔 또는 원형으로 편광된 빔을 사용한다. 만일 편광된 레이저빔을 사용하는 경우에는 **가공방향**에 따라 가공결과에 매우 큰 차이를 나타낸다. 그림 V-47은 금속판재를 선형적으로 편광된 빔으로 절단 시 빔의 편광방향에 따른 영향을 보여주고 있다. 즉 직선적인 절단에서 편광된 빔의 전기장과 절단방향 사이의 관계를 나타내고 있다. 이 그림에서 보듯이 편광빔의 전기장 방향이 절단방향과 같으면 절단폭이 좁고, 절단속도가 빠르면서 양호한 절단결과를 얻는다. 반면에 편광빔의 전기장방향이 절단방향과 수직인 경우에는 절단폭이 크고, 절단속도가 느리면서 불량한 절단결과를 준다. 그리고 편광빔의 전기장방향이 절단방향과 다르면 경사각도에 따라 절단폭이 변하며, 또한 절단면이 경사지게 된다. 따라서 2차원 또는 3차원 방향으로 복잡한 형태의 부품을 절단하는 경우에는 절대적으로 편광되지 않은 빔 또는 원형으로 편광된 빔을 사용해야 한다. 예를 들면 그림 V-48에 보여주는 것과 같이 두께 2mm의 저탄소강판을 선형편광된 레이저빔을 사용하여 원형모양의 부품을 절단 시 철판의 상부와 하부에서 절단된 모양에 차이가 있다. 즉 절단된 원형철판의 상부에서는 정확한 원모양을 보여주

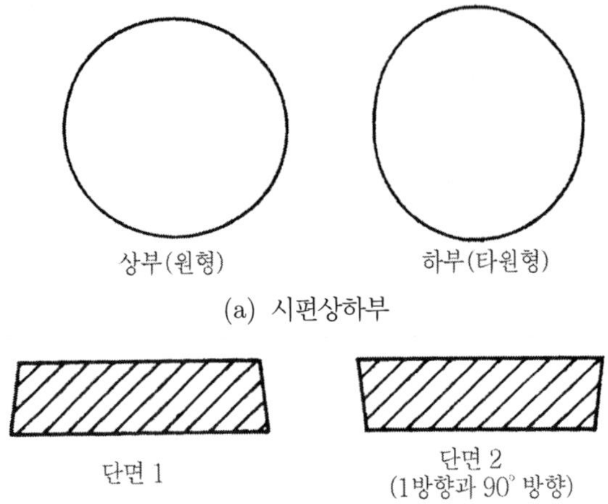

그림 V-48 45°편광된 레이저빔에 의한 저탄소강판의 원형절단

고 있으나, 하부에서는 약간 타원모양을 보여주고 있으며, 절단면이 경사지게 된다. 특히 두께가 큰 부품의 경우에는 더욱 심각하여 절단구역의 경사도와 하부타원의 이심률이 커져 절단된 부품이 빠져나오지 못하게 될 수도 있다.

재료의 레이저절단 시 초기에는 평평한 표면에 레이저빔이 조사되지만, 절단과정에서는 그림 V-41과 같이 경사된 면에 레이저빔이 조사되는 것과 같다. 이러한 경우에 빔의 흡수도는 편광된 방향과 경사각도에 따라 차이가 있다. 레이저빔이 절단방향에 수직한 편광인 경우에는 반사도가 크며, 이것은 입사각에 약간 의존한다. 그러나 절단방향에 평행한 편광빔에서 그 반사도는 그림 IV-57에서 보는 것과 같이 입사각도에 크게 의존한다. 철강재에서 CO_2 레이저빔을 사용하는 경우에는 절단방향에 평행한 빔의 경우에 약 80°의 입사각도에서 거의 80% 정도 흡수율을 얻는다. 금속판재의 레이저절단에서는 그림 V-41에서 보는 것과 같이 절단 도중에 침식면의 순간적인 상황을 보면 절단방향에 수직한 면의 경사각도가 비교적 크다. 따라서 레이저빔이 입사면에 수직하게 편광된 빔의 경우에는 흡수도가 적으나 평행하게 편광된 빔인 경우에는 흡수도가 크게 증가된다. 이러한 현상은 편광된 레이저빔을 사용하여 재료를 절단하게 되는 경우에 절단효과에 차이를 주게 되는 원인이 되는 것이다. 그러나 비편광빔 또는 원형편광빔의 경우에는 절단방향이 바뀌어도 경사된 절단면에서 똑같은 효과를 주기 때문에 문제가 없다.

그리고 절단구역에는 많은 금속원자들이 증발되나, 절단 시 취입시키는 산소 또는 불활성가스의 유속이 크므로 침식면에서 증발된 원자들을 날려 보낸다. 따라서 레이저절단 시 절단구역에서는 플라즈마형성에 필요한 증기밀도가 되기 힘들다. 그러므로 레이저빔에 의한 금속절단에서는 일반적으로 플라즈마에 의한 레이저빔의 차장과 반사는 큰 문제가 되지 않는다. 그리고 부품의 정밀가공 시 광파이버를 사용하는 경우에는 거리에 문제가 없으나, 광파이버를 사용하지 않는 경우에는 레이저빔의 출구로부터 가공구역까지 전파길이가 증가되는 경우에는 빔이 확장 및 발산되는 것을 고려해야 한다.

레이저가공에서 선형편광된 빔이 레이저가공에 미치는 영향은 매우 중요하며, 절단의 경우에는 먼저 기술한 바와 같이 그림 V-47을 보면 쉽게 이해할 수 있다. 그리고 마찬가지로 선형편광된 빔이 용접에 미치는 영향은 그림 V-39를 보면 쉽게 이해할 수 있다.

(2) 취입가스의 영향과 종류

레이저빔에 의한 금속절단에서는 보통 고속으로 취입가스를 불어준다. 철강재와 티타늄합금에서는 흔히 산소를 사용하며, 스테인리스강은 불활성가스 또는 질소를 사용하며, 세라믹재료에서는 공기를 사용한다. 절단노즐은 보통 그림 V-42와 같은 동축노즐을 사용하므로 레이저빔과 취입가스가 동시에 순간적으로 절단부 내로 들어간다. 레이저빔은 주로 얇은 용융층에 의하여 흡수되고, 고체상태의 절단벽에 의해서는 적게 흡수된다. 또한 반응가스의 집중적인 흐름은 부분적인 냉각효과도 있으나 큰 문제는 되지 못하고, 산소의 경우에는 절단부에서 금속과 산화반응에 의한 열을 방출한다. 그리고 반응가스의 일부가 용융층에 들어가게 되므로, 용융층은 흡수된 레이저빔과 충돌하는 가스입자와 반응하게 된다. 그러므로 재료제거는 일반적으로 절단부의 하부에서 용융금속과 취입가스 사이의 마찰로 인한 용융금속의 분출과 침식면에서 증발에 의한다.

일반적으로 레이저절단 시 취입가스는 주로 집속광학계와 동축인 노즐을 사용하여 불어주고, 또는 절단구역으로 향하여 배치된 경사노즐을 통하여 취입시키기도 한다. 절단구역에서 용융금속과 드로스의 제거에 대한 효율과 재현성은 부품상의 절단가스제트와 유효압력에 크게 관련된다. 흔히 노즐에서 가스속도가 초음속이면, 노즐선단 하부에서 가스압력이 주기적으로 변한다. 이러한 경우에 가스압력의 크기에 따라 절단면품질에 차이가 있고, 레이저빔 출력에 따라 재료가 절단될 수 있는 가스압력 범위가 다르다. 흔히 가스압력이 증가되면 절단속도가 증가되고, 절단면의 품질이 양호하게 된다. 보통의 경우에 최대 절단속도를 얻는 것은 약 5기압 정도의 압력에서 이러한 조건을 만족시키므로 일반적인 레이저절단 장치는 5기압까지의 저압절단헤드를 구비하고 있다.

용융금속은 비정질에 해당하므로 레이저빔 흡수 시 고체금속과 달리 흡수율이 약 40% 이상 된다. 그리고 반응가스를 취입시키면서 절단 시에 용융금속층은 많은 산소가스 흐름에 접하게 되므로 산화물인 슬래그가 용융금속층 표면과 용융금속 내에서 형성된다. 따라서 용융층은 얇은 산화물층으로 덮여질 수도 있다. 산화물은 전기전도도가 적으므로 산화물층이 형성되면 레이저빔 흡수도를 증가시킨다. 즉 산소가스를 취입시키면서 철강재를 절단 시에는 용융금속이 상당히 산화됨을 가정할 수 있으며, 경우에 따라서는 산화물층 두께가 거의 10㎛ 정도가 될 수도 있고 레이저빔 흡수율은 약 60% 정도가 될 수도 있다. 그리고 절단과정에서 레이저빔의 입사방향과 침식면 사이에 각도가 적어서 빔의 흡수도를 증가시키므로 거의 80% 정도를 흡수할 수도 있다.

저탄소강에서 절단속도가 느린 경우에 산소압력이 크면 심한 산화작용이 일어나 조절하기 힘든 연소효과를 주며, 이것은 전반적으로 불규칙한 절단폭을 줄 수도 있다. 따라서 저탄소강에서 고압산소취입 경우에 절단속도가 느리면 연소효과조절이 힘들어 절단이 용이하지 않다. 그러나 스테인리스강의 경우에는 고압산소를 취입하면서 절단 시 연소효과가 잘 일어나지 않는다. 따라서 스테인리스강의 절단 시 고압산소취입은 절단속도를 약 50% 정도 증가시키므로 바람직하다. 스테인리스강의 경우에는 공기와 아르곤을 사용하여도 가스압력 증가로 절단속도가 더욱 증가된다. 그러나 저탄소강에 대한 절단에서 혼합가스를 사용하면 절단속도가 저하되고, 절단면의 품질이 저하된다. 따라서 저탄소강에서는 순수한 산소가스를 사용하는 것이 바람직하고, 스테인리스강에서는 헬륨가스가 가장 바람직하지만 불활성가스와 산소가스의 혼합가스를 사용 시 절단속도를 크게 증가시킨다. 그러나 스테인리스강에서는 일반적으로 중성의 질소가스를 많이 사용한다.

스테인리스강을 산소가스절단 시에는 철이 부분적으로 연소하여 산화물을 형성하며, 크롬도 산화물을 형성한다. 이들 철과 크롬의 산화물은 슬래그에 집중된다. 그리고 이들 산화물은 용융점이 높기 때문에 슬래그는 레이저절단 도중에 절단구역으로부터 분출되어 나가기 전에 응고될 수 있다. 이 응고된 슬래그의 일부분은 절단부의 용융구역으로 밀려들어가게 되고, 일부분은 절단구역의 밑부분에 부착된 드로스로 남게 된다. 따라서 절단구역의 용융구역에는 철과 크롬의 산화물이 혼합되어 있을 수 있으며, 이 슬래그는 주로 철과 크롬의 산화물로서 용접성에 문제를 야기할 수 있다.

스테인리스강에서 산소를 취입가스로 사용하여 레이저절단시킨 판재를 서로 용접시키는 경우에는 절단부에 형성된 산화물 또는 슬래그로 인하여 용접이 힘들다. 즉 이러한 방법으로 절단시킨 스테인리스강 판재를 용접 시에는 접합이 힘들고 기포가 발생한다. 따라서 슬래그의 효과적인 제거가 중요하며, 많은 방법들이 제시되고 있으나 아직 완전하지는 못하다. 만일 스테인리스강의 절단 시 불활성가스를 취입가스로 사용하면 절단속도는 저하되나 용접성에는 문제가 없다. 그러나 절단속도가 느린 경우에는 재료가 열에 의한 영향을 받으며, 따라서 열응력이 유입되어 판재를 변형시킬 수 있다.

레이저절단에서 취입가스는 좁은 절단구역으로부터 용융금속을 완전히 분출시켜야 하지만, 많은 경우에 이들의 일부가 절단가장자리에 부착된다. 이러한 드로스의 부착은 불량한 절단결과를 나타내므로 가능하면 발생하지 않게 하거나, 또는 극소화해야 한다. 드로스는 여러 가지 요인에 의하여 발생되며, 탄소강에서는 레이저빔의 집속이 부정확하거나 가스압력이 너무 낮거나 또는 부품이송속도가 너무 큰 경우에 발생한다. 스테인리스강 또는 알루미늄의 경우에는 슬래그발생이 용이하므로 이들의 부착을 방지하기 위해서는 판재두께가 얇더라도 매우 큰 가스압력이 요망된다. 어떤 경우에는 레이저절단 판재에서 이러한 드로스 또는 슬래그의 부착을 감소시키기 위해서 흑연 등으로 내부착코팅을 하기도 하며, 또는 절단부품의 하부에서 부착물을 제거시키기 위하여 별도의 보조가스를 사용하기도 한다.

일반적으로 스테인리스강, 알루미늄합금, 니켈합금의 경우에 질소가스를 사용하며, 플라스틱, 목재, 복합재료, 알루미나, 유리 및 석영 등 비금속재료의 경우에는 공기를 사용한다. 티타늄합금의 경우에는 산소와 질소 등과 반응하여 취약한 반응물을 형성하므로 아르곤 같은 불활성가스를 사용해야 한다. 취입가스의 압력은 사용하는 가스와 재료에 따라 차이가 있으나, 불활성가스를 사용하는 경우에는 2MPa 정도까지 사용한다. 그리고 고압가스를 사용하는 경우에는 렌즈를 포함한 광학계가 이러한 압력에 견디는지를 고려해야 한다.

(3) 절단면의 시작과 끝의 처리

레이저빔에 의한 금속판재의 절단에서 절단부품의 모양에 따라 집속빔이 처음에 조사되는 시작점과 마지막에 끝나는 종료점이 있다. 만일 절단공정이 판재의 한 측면에서 시작되어 다른 측면에서 종료되는 경우에는 집속빔과 취입가스가 처음부터 재료를 관통하는 상태에서 시작되고, 마지막에도 관통되는 상태로 종료되므로 비교적 간단히 수행할 수 있다.

그러나 절단공정이 금속판재의 내부에서 시작하여 같은 점에서 종료되는 경우에는 시작점과 종료점에서 레이저빔의 조사조건이 중간절단구역과 차이가 있어서 균일한 절단폭과 절단면을 얻는 것이 어려울 수 있다. 즉 금속판재의 내부에서 레이저절단이 시작되기 위해서는 처음에 금속판재를 관통하여 절단시작점이 형성되어야 한다. 일반적으로 집속된 레이저빔과 취입가스는 금속판재의 상부에서 노즐을 통하여 인입되어 절단면을 형성하면서 관통된 하부로 용융금속을 분출시키게 된다. 따라서 이러한 현상이 발생하기 위해서는 우선적으로 금속판재에 레이저빔에 의한 천공이 있어야 한다. 금속판재에 처음으로 천공되기 전까지는 금속표면에서 용융금속이 인입되는 레이저빔 방향으로 분출되고, 또한 완전히 관통되어 하부로 분출되기까지 많은 레이저빔 에너지가 필요하다. 따라서 레이저절단 시작점과 종료점이 되는 구멍의 크기는 다른 절단구역의 절단폭에 비하여 넓어지게 되며, 또한 과도한 열 영향으로 흔적이 나타나게 된다.

금속판재의 내부에서 절단이 시작되는 경우에는 시작점의 형성에 두 가지 방법이 있다. 첫 번째 방법은 절단의 시작점에서 잘 조절된 펄스모드 빔으로 매우 정밀한 천공작업이 이루어지도록 구경이 작고 깨끗한 관통구멍을 얻는 것이다. 즉 첨두출력이 크고 짧은 펄스빔은 금속표면에서 조사구역의 용융금속을 최소화하면서 곧 증발시키게 되므로 열 영향구역을 최소화시킬 수 있다. 그리고 반복하여 조사되는 펄스빔에 의하여 재료의 천공이 일어나기까지 같은 과정이 계속된다. 그 후 재료가 천공되어 절단면이 형성되면 보통의 레이저빔 조사조건으로 절단을 수행한다. 이 경우에는 매우 정밀한 빔 조절이 필요하며, 일반적으로 장시간이 요망된다. 두 번째 방법은 일반적인 절단조건의 레이저빔 출력과 산소압력으로 시작점을 형성하는 것이다. 판재의 절단을 위하여 재료에 천공현상이 일어나기까지 정지된 상태에서 레이저빔을 조사시키면 곧 구멍이 뚫리지만, 그 직경이 절단폭에 비하여 크고 용융금속이 사방으로 분출된다. 이 경우에는 별도의 레이저빔 조절이 필요하지 않아 간편하고, 또한 절단작업이 신속하게 이루어진다. 그러나 이러한 작업에서는 절단의 시작점과 종료점에 의한 결함과 불량한 결과를 제거하기 위하여 별도의 처리가 요망되므로, 이러한 처리방법을 고려하여 보겠다.

금속판재에 깨끗한 원형의 절단구역을 형성하려는 경우에는 그림 V-49와 같이 수행한다. 그림(a)와 같이 레이저빔의 시작점을 제거시키는 재료의 중심에서 시작하여 원주의 한 위치에 도달된 후에 방향을 전환시켜 원형모양으로 재료를 절단한 후에 다시 같은 위치에서 최초의 위치로 돌아오게 하는 것이다. 이

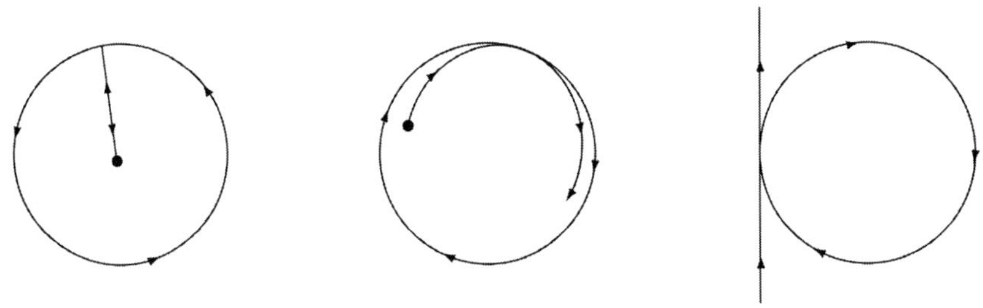

(a) 직선적인 인입과 퇴출경로 (내부에서 시작 및 종료)　(b) 반원형 인입과 퇴출경로 (내부에서 시작 및 종료)　(c) 직선적인 인입과 퇴출경로 (외부에서 시작 및 종료)

그림 V-49 직경이 큰 원형으로 절단하기 위한 절단경로

경우에 시작점의 구멍직경은 절단폭에 비하여 크지만 절단제품의 품질에는 영향을 미치지 않는다. 그러나 이 경우에 고려할 사항은 절단방향이 급속히 바뀌는 구역에서 레이저빔 주사속도 또는 부품의 이송속도를 중간절단구역과 다르게 해야 하므로 레이저가공기가 적당한 감속과 가속능력을 구비하고 있어야 한다. 그리고 이 구역에서는 중간구역과 다른 열전도현상이 발생하므로 열 영향구역에 대한 고려를 해야 한다.

일반적으로 절단방향의 급속한 변화를 피하여 가공기의 감속과 가속능력을 완화시키는 방법으로 그림(b)와 같은 방법을 사용한다. 이 경우에는 그림(a)의 경우에 비해서 절단방향의 급속한 방향전환이 필요 없고, 또한 절단면의 합치구역이 원만하게 이루어진다. 위의 두 가지 경우에는 금속판재 상에 원형모양을 절단시키는 것으로 떨어져 나온 원형부품은 사용하지 않고 제거시키는 부분에 해당한다. 그러나 만일 요망되는 절단부품이 원형으로 사용해야 하는 경우에는 그림(c)와 같이 외부에서 시작하여 원호의 궤적을 따라가며 절단을 수행한다.

위의 그림(a) 같이 금속판재의 내부에서 절단을 시작하기 위해서는 절단시작점의 천공이 있어야 하며, 그 직경은 재료의 두께에 따라 차이가 있다. 정밀한 펄스빔을 사용하는 경우에는 얇은 판재에서 천공직경을 약 0.1mm 정도까지 얻을 수 있다. 그러나 일반적으로 탄소강에서 절단조건과 같은 레이저빔 조건으로 처음에 구멍을 뚫는 경우에는 그 직경이 재료의 두께와 같다고 가정하면 큰 무리가 없다. 따라서 좁은 폭을 가진 절단구역을 형성하기 위해서는 필히 절단시작점을 절단구역의 외부에서 시작해야 한다.

만일 금속판재의 외부에서 절단이 종료되는 경우에는 절단면 끝부분에서 형성되는 굴곡형상에서 비연속성을 주게 되며, 그 과정을 그림 V-50에 도식적으로 나타내고 있다. 즉 금속판재의 절단 도중에는 취입가스에 의한 용융금속 분출로 굴곡형상이 주기적으로 발생한다. 그러나 절단면의 끝 부분에 도달하면 상부는 절단되나, 하부는 아직 절단이 완료되지 않아 취입가스가 양측으로 분리된다. 따라서 용융금속이 양측으로 나뉘어서 분출되고, 곧이어 취입가스가 완전히 밖으로 빠져나가게 되므로 끝부분의 용융금속은 분출가스에 의한 영향이 양측으로 나뉘어져 굴곡형상이 불연속하게 된다.

레이저절단에서 절단부품의 정확한 절단규격을 얻는 것은 매우 중요하며, 여러 가지 인자들에 의해서 지배된다. 그중에서 중요한 인자는 레이저빔의 안정성, 작업대의 구동정확성, 계획된 절단경로를 따른 수치적인 조절과 제어능력, 절단 도중에 부품에서 야기되는 열응력에 의한 변형 등이 있다. 레이저절단이 이루어지는 동안에 방향전환에 의하여 절단속도가 변화될 수 있으며, 어떤 경우에도 작업대의 구동정확성이 유지되어야 한다. 그리고 매우 정밀한 허용치가 요구되는 부품을 생산하는 레이저절단기의 경우에는 오차가 최소한이 되도록 이송속도를 제한시켜야 한다. 일단 작업대와 수치제어장치가 계획된 절단경로를 정확히 추적할 수 있다면, 절단공정에서 레이저빔의 진동과 편기를 최소화하도록 빔이송기구를 구성하는 것이 필요하다. 그리고 집속빔의 점크기와 초점위치의 변화는 절단공정에 큰 영향을 미치며, 이러한 영향은 절단부품의 품질에 영향을 미친다. 그 이외에도 고려해야 할 사항은 절단부품이 열적인 영향을 받는 것이다. 만일 절단공정에서 재료가 열팽창에 의해서 이동 혹은 편기되는 경우에는 그 재료로부터 절단되어 나온 부품이 예정된 절단경로와 일치되지 않을 수도 있다. 따라서 정밀한 수치로 절단이 요구되는 경우에는 재료의 열적인 특성을 고려한 수치제어가 요망된다.

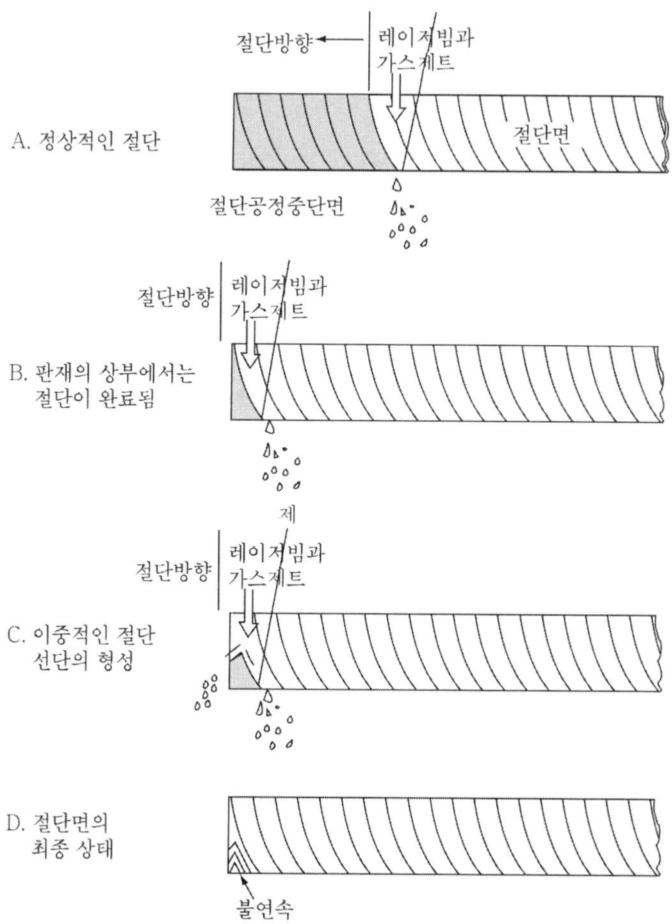

그림 V-50 판재절단의 완료시기에 절단면 끝부분에서 굴곡형상의 불일치를 도식적으로 나타낸 개요도

(4) 금속의 종류에 따른 고려사항

레이저빔에 의한 재료절단은 모든 재료에 적용시킬 수 있으며, 그중에서도 금속재료의 절단에 가장 많이 사용되고 있다. 금속재료는 세라믹재료 또는 고분자재료에 비해서 열전도도가 크고, 레이저빔의 반사도가 크다. 그리고 금속재료는 증발되기 전에 용융이 일어나며, 일반적으로 비등점이 높다. 따라서 금속재료의 레이저절단에서는 열전도가 일어나기 전에 집중적으로 레이저에너지를 공급하기 위하여 고출력밀도가 요구된다. 또한 절단구역에서 용융금속을 분출시키기 위하여 고압의 보조가스를 취입시켜야 한다. 이러한 조건들은 금속재료의 종류와 특성에 따라 차이가 있으므로 몇 가지 금속들의 레이저절단에 대한 고려사항을 검토하여 보겠다.

○ 탄소강

저탄소강은 판재로 가장 많이 사용되며, 적당한 열전도도와 레이저빔 반사도를 가지고 있어서 레이저절단이 용이하다. 탄소강을 절단 시에 취입가스로 산소를 사용하면 철의 산화작용에 의한 반응열이 절단공정에 기여하게 되므로 절단속도가 크게 증가된다. 그리고 산화작용으로 형성된 용융산화철은 점도가 낮아 불어주는 취입가스에 의해서 절단면하부에서 용이하게 분출된다. 탄소강 절단면의 품질에 영향을 미치는 인자들 중에서 불순물이 중요하며, 또한 탄소강의 성분에도 크게 의존한다. 즉 불순물이 많은 경우에는 연소와 용융작용에 영향을 주고 기포발생과 요철이 심한 절단면을 주게 된다. 따라서 일반적으로 냉간압연된 판재는 그 조성과 조직이 치밀하므로 열간압연된 판재에 비해서 양호하게 절단된다.

탄소강에서 탄소함량이 증가됨에 따라 절단속도가 저하되고, 또한 절단 가능한 판재두께가 감소되는 경향이 있다. 그리고 탄소함량이 증가됨에 따라 절단면품질이 변한다. 즉 저탄소강에 비해서 절단선단의 굴곡형상이 미세하고 양호한 결과를 주며, 또한 절단면하부에 흑색분말형태의 드로스가 부착되며, 이것은 쉽게 제거될 수 있다. 이러한 현상들은 취입된 산소제트로 탄소의 연소에 기인하는 것이다. 이러한 경우에 산화열을 발생하기도 하나, CO_2가스를 생성시키므로 절단선단에서 산소를 희석시켜 산화반응을 억제시키기 때문이다. 특히 고탄소강에서 이러한 작용이 심하여 절단공정이 저해될 수 있기 때문에 고압산소가스를 사용하여 생성된 CO_2가스가 용융금속을 불어내기도 하나 국부적인 연소현상을 나타낼 수 있다. 그리고 탄소함량이 증가되는 경우에는 급속한 가열과 냉각작용으로 인하여 절단면 근방에 상변태에 의한 경화구역을 형성한다.

그림 V-51은 평균출력 150W인 파이버레이저빔으로 저탄소강을 절단시킨 절단면이다. 그림에서 보는 것과 같이 절단속도, 즉 레이저빔 주사속도가 큰 경우에는 굴곡형상의 형태가 불분명하고, 또한 경사도가 크다.

○ 저합금강

저합금강은 기계적 성질 혹은 다른 물성을 개선하기 위하여 합금원소를 첨가시킨 철강재이며, 일반적으로 모든 합금원소의 합계가 5% 이내이다. 합금원소는 철에 비해서 산화작용에 약간의 차이가 있으나,

1 mm

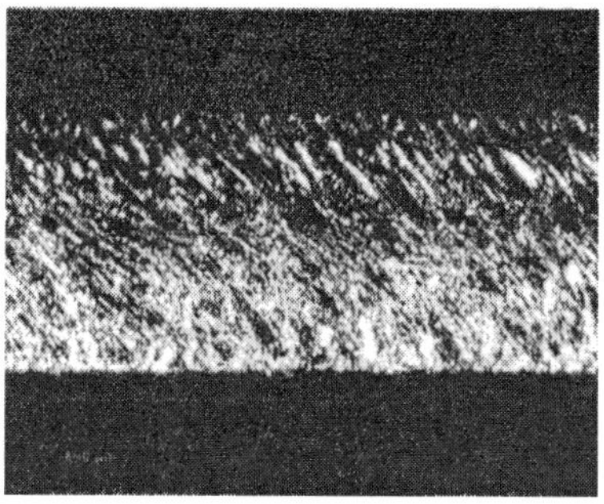

(a) 출력 150W, 펄스반복속도 500Hz, 절단속도 2.4m/min

4 mm

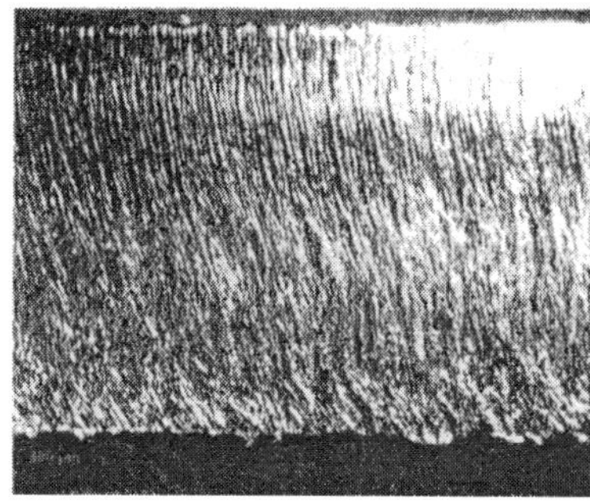

(b) 출력 150W, 펄스반복속도 200Hz, 절단속도 0.3m/min

그림 V-51 파이버레이저로 절단된 저탄소강의 단면(IPG)

그 함량이 많지 않기 때문에 철강재의 절단특성과 크게 차이나지 않고 약간의 영향을 미친다. 일반적으로 절단속도는 저탄소강에 비하여 약간 저하되고, 합금원소에 따라 드로스가 밑에 부착된다.

전기강판은 규소함량이 3%까지 첨가되며, 규소(Si)는 입자성장을 일으키면서 순철에 비해서 전기저항을 증가시켜 와류손실을 감소시킨다. 이러한 Si강판을 전기강판이라고 부르며, 변압기 또는 모터에 사용된다. 그리고 Si는 합금원소로서 철강재의 고온산화에 대한 저항성을 증가시킨다. 따라서 Si가 첨가되면 저탄소강에 비하여 절단성능을 저해시켜 절단속도를 감소시키고, 또한 절단면 하부에 드로스를 부착시킨다. 이것은 절단구역에서 용융물의 표면장력 증가와 철의 산화작용이 약간 억제되기 때문으로 생각된다. 즉 Si산화물은 철산화물에 비해서 밀도가 적으므로 용융물의 표면구역에 형성된 규소산화물이 표면장력과 철의 산화기구에 영향을 미치기 때문이다. 절단면에 드로스의 부착은 전기강판 사용에 큰 영향을 미치므로 이러한 영향을 줄이기 위하여 펄스빔으로 절단시키는 것이 바람직하다.

쾌삭강에서는 기계가공성을 증가시키기 위하여 망간과 유황을 첨가시키나, 이러한 원소들은 레이저절단공정에 나쁜 영향을 미친다. 따라서 합금원소가 적은 쾌삭강의 경우에는 저탄소강의 절단과 크게 차이나지 않으나, 합금원소가 증가되면 절단성능이 저하된다. 이것은 합금원소가 취입되는 산소와 반응하여 SO_2와 CO_2를 형성하기 때문이다. 이러한 가스형성은 산화열을 공급하기도 하나, 먼저 기술한 바와 같이 절단면에서 산소를 희석시켜 산화반응을 억제시키기 때문이다. 즉 절단면에서 산화반응은 약간의 오염물에도 민감하여 절단속도를 저하시키고, 또한 절단면의 품질에 나쁜 영향을 미친다.

○ 스테인리스강

스테인리스강에서 내식성을 증가시키는 가장 중요한 합금원소는 Cr이며, Cr이 내식성을 증가시키지만 Cr이 증가됨에 따라 철강재의 레이저절단을 불리하게 한다. 즉 Cr이 산소와 결합하여 표면에 치밀한 Cr_2O_3층을 형성하면 내부로 산소가 침투하기 힘들어 산화작용이 억제되기 때문이다.

스테인리스강의 레이저절단은 기본적으로 탄소강의 레이저절단과 크게 차이나지 않는다. 그러나 스테인리스강에 산소를 취입 시 철, 크롬 등 합금원소는 발열반응을 하지만, 저탄소강 같이 효과적이지는 못하다. 즉 저탄소강의 절단 시에는 산화열을 방출함과 동시에 점도가 낮은 철산화물을 형성하여 용이하게 분출시킬 수 있으나, 스테인리스강의 경우에는 크롬이 절단공정에 영향을 미친다. 크롬은 철에 비해서 산소와 결합력이 더욱 강하므로 산소취입 시 용융구역 표면에 크롬산화물층을 형성시켜 산소가 더욱 내부로 침투되어 산화작용이 일어나는 것을 힘들게 한다. 그리고 산소제트가 크롬산화물층을 흩트리고 내부로 들어가 산화작용을 일으키기는 하지만, 절단구역에는 산화되지 못한 용융금속이 많이 잔존하게 된다. 이들 용융금속은 상당부분이 가스제트에 의해서 분출되나, 크롬이 증가되면 용융금속의 점도가 증가되므로 절단면의 하부에 붙어 잔류하는 부분도 상당량이 존재하게 된다. 그리고 Cr_2O_3의 표면장력은 저탄소강의 절단 시 얻어지는 산화물층에 비하여 크기 때문에 용융물의 제거를 어렵게 하고, 또한 절단면의 하부에 잔류된 드로스를 증가시킨다.

레이저빔출력, 펄스반복속도, 재료이송속도가 동일한 경우에 스테인리스강의 절단면은 저탄소강의 절단면과 약간의 차이가 있다. 즉 저탄소강에서는 반복되는 굴곡형상이 확실하나, 스테인리스강에서는 표면에 크롬산화물층이 덮이기 때문에 잘 나타나지 않는다. 스테인리스강을 절단 시 산소를 취입가스로 사용하면 산화열을 이용할 수 있는 장점이 있으나, 몇 가지 단점도 있다. 즉 레이저절단된 부품을 용접 시 절단면에 형성된 크롬산화물이 용융풀에 들어가 개재물로 남게 되므로 기계적 성질을 저하시킨다. 따라서 양질의 절단면을 얻기 위해서는 산소 대신에 고압의 불활성가스를 사용한다. 질소는 아르곤과 같은 완전한 불활성가스는 아니지만 중성가스로서 화학작용이 약하고 가격이 저렴하므로 스테인리스강절단에 많이 사용한다. 사용하는 가스압력은 일반적으로 10~15기압 정도이므로 렌즈를 포함한 절단헤드가 이러한 압력을 견뎌야 한다. 레이저절단에서 산소 대신에 질소를 사용하는 경우의 단점으로는 산화열의 이용이 불가능하므로 절단공정에 필요한 에너지는 모두 레이저빔에 의해서 공급되는 것이다. 그리고 고압의 불활성가스제트는 강력한 대류작용으로 인하여 용융구역의 냉각을 조장한다. 따라서 질소를 사용하는

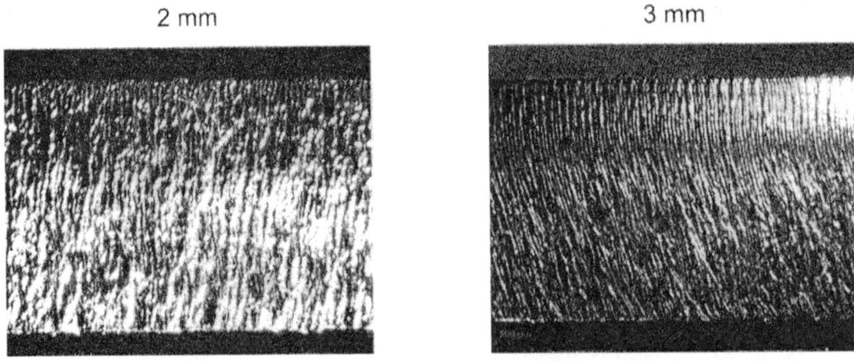

(a) 출력 150W, 펄스반복속도 500Hz, 절단속도 0.3m/min

(b) 출력 150W, 펄스반복속도 200Hz, 절단속도 0.1m/min

그림 V-52 파이버레이저로 절단된 스테인리스강의 단면(IPG)

경우에는 산소를 사용하는 경우에 비하여 양질의 절단면을 얻을 수는 있으나 절단속도가 크게 저하되어 절단비용이 증가된다.

그림 V-52는 평균출력 150W인 파이버레이저빔으로 스테인리스강을 절단시킨 절단면이다. 그림에서 보는 것과 같이 절단속도, 즉 레이저빔 주사속도가 적은 경우에는 굴곡형상의 형태가 더욱 분명하게 나타난다.

○ 알루미늄합금

알루미늄합금은 열전도도와 레이저빔반사도가 크기 때문에 레이저절단에 큰 출력밀도가 요구된다. 특히 레이저빔의 초점위치를 정확히 맞추어야 하며, 높은 출력($\geq$1KW 정도)과 양호한 빔($M^2 < 1.7$)을 사용해야 한다. 알루미늄합금과 같이 열전도도와 반사도가 큰 금속은 지속파 빔보다는 첨두출력이 큰 펄스빔을 사용하는 것이 바람직하다.

일반적으로 레이저빔으로 절단된 알루미늄합금의 절단면은 거칠고 많은 미세균열을 나타내고 있다. 따라서 정밀한 부품으로 사용해야 하는 경우에는 표면을 연마시켜 미세균열을 제거시켜야 한다. 알루미늄합금을 절단 시 불활성가스 대신에 산소를 사용하면 산화열에 의해서 절단속도가 증가된다. 그러나 때로는 표면에 치밀한 산화층을 형성하여 산소가 내부로 침투하는 것이 힘들어 산화작용을 억제하기도 한다. 그리고 기지금속으로 열전도가 빨라 절단면 하부에서 용융금속은 곧 냉각되고, 또한 표면에 형성되는 Al_2O_3층의 응고온도가 높고 표면장력이 증가되어 하부에 드로스로 부착된다. 알루미늄합금의 표면이 양극산화피막처리된 경우에는 CO_2레이저빔의 흡수도가 매우 크므로 초기에 많은 레이저빔 에너지를 흡수하나, 일단 용융이 시작된 후에는 정상적인 용융금속에 의한 흡수도를 유지하게 된다. 따라서 양극산화피막처리된 판재에서는 절단공정 전에 완전 관통하는 과정이 용이하고, 또한 절단속도도 증가된다.

그림 V-53은 평균출력 150W인 파이버레이저빔으로 알루미늄합금을 절단시킨 절단면이다. 그림에서 보는 것과 같이 절단속도, 즉 레이저빔 주사속도가 큰 경우에는 굴곡형상의 형태를 식별하기 힘들다.

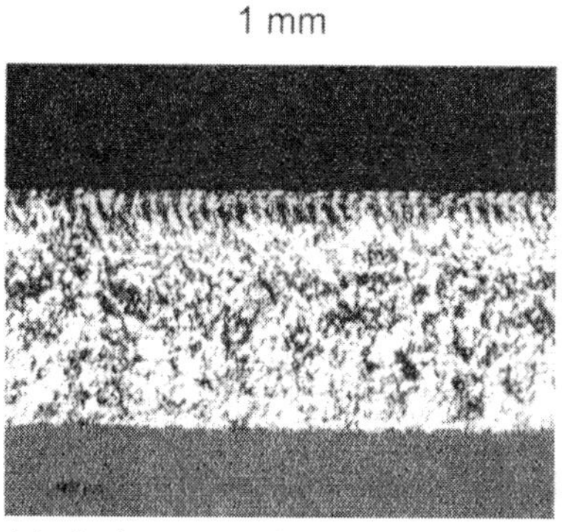

(a) 출력 150W, 펄스반복수 500Hz, 절단속도 2.0m/min

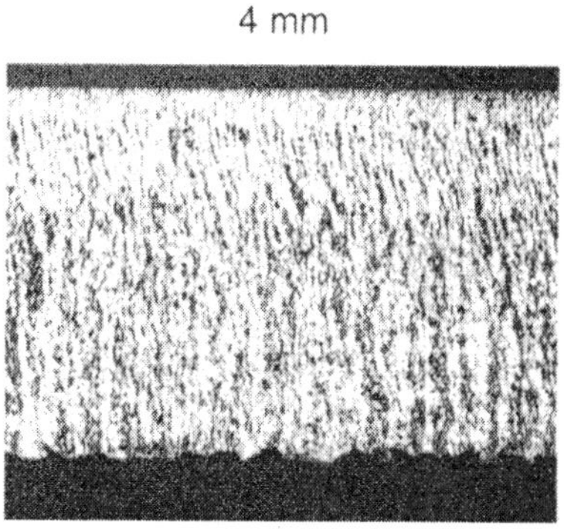

(b) 출력 150W, 펄스반복수 10Hz, 절단속도 0.05m/min

그림 V-53 파이버레이저로 절단된 알루미늄합금의 단면(IPG)

○ 티타늄합금

티타늄은 활성이 매우 강한 금속으로 산소 또는 질소와 반응하여 절단면에 취약한 산화물 또는 질화물을 형성한다. 따라서 티타늄합금의 레이저절단은 절단부품의 용도에 따라 취입가스로 산소를 사용하거나 또는 불활성가스를 사용하는 두 가지의 범주로 분류할 수 있다.

티타늄합금의 레이저절단 시 취입가스로 산소를 사용하면 산화열이 공급되므로 절단속도가 매우 증가되지만, 절단면에 산화물이 형성되므로 제거시켜야 한다. 따라서 이 방법은 티타늄합금의 일반적인 절단부품 사용에서 절단면의 산화층이 용도에 영향을 미치지 않는 경우에 이용할 수 있다. 특히 고압산소를 사용하는 경우에는 절단속도가 매우 빠르므로 정밀하고 복잡한 모양의 절단에서 정확한 조절이 힘들다. 이러한 경우에는 산소를 공기로 희석시키거나 또는 공기를 취입가스로 사용하면 강력한 산화작용이 어느 정도 억제되나 절단속도와 절단두께가 저하된다.

티타늄합금으로 제조된 항공기부품 또는 의료기부품 같이 정밀성이 요구되는 부품의 절단에서는 취입가스로 아르곤 또는 헬륨 같은 불활성가스를 사용한다. 불활성가스를 취입가스로 사용하는 경우에는 산화열을 이용할 수 없고, 필요한 에너지를 모두 레이저빔에만 의존하므로 절단속도는 느리다. 그러나 이러한 경우에는 절단면에 산화물이 형성되지 않아 양호한 절단품질을 주게 된다. 아르곤을 취입가스로 사용하는 경우에는 압력이 증가함에 따라 플라즈마가 형성되는 경향이 있으나, 아르곤에 헬륨을 혼합시키면 플라즈마형성이 억제된다. 정밀한 티타늄합금 부품에서 열 영향구역이 적은 것이 요구되는 경우에는 부품의 가열을 극소화시키도록 조절하는 것이 요망된다. 이러한 경우에는 He가스 또는 Ar/He 혼합가스를 사용하면 열전도도가 증가되어 절단부품의 온도를 저하시킬 수 있다.

○ 동합금

순동은 열전도도와 레이저빔반사도가 매우 크기 때문에 레이저절단이 알루미늄합금보다 더욱 힘들다. 따라서 레이저빔 출력밀도가 크고 집속빔의 점크기가 작아야 한다. 취입가스로 산소 또는 불활성가스를 사용하며, 산소를 사용하는 경우에는 생성되는 산화열이 저탄소강 또는 티타늄합금 같이 많지는 않다. 그리고 절단시킬 부품의 두께가 큰 경우에는 열전도도에 의한 열손실이 크기 때문에 레이저절단이 힘들다.

황동의 레이저절단은 알루미늄합금의 절단과 비슷한 거동을 나타낸다. 황동은 순동에 비하여 열전도도와 반사도가 적으므로 레이저빔의 흡수도가 크다. 그리고 황동에 포함되어 있는 아연은 비등점이 낮고, 또한 순동에 비하여 산화열이 많으므로 절단공정에 유리하다.

그림 V-54는 평균출력 150W인 파이버레이저빔으로 동을 절단시킨 절단면이다. 그림에서 보는 것과 같이 절단속도, 즉 레이저빔 주사속도가 매우 적은 경우에는 굴곡형상의 형태가 잘 나타난다.

○ 니켈합금

니켈합금은 합금원소에 따라 레이저절단 용이성에 차이가 있으나, 대체로 스테인리스강의 레이저절단과 비슷한 거동을 준다. 니켈합금의 절단에서 취입가스는 산소 또는 불활성가스를 사용한다. 취입가스로

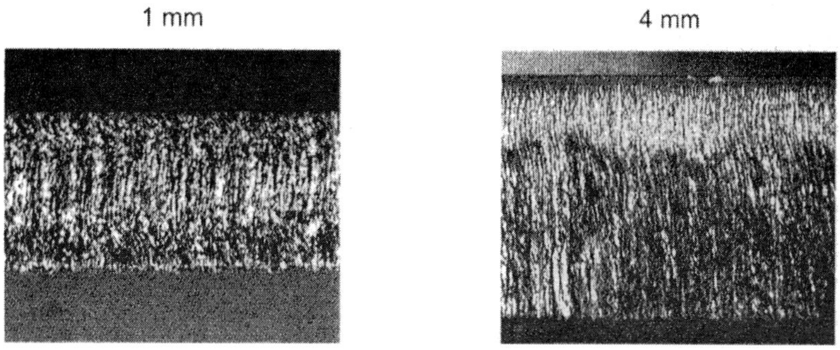

(a) 출력 150W, 펄스반복수 500Hz, 절단속도 0.8m/min

(b) 출력 150W, 펄스반복수 10Hz, 절단속도 0.07m/min

그림 V-54 파이버레이저로 절단된 동의 단면(IPG)

10기압 이상의 불활성가스를 사용하는 경우에 양호한 절단면을 얻을 수 있으나, 산소를 사용하는 경우에 비하여 절단속도가 느리다.

V-3-4 비금속재료의 절단

대부분의 비금속재료는 CO_2 레이저빔의 10.6μm에 대한 흡수도가 매우 크다. 그리고 고분자재료의 경우에는 원자 간 결합에너지가 파장이 짧은 자외선(UV)빔의 포톤에너지보다 적은 경우가 많다. 따라서 레이저빔에 의한 금속의 절단은 용융금속의 분출과 증발 두 가지 기구이지만, 비금속재료의 절단에서는 용융재료의 분출과 증발 및 화학적인 분해의 세 가지 중에서 한 가지 또는 두 가지 기구에 의한다.

일반적으로 세라믹재료의 레이저절단에서는 용융물의 분출과 증발에 의하여 이루어지고, 반면에 고분자재료는 재료의 증발 또는 결합본드의 분해에 의하여 이루어진다. 이러한 절단기구들은 절단면의 품질에 매우 큰 영향을 미치며, 용융재료의 분출에 의한 경우에는 금속의 경우와 비슷하게 절단구역에서 용융물분출의 유체역학과 관련된 문제로 미소한 굴곡형상을 나타낸다. 그러나 재료의 증발에 의한 경우에는 절단면의 품질이 매우 양호하고, 재료의 결합본드분해에 의한 경우에는 절단면이 평탄하고 매끄러운 경향을 나타내지만 분해된 탄소잔재물의 얇은 층이 잔류될 수도 있다.

레이저절단이 수행되는 비금속재료는 일반적으로 전기전자공업에 많이 사용하는 유리, 사파이어, 실리콘, 알루미나 등의 세라믹재료이다. 그리고 고분자재료는 합성수지, 목재, 고무, 섬유, 피혁 등의 유기물재료가 있으며, 그 이외에 파이버 보강된 플라스틱과 금속기지 복합재료 등 매우 광범위하다. 이들 여러 가지 비금속재료, 특히 고분자재료에 대한 절단기구는 금속재료와 달리 원칙적으로 재료의 증발이 가장 중요한 절단기구로 작용한다. 이들 재료들은 위에서 언급한 바와 같이 10.6μm 파장에 대하여 흡수율이 매우 높기 때문에 일반적으로 CO_2 레이저빔을 사용하며, 그 출력이 수십 또는 수백W로 금속절단에 비하여 높지 않아도 된다. 정밀절단의 경우에는 파장이 작은 Nd:YAG레이저, 디스크레이저, 파이버레이저의 펄스빔을 사용한다. 비금속재료의 절단에서 유기물과 같은 가연성 고분자물질은 물론 세라믹재료 같은 물질에서도 증발된 입자가 절단면에서 재응축되는 것을 방지하여 깨끗한 절단면을 주기 위해서는 불활성 가스를 취입시키는 것이 바람직하다.

(1) 세라믹재료의 절단

세라믹재료는 경도가 높고 취약한 재료로서 용융점은 높고 증기압은 낮고 열전도도가 적다. 세라믹재료와 유리재료는 CO_2레이저빔의 흡수도가 크므로 레이저절단에 매우 효과적이나 높은 용융점과 열충격성이 불량하므로 금속에 비하여 가공에 어려움을 줄 수도 있다. 일반적으로 유리재료는 실리케이트기지의 비정질구조로서 결정구조를 가진 세라믹재료와 차이가 있으나, 별도로 언급하지 않으면 세라믹재료는 유리재료를 포함할 것이다.

공업적으로 많이 사용되는 세라믹재료는 반도체로 사용되는 실리콘, LED에 사용되는 사파이어, 전자디바이스의 기판으로 사용되는 알루미나, 모바일기기에 사용되는 강화유리, 디스플레이에 사용되는 박판유리, 구조부품으로 사용되는 질화실리콘, 공구재료로 사용되는 탄화텅스텐, 질화티타늄, 탄화티타늄 등 매우 다양하다. 이들 중에서 대량생산이 이루어지며, 또한 정밀성이 요구되는 재료는 실리콘, 알루미나, 강화유리 등이다. 그리고 결정질석영을 제외한 대부분의 유리재료는 열충격에 약하므로 복잡한 모양의 경우에는 절단 후 미세균열이 발생할 수도 있다. 여기에서는 알루미나와 실리케이트의 레이저절단에 대하여 간단히 검토하여 보겠다. 그리고 전자기기에 사용되는 실리콘, 사파이어, 강화유리 등의 극초단펄스빔에 의한 정밀절단에 대해서는 V-3-5항에서 기술하겠다.

알루미나는 두께가 0.2~2mm의 판재로 성형 및 소결하여 제조하며, 이 판재로부터 요구되는 모양의 형태로 절단한다. 알루미나는 매우 경도가 높고 취약하여 기계적인 방법으로 절단이 힘들지만, 직선과 원형의 절단에는 다이아몬드휠을 사용하여 절단이 가능하다. 그러나 절단속도가 느리고 절단면에 미세한 균열발생확률이 높고, 또한 복잡한 형태의 곡선모양절단은 거의 불가능하다. 반면에 레이저빔에 의한 세라믹재료절단은 열적인 방법에 의한 것이므로 재료의 경도가 문제되지는 않으나, 알루미나의 용융점이 높아 두꺼운 경우에는 완전관통에 의한 절단에서 절단속도가 저하될 수 있다. 일반적으로 전자디바이스 기판제조를 위하여 0.5mm내외의 알루미나판재를 직선으로 절단하는 경우에는 펄스빔으로 판재를 스크라이빙한 후에 약간의 응력을 가하여 절단한다. 그러나 복잡하거나 곡선모양으로 절단하는 경우에는 완전관통으로 수행하여야 한다. 이 경우의 재료절단기구는 금속의 절단과 같이 용융재료의 분출과 증발에 의하여 이루어진다.

세라믹재료의 **스크라이빙 절단**이란 판재 상에 집속된 펄스빔으로 일직선의 연속된 홈을 만들고, 여기에 응력을 가하여 홈을 따라 부품을 절단시키는 방법이다. 레이저빔에 의한 스크라이빙 방법은 깨끗한 비접촉가공으로 막힌 홈의 선단을 상당히 예리하게 천공할 수 있기 때문에 적은 응력을 가해도 선단부에

응력이 집중되므로 균열전파로 절단이 이루어진다. 그리고 절단폭이 적고, 홈깊이 조절이 용이하며, 또한 스크라이빙 속도가 매우 빠르다. 이 경우에 스크라이빙되는 홈은 연속되게 할 수도 있으나, 보통 펄스빔으로 일정한 간격을 두고 홈을 생성시켜 절단한다. 양호한 절단을 위해서는 스크라이빙 시 막힌 홈의 천공 깊이가 재료두께의 1/4 정도가 되도록 한다.

스크라이빙에 사용되는 레이저빔은 재료에 따라 차이가 있으나, 보통은 반복속도가 큰 Q-스윗칭된 Nd:YAG레이저빔, 디스크레이저빔, 파이버레이저빔, CO_2레이저빔을 사용한다. 알루미나의 스크라이빙에서 CO_2레이저빔을 사용하는 경우에는 펄스길이가 수msec 정도이다. 알루미나판재의 두께가 0.6mm이고 절단폭을 0.1mm 이내로 하는 경우에 막힌 홈의 천공 깊이는 두께의 약 25% 정도로 한다. 그림 V-55는 알루미나 판재를 펄스빔으로 스크라이빙한 것으로 그림(a)는 알루미나판재에 레이저빔을 조사하

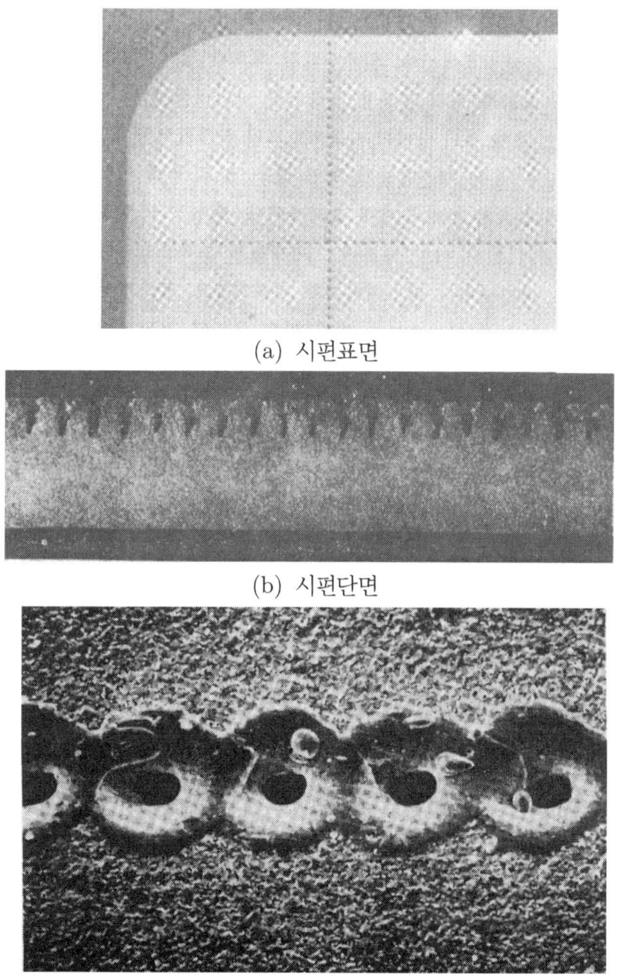

(a) 시편표면

(b) 시편단면

(c) 스크라이빙된 구멍의 확대 그림

그림 V-55 알루미나 기판의 레이저 스크라이빙

여 형성된 홈의 모양을 위에서 보는 것이고, 그림(b)는 스크라이빙 단면이고, 그림(c)는 위에서 보는 막힌 구멍을 확대시킨 것이다.

레이저스크라이빙은 알루미나 이외에 다결정실리콘 웨이퍼절단에도 사용할 수 있다. 실리콘웨이퍼의 스크라이빙에서는 10.6μm의 경우에 집속빔이 크고, 파장이 부분적으로 실리콘을 투과하므로 CO_2레이저빔보다는 보통 Q-스윗칭된 Nd:YAG레이저빔을 사용한다. 스크라이빙된 홈은 증발이 양호하고 열 영향구역을 적게 하기 위하여 10^9W/cm^2 정도의 출력밀도와 수백nsec 정도의 펄스빔을 이용한다. 그리고 스크라이빙된 절단폭은 웨이퍼두께에 따라 차이가 있으나, 보통 15~20μm 정도로 하고 막힌 홈의 깊이는 50~250μm 정도로 한다. 실리콘웨이퍼의 정밀절단에서 열적인 영향을 배제하기 위해서는 fsec 또는 psec 빔을 사용하며, 이것은 다음 항에서 살펴볼 것이다.

파이렉스유리 또는 석영유리는 용융점이 높지만 내열충격성이 양호하여 레이저절단이 용이하다. 그리고 이들 재료들의 레이저절단 후에 야기되는 열응력은 어닐링처리로 제거시켜야 한다. 일반적인 유리재료는 열전도도가 적고 열충격에 약하고, 또한 응고수축에 의하여 미세균열이 발생한다. 그러나 이러한 유리재료를 예열하거나 또는 가열된 상태에서 레이저절단을 수행하면 온도구배를 줄일 수 있어 균열발생을 억제시킬 수 있다. 유리재료는 Nd:YAG레이저빔을 통과시키므로 CO_2레이저빔을 사용해야 한다. 현재 모바일기기의 디스플레이에 사용하는 강화유리의 경우에는 매우 정밀한 규격으로 절단시켜야 하고 절단면에 미세균열이 없어야 하므로 극초단 펄스빔을 사용하며, 이것은 다음 항에서 살펴볼 것이다.

(2) 고분자재료의 절단

레이저빔에 의한 고분자재료의 절단기구는 일반적으로 용융재료의 분출보다는 재료의 증발 또는 재료의 공유결합분해에 의하여 이루어진다. 고분자재료의 절단에 요구되는 레이저에너지는 세라믹재료절단에 요구되는 에너지에 비해서 적으므로 저출력레이저빔으로 절단가공이 이루어진다. 그러나 고분자재료의 레이저절단 시 많은 양의 분해물 또는 증발매연이 발생하므로 절단공정에 문제점을 줄 수도 있다. 즉 좁은 절단구역에서 증기가 빠져나가는 데 어려움이 있어서 절단속도에 제한을 줄 수 있고, 또한 절단면의 품질을 저하시킨다. 그리고 많은 고분자재료는 레이저절단 도중에 유독성가스를 발생시킬 가능성이 있다. 따라서 고분자재료의 레이저절단 시에는 작업자가 유해한 물질을 호흡하지 않아야 하고, 또한 작업장에서 곧 배출시키도록 매우 세심한 주의가 요망된다.

대부분의 **열가소성 플라스틱재료**(예; 폴리프로필렌, 폴리스티렌, 폴리에틸렌, 폴리아미드, ABS수지)를 포함한 고분자재료는 용융재료의 분출이 중요한 절단기구가 된다. 이러한 경우에는 레이저빔과 동축으로 취입되는 가스제트에 의해서 수행되므로 용융재료의 표면장력과 절단조건에 따라 절단면품질에 영향을 미친다. 절단면품질이 매우 양호한 경우라고 해도 용융된 재료의 재응고에 의해서 절단면에 미세한 굴곡형상이 나타나며, 절단면 하부에 약간의 드로스가 부착된다. 용융재료의 분출에 의한 절단과정에서 취입가스압력이 낮은 경우에는 절단구역에서 나오는 입자들을 연소시켜 부품에 열 영향을 줄 수 있고, 절단속도를 저하시킬 수 있고, 또한 용융재료의 분출에 지장을 줄 수도 있다. 반면에 가스압력이 높은 경우에는 가스의 요동에 의해서 절단면을 거칠게 할 수 있고, 또한 유속이 너무 빠른 경우에는 절단구역을 냉각시켜 절단공정의 효율성을 저하시킨다.

반면에 아크릴과 폴리아세탈 같은 고분자재료는 주로 재료의 증발에 의해서 절단이 이루어진다. 폴리메틸메타아크릴레이트(PMMA)는 절단 도중에 용융된 후 메틸메타아크릴레이트 증기로 된다. 절단면 품질이 투명하도록 깨끗하게 하기 위해서는 인입되는 가스제트에 의하여 절단면에 잔류된 용융물이 흐트러지지 않도록 취입가스 압력이 크지 않게 해야 한다. 만일 취입가스 압력이 증가되면 용융층이 요동하면서 가스가 트랩되어 응고되므로 절단면에 서리가 낀 것 같이 불투명하게 된다.

그리고 대부분의 **열경화성 플라스틱재료**(예; 페놀수지, 에폭시수지, 가황고무제품)를 포함한 고분자재료는 주로 재료의 화학적인 분해에 의해서 절단이 이루어진다. 일반적으로 열경화성 플라스틱은 교차결합으로 3차원구조를 가지고 있으며, 절단기구는 고분자기지조직에서 그 결합을 끊어야 한다. 이러한 경우에는 단순한 고분자재료의 용융에 비하여 더욱 많은 에너지가 요구되므로 용융재료의 분출에 의한 경우와 비교하여 절단속도가 느리고, 또한 절단구역의 온도가 훨씬 높다. 특히 절단기구가 용융물의 분출에 의하지 않기 때문에 일반적으로 절단면이 매우 매끈하다. 그리고 유의할 사항은 화학적인 분해에 의하여 절단이 이루어지는 고분자재료 중에서 PVC는 유독성 매연인 HCl을 발생시키고, 폴리카보네이트와 폴리우레탄은 방출시키는 매연에 유독성인 HCN을 포함할 수 있으므로 사전에 대비해야 한다. 또한 레이저빔에 의하여 재료의 화학적인 분해가 이루어지는 경우에는 절단면에 탄소잔재물이 붙게 될 수 있으므로 절단재료를 사용하기 전에 제거시켜야 한다.

목재와 종이는 셀룰로스(cellulose)재료이므로 열경화성 플라스틱 같이 화학적인 분해에 의한 기구로 절단이 이루어진다. 따라서 국부적으로 절단이 이루어지는 구역의 온도는 매우 높으며, 일반적으로 절단속도는 재료의 밀도에 반비례한다. 또한 이들은 구조가 하이드로카본이므로 절단면에 탄소잔재물이 붙어 있을 수 있다. 그리고 각종 섬유류제품도 레이저빔으로 절단이 이루어지며, 이 경우에 천연섬유 또는 인조섬유의 구조에 따라 그 절단기구에서 차이가 있을 수 있다.

레이저절단시키는 재료의 기계적 성질을 고려하여 보면, 레이저절단은 비접촉방법에 의하므로 다이아몬드 같은 경질재료는 물론 고무 같이 연질재료의 절단에도 용이하게 이용할 수 있다. 그리고 재료의 레이저절단은 증발기구에 의하므로 복합재료도 두 재료 사이의 기계적인 강도에 관계없이 용이하게 절단이 가능하다. 혹은 여러 가지 성분으로 구성된 재료에서 필요에 따라 선택적인 절단이 가능하다. 예를 들면 동선에 고무 혹은 플라스틱으로 피복시킨 동축케이블의 피복절개에서 CO_2레이저빔을 사용하면 내부 동선에는 지장 없이 외부의 절연물만을 선택적으로 절단 또는 제거가 가능하다. 즉 내부의 동선은 10.6μm에 대한 반사도가 큰 반면에 외부의 유기물은 매우 흡수율이 크기 때문에 이들 절연물만 증발시킬 수 있다. 이러한 재료에서 기계적인 방법을 사용하면 공구를 사용하는 도중에 내부의 동선에 손상을 줄 가능성이 있으나, 레이저빔을 사용 시에는 전혀 손상을 주지 않는다.

(3) 복합재료의 절단

복합재료는 두 가지 이상 성분으로 구성되어 있으며, 일반적으로 기지조직에 고강도파이버를 첨가하여 일정하게 혹은 무작위로 배열시킨 형태이다. 복합재료의 레이저절단에서 중요한 관점은 기지조직과 파이버의 성분이며, 이들이 고분자재료, 세라믹재료 혹은 금속재료인가에 따라 차이가 있기 때문이다. 만일 기지재료와 파이버재료가 모두 고분자재료인 경우에는 레이저절단이 비교적 용이하다. 예를 들면 에폭시 수지에 아라미드파이버로 보강된 고성능복합재료는 두께가 6mm 정도까지 용이하게 레이저절단이 가능하나, 두께가 큰 경우에는 절단면이 검게 타게 된다. 그러나 고분자기지에 세라믹재료 같은 무기재료의 파이버를 보강시킨 경우에는 레이저빔에 의한 가열현상이 변화되므로 레이저절단에 차이가 있게 된다. 예를 들면 파이버글라스/에폭시 복합재료의 레이저절단에서는 파이버글라스를 용융시켜야 하며, 이것은 에폭시분해에 필요한 에너지보다 훨씬 큰 에너지가 요구되므로 절단공정조절에 세심한 주의가 요구된다. 그리고 탄소파이버/에폭시 복합재료의 경우에는 탄소를 증발시키기 위하여 3,600°C 이상으로 가열시켜야 하므로 매우 힘들다. 특히 탄소는 매우 열전도도가 양호하여 절단구역근방의 에폭시는 고온에 접하게 되므로 상당한 구역까지 에폭시의 분해를 조장시킨다. 따라서 탄소파이버/에폭시 복합재료의 레이저절단은 두께가 1.5mm 정도 이하의 비교적 얇은 재료의 절단으로 제한되며, CO_2레이저의 펄스빔을 사용한다.

금속/금속 복합재료는 보강재 역할을 하는 금속파이버의 길이 또는 형태에 따라 다양하며 광범위하게 사용되고 있다. 예를 들면 초합금기지에 내화물파이버를 보강시킨 복합재료는 고온에서 고강도와 큰 인성을 유지하므로 매우 유용한 재료이나, 이러한 고강도로 인하여 기계적인 방법으로 절단하기는 힘들다. 이러한 복합재료들의 레이저절단은 용이하게 이루어지며, 그 절단기구는 주로 용융금속의 분출과 증발에 의한다. 이 경우에 한 가지 고려해야 할 사항은 절단구역에서 기지금속의 과도한 용융현상으로 인하여 내화재파이버가 노출되는 것이다. 이러한 현상을 최소화시키기 위해서 Nd:YAG레이저의 고출력 펄스빔을 사용하는 것이 바람직하다.

V-3-5 극초단펄스빔에 의한 세라믹/유리재료의 정밀절단가공

레이저빔에 의한 세라믹재료의 일반적인 절단가공에 관해서는 위에서 간단히 기술하였다. 그러나 근래 전자정보산업의 발전은 레이저빔에 의한 다양한 유전체재료와 반도체재료의 정밀가공을 요구하고 있다. 그리고 스마트폰과 LCD디스플레이의 대량생산은 레이저빔에 의한 일반/강화유리의 고속정밀절단을 요구하고 있다. 그림 V-56은 레이저빔으로 정밀가공한 PCB, IC패키지, 실리콘, 강화유리의 부품들을 보여주고 있다.

이러한 세라믹/유리재료의 정밀절단과 정밀천공에서는 가공 시 재료의 용융과 열 영향을 배제하기 위해서 fsec/psec 극초단펄스빔을 사용한다. 극초단펄스빔의 특성과 재료가공의 기반이 되는 필라멘테이션

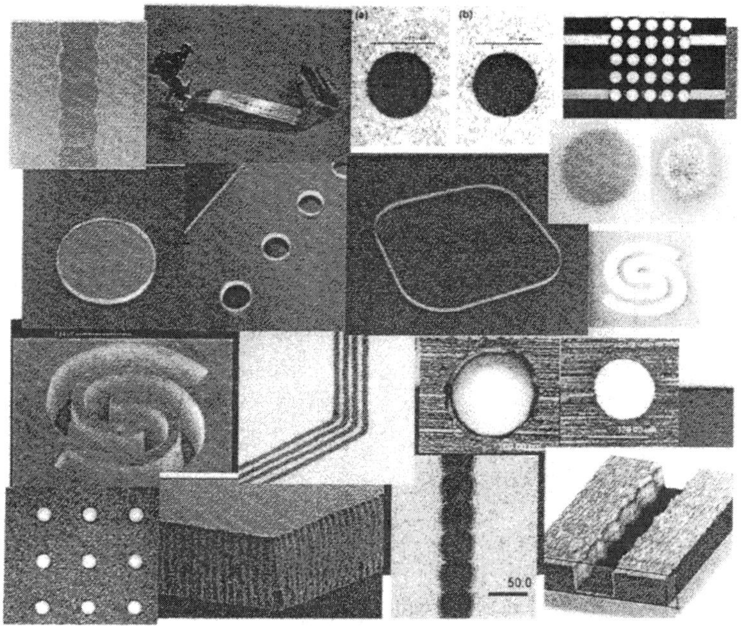

그림 V-56 레이저빔으로 정밀가공시킨 PCB, IC패키지, 실리콘, 알루미나, 강화유리 부품들(Spectra Physics)

과 어블레이션에 관한 이론적인 문제는 IV-5절에서 자세히 기술하였다. 따라서 여기서는 극초단펄스빔에 의한 취성재료, 즉 세라믹/유리재료의 실제적인 정밀절단가공방법과 발전과정에 관해서 살펴보겠다.

(1) 극초단펄스빔에 의한 세라믹/유리재료의 고속정밀가공의 개요

대량생산되는 LCD평판디스플레이와 모바일기기의 디스플레이에 사용하는 얇은 유리판재는 흔히 다이아몬드 스크라이버를 사용하여 일직선으로 절단한다. 그러나 근래 스마트폰에 사용하는 화면디스플레이는 고강도의 강화유리 또는 사파이어 등을 사용하며, 정밀한 절단과 천공이 요구된다. 이러한 강도와 취성이 매우 큰 재료인 강화유리, 사파이어, 세라믹(Al_2O_3, AlN, ZrO_2 등)의 고속 정밀절단/천공 가공에는 흔히 fsec 또는 psec의 극초단펄스빔을 사용한다. 그림 V-57은 극초단펄스빔으로 사파이어, 강화유리, 세라믹에 정밀절단 및 정밀천공 가공한 시편들을 보여주고 있다.

만일 취성재료의 절단에서 수십psec∼nsec의 펄스빔을 사용하면 열이 발생하여 용융이 일어나고, 곧이어 급속한 응고가 일어난다. 이 경우에 용융분출물의 비산과 응고된 구역에서 급속한 응고수축으로 미세한 균열들이 발생하게 된다. 이러한 미세균열이 존재하는 취성재료에 충격이 가해지면 쉽게 균열이 전파되어 파괴가 일어난다. 따라서 가공구역에 열에 의한 영향을 배제하고 어블레이션으로 재료를 제거하기 위해서는 數psec 이하의 극초단펄스빔을 사용해야 한다.

IV-5절에서 기술한 바와 같이 fsec/psec펄스빔이 재료에 조사되면 **다중포톤이온화**에 의하여 밴드갭이

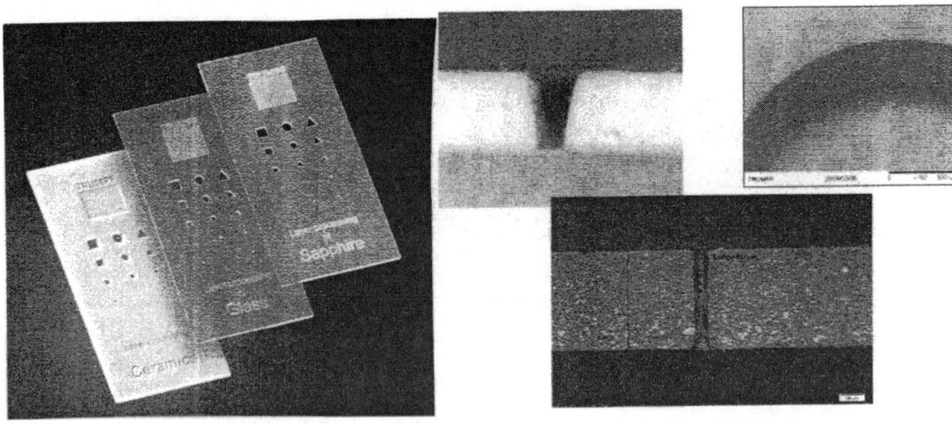

(a) 세라믹, 유리, 사파이어 (b) Al_2O_3, AlN, ZrO_2

그림 V-57 극초단펄스빔에 의한 천공과 절단(Trumpf)

큰 유전체재료의 가전자대에서 전도대로 전자들을 여기시켜서 많은 전도전자를 만든다. 그리고 이들 자유전자가 역제동복사에 의하여 에너지를 얻어 원자로부터 방출된다. 그러면 이들 많은 전자들에 의해서 붕괴이온화와 터널이온화를 주어 임계전자밀도가 되며, 이렇게 되면 광학적인 돌파구가 마련된다. 즉 세라믹재료에서 재료가공역할을 하는 어블레이션 공정으로 작용한다. 이러한 경우에 그림 IV-58과 같이 재료의 강한 본드를 끊거나 원자들을 분해시켜 고강도취성재료의 가공을 수행하게 된다. 이러한 어블레이션 혹은 정밀가공에서 레이저빔의 파장이 짧을수록 포톤에너지가 크므로 더욱 용이하고, 또한 같은 파장에서는 펄스길이가 짧을수록 양호하다.

(2) 극초단펄스빔에 의한 세라믹/유리재료의 고속정밀가공방법

극초단(fsec/psec)펄스 레이저빔에 의한 투명한 강화유리의 각종 절단방법들을 그림 V-58에 열거하였다. 이러한 극초단펄스빔에 의한 투명한 유전체재료의 정밀절단방법은 어블레이션 절단방법, 스크라이빙 절단방법, 다층다중조사 절단방법(혹은 스틸스 절단방법), 연장조정빔 절단방법(혹은 필라멘테이션빔 절단방법, 레일리길이연장빔 절단방법), 레이저에칭방법 등이 있으며, 이들의 순서로 발전되었다.

○ 어블레이션(ablation cutting) 절단방법

이 방법은 가장 평범한 공정으로 그림 V-58의 맨 위에 보여주는 것과 같이 집속된 레이저빔을 주사시켜 재료를 어블레이션하여 절단하는 방법이다. 만일 재료가 두껍거나 완전한 절단이 요구되는 경우에는 집속빔을 수차례 반복하여 주사시켜 순차적으로 어블레이션하여 재료를 절단한다. 이 방법은 레이저빔을 재료의 표면에 조사시키는 것으로 재료가 투명하거나 불투명하거나 관계없이 사용할 수 있지만 비교적 많은 시간이 소요된다.

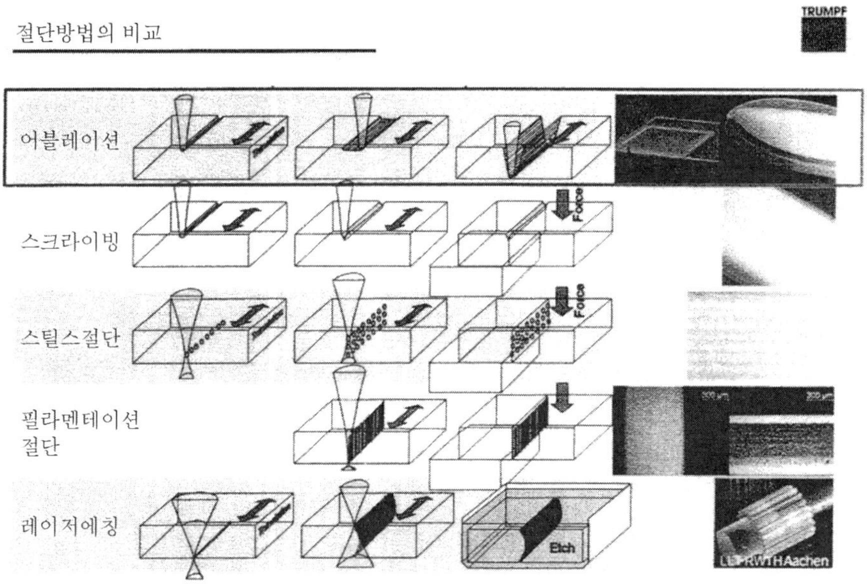

그림 V-58 펄스빔에 의한 강화유리 절단방법(C. Siebert)

○ 스크라이빙(scribing and break cutting) 절단방법

이 방법은 세라믹재료의 스크라이빙 절단방법과 같은 공정이다. 그림 V-58의 두 번째 그림에 보여주는 것과 같이 재료에 집속된 레이저빔을 주사시켜 연속 혹은 불연속 홈을 만든다. 그 후에 양측에서 힘을 가하여 홈을 따라 절단되도록 하는 것이다. 이 방법도 재료가 투명하거나 불투명하거나 관계없이 모두 적용시킬 수 있다. 그러나 절단된 단면이 균일하지 못하고 모서리가 예리하게 된다. 이러한 예리한 모서리는 다른 부품 또는 물건과 접촉 시 미세하게 깨어지거나 부스러지게 되므로 취급에 주의해야 한다. 이러한 문제점을 해결하기 위하여 절단면을 다이아몬드공구로 살짝 연마하거나 폴리싱하여 사용한다.

○ 다층다중조사(multipass modification cutting) 절단방법

이 방법은 그림 V-58의 세 번째 그림에 보여주는 것과 같이 집속된 레이저빔을 재료 내부의 일정한 깊이에서 일직선으로 주사시키고, 순차적으로 빔조사 위치를 올려가면서 여러 번 주사시켜 절단시키는 방법이다. 이러한 절단방법은 집속된 레이저빔을 재료내부에 잠행시켜 주사시키므로 **스틸스절단(stealth cutting)방법**이라고도 한다.

집속된 레이저빔을 유전체재료의 내부에 조사하면 IV-4-3항에서 기술한 바와 같이 집중된 빔에너지에 의해서 어블레이션 또는 국부적인 열팽창으로 미세한 내부폭발이 발생한다. 한 번의 레이저빔 주사로는 그 빔이 조사된 위치를 따라 국부적인 어블레이션이 일어나지만, 전체적인 재료를 절단할 수는 없다. 그리고 재료 내에서 형성된 파손라인은 광선을 산란시키므로 그 이하부분에 집속빔을 조사시킬 수 없다. 따라서 처음에 집속된 레이저빔을 재료 내부의 가장 하부위치에서 주사시키고, 다음에는 그보다 일정거

리 올라간 위치의 부분을 따라 주사시키고, 그 다음에는 다시 그보다 일정거리 올려서 주사시킨다. 재료의 두께에 따라 이러한 과정을 순차적으로 반복하여 여러 차례 주사시키면 종국적으로 재료가 절단된다.

만일 재료두께가 크면 집속된 레이저빔을 여러 차례 주사시켜야 한다. 예를 들면 두께 0.15mm의 유전체에 집속된 Nd:YAG레이저빔으로 스텔스절단을 수행하는 경우에 처음 레이저빔주사 후 매번 30μm씩 높이를 올려서 레이저빔을 주사한다고 하면 4회를 주사시켜야 한다. 이 방법은 맨 위에 기술한 어블레이션 절단방법과 달리 재료를 제거시켜 절단하는 것이 아니고 내부파열에 의한 방법이기 때문에 가공속도가 빠르고 절단폭이 좁다. 이러한 방법은 원칙적으로 가시광선에 투명한 재료에 이용되는 것이나, 실리콘웨이퍼 같이 가시광선에는 불투명하나 근적외선레이저빔을 투과시키는 재료에도 적용할 수 있다. 예를 들면 LED에 사용하는 두께 0.4mm인 사파이어웨이퍼에 미세균열과 치핑이 없이 0.2mm의 절단폭으로 절단했다고 보고되었다.

○ 연장조정빔(elongated modification beam cutting) 절단방법

이 방법은 **레일리길이연장빔 절단방법** 혹은 **필라멘테이션빔 절단방법**이라고도 하며, 그림 V-58에서 네 번째로 보여주고 있다. 이 방법은 투명한 재료에서 고출력 극초단펄스빔에 의하여 발생하는 비선형적인 작용을 이용한 필라멘테이션 현상을 이용한 것이다. 즉 이 현상으로 빔이 조정되어 레일리길이가 긴, 즉 초점깊이가 길게 연장된 것과 같은 레이저빔을 발생시켜서 재료를 절단하는 방법이다. 여기서 레일리길이란 IV-1-2항에서 기술한 것과 같이 초점구역에서 빔의 반경(w_o)보다 큰 반경이 $\sqrt{2}\,w_o$가 되는 상하위치 사이의 거리이다. 이 방법은 위에 기술한 다층다중조사 절단방법과 유사하나 레일리길이를 길게 연

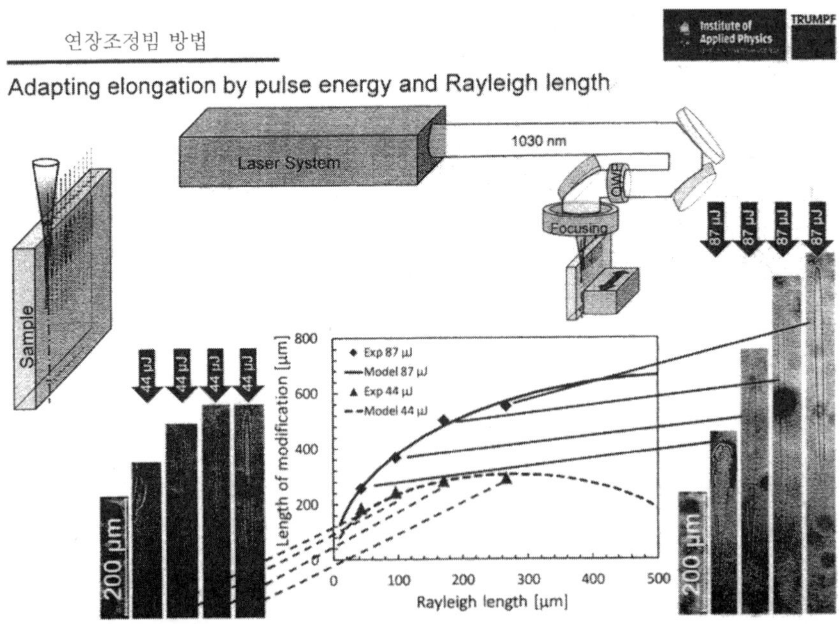

그림 V-59 연장된 조정(레일리길이)빔 절단방법에서 펄스에너지와 레일리길이의 관계(C. Siebert)

장시킴으로써 한 번의 레이저빔 주사로 재료를 절단하기 때문에 간단하고 절단속도가 빠르다. 만일 재료가 두꺼운 경우에는 2~3번의 레이저빔 주사로 절단이 가능할 것이다. 이 방법은 IV-5-3항에서 기술한 바와 같이 원칙적으로 극초단펄스빔에 의한 비선형작용은 투명한 재료에 필라멘테이션효과를 일으켜 레이저빔의 초점깊이를 길게 연장시킨 것과 같은 상태에서 절단하는 것이다.

그림 V-59는 연장조정빔 절단방법으로 투명유전체를 절단가공하는 개요와 펄스빔에너지에 따른 레일리길이 및 연장조정된 초점깊이의 결과를 나타내고 있다. 이 그림에서 레이저빔통로에 QWP(λ/4파장판)를 설치한 것은 선형편광된 레이저빔을 원형편광으로 변환시키기 위한 것이다. 이 그림의 그래프에서 보듯이 Yb:YAG레이저빔의 펄스에너지가 증가함에 따라 레일리길이에 해당하는 연장조정빔의 길이가 증가되었다. 따라서 펄스빔에너지에 따라 재료에서 어블레이션되는 깊이와 길이로부터 투명재료의 절단가공공정과 결과를 예측할 수 있다. 그림 V-60에서 그림(a)는 연장조정빔 절단방법을 이용하여 곡선으로 절단시킨 유리판을 보여주고 있다.

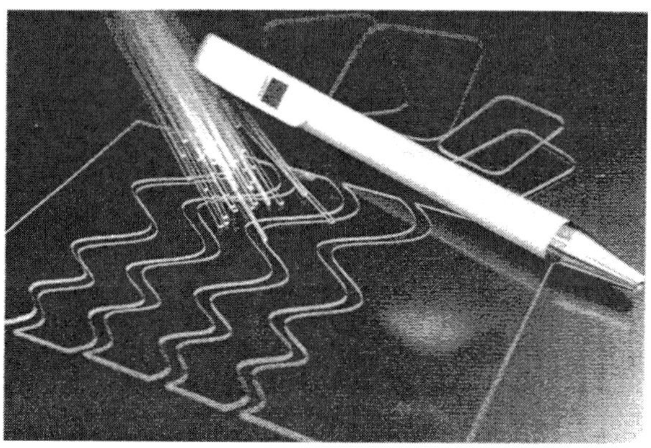

(a) 연장된 조정빔 절단방법으로 절단한 유리

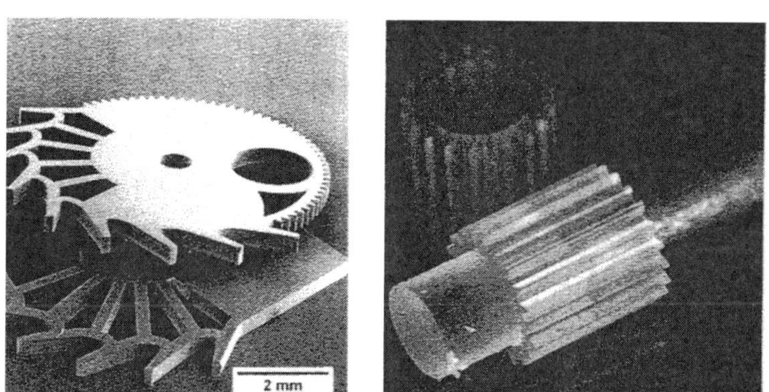

(b) 선택적인 레이저에칭방법에 의해 사파이어와 유리로 가공한 기어 부품

그림 V-60 극초단 펄스빔에 의한 유전체 가공(Trumpf, Fraunhofer)

○ 선택적인 레이저에칭(selective laser etching)방법

이 방법은 그림 V-58에서 맨 밑의 그림에 보여주는 것과 같이 절단면이 평평하지 않고 곡면을 가지도록 절단하는 방법으로 극초단펄스빔에 의하여 투명재료의 선택적인 에칭을 수행하는 것이다. 이 방법은 위에서 기술한 다층다중조사 절단방법의 원리를 이용하여 집속빔의 주사방법을 상하 위치만이 아니라 좌우 위치를 배합하여 이동하면서 순차적으로 조사시킨다. 이러한 경우에 절단면을 곡면으로 어블레이션시키거나 특정한 형상으로 곡면절단을 주어 정밀한 가공을 수행할 수 있다. 이러한 방법은 유리재료의 에칭에서 HF용액 혹은 KOH용액을 이용한 화학적인 방법에 비하여 에칭속도가 수십 배 이상으로 매우 빠르다. 따라서 이러한 방법은 투명한 유전체재료의 내부에 정밀한 3D구조(structuring)형상을 가공하거나, 또는 복잡한 초소형부품 및 정밀한 소형멤스(MEMS)부품을 제조하는 경우에 사용할 수 있다. 그림 V-60에서 그림(b)는 선택적인 레이저에칭방법에 의해서 사파이어와 유리에서 가공하여 빼낸 기어부품을 보여주고 있다.

V-4 재료의 천공

레이저빔에 의한 재료의 천공은 비접촉방법으로 통상적인 크기의 직경은 물론 수μm 정도 직경크기로 천공이 가능하다. 또한 매우 단단한 재료는 물론 매우 연하여 기계적인 방법으로 가공하기 힘든 재료의 천공도 용이하다. 그리고 가공시간이 짧아 생산성이 크며, 증발에 의한 재료제거로 칩 발생이 없어 광학기구 또는 CCD모니터로 천공과정을 관찰할 수 있다. 따라서 레이저천공은 각종 산업용 기계기구와 첨단재료의 정밀천공에 광범위하게 사용되고 있다. 예를 들면 항공기엔진에서 터빈블레이드냉각구멍, 자동차엔진의 연료분사노즐구멍, 인발가공용 다이아몬드다이의 정밀구멍, 의료기기와 광학기기의 정밀천공 등이다.

일반적으로 재료의 천공에 사용되는 레이저빔은 천공되는 직경과 깊이 및 재료특성에 따라 Nd:YAG 레이저, 디스크레이저, 파이버레이저, CO_2레이저 혹은 엑시머레이저의 펄스빔을 사용한다. 레이저천공에서는 레이저빔의 특성, 집속조건과 사용재료에 따라 어떤 경우에는 가로세로비(천공깊이/직경)가 100 정도를 얻을 수 있다. 그러나 보통금속의 경우에는 약 12 정도 내외이고, 세라믹재료의 경우에는 약 25 정도까지 수행한다. 일반적으로 레이저빔에 의해서 천공된 구멍은 빔의 집속에 따른 현상으로 테이퍼되어 직경이 일정하지 못하고 경사지게 된다. 따라서 깊이가 긴 경우에는 입구직경은 크나 내부로 들어갈수록 직경이 감소되는 경향이 있다. 그리고 재료를 관통하여 구멍이 형성되는 관통천공이 아닌 경우에는 내부에서 증발된 입자들이 재응축되거나 분출되는 용융물이 구멍입구에서 응고되어 입술과 같이 튀어 나오게 되거나, 또는 천공된 구멍의 벽면에 붙어서 거친 벽면을 줄 수도 있다. 이러한 현상은 지속파 빔 또는 펄스길이가 긴 레이저빔을 사용하는 경우에 현저히 나타난다. 그러므로 직경이 정밀하고 깊이가 긴 관통천공을 필요로 하는 경우에는 일정한 직경이 되도록 다시 연마작업으로 완성가공을 수행하는 경우도 있다.

V-4-1 천공기구와 레이저빔의 형태

레이저빔에 의한 재료의 천공기구는 원칙적으로 재료의 증발에 의존하므로 금속의 용접 또는 절단보다 큰 레이저출력밀도를 필요로 한다. 레이저빔에 의한 재료의 천공방법과 기계적인 공구에 의한 천공방법을 비교하면 그림 V-61과 같다. 즉 기계적인 방법은 공구강으로 된 드릴을 천공시킬 구역에 접촉시킨 후 큰 응력을 가하면서 회전시켜 천공되는 구역이 깎이면서 칩이 발생해 재료를 제거하는 기구이다. 반면에 레이저빔에 의한 방법은 집속된 레이저빔을 천공시킬 구역에 조사시켜 비등점 이상의 높은 온도를 얻어 그 구역의 재료를 증발시킴으로 재료를 제거하는 기구이다.

일반적으로 레이저빔에 의한 재료의 천공은 펄스빔을 천공시킬 구역에 반복하여 조사시키기 때문에 사용하는 레이저빔의 특성이 매우 중요하다. 레이저빔의 출력밀도가 크면 천공부에서 과열된 증기는 이온화되며, 이들 증기와 플라즈마의 압력과 속도는 매우 크고 빠르므로 떨어져 나가는 재료들의 제거에 도움을 준다. 그러나 이때 발생한 고온플라즈마의 밀도가 큰 경우에는 인입되는 레이저빔에너지를 흡수 또는

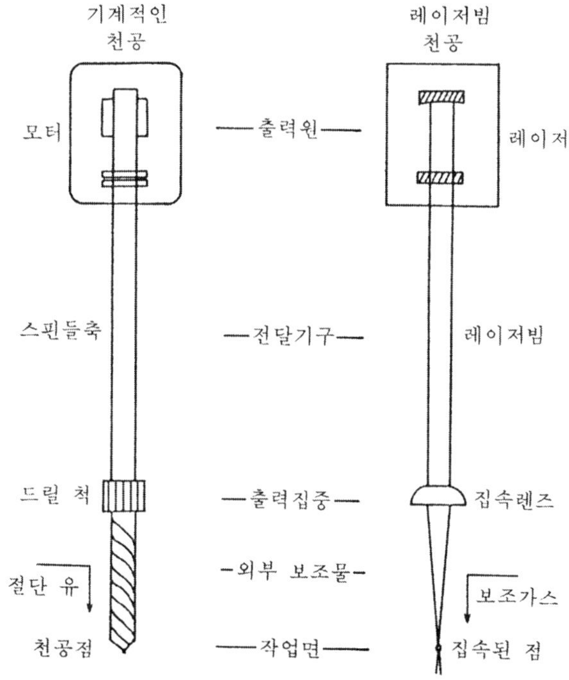

그림 V-61 기계적인 천공과 레이저빔 천공의 비교

반사시키므로 재료에 도달되어야 하는 레이저빔의 입사를 차장시킨다. 이러한 현상을 설명할 수 있는 예로 그림 V-62와 같이 고속카메라로 찍은 증발입자와 플라즈마를 보면서 검토해보자. 이 그림은 레이저빔 출력밀도가 $1.5 \times 10^6 W/cm^2$이고 펄스길이가 5msec인 CO_2레이저의 집속빔을 알루미늄합금 상에 조사시키는 경우에 작열하는 플룸을 고속카메라로 찍은 것이다. 이 플룸의 입자들은 증발된 알루미늄과 플라즈마로 구성되어 있다.

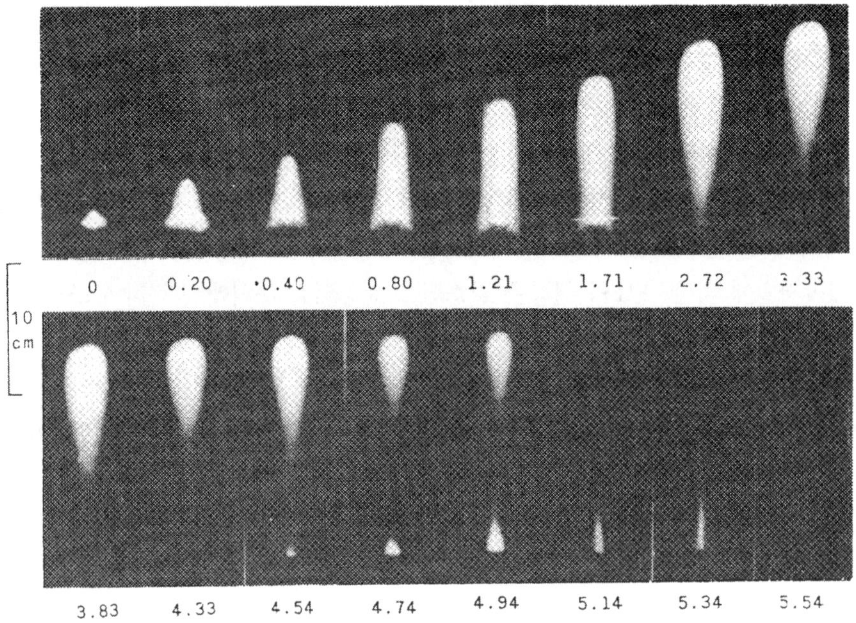

그림 V-62 알루미늄 표면상에 $1.5 \times 10^6 W/cm^2$의 CO_2레이저빔 펄스를 조사 시 방출되는 증발입자와 플라즈마 플룸. 숫자로 나타낸 것은 고속카메라의 동작 후 시간을 msec로 나타낸 것임(Stegman, et al.)

이 그림에서 보듯이 레이저빔 펄스를 알루미늄에 조사하면 처음에 증발하기 시작하여 약 2.0msec 후에는 플룸이 표면으로부터 떠나기 시작한다. 약 3.0msec 후에는 플룸이 표면으로부터 완전히 떠나서 계속하여 인입되는 레이저빔 방향으로 방출되므로 인입되는 레이저빔의 일부만이 금속표면에 도달하게 될 것이다. 약 4.5msec 정도 후가 되면 플룸의 확산과 소멸이 많으므로 레이저빔이 알루미늄 표면에 도달하여 다시 증발시킬 것이다. 그리고 펄스길이에 해당하는 약 5.0msec 후에는 플룸이 완전히 소멸되므로 빔 펄스가 어떤 지장도 없이 재료표면에 도달하여 재료증발에 기여할 것이다. 이러한 레이저빔 펄스에 대한 플라즈마 플룸의 형성과 확산은 레이저출력밀도와 펄스길이 및 재료에 따라 차이가 있다.

따라서 재료에 따라 증발에 의한 재료제거는 레이저빔 출력밀도가 크다고 해서 잘되는 것은 아니다. 그림 IV-64에 보는 것과 같이 레이저빔 출력밀도의 증가에 따라 재료제거는 증가되다가 어떤 극대치를 가지며, 그 후에는 다시 감소하게 된다. 이 그림 IV-64는 알루미늄이 아니고 알루미나에 펄스길이 $1 \mu m$의 CO_2레이저 펄스빔을 조사시킨 것이지만, 기본적인 원리는 같다. 그러므로 레이저빔에 의한 재료의 천공은 지속파 레이저빔 또는 펄스길이가 긴 레이저빔 보다는 펄스길이가 짧고 반복횟수가 큰 펄스빔을 사용하는 것이 바람직하다. 그리고 레이저빔의 평균출력은 가능하면 고출력이 바람직하나, 실제로 중요한 것은 펄스의 첨두출력이다. 위에서 기술한 것과 같이 재료의 천공에서는 짧은 펄스빔이 긴 펄스빔 또는 지속파빔에 비해서 양호한 결과를 주며, 플라즈마에 의한 영향이 크지 않으면 큰 출력밀도가 바람직하다.

일반적으로 파장이 193~308nm인 엑시머레이저빔과 532nm과 355nm인 Nd:YAG레이저빔의 2차 및 3차 조화파장은 재료의 정밀천공에 광범위하게 사용된다. 이들의 펄스기간과 평균출력이 대체로 10~100nsec과 1~10W 정도인 경우에 소형전자부품 혹은 의료기기의 정밀천공에 사용된다. 큰 부품 또는 대량생산성이 요구되는 부품의 천공에는 일반적으로 펄스길이가 μsec급 혹은 msec급으로 큰 출력밀도의 Nd:YAG레이저, 디스크레이저, 파이버레이저, CO_2레이저의 펄스빔이 사용된다.

고분자재료의 천공에서는 엑시머레이저빔 또는 극초단펄스빔을 사용하는 경우에 짧은 파장과 비선형 작용에 의한 광화학작용으로 재료가 제거되므로 구경이 매우 명료하고 깨끗하다. 반면에 다른 레이저빔들에 의한 경우에는 열적인 작용에 의해서 재료가 제거되므로 구경이 명료하지 못하고, 또한 스패터의 분산에 의하여 깨끗하지 못하다. 그러므로 재료에 열적인 영향이 없이 어블레이션에 의한 정밀천공에는 fsec/psec의 극초단펄스빔을 사용한다. 그림 V-63의 그림(a)는 천공가공 시 열적인 작용의 유무에 따른

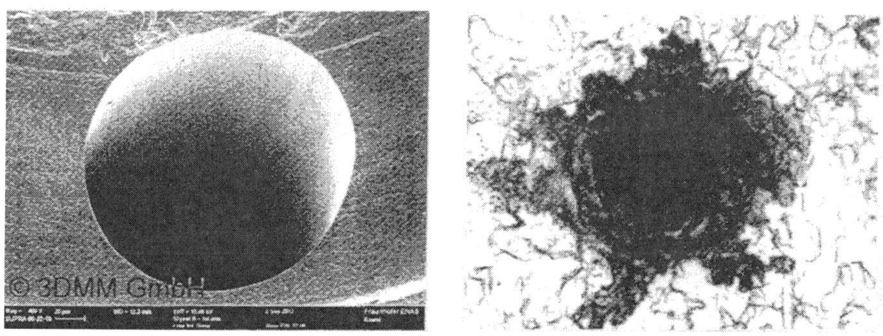

(a) 좌측은 극초단 펄스빔에 의한 천공에서 열적 작용이 없는 경우이고, 우측은 열적 작용이 있는 경우임(Jenoptik)

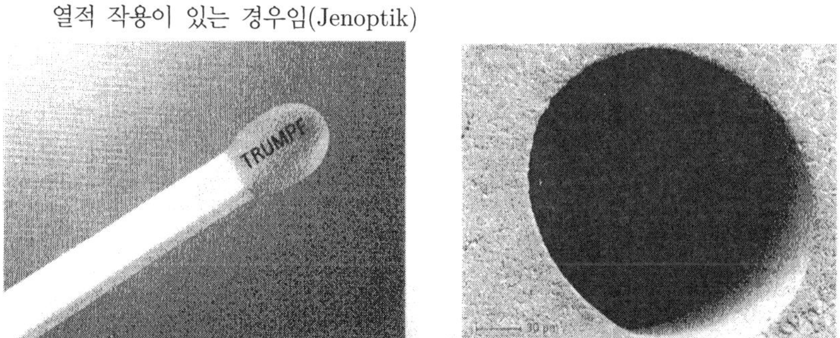

(b) 좌측은 극초단 펄스빔으로 성냥에 글자를 마킹한 것이고, 우측은 세라믹에 직경 200μm의 천공 구멍(Trumpf)

그림 V-63 천공가공 시 열적 작용 유무에 따른 결과

결과를 보여주고 있다. 좌측의 그림은 fsec극초단펄스빔에 의한 천공으로 열적인 작용이 없는 **냉간천공**이기 때문에 매우 정밀하고 깨끗한 천공이 가능하다. 반면에 우측의 그림은 nsec펄스빔에 의한 천공으로 열적 작용이 있는 **열간천공**이기 때문에 천공구역에 용융물이 있고 깨끗하지 못하다. 그림(b)는 극초단펄스빔으로 세라믹재료에 관통구멍을 천공시킨 것이고, 좌측은 성냥화약에 글자를 새긴 것이다. 극초단펄스빔은 재료를 가열시키지 않고 어떤 재료라도 어블레이션시키는 냉간가공이기 때문에 성냥의 화약이 폭발되지 않고 그대로인 상태에서 어블레이션되었다.

일반적으로 자동차부품 또는 항공기의 터빈부품 천공에는 0.1~10KW 정도의 평균출력이 요구되므로 Nd:YAG레이저, 디스크레이저, 파이버레이저의 펄스빔이 사용된다. 이러한 금속부품들의 천공에 사용되는 펄스빔은 펄스기간이 0.5~10msec 정도이고, 평균출력이 수KW 정도이다. 금속재료의 깊고 정밀한 천공에서 Nd:YAG레이저, 디스크레이저, 파이버레이저의 빔이 CO_2레이저빔에 비하여 양호한 이유로 세 가지를 고려할 수 있다. 첫 번째는 이들 레이저빔의 파장은 CO_2레이저빔에 비하여 1/10 정도이므로 동일한 빔품질과 집속조건에서 집속빔의 직경이 1/10이다. 두 번째는 이들 레이저빔의 파장이 CO_2레이저빔에 비하여 짧으므로 금속에서 반사율이 적어 레이저빔 흡수도가 커져 많은 에너지를 공급할 수 있다. 세 번째는 레이저빔에 의하여 발생되는 **플라즈마파(LAW)**의 임곗값은 파장의 제곱에 반비례하므로 장파장인 CO_2레이저빔의 경우에 상대적으로 낮은 출력에서 발생한다. 따라서 금속재료에서 정밀하고 깊은 천공이 요구되는 경우에는 펄스길이가 긴 CO_2레이저빔은 거의 사용하지 않는다. 반면에 다이오드펌핑방법으로 발진시키는 고출력의 Q-스윗칭 Nd:YAG레이저, 디스크레이저, 파이버레이저는 펄스기간이 100nsec 또는 그 이하이고, 평균출력이 수KW로서 매우 양호한 빔특성을 주기 때문에 정밀하고 양호한 천공결과를 준다.

세라믹재료의 천공에는 Nd:YAG레이저빔을 사용하기도 하나 일반적으로 첨두출력이 큰 CO_2레이저빔을 사용한다. 이러한 레이저빔의 펄스길이는 20μsec~1mμsec 정도이고, 반복속도가 약 20KHz로서 점유주기가 약 50%이며, 평균출력은 50~600W 정도로서 첨두출력은 0.3~1.5KW 정도이다. 그리고 천공작업에 요구되는 사항으로 첨두출력이 큰 것과 함께 CO_2레이저빔의 품질은 $M^2 < 1.2$ 정도가 바람직하다. 일반적으로 두께가 큰 부품의 경우에는 고출력의 펄스빔이 이용된다. 그러나 두께가 얇은 부품의 작은 구경의 천공에서는 RF여기 시키는 밀봉된 CO_2레이저 또는 TEA CO_2레이저의 펄스빔이 이용되고 있다. 이러한 레이저들은 세라믹재료는 물론 금속코팅재료 또는 고분자재료의 천공작업에도 이용되고 있으며, 동시에 복합구조재료의 천공작업에도 이용된다. 예를 들면 유전체와 Cu박막으로 구성된 다층인 쇄회로기판에 직경 50~325μm 정도의 **관통된 구멍**을 천공하는 경우에 펄스빔의 반복속도가 크기 때문에 매초당 약 300개의 구멍을 뚫을 수 있다.

금속재료의 천공에서는 위에 기술된 Nd:YAG레이저, CO_2레이저 이외에 레이저빔 파장 때문에 구리증기레이저(CVL; Copper Vapor Laser)를 사용할 수도 있다. 이 레이저는 파장이 511nm와 578nm인 청색의 펄스레이저빔을 방출하며, 모든 종류의 금속재료와 금속/비금속의 다층재료 또는 복합재료의 천공이 가능하다. 금속의 천공에 사용되는 **구리증기레이저**의 특성은 일반적으로 펄스길이 50nsec 정도, 펄스반복속도 6.5KHz 정도, 펄스에너지 0.3~25mJ, 펄스출력 1~300KW, 평균출력 10~100W, 발산각 140μrad 정도, 집속빔직경 10~150μm, 출력밀도 10^8~10^{11}W/cm^2 정도이다. 천공된 구경의 직경과 깊이는 펄스빔 출력밀도에 비례하며, 일반적으로 천공이 가능한 부품의 두께는 수십μm~5mm 정도로서 천공구경은 10~150μm 정도이다. 구리증기레이저에 의한 천공기구는 원칙적으로 금속의 증발이므로 천공구역이 깨끗하나, 증발되는 입자들이 완전히 빠져나가지 못하는 경우에는 천공벽면에 붙어 응고되어 있을 수도 있다. 이 레이저에 의한 천공형태에서 작은 원형구경의 경우에는 펄스빔의 반복펄스천공방법에 의하여 수행되고, 구경이 크거나 복잡한 모양의 천공에서는 마스크 투영법 혹은 이동펄스천공방법에 의하여 수행된다. 그러나 지금은 구리증기레이저 대신에 레이저빔의 출력밀도, 빔품질, 펄스반복속도, 파장변조 등 매우 다양하고 융통성이 있는 Nd:YAG레이저, 디스크레이저, 파이버레이저, 다이오드레이저가 광범위하게 사용되고 있다. 즉 이들 레이저의 2차 조화파는 532nm로서 구리증기레이저의 파장과 비슷하고, 또한 여러 가지 면에서 유리하고 편리하기 때문이다.

V-4-2 천공방법과 고려사항

레이저빔에 의한 재료의 천공방법은 사용하는 레이저빔의 특성과 재료두께 및 천공구경의 크기에 따라 여러 가지 방법으로 나눌 수 있다. 레이저천공방법은 그림 V-64에 보여주는 것과 같이 **단일펄스천공**(single pulse drilling)방법, **반복펄스천공**(percussion drilling)방법, **이동펄스천공**(trepanning drilling;

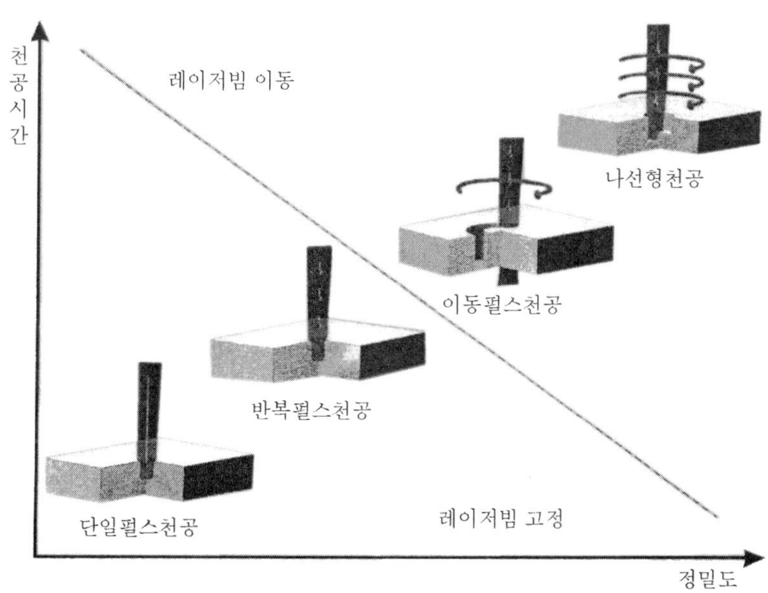

그림 V-64 레이저천공방법의 분류(Edgeware)

도려내기천공)방법 및 **나선형천공**(helical drilling)방법으로 분류할 수 있다. 그리고 레이저빔에 의한 천공가공은 재료의 증발기구에 의하며, 취입가스를 사용하므로 천공에 사용하는 노즐은 기본적으로 그림 V-42와 같은 절단가공에 사용하는 동축노즐과 비슷하다.

Nd:YAG레이저빔을 이용하여 탄소강, 스테인리스강, 공구강 등의 금속재료를 천공시키는 경우에 위의 천공방법들에 의하여 얻을 수 있는 천공구경, 천공경사도, 가로세로비는 대체로 표 V-9와 같다.

표 V-9 금속재료의 Nd:YAG레이저 천공 시 천공방법과 레이저시스템에 따른 천공구경의 일반적인 직경

빔 품질	봉재시스템 다중모드	슬래브시스템 기본모드	단위
단일펄스 천공			
최대깊이	3	2	mm
구경직경	0.1−0.9	0.01−0.1	mm
테이퍼	5−40	1−20	%
최대 가로세로비	1:25	1:25	
반복펄스 천공			
최대깊이	30	10	mm
구경직경	0.1−0.9	0.006-0.1	mm
테이퍼	0.2−20	0.1−10	%
최대 가로세로비	1:50	1:100	
이동펄스 천공			
최대깊이	15	3	mm
구경직경	0.15 − ∞	0.1 − ∞	mm
테이퍼	0.5−15	0.1−4	%
최대 가로세로비	1:20	1:20	
속도	10−150	2−50	mm/min

○ 단일펄스천공(single pulse drilling)방법

이 방법은 한 번의 펄스조사로 재료를 관통하여 천공시키는 방법으로 펄스당 재료제거양이 많고, 재료제거는 주로 용융분출에 의하며, 효율성이 크다. 천공구경은 집속빔의 강도분포, 재료의 종류와 두께에 따라 차이가 있으며, 집속빔의 직경보다 크거나 또는 작을 수 있다. 렌즈의 초점길이와 빔확대기에 의한 빔확대율이 초점면에서 집속빔의 점크기와 초점깊이를 결정하므로 레이저빔의 파장이 짧고, M^2값이 1에 근접하는 것이 바람직하다. 그리고 펄스에너지와 펄스기간이 구경의 경사에 영향을 미치며, 재료두께에 따라 집속빔의 초점위치를 표면 밑의 적당한 거리에 있도록 선정함으로 경사도를 줄일 수 있다. 일반적으로 취입가스는 레이저빔과 동축으로 공기를 불어주며, 만일 산소를 취입가스로 사용하면 산화열에 의해서 증발현상이 향상되므로 바람직하다.

단일펄스천공방법은 재료의 두께가 크지 않고 천공속도가 빨라야 하는 가공공정에 이용되며, 일반적으로 천공구경이 원형인 경우에 사용된다. 만일 천공된 구경이 원형이 아니고 타원형 혹은 한 방향으로 길

이가 긴 슬릿(slit)형 천공구경인 경우에는 레이저빔을 조사시키는 동안에 재료를 계속하여 이동시킴으로써 얻을 수 있다. 이 경우에는 펄스빔의 출력분포와 재료의 두께에 따라 차이가 있으나, 한 개의 펄스빔으로 증발시키는 재료의 양을 고려하여 펄스빔의 길이와 재료이동속도를 결정해야 한다.

○ 반복펄스천공(percussion drilling)방법

이 방법은 한 위치에 펄스빔을 수차례 반복하여 조사시켜 재료를 천공시키는 방법으로 레이저빔의 프로파일에 의해서 구멍형상이 제약을 받으나 큰 가로세로비(천공깊이/구경)를 얻을 수 있다. **관통천공**의 경우에 가로세로비는 약 100 정도까지도 얻을 수 있고, 막힌 천공의 경우에는 약 20 정도를 얻을 수 있다. 이 방법에서는 초기에 천공된 깊이 내부에서 용융금속이 증기압에 의해서 입구 측으로 배출되어야 하므로 용융금속의 배출속도에 적당하도록 펄스빔의 펄스길이와 반복속도를 조절해야 한다. 이렇게 함으로써 증발가스와 플라즈마에 의하여 인입되는 레이저빔의 흡수와 재료의 변형을 방지할 수 있다. 그림 V-65는 두께 4mm의 스테인리스강에 평균출력 150W의 파이버레이저 펄스빔을 70μm의 점크기로 집속시켜 반복펄스천공방법으로 관통구멍을 천공시킨 것이다.

관통천공의 경우에는 천공이 원칙적으로 재료의 증발에 의하여 이루어지나, 때로는 가공되는 도중에 용융이 있으면 취입가스가 용융금속을 출구 측으로 분출시키게 된다. 그리고 깊이에 따라 약간의 천공구경차이는 펄스에너지의 증가 또는 감소에 의해서 조절할 수도 있다. 만일 펄스에너지가 충분하지 못하면 천공구경이 너무 작거나, 또는 천공구경이 경사지게 된다. 그러나 펄스에너지가 너무 크면 재료의 증발이 빨리 이루어지는 것보다는 너무나 많은 용융을 일으키고, 또한 천공구경의 형태를 변형시키게 된다.

반복펄스천공방법에 의해서 형성된 천공구경의 형태는 펄스빔의 특성에 의해서 좌우되며, 양호한 천공구경의 재현성은 매 펄스의 에너지출력 재현성에 의존한다. 천공작업에 사용되는 렌즈는 천공되는 구경에 의하여 선정되며, 초점거리가 짧은 렌즈가 집속빔의 작은 점크기를 준다. 일반적으로 천공구경의 직경이 75~250μm인 경우에는 초점거리 125mm인 렌즈를 사용하고, 천공구경의 직경이 0.2~0.5mm인 경우에는 초점거리 250mm인 렌즈를 사용한다.

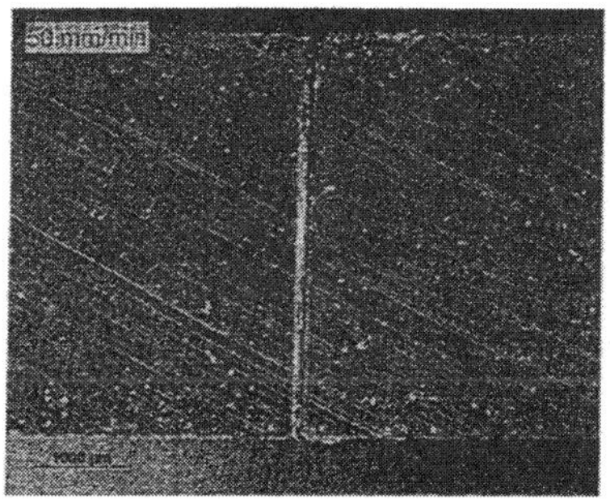

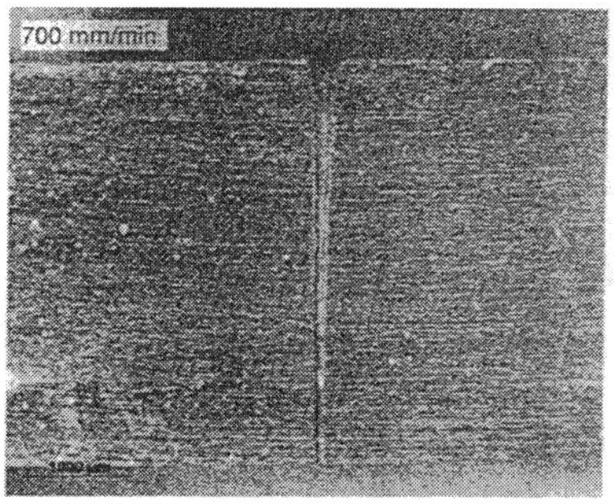

그림 V-65 반복펄스천공방법으로 두께 4mm 스테인리스강에 점크기 70μm의 파이버레이저로 천공시킨 관통구멍. 좌측은 빔 주사속도가 50mm/min이고, 우측은 700mm/min이다. (평균 출력 150W, 첨두출력 1,500W, 펄스 반복속도 100-500Hz, 펄스에너지 0.3-1.5J, 펄스폭 0.2-1msec(IPG)

이 방법의 천공공정에서는 취입가스를 사용하지 않는 경우도 있으나, 일반적으로 압축공기를 취입가스로 사용한다. 노즐의 형태는 여러 가지가 있을 수 있으나, 일반적으로 노즐구경은 1~6.25mm 범위이고, 노즐선단과 가공품 표면 사이의 거리는 0.5~1.0mm 범위이다. 그리고 천공작업 시 발생하는 증발입자는 레이저빔 조사방향으로 분출되므로 렌즈면에 축적되어 레이저빔을 흡수해서 렌즈를 손상시킬 수 있다. 따라서 레이저빔의 집속헤드에는 렌즈와 노즐구경 사이에 보호슬라이드를 삽입하여 증발입자 또는 스패터가 렌즈표면에 붙는 것을 방지하는 경우도 있다.

반복펄스천공방법은 각종재료의 천공공정에 광범위하게 이용되고 있다. 예를 들면 초내열합금으로 제조된 항공기제트엔진의 터빈블레이드와 터빈연소실 부품의 천공작업에 사용된다. 이 경우에 엔진 한 대에 직경 0.3~0.8mm인 구경을 수만 개 정도 천공하며, 재료의 두께와 천공구경의 경사도에 따라 한 개의 구경천공에 약 0.5~2초의 시간이 요구된다. 표 V-10은 Nd:YAG레이저 펄스빔으로 각종 금속재료를 천공 시 얻는 결과를 나타내고 있다. 이 표에서 초점위치인 z_F에서 '−'값은 표면 하의 위치를 나타낸다.

표 V-10 Nd:YAG 레이저 펄스빔에 의한 금속재료의 천공특성

재료	두께(s) (mm)	펄스 에너지 (E) (J)	펄스길이 (τ_H) (ms)	펄스반복 속도 (f_P) (Hz)	렌즈초점 거리 (f_L) (mm)	초점위치 (z_F) (mm)	펄스 수 (n) (z)	입구직경 (d_E) (mm)	출구직경 (d_A) (mm)
스테인리스강	43.0	45.0	2.00	10	150	−5.0	1200	0.90	0.80
인코넬718	10.0	15.0	0.50	10	150	−4.0	70	0.90	0.86
하스테로이	6.0	16.5	0.98	12	150	−1.0	120	0.78	0.72
니크롬강	2.2	0.07	0.10	35	100	0.0	350	0.03	0.03
텅스텐	2.0	0.10	0.10	20	50	−0.1	350	0.04	0.04
티타늄	1.0	0.19	0.10	80	100	−0.5	1	0.06	0.06
니켈황동	0.9	0.12	0.10	20	100	0.0	10	0.06	0.05

○ 이동펄스천공(도려내기천공; trepanning drilling)방법

이 방법은 광학기구를 이용하여 집속빔을 고속으로 회전시키면서 재료에 조사시켜 원형으로 도려내어 천공시키는 방법이다. 이 방법은 많은 기계부품에 사용되고, 천공직경은 축의 정확도에 의하여 제한되고, 원뿔형 및 원기둥형 천공에 사용된다. 이 방법은 집속빔의 직경보다 큰 직경의 구경을 천공시키는 경우에 사용하며, 어떤 면에서 절단가공과 유사하다. 이 방법은 관통구멍의 천공에만 이용되며, 천공면의 경사도가 상대적으로 적고 천공직경의 반복성이 양호하다.

이 방법은 재료의 연속적인 절단에 해당하는 것으로 천공공정은 몇 개의 과정으로 나누어 이루어진다. 먼저 천공시킬 구경의 중심 또는 외곽선 상에 반복펄스천공방법으로 시작점을 뚫고, 그 후에 집속빔 또는

광학기구를 회전시키면서 조사함으로써 재료를 원형으로 계속하여 절단시키는 것과 비슷하게 천공시킨다. 이 경우에 외곽선의 직경이 천공구경의 직경을 형성하며, 구경직경의 정확도는 집속빔의 이동정확도에 의하여 결정된다.

○ 나선형천공(herical drilling)방법

이 방법은 천공구멍의 품질을 향상시키기 위하여 천공구역, 즉 천공벽면을 조금씩 깎아 내도록 레이저빔을 수차례 돌리면서 조사시켜 구멍을 천공한다. 이 방법은 펄스당 재료제거양이 적고, 재료제거는 주로 증발에 의하며, 매우 정밀한 천공으로 원뿔형 및 원기둥형 천공이 가능하다. 즉 정밀한 원뿔형 또는 원기둥형 직경을 천공 시 벽면을 따라 집속빔을 나선형으로 이동하면서 조금씩 재료를 제거시키는 천공방법이다. 이 방법은 주로 재료의 증발에 의하기 때문에 매 펄스당 재료제거양이 적으나 정밀도가 매우 크다. 이 방법은 집속빔이 먼저 천공된 구멍의 벽면을 따라 돌아가면서 조금씩 재료를 제거시키는 방법이기 때문에 한 번에 원형으로 도려내는 이동펄스천공방법과 비교된다. 그림 V-66은 파이버레이저로 두께 16mm의 스테인리스강에 직경 1.2mm의 관통구멍을 천공시킨 것이다.

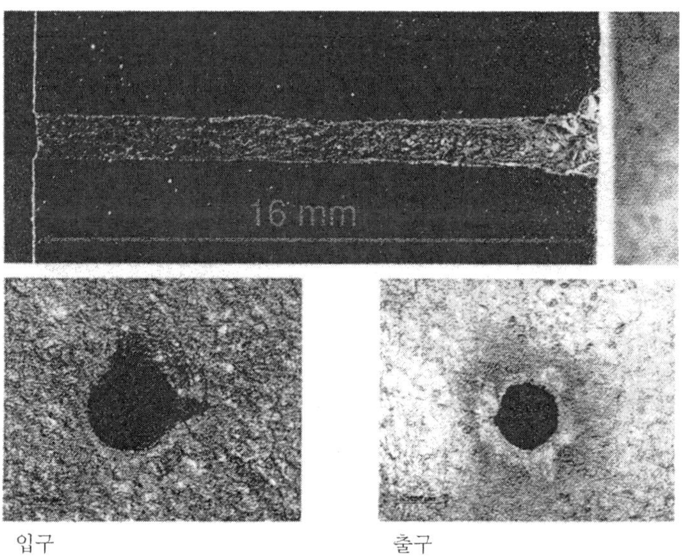

그림 V-66 파이버레이저를 이용하여 이동펄스천공방법으로 두께 16mm 스테인리스강에 직경 1.2mm로 천공한 결과(초점거리 100mm, 파이버스폿 50μm)(IPG)

V-4-3 천공깊이와 여러 가지 고려사항

레이저빔에 의한 재료의 천공에서 고려해야 할 중요한 사항으로 천공된 구멍의 직경과 깊이, 구경의 균일성, 천공면의 거칠기 등이 있다. 이들에 영향을 미치는 레이저빔의 특성은 파장, 모드형태, 펄스길이,

펄스에너지, 빔출력, 펄스반복속도, 집속조건 및 초점위치 등이다. 레이저빔에 의한 재료의 천공에서는 위에서 기술한 바와 같이 고출력의 지속파 레이저빔을 사용하는 경우에는 계속적인 증발과 플라즈마형성으로 빔을 차장시켜 에너지효율이 떨어진다. 따라서 레이저빔에 의한 재료의 천공에서는 일반적으로 첨두출력이 큰 반복Q-스윗칭 Nd:YAG레이저, 디스크레이저, 파이버레이저의 펄스빔 또는 펄스형태의 CO_2레이저빔을 사용한다. 이러한 경우 짧은 조사기간 동안에 재료가 증발되고, 이들이 외부로 분출 및 확산된 후에 다시 레이저빔이 조사됨으로써 매 펄스마다 천공깊이를 증가시킬 수 있게 된다. 그리고 같은 레이저에너지에서는 에너지가 큰 한 개의 펄스빔에 비하여 상대적으로 에너지는 적으나 임계치 이상인 여러 개의 펄스빔을 사용하는 것이 더욱 깊은 구멍과 양호한 결과를 준다. 일반적으로 취입가스는 압축공기를 사용하나, 정밀한 천공을 위해서는 레이저빔에 투명하고 이온화 에너지가 큰 불활성가스를 사용한다. 이러한 경우에는 증발된 입자 또는 플라즈마를 제거시키는 데 더욱 유리하다.

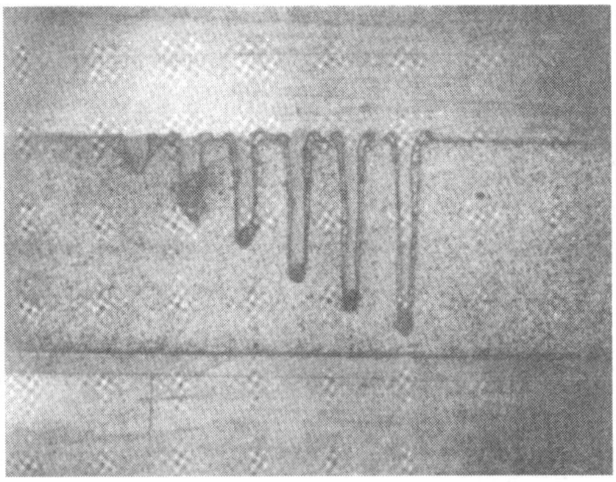

그림 V-67 두께 0.7mm 알루미나 상에 루비레이저 펄스로 천공시킨 단면도(맨 좌측은 5개의 펄스이고, 계속 펄스수를 증가시키면서 맨 우측은 30개의 펄스를 조사시킨 것임)(Cohen-1972)

그림 V-67은 두께 0.7mm의 알루미나에 루비레이저빔을 사용하여 천공시킨 구멍의 단면으로 천공된 구멍의 깊이는 펄스빔의 수에 따라 증가된다. 그리고 천공된 구멍의 내벽에서 용융 및 증발된 알루미나가 냉각되어 벽면에 붙어 있음을 보여주고 있다. 직경이 작고 깊이가 큰 구멍을 천공하는 경우에는 심하면 벽면에 붙어 있는 용융물이 응고되어 구멍이 막히는 경우도 있다. 따라서 구멍의 상하부를 통하여 일정한 직경의 구멍이 요구되는 경우에는 짧은 펄스길이의 빔을 이용해야 한다. 근래에는 매우 성능이 우수하고 정밀하게 빔을 조절할 수 있는 여러 가지 고출력레이저가 생산되고 있기 때문에 재료의 천공에서 용융물 발생 없이 양호한 결과를 주고 있다. 그러나 매우 정밀하고 긴 직경의 경우에는 레이저빔으로 우선적인 천공작업을 수행하여 많은 양의 재료를 제거시킨 후 기계적인 방법을 이용하여 매끈하고 일정한 직경으로 완성가공을 시키는 경우도 있다.

그림 V-68은 펄스에너지가 2J인 루비레이저 펄스빔으로 사파이어에 천공작업을 수행하는 경우에 펄스빔 수에 따른 천공깊이를 나타내고 있다. 이 그림에서 보는 것과 같이 레이저빔에 의한 천공에서 초기

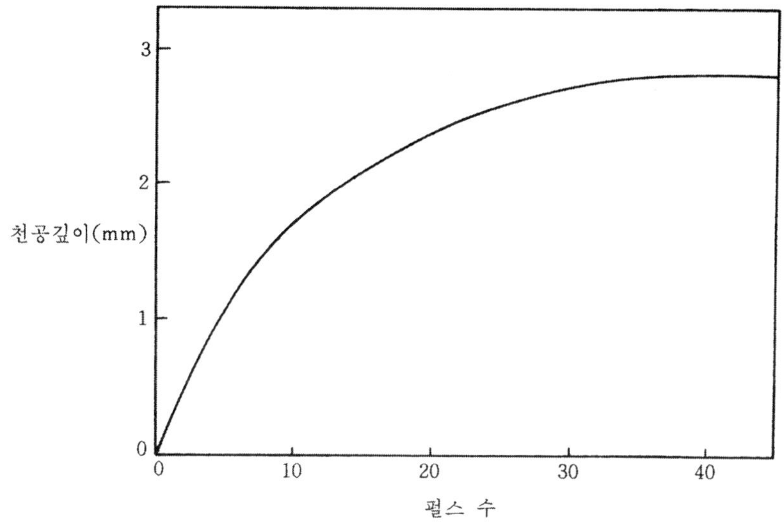

그림 V-68 사파이어를 펄스레이저로 천공 시 펄스 수에 따른 천공깊이
(2J의 루비레이저를 초점거리 3cm의 렌즈로 집속)(Ready-1978)

몇 번의 펄스빔 조사의 경우에는 천공되는 깊이가 크게 증가되나, 어느 정도의 깊이 이상에서는 깊이의 계속적인 증가가 제한된다. 따라서 재료와 천공되는 깊이에 따라 적당한 펄스에너지의 빔을 적당한 수만큼 반복 조사시켜야 한다.

먼저 기술한 바와 같이 천공공정에서 레이저빔 에너지가 너무 크고, 펄스빔의 길이가 짧으면 플라즈마 형성 등으로 바람직하지 못하다. 그러나 천공과정에서 천공된 구멍으로부터 반경방향으로 열응력과 원주 접선방향의 응력분포에 대한 레이저빔 출력과 펄스길이의 영향을 고려하여 보면, 펄스길이가 짧을수록 응력이 적다. 즉 재료의 국부적인 응력분포는 온도분포에 의해서 지배를 받으므로 긴 펄스길이의 경우에는 열이 재료내부로 깊숙이 침투하기 때문에 응력이 크게 된다. 열응력이 큰 경우에 세라믹재료 같은 취성재료는 파괴되기 쉬우므로 천공작업을 위해서 재료를 제거시켜야 하는 경우에는 가능하면 짧은 펄스길이를 주면서 출력을 높게 해야 한다. 따라서 금속 또는 비금속재료에 따라 요구되는 펄스에너지를 가진 빔의 펄스길이와 출력에 차이가 있다. 특히 레이저빔에 의한 세라믹재료의 천공에서는 위에 기술한 열응력 등에 의하여 미세한 균열이 발생하므로 세심한 주의가 요망된다. 근래에는 극초단펄스빔에 의한 세라믹재료의 천공에서 열적인 영향을 주지 않고 정밀한 가공을 수행할 수 있다.

대형 금속부품에서 큰 구멍을 천공시켜야 하는 경우에는 많은 양의 재료를 제거시키는 데 많은 에너지가 필요하므로 기계적인 방법보다 비효율적이다. 그러나 매우 경도가 높은 재료에서 기계적인 천공방법으로 힘든 위치에 많은 수의 작은 구멍을 천공시켜야 하는 경우, 또는 공구가 재료의 표면처리상태를 손상시키는 경우에는 흔히 레이저빔에 의한 천공방법이 이용된다. 따라서 먼저 기술한 바와 같이 항공기제트엔진에서 내열초합금으로 이루어진 터빈블레이드, 연소실부품, 엔진내부 등에 있는 수많은 작은 공기

유입구멍을 천공하는 것과 같은 가공에서 매우 효과적으로 사용된다.

펄스레이저빔이 조사되어 증발에 의해서 재료가 천공되는 경우에는 IV-66식과 같은 간단한 에너지균형식을 이용하며, 최대천공깊이는 정성적으로 IV-114식을 이용하여 나타낼 수 있다. 이 경우에 얻어지는 **최대천공깊이**는 다음 식과 같다.

$$d_{\max} = \frac{E(1-R)}{A\rho\{C_p(T_v - T_{상온}) + L_m + L_v\}} \tag{V-14}$$

E: 레이저빔 에너지　　A: 천공되는 구멍의 단면적

ρ: 재료의 밀도　　R: 재료의 레이저빔 반사율

그리고 천공되는 속도는 재료가 증발되는 계면이 이동하는 속도이므로 (IV-112)식을 이용하여 다음 식과 같이 얻을 수 있다.

$$v_{ss} = \frac{I(1-R)}{\rho\ \{C_p(T_v - T_{상온}) + L_m + L_v\}} \tag{V-15}$$

이제 레이저빔에 의한 재료의 천공에 관한 간단한 예제를 고려하여 보겠다.

예제 4 Nd:YAG레이저 펄스빔을 이용하여 두께가 0.5mm인 아연판에 직경이 0.114mm인 구멍을 천공하려고 한다. 집속된 레이저빔의 직경이 0.125mm이고, 펄스길이가 0.1msec이고, 1.06μm의 파장에 대한 아연의 반사율은 70%이다. 이 경우에 필요한 레이저빔 에너지는 얼마인가?
아연의 열확산도(k)는 0.141cm^2/sec, 열전도도(K)는 0.27cal/sec · cm · °C, 밀도(ρ)는 7.133 g/cm^3, 비열(C_P)은 0.0925cal/g · °C, 용융잠열(L_m)은 24.1cal/g, 증발잠열(L_v)은 425.6 cal/g, 용융점(T_m)은 420°C, 비등점(T_v)는 906°C이다.

해 4 이 경우에 천공을 위하여 아연을 증발시키는 데 요구되는 최소에너지는 에너지균형식에 의하여 다음과 같다.

$$Q_{\min} = \rho V\ \{C_p(T_v - T_{상온}) + L_m + L_v\}$$

$$V = \pi\left(\frac{d}{2}\right)^2 h = 3.14\left(\frac{0.0114}{2}\right)^2 \times 0.05 = 5.21 \times 10^{-6}\text{cm}^3$$

$$Q_{\min} = 7.133 \times 5.21 \times 10^{-6}\ \{0.0925(906-20) + 24.1 + 425.6\}$$

$$= 0.0198\text{cal} = 0.0828\text{J}$$

아연의 반사율은 70%이므로 요구되는 에너지는 다음과 같다.

$$Q = \frac{Q_{\min}}{1-R} = \frac{0.0828}{1-0.7} = 0.276\text{J} \cong 0.3\text{J}$$

표면온도가 비등점으로 상승하는 데 필요한 시간은 다음과 같다.

$$t_v = \frac{\pi}{4}\frac{\rho K C_p}{(1-R)^2 I^2}(T_v - T_{상온})^2$$

$$I = \frac{출력(P)}{면적(A)}$$

$$출력(P) = \frac{에너지}{펄스시간} = \frac{0.3(\mathrm{J})}{10^{-4}(초)} = 3{,}000\mathrm{W}$$

$$면적(A) = \frac{\pi}{4}d^2 = \frac{3.14}{4}(0.0125)^2 = 1.23\times10^{-4}\mathrm{cm}^2$$

$$I = \frac{P}{A} = \frac{3{,}000}{1.23\times10^{-4}} = 2.4\times10^7\mathrm{W/cm}^2$$

따라서 1cal=4.2J이므로

$$t_v = \frac{3.14}{4}\cdot\frac{7.133\times0.27\times0.0925}{(1-0.7)^2(2.4\times10^7)^2}(906-20)^2\times4.2^2 \cong 38\mathrm{nsec}$$

이 시간 이후에 증기와 액체의 계면이 이동하는 속도는 다음과 같다.

$$\begin{aligned} v_{ss} &= \frac{(1-R)I}{\rho\ \{C_p(T_v - T_{상온}) + L_m + L_v\}} \\ &= \frac{(1-0.7)\times2.4\times10^7}{7.133\ \{0.0925(906-20)+24.1+425.6\}}\times0.239 \\ &= 454\mathrm{cm/sec} \end{aligned}$$

따라서 구멍을 천공시키는 데 소용되는 시간은 다음과 같다.

$$t_d = \frac{0.05cm}{454\mathrm{cm/sec}} \cong 0.11\mathrm{msec}$$

예제 5 CO_2레이저빔을 이용하여 두께가 0.653mm의 고순도알루미나기판에 직경 0.25mm인 구멍을 천공하려고 한다. 이 경우에 한 개의 펄스빔으로 천공하는 경우에 필요한 최소한의 에너지는 얼마인가? 그리고 100W의 평균출력을 가진 CO_2레이저빔을 사용하는 경우에 요구되는 시간은 얼마인가?
알루미나의 밀도(ρ)는 4.0g/cm^3, 용융점(T_m)은 2,050°C, 비등점(T_v)는 2,980°C, 용융잠열(L_m)은 225cal/g, 증발잠열(L_v)은 1,138cal/g, 승화잠열(L_s)은 1,333cal/g, 비열(C_P)은 0.32cal/g·°C, 열전도도(K)는 0.08cal/sec·cm·°C 이다.

해 5 에너지균형식에 의해서 요망되는 에너지는 대체로 다음과 같다.

$$Q = \rho V\ \{C_p(T_v - T_{상온}) + L_m + L_v\}$$

$$V=\pi\left(\frac{d}{2}\right)^2 h=3.14\left(\frac{0.025}{2}\right)^2\times 0.0635=3.1\times 10^{-5}\,\text{cm}^3$$

따라서 $1\text{cal}=4.2\text{J}$이므로

$$Q=4.0\times(3.1\times10^{-5})\ \{0.32(2{,}980-20)+255+1{,}138\}=0.3\text{cal}=1.26\,\text{J}$$

100W의 지속파 CO_2레이저빔에 대한 경우에 재료에서 레이저빔 강도는 다음과 같다.

$$I=\frac{\text{출력}(P)}{\text{면적}(A)}=\frac{100}{3.14\left(\frac{0.0125}{2}\right)^2}=\frac{100}{4.90\times10^{-4}}\cong 2\times10^5\,\text{W/cm}^2$$

이제 천공속도, 즉 기체와 고체 사이의 계면이동속도는 다음과 같다.

$$\begin{aligned} v_{ss}&=\frac{I}{\rho\ \{C_p(T_v-T_{\text{상온}})+L_m+L_v\}}\\ &=\frac{2.0\times10^5}{4.0\ \{0.32\times(2{,}980-20)+225+1{,}138\}}\times 0.239\\ &=5.2\text{cm/sec}\end{aligned}$$

그러므로 그 시간은 다음과 같다.

$$\therefore\ \tau=\frac{\text{두께}}{\text{속도}}=\frac{0.0635}{5.2}=12.2\text{msec}$$

이제 용융구역이 거의 없고, 고체/기체의 계면이 순간적으로 열펄스에 따라 이동한다고 가정하면 열시간상수는 다음과 같다.

$$\tau\cong\frac{h^2}{4k}$$

$$k\cong\frac{K}{\rho C_p}\cong\frac{0.08}{4\times0.32}=0.0625\text{cm}^2/\text{sec}$$

따라서

$$\tau\cong\frac{(0.0635)^2}{4\times0.0625}=1.6\times10^{-2}\ \text{sec}=16\text{msec}$$

여기서 $12.2\text{msec}<16\text{msec}$이라는 것은 재료의 제거가 열전도보다 빠르다는 것을 의미한다. 이러한 결과의 차이는 열시간상수 또는 천공시간을 계산함에 사용된 기하학적인 모델이 너무 간단하게 취급되었음을 의미한다. 따라서 이러한 간단한 계산방법은 어디까지나 주어진 재료에 대한 레이저천공에서 요망되는 레이저빔의 출력과 펄스길이의 대략적인 값을 구하는 방법으로만 사용할 수 있는 것이다. 즉 정확한 계산과 결과는 여러 가지 사항을 고려해야 하며, 실제적인 결과는 실험에 의한 자료에서 구하는 것이 바람직하다.

V-4-4 특수레이저빔에 의한 천공

일반적으로 과거 재료천공에는 주로 Nd:YAG레이저와 CO_2레이저를 사용하였으며, 레이저빔 파장이 가시광선과 적외선구역이고 펄스길이도 수백nsec~msec 정도였다. 그리고 레이저빔이 재료에 흡수되어 열로 변하므로 **광열작용**에 의해서 발생하는 재료의 용융과 증발이 천공기구의 주된 역할이었다. 그러나 레이저빔의 파장이 자외선구역으로 매우 짧으면 열적인 작용보다는 재료의 원자/분자결합을 분해하는 **광화학작용**이 일어나 정밀하고 깨끗한 가공을 할 수 있다. 그리고 빔의 파장이 자외선구역이 아니라고 하여도 펄스길이가 fsec/psec 정도로 짧아지면 다중포톤이온화가 일어나고, 재료에서 열적작용이 억제되므로 보통의 레이저가공방법과 다른 정밀하고 깨끗한 가공을 할 수 있다.

따라서 여기에서 특수레이저빔에 의한 천공으로 파장이 자외선 구역인 엑시머레이저빔에 의한 천공과 펄스길이가 fsec/psec 정도로 짧은 극초단펄스빔에 의한 천공을 검토하여 보겠다. 특히 근래에는 전자정보산업, 정밀기계산업, 의료기기산업, 항공우주산업 등에서 금속/세라믹/고분자재료의 정밀가공에 극초단펄스빔을 많이 사용하고 있다. 극초단펄스빔의 기본적인 특성과 재료가공의 응용은 이미 IV-5절에서 자세히 기술하였다. 그리고 극초단펄스빔을 이용한 재료의 천공은 극초단펄스빔을 이용한 재료의 절단과 거의 같으며, 이에 대해서는 V-3-5항에서 기술하였다. 따라서 여기에서는 이들에 대하여 간단히 살펴보겠다.

(1) 엑시머레이저빔에 의한 천공

엑시머레이저빔은 파장이 자외선구역이므로 어떤 재료의 천공에서는 가시광선 또는 적외선구역 파장을 방출하는 Nd:YAG레이저빔 혹은 CO_2레이저빔에 의한 천공에 비해서 여러 가지 장점이 있다. 이러한 장점들은 대체로 다음의 세 가지 정도를 생각할 수 있다.

- 파장이 짧아 집속빔의 크기를 작게 할 수 있어서 구경이 작고 정밀한 천공이 가능하다.
- 엑시머레이저의 자외선빔 포톤에너지는 천공시킬 재료 특히 고분자재료의 분자결합을 직접적으로 끊어내므로 가공구역이 열적인 영향을 받지 않아 정밀하고 깨끗한 천공이 이루어지게 된다.
- 대부분의 재료는 짧은 파장의 광선에 대한 흡수도가 크므로 에너지효율이 높다. 그리고 엑시머레이저는 짧은 펄스길이의 빔을 방출시키므로 재료내부로 침투깊이가 적고, 또한 한 번에 재료의 얇은 표면층만을 제거시키므로 펄스반복수의 선택으로 천공깊이를 정확하게 조절할 수 있다.

일반적으로 엑시머레이저빔을 이용한 재료의 천공방법은 기본적으로 먼저 기술된 천공방법들과 큰 차이는 없으나 경우에 따라 약간의 다른 방법을 사용한다. 레이저빔을 렌즈로 집속시켜 정밀한 구멍을 천공시키는 경우에는 재료두께에 따라 단일펄스천공방법 또는 반복펄스천공방법을 이용한다. 이들 방법들은 매우 간단하나 가공속도가 느리므로 생산량이 많지 않은 세라믹, 사파이어 또는 다이아몬드의 정밀천공 등에 이용된다. 만일 여러 개의 구멍을 동시에 천공하기 위한 경우에는 빔분배기를 이용하여 레이저빔에너지를 여러 개로 분배하여 동시에 각각의 천공작업이 이루어지도록 한다.

그리고 엑시머레이저빔을 이용하여 어떤 패턴 또는 많은 수의 구멍을 동시에 천공시키려는 경우에는 **마스크투영**(photomask projection)방법을 이용한다. 이 방법에서는 레이저빔이 요망하는 패턴을 통과하도록 만들어진 마스크와 이 패턴을 일정한 배율로 축소시키는 광학렌즈기구를 적당한 거리에 위치시키고 레이저빔을 투사시켜 재료표면에서 요망되는 모양과 크기로 재료를 증발시키도록 하는 것이다. 이 경우에는 한 펄스빔으로 증발시키는 재료층의 두께가 적으므로 패턴 또는 천공깊이에 따라 펄스빔의 반복속도를 선정해야 한다. 그리고 이러한 방법으로는 μm단위 이하의 정밀도로 천공깊이 조절이 가능하고, 재현성이 양호하다. 따라서 전자부품의 연결구멍천공, 잉크제트프린터의 정밀한 노즐세트 천공, 카테터 같은 의료기기 등의 정밀천공에 이용된다.

일반적으로 엑시머레이저빔은 전체적인 빔 단면에 걸쳐서 빔의 강도분포가 균일하지 않기 때문에 마스크를 통과한 빔에 의한 재료제거가 불균일하게 될 수도 있다. 따라서 레이저빔 출구와 마스크 사이에 빔확대기와 빔균질광학기구를 설치하여 빔강도가 균일하게 된 레이저빔이 마스크를 투과하도록 해야 한다.

그림 V-69는 파장이 248nm인 KrF엑시머레이저빔으로 폴리메틸메타아크릴레이트(PMMA), 폴리에틸렌테레프타레이트(PET)와 폴리카보네이트(PC)에 직경 500μm로 천공시킨 구멍의 모양이다. 여기에서 보면 PMMA의 경우에는 약간의 광열반응에 의해서 용융되어 분출된 스패터의 흔적을 볼 수 있다. 반면에 PET와 PC의 경우에는 광화학반응에 의해서 천공되었음을 나타내고 있다.

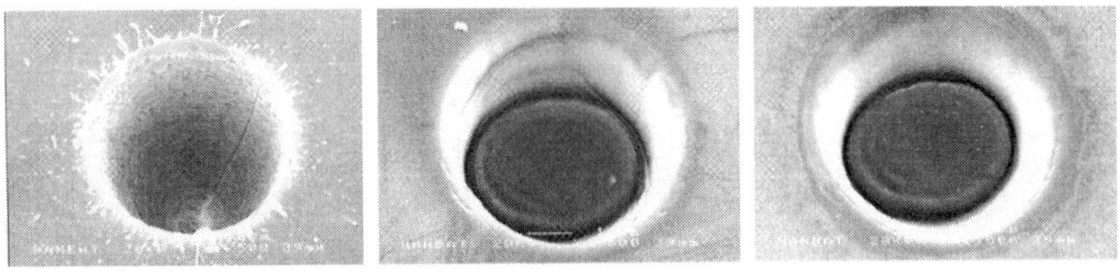

(a) PMMA (폴리메틸메타아크릴레이트) (b) PET (폴리에틸렌테레프타레이트) (c) PC (폴리카보네이트)

그림 V-69 고분자 재료에 KrF 엑시머레이저(248nm)를 이용하여 직경 500μm로 천공시킨 구멍 모양 (에너지: 3.1J/cm^2, 펄스길이: 5nsec, 펄스 수: 75)(한국기계연구원 제공)

(2) 극초단펄스(fsec/psec) 레이저빔에 의한 천공

일반적인 레이저빔을 재료에 조사하면 재료를 용융점과 증발점 이상으로 가열시키므로 재료에 열응력과 열 영향구역을 발생시킨다. 따라서 천공구멍의 직경이 매우 작고 가로세로비가 큰 구경의 천공에서는 이러한 방법에 의해서 천공시키는 것이 힘들다. 물론 고분자재료 또는 일부 세라믹재료는 엑시머레이저빔에 의한 광화학작용으로 분자결합을 끊어 비열적인 천공작업이 가능하나, 금속재료의 경우에는 이러한 광분해기구를 적용하기 힘들다.

만일 레이저빔 펄스길이가 매우 짧으면($\tau < 10$psec) 어떤 재료도 열적인 작용에 큰 영향을 받지 않고 매우 정밀하게 천공가공을 할 수 있다. 이러한 짧은 펄스길이의 레이저빔은 일반적으로 긴 펄스길이의 레이저빔과 다른 기구로 재료와 상호작용하기 때문에 SiC 또는 다이아몬드를 포함한 어떤 재료도 정밀가공이 가능하다. 이러한 상호작용은 재료의 일반적인 레이저빔 흡수기구와는 별개의 비선형작용으로 레이저빔 파장이 투과되는 투명한 재료에 적용된다. 따라서 열적인 작용이 재료의 다른 부분에 전도되는 것보다 빨리 재료를 제거시킬 수 있으므로 가공구역에 열로 인한 손상 없이 μm단위의 정밀가공이 가능하다.

레이저빔 펄스길이가 수십psec 이상이면 재료 내의 전자들은 레이저빔에 의하여 영향을 받으므로 재료는 가열되고, 짧은 거리($z \cong (kt)^{1/2}$)이나 열전도가 일어난다. 이러한 경우에는 레이저빔의 조사구역에 열이 축적되어 용융 및 증발이 일어나고 주위가 열에 의한 손상을 받게 된다. 그리고 세라믹재료의 경우에는 열충격에 의해서 재료의 균열을 야기할 수 있고, 또한 열응력이 재료의 강도보다 큰 경우에는 재료의 파괴 또는 용발을 야기한다.

레이저빔 펄스길이가 psec단위로 되면 원자 내의 전자가 열적인 작용을 하기에는 너무 짧은 시간이고, 각 원자는 **다중포톤이온화**에 의해서 재료로부터 분리가 일어난다. 따라서 재료의 열적인 작용에 의한 분리 대신에 직접적인 이온화로 바뀐다. 그러므로 fsec펄스빔의 강도가 다중포톤이온화에 충분한 정도가 되면 주위에 전혀 열적인 손상 없이 재료를 제거시킬 수 있다. 이러한 비열적인 재료의 제거기구는 주위에 열적인 영향을 주지 않기 때문에 재료의 온도가 거의 증가되지 않으며, 또한 열응력을 발생시키지 않는다. 따라서 fsec레이저빔은 열과 충격에 민감한 물질 또는 그림 V-63 같이 폭발물질의 천공과 절단 같은 가공에도 이용할 수 있다. 그리고 fsec레이저빔으로 금속재료에 천공작업을 수행하면 일반적인 레이저빔에 의한 방법과 달리 열적인 작용이 없어 가로세로비가 크고 천공벽면이 평평한 매우 정밀한 구멍을 얻을 수 있다. 또한 금속에서 천공구역 근방에 열 영향구역이 발생되지 않으므로 드로스가 전혀 발생하지 않고, 금속재료를 관통하는 정밀구멍을 얻을 수 있다.

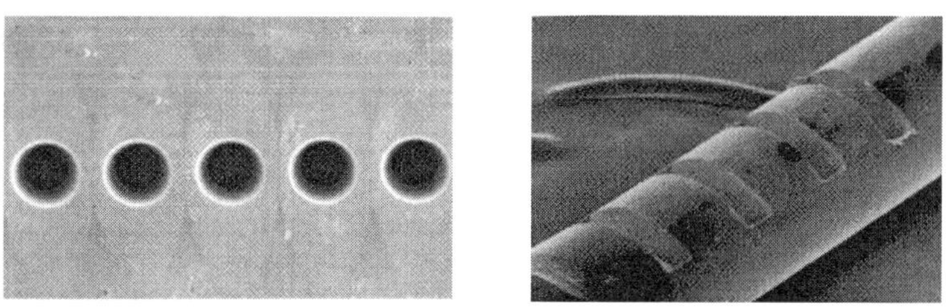

(a) 유리기판에 직경 150μm의 구멍을 천공

(b) 직경 125μm의 광파이버에 일정한 규격의 홈을 형성

그림 V-70 펨토초레이저로 가공된 형상(펄스길이 100fsec, 펄스에너지 1mJ)((주)포코)

그림 V-70에서 좌측은 펄스길이 100fsec, 펄스에너지 1mJ인 펨토초레이저빔으로 유리판에 직경 150 μm의 구멍을 천공시킨 것이고, 우측은 직경 125μm인 광파이버에 일정한 규격의 홈을 형성시킨 것이

다. 이 그림에서 보듯이 천공구역 근방에 드로스가 전혀 발생하지 않았고, 또한 여러 개의 연속으로 형성된 정밀한 홈이 매우 선명하고 깨끗하게 가공되었다.

극초단펄스빔으로 얇은 박판에 수천 혹은 수만 개의 동일한 구멍을 천공하는 경우에는 회절광학부품(DOE; diffractive optical element)을 이용한 빔분배기로 한 개의 빔을 많은 수의 빔으로 분리시켜 고속스캐너를 이용하여 천공한다.

그리고 유리재료 같은 투명한 유전체에서는 고출력 극초단펄스빔에 의한 비선형적인 작용으로 테이퍼가 거의 없는 긴 구멍을 천공할 수 있다. 즉 비선형적인 광학현상과 버스트(burst)로 긴 필라멘테이션이 형성되기 때문이다. 이 경우에 **커(Kerr)렌즈효과**에 의한 **자동집속**과 플라즈마발생에 의한 발산(defocusing)의 연속적인 사이클로 열적인 영향 없이 냉간공정으로 깨끗하고 정밀한 천공을 할 수 있다. 투명한 유리재료에서 극초단펄스빔에 의한 **필라멘테이션현상**으로 형성시킨 천공깊이가 매우 긴 구멍을 그림 IV-94에서 보여주고 있다.

V-5 재료의 미소가공

레이저빔에 의한 재료의 **미소가공**이란 피가공물이 매우 작거나 또는 미소한 규격으로 정밀하게 가공하는 것을 의미한다. 재료의 미소가공을 수치적으로 나타내면 일반적으로 재료의 규격 또는 가공정도가 약 200 μm 이하인 가공을 의미한다. 재료의 미소가공에는 레이저빔에 의한 방법 이외에도 전기적인 방법, 화학적인 방법, 기계적인 방법이 있으며, 실제적인 가공범위와 가로세로비는 대체로 표 V-11과 같다. 그러나 전기적인 방법과 기계적인 방법은 부도체와 경도가 높은 세라믹재료의 가공이 힘들고, 또한 화학적인 방법은 가로세로비가 큰 가공이 힘들다.

표 V-11 레이저 가공방법과 기타 미소가공방법의 비교

방법	실제적인 가공한계 (직경)(μm)	가로세로비	테이퍼	문제점	기술개발 정도
엑시머레이저	5	>100:1	○	재응고층, 느린속도	낮음
CO_2레이저	200	100:1	○	재응고층, 열적작용과 드로스문제	높음
Nd:YAG레이저	50	100:1	○	재응고층, 열적작용과 드로스문제	높음
방전가공(EDM)	100	20:1	×	표면처리	중간 정도
화학에칭법	150	1:1.5	○	함몰현상	중간 정도
기계가공	100	10:1	×	구멍끝자국	중간 정도

기본적으로 레이저빔에 의한 재료의 미소가공은 재료의 가열, 용융, 증발을 이용하는 것이다. 그리고 극초단펄스빔에 의한 투명재료의 정밀가공은 열적인 작용에 의하지 않고 재료를 어블레이션시키는 방법이다. 그러나 그 규격과 규모가 매우 작고 정밀도가 매우 높은 것 이외에는 개념적으로 거시적인 가공방법과 큰 차이가 없다. 레이저빔은 광학부품에 의해서 집속시킬 수 있으므로 미세한 구역의 가공이 가능하며, 재료에 변형과 오염을 주지 않으면서 비접촉방법에 의한 정밀가공이 가능하다. 특히 고분자재료의 경우에는 파장이 짧은 자외선파장이 직접 분자결합을 분해시키므로 열적인 작용을 최소화하면서 깨끗한 가공결과를 나타낸다. 따라서 전자부품과 의료기기를 포함한 정밀부품의 가공과 제조에 광범위하게 이용되고 있다. 그림 V-71은 정밀한 미소가공을 수행한 재료의 몇 가지 예를 보여주고 있다. 그림(a)는 관상동맥의 시술에 사용하는 스텐트로서 직경 1.4mm, 두께 0.1mm인 미소한 스테인리스강(STS 316L)튜브를 Nd:YAG레이저빔으로 천공 및 절단가공으로 제조한 것이다. 그림(b)와 (c)는 고분자재료를 엑시머레이저로 정밀하게 연속된 긴 V-자형 홈과 긴 블록형으로 미소가공한 부품을 보여주고 있다.

레이저빔에 의한 미소가공의 범주를 분류하면 가공부품과 방법에 따라 여러 가지로 나누어 생각할 수 있다. 예를 들면 재료의 절단과 천공에 대한 미소가공은 V-3-1항과 V-4-1항에 기술된 원리가 적용된다. 그리고 전기전자부품의 정밀한 점용접과 심용접에 해당하는 미소용접은 V-2-1항의 전도용접과 점용접의 원리가 적용되며, 단지 그 규모를 축소시킨 것으로 생각할 수 있다. 따라서 여기에서는 반도체의 레이저 어닐링과 주로 재료의 증발기구에 의해서 이루어지는 몇 가지 미소가공분야에 대해서 고려하여 보겠다.

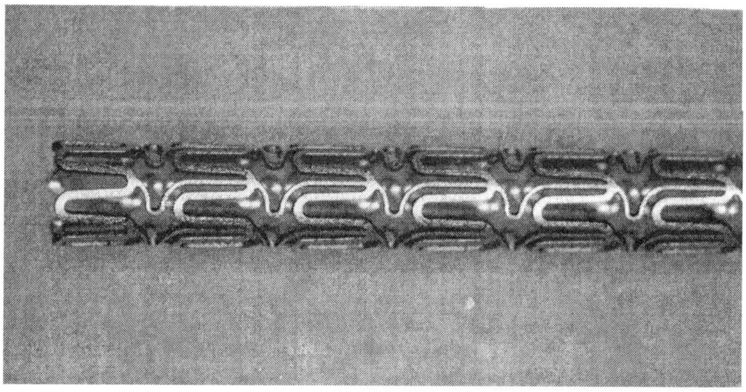

(a) 스텐트

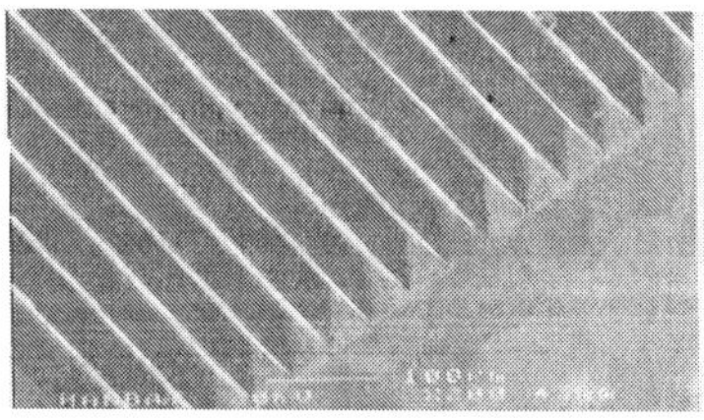

(b) 고분자 재료에 미소가공된 V-자 홈

(c) 고분자 재료에 미소가공된 상하단

그림 V-71 정밀하게 미소가공한 부품의 형상((a)(주)Humed 제공, (b),(c)한국기계연구원 제공)

V-5-1 반도체의 레이저어닐링

반도체소자를 이용한 디바이스제조에서 레이저빔은 광범위하게 이용되고 있으며, 이러한 가공방법들의 많은 부분은 앞에서 기술한 여러 가지 미소가공방법의 범주에 속한다. 여기서 검토하는 반도체의 레이저어닐링은 많은 연구가 수행되어 어떤 디바이스는 실용화가 이루어지고 있으며, 대량생산성과 경제적인 효과가 크다. 여기서는 이온주입된 반도체의 레이저어닐링과 박막트랜지스터의 레이저어닐링에 대하여 간단히 검토하여 보겠다.

(1) 이온주입된 반도체의 레이저어닐링

실리콘에 p-형 또는 n-형의 특성을 가진 접종반도체를 제조하기 위해서는 3가 혹은 5가의 원소이온을 주입시켜야 한다. 이러한 이온주입은 반도체 표면상에 수KeV의 에너지로 가속시킨 이온빔을 조사하여 침투시키므로 기지결정에 필연적으로 점결함, 전위, 적층결함 혹은 비정질상태 등의 손상을 수반하게 된다. 따라서 이들 결함들로 인하여 이온주입된 표면층에 많은 결함이 생기거나 비정질조직을 유발한다. 또한 이온주입에서 들어가는 많은 접종이온들은 치환된 격자위치를 점유하지 못하기 때문에 요망되는 전기적인 특성을 주지 못한다. 따라서 이러한 결함들을 제거시키기 위해서 보통은 진공으로 조절된 분위기하의 가열로에서 전체웨이퍼를 약 900~1,000°C에서 30분~1시간 정도 어닐링처리한다.

그러나 이러한 열처리방법은 이온주입된 구역의 결정조직을 항상 완전하게 회복시키는 것은 아니며, 또한 전체웨이퍼를 장시간 가열시키면 흔히 주입된 접종원소가 내부로 깊이 확산되어 화학적인 순도에도 바람직하지 못하다. 그리고 웨이퍼의 표면 근방에서 주입된 이온들이 석출물 형태로 성장되어 전기적으로 비활성되며, 이 구역에서 짧은 캐리어수명을 주게 된다. 그러나 이온주입시킨 웨이퍼를 열처리로에서 어닐링하는 대신에 레이저빔으로 어닐링시키면 시간이 단축된다.

이온주입된 실리콘웨이퍼의 표면층을 레이저빔으로 어닐링시키면 여러 가지 단점들을 극복할 수 있고, 다음과 같은 장점이 있다.

- 웨이퍼 상에서 미세한 위치의 공간적인 조절이 가능하며, 또한 손상된 표면층만을 가열시키므로 기지조직의 결정 상태는 손상되지 않아 품질의 저하가 없다.
- 레이저빔에너지와 조사시간의 조절로 주입된 이온의 확산깊이 조절이 가능하고, 또한 잔류된 손상이 거의 없이 주입된 표면층의 완전한 재결정을 얻을 수 있다.
- 용융된 표면층의 매우 빠른 재결정속도로 인하여 주입된 원자들은 거의 모두 치환형 결정격자 위치를 점유하고, 잔류되는 석출물을 형성시키지 않는다.
- 레이저어닐링은 매우 빠른 공정이므로 일반적인 가열로에 의한 어닐링공정 중에 산화와 오염을 방지하기 위한 진공 또는 특별한 분위기를 필요로 하지 않는다.

그러나 레이저어닐링에도 몇 가지 고려해야 할 점이 있다. 즉 펄스레이저빔으로 어닐링시키는 경우에 반도체표면의 용융으로 인하여 표면요철이 발생하여 불규칙하게 된다. 그리고 매 펄스빔마다 용융층과 고체기지 사이의 계면에 응력이 유입되며, 지속파레이저빔을 사용하는 경우에는 일부 결함이 잔존하게 된다. 이러한 몇 가지 문제점에도 불구하고, 레이저어닐링은 일부 반도체디바이스 어닐링공정에서 공업적인 응용단계에 도달하여 있다.

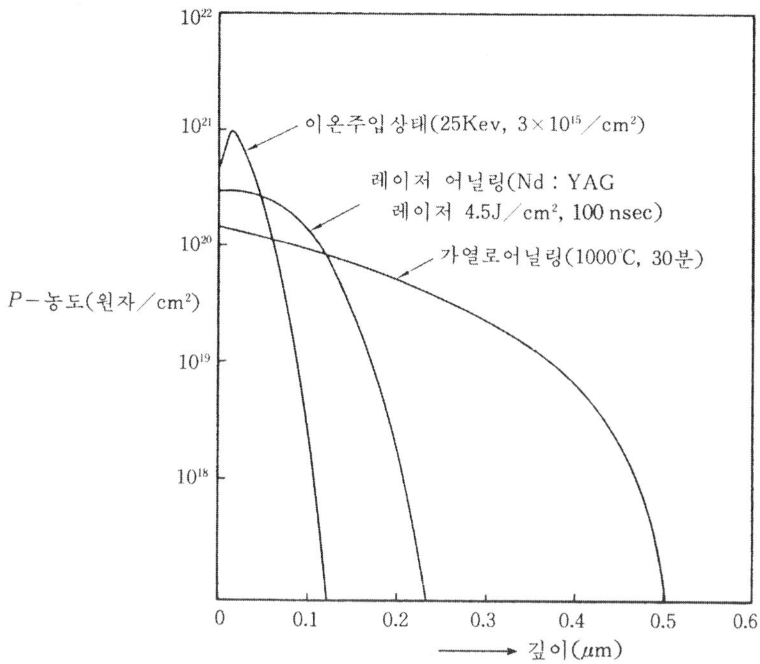

그림 V-72 실리콘에 P-이온 주입 시 레이저빔조사와 가열로에서 어닐링 시 주입원소의 침투깊이(Katzeff-1979)

그림 V-72는 실리콘에 P이온을 주입시킨 경우, 이온주입된 반도체를 1,000°C의 가열로에서 30분간 어닐링을 수행한 경우, 레이저빔으로 어닐링을 수행한 경우에 표면으로부터 깊이에 따른 주입원자들의 침투깊이와 농도분포를 보여주고 있다. 레이저어닐링에 사용되는 레이저빔은 반도체의 종류와 용도에 따라 Q-스윗칭 혹은 펄스형태의 Nd:YAG레이저빔, 또는 지속파의 Nd:YAG레이저빔, CO_2레이저빔과 Ar^+레이저빔이 이용된다. 펄스형태의 레이저빔으로 어닐링처리는 이온주입된 표면층이 용융점으로 가열되는 경우에 일어난다. 그리고 재결정은 거의 모든 주입원자들이 치환형 격자점을 점유하는 기지로부터 **액상적층성장**(liquid epitaxial growth)을 통하여 진행된다. 이 경우에 일부 접종원자들의 재분포가 일어나게 되며, 기지조직 내로 주입원자들의 침투는 결정화 전에 용융부 내로 원자들의 확산에 의하므로 레이저빔출력의 함수이다.

그림 V-73은 실리콘에 B이온을 주입시킨 후 레이저빔펄스를 사용하여 어닐링을 수행한 경우에 깊이에 따른 B원자의 농도와 침투깊이를 보여주고 있다. 여기에서 보듯이 펄스빔의 수가 증가됨에 따라 B원

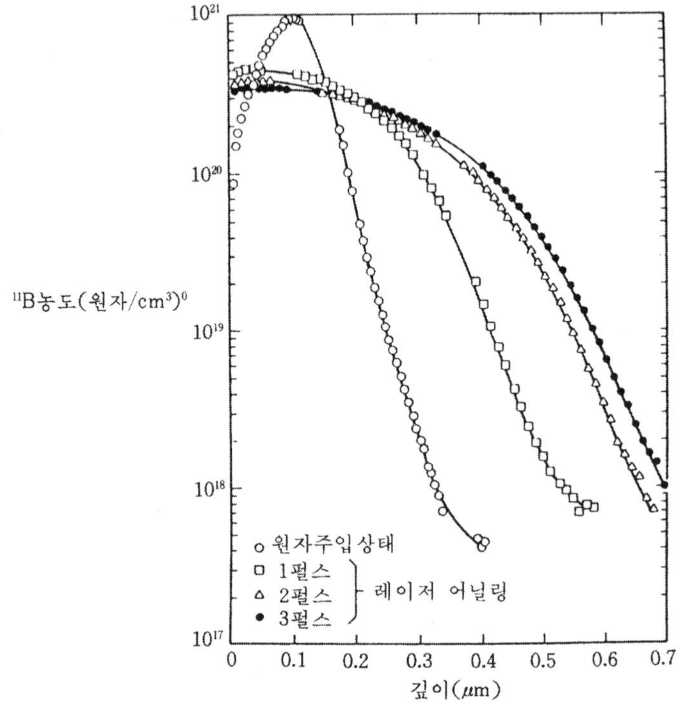

그림 V-73 B-원자 주입된 실리콘 상에 루비레이저로 어닐링 시 깊이에 따른 B원자의 분포(Brown-1983)

자의 침투깊이는 증가되고 있다. 또한 실리콘에 As이온을 주입시킨 후 Nd:YAG레이저빔을 사용하여 어닐링을 수행하는 경우에 레이저빔의 출력밀도 증가에 따라 As원자들의 침투깊이가 증가된다. 그리고 여기에서 한 가지 고려해야 할 사항은 주입원자의 농도와 표면층의 손상정도에 따라 레이저빔에 대한 반도체의 흡수계수가 변한다는 것이다. 이것은 레이저어닐링에 대한 레이저빔에너지 임곗값과 용융구역의 형성 및 유지시간에 영향을 미친다.

펄스빔을 이용한 반도체의 레이저어닐링에서 한 가지 장점은 용융열역학의 비평형 특성 때문에 가열로 어닐링에 비해서 광범위한 주입원자 농도 범위의 어닐링 층을 얻을 수 있다. 즉 실리콘에서 Sb, B, P, Ga, As 등의 최대 고용도보다 훨씬 큰 주입원자 농도를 줄 수 있다. 그러나 먼저 기술한 바와 같이 펄스빔에 의한 레이저어닐링에서는 가열과 냉각이 매우 급속하므로 어닐링된 구역 근방에 변형을 줄 수 있다. 깊이에 따른 이러한 변형량의 크기는 주입원자의 농도분포에 따라 다르며, 일반적으로 격자의 변형과 뒤틀림은 주입원자의 종류와 기지조직구조 등의 함수이다.

지속파 레이저빔에 의한 반도체의 레이저어닐링은 가열로 내에서 일어나는 열처리어닐링공정과 비슷하며, **고상적층성장**(solid epitaxial regrowth)에 의해서 일어난다. 이러한 지속파 빔에 의한 레이저어닐링은 용융이 일어나지 않으므로 대체로 주입원자의 분포를 유지하면서 반도체표면이 불규칙하지 않고 평평함을 유지한다. 그러므로 지속파 빔에 의한 레이저어닐링은 거의 완전한 결정화와 함께 거의 100%의 전기적 활성화를 준다. 반면에 지속파 빔의 가열에 의한 레이저어닐링은 평형상태의 공정이기 때문에 펄스빔에 의한 레이저어닐링과 같은 융통성을 주지는 못하며, 또한 어닐링시간이 길다.

이온주입된 반도체의 레이저어닐링은 먼저 기술한 바와 같이 가열로 내에서 수행하는 열처리어닐링에 비해서 여러 가지 장점과 경제성이 있으나, 높은 정도의 신뢰성과 재현성에는 이르지 못한다. 따라서 정밀성이 요구되는 산업기계 또는 민수용기기를 위한 반도체디바이스의 공업적인 생산에는 아직 광범위하게 이용되지 못하고 있다. 그러나 태양전지와 같이 정밀성이 크게 요구되지 않는 반도체디바이스의 어닐링에는 이용될 수 있다. 보통 광선에 대한 태양전지의 분광학적 반응도는 스펙트럼의 푸른색 구역에서 더욱 큰 전지변환효율을 준다. 그러나 먼저 그림 V-72에서 보듯이 이온주입된 접종원자들의 분포는 가열로에 의한 어닐링에 비해서 레이저어닐링시킨 경우에 침투깊이가 적으므로 얕은 접점을 주기 때문에 유리하다. 그리고 레이저어닐링된 경우에는 어닐링 전후의 베이스(base)구역에서 소수캐리어수명(MCL; minority carrier lifetime)은 거의 같으나, 가열로에서 열처리시킨 경우에는 재결합센터의 유입으로 MCL값을 크게 저하시킨다.

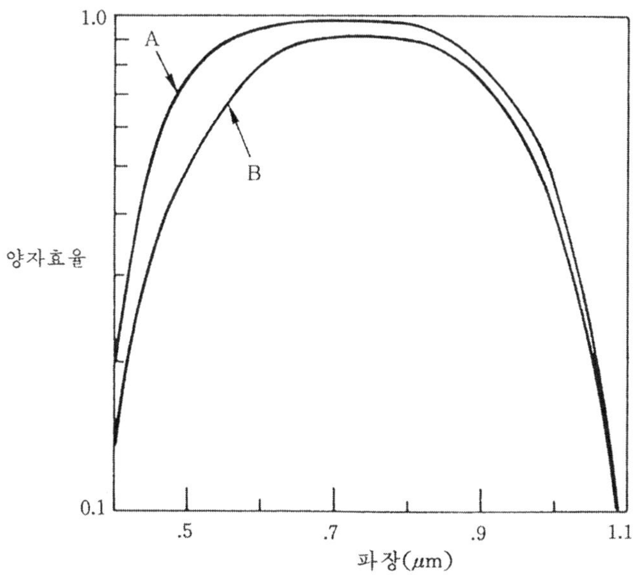

그림 V-74 레이저어닐링(A)과 가열로어닐링(B)된 태양전지의 양자효율(Katzeff-1979)

그림 V-74는 **반도체태양전지소자**를 레이저어닐링과 1,000°C의 가열로 내에서 30분간 열처리시킨 경우에 **양자효율**을 보여 주고 있다. 여기에서 보듯이 레이저어닐링을 수행한 태양전지소자의 경우에 얕은 접점과 결함이 제거된 이온주입 표면층을 주기 때문에 스펙트럼의 푸른색구역에서 훨씬 양호한 결과를 보여주고 있다. 따라서 위의 여러 가지 고려사항과 실제적인 전기적 측정치를 종합하여 보면 반도체태양전지소자에서는 레이저어닐링의 경우가 더욱 전기적으로 활성적이고 결함이 없으며, 얇은 접점디바이스를 줄 수 있어서 양호한 결과를 준다.

(2) 박막트랜지스터의 레이저어닐링

LCD평판디스프레이의 제조에는 실리콘박막트랜지스터(TFT; thin film transistor)로 형성된 회로가 사용되고 있다. 이것은 비정질 실리콘박막트랜지스터로 사용하면 디바이스의 분해능, 밝기, 크기 및 비용에서 제한이 따르게 된다. 그러나 이것을 다결정 실리콘박막트랜지스터로 사용하면 캐리어이동도가 100배 이상 증가되며, 더욱이 다결정의 입자크기가 증가할수록 캐리어이동도가 증가된다. 이렇게 되면 고속스위칭이 가능하고, 충전시간이 빠르고, 밝기가 개선되고, 그 이외에도 여러 가지 성능이 개선되는 장점이 있다. 종래의 다결정실리콘박막의 형성공정은 먼저 석영기판에 비정질실리콘박막을 형성시킨 후 이것을 가열로에서 600°C 이상으로 가열하여 재결정이 일어나서 다결정실리콘으로 변태되도록 하는 방법이다. 그러나 이러한 극심한 온도순환은 석영 또는 특별한 내열성의 유리기판을 필요로 하므로 비용이 많이 들고, 또한 적당한 품질의 유리를 얻는 것이 용이하지 않다.

그러나 엑시머레이저 또는 Nd:YAG레이저의 2차 조화파를 이용하여 비정질실리콘박막을 다결정실리콘박막으로 변태시키고, 입자크기가 성장하도록 레이저어닐링시키면 비용이 저렴한 일반적인 유리기판을 사용할 수 있고 TFT성능이 훨씬 개선된다. 즉 nsec 범위의 펄스레이저빔은 기지재료에 대한 가열 없이 매우 짧은 시간 내에 비정질 실리콘을 용융시킬 수 있기 때문에 다결정실리콘으로 변태시킬 수 있다. 따라서 박막트랜지스터의 레이저어닐링은 위에 기술한 바와 같이 여러 가지 장점이 있다. 즉 제품의 가공품질과 재현성이 높고, 빠르고 균일한 캐리어이동도($>300cm^2/V \cdot s$)를 주고, 균일한 입자크기를 주고, 저렴한 유리기판을 사용할 수 있고, 가공시간이 짧고, 대량생산이 가능하고, 또한 신뢰성과 수율을 증가시킨다.

이러한 레이저어닐링은 매우 신뢰성이 높고 동작특성이 균일하게 유지되는 엑시머레이저 또는 Nd:YAG레이저를 사용해야 한다. 그리고 넓은 면적을 처리하는 경우에는 특별히 고안된 광학기구를 이용하여 엑시머레이저빔을 길고 좁으면서 에너지분포가 균일하게 되도록 빔의 형태를 변형시켜 주사시킴으로써 전 면적을 처리할 수 있도록 해야 한다. 이러한 경우에 가공면적에 따라 차이가 있으나, 일반적으로 약 200W 정도의 안정된 출력을 주는 엑시머레이저로 어닐링이 가능하다. 실제로 사용되는 XeCl엑시머레이저를 이용한 레이저어닐링시스템에서 출력 특성의 한 예로 파장은 308nm, 안정된 출력의 최대에너지는 670mJ, 펄스반복속도는 300Hz, 빔의 크기는 0.1×300mm, 빔의 균일도(2sec)는 ±5%, 단축(주사방향)의 모서리 높낮이(10~90%)는 $<50\mu m$이다.

다결정실리콘박막의 전기적 성질은 다결정의 평균입자크기에 의존하며, 입자크기가 클수록 전자이동도가 증가되고, 다른 특성도 개선된다. 엑시머레이저어닐링에서 입자크기는 기판온도, 박막두께 및 조사되는 펄스빔의 시간당 반복수에 의존한다. 일반적으로 기판온도가 증가되면 입자크기가 증가되며, 보통 유리가 지탱할 수 있는 온도인 400°C로 가열하면 양호한 결과를 얻을 수 있다. 그리고 박막두께가 얇을수록 다결정의 크기가 증가되는 경향이 있고, 두께는 대체로 약 50nm 이하이다. 또한 조사되는 펄스빔의 반복수가 증가될수록 입자크기를 매우 증가시킨다. 더욱이 거의 용융되는 조건하에서는 결정에서 매우 큰 입자성장이 일어나고, 전기적 성질이 크게 개선된다. 또한 얇은 박막과 함께 거의 용융상태의 조건을 주면 마지막 다결정실리콘박막이 층으로 형성되는 것을 많이 제거시킬 수 있다.

비정질실리콘을 결정질실리콘으로 레이저어닐링에서 다이오드펌핑시킨 Nd:YAG레이저의 2차조화파가 사용되는 경우에 AMOLED와 TFT-LCD의 부분적인 또는 전체적인 용융어닐링을 수행한다. 그림 V-75는 출력 1.6KW인 Nd:YAG레이저의 532nm파장으로 a-Si을 poly-Si으로 어닐링시킨 결과를 보여주고 있다. 그림에서 보듯이 레이저빔의 펄스폭이 60nsec, 150nsec, 330nsec로 증가됨에 따라 입자크기가 증가한다. 그리고 밑의 그림은 파장 532nm인 Nd:YAG레이저빔과 엑시머레이저로 어닐링시킨 결과를 보여주고 있다.

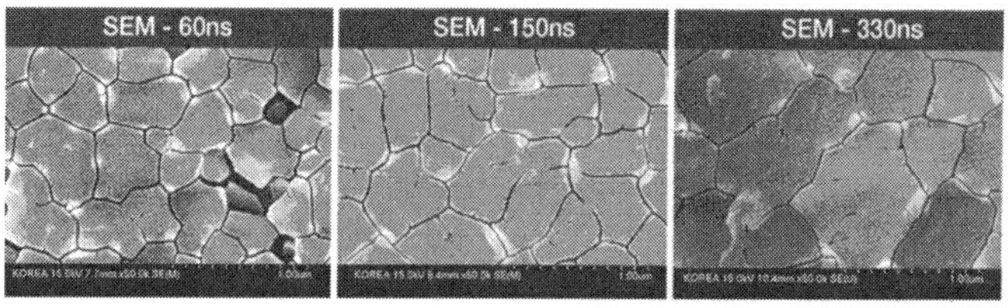

결정입자의 비교

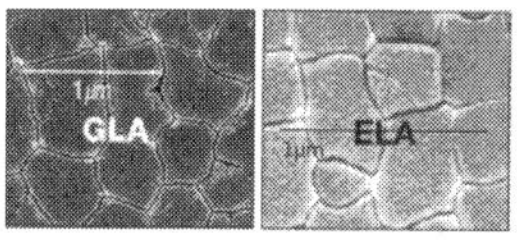

그림 V-75 Nd:YAG레이저빔(532nm)으로 어닐링시킨 실리콘 입자. 펄스길이의 증가에 따라 입자크기가 증가된다. 밑의 그림은 엑시머리이저 어닐링(ELA)과 비교한 것이다.(E.O. Technics)

V-5-2 레이저마킹(Laser marking)

일반적인 마킹방법에는 인쇄표시, 잉크제트, 스탬핑, 기계적인 조각 등의 방법이 사용되고 있다. 그러나 마킹해야 할 부품이 매우 작고 정밀한 경우, 취약한 경우, 생산속도가 느린 경우, 잉크가 지워지거나 또는 오염이 되는 경우 등에는 레이저빔에 의한 마킹이 매우 효과적이다. 레이저마킹은 비접촉방법으로 오염이 없고 신뢰성이 크며, 또한 기계적인 응력을 가하지 않고 어떤 재료에도 고속으로 정밀하게 마킹할 수 있다.

레이저빔에 의한 마킹은 각종 전기전자부품, 반도체칩, 기계요소부품, 의료부품, 식료포장부품 등의 상징마크, 제품의 제원기록, 증명표시 또는 도난방지 등을 위하여 글자, 숫자 혹은 그림을 표시하는 것이다.

일반적으로 표시되는 글자, 숫자 혹은 그림의 크기는 제품에 따라 수십μm~수mm 정도가 될 수도 있으나, 그 깊이는 수십μm 정도이다. 그러나 반도체칩 같은 정밀전자부품의 마킹은 숫자와 글자의 크기 및 깊이가 수~수십μm 정도로 정밀하다. 따라서 레이저마킹은 정밀가공의 범주로 간주될 수 있으며, 이에 대해 간단히 살펴보겠다.

레이저마킹기구는 원칙적으로 레이저빔이 조사되는 부품의 얇은 표면층을 증발에 의하여 벗겨내는 방법에 의한다. 레이저빔에 의해서 코팅되지 않은 재료 상에 마킹을 수행하는 경우에는 표시모양을 따라 표면층을 제거하는 **조각방법**, 열에 의한 표면개조방법 또는 주위표면과 색상차이를 나타내도록 하는 방법 등에 의하여 이루어진다. 반면에 양극산화처리 같은 코팅된 재료의 경우에는 코팅층이 증발에 의해서 제거되어 밑의 기지조직을 노출시켜 요구되는 모양 혹은 글자를 나타내게 한다. 따라서 레이저마킹은 기본적으로 2차원적인 가공이라고 생각할 수 있다. 그리고 레이저마킹은 펄스빔을 이용하므로 단기간에 온도증가는 매우 크나, 짧은 시간 동안에 열전달이 일어나기 때문에 내부로 열전달이 제한되어 부품에 열적인 영향을 주지 않는다. 따라서 이 방법은 소형화하는 전자부품과 인쇄기판은 물론 기계공구와 드릴 및 기계요소부품 등의 형식번호와 제조번호 기록 및 각종 상품의 바코드 등의 표시에 광범위하게 사용된다.

레이저마킹방법을 크게 분류하면 빔연속조사방법, 도트매트릭스방법과 마스크영상방법의 세 가지로 나눌 수 있다. 일반적으로 기지조직 상에 글자, 숫자 혹은 모양을 마킹하기 위한 기구로는 재료제거 또는 재료변형방법이 사용된다. 그리고 금속, 세라믹 및 고분자재료에 따라 마킹기구에 차이가 있으나, 주로 조각(engraving), 어블레이션, 어닐링, 색상변화, 발포형성 등의 기구이다. 그림 V-76에 레이저빔으로 재료에 마킹하는 기구와 마킹된 부품들의 예를 보여주고 있다.

빔연속조사방법은 기계적인 조각방법과 비슷한 방법으로 부품 상에 문자 혹은 숫자를 나타내기 위해서 레이저빔을 사용하여 미세한 홈을 만드는 것이다. 즉 부품 상에 레이저빔이 조사되면 표면층의 일부를 증발시켜 요망되는 모양의 얕고 연속된 홈을 남기게 되므로 어떤 문자, 숫자 혹은 모양을 기록하게 된다. 이것은 레이저빔에 의한 스크라이빙과 유사한 방법이나 홈의 깊이가 매우 적으며, 이 홈의 깊이와 폭은 사용하는 레이저빔의 특성과 부품에 따라 수~수백μm 정도까지 가능하다. 레이저마킹에서는 레이저빔을 고정시키고 부품을 이동시킬 수도 있으나, 신속하고 대량생산을 위해서는 일반적으로 일렬로 배열된 부품 상에 텔레센트릭F-θ렌즈와 갈바노미터를 이용하여 레이저빔을 고속으로 이동시키면서 조사시키는 방법을 사용한다. 이것은 레이저빔을 X-Y축 방향으로 이동시키는 대신에 레이저빔을 고정시킨 상태에서 갈바노미터를 이용하여 두 개의 반사거울을 회전시킴으로써 이루어진다. 이러한 갈바노미터기구를 사용하는 경우에는 거울들을 매우 신속하게 회전시켜 레이저빔을 이동시킬 수 있어서 마킹속도가 매우 빠르다.

도트매트릭스마킹방법은 레이저빔으로 부품표면 상에 요망되는 문자, 숫자와 모양을 표시하기 위해서 연속하여 일정한 간격으로 매우 작은 홈을 만들도록 표면층을 증발시킨다. 이 경우에 텔레센트릭F-θ렌즈와 갈바노미터를 이용하여 레이저빔을 고속으로 이동시키면서 마킹을 수행하면 매 초당 수십 자 이상의 글자를 쓸 수 있도록 홈을 만들게 된다. 그러나 각 홈 사이에는 공간이 있으므로 매우 정밀하고 작은 문자의 마킹에는 문제가 있다.

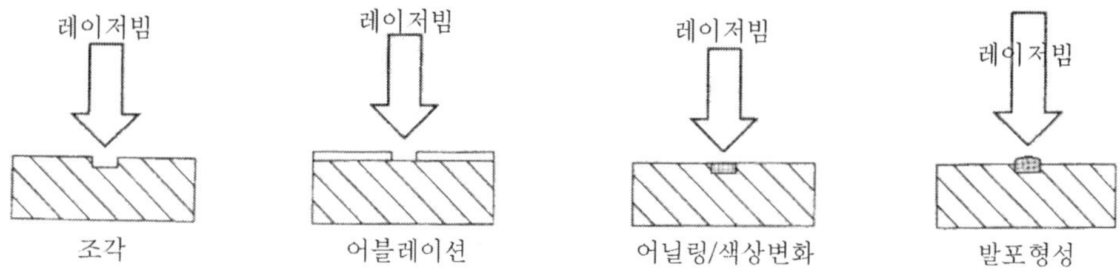

(a) 마킹에서 재료제거 기구

(b) 마킹된 부품(E.O. Technics)

그림 V-76 레이저마킹 기구와 마킹된 부품

마스크영상마킹방법은 복잡한 모양의 표시를 한 개의 레이저 펄스빔 또는 한 번의 레이저빔조사로 가능하다. 이 방법의 광학적인 배치는 그림 V-77과 같이 슬라이드영사기의 사용과 비슷하다. 즉 평행하게 조준된 레이저빔의 통로 상에 요망되는 모양 또는 글자를 뚫은 마스크를 위치시키고, 그 앞의 적당한 위치에 집속렌즈를 위치시킨다. 그러면 마스크 상의 글자 혹은 모양을 통과하는 레이저빔이 집속렌즈를 통하여 초점위치에 있는 부품 상에 집속되어 요망되는 글자 혹은 모양과 같이 표면층을 증발시켜 마킹이 된다. 여기서 펄스빔 한 개로 비교적 큰 면적에 복잡한 모양을 마킹시키기 위해서는 레이저빔의 첨두출력이 커야 하며, 쉽게 마킹이 되는 재료는 대체로 고분자유기물재료이다.

일반적으로 레이저마킹에 사용하는 레이저는 Nd:YAG레이저, 파이버레이저, CO_2레이저, 엑시머레이저이다. Q-스윗칭 Nd:YAG레이저는 조각마킹방법과 도트매트릭스 마킹방법에 적당하며, 1.06μm의 파장은 금속재료와 가시광선에 불투명한 세라믹재료에도 침투되어 일부가 흡수되므로 이들 재료들의 마킹에 사용이 가능하다. 따라서 Si과 GaAs 같은 반도체웨이퍼에는 보통 반복속도가 매 초당 10KHz 이상의

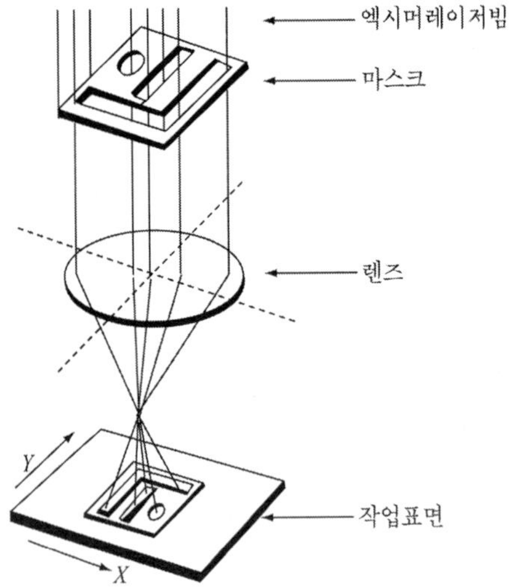

그림 V-77 마스크를 이용한 엑시머레이저 마킹

Q-스윗칭 Nd:YAG레이저빔을 사용하여 웨이퍼모서리 또는 뒷면에 여러 가지 필요한 정보를 마킹하며, 바이트와 드릴 같은 공구강의 마킹에도 사용한다.

특히 반도체마킹에는 매 펄스마다 빔에너지와 펄스길이의 재현성이 양호해야 하므로 Xe램프 펌핑되는 Nd:YAG레이저보다는 다이오드레이저 펌핑되는 Nd:YAG레이저가 더욱 바람직하다. 그리고 반도체마킹에서 펄스빔에 의한 도트들이 서로 중첩되지 않는 것이 바람직하며, 도트들이 중첩되면 반도체표면에 과도한 손상과 부스러기를 줄 수 있다. 일반적으로 각 도트의 직경은 반도체 혹은 웨이퍼의 두께에 따라 차이가 있으나 약 70μm 정도 이하이고, 깊이는 약 2.6μm 정도 이하가 바람직하다. 그리고 마킹 시 펄스빔에너지의 정확한 조절로 표면의 증발이 없이 도트의 용융에 의해서 마킹을 수행할 수 있으면 마킹 시 발생하는 증발입자의 발생을 억제할 수 있어 청정실 내에서 반도체웨이퍼의 취급에 유리하다.

투명한 유리내부에 마킹을 수행하는 경우에는 집속된 Nd:YAG레이저빔의 초점위치를 유리 내부의 원하는 곳에 위치시킨 후에 요망되는 글자 혹은 모양을 따라 레이저빔을 이동시키면서 조사시킨다. 이 경우에 표면근방에서는 레이저빔이 투과되나, 초점위치에서는 집속빔에 의해서 온도가 증가되므로 집속된 레이저빔이 이동하는 경로를 따라 유리 내부에 미세한 균열이 발생한다. 그러면 유리를 통과하는 광선이 미세한 균열이 있는 곳에서 산란되어 나타남으로 마킹이 되는 것으로 선택적인 레이저에칭과 같은 원리이다.

세라믹재료와 고분자재료의 경우에는 10.6μm의 파장이 잘 흡수되므로 많은 경우에 CO_2레이저빔을 사용한다. 출력이 수십W인 CO_2레이저빔을 빔직경 40μm으로 집속시켜 사용하는 경우에 조각마킹의 속도에 따라 마킹된 선폭은 약 85μm가 되고, 매 cm에 수십 개의 선을 그릴 수 있다. 펄스형태로 동작시키는 TEA CO_2레이저 또는 RF발진 CO_2레이저를 사용하며, 비금속재료 조각마킹에 사용하는 경우에 펄스반복속도가 1KHz 정도로 출력은 수십~수백W 정도이다. 그리고 마스크영상마킹에서는 보통 큰 에너지의 레이저빔펄스가 요구되므로 축전기 등의 마킹에서는 10Hz 정도의 반복속도를 가진 TEA CO_2 레이저가 사용된다.

고분자재료의 마킹에는 흔히 엑시머레이저를 사용하며, 주로 포토마스크에 의한 영상마킹방법을 채택한다. 이 경우에 마킹패턴전체를 한 번에 마킹시키는 경우에는 펄스빔의 에너지가 커야 하며, 적은 반복속도를 가져야 한다. 반면에 전체패턴을 마킹시킴에 있어서 각 글자 또는 패턴의 부분들을 별도로 하여 마킹시키는 경우에는 펄스빔의 에너지가 적으며 반복속도가 커야 한다.

V-5-3 저항체의 트리밍(trimming)

반도체집적회로 같은 미소전자회로에는 박막(수백Å~1μm 내외) 또는 후막(10~25μm내외)으로 된 수 개 이상의 저항소자를 포함하고 있다. 이들 저항체는 보통 수% 이내의 공차를 가지도록 저항치를 조정하는 것이 필요하다. 일반적으로 후막저항을 만드는 방법은 알루미나기판 상에 저항체페이스트를 프린트하여 저항패턴을 만든다. 저항체페이스트는 금속(Ag, Pd)과 금속산화물(Ag/Pd/PdO)의 혼합물, 유리프릿(frit), 유기물결합체와 용매 등으로 이루어져 있다. 이러한 저항체페이스트로 회로를 만든 후 용매는 증발시키고 가열에 의해서 결합체를 제거시키며, 또한 유리프릿을 용융시킨다. 이렇게 제조한 저항체회로는 알루미나기판 상에 견고하게 밀착된다. 이러한 제조공정으로 얻을 수 있는 저항체의 정밀도는 ±10% 정도 이상을 얻기 힘들다. 그러나 일반적으로 요구되는 허용치는 ±1% 이내이므로 이들 저항체를 제조한 후에 저항조정을 수행해야 한다.

반면에 단결정실리콘 상에 박막으로 저항체를 제조하는 경우에는 Ta, Cr, Ni-Cr 같은 금속 또는 Cr-SiO의 서메트를 진공증착시켜 저항체재료로 사용한다. 이 경우에도 후막저항체와 마찬가지로 정밀한 저항치를 얻기 위하여 저항조정이 필요하다. 대부분의 경우에 이러한 방법으로 저항체를 제조하면 전자회로에 요구되는 허용치 이내로 정확하게 저항치를 맞추는 것이 힘들다. 따라서 생산수율을 높이기 위하여 의도적으로 저항체의 저항치를 요구되는 값 이하로 제조하고, 그 후에 저항체박막의 일부를 제거하여 저항치를 증가시킴으로써 요구되는 저항치에 맞추도록 한다. 이러한 공정을 **저항체의 트리밍**이라고 한다.

이들 저항체의 저항조정에서 종래에는 후막의 경우에 샌드브라스팅에 의한 연마공정 또는 다이아몬드휠을 사용하였으며, 박막의 경우에는 초음파가공 등을 이용하였다. 그러나 짧은 펄스길이를 가진 고출력 레이저빔으로 저항체를 증발시키는 트리밍작업을 수행하면 가공선폭이 적어 미소한 저항패턴트리밍이 가능하다. 또한 열 영향구역이 적어 열에 민감한 인접구역으로 전달되는 열량을 억제시켜 주위의 손상을 억제시킬 수 있다. 그리고 실시간으로 저항치를 측정하면서 트리밍작업이 가능하여 정밀도가 높고 저항조정이 용이하며, 신속하게 가공시킬 수 있다. 실제로 실리콘상의 박막저항트리밍에서는 0.1% 이내의 정확도로 요구조건을 만족시킬 수 있다. 또한 오염이 없이 깨끗한 트리밍을 수행할 수 있고 장비의 신뢰성과 재현성이 높으며, 완전자동화가 가능하여 전자공업에서 광범위하게 이용된다.

저항체의 트리밍작업에는 펄스길이가 짧은 Q-스윗칭 Nd:YAG레이저 또는 Nd:YLF레이저(파장이 1.047 μm, 1.32 μm)를 사용한다. 종래에는 이들 레이저의 펌핑방법은 Xe램프 펌핑이었으나, 최근에는 펄스빔의 재현성과 효율이 양호한 다이오드펌핑 방법을 사용한다. 그러나 박막의 정확한 절단과 적은 절단폭을 위해서 레이저빔의 파장이 짧은 것이 바람직하고, 또한 파장이 짧을수록 금속에서 흡수도가 크므로 주파수를 두 배로 변조시킨 2차 조화파의 Nd:YAG레이저빔(532nm) 또는 Nd:YLF레이저빔(523nm)을 사용하기도 한다.

(1) 트리밍 형상

레이저빔으로 저항체를 트리밍시키는 형상은 여러 가지 모양이 있으며, 절단시키는 방법에 따른 저항치의 변화양상과 트리밍속도 등을 고려하여 선택한다. 저항체트리밍의 몇 가지 예를 그림 V-78에 나타내었다. 가장 간단한 방법은 그림(a) 같이 레이저빔으로 저항체에 구멍을 뚫는 것으로 구멍의 크기와 개수에 따라 저항치가 변한다. 그리고 그림(b) 같이 저항체를 한 방향으로 절단시키면 저항치를 연속적으로 변화시킬 수 있으나, 그 정확한 값을 얻는 것이 쉽지 않다. 그러나 그림(c) 같은 경우는 가장 흔히 사용되는 '**L-컷' 트리밍**형태의 경우로서 저항치의 저항조정이 용이하다. 이제 가장 많이 사용되는 방법인 'L-컷'으로 트리밍시킨 박막저항의 절단모양에 따른 저항치의 변화를 그림 V-79에 나타내었으며, 그 원리에 대하여 살펴보겠다.

이 그림(a)에서 전류가 흐르는 방향에 수직한 A방향으로 트리밍을 수행하면 전류가 통과하는 면적이 감소하므로 그림(b)에서 보는 것같이 작은 길이의 트리밍거리 증가에 대해서도 저항치는 크게 증가된다. 반면에 전류가 흐르는 방향에 평행한 B방향으로 트리밍을 수행하면 긴 거리의 트리밍거리에 대해서도 저항치의 증가는 그리 크지 않다. 즉 그림(b)에서 보는 것같이 A방향과 B방향으로 ΔL거리만큼 트리밍함에 따라 저항치의 변화는 각각 ΔR_A와 ΔR_B만큼씩 변화가 있게 된다. 따라서 요구되는 저항치가 R_F라고 하면, A방향으로 a까지 트리밍시켜서 R_F에 가까운 R_a값으로 설정한 후에 B방향으로 b까지 트리밍시켜서 R_F값을 얻도록 한다. 이렇게 A방향으로만 트리밍시키는 것에 비하여 B방향으로도 트리밍시킴으로써 훨씬 정밀하게 트리밍을 수행할 수 있고 정확한 저항치를 얻을 수 있다.

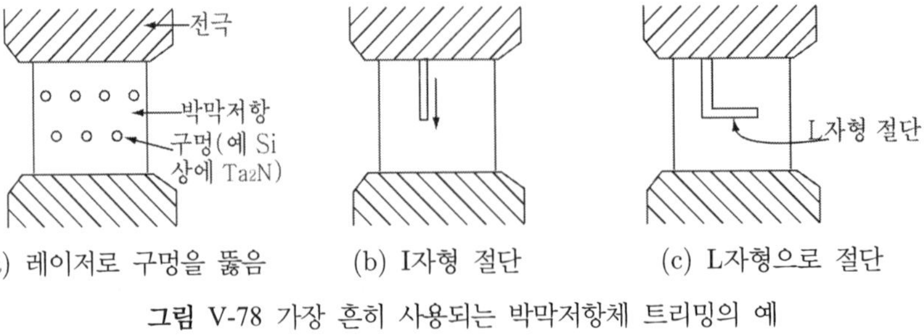

그림 V-78 가장 흔히 사용되는 박막저항체 트리밍의 예

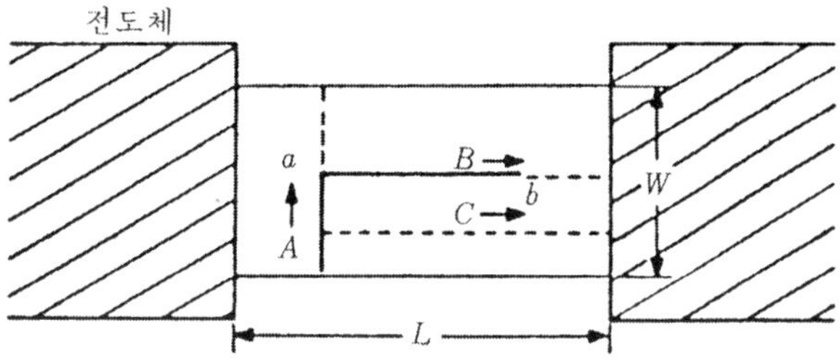

(a) L자형 절단 모양

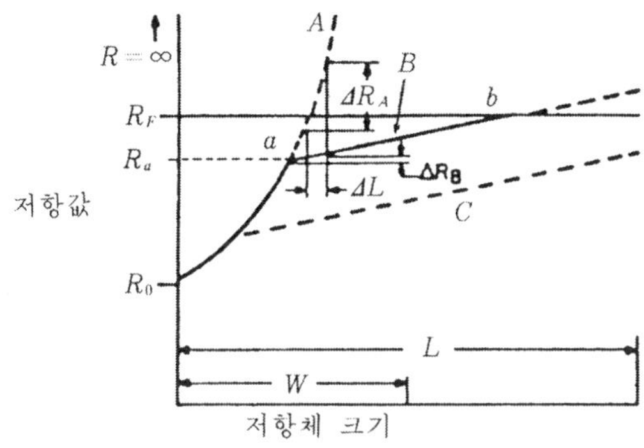

(b) 절단 길이에 따른 저항값의 변화

그림 V-79 L자형 트리밍

만일 저항을 (a)그림의 A방향으로 절단시켜 최종의 저항값 R_F를 얻는다면 두 가지의 문제가 있다. 즉 절단길이당 저항변화 ΔR이 크므로 정확한 조절이 힘들다. 그리고 저항의 남은 부분의 폭이 좁고 이곳에 가열된 점을 주게 한다. 그러나 A방향으로 절단하다가, B방향으로 절단시키면 매 거리당 저항변화가 적다. 이렇게 함으로써 정확한 조절을 할 수 있고, 또한 남는 구역이 크므로 가열된 점의 발생을 극소로 할 수 있다. A-C선을 따라 절단시키면 R_F값을 얻기 전에 저항의 끝까지 절단하게 되어 요망되는 값을 얻을 수 없다.(Thompson-1970)

박막저항체의 트리밍과 관련된 문제로서 트리밍 후에 전류의 드리프트(drift)와 불안정성을 줄 수 있다. 여기서 드리프트라는 것은 어떤 현상의 변화가 없는데 측정치가 변하는 것으로, 즉 시간이 지남에 따라 온도변화가 있다든지 하여 측정한 값이 변하는 현상을 말한다. 이것은 박막저항체의 트리밍 도중에 레이저빔출력이 불충분하여 절단되어야 할 부분이 완전히 증발하지 못하거나, 또는 열충격으로 인하여 미세균열이 있을 경우에 발생한다. 그리고 트리밍되어 전류가 흐르는 통로가 너무 좁아 그 부분이 과열되거나, 또는 트리밍의 양측 단자에 너무 근접할 경우에도 발생한다. 그 외에도 전류가 흐르는 방향으로 너무 길게 절단시키거나, 또는 가공으로 인하여 영향을 받는 구역에 전류밀도가 증가되도록 하는 경우에도 전류의 드리프트와 불안정성이 발생한다.

(2) 기능트리밍

레이저빔에 의한 트리밍공정은 수동적인 트리밍과 능동적인 트리밍(혹은 기능트리밍)으로 분류하여 생각할 수 있다. 수동적인 트리밍은 일반적인 방법으로 저항체의 저항치를 사전에 선택한 일정한 값이 되도록 트리밍을 수행하는 것이다. 즉 저항치를 측정하면서 트리밍을 수행하여 일정한 값에 도달하면 트리밍 공정을 끝내는 것이다. 반면에 기능트리밍은 전자회로를 측정계기에 부착시켜 동작하면서 트리밍공정을 수행하는 것이다. 즉 전자회로의 성능을 측정하면서 동시에 트리밍을 수행하여 전자회로가 어떤 기준치 이내에서 적당하게 동작하면 트리밍을 끝내는 것이다. 기능트리밍은 완전히 자동화된 측정장비가 필요하지만 디바이스의 성능을 향상시키고, 또한 제품의 수율을 증가시킨다.

레이저빔을 사용하면 단결정실리콘 상에 있는 회로에서 박막저항의 기능트리밍이 가능하다. 즉 집적회로칩에 있는 전자회로의 전압, 주파수 또는 전반적인 회로저항 등 기능적인 값과 출력을 조절하기 위하여 이 값들을 실제적으로 측정하여 이 값들을 레이저시스템에 피드백하여 신속하게 0.1% 이하의 허용치로 저항체를 트리밍할 수 있다. 실리콘 상의 박막저항체 기능트리밍에는 파장 1.32 μm인 Nd:YLF레이저빔을 사용하는 것이 실리콘의 광전반응을 억제시킬 수 있어서 바람직하다. 즉 파장 1.06 μm인 Nd:YAG레이저빔과 1.047 μm인 Nd:YLF레이저빔은 실리콘의 대역폭과 유사하여 실리콘에 흡수되어 광전반응을 야기하므로 자유전자와 정공을 형성시킨다. 이러한 광전반응은 전자회로의 성능측정을 간섭하므로 전자회로 성능측정을 수행하기 이전에 소멸되도록 해야 한다. 따라서 각 레이저빔을 조사시킨 이후에 디바이스가 원래대로 회복되기 위해서는 시간이 필요하므로 자연히 기능트리밍은 느려지게 된다. 그러나 파장 1.32 μm인 포톤에너지는 실리콘의 대역폭에 비하여 적으므로 광전반응에 의한 자유전자와 정공의 발생이 없다. 그러므로 실리콘 상에 있는 박막저항체의 트리밍에는 파장 1.32 μm인 Nd:YLF레이저를 사용하는 것이 바람직하다.

기능트리밍작업에서는 트리밍 도중에 요구되는 정확한 저항치를 측정할 수 있으며, 트리밍작업이 완료됨과 동시에 곧 밀봉작업을 수행시킬 수 있어서 자동화가 가능하다. 이러한 기능트리밍에서는 계산된 저항치에 의존할 필요가 없기 때문에 결과적으로 다른 부품들의 매개변수 허용치를 완화시킬 수 있어서 큰 비용절감을 초래할 수 있다. 그리고 기능트리밍은 보통 최종단계에 수행하므로 다른 부품들의 계속적인 결함으로 인한 저항치의 변화를 피할 수 있고, 또한 트리밍 도중에 최종적인 검사를 수행한다. 따라서 이러한 방법은 양호한 품질의 제품을 만들면서 전체생산 공정의 비용 절감에 상당한 기여를 한다. 레이저빔에 의한 트리밍방법은 저항체 이외에도 박막콘덴서의 트리밍, 인쇄회로의 전류전도통로의 가공, 전기통신공업에서 수정발진자 및 필터의 트리밍 등에도 사용되고 있다.

V-5-4 회로수정과 패턴제조

(1) 회로의 수정

다층박막으로 구성된 집적회로 칩의 제조에서 부분적인 박막증착 또는 에칭불량으로 인하여 내부구조의 연결선에서 접촉 및 단절 같은 결함이 발생할 수 있다. 이러한 경우에 많은 공정을 거쳐서 형성된 복잡한 회로에 작은 결함이 있으면 칩 전체를 사용할 수 없게 되므로 수율이 떨어지게 된다. 일반적인 회로 혹은 연결선의 수정작업은 마스크의 결함 또는 가공 중에 불완전한 처리에 의해서 발생한 접촉부분의 제거 또는 연결선이 부분적으로 형성되지 못하거나 제거된 부분의 연결 등이다. 이들은 국부적인 박막형성 또는 국부적인 박막제거 때문에 발생하는 것이다. 따라서 이러한 회로선로들에 정상적인 구조를 주기 위한 방법으로 접촉부분의 절단 또는 단절부분의 연결에 의한 수정작업에서 레이저빔에 의한 수정방법이 이용되고 있다.

레이저빔에 의한 전자부품의 수리작업은 대량생산을 위한 시작품 개발에는 필수적이며, 집적회로 칩의 집적도와 공정수의 증가에 따라 비용절감을 위한 방법으로 그 필요성이 더욱 증가하고 있다. 최근에는 평판디스프레이(FPD; flat panel display)제조에서 화면크기가 증가하면서 소자부품의 연결선로와 선폭이 감소함에 따라 국부적인 결함가능성이 증가되므로 이들의 수리를 위하여 레이저빔에 의한 수리방법 이용이 더욱 증가하고 있다. 예를 들면 LCD디스플레이에서 필요한 공정으로 컬러필터 수리에서 레이저 가열로 고분자를 탄화(carbonization)시키거나, 또는 TFT수리에서 레이저 유기된 CVD로 단절결함을 수리하는 것이다. 그리고 극초단펄스로 레이저어블레이션하거나 정밀절단으로 불순물, 먼지 혹은 부동태막을 제거하고 CVD로 μm 이하의 결함을 수리한다.

결함을 수정하는 기술은 그 결함의 크기와 재료에 따라 차이가 있으며, 다층박막으로 형성된 부품의 규격과 치수는 일반적으로 25 μm 이하이다. 회로요소를 연결하는 연결선로는 다결정실리콘박막과 실리사이드 또는 금, 구리, 알루미늄 혹은 텅스텐 같은 금속으로 형성되며, 이들의 치수범위는 대체로 길이가 7～10 μm, 두께는 0.5 μm, 폭은 0.8～1 μm 정도이다. 레이저빔에 의한 이들 접촉부분의 절단은 증발에 의해서 이루어지며, 일반적으로 짧은 펄스빔으로 기지재료에 흡수가 적은 레이저빔을 사용한다. 수정이 요구되는 부분의 치수와 재료의 종류에 따라 자외선, 가시광선 혹은 적외선구역의 파장을 가진 레이저를 사용하며, Ar^+레이저(0.514 μm), Nd:YAG레이저(0.355 μm, 0.532 μm, 1.064 μm), Nd:YLF레이저(1.047 μm, 1.32 μm), Nd:YVO_4레이저(1.064 μm, 1.34 μm) 또는 엑시머레이저를 사용한다. 흔히 절단시켜야 하는 금속부분의 증발온도는 유전체인 기지재료의 용융온도에 비하여 높다. 그리고 금속부분의 완전하고 깨끗한 제거를 위해서는 레이저빔이 조사되는 구역이 제거시킬 면적의 폭보다 커야 하므로 기지재료의 일부에 레이저빔이 조사될 가능성이 있다. 따라서 기지재료부분의 손상을 방지하기 위하여 가공조건을 매우 엄격히 조절하여야 한다. 그림 V-80은 에칭불량으로 금속박막 연결선 사이에 존재하는 결함을 제거시키기 위하여 레이저빔을 사용 시 사각형의 구멍(aperture)을 통하여 레이저빔이 조사되는 영상위치를 나타내는 모식도이다.

대부분의 고분자재료는 가시광선과 근적외선구역에서 약하게 흡수되므로 투과된 레이저빔이 내부구조에 흡수되어 심각한 손상을 줄 수 있다. 그리고 유전체재료에 직접적으로 레이저빔이 흡수되거나 또는 레이저빔이 조사된 구역으로부터 내부구조에 열이 전달되어 손상을 줄 수도 있다. 따라서 고분자재료 같이 열적으로 민감한 유전체재료에 대해서는 레이저빔에 의한 재료제거 도중에 열적인 손상을 피하기 위하여 펄스길이가 수십nsec의 짧은 Q-스윗칭 레이저빔 혹은 엑시머레이저빔을 사용한다. 그러나 세라믹

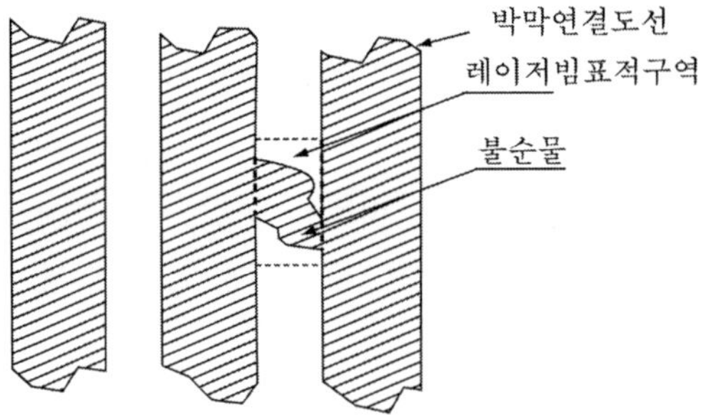

그림 V-80 제거시켜야 할 불순물 구역에 정확하게 레이저빔을 조사시키는 표적구역의 표시

재료와 유리 같은 유전체재료에 대해서는 펄스길이가 msec 정도의 긴 레이저빔도 사용 가능하다.

전자회로의 단락된 전기적 선로를 형성시키거나 또는 연결하는 수리작업에 레이저빔이 사용된다. 박막회로에서 고려되는 연결선의 접합을 위한 수리방법은 기상 혹은 액상에서 레이저화학증착(LCVD)방법이다. 레이저화학증착방법의 원리에 대해서는 다음에 나오는 V-5-5항에서 자세히 살펴볼 것이다. 특정한 소자의 수리에 LCVD방법을 적용하기 위해서는 몇 가지 요구조건을 만족시켜야 한다. 즉 증착속도가 적당히 빠르고 증착물이 기판에 양호하게 부착되고 동시에 적당한 전기적 및 물리적 성질을 가져야 하며, 수리공정이 내부구조에 영향을 미치지 않아야 한다. LCVD방법은 유기금속물의 증기가 존재하는 구역에 집속된 레이저빔을 조사시킴으로써 이루어진다. 레이저화학증착이 가능한 재료는 광범위하며, 전자회로에 사용되는 대부분의 금속(Al, Cu, Au, Pt, W, Cr, Ti, Co, Ni, Pb, Sn, Pd 등)이 포함된다.

금속박막형성을 위해서는 기판에 제한되는 온도범위와 다른 제약조건들하에서 핵생성과 입자성장조건을 최적화시켜야 한다. 이 경우에 금속박막의 국부적인 레이저증착은 광화학적인 반응 또는 광열적인 반응에 의하여 발생한다. 광화학적인 작용은 레이저빔의 포톤이 유기금속물을 분해시켜 금속박막을 증착시키는 것이고, 광열적인 작용은 레이저빔이 열원으로 작용하여 기판을 가열시켜서 표면에서 기체상태의 유기금속물을 열분해시켜 증착시키는 것이다. 광화학적인 반응에 의한 증착은 양호한 분해능을 주는 반면에 증착막이 흔히 탄소로 오염되고 전기적 성질이 불량하다. 또한 어떤 경우에는 순수한 증착박막을 얻기 위해서 광화학증착박막을 가열하여 분해시켜야 한다. 따라서 이 방법은 직접적인 박막형성에 의한 수리공정에는 어려움이 있고, 대부분은 열분해에 의한 증착수리공정을 사용한다. 금속에 따라 차이는 있으나 기체상태의 열분해방법에 의한 증착방법은 순도가 매우 순수하고(>95%) 박막저항이 고체금속의 3~5배 정도인 증착박막을 얻을 수 있다. 이러한 저항치의 증가는 박막 내의 결함과 기공들에 의한 것으로 어닐링을 수행하면 크게 개선된다.

전자소자 상에서 레이저빔에 의한 직접적인 금속박막도선의 연결접합이 가능하다. 즉 두 개의 인접된 금속박막 연결선 상에 짧은 펄스길이의 레이저빔을 조사시키면 금속의 열팽창에 의하여 이들 연결선 사이의 유전체를 균열시키고, 동시에 급속하게 팽창하는 용융금속이 균열 사이를 통하여 유동됨에 따라 이들 인접된 두 개의 연결선을 접합시키는 것이다. 이러한 방법은 동일면에서 인접된 두 개의 금속박막 연결선 또는 인접된 두 층의 금속박막 연결선에 대한 접합이 가능하다. 예를 들면 전기회로 칩의 Si기판 혹은 SiO_2기판에서 알루미늄금속의 연결선접합에 이러한 방법이 사용된다. 레이저빔에 의한 금속박막 연결선의 접합에서 금속은 열전도도와 열팽창이 크고, 유전체에 비하여 용융점이 낮고, 또한 용융금속은 증발온도와 증기압이 낮아야 한다. 다른 방법으로 몇 개의 층으로 형성된 부품에서 인접된 금속박막 사이의 연결은 그림 V-81에 보여주는 것같이 레이저빔으로 부도체를 천공하고, 동시에 용융된 금속이 유동하여 서로 접합을 줄 수도 있다.

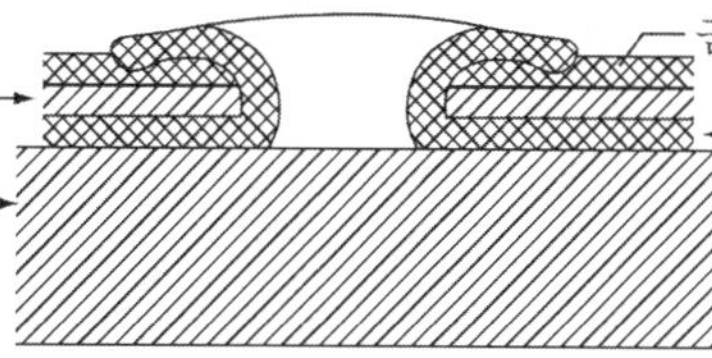

그림 V-81 레이저빔으로 천공시킨 구역에서 용융금속의 접합으로 연결되는 것을 나타내는 단면개요도

레이저빔에 의한 회로소자의 수리작업은 아니지만 도선의 연결공정의 하나로 전자소자의 회로 상에 있는 전도체들 사이에 저항치가 적은 옴접촉 형성을 수행할 수도 있다. 예로서 MOS칩의 선택된 위치에서 알루미늄과 실리콘층 사이를 nsec 정도의 펄스빔으로 연결하는 것이다. 즉 레이저빔 펄스가 MOS구조에서 구멍을 만들고, 이 구멍의 주변을 따라 전도재료를 재분포시키면 손상 없이 두 층 사이의 옴접촉을 형성시킬 수 있다. 이렇게 하면 복잡한 회로 상에 연결을 임의로 선택하여 수행할 수 있으므로 특정 용도를 위한 회로들의 개별적인 변경과 수정을 할 수 있다. 그리고 디스플레이공정에서 직접적인 결함수리는 아니지만 캐리어글라스로부터 OLED패널을 박리시키는 데 다이오드펑핑시킨 고출력고체레이저를 사용한다.

(2) 패턴제조

집적회로를 제조하는 경우에는 포토마스크를 사용하며, 포토마스크 상의 기하학적인 형상을 반도체웨이퍼 상의 감광성고분자막으로 옮기는 마스크공정작업이 필수적이다. 마스크공정을 포함한 산화, 확산, 이온주입, 금속증착, 에칭 등의 공정을 거치는 집적회로제조과정에서 각각의 마스크는 산화박막구역, 확산구역, 접촉구역, 금속연결선 등을 나타내면서 회로의 일부를 구성한다. 여기에서는 광선에 민감한 고분자유기물질에 레이저빔을 노출시키거나, 또는 금속박막을 직접 가공한다. 그리고 레이저로 직접적인 패턴제조공정에서 하부층의 손상을 주지 않고 패턴화를 수행하는 선택적인 박막 어블레이션공정이 수행된다.

일반적으로 포토마스크는 유리기판 상에 크롬박막의 패턴을 형성하여 제조한다. 금속박막의 패턴을 제작하는 경우에 유리판 같은 비전도성기판 상의 금속박막을 Q-스윗칭 Nd:YAG레이저, 엑시머레이저 등으로 가공하여 μm 정도 혹은 그 이하의 정밀도를 가진 패턴을 제작할 수 있다. 감광성고분자막에 레이저빔을 노출시켜 패턴을 제조하는 것은 재료제거에 의한 가공방법은 아니지만 매우 중요한 응용분야이다. 이 방법으로 복잡하고 정밀한 회로패턴을 사진감광판 상에 생성시킬 수 있다. 이러한 방법으로 마스크제조를 위한 패턴을 만드는 데는 매우 정밀하게 자동화된 패턴생성기를 사용한다. 즉 컴퓨터에 의해서 자동화된 장치에서 이미 저장되어 있는 회로설계자료를 이용하여 레이저빔으로 사진감광판으로 구성된 마스크판의 선정된 위치에 노출시켜 마스크패턴을 제조하게 된다.

DRAM칩의 집적도가 수백 Mbit 혹은 Gbit로 증가됨에 따라 소자의 가공규격이 더욱 작아지고 정밀하게 된다. 가공규격이 0.25 μm 이하인 반도체칩제조의 경우에는 광식각공정(photolithography) 광원으로 사용하는 Hg램프 i-선($\lambda \cong 365$nm)의 파장이 충분히 짧지 못하므로 파장이 짧은 자외선($\lambda < 0.25$ μm) 레이저빔이 사용될 수 있다. 특히 집적회로의 밀도가 증가됨에 따라 가공규격은 0.15 μm 정도 혹은 그 이하가 요구되며, 이 경우에 ArF($\lambda = 193$nm)레이저와 F_2($\lambda = 157$nm)레이저 같은 짧은 파장을 사용하는 마이크로리소그래피가 요구된다. 마이크로리소그래피에 짧은 파장의 엑시머레이저빔을 사용하는 경우에는 Hg램프를 사용하는 경우에 비하여 광선의 강도가 크고, 또한 스펙트럼선폭이 거의 단색광을 주는 장점이 있다. 이러한 경우에 웨이퍼의 감광성 포토레지스트에 큰 조사량을 줄 수 있고, 또한 색수차가 없는 굴절광학부품을 설계함에 있어서 문제를 주지 않는다. 더욱이 엑시머레이저빔의 다중모드성질은 부분적인 가간섭성을 가지도록 조절할 수 있는 투광기구를 설계함에 유용하다.

다른 방법으로 제작된 포토마스크는 여러 가지 형태의 결함들을 가질 수 있다. 예를 들면 연결선로 사이에 잔존하는 미제거된 크롬막, 불필요한 크롬스폿의 형성, 또는 박막이 제대로 형성되지 못한 불량상태 등이 있을 수 있다. 이러한 경우에 이들 불량한 포토마스크를 수리하여 사용할 수 있으면 포토마스크 제작시간을 단축시킬 수 있고, 또한 제조비용을 절감하고 생산성을 크게 증가시킬 수 있다. 레이저빔에 의한 포토마스크 수리방법은 현미경으로 볼 수 있는 결함들을 TV모니터로 관찰하여 마스크영상에 나타난 결함들의 위치와 종류를 선정한 후 적당한 방법으로 수리를 수행하는 것이다. 기본적인 수리기구로 크롬박막을 제거하는 것은 해당구역에 레이저빔을 조사하여 증발시키는 것이고, 크롬박막을 형성하는 것은 크롬유기물의 기체분위기에서 레이저빔에 의한 열분해로 크롬박막을 만드는 것이다.

레이저빔을 이용한 **직접묘화**(direct writing)기술은 마스크공정을 거치지 않고 직접 회로공정의 일부로서 또는 제조 후 최종처리과정으로 가능하다. 높은 정밀도의 단일소자를 제조할 때는 기판의 불균일성, 공정의 변화, 정밀도의 한계 때문에 특수소자는 제조 후에 최적화작업이 필요하다. 그리고 이들의 고성능을 구현하기 위해서 직접묘화에 의한 최종가공이 필요하다. 레이저빔에 의한 직접묘화기술은 마스크의 일부를 지우거나 입히는 데 증착, 에칭 및 도핑 등에 있어서 표면반응에 의한다. 여기서 사용하는 레이저빔에 의한 화학증착방법은 광열반응과 광분해방법이 모두 가능하나, 일반적으로 광열반응에 의한 방법을 더욱 많이 사용한다. 이것은 광열반응에 의한 방법이 광분해에 의한 방법에 비하여 증착속도가 훨씬 크기 때문이다. 이러한 표면반응들은 레이저빔에 의한 열에 의하여 수행되므로 그 응용분야에 따라 반응속도와 최대온도를 적절하게 선택하여야 한다. 그러나 레이저빔이 투과되는 기지재료 상에 미소구조를 직접묘화하는 경우에는 광열반응에 의한 방법으로는 힘들기 때문에 광화학반응을 사용한다.

레이저직접묘화에서 ITO를 제거 시 플루엔스(Fluence)의 증가에 따라 에칭깊이가 증가한다. 그리고 ITO의 강한 흡수로 인하여 폭발적인(혹은 급속한) 어블레이션을 줄 수 있으며, 이것은 반충압력을 증가시켜 기판의 미세균열을 발생시킬 수도 있다. 그리고 박막두께가 레이저파장보다 적으면, 완전한 어블레이션을 줄 수 있고, 다중펄스보다 단일펄스를 사용한다. 일반적으로 레이저정밀절단에서 박막절단에는 어블레이션기술을 사용하고, 금속절단에는 용융금속분출기술을 사용학고, 유리절단에는 필라멘테이션기술을 사용한다.

V-5-5 레이저 박막제조

레이저빔에 의한 박막제조는 넓은 면적에 각종 금속의 균일한 박막을 코팅시키거나 또는 국부적인 구역에만 코팅시킬 수 있으며, 각종 전자부품의 박막제조에 많이 사용되고 있다. 레이저빔에 의한 박막제조 방법을 분류하면 대체로 **레이저화학증착**(LCVD; laser chemical vapor deposition)방법과 **펄스레이저증착**(PLD; pulsed laser deposition)방법의 두 가지 범주로 나누어 생각할 수 있다. 레이저빔에 의한 박막제조에서는 증착반응을 야기하는 적당한 출력과 펄스길이의 빔을 방출하는 레이저, 코팅시킬 기지재료를 수용할 수 있는 진공용기, 코팅원으로 사용하는 금속유기물가스 또는 코팅타겟이 필요하다.

(1) 레이저화학증착(LCVD)방법

레이저화학증착방법은 V-5-4항에서 간단히 언급한 바와 같이 레이저빔이 금속유기물가스의 열분해에 의한 화학반응 또는 광화학반응을 야기하는 기구로 이용된다. 일반적으로 레이저빔의 파장은 반응가스를 투과하고, 또한 기지재료에 흡수될 수 있어야 한다. 광열반응(열분해에 의한 반응)에 의한 박막제조의 모식도는 그림 V-82와 같다.

레이저빔이 조사되는 국부적인 구역의 표면온도는 다른 기지재료의 표면온도에 비해서 수백도(°C) 이상 가열시킨다. 이러한 경우에 가열구역에 충돌되는 금속유기물가스는 열분해에 의해서 박막형성원소를 생성시켜 기지재료 상에 코팅되어 축적된다. 이러한 반응에서 박막형성을 조절하는 요인은 크게 두 가지로 나누어 생각할 수 있다. 한 가지는 반응가스 공급량이 일정한 경우에는 기판의 온도증가에 따라 반응속도가 지수함수적으로 증가하므로 온도조절로 증착속도를 조절할 수 있다. 다른 한 가지는 온도가 높은 경우에는 재료표면에서 반응물공급량에 따라 박막증착에 차이가 있으므로 반응가스의 압력과 유속을 조절하여 증착속도를 조절할 수 있다.

일반적으로 광열반응에 의한 박막증착은 SiO_2 같은 기지재료 상에 Al, Ni, Cu, Au 등의 금속박막을 코팅시키며, 레이저빔 출력밀도는 수MW/cm^2 정도이다. 그리고 반응가스는 주로 구조식이 MR_n인 금속

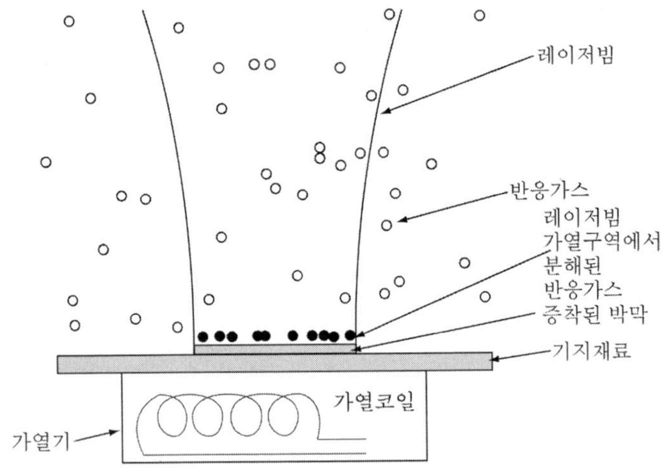

그림 V-82 레이저빔에 의한 광열화학증착법(LCVD)의 개요도

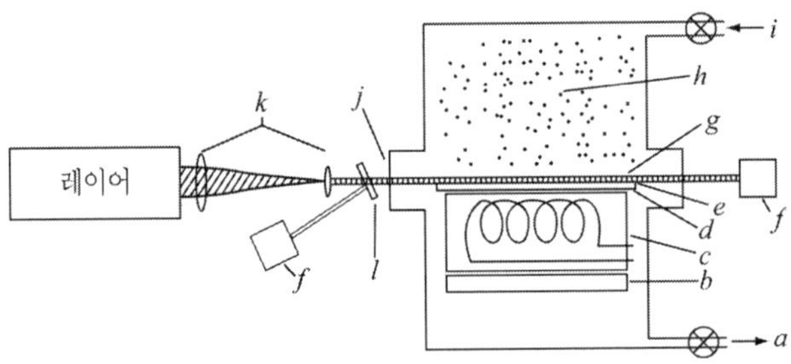

그림 V-83 레이저빔에 의한 광화학 화학증착법(LCVD) 시스템의 개요
(a) 진공펌프, (b) 시편이동스테이지, (c) 가열기, (d) 기지재료, (e) 증착된 박막, (f) 레이저빔 출력미터, (g) 레이저빔, (h) 반응가스, (i) 반응가스 입구, (j) 레이저빔 입구창, (k) 원주형 집속렌즈, (l) 빔분배기

알킬, 금속카보닐, 금속할라이드이며, 반응가스의 분압은 0.1~100토르(torr)범위이다. 여기서 금속알킬의 R_n은 메틸기$(CH_3)_n$ 혹은 에틸기$(C_2H_5)_n$이고, 금속카보닐의 경우에는 카보닐기$(CO)_n$이고, 금속할라이드의 경우에는 할라이드기$(F, Cl, Br, I)_n$이다. 그리고 Si, Ge의 증착에서는 주로 수화물인 SiH_4와 GeH_4가 사용된다.

광화학반응에 의한 레이저화학증착방법에서는 레이저빔이 금속유기물가스분자에 흡수되어 결합을 끊어 재료 상에 금속박막이 코팅되는 광화학적인 방법으로 박막을 형성시키는 것이다. 이 방법에서 어떤 특정한 표면반응이 일어나지 않는 경우에는 기지재료의 종류에 민감하지 않다. 일반적으로 그림 V-83과 같이 기지재료 표면상에 박막을 증착시키기 위하여 레이저빔을 표면에 평행하게 조사한다. 보통 반응가스분자의 결합력은 수eV이므로 여기서 사용하는 레이저빔의 파장은 자외선 구역의 엑시머레이저를 사용한다. 그리고 양질의 박막을 형성시키기 위해서는 기지재료를 약 200°C 이상으로 가열시켜 핵생성에 필요한 에너지를 공급하는 것이 바람직하다. 일반적으로 광화학반응에 의한 박막증착은 광열반응에 의한 것에 비해서 증착속도가 느리지만 넓은 구역에 균일한 박막증착이 가능하다. 이 방법에서 사용하는 금속유기물가스는 광열반응에서 사용하는 가스와 비슷하며, 엑시머레이저빔의 출력은 수십MW/cm^2 정도이다.

(2) 펄스레이저증착(PLD)방법

펄스레이저증착방법은 몇 단계로 구성되며, 첫 단계는 고체타겟에 레이저빔펄스를 조사시켜 증발입자 혹은 플라즈마플룸을 생성하는 것이다. 만일 밀폐용기 내에 반응가스가 존재하면 이들은 가스와 반응하고, 그 후에 증발된 재료 혹은 반응된 재료가 기지 상에 증착된다. 펄스레이저증착방법의 개요는 그림 V-84와 같으며, 그 중요한 요소는 레이저, 밀폐용기, 고체타겟, 반응가스, 기지재료로 구성되어 있다.

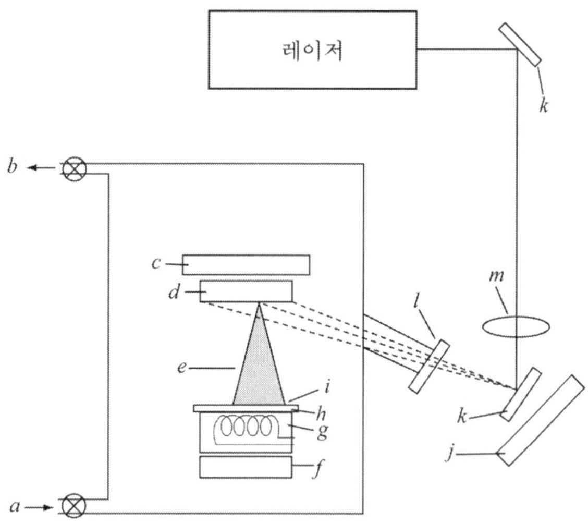

그림 V-84 펄스레이저증착법(PLD) 시스템의 개요
(a) 반응가스 입구 (b) 진공펌프, (c) 타겟이동 스테이지, (d) 타겟, (e) 플라즈마플룸, (f) 시편이동스테이지, (g) 가열기, (h) 기지재료, (i) 증착박막, (j) 경사스테이지, (k) 유전체거울, (l) 레이저빔 입구창, (m) 집속렌즈

일반적으로 사용되는 레이저는 자외선의 펄스빔을 방출하는 엑시머레이저이며, 첨두출력은 수MW 정도 범위이다. 그리고 증착 도중에 고체타겟과 기지재료는 계속적으로 이동시켜 펄스빔이 타겟의 새로운 위치에 조사되도록 하고, 또한 기지재료 상에서 균일한 증착이 이루어지게 해야 한다. 펄스레이저증착방법에 의한 박막증착에서 중요한 변수로는 레이저빔의 특성(파장, 출력, 펄스길이, 펄스에너지 등), 기지재료의 온도, 반응가스의 분압, 타겟과 기지재료 사이의 면간거리 등이다. 이 방법에 의한 증착은 각종 금속박막(Au, Al, Cu, Co, Pt, Ti 등), Si과 Ge의 적층성장, 강유전체박막($Pb(Zr_xTi_{1-x})TiO_3$), 압전체박막($LiNbO_3$), 초격자박막($Hg_{1-x}Cd_xTe$), 고온초전도체박막($YBa_2Cu_3O_7$)은 물론 어떤 조성의 화합물도

증착이 가능하고, 또한 다이아몬드상의 탄소(DLC) 증착도 가능하다.

펄스레이저증착방법은 종래의 물리적인 증착방법에 비하여 여러 가지 장점이 있으며, 전자세라믹스박막(≤1 μm)증착에서 매우 효과적이다. 즉 고체타겟으로부터 박막에 화학양론적인 조성을 증착시킬 수 있고, 산소 같은 반응가스를 높은 압력상태로 공급시킬 수 있고, 진공기구가 간단하고, 순탄한 박막성장이 빠르고, 박막의 재현성이 양호하다.

이 방법은 후막(≥1 μm)의 증착에도 이용되며, 예를 들면 강유전체, 페라이트, 열적차단코팅 혹은 생체재료의 제조에 이용되고, 어떤 재료에서는 후막두께가 수십 μm 이상인 경우도 있다. 후막의 품질에 중요한 두 가지 성질은 표면형태와 응력상태로 이들에 영향을 미치는 인자들로는 증착속도, 기지재료와 증착재료의 격자크기 차이, 기지재료와 증착재료의 열팽창계수 차이, 후막성장기구 등이다. 후막의 표면형태를 개선하기 위해서는 성장속도가 느린 경우가 바람직하다. 증착박막의 두께가 1 μm 정도인 경우에는 미소한 입자형태를 가진 평탄한 상태를 주지만, 10 μm 정도가 되면 작은 입자들이 합체되어 큰 입자가 되고, 30 μm 정도가 되면 더욱 큰 입자로 성장한다.

기지재료와 증착재료 사이에 격자규격의 차이는 증착박막의 표면형태에 큰 영향을 미친다. 만일 이들 재료들 사이의 격자크기 차이가 크지 않다면 증착박막이 기지재료로부터 적층성장이 가능하여 거의 단결정에 근접하는 형태를 줄 수 있다. 그러나 이 경우에 두 재료의 변형률 차이에 의해서 증착박막에 잔류응력을 줄 수 있다. 따라서 증착박막의 두께가 증가되면 응력이 매우 증가되어 기지재료로부터 박리가 일어날 수도 있다. 그러므로 기지재료와 증착재료의 격자규격 차이가 적은 경우에는 박막에서 양호한 증착박막을 주지만, 후막의 경우에는 파국적인 증착막의 박리가 일어날 수도 있다. 반면에 이들 재료들 사이의 격자크기 차이가 큰 경우에는 증착박막의 적층성장이 안되고, 증착박막에서 입자성장이 임의로 배향되어 다결정구조를 주게 된다. 이러한 경우에는 증착박막에 많은 입자경계구역이 생성되어 격자규격 차이에 의한 응력을 수용할 수 있기 때문에 증착박막의 박리가 없이 성장시킬 수 있다. 그리고 기지재료의 온도와 증착온도의 증가에 따라 후막에서 결정입자의 크기는 더욱 증가된다.

V-6 기타 레이저가공기술

V-6-1 레이저보조 절삭가공

레이저보조 기계가공(LAM; laser assisted machining)방법은 기존의 기계가공방법으로 가공하기 힘든 고강도재료에 레이저기술을 연계시켜 가공하는 새로운 방법이다. 즉 매우 경도와 강도가 높은 각종재료의 선삭(turning), 밀링(milling)공정에서 재료에 레이저빔을 조사하여 온도를 상승시켜서 재료의 강도를 저하시켜 기계가공을 용이하게 하는 것이다. 레이저는 열원으로 사용되는 것으로 그림 V-85와 같이

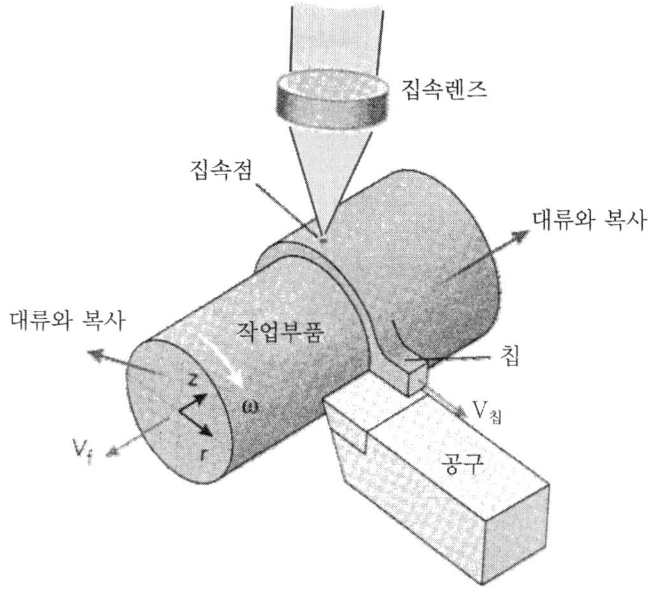

그림 V-85 레이저보조 절삭가공의 도식적 표현

재료에서 가공하려는 위치 앞부분에 집속된 빔을 조사한다. 그러면 레이저빔에 의한 열이 재료를 가열시켜 경한 표면층을 어느 정도 연화시켜 절삭가공에서 취성재료가공 대신에 연성재료가공이 되므로 가공이 용이하고 빠르다. 이렇게 함으로써 재료가공시간을 줄이고 공구수명을 증가시켜 생산성과 가공비절감을 기할 수 있다.

근래 많은 구조물부품과 기계부품은 고강도, 열적 안정성, 내마모성, 내식성 등을 요구하며, 극한 환경에 견디는 특성을 가진 각종 신소재가 개발되어 사용되고 있다. 이러한 재료에는 금속재료, 세라믹재료, 복합재료가 망라되어 있으며, 예를 들면 스텔라이트6, 인코넬718, Ni기지초합금, 스테인리스강, 고Cr 백색주철, Cr-Mo강재, 티타늄합금(Ti_6Al_4V), 질화규소(Si_3N_4), 지르코니아(ZrO_2), 알루미나(Al_2O_3), Al/SiC 같은 재료들이 포함된다. 이러한 재료부품은 정확한 규격과 평탄한 표면상태를 지니기 위하여 기계가공이 요구된다. 그리고 기계가공에서 요구되는 조건은 재료제거율극대화, 표면요철최소화, 표면구역결함최소화, 정밀도/정확성극대화, 가공시간최소화, 공구마모/가공비용최소화이다. 이를 위한 방법으로 종래에는 그라인딩 또는 다이아몬드공구, CBN(cubic boron nitride)공구에 의한 연마로 수행하였으며, 재료와 부품에 따라서는 제품가격의 60~90%를 점유할 정도이다. 특히 다이아몬드는 경도가 가장 높은 물질이기 때문에 금속과 세라믹으로 구성된 어떤 재료의 가공에도 사용할 수 있다. 그러나 가공 시 마찰열로 인하여 온도가 높이 증가되는 경우에는 철강재에 대한 다이아몬드공구의 사용을 피해야 한다. 즉 다이아몬드는 석재, 세라믹, 비철재료 등에는 문제가 없으나, 700°C 이상의 높은 온도에서 철, 코발트, 니켈 같은 전이원소가 다이아몬드와 접촉하게 되면, 다이아몬드를 흑연으로 변태시키기 때문이다.

그러나 CBN은 이러한 높은 온도에서 이들 전이원소와 접촉하여도 변태를 일으키지 않기 때문에 마찰열로 철강재의 온도가 높아지는 경우에는 기계가공에서 CBN을 사용해야 한다. 즉 철강재의 기계가공에서는 CBN공구를 사용하여 가공속도를 빠르게 하는 고속절삭방법을 사용한다. 그러나 이러한 고속절삭의 경우에 레이저빔을 절삭공구 앞부분에 조사시키면 기계가공이 수월하고, 또한 레이저에 의해서 공급된 열과 가공에 의해서 발생하는 마찰열은 절삭가공 시 떨어져 나오는 칩에 실려서 곧 제거되므로 가공재료는 열에 의해서 크게 영향을 받지 않는다.

여기서 가공재료의 온도를 증가시켜 절삭하는 방법에 대해서 간단히 검토해 볼 필요가 있다. 금속재료의 온도가 증가하면 재료강도가 저하되어 가공이 용이하다는 것은 잘 알려진 사실이다. 금속재료에 따라 차이가 있으나 온도가 400~600℃ 이상에서는 경도가 매우 떨어지므로 절삭가공 혹은 밀링가공 전에 부품을 가열시키면 가공이 용이하다. 따라서 종래의 공구를 사용하여 강한 재료를 절삭가공할 경우에는 가공속도를 증가시키는 것이 더욱 효과적이다. 과거 절삭가공 전에 가공구역을 가열시키는 방법들이 많이 연구되었으며, 예를 들면 고주파유도코일가열, 가스토치가열, 전기저항가열, 플라즈마아크가열 등이 고려되었다. 이들 방법의 경우에는 에너지밀도가 적고, 또한 금속의 열전도도가 크기 때문에 부분적인 온도증가는 힘들고 부품전체를 가열해야 하므로 열적인 작용으로 부품이 뒤틀리게 된다. 그러나 집중된 열을 가공하려는 구역 바로 앞부분에만 가하면 재료전체적인 열적 영향이나 뒤틀림이 없고, 또한 가열부분은 곧 절삭칩으로 배출되므로 내부로 열전달이 이루어지지 않는다. 이 경우에 레이저빔 조사구역이 절삭팁과 근접할수록 절삭 시 재료강도저하로 인한 절삭속도가 증가하고, 또한 절삭칩으로 배출되는 열량이 많다. 종합적으로 위에 기술된 종래의 방법들은 전체적인 가열 하에서 이루어지는 열간가공(hot machining)이고, 반면에 레이저보조 가공은 국부적인 가열임과 동시에 열이 절삭칩과 함께 배출되는 장점이 있다.

레이저빔은 국부적인 가열이므로 이러한 문제점을 해결하는 가장 만족스러운 열원이다. 그러나 레이저빔에 의한 열이 표면구역의 용융이나 증발을 일으켜서는 안된다. 따라서 레이저보조 절삭가공에서 가장 중요한 고려사항은 절삭가공구역의 온도증가와 부품의 전체적인 온도분포이다. 즉 레이저에너지는 표면층을 연화시켜 절삭 도중에 연성변형으로 가공이 용이하게 일어나도록 충분해야 한다. 그리고 가공 도중에 부품이송속도와 절삭깊이 등을 변화시키면 부품의 전단구역에서 생성되는 열이 증가되거나 감소되므로 이것을 고려해야 한다. 따라서 레이저보조 절삭가공방법은 기존공구로 절삭이 곤란한 매우 경한 재료를 가공할 수 있으며, 동시에 가공시간감소, 공구수명증가, 가공비절감의 장점이 있다. 반면에 한 가지 고려해야 할 사항은 가공구역의 온도증가에 따라 재료가 연화되므로 가공이 용이하여 공구수명은 증가되나, 어떤 온도 이상이 되면 오히려 증가된 열에 의해서 절삭팁이 연화되기 때문에 공구수명이 감소한다는 점이다.

일반적으로 사용되는 레이저보조 절삭가공에는 선삭가공과 밀링가공이 있으며, 가공규격과 치수에 따라 마크로가공과 마이크로가공으로 나누어 생각할 수 있다. 먼저 선삭방법과 같은 절삭가공은 절삭팁이 고정되어 있고 부품이 팁 방향으로 회전한다. 반면에 밀링가공은 절삭팁이 회전하고 부품이 고정되어 있다. 따라서 절삭가공에서는 레이저빔으로 가열된 구역이 곧 절삭칩으로 되어 배출되나, 밀링가공에서는 레이저빔으로 가열된 구역에서 내부로 열전달이 더욱 많아지게 된다. 따라서 레이저보조 절삭가공에 비해 밀링가공에서 더욱 세심한 고려가 필요하며, 이들 방법들에서 가열구역과 가공조건의 선택에 주의를 기울여야 한다. 그리고 마크로가공에서는 수백W 또는 KW급 레이저를 사용하고, 마이크로가공에서는 20~50W레이저를 사용한다. 일반적으로 금속재료에는 Nd:YAG레이저, 고출력다이오드레이저가 사용되며, S_3N_4 같은 세라믹재료에는 CO_2레이저가 사용된다.

V-6-2 레이저 청정가공

레이저빔에 의한 재료의 청정가공은 레이저빔에 의한 광열효과, 광화학효과 또는 충격파효과를 이용하여 표면의 코팅층 또는 오염물질을 제거시키는 기술이다. 일반적으로 재료의 청정가공에서 청정대상물은 재료표면에 견고하게 부착되어 있는 코팅층, 재료 내로 침투한 오염물 또는 재료표면에 붙어 있는 미립자 같은 세 가지 범주로 생각할 수 있다. 첫 번째 범주에 속하는 것은 금속표면의 페인트 또는 실리콘 상의 산화실리콘 같이 일반적으로 기지재료와 코팅재료의 물리적 성질과 화학적 성질이 크게 차이가 있는 경우이다. 두 번째 범주의 것은 재료 내부로 침투하여 들어간 방사성물질 또는 이온주입된 원소 같이 부분적인 물질의 화학적 성질과 물리적 성질이 기지재료와 차이가 있는 경우이다. 그러나 이들이 전반적으로 기지재료와 크게 차이가 나지는 않는다. 세 번째 범주의 것은 실리콘웨이퍼 또는 반도체칩 상에 붙어 있는 미세한 실리콘입자, 금속입자 또는 먼지 등의 경우로 화학적으로 서로 견고하게 부착되어 있지 않은 경우이다.

레이저빔에 의한 **청정가공기술**을 이용하는 분야는 중화학기계와 부품의 표면세척, 자동차타이어금형의 고무찌꺼기제거, 항공기의 기체도색을 위한 표면세척, 터빈블레이드의 고온산화물 제거, 인쇄회로기판의 양호한 납땜을 위한 표면산화물제거, 자기헤드에 붙어 있는 이물질제거, 반도체와 디스프레이소자에 붙어 있는 미세입자제거 같은 정밀세정처리 등 산업적으로 광범위하게 이용되고 있다. 그리고 인체의 피부 및 생체조직에서 문신, 반점, 흉터제거 등 레이저빔에 의하여 시술되는 의료행위도 광범위한 범위에서 레이저빔에 의한 표면청정처리의 범주에 속한다. 그런가하면 문화재보존처리도 레이저빔에 의한 청정가공기술을 이용하는 한 분야이다.

기존에 재료표면을 청정가공시키는 방법에는 미소한 마모입자분사를 이용하는 기계적방법과 화학용매를 이용하는 화학적방법이 있다. 미세한 금속입자 또는 세라믹입자를 적절한 공기압력과 함께 재료표면에 분사시켜 물리적인 힘으로 오염물을 제거시키는 방법은 청정제어가 쉽지 않고, 또한 기지재료 표면에 손상을 줄 수 있다. 화학용매를 사용하는 습식방법은 화학반응제어가 어렵고, 표면형상에 따라 불균일한 세정작업이 될 가능성이 크고, 또한 사용된 용제폐기 및 후처리에 따른 환경문제를 야기한다. 반면에 레이저빔에 의한 세정작업은 비접촉식공정이므로 재료표면 상에 직접적인 기계적부하가 걸리지 않고, 오염

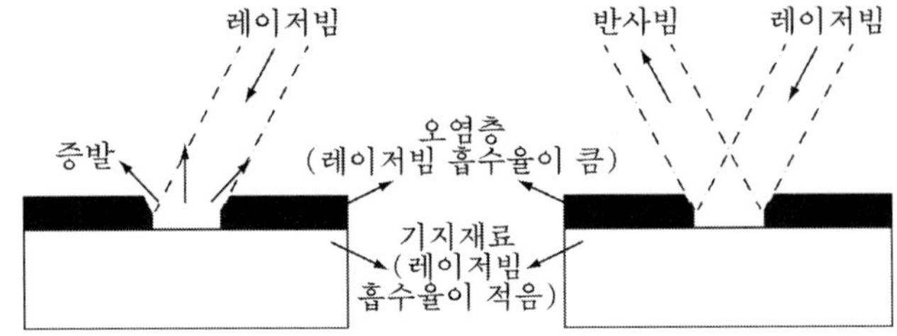

(a) 레이저빔에 의한 열로 오염층 증발

(b) 기지재료에서 레이저빔 반사

그림 V-86 레이저 청정가공의 기본원리 : 자체제어 성격

물과 오염구역의 선택적 제거가 가능하고, 공정의 자동화가 용이하고, 또한 건식청정작업이므로 환경친화적이다.

○ 광열효과 청정가공

레이저빔에 의한 청정공정의 가장 기본적인 기구는 **광열효과**에 의한 방법으로 그림 V-86에 보여주는 것과 같이 자체적으로 조절되는 자기제어특성을 가지고 있다. 즉 기지재료에 비해서 오염물의 레이저빔 흡수도가 크다고 가정하여 보자. 이 경우에 오염물이 축적되어 있는 재료표면 상에 레이저빔이 조사되면, 오염물 층에서 효과적으로 레이저빔을 흡수하여 급속히 온도가 증가하여 증발온도 이상이 되면 오염물 층의 제거가 일어난다. 일단 오염물 층의 제거가 완료되면 인입되는 레이저빔은 기지재료에서 흡수도가 적으므로 거의 반사된다. 그리고 일부 흡수된 레이저빔에 의한 열은 치밀하게 연속된 기지 내부로 곧 전달되므로 기지재료표면에 미약한 온도증가를 일으켜 기지재료의 손상 없이 선택적으로 오염물 층을 제거시킬 수 있다. 특히 오염물의 증발온도가 기지재료의 용융온도에 비해서 낮으면 오염물질의 선택적인 제거는 훨씬 용이하며, 복잡한 공정제어가 필요 없이 원활한 레이저청정공정이 가능하다.

○ 광화학효과 청정가공

레이저빔에 의한 **광화학효과**에 의한 청정가공은 자외선파장 영역의 포톤에 의해서 기지재료 상의 오염물결합을 파괴시키는 기구에 의한다. 일반적으로 오염물질 또는 오염입자들은 재료표면의 특성에 따라 공유결합, 이온결합, 수소결합, 정전기결합 또는 반데르발스(van der Waals)결합을 이루고 있다. 만일 레이저빔의 포톤에너지가 재료표면과 오염물 간의 결합에너지보다 크면 결합을 끊어 내어 이들 분리된 입자들을 제거시킬 수 있다. 표 V-12는 여러 가지 파장의 레이저빔에 대한 포톤에너지를 나타내고, 표 V-13은 여러 가지 원소들 사이의 공유결합에너지를 나타내고 있다. 이들 표들을 비교해 보면 대부분의 공유결합은 자외선구역의 포톤에너지로 결합을 절단시킬 수 있다. 따라서 대부분의 유기물 오염입자들은 엑시머레이저빔에 의하여 효과적으로 분리되어 미소한 기상입자로 제거시킬 수 있다.

표 V-12 레이저빔의 광자에너지

레이저 종류	동작 모드	파장(nm)	광자에너지(eV)
Nd:YAG레이저	펄스빔	1064	1.19
루비레이저	펄스빔	694	1.78
Nd:YAG레이저	2차조화 펄스빔	532	2.32
Nd:YAG레이저	3차조화 펄스빔	355	3.45
XeCl엑시머레이저	펄스	308	4.01
Nd:YAG레이어	4차조화 펄스빔	266	4.64
KrF엑시머레이저	펄스빔	248	4.98
KrCl엑시머레이저	펄스빔	222	5.56
ArF엑시머레이저	펄스빔	193	6.40

표 V-13 평균 공유결합 에너지

형태	H-F	Si-Si	C-H	C-Cl	H-O	C-Si	H-H	O-O	C=C
에너지(eV)	1.04	3.26	3.50	4.12	4.44	4.51	4.52	5.16	6.29

그림 V-87은 자외선파장의 레이저빔을 사용 시 광화학효과에 의한 청정공정을 도식적으로 나타낸 것이다. 효과적인 절단입자들의 제거 및 재오염을 방지하기 위하여 측면에서 기지재료와 수평한 방향으로 불활성가스를 불어준다. 이러한 결합의 절단기구는 재료에 따라 차이는 있으나 유기물의 경우에는 일반적으로 열 발생이 거의 없다. 따라서 전자회로칩 또는 자기재료소자 같은 열에 민감한 재료의 청정작업에 효과적으로 사용될 수 있다.

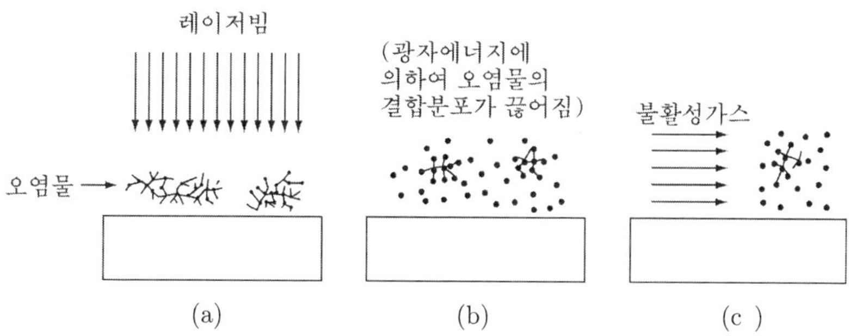

그림 V-87 UV레이저 청정가공에서 광화학반응 개요도.
청정공정은 (a)→(b)→(c) 순서로 이루어짐.

○ 기계적인 효과 청정가공

레이저빔의 기계적인 효과에 의한 청정가공은 주로 충격파에 의한 방법이다. 즉 짧은 펄스길이의 레이저빔흡수에 의한 기지재료 또는 입자들의 순간적인 팽창에 의해서 유기되는 **열탄성압력**, 또는 순간적인 오염물입자들의 증발 혹은 플라즈마팽창에 의한 **반충압력**에 의하여 이루어진다. 그림 V-88은 이러한 기계적인 효과에 의해서 청정가공이 이루어지는 기구를 도식적으로 나타내고 있다.

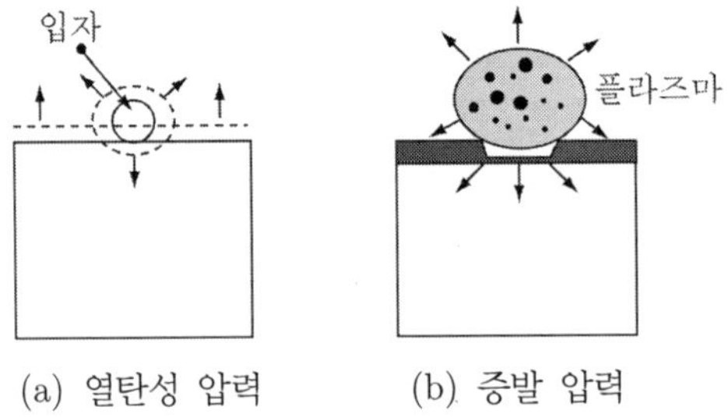

그림 V-88 레이저 청정가공에서 기계적인 영향

짧은 펄스길이와 높은 출력을 가진 레이저빔이 재료표면에 조사되면 표면입자와 기지재료는 레이저에너지를 흡수하여 순간적으로 열팽창이 일어난다. 표면입자와 기지재료의 접촉계면에서 순간적 온도증가에 따른 열팽창으로 야기되는 탄성력이 입자와 기지재료 사이의 접촉력보다 크면 입자탈착이 야기되어 청정기구로 작용한다. 이러한 열탄성압력에 의한 청정가공은 고체표면 상의 미세한 입자들의 제거에 지배적인 기구로 간주되고 있다. 반도체칩 또는 평판디스프레이 제조공정에서 수율향상과 불량률을 줄이기 위한 중요한 공정으로 많은 연구가 수행되고 있다. 그러나 레이저빔에 의해서 유기되는 열팽창압력에 의한 미소입자들의 제거에 있어서 사용되는 레이저빔파장 이하의 극소한 미세입자제거는 문제가 있다.

그리고 기지재료 상에 표면코팅 층이 있는 경우에 펄스길이가 짧고 출력이 큰 레이저빔을 조사시키면 코팅 층이 순간적으로 증발 및 플라즈마가 형성된다. 이 경우에 빠른 증발 및 플라즈마생성과 팽창은 재료표면에 대하여 강력한 반충압력을 주고, 또한 강력한 충격파를 발생시켜 전방위로 전파시킨다. 이러한 반충압력과 충격파는 재료표면의 오염물 층과 오염입자들의 제거에 기여하게 된다.

실제적인 레이저빔조사에 의한 청정작업을 수행 시 재료 상에 조사되는 면적이 제한되므로 작업속도가 느리고, 또한 레이저빔의 여러 가지 변수를 매우 엄밀하게 조절해야 한다. 따라서 이러한 단점들을 극복하고 재료의 손상을 방지하면서 넓은 면적을 청정시킴으로써 청정능력과 신뢰성을 향상시키는 방법으로 레이저빔의 입사각제어기술, 레이저빔의 충격파청정기술 및 습식레이저청정기술 등이 개발되었다.

레이저빔의 입사각제어기술은 그림 V-89에서 보는 것과 같이 조사되는 레이저빔의 입사각을 표면으로부터 작은 각도를 가지도록 하여 표면손상을 최소화시킴과 동시에 청정효율을 크게 증가시키는 것이다. 이러한 방법을 사용하는 경우에는 오염물질이 미소입자인 경우에 제거성능이 크게 향상되고, 또한 넓은 면적을 청정시킬 수 있다.

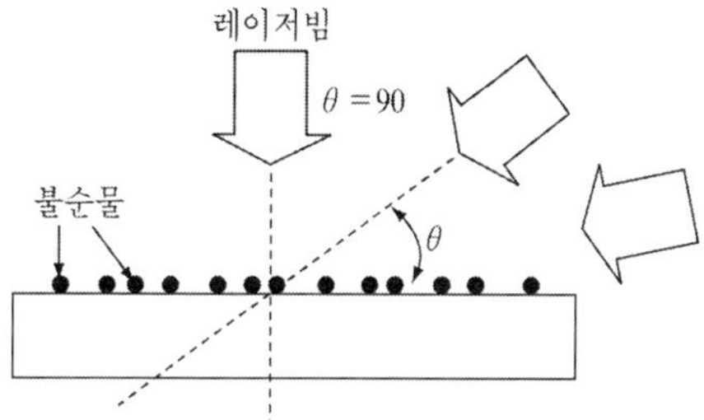

그림 V-89 레이저 청정가공에서 빔경사의 영향

앞서 기술한 바와 같이 레이저빔에 의한 무기물입자 제거는 주로 표면에서 순간적으로 발생하는 열팽창에 의한 열탄성력에 의한다. 그리고 열탄성력은 재료의 열팽창계수와 계면온도 증가에 비례하고, 펄스길이의 제곱에 반비례한다. 따라서 기지재료와 입자 사이의 계면에서 레이저빔의 흡수가 많아 계면온도가 증가할수록 열탄성력이 증가된다. 그림 V-90은 레이저빔의 입사각에 따른 계면구역의 온도증가를 도식적으로 나타낸 것이다. 레이저빔이 표면에 수직으로 조사되는 경우에는 입자에 의해서 차장되므로 입자의 그늘에 있는 계면구역온도가 크게 증가되지 못한다. 반면에 레이저빔을 표면과 비스듬하게 조사시키면 기지재료와 계면 사이로 레이저빔이 들어가 계면구역온도를 증가시킴으로 열탄성력을 증가시켜 청정효율을 크게 향상시킨다.

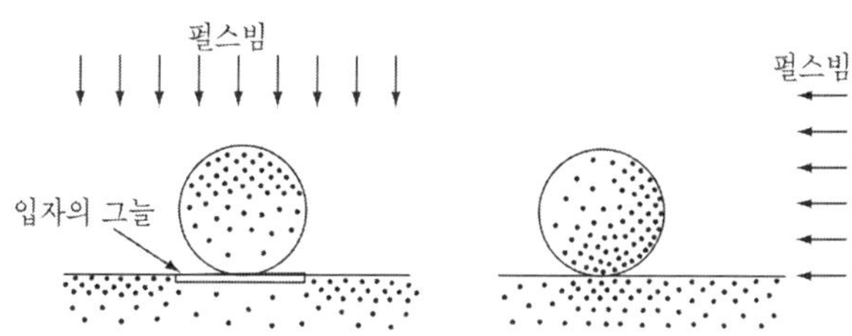

그림 V-90 레이저빔의 입사각도에 따른 입자와 기지재료의 표면에서 빔의 흡수정도를 나타내는 개요도.
여기서 점들의 밀도는 레이저빔의 흡수로 가열된 정도를 나타냄.

○ 충격파 청정가공

레이저빔에 의한 **충격파청정기술**은 그림 V-91에 보여주고 있다. 레이저빔의 초점위치를 재료표면 상부의 일정한 거리에 있는 공기 또는 아르곤가스에 위치시키도록 하여 충격파를 발생시켜 입자들을 제거시키는 것이다. 즉 레이저빔의 초점위치에서는 순간적으로 가스팽창과 분열이 일어나고 강력한 플라즈마가 발생하며, 이러한 플라즈마생성과 팽창은 강력한 충격파를 발생시켜 전방위로 전파시킨다. 만일 레이저빔에 의해서 유기된 플라즈마충격파의 힘이 기지재료와 입자 사이에 접촉하는 힘보다 크면 입자의 탈착이 발생하여 밀려나게 되므로 청정작업이 이루어지는 것이다. 이러한 방법에서는 레이저빔이 재료표면에 직접적으로 조사되지 않으므로 기지재료에 열적손상을 줄 가능성이 매우 적다. 그리고 재료표면과 초점위치 사이의 간격을 조절하여 청정공정제어가 가능하며, 또한 넓은 면적의 청정작업이 가능하다.

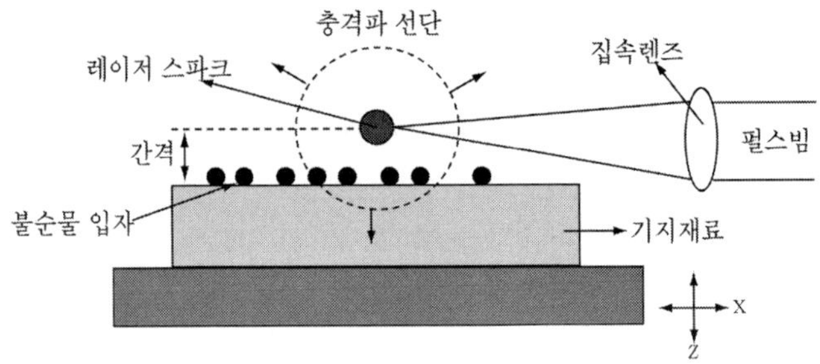

그림 V-91 레이저빔에 의한 충격파 청정의 개요도

○ 레이저 습식청정가공

레이저빔에 의한 습식청정기술은 재료표면 상에 증류수 또는 알코올을 분무시켜 얇은 액상의 막을 형성시킨 후에 레이저빔을 조사시켜 기지재료표면에서 오염물을 분리시키는 것이다. 즉 액체는 오염층의 기공 또는 균열 등을 통하여 내부로 침투하게 되며, 여기에 레이저빔을 조사 시 급격한 온도증가가 있게 된다. 이 경우에 액상막의 폭발적 증발작용에 의해서 발생하는 국부적인 유체역학적 충격파가 오염물을 효과적으로 분쇄 및 파손시켜 오염입자들을 방출시키는 것이다. 이 방법에서는 액체 및 기지재료에서 레이저빔의 흡수도를 고려해야 하므로 적당한 레이저의 선택이 중요하다.

일반적으로 광선파장이 약 0.4~1.5μm인 구역은 물에서 흡수도가 매우 적어 대부분이 투과되나, 그 이외의 파장구역에서는 대부분의 광선이 물에 흡수된다. 즉 파장이 가시광선과 근적외선구역인 레이저빔을 사용 시에는 기지재료표면에서 흡수 및 가열에 의해서 청정가공이 수행되고, 자외선과 원적외선구역의 레이저빔을 사용 시에는 물과 같은 액상막에서 흡수 및 가열에 의해서 청정가공이 이루어진다. 일반적으로 레이저빔의 흡수가 액상막에서 발생하는 것보다는 기지재료 표면에서 흡수되어 그 열에 의한 간접적인 가열로 액체의 폭발적 증발에 의한 청정가공이 더욱 효율적이라고 알려져 있다.

V-6-3 레이저 굽힘가공

레이저빔에 의한 금속판재의 굽힘(bending)가공은 공구에 의한 기계적인 힘을 사용하지 않기 때문에 비접촉식이며, 판재의 탄성복원이 없는 가공방법이다. 이 방법은 조립된 구조물에서 금속판재의 부분적인 굽힘변형을 주기 위해서 기계적인 방법을 사용하기 힘든 경우, 또는 판재의 탄성복원으로 문제점이 발생하는 경우에 이용될 수 있다. 그리고 이 가공방법은 시작품제작을 위해서 판재에 일정한 각도 또는 점차적으로 변화되는 각도를 주는 굽힘이 요구되는 경우에 이용된다.

레이저빔에 의한 금속판재의 굽힘가공은 판재에 고출력레이저빔을 일정한 속도로 주사시킴으로써 이루어진다. 이 경우에 판재에는 두께방향으로 열구배가 발생하여 열응력과 변형을 주게 된다. 레이저빔이 조사된 구역에서 처음에는 금속의 팽창이 일어나고 후에는 금속의 수축이 일어나며, 두께 방향의 위치에 따라 그 크기가 다르기 때문에 이러한 현상들이 판재의 굽힘을 주게 된다. 따라서 레이저 굽힘가공에 영향을 미치는 인자들은 레이저빔의 특성(파장, 빔모드, 출력밀도, 빔크기, 초점깊이, 주사속도 등), 재료의 형태(판째의 두께와 폭 및 길이, 굽힘축의 위치 등), 재료물성(레이저빔 흡수율, 열팽창계수, 열전도도, 비열, 재료강도 등)이다. 그리고 예측가능하고 양호한 굽힘가공을 위해서는 위의 여러 가지 특성들을 적절히 선택하여 금속판재의 표면에서 용융이 일어나지 않도록 해야 한다.

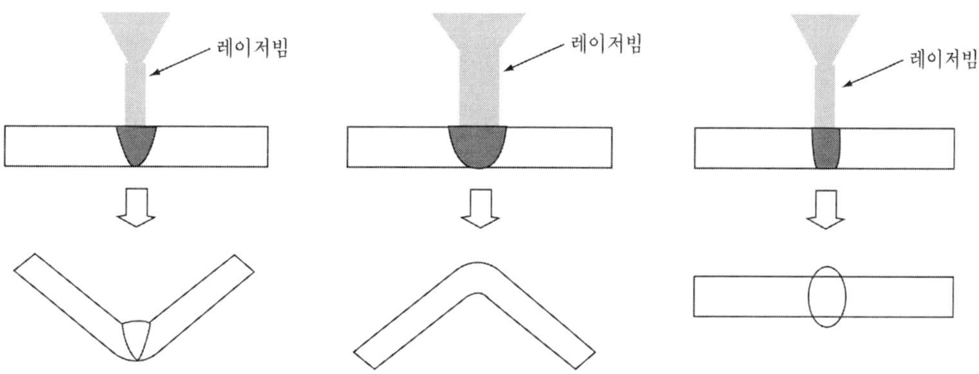

(a) 열구배기구 (적은 빔크기, 고속의 주사속도) (b) 좌굴기구 (큰 빔크기, 저속의 주사속도) (c) 업세팅기구 (적은 빔크기, 저속의 주사속도)

그림 V-92 레이저빔에 의한 굽힘가공기구

레이저빔에 의한 굽힘가공기구는 그림 V-92에 보여주는 것과 같이 레이저빔에 의해서 야기되는 온도분포에 따라 **열구배기구**(TGM; temperature gradient mechanism), **좌굴기구**(BM; buckling mechanism), **업세팅기구**(UM; upsetting mechanism)의 세 가지로 구분된다. 일반적으로 판재의 두께를 따라 비균일하게 온도분포가 얻어지는 경우에 열구배기구가 지배적이며, 굽힘가공에 가장 많이 이용된다. 반면에 균일하게 온도분포가 얻어지는 경우에는 좌굴기구와 업세팅기구가 지배적이다.

열구배기구는 그림(a)와 같이 레이저빔의 크기를 작게 하고 주사속도를 빠르게 하여 판재에 큰 온도구배를 주도록 한다. 즉 표면의 열이 밑으로 침투하기에 충분한 시간이 안 되므로 열구배가 발생하며, 밑으로 줄어드는 압축구역을 주게 된다. 이 경우에 두께방향으로 온도차이가 있어서 초기에는 그림 V-93에 보는 것 같이 가열 시에 윗부분이 팽창되므로 인입되는 레이저빔 방향에 대하여 볼록한 굽힘을 주게 된다. 그러나 일반적으로 그 굽힘은 크지 않으며, 판재두께가 증가됨에 따라 감소한다. 그리고 이러한 팽창은 주위의 연속된 재료에 의해서 억제되므로 압축응력과 압축변형을 준다. 후기의 냉각 시에는 열전달이 주위의 재료방향으로 이루어져 중앙부는 수축이 일어나므로 레이저빔 방향에 대하여 오목한 굽힘을 주게 된다. 따라서 가열과 냉각 중에 판재의 중심을 따라 온도분포 비대칭성으로 인하여 변형된 양이 상쇄되지 못하고 굽힘각도를 주게 된다. 이 방법은 두꺼운 판재의 굽힘에 이용될 수 있으며, 판재의 두께는 국부적으로 약간 증가될 수도 있다. 그러나 재료의 손실이 없으므로 판재의 하부구역에는 큰 영향이 없으나 표면구역에서는 약간 튀어나올 수도 있다.

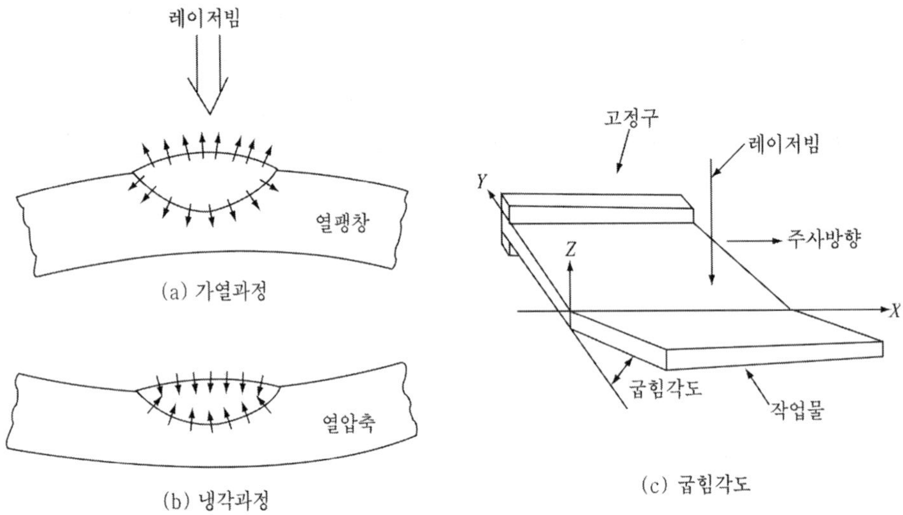

그림 V-93 열구배기구에 의한 레이저 굽힘가공의 개요와 굽힘각도

이 경우에 굽힘각도는 그림 V-94에 보여주는 것과 같이 출력밀도와 주사속도가 일정한 경우에는 레이저빔의 반복된 주사수에 비례하며, 동일한 출력밀도에서 주사속도에 반비례한다. 따라서 레이저빔을 판재상의 같은 위치에서 계속적으로 반복하여 주사시키면 V-형태의 굽힘을 주고, 일정한 거리씩 떨어져서 주사시키면 U- 혹은 C-형태의 굽힘을 주게 된다.

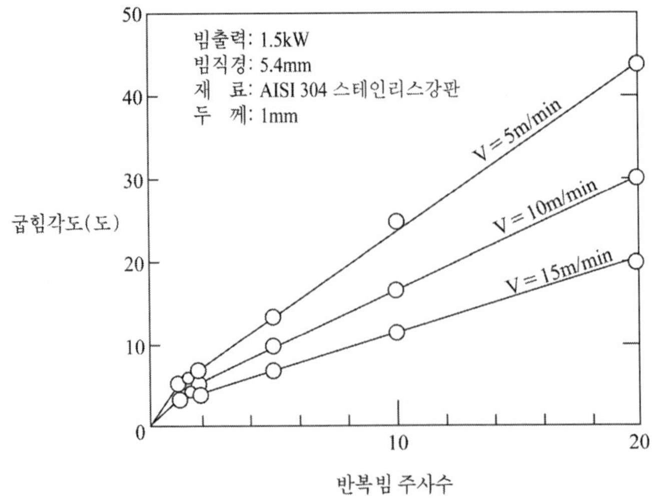

그림 V-94 CO^2레이저빔 굽힘가공에서 레이저빔의 반복 주사수에 따른 굽힘각도

좌굴기구는 그림 V-92의 그림(b)에서 보는 것과 같이 판재 상에서 레이저빔의 크기를 크게 하고 주사속도를 느리게 하여 넓은 구역을 가열하므로 두께방향으로 열구배가 적은 경우에 발생한다. 좌굴이란 봉재 혹은 판재의 길이방향으로 수축되는 힘을 가할 경우에 옆 방향으로 변형되는 현상을 말한다. 이 기구는 가열 도중에 발생하는 압축응력이 판재의 국부적인 좌굴현상을 일으키기 때문이다. 즉 판재의 두께를 통하여 거의 균일한 열팽창을 주는 결과로 인하여 국부적인 탄성좌굴과 소성변형이 일어난다. 이 방법은 얇은 판재의 굽힘가공에 이용될 수 있으며, 굽힘방향은 열구배기구와 반대방향인 입사빔에 대하여 볼록한 방향의 각도를 가진다. 즉 판재의 상부와 하부 사이에 온도차이가 크지는 않으나, 상부면의 온도가 약간 높으므로 유동응력이 약간 낮고 열팽창이 약간 크다. 이러한 약간의 차이는 주위에 둘러싸여 있는 재료에 의한 기계적인 구속에 의해서 증폭된다. 이러한 결과로 증폭된 차이는 레이저빔의 입사방향에 대하여 볼록한 방향으로 좌굴현상을 주는 데 충분하며, 일단 이 방향으로 좌굴이 일어나면 다음의 굽힘과정이 계속된다.

업세팅기구는 좌굴기구의 굽힘가공 조건들과 비슷하다. 업세팅이란 소재를 축 방향으로 압축하여 길이를 짧게 하고 단면을 크게 하는 작업을 말한다. 이 방법이 좌굴기구와 큰 차이는 그림 V-92의 그림(c)에 보는 것과 같이 레이저빔의 크기가 작아서 가열구역이 적은 경우에 발생한다. 이 경우에는 주위의 연속된 재료들에 의해서 열팽창이 억제되므로 판재의 전체적인 두께에 걸쳐서 거의 일정한 변형률로 압축된다. 그러한 경우에는 판재의 두께를 약간 증가시키면서 길이를 감소시킨다. 따라서 성형된 판재 상에서 적당한 가열경로의 선택으로 공간적으로 다르게 굽히는 것이 가능하다.

위에 기술한 방법들은 레이저빔을 재료의 국부적인 위치에 조사시켜도 용융되지 않고 고체상태에서 열적인 작용에 의해서 판재의 굽힘이 일어났다. 그러나 레이저빔이 주사되는 구역이 국부적으로 용융되는 경우에도 굽힘현상이 발생할 수 있으며, 이러한 굽힘기구의 경우에는 먼저 기술한 고체상태 굽힘과 다른 기구에 의해서 발생한다. 즉 판재의 한쪽 끝을 고정시킨 후 집속된 레이저빔을 판재 상에 주사시키면 조사된 구역의 상부에서 용융이 일어난다. 레이저빔을 이동시키면 판재 상부의 용융구역에서 표면장력에 의해 응축력이 형성되어 상부로 굽혀지면서 응고되므로 V-형태의 굽힘이 발생한다. 그러나 용융구역에서 굽힘으로 판재의 부분적인 상승이 있으나, 동시에 그 부분의 판재무게에 의해서 하강이 일어나게 된다. 따라서 굽힘각도는 용융금속의 표면장력에 의한 응축력과 재료무게에 의한 하강력의 크기의 조합에 의해서 결정된다. 그러나 이 방법은 레이저빔 주사선의 위치, 용융깊이, 재료선단과 굽힘선 사이의 거리, 떠 있는 재료무게 등 여러 가지 변수가 많고 재현성이 낮아 실용적이지 못하다.

V-6-4 레이저 3D프린팅/첨삭가공

레이저 3D프린팅을 간단히 설명하면 기본적으로 적층가공방식을 이용하여 3차원 형상을 제조하는 방법이다. 즉 어떤 부품을 제조함에 있어서 종래에는 큰 덩어리의 단체물품에서 선삭이나 밀링 등의 기계적인 방법으로 깎아내어 어떤 형태를 구성하였다. 그러나 레이저 3D프린팅은 재료를 층층이 첨가시키거나, 또는 첨가시킨 분말재료를 레이저빔으로 선택적으로 용융시켜 육성시켜 요망하는 형태를 구성하는 방법이다. 일반적으로 레이저빔을 이용하여 3차원 형상을 구성하는 방법에는 **레이저 3D프린팅**(printing)방법, 레이저 **급속조형가공**(rapid prototyping)방법, 레이저 **첨삭가공**(additive manufacturing)방법, 레이저 육성가공(build-up)방법 등이 있다. 이들 방법들은 사용목적에 약간씩의 차이는 있으나, 부품제조와 가공방식이 개념적으로 유사하기 때문에 이들 방법들은 총칭하여 레이저 3D프린팅방법이라고 할 수 있다.

급속조형가공기술은 3차원 구조물 또는 부품을 신속하게 경제적으로 제조하는 기술로 회사에서 새로운 모델의 시작품 또는 적은 양의 부품을 제조하는 경우에 이용되고 있다. 종래의 방법은 큰 재료에서 기계적인 방법으로 계속적으로 일부분씩 깎아내어 필요로 하는 모양을 형성시키는 것이었다. 예를 들면 과거에 어떤 기계제품 또는 구조물의 시작품을 제조할 경우에 외형에 대한 목형을 제조하는 방법이 포함된다. 그러나 최근의 방법은 필요한 모양의 형상을 3차원적으로 해석하여 조합시키는 방법을 채택하고 있다. 즉 요구되는 형상을 높이방향으로 일정한 간격씩 나누고, 각층에 해당하는 모양으로 판재를 절단시켜 연속하여 접합 및 축적시킴으로써 3차원적인 제품을 얻을 수 있다. 대부분의 최신 급속조형기술에서는 레이저를 가공기구로 사용하며, 사용하는 재료에는 고분자재료, 금속재료 혹은 세라믹재료 등 다양하다.

첨삭가공방법은 절삭가공과 반대되는 개념으로 적층가공방식으로 3차원 형상을 제조하는 방법으로 흔히 3D프린팅이라고도 한다. 이 방법은 원래 한 두 개의 시작품을 제조하는 금속조형기술에서 한 단계 발전한 기술로서 1980년대 말 플라스틱을 이용하여 제품을 만들었으며, 뒤이어 1990년대에 금속제품을 제조하기 시작하였다. 이 방법은 20년 이상의 연구개발과 3D프린팅기술이 연계되어 급속히 발전하는 기술 중의 한 분야이다. 이 방법은 어떤 기하학적 제약이나 공구 없이 제품을 만들 수 있으며, 즉석에서 성능을 증진시키는 새로운 제품을 만들 수 있다. 그리고 한 개의 맞춤형제품이나 또는 대량의 제품을 생산할 수도 있어서 융통성이 크다. 이 방법에서 레이저를 가공기구로 사용하며, 사용하는 재료에는 고분자재료, 금속재료 혹은 세라믹재료 등 다양하다.

육성가공방법이란 기본적으로 용접방식 또는 클래딩방식을 사용하여 금속표면층의 불량한 부분을 수리하거나 두텁게 하는 방법으로 오래된 기술이다. 금속재료의 표면에 내식, 내열, 내마모 등의 목적으로 각종 금속이나 합금층을 두껍게 만드는 용접작업을 의미하며, 마모 또는 파손된 물품을 원형으로 복원하기 위한 용접공정을 육성이라고 하기도 한다. 이러한 육성용접에는 여러 가지 방법이 있으나, 기본적으로 용접 시 모재에 용접재가 용착할 자리를 미리 가공하여 홈을 만들고 그 자리에 두텁게 용접을 실시한다. 이 경우에 용접은 이종재질의 결합 또는 원하는 깊이와 두께까지 원하는 금속재료를 채워주거나 두껍게 육성할 수 있다. 이렇게 육성용접 후 그라인더로 표면을 평탄하게 갈아서 표면요철을 제거하거나 결함구역을 없애도록 교정하여 마무리한다. 이러한 육성가공공정에서 금속을 용접 또는 클래딩하는 방법으로 레이저빔을 도구로 이용하는 것이다.

레이저 3D프린팅/첨삭가공방법에서는 3D캐드로 디자인하는 모델러, 3D스캐너, 3D프린터 및 소재기술이 요망된다. 이러한 3D프린팅기술의 장점으로는 컴퓨터를 이용한 디자인으로 융통성이 있고, 복잡한 형상제작에 효과적이며, 다품종소량생산과 맞춤형제작에 유리하다. 그리고 제품제작공정이 간단해서 제작시간을 단축할 수 있고, 제품제작비용을 줄이고 소재낭비가 적다. 반면에 단점으로는 사용가능한 소재가 제한되고 조형크기가 제한되며, 제조공정이 불연속적이므로 생산속도가 느리다. 그리고 가공치수정밀도와 표면요철이 크기 때문에 정밀도와 매끈한 표면을 요구하는 부품의 제조에서는 후처리가 요망된다. 그림 V-95는 기계가공으로 생산되는 부품을 3D프린팅/첨삭가공방법으로 제조할 경우에 디자인변경으로 재료낭비를 줄이고 가벼운 부품을 제조할 수 있음을 보여주고 있다.

그림 V-95 3D프린팅으로 제조된 부품들. 아래 그림은 기계가공으로 생산되는 부품을 3D프린팅으로 제조할 경우에 디자인 변경으로 재료낭비를 줄이고 가벼운 부품으로 제조할 수 있음을 보여줌.(U.S. Dept. of Energy)

현재 3D프린팅기술은 각종 고분자재료는 물론 순금속, 합금, 복합재료를 포함한 다양한 재료를 이용하여 복잡한 3차원 형상을 가진 부품을 제조하고 있다. 이러한 부품들에는 자동차분야, 의료/치과분야, 항공우주분야, 공구/몰드분야, 건축분야, 군사분야, 기타산업과 소비재분야 등 매우 광범위하다. 종래에는 기하학적으로 복잡하여 기계가공방법으로 힘들었던 새로운 입체적인 형태를 제조할 수 있으며, 한 가지 예는 항공기엔진의 인젝션노즐로서 실제로 많은 양이 생산되고 있다.

현재 GE항공사에서는 매우 고가인 첨단기계를 이용하여 20여 개의 엔진부품을 3D프린팅으로 생산하고 있다. 이러한 3D프린터를 이용하여 머리카락 굵기의 1/3 정도의 정밀도로 금속분말을 분사시켜 레이저빔 조사로 원하는 부품을 성장시킨다. 과거 20개의 개별적인 부품을 별도로 제작하여 용접해서 엔진노즐을 제조하던 방식에서 3D프린터로 한 번에 전체 노즐을 프린팅하는 새로운 방식으로 바꿔 안정성과 생산성을 동시에 이루었다. 이 경우에 내구성이 5배 증가하고 부품무게는 25% 감소시켰다. 이러한 경우에 여러 가지 하드웨어기술과 소프트웨어기술이 동시에 요구되며, 또한 그 중에서도 모든 정밀기계와 기구의 근간이 되는 소재공학이 매우 중요하다.

3D프린팅/첨삭가공기술은 어떤 구조를 만들기 위하여 층층이 올려서 형태를 구성하거나, 또는 주로 분말재료인 공급원료를 밀착소결하는 것으로 이루어진다. 이러한 기술을 이용하여 제품을 제조하는 기구를 살펴보면 다음과 같으며, 주로 컴퓨터로 제어되는 레이저를 사용한다. 이 경우에 레이저는 열에너지를 공급하는 기구 또는 구성부품을 절단하는 기구가 된다.

- 분말대역용융(powder bed fusion): 금속 및 고분자부품 제조에 가장 많이 사용하는 방법으로 열에너지로 분말대역을 선택적으로 용융시키는 방법이다.
- 열에너지직접축적(directed energy deposition): 금속 및 고분자에서 사용하는 방법으로 재료가 올려질 때 집속된 열에너지를 사용하여 재료를 용융시키는 방법이다.
- 판재적층접착(sheet lamination): 금속판재, 종이판, 고분자판재 등의 얇은 재료판재를 적층시키면서 접착시켜 요망되는 부품을 형성시키는 방법이다.
- 접착제분사(binder jetting): 금속 및 고분자 분말재료를 결합시키기 위하여 액체접착제를 선택적으로 뿌리는 방법이다.

레이저 3D프린팅/첨삭가공기술에서 용융온도가 높은 금속분말을 사용하는 경우에 몇 가지 방법이 있다. 이러한 경우에 공정별로는 레이저소결(LS; laser sintering)방법, 레이저용융(LM; laser melting)방법, 레이저원료분말동시공급(LMD; laser metal deposition)방법으로 나눌 수 있다. 레이저소결은 분말의 부분적인 용융에 의하므로 레이저빔주사 전에 분말을 먼저 도포한다. 레이저용융은 분말의 완전한 용융에 의한 것으로 레이저빔주사 전에 분말을 먼저 도포한다. 그리고 레이저빔과 원료분말 동시공급은 레이저빔주사와 동시에 동축노즐을 이용하여 분말을 동시에 공급한다.

대부분의 최신 3D프린팅/첨삭가공기술에 사용하는 레이저는 사용하는 고분자재료, 금속재료 또는 세라믹재료의 특성에 따라 다양하다. 실제적인 3D프린팅가공에서 사용하는 레이저는 재료에 따라 광화학작용이 요구되는 경우에는 자외선구역의 지속파 또는 펄스빔을 방출하는 Nd:YAG레이저, 디스크레이저, 파이버레이저의 3차 혹은 2차 조화파를 사용한다. 그리고 재료에서 광열작용이 요구되는 경우에는 근적외선구역의 빔을 방출하는 Nd:YAG레이저, 디스크레이저, 파이버레이저, 다이오드레이저 또는 중적외선을 방출하는 CO_2레이저를 사용한다.

실제로 현장에서 부품제조에 사용되는 3D프린팅/첨삭가공기술은 여러 가지 방법이 있다. 여기에서는 위에 기술된 기본적인 가공기구에 따라 가장 중요하게 사용되고 있는 방법인 레이저광조형(SLA; stereolithography)방법, 레이저선택소결(SLS; selective laser sintering)방법, 레이저직접용융(DLF;

direct laser fabrication)방법, 레이저판재다층적층(LOM; laminated object manufacturing)방법 등에 대하여 검토하여 보겠다.

(1) 레이저광조형방법

이 방법은 CAD모델을 이용하여 액체고분자에 자외선 레이저빔을 조사시켜 축중합을 유도함으로써 3차원물체를 직접적으로 조형하는 방법으로 정밀한 전자부품모델 또는 의료부품모델 제조에 이용된다. 즉 얇은 층의 액체모노머에 선택적으로 자외선빔을 조사시켜 중합시킴으로써 경화시키고, 그 위에 계속적으로 새로운 층을 형성시키는 같은 과정을 반복하여 최종적인 형체를 구성한다. 그림 V-96은 레이저광조형 방법에 의해서 요구되는 3차원모델제품을 제조하는 개요와 순서를 보여주고 있다.

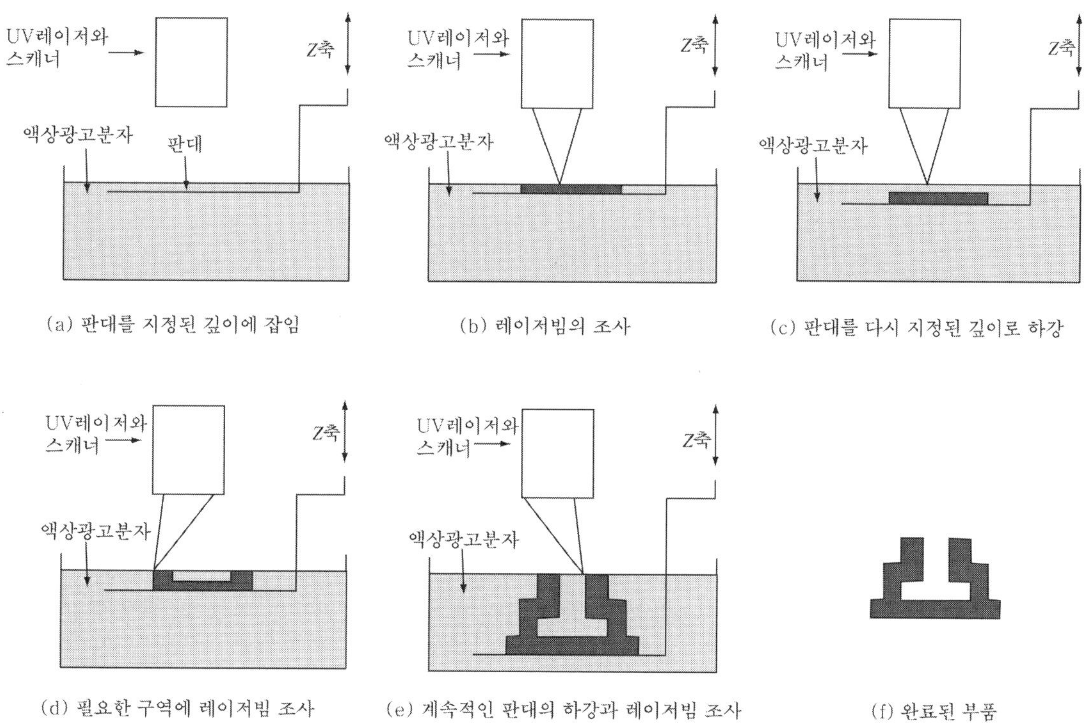

그림 V-96 스테레오리소그래피 방법의 개요와 부품제조 순서

이 방법에서는 먼저 액체상태의 광학고분자를 함유하고 있는 용기에 컴퓨터에 의하여 제어되는 기구에 부착시킨 판대를 일정한 깊이가 되게 잠입시킨다. 이 경우에 잠입시킨 깊이는 경화시키는 두께에 해당하며, 이것은 한 층의 두께와 같다. 다음에 갈바노미터로 구동시키는 거울을 이용하여 레이저빔을 조사시키며, 이러한 레이저빔의 이동은 국부적으로 광학고분자를 중합시켜 조사된 구역을 경화시킨다. 여기서 사용되는 광학고분자는 일반적으로 에폭시, 비닐에텔 또는 아크릴레이트 같은 액체모노머에 광학기폭제를

함유한 것으로 이루어져 있다. 여기에 자외선 빔이 조사되면 광학기폭제가 여기되고, 이들 분자들의 일부가 반응성물질을 형성하여 모노머의 광축중합을 야기하는 것이다.

이 경우에 집속빔의 크기와 경화깊이는 레이저빔의 특성과 출력 및 요구되는 제품에 따라 차이가 있으나, 일반적으로 0.2~0.5mm 정도로 한다. 첫 번째 경화층은 제품모델의 기저층이 된다. 그 후에 판대를 다시 일정한 깊이로 하강시킨 후에 두 번째 층에 해당하는 구역을 따라 레이저빔을 조사시켜 광학고분자의 중합반응이 일어나게 한다. 이러한 과정을 계속적으로 반복함으로써 각각의 층들이 필요한 구역에서 연속되게 접합되어 최종적인 3차원형상을 얻게 된다. 일단 3차원형상의 제품모델이 얻어진 후에는 용기에서 들어 올려 후처리작업에 들어가게 된다. 즉 액체고분자용기에서 직접 회수한 고체상태의 모델제품은 고분자의 최대경도를 주지 못한다. 따라서 이것을 다시 특수한 처리기 내에서 고강도의 자외선 빔을 조사시켜 최고경도를 얻는다.

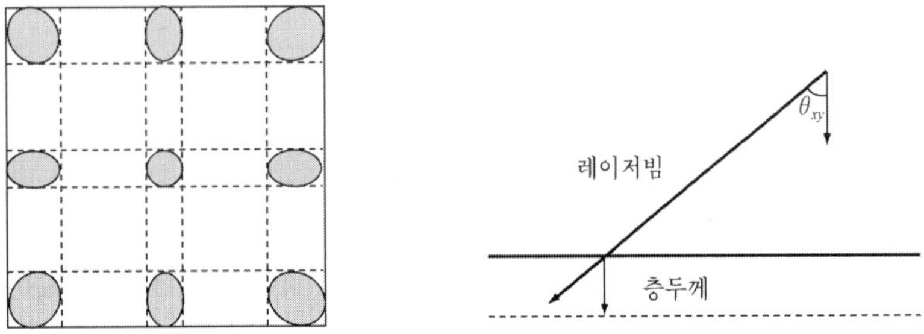

(a) 조사구역의 모양 변화 (b) 경사된 경로에 따른 레이저빔 침투깊이 변화

그림 V-97 레이저빔 조사 시 반사거울의 회전에 의한 영향

그리고 매우 정밀한 제품의 제조에서는 집속빔의 점크기를 약 25μm 정도로 하고 경화층의 두께를 더욱 작게 하는 경우도 있다. 이러한 경우에 고려해야 할 사항으로는 그림 V-97에 보여주는 것과 같이 반사거울의 회전에 의하여 집속빔의 크기와 모양이 구역에 따라 변화될 수 있다. 그러한 경우에 그림에서 보여주는 것과 같이 구역에 따라 빔의 에너지밀도에 차이가 발생할 수 있다. 이러한 경우에 F-θ렌즈를 사용하면 문제점을 해결할 수 있다.

(2) 레이저선택소결방법

이 방법은 레이저빔으로 재료분말의 얇은 층을 국부적으로 가열 및 소결시켜 요구되는 형상을 얻는 것이다. 이 방법에서는 레이저광조형방법과 같이 한 층에 대한 형상을 얻은 후에 계속하여 그 위에 다른 층에 대한 형상을 얻는 것으로 그림 V-98에 그 개요도를 나타내고 있다.

이 방법에서는 먼저 롤러로 재료분말을 판대에 일정한 두께로 도포시킨 후에 갈바노미터에 의하여 구동되는 반사거울을 이용하여 요구되는 형상으로 레이저빔을 조사시켜 국부적인 소결 혹은 용융작용이 일

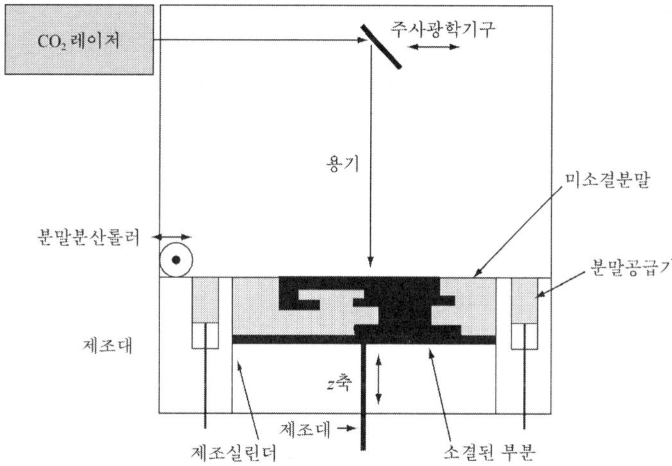

그림 V-98 선택적 레이저 소결방법의 개요

어나게 한다. 그 후에 판대를 일정한 거리만큼 하강시킨 후에 다시 롤러를 이용하여 재료분말을 도포시키고 레이저빔을 조사시킨다. 이 경우에 하강거리는 분말재료와 제품형상에 따라 차이가 있으며, 0.25mm의 하강거리에 대하여 정확도는 ±0.05mm가 가능하다. 같은 과정을 계속적으로 반복하여 매 층마다 소결시킨 구역들의 조합이 최종적으로 요구되는 형상을 얻도록 한다. 최종적인 모양의 제품이 소결성형된 후에는 소결되지 않은 분말들로부터 건저 올려서 표면에 부착된 분말들을 털어내고, 남은 분말들은 재활용한다. 그리고 제품이 금속 혹은 금속/세라믹복합재인 경우에는 열처리로에서 후처리작업을 필요로 하는 경우도 있다.

이 방법에서 레이저빔은 열원으로 사용되는 것으로 일반적으로 수십W급의 CO_2레이저빔 혹은 Nd:YAG레이저빔을 사용하며, 가능하면 적은 레이저빔에너지를 사용하고 소결공정을 촉진시키기 위하여 성형챔버를 가열시킨다. 그리고 분말의 산화 혹은 연소를 방지하기 위하여 성형챔버에 불활성가스 혹은 질소가스를 충진시킨다.

레이저선택소결방법에 사용되는 재료분말은 각종 고분자분말, 금속분말, 세라믹분말 또는 이들의 혼합물 등 어떤 재료분말도 사용이 가능하다. 그리고 재료분말을 소결시키는 것이 힘든 경우에는 결합재를 첨가시킨 분말을 사용할 수도 있다. 일반적으로 사용하는 분말의 입자분포는 균일하게 하는 것이 공정에 편리하나, 입자크기가 큰 경우에는 소결 후 기공도가 크므로 작은 크기의 입자를 혼합시켜 기공도를 줄인다. 소결의 정도는 레이저빔 조사시간, 분말의 종류, 분말온도, 분말입도, 외부압력 등 여러 가지 요인에 의하여 지배를 받는다. 그리고 제품의 강도를 높이면서 기공도를 줄이기 위해서는 소결입자들 사이에 저용융점 금속을 침투시킬 수도 있다.

(3) 레이저직접용융방법

레이저선택소결방법과 같은 과정을 거치면서 금속분말의 소결 대신에 완전한 용융을 주는 직접적인 레이저용융방법이 있다. 이 방법은 레이저표면클래딩방법과 같이 금속분말을 집속된 레이저빔의 초점구역에 공급시킴으로써 금속의 용융풀을 형성하고 계속하여 응고과정을 거치게 된다.

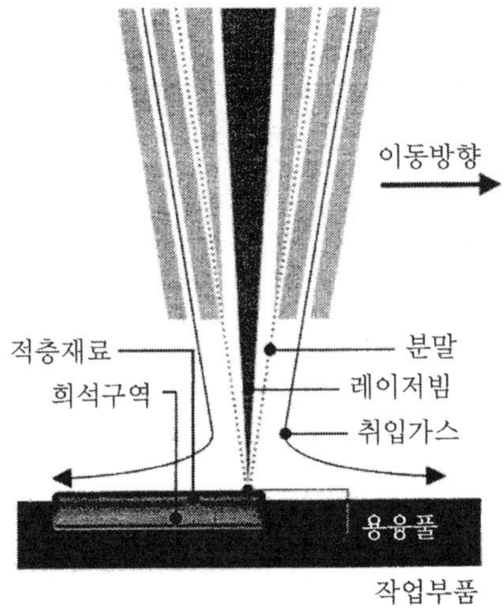

그림 V-99 3D프린팅에서 레이저직접용융방법으로 동축노즐을 통해 레이저빔과 공급분말이 동시에 표면에 도달하여 용융이 일어남.(Roland Berger)

그림 V-99는 레이저직접용융방법에서 원추형 동축노즐을 사용하여 레이저빔과 공급금속분말이 동시에 표면에 도달하여 용융됨을 보여준다. 따라서 분말금속의 소결방법과 달리 금속분말을 완전히 용융시키므로 응고 시 기공이 없고 완전히 치밀한 조직을 얻을 수 있다. 이러한 완전한 조직을 주기 위해서는 레이저빔 출력, 주사속도, 분말공급속도, 인접된 조사구역 사이의 중첩도, 용융층의 두께 등을 잘 조절해야 한다. 그리고 일반적으로 매 주사패스당 용융층의 두께는 약 0.5mm 정도 내외로 한다. 그러므로 이 방법으로 제조된 부품의 기계적 성질은 일반적인 방법으로 제조된 제품의 기계적인 성질과 거의 동일하다. 이 방법의 다른 장점은 공급되는 금속분말의 조절로 제품의 전체적인 금속조직과 조성의 조절이 가능하다. 이 방법은 실제로 고분자분말의 순차적인 레이저직접용융을 이용한 3D프린팅방법에 광범위하게 사용한다.

(4) 레이저판재다층적층방법

이 방법은 그림 V-100과 같이 레이저빔으로 판재를 절단하여 순차적으로 중첩시킴으로써 요구되는 형상의 제품을 얻는 것이다. 이 방법에 사용되는 재료는 금속판재 또는 소결된 분말재료층을 사용할 수도 있으나, 일반적으로 종이, 폴리에스터, 고분자복합재료 등 용이하게 굽힐 수 있고, 또한 각층 사이를 용이하게 접착시킬 수 있는 재료가 바람직하다. 요구되는 형상을 일정한 간격으로 구분하고, 레이저빔으로 첫 번째 층의 판재를 절단한다. 판재의 필요한 부분을 제외한 불필요한 부분은 나중에 제거시켜야 하기 때문에 일단 필요한 부분을 절단한 후에 불필요한 부분은 작은 크기의 조각들로 절단시켜야 한다. 첫 번째 층이 형성된 후에는 계속하여 새로운 판재재료를 공급하여 레이저빔으로 절단하고 밀착시킨 후에 가열된 롤러를 이동시킨다. 이 경우에 판재의 표면에는 접착제가 도포되어 있거나, 또는 재료표면의 가열로 인하여 상하의 두 층 사이에 강력한 결합을 주게 된다. 일반적으로 X-Y방향의 정밀도는 ±0.1mm 정도이며, Z방향의 정밀도는 접착시킨 판재의 두께에 의해서 결정된다. 따라서 경사진 부분의 정밀도를 높이기 위해서는 판재의 두께가 작고, 접착제는 균일하게 분포시키는 것이 바람직하다. 그리고 레이저빔의 출력은 절단깊이가 매 층에 제한되도록 잘 조절되어야 한다. 이 방법에 사용되는 재료는 제품의 용도에 따라 다르며, 일반적으로 시작품의 모양을 검토하기 위한 형체구성물, 주조목형, 플라스틱사출금형의 부품, 실리콘고무금형 등의 제조에 사용된다.

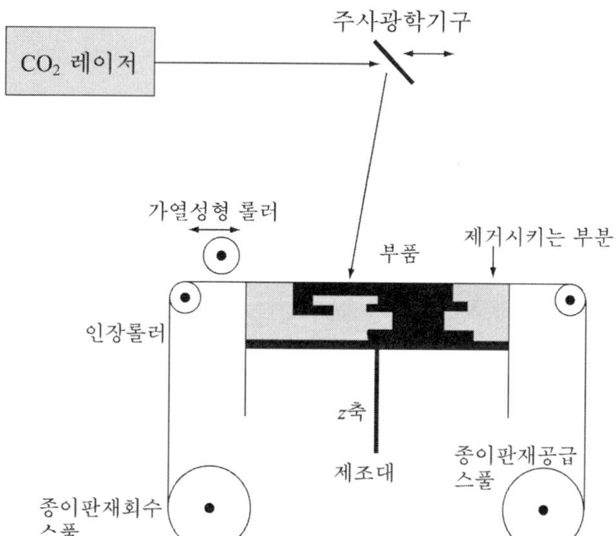

그림 V-100 다층 판재중첩 방법의 개요

레이저판재다층적층방법의 개념을 더욱 발전시킨 방법으로 컴퓨터에 의해서 제어되는 다층판상공업재료의 제조방법이 있다. 이 방법은 먼저 레이저빔으로 판재를 각각 요구되는 형태로 절단시킨 후에 이들을 적층시키고 후처리를 통하여 필요한 형체의 모양을 가진 제품을 얻는 방법이다. 여기서 판재의 절단 및 적층에 관련된 과정은 몇 가지 장점을 활용하기 위하여 고려해야 할 문제들이 있다. 첫 번째는 각 위치에 따른 판재들을 먼저 절단하고 후에 차례로 적층시키므로 최종제품의 위치에 따른 재료를 다르게 할 수 있기 때문에 제품의 위치에 대한 조성변화 또는 이종재료사용의 융통성이 크다.

두 번째는 각 층을 여러 개의 작은 구역으로 나누고 각 구역마다 다른 종류의 재료를 축적시켜 조합함으로써 같은 층에서도 위치에 따라 다른 성질을 줄 수 있다. 이러한 경우에 위치에 따라 특수한 기능성을 나타내는 세라믹복합재료의 구성물을 얻을 수 있으며, 또한 복잡한 내부구조를 가진 제품을 제조하는 경우에 이용할 수 있다. 그 방법은 먼저 최종제품의 구성부분을 형성하는 원료용 판재들과 나중에 후처리를 통하여 제거시켜 빈 공간을 이루게 하는 제거용 판재들을 준비한다. 구성물의 맨 아래층에 해당하는 규격으로 원료용 판재를 절단하고, 그 사이에 빈 공간으로 남게 되는 구역에 해당하는 크기로 제거용 판재를 절단하여 순서대로 맞춘다. 그 위에 같은 방법으로 절단시킨 원료용 판재와 제거용 판재를 조합하여 적층시키며, 같은 방법을 반복하여 최종의 구성물을 얻는다. 그 후에 가열로에서 가열 또는 다른 방법에 의하여 제거용 재료를 제거시킴으로써 요구되는 최종제품의 구성물을 얻을 수 있다.

세 번째는 부품들의 결합처리 전에 각각의 판재를 별도로 절단하여 조합시킴으로써 더욱 정밀하고 양호한 모양의 형체를 구성할 수 있다. 그림 V-101은 원형모양의 형체를 얻기 위하여 판재들을 각각 계속적으로 수직 절단한 것들과 경사지게 절단한 것들을 조립한 모식도를 비교하여 보여주고 있다. 여기에서 보듯이 각각의 판재들을 그 위치에 해당하는 각도로 절단시켜 적층하는 경우에 더욱 원형에 근접하고 양호한 결과를 나타내고 있다.

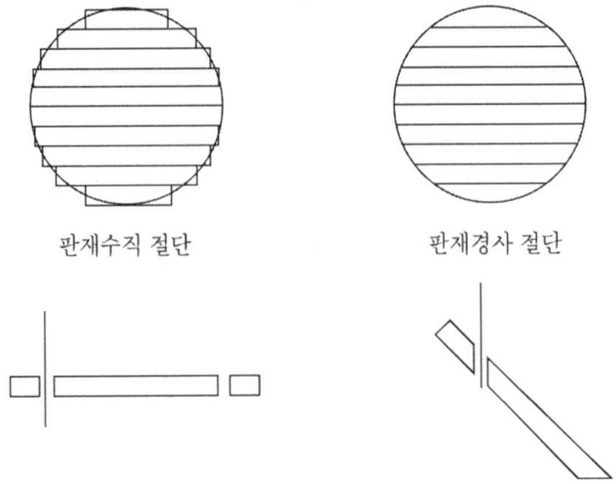

그림 V-101 판재절단방법과 절단된 판재적층방법에 따른 원형모양의 개선 방법

V-6-5 Nd:YAG레이저, 디스크레이저, 파이버레이저의 장단점과 가공결과의 비교

현재 산업적으로 많이 이용되는 고출력 Nd:YAG레이저는 활성매질이 봉재형태이기 때문에 결정내외부분의 온도차에 의한 **열적렌즈효과**를 준다. 따라서 고출력인 경우에는 수냉방법을 사용함에도 불구하고 방출된 레이저빔을 정확하게 조준하지 못하고 발산하게 되므로 레이저빔의 품질이 저하된다. 그러므로 고출력레이저에서는 양호한 빔 특성을 얻기 위해서 레이저활성매질에서 신속한 열전도가 중요하다. 이러

한 문제점을 해결하기 위해서 봉재형태를 디스크형태로 변형시킨 디스크레이저가 개발되었고, 더욱 새로운 개념으로 활성매질을 파이버형태로 변형시킨 파이버레이저가 개발되었다. 그림 V-102는 Nd:YAG레이저, 디스크레이저, 파이버레이저의 활성매질형태를 보여주고 있다.

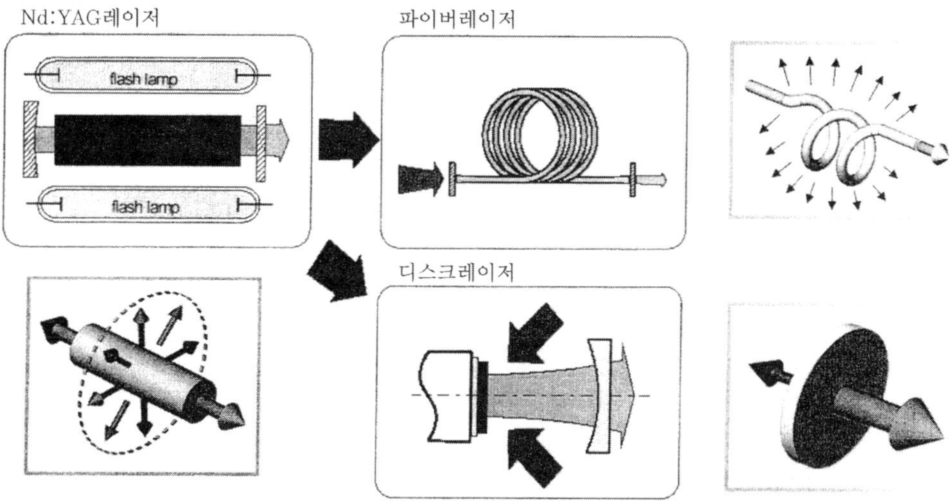

그림 V-102 Nd:YAG레이저, 디스크레이저, 파이버레이저의 활성매질형태와 냉각형상

먼저 Nd:YAG레이저에서 섬광등으로 펌핑시키는 경우에는 펌핑효율이 매우 낮고, 봉재의 열적렌즈작용으로 빔품질이 저하되며, 광학부품들의 정렬에 숙련된 기술자가 필요하다. 이를 개선하는 방법으로 섬광등을 다이오드바로 대체시키면 펌핑효율은 증가시킬 수 있으나 열적렌즈효과를 개선할 수는 없다. 따라서 이러한 문제점을 개선하기 위해서 위에서 기술한 바와 같이 활성매질의 형상을 변형시켜 표면적/체적의 비율을 증가시키는 방법으로 디스크레이저와 파이버레이저가 개발되었다. 디스크레이저에서는 활성매질의 직경을 증가시키고 길이를 감소시켜 고출력의 양호한 빔 품질을 얻을 수 있으나, 펌핑시키는 다이오드바의 냉각을 위해서 부분적인 수냉방법이 필요하다. 그러나 파이버레이저에서는 직경이 매우 작고 긴 길이의 파이버를 활성매질로 사용하므로 공냉방식을 이용하여 고출력의 양호한 빔 품질을 얻을 수 있다. 표 V-14는 **봉재형레이저**, **디스크레이저**, **파이버레이저**의 성능을 비교하여 나타내고 있다.

디스크레이저의 원리와 개요는 이미 그림 III-13에 보여주고 있으며, 더욱 현실적인 구조는 그림 V-103에 보여주고 있다. 펌핑은 다이오드로 하고 거울을 통하여 디스크에 커플링되며, 공진기는 거울들로 구성되므로 열적렌즈효과를 피할 수는 없다. 그러나 디스크레이저는 디스크형태의 활성매질에서 축적된 열이 표면적이 넓은 축 방향으로 거의 균일하게 전도되므로 열적렌즈작용이 매우 적다. 그리고 디스크레이저는 분진, 진동, 열영향 등에 약하고, 광학부품의 정렬에 숙련자가 필요하다. 디스크레이저에서 고출력을 얻기 위해서 펌핑기구는 여러 개의 다이오드바를 사용하며, 펌핑광선을 디스크에 연계시키기 위해서 굴곡진 포물면거울을 사용한다. 그리고 공진기는 후면거울과 출력연계거울(out-coupling mirror;

표 V-14 봉재레이저, 디스크레이저, 파이버레이저의 비교(Industial Laser Solution, Jan. 2005)

레이저 형태	봉재	디스크	파이버
길이 [mm]	150	0.15	20,000
접종원소	Nd	Nd	Yb
코어 직경 [mm]	-	-	0.009
직경 [mm]	9	10	0.125
용적 [mm^3]	9,538	12	245
냉각표면 [mm^2]	4,239	39	7,850
냉각표면/용적 [1/mm]	0.44	3.33	32
평균출력 [W]	250	700	1,100
펌핑효율 [%]	20	60	95
출력/용적 [W/mm^3]	0.026	59	4.5
열/냉각표면 [W/mm^2]	0.05	7.13	0.007
공진기 거울	○	○	×
펌핑 다이오드	패키지	패키지	단일
다이오드수명	10,000	10,000	100,000
냉각	물(이온제거)	물	공기/물

소자 내부에서 생성된 광선을 최대한 밖으로 빼내어 효율을 올리는 거울)로 형성되어 있다. 출력에 비해서 냉각면적이 상대적으로 적으므로 수냉이 필요하다. 그리고 수KW 출력을 얻기 위해서는 여러 개의 디스크를 결합해야 한다.

파이버레이저의 개요와 구조는 이미 그림 III-14, 15에 보여주고 있으나, 여기에서 그림 V-104에 다시 보여주고 있다. 일반적으로 파이버레이저에서는 파이버형태의 활성매질로 Nd를 첨가시킨 광섬유를 사용하지 않고 Yb가 도핑된 유리광섬유를 사용하기 때문에 파장이 1,030nm이다. 파이버의 직경은 매우 작고 길이는 매우 길어서 표면적/체적의 비율이 매우 크기 때문에 공냉으로 냉각이 이루어지고 열적렌즈작용이 없다. 그리고 분진, 진동 등에 의한 영향이 거의 없고, 시스템조합이 간단하고, 광학부품의 정렬이 필요하지 않아 작업이 용이하다. 파이버레이저에서 고출력을 얻기 위해서는 여러 개의 단일방출다이오드를 사용하며, 파이버연계효율이 95% 정도이다. 여러 개의 수백W급 파이버레이저모듈을 연결시키게 되면 매우 높은 출력을 얻을 수 있다. 파이버의 표면적이 넓기 때문에 공냉으로 냉각작용이 가능하고, 공진기의 역할은 파이버 내의 양측에 있는 FBG(fiber Bragg grating)가 거울을 대신한다. 따라서 열, 진동 등 외부적인 환경요인에 강인하며, 수십KW의 고출력을 얻을 수 있다. 레이저빔은 파이버에서 발생되어 개별적으로 직접 집속헤드에 도달하는 것이 아니라, 여러 모듈에서 나온 빔들이 **빔연결기**에서 합쳐진 후에 출력파이버를 통하여 집속헤드에 도달한다.

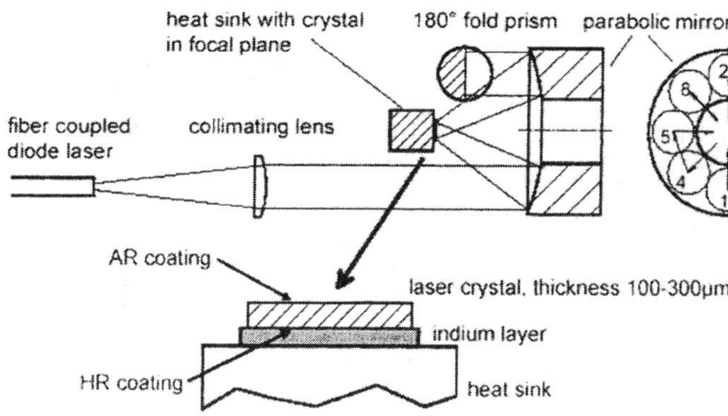

(a) 레이저공진기의 기본 구성

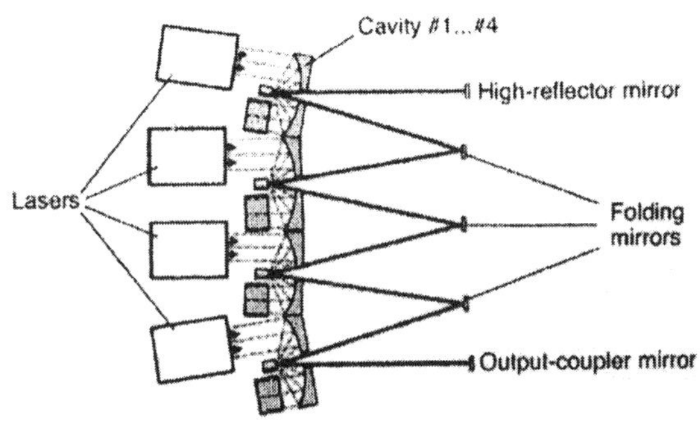

(b) 4개의 공진기가 조합된 레이저(Trumpf)

그림 V-103 디스크레이저의 구조

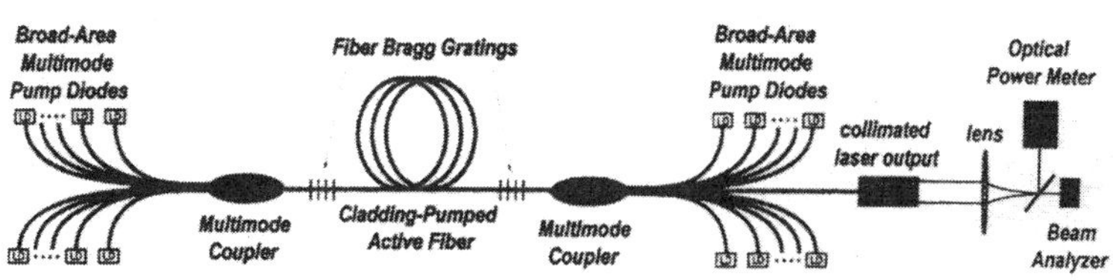

(a) 파이버레이저의 구조와 부품

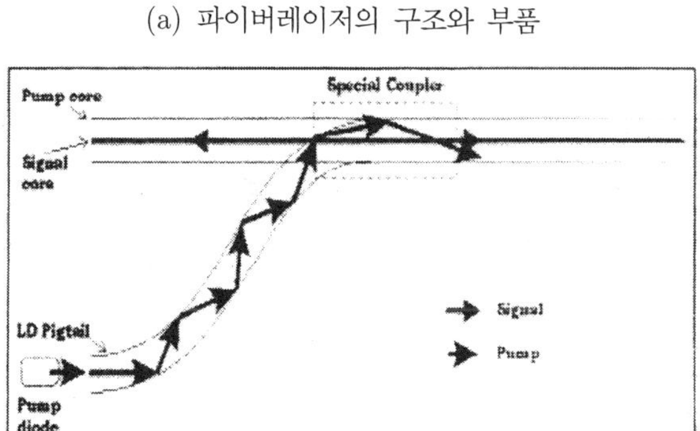

(b) 다이오드로부터 레이저파이버코어로 펌핑

그림 V-104 파이버레이저의 구조(IPG)

레이저의 **전체전력효율**(WPE; wall power efficiency)은 봉재형태레이저는 수%, 디스크레이저는 15%, 파이버레이저는 30%로 파이버레이저가 가장 전기소모량이 적다. 레이저빔의 빔품질은 가공효율과 밀접한 관계를 가지고 있으며, 가공결과에 결정적인 역할을 한다. 레이저빔의 **빔품질은** BPP(beam parameter product)로 나타내며, BPP$= r \cdot \theta$이므로 단위는 mm · mrad이다. 따라서 레이저빔의 빔출구에서 BPP값과 초점위치에서 BPP값은 $r_0\theta_0 = r_f\theta_f$이며, 같은 값을 가진다. 파이버레이저는 빔이 10 μm 정도의 작은 코어를 통해 전달되므로 정제되고 안정된 빔품질을 얻을 수 있다. 반면에 봉상레이저와 디스크레이저는 열적렌즈영향과 광학부품의 정렬 등 고체레이저가 가지고 있는 기본적인 한계가 있기 때문에 양호한 빔품질을 얻는 것이 쉽지 않다. 따라서 정밀하고 균일함이 요구되는 레이저가공에서는 파이버레이저가 매우 유리하다. 그림 V-105는 여러 가지 레이저들의 빔출력에 따른 BPP값을 나타낸 것으로 파이버레이저가 가장 양호한 빔프로파일(beam profile)을 주고 있다. 레이저빔의 출력이 증가함에 따라 BPP값이 증가하나, 파이버레이저는 1.5KW 이하에서는 변화가 없다.

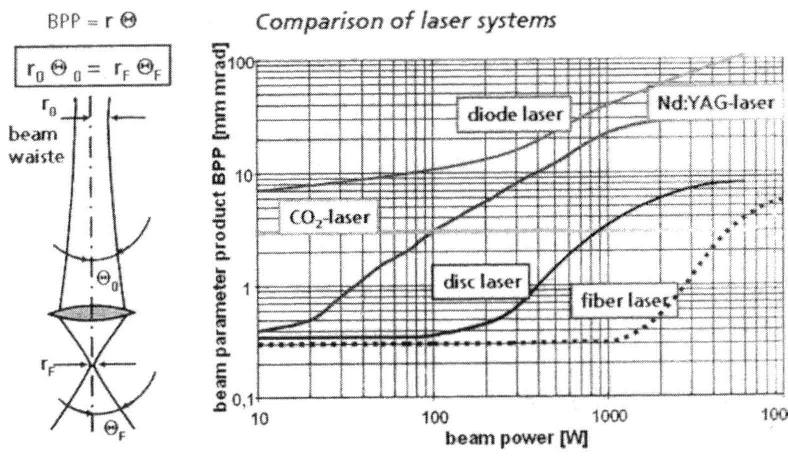

그림 V-105 여러 가지 레이저들의 출력에 따른 BPP값(IPG)

레이저빔의 빔품질이 양호하면 레이저가공 시 작은 집속빔을 얻을 수 있고, 넓은 면적에서 작업이 가능하고, 긴 작업거리가 가능하고, 빔주사빈도를 크게 할 수 있다. 그리고 빔품질은 레이저의 출력단과 실제작업공간에서 차이가 있다. 예를 들어 출력이 4KW인 디스크레이저의 경우에 출력단에서 BPP값은 8mm · mrad이지만, 실제작업공간에서 BPP값은 11.5mm · mrad이고 M^2은 26.0이다. 그리고 출력이 4KW인 다이오드펌핑 고체레이저(DPSS)는 BPP값이 17.5mm · mrad이고 M^2은 52.0이며, 출력 5KW인 파이버레이저의 BPP값은 5.7mm · mrad이고 M^2은 16.8이다. 또한 파이버레이저의 크기는 동급의 디스크레이저에 비해서 1/5 수준에 불과하므로 매우 콤팩트하여 공간을 적게 차지한다.

그림 V-106은 출력 4KW인 디스크레이저와 파이버레이저로 저탄소강을 용접 시 주사속도에 따른 용접형태를 비교하여 보여주고 있다. 이 그림에서 보는 것과 같이 동급의 고출력에서 파이버레이저의 빔품질이 더욱 양호하므로 용접 결과가 훨씬 양호하다.

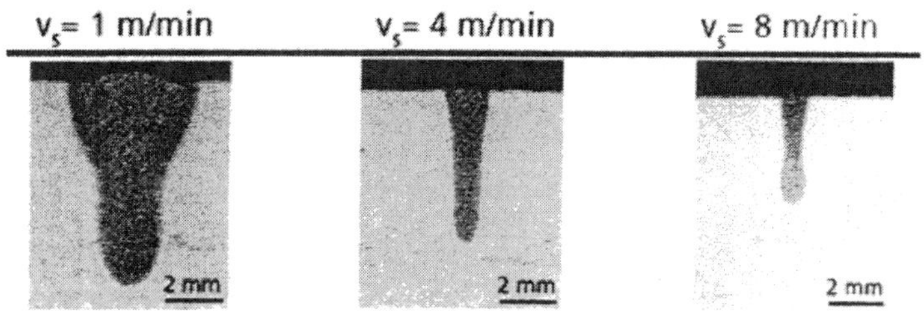

디스크레이저(초점거리 200mm, 집속빔 200μm, BPP=8.8)

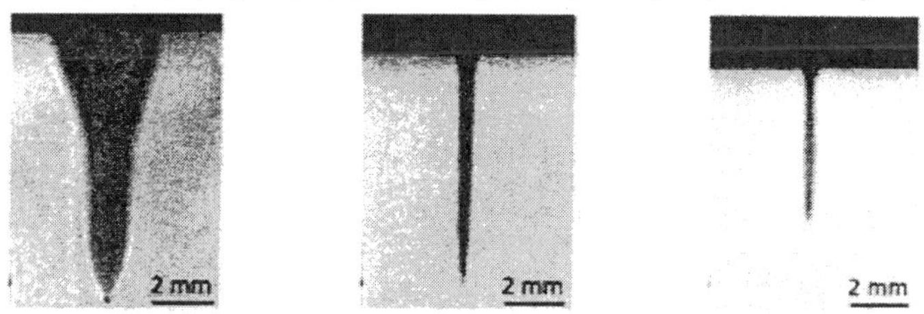

파이버레이저(초점거리 300mm, 집속빔 125μm, BPP=1.8)

그림 V-106 저탄소강에 파이버레이저와 디스크레이저의 용접 결과 비교(IPG)

그림 V-107은 동급출력의 레이저를 사용 시 봉상레이저, 디스크레이저, 파이버레이저의 주사속도에 따라 철강재에 형성된 용접형태를 보여주고 있다. 그리고 아래 그림은 기어-샤프트를 용접 시 CO_2레이저, 전자빔, 파이버레이저를 사용한 경우에 용접형상을 보여주고 있다.

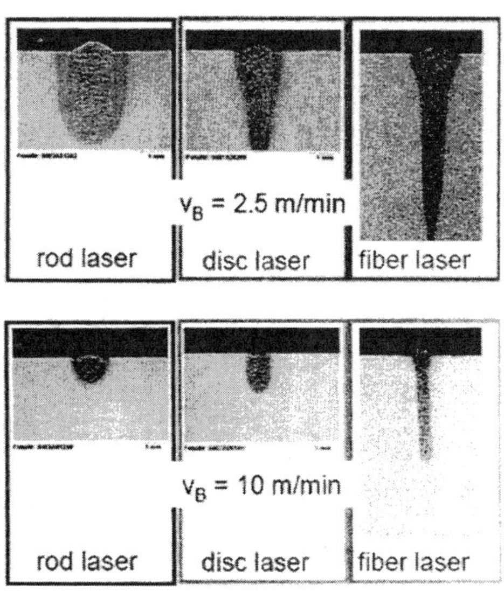

그림 V-107 동급출력의 봉상레이저, 디스크레이저, 파이버레이저로 철강재의 용접 시 같은 주사속도에서 용접형태와 용접깊이(IPG)

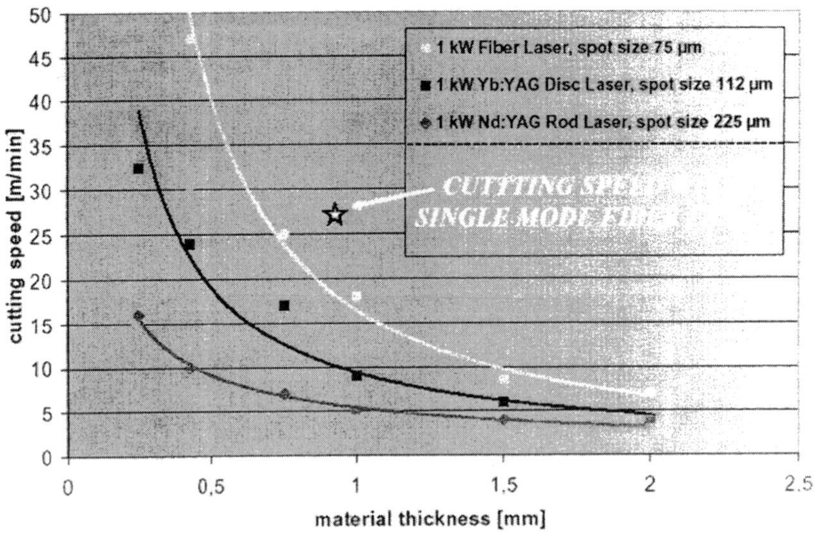

그림 V-108 동급출력의 봉상레이저, 디스크레이저, 파이버레이저로 철판을 절단 시 재료두께에 따른 절단속도(IPG)

그림 V-108은 출력 1KW인 봉상Nd:YAG레이저, 디스크Yb:YAG레이저, 파이버레이저로 철판을 절단 시 판재두께의 함수로 절단속도를 나타내고 있다. 이 그림에서 보듯이 디스크레이저의 절단속도가 봉상Nd:YAG레이저보다 훨씬 빠르고, 파이버레이저의 절단속도는 디스크레이저보다 더욱 빠르다. 특히 단일모드 파이버레이저의 절단속도는 보통 파이버레이저보다도 월등히 빠르다. 이러한 이유는 레이저빔의 빔품질에서 파이버레이저, 디스크레이저, 봉상레이저의 순서이기 때문에 이들의 집속빔 점크기가 각각 75 μm, 112 μm, 225 μm로 차이가 있기 때문이다.

현재 가장 많이 사용되는 고체레이저인 Nd:YAG레이저는 대표적인 봉상레이저이다. 디스크레이저는 봉상레이저를 개선한 개념으로 같은 활성매질, 렌즈, 거울을 사용하고, 수냉방법을 사용한다. 반면에 파이버레이저는 더욱 개선시킨 새로운 개념의 레이저로서 공냉방법을 사용한다. 봉상레이저와 디스크레이저는 섬광등의 교체, 펌핑다이오드스택의 주기적인 교체, 렌즈와 거울 같은 광학부품의 교체와 정렬 등으로 숙련된 기술자가 필요하고 많은 유지비용과 작업정지시간이 발생한다. 그러나 파이버레이저는 봉상레이저와 디스크레이저에 비해서 크기가 매우 작고, 펌핑수명 시간이 긴 단일발광다이오드를 사용하고, 광학부품의 교체와 정렬 등이 필요 없어 유지보수가 매우 용이하다.

종합적으로 동일한 레이저출력으로 재료가공을 수행하는 경우에 가장 바람직한 레이저는 파이버레이저, 디스크레이저, 봉상레이저 순서이다. 앞으로 각종 산업에서 레이저빔에 의한 재료가공이 매우 증가될 것이며, 이에 부응하여 각종 레이저들이 이용될 것이다. 이러한 경우에 어떤 레이저를 선택할 것인지는 레이저의 특성, 가공할 재료의 물성, 가공규격과 정밀도, 생산성과 경제성 등 여러 가지 관련된 사항을 고려하여야 할 것이다.

Toward a great ambition for future,

Do your best!

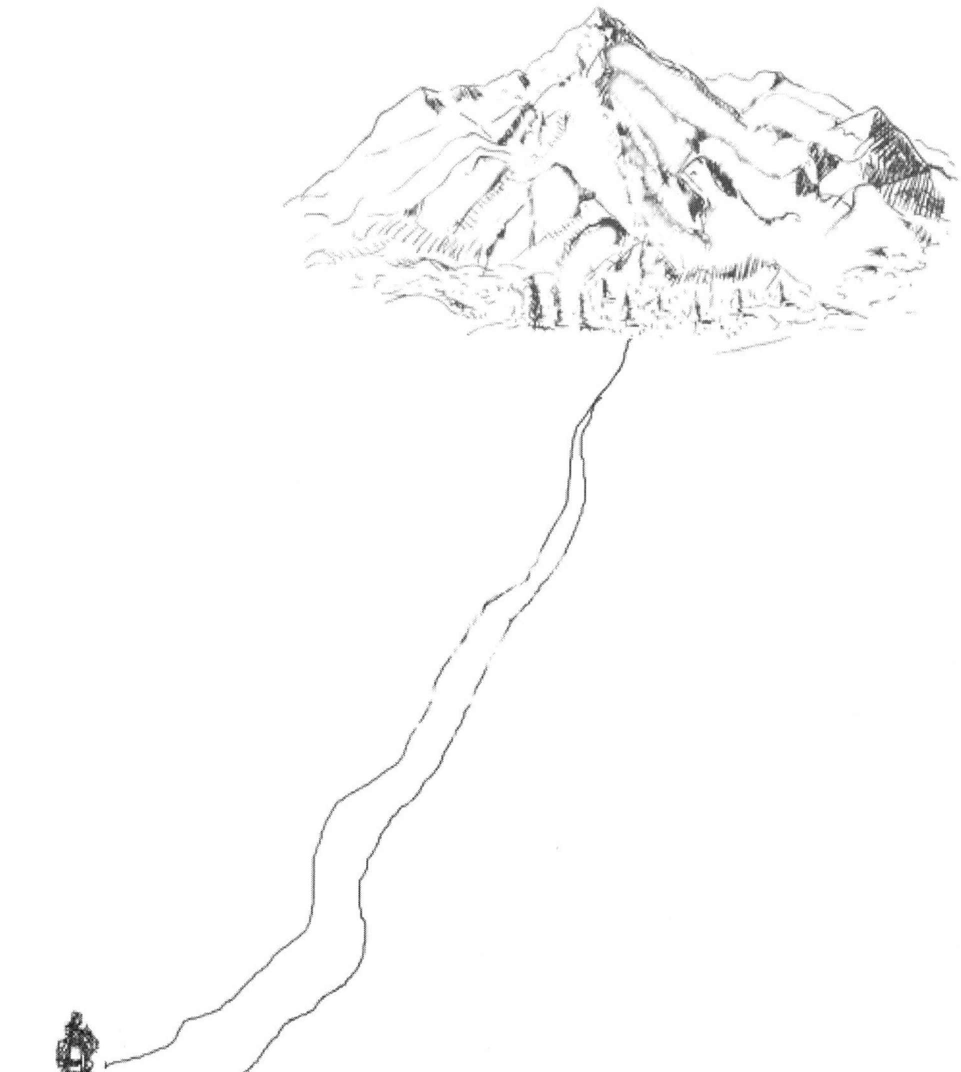

참고문헌

1. Young, M., "Optics and Lasers", Springer-Verlag, Berlin (1977)
2. O'shea, D.C., Callen, W.R, Rhodes, W.T., "Introductin to Lasers and Their Applications", Addison Wesley, Reading. Mass. (1978)
3. Ready, J.F., "Industrial Applications of Lasers", Academic Press, New York (1978)
4. Jenkins, F.A., White, H.E., "Fundamentals of Optics" (4th ed), McGraw-Hill Co., New York (1976)
5. Duley, W.W., "Laser Processing and Analysis of Materials", Plenum Press, New York (1983)
6. Duley, W.W., "Laser Welding", John Wiley & Sons, Inc., New York (1999)
7. Solymer, L., Waalsh, D., "Lectures on the Electrical Properties of Materials" (4th ed), Oxford University Press, Oxford (1988)
8. Svelto, O., "Principles of Lasers" (2nd ed), Plenum Press, New York (1982)
9. Laser Institute of America, "Guide for Materials Processing by Lasers" (2nd ed), Toledo, OH. (1983)
10. Laser Institute of America, "Guide to Laser Materials Processing (Ed. Charschan, S.), Orlando, Fl. (1993)
11. Coherent Engineering Staff, "Lasers", Mc-Grawill Co., New York (1980)
12. Wilson, J., Hawkes, J.F.B., "Lasers Principles and Applications", Prentice Hall Inc., Englewood Cliffs, NJ. (1987)
13. Luxon, J.T., Parker, D.E., "Industrial Lasers and Their Applications (2nd ed), Prentice Hall Inc., Englewood Cliffs, NJ. (1992)
14. Powell. J., "CO2 Laser Cutting", Springer-Verlag, Berlin (1993)
15. Steen, W.M., "Laser Materials Processing" (2nd ed), Springer-Verlag, Berlin (1998)
16. 川澄博通, "レ-サ加工技術", 日刊工業新聞社, 東京 (1982)
17. Carslaw, H.S., Jaeger, J.C., "Conduction of Heat in Solids" (2nd ed), Oxford University, Oxford (1959)
18. Rykalin, N., Uglov, A., Kokora, A., "Laser Machining and Welding", Pergamon Press, Oxford (1978)
19. Kim, T.H., "High-Energy Pulsed Laser Interaction with Metallic Surface" (Ph.D. Thesis), Polytech. Inst. of New York, New York (1980)
20. 이종명, "레이저와 청정가공", 한림원, 서울 (2002)
21. RCA, "Electro-Optics Handbook", Harrison, NJ. (1974)
22. Luxon, J.T., Parker, D.E., Plotkowski, P.D., "Lasers in Manufacturing", IFS(pub.) Ltd., U.K. (1987)
23. Cohen, M.I., in "Laser Handbook", vol. Ⅱ, (Eds. Arechi, F.T., Schulz-Dubois, E.O.), North-Holland Pub., Amsterdam, (1972) p. 157

24. Kestenbaum, A., in "Lasers in Industry" (Ed. Charschan, S.S.), Laser Institute of America, Toledo, OH. (1972) p. 2
25. Saifi, M.A., ibid, (1972) p. 66
26. Gagliano, F.P., Zaleckas, V.J., ibid, (1972) p. 138
27. Gagliano, F.P., Zaleckas, V.J., ibid, (1972) p. 190
28. Charschan, S.S., ibid, (1972) p. 506
29. Roessler, D.M., in "The Industrial Laser Annual Handbook (Eds. Belforte, D., Levitt, M.), PennWell Books, Tulsa, OK. (1986) p. 16
30. Luxon, J.T., ibid, (1986) p. 38
31. Welch, M., ibid, (1986) p. 49
32. Banas, C., ibid, (1986) p. 69
33. Schuöcker, C., ibid, (1986) p. 87
34. Herziger, G., ibid, (1986) p. 108
35. Seaman, F.D., ibid, (1986) p. 147
36. Steen, W.M., ibid, (1986) p. 158
37. Schuöcker, C., in "The Industrial Laser Annual Handbook" (Eds. Belforte, D., Levitt, M.), PennWell Books, Tulsa, OK. (1987) p. 65
38. Rockwell, R.J., ibid, (1987) p.131
39. Steen, W.M., Kamalu, J.N., in "Laser Materials Processing" (Ed. Bass, M.), North-Holland Pub., Amsterdam, (1983) p. 15
40. Mazumder, J., ibid, (1983) p. 113
41. Gregson, V.G., ibid, (1983) p. 201
42. Breinan, E.M., Kear, B.H., ibid, (1983) p. 235
43. Brown, W.L., ibid, (1983) p. 337
44. Sherman, G.H., in "Electro-Optical System Design", Cahners Pub. Co., (1982)
45. Luxon, J.T., Parker, D.E., Karkheck, J., Appl. Opt. 23, 2088 (1984)
46. Kim, T.H., Suk, M.G., in "Proceedings of LAMP'87", Osaka, (1987) p. 413
47. Namba, Y., ibid, (1987) p.601
48. Maruo, H., in "Proceedings of LAMP'92", Nagaoka, (1992) p. 29
49. Katzeff, J.S., in "Laser Applications in Materials Processing" (Ed. Ready, J.F.), SPIE., vol. 198, U.S.A., (1979) p. 42
50. Behler, K., Beyer, E., Schulz, W., Wolf, N., in "Proc. 5th Int. Conf. Lasers in Manufacturing", IFS Ltd., (1988) p. 187
51. Beyer, E., Behler, K., Herziger, G., ibid, (1988) p. 233

52. Nielsen, S.E., in "Lasers in Manufacturing", vol. 3 (Ed. Quenzer), IFS Ltd.,8 U.K., (1986) p. 25
53. Migliore, L., in "Laser Materials Processing" (Ed. Migliore, L.), Marcel Dekker, Inc., New York, (1996) p. 139
54. Migliore, L., ibid, (1996) p. 165
55. Laser Institute of America, "LIA Handbook of Laser Materials Processing" (Eds. Ready, J.F., Farson, D.F.), Magnolia Pub. Inc., Orlando, Fl. (2001)
56. Settles, G.S., ibid, (2001) p. 155
57. Kugler, T.R., ibid, (2001) p.313
58. Rohde, H., ibid, (2001) p. 474
59. Cawley, J.D., ibid, (2001) p. 567
60. Pothoven, F.R., ibid, (2001) p. 635
61. Tsui, Y., ibid, (2001) p. 691
62. Lightman, A., ibid, (2001) p. 542
63. Perry, M.D., et al., ibid, (2001) p.499
64. Mayerhofer, R., Bergmann, H.W., ibid, (2001) p.479
65. Yoshioka, S., et al., in "Proceedings of ICALEO'98", Orlando, p. E-161 (1998)
66. Silve, S., et al., in "Proceedings of ICALEO'99", San Diego, p. F-87 (1999)
67. Self, S.A., Appl. Opt. 22, 658 (1983)
68. Rossler, D.M., Gregson, V.G., Appl. Opt. 17, 992 (1978)
69. Kim, T.H., Kim, Y.G., J. Korean Inst. of Metals, 23, 1241 (1985)
70. Wieting, T.J., deROssa, J.L., J. Appl. Phys. 50, 1071 (1979)
71. Thompson, S.A., Electron Eng. 29, 48 (1970)
72. Cellar, G.K., Poate, J.M., Kimerling, L.C., Appl. Phys. Lett. 32, 464 (1978)
73. Weeter, L.A., Albright, C.E., Jones, W.H., Welding Journal, March, 1986, p. 51-S (1986)
74. Kim, T.H., J. Mater. Sci. Lett. 10, 400 (1991)
75. Kim, T.H., Kim, J.G., J. Mater. Sci. Lett. 11, 1263 (1992)
76. Kim, T.H., Chung, J.H., Mater. Trans. JIM. 38, 1010 (1997)
77. Noh, J.Y., Ahn, J.M., Kim, B.C., Kim, T.H., Mater. Trans. JIM. 41, 646 (2000)
78. Shiner, B., LIA Today. 12, no.2 March/April 2004, p. 1 (2004)
79. Bahaa, E. A., Saleh, Malvin C., Teich,, "Fundamentalsof Photonics", Chap 17, Semiconductor Photon Detector, John Wiley & Sons, New York (1991)
80. Momma, C., et al., App. Sur. Sci. 109/110, 15 (1997)
82. Semerok, A., et al., App. Sur. Sci. 138/139, 311 (1999)
83. Nolte, S., et al., J. Opt. Soc. Am., B 14, 2716 (1997)

84. Jiang, L., Tsai, H. L., "Femtosecond Lasers Ablation: Challenges and Opportunities", in NSF workshop, Stillwater, OK, (June 10-12, 2003)

85. von der Linde, D., Sokolowski-Tinten, K., in "Physical mechanism of short pulse laser ablation"

86. 김동식, 오부국. "펨토초 레이저 재료가공 공정의 이론적 해석", 한국정밀공학회지 23권 1호, p.48, (1월, 2006)

87. 박거동, "파이버레이저와 디스크레이저의 비교", 레이저기술, p.46 (6월, 2007)

88. Wikipedia, "Two-photon absorption" in Free Encyclopedia.

89. Wikipedia, "Disk laser" in Free Encyclopedia.

90. TRUMPF, "The quick guide to laser technology", www.trumpf-laser.com

91. Armitage, K., Massod, S., Brandt, M., Pomat, C., "Laser Assisted Machining of Hard-to-Wear Materials", the Free Encyclopedia in Wikipedia.

92. Shin, Y., "Laser assisted maching", Industrial Laser Solution, vol.26, no.1

93. 한유희, 한국레이저가공학회 춘계학술발표대회, "파이버레이저와 디스크레이저", IPG Photonics Korea, (June 29, 2007)

94. Siebert, C., "Fundamentals and Challenges of Ultrashort Pulse Laser Processing of Brittle Materials", 한국레이저가공학회 춘계학술발표대회, 용평, (June 19~20, 2014),

95. Roland Berger Strategy Consultants Gmbh, "Additive manufacturing", Munich, (Nov. 2013)

96. ICALEO 2012, "Diagnotic and Simulation of ps-Laser glass cutting"

97. Ream, S., "High Speed Laser Scanner Welding for Metallic Fuel Cell Components"(EWI), Fraunhofer 4th International Workshop on Fiber Lasers, (November 5, 2008)

98. Nolte, S., "Processing of Transparent Materials by Ultrashort Laser Pulses : Fundamentals and Applications", Advanced Laser Applications Workshop(첨단 레이저 응용 워크샵), 한국기계연구원(대전, 한국), (August 28, 2015)

99. Opto Engineering, "Telecentric lens tutorial", www.opto-engineering.com

100. Special Optics, "Scanning Lens Theory", www.specialoptics.com

101. LINOS Photonics Inc., "F-Theta lenses for laser materials processing", www.lions.com

102. Edmund Optics, "Techspec F-Theta Scanning Lens", www.edmundoptics.com

103. RP Photonics Encyclopedia, www.rp-photonics.com

104. FIBER LASERS: Fiber lasers: "The state of the art-Laser Focus World", vol.48, issue-04, www.laserfocusworld.com

105. Altechna, "Laser products catalog 2014", Lithuania, www.altechna.com

106. L2K, "The solution of ultrafast laser application', vol.F3, www.L2K.kr

107. EuroVision Laser, "Laser Products Catalogue", www.eurovision.co.kr

108. Couairon, A., Mysyrowicz, A., "Femtosecond filamentation in transparent media", Physics Report 441 (2007) p.47~189

109. Rezaei, S., "Burst-train generation for femtosecond laser filamentation-driven micromachining", MS

Thesis, Uni. of Toronto (2011)

110. Ernst, G., "Architecture of Industrial USP lasers", Ultrafast Laser Processing Forum (Korea-Germany), 한국기계연구원(대전, 한국), (Sep. 16, 2015)

111. Oh, B., "Laser Applications in Display Industry", ibid, (2015)

112. Höenninger, C., "Industrial ultrafast lasers for advanced manufacturing applications", ibid, (2015)

113. Röhner, M., "High Precision Applications with Fast and Ultrafast Thin Disk Lasers", ibid, (2015)

114. Schnitzeler, C., "High Average Power Ultrafast Lasers based on InnoSlab Technology", ibid, (2015)

115. Du, K., "Advanced ps-and fs- Lasers and their Application in Precision Processing", ibid, (2015)

116. Ryll, J., "Increasing laser processing efficiency with ultra pulsed lasers using a multibeam scanner", ibid, (2015)

117. Siebert, C., "Picosecond, femtosecond and beyond: Will the trend to shorter pulses continue?", ibid, (2015)

118. Wikipedia, The Free Encyclopedia에서 많은 자료를 참고 하였음.

찾아보기

■ 김도훈(金道薰)
1966년 서울대학교 공과대학 금속공학과 공학사
1973년 University of Washington 대학원 M.S.
1980년 Polytechnic Inst. of New York University Ph. D. (Materials Science)
1981년~2009년 연세대학교 공과대학 재료공학부 교수
1989년 The Ohio State University 객원교수
1997년 고등기술원 연구교수
1997년~2001년 한국레이저가공학회 회장(현재 : 명예회장)
2005년 대한금속·재료학회 회장
2009년~현재 연세대학교 명예교수

레이저가공학 제3판

지은이 김도훈
펴낸이 조경희
펴낸곳 경문사
펴낸날 2016년 3월 5일 3판 1쇄
2024년 3월 1일 3판 2쇄
등 록 1979년 11월 9일 제313-1979-23호
주 소 04057, 서울특별시 마포구 와우산로 174
전 화 (02)332-2004 팩스 (02)336-5193
이메일 kyungmoon@kyungmoon.com

값 33,000원

ISBN 978-89-6105-952-7